Tous nos ouvrages sont disponibles aux

Éditions Decoopman
Ferrières
30440 Saint-Laurent-le-Minier
Tel : +33 (0)4.67.73.90.95
web : www.decoopman.com
e.mail : editions@decoopman.com

Olivier Lacaux
Jean Castanier

I.S.B.N. 978-2-36965-024-9

Dépot légal : 4e trimestre 2014

à mon ami Olivier...

Ouvrages parus
dans la même collection :

- *Organes de transmission* - René Champly
- *Catéchisme des chauffeurs* - Collectif
- *Des mécanismes élémentaires* - L.E. Loche
- *Traité pratique des engrenages* - L. Wève
- *Distribution de la vapeur* - M. Castelnau
- *Fabriquer des moteurs Stirling* - A. Ross
- *Moteurs* - Tome 1 et 2 - Max de Nansouty
- *Moteurs & Gazogènes* – L. Letombe
- *L'Artillerie moderne de monde industriel)* – L. Huard
- *La Marine de guerre de monde industriel)* – L. Huard
- *Locomotive & Chemin de Fer* – L. Figuier
- *Engrenages & Transmissions* – G. Franche
- *La machine locomotive* – E. Sauvage
- *Gouvernails à vapeur FARCOT* – J. Farcot
- *Les bateaux à vapeur* – L. Figuier
- *Les Locomobiles* – L. Figuier
- *La machine à vapeur T1* – E. Sauvage
- *La machine à vapeur T2* – E. Sauvage
- *Manuel du moteur Stirling pour le modéliste* – D. Lyonnet
- *Les chemins de fer* – A. Guillemin
- *Tiroirs et distributeurs de vapeur* – A. Madamet
- *La Marine de guerre – A. Sauvaire–Jourdan*
- *L'A.B.C. du Chauffeur* – H. Mathieu
- *La navigation sous–marine* – G.L. Pesce
- *Histoire de la machine à vapeur* – R.H. Thurston
- *Les paquebots à grande vitesse* – M. Dumoulin
- *Les Moteurs* – H. de Graffigny
- *Les Torpilles* – E. Hennebert
- *507 Mouvements mécaniques* – H. Brown
- *Les Machines* – E. Collignon
- *La Vapeur* – A. Guillemin

LA MACHINE À VAPEUR

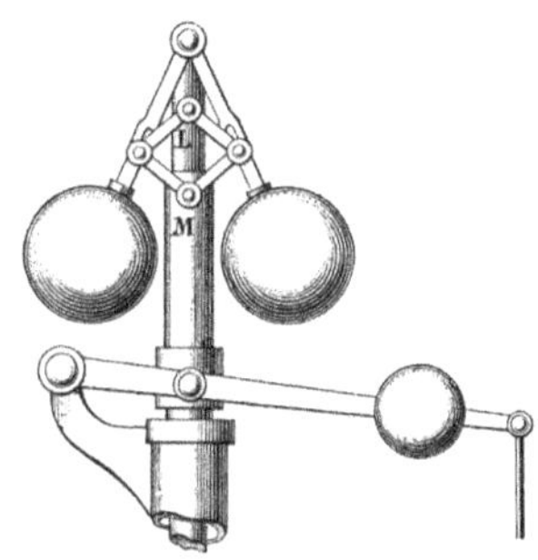

TRAITÉ GÉNÉRAL

CONTENANT

La théorie du travail de la vapeur
L'examen des mécanismes de distribution et de régularisation
La description des principaux types d'appareils
L'étude de la condensation et de la production de la vapeur

par

ÉDOUARD SAUVAGE

Professeur à l'École nationale supérieure des mines

1036 figures dans le texte

LIVRES **I** ET **II**

1896

INTRODUCTION

1. Importance de la machine à vapeur.

On ne saurait aujourd'hui se passer de machines à vapeur, ou d'autres moteurs équivalents. C'est un besoin moderne, car les applications de la puissance motrice de la vapeur ne remontent pas à deux siècles et, jusque vers la fin du siècle dernier, elles étaient peu nombreuses. La vignette américaine, reproduite fig. 3, semble indiquer, non sans exagération, l'importance de la machine à vapeur.

Fait-elle l'humanité meilleure on hésite à répondre affirmativement, en voyant, au milieu des grands progrès matériels de l'époque contemporaine, combien d'hommes, bien fiers de leurs lumières, de leur civilisation, ignorent ou dédaignent leurs devoirs les plus simples, et travaillent à détruire la civilisation même dont ils s'enorgueillissent, pareils aux descendants dégénérés d'une noble race, tirant vanité du nom de leurs pères, qu'ils déshonorent. Cependant les machines rendent la vie possible à un grand nombre d'êtres humains ; elles aident à la satisfaction plus facile et plus complète des besoins de l'homme, et lui donnent plus de loisirs pour travailler à son perfectionnement moral ; si des hommes, si des peuples entiers ne savent pas profiter de ce précieux avantage, c'est que sans doute certaines causes contribuent à les pervertir ; mais il n'est pas juste d'attribuer cette perversion à l'emploi des machines.

En France, d'après la statistique dressée par le Ministère des Travaux publics, 80.640 machines à vapeur ont fonctionné pendant l'année 1893, sans compter celles de la marine militaire. Ces 80.640 machines comprennent 10.751 locomotives et 1702 appareils propulseurs de bateaux, portant en outre 3766 appareils auxiliaires. Dans la même année, la statistique indique 91.752 générateurs de vapeur en service. La fig. 1, réduction d'une planche publiée par le Ministère des Travaux publics, donne la statistique des appareils à vapeur en France depuis 1839.

Les machines à vapeur transforment en puissance motrice une partie de la chaleur dégagée par les combustibles qui brûlent. D'autres moteurs, à gaz, à pétrole, à air chaud, produisent aussi du travail à l'aide de la chaleur, mais sans l'intermédiaire de la vapeur d'eau. D'autres forces sont utilisées : celle du vent, qui a rendu et qui rend encore de très grands services aux navigateurs ; celle des chutes d'eau ; celle de l'homme ; celle des animaux, employés en nombre immense pour la traction des voitures et pour le labourage et les autres façons de la terre.

Parmi tous les moteurs mécaniques, la machine à vapeur, par la variété et l'importance des applications, tient actuellement la première place, et l'étude en offre un intérêt général. Aussi n'est-ce pas seulement dans quelques écoles techniques qu'on doit apprendre ce qu'est une machine à vapeur ; les principes et les dispositions diverses en intéressent tous ceux qui les approchent, qui les conduisent, qui travaillent à leur construction. De même, la connaissance approfondie des machines est utile lorsqu'on doit en choisir une ; ce choix, d'une grande importance pratique, est fort délicat. Enfin bien des esprits sont curieux de toutes les grandes œuvres de l'activité humaine.

L'étude sérieuse de la machine à vapeur exige l'application de quelques principes physiques et mathématiques, qui dépassent la limite de l'éducation générale. Autant que possible ces applications sont indiquées d'une manière assez simple pour n'embarrasser aucun lecteur.

2. Divisions générales.

Les descriptions élémentaires du chapitre premier sont destinées surtout aux lecteurs peu familiers avec la machine à vapeur : l'énumération des principales expressions du vocabulaire mécanique, éclaircies par des figures, est utile pour ces lecteurs.

D'ailleurs, à côté des termes les plus connus, il en est qu'il est toujours bon de définir avec précision, tels que machine *mono cylindrique, compound, de Woolf.* Ni ce chapitre, ni le reste de l'ouvrage ne contiennent l'histoire de la machine à vapeur ; il donne toutefois un extrait de la description ancienne d'un des premiers moteurs à feu qui ait fonctionné en France. On trouvera aussi dans les figures, en divers endroits, des exemples de dispositions anciennes.

Le chapitre II renferme quelques remarques sur les lois mécaniques et physiques appliquées à l'étude des machines. Il définit les principales unités employées, pour la force, le travail, la puissance, la température, la quantité de chaleur. Il étudie les diagrammes, qui sont d'un grand secours, et notamment le *diagramme entropique*, heureusement appliqué depuis quelques années. Enfin les propriétés physiques de la vapeur y sont exposées.

Le chapitre III est consacré à ce qu'on appelle habituellement la théorie de la machine à vapeur, c'est-à-dire à l'étude de l'action de la vapeur dans les cylindres pour produire le travail. L'indicateur et le dynamomètre sont décrits au début. Le § 31 étudie l'évolution idéale très simple de la vapeur dans un cylindre, et montre pourquoi cette évolution doit s'écarter du cycle de Carnot ; vient ensuite l'examen des diverses causes qui réduisent le rendement de l'évolution idéale. Toutes ces causes se combinent entre elles d'une manière assez compliquée pour qu'on ne puisse dire avec certitude quelle sera la consommation d'une machine nouvelle. Quelques exemples, choisis parmi les observations nombreuses faites sur des machines à vapeur, viennent préciser les idées à cet égard.

La fin du chapitre donne l'étude du fonctionnement des machines à vapeurs combinées, qui permettent d'utiliser convenablement les basses températures, quand la vapeur d'eau devient un mauvais agent de transformation de calories en travail, à cause de sa faible tension.

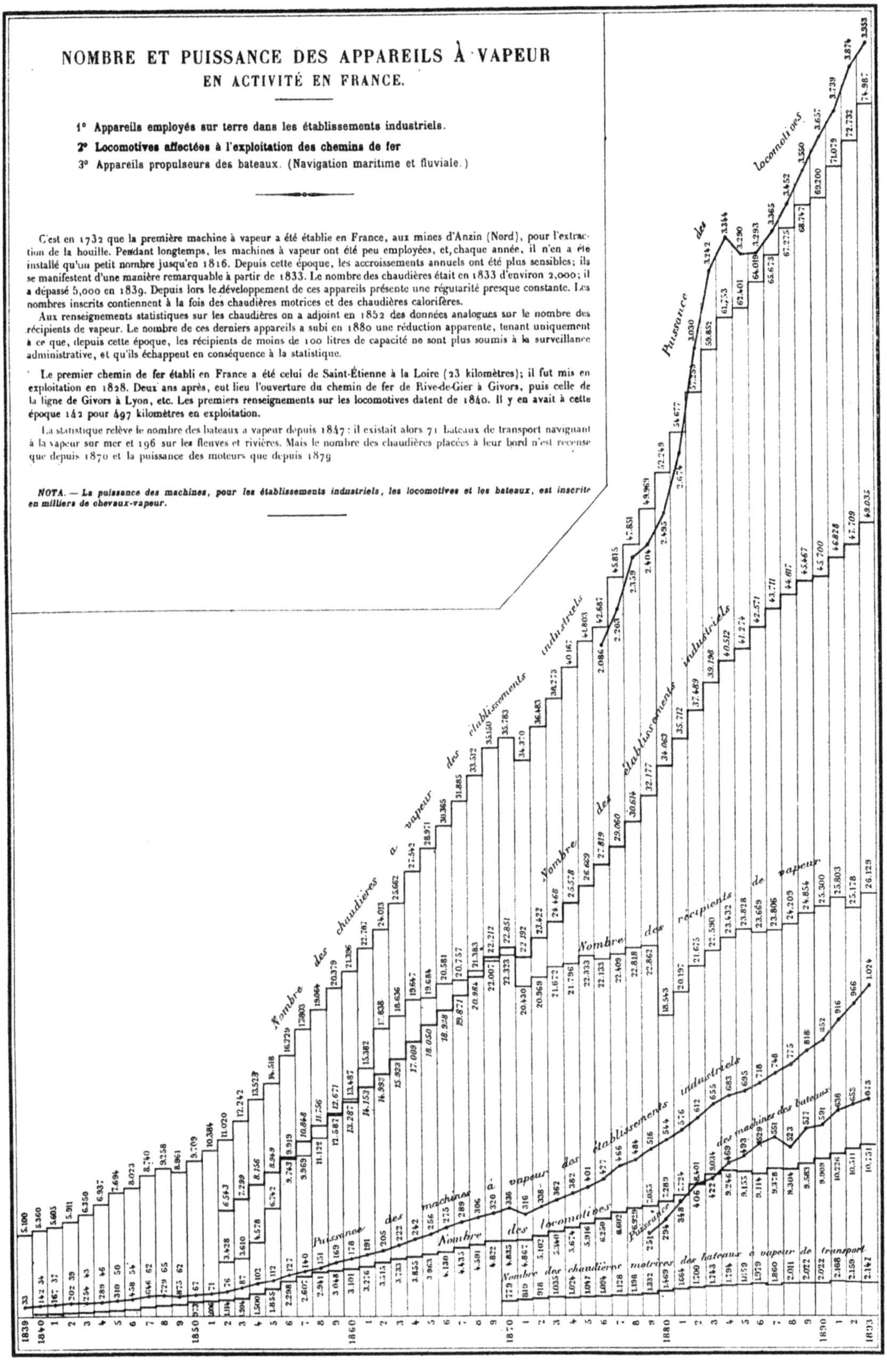

Fig. 1. — Statistique des appareils à vapeur en France, depuis l'année 1839 jusqu'à l'année 1893 (d'après une publication du Ministère des Travaux publics).

La distribution de la vapeur est l'objet du chapitre IV ; tout en donnant des détails sur les principaux systèmes, on n'a pas cherché à rassembler les descriptions de tous ceux qui ont été employés. Beaucoup d'ouvrages sont consacrés à cette partie des machines à vapeur, dont l'étude se prête à une grande précision et offre un intérêt considérable en pratique. On n'a pas reproduit les calculs assez laborieux auxquels ont donné lieu certains appareils de distribution, tels que les coulisses. Ces calculs ont eu leur utilité, en conduisant aux règles aujourd'hui suivies par la plupart des constructeurs ; mais l'intérêt théorique de ces calculs est restreint, parce que, généralement, ils ne sont qu'approximatifs, et parce qu'ils ne donnent guère de formules claires. Il semble préférable, pour les études approximatives, de se contenter de quelques méthodes simples et rapides, comme celle indiquée par M. Guinotte ; les épures, ou les relevés à l'aide de modèles, donnent ensuite les tracés exacts.

Le chapitre V est consacré à la régularisation et à la transmission du mouvement ; il traite du fonctionnement des volants et des régulateurs. Des travaux nombreux, souvent difficiles à suivre et sortant du cadre d'une étude générale de la machine à vapeur, ont été publiés sur les régulateurs. L'effet de la masse des pièces à mouvement alternatif est examiné dans ce chapitre ; la transmission de la puissance motrice disponible sur l'arbre des moteurs est l'objet du dernier paragraphe.

Des traités spéciaux, intéressants et utiles, sont consacrés aux organes de machines, sommairement examinés dans le chapitre VI ; les indications de ce chapitre sont limitées aux généralités les plus importantes et à quelques exemples.

De même, la description des principaux types de moteurs est fort abrégée dans le chapitre VII : il ne semble pas nécessaire de développer beaucoup ces monographies dans un ouvrage général.

Le chapitre VIII étudie la condensation de la vapeur par mélange et par surface.

La production de la vapeur est traitée dans le chapitre IX : ce sujet, qui exige des développements assez considérables, comprend l'étude des combustibles, de la transmission de la chaleur, de la combustion, puis celle des générateurs, très variés, où l'eau se vaporise. Plusieurs paragraphes sont consacrés aux appareils d'alimentation, aux diverses appendances des chaudières, aux accidents et aux épreuves.

Le chapitre X donne des indications sur les conditions qu'on doit envisager dans le programme d'une machine à vapeur, sur la nécessité d'en amortir assez vite la valeur, et sur le coût des services que rendent ces moteurs, dont on ne peut mesurer avec précision l'utilité, si on ne sait à quel prix on la paie.

Le plan qui vient d'être indiqué ne comporte pas une bibliographie de la machine à vapeur, bibliographie dont l'étendue serait considérable. Toutefois une liste unique réunit les divers ouvrages dont le texte cite les auteurs. Outre les travaux déjà publiés, bien des documents inédits, et de nombreux dessins dus à l'obligeance de beaucoup d'ingénieurs et de constructeurs, ont été utilisés ; l'auteur tient à exprimer sa gratitude envers tous ceux qui l'ont aidé dans son travail.

3. Unités et mesures.

Pour désigner les unités métriques, on doit faire usage des symboles arrêtés par le comité international des poids et mesures, et réunis ci-après dans un tableau (p. 11).

En combinant les deux symboles kg et m, on obtient l'abréviation kgm pour désigner le *kilogrammètre*.

L'emploi du kilogramme comme unité de force n'est pas satisfaisant en théorie : car cette unité ne dérive pas directement des unités fondamentales de longueur, de temps et de masse, mais suppose la masse du kilogramme placée à la surface de la terre, et même en un point qu'il faut préciser, car le poids du kilogramme a des variations notables suivant la latitude et l'altitude (voir § 14). Il est plus logique de définir l'unité de force d'après l'accélération qu'elle imprime, suivant sa direction, à l'unité de masse, accélération qui est égale au rapport de l'accroissement de vitesse, pendant une durée quelconque, à cette durée.

On a choisi pour unités de longueur, de masse et de temps, le *centimètre*, la masse du *gramme* et la *seconde*, dans le système désigné par les lettres initiales de ces trois noms (CGS) : la force prise pour unité imprime à la masse du gramme une accélération telle qu'en une seconde la vitesse, exprimée en centimètres par seconde, augmente d'un centimètre : on appelle *dyne* cette unité de *force*.

A. — MESURES DE LONGUEUR		B. — MESURES DE SUPERFICIE	
Kilomètre	km	Kilomètre carré	km^2
Mètre	m	Hectare	ha
Décimètre	dm	Are	a
Centimètre	cm	Mètre carré	m^2
Millimètre	mm	Décimètre carré	dm^2
Micron (0^{mm},001)	μ	Centimètre carré	cm^2
		Millimètre carré	mm^2

C. — MESURES DE VOLUME		D. — MESURES DE CAPACITÉ	
Mètre cube	m^3	Hectolitre	hl
Stère	s	Décalitre	dal
Décimètre cube	dm^3	Litre	l
Centimètre cube	cm^3	Décilitre	dl
Millimètre cube	mm^3	Centilitre	cl
		[1] Millilitre	ml
		Microlitre (0^{ml},001)	λ

E. — POIDS			
Tonne	t	Décigramme	dg
Quintal métrique	q	Centigramme	cg
Kilogramme	kg	Milligramme	mg
Gramme	g	Microgramme (0^{mg},001)	γ

L'unité de travail (voir § 15), nommée *erg*, est donnée par une dyne dont le point d'application se déplace d'un centimètre suivant sa direction.

Cette unité est très petite : le *joule*, dix millions de fois plus grand, vaut 10.000.000 ergs.

L'unité de puissance (§ 16), appelée *watt*, est le travail d'un joule en une seconde ; on emploie souvent le *kilowatt*, mille fois plus grand.

À Paris, la pesanteur imprime en une seconde aux corps pesants une accélération de $9^{m},81$, ou de 981 cm : d'où il suit que le poids d'un gramme à Paris est égal à 981 dynes. Un kilogrammètre, ou le produit de 1000 g par 100 cm, vaut donc 1000 x 100 x 981 ergs ou 9,81 joules. Le watt est, en kilogrammètres par seconde, à Paris, 1/9,81, ou environ 0,102 : le kilowatt vaut donc 102 kgm par seconde ou à peu près un poncelet.

Parmi les grandeurs géométriques envisagées dans les machines, les angles sont d'un emploi fréquent. Un angle est mesuré par la longueur de l'arc que ses côtés interceptent sur une circonférence dont le centre est au sommet. L'unité d'angle, ou *radian*, correspond à l'arc de longueur égale au rayon. On a malheureusement conservé l'ancienne et gênante division de la circonférence en 360 *degrés*, subdivisés en 60 *minutes*, contenant chacune 60 *secondes*. 180 degrés valent un radian multiplié par le nombre π, ou approximativement par 3,1416. Un angle de n degrés vaut, en radians, n x (3,1416/180). Un radian contient à peu près 57°17'45". Les angles figurent souvent dans les calculs par leurs *lignes trigonométriques* et surtout par le sinus, le cosinus et la tangente[1].

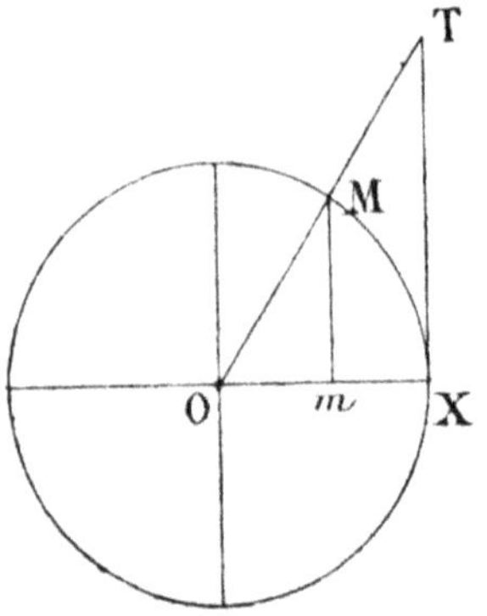

Fig. 2. Lignes trigonométriques

Les deux dimensions les plus importantes d'un moteur sont le diamètre du cylindre et la course du piston ; pour éviter des répétitions trop fréquentes de ces mots, il est commode de dire, en abrégé, une machine à cylindre de 500 mm sur 800 mm, pour désigner une machine dont le cylindre a un diamètre de 500 mm, et le piston une course de 800 mm. Le premier nombre définit toujours le diamètre et peut être donné seul, quand l'indication de la course est inutile.

1 Pour un angle XOM (fig. 2) le sinus est le rapport M*m*/OM, le cosinus, O*m*/OM et la tangente, TX/OX ou TX/OM.

Fig. 3. — Vignette d'un prospectus de la machine Westinghouse.

- I -

DESCRIPTIONS ÉLÉMENTAIRES

4. Organes essentiels.

Le combustible, brûlé dans un *foyer*, chauffe l'eau qui remplit partiellement une *chaudière* ou *générateur* ; la chaleur y transforme l'eau en vapeur, qui exerce contre les parois une pression, limitée par la *soupape de sûreté*, et qui se rend à la machine, lorsqu'on ouvre la *prise de vapeur*. La plupart des machines comportent, comme organe essentiel, au moins un *cylindre* dans

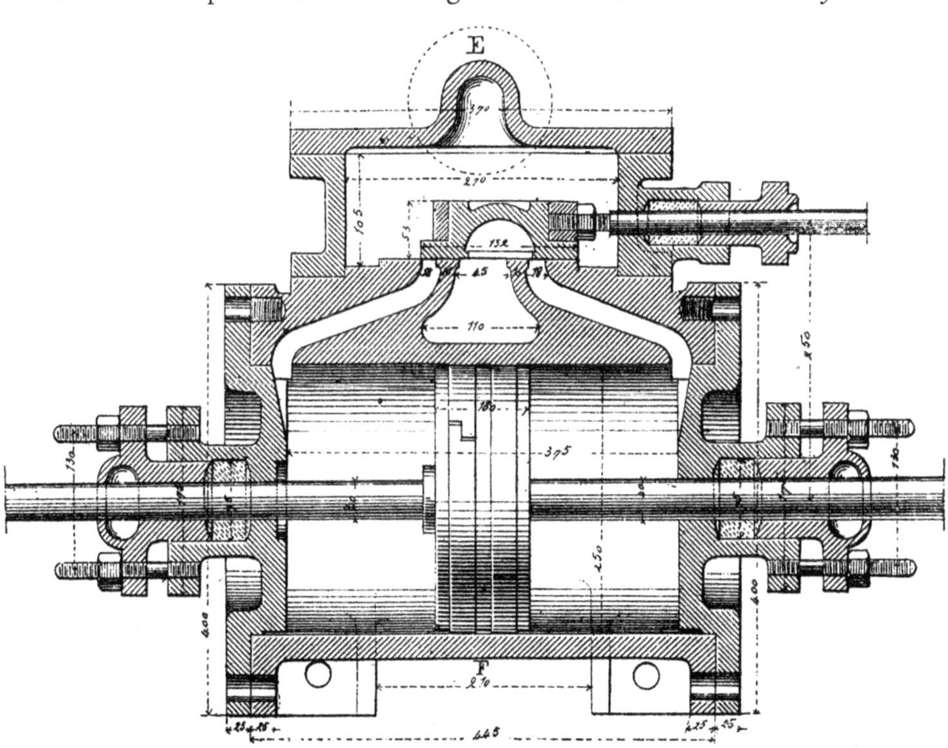

Fig. 4. — Cylindre, piston avec tige et contre-tige, tiroir de distribution ; coupe par l'axe du cylindre.

lequel joue un *piston* (fig. 4). Un appareil de *distribution* ouvre et ferme en temps convenable les orifices du cylindre : la vapeur, pénétrant dans le cylindre, en pousse le piston ; lorsque le piston a parcouru une fraction de sa course, *l'admission* est

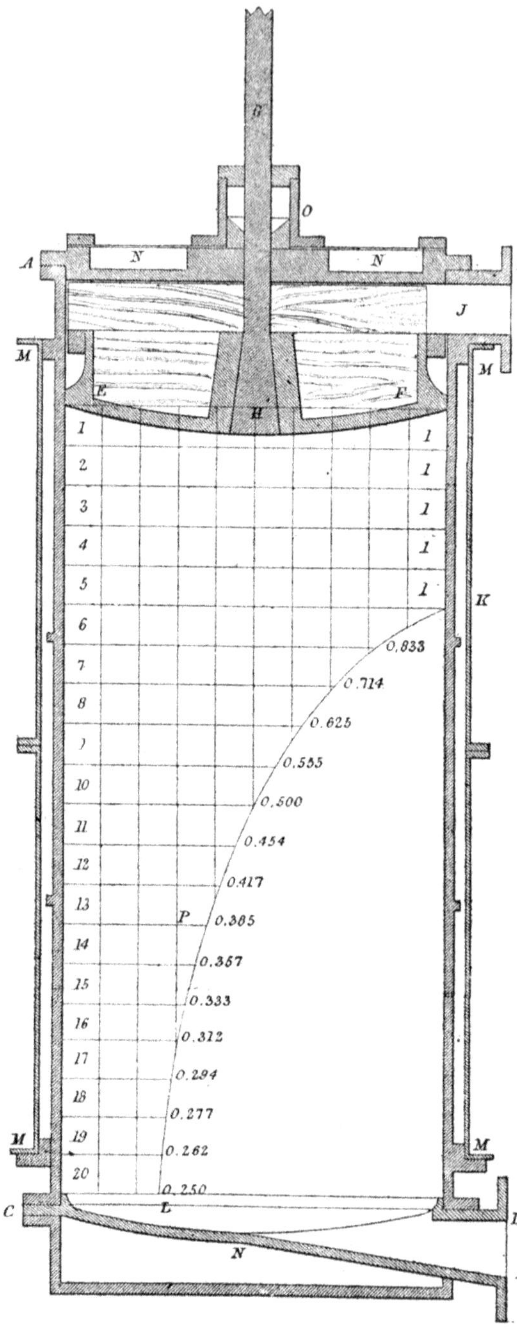

Fig. 5. — Diagramme du travail de la vapeur, pendant l'admission et pendant la détente, d'après Watt (figure empruntée à l'ouvrage de Muirhead).

interrompue dans la plupart des machines : la vapeur, emprisonnée dans le cylindre, continue à pousser le piston en se détendant. Pendant cette détente, la pression s'abaisse : Watt a figuré clairement la force qui pousse le piston pendant la pleine

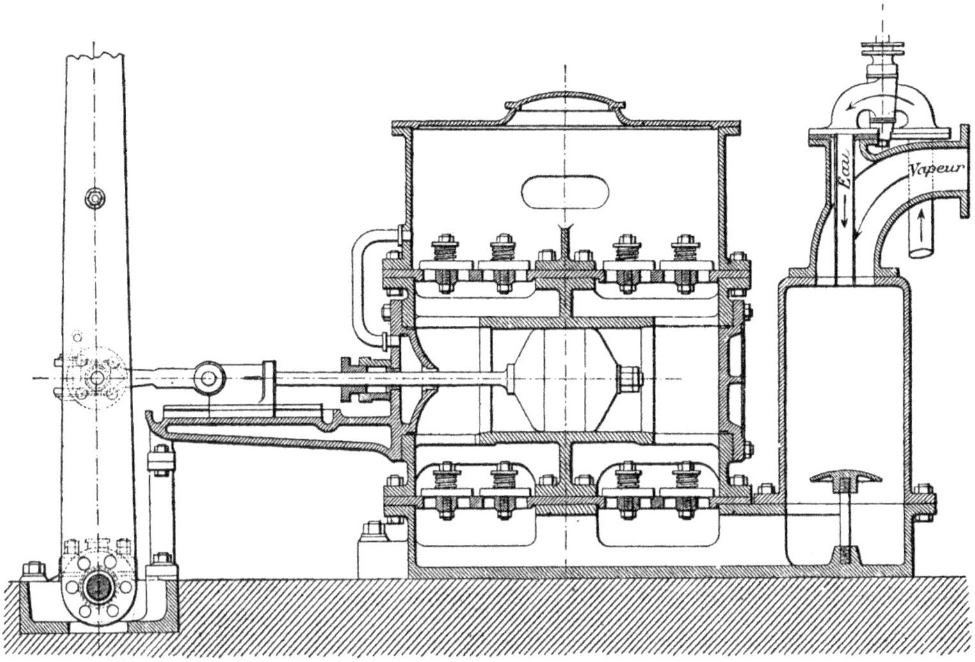

Fig. 6. — Condenseur à mélange et pompe à air, à double effet, servant à extraire l'eau et l'air, pour une machine construite par Jean et Peyrusson.

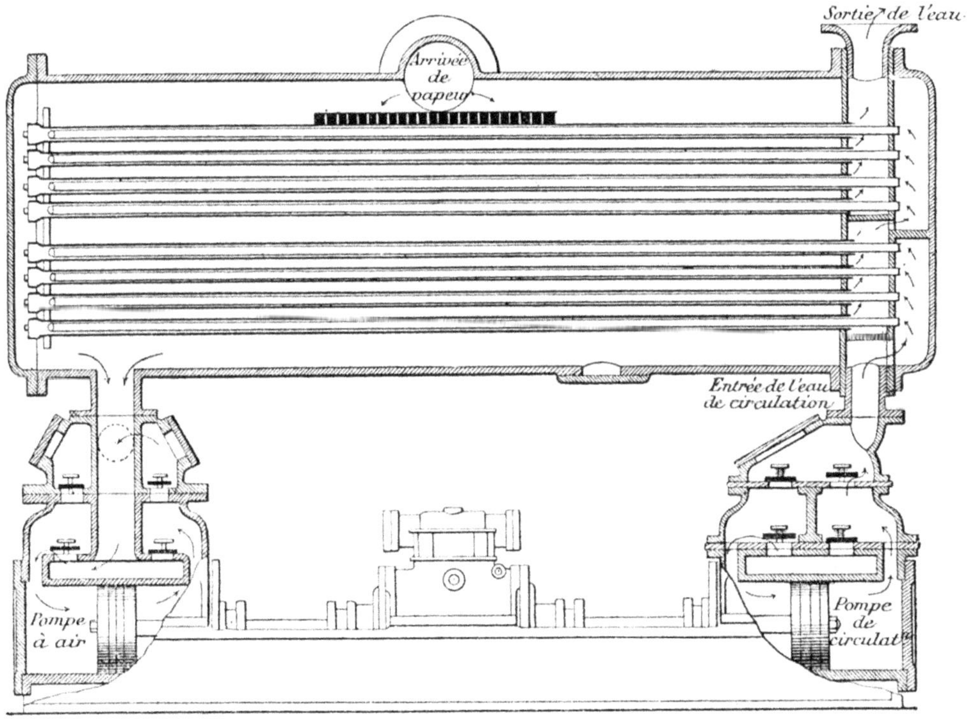

Fig. 7. — Condenseur à surface Wheeler, à tubes de circulation d'eau concentriques, avec pompe à air et pompe de circulation.

pression, puis pendant la détente de la vapeur, au moyen de longueurs rapportées à divers points de la course (fig. 5) ; cette force étant mesurée par le nombre 1,000 pendant l'admission, les divers nombres inscrits sur la figure en indiquent les valeurs décroissantes, jusqu'au nombre final 0,250.
Lorsque le piston a terminé sa course, l'ouverture d'un orifice laisse la vapeur s'échapper dans un condenseur, où elle se réduit presque entièrement en eau ; la pression s'abaisse beaucoup et n'oppose plus qu'une faible résistance au retour du piston.

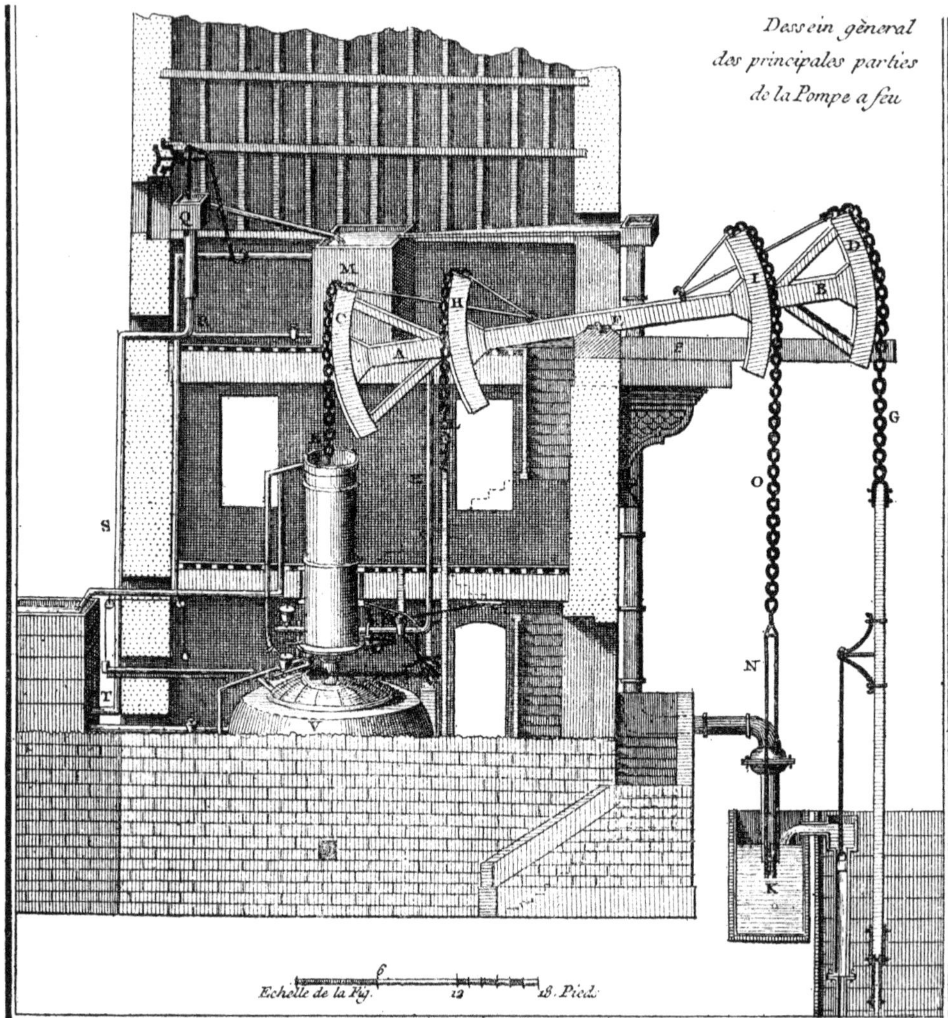

Fig. 8. — Moteur pour l'épuisement de la mine de Fresnes, d'après Bélidor.

La condensation se fait dans un récipient où l'eau froide pénètre au milieu de la vapeur : c'est le condenseur à mélange ou à injection (fig. 6) ; le condenseur à surface (fig. 7), refroidi par une circulation d'eau extérieure, recueille l'eau distillée formée par la condensation. La vapeur peut aussi s'échapper dans l'atmosphère, au lieu de se rendre dans un condenseur : la pression résistante, que doit surmonter le piston pendant son retour, est alors plus grande : il est nécessaire que la pression motrice, pendant l'aller, soit supérieure à celle de l'atmosphère.

La machine à *double effet* utilise de même les deux côtés du piston, qui se meut dans un cylindre fermé aux deux bouts.

5. Anciennes machines à simple effet.

Dans la machine à simple effet, la vapeur ne travaille que sur une des faces du piston ; l'un des bouts du cylindre peut être ouvert.

Les premières machines, qui épuisaient l'eau des mines, étaient à simple effet ; les fig. 8 et 9, tirées de l'*Architecture hydraulique* de Bélidor, publiée en 1739, représentent une de ces machines. La description de Bélidor en est fort claire :

> « L'eau qui bout dans l'alambic produit une vapeur, qui passe dans le cylindre, dont elle remplit la capacité à mesure que le piston s'élève par le contrepoids du balancier. Dès que le piston est parvenu à son plus haut terme, l'effet d'un certain mouvement interrompt, par le moyen d'un diaphragme nommé *Régulateur*, la communication de la chaudière et du cylindre, dans lequel il survient subitement une injection d'eau

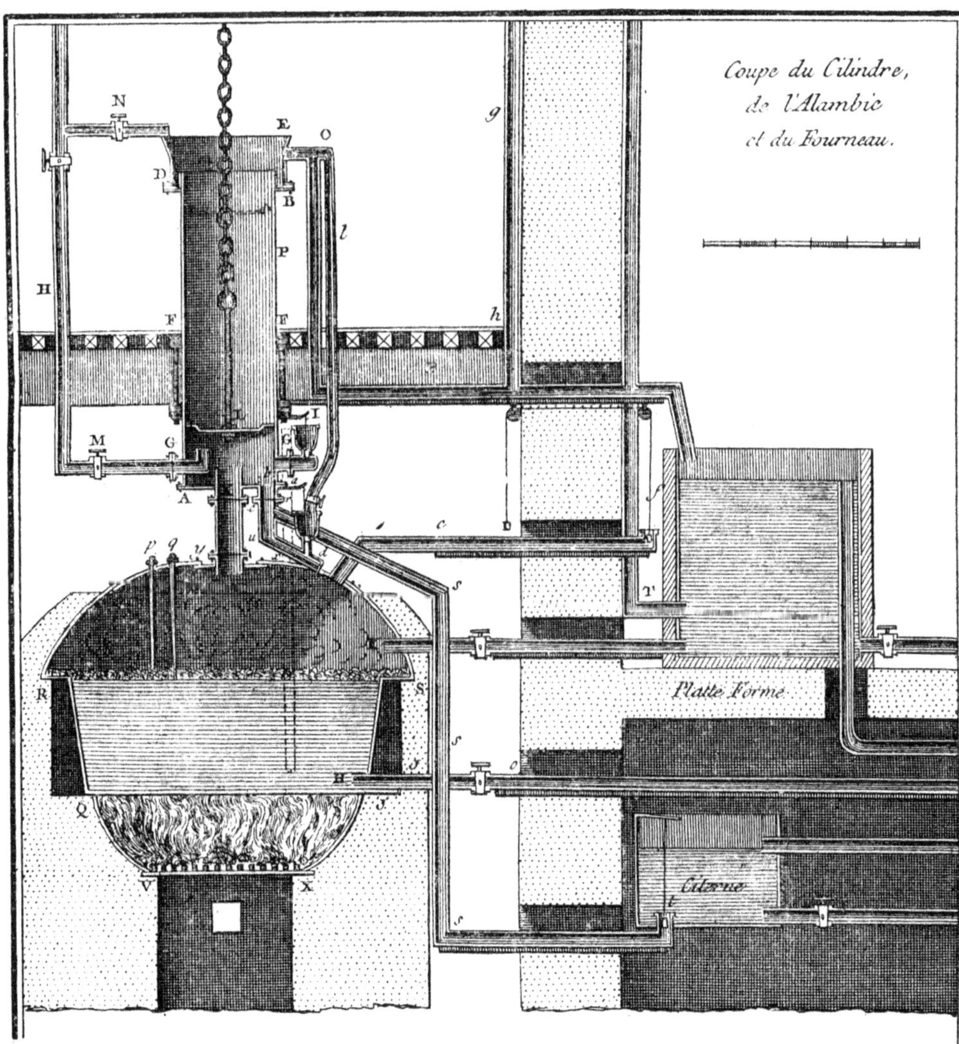

Fig. 9. — Moteur pour l'épuisement de la mine de Fresnes, d'après Bélidor.

froide, qui venant jaillir contre le dessous du piston, retombe en pluie, et condense la vapeur dont la force s'anéantit ; ce qui fait naître un vide qui donne lieu à la colonne d'air de chasser le piston de haut en bas pour le ramener d'où il était parti. Aussitôt le mouvement dont nous venons de faire mention agissant d'un sens contraire, ferme le robinet d'injection, et ouvre le régulateur, pour laisser à la vapeur la liberté de s'introduire de nouveau dans le cylindre, et recommencer la même manoeuvre. Ainsi *l'on voit que le jeu de cette machine dépend de l'effet alternatif de l'eau chaude et de l'eau froide, joint à l'action de l'atmosphère.*»

Le piston, chargé du poids de l'atmosphère, commandait, pendant sa descente, par l'intermédiaire de la maîtresse tige attachée au balancier, une série de pompes aspirantes installées en reprise l'une au-dessus de l'autre.

Dans cette machine, la pression de la vapeur était égale à celle de l'atmosphère, et la condensation se faisait dans le cylindre même par injection d'eau ; à la fin de la course descendante du piston, la machine expulsait hors du cylindre l'eau de condensation.

Cette injection d'eau dans le cylindre même était déjà un progrès pratique : on avait commencé par condenser la vapeur en refroidissant l'extérieur du cylindre, et la marche de l'appareil était fort lente, tandis que la machine décrite par Bélidor donnait quinze coups par minute.

Pendant la course effectivement motrice, c'est la pression de l'atmosphère qui fait descendre le piston : mais l'atmosphère joue seulement le rôle d'un contrepoids, que la vapeur soulève pendant la course montante : pendant la descente, ce contrepoids restitue le travail qu'il a reçu. L'action est analogue à celle d'une masse pesante qui chargerait le piston : mais le mouvement d'une telle masse serait différent : au début, elle absorberait un supplément de travail, transformé en force vive, pour le restituer en fin de course ; les variations de la vitesse seraient plus grandes pendant chaque course.

6. Distribution de la vapeur.

Des mécanismes très variés distribuent la vapeur, en ouvrant et fermant les orifices qui mettent chaque côté du cylindre en communication, tantôt avec la chaudière et tantôt avec le condenseur. Le plus simple de ces appareils distributeurs est le *tiroir* dit parfois à *coquille* (fig. 10).

Le tiroir glisse sur une surface plane bien dressée, dite *table des lumières*, où s'ouvrent trois conduits ; les deux conduits extrêmes aboutissent aux extrémités du cylindre, et le conduit du milieu sert à l'échappement. Le tiroir est assez grand pour recouvrir à la fois les trois lumières de la table ; une cavité rectangulaire est ménagée dans la face frottante. Il se meut à l'intérieur de la *boîte à vapeur*, qui communique avec la chaudière pour la marche de la machine. Dans son

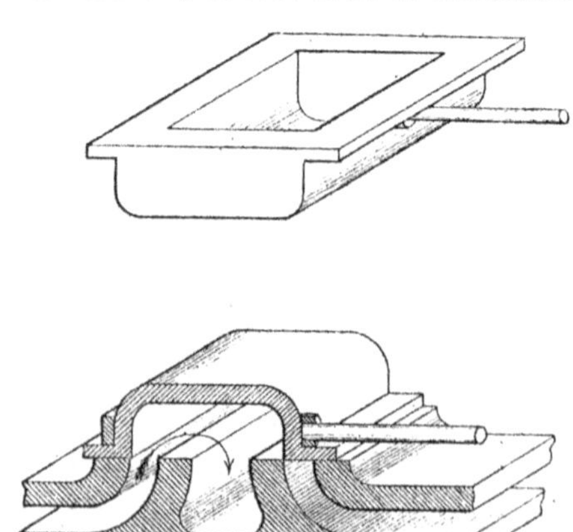

Fig. 10. — Tiroir à coquille ; vue en dessous; coupe du tiroir et des lumières.

mouvement, il démasque alternativement les lumières extrêmes, admettant ainsi la vapeur sur l'une ou l'autre face du piston ; la détente se produit lorsqu'il referme ces lumières. Pour l'échappement, la cavité intérieure du tiroir fait communiquer une lumière extrême avec l'ouverture médiane.

Le tiroir peut être remplacé par un jeu de deux pistons solidaires, glissant devant des lumières qui débouchent sur une surface cylindrique ; c'est le *tiroir cylindrique* (fig. 11). L'échappement peut alors se faire entre les deux pistons ou bien sur les deux faces extrêmes, l'admission ayant lieu par le centre, comme le montre la fig. 11.

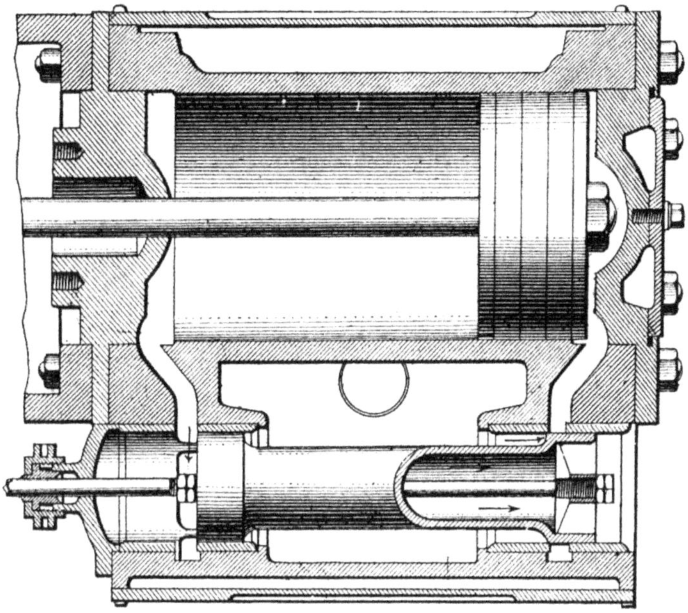

Fig. 11. — Cylindre et tiroir cylindrique, avec admission par les bords intérieurs.

Le piston, à fond de course, ne touche pas le plateau du cylindre : le volume compris alors entre le piston et le plateau, volume auquel s'ajoute la capacité de la lumière jusqu'au tiroir qui peut la fermer ; constitue l'espace libre, appelé quelquefois espace mort ou nuisible.

7. Transmission de l'effort moteur.

Le piston moteur de l'ancienne machine décrite au § 5 tirait la tige des pompes par l'intermédiaire d'un balancier : c'est une disposition simple et logique, encore applicable dans des circonstances analogues ; mais le balancier a été longtemps conservé sans nécessité, comme une marque du premier usage des machines à vapeur ; à la tige des pompes on a substitué une bielle (fig. 12 et 13), articulée sur la manivelle d'un arbre, qui prend un mouvement continu de rotation.

Le piston est fixé à une tige, qui sort du cylindre à travers une garniture, empêchant la fuite de la vapeur. La tige est reliée au balancier par une autre bielle, qui peut être fort courte.

Le guidage en ligne droite de l'extrémité de la tige est assuré par l'ingénieux mécanisme du parallélogramme de Watt (fig. 14), dont le sommet décrit une trajectoire sensiblement rectiligne.

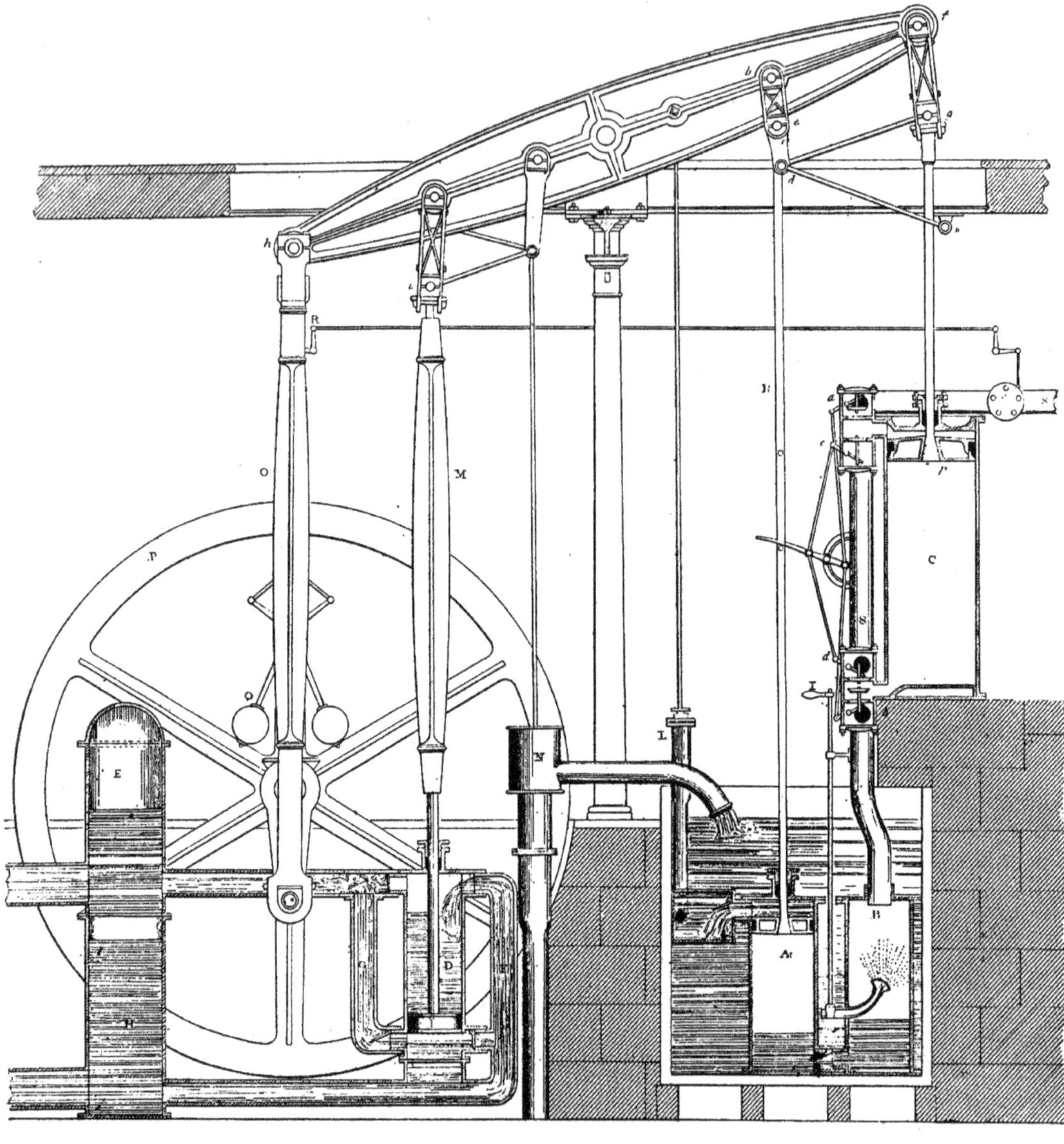

Fig. 12. — Machine à balancier, actionnant une pompe par la bielle M. C est le cylindre, B le condenseur, A la pompe air du condenseur, N la pompe amenant l'eau de condensation, L la pompe alimentaire du générateur (d'après Tredgold).

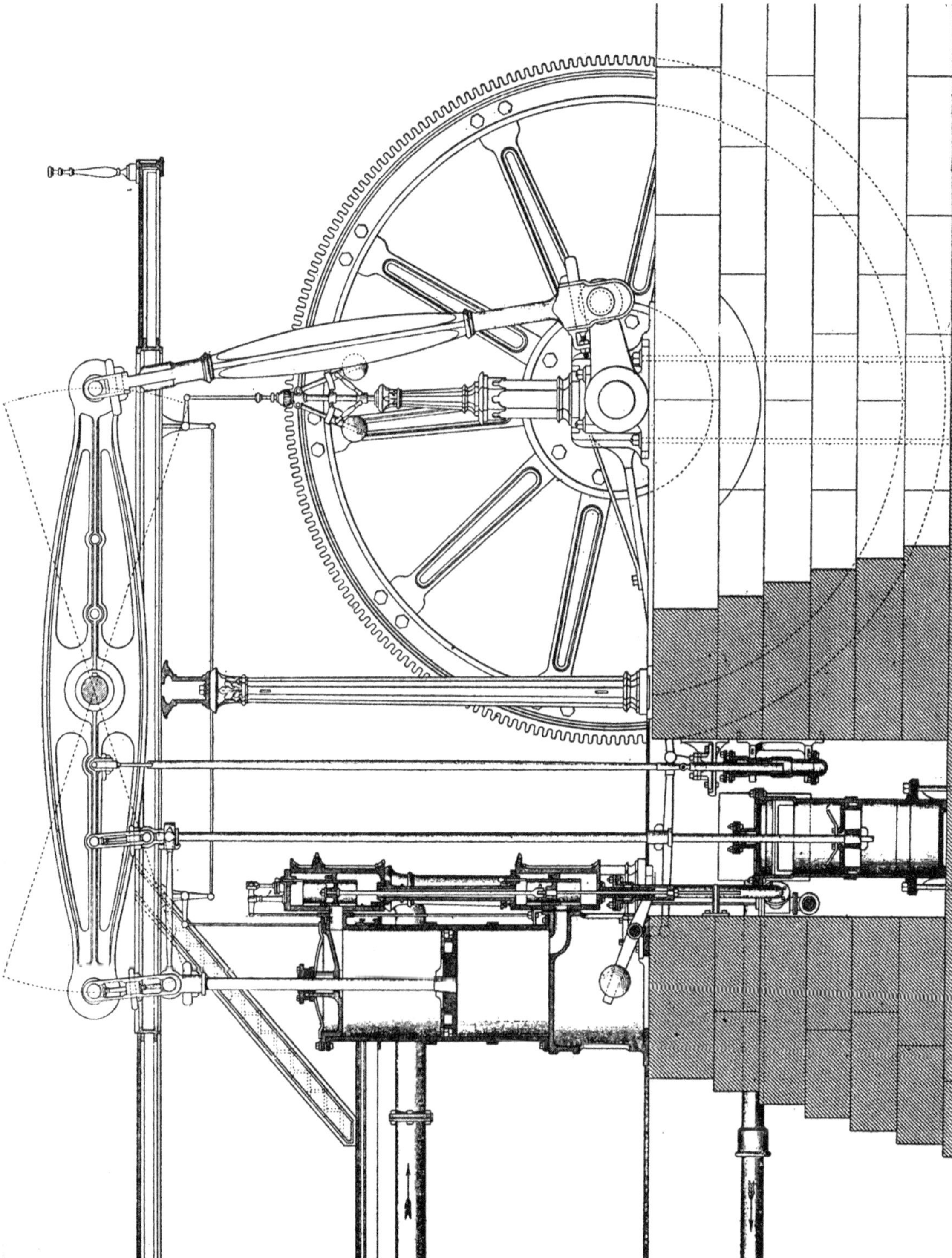

Fig. 13. Machine à balancier construite par W. Fairbairn, d'après Bourne.

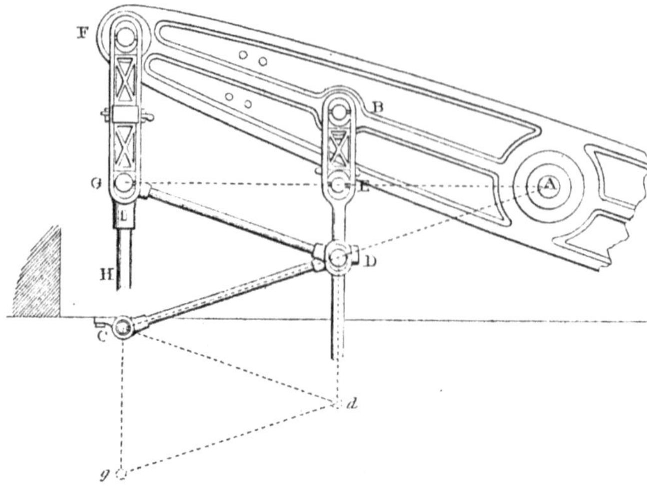

Fig. 14. — Parallélogramme de Watt, d'après Tredgold ; le sommet G du parallélogramme articulé FBDG, dont le sommet D est relié au centre fixe C, décrit une courbe très voisine d'une droite. La trajectoire du point E, sur le côté BD, est également à peu près rectiligne.

Dans la machine à connexion directe (fig. 15), une seule bielle relie la tige du piston, qui se meut en ligne droite, au bouton de la manivelle, qui décrit un cercle. La tige du piston est emmanchée, à son extrémité extérieure au cylindre, dans la tête du piston, guidée par des glissières ; sur la tête de piston s'articule la petite tête de bielle, dont la grosse tête porte sur le bouton de manivelle.

Fig. 16. — Machine à cylindre oscillant de Murdoch, en 1785, d'après Bourne.

On se figure aisément le mouvement de ces pièces en les réduisant à des axes géométriques. La bielle est supprimée dans la machine à cylindre oscillant sur deux tourillons (fig. 16 et 17) : la tige de piston s'articule directement sur la manivelle ; l'arrivée et le départ de la vapeur se font par les tourillons, qui sont creux.

L'arbre, auquel la manivelle communique le mouvement de rotation, tourne contre des coussinets encastrés dans des paliers ; souvent il porte un volant, destiné à réduire les irrégularités de la vitesse de rotation ; il commande d'habitude la tige du tiroir par une seconde manivelle de rayon moindre et de l'espèce dite excentrique (fig. 18 et 19) : en grossissant le tourillon d'une manivelle, jusqu'à ce qu'il vienne enfermer l'arbre, on peut monter ce tourillon grossi sur l'arbre, sans être obligé de le couder : la suppression du coude de l'arbre simplifie l'exécution.

L'excentrique est entouré du collier d'excentrique, qui est la tête de la bielle ou barre d'excentrique, dont l'autre extrémité s'articule sur la tige du tiroir.

Fig. 15. – Machine horizontale à connexion directe, construite en 1889 par C.H.Brown et Co., à Fitchburg, Etats-Unis.

Fig. 17. — Moteur de treuil, a cylindres oscillants, de Higginson.

En pressant le piston, la vapeur exerce une poussée égale sur le fond du cylindre, solidement attaché au bâti. Le bâti à baïonnette de Corliss (fig. 20) relie directement le fond du cylindre au palier de l'arbre moteur : cette disposition est fréquente dans les machines horizontales. Les glissières de la tête du piston viennent de fonte avec ce bâti.

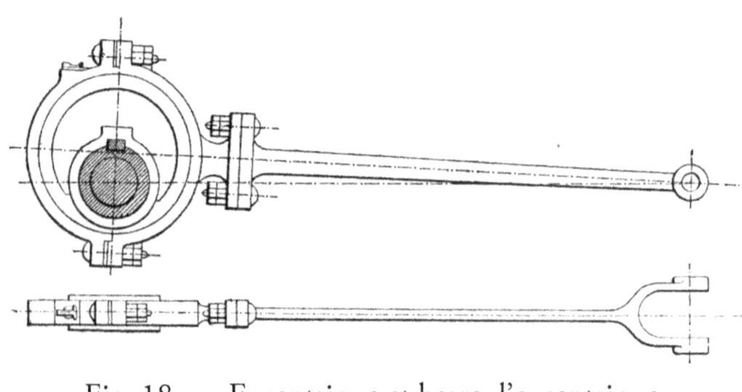

Fig. 18. — Excentrique et barre d'excentrique.

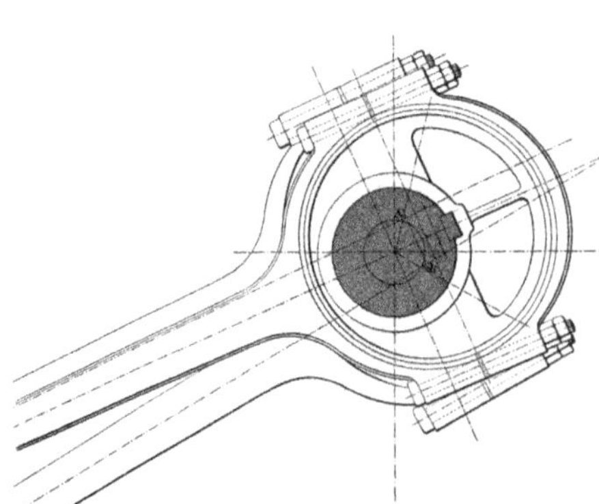

Fig. 19. — Poulies d'excentrique, et colliers, forgés avec la barre.

8. Principales dispositions des machines à vapeur.

Selon la direction de l'axe du cylindre, la machine est dite horizontale (fig. 15 et 21), inclinée (fig. 22 et 23), ou verticale. Dans ce dernier cas, le cylindre peut être au-dessous (fig. 24) ou au-dessus (fig. 25) de l'arbre : s'il est au-dessus, la machine est dite du type pilon, par analogie avec les marteaux-pilons à vapeur. Deux cylindres peuvent attaquer chacun une manivelle à l'extrémité de l'arbre (fig. 26) : les deux manivelles sont généralement calées à angle droit.

Les montages des fig. 22 et 23 réalisent le même effet avec une seule manivelle. L'ensemble constitue deux *machines conjuguées*.

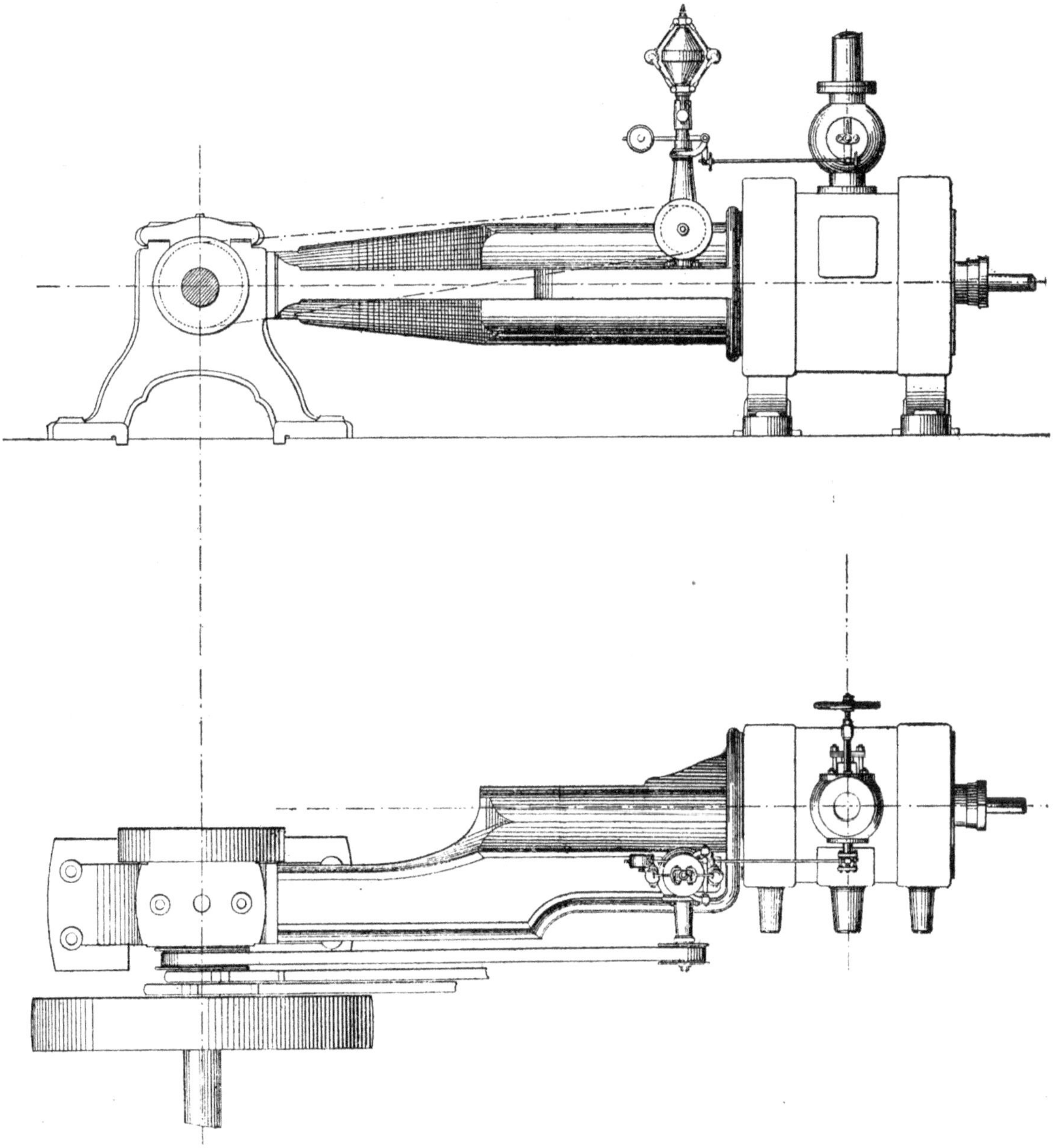

Fig. 20. — Machine avec bâti à baïonnette, construite par E. Garnier.

Fig. 21. – Machine horizontale, avec cylindre en porte-à-faux et plateau manivelle, construite par la Société du Phoenix en 1889.

9. Machines à cylindres successifs.

Les machines où la vapeur ne travaille que dans un seul cylindre, qui la reçoit de la chaudière et l'évacue au condenseur ou dans l'atmosphère, sont dites *monocylindriques*.

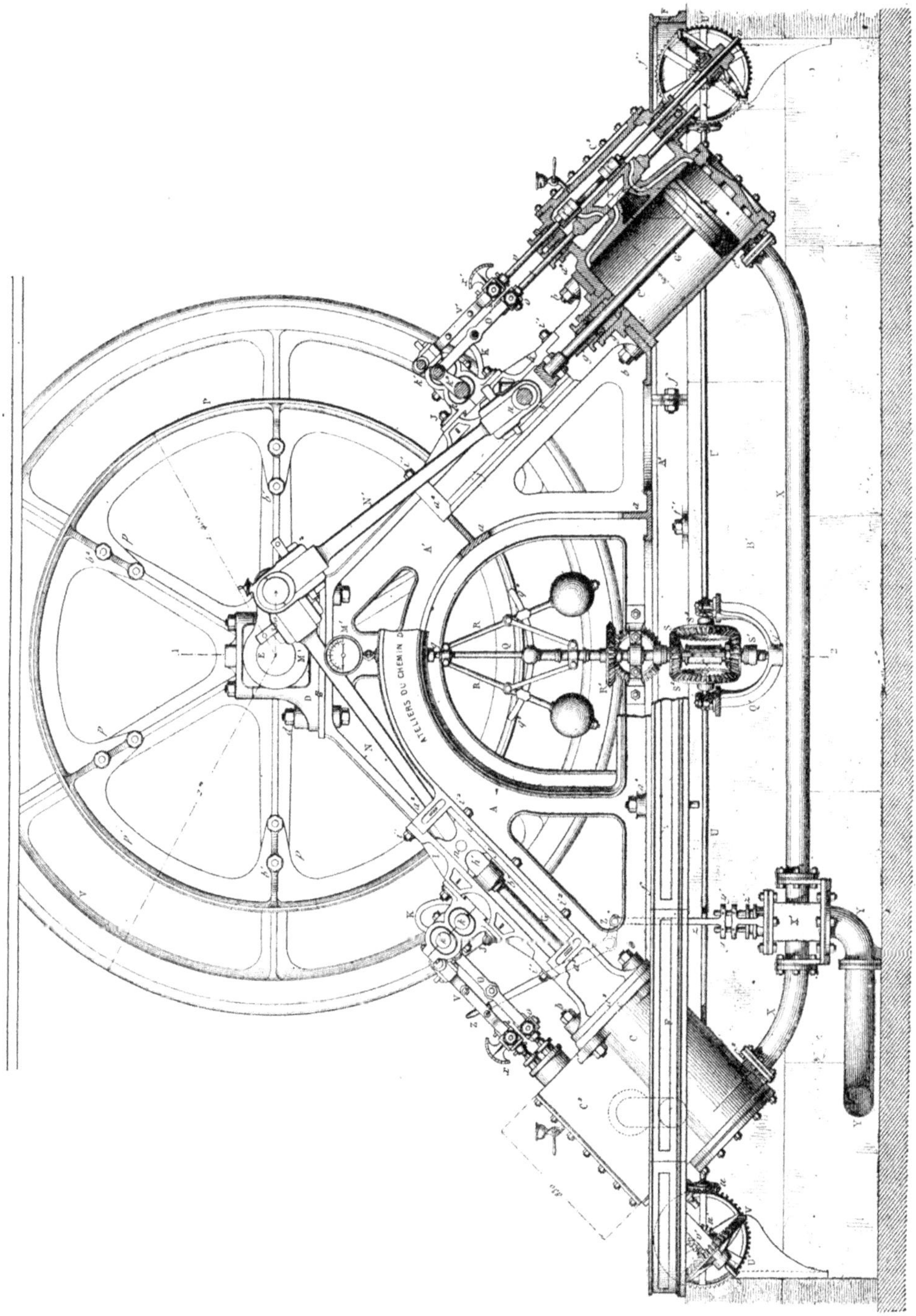

Fig. 22. – Machine à cylindres inclinés, construite pour les ateliers des chemins de fer de Paris à Lyon et à la Méditerranée vers 1857; la distribution se fait par deux tiroirs superposés du système Meyer, avec commande du mécanisme de détente variable par régulateur à embrayage (disposition abandonnée).

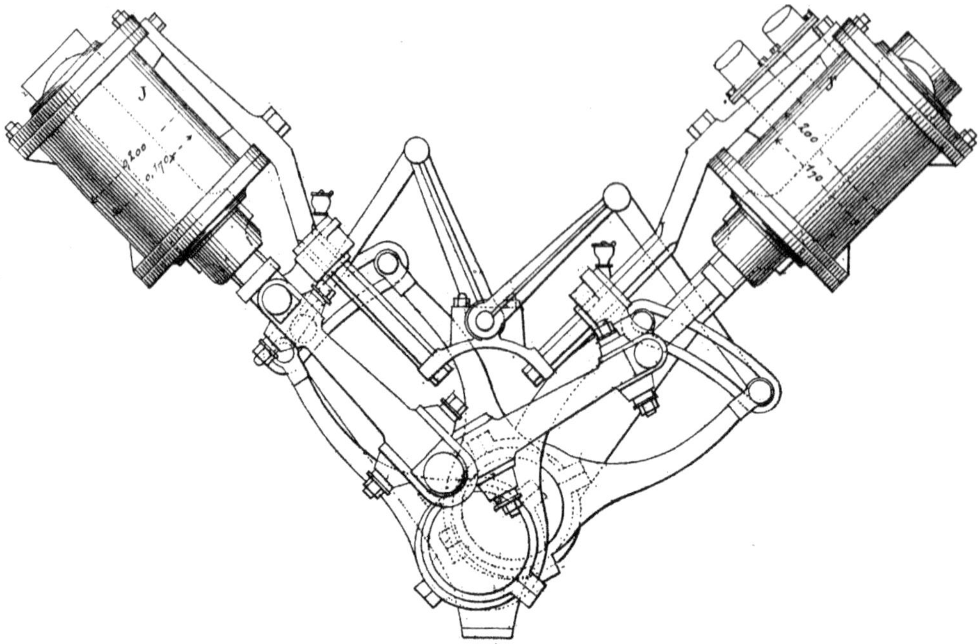

Fig. 23. — Machine à cylindres inclinés, placés au-dessus de l'arbre, de Bollée et Dalifol, construite vers 1876 pour la traction des tramways.

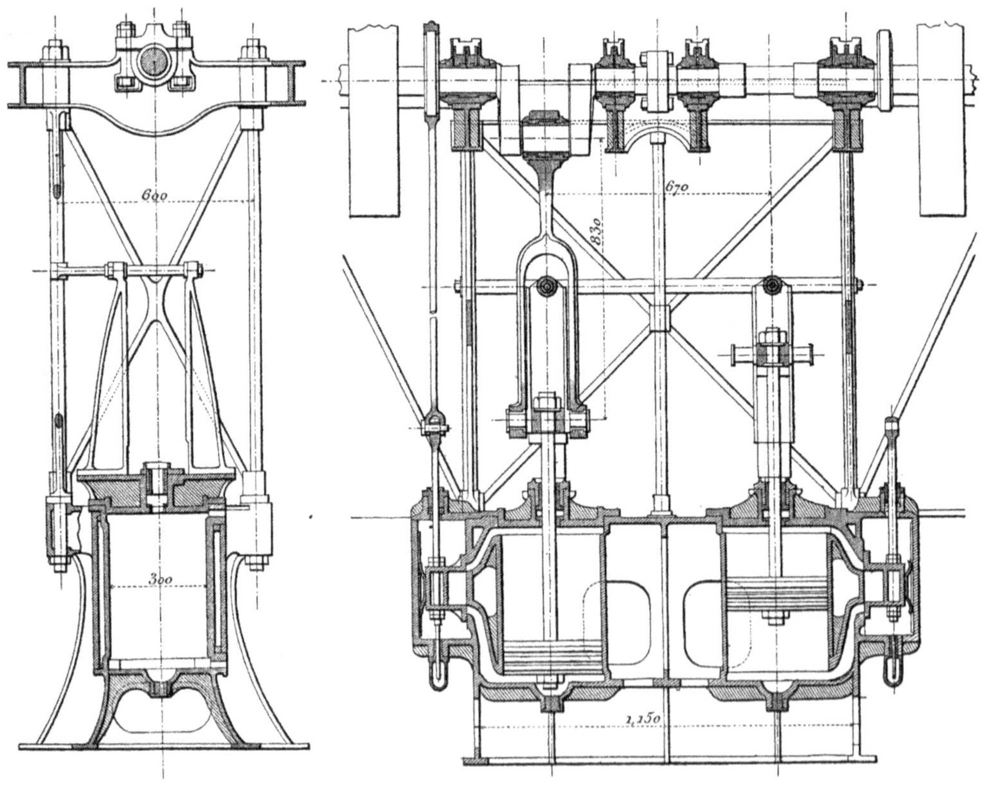

Fig. 24. — Machine verticale (moteur des pompes d'un navire); coupe transversale et coupe longitudinale.

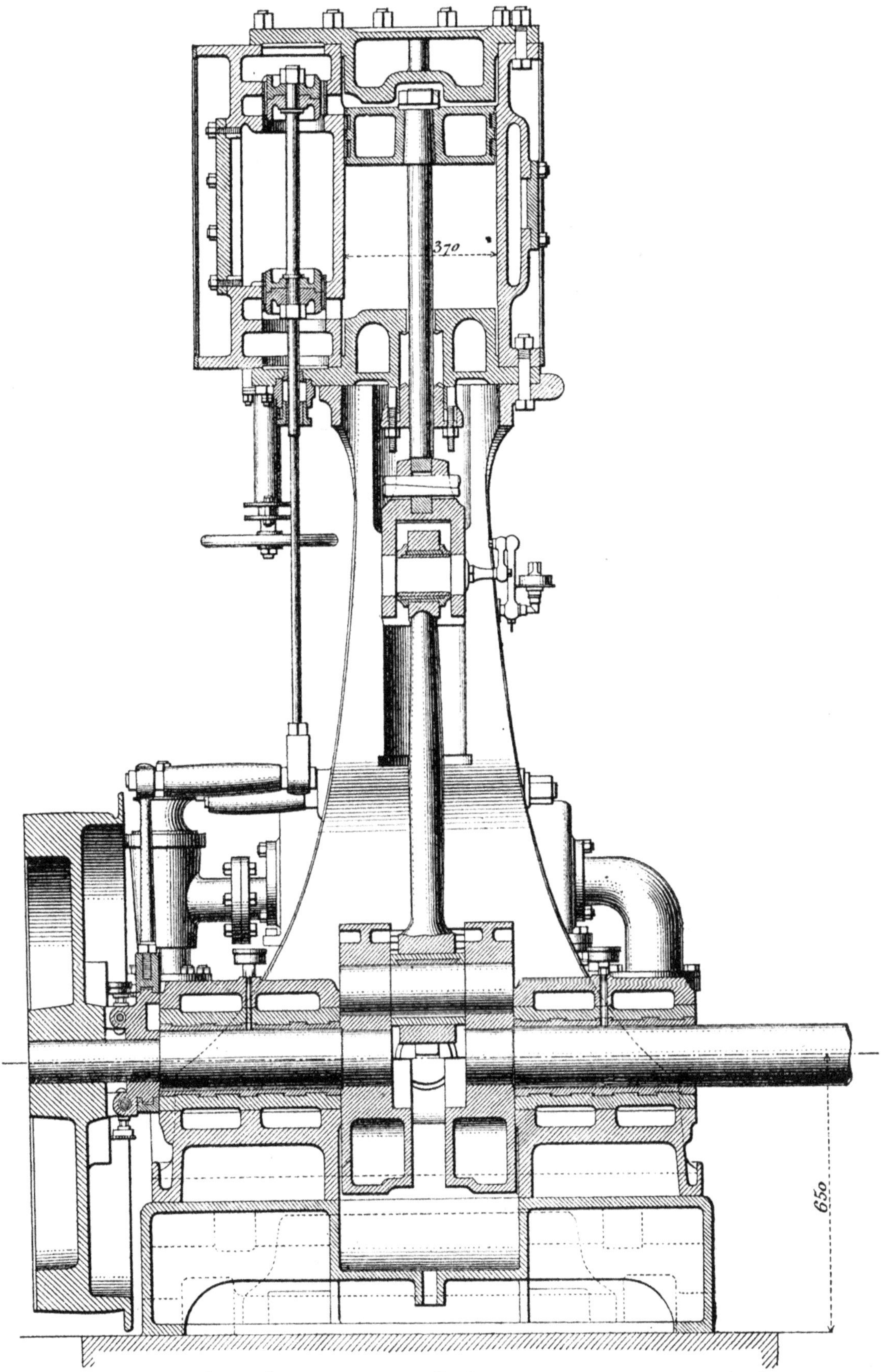

Fig. 25. — Machine pilon, construite par E. Garnier en 1889, avec tiroir cylindrique ;
coupe longitudinale.

Un appareil à plusieurs cylindres alimentés séparément, comme sur les figures 22, 23, 24, 26, peut être considéré comme formé d'autant de machines *monocylindriques*. Depuis longtemps on dispose autrement les cylindres multiples : dès l'année 1776, Hornblower en fit traverser successivement deux par la vapeur (fig. 27); on dit que les brevets de Watt empêchèrent l'extension des machines de Hornblower, qui reproduisait plusieurs dispositions imaginées par Watt, et notamment le condenseur séparé. Le principe de la machine de Hornblower reparut en 1804 sous le nom de Woolf : la vapeur, sortant de la chaudière, pénètre dans un premier cylindre pendant toute la course de son piston, puis, pendant le retour de ce piston, elle se détend en se transvasant dans un second cylindre plus grand (fig. 28).

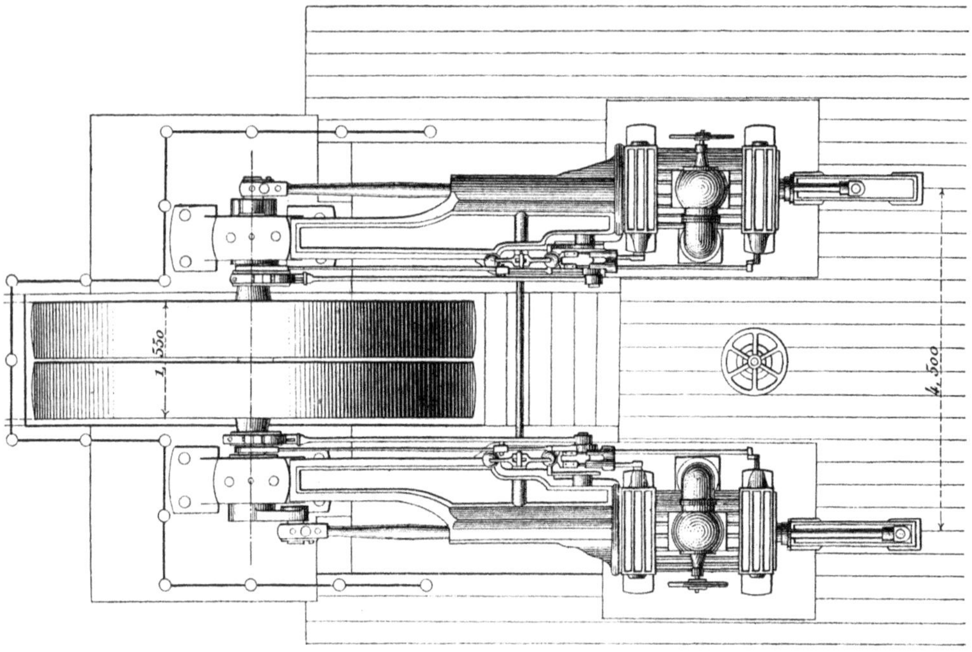

Fig. 26. — Machines Corliss conjuguées, avec manivelles calées à angle droit ; plan.

Les deux tiges de piston sont attachées à un balancier unique : pendant la course descendante, la vapeur de la chaudière presse le dessus du petit piston ; la vapeur qui remplissait le petit cylindre se détend dans le grand, et la partie inférieure du grand cylindre communique avec le condenseur.

Pendant la course montante, la vapeur de la chaudière arrive sous le petit piston ; la vapeur admise pendant la course descendante se transvase de la partie supérieure du petit cylindre à la partie inférieure du grand, dont la partie supérieure communique avec le condenseur.

Au lieu d'être admise à pleine pression pendant toute la durée de la course du piston dans le premier cylindre, la vapeur peut y pénétrer seulement pendant une fraction de cette course, puis commencer à s'y détendre pendant le reste de la course.

Les machines de Woolf, malgré l'économie de combustible qu'elles pouvaient procurer, ne se multiplièrent pas beaucoup au début ; plus tard on en construisit un grand nombre, et il en reste encore en service.

Aujourd'hui c'est surtout une forme dérivée de la machine de Woolf, mais notablement différente, la machine compound, qui est employée. Dans la machine *compound*, la vapeur traverse encore successivement deux cylindres de volumes différents. Le plus petit reçoit la vapeur de la chaudière ; elle commence à s'y détendre, puis s'échappe dans un réservoir intermédiaire. Ce réservoir alimente à son tour le second cylindre, comme le ferait une chaudière. La vapeur s'échappe

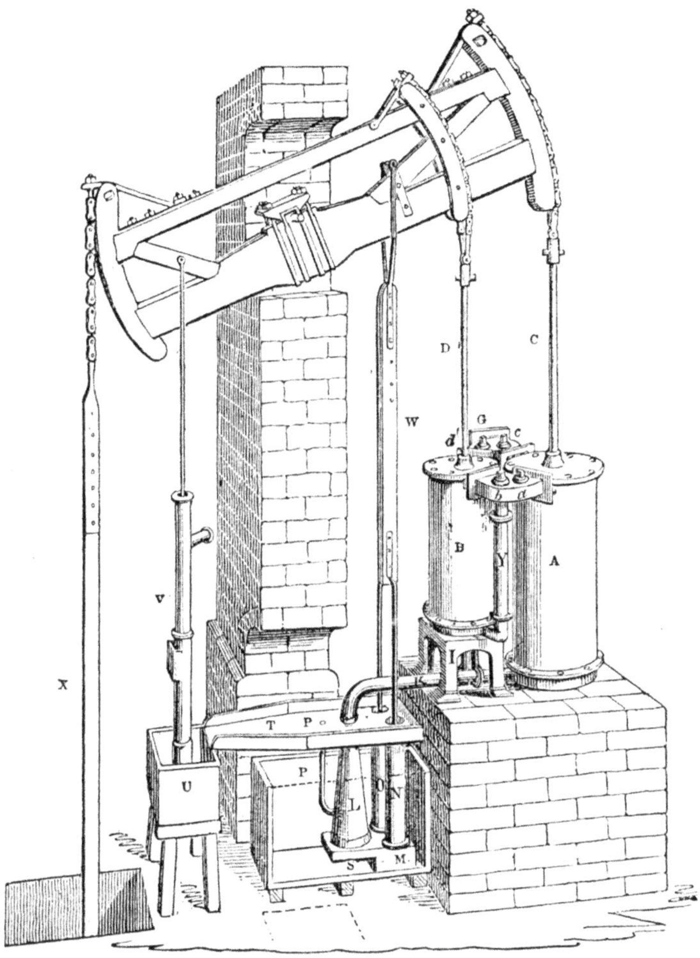

Fig. 27. — Machine à deux cylindres de Hornblower, d'après Bourne ; G, tuyau d'arrivée de vapeur ; a et b, robinets de distribution.

enfin dans un condenseur, ou dans l'atmosphère. L'ensemble forme deux machines distinctes, mais ayant entre elles certaines relations nécessaires. La vapeur travaille, dans la première, entre la pression de la chaudière et celle du réservoir ; dans la seconde, cette pression varie entre celle du réservoir et celle du condenseur. Les pistons de ces deux machines n'ont plus nécessairement des positions concordantes, comme ceux de la machine de Woolf. Souvent ils attaquent deux manivelles calées à angle droit sur un arbre unique (fig. 29 et 30).

Les deux cylindres successifs peuvent avoir même axe et être montés en tandem : une tige unique porte les deux pistons ; la machine est horizontale ou verticale (fig. 31 et 32).

On est allé plus loin, en faisant passer la vapeur à travers trois cylindres de volumes croissants, dans les machines à *triple expansion* (fig. 33 et 34 à 36). Le

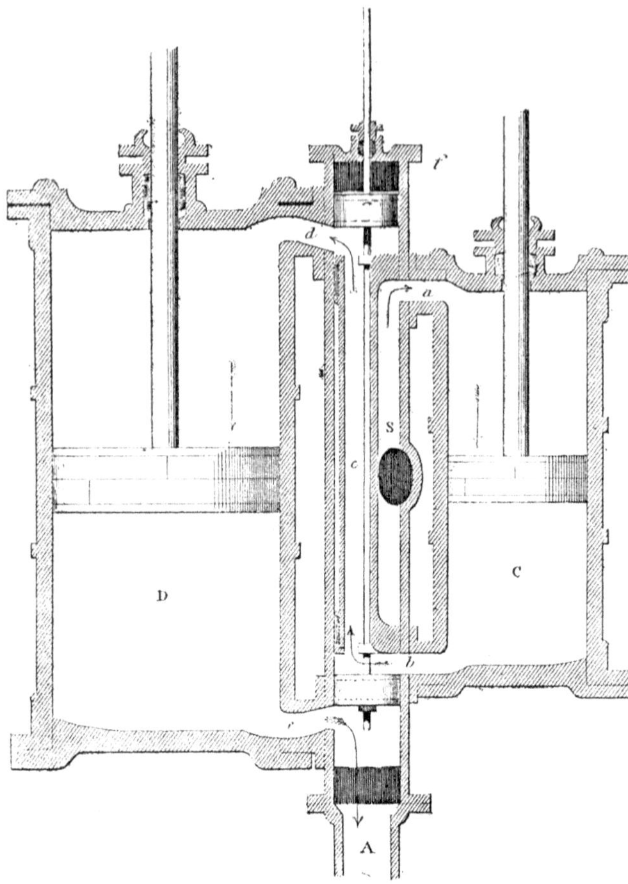

Fig. 28. — Cylindres de la machine de Woolf, d'après Tredgold.

Fig. 29. — Machine compound horizontale, avec manivelles à angle droit, construite par A. Dujardin.

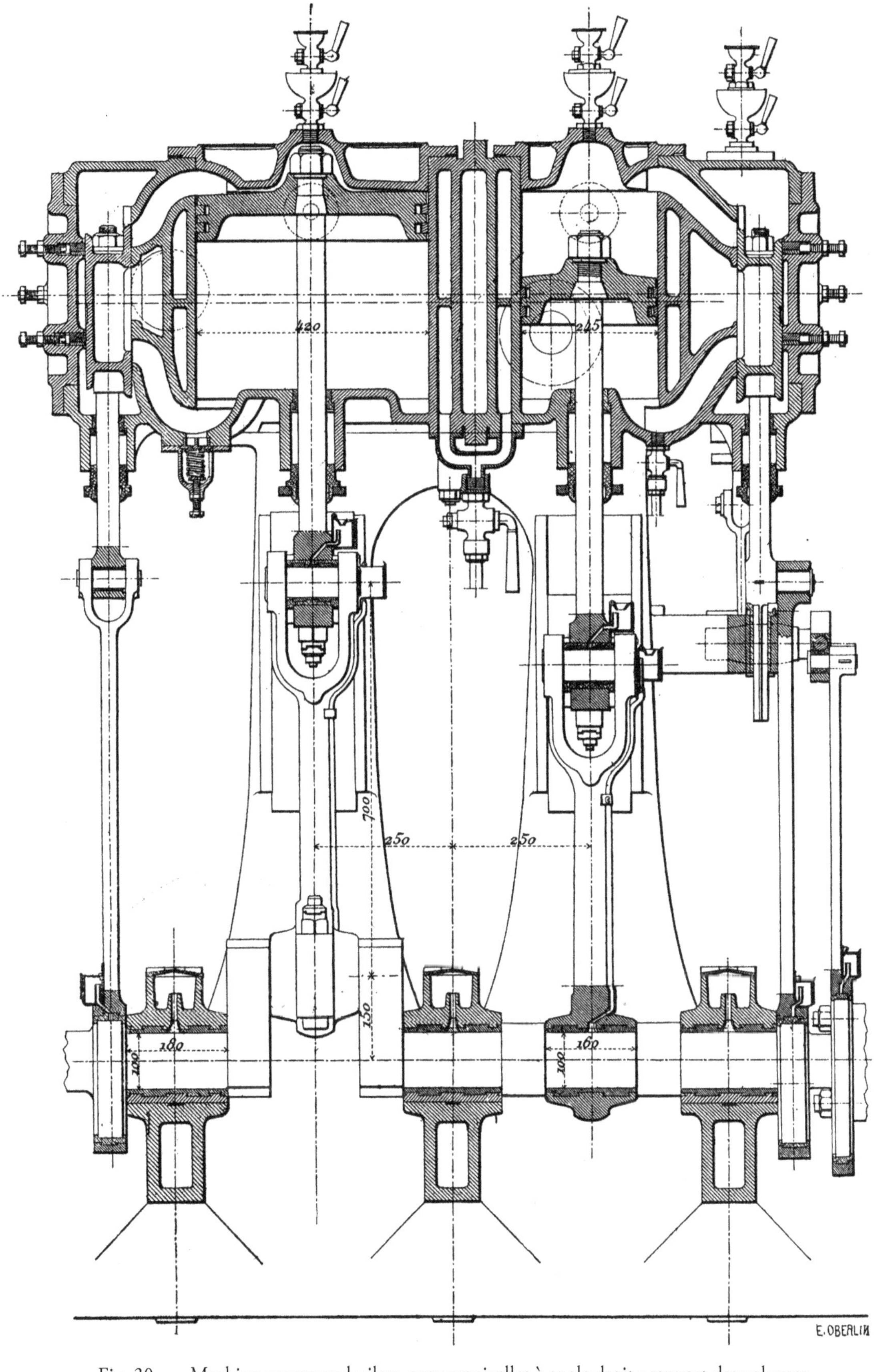

Fig. 30. — Machine compound pilon, avec manivelles à angle droit ; rapport des volumes engendrés par les deux pistons, 1 à 2,92.

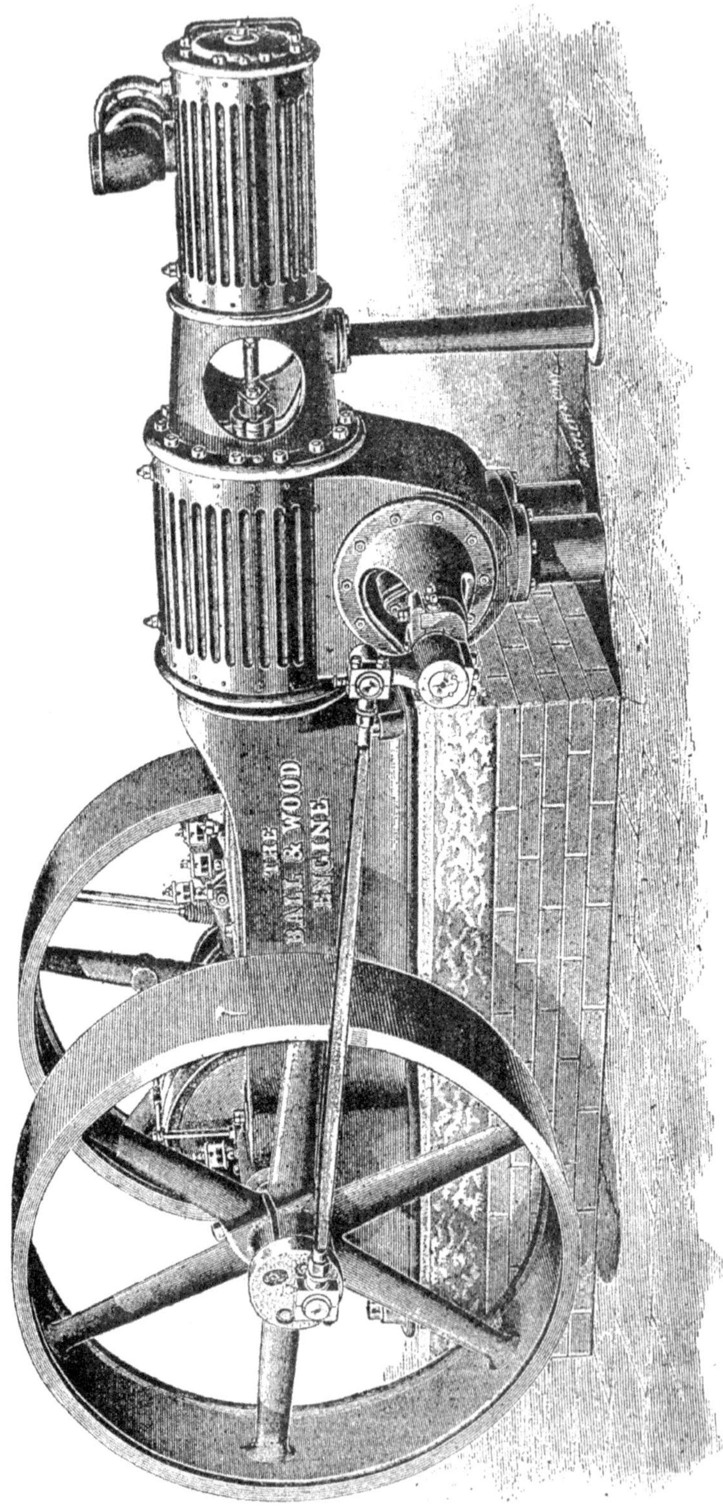

Fig. 31 – Machine compound tandem horizontale, avec cylindres en porte-à-faux, construite aux États-Unis vers 1893.

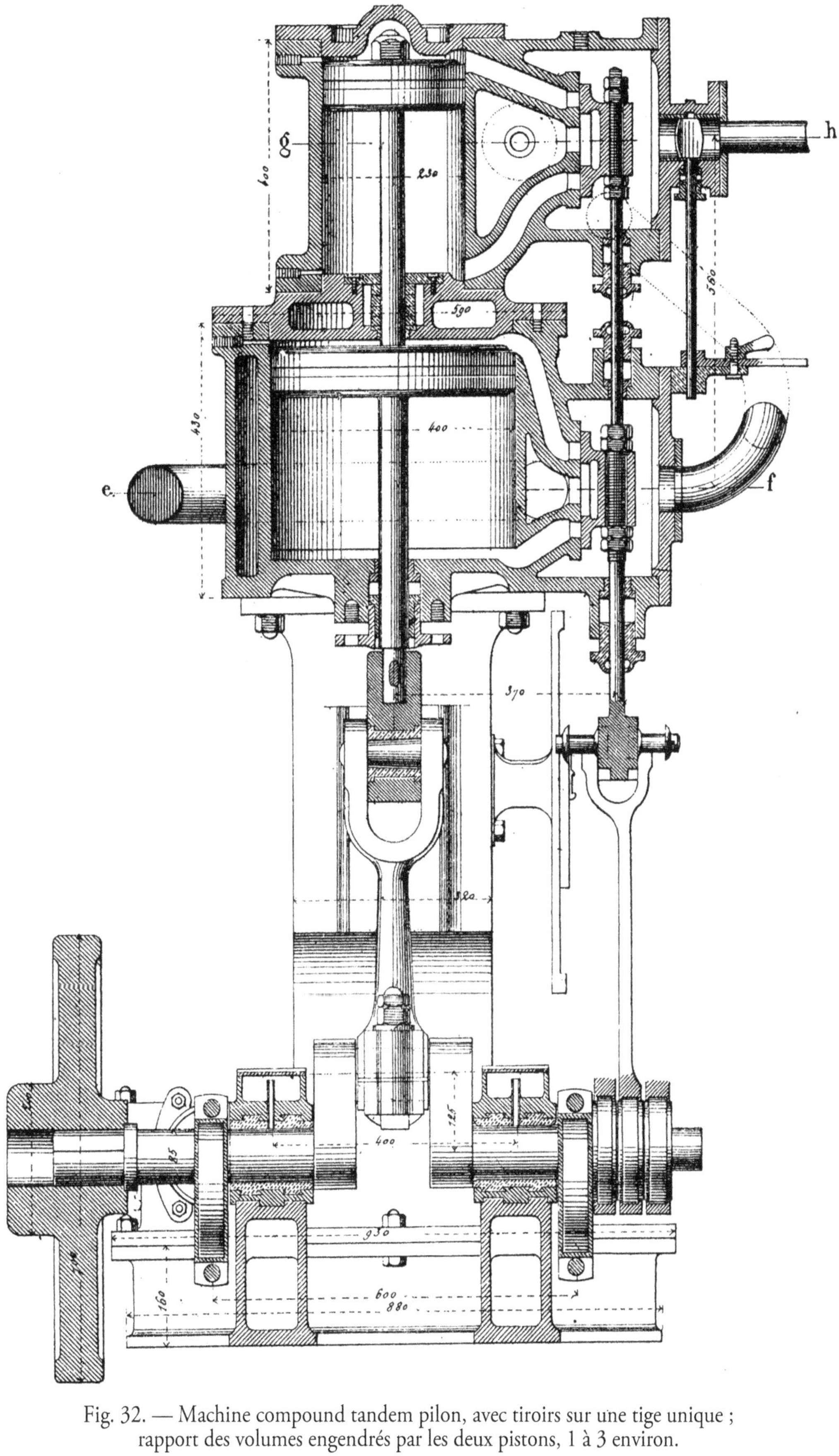

Fig. 32. — Machine compound tandem pilon, avec tiroirs sur une tige unique ; rapport des volumes engendrés par les deux pistons, 1 à 3 environ.

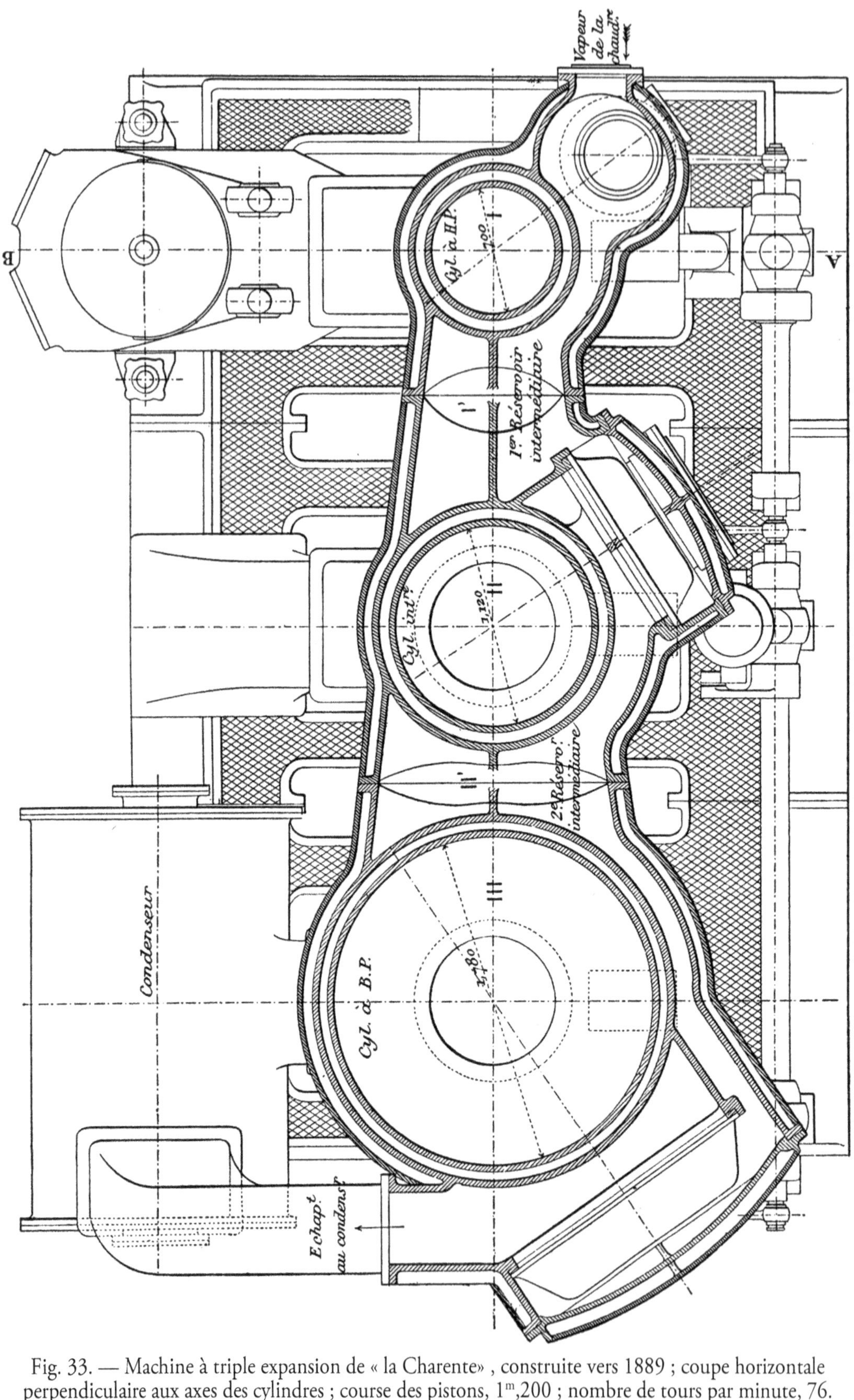

Fig. 33. — Machine à triple expansion de « la Charente» , construite vers 1889 ; coupe horizontale perpendiculaire aux axes des cylindres ; course des pistons, $1^{m},200$; nombre de tours par minute, 76. Distribution par tiroir cylindrique au premier cylindre, par tiroirs plans aux deux autres. Rapports des volumes engendrés par les trois pistons, 1,— 2,559 — 6,466. Pression initiale effective de la vapeur, 10 kg par cm^2. Puissance totale indiquée, 2.100 chevaux.

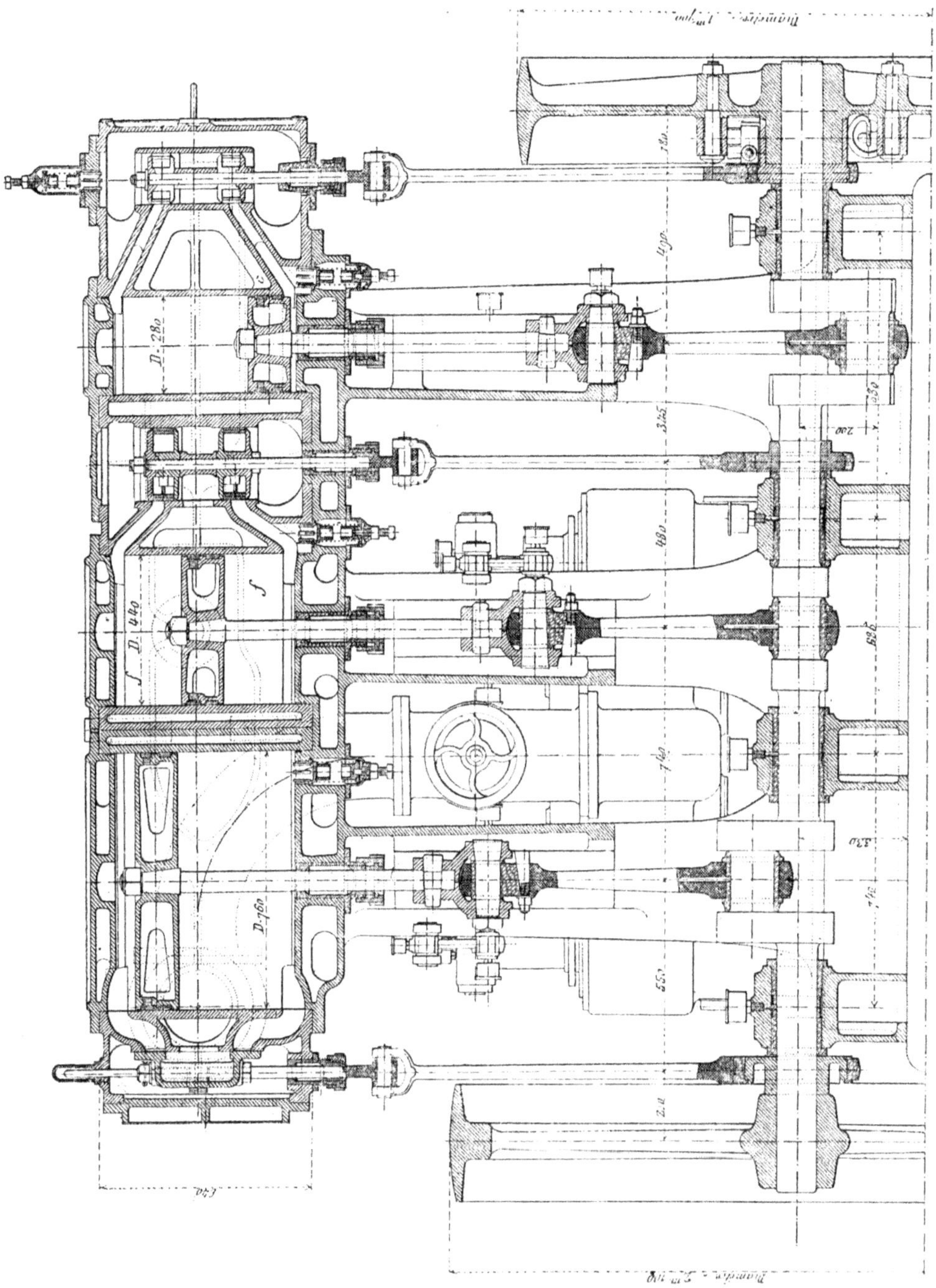

Fig. 34. – Machine pilon à triple expansion, construite en 1889 par MM. Boulet et Cie;
coupe longitudinale.

premier cylindre reçoit la vapeur de la chaudière et l'évacue dans un premier réservoir intermédiaire; ce réservoir alimente le second cylindre, dont l'échappement se fait dans un second réservoir ; enfin la vapeur traverse un troisième cylindre, plus grand que le second, qui est lui-même plus grand que le premier, puis s'échappe dans le condenseur ou dans l'atmosphère.

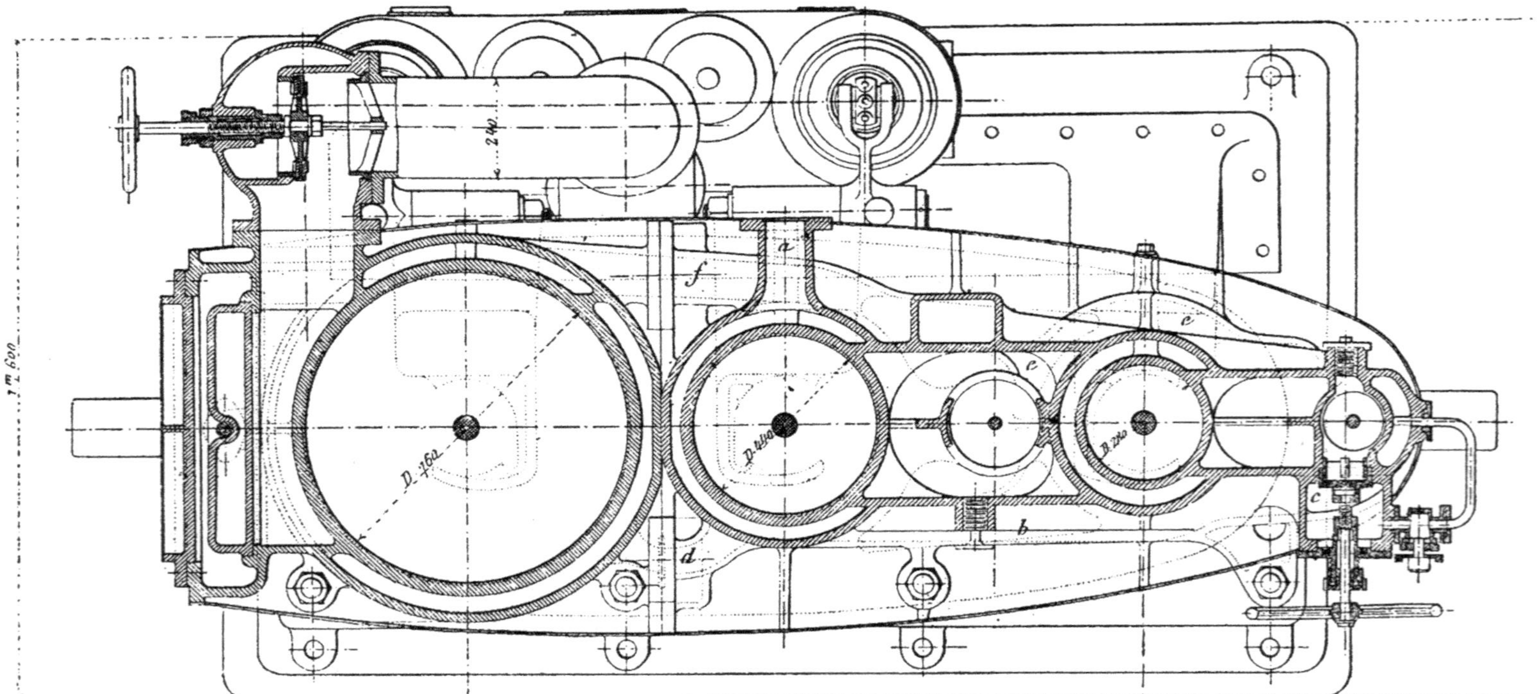

Fig. 35. — Machine à triple expansion de Boulet ; coupe horizontale par les cylindres.
Cette machine fait 150 tours par minute. Les trois cylindres ont 280, 440 et 760 mm sur 400 mm (rapports des volumes, 1 — 2,47 — 7,36) ; la pression initiale de la vapeur est de 10 kg par cm^2; elle pénètre par la tubulure a, contourne le cylindre intermédiaire, passe par un conduit inférieur b dans l'enveloppe du cylindre à haute pression et remonte dans la boîte à soupape d'arrêt c; elle alimente également l'enveloppe du cylindre à basse pression par deux tubulures d.
L'admission dans chaque cylindre a lieu en moyenne pendant les 65 centièmes de la course ; dans les deux premiers, elle se fait par les bords intérieurs de tiroirs cylindriques. Les conduits e et f l'amènent du premier au second cylindre et du second au troisième.
La puissance effective, en marche normale, est de 150 chevaux.

Les machines à *quadruple expansion* ont un troisième réservoir, qui alimente un quatrième cylindre plus grand que le troisième.

Les cylindres des machines à détentes successives sont parfois subdivisés, afin d'éviter des dimensions trop fortes ou de mieux répartir les efforts moteurs ; c'est ainsi que des compounds ont trois cylindres, des machines à triple expansion quatre et cinq cylindres.

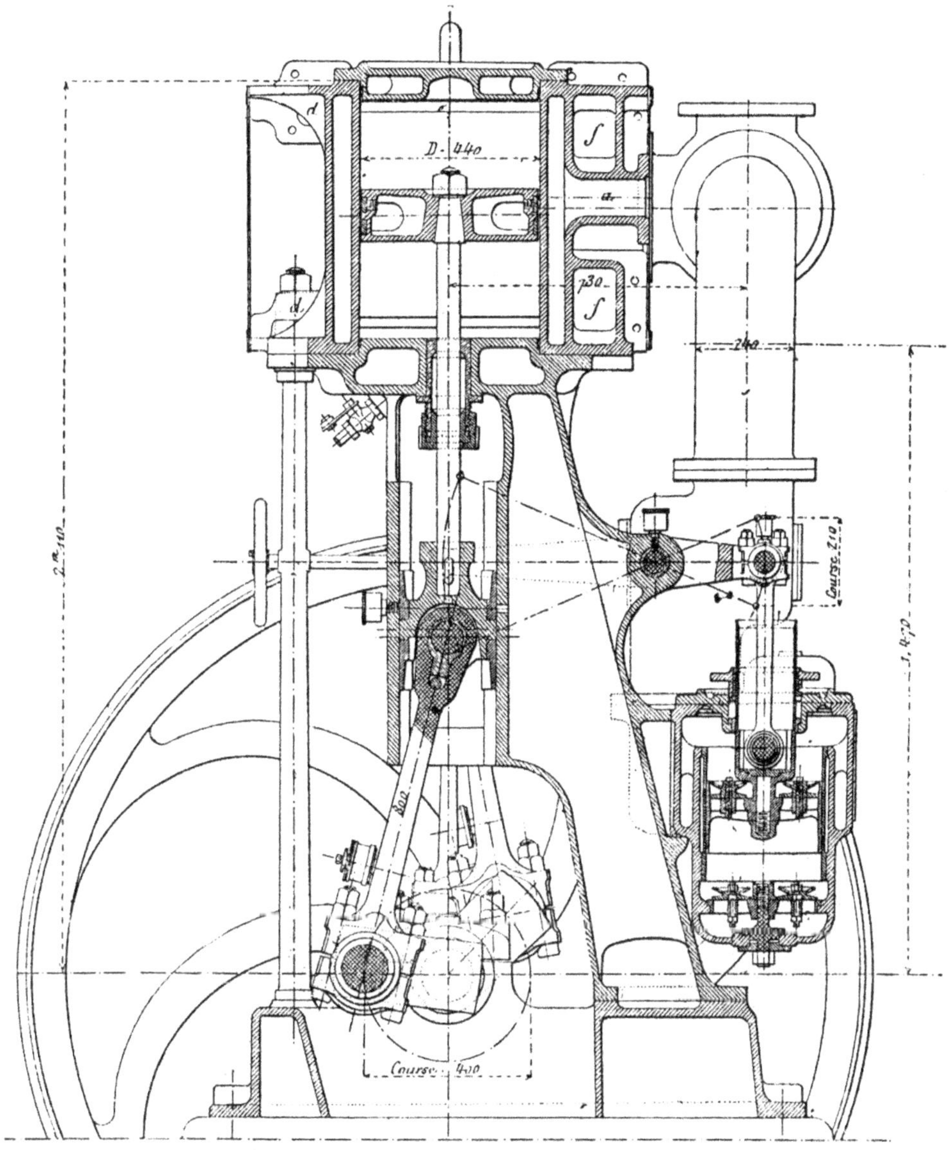

Fig. 36 – Machine à triple expansion de Boulet ; coupe transversale par l'axe du cylindre intermédiaire.

- II -

LOIS MÉCANIQUES ET PHYSIQUES

10. Bases de l'étude des machines.

L'analyse du fonctionnement d'une machine construite, et la détermination des dimensions, pour une machine projetée, consistent surtout à appliquer les règles de la physique, de la mécanique et de la résistance des matériaux. La physique étudie la production et la transmission de la chaleur, la transformation de l'eau en vapeur ; elle enseigne comment une fraction de la chaleur reçue par l'eau peut se métamorphoser en travail ; elle recherche les échanges calorifiques entre la vapeur et les parois qui l'enferment. Toute la théorie de l'évolution de l'eau dans les moteurs, à l'état liquide et à l'état gazeux, repose sur des lois physiques ; l'étude de la dilatation par la chaleur des pièces de machines touche aussi au domaine de la physique.

La mécanique enseigne comment se transmettent les efforts dans les divers organes des machines, et fait connaître les lois de leurs mouvements ; l'étude de la marche des volants et des régulateurs est une des plus importantes auxquelles donne lieu la machine à vapeur. La détermination des frottements dans les organes, qui est une branche de la mécanique, est aussi d'une importance capitale.

Les règles de la résistance des matériaux précisent les formes et les dimensions des diverses parties, quand on connaît les efforts qu'elles auront à supporter.

Pour appliquer utilement ces règles de la science à l'étude des machines, il faut déterminer avec précision l'usage qu'on en doit faire et les services qu'on leur demandera. Cette détermination repose souvent sur l'emploi de règles théoriques, mais aussi sur des considérations qui sont plutôt du ressort de ce qu'on appelle la pratique : telle est par exemple l'augmentation possible de la puissance que devra fournir un moteur, pour suivre l'extension des ateliers qu'il actionne. La pratique permet aussi d'apprécier certaines conditions spéciales du fonctionnement des machines, telles que les ressources dont on dispose pour leur entretien, l'habileté plus ou moins développée de leurs conducteurs : ces diverses circonstances font rechercher ou écarter certaines dispositions.

La connaissance des ateliers qui doivent construire une machine, celle des procédés d'exécution les plus économiques dans ces ateliers, est aussi d'une importance pratique considérable. À la pratique enfin se rattache la détermination, souvent difficile, de cette mesure fondamentale de toute opération industrielle, mesure admirablement variée et fidèle, le prix de revient du service des machines.

La bonne pratique n'exige pas moins que la théorie des observations précises et des déductions logiques. C'est rabaisser la pratique que d'y voir — ce qu'elle est quelquefois — l'imitation irréfléchie de dispositions connues. Souvent le défaut d'études convenables et l'ignorance de certaines lois physiques obligent à se contenter de données mal définies, déduites de l'observation de quelques machines : cette observation pèche trop souvent par la confusion des causes qui produisent les effets observés. Il est presque toujours difficile de séparer convenablement ces causes, dans les appareils en marche courante : savoir faire des expériences, en tirer de justes déductions, est un art des plus délicats.

11. Connaissances mathématiques utiles.

Pour établir les principes de la physique et de la mécanique, nécessaires à l'étude des machines, ainsi que ceux de la résistance des matériaux, on s'appuie sur des connaissances mathématiques dépassant quelque peu celles dites élémentaires, qui font partie de toute éducation complète. La conception des infiniment petits, ou des rapports précis de quantités qui diminuent en dessous de toute limite, est d'une application fréquente et commode : il est fort à souhaiter qu'elle pénètre sans réserve dans l'enseignement mathématique général.

On ne saurait trop recommander l'étude sérieuse des principes de la mécanique ; de vagues notions de cette science exposent à de grossières erreurs dans les problèmes les plus simples.

Les méthodes géométriques et les tracés graphiques, qu'on emploie de plus en plus, donnent des représentations commodes, montrent la loi des phénomènes plus clairement que les formules, mettent en lumière les grosses erreurs d'observation et se comprennent facilement sans préparation mathématique spéciale.

Les calculs numériques sont nécessaires pour la pratique ; dans les études théoriques et générales, l'application des formules à des nombres déterminés est souvent fort utile, en donnant une idée de la valeur relative des diverses quantités qu'on envisage. Parfois le raisonnement indique l'effet de certaines actions, auxquelles on est tenté d'attribuer une importance exagérée, tandis que l'exemple numérique les montre insignifiantes. La règle à calcul rend ces applications faciles et rapides ; elle donne presque toujours le degré de précision qui convient pour l'étude des machines, en élaguant les nombreuses décimales, qui trop souvent surchargent, en dépit du bon sens, des résultats déduits de données approximatives.

12. Vitesse.

Lorsque le langage scientifique emploie les mots usuels, la science est débarrassée d'un attirail pompeux, qui semble la réserver aux seuls initiés ; par contre, les expressions risquent d'y perdre la précision qu'elles devraient toujours garder. Tel est le cas du mot vitesse, qui appartient au vocabulaire de la mécanique. Parmi les personnes qui l'emploient, combien sauraient le définir ? La définition simple qu'on donne souvent de cette grandeur, pour le *mouvement uniforme* d'un point, a le tort d'en dissimuler la nature même : un point est animé d'un mouvement uniforme lorsqu'il parcourt, sur sa trajectoire, des espaces égaux dans des temps égaux ; on dit alors que la vitesse est l'espace parcouru pendant l'unité de temps, le nombre de mètres franchis en une seconde, quand les unités de longueur et de temps sont le mètre et la seconde.

C'est faire de la vitesse une longueur, tandis qu'elle est un *rapport, le rapport de l'espace parcouru au temps*, le quotient d'un nombre de mètres par un nombre de secondes. Quand on ne considère que des mouvements uniformes, la définition, fausse en principe, qui vient d'être mentionnée, peut encore servir ; mais que devient-elle pour un mouvement varié? L'idée de rapport de l'espace au temps donne au contraire la définition générale de la vitesse, lorsque les deux termes diminuent indéfiniment.

Pour figurer la vitesse d'un point, qui se meut sur une droite AB (fig. 37), par exemple en tombant sous l'action de la pesanteur, on peut représenter la loi du mouvement en marquant, sur cette droite, en 0-1-2-3-4-5..., les positions du point à des intervalles de temps égaux, toutes les secondes par exemple. Mais une représentation plus claire et plus complète, bien que moins directe, consiste à figurer le temps par des abscisses 01-02-03..., comptées sur l'axe OX, puis à porter les espaces parcourus en ordonnées correspondantes : sur un tel tracé, l'œil rapproche immédiatement le chemin parcouru de la durée du parcours. La tangente ST en un point S de la courbe, par son inclinaison sur l'axe OX, donne la vitesse au point A ; cette vitesse est mesurée par le rapport de Ss à Ts ; elle est exprimée en mètres par seconde, si l'on compte combien de mètres représente Ss et combien de secondes Ts. Algébriquement, la vitesse est le rapport égal du chemin infinitésimal parcouru, ds, à la durée infinitésimale du parcours, dt.

La trajectoire du point peut n'être pas rectiligne ; le tracé reste le même : les ordonnées, parallèles à OY, représentent le développement des arcs parcourus sur la trajectoire.

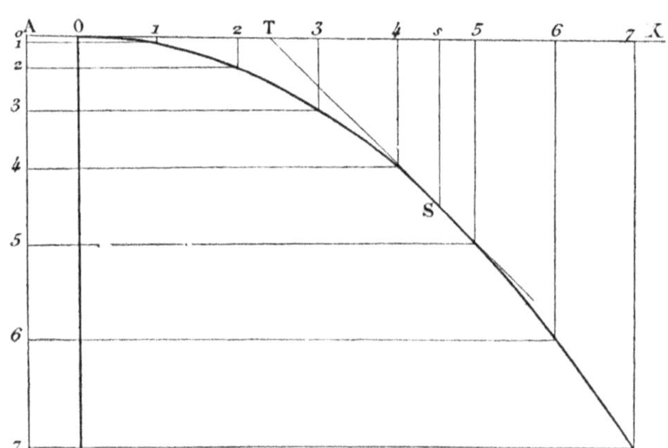

Fig. 37. — Représentation du mouvement d'un point.

Lors de la translation rectiligne d'un corps, tous les points du corps ont au même instant la même vitesse. Il n'en est pas de même pour d'autres mouvements. Dans la rotation autour d'un axe, chaque point décrit un cercle ; les vitesses des points sont à chaque instant proportionnelles aux rayons des cercles qu'ils parcourent ; la vitesse angulaire du corps est le rapport du déplacement angulaire à la durée de ce déplacement, durée quelconque dans la rotation uniforme, durée infiniment petite dans une rotation variée. Les angles étant exprimés en radians (§ 3), la valeur de la vitesse angulaire est celle de la vitesse linéaire d'un point situé à un mètre de l'axe.

M. Guillaume a donné un tableau commode pour déduire la vitesse angulaire du nombre de tours par minute dans la rotation uniforme : le produit de ce nombre par 0,10473 donne les radians parcourus en une seconde. Inversement une vitesse d'un radian par seconde correspond à 9,5493 tours par minute.

13. Accélération.

Dans le mouvement rectiligne d'un point, l'accélération est le rapport de la variation infiniment petite de vitesse, dv, à la durée, dt, de cette variation. Sur la figure 38, qui représente la loi du mouvement du point S, les ordonnées, telles que sV, sont prises proportionnelles au nombre qui exprime la vitesse pour les positions correspondantes du mobile S. Cette construction peut se faire en figurant par T' s l'unité de temps, et en menant T'Y parallèle à la tangente TS. La tangente VJ à la nouvelle courbe détermine l'accélération, égale au rapport de Vs à Js.

Avec les échelles de la figure, ce rapport est mesuré par la longueur sA, T'A étant parallèle à JV.

Dans le mouvement uniformément varié, l'accélération est uniforme, et les points V forment une ligne droite. L'accélération est alors égale au rapport de la

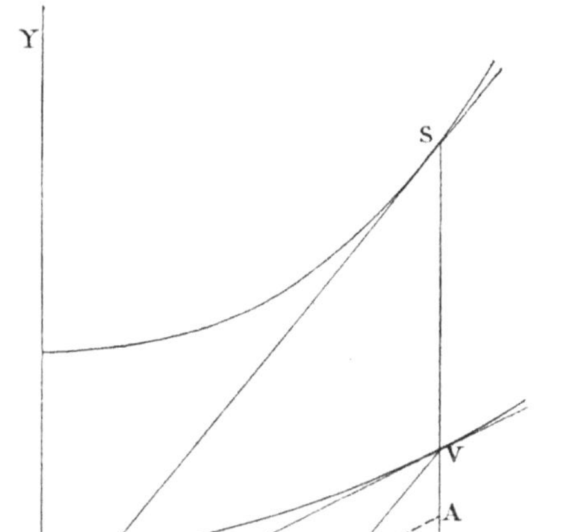

Fig. 38. — Représentation de la vitesse et de l'accélération d'un point.

variation de la vitesse pendant une durée quelconque à cette durée ; notamment à la variation de la vitesse pendant l'unité de temps, qui est habituellement la seconde.

Lorsque la trajectoire du point mobile n'est pas rectiligne, on distingue l'accélération tangentielle, égale à dv/dt, et l'accélération centripète, v^2/ρ dirigée suivant le rayon de courbure de la trajectoire, ρ.

Après le choix des unités, ces deux accélérations peuvent être représentées par des longueurs : ces longueurs étant portées respectivement sur la tangente à la trajectoire, et sur le rayon de courbure, la diagonale du rectangle, dont deux côtés sont ainsi déterminés, figure l'accélération totale.

14. Forces.

Une force, d'intensité et de direction invariables, en agissant sur un point qui part du repos, lui donne un mouvement uniformément accéléré suivant cette direction : l'accélération est proportionnelle à la force, et la mesure. Si la même force agit successivement sur deux points de masses différentes, les accélérations sont inversement proportionnelles à ces masses. D'une manière générale, m étant la masse du point, j l'accélération du mouvement que lui communique la force F suivant sa direction, la force F est représentée par le produit $m \times j$.

La force dont l'action est le plus familière est la pesanteur, force variable à la surface de la terre. Elle s'exprime en fonction de l'unité de masse, qui est donnée par le décimètre cube d'eau distillée, à la température de 4°, ou plus exactement par un étalon de platine.

Le poids d'un kilogramme est le produit de cette masse-étalon par l'accélération due à la pesanteur, représentée par la lettre g. Avec le mètre et la seconde pour unités, cette accélération g est, à Paris, $9^{m},81$, et, à la latitude de 45° au niveau de la mer, $9^{m},8067$.

En définissant ainsi le kilogramme comme une masse et non comme un poids, non seulement on s'affranchit de l'incertitude qui résulte des variations de la pesanteur, mais la définition n'a plus à se préoccuper de l'action de l'air, qui réduit le poids apparent de l'étalon, d'après le principe d'Archimède.

L'équation $F = mj$ est générale : elle s'applique au mouvement quelconque d'un point de masse m dont l'accélération totale est j. On peut supposer la force F remplacée par les deux forces $m(dv/dt)$ et $m(v^2/\rho)$, dirigées suivant la tangente à la trajectoire et suivant le rayon de courbure.

15. Travail.

Le travail d'une force agissant sur un point est, pendant le temps infiniment petit dt, le produit du chemin parcouru, ds, par la composante tangentielle de la force, c'est-à-dire par la projection de la force sur la tangente à la trajectoire.

L'expression du travail se calcule aussi en faisant le produit, égal au précédent, de la force par la projection, sur sa direction, de l'élément infiniment petit de trajectoire ds.

L'expression du travail se simplifie beaucoup lorsque le mouvement a lieu en ligne droite suivant la direction d'une force constante : pour un parcours quelconque, le travail est alors le produit de la force par la distance parcourue.

La valeur algébrique du travail est positive ou négative : dans les applications aux machines, le travail est dit moteur ou résistant suivant le signe.

L'unité usuelle de travail correspond au parcours d'un mètre suivant la direction d'une force d'un kilogramme : c'est le kilogrammètre (kgm). Une unité mille fois plus grande est la tonne-mètre, que Séguin appelle *dynamie*.

Le kilogrammètre est une unité peu satisfaisante en théorie, puisque la force du kilogramme n'est pas exactement la même aux divers points de la surface de la terre : pour la pratique des machines, les variations en sont d'ailleurs insignifiantes. L'erg et le joule, unités de travail dans le système CGS, ont été définis au § 3.

16. Puissance.

Pour apprécier le fonctionnement d'une machine, il ne suffit pas de connaître le travail qu'elle produit (ou qu'elle absorbe, s'il s'agit d'un appareil commandé par un moteur) ; le temps employé est un élément essentiel. On appelle puissance d'une machine le rapport du travail à la durée de l'opération. Le temps étant compté en secondes, et le travail en kilogrammètres, la puissance peut se mesurer par le nombre de kilogrammètres produits en une seconde, mais il ne faut pas oublier qu'en réalité la puissance est exprimée par un rapport.

Par nombre de kilogrammètres en une seconde, on entend presque toujours le nombre moyen pendant une certaine période de marche, car le travail produit n'est généralement pas le même pendant chaque seconde.

Quand la machine fonctionne suivant un régime permanent, le travail se reproduit avec les mêmes variations pendant une série de périodes : la puissance se calcule en divisant le travail total, pendant une de ces périodes, par sa durée en secondes.

Pour éviter de trop grands chiffres, au lieu de compter la puissance en kilogrammètres par seconde, on emploie souvent une unité 75 fois plus grande, dite cheval-vapeur. Un cheval-vapeur, ou le travail de 75 kilogrammètres accompli en une seconde, équivaut à l'élévation, en une seconde, de 75 kilogrammes à un mètre de hauteur.

Le *horse power*, ou puissance du cheval des Anglais, correspond à 76,04 kilogrammètres par seconde.

On fait usage quelquefois de l'unité commode de 100 kilogrammètres par seconde, nommée poncelet par le Congrès de mécanique appliquée, tenu à Paris en 1889. Suivant une remarque de M. Mallet, le nom de Prony eût mieux convenu, car l'éminent ingénieur avait indiqué cette unité dans un rapport inséré en 1826 aux Annales des Mines. Le kilowatt a été défini au § 3.

Le quotient de la division d'un travail par sa durée (c'est-à-dire le quotient de la division des nombres qui mesurent ce travail et cette durée) exprime une puissance ; en multipliant la puissance par une durée, on obtiendra un nombre qui représente un travail. Quand on dit qu'une machine a produit un cheval pendant une heure ou un cheval-heure, locution fort usitée, on veut dire que cette machine a produit 75 kilogrammètres par seconde pendant 3600 secondes, ou un travail de 270.000 kgm. C'est une unité assez commode, cependant celle de 100.000 kgm, qui paraît au moins aussi pratique, causerait moins de confusion.

Si précises que soient les définitions des mots techniques, on n'évite guère qu'ils ne soient détournés de leur véritable signification ou employés à tort, lorsqu'ils sont d'un usage constant. C'est ainsi qu'on a fait un abus déplorable de l'expression cheval-vapeur. D'abord, pendant longtemps, cette expression n'a pas été définie : on assimilait le cheval-vapeur à la puissance que peut effectivement développer un cheval, ce qui conduisait naturellement à des estimations très variées. Puis on a appelé cheval-vapeur diverses puissances définies, mais très différentes les unes des autres, certains chevaux atteignant 300 kgm par seconde ! Souvent aussi on a compté en chevaux nominaux que chacun pouvait définir à sa manière.

Cette confusion n'était pas seulement gênante pour l'étude, mais elle rendait difficile l'acquisition des machines : elle a causé des contestations entre acheteurs et vendeurs.

Aujourd'hui, au moins dans notre pays, la définition du cheval-vapeur est précise : mais on omet souvent de dire, en parlant de la puissance d'une machine en chevaux, s'il s'agit de la *puissance indiquée ou de la puissance effective* (voir les définitions au § 29). Même avec ce complément, la puissance en chevaux est loin de caractériser une machine : car la puissance développée par la plupart des appareils peut varier beaucoup suivant la pression de la vapeur, le degré d'admission, la vitesse de marche. En parlant de la puissance d'une machine, on admet, en général, que cette machine fonctionne dans les conditions de marche les plus convenables ; mais cette appréciation est arbitraire. Pour ce motif, les valeurs numériques de puissances en chevaux, données par les statistiques d'appareils à vapeur, ne peuvent être précises.

Par une faute de langage assez fréquente, on dit force en chevaux au lieu de puissance, en oubliant que le mot force a une signification tout autre dans le vocabulaire mécanique.

17. Théorèmes fondamentaux de mécanique.

Il peut être utile de rappeler quelques principes de mécanique souvent appliqués aux machines. Les énoncés qui suivent sont empruntés au traité de Delaunay.

D'après le théorème du mouvement du centre de gravité,

> « Le centre de gravité d'un système matériel se meut comme si toute la masse du système y était concentrée, et si toutes les forces extérieures y étaient transportées parallèlement à elles-mêmes. »

Quand un point matériel, de masse m, est soumis à l'action d'une force F, pendant le temps infiniment petit dt, et se meut dans la direction de cette force, sa vitesse augmente de dv ; de la proportionnalité des forces aux accélérations, on déduit la relation $mdv = Fdt$. Fdt s'appelle impulsion élémentaire de la force. Pendant un temps t, la vitesse varie de v_0 à v et l'augmentation de la quantité de mouvement, $mv — mv_0$ est égale à l'intégrale des impulsions élémentaires de la force pendant le temps t. Pour un mouvement suivant une trajectoire quelconque, le même théorème s'applique à la projection sur un axe des quantités de mouvement et des impulsions. Ce théorème s'étend à un système matériel, et les forces intérieures, qui peuvent exister dans le système, ne figurent pas dans l'équation qu'on en déduit.

> « L'accroissement total de la somme des quantités de mouvement du système projetées sur un axe fixe quelconque, pendant un temps aussi quelconque, est égal à la somme des impulsions totales des forces extérieures projetées sur cet axe pendant le même temps. »

Une autre relation entre les quantités de mouvement et les impulsions s'établit en considérant les moments de ces quantités par rapport à un axe : pour calculer le moment d'une vitesse ou d'une force, on la projette sur un plan perpendiculaire à l'axe et on multiplie la projection par sa plus courte distance à l'axe.

> « L'accroissement total de la somme des moments des quantités de mouvement du système par rapport à un axe fixe quelconque, pendant un temps aussi quelconque, est égal à la somme des moments, par rapport à cet axe, de toutes les impulsions élémentaires des forces extérieures, correspondant aux divers éléments dont ce temps se compose. »

Le quatrième théorème général, celui des forces vives, est d'une application fréquente. La force vive d'un point est le produit de sa masse par le carré de la vitesse ;

> « L'accroissement total de la force vive d'un système matériel en mouvement, pendant un intervalle de temps quelconque, est égal au double de la somme des travaux de toutes les forces qui agissent sur les divers points de ce système pendant le même temps. »

Ces théorèmes s'appliquent au mouvement relatif d'un système, par l'addition en chaque point de deux forces apparentes, qui permettent de traiter le mouvement relatif comme un mouvement absolu : on ajoute ainsi la force d'inertie d'entraînement, égale et directement opposée à la force qui donnerait au point son mouvement d'entraînement, et la force centrifuge composée. La définition de cette dernière force est un peu compliquée, lorsqu'on la sépare des déductions qui mènent à cette définition[2].

Quand on applique le théorème des forces vives au mouvement relatif d'un corps, cette force centrifuge composée ne figure pas dans l'équation obtenue, car elle est dirigée de manière à ne produire aucun travail dans le mouvement relatif.

Lorsque le mouvement d'entraînement du système est tel que les axes mobiles, auxquels on peut en rapporter le mouvement relatif, conservent des directions parallèles, les forces centrifuges composées sont nulles. Enfin, si le mouvement d'entraînement est une translation rectiligne et uniforme, les forces d'inertie sont également nulles.

Le *théorème du travail virtuel* sert pour l'étude de certaines parties des machines : dans un déplacement infiniment petit d'un système en équilibre, la somme des travaux des forces qui lui sont appliquées est nulle. Si certaines liaisons obligatoires existent dans le système, comme dans les mécanismes, on trouve les conditions d'équilibre, en exprimant que la somme des travaux virtuels des forces appliquées au système est nulle pour tout déplacement infiniment petit compatible avec les liaisons.

Le *moment d'inertie* d'un solide par rapport à une droite entre dans plusieurs formules; on obtient ce moment d'inertie en additionnant les produits de la masse de chacune des particules infiniment petites, qui composent le solide, par le carré de leur distance à la droite : m étant une de ces masses et r sa distance à la droite, le moment d'inertie est la somme Σmr^2. En écrivant $\Sigma mr^2 = \mathrm{M}k^2$, M étant la masse totale du solide, on définit le *rayon de giration*, k, par rapport à la droite considérée.

18. Résistance des matériaux.

Quand on a déterminé les forces qui agiront sur les différentes parties d'une machine en projet, on en déduit les formes et les dimensions des pièces, d'après les théories de la résistance des matériaux, théories sanctionnées par les résultats d'une longue pratique et par le succès de nombreuses constructions.

Les métaux, qui composent les machines, sont des matières élastiques ; ils se déforment légèrement sous l'action des forces, mais reprennent leur figure primitive

2 On étudie le mouvement relatif d'un point de masse m par rapport à des axes mobiles, animés du mouvement d'entraînement. Un déplacement infiniment petit de ces axes peut être décomposé en une rotation autour d'un axe instantané qui passe par la position du point et en une translation suivant le mouvement d'entraînement. On appelle ω la vitesse angulaire dans la rotation élémentaire autour de l'axe instantané, et α l'angle que fait cet axe avec la direction de la vitesse relative, v, du point. La *force centrifuge composée* a pour valeur $2\mathrm{m}\omega v \sin \alpha$. Elle est perpendiculaire au plan qui contient la vitesse relative v et l'axe instantané : sa direction est opposée à celle du mouvement de l'extrémité du vecteur qui représente la vitesse relative, dans la rotation instantanée.

lorsque cette action cesse, au moins tant que la force n'atteint pas la valeur qui produit la déformation permanente.

La loi de ces déformations élastiques est simple, au moins si l'on se contente d'une approximation presque toujours suffisante en pratique : une tige métallique, soumise à une traction, s'allonge proportionnellement à la force qui la tend. Un poids d'un kilogramme, suspendu à un fil d'acier, long d'un mètre, avec une section d'un millimètre carré, l'allongera de $0^{mm},05$; 2 kilogrammes l'allongeront de $0^{mm},1$; 10 kilogrammes de $0^{mm},5$, et 20 kilogrammes de 1^{mm}. On atteindra alors la limite d'élasticité de certains aciers, mais d'autres peuvent supporter sans déformation permanente des charges bien plus fortes.

Le *coefficient d'élasticité*, souvent défini par la charge qui doublerait la longueur primitive, avec une section d'un mètre carré, si les allongements élastiques croissaient indéfiniment suivant la même proportion, varie un peu pour les divers aciers. Les valeurs qui viennent d'être indiquées correspondent à un coefficient de 20.000.000.000 ou 20×10^9. Pour le fer, le coefficient est à peu près le même que pour l'acier ; pour le cuivre, il est moitié moindre.

En général, on ne cherche pas à faire travailler le métal trop près de sa limite élastique, car la valeur exacte en est incertaine ; elle peut être abaissée par de petits défauts de fabrication ; et surtout les forces, auxquelles chaque pièce doit résister, dépasseront peut-être, à certains moments, les valeurs prévues, d'une quantité difficile à estimer exactement.

Les lois de la compression, pour une pièce chargée en bout, telle qu'une colonne, sont analogues à celles de la traction ; le raccourcissement est proportionnel à la charge. La variation de la longueur, produite par une même force, est à peu près la même pour la traction et pour la compression de plusieurs métaux usuels. Dans la fonte, le coefficient d'élasticité est la moitié de ce qu'il est dans l'acier : sous une même charge, avec une même section, la fonte s'affaisse deux fois plus que l'acier. La limite élastique de la fonte est en moyenne de 7,5 kg par millimètre carré quand elle est tirée, et de 15 à 20 kg par millimètre carré, quand elle est comprimée.

Les Anglais comptent encore les charges en livres par pouce carré ; en divisant les nombres ainsi exprimés par 10.000, puis en les multipliant par 7 (plus exactement par 7,0307), on les convertit en kg par mm^2. Parfois on parle de tonnes par pouce carré (1016 kg sur $25,4^2$) ; les nombres doivent être multipliés par 1,57 (exactement 1,57488) pour donner les kg par mm^2.

Lorsqu'une pièce est soumise à des efforts de flexion, certaines parties sont tirées, et d'autres comprimées. Dans un prisme, l'axe neutre passe par le centre de gravité de la section droite, et l'effort R sur une fibre, effort rapporté à l'unité de surface, produit par une force normale à l'axe, est donné par l'équation $R = M/(I/v)$.

M est le *moment de flexion*, ou produit de la force par sa distance à la section considérée ; y est la distance de la fibre à l'*axe neutre* ; I, *moment d'inertie* de la section, est égal à $\Sigma\omega v^2$, à la somme du produit des éléments de surface ω par le carré de leur distance v au centre de gravité.

La force exerce en outre un *effort tranchant*, qui tend à produire un glissement longitudinal des fibres les unes sur les autres.

Cette action se produit surtout sur les parties voisines de l'axe neutre, qui sont les moins fatiguées par la traction ou la compression ; aussi peut-on souvent se dispenser d'en tenir compte; mais, avec certaines formes, il n'est pas toujours prudent de la négliger.

Dans la torsion des arbres en acier, l'effort de glissement R, à la surface, peut atteindre, sans inconvénient, 6 kg par mm^2; pour la fonte, Madamet conseille de ne pas dépasser 1,7 kg par mm^2. M étant le moment de la force qui produit la torsion, c'est-à-dire le produit de la force, en kilogrammes, par sa distance, en millimètres, à l'axe de l'arbre, le diamètre d'un arbre plein, d, est donné, en millimètres, par la formule

$$d = \sqrt[3]{\frac{16M}{\pi R}} = 1{,}72\sqrt[3]{\frac{M}{R}} \qquad \text{ou, avec } R = 6, \qquad d = 0{,}95\sqrt[3]{M}\,.$$

Il importe, en outre, que les arbres ne se déforment pas trop en se tordant; on fixe souvent, pour cette torsion, la limite d'un quart de degré par mètre courant, qui conduit, d'après Reuleaux, pour le diamètre d, en millimètres, à la formule

$$d = 39{,}1\sqrt[4]{\frac{M}{G}}$$

où le coefficient d'élasticité G par torsion est les 2/5 du coefficient d'élasticité par traction. G est, d'ailleurs, ici exprimé en kilogrammes et millimètres, c'est-à-dire égal à 8000 pour l'acier ; on obtient ainsi la formule $d = 4{,}13\sqrt[4]{M}$ (en millimètres) ; M est le produit de la force, en kilogrammes, par le bras de levier, en millimètres.

19. Frottement.

Une partie du travail moteur des machines se dissipe en *frottements*. Si l'on considère, outre les moteurs, les transmissions successives de mouvement et les mécanismes actionnés, on trouve que bien des installations n'utilisent qu'une petite fraction du travail produit. La plus grande part du travail, ainsi consommé en frottements, se transforme en chaleur, qui est perdue ; mais une portion de ce travail use et détruit progressivement les machines.

La bonne disposition des surfaces frottantes et du graissage réduit le frottement et la dissipation d'énergie qu'il cause. Quant à l'usure, elle se manifeste par des effets d'intensité très variable. Parfois elle est minime et la marche des machines peut être continuée presque indéfiniment sans réparations ; fréquemment l'usure est assez rapide sur certaines parties, qui doivent être de temps en temps réparées ou remplacées ; enfin les conditions les plus précaires se trouvent dans certains appareils tellement surmenés que le moindre défaut dans le graissage risque d'amener des avaries graves par grippement et destruction complète des parties frottantes.

À l'usure s'ajoute fréquemment la dislocation des diverses parties des machines, dislocation qui oblige aux réparations les plus coûteuses, tandis que l'usure seule ne porte que sur quelques pièces, dont le remplacement doit être facile.

Les frottements et l'action des diverses matières lubrifiantes ont été l'objet de quelques études générales et d'un certain nombre d'expériences spéciales. Les recherches de Coulomb et de Morin ont porté sur des corps peu ou point graissés, avec des pressions et des vitesses modérées, ne dépassant pas 3 kg par centimètre carré et $3^m{,}50$ par seconde.

C'est entre des limites restreintes que sont applicables les lois qu'ils ont indiquées : le *frottement*, c'est-à-dire la force nécessaire pour faire glisser un corps sur une surface plane, est *proportionnel à la force qui l'appuie sur cette surface*, et ne dépend pas de la vitesse et de l'étendue des surfaces en contact. Le rapport de ces deux forces est le *coefficient de frottement* ; leur résultante fait avec la pression normale un angle, dont la tangente est égale au coefficient de frottement : c'est l'*angle de frottement.*

D'après Morin, le coefficient de frottement atteint et dépasse même 0,15 entre la fonte, le fer et le bronze. Au moment de la mise en marche des pièces, il est encore plus fort.

Les expériences, faites pour étudier les freins de chemins de fer, sur le frottement des roues contre les sabots et les rails, ont montré que le coefficient de frottement s'abaissait beaucoup aux grandes vitesses; par exemple, il passait de la valeur 0,32 pour une vitesse de $4^{m},50$ par seconde à 0,06 pour une vitesse de 27 m. En outre, le coefficient diminue à mesure que la durée du frottement augmente.

Les pièces de machines travaillent dans d'autres conditions que les métaux secs. Entre les surfaces bien graissées, il existe constamment une couche mince de la matière lubrifiante, plus ou moins fluide, de sorte que la résistance ne dépend plus de l'action directe des deux surfaces l'une contre l'autre, mais de leur adhérence à la couche fluide et aussi de la cohésion même des particules fluides.

Pétroff a développé ces considérations qui l'ont conduit à la formule

$$F = \frac{\mu v Q}{\varepsilon + \frac{\mu}{\lambda_1} + \frac{\mu}{\lambda_2}}$$

pour valeur de la résistance totale F à la surface d'un tourillon, tournant dans un coussinet ; Q est la superficie frottante du coussinet ; v est la vitesse à la surface du tourillon, ϵ l'épaisseur de la couche fluide, μ un *coefficient de frottement intérieur* du fluide, λ_1 et λ_2 des coefficients de frottement du fluide contre le tourillon et contre le coussinet. On ne voit pas dans cette formule le terme tenant compte directement de la force qui appuie le coussinet contre le tourillon ; mais l'épaisseur ϵ dépend de cette force.

Quand le coussinet ne porte sur le tourillon que suivant un arc inférieur à la demi-circonférence, comme dans les boîtes des essieux de chemins de fer, on peut mettre en évidence un coefficient f, égal au quotient de la résistance F par la force P qui charge le coussinet ; f diffère un peu du coefficient de frottement défini pour des surfaces planes pressées normalement. En désignant par p la charge par unité de surface, P/Q, l'expression de f est

$$f = \frac{v\mu}{p\left(\varepsilon + \frac{\mu}{\lambda_1} + \frac{\mu}{\lambda_2}\right)}$$

f dépend du coefficient de frottement intérieur μ du lubrifiant, que Pétroff a déterminé pour plusieurs espèces d'huiles, et qui varie avec la température ; μ diminue à mesure que la température du lubrifiant augmente. En outre, quelle que soit la nature de l'huile, le total

$$\varepsilon + \frac{\mu}{\lambda_1} + \frac{\mu}{\lambda_2}$$

est à peu près constant pour une même valeur de la charge P, au moins entre certaines limites d'expériences. Si la charge varie, le produit

$$\left(\varepsilon + \frac{\mu}{\lambda_1} + \frac{\mu}{\lambda_2}\right)\sqrt{p}$$

de ce total, par la racine carrée de la pression p sur l'unité de surface, ne change pas beaucoup.

Il s'ensuit que le coefficient f serait proportionnel à $\mu\omega/\sqrt{\rho}$, c'est-à-dire à la vitesse v de la surface du tourillon et au coefficient de frottement intérieur μ du lubrifiant, qui s'abaisse quand la température s'élève ; il serait inversement proportionnel à la racine carrée de la charge par unité de surface. C'est un résultat remarquable : à considérer seulement la résistance due au frottement, il conviendrait donc de ne pas exagérer l'étendue des surfaces frottantes ; par contre, on s'expose à de graves avaries par grippement si l'on réduit par trop la portée. Sous ce rapport, d'ailleurs, il existe une grande différence entre les tourillons toujours pressés dans le même sens et ceux qui sont alternativement poussés et tirés, comme les boutons de manivelle, ce qui change incessamment la portée du coussinet. Tandis que 30 kg par cm^2 sont une charge considérable pour les premiers, les seconds en supportent facilement 80.

Il faut, pour un bon graissage, que la mince couche fluide subsiste toujours : il s'y développe des pressions considérables par centimètre carré, pressions variables en

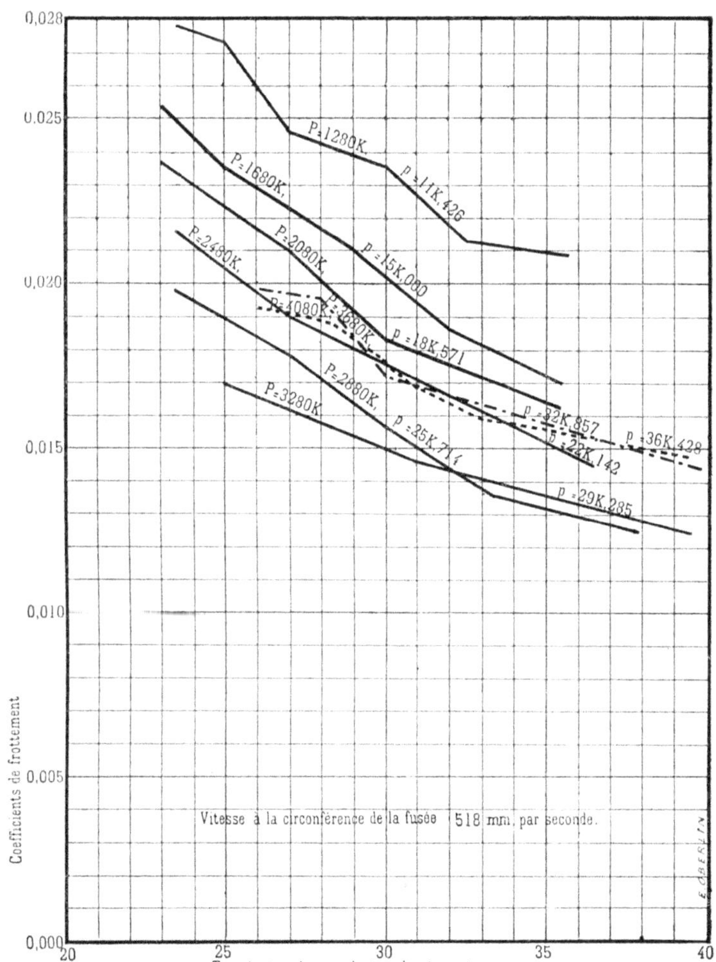

Fig. 39. — Coefficients de frottement et températures pour une fusée graissée à l'huile minérale, avec charges variables. Sur chaque ligne on a indiqué la charge totale, P, et la charge par centimètre carré, p.
(D'après les expériences de la Compagnie des chemins de fer de l'Est.)

divers points de la surface. Cette condition impose des limites inférieures à l'étendue des parties frottantes.

La plus grande part du travail de frottement se transforme en chaleur ; cette chaleur doit se dissiper au dehors. La température des pièces frottantes s'élève

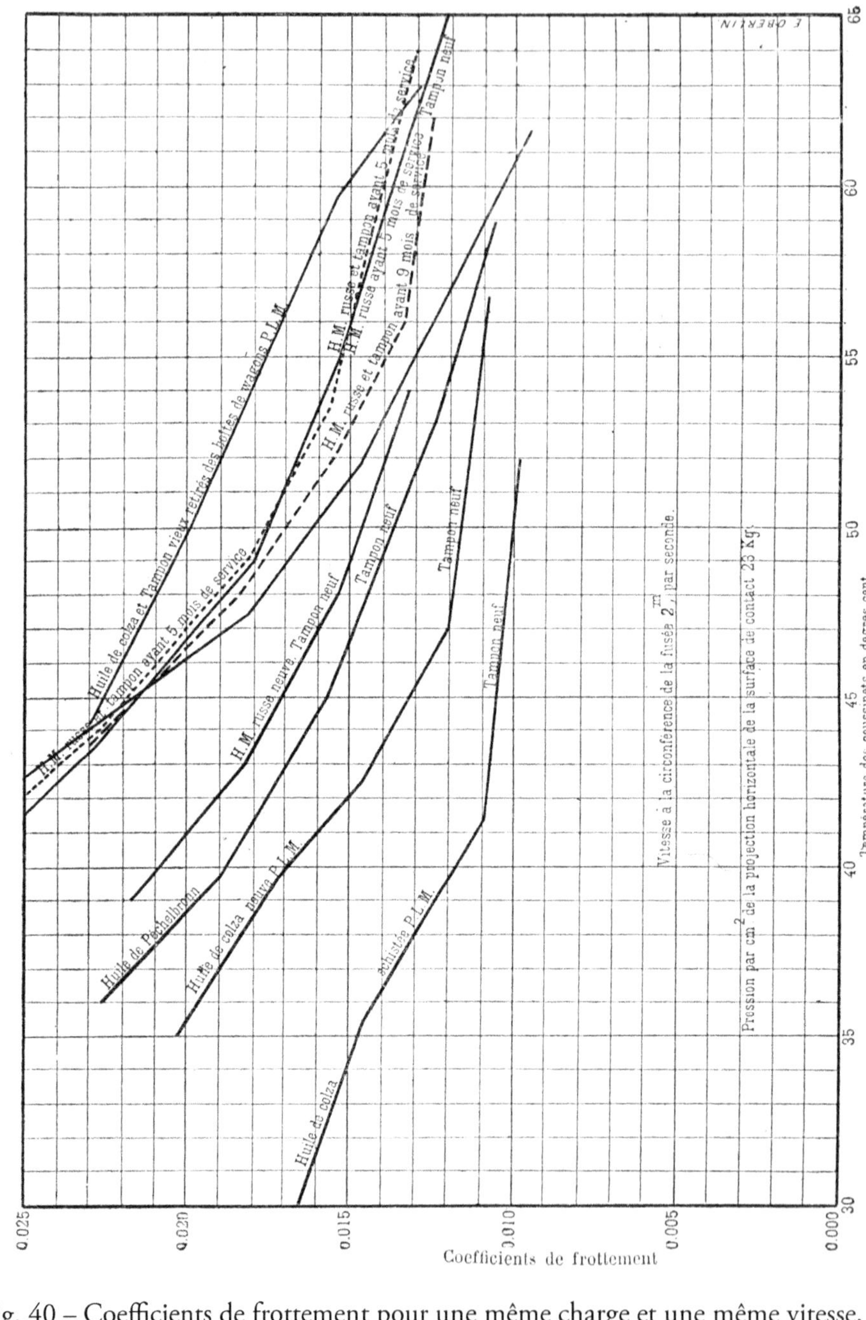

Fig. 40 – Coefficients de frottement pour une même charge et une même vitesse, avec huiles diverses. (Expériences de la Compagnie des chemins de fer de l'Est.)

jusqu'à ce qu'il s'établisse un équilibre entre la chaleur qui s'y développe et celle qui se dissipe. Les quantités de chaleur transmises par rayonnement et conductibilité sont à peu près proportionnelles à l'écart des températures.

La chaleur se dissipe assez facilement, dans la plupart des pièces de machines ; quelquefois des circulations d'eau sont disposées pour activer le refroidissement.

L'élévation de température rend plus fluides les matières de graissage et peut réduire le travail du frottement. Trop forte, elle devient nuisible ou dangereuse.

Thurston a même constaté, dans certaines expériences, qu'à petite vitesse le coefficient augmentait avec la température.

Les recherches de Beauchamp Tower ont montré dans quels cas une pression trop forte empêchait l'huile de pénétrer entre les surfaces frottantes.

La Compagnie des chemins de fer de l'Est a exécuté, à l'aide d'une machine spéciale, des séries d'expériences sur le frottement d'une fusée contre un coussinet.

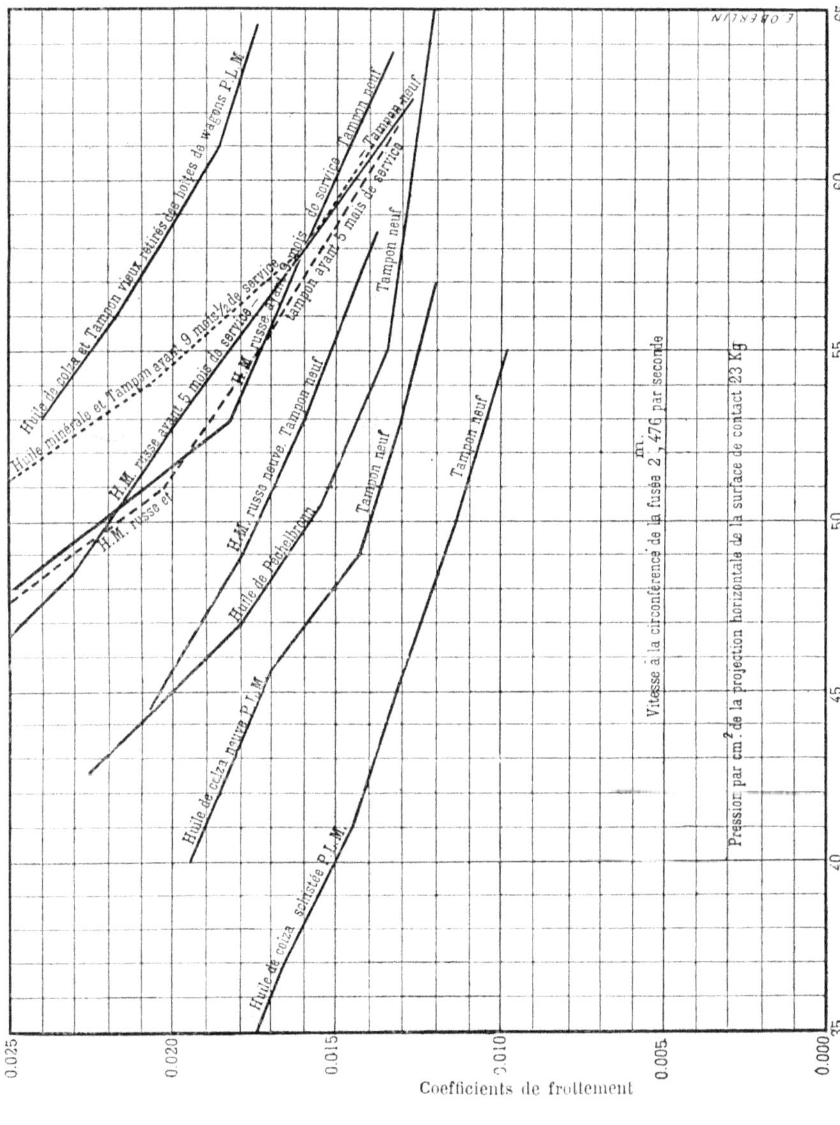

Fig. 41. – Coefficients de frottement pour une même charge et une même vitesse, avec huiles diverses. (Expériences de la Compagnie des chemins de fer de l'Est.)

Le diamètre de la fusée était de 90 mm, et la longueur des génératrices en contact de 161 mm ; la corde de l'arc du coussinet reposant sur la fusée était de 70 mm.

La surface de contact, comptée en projection horizontale, était de 113 cm^2 (16,1 x 7). Cette fusée était en acier, et le coussinet en métal blanc, dont un kilogramme contenait 833 g d'étain, 111 g d'antimoine et 56 g de cuivre.

L'huile de graissage était de l'huile minérale, laissée par la distillation du pétrole.

Une circulation d'eau, à l'intérieur du coussinet, permettait de faire varier la température.

La fig. 39 représente les résultats d'une des séries d'expériences : elle montre que le coefficient de frottement s'abaisse quand la charge augmente de 11 à 29 kg par cm^2. Avec des charges très fortes, de 32 et 36 kg par cm^2, le coefficient de frottement se relève au contraire. Pour une même charge, il s'abaisse quand la température s'élève.

On voit que le coefficient est souvent compris entre 0,02 et 0,015. Il est même descendu, dans d'autres essais, jusqu'à 0,01, surtout avec le graissage à l'huile de colza.

Avec des vitesses plus élevées que celles des essais représentés sur la figure 39, le coefficient de frottement paraît être plus fort sous la même température, ainsi que le montrent les figures 40 et 41.

Les chocs et les vibrations peuvent consommer une petite fraction du travail des moteurs, mais agissent surtout pour détruire rapidement les appareils, dès que leur intensité devient un peu grande.

20. Pressions.

Parmi les forces mises en jeu dans les machines, la pression des fluides joue un rôle capital. Quand le fluide est un gaz ou une vapeur, cette pression s'exerce également sur toutes les parois qui l'enferment, à moins que le volume enfermé ne soit très vaste, ou que le fluide ne se meuve rapidement. Dans les machines, la vapeur n'occupe pas un grand volume, mais quelquefois elle forme des courants rapides. La pression est le rapport de la force, qui presse une surface, à l'étendue de cette surface ; on la compte en kilogrammes par mètre carré ou par centimètre carré ; c'est le rapport d'un nombre de kilogrammes à un nombre de mètres carrés ou de centimètres carrés. Avec la constance de la pression sur toutes les parois pressées, peu importe l'étendue considérée ; avec la pression variable d'un point à l'autre, comme celle qu'exercent les liquides, la pression en un point est la limite de ce même rapport quand la surface envisagée s'annule.

On définit d'une manière analogue la pression en un point pris au milieu de la masse fluide, après avoir démontré qu'elle est la même sur un plan fictif quelconque passant par ce point. Cette définition s'étend aux diverses parties d'un fluide en mouvement.

Les Anglais comptent les pressions en livres par pouce carré : en multipliant par 0,07 les nombres ainsi exprimés, on obtient les valeurs équivalentes en kilogrammes par centimètre carré.

Une chaudière, pressée à l'intérieur par la vapeur, supporte aussi la pression extérieure de l'atmosphère : c'est seulement à la différence de ces deux pressions que résistent les tôles. Cette circonstance a donné naissance à une manière vicieuse de compter les pressions, qui, fréquemment employée, est sanctionnée par les décrets relatifs aux appareils à vapeur : on compte seulement la pression dite effective, c'est-à-dire la pression réelle (dite absolue) diminuée de celle de l'atmosphère. Comme cette dernière pression est variable, on la suppose égale à une valeur de convention qui correspond à une hauteur barométrique de 760 mm ou à 10.333 kg par m^2. Pour plus de simplicité, on admet parfois que l'atmosphère exerce une pression d'un kilogramme par centimètre carré.

La différence des surfaces extérieures et intérieures des récipients est une autre cause d'incertitude, sans importance en pratique, mais troublant la rigueur des définitions : un tube de chaudière tubulaire, ayant 10 mm de diamètre à l'extérieur et 35 mm à l'intérieur, supporte une pression de 11 kg par cm^2 sur sa face cylindrique extérieure, et de 1 kg en dedans. Une longueur d'un centimètre de ce tube porte 138 kg sur une face et 11 sur l'autre; la différence est 127. L'effort total calculé d'après la pression dite effective de 10 kg par cm^2 serait de 126 kg.

Il convient d'indiquer autant que possible les pressions telles qu'elles existent ; quand on cite des valeurs de la pression dite effective, on ne doit pas en omettre la mention expresse.

Lorsque la vapeur exerce une pression de 5 kg par cm^2 sur un piston dont la surface est de 2.000 cm^2, elle le pousse avec une force de 10.000 kg: si la course accomplie sous l'action de cette pression constante est de 1 m, le travail reçu par le piston sera de 10.000 kgm. Le produit de la surface du piston par sa course mesure le volume qu'il engendre, volume que la vapeur remplit. Le travail s'obtient donc en multipliant la pression, rapportée à l'unité de surface, par le volume engendré.

Cette formule du travail est générale, quel que soit le mode de variation du volume : dans les machines rotatives, la vapeur remplit des capacités variables non cylindriques ; la variation de capacité, multipliée par la pression, donne le travail.

Quand la vapeur se détend, de sorte que la pression change en même temps que le volume, on considère un changement infiniment petit du volume, dv, pendant lequel la pression est p : le travail élémentaire est pdv et la somme de ces travaux élémentaires, depuis le volume initial v_0 jusqu'au volume final v_1, qu'on écrit $\int_{v_0}^{v_1} pdv$ est l'expression du travail.

Ce travail est figuré par un tracé que donne directement l'indicateur, décrit au § 29.

21. Températures.

Comme du mot vitesse, on peut dire du mot température que la définition précise en est fréquemment ignorée.

On se forme une idée assez nette de l'égalité de la température de deux corps. Quant aux variations de la température, données par les thermomètres, elles sont rapportées aux changements du volume d'un corps, ou bien aux variations de la pression d'un volume constant de gaz. Selon le corps employé à la confection du thermomètre, on obtient des échelles différentes des températures, qui ne coïncident exactement qu'en certains points choisis comme repères. La diversité des échelles thermométriques cause, en théorie du moins, des confusions bien plus graves que celle des autres étalons de mesure : si des longueurs, par exemple, sont exprimées en pieds anglais, il suffit de les multiplier par un coefficient constant pour les transformer en mètres ; mais aucun coefficient ne permet de transformer facilement les degrés du thermomètre à mercure en degrés du thermomètre à air ; une telle transformation exige des tableaux comparatifs ou des formules empiriques compliquées.

En outre, une des définitions de la température, la plus rationnelle en théorie, découle immédiatement d'une loi de la thermodynamique ; mais la fixation d'un étalon de mesure ne peut se déduire d'un théorème de mécanique ; il faut qu'on puisse réaliser matériellement cet étalon avec une grande précision.

Le Comité international des poids et mesures a défini les températures par les pressions d'un volume constant d'hydrogène ; si ces pressions sont p_0 et p_{100} quand l'hydrogène est en équilibre calorifique avec la glace fondante, puis avec la vapeur d'eau en ébullition sous la pression d'une atmosphère ou d'une colonne de mercure haute de 760 mm, une température centigrade θ quelconque est définie par la pression p_θ correspondante, à l'aide de l'équation

$$\theta = 100 \frac{p_\theta - p_0}{p_{100} - p_0}.$$

Sous cette forme, la définition n'est pas complète : il faut ou bien dire en outre quelle est la valeur absolue de la pression dans le thermomètre en un point de l'échelle, ou bien être sûr que cette valeur est indifférente ; c'est ce qu'ont démontré les expériences de Regnault pour des pressions initiales, à zéro centigrade, comprises entre 400 et 1.500 mm de mercure. La pression choisie, dans les expériences du Comité international, est d'environ 1 m de mercure à 0°.

Des volumes constants d'oxygène ou d'azote purs, d'air, d'oxyde de carbone, donnent des variations de pression à très peu près proportionnelles à celles du thermomètre à hydrogène.

Le thermomètre à acide carbonique s'écarte un peu plus du thermomètre à hydrogène.

Les thermomètres à mercure, qui servent à la mesure des températures depuis -36° centigrades jusqu'à environ 460°, ne sont pas gradués par comparaison avec un thermomètre à hydrogène : on marque les points 0° et 100° pour la température de la glace fondante et de la vapeur d'eau bouillante sous la pression de l'atmosphère, puis on divise la tige en 100 parties égales entre ces deux points, et on prolonge la division au-delà. La tige doit être de section bien uniforme.

M. P. Chappuis a comparé, pour le bureau international des poids et mesures, des thermomètres à hydrogène, à azote, et à acide carbonique, sous une pression constante, avec des thermomètres à mercure en verre dur. La figure 42 indique la

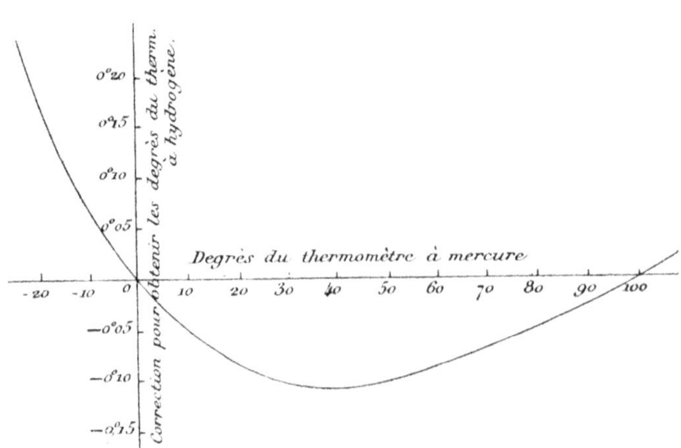

Fig. 42. — Corrélation des thermomètres à mercure et à hydrogène (d'après M. Chappuis).

quantité à ajouter aux degrés du thermomètre à mercure (après diverses corrections tenant à l'appareil même), pour obtenir les degrés du thermomètre à hydrogène ; vers 40° la correction négative est d'environ un dixième de degré. À -20° cette correction est positive et atteint deux dixièmes de degré. À des températures plus basses, ou bien dépassant notablement 100°, les écarts semblent devoir être plus considérables.

Pour la mesure des températures comprises entre 250° et 700°, le pyromètre à azote est commode ; c'est un tube plein d'azote et muni d'un manomètre métallique, dont l'aiguille indique la pression du gaz, d'où on déduit la température. Le pyromètre de Saintignon, décrit par Deny, est basé sur la mesure de la température prise par un courant d'eau rapide qui traverse l'enceinte chaude.

Les températures élevées sont mesurées par la déviation d'un galvanomètre, produite par des couples thermoélectriques : ces appareils sont gradués à l'aide de quelques points de repère précis, comme la fusion de l'aluminium, de l'argent, de l'or : les températures correspondantes sont plus ou moins exactement connues en degrés du thermomètre à hydrogène.

La définition des températures, dites absolues, déduite du deuxième principe de la thermodynamique (§ 24) est la suivante : les températures t_1 et t_2 de deux sources sont proportionnelles aux quantités de chaleur Q_1 et Q_2, que l'une cède à une masse limitée d'un fluide (ou même d'un solide) et que l'autre absorbe, et dont la différence est transformée en travail. Aux points 0° et 100° de l'échelle centigrade ordinaire, les pressions d'un volume constant d'hydrogène sont à peu près proportionnelles aux nombres 273° et 373°, avec des écarts qui ne dépassent guère un centième de degré. Au moins entre certaines limites, l'échelle des températures absolues coïncide à peu près, sauf une différence constante de 273°, avec l'échelle centigrade définie par le Comité international des poids et mesures.

La température de la vapeur dans les machines ne dépasse pas les limites entre lesquelles ces deux échelles se confondent en pratique.

En résumé, toutes les indications de température devraient être corrigées de manière à être exprimées en degrés centigrades du thermomètre à hydrogène ; et les températures absolues, envisagées en thermodynamique, peuvent se déduire des températures centigrades par l'addition du nombre 273, avec une approximation suffisante, entre certaines limites usuelles.

Des corrections, d'une autre nature, sont nécessaires pour déduire de chaque instrument des observations exactes : le calibre de la tige du thermomètre à mercure n'est pas uniforme, les points fixes peuvent se déplacer ; en outre la graduation de cet instrument suppose qu'il est tout entier soumis à la même température ; souvent le réservoir seul est chauffé et la tige conserve à peu près la température ambiante. Les écarts qui en résultent sont considérables : si toute la colonne au-dessus de zéro reste à la température de 20°, l'indication du thermomètre sera trop faible d'environ 1°,3 à 100°, et il marquera 305° au lieu de 320°.

22. Quantités de chaleur.

La conception des quantités de chaleur, mesurées par une unité précise, est difficile : la chaleur se présente dans des conditions fort diverses, avec des températures variables, et subit de profondes transformations lorsqu'elle donne naissance à un travail mécanique. Cette transformation fournit une unité simple en principe de la quantité de chaleur, unité qu'on pourrait prendre égale à 426 kgm, ou même à 1 kgm ; mais cette unité ne peut servir directement pour les recherches calorimétriques.

L'unité usuelle est la calorie : c'est la quantité de chaleur qui, incorporée entièrement dans la masse d'un kilogramme d'eau prise à 0°, en élève la température de 1°, sans autre phénomène que l'échauffement du liquide. Cette quantité de chaleur est cédée à l'eau du calorimètre par un corps qui est à une température différente, parfois fort élevée : ce phénomène de communication de chaleur est dit irréversible, parce que l'eau du calorimètre ne peut, par un simple contact, ramener le corps chaud à sa température primitive, en se refroidissant de 1° à 0°.

Parfois on compte en petites calories, mille fois plus petites et correspondant à l'échauffement d'un gramme d'eau.

Dans le système C G S (§ 3), l'unité de chaleur est l'équivalent de l'erg. En admettant qu'une petite calorie équivaut à 0,426 kgm, et en définissant la force du kilogramme par la valeur 9,81 de l'accélération g, on calcule comme il suit la nouvelle unité de chaleur, dite thermie: 1 erg est égal à [1 kgm/(10^7x9,81)] ; 1 kgm vaut une petite calorie divisée par 0,426 ; donc la thermie est la fraction [1/(0,426x9,81x10^7)], ou [1/(4,179x10^7)] d'une petite calorie. 10^7 thermies échaufferaient de 0° à 1° 239 mg d'eau.

23. Transmission de la chaleur.

Un appareil à vapeur est le siège de nombreuses transmissions de la chaleur, source de sa puissance. Dégagée dans le foyer, la chaleur pénètre dans la chaudière pour y chauffer et y vaporiser l'eau. La vapeur produite circule dans des tuyaux, dont les enveloppes isolantes ne peuvent empêcher la fuite de quelques calories. La chaleur s'échange entre la vapeur et les parois des cylindres moteurs ; enfin le condenseur produit le refroidissement final du fluide qui a traversé les cylindres.

Il importe de savoir de quelle manière la chaleur se communique aux corps solides, suivant quelles lois elle les traverse, et comment elle est cédée à l'eau, à la vapeur, à l'air.

La transmission de chaleur la plus simple se fait par le mélange de deux corps possédant des températures différentes. Dans ce mélange, qui n'est guère possible qu'entre les fluides, les deux corps prennent une température commune. L'alimentation des chaudières par envoi de l'eau froide dans la vapeur, ou dans l'eau chaude, la condensation par injection, offrent l'exemple de cette transmission de la chaleur.

Un corps abandonne ou reçoit de la chaleur par rayonnement, soit quand il isole une enceinte absolument vide, soit quand il est en contact avec un fluide ; en même temps la chaleur se communique au fluide par *convection*, c'est-à-dire par contact avec renouvellement, tantôt lent, tantôt rapide, des parties fluides.

Les corps rayonnants sont le plus souvent solides, mais les liquides rayonnent également, et même des substances gazeuses, tenant de fines parties solides en suspension, par exemple les flammes.

Enfin la chaleur se propage à l'intérieur des corps par *conductibilité*. Dans cette transmission, le corps s'échauffe de proche en proche d'une manière assez lente, même quand il est bon conducteur. Le cas le plus simple est celui d'une plaque, d'épaisseur uniforme, *e*, et de surface indéfinie ou, en pratique, assez étendue pour que la partie médiane ne soit pas affectée par les actions qui se produisent près des bords ; les faces sont entretenues à des températures constantes, qui sont respectivement θ_1 et θ_2. Une fois un régime permanent établi, la quantité de chaleur qui traverse un mètre carré de cette plaque, en une seconde, est proportionnelle à un coefficient de conductibilité, *k*, à la différence des températures, $\theta_1 - \theta_2$, et en raison inverse de l'épaisseur, *e* ; algébriquement, c'est $[(k(\theta_1 - \theta_2))/e]$. Dans l'intérieur de la plaque, la température varie depuis θ_1 jusqu'à θ_2, proportionnellement à la distance comptée à partir de la face. En représentant la température dans chaque tranche parallèle aux faces par une ordonnée perpendiculaire à OX (fig. 43), on trace une droite telle que AB.

La loi de la conductibilité est simple ; mais il est difficile de déterminer le coefficient *k*, pour chaque corps. Les évaluations des divers physiciens ne concordent pas toutes[3]. La mesure de la conductibilité est encore plus délicate pour les liquides et les gaz que pour les solides, à cause des mouvements qui se produisent dans leur masse.

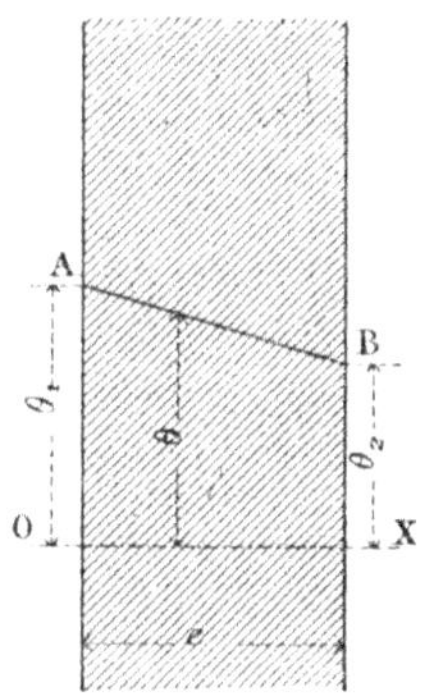

Fig. 43. — Loi des températures dans une plaque.

Des quatre modes de transmission de la chaleur, par mélange, par conductibilité, par rayonnement, et par convection, les deux premiers obéissent à des lois simples ; les deux autres sont des phénomènes complexes et qui se superposent fréquemment. La physique a déterminé les lois du rayonnement seul : mais l'activité de la convection, par sa nature même, est très variable. En pareil cas, on applique fréquemment la loi de Newton: le nombre de calories échangées, en une seconde, entre un mètre carré de la surface d'un corps et un fluide, est proportionnel à la différence des températures qui existent à la surface du corps et dans le fluide. Cette loi ne se vérifie avec quelque précision que si la différence de température n'est pas trop grande.

24. Principes de la thermodynamique.

La théorie de la machine à vapeur s'appuie sur les lois de la thermodynamique. Le § 22, en définissant les quantités de chaleur, a fait allusion à la première de ces lois : une calorie équivaut à un nombre de kilogrammètres, qui serait 426, d'après la moyenne des expériences jugées aujourd'hui les meilleures. Cet équivalent mécanique de la chaleur est représenté par la lettre E ; on désigne par A l'inverse de ce nombre, ou la fraction de calorie qui vaut un kilogrammètre.

D'une manière générale, la chaleur que reçoit un corps se divise en deux parties : une partie correspond au travail externe produit par la dilatation de ce corps, qui surmonte alors une pression, par exemple celle de l'atmosphère qui le baigne ; le reste produit la variation de la température sensible du corps et divers changements moléculaires, dont les plus apparents sont la fusion des solides et la vaporisation des liquides. Ces effets constituent ce qu'on appelle la variation de l'énergie interne

3 Ser indique les valeurs suivantes d'après Wiedemann et Franz :

Argent	493
Cuivre	362
Laiton	116
Acier	57
Plomb	41,8

Ce sont les nombres des calories qui traverseraient une plaque épaisse d'un mètre, sur une surface d'un mètre carré, pendant une heure, pour une différence d'un degré entre la température des deux faces.

du corps. On décompose parfois cette seconde partie de la chaleur encore en deux parts, une qui correspondrait à la variation de température du corps et l'autre à un travail interne : mais cette décomposition est souvent arbitraire. On voit bien l'énergie interne varier sans que la température change, comme dans les phénomènes de fusion et de vaporisation ; mais l'inverse, ou la variation de la température sans travail interne, ne correspond pas à une idée bien nette.

Le second principe, ou *principe de Carnot*, s'applique à la transformation de la chaleur en travail dans une machine à Marche continue : un fluide, en se détendant, produit un travail évalué, d'après la règle indiquée au § 20, par l'intégrale $\int_{v_0}^{v_1} p dv$.La même formule, avec une valeur négative, exprime le travail absorbé par la compression du fluide. Pendant cette détente ou cette compression, le fluide peut recevoir de la chaleur d'un autre corps ou en céder. On conçoit un échange calorifique tellement gradué que la température du fluide reste invariable : la détente, ou la compression, est dite isotherme. L'absence totale d'échange de chaleur ne se réalise guère en pratique, mais on l'imagine souvent en théorie : l'opération est alors *adiabatique*.

Qu'on suppose deux réservoirs indéfinis de chaleur, entretenus à des températures constantes, différant entre elles ; l'un, dont on désignera la température absolue, ou centigrade plus 273, par t_1, sera dit source chaude, et l'autre, à la température moindre t_2, sera la source froide.

Un fluide élastique, gaz ou vapeur, qui prend de la chaleur à la source chaude, et en cède à la source froide, peut produire du travail mécanique dans une machine. Pour un fonctionnement continu, il est nécessaire que le fluide soit ramené constamment à son état primitif, ou que d'autres quantités du même fluide soient ramenées à cet état : dans ces conditions, le théorème de Carnot fixe la plus grande proportion de la chaleur, cédée par la source chaude, qui puisse être transformée en travail. Q_1 est la quantité de chaleur prise à la température t_1 Q_2 la quantité correspondante reçue par la source froide à la température t_2; la différence $Q_1 - Q_2$ se transforme en travail. La plus grande valeur du rapport $(Q_1 - Q_2)/Q1$, ou du rendement de la machine, est égale à $(t_1 - t_2)/t_1$; elle est indépendante de la nature de la substance employée pour réaliser l'évolution.

Cet énoncé doit subir une légère correction, parce que la définition physique des températures, mesurées par le thermomètre à hydrogène (§ 21), n'est pas rigoureusement d'accord avec la définition thermodynamique, qui n'est que l'énoncé même du théorème, $Q_1/t_1 = Q_2/t_2$.

L'opération idéale, qui réaliserait ce rendement le plus grand, commence par une *détente isotherme*, à la température t_1, avec cession de la quantité de chaleur Q_1 par la source chaude. Le fluide qui se détend, en recevant cette chaleur, produit un travail : par exemple il pousse le piston d'une machine. Ensuite une *détente adiabatique* abaisse jusqu'à t_2 la température du fluide, pendant qu'il continue à pousser le piston et à produire du travail.

Viennent alors une compression isotherme à la température t_2, pendant laquelle la source froide absorbe Q_2 calories, puis une compression adiabatique, qui réchauffe le fluide jusqu'à la température t_1 et le ramène exactement à son état primitif.

D'autres évolutions du fluide, entre les températures t_1 et t_2 des deux sources, peuvent donner de même en théorie le rendement le plus fort, lorsque la chaleur est emmagasinée dans un régénérateur, puis reprise ; mais jamais on ne peut dépasser ce rendement.

Ces transformations, comme celles qui suivent le cycle de Carnot, sont *réversibles* : on peut imaginer une évolution en sens inverse, où le corps repasse par les mêmes états et où les quantités de chaleur et de travail se retrouvent exactement les mêmes pour chaque état, mais avec un signe contraire : la chaleur est cédée quand elle était reçue, le travail est résistant quand il était moteur, et vice versa. Les mêmes formules algébriques représentent ces opérations inverses : un nombre positif mesure un travail moteur et un nombre négatif un travail résistant ; de même, à des changements de signe correspondent des échanges de chaleur en sens inverses.

On doit bien remarquer que les phénomènes, auxquels s'applique le second principe de la thermodynamique, s'écartent beaucoup des conditions qui sont réalisées dans les machines. Ainsi le mode de production de la chaleur, à l'aide des combustibles, est fort éloigné de la conception d'une source chaude possédant une température t_1 invariable.

La condition de réversibilité est d'ailleurs irréalisable, dans la plupart des échanges de chaleur. Entre la source qui fournit la chaleur et le fluide qui la reçoit, la transmission exige une différence de températures. En pratique, cette différence doit être assez forte pour que la quantité transmise ait une valeur suffisante.

On n'approche guère de l'égalité des températures que lorsque la transmission de chaleur se fait par contact direct de fluides ; par exemple lorsque la vapeur sort d'une chaudière, remplie d'une grande masse d'eau chaude, qui fournit la chaleur de vaporisation, on peut assimiler cette chaudière à une source chaude.

Quant au travail, on conçoit que si un fluide presse un piston, le piston, marchant en sens contraire, presserait le fluide avec une force à peu près égale. Mais cette égalité n'existe pas toujours : quand une cartouche de poudre détonne à l'air, la pression des gaz de la combustion dépasse beaucoup celle de l'atmosphère qu'ils refoulent.

25. Entropie.

L'entropie est une fonction des quantités de chaleur et des températures, imaginée pour les recherches abstraites de la thermodynamique, et utilement appliquée à l'étude des machines à vapeur.

L'élément différentiel de l'entropie est le rapport dQ/t de la quantité infiniment petite de chaleur, dQ, reçue par un corps, à sa température absolue, t. On démontre que si le corps subit une transformation réversible quelconque, qui le ramène à son état primitif, l'intégrale $\int(dQ/t)$ pour cette transformation quelconque est nulle. On en conclut qu'il existe une fonction des quantités de chaleur et des températures, dont dQ/t est la différentielle, et qui a une valeur déterminée pour chacun des états du corps : cette fonction se nomme *entropie*. Si elle est connue, ou arbitrairement fixée, pour un état initial, on en calcule la valeur pour un autre état du corps, en imaginant des états intermédiaires tels que la variation d'entropie se détermine aisément ; par exemple, on amènera le corps du premier au second état par une transformation d'abord adiabatique, puis isotherme.

Dans la première phase, dQ est constamment nul. Dans la seconde, t est constant ; Q_1 étant la quantité de chaleur reçue par le corps, à la température constante t_1, la variation d'entropie est alors Q_1/t_1.

Il reste à en fixer la valeur initiale : pour l'eau, il est commode de supposer l'entropie nulle quand elle est à la température de zéro centigrade, à l'état liquide, sous la pression de 63 kg par cm² (pression de la vapeur saturée à 0°). Une variation assez étendue de la pression, tant qu'il ne se forme pas de vapeur, n'a d'ailleurs pas d'effet appréciable sur cette valeur de l'entropie, l'eau étant fort peu compressible.

Pour une transformation irréversible d'un corps, avec retour à l'état primitif, si l'on considère, non pas la température qu'il possède, mais celle des sources de chaleur, on démontre que l'intégrale des éléments infiniment petits dQ/t est négative, au lieu d'être identiquement nulle.

L'état d'une masse fluide, d'un kilogramme, par exemple, dont toutes les parties sont au même état physique, est caractérisé par quatre éléments importants, la pression, le volume occupé, la température, et l'entropie. En général, il suffit de connaître deux de ces grandeurs pour en déduire les deux autres, pourvu que les observations physiques aient fourni les données nécessaires. Par exemple, la pression et le volume du kilogramme déterminent la température et l'entropie, et vice versa. De la pression et de la température on déduira le volume et l'entropie du kilogramme. Toutefois, pour les vapeurs humides, la variation du volume n'entraîne pas celle de la pression ou de la température, de sorte que ces deux derniers éléments ne définissent pas l'état du fluide.

26. Diagrammes figurant les états d'un fluide.

Les diagrammes géométriques représentent clairement les transformations physiques d'un fluide. Il suffit de figurer par des coordonnées deux des quatre éléments caractéristiques. Le plus usité de ces diagrammes montre le travail externe

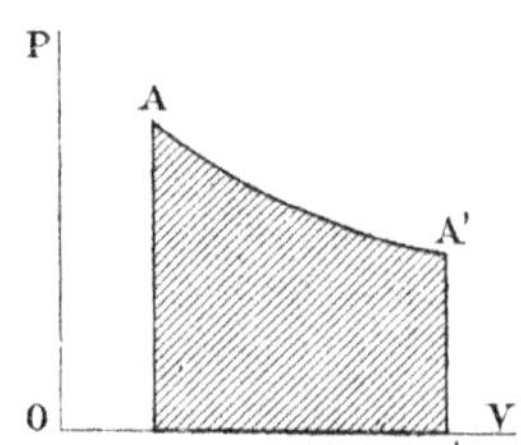

Fig. 44. — Diagramme des pressions et volumes.

produit par une masse déterminée du fluide, de préférence par un kilogramme : les pressions étant portées en ordonnées, et les volumes occupés, en abscisses, chaque point figure un état de corps, caractérisé par la pression et le volume : plusieurs états successifs sont figurés par une ligne telle que AA' (fig. 44) ; le travail externe correspondant à cette variation est mesuré par la surface *a*AA'*a*'.

Cette représentation n'indique ni la température ni les quantités de chaleur. La température apparaît par le tracé d'un réseau de lignes isothermes, chacune de ces lignes donnant la série des valeurs correspondantes de la pression et du volume occupé pour une température déterminée ; la figure 15 représente des réseaux de lignes isothermes pour l'air : ces lignes se rapprochent beaucoup d'hyperboles équilatères.

On figure, sur le diagramme du travail, les quantités de chaleur, positives ou négatives, communiquées pendant une transformation, par des surfaces qui représentent, à l'échelle du diagramme, les nombres de kilogrammètres équivalents. Pour un accroissement infiniment petit du volume, *aa*' (fig. 46), qui produit le travail externe *a*AA'*a*', le corps travaillant reçoit une quantité de chaleur dQ, figurée,

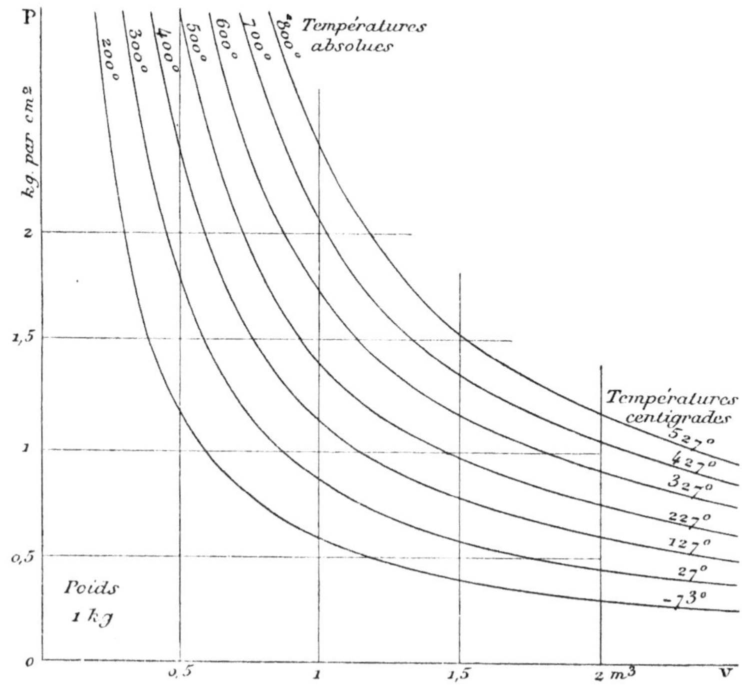

Fig. 45. — Réseau d'isothermes pour l'air.

comme il vient d'être dit, par l'aire aBB'a'. Pour une variation continue du volume, AA_1, on trace de la sorte une seconde ligne, BB_1.

Les aires aAA'a' et aBB'a' figurant, à la même échelle, l'énergie mécanique produite et l'énergie calorifique reçue, la différence, BAA'B', représente la dépense d'énergie interne faite par la matière mise en jeu.

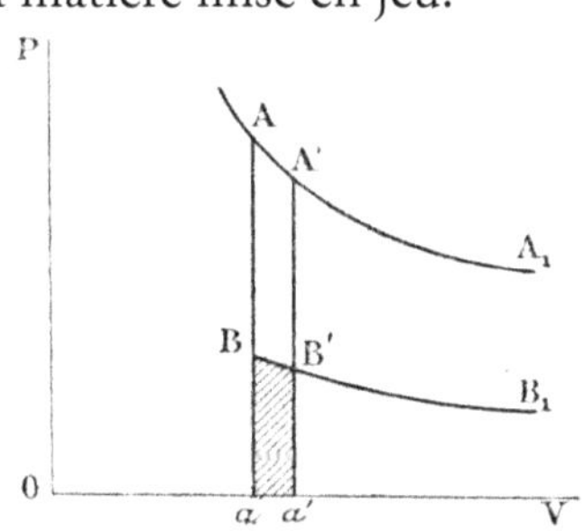

Fig. 46. — Tracé, sur le diagramme du travail, des quantités de chaleur fournies.

Dans une détente adiabatique, l'aire aBB'a' est nulle ; dans une détente sans variation d'énergie interne, telle que la détente isotherme d'un gaz parfait, BB' se confond avec AA'. Le diagramme entropique a, comme abscisses, les entropies

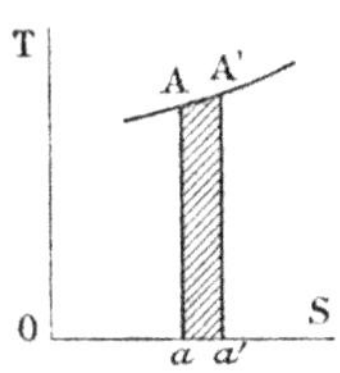

Fig. 47. — Elément de surface du diagramme entropique.

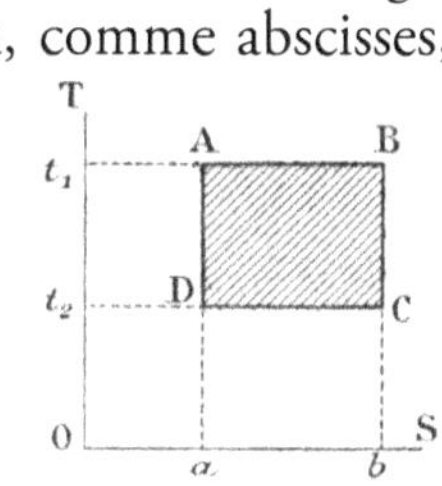

Fig. 48. — Diagramme entropique du cycle de Carnot.

d'un kilogramme du corps étudié et, comme ordonnées, les températures. Pour un accroissement infiniment petit de l'entropie, *d*Q/*t* ou aa' (fig. 47), la température *t* étant aA, l'aire aAA'a figure le produit infinitésimal [(*d*Q/*t*)x t] ou *d*Q, c'est-à-dire la quantité de chaleur reçue par le corps.

Le diagramme entropique d'une transformation suivant le cycle de Carnot est un rectangle ABCD (fig. 48) ; AB et CD correspondent aux transformations isothermes sous les températures t_1 et t_2, BC et DA aux transformations adiabatiques, pour lesquelles la variation d'entropie est nulle. La quantité de chaleur fournie par la source chaude est aABb, celle reçue par la source froide est aDCb : la différence, ABCD, se transforme en travail externe. On voit clairement sur le diagramme que

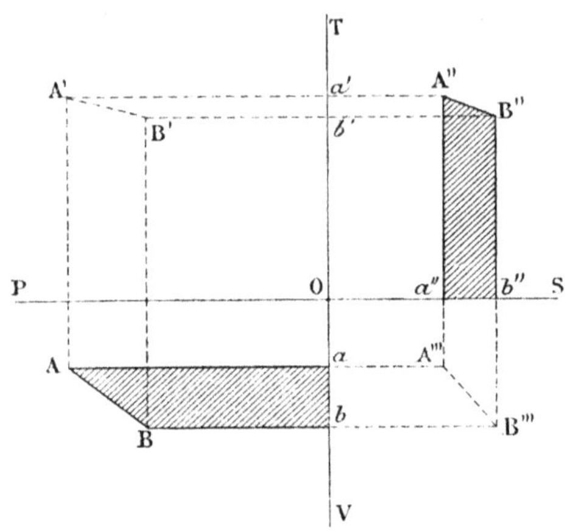

Fig. 49. — Assemblage des divers diagrammes (volume et pression ; pression et température ; température et entropie ; entropie et volume).

ces quantités de chaleur sont proportionnelles aux ordonnées aA et aD, c'est-à-dire aux températures extrêmes t_1 et t_2. Il ne faut pas oublier qu'en thermodynamique les températures sont définies par ce rapport même de Q_1 à Q_2, rapport invariable quelle que soit la matière employée pour réaliser le cycle de Carnot.

On peut rapprocher le diagramme entropique et celui des pressions et volumes, en comptant sur deux axes rectangulaires (fig. 49) les entropies suivant OS, les températures absolues suivant OT, les pressions suivant OP, et les volumes suivant OV. Dans l'angle POV, un point A figure la pression aA et le volume d'un kilogramme Oa. Dans l'angle POT, Oa' mesure la température absolue, et on retrouve en a'A' la pression. Dans l'angle TOS, a"A" figure la température combinée avec l'entropie du kilogramme, Oa". De la pression et du volume, on peut déduire la température et l'entropie, si les propriétés physiques du corps envisagé sont bien connues.

Dans le quatrième angle, SOV, on aurait enfin, en A''', la représentation de l'entropie et du volume.

Si le volume et la pression du corps passent des valeurs A aux valeurs B, en suivant la courbe AB, et en produisant le travail externe aABb, on tracera en A'B' et en A"B" les variations correspondantes de la température et de l'entropie : la surface a"A"B"b" mesure la quantité de chaleur reçue par le corps pendant la transformation. Les échelles des diagrammes doivent être choisies de telle sorte que ces surfaces, qui représentent, l'une, des kilogrammètres, l'autre, des calories, soient directement comparables : 426 kilogrammètres correspondront à la même surface

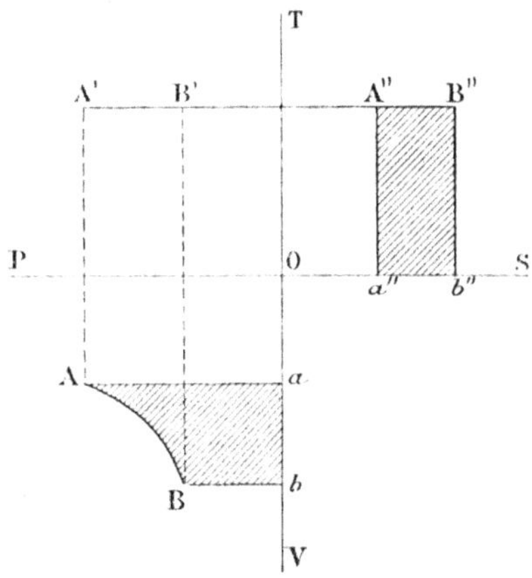

Fig. 50. — Détente isotherme d'un gaz.

qu'une calorie. Par exemple, si l'on a choisi arbitrairement les échelles des entropies, des températures et des volumes, celle des pressions se trouve déterminée par cette condition.

Dans les transformations irréversibles, on peut encore tracer des lignes correspondantes telles que AB et A"B", mais les surfaces aABb et a"A"B"b" ne représentent plus un travail externe accompli et une quantité de chaleur reçue par le fluide évoluant[4].

Le diagramme entropique de la vapeur d'eau est étudié au paragraphe suivant.

27. Étude physique des vapeurs.

Les propriétés physiques de diverses vapeurs, et surtout de la vapeur d'eau, ont été établies avec une grande précision par V. Regnault, dans les expériences « entreprises par ordre du Ministre des travaux publics, sur la proposition de la commission centrale des machines à vapeur, pour déterminer les principales lois et les données numériques qui entrent dans le calcul des machines à vapeur ».

Une vapeur résulte de la transformation d'un liquide qui passe à l'état gazeux et peut reprendre l'état liquide. Elle est saturée tant qu'elle est en contact avec le liquide qui la produit ; sa pression dépend alors uniquement de la température, quel que soit le volume occupé. Si on augmente ou si on diminue la capacité qui renferme la vapeur saturée, en lui fournissant ou en lui soustrayant une quantité convenable de chaleur, de manière à en maintenir la température constante, la pression ne varie pas, tant qu'il subsiste du liquide. Un cas limite intéressant est celui où disparaît la dernière particule liquide : la vapeur est encore saturée ; elle est dite saturée sèche. Si on continue à augmenter le volume offert à la vapeur, en maintenant toujours constante la température, la pression ne restera plus la même, mais diminuera. La vapeur est dite alors surchauffée : sa température est supérieure à celle de la vapeur saturée sous la même pression. Inversement, pour une même température, la tension de la vapeur surchauffée est moindre que celle de la vapeur saturée.

La figure 51 représente les états d'un kilogramme de vapeur d'eau saturée, puis surchauffée, à une température constante : AB, parallèle à OV, indique la vapeur saturée, dont la pression est constante, quel que soit le volume, jusqu'au maximum Ob, Oa étant le volume primitif du liquide ; BC donne les pressions décroissantes de la vapeur surchauffée, à mesure que le volume augmente. Si la vapeur surchauffée était ce qu'on appelle un gaz parfait, suivant la *loi de Mariotte*, ses états seraient

4 Comme exemple d'opération réversible, la détente isotherme d'un gaz parfait est figurée par l'hyperbole équilatère AB (fig. 50) ; la variation d'entropie est A"B", et la chaleur reçue, a"A"B"b", est équivalente au travail produit aABb. Dans l'expérience de Joule, où le gaz se détend en remplissant un ballon entièrement vide, sans que sa température varie, il passe bien encore de l'état A et A" à l'état B et B" ; mais, dans cette opération irréversible, il n'y a plus ni travail externe, ni chaleur reçue.

représentés par l'hyperbole équilatère BC', pour laquelle le produit de la pression par le volume est constant.

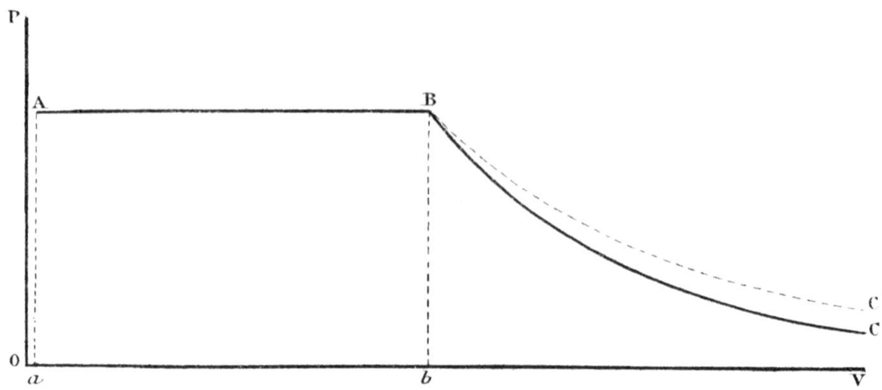

Fig. 51. — Ligne isotherme de la vapeur d'eau.

Lorsqu'une partie seulement du liquide a pris la forme de vapeur, cette vapeur est souvent séparée nettement du reste du liquide ; considérée isolément, elle est saturée sèche. Au contraire, le liquide peut être intimement mélangé à la vapeur sous forme de gouttelettes ou de vésicules. Ainsi mélangée d'eau, la vapeur forme des nuages blancs lorsqu'elle s'échappe dans l'atmosphère ; la vapeur sèche est au contraire un fluide invisible. Dans l'atmosphère, la vapeur mélangée à l'air donne de même des nuages et des brouillards opaques ; sèche, elle est invisible et semble même parfois augmenter la limpidité de l'atmosphère.

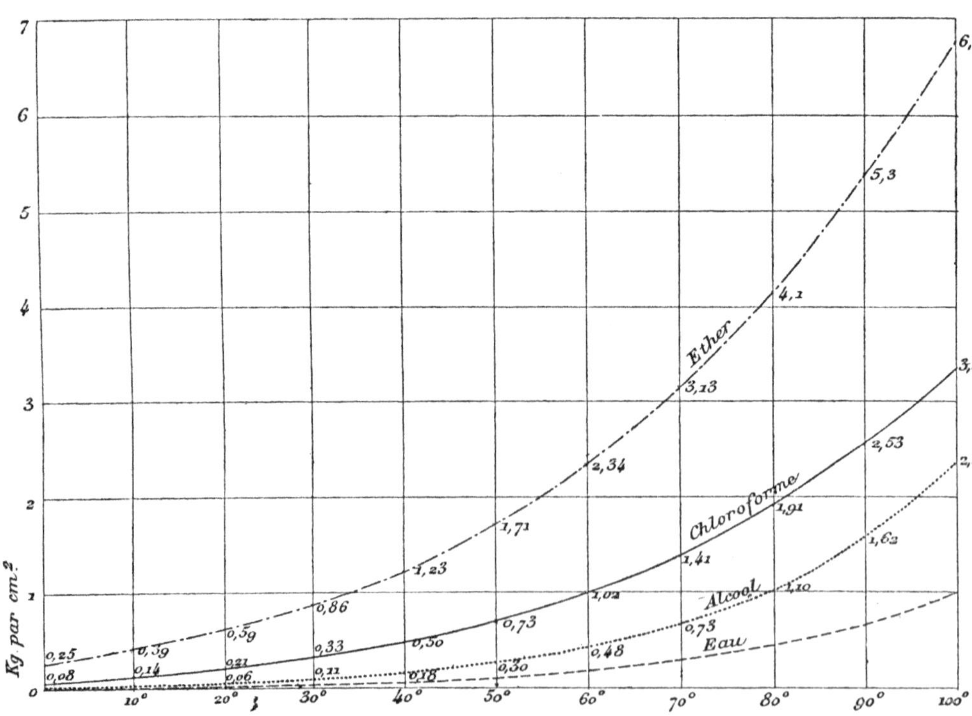

Fig. 52. — Tensions de la vapeur de divers liquides, entre 0° et 100°.

Puisque la température de la vapeur saturée est déterminée pour chaque pression, un thermomètre, mesurant cette température, pourrait remplacer le manomètre d'une chaudière, où la vapeur se trouve en contact avec le liquide.

Les tables, qui donnent la tension de la vapeur d'eau à diverses températures, ont été souvent reproduites; la courbe ponctuée de la figure 53 représente ces tensions entre 0° et 200° : les valeurs de ces tensions, en kilogrammes par centimètre carré, sont inscrites sur la courbe de 10 en 10 degrés. La pression s'élève rapidement quand la température croît ; ainsi :

La pression est de	0,1	kg par cm² à	45°,5
—	0,2	—	59°,8
—	0,5	—	80°,9
—	1	—	99°,1
—	2	—	119°,6
—	5	—	151°
—	10	—	178°,9
—	15	—	197°,2
—	20	—	211°,3
—	25	—	223°

La tension des vapeurs d'autres liquides dépend également de la température, avec de grandes différences, d'un liquide à l'autre, pour une même température. La figure 52 représente ces tensions entre 0° et 100° pour quelques liquides.

Le volume occupé par un kilogramme de vapeur saturée sèche diminue rapidement quand la pression augmente : pour l'eau, ce volume est :

à	50°	12.040	litres
	75°	4.100	—
	100°	1.649	—
	125°	757	—
	150°	384	—
	175°	213	—
	200°	127	—

La relation entre la température et la tension de la vapeur ne reste pas la même lorsque l'eau contient des sels en dissolution : à une même température, une dissolution saline dégage de la vapeur sous une tension moindre que l'eau pure. D'après Rankine, la température d'ébullition d'une solution de sel marin, sous la pression d'une atmosphère ou de 10.330 kg par m², augmente d'un degré centigrade pour chaque addition de 47 g de sel par kilogramme d'eau ; cette température atteint 107°,6 quand le liquide est saturé de sel.

Quelle est la température de la vapeur dégagée par la dissolution saline ? Est-elle la même que dans le liquide, ou bien est-ce celle de la vapeur d'eau saturée sous la même tension ? Cette question a été l'objet de controverses. D'après J. Sakurai, professeur à l'université impériale de Tokyo, qui a entrepris des expériences à ce sujet et qui a discuté les travaux antérieurs, la température de la vapeur, au moment où elle se dégage, est bien celle du liquide. On aurait d'ailleurs quelque peine à comprendre qu'il en fût autrement ; mais, dans bien des cas, la vapeur peut rapidement se refroidir en perdant la chaleur qui la surchauffait légèrement, au contact même du liquide. Les termes de la définition usuelle de la saturation et de la surchauffe, qui ont été donnés plus haut, devraient être modifiés pour ne pas être en contradiction avec ces faits.

Les expériences de Regnault ont déterminé la quantité de chaleur qu'il faut fournir à un kilogramme d'eau, prise à 0°, pour la transformer en vapeur saturée sèche à une température donnée, le liquide et sa vapeur étant constamment soumis à la pression qui correspond à cette température. La quantité de chaleur, nécessaire pour une transformation d'un corps, n'est déterminable, en effet, que si la loi de la transformation est précisée. Les quantités de chaleur, dans la vaporisation sous pression constante, ont été mesurées exactement par Regnault, pour d'autres liquides comme pour l'eau.

Dans ces conditions, la chaleur totale, dépensée quand le liquide est pris à la température initiale 0°, peut être décomposée en deux parties : la chaleur du liquide, nécessaire pour amener le liquide de 0° à la température finale θ, toujours sous la pression p de la vapeur saturée à la température θ ; et la *chaleur de vaporisation*, qui transforme le liquide en vapeur saturée, à θ, sous la pression p. Zeuner a désigné par la lettre q la chaleur du liquide, pour un kilogramme, et par r la chaleur de vaporisation.

La quantité de chaleur nécessaire pour échauffer un kilogramme d'eau de 0° à 1° a été choisie comme unité : c'est, par définition, une calorie. Prise à une température plus élevée, en s'échauffant d'un degré, l'eau absorbe une quantité de chaleur qui est encore, à peu près, une calorie, mais qui cependant est un peu plus grande. La figure 53 représente ces quantités de chaleur entre 0° et 200° : pour chauffer l'eau de 0° à 100°, il faut lui fournir non 100, mais 100,5 calories; pour atteindre 200°, elle exige 203,2 calories.

La même figure indique la *chaleur de vaporisation*, jusqu'aux températures atteintes dans les machines. Tant qu'on ne dépasse pas de beaucoup ces limites de température, la chaleur de vaporisation est, pour l'eau, beaucoup plus grande que la chaleur du liquide, bien que la température du fluide ne change pas pendant le passage de l'état liquide à l'état gazeux. La chaleur totale s'accroît lentement, comme le montre la figure, à mesure que la vaporisation se fait à température plus élevée ; elle est exprimée, pour l'eau, par la formule $606{,}5+0{,}305\theta$, qui donne, pour $\theta = 0°$, 606,5 calories (chaleur de vaporisation seule : la température du liquide ne change pas, puisqu'on le prend à zéro); pour $\theta = 100°$, 637 calories, et 667,5 pour $\theta = 200°$.

Des formules analogues, mais avec des coefficients différents, s'appliquent aux autres liquides étudiés par Regnault.

Pendant qu'on échauffe le liquide, il se dilate : le volume du kilogramme d'eau, qui était 1,00013 litre à 0°, devient 1,0431 l à 100° et 1,1544 l à 200°. Mais c'est surtout pendant la vaporisation que le volume occupé par le fluide augmente. Les quantités de chaleur données par les formules de Regnault supposent la pression constante pendant l'échauffement. On peut imaginer le fluide enfermé dans un cylindre, en dessous d'un piston dont la face supérieure est pressée par une atmosphère comprimée à la pression qui correspond à la température de vaporisation ; en refoulant cette atmosphère, le fluide vaporisé produit un travail : on calcule la valeur de ce travail en multipliant la force qui soulève le piston par le chemin qu'il parcourt, ou bien la pression, en kilogrammes par mètre carré, par l'augmentation de volume en mètres cubes.

C'est une partie de la chaleur fournie au fluide qui se métamorphose alors en travail, tandis que le reste de la chaleur totale échauffe le fluide et le vaporise. Une petite part du travail correspond à la dilatation de l'eau avant sa vaporisation ; mais cette part est si minime, à côté de la portion produite par la transformation de la vapeur, qu'on peut la négliger, pour simplifier les calculs, et supposer que c'est uniquement la chaleur de vaporisation qui se transforme ainsi en deux parts ; une de ces parts, dite *chaleur latente interne*, produit la modification physique du fluide, et l'autre, la *chaleur latente externe*, se transforme en travail. L'erreur ainsi commise

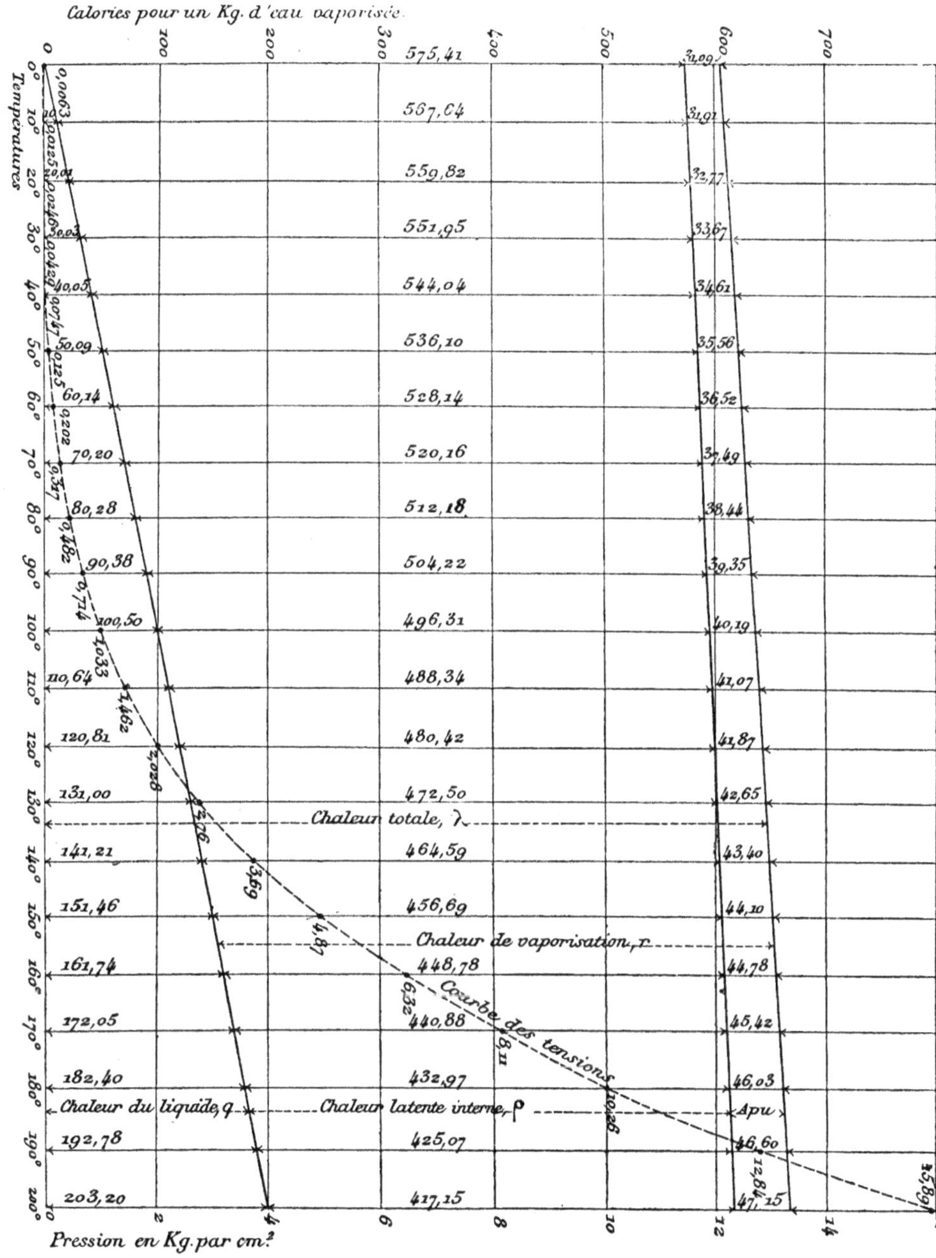

Fig. 53. – Quantités de chaleur et tension de la vapeur d'eau saturée.

n'est certainement pas supérieure à l'erreur possible sur la valeur des quantités de chaleur, qui ne peuvent être connues avec une rigueur extrême.

En désignant par *u* l'accroissement du volume du fluide, c'est-à-dire le volume de vapeur saturée sèche, moins le volume primitif du liquide à 0°, par *p* la pression, le travail produit est *pu* kilogrammètres (*u* étant compté en mètres cubes et *p* en kilogrammes par mètre carré) ; la quantité de chaleur correspondante, en calories, est $pu / 426$ ou Apu.

La mesure directe de l'accroissement du volume u, est fort difficile, mais la thermodynamique permet de calculer aisément la chaleur latente externe Apu[5].

On voit sur la figure 53 la répartition de la chaleur totale de vaporisation de l'eau en ses deux parties. La chaleur latente externe est d'autant plus grande que la pression p est plus élevée, malgré la réduction du volume u. La seconde partie, ou chaleur latente interne, est désignée par la lettre grecque ρ.

Les tables de Regnault permettent de résoudre, au moyen de simples proportions, un problème qui se présente fréquemment dans les expériences sur les machines à vapeur : on connaît la pression et le poids d'un mélange de vapeur et d'eau, ainsi que le volume occupé ; on veut savoir quels sont les poids de la vapeur saturée sèche et de l'eau à l'état liquide qui le constituent. Quand le mélange pèse un kilogramme, le volume peut varier entre celui de l'eau seule, environ un litre ou 0,001 m^3, et celui de la vapeur saturée sèche à la pression considérée, soit u+ 0,001 (un litre). Graphiquement (fig. 54), le volume total varie de *a*A à *b*B, celui de l'eau variant de *a*A à zéro, celui de la vapeur de zéro à *b*B. Si le volume est égal à C*c*, les poids de vapeur et d'eau sont proportionnels à *ac* et à *cb*.

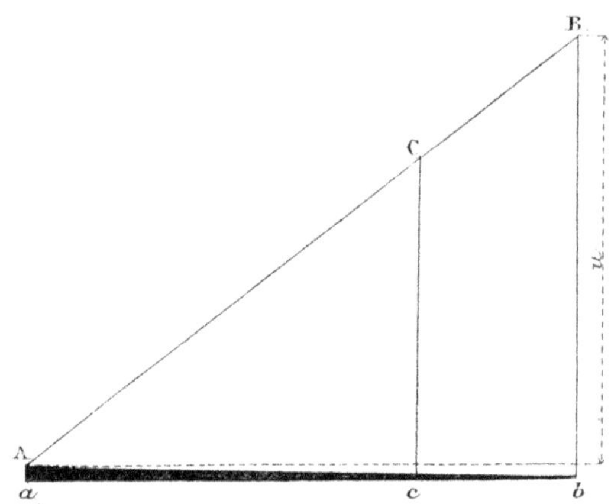

Fig. 54. — Proportions d'eau et de vapeur dans un mélange.

Quand le poids total du mélange diffère du kilogramme, les valeurs du volume varient dans une proportion connue : si le poids est n kg (n étant entier ou fractionnaire), tous les volumes *a*A, *b*B, *c*C, doivent être multipliés par n.

Une des études les plus délicates est celle de la détente de la vapeur enfermée dans un cylindre et poussant un piston. Cette détente est un phénomène complexe, accompagné d'échanges de chaleur, tantôt dans un sens tantôt dans un autre, entre la vapeur et les parois du cylindre qui la contient. Comme dans la plupart des études

5 Un kilogramme de fluide fait l'évolution du cycle de Carnot entre les limites de température infiniment voisines t et $t\text{-}dt$; il reçoit la chaleur de vaporisation r à la température t et cède la quantité de chaleur r' à la température $t\text{-}dt$. La formule générale du rendement donne l'équation : $[(r-r')/r] = [(t-(t-dt))/t] = dt/t$. Aux températures t et $t\text{-}dt$ correspondent les pressions p et $p\text{-}dp$; l'accroissement de volume pendant la vaporisation est u ; le travail externe du cycle est udp, abstraction faite des infiniment petits du second ordre ; l'équivalent calorifique, Audp, est égal à $r-r'$ ou à rdt/t. On a finalement l'expression : $Apu = (rp/t).(dt/dp)$. On déduit la dérivée dt/dp de l'équation empirique qui lie p et t, et on peut ainsi calculer la valeur de u pour chaque température.

physiques, on commence par envisager des cas théoriques bien définis et débarrassés des complications inévitables de la réalité. L'un des plus simples est la détente de la vapeur dans un cylindre qui ne prendrait ni ne céderait de chaleur, ou détente adiabatique.

L'étude de la détente consiste à déterminer à chaque instant la relation entre la pression de la vapeur et le volume qu'elle occupe : cette relation permet de tracer la courbe de détente, qui a pour ordonnées et abscisses les pressions et les volumes, pour un poids donné de fluide, pour un kilogramme, par exemple.

Le diagramme entropique est commode pour cette étude ; les tables de Regnault en permettent le tracé[6]. Pour l'eau, l'échauffement d'un kilogramme de liquide, entre les températures centigrades 0 et θ ou absolues 273 et t, est figuré par la ligne AB (fig. 55).

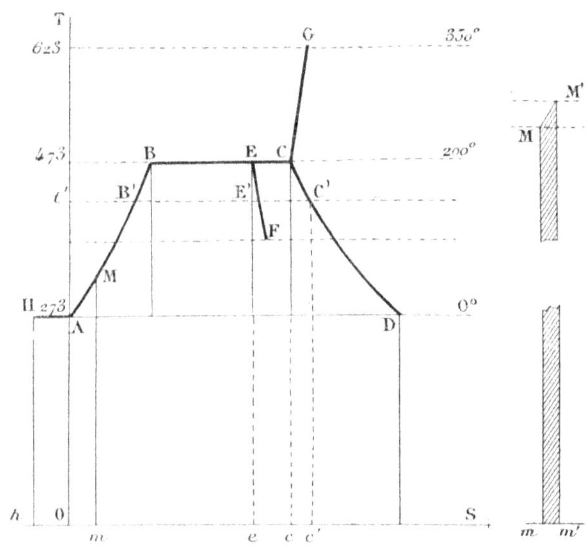

Fig. 55. — Diagramme entropique de l'eau, et élément de ce diagramme, pendant l'échauffement de l'eau.

La quantité de chaleur correspondant à l'échauffement de 1° est mesurée par une aire telle que mMM'm', qui augmente légèrement à mesure que la température s'élève. L'axe des ordonnées, OT, passe par le point A, qui correspond à l'état liquide

6 M. Madamet donne, dans une table relative à la vapeur d'eau, les valeurs de l'entropie $\int_{273}^{t} \frac{dQ}{t}$ pour les diverses températures de 273 à 473 (0 à 200° centigrades). Les chiffres qui suivent sont extraits de cette table :

Température centigrade :		0°	Entropie d'un kilogramme d'eau (à l'état liquide) :			0
—	—	50°	—	—	—	0,169
—	—	75°	—	—	—	0,244
—	—	100°	—	—	—	0,314
—	—	110°	—	—	—	0,341
—	—	120°	—	—	—	0,367
—	—	130°	—	—	—	0,392
—	—	140°	—	—	—	0,417
—	—	150°	—	—	—	0,442
—	—	160°	—	—	—	0,466
—	—	170°	—	—	—	0,490
—	—	180°	—	—	—	0,513
—	—	190°	—	—	—	0,535
—	—	200°	—	—	—	0,558

sous la température 0° centigrade ou 273 absolue : c'est attribuer une valeur nulle à l'entropie de l'eau à 0°. Pendant la congélation, à cette température, l'entropie prendrait la valeur négative AH.

Pendant la vaporisation, la température étant constante, la variation de l'entropie se déduit immédiatement de la chaleur totale de vaporisation *r*, donnée par les tables : c'est *r*/*t* ou BC.

La vaporisation à une température moindre *t*' correspond sur le diagramme à une augmentation de l'entropie *r*'/*t*', représentée par B'C' ; pour l'eau, l'abscisse Oc' est plus grande que Oc, mais il n'en est pas de même pour tous les liquides.

Tous les points C, correspondant ainsi aux diverses températures, forment une ligne CD.

Si on ne vaporise qu'une fraction de l'eau, la chaleur de vaporisation *r* est réduite proportionnellement au poids vaporisé ; la variation de l'entropie est BE, le rapport des longueurs BE et BC représentant la fraction du kilogramme transformée en vapeur.

La détente adiabatique, où les variations dQ des quantités de chaleur sont nulles, est figurée par une ligne de variation nulle de l'entropie, c'est-à-dire par une parallèle Ee à l'axe OT. Il s'agit ici d'une détente produisant tout le travail externe qu'elle peut donner ; après la détente sans travail, qui se produit lors des laminages de vapeur, l'entropie de la vapeur n'est pas la même à température égale : le fluide possède une entropie plus grande et occupe un plus grand volume.

Le fluide, qui se détend à partir de l'état E, est à l'état E' quand il atteint la température *t*' : comme les poids de vapeur sèche et d'eau à la même température qui forment le kilogramme sont proportionnels aux chaleurs de vaporisation, on voit immédiatement sur le diagramme que la proportion de vapeur dans le mélange, après la détente adiabatique, est représentée par le rapport de B'E' à B'C'.

Si la vapeur d'eau est saturée sèche au début (point C) il se produit une condensation pendant la détente adiabatique ; de même, si la proportion d'eau n'est pas grande au début, cette proportion va en augmentant. Au contraire, dans la détente adiabatique d'un mélange riche en eau, ou du liquide seul (point B), la proportion de vapeur augmente.

L'état de surchauffe de la vapeur se figure aussi sur le diagramme entropique, lorsqu'on connaît les lois physiques de cette évolution. Pour le kilogramme d'eau surchauffée à pression constante, la courbe est dirigée comme CG (fig. 55).

Avec d'autres liquides, les courbes ont des allures différentes. Le tracé hachuré de la figure 56, empruntée à M. Boulvin, s'applique à l'éther : on voit que la détente adiabatique y augmente toujours la proportion de vapeur. Si la vapeur est sèche au début, elle se surchauffe : l'ordonnée qui représente cette détente sort de la surface du diagramme qui correspond à la saturation.

Dans les machines, la détente n'est pas adiabatique ; la vapeur cède ou reçoit de la chaleur pendant qu'elle se détend. Quand on connaît la loi de la transmission, on peut tracer la courbe correspondante, telle que EF (fig. 55).

L'observation directe des machines donne au contraire la relation entre la pression et le volume : c'est le diagramme de l'indicateur : On en déduit aisément le diagramme entropique, et la courbe EF, qui se trouve alors tracée, indique les quantités de chaleur reçues ou cédées par la vapeur à chaque instant.

Pour passer du diagramme des pressions et volumes au diagramme entropique, et vice versa, au lieu de placer en OP" et en OV les axes de coordonnées, suivant les tracés de la figure 49, il est plus commode de remonter l'origine des volumes jusqu'au point A qui correspond au zéro centigrade (fig. 57) : AP et AV sont alors les axes des pressions et des volumes. La courbe EF, construite à l'aide des nombres

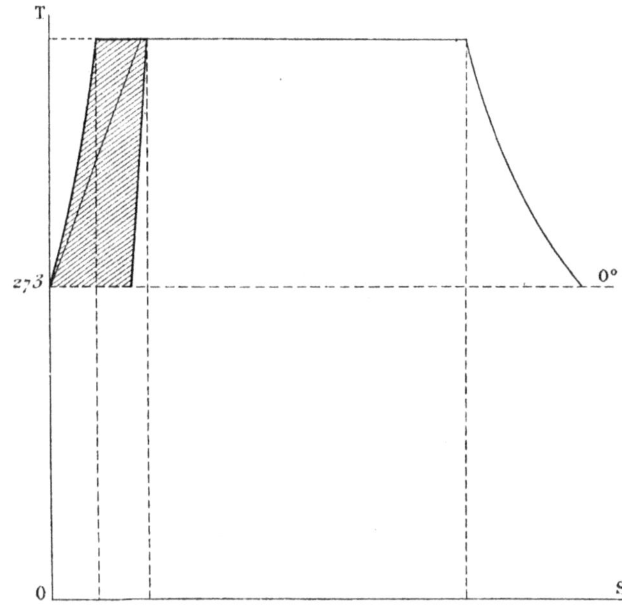

Fig. 56. — Diagrammes entropiques de l'éther et de l'eau, d'après M. Boulvin.

donnés par Regnault, représente les pressions aux diverses températures. On porte en *f*H le volume du kilogramme de vapeur saturée sèche pour la pression *f*A.

Le volume du liquide sera représenté par une ligne A'P' qui, à l'échelle de la figure, disparaît dans l'épaisseur du trait AP : l'accroissement du volume de la vapeur, désigné par *u*, sera *f*H, *f* étant sur A'P', et le travail correspondant, *pu*, sera figuré par la surface A'*f*Hh. Les échelles des pressions et des volumes sont choisies de telle sorte que les calories équivalentes à ce travail, A*pu*, soient représentées par une même surface que sur le diagramme entropique : sur ce diagramme, le rectangle bBCc figure la chaleur totale de vaporisation *r*, à la température *t*, c'est-à-dire un nombre connu de calories.

On construit ainsi la courbe HK des volumes de vapeur saturée sèche aux diverses pressions, courbe qui correspond à CD sur le diagramme entropique.

Si l'observation apprend qu'un kilogramme de vapeur humide se détend suivant la loi représentée par la courbe LQ, on obtiendra la ligne correspondante sur le diagramme entropique, L'Q', par une simple division proportionnelle des abscisses comprises entre les deux courbes AB et CD : en considérant, sur les deux diagrammes, les longueurs MN et M'N', pour une même température, R' divise M'N' comme R divise MN (M étant sur la ligne A'P', qui pratiquement ne se distingue guère de l'axe AP).

Parmi les lignes qu'il peut être commode de tracer d'avance sur le diagramme sont celles qui figurent des volumes constants de fluide. Si l'on suppose le volume de vapeur *f*H condensé dans une capacité invariable par une soustraction de chaleur, la variation de la pression est figurée par la droite H*h*. La ligne correspondante sur le diagramme entropique, CG', peut se tracer suivant la règle indiquée un peu plus haut, par une division proportionnelle des abscisses M'N'.

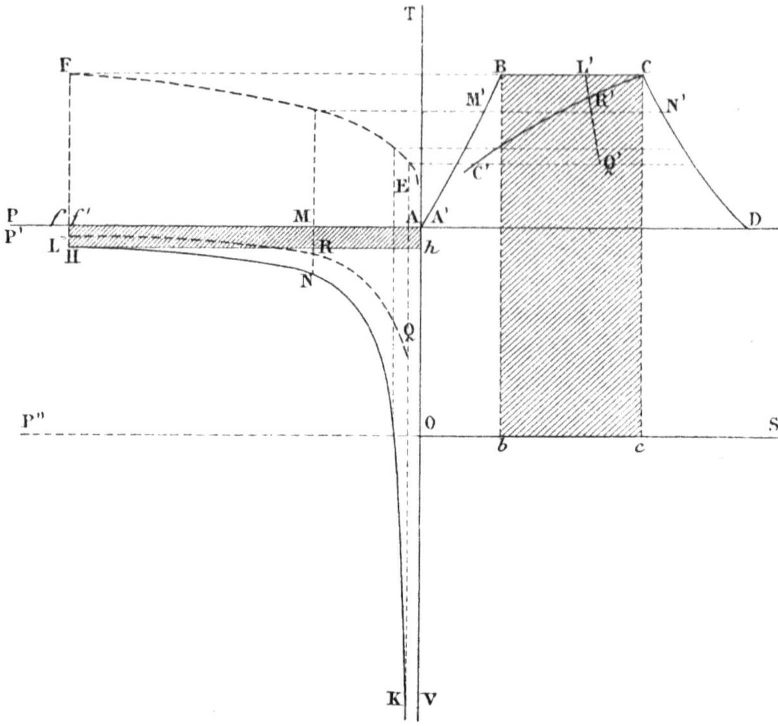

Fig. 57. — Diagramme entropique et des pressions et volumes pour l'eau.

Une fois les courbes principales du diagramme tracées, il montre immédiatement les quantités de chaleur cédées ou reçues par la vapeur, et les condensations ou vaporisations qui en résultent.

Pour la détente adiabatique de la vapeur d'eau, la courbe du diagramme volume et pression est représentée, approximativement, dans les limites usuelles de pression, par l'équation empirique $pv^{1,135}$ = Constante, quand la vapeur saturée est sèche au début. La figure 58 montre cette courbe, en partant de la pression de six atmosphères (ou 6,2 kg par cm^2) ; l'exposant indiqué est 1,131 au lieu de 1,135, différence peu importante. Sur la même figure, la courbe en trait plein donne, pour les divers volumes, les pressions d'un kilogramme de vapeur saturée sèche. L'hyperbole équilatère tracée sur la figure, suivant l'équation pv = Constante, correspond aux pressions et aux volumes d'un gaz qui suit la loi de Mariotte ; la courbe en pointillé, dont l'équation est $pv^{1,41}$ = Constante, représente la détente adiabatique d'un gaz.

Le tracé des courbes, dont l'équation a la forme pv^k = Const., avec diverses valeurs de l'exposant k, est facilité par l'emploi du papier quadrillé logarithmique. La graduation des deux systèmes perpendiculaires de traits qui couvrent ce papier est celle d'une règle à calcul, les espacements des traits étant proportionnels aux logarithmes des nombres inscrits sur ces traits (fig. 59). Les divisions sont, bien entendu, plus nombreuses et à plus grande échelle que sur cette figure.

La relation pv^k = Const. équivaut à $\log p + k \log v$ = Const. En prenant comme variables $\log p$ et $\log v$, c'est l'équation d'une droite, facile à tracer, au moyen de deux valeurs particulières des coordonnées, par rapport à deux axes, correspondant au nombre 1, dont le logarithme est zéro. Une fois cette droite tracée, on lit pour une série de points les valeurs correspondantes de p et de v, et on peut construire la

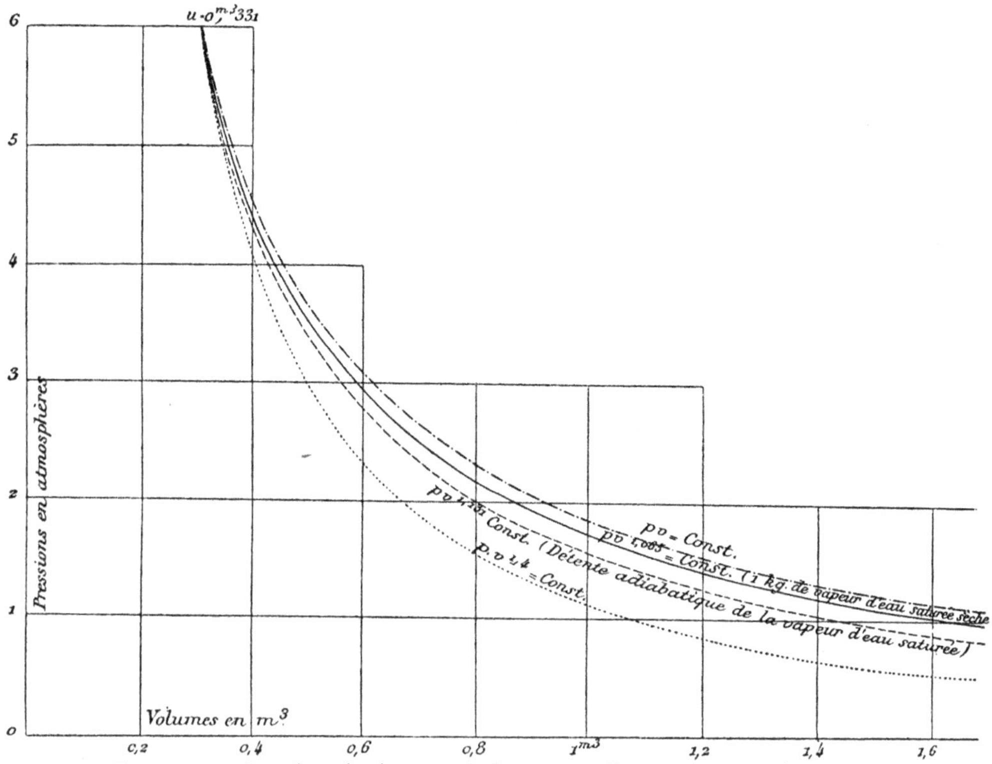

Fig. 58. — Courbes de détente de la vapeur d'eau saturée et des gaz.

courbe sur papier quadrillé ordinaire. La droite tracée sur la figure 59 correspond à la relation $pv^{1,16} = 10$ qui donne $p = 10$ pour $v=1$ et $v = 7,28$ pour $p = 1$.

Ces tracés sont une application fort simple du principe de l'anamorphose, indiqué par Lalanne en 1843.

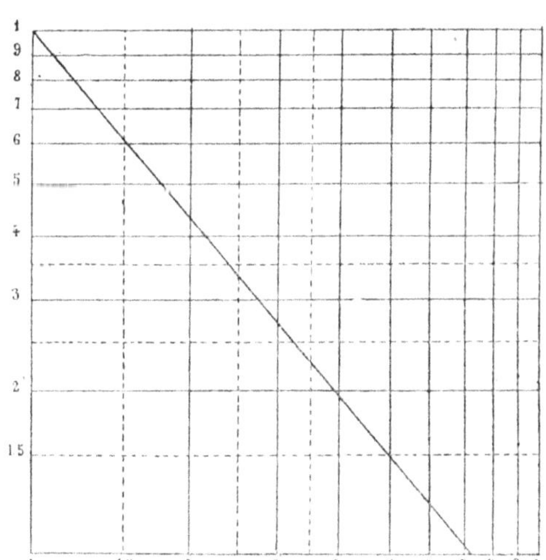

Fig. 59. — Tracé d'une courbe, dont l'équation est *pvk* = Const, au moyen de papier quadrillé logarithmique.

- III -

TRAVAIL DE LA VAPEUR

28. Quantités à déterminer dans l'étude d'une machine.

Qu'on veuille se rendre compte de la marche d'un appareil existant, ou prévoir le fonctionnement d'une machine à construire, l'étude se ramène, en dernière analyse, à la détermination de deux éléments principaux : le travail produit par chaque coup de piston, ou, plus généralement, par chaque période régulière du mouvement de la machine, et la quantité de vapeur dépensée. On doit connaître, en outre, la pression de la vapeur, et la proportion d'eau qu'elle renferme, ou bien la température de surchauffe.

La théorie de la machine à vapeur étudie les diverses actions qui influent sur le travail produit et sur la consommation de vapeur ; une théorie complète permettrait de prévoir exactement pour chaque machine ces deux éléments. On n'est pas encore arrivé à cette exacte précision ; mais du moins on peut déterminer la plupart des causes qui augmentent ou qui diminuent le travail et la consommation.

L'observation précise d'une machine en marche fournit une solution particulière du problème. Cette observation exige l'emploi d'indicateurs et de dynamomètres, qui mesurent le travail produit par la vapeur, et la fraction de ce travail fournie par le moteur.

29. Indicateurs.

L'indicateur est fréquemment employé pour étudier les diverses circonstances du travail de la vapeur dans les machines, et pour en vérifier la distribution. Il sert aux recherches scientifiques, aussi bien qu'au règlement des marchés.

Pour figurer le travail recueilli dans un cylindre, il est commode de représenter par des abscisses le volume occupé par la vapeur ou, ce qui revient au même, la course du piston qu'elle presse, et par des ordonnées la pression sur un centimètre carré. L'indicateur réalise, pour la machine en marche, ce tracé théorique commode.

L'*indicateur de Watt* est un petit cylindre vertical C (fig. 60) muni d'un piston F ; il communique, par sa partie inférieure, avec le cylindre où travaille la vapeur. Le dessus de ce petit piston est pressé par un ressort à boudin I, et un index en montre la position. La pression de la vapeur comprime plus ou moins le ressort : à chaque flexion du ressort correspond une charge connue, souvent proportionnelle à la flexion. Par conséquent, l'index montre à chaque instant la pression du fluide,

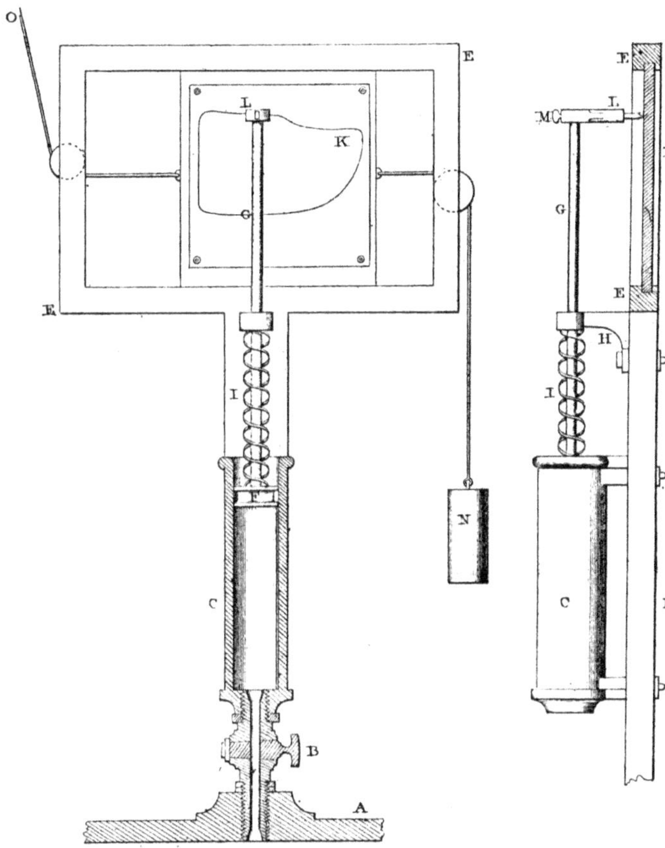

Fig. 60. — Indicateur de Watt, à planchette, d'après Tredgold.

qu'on peut lire sur une graduation convenable : l'appareil est un manomètre. Watt y ajouta une planchette verticale E qui suit le mouvement du piston, réduit dans un rapport convenable, et remplaça l'index par un crayon L traçant une courbe sur la planchette ; ce crayon inscrit la pression pour chaque position du piston. Bientôt la planchette fut remplacée par un barillet oscillant autour d'un axe vertical, sous l'action d'une ficelle entraînée par le piston et d'un ressort de rappel antagoniste (fig. 61). Cette disposition, plus commode, ne modifie en rien le tracé.

Sur le diagramme, on place d'ordinaire la droite correspondant à la pression atmosphérique (fig. 62), en faisant mouvoir le barillet sans établir la communication avec le cylindre moteur. La tare du ressort fait connaître la distance à laquelle on doit tracer l'axe des abscisses OV correspondant au vide absolu sous le piston de l'indicateur. On peut aussi mener les parallèles représentant des pressions de 2, 3... atmosphères, ou plutôt de 1, 2, 3... kg par cm^2 au-dessus de la pression atmosphérique ou à partir du zéro, lignes équidistantes avec certains ressorts, mais qui peuvent être inégalement espacées.

La projection *ab* du diagramme sur OV est une longueur qui représente, à une échelle connue, le volume engendré par le piston dans sa course, ou la surface du

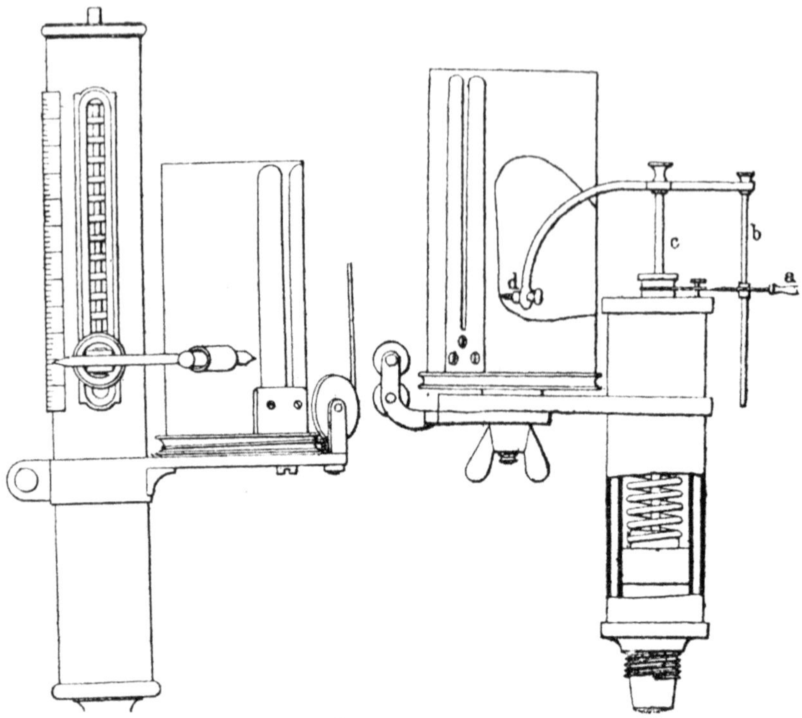

Fig. 61. — Indicateurs à barillet d'Hopkinson
(d'après le guide pour l'essai des machines de Buchetti).

piston multipliée par sa course ; pour étudier la détente du fluide dans la machine, on figure, à la même échelle, par Oa l'espace libre que laisse le piston à fond de course, du côté correspondant au diagramme ; on trace en OP l'axe des ordonnées.

Quand les flexions du ressort sont exactement proportionnelles aux pressions, la surface du diagramme représente le travail exercé par la vapeur sur le piston, ou travail indiqué, toujours plus grand que le travail effectif. Le planimètre, dont on

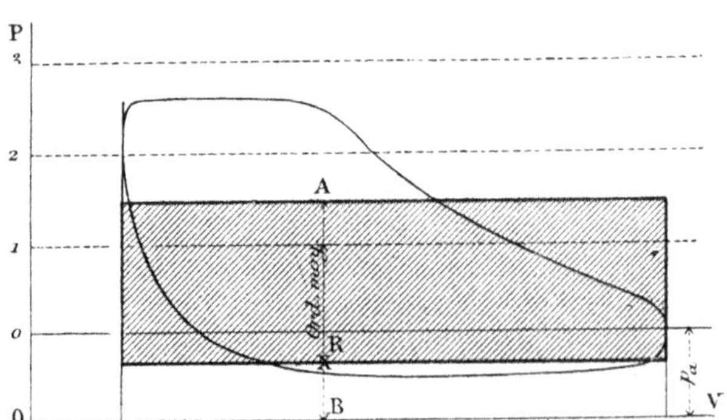

Fig. 62. — Diagramme d'indicateur.

promène la pointe sur le contour du diagramme, en mesure directement la surface. Pour calculer le travail indiqué, on détermine ordinairement l'ordonnée moyenne du diagramme, c'est-à-dire la hauteur AR du rectangle ayant même surface (fig. 62) : cette ordonnée moyenne correspond à une pression constante qui produirait même travail sur le piston en le poussant pendant toute sa course motrice, sans qu'aucune résistance agisse pendant le retour. On peut dire aussi que l'ordonnée moyenne pour l'aller et le retour est la différence des deux ordonnées moyennes, AB pendant l'aller du piston et RB pendant le retour. Une ordonnée moyenne de 2 kg par cm^2, sur un piston de 500 mm de diamètre, dont la surface est de 1963,5 cm^2, avec une course d'un mètre, donne un travail de 3927 kg multipliés par 1 m ou de 3927 kilogrammètres.

On relève et on mesure de même le diagramme sur l'autre face du piston de la machine en étude.

Si les flexions du ressort ne sont pas exactement proportionnelles aux pressions, il faut ou retracer un diagramme transformé, ou en mesurer la surface par bandes parallèles à l'axe des volumes, OV.

Plusieurs conditions sont nécessaires au fonctionnement précis de l'indicateur : cette nécessité explique la plupart des modifications de l'appareil primitif.

Une condition primordiale ne touche pas à l'instrument : la quantité qu'on veut mesurer doit être mesurable, ou la pression doit être la même, à chaque instant, dans les différentes parties de la masse de vapeur qui remplit le cylindre moteur. Cette égalité de pression paraît en général à peu près réalisée, au moins en exceptant les passages mêmes d'arrivée et de sortie, sur lesquels il ne conviendrait pas de brancher l'indicateur.

La pression, qui règne dans le cylindre moteur, doit se transmettre exactement et sans retard au piston de l'indicateur : il est bon que cet appareil soit monté sur le fond même du cylindre ; si un tuyau de communication est nécessaire, il doit être gros et court, et protégé contre le refroidissement par une enveloppe. Deux indicateurs, un sur chaque fond, valent mieux qu'un seul instrument mis en communication avec l'un ou l'autre bout du cylindre par un robinet à trois voies.

Il faut connaître exactement les flexions du ressort sous les diverses charges qu'il peut supporter. Le plus simple est de monter l'indicateur sur une chaudière ou sur un réservoir de vapeur dont la pression est variable, à côté d'un bon manomètre-étalon. Cette mesure à chaud est préférable à celle qu'on fait à froid, en chargeant le ressort avec des poids.

Le piston de l'indicateur doit transmettre à son ressort la pression qu'il supporte, sans en perdre une partie trop grande par frottement contre le cylindre (un léger frottement est utile pour éteindre les oscillations). Il importe que la position du barillet corresponde constamment à celle du piston moteur ; la commande simple par ficelle, avec ressort de rappel, n'établit pas exactement cette correspondance, quand la machine tourne vite.

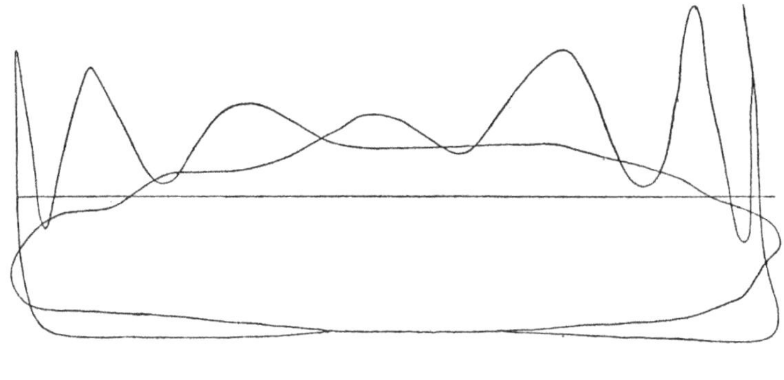

Fig. 63. — Effet du lancé du piston d'indicateur sur le tracé des diagrammes.

Le piston d'indicateur devrait à chaque instant occuper la position d'équilibre, où la pression de la vapeur correspond exactement à la tension du ressort. Cette condition, à peu près réalisée pour les machines lentes, ne l'est plus avec les rotations rapides. C'est ainsi que l'indicateur de Watt ne fonctionne pas bien pour des vitesses de plus de 50 à 60 tours par minute.

Le piston de l'instrument, poussé, avec les pièces qu'il porte, par une force variable, prend un mouvement tantôt accéléré, tantôt retardé, sans occuper constamment la position d'équilibre statique qui correspondrait à la pression de la vapeur. L'effet du lancé du piston est très visible sur certains diagrammes d'indicateur ; la figure 63 en donne un exemple, et il faut beaucoup de bonne volonté pour déduire, de tels diagrammes, le travail indiqué.

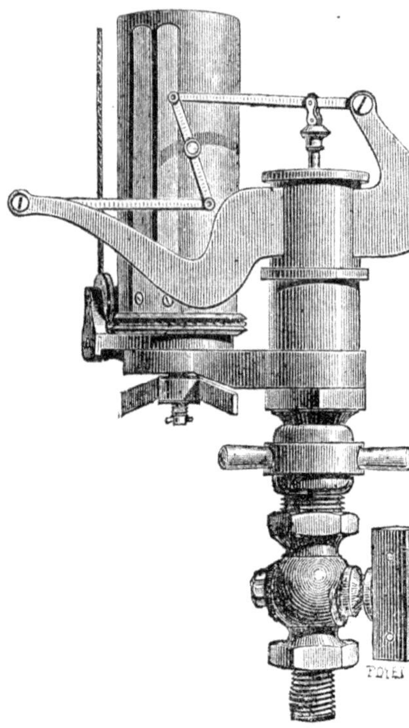

Fig. 64. — Indicateur Richard, avec mécanisme pour amplifier le mouvement du piston.

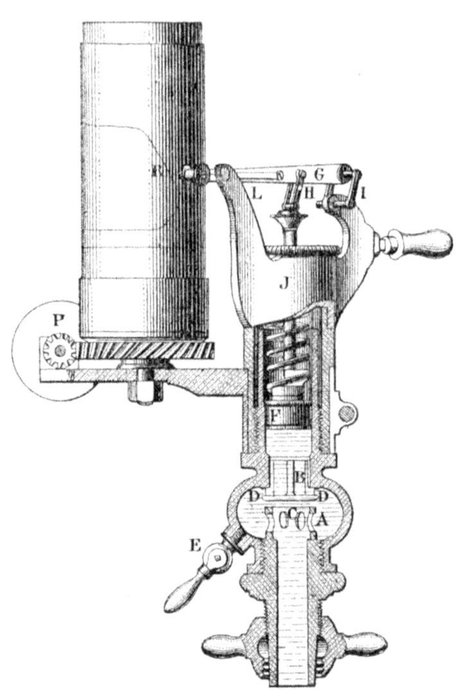

Fig. 65. — Indicateur Martin, avec amplification du mouvement du piston et soupape de réduction.

On réduit ce grave inconvénient par l'usage de pistons d'indicateurs plus légers et plus petits que dans l'appareil de Watt, qui avait un diamètre de 40 mm environ. L'emploi de ressorts à très faible course est un moyen plus efficace, qui se combine avec le précédent. Seulement, pour rendre le diagramme plus commode à lire et à planimétrer, on amplifie le mouvement du piston par un mécanisme très léger (fig. 64) : le crayon trace sur le barillet la course amplifiée. Les jeux et les flexions de ce mécanisme, qui déformeraient le diagramme, doivent être très faibles.

Dans l'indicateur Martin (fig. 65), un artifice réduit le lancé du piston au début de la course, au moment où la pression s'élève rapidement : une petite soupape, placée à la base du cylindre d'indicateur, est entraînée par le jet rapide de vapeur et étrangle le passage. Pendant l'action de cette soupape, le piston moteur, dont le barillet reproduit le mouvement, est à fond de course et ne se déplace guère, de sorte

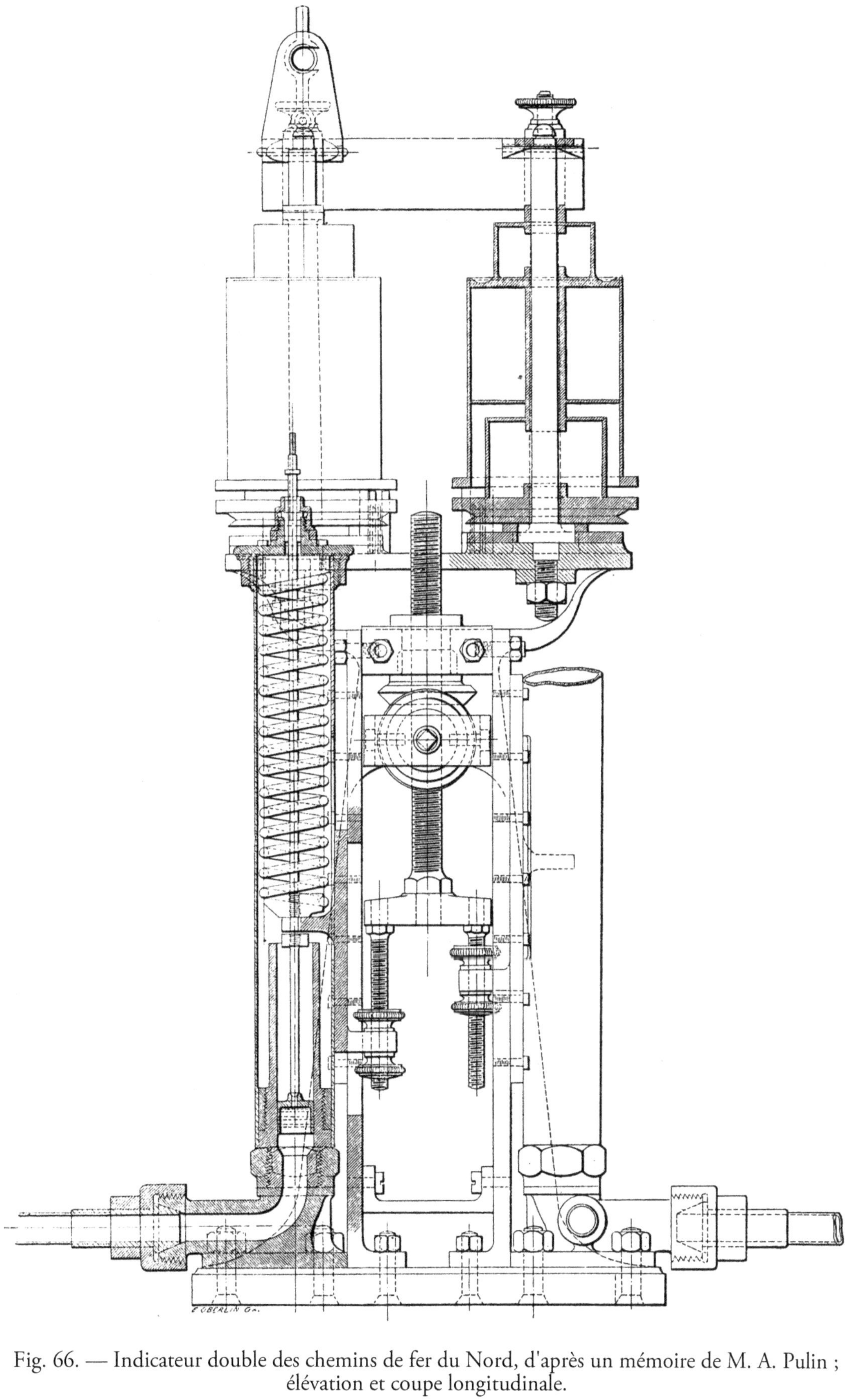

Fig. 66. — Indicateur double des chemins de fer du Nord, d'après un mémoire de M. A. Pulin ; élévation et coupe longitudinale.

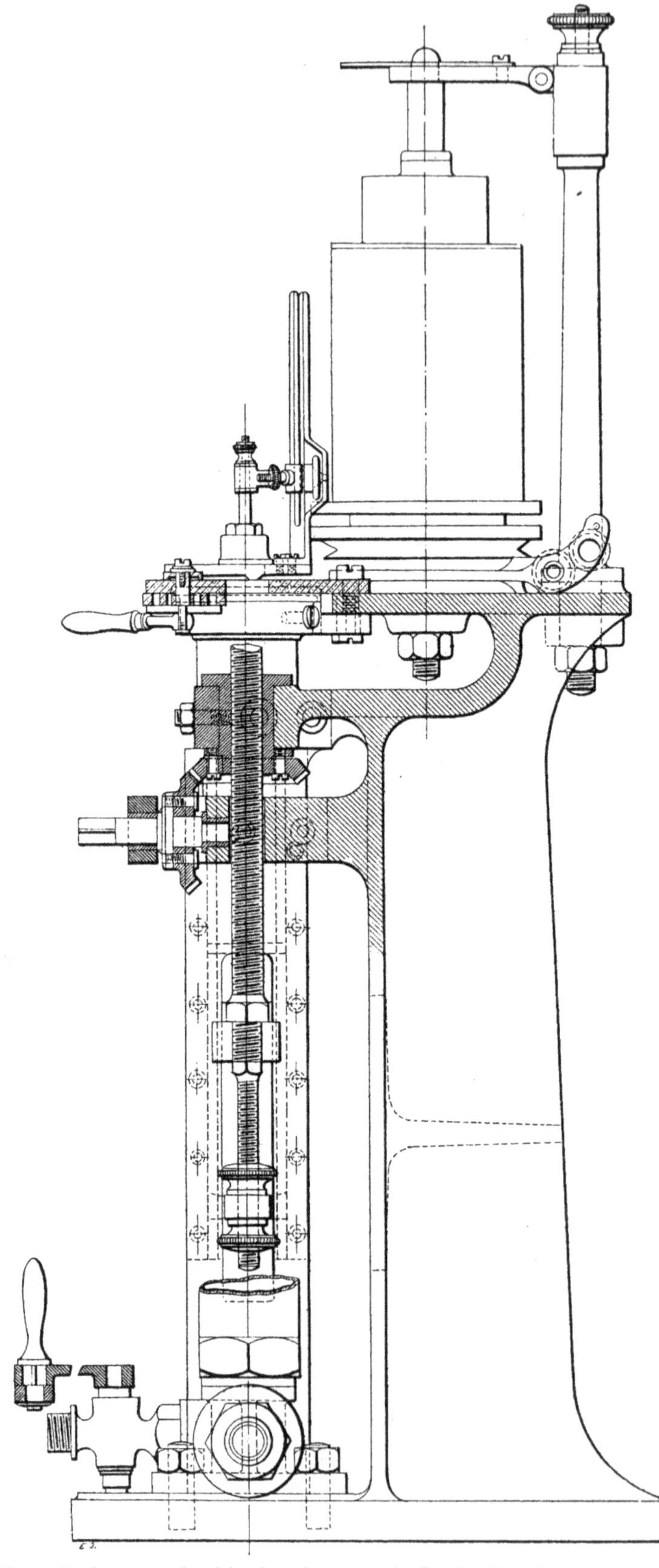

Fig. 67. — Indicateur double des chemins de fer du Nord ; coupe transversale.
Deux indicateurs sont réunis sur la même monture, pour relever simultanément des diagrammes sur l[...] deux faces d'un piston ou dans les deux cylindres d'une machine compound. On voit en coupe (fig. 6[...] l'un des pistons d'indicateur, qui a 17,5 mm de diamètre, et la butée manœuvrée par une vis qu'on fa[...] tourner à l'aide de roues d'angle et d'une manivelle (qui n'est pas représentée sur les dessins).

que cet étranglement momentané de la section de passage ne trouble pas, autant qu'on pourrait le craindre, la sincérité de l'inscription.

D'autres appareils, tels que celui de M. Deprez (fig. 66 et 67), suppriment l'effet de l'inertie du piston en limitant la course : la tige du piston de l'indicateur porte deux taquets qu'une butée vient arrêter, en ne laissant qu'un jeu d'un millimètre ; l'opérateur peut déplacer cette butée. Lorsqu'elle est arrêtée dans une position quelconque, le ressort se trouve bandé de manière à correspondre à une certaine

Fig. 68. — Elément du tracé de l'indicateur Deprez.

tension de la vapeur. Tant que la vapeur dépasse cette tension, le piston d'indicateur appuie sur le taquet inférieur, et le crayon trace l'horizontale AB (fig. 68), jusqu'au moment où la pression tombe au-dessous de celle qui maintient le ressort. Alors le piston d'indicateur est poussé contre le taquet supérieur, et le crayon décrit le petit trait BC, puis, la pression étant inférieure à celle que tend le ressort, l'horizontale CD, jusqu'au bout de la course. Pendant le retour du piston moteur, le crayon trace d'abord DE, puis EF au moment où la pression atteint la valeur limite, et enfin FA. Qu'on déplace maintenant la butée du mouvement lent, pendant une succession de courses, on obtient une série de diagrammes partiels, et la réunion de tous les crochets BC et EF trace un diagramme continu.

Cette méthode suppose identiques les diagrammes de toutes les courses, ce qui a lieu fréquemment.

L'*indicateur optique de Perry* (fig. 69) consiste en un petit disque d'acier de 30 mm de diamètre, épais de 0,4 mm, encastré dans une monture ; la pression de la

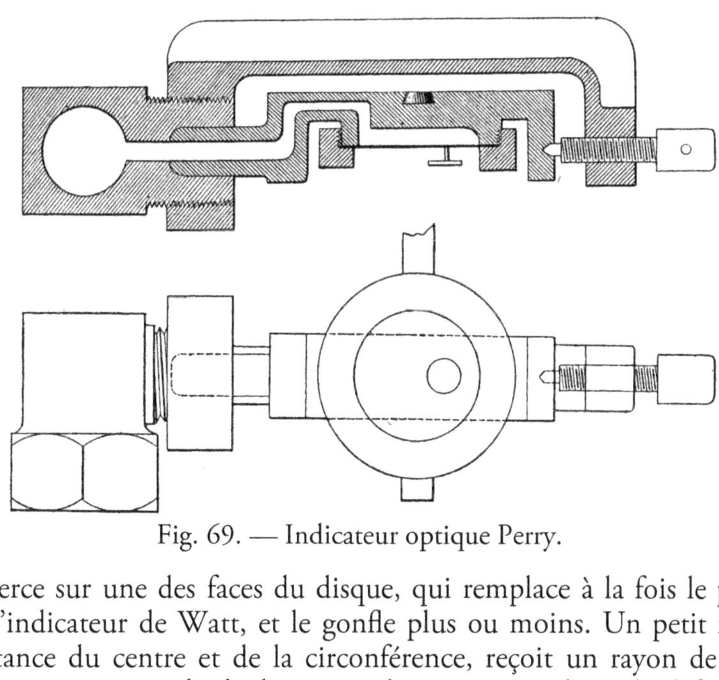

Fig. 69. — Indicateur optique Perry.

vapeur s'exerce sur une des faces du disque, qui remplace à la fois le piston et le ressort de l'indicateur de Watt, et le gonfle plus ou moins. Un petit miroir, fixé à égale distance du centre et de la circonférence, reçoit un rayon de lumière et le renvoie vers un écran : le déplacement de ce rayon indique la déformation du disque et, par suite, la pression de la vapeur. Pour marquer les courses du piston, la monture oscille sur deux tourillons, dont l'un est creux et sert au passage de la vapeur : un renvoi pris sur la tête du piston produit l'oscillation. Quand la machine est rapide, le point lumineux décrit sur l'écran une ligne apparente.

Parfois la principale difficulté d'un relevé avec l'indicateur consiste à commander le barillet. La prise du mouvement du piston sur certaines machines exige des renvois un peu compliqués, notamment sur les locomotives ; la manoeuvre même

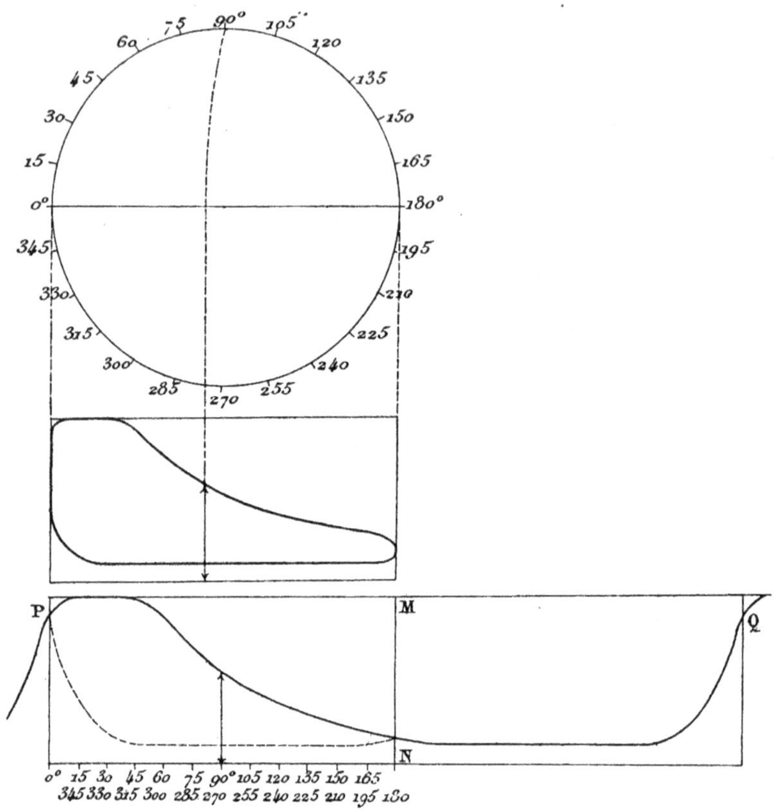

Fig. 70. — Diagramme continu et transformation en diagramme ordinaire.

n'est pas toujours facile. Aussi hésite-t-on parfois à relever des diagrammes pour vérifier le fonctionnement des appareils, et ne monte-t-on guère l'indicateur sur une locomotive que pour des expériences spéciales. En outre, on peut reprocher aux mécanismes de commande certaines irrégularités de transmission, à grande vitesse, et surtout le faible déplacement du barillet pendant une durée relativement assez longue, lorsque le piston moteur lui-même est presque stationnaire auprès de ses points morts. L'inscription des variations de la pression pendant ces périodes est, par suite, défectueuse ; la connaissance de ces variations est cependant utile, non pour la mesure du travail, mais pour l'étude de la machine.

Ces inconvénients disparaissent quand on fait mouvoir avec une vitesse uniforme le papier sur lequel s'inscrivent les pressions, au lieu de le faire conduire par le piston. Il est vrai que les points du diagramme ne sont plus rattachés aux positions du piston moteur. Mais si la machine tourne aussi avec une vitesse uniforme, condition souvent réalisée, à de faibles écarts près, il suffit de faire inscrire sur les diagrammes une seule position de la machine à chaque tour, par exemple le passage à l'un

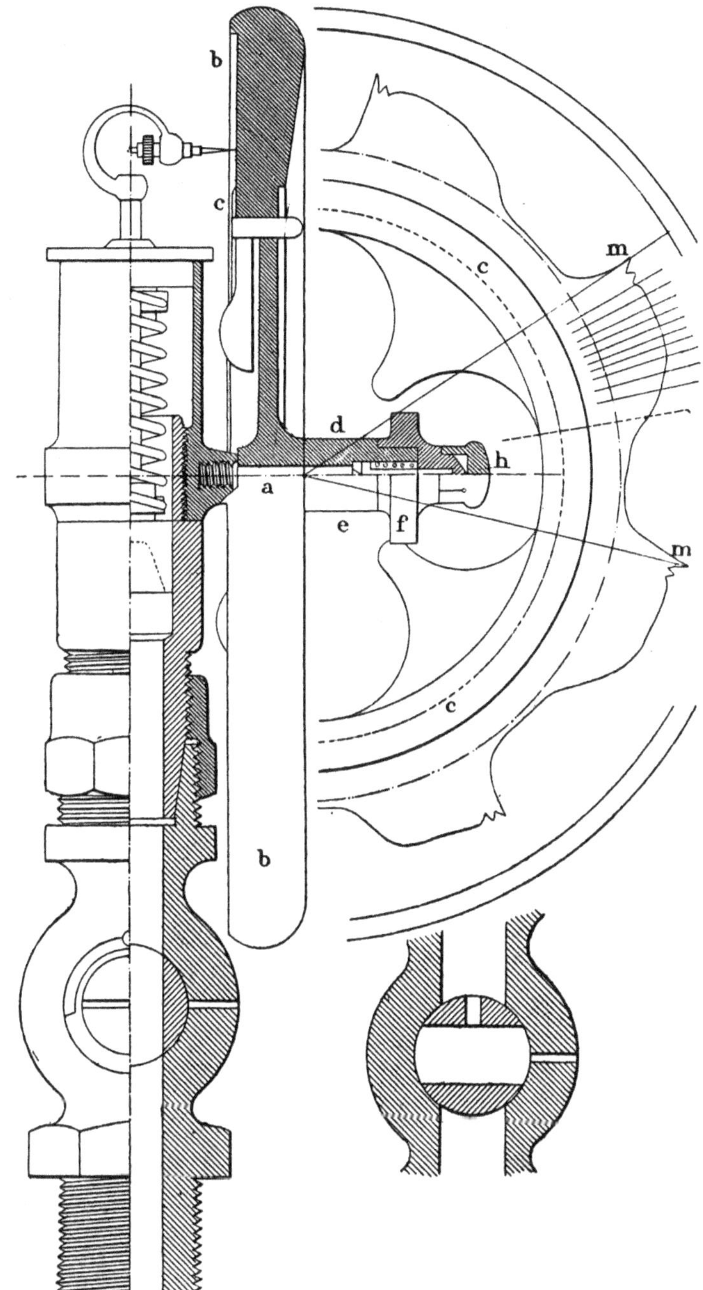

Fig. 71. — Indicateur Cody, d'après Buchetti.

des fonds de course : on peut alors rapporter aux pressions une série de positions correspondantes du piston, et tracer le diagramme ordinaire dont la surface indique le travail. On réalise cette inscription, qui repère le diagramme, à l'aide d'un contact électrique, établi par la tête du piston.

La figure 70 représente, dans sa partie inférieure, le tracé continu donné par un appareil de ce genre : soit PQ la partie correspondant à un tour de la machine

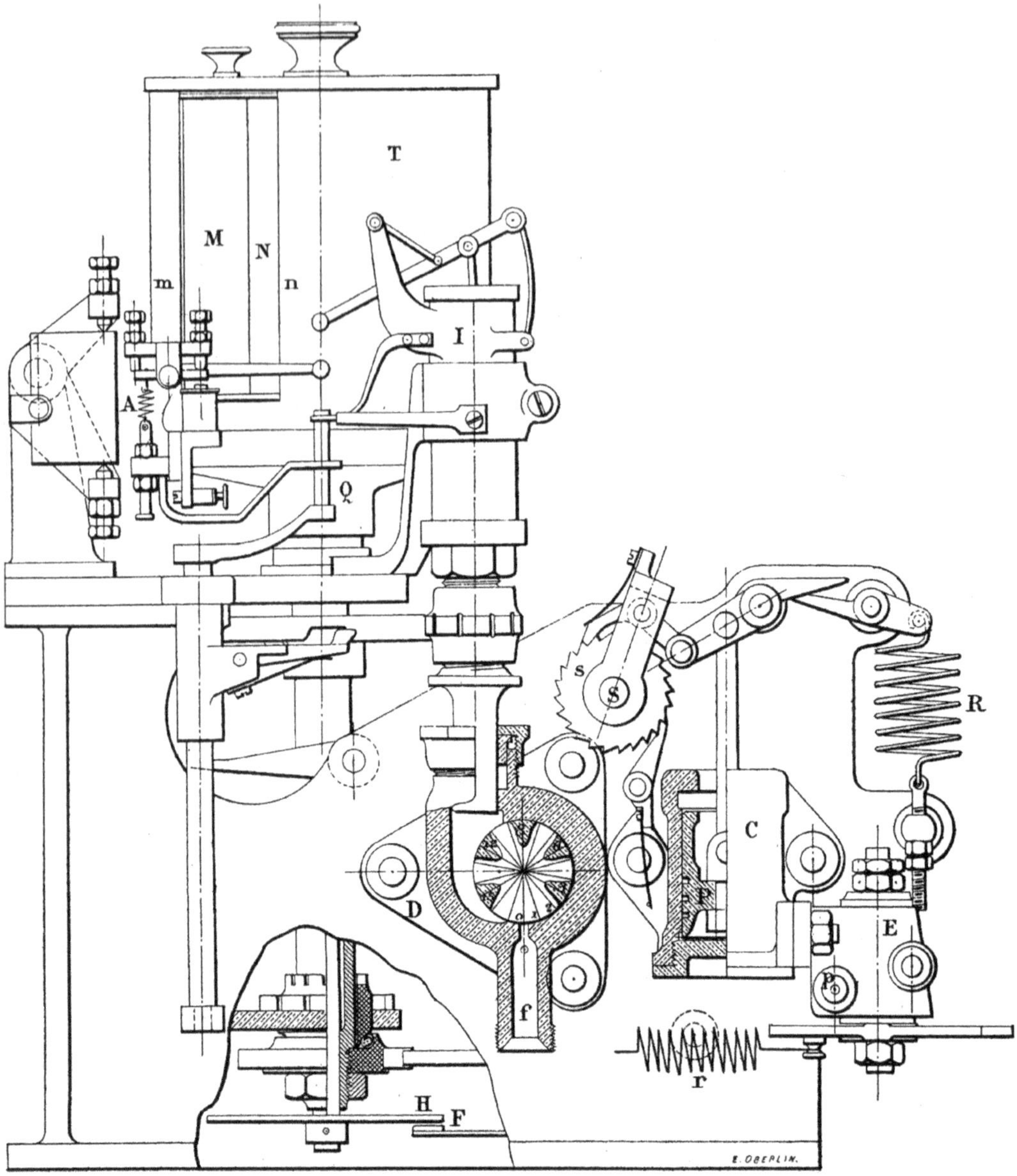

Fig. 72. — Appareil automatique à relever les diagrammes, de la Compagnie des chemins de fer de l'Ouest ; élévation et coupe du robinet distributeur suivant vv' (fig. 74.)

Légende des figures 72 à 75

T. Tambour à rotation continue.
I. Indicateur.
A. Chronographe électrique repérant sur le diagramme les points qui correspondent aux fonds de course avant du piston.
D. Robinet distributeur mettant en communication successivement la purge f et l'indicateur I avec les tuyaux qui aboutissent aux tubulures a (cylindre face Av.), b (cyl. face Ar.), c (échappement), d (boîte à vapeur), e (réservoir intermédiaire dans le cas d'une compound).
C. Cylindre moteur de l'appareil, en communication avec la tubulure b du robinet D.
P. Piston moteur recevant une impulsion à chaque tour de roue de la machine, et actionnant, par cliquet, l'arbre S.
S. Arbre moteur (à rotation saccadée) commandant, par un intermédiaire élastique, la rotation du tambour T, et, par un intermédiaire à déclic, le mouvement du robinet D.
E. Robinet de mise en marche, s'ouvrant au moyen d'un câble J manœuvré de la plate forme de la locomotive et se fermant automatiquement quand l'opération est terminée.
B n. Bobine de papier neuf.
Bv. Bobine de papier utilisé.
M, M', N. Rouleaux permettant le dévidement du papier.
F. Frein permettant d'immobiliser la poulie H (fig. 72) et par suite le pignon G (fig. 73) de manière à provoquer la rotation (épicycloïdale) de la bobine B et des rouleaux MM', ce qui opère le remplacement du papier.

à partir d'un point mort ; on en forme un diagramme fermé en la repliant sur elle-même par le milieu, suivant MN. Le diagramme continu donne les ordonnées pour les positions de la manivelle ; il ne reste plus qu'à rapporter ces ordonnées aux positions correspondantes du piston, pour en déduire le diagramme ordinaire. On rabat sur le diamètre 0°-180° une série de points de la circonférence, divisée en degrés, au moyen d'arcs de cercle, dont le rayon égale la longueur de la bielle : on détermine ainsi les positions corrélatives de la manivelle et du piston.

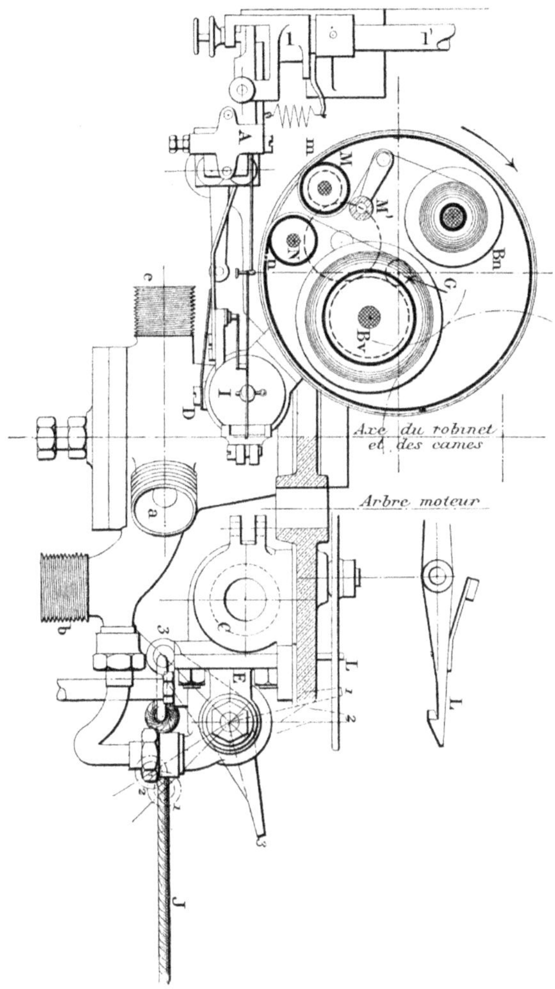

Fig. 73. – Appareil automatique à relever les diagrammes ; plan.

Même sans l'inscription du passage à fond de course du piston, l'indicateur à rotation uniforme, grâce à la facilité de son emploi, peut rendre de grands services en pratique pour vérifier la distribution de la vapeur dans les machines.

Dans l'indicateur *Cody* (fig. 71), le diagramme continu s'inscrit sur un disque qu'on fait tourner à la main, disque assez massif pour conserver pendant un tour une vitesse angulaire à peu près uniforme. Il donne un tracé *polaire, mm*, différent de celui qui vient d'être indiqué.

Un appareil automatique construit pour les Chemins de fer de l'Ouest (fig. 72 à 75) inscrit sur un tambour à rotation continue les diagrammes relevés sur les deux

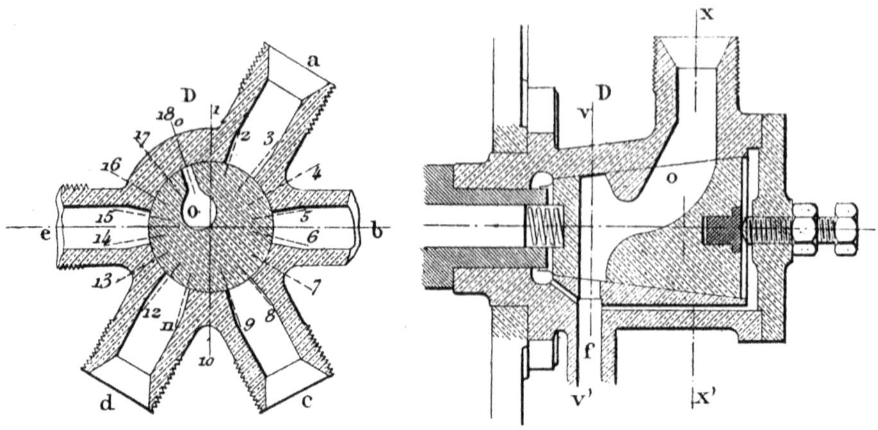

Fig. 74. — Appareil automatique à relever les diagrammes ; robinet distributeur, coupe suivant XX' et coupe longitudinale.

faces du piston, et, en outre, la pression dans la boîte à vapeur et à l'échappement. La rotation du tambour est produite par un petit piston actionné par la vapeur ; ce petit piston joue dans un cylindre qui communique avec le cylindre du moteur en expérience. La transmission du mouvement est telle que la rotation du tambour se fait à vitesse uniforme. Un contact électrique (fig. 75), touché par la tête du piston à fond de course, pointe sur le tambour le début de chaque tour de l'arbre moteur.

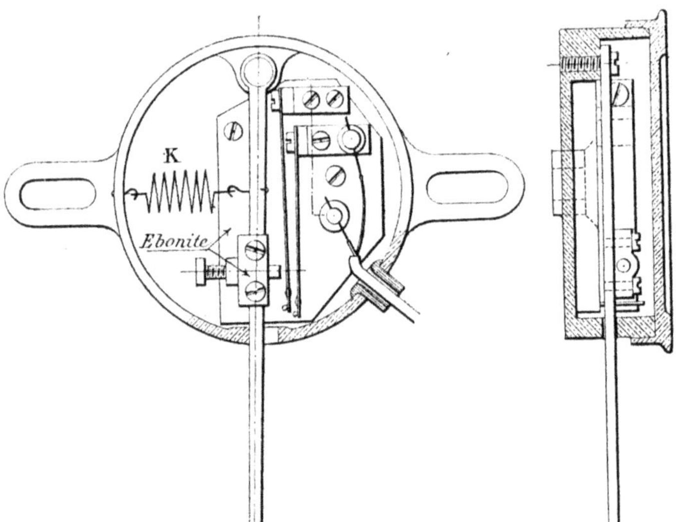

Fig. 75. — Appareil automatique à relever les diagrammes ; boîte à contact électrique.

Ce pointage n'est pas instantané, mais se fait avec un retard qu'on peut déterminer et qui n'est pas négligeable. L'appareil est entièrement automatique ; l'opérateur le met en marche par la simple ouverture d'un robinet ; en y attachant une ficelle, il peut produire cette mise en marche à distance.

La figure 76 reproduit, avec une réduction aux deux tiers, un tracé donné par cet appareil, monté sur une locomotive ; la figure 77 est la transformation des diagrammes ramenés à la forme ordinaire (sans réduction de l'original).

Sur les machines à deux cylindres avec manivelles calées à angle droit, l'indicateur ordinaire permet l'analyse des pressions quand le piston est voisin de ses fonds de course ; l'indicateur étant monté sur l'un des cylindres, il suffit d'en commander le barillet par le mécanisme de l'autre cylindre. C'est ce qu'a fait le colonel English : la figure 78 représente deux diagrammes relevés, l'un (celui de droite) à l'aide de

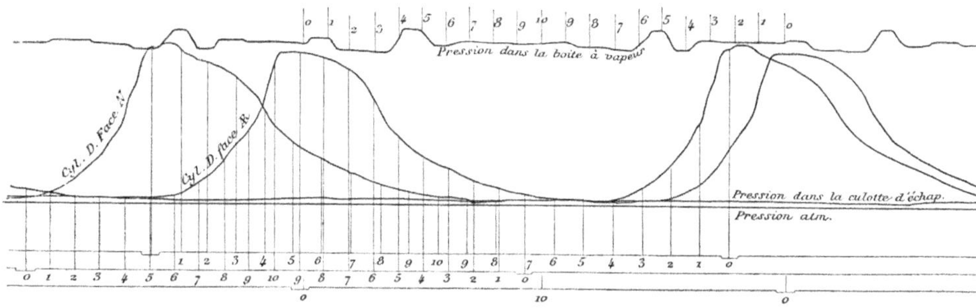

Fig. 76. – Diagrammes continus relevés avec l'appareil des fig. 72 à 75.

la commande directe, et l'autre d'après cette méthode. Si la correspondance de ces deux diagrammes n'est pas parfaite, c'est qu'ils n'ont pas été tracés simultanément.

Souvent on ne demande à l'indicateur que le relevé du travail produit, c'est-à-dire la valeur de l'ordonnée moyenne du diagramme : un instrument donnant cette ordonnée moyenne suffirait alors et aurait même l'avantage de fournir directement la valeur désirée. On a cherché à obtenir cette indication directe en réduisant la

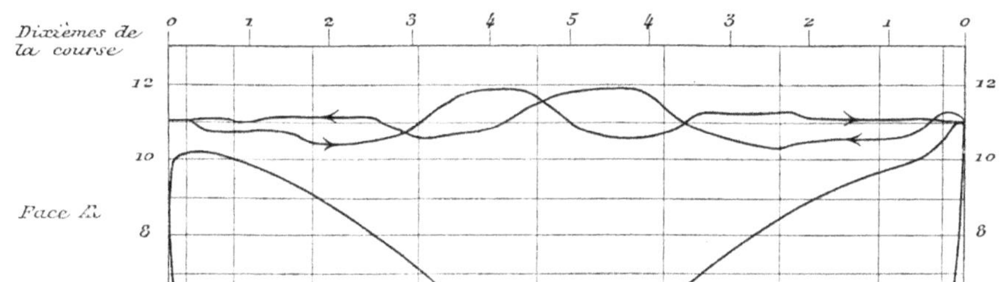

Fig. 77. – Diagrammes de la fig. 76 ramenés à la forme usuelle.

section du passage qui rattache l'indicateur au cylindre moteur : à mesure que la section devient plus étroite, l'amplitude du mouvement du crayon de l'indicateur se réduit. On n'a toutefois obtenu des résultats nets qu'en séparant les courses d'aller et de retour du piston : dans les appareils Janet, essayés au Creusot, une petite soupape automatique (fig. 79) met l'indicateur en communication avec les deux côtés du cylindre alternativement, toujours pendant la course motrice du piston.

Il paraît difficile de déterminer a priori la valeur de l'ordonnée ainsi obtenue, lorsque l'amplitude de l'oscillation est à peu près nulle. L'expérience semble indiquer

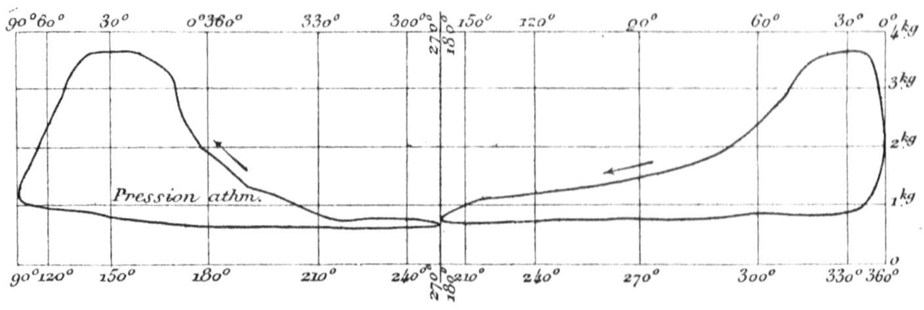

Fig. 78. —Diagrammes d'indicateur avec commande directe du barillet (tracé de droite) et commande par une manivelle calée à angle droit sur celle qu'actionne le piston du cylindre étudié (tracé de gauche) ; d'après les *Proceedings of the institution of mechanical engineers* (année 1894).

que, dans la marche habituelle des machines, cette ordonnée se rapproche beaucoup de l'ordonnée moyenne pendant la course motrice du piston (ordonnée AB de la fig. 62, p. 83), ou plutôt de la moyenne de ces deux ordonnées pour les deux côtés du cylindre. Il faut en retrancher l'ordonnée moyenne pendant l'échappement

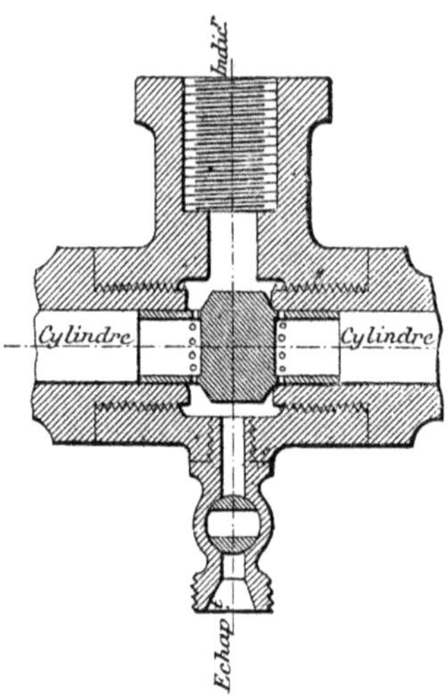

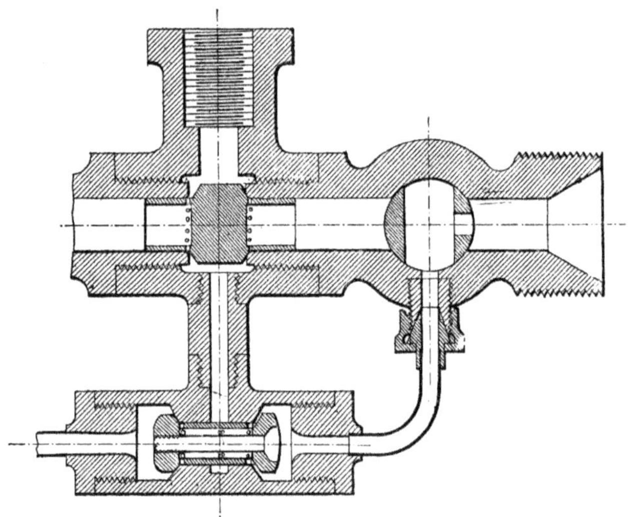

Fig. 79. — Distributeur pour relevés d'ordonnée moyenne, pendant les courses motrices du piston; l'appareil étant en communication avec les deux bouts du cylindre, la soupape met constamment l'indicateur en relation avec le côté où s'exerce la plus forte pression.

Fig. 80. — Distributeur pour relevés d'ordonnées moyennes, pendant l'aller et le retour du piston ; la soupape inférieure met constamment l'indicateur en communication avec le côté du piston où règne la moindre pression, quand les deux robinets à trois voies sont placés dans la position de la figure (un seul de ces deux robinets est représenté).

(RB), qu'on peut relever d'une manière analogue en mettant l'appareil en relation avec le cylindre pendant les courses de retour, à l'aide d'une seconde soupape automatique (fig. 80). Dans les machines sans compression, telles que les Corliss, la pression résistante, à peu près uniforme pendant tout le retour du piston, est facile à mesurer : la première disposition figurée, avec une seule soupape automatique, est alors suffisante.

Dans ces relevés, l'indicateur proprement dit devient inutile : un manomètre suffit ; un manomètre enregistreur relèvera d'une manière continue le travail de la vapeur.

Les résultats donnés par l'indicateur, de même que par tout autre instrument d'observation, ne peuvent servir à des déductions rigoureuses, dans les recherches scientifiques, et dans les constatations pratiques, que si l'on détermine leur degré d'approximation. La logique voudrait qu'on donnât, non pas la valeur du travail tel qu'on le relève sur le diagramme, mais les limites entre lesquelles cette valeur est comprise, sinon avec une certitude absolue, du moins avec une grande probabilité. Cette détermination de l'erreur possible commise dans les observations est un des points les plus délicats de l'art de l'expérimentateur ; elle est trop souvent négligée.

30. Dynamomètres.

Les dynamomètres mesurent la force transmise par un mécanisme ; en déterminant d'autre part le chemin parcouru par le point d'application et la durée de l'opération, on peut calculer le travail de cette force et la puissance qu'elle donne. Les dynamomètres d'absorption dépensent le travail en frottements, tandis que les dynamomètres de transmission font connaître, par la flexion ou le déplacement de certaines pièces, la grandeur de la force qui les traverse.

Lors des expériences, les premiers se substituent aux appareils commandés par un moteur, tandis que les seconds fonctionnent pendant la marche utile des machines.

Le type du dynamomètre d'absorption est le *frein de Prony* (fig. 81) : des sabots serrent une poulie, montée sur l'arbre de la machine, de manière à absorber tout le travail produit : un poids est suspendu à l'extrémité d'un levier, rattaché aux sabots, et ce levier doit rester horizontal; l'appareil étant en équilibre, c'est le frottement des sabots qui maintient le levier horizontal, en soulevant le poids Q (exprimé en kilogrammes) à l'extrémité du levier long de L (en mètres). L'arbre faisant n tours par minute, le travail produit en une seconde, ou la puissance, est en kilogrammètres $(2\pi n/60)QL$ ou $0{,}105nQL$.

L'appareil ne fonctionne que si le travail reste à peu près constant pendant quelque temps : autrement, on ne pourrait maintenir le levier horizontal. Le montage en est assez compliqué, et il ne peut guère s'appliquer qu'aux machines de petite ou de moyenne puissance.

Le frottement transforme le travail en chaleur, et il faut assurer le départ de cette chaleur, dès que la puissance absorbée est un peu grande ; parfois on emploie des poulies avec circulation d'eau. M. Garrett a retrouvé dans l'eau de circulation 65 à 75 centièmes de la chaleur correspondant au travail mesuré par le frein.

Les variantes du frein de Prony sont nombreuses. Au lieu de sabots en bois, on emploie, pour frotter sur la poulie, des bandes métalliques, des cordes et des sangles qui supportent un poids convenable. La figure 82 en donne un exemple. Une machine électrique, dont on connaît le rendement avec précision, peut aussi servir de dynamomètre d'absorption, par la mesure de l'intensité et de la tension du courant qu'elle produit.

Les dynamomètres de transmission s'interposent entre un moteur et l'arbre qu'il commande, ou sur une transmission quelconque.

L'une des dispositions les plus simples, qui ne convient pas pour de grands efforts, consiste à effectuer la transmission à l'aide de deux poulies contiguës, ayant même

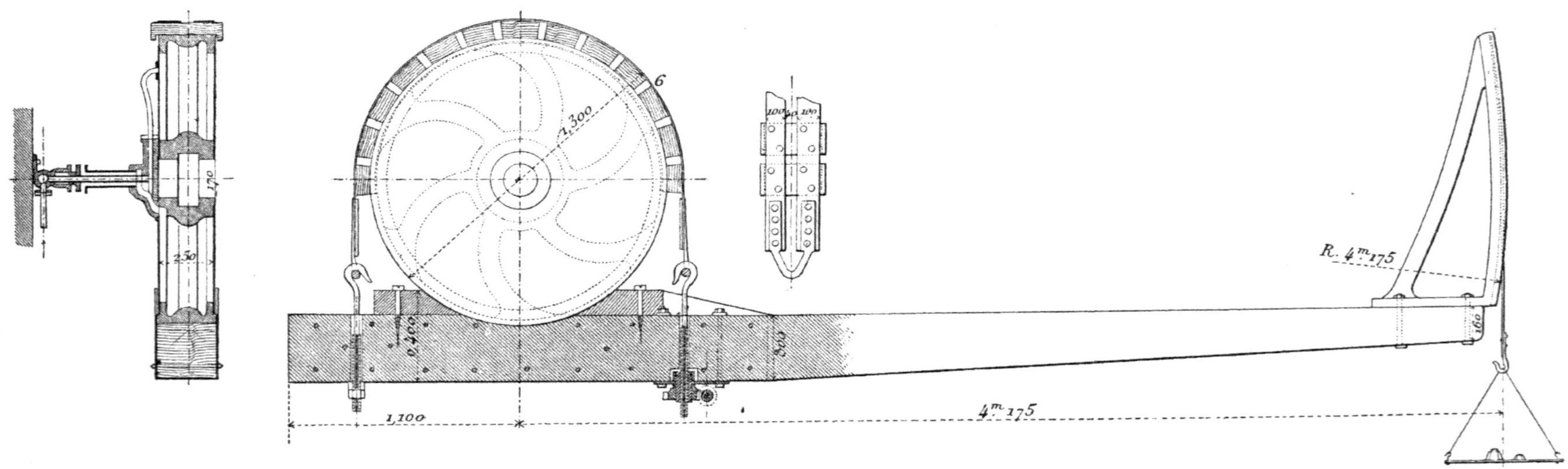

Fig. 81. – Frein de Pony, avec poulie à circulation d'eau, construit par Weyher et Richemond.

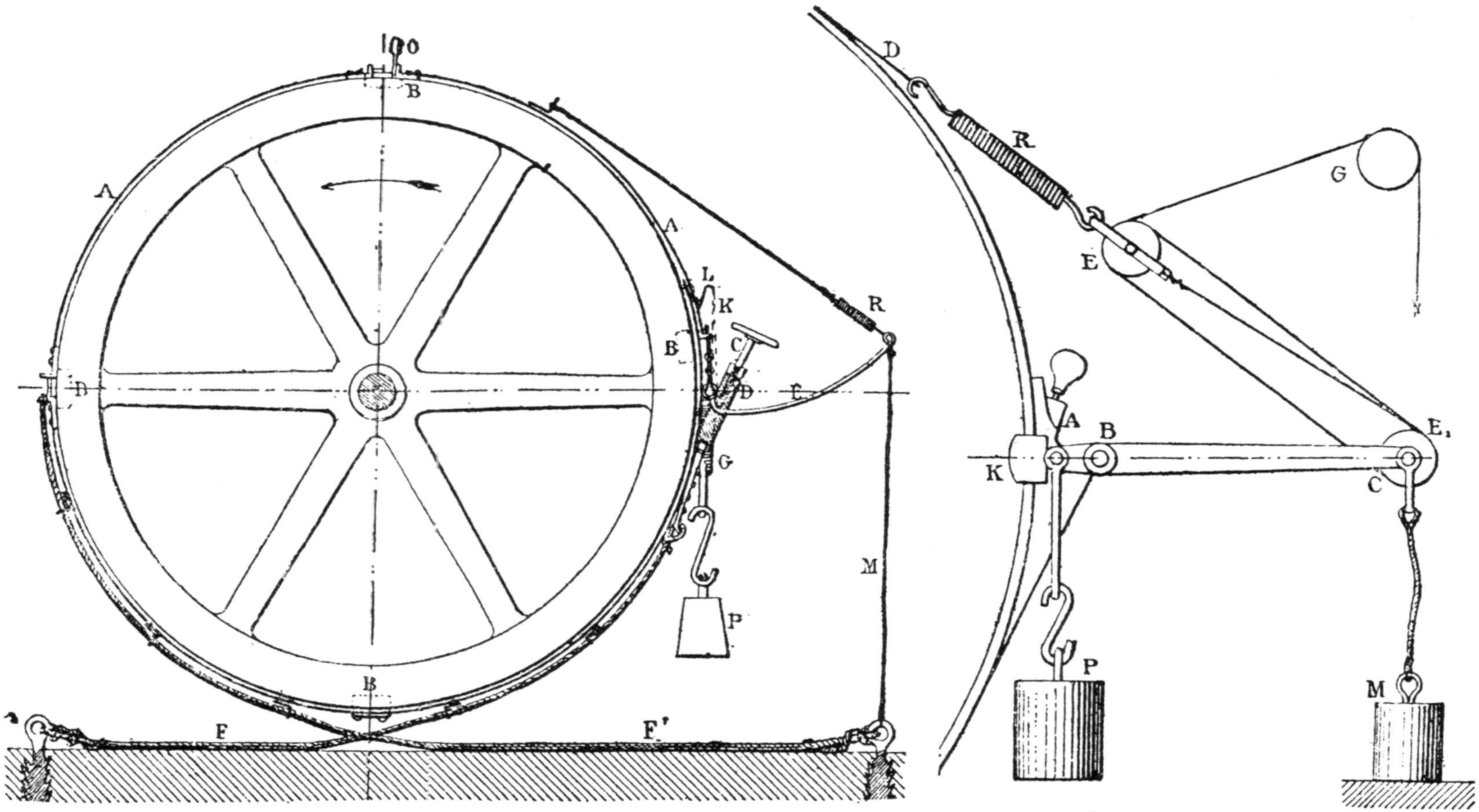

Fig. 82. – Dynamomètre d'absorption Brauer; deux dispositions différentes pour serrer la lame qui entoure la poulie (d'après Buchetti). Le poids P est fixé aux bandes qui entourent la poulie; le levier E, entraîné par le poids ou la corde M, ou bien par le ressort R, desserre ou serre les lames quand le poids P quitte sa position moyenne.

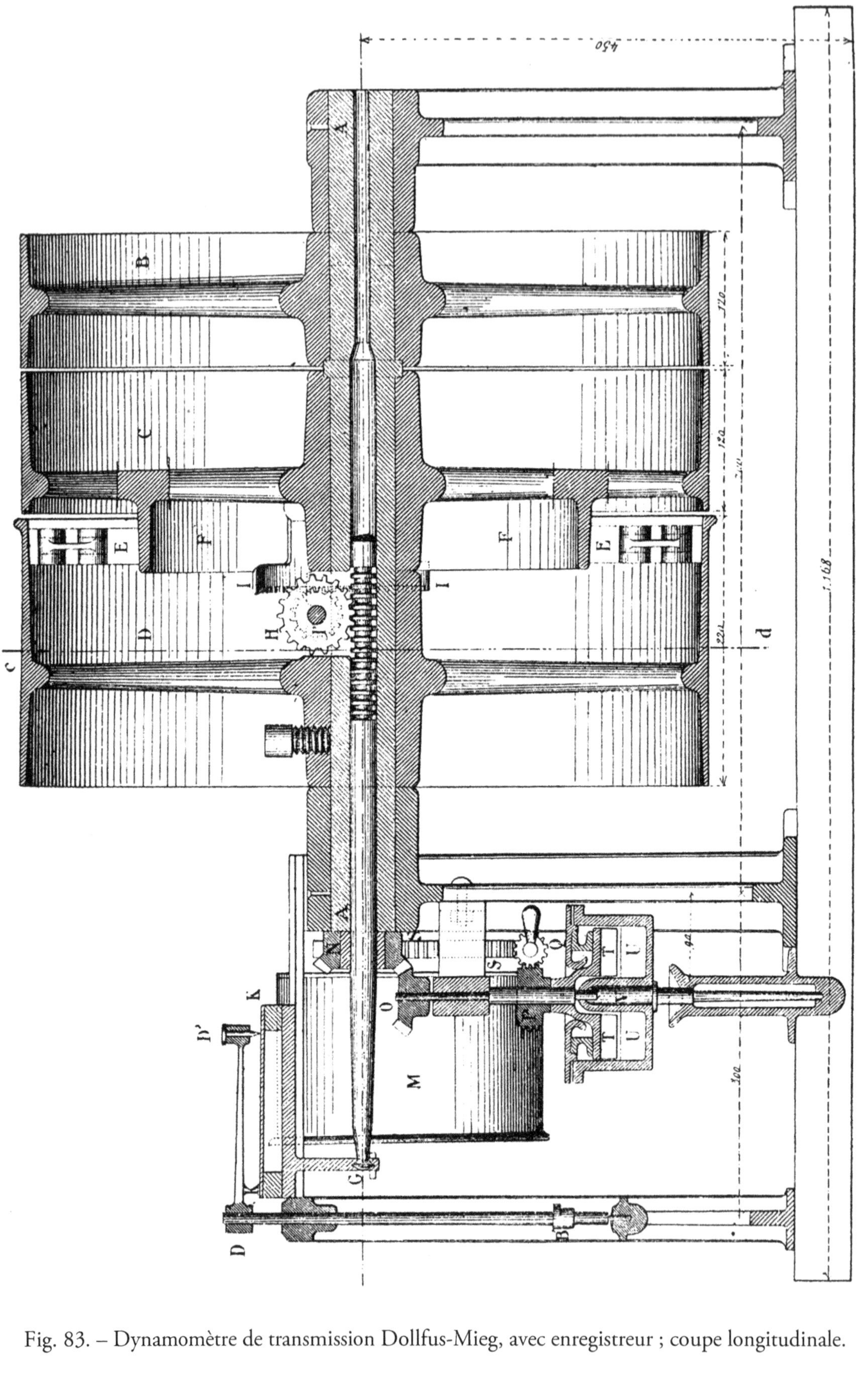

Fig. 83. – Dynamomètre de transmission Dollfus-Mieg, avec enregistreur ; coupe longitudinale.

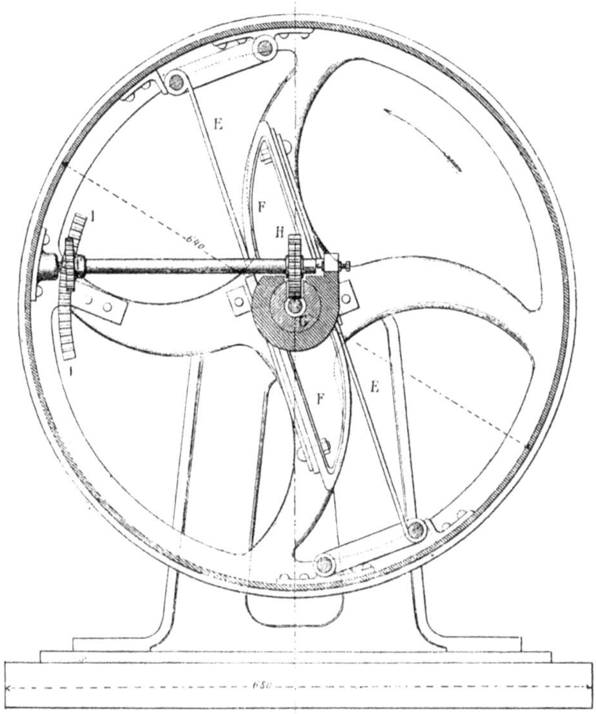

Fig. 84. — Dynamomètre Dollfus-Mieg ; coupe transversale.

Légende des figures 83 et 84.

Le ressort E est disposé pour que le déplacement angulaire relatif des deux poulies C et D soit proportionnel à la force transmise : ce déplacement se transmet, par les engrenages I et H, à la tige G ; cette tige porte un crayon qui inscrit le déplacement sur le tambour M, tournant avec une vitesse réduite proportionnelle a celle des poulies. En outre, le style D' prend autour du centre D un déplacement angulaire en relation avec la vitesse des poulies, par l'intermédiaire des disques à palettes T et U tournant dans l'eau et d'un levier monté en li, non visible sur les figures ; la position de ce style sur la planchette KK, entraînée par la tige G, détermine la puissance transmise. La quadrature de la courbe tracée sur le tambour M mesure le travail.

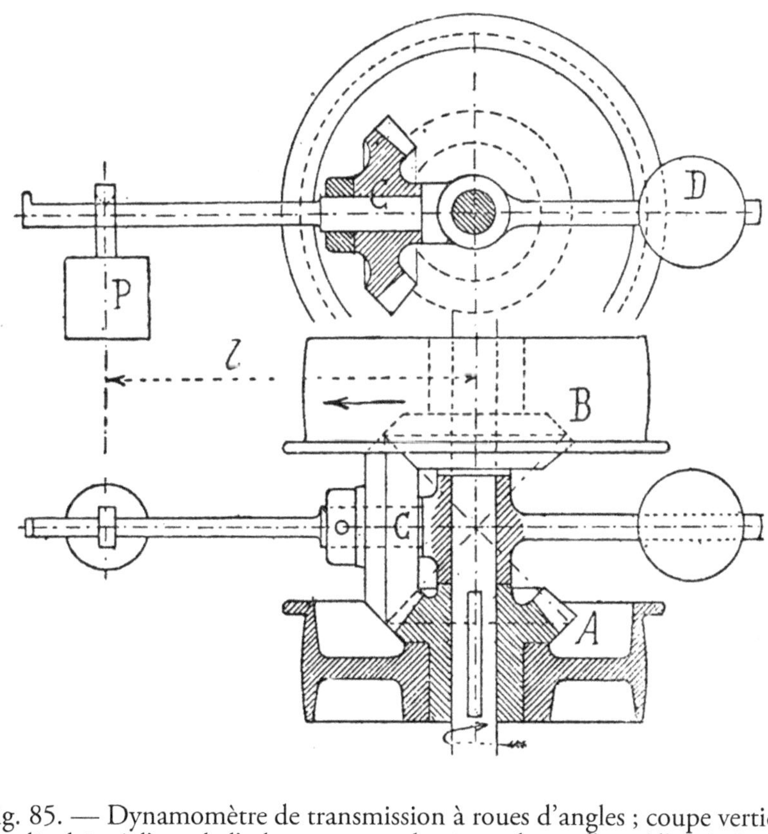

Fig. 85. — Dynamomètre de transmission à roues d'angles ; coupe verticale perpendiculaire à l'axe de l'arbre, et coupe horizontale par l'axe (d'après Buchetti).

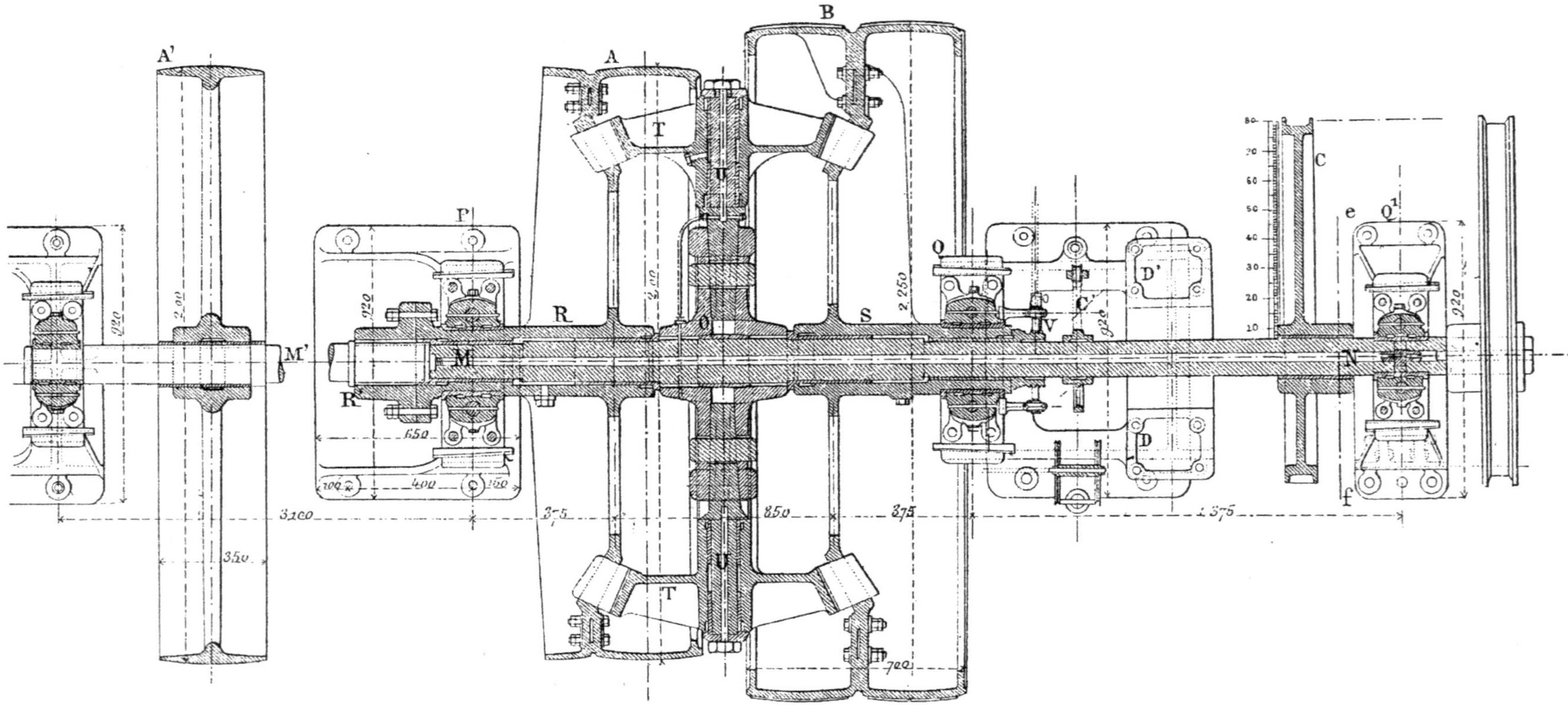

Fig. 86. — Dynamomètre de transmission ayant servi en 1886 pour les expériences de transport d'énergie électrique entre Creil et Paris. Coupe horizontale.
À et A', poulies commandées par le moteur.
B, poulies de commande du générateur électrique.
MN, arbre portant le bras UU, muni des engrenages d'angle T, T.
C, came portant le contre-poids X (fig. 87).
L (fig. 87), amortisseur ou tampon élastique fonctionnant en cas d'écart anormal de la came

axe géométrique et dont les faces sont voisines (fig. 83 et 84) : ces deux poulies sont reliées, près de leur jante, par un système de ressorts. Il en résulte un déplacement angulaire d'une poulie par rapport à l'autre ; l'amplitude de l'angle donne la mesure de la force transmise, d'où on déduit le travail et la puissance.

Diverses dispositions permettent d'observer le déplacement angulaire relatif des deux poulies : on peut l'enregistrer automatiquement sur un appareil entraîné avec les poulies. M. Mascart a indiqué un mode d'observation, à l'aide de la projection sur un écran fixe d'un rayon lumineux.

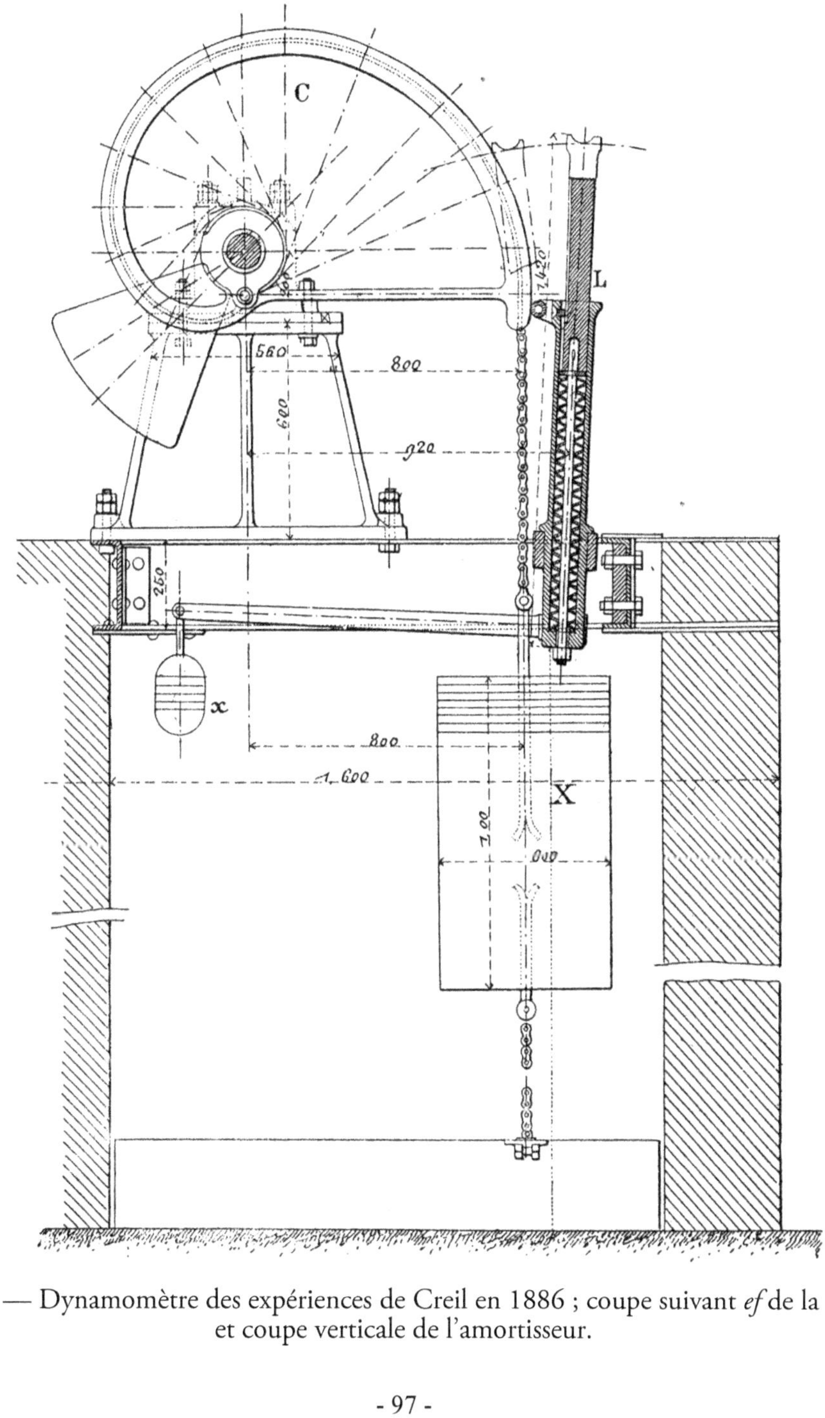

Fig. 87. — Dynamomètre des expériences de Creil en 1886 ; coupe suivant *ef* de la fig. 86 et coupe verticale de l'amortisseur.

On a aussi constitué un dynamomètre de transmission à l'aide d'un système de trois roues d'angle dentées (fig. 85). La roue intermédiaire C est montée à l'extrémité d'un bras qui peut s'incliner plus ou moins, en pivotant autour de l'axe géométrique des roues extrêmes A et B, et en soulevant un contre-poids P : la distance *l* indique la force transmise. Au lieu d'une seule roue intermédiaire C, il est préférable d'en employer deux, symétriquement disposées, lorsque les efforts à transmettre sont considérables. Cette combinaison a été réalisée dans le grand dynamomètre des figures 86 et 87.

Hirn a indiqué une méthode intéressante, qui ne paraît pas avoir été appliquée autant qu'elle le mérite, car elle n'exige que de petits instruments de mesure montés sur les appareils tels qu'ils existent dans les ateliers. Cette méthode consiste à évaluer le déplacement angulaire relatif, non plus de deux poulies contiguës reliées par un système de ressorts, mais de deux roues calées aux deux extrémités d'un arbre de transmission, choisi aussi long que possible. Cet arbre se tord quand il fonctionne, et de sa torsion on peut déduire les forces qui le sollicitent. Hirn a complété l'appareil par un enregistreur continu, composé d'une roulette tournant sur un plateau, qui totalise le travail transmis pendant une durée quelconque.

Hirn a aussi construit un dynamomètre enregistrant la flexion d'un balancier de machine à vapeur.

Pour mesurer la force de traction des locomotives, on fait usage de dynamomètres de transmission composés essentiellement d'un ressort interposé sur la barre d'attelage.

31. Cycles théoriques du travail de la vapeur.

On se figure le fonctionnement des machines à vapeur d'une manière théorique, simple, mais éloignée de la réalité, en imaginant que la vapeur y évolue suivant le cycle de Carnot entre une source chaude et une source froide, dont les températures seraient respectivement celles de la chaudière et du condenseur.

La température de la vapeur dans la chaudière dépend de la pression, qui est strictement limitée et ne varie guère, quand l'appareil est régulièrement conduit. Il est rare qu'on dépasse 200° centigrades ou 473° absolus, qui correspondent à une pression de plus de 15 kg par cm^2. Souvent on se limite à 8 ou 10 kg, c'est-à-dire à 170° ou 180°.

Quand la vapeur est surchauffée, les températures sont plus élevées, pour une même pression : on suppose, pour le moment, qu'on ne fait pas usage de la surchauffe.

La température, plus variable dans le condenseur que dans la chaudière, descend rarement au-dessous de 25°.

Dans les machines sans condenseur, la vapeur, en s'échappant dans l'atmosphère, prend la température qui correspond à la pression, c'est-à-dire 100° quand la pression est exactement celle dite d'une atmosphère : c'est comme si l'échappement se faisait dans un condenseur entretenu à cette température de 100°.

En réalité, la pression de l'atmosphère, dans une même localité, subit des variations ; elle est réduite dans les stations élevées : à l'altitude de 1000 m, elle est d'environ 0,91 kg par cm^2, et la température de la vapeur est de 96° à 97° ; et l'altitude de 4800 m, atteinte par les locomotives du chemin de fer de Lima à Oroya, fait descendre la pression à 0,57 kg par cm^2, et la température à 84°.

L'échappement du premier cylindre d'une machine compound est dirigé dans un réservoir, où la pression dépasse souvent celle de l'atmosphère ; considérer isolément ce premier cylindre, on le voit en relation avec une source froide dont la température correspond à la pression du réservoir.

Le rendement du cycle de Carnot, avec les écarts extrêmes de 200° et 25° serait de 0,37 ; avec les écarts fréquents de 171° et 100°, de 0,16.

On imagine cette évolution, entre les températures extrêmes, t_1 et t_2, dans un cylindre contenant un kilogramme d'eau, portée à la température t_1 : cette eau reçoit la quantité de chaleur r_1 et se vaporise, en poussant un piston. Puis la vapeur se détend adiabatiquement, jusqu'à ce que la température atteigne t_2 ; elle continue à pousser le piston, et à produire un travail moteur. Le piston revient alors en arrière ; la vapeur se condense abondamment et la source froide, en absorbant de la chaleur, maintient à la température t_2 le mélange d'eau et de vapeur. Cette absorption de chaleur cesse quand il reste dans le cylindre une proportion d'eau et de vapeur à t_2, telle qu'une compression adiabatique restitue un kilogramme d'eau liquide à la température t_1. Pendant ces deux dernières phases, le piston est le siège d'un travail résistant, qui vient en déduction du travail moteur, produit par les deux premières phases.

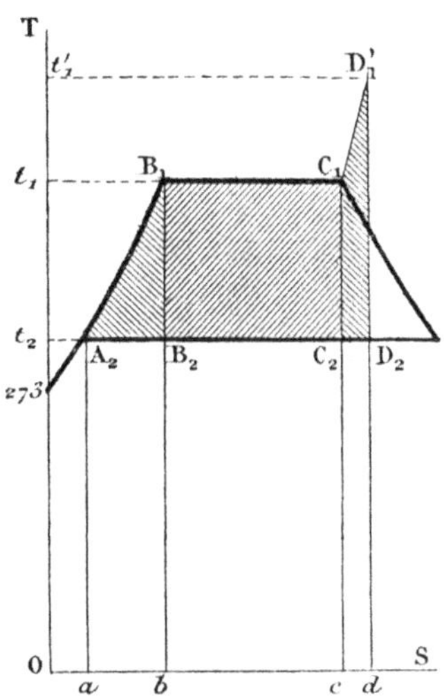

Fig. 88. — Diagramme entropique des cycles de la machine à vapeur.

Le diagramme entropique de cette évolution idéale est $B_1C_1C_2B_2$ (fig. 88) ; la source chaude cède la quantité de chaleur bB_1C_1c, dont la fraction $B_1C_1C_2B_2$, se transforme en travail, tandis que le reste, bB_2C_2c, est absorbé par la source froide.

En réalité, la vapeur se forme dans la chaudière, qui fournit la chaleur de vaporisation r_1, puis est introduite dans le cylindre : mais cette circonstance ne modifie pas sensiblement l'évolution : la seule différence théorique qui en résulte consiste en ce que le piston, à fond de course, ne doit plus laisser l'espace libre qui contient l'eau. Mais dans la machine réelle la condensation se fait aussi en dehors du cylindre, et c'est un immense progrès dû à Watt ; pour imaginer un cycle théorique simple, on la supposera complète. L'admission du volume u de vapeur à pleine pression et la détente adiabatique jusqu'à la température t_2 seront donc suivies de la condensation de la vapeur, pendant le retour du piston, soumis alors à la pression résistante p_2 qui correspond à la température t_2.

L'opération laisse un kilogramme d'eau à la température t_2 et à la pression p_2 ; il faut refouler cette eau dans la chaudière et l'échauffer jusqu'à t_1.

Le travail de refoulement, qui est évalué dans l'étude de l'alimentation des chaudières (§ 117), est relativement minime ; mais la quantité de chaleur nécessaire pour échauffer l'eau est importante : elle est représentée par la surface aA_2B_1b (fig. 88), qui s'ajoute à la chaleur de vaporisation bB_1C_1c. La quantité $A_2B_1C_1C_2$ se transforme en travail externe, tandis que la source froide reçoit aA_2C_2c. Le travail produit par un kilogramme est plus grand que dans l'évolution suivant le cycle de Carnot, mais le rendement, ou la fraction de la chaleur fournie par la source chaude qui est transformée en travail, est moindre ; la figure le montre clairement.

La cession, par la source à la température t_1, de la chaleur qui échauffe l'eau de t_2 à t_1, est une opération irréversible.

En pratique, on ne dispose pas d'une source chaude à t_1, mais des gaz chauds de la combustion, qui entretiennent la température t_1 de la chaudière, mais qu'on peut refroidir au-dessous de cette température, en élevant, dans un réchauffeur, celle de l'eau d'alimentation prise à t_2. De sorte qu'en réalité la seconde évolution envisagée serait plus avantageuse que la première et mieux vaut tâcher de s'en approcher que chercher la réalisation du cycle de Carnot.

Néanmoins, il est souvent commode, dans l'étude, d'assimiler le rendement théorique maximum d'une machine à vapeur à celui du cycle de Carnot entre les températures de la chaudière et du condenseur.

Si on surchauffe la vapeur depuis la température t_1 jusqu'à à pression constante, on ne doit pas en conclure que la température de la source chaude sera portée à t'_1 et qu'on pourra compter sur le rendement théorique $(t'_1 - t_2) / t'_1$, puisque l'eau reçoit toujours, dans la chaudière, la plus grande partie de sa chaleur à la température t_1. On voit, sur le diagramme entropique (fig. 88), que la quantité de chaleur reçue par la vapeur s'augmente de $cC_1D'_1d$, dont la fraction $C_1D'_1D_2C_2$ se transforme en travail : il en résulte une légère augmentation du rendement total.

En réalité la surchauffe corrige l'action défavorable des parois de cylindres (§ 37).

En évoluant suivant le cycle de Carnot, entre les pressions p_1 et p_2, ou entre les températures absolues correspondantes t_1 et t_2, un kilogramme de vapeur saturée sèche, prise à la source chaude, produirait $Er_1[(t_1 - t_1) / t_1]$ kilogrammètres ; on dépenserait donc, pour obtenir 270.000 kgm ou un cheval-heure,
$270\ 000 / Er_1[(t_1 - t_1) / t_1]$ kilogrammes de vapeur. On trouvera, dans le tableau qui suit, les poids de vapeur, ainsi calculés en kilogrammes, pour diverses valeurs des pressions, à l'intersection de la colonne verticale correspondant à la pression initiale et de la ligne horizontale indiquant la pression finale.

Pressions initiales absolues en kg par cm². Températures absolues correspondantes			20 484°	15 470	12 460	10 452	8 442	6 431	4 416	2 393
Pressions finales en kg par cm² et températures absolues correspondantes	1,2	377°	6,3	6,8	7,4	8,0	8,8	10,3	13,4	29,6
	1	372	6,0	6,5	7,0	7,5	8,2	9,4	11,9	22,6
	0,5	354	5,2	5,5	5,8	6,2	6,5	7,2	8,4	12,2
	0,2	333	4,4	4,7	4,9	5,2	5,4	5,7	6,4	8,2
	0,1	319	4,1	4,2	4,4	4,5	4,7	5,0	5,4	6,4

Avec le cycle théorique de la machine à vapeur qui vient d'être défini, on dépense une quantité moindre d'eau, introduite dans la chaudière à la température inférieure, t_2 ; on recueille, en plus, le travail qui était absorbé, dans le cycle de Carnot, par la compression adiabatique.

Les dépenses par cheval-heure, avec diverses pressions initiales et finales, seraient alors à peu près les suivantes :

Pressions initiales absolues, en kg par cm²		20	15	12	10	8	6	4	2
Pressions finales, en kg par cm²	1,2	5,6	6,3	6,9	7,4	8,1	9,8	13,0	29,4
	1	5,3	5,8	6,5	6,9	7,4	8,9	11,4	22,3
	0,5	4,5	4,8	5,2	5,5	5,7	6,7	8,0	11,9
	0,2	3,8	4,0	4,3	4,4	4,5	5,1	5,8	7,5
	0,1	3,3	3,5	3,8	3,9	4,0	4,4	4,9	6,0

Pour calculer ces nombres, on mesure, sur le diagramme entropique, tracé à une échelle suffisante (fig. 89), les surfaces telles que $A_2B_1C_1C_2$ (fig. 88), surfaces qui représentent les calories transformées en travail par un kilogramme de vapeur saturée sèche ; on en déduit le nombre de kilogrammes nécessaires pour produire l'équivalent de 634 calories, ou un cheval-heure.

32. Causes de réduction du rendement.

En pratique, on ne peut obtenir le rendement du cycle théorique de la machine : plusieurs causes se combinent pour réduire le travail que produit la vapeur. La détente est rarement poussée jusqu'à ce que la pression de la vapeur atteigne celle qui correspond à la température du condenseur ; l'espace libre, laissé par le piston à fond de course, mérite souvent le nom d'espace nuisible; les parois métalliques des cylindres condensent la vapeur quand elle a une température élevée, et vaporisent l'eau condensée quand cette température baisse ; la vapeur admise au cylindre n'est pas toujours sèche ; elle se lamine et sa pression s'abaisse dans les différents passages qu'elle doit traverser ; elle peut fuir autour des pistons et des organes de distribution ; enfin les frottements absorbent une partie du travail donné par la vapeur, et réduisent d'autant la puissance de la machine ; la condensation et l'alimentation exigent aussi une dépense de travail. L'examen de ces diverses causes qui réduisent le rendement constitue la plus grande part de la théorie de la machine à vapeur. Les paragraphes qui suivent sont consacrés à cette étude, surtout pour les moteurs à cylindre unique (§§ 33 à 41) ; ensuite on verra quelles modifications entraîne l'emploi des cylindres en succession.

33. Détente incomplète.

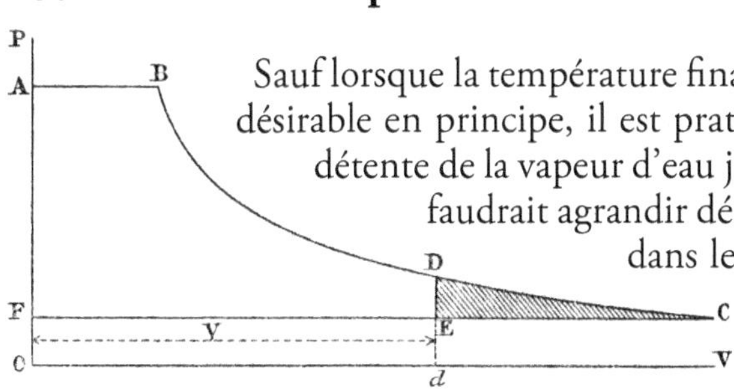

Fig. 90. — Diagramme de la perte de travail résultant d'une détente incomplète.

Sauf lorsque la température finale est élevée, ce qui n'est nullement désirable en principe, il est pratiquement impossible de pousser la détente de la vapeur d'eau jusqu'à la pression finale, parce qu'il faudrait agrandir démesurément le volume que lui offre dans le cylindre le piston en se déplaçant. Le diagramme des pressions et volumes (fig. 90) montre clairement le travail théorique perdu par l'insuffisance du volume du cylindre. Cet effet se produit quelle que, soit la courbe réelle de détente, qui s'écarte plus ou moins de l'adiabatique. Aux températures basses réalisables dans les machines (40°, 30°, 20° centigrades), la densité de la vapeur d'eau est minime ; elle occupe un très grand volume en n'exerçant qu'une très faible pression par centimètre carré[7]. C'est un reproche assez grave qu'on peut faire, en théorie, à l'emploi de l'eau comme véhicule de la chaleur ; ce défaut n'existe plus dans les machines à vapeurs combinées (§ 50).

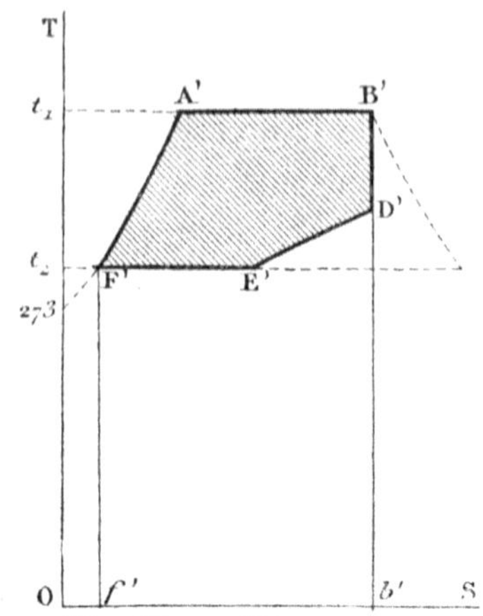

Fig. 91. — Diagramme entropique avec détente incomplète.

L'échappement de vapeur, à une pression relativement élevée, qui se produit lorsque le cylindre est mis en communication avec le condenseur à la fin de la course du piston, et qui donne lieu à la chute de pression figurée en DE sur le diagramme (fig. 90), n'est pas un phénomène réversible. On peut néanmoins le représenter sur le diagramme entropique, en imaginant une évolution un peu différente, mais qui ne modifie en rien le travail recueilli dans le cylindre : on suppose la vapeur refroidie à volume constant dans le cylindre même, de manière à en abaisser la pression de *d*D à *d*E. Par le point D' (fig. 91) qui correspond à la pression *d*D, on mène une ligne d'égal volume D'E', suivant la règle indiquée au § 27 (p. 74) ; la surface A'B'D'E'F' montre la chaleur transformée en travail, sur la quantité *f*F'A'B'*b*' fournie par la chaudière.

34. Espace libre.

On doit arrêter le piston à quelque distance du fond du cylindre, afin d'être sûr qu'il ne le frappera jamais, par suite de la déformation élastique des organes et du jeu des articulations, que l'usure augmente : cette distance est assez largement calculée pour qu'une petite quantité d'eau ne risque pas de défoncer le cylindre.

Afin de limiter les dégâts si cet accident se produit, on dispose certains plateaux de manière qu'ils soient seuls avariés : par exemple, le disque *aa* (fig. 92), rapporté sur le plateau, se rompra suivant la rainure circulaire dd.

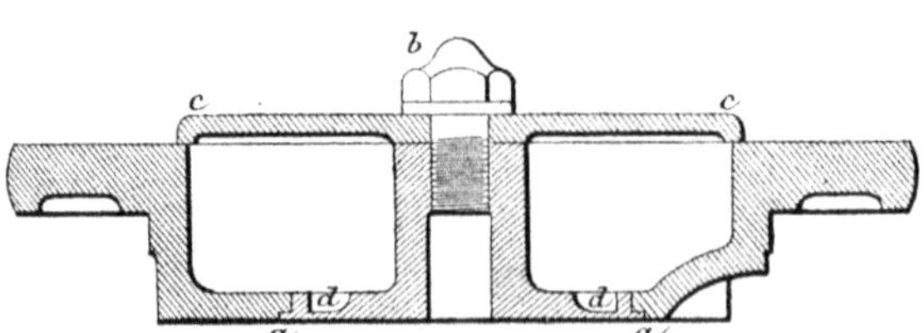

Fig. 92. — Plateau de cylindre de la machine Westinghouse.

On munit aussi les cylindres de soupapes de sûreté à ressort (fig. 93 et 91), ou de rondelles (fig. 95), qui se brisent dès que la pression dépasse une limite fixée ; ces rondelles se remplacent aisément. Les soupapes imaginées par Normand, légèrement

7 Poids du m² à 40° : 51 g ; pression 74,7 g par cm².
» 30° : 30 g ; » 42,9 »
» 20° : 17 g ; » 23,6 »

chargées, mettent en communication le cylindre avec la boîte à vapeur, dès que la pression devient plus forte dans le cylindre que dans la boîte.

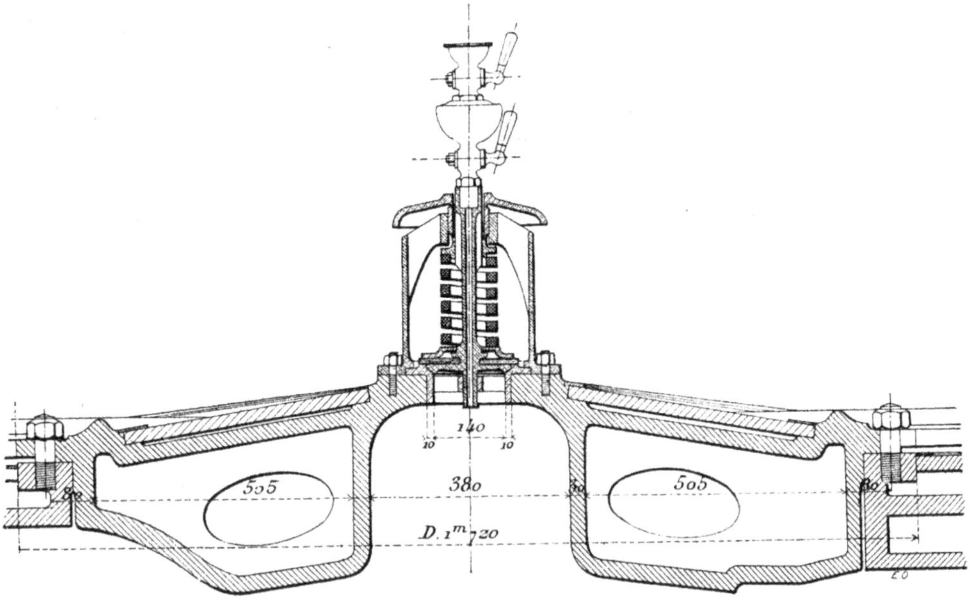

Fig. 93. — Soupape de sûreté dans le plateau supérieur du cylindre d'une machine pilon.

Dans la machine réglée à neuf, le jeu du piston n'est pas également réparti entre les deux fonds de course, quand le rattrapage ultérieur de l'usure des coussinets de la bielle doit faire varier cette répartition. Il est souvent de 5 mm en moyenne, pour chaque côté, dans les machines fixes de dimensions ordinaires ; il s'élève parfois jusqu'à 10 mm dans les locomotives ; enfin on atteint et on dépasse la cote de 15 mm dans les grandes machines marines.

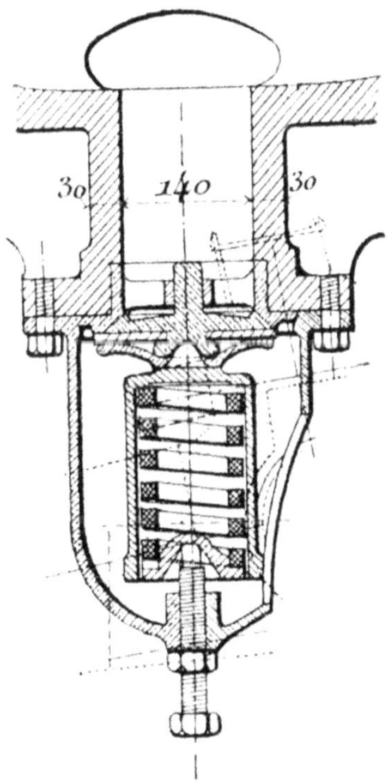

Fig. 94. — Soupape de sûreté à la partie inférieure du cylindre d'une machine pilon.

L'espace libre comprend encore le volume des conduits de distribution depuis le cylindre jusqu'à l'organe d'obturation. Souvent ces conduits sont contournés, et il est difficile d'en calculer exactement le volume d'après les dessins, d'autant plus que leurs parties brutes n'ont pas toujours rigoureusement les cotes indiquées. On mesure alors l'espace libre en le remplissant avec une quantité d'eau jaugée.

Un cylindre de petit diamètre, avec une grande course, pour un volume donné, muni de canaux de distribution très courts, a de faibles espaces libres.

On définit habituellement les espaces libres par une fraction du volume engendré par le piston dans sa course simple ; les valeurs ne sont pas exactement les mêmes pour les deux côtés du piston. Plusieurs des exemples, qui suivent, s'appliquent à des machines à expansions multiples ; mais on pourrait citer des chiffres analogues pour des appareils monocylindriques.

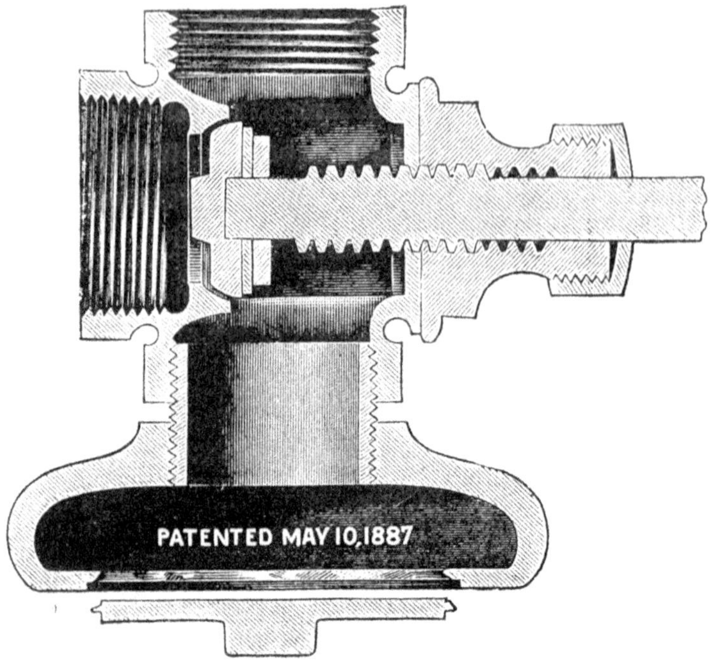

Fig. 95. — Soupape de purge, avec rondelle de sûreté, pour les cylindres (machine américaine *Ide*).

- Machine Corliss, construite au Creusot en 1884, à cylindre de 550 mm sur $1^{m},100$: 3,58 et 3,74 p. 100.
- Locomotives compounds à 4 cylindres des chemins de fer de l'Ouest, construites en 1894 : cylindres à haute pression, avant 8,3 p. 100, arrière, 9,1 p. 100 ; cylindres à basse pression, avant 8,3 p. 100, arrière, 7,1 p. 100.
- Machine à triple expansion d'Allis, à cylindres de 712 —1.220 et 1.880 mm sur 1.523 mm : 1,4 p. 100 au premier cylindre, 1,5 p. 100 au second et 0,77 au dernier (d'après Thurston).
- Machine marine à triple expansion (« Augusta Victoria », d'après C. Busley), à cylindres de $1^{m},050$ — $1^{m},700$ et $2^{m},700$ sur $1^{m},600$: premier cylindre, 16,6 p. 100 à la partie supérieure, 17,8 p. 100 à la partie inférieure ; second cylindre, 12,4 et 13,4 p. 100 ; troisième cylindre, 16,5 et 16,6 p. 100.

Lorsque l'échappement, ou la communication avec le condenseur, dure pendant toute la course de retour du piston, comme dans le cycle théorique, l'espace libre contient, en fin de course, la vapeur à la pression inférieure p_2 ; au début d'une course nouvelle, il doit être rempli de vapeur à la pression supérieure p_1. La consommation de vapeur à chaque coup de piston en est beaucoup augmentée, si l'espace libre est grand. Le poids de la vapeur ainsi consommée se calculerait facilement, si elle restait saturée sèche dans l'espace libre : c'est la différence des poids d'un même volume de vapeur aux pressions p_1 et p_2.

En même temps, le travail produit par coup de piston augmente : O*a* (fig. 96) représentant l'espace libre, à la même échelle que le volume engendré par le piston, et *ab* le volume de vapeur admis derrière le piston, à la pression p_1, ce n'est pas ce volume *ab* qui se détend pendant le reste de la course, mais le volume O*b*.

La courbe BC' (en ponctué) que donnerait la détente du volume *ab* seul, devient BC. Si l'on trace en AC" la courbe de détente du volume O*a* seul, les volumes tels que GG' et GG", pour chaque valeur de la pression, s'ajoutent et forment le total GH, de sorte que G'H = GG".

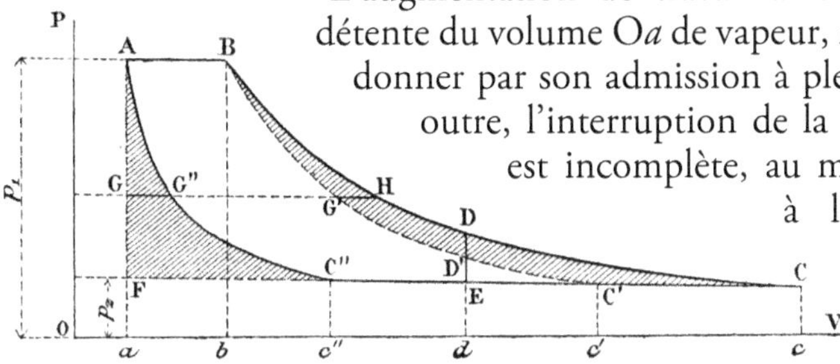

Fig. 96. – Effet de l'espace libre.

L'augmentation de travail ainsi obtenue correspond à la détente du volume O*a* de vapeur, mais le travail qu'il pourrait donner par son admission à pleine pression est perdu ; en outre, l'interruption de la détente en D*d*, quand elle est incomplète, au moment où le piston arrive à l'extrémité de sa course, vient réduire ce travail supplémentaire.

On peut imaginer la masse O*a* de vapeur, qui remplit l'espace libre, séparée de la masse *ab* par un diaphragme mobile, libre de se déplacer dans le cylindre, de telle sorte que la pression soit toujours la même sur ses deux faces : la course de ce diaphragme serait *ad*, celle du piston moteur étant *ac*, si la détente était poussée aussi loin que possible. Pendant le retour du piston, si l'espace compris entre le diaphragme et le piston moteur communique seul avec le condenseur pour l'échappement, le volume CC" de vapeur va passer au condenseur, tandis que le volume O*c*", dont la pression est également p_2, restera dans le cylindre. Quand le piston atteindra le diaphragme, il le repoussera, en comprimant la vapeur, qui sera ainsi ramenée à la pression initiale p_1 dans l'espace libre O*a*, au moment où va recommencer une nouvelle course.

En réalité, le diaphragme mobile n'existe pas, mais on obtient le même effet en interrompant la communication du cylindre avec le condenseur au moment où le piston, revenant de *c* vers *a*, passe par le point *c*".

Le diagramme du travail produit, qui serait ABC'F sans espace libre, est ainsi transformé en un diagramme de même surface ABCC", par l'addition de la surface BCC' et la soustraction de la surface égale C"FA. La chaudière n'a plus à fournir que le volume *ab*, comme si l'espace libre n'existait pas, puisqu'il se trouve rempli de vapeur à la pression initiale. La compression de la vapeur permettrait ainsi d'annihiler l'action de l'inévitable espace libre, si, en réalité, plusieurs causes ne venaient compliquer cette action. En premier lieu, les conditions de la détente et de la compression ont été supposées identiques : ces deux opérations seraient, par exemple, adiabatiques avec même proportion d'eau dans la vapeur à la fin de la détente et au commencement de la compression.

En outre, pour obtenir la compensation, on augmente le volume du cylindre d'une quantité *c'c* : cette augmentation entraîne un accroissement des frottements et de l'action des parois (§ 35) ; il en résulte des pertes de rendement qui diminuent, ou peuvent même dépasser le bénéfice de la compression. D'ailleurs, si une théorie générale peut supposer que cette augmentation *c'c* de volume tient à un simple allongement du cylindre, qui n'en change pas l'espace libre, dans l'exécution, bien des motifs limitent la course du piston : pour accroître le volume du cylindre, il faudrait parfois augmenter encore la capacité dont on cherche à compenser l'action.

Bien souvent, la pression p_2 étant trop faible pour qu'il soit possible de l'atteindre dans la détente, le volume du cylindre est forcément limité à une valeur telle que *ad* : outre la perte inévitable D'C'E sur le diagramme, on perd DCC'D' sur le travail de la détente de la vapeur qui remplit l'espace libre.

Il arrive même qu'en faisant le tracé de la figure 96, le point *c*" tombe au-delà de *d*, de sorte que la compression ne pourrait être complète, à moins qu'on ne laissât échapper une partie seulement de la vapeur à la fin même de la course du piston, et qu'on ne refermât aussitôt l'orifice d'échappement. C'est un cas fréquent pour les machines à condensation ; ce sont celles qui échappent dans l'atmosphère, et surtout les premiers cylindres des moteurs à expansions multiples, qui ont une pression d'échappement p_2 assez grande pour permettre de réaliser à peu près le diagramme ABCC"A avec détente et compression complètes.

En résumé, dans les conditions les plus favorables, on peut compenser l'action fâcheuse de l'espace libre ; cette compensation exige un accroissement des dimensions du cylindre, qui n'est pas sans inconvénients propres. On peut donc dire qu'en principe, et sous réserve de certaines conditions accessoires qui correspondent à des particularités de construction ou de fonctionnement, il est bon de réduire autant que possible les espaces libres des cylindres.

L'entrée de la vapeur dans un espace libre où la pression est faible est un phénomène intéressant en théorie. Si l'on suppose d'abord cet espace entièrement vide, le fluide qui le remplit n'a aucun travail externe à produire : pour faire pénétrer ainsi un kilogramme de vapeur dans une capacité vide, la chaudière n'aurait à fournir

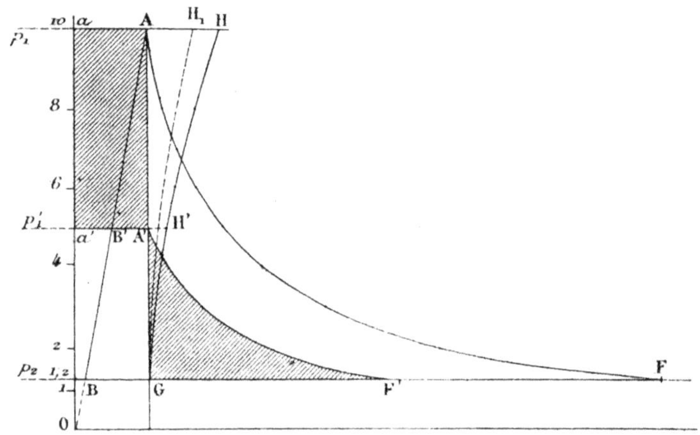

Fig. 97. — Dépense de vapeur avec divers degrés de compression.

que la chaleur latente interne (ρ) et non celle qui se transforme en travail externe (A*pu*). En réalité, l'espace libre n'est jamais entièrement vide ; mais la pression y est souvent inférieure à celle de la vapeur admise, qui doit seulement fournir un travail de compression réduit (inférieur à A*pu*.)

Ce phénomène irréversible, qui est un cas spécial de laminage de la vapeur, est de nature à diminuer la proportion d'eau mélangée à la vapeur. Cotterill a calculé quelle serait, en pareil cas, la variation du titre de la vapeur humide, variation toujours minime.

Pour chaque genre de machines, il est bon d'étudier l'effet d'une compression plus ou moins forte. Quand une machine est bien réglée, au début de la course du piston, la pression, dans l'espace libre, s'est relevée jusqu'à la pression de la vapeur qui pénètre dans le cylindre. Ce relèvement de la pression dans l'espace libre tient ou à la compression, ou à l'admission anticipée, ou aux deux causes combinées. Une compression complète dépense le travail figuré par la surface FGA (fig. 97), et la chaudière ne fournit pas de vapeur. Une compression moindre, qui absorbe le travail F'GA', donne dans l'espace libre la pression p'_1, relevée jusqu'à p_1 par l'introduction de vapeur prise à la chaudière ; enfin, s'il n'y a pas de compression, l'espace libre contient de la vapeur à la pression d'échappement p_2 et la chaudière fournit tout le poids supplémentaire nécessaire pour élever la pression jusqu'à p_1.

On peut admettre, sans grande erreur, que, dans tous les cas, le travail, fourni par la machine pendant la course motrice du piston, et la dépense de vapeur, déduction faite de celle qui sert à remplir l'espace libre, restent les mêmes pour un même appareil ; l'action des parois, en particulier, entraîne une condensation à peu près constante dans les trois cas. On néglige en outre la petite réduction du travail moteur qui résulte de l'admission anticipée.

On évalue alors l'effet de la compression, en examinant à part le travail qu'elle consomme et la quantité de vapeur saturée sèche nécessaire pour achever le remplissage de l'espace libre.

On peut calculer le travail comme si les courbes FA, F'A' étaient des hyperboles équilatères.

Le poids de vapeur sèche dépensé se déduit immédiatement de la différence des poids sous les pressions, initiale et finale, p_1 et p'_1. On supposera même, pour une approximation, qu'il est proportionnel à la surface *a*AA'*a*' : il est alors représenté, pour chacune des valeurs de la pression p_1 par une abscisse telle que A'B'. On figure de même le travail correspondant à la surface F'A'G par une abscisse A'H' : tous les points H' formeront une courbe GH.

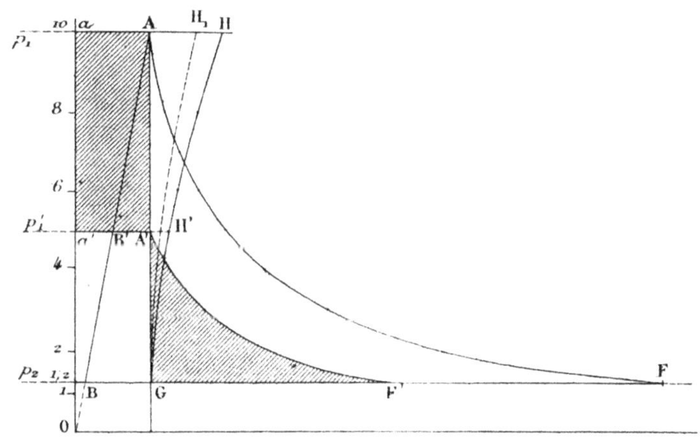

Fig. 98. — Compression dans une machine à condensation.

On voit ainsi qu'à la compression jusqu'à la pression p'_1 correspond la dépense d'un poids de vapeur A'B' et d'un nombre de kilogrammètres A'H'. Pour comparer ces deux quantités, il faut savoir quel poids de vapeur exige, dans la machine considérée, la production d'un kilogrammètre, abstraction faite de la dépense due à l'espace libre ; par exemple, si l'on sait quel est le poids total dépensé par la machine sans compression, on rapprochera ce poids, diminué de la quantité GB affectée au remplissage de l'espace libre, du nombre des kilogrammètres produits. A'H' représentera alors un poids de vapeur comme B'A'.

La courbe GH étant ainsi tracée à une échelle convenable, la moindre dépense correspond à la plus courte abscisse B'H' ; la tangente en H' est parallèle à BA (qu'on peut confondre avec une droite). Une variation dans la dépense de vapeur correspond à un changement de l'échelle des abscisses de la courbe GH. On peut considérer une limite intéressante de cette courbe ainsi transformée, GH_1, telle que la tangente en H_1 soit parallèle à BA. La plus grande économie correspond alors à une compression complète[8].

La figure 97 est tracée avec les pressions extrêmes de 1,2 et de 10 kg par cm^2 ; le travail est évalué en calories, en supposant une consommation de 12 kilogrammes de vapeur par cheval-heure ou pour 270.000 kgm : c'est alors la compression jusque vers 5 kg par cm^2 qui paraît donner la moindre dépense. Avec une machine consommant plus de vapeur, la compression devrait être un peu moindre ; elle devrait être plus forte avec une machine dépensant moins.

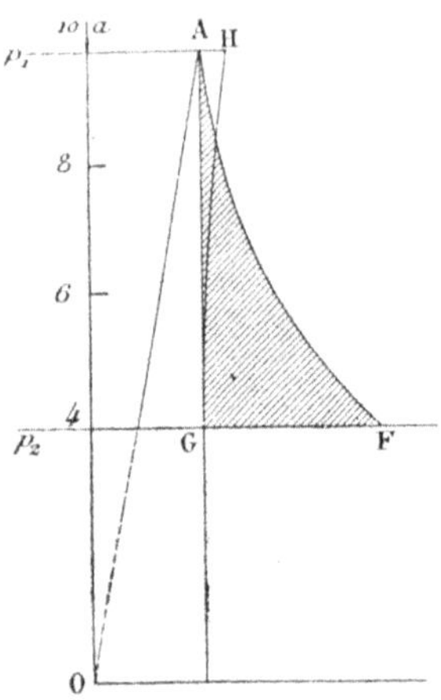

Fig 99. — Compression dans le cylindre à haute pression d'une machine compound.

Avec la pression finale p_2 plus faible (fig. 98), que donnent les machines à condensation, le travail absorbé par la compression serait plus considérable ; par contre, le kilogrammètre est produit un peu plus économiquement. Avec une dépense de 10 kg de vapeur pour 270.000 kgm, que suppose la figure, la compression devrait s'arrêter à $1^{kg},2$ environ. Elle ne pourrait d'ailleurs monter très haut sans commencer dès le début de la course de retour.

Avec une forte pression finale, 4 kg par exemple, qu'on trouve dans les machines à expansions multiples, le travail absorbé par la compression totale n'est pas considérable (fig. 99).

Il est plus difficile d'en établir l'équivalent en vapeur dépensée, parce que le travail donné par le second cylindre, à basse pression, est influencé par

8 Le tableau qui suit résume les données numériques qui ont servi au tracé des figures 97, 98 et 99. La capacité de l'espace libre est fixée à 10 litres.

Pression finale, en kg par cm^2. . .	10	8	6	4	2	1,2	0,2
Poids de 10 l de vapeur saturée sèche, en g.	51	41	32	22	11	7	1,3
Travail de compression, en kgm, depuis $1^{kg},2$	1240	840	485	202	22	0	»
Poids de vapeur équivalent, à raison de 12 kg pour 270.000 kgm, en g.	55	37	21	9	1	0	»
Travail de compression, en kgm, depuis $0^{kg},2$	»	»	»	820	280	115	0
Poids de vapeur équivalent, à raison de 10 kg pour 270.000 kgm, en g.	»	»	»	30	10	4,3	0
Travail de compression, en kgm, depuis 4 kg	316	155	43	0	»	»	»
Poids de vapeur équivalent, à raison de 8 kg pour 270.000 kgm. .	9,4	4,6	1,3	0	»	»	»

le degré de compression dans le premier. On peut cependant estimer la dépense moyenne de vapeur qu'exige, dans la machine complète, la production du kilogrammètre. On trouve en général avantage à faire une forte compression dans le cylindre à haute pression de la compound.

En résumé, pour les machines monocylindriques, la plus grande économie paraît souvent correspondre à une compression moyenne, quand elles échappent dans l'atmosphère ; avec la condensation, la compression doit être peu importante.

D'autres considérations peuvent faire choisir divers degrés de compression ; on peut chercher à augmenter ou à réduire le travail que donne un cylindre, ou à éviter les changements brusques dans les forces qui poussent le piston.

35. Action des parois.

L'étude des additions et des soustractions de chaleur, pendant l'évolution de la vapeur dans un cylindre, est importante et délicate. Les échanges calorifiques se produisent entre la vapeur et l'eau, d'une part, et les parois des cylindres, d'autre part, comme l'ont montré les travaux de Hirn, confirmés par de nombreuses observations. La marche générale du phénomène se comprend aisément : au moment de l'admission, les parois métalliques du cylindre viennent d'être en contact avec la vapeur refroidie par l'échappement ; ces parois, relativement froides, condensent une partie de la vapeur admise. S'il existe de l'eau froide dans le cylindre, au moment où commence l'admission, elle s'échauffe, comme les parois, aux dépens de la vapeur. Pendant la détente, la pression et par suite la température s'abaissent : une partie de l'eau condensée pendant l'admission peut alors se vaporiser de nouveau, aux dépens de la chaleur déposée dans la paroi. Mais c'est surtout pendant l'échappement que cet effet se produit et que les parois se refroidissent. L'eau condensée dans le cylindre ne peut y être entièrement revaporisée, au moins dans un cylindre sans enveloppe de vapeur (§ 36), car la détente adiabatique de la vapeur donnerait déjà une certaine quantité d'eau à la fin de la course du piston, et, en outre, si bien enveloppé que soit le cylindre, il perd extérieurement un peu de chaleur.

L'observation montre que le poids de la vapeur consommée par une machine dépasse beaucoup celui qui correspondrait au volume admis dans le cylindre : il n'est pas rare de trouver une dépense de 7 à 8 kg, quand en apparence elle ne devrait être que de 4 ou 5. S'il n'y a pas de fuites autour du piston ou des appareils de distribution, cette augmentation de dépense n'est explicable que par des condensations.

En étudiant le tracé d'un diagramme bien net d'indicateur, et en le rapprochant de la courbe BC' (fig. 100), construite en supposant adiabatique la détente de la vapeur qui remplit le volume O*b*, comprenant l'espace libre O*a*, on trouve que la courbe observée, BC, passe généralement au-dessus de BC', au lieu de descendre en dessous, comme on pourrait l'imaginer, en supposant que les parois soutirent constamment de la chaleur à la vapeur. Cette position de la courbe BC indique au contraire que les parois, pendant la détente, cèdent de la chaleur qui transforme de l'eau en vapeur.

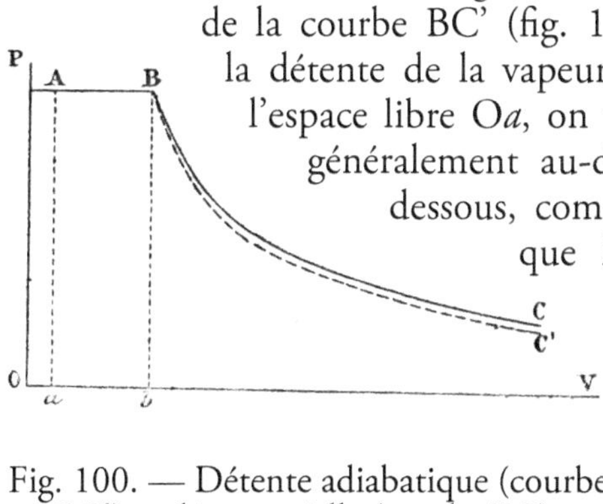

Fig. 100. — Détente adiabatique (courbe BC') et détente réelle (courbe BC).

Cette action rapproche souvent la courbe BC de l'hyperbole équilatère, si bien qu'en pratique, pour prévoir le travail d'une machine, on ne saurait mieux faire, en général, que de tracer, comme courbes de détente, des hyperboles équilatères.

Par une fâcheuse association d'idées, on parle quelquefois, à cette occasion, de la *loi de Mariotte* : il est difficile de trouver une plus fausse assimilation, puisque la loi de Mariotte est celle de la détente de l'air à température constante, tandis que la température de la vapeur varie énormément pendant la détente.

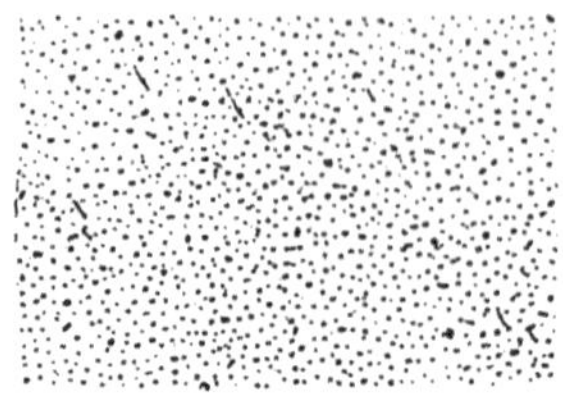

Fig. 101. — Précipitation de buée sur les parois d'une enveloppe chaude, dans le révélateur Donkin.

Le *révélateur de Donkin*, manchon en cristal qui communique avec le cylindre d'une machine, fait voir la formation et la disparition de gouttelettes liquides pendant les diverses phases de la distribution. Les figures 101 et 102 montrent le dépôt liquide ainsi observé sur une paroi relativement chaude et sur une paroi froide.

L'action des parois a été bien des fois l'objet d'études minutieuses. La méthode la plus fréquemment employée est empirique et consiste à suivre de près la marche

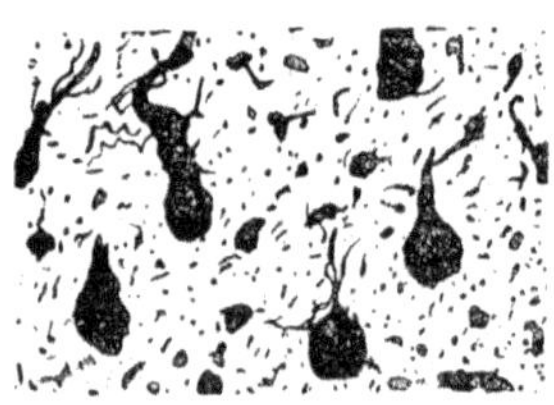

Fig. 102. — Condensation en gouttes sur parois froides non enveloppées, dans le révélateur.

d'une machine : on obtient ainsi des résultats utiles en pratique, mais qu'il est difficile de généraliser.

Pour cette étude d'une machine, il convient qu'elle fonctionne pendant plusieurs heures d'une manière uniforme, produisant le même travail par coup de piston et tournant à vitesse constante. On note le poids de vapeur dépensée, soit en jaugeant l'eau d'alimentation de la chaudière, soit en dirigeant l'échappement dans un condenseur à surface, où l'on mesure l'eau condensée ; le mieux est de combiner ces deux mesures, qui se contrôlent réciproquement : il est rare qu'elles concordent exactement.

En divisant le poids d'eau dépensée par le nombre de tours, on obtient la dépense par tour ; si la machine est exactement réglée, de manière que les diagrammes pris sur les deux côtés du cylindre soient identiques, on peut admettre que cette dépense se répartit également entre les deux coups simples du piston.

Toutefois l'identité est rarement complète ; d'un côté existe la tige et souvent l'autre côté n'a pas de contre-tige : en outre les espaces libres ne sont pas toujours égaux pour les deux bouts.

On observe aussi la pression de la vapeur à son arrivée au cylindre, et on détermine, par une des méthodes indiquées plus loin, la proportion d'eau qu'elle peut contenir. Il est essentiel qu'il ne se produise pas de fuites de vapeur.

On arrive ainsi à mettre en regard d'un diagramme moyen d'indicateur la dépense correspondante de vapeur ; on suppose ici qu'on étudie une machine à

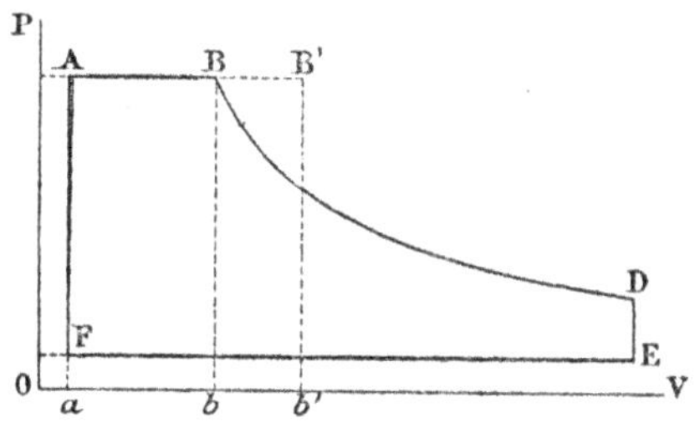

Fig. 103. — Diagramme de machine Corliss.

un seul cylindre. Le diagramme relevé sur certaines machines Corliss se rapproche beaucoup de la forme simple ABDEF (fig. 103) ; la dépense apparente de vapeur se déduirait alors du volume O*b* et de la pression *b*B : le poids ainsi calculé serait même un peu fort, à cause de la petite quantité de vapeur détendue qui reste à la fin de l'échappement dans l'espace libre O*a*. Or le poids donné par l'observation de la dépense est plus considérable, et serait capable de remplir un volume tel que O*b*'.

Du diagramme de l'indicateur, qui donne la relation entre la pression et le volume, on déduit le diagramme entropique et on rend ainsi apparentes les quantités de chaleur mises en jeu. Les tracés de la figure 104 sont établis pour un kilogramme de fluide ; par un simple changement d'échelle, ils sont applicables à un poids quelconque connu. Le poids de la vapeur qui reste dans l'espace libre, à la fin de l'échappement, est supposé négligeable.

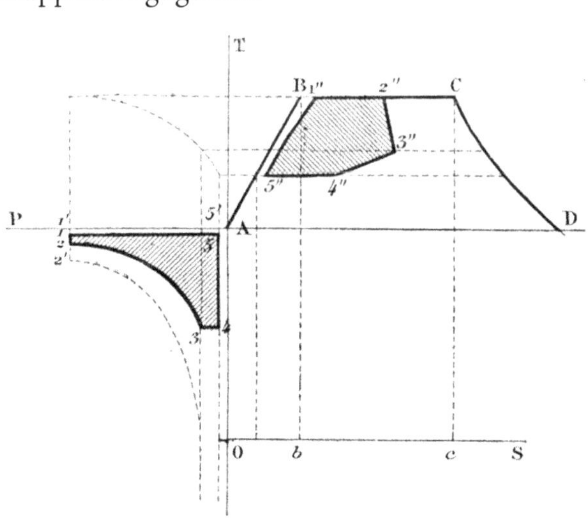

Fig. 104. — Diagramme entropique du travail de la vapeur dans un cylindre.

Si la vapeur, dont un poids connu entre dans le cylindre, à la pression p_1, était saturée sèche, elle occuperait un volume 1' — 2' (fig. 104) ; elle n'occupe que le volume 1' — 2 : 1 — 2 — 3 — 4 — 5 est le diagramme d'indicateur, tel qu'il est relevé ou après une transformation d'échelles.

De la courbe 2 — 3, on déduit la courbe 2" — 3" du diagramme entropique, par une simple division proportionnelle des abscisses, puis on trace la ligne d'égal volume 3" — 4", suivant les règles indiquées au § 27 ; si l'on mène enfin une ligne d'égal volume 1" — 5", correspondant au trait 1 — 5 du diagramme d'indicateur, on déduira une surface équivalente au rectangle 1' —1— 5 — 5' et la surface 1"— 2" —3" — 4" — 5" représentera le travail produit par le poids de vapeur qui pénètre dans le cylindre pendant un coup de piston. Le trait 5" —1 ne figure aucune évolution du fluide qui se produise effectivement dans le moteur : c'est surtout le tracé 2" — 3 qui est intéressant.

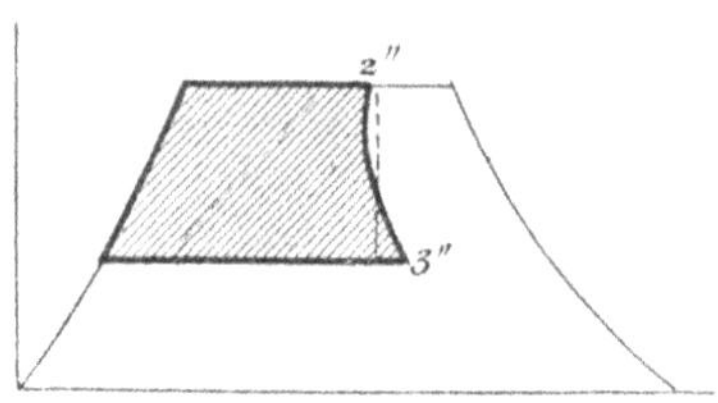

Fig. 105. — Condensation au début de la détente.

La position de la courbe 2" — 3" indique que la vapeur reçoit de la chaleur pendant la détente ; la courbe des pressions en est relevée, comme le montre la figure 100. Il arrive quelquefois au contraire, quand la période d'admission est courte, que la condensation continue au commencement de la détente ; la courbe 2" — 3" du diagramme entropique se présente alors comme sur la figure 105.

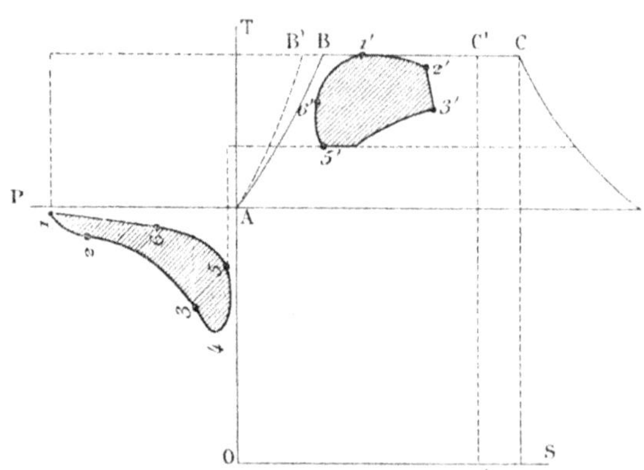

Fig. 106. — Diagramme entropique pour un diagramme quelconque d'indicateur.

Le diagramme entropique est aussi appliqué, d'une manière moins directe, à l'étude d'un diagramme quelconque d'indicateur 1 — 2 — 3 — 4— 5 — 6 (fig. 106). Pendant la détente, depuis la fermeture de l'admission, en 2, jusqu'à l'ouverture de l'échappement anticipé, en 3, le cylindre contient un poids,invariable de fluide, et la courbe 2 — 3 en figure les variations de pression et de volume. Pour ce poids de fluide, on déduit du tracé 2 — 3 la courbe 2' — 3' de détente sur le diagramme entropique ABC. En construisant, sur la même figure, les points qui correspondent au reste du diagramme d'indicateur, on obtient une ligne fermée l' — 2' — 3' — 4' — 5' — 6', qui limite une surface égale, par suite du mode de construction, et qui représente la chaleur transformée en travail : mais cette ligne, sauf le trait 2'—3', ne figure nullement l'entropie du fluide, contenu dans le cylindre en poids variable: il en montre seulement les températures. De même, le diagramme d'indicateur ne représente la relation entre la pression et le volume occupé par un poids constant de fluide que dans les parties 2 — 3 et 5 — 6 : le reste du tracé ne donne que la pression, avec le volume d'un poids variable de vapeur ; les poids sont invariables pendant la compression, comme pendant la détente, mais ils diffèrent beaucoup pendant ces deux périodes.

En outre, l'aire mesurée sur le diagramme entropique OABC*c* de la figure 106 ne représente pas la chaleur fournie par la chaudière, car la vapeur contenue dans le cylindre pendant la détente (2 — 3) s'y trouvait déjà en partie pendant la compression (5 — 6) ; cette quantité de vapeur a été augmentée de l'appoint fourni par la chaudière pendant l'admission. La chaleur donnée par la chaudière doit être mesurée, à l'échelle du dessin, sur un diagramme OAB'C'*c*', où la longueur O*c*' se déduit de O*c* par une réduction proportionnelle à celle du poids : le rapport O*c*'/O*c* est à peu près égal au rapport du poids introduit pendant l'admission au poids total pendant la détente. Si l'égalité n'est pas rigoureuse, cela tient à ce que le nombre des calories fournies par la chaudière ne se déduit pas exactement du poids de vapeur qui en sort, à cause des phénomènes irréversibles qui se produisent lorsque la vapeur se précipite dans l'espace libre incomplètement rempli par la compression.

L'observation de la machine donne seulement le poids fourni par la chaudière ; mais celui du fluide comprimé (période 5 — 6) qui s'y ajoute n'est pas déterminé directement. En mesurant la capacité de l'espace libre, on connaît bien le volume occupé, ainsi que la pression, au moment où commence la compression, en 5 ; mais quelle est la proportion d'eau contenue à ce moment, avec la vapeur, dans le cylindre ? Cette question a donné lieu à des discussions longues et vives : si la proportion d'eau est un peu grande, elle absorbera pendant l'admission une quantité de chaleur considérable : on explique ainsi les condensations qui se produisent pendant l'admission, sans faire intervenir l'action des parois, qu'on peut supposer inertes. Il est possible, en effet, que le cylindre contienne parfois de l'eau à la fin de l'échappement, en 5. Mais, dans bien des cas, lorsque les conduits d'échappement sont convenablement disposés, la vapeur paraît être saturée et sèche à ce moment :

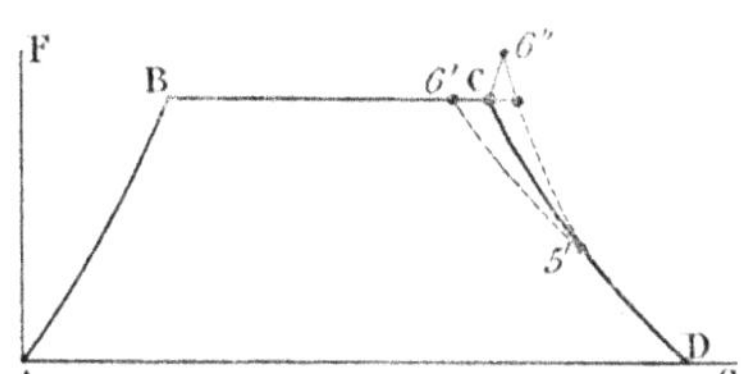

Fig. 107. — Diagramme entropique de la compression.

c'est l'hypothèse le plus généralement admise. Dans chaque expérience, on doit, autant qu'il est possible, vérifier si cette hypothèse est plausible.

Le poids de la vapeur saturée sèche qui remplit le cylindre en 5, sous une pression connue, se calcule sans peine ; il s'ajoute au poids connu fourni par la chaudière, pour former le total soumis à la détente, total auquel s'applique le diagramme entropique de la figure 106.

Pour étudier séparément la compression, on peut tracer (fig. 107) un diagramme entropique correspondant au poids invariable de la vapeur, que contient le cylindre pendant cette phase de la distribution. La position du point 5' sur le trait CD indiquerait que la vapeur est saturée sèche au début. Le trait 5' — 6', déduit du tracé de l'indicateur, indique une condensation pendant la compression : si la vapeur se surchauffe pendant la compression, le trait sort du périmètre ABCD et prend une position 5' — 6".

Le § 46 relate quelques exemples des observations faites sur les machines et des quantités de vapeur condensées pendant l'admission.

M. Dwelshauyers-Déry a représenté les échanges de chaleur au moyen de rectangles, dont la surface figure les calories cédées ou reprises aux parois pendant l'admission, la détente, la compression, et l'échappement (fig. 108). Ces calories sont figurées à la même échelle que celles qui correspondent aux kilogrammètres représentés par la surface du diagramme de l'indicateur. Les échanges de chaleur avec la paroi sont considérés comme positifs quand la vapeur cède des calories, et négatifs quand elle en reçoit. Les rectangles représentant des échanges positifs sont portés au-dessus de l'axe des volumes pendant la course directe, qui comprend l'admission, la détente, et l'échappement anticipé, et au-dessous pour les échanges négatifs. Les tracés sont inverses pendant la course rétrograde.

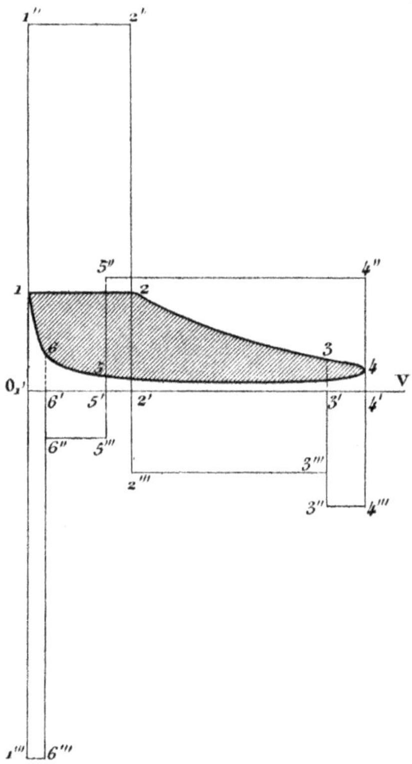

Fig. 108. — Diagramme des échanges de chaleur.

Suivant cette convention, les rectangles qui correspondent à la période d'échappement, divisée en deux phases, d'échappement anticipé et d'échappement, sont partagés en deux parties, l'une au-dessus de l'axe OV, l'autre au-dessous. Il en est de même pour le rectangle qui correspond à la chaleur cédée aux parois pendant l'admission anticipée et pendant l'admission. La division en deux de ces rectangles est purement arbitraire.

Pendant les périodes de détente et de compression, où le poids du fluide ne varie pas dans le cylindre, on peut pousser la représentation plus loin, et figurer pour chaque position du piston la valeur de l'échange : on obtient ainsi des courbes limitant des surfaces au lieu de droites formant des rectangles (fig. 109, d'après Sinigaglia). Pendant l'admission et l'échappement, ces courbes sont prolongées d'une manière arbitraire, de manière à enfermer la même surface que les rectangles analogues à ceux de la figure 108.

Les expériences, dont le principe vient d'être indiqué, ont été bien des fois exécutées ; beaucoup d'autres recherches expérimentales et théoriques ont été faites pour déterminer l'action des parois des cylindres.

On peut ranger en plusieurs catégories ces études : la première réunira les relevés exécutés sur une machine marchant en régime uniforme ; ces relevés doivent comprendre au moins les diagrammes du travail indiqué et le poids de la vapeur dépensée. Une série plus instructive est celle des essais où l'on a pu faire varier les conditions de marche des machines, et notamment les pressions d'admission et d'échappement, le degré d'admission, le chauffage à l'aide d'une enveloppe (§ 36), la vitesse de marche. Ces variations sont forcément assez limitées dans les essais faits sur les machines en marche industrielle. On peut les étendre dans les machines spécialement disposées pour les études expérimentales. D'autres expériences, telles que la recherche de l'absorption de chaleur par la fonte, peuvent être exécutées à l'aide d'appareils autres que les moteurs à vapeur. Enfin les études théoriques, faites à l'aide des documents fournis par les expériences spéciales, ou par les principes connus de la physique, compléteront la série, qui comprendra en résumé :

- Essai d'une machine dans son régime normal ;
- Essais d'une machine, en marche industrielle, avec régimes variables;
- Essais sur des machines spécialement disposées pour les marches expérimentales et même construites à dessein pour ces marches;
- Expériences physiques touchant à la transmission de la chaleur dans les machines ;
- Études théoriques.

Tous les travaux ainsi groupés ont donné des documents d'une incomparable richesse, qu'il est malheureusement difficile de toujours faire concorder et dont on ne peut guère déduire encore une solution simple et complète de la question des parois.

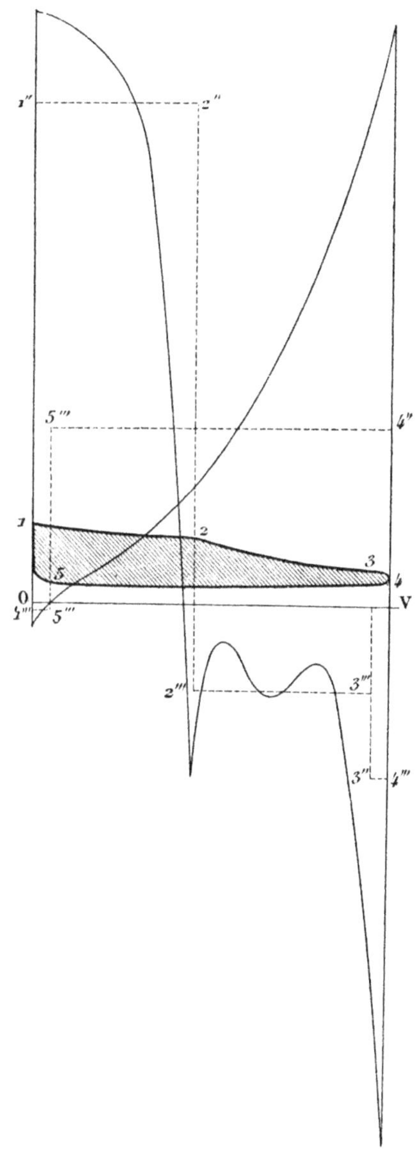

Fig. 109. — Diagramme des échanges de chaleur pendant la détente et la compression, d'après Sinigaglia.

Toutes les parois que baigne la vapeur dans un cylindre ne se trouvent pas placées dans les mêmes conditions. Le plateau du cylindre, la face du piston, la surface des passages, c'est-à-dire les parois qui constituent l'espace libre quand le piston est à fond de course, sont constamment en contact avec la vapeur pendant toute son évolution sur une des faces du piston. Au contraire, la vapeur baigne la surface cylindrique seulement à mesure que le piston la découvre : les diverses zones de cette surface sont donc dans des conditions différentes, compliquées par l'action alternative de la vapeur sur les deux côtés du piston. En outre, l'état de ces deux sortes de surfaces n'est pas le même : la surface cylindrique est bien polie et constamment graissée, tandis que les fonds et les passages sont relativement rugueux. Les rugosités augmentent la surface effective sur laquelle se condense la vapeur. Polir les faces internes des fonds et les pistons paraît une bonne précaution. On a même proposé de les recouvrir de substances moins conductrices que la fonte et le fer, par exemple de plomb ou de porcelaine : mais, comme la plupart des dispositions qui compliquent, si peu que ce soit, la construction, sans effet bien apparent en pratique, ce revêtement n'a guère été appliqué.

Il convient de remarquer à ce sujet que Donkin a constaté, dans le révélateur, d'assez abondantes condensations sur le cristal.

D'autre part l'enduit gras paraît réduire la condensation : la vapeur ne serait plus en contact avec une masse métallique, mais avec cet enduit moins conducteur.

II est désirable que des expériences de physique viennent fixer nos idées sur cette action des enduits gras : si cette action a quelque importance, elle est une cause d'incertitudes dans les expériences, difficiles et minutieuses, sur le fonctionnement de la machine : l'épaisseur de l'enduit peut varier pendant le cours de l'essai ; il est d'ailleurs malaisé d'en connaître la nature exacte.

L'air mélangé à la vapeur en rend la condensation plus lente : l'influence des parois sera moins importante sur un tel mélange. L'addition d'air a été essayée à cet effet : d'après quelques expériences de Reynolds, la proportion en poids qui donnerait la moindre condensation est celle de 15 g d'air pour 100 g de vapeur. La température de l'air, à son entrée dans le cylindre, est la même que celle de la vapeur; la température des deux fluides mélangés varie simultanément : avec une faible proportion d'air, le diagramme d'indicateur ne doit pas changer beaucoup, dans les machines sans condensation. La présence de l'air augmente la contre-pression résistante quand on fait usage du condenseur.

En outre, le fonctionnement du condenseur à surface serait ralenti par la présence de l'air, de même que l'action des parois du cylindre, ce qui augmenterait encore la pression finale. Dans l'eau des chaudières, l'air contribue à l'altération des tôles. Enfin l'action de l'air dans le cylindre ne peut être efficace que s'il forme un mélange intime avec la vapeur : ce mélange n'est peut-être pas facile à obtenir.

L'espace libre exerce une action fâcheuse non seulement par son volume, mais par sa surface : cette surface, beaucoup augmentée par les conduits des machines à tiroirs, peut être réduite presque à celle du fond et des pistons, par l'emploi de distributeurs séparés de vapeur. Il convient d'ailleurs, à cet égard, que les pistons et les fonds soient plats (§ 77) ; les surfaces creuses (fig. 93) sont évidemment moins bonnes et ne doivent pas être employées sans motifs sérieux.

Ayant ainsi réduit la surface totale des parois du cylindre et du piston à peu près à la surface cylindrique augmentée de quatre fois celle de la base, on propose quelquefois, d'adopter les proportions qui, pour un volume donné, conduiraient au minimum de cette surface. D étant le diamètre, et C la course, le volume, dont la valeur est déterminée par le travail à produire, est $V = [(\pi D^2 C)/4]$ et la surface totale de parois est $\pi D^2 + \pi DC$, ou $[\pi D^2 + (4V/D)]$, expression qui a son minimum lorsque $D^3 = 2V/\pi$, c'est-à-dire pour $2D = C$.

Cette proportion de la course, égale au double du diamètre, ne paraît pas mauvaise ; toutefois la différence de l'action des parois cylindriques et des parois planes réduit l'intérêt de cette méthode.

Des diagrammes d'indicateur, on déduit aisément la température de la vapeur qui baigne à chaque instant les parois, car l'échelle des pressions commande celle des températures, tant que la vapeur n'est pas surchauffée.

Les bagues élastiques du piston couvrent la surface intérieure du cylindre sur une largeur MN (fig. 110) : le piston étant à fond de course en MN, on place

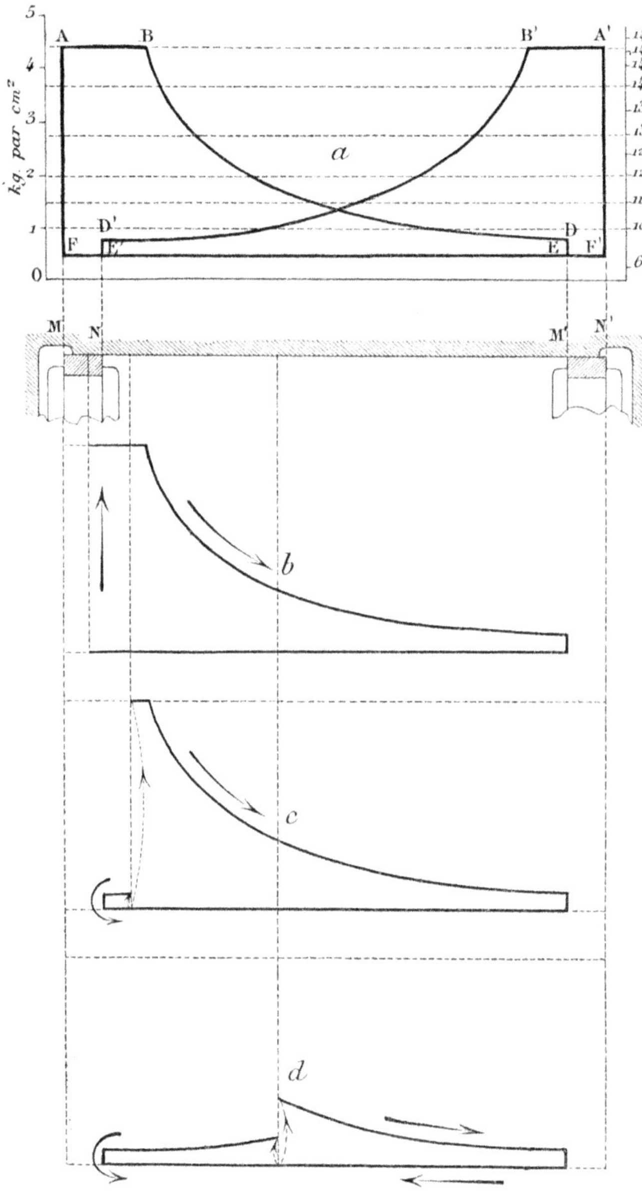

Fig. 110. — Pressions de la vapeur en contact avec les parois d'un cylindre.

le diagramme ABDEF de manière que le point A corresponde au bord M des segments (fig. 110, a) . L'autre diagramme, A'B'D'E'F', est disposé de manière que le point A' corresponde à l'autre bord, N', des segments, quand le piston est à l'autre extrémité de sa course. Toutes les parois de l'espace libre, c'est-à-dire celles du fond du cylindre, d'une face du piston, des conduits de vapeur, et d'une petite partie, non alésée, de la surface cylindrique, sont en contact avec la vapeur pendant l'évolution complète figurée par un diagramme. Un point de la surface cylindrique pris entre les lettres M et N est d'abord masqué par les segments, puis se trouve en contact avec la vapeur qui presse l'une des faces du piston, celle qui est à gauche sur la figure : la partie correspondante du diagramme est marquée par le trait plein du tracé *b*.

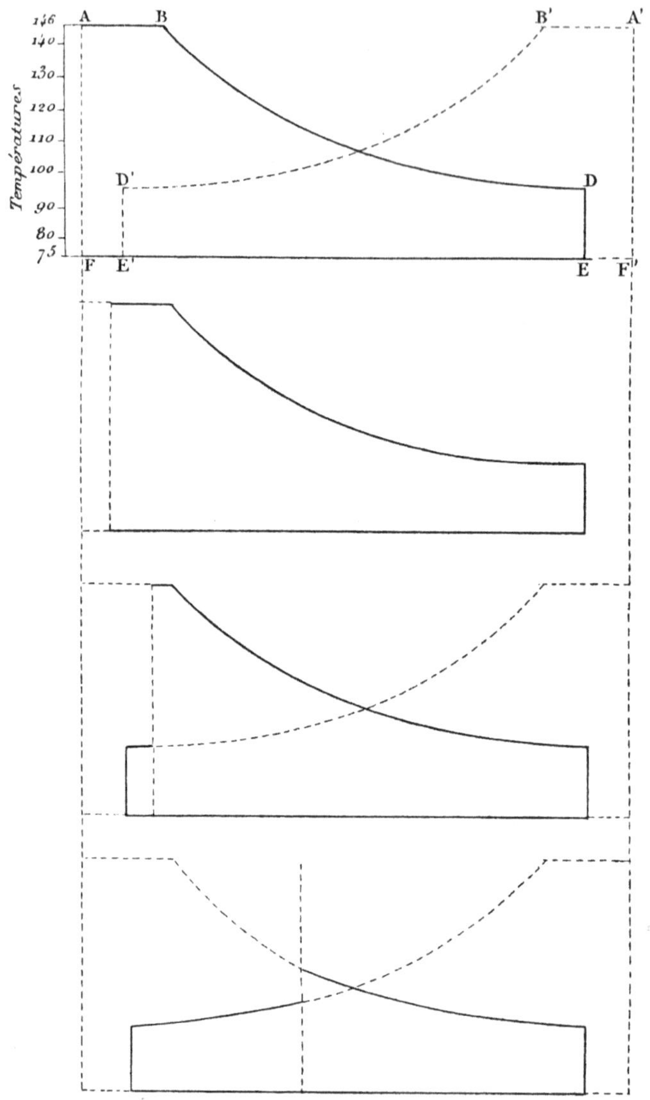

Fig. 111. — Diagrammes de la variation de la température de la vapeur en contact avec les parois d'un cylindre.

Une partie de la surface située au-delà de MN, à une distance de M inférieure à la longueur AB de l'admission, est, au début de la course, en contact avec la vapeur d'échappement qui presse la face droite du piston, jusqu'à ce que le bord du piston l'atteigne : elle est alors masquée un instant, puis elle reçoit la vapeur d'admission qui agit sur l'autre face. Cette partie de la surface continue à être baignée par la vapeur du diagramme ABDEF, jusqu'à ce que le piston, dans son mouvement de retour, la recouvre et la dépasse de nouveau : c'est alors la vapeur du diagramme A'B'D'E'F' qui la baigne. C'est ce que montrent les traits pleins du tracé *c*.

Enfin un point voisin du milieu du cylindre (tracé *d*), ne sera jamais en contact qu'avec la vapeur détendue, du moins dans les machines à courte admission.

La tige se comporte à peu près comme la paroi cylindrique, mais en étant seulement baignée par la vapeur qui pousse une des faces du piston ; au lieu de toucher la vapeur qui agit sur l'autre face, elle sort à travers la garniture et se refroidit

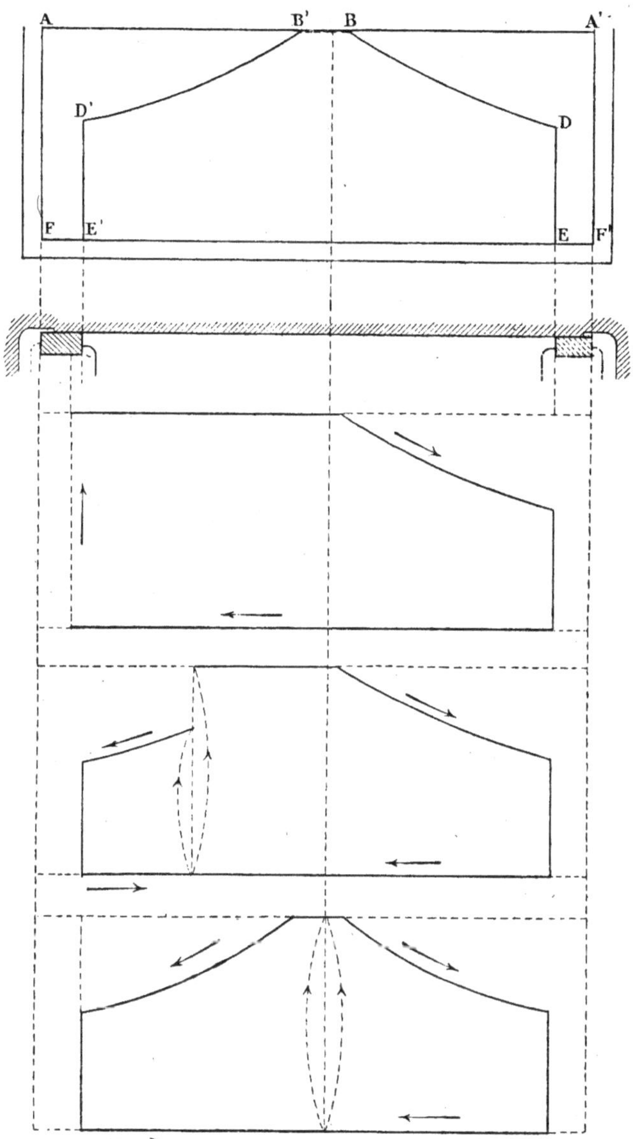

Fig. 112. — Pressions de la vapeur en contact avec les parois d'un cylindre, pour de longues admissions.

au contact de l'air. Si la garniture est longue, l'air ne touche pas les parties les plus chauffées de la tige. La bague des machines de Cornouailles (fig. 131, p. 160) permet une circulation de vapeur autour de la tige : elle semble bien petite pour la réchauffer efficacement. La vapeur qui s'y condense risque de la tenir pleine d'eau, ce qui fait cesser l'action réchauffante.

Les variations de pression s'atténuent beaucoup sur les parois du milieu du cylindre : il est vrai que pour une même différence des pressions de la vapeur, les écarts de température sont d'autant plus grands que ces pressions sont plus basses: sur la figure 111, les tracés de la figure 110 ont été reproduits avec des ordonnées proportionnelles aux températures.

Sur chacune des zones de la surface cylindrique, soumises à l'action successive de la vapeur qui remplit les deux côtés du cylindre, il se produit, à chaque tour de l'arbre, deux élévations brusques de pression, au moment où le piston les découvre ; sur les fonds, la pression ne s'élève qu'une seule fois par tour, au moment de l'admission. L'oscillation de la température se faisant pendant des périodes plus courtes, les échanges calorifiques entre la paroi et la vapeur doivent avoir une moindre importance ; à cet effet s'ajoute celui de la réduction de la température la plus élevée.

Il paraît donc logique de diminuer le plus possible le diamètre en allongeant la course, à condition, bien entendu, que les distributeurs de vapeur soient montés aux extrémités du cylindre : on donnerait avec avantage à la course plus que le double du diamètre. En outre, comme on l'a vu un peu plus haut, le poli de la surface cylindrique et l'enduit gras qui la recouvrent paraissent réduire les échanges de chaleur.

Par contre, la proportion inverse, qu'on est parfois conduit à adopter, celle d'une faible course avec un grand diamètre, exagère l'action des parois. Avec les longues admissions, dépassant la moitié de la course, qui sont fréquentes dans les machines à expansions multiples, la variation complète des températures de la

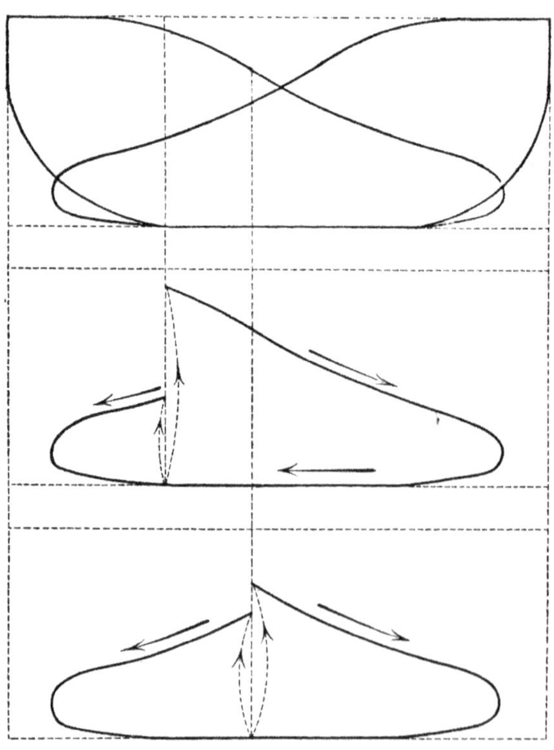

Fig. 113. — Pressions de la vapeur en contact avec les parois d'un cylindre, dans les machines avec compression.

vapeur se produit au contact de toutes les parois, quand il n'y a pas de laminage à l'admission. La figure 112, où les diagrammes sont placés de manière à mettre en évidence l'épaisseur des segments de piston, montre les variations de pression, et, par suite, de température, devant un point de la surface cylindrique qui n'est touché que par une seule admission et devant des points touchés par les deux admissions. L'évolution des températures sur la surface cylindrique reste à peu près la même que sur les fonds, mais avec une fréquence double.

Dans les machines fonctionnant avec compression de la vapeur (fig. 113), l'élévation de la température du fluide qui baigne la paroi est graduelle pour les fonds, tandis qu'elle continue à être brusque pour les parties de la surface cylindrique soumises, pendant chaque tour, à une double oscillation de la température. La compression ne peut guère avoir d'effet calorifique que sur les fonds ; elle ne modifie pas l'action de la plus grande partie de la surface cylindrique.

On voit, en résumé, que de simples relevés à l'indicateur suffisent pour faire connaître les variations de la température du fluide qui baigne chaque portion des parois d'un cylindre, tandis que des observations plus difficiles déterminent les quantités de chaleur cédées et reçues par le fluide pendant les quatre phases principales de la distribution (admission — détente —échappement — compression).

Comment la chaleur se transmet-elle de la vapeur à la paroi et comment se distribue-t-elle dans l'intérieur du métal ? Comment est-elle restituée par le métal ? Quelques auteurs ont pensé que la température du métal à la surface de la paroi était à chaque instant la même que dans la masse fluide ; d'après le major T. English, une mince couche d'eau de condensation, déposée sur la paroi, empêcherait seule l'équilibre de température : cette couche d'eau aurait même température que la vapeur sur sa face extérieure et même température que le métal sur l'autre face, et la transmission de chaleur se ferait à travers cette mince couche d'eau suivant les lois simples de la conductibilité. Quelle que soit la marche du phénomène, il est probable que l'oscillation de la température, à la surface du métal de la paroi, suit celle de la masse fluide avec une amplitude moindre.

C'est surtout la condensation de la vapeur, ainsi que la vaporisation de l'eau, qui paraît donner lieu à un échange actif de chaleur avec le métal des parois : la vapeur surchauffée, en l'absence de l'eau, céderait un nombre de calories bien m'oindre. M. Nadal, d'après quelques expériences, estime qu'une plaque de fer, dont la température est inférieure de n degrés à celle de la vapeur mélangée d'eau qui la baigne, absorbe en une seconde $6,8n$ calories sur un mètre carré.

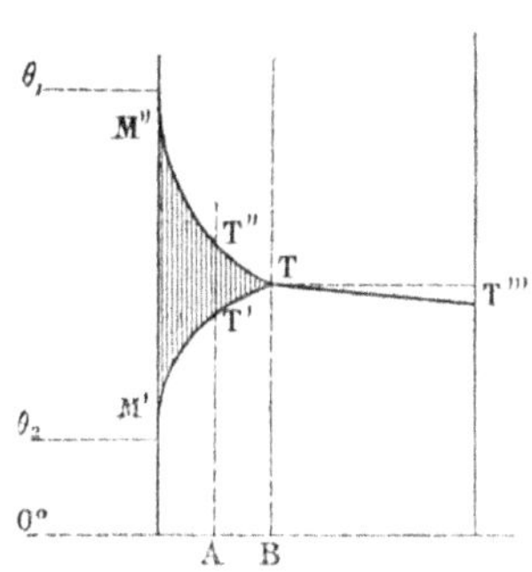

Fig. 114. — Variations de la température dans la paroi d'un cylindre dépourvu d'enveloppe de vapeur.

Dans l'intérieur de la paroi, la température varie, mais la variation est moins étendue qu'à la surface intérieure ; l'écart des températures extrêmes diminue à mesure que le flux calorifique s'enfonce dans la paroi.

À une faible profondeur, la température demeure constante en chaque point. Ce fait, prévu par les calculs exécutés d'après les formules de Fourier sur la transmission de la chaleur, a été vérifié par Br. Donkin et par quelques autres expérimentateurs.

En représentant par des ordonnées la température en chaque point du métal (fig. 114), on voit en BT la température moyenne, à une profondeur B. Dans une couche moins profonde A, la température oscille entre AT' et AT'' ; l'oscillation atteint sa plus grande amplitude, M' à M'', sur la face en contact avec la vapeur; l'écart paraît inférieur à celui des températures extrêmes de la vapeur, θ_1 et θ_2.

Au-delà de la couche B, si la paroi ne perdait pas de chaleur vers l'extérieur, la température serait constante ; en réalité, elle s'abaisse légèrement suivant la ligne droite TT''', parce que les enveloppes isolantes, appliquées à l'extérieur, n'arrêtent pas complètement le flux de chaleur. Cette observation s'applique aux cylindres dépourvus d'enveloppe de vapeur.

La figure 115 représente une des observations de Donkin, exécutée sur un révélateur en fonte, qu'un mécanisme de distribution emplissait de vapeur et

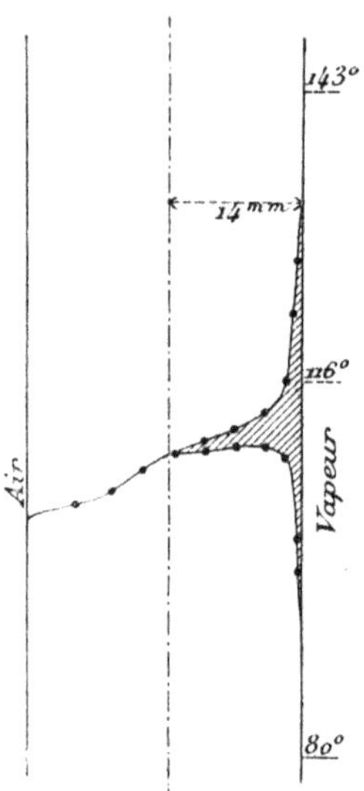

Fig. 115. — Observation de la température dans une paroi, d'après Br. Donkin.

vidait périodiquement. La température de la vapeur oscillait, dans le révélateur, entre 143° et 80° (centigrades); elle était de 116° au moment de l'ouverture de l'échappement. L'appareil était rempli et vidé 16 fois par minute : aussi la variation de la température était-elle sensible à une grande profondeur, jusqu'à 14 mm de la surface. Dans l'appareil, il n'y avait pas de détente de la vapeur, dont le volume restait invariable ; la pression ne s'abaissait que par suite de la condensation avant l'ouverture de l'échappement.

Cette circonstance faisait peut-être varier la température plus profondément que dans une machine réelle. En outre, il est assez rare que la vitesse de rotation n'atteigne pas au moins 50 tours par minute : si l'on excepte les machines exceptionnellement lentes, il est probable que les variations de température sont peu sensibles à une profondeur de 2 ou 3 mm.

Dans les machines très rapides, la couche qui absorbe puis restitue la chaleur est certainement fort mince. On admet souvent que la quantité de vapeur condensée à l'admission, dans un même appareil fonctionnant à des vitesses variables, est en raison inverse de la racine carrée du nombre de tours par minute.

Quand la couche de métal soumise aux fluctuations de température est peu épaisse, l'étude des échanges de chaleur peut se faire sur chaque portion de la surface comme si elle était indéfiniment étendue, ou sans tenir compte des autres portions des parois, qui ne subissent pas toutes les mêmes échanges ; le flux de chaleur parallèle aux surfaces est négligeable. De même, aucun échange de chaleur ne se produit à travers le piston d'une machine à double effet : si mince qu'il soit, son épaisseur dépasse presque toujours le double de la couche impressionnée ; les pistons à double toile (§ 77) n'auraient, à ce point de vue, aucun avantage sur les pistons simples. La température au milieu du métal du piston est celle qu'on pourrait le mieux appeler température moyenne de la vapeur dans le cylindre.

En définitive, l'étude de l'action des parois se trouve ramenée à celle des échanges de chaleur entre une plaque métallique et le fluide, dont la température varie suivant une loi connue.

L'état du fluide dans le cylindre d'une machine est très variable : l'eau n'y forme pas avec la vapeur un mélange homogène ; elle se dépose sur les parois en couches de buée; lorsqu'elle est abondante, elle s'y rassemble en gouttelettes, dont le diamètre atteint 3 et 4 mm, d'après les observations de Donkin. Elle existe aussi en brouillard dans la masse. Les particules liquides sont vivement agitées, elles se forment, se déplacent et se dissipent avec une grande rapidité. Lorsqu'il y a beaucoup d'eau dans un cylindre au moment où l'échappement s'ouvre, une ébullition extrêmement rapide se produit, et l'œil peut à peine suivre l'agitation du liquide.

C'est surtout cette évaporation pendant l'échappement qui refroidit les parois et prépare une nouvelle condensation pour l'admission qui suit. Le refroidissement au condenseur, selon l'expression de Hirn, cause la principale perte de chaleur dans les machines.

Comme l'eau forme toujours des gouttelettes ou des voiles minces, et comme elle est violemment agitée, il semble que sa température, à chaque instant, ne doive guère différer de celle de la vapeur : le mélange posséderait toujours la température qui correspond à la pression de la vapeur saturée. Il n'en est plus de même quand la vapeur est surchauffée : lorsque le fluide occupe un volume supérieur à celui du même poids de vapeur saturée sèche, sous la même pression, il est certain qu'une fraction au moins de ce fluide est à l'état de surchauffe : mais la température n'est pas forcément uniforme dans toute la masse ; une portion de fluide pourrait être de la vapeur saturée et même de l'eau condensée. En faisant l'étude expérimentale d'une machine. on suppose, en pareil cas, que toute la masse est à un état de surchauffe uniforme, qu'on peut déduire du poids, de la pression, et du volume occupé; cette supposition ne paraît pas toujours très exacte.

Les anciennes machines de Cornouailles (§§ 62 et 86) faisaient travailler la vapeur d'une manière particulière, qui a été quelquefois reproduite dans d'autres moteurs à simple effet, sous le nom de cycle de Cornouailles. Pendant la course motrice, ou descendante, la vapeur agissait sur la face supérieure du piston à pleine pression, puis par détente, tandis que la partie inférieure du cylindre communiquait avec le condenseur; pendant la course montante, l'ouverture de la soupape d'équilibre permettait à la vapeur de se transvaser d'un côté à l'autre du piston. Comme le

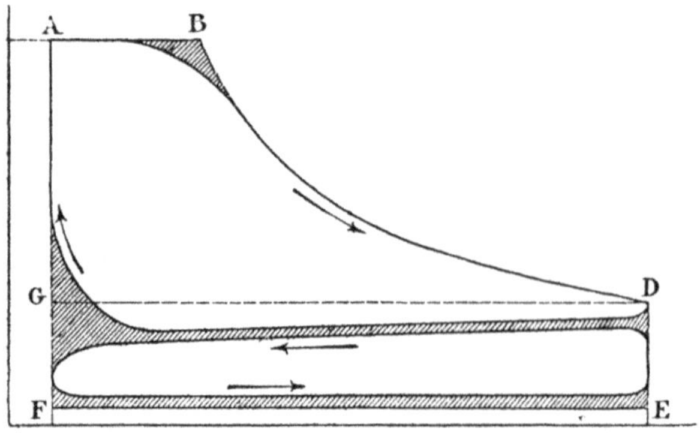

Fig. 116. — Diagrammes théoriques de la machine de Cornouailles.

petit cylindre d'une machine de Woolf, la partie supérieure du cylindre de la machine de Cornouailles ne communiquait jamais avec le condenseur, de sorte que le refroidissement du fond et du piston était réduit de ce côté. Inversement, la partie inférieure ne recevait jamais la vapeur de la chaudière. Seules les parois latérales voyaient alternativement l'admission ou la détente et l'échappement. Les diagrammes sur les deux faces se ramènent théoriquement aux tracés ABDG et GFED de la figure 116. Les diagrammes réels se rapprochaient du tracé plein. La figure 117 reproduit des diagrammes relevés, à des échelles différentes, sur les deux côtés du cylindre d'une machine de Cornouailles.

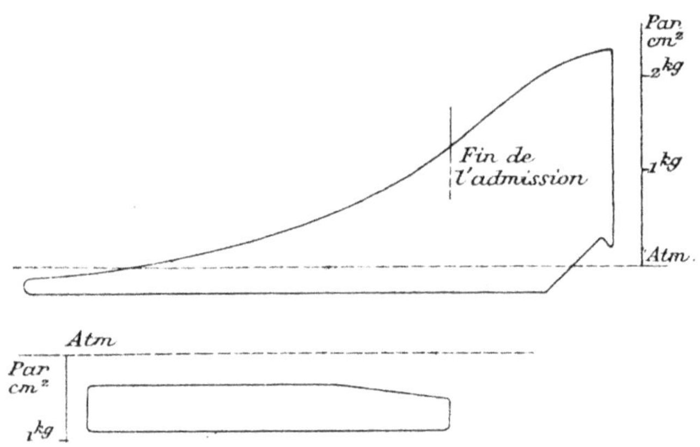

Fig. 117. — Diagrammes relevés en 1873 sur une machine de Cornouailles des « Prosper united mines ». Cylindre de 1m,780 sur 3m,050; 5,6 coups par minute.

Ce mode d'action de la vapeur, en réduisant les écarts de température sur les parois les plus actives, est de nature à diminuer leur action ; il permet aussi une compression vers la fin de la course ascendante.

36. Enveloppes de vapeur.

Une bonne enveloppe isolante diminue la perte de la chaleur dissipée par la surface extérieure des cylindres. Watt avait entouré le cylindre de ses machines de vapeur prise à la chaudière ; l'utilité de cette enveloppe, bien établie aujourd'hui, a été souvent discutée. À considérer seulement le refroidissement extérieur, elle ne peut être que défavorable : constamment chauffée à la température de la chaudière, elle rayonne au dehors par une surface plus grande que celle du cylindre simple. Mais l'effet utile s'exerce vers l'intérieur, en modifiant beaucoup l'action des parois ; l'enveloppe leur donne une température plus élevée, et réduit ainsi l'activité des échanges avec la vapeur qui pousse le piston : la condensation à l'admission est moins abondante, et la proportion d'eau revaporisée pendant la détente est plus forte; la dépense de vapeur est réduite, et le travail moteur s'en trouve augmenté.

La variation des températures à l'intérieur de la paroi est représentée figure 118. La face extérieure prend à peu près la température θ_1 de la vapeur de l'enveloppe fournie par la chaudière ; sur la face intérieure se produisent des oscillations, qui s'éteignent à une faible profondeur. Cette profondeur est sans doute moindre que dans la machine sans enveloppe.

Ces avantages se payent, il est vrai, par une dépense dans l'enveloppe, où la vapeur laisse sa chaleur totale de vaporisation ; l'eau chaude ainsi condensée peut rentrer dans la chaudière. Tout compte fait, l'expérience indique un bénéfice, c'est-à-dire une moindre dépense totale de vapeur, pour un même travail.

L'étude expérimentale est menée comme celle d'une machine sans enveloppe, et les résultats en sont discutés de même : la seule différence consiste à recueillir l'eau condensée dans l'enveloppe et à tenir compte de la chaleur qu'elle y laisse.

L'enveloppe s'étend autour de la surface cylindrique et, quand elle est complète, sur les fonds, qu'il importe surtout de chauffer. Elle ne comprend presque jamais le

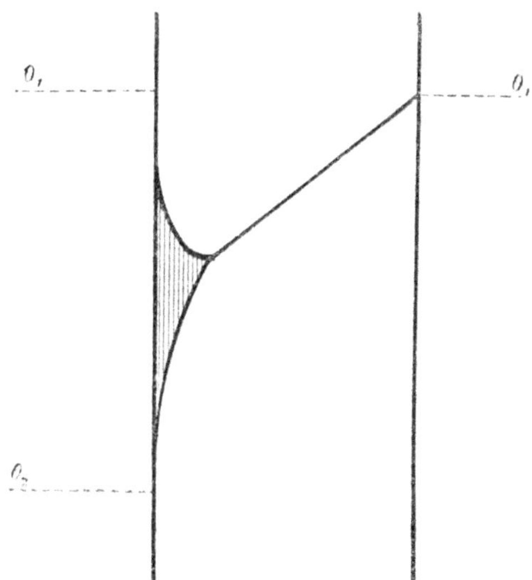

Fig. 118. — Températures dans une paroi chauffée par une enveloppe.

piston, bien qu'il soit possible d'amener de la vapeur dans l'intérieur des pistons par des conduites dans les tiges et des tuyaux flexibles ou des corps de pompe spéciaux : la nécessité d'évacuer l'eau condensée complique encore un tel montage.

On a proposé de remplacer l'enveloppe par un allongement du cylindre moteur, dans lequel joueraient deux pistons montés sur la même tige ; en écartant ces pistons d'une distance un peu supérieure à la course, ils isolent dans le cylindre une chambre qui peut être remplie de vapeur par un orifice constamment ouvert. Si le cylindre est horizontal, un second orifice, à la partie inférieure, sert au départ de l'eau formée par condensation. Avec cette disposition, la chaleur de l'enveloppe ne traverse plus la fonte, et la vapeur chauffe directement la surface cylindrique, comme la chauffe la vapeur d'admission, dans une machine dépourvue d'enveloppe; mais l'eau condensée est séparée, au lieu de se vaporiser en partie dans le cylindre qu'elle refroidit. En outre, l'action de l'enveloppe s'étend au piston. En ce qui concerne la surface cylindrique, on a vu qu'elle paraissait être, pour la plus grande part, la portion la moins active des parois.

L'enveloppe est desservie de deux façons différentes, par une dérivation spéciale de vapeur prise à la chaudière, ou par la circulation de la vapeur même qui va travailler dans le cylindre. Pour qu'elle fonctionne bien, il faut que la vapeur y accède librement, qu'elle la remplisse entièrement, et qu'il ne s'y forme jamais de poches d'air ou d'eau. Un tracé convenable des passages évite les accumulations d'air.

Avec l'alimentation par une dérivation spéciale, l'écoulement de l'eau condensée s'obtient de diverses manières : quand la machine est voisine de la chaudière qui l'alimente, et montée à un niveau supérieur, un simple tuyau, aboutissant à la partie inférieure de la chaudière, y ramène l'eau de l'enveloppe. Le cylindre de certaines locomobiles et machines demi-fixes est monté sur la chaudière : il est alors facile de placer le cylindre dans la vapeur.

On obtient de même le retour spontané de l'eau au générateur lorsque la machine n'occupe pas un niveau supérieur, ce qui paraît paradoxal, à l'aide d'une disposition simple de tuyauterie, désignée sous le nom de *steam loop* : un tuyau vertical part du fond de l'enveloppe à assécher, se prolonge par un tuyau, exposé au refroidissement, en pente légère vers la chaudière, et se termine par une branche verticale aboutissant à la partie inférieure de la chaudière, avec un clapet qui s'oppose à la sortie de l'eau. De l'enveloppe part un mélange d'eau et de vapeur peu dense qui remplit la première branche verticale ; la vapeur se condense dans la branche peu inclinée, et la seconde branche verticale se remplit d'eau. L'appareil est un siphon qui fonctionne à rebours, grâce à la faible densité du fluide qui remplit la grande branche.

Parfois on renvoie à la chaudière l'eau condensée dans l'enveloppe au moyen d'une pompe de purge à piston plongeur, commandée par le moteur et marchant constamment : on donnera, par exemple, à cette pompe des dimensions telles qu'elle aspire un volume un peu inférieur au 10000 du volume engendré par le piston moteur (le rapport est de 1 à 1150 dans des machines Corliss construites par E. Garnier).

Les robinets purgeurs, manœuvrés à la main ou automatiques, assèchent les enveloppes de la façon la moins satisfaisante : ces derniers sont souvent capricieux, et l'eau chaude de condensation est perdue.

Lorsqu'on fait circuler dans l'enveloppe la vapeur même avant son entrée dans le cylindre, elle entraîne l'eau condensée et des dispositions spéciales ne sont plus nécessaires pour l'extraire : la vapeur arrive dans le cylindre un peu plus humide, ce qui ne paraît pas avantageux. Cependant cette disposition est adoptée par d'habiles constructeurs. On peut d'ailleurs conserver les dispositifs qui séparent de la vapeur, au moins en partie, l'eau condensée dans l'enveloppe.

L'alimentation indépendante de l'enveloppe a des avantages d'ordre pratique parfois importants : elle permet d'échauffer la machine avant la mise en marche et de la maintenir chaude pendant les arrêts, de sorte qu'on évite au départ des condensations gênantes ou même dangereuses. Cette qualité est précieuse pour les machines marines et pour les grands moteurs de laminoirs, à fréquents arrêts.

La proportion de vapeur condensée dans l'enveloppe varie beaucoup ; elle est souvent comprise entre le vingtième et le dixième de la quantité totale dépensée pour les machines monocylindriques. Lorsque l'eau condensée dans les enveloppes retourne directement à la chaudière, on commettrait une forte erreur par défaut en comptant que la machine dépense un poids de vapeur égal à celui de l'eau d'alimentation du générateur.

La pression et par suite la température de la vapeur peuvent être plus considérables dans l'enveloppe que dans le cylindre, par exemple si elle est fortement détendue avant l'admission, et dans les machines à détentes successives. L'action de l'enveloppe est alors plus active, mais la dépense de vapeur y augmente. L'expérience semble indiquer qu'un excès notable de pression dans l'enveloppe n'est pas avantageux. La perte par rayonnement extérieur est sans doute la cause principale de l'augmentation de dépense.

Dans la zone médiane du cylindre d'une machine à forte détente, la température de la vapeur dans l'enveloppe dépasse beaucoup celle de l'intérieur du cylindre (voir fig. 111) ; cette portion de l'enveloppe ne peut agir que pour relever légèrement la pression vers la fin de la détente.

On a quelquefois essayé de remplacer la vapeur des enveloppes par les gaz chauds du foyer, afin d'y utiliser de la chaleur perdue. Mais cette disposition, d'ailleurs plus compliquée, paraît moins efficace ; les gaz, à moins d'être très chauds, cèdent à une surface métallique une quantité de chaleur moindre que la vapeur en se condensant.

Sans l'enveloppe, la face extérieure du cylindre prendrait une température intermédiaire entre les températures extrêmes de la vapeur qui y travaille : si les gaz chauds avaient précisément cette température intermédiaire, ils n'auraient aucune action. Si on pouvait faire circuler abondamment tout autour des parois du cylindre des gaz notablement plus chauds que la vapeur, on réduirait les condensations intérieures. Mais en général il paraît difficile de réaliser facilement et économiquement ce chauffage du cylindre, qui aurait d'ailleurs des inconvénients assez graves s'il était poussé trop loin.

Inversement, le contact extérieur de la paroi avec la vapeur relativement froide, qui sort d'un cylindre, en abaisse la température, augmente le flux de chaleur qui la traverse, ainsi que l'importance des échanges à chaque coup de piston. Les conduits d'échappement contournent souvent le cylindre sur une certaine étendue et produisent cet effet : en traçant le dessin d'un cylindre, il convient d'éloigner ces conduits aussitôt qu'on le peut. Comme circonstance atténuante, ce contact se produit le plus souvent au milieu de la surface cylindrique, c'est-à-dire dans la région soumise intérieurement aux moindres variations de température, quand l'admission n'est pas très longue.

Un défaut du même ordre, mais bien plus grave, se voit dans certaines machines compound sans enveloppe, où l'on a complètement entouré le cylindre à haute pression de la vapeur qui s'en échappe, en disposant le réservoir intermédiaire autour de ce cylindre.

On se rend compte de ces effets en rapprochant, sur un même tracé (fig. 119), les lignes qui indiquent les variations de la température dans la paroi. Avec l'enveloppe active, entretenue à la température supérieure θ_1, cette ligne est dirigée suivant AB. Sans enveloppe de vapeur, mais avec un isolant parfait, la paroi prendrait une

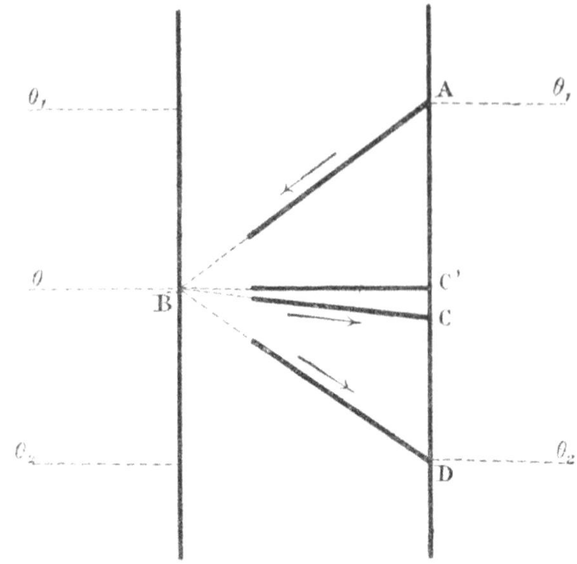

Fig. 119. — Températures dans une paroi chauffée ou refroidie par l'enveloppe.

température moyenne uniforme BC', en supposant que la température moyenne, à l'intérieur du cylindre, conserve une même valeur θ ; la perte malgré l'isolant produit un léger abaissement vers l'extérieur, BC. Enfin l'enveloppe pleine de vapeur à la température inférieure θ_2 refroidit la face extérieure de la paroi à peu près

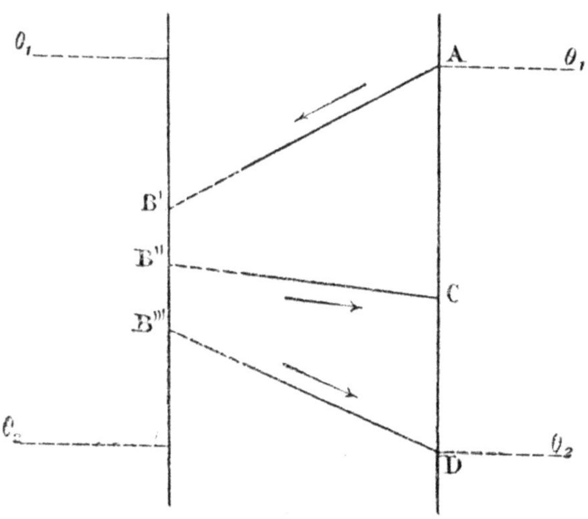

Fig. 120. — Températures sur la face interne d'une paroi, chauffée ou refroidie par l'enveloppe.

jusqu'à θ_2; les températures dans la paroi varient suivant BD ; il en résulte un flux de chaleur vers l'extérieur. En réalité, il est probable que la température moyenne de la face intérieure du cylindre ne reste pas la même dans les trois cas, mais prend trois valeurs décroissantes B', B" et B"' (fig. 120). Les oscillations de la température près de cette face intérieure ne sont pas figurées. Les échanges de chaleur avec la vapeur active sont d'autant plus grands que la température moyenne du métal est plus basse.

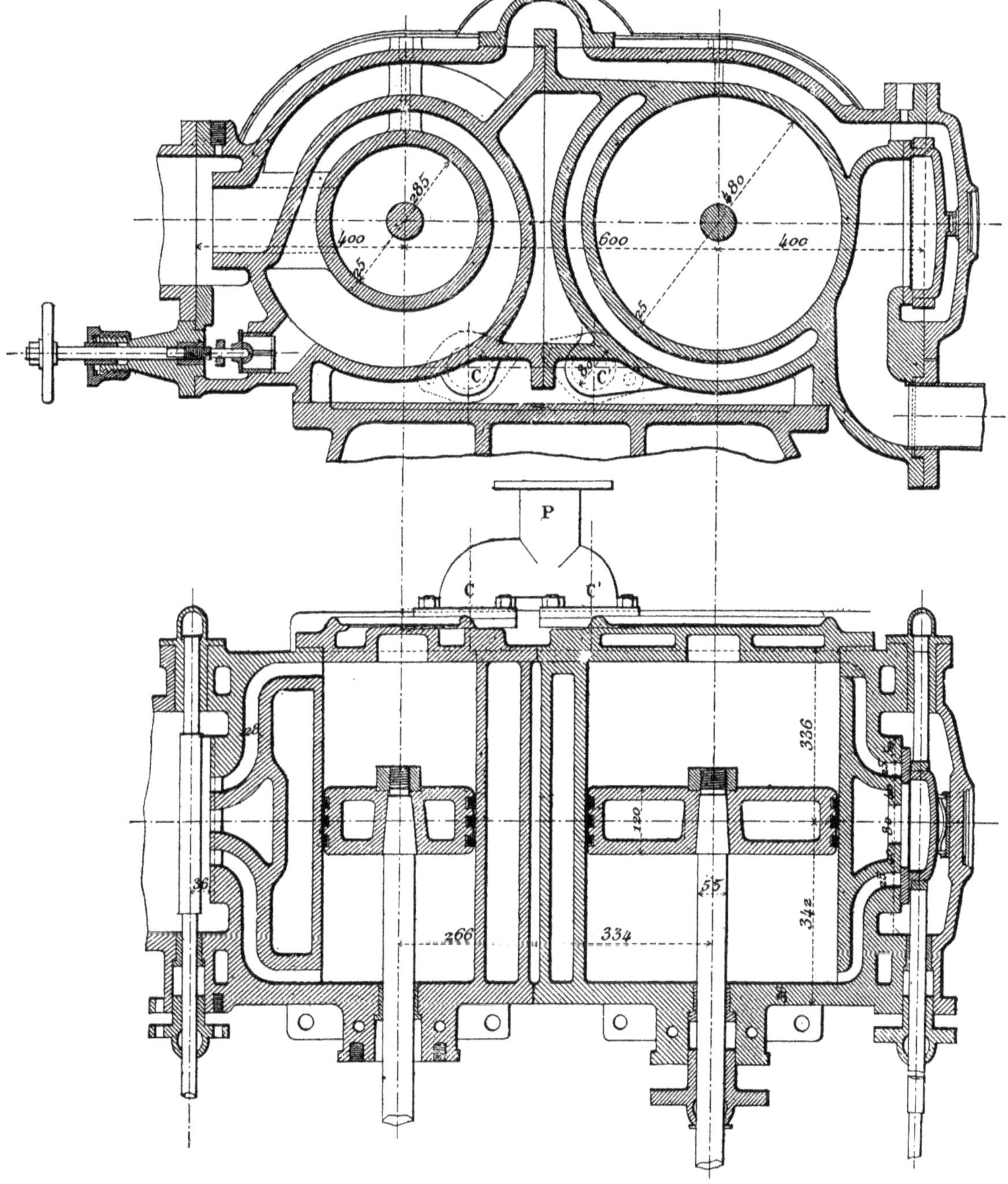

Fig. 121. — Cylindres des machines compound de Weyher et Richemond, fondus avec enveloppes ; la vapeur arrive dans les enveloppes par les conduits P, C, C', puis pénètre dans la boite à vapeur du petit cylindre quand on ouvre la soupape dessinée sur la coupe transversale. Le réservoir intermédiaire est chauffé par l'extérieur des enveloppes.

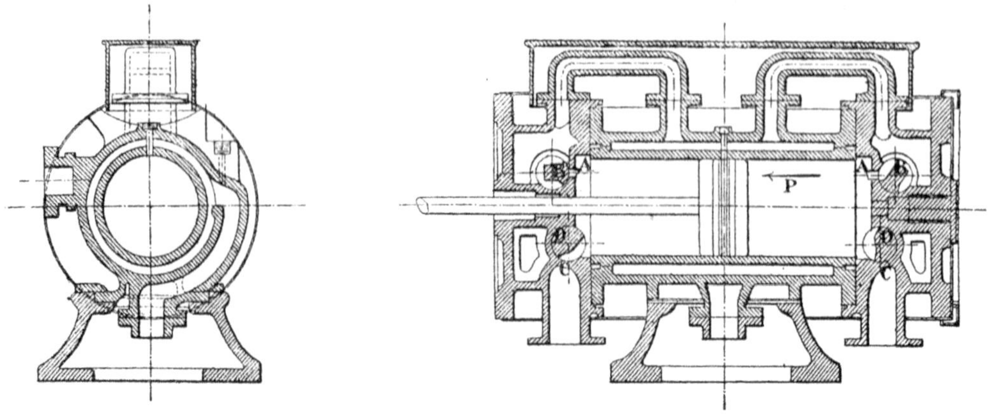

Fig. 122. — Cylindre avec chemise rapportée dans l'enveloppe, pour machine construite par Farcot en 1889 ; l'admission de vapeur se fait par l'enveloppe.

En résumé, l'enveloppe, en chauffant la paroi du cylindre, diminue l'amplitude des oscillations de la température sur la face intérieure, ainsi que la profondeur de la couche soumise aux fluctuations. L'activité des échanges entre la vapeur et les parois

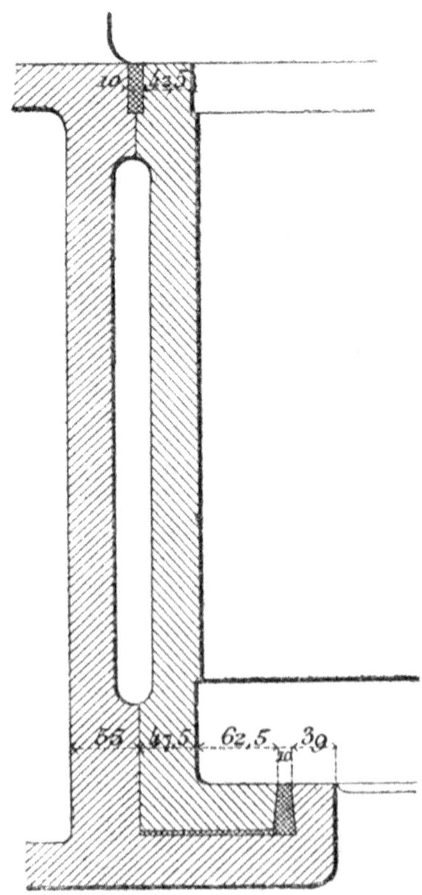

Fig. 123. — Joints de la chemise intérieure et de l'enveloppe extérieure du cylindre d'une machine pilon. (La longueur du cylindre n'est pas à l'échelle et a été raccourcie sur le dessin.)

est ainsi réduite ; grâce à l'enveloppe, le métal peut être à peu près sec à la fin de la détente, de sorte qu'il ne se refroidit presque plus pendant l'échappement.

Par contre, l'enveloppe de vapeur augmente la perte due au rayonnement extérieur ; le gain qu'elle procure en est réduit, mais sans être annulé : il n'est guère d'expériences qui n'indiquent une moindre consommation de vapeur pour un même travail quand on fait usage de l'enveloppe, quand les machines sont bien réglées.

Les cylindres de dimensions modérées peuvent être fondus en une seule pièce avec leur enveloppe (fig. 121), bien que l'exécution de la pièce soit alors assez délicate. Dans les grands cylindres (fig. 122), on rapporte une chemise intérieure, qui laisse un vide de 30 mm environ formant l'enveloppe. Les joints de cette chemise intérieure s'exécutent simplement. La figure 123 représente des joints exécutés à l'aide de bagues mattées entre les deux pièces. Ce mode de construction est avantageux parce qu'il permet d'exécuter la partie sujette à l'usure en fonte dure, qui se prêterait mal aux formes compliquées du reste du cylindre. Le § 76 donne quelques détails sur ce point. Les plateaux creux sont raccordés à l'enveloppe par des tuyaux.

37. Humidité et surchauffe de la vapeur.

La vapeur, en sortant d'une chaudière, peut entraîner un peu d'eau ; les condensations dans]a tuyauterie, qui la conduit à la machine, la rendent plus humide. L'eau en abondance dans le cylindre risque d'en faire rompre le plateau ;

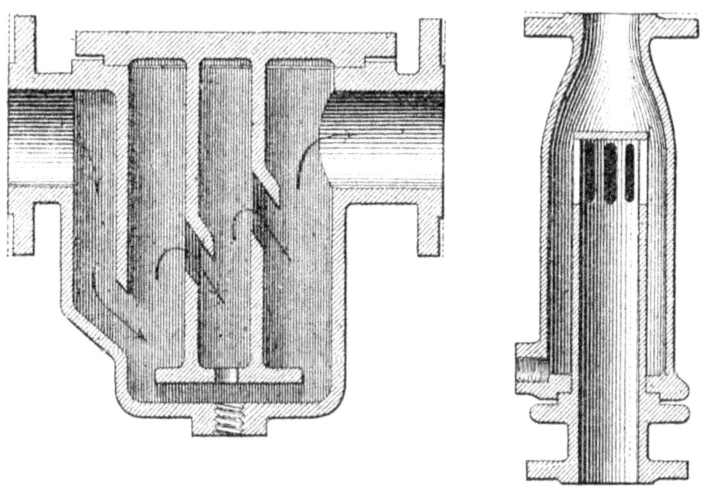

Fig. 124. — Appareils séparateurs d'eau, de J. Losenhausen.

certains appareils assèchent la vapeur, en lui faisant parcourir des coudes brusques devant des poches qui reçoivent l'eau (fig. 124).

Malgré les précautions prises pour l'assécher, la vapeur est souvent humide à son entrée dans le cylindre, surtout quand elle a au préalable circulé dans l'enveloppe. Quel est l'effet de cette humidité de la vapeur ? Même si la vapeur, saturée, est parfaitement sèche en pénétrant dans le cylindre, les parois en condensent immédiatement une proportion notable. L'humidité préalable augmente la quantité d'eau présente dans le cylindre à la fin de l'admission ; mais il ne paraît guère possible que toute cette eau soit revaporisée pendant la détente et pendant l'échappement, ce qui supposerait une enveloppe très active. Une partie de l'eau doit être entraînée dans le condenseur à l'état liquide. Si la détente était adiabatique, un kilogramme de vapeur, sèche au

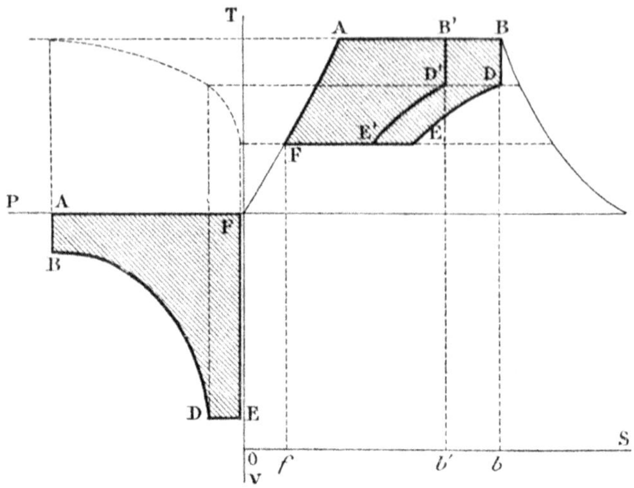

Fig. 125. — Travail de la vapeur sèche et de la vapeur humide.

moment de l'admission, donnerait le diagramme entropique, ABDEF (fig.125), qui correspond au diagramme d'indicateur (sans espace libre et sans laminage), désigné par les mêmes lettres. Le rendement est le rapport de la surface ABDEF à la surface *f*FABb, qui représente la chaleur fournie par la chaudière.

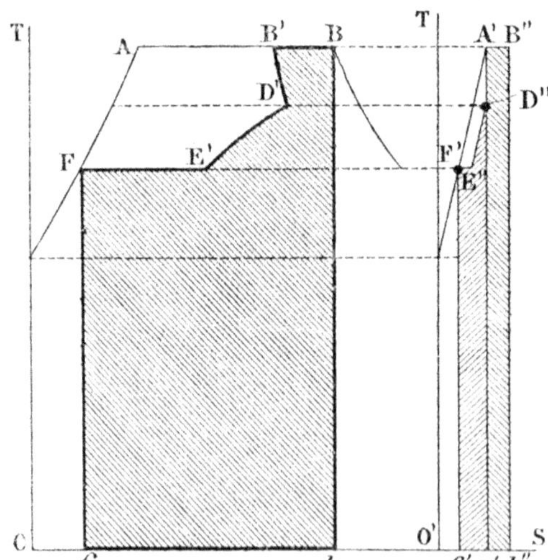

Fig. 126. — Eau mélangée à la vapeur (diagramme entropique).

Quand la machine reçoit de la chaudière la vapeur humide, la détente restant adiabatique, c'est la fraction AB'D'E'F de la surface *f*FAB'b' qui est transformée en travail : le rendement est un peu moindre. Le poids de fluide qui pénètre dans le cylindre à chaque coup de piston est plus grand : ce poids n'est pas apparent sur les diagrammes de la figure 125.

En réalité, la condensation pendant l'admission réduit le volume de vapeur saturée sèche AB (fig. 126) à AB' : le diagramme AB'D'E'F représente la fraction transformée en travail de la chaleur *f*FABb, qui sort de la chaudière. Quand la vapeur est humide avant l'admission, on peut imaginer qu'un poids supplémentaire d'eau chaude, P, s'ajoute au kilogramme de vapeur saturée sèche. L'addition de ce poids ne paraît pas faire varier beaucoup les échanges de chaleur avec la paroi, puisque les pressions et par suite les températures de la vapeur restent à peu près les mêmes pendant chaque coup de piston. On peut donc imaginer (sans attacher toutefois grande importance à cette hypothèse) que le poids P d'eau va évoluer à côté du kilogramme de vapeur : l'entropie en sera représentée par le point A' dont l'abscisse O'*a*' se déduit de l'abscisse O*a*, réduite dans le rapport du poids P au poids du kilogramme.

Au sortir de la chaudière, une partie du poids P était à l'état de vapeur, avec l'entropie O'*b*'', mais la chaleur de vaporisation *a*'A'B''*b*'' de cette partie s'est perdue par condensation dans le trajet de la chaudière à la machine. S'il se détendait adiabatiquement, le poids P d'eau suivrait le diagramme A'D''E''F', qui n'est qu'une assez faible fraction de la surface *f*F'A'a'.

Dans cette hypothèse, le rendement de la machine serait légèrement abaissé, si la quantité d'eau mêlée à la vapeur n'est pas très considérable. La pratique paraît montrer en effet que l'abaissement du rendement est minime, et notamment lors du chauffage des enveloppes par circulation préalable de la vapeur. Toutefois l'humidité de la vapeur ne peut être avantageuse, et on doit chercher à l'obtenir aussi sèche que possible. Non seulement pour les études théoriques, mais aussi pour connaître la production des chaudières et la consommation des machines, il est utile de mesurer la proportion d'eau entraînée par la vapeur, car l'humidité de la vapeur augmente, en apparence, le rendement de la chaudière, et, par contre, exagère la dépense apparente de la machine. Malheureusement cette détermination est difficile, et on ne l'exécute guère que pour les expériences minutieuses.

Plusieurs méthodes, souvent peu précises, servent pour ces mesures. L'une des plus connues est la méthode calorimétrique de Hirn : une dérivation du courant est condensée dans un calorimètre ; en comparant le poids condensé et l'élévation de température de l'eau dans l'appareil, on calcule le nombre de calories abandonnées, et, par suite, les proportions d'eau et de vapeur qu'on y a envoyées.

Si on condense 1 kg dans un calorimètre contenant 40 kg d'eau, une différence de 1 p. 100 dans la proportion d'eau contenue dans la vapeur correspond à peu près à une variation d'un dixième de degré pour l'eau du calorimètre : ces chiffres montrent que l'observation est délicate et que l'erreur est facile, la proportion d'eau que l'on veut mesurer étant souvent inférieure à 6 p. 100. En outre, la méthode suppose un mélange partout homogène d'eau et de vapeur dans le courant d'où part la dérivation.

Une autre méthode consiste à peser un ballon rempli au moyen du courant de vapeur humide, qu'on y laisse circuler, au préalable assez longtemps pour éviter une condensation locale. Connaissant la pression de la vapeur et le volume du ballon, on déduit immédiatement du poids constaté la proportion d'eau.

L'appareil construit par Gehre, à Dusseldorf, permet d'isoler un volume connu de vapeur dans un bout de tuyau, après une circulation préalable assez longue.

On chauffe cette masse isolée, dont un manomètre et un thermomètre indiquent la pression et la température. Tant que la vapeur reste saturée, les indications des deux appareils varient suivant une loi connue : la concordance cesse dès que la vapeur se surchauffe. De la pression au moment où commence la surchauffe (ou pression de la vapeur saturée sèche), on déduit la proportion d'eau qui existait au début. Si l'eau de la chaudière renferme une proportion connue d'un sel soluble, tel que le sulfate de soude, on connaîtra la quantité d'eau que contient un courant de vapeur en dosant la proportion de sel dans une dérivation condensée. Comme les précédentes, cette méthode admet que la prise d'essai représente la masse entière du courant.

On peut aussi déduire la proportion d'eau entraînée de la quantité de sel soluble qui disparaît de la chaudière pendant qu'elle évapore un certain poids d'eau. Cette méthode s'applique à la totalité du courant, tel qu'il sort de la chaudière. On admet que la perte de sel est due uniquement à des entraînements par l'eau, tandis que la vapeur sèche ne se charge d'aucune particule saline. Le poids de sel qui est sorti de la chaudière correspond, dans l'état moyen de la dissolution, à un poids donné d'eau, qu'on rapproche du poids total évaporé ou entraîné. On peut aussi faire le calcul en tenant compte de la variation, pendant l'expérience, de la proportion de sel dissous.

On combine les deux modes d'emploi d'une dissolution saline, en dosant, à divers moments de l'essai, les proportions de sel contenues dans l'eau prise au générateur et dans celle que condense le calorimètre : on en déduit immédiatement la proportion d'eau entraînée par la vapeur.

C. Busley indique, comme donnant de bons résultats, le procédé de Moeller, qui fait passer le courant à travers une sorte de filtre, qui en sépare l'eau et la recueille.

On remarquera que ces diverses méthodes ne donnent pas des résultats équivalents, les unes mesurant la proportion d'eau à la sortie de la chaudière et les autres lorsque la vapeur a parcouru la tuyauterie.

Au lieu d'être humide, la vapeur peut être surchauffée, par son passage dans un surchauffeur (ou dans les conditions indiquées au paragraphe suivant, qui ne donnent qu'une légère surchauffe). Les *surchauffeurs*, tels qu'on les emploie aujourd'hui, élèvent la température de la vapeur de 30 à 50° au-dessus de celle qui correspond à la saturation. La vapeur ainsi surchauffée arrive sèche au cylindre, puisqu'un léger refroidissement extérieur n'amène pas de condensation. La surchauffe modifie le mode d'action dans le cylindre et réduit notablement la consommation, ainsi que Hirn l'a constaté et expliqué.

Lorsqu'on alimente un cylindre avec la vapeur modérément surchauffée, elle n'y reste pas surchauffée : elle est déjà saturée et même en partie condensée avant la fin de l'admission. On serait tenté de croire qu'on n'a presque rien gagné à la surchauffe ; mais en observant de plus près la marche de la machine, on remarque que pour un même travail, la consommation de vapeur diminue : par exemple, on ne consommera plus que 75 à 85 kg de vapeur surchauffée, au lieu de 100 kg de vapeur saturée à la même pression.

Cette économie tient à ce que la surchauffe mitige l'action des parois qui soutirent de la chaleur à la vapeur pendant l'admission, pour la restituer en partie pendant la détente, mais surtout pour l'envoyer se perdre au condenseur pendant l'échappement. Pendant l'admission, c'est en partie aux dépens de la chaleur de surchauffe que les parois se réchauffent, chaleur communiquée sans dépôt d'eau, dont l'évaporation refroidit vivement le cylindre : en définitive, les échanges de chaleur sont moins actifs entre le fluide et les parois, qui prennent une température moyenne plus élevée.

La surchauffe agit donc un peu comme l'enveloppe de vapeur, mais avec une moindre dépense de chaleur. Son action s'exerce directement sur les parois mêmes qui produisent les échanges.

Pour porter à 220° un kilogramme de vapeur saturée à 170°, ou à la pression absolue de 8 kg environ par cm^2, sans que la pression varie pendant la surchauffe, il faut 24 calories, tandis que la vaporisation seule en a exigé 486, auxquelles il faut ajouter la chaleur du liquide, 132 calories, si l'eau est prise à 40°.

La surchauffe réduit, d'ailleurs, l'utilité de l'enveloppe, qui n'a plus qu'une moindre quantité d'eau à vaporiser sur les parois.

Bien qu'elle ait été employée avec succès vers 1850, on lui a reproché pendant longtemps de faire gripper les tiroirs et les pistons. Depuis quelques années, elle est assez fréquemment appliquée et son emploi ne paraît apporter aucun trouble dans le fonctionnement des machines. Peut-être ce succès tient-il à l'emploi des graisses minérales, ou bien les craintes souvent exprimées étaient-elles imaginaires ?

Il semble que les distributeurs de vapeur, à l'admission, seraient seuls exposés à une température trop élevée du fait de la surchauffe, puisque la vapeur, une fois dans le cylindre, revient bien vite à l'état de saturation et même se condense encore. Des distributions par soupapes résisteraient d'ailleurs facilement à un échauffement considérable.

D'après Thurston, la surchauffe produirait le meilleur effet économique si elle était assez forte pour qu'à la fin de l'admission aucune condensation ne se fût produite dans le cylindre : on aurait ainsi à peu près annihilé l'influence des parois. En pratique, elle n'est pas poussée jusqu'à une température suffisante pour donner cet effet. Cependant on a cité une surchauffe jusqu'à 370° dans le moteur de Schmidt. Des essais de ce moteur sont rapportés à la fin du § 46.

38. Laminage de la vapeur.

Lorsque la vapeur, pour entrer dans un cylindre, traverse rapidement des orifices étroits, elle ne conserve pas la même pression que dans la chaudière ; il se produit alors une chute de pression, souvent considérable ; c'est ce qu'on appelle le laminage de la vapeur. Le laminage peut aussi se produire à la sortie même de la chaudière, si l'ouverture de la prise de la vapeur est étroite, et en d'autres passages.

L'écoulement permanent de la vapeur d'un réservoir dans un autre, quand les pressions ne varient pas dans les réservoirs, a lieu dans des conditions simples, lorsque la vapeur ne prend ni ne cède de chaleur pendant l'écoulement. Si les réservoirs sont assez grands pour que la force vive de la vapeur en mouvement y soit négligeable en dehors de la veine qui s'écoule de l'un dans l'autre, on retrouve dans un kilogramme de vapeur, après le transvasement, le nombre de calories qu'elle tenait auparavant, augmenté de celles qui correspondent au travail externe qui chasse le fluide hors du premier réservoir, et diminué de celles qui fournissent le travail de refoulement du fluide dans le second réservoir.

En désignant par q_1 et r_1 la chaleur du liquide et la chaleur de vaporisation dans le premier réservoir, par x_1 la proportion de vapeur dans le kilogramme du mélange d'eau et de vapeur qu'il contient ; par q_2, r_2, x_2, les mêmes quantités dans le second réservoir, l'équation dont le principe vient d'être indiqué se réduit à $q_1 + r_1x_1 = q_2 + r_2x_2$: x_2 est supérieur à x_1, puisque q_2 et $q_2 + r_2$ (ou λ_2) sont respectivement inférieurs à q_1 et à $q_1 + r_1$ (λ_1). On peut lire aisément la valeur de x_2 sur la figure 53

(p. 72). La vapeur humide s'assèche dans cet écoulement. Si la vapeur était sèche au début ($x_1 = 1$), elle serait surchauffée après l'écoulement (la forme de l'équation est alors différente).

Par exemple, si les pressions dans les deux réservoirs sont de 10 et de 5 kg par cm², un mélange de 983 g de vapeur et de 17 g d'eau donne, après l'écoulement, un kg de vapeur saturée sèche. Le passage de la température de 200° à 150°, ou de la pression de $15^{kg},89$ par cm² à $4^{kg},87$, assèche le mélange de 970 g de vapeur avec 30 g d'eau. Un kilogramme de vapeur sèche, sous la pression de 10 kg par cm², ou à la température de 178°,9, donnera, sous la pression de 5 kg par cm², de la vapeur surchauffée à 169°, tandis que la température de la vapeur saturée est, sous cette pression, 151°.

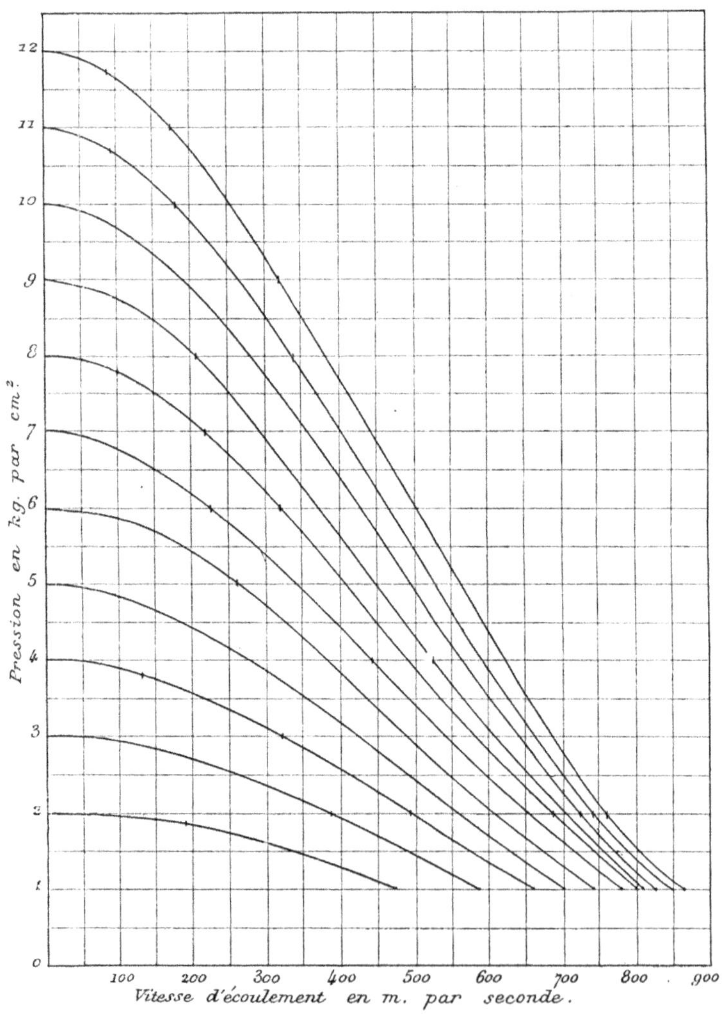

Fig. 127. — Vitesses d'écoulement de la vapeur pour diverses pressions en amont et en aval de l'orifice d'écoulement ; la vitesse se lit en abscisse correspondant à l'ordonnée de la pression finale, sur la courbe qui part de la pression initiale.

La vitesse de la vapeur, au passage d'un réservoir dans l'autre, a été calculée par Zeuner : la formule qu'il en a donnée se réduit approximativement, par la suppression de quelques termes d'importance secondaire, à l'expression $\sqrt{\frac{2gEr_1x_1(t_1-t_2)}{t_1}}$; g étant l'accélération due à la pesanteur($9^m,81$), E l'équivalent mécanique de la chaleur (426), la vitesse d'écoulement est égale à $91\sqrt{\frac{r_1x_1(t_1-t_2)}{t_1}}$ où t_1 et t_2 sont les températures absolues de la vapeur dans les deux récipients, r_1 la chaleur totale de vaporisation à la température t_1, et x_1, la proportion de vapeur sèche contenue dans le kilogramme de vapeur humide du premier réservoir. La figure 127 représente les chutes de pressions et les vitesses correspondantes, pour diverses pressions initiales.

Pour déduire de la vitesse le débit en poids, il faut connaître la section réelle et la densité de la veine fluide. Par assimilation avec les lois de l'hydraulique, on est tenté de supposer qu'il se forme, un peu au-delà de l'orifice, une section contractée, où la pression de la vapeur est celle du fluide qui remplit le second réservoir. Mais les débits ainsi calculés s'écartent beaucoup des observations. Une règle empirique, proposée par M. Nadal, consiste à multiplier la vitesse par la section même de l'orifice, et à considérer que le fluide animé de cette vitesse a la densité qu'il possède dans le premier réservoir. Les débits ainsi calculés paraissent se rapprocher de ceux qu'on a mesurés.

Les débits donnés ci-dessous ont été calculés suivant cette formule pour diverses chutes de pressions, en partant de différentes pressions initiales. La proportion initiale x_1 de vapeur sèche est supposée, dans tous les cas, égale à 0,96. Cette proportion augmente à peine de 1 p. 100 pendant l'écoulement.

PRESSION INITIALE (kg par cm²)	PRESSION FINALE (kg par cm²)	POIDS écoulé en une seconde par un cm² en grammes	VOLUME INITIAL CORRESPONDANT en litres
15	14,5	86	11,4
	14	122	16,3
	13,5	150	20.1
	13	175	23,3
12	11,5	76	12,6
	11	107	17,7
	10,5	134	22,2
	10	156	25,8
10	9,5	70	13,7
	9	99	19,7
	8,5	124	24,3
	8	145	28,4
8	7,5	63	15,2
	7	92	22,2
	6,5	114	27,4
	6	132	32,0
6	5,5	56	17,7
	5	80	25,5
	4,5	101	31,9
	4	119	37,6

La distribution par un tiroir à fermeture progressive donne lieu à un laminage, souvent assez fort à la fin de l'admission, marqué sur le diagramme d'indicateur par un trait tel que AB (fig. 128). Une distribution sans laminage donnerait l'admission AB' à pression constante. Le laminage ne fait pas perdre le travail représenté par la

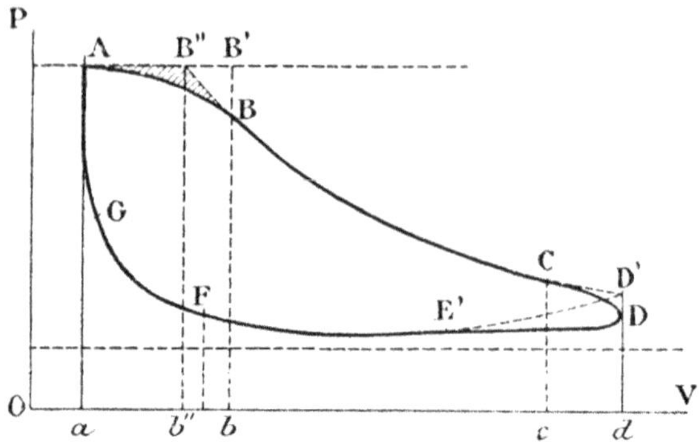

Fig. 128. — Diagramme avec laminage de vapeur à l'admission (AB) et à l'échappement.

surface AB'B : pour en apprécier justement l'effet, il faut imaginer une admission à pleine pression AB", telle que la courbe de détente, partant de B" vienne passer par le point B. Le travail perdu par suite du laminage est représenté par l'aire AB"B. On peut même dire qu'en théorie la machine qui lamine la vapeur doit en dépenser un peu moins, par suite de la vaporisation de l'eau ou de la surchauffe pendant le laminage ; en pratique cet effet est bien faible.

Au moment où s'ouvre l'orifice d'échappement, la pression peut surpasser beaucoup celle du condenseur, par suite de l'insuffisance de la détente, et la vidange du cylindre exige alors un certain temps.

Dans ces deux cas, l'écoulement n'est pas permanent: mais on peut admettre qu'à chaque instant le mouvement est le même que si le régime correspondant aux différences de pression était établi en permanence.

Pour éviter une contre-pression trop forte, telle que D'*d* (fig. 128 et 129), au début de la course de retour, on ouvre souvent l'orifice d'échappement avant la fin de la course : la pression s'abaisse suivant une courbe telle que CDE ; on profite ainsi de la marche relativement lente du piston de part et d'autre du fond de course.

Le diagramme relevé à l'aide de l'indicateur continu, avec abscisses proportionnelles au temps, trace cette courbe à meilleure échelle (fig. 129).

La pression, une fois abaissée dans le cylindre jusqu'à une valeur un peu supérieure à la pression du condenseur, reste à peu près constante pendant une partie de la

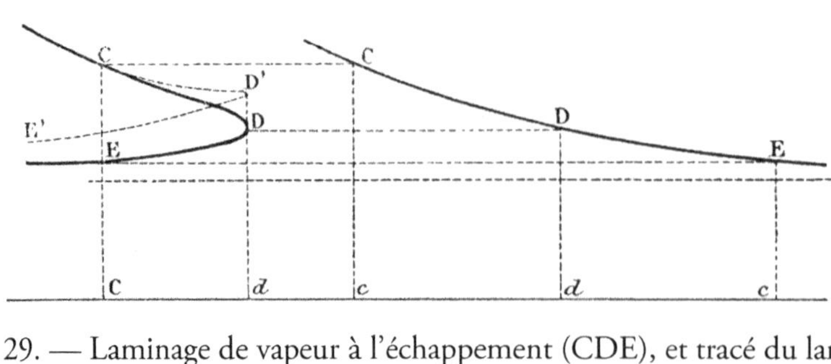

Fig. 129. — Laminage de vapeur à l'échappement (CDE), et tracé du laminage par l'indicateur à rotation continue du barillet.

période d'échappement ; puis la fermeture progressive de l'orifice d'échappement commence à la relever avant la fermeture complète : la compression de la vapeur en est un peu augmentée. Enfin l'ouverture anticipée de l'orifice d'admission ramène graduellement la pression jusqu'à celle de l'admission, suivant GA (fig. 128).

Dans une machine construite ou projetée, on connaît, pour chaque position du piston, la grandeur de l'orifice ouvert à la vapeur ; on connaît, en outre, la vitesse du piston. À un instant quelconque de l'admission, le piston est poussé par le volume O*a* de vapeur (fig. 130) dont la pression p est représentée par *a*A, tandis

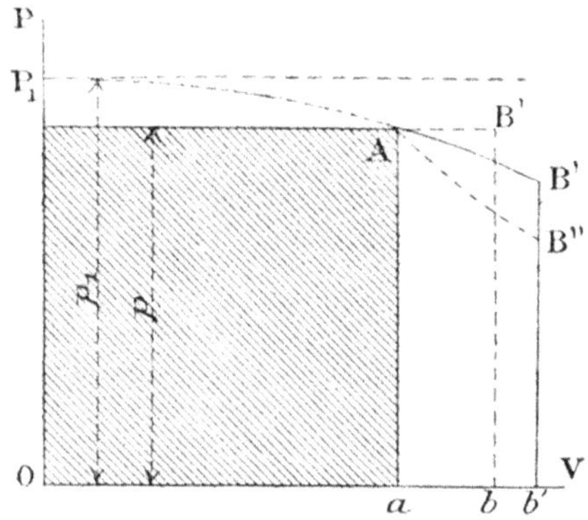

Fig. 130. — Laminage à l'admission.

que la pression p_1 dans la boîte à vapeur est OP_1. Le piston se déplace et le volume de vapeur devient O*b*. Si l'orifice d'admission, sous la différence de pression p_1— p, peut débiter, pendant la durée du parcours *ab* du piston, la quantité de vapeur qui remplit le volume *a*AB*b* et celle qui se condense dans le cylindre, la pression se maintiendra à la valeur p. Mais si le piston, dans le même temps, fait un parcours plus grand, *ab*', le débit de l'orifice restera à peu près le même, pourvu que la période considérée soit très courte, et la pression s'abaissera de *a*A à *b*'B'. Si l'admission était complètement interrompue en A, la détente se ferait suivant AB", quelle que soit la vitesse du piston (en négligeant l'effet de cette vitesse sur les quantités d'eau revaporisées dans le cylindre).

S'il ne se produisait pas de condensation sur les parois, on établirait assez aisément une équation différentielle donnant la relation entre la chute de pression et les volumes engendrés par le piston ; la section de l'orifice d'admission étant connue à chaque instant, on calculcrait ainsi l'abaissement de pression dû au laminage. Souvent la pression dans le cylindre, au début de la course, s'élève autant que dans la boîte à tiroir, puis elle s'abaisse jusqu'à la fermeture de l'admission.

Les condensations majorent la quantité de vapeur admise et augmentent la chute de pression. On peut toutefois les prévoir approximativement.

La prévision de la courbe CDE à l'échappement est un problème un peu différent : le déplacement du piston est de peu d'importance : il s'agit de laisser échapper un volume, variant peu, de vapeur prise à la pression *c*C, par un orifice croissant suivant une loi déterminée.

Il est vrai que le volume apparent de la vapeur contenue dans le cylindre est augmenté par la vaporisation sur les parois. On tiendra compte de cette augmentation en majorant de volume, dans une proportion qu'il est difficile de fixer avec précision. On pourrait même estimer la chute de pression qui se produit pendant l'échappement anticipé, depuis l'ouverture de l'orifice jusqu'à la fin de la course du piston, en imaginant une ouverture moyenne, constante pendant toute cette période, avec une pression moyenne dans le cylindre, un peu inférieure à la pression au début de l'échappement ; d'après le poids ainsi estimé on calculerait le poids qui reste dans le cylindre, et la pression finale. On peut supposer que la vapeur n'est mélangée que d'une faible proportion d'eau, 1 p. 100 par exemple, et que l'eau en excès, séparée de la vapeur, s'écoule ou se vaporise pendant l'échappement.

On n'obtient, de la sorte, qu'un aperçu assez grossier, qu'il faut compléter par des observations à l'indicateur dans des circonstances analogues.

La méthode indiquée pour l'étude du laminage à l'admission permet d'estimer la surpression en F (fig. 128), au moment où commence la compression ; la vapeur est alors à peu près sèche et saturée.

En résumé, on peut ainsi prévoir approximativement, avec ses laminages, le diagramme d'un moteur.

Parfois on se contente d'appliquer quelques règles grossières, mais bien simples : on calcule la vitesse de la vapeur d'après la vitesse moyenne du piston et la plus grande ouverture des orifices, sans tenir compte des condensations ; cette méthode est indiquée au § 52 (p. 210).

39. Fuites de vapeur.

Les fuites de vapeur augmentent évidemment la consommation ; en général, il est aisé de faire disparaître ou de réduire beaucoup les fuites visibles vers l'extérieur ; mais il est difficile d'apprécier celles qui se produisent à l'intérieur de la machine, à moins qu'elles ne soient fort abondantes. C'est autour des pistons et des organes de distribution que la vapeur peut fuir.

L'action des parois est comparable à une fuite importante de vapeur depuis la chaudière jusqu'au condenseur ; dans les recherches expérimentales, le poids de la vapeur qui fuit effectivement s'ajoute au poids condensé et revaporisé dans le cylindre.

Quelquefois des fuites intérieures existent par suite de défauts dans la fonte des cylindres ou dans l'assemblage des enveloppes de vapeur.

Autour d'une soupape de prise de vapeur, une fuite est dangereuse, parce qu'elle peut causer une marche intempestive de la machine.

En admettant la vapeur dans les cylindres d'une locomotive, maintenue à l'arrêt avec l'essieu moteur placé dans certaines positions, et en ouvrant les robinets purgeurs, on reconnaît aisément les fuites intérieures importantes. La même méthode s'appliquerait aux machines fixes munies de robinets purgeurs aux deux bouts du cylindre : quand la vapeur s'échappe par un purgeur, bien que]'appareil distributeur n'en doive pas admettre, cet appareil n'est pas étanche. Si l'organe de distribution est en bon état, la vapeur, admise sur un côté du piston, ne doit pas s'échapper par le purgeur ouvert de l'autre côté : sinon elle fuit autour du piston. Les machines fixes sont rarement munies de freins qui permettent de les maintenir à l'arrêt malgré l'admission de vapeur, pour cette épreuve.

Les anomalies dans les diagrammes d'indicateur et dans la consommation de vapeur font parfois reconnaître des fuites. Le tracé des diagrammes entropiques donne des indications utiles à cet égard, lorsque les courbes s'écartent des directions usuelles.

Dans les machines à condensation, si la garniture de la tige de piston n'est pas étanche, elle laisse entrer l'air dans le cylindre, pendant la communication avec le condenseur. La *bague des machines de Cornouailles* (fig. 131), en entourant la tige d'une ceinture de vapeur ou d'eau, s'oppose au moins à cette entrée d'air, si elle semble bien petite pour réchauffer efficacement la tige.

Plus les pressions sont élevées, plus il est difficile d'obtenir des joints étanches, et plus une fuite dépense de vapeur. Dans les machines à expansions multiples, la différence totale de pression entre la chaudière et le condenseur est partagée : dans le premier cylindre, par exemple, les plus grands écarts de pression se produisent entre la boîte du distributeur et le premier réservoir intermédiaire. En outre, la vapeur que laissent fuir les organes de ce premier cylindre n'est pas entièrement perdue, car elle travaille dans les suivants.

L'étanchéité des joints, soit entre les pièces fixes, soit entre les pièces frottantes, s'obtient par le simple contact de surfaces métalliques bien ajustées.

La largeur des surfaces en contact, qui suffisent pour empêcher le passage de la vapeur, peut être très petite, comme le montre la portée des soupapes : l'ajustage des surfaces étroites est même mieux assuré. Mais la nécessité de ne pas exagérer la charge par centimètre carré fait beaucoup augmenter la largeur des pièces frottantes.

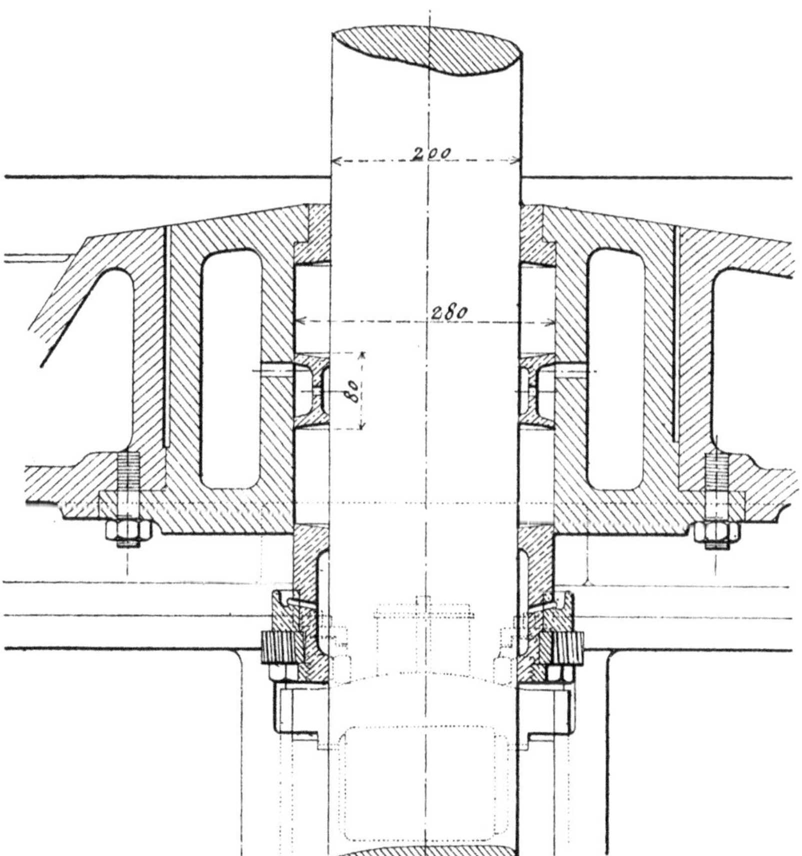

Fig. 131. — Bague de Cornouailles, pour admission de vapeur autour de la tige, au milieu de la garniture (la matière plastique de la garniture, serrée entre la bague de fond et le presse-étoupes, est séparée en deux parties par la bague ; cette matière n'est pas représentée sur la figure).

L'interposition de matières plastiques entre les surfaces de joint compense le défaut d'ajustage : fréquent pour l'assemblage de pièces fixes, l'emploi de ces matières est plus rare pour les pièces frottantes, abstraction faite de la couche très mince de lubrifiant qui les sépare. Dans la machine à vapeur, il ne subsiste que pour des garnitures de tige et pour des pompes de condenseur.

40. Pertes de chaleur.

On ne peut empêcher la chaleur de se dissiper autour des machines, et il en résulte une perte assez importante. Malgré l'action salutaire des enveloppes isolantes, les conduites, les cylindres et leurs boîtes à vapeur, les réservoirs des machines à plusieurs expansions, dégagent constamment des calories.

Un récipient métallique, dépourvu d'enveloppe isolante, est en contact sur une face avec la vapeur, dont la température est θ_1 et, sur l'autre, avec l'air à la température θ_0. Ces deux faces prennent des températures θ' et θ" ; d'après la loi de la conductibilité, si la paroi est plane et d'épaisseur *e*, un mètre carré se laisse traverser en une seconde par $[k(\theta'-\theta'')/e]$ calories.

Si *e* est mesuré en millimètres, le coefficient *k* paraît voisin de 16 pour le fer, la fonte et l'acier ; il serait double dans le laiton et 6 fois plus grand dans le cuivre. Il est difficile de prévoir exactement les températures intermédiaires θ' et θ". θ' semble pouvoir s'élever presque jusqu'à θ_1 et θ" s'abaisser presque jusqu'à θ_0. Cette communication de chaleur d'un fluide à l'autre, à travers une paroi, est une évolution irréversible.

La représentation des températures, indiquée au § 23 (p. 58), donnerait la droite AB de la figure 132 (a). D'une manière générale, la loi de la transmission peut s'approcher de divers cas limites ; si on suppose les températures θ' et θ"

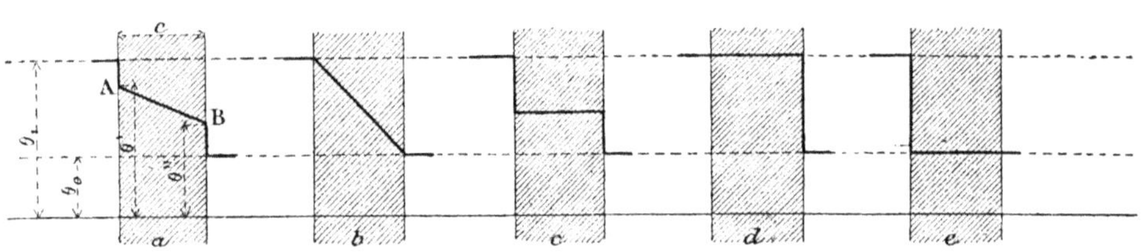

Fig. 132. — Mouvement de la chaleur dans une paroi.

respectivement égales à θ_1 et à θ_0 (fig. 132, *b*), le débit de la paroi atteint son maximum. En *c*, les températures θ' et θ" sont supposées égales : la transmission de chaleur est réglée uniquement par le taux de son entrée dans la paroi et de sa dissipation au dehors ; l'effet de la conductibilité propre de la plaque devient négligeable : la chaleur traverse la plaque sans résistance, mais entre et sort avec la même difficulté, quand la valeur commune de θ' et θ" est la moyenne de θ_1 et θ_0. On peut encore supposer que la plaque prend facilement la chaleur et se refroidit lentement (*d*) ; les températures θ' et θ" s'élèvent jusqu'à θ_1 : inversement, la plaque prend mal la chaleur, mais se refroidit aisément : θ' et θ" s'approchant de θ_0 (*e*).

La paroi métallique, exposée d'un côté à l'air et chauffée de l'autre côté par la vapeur, paraît se rapprocher du cas d de la figure 132, surtout si elle est mince. Du côté de la vapeur, la plaque peut se recouvrir d'une couche d'eau que la chaleur doit aussi traverser: la transmission s'en trouvera quelque peu modifiée.

D'après Ser, la fonte transmet à l'air en repos 11,44 calories par mètre carré, en une heure, pour une différence de températures de un degré : une plaque, chauffée d'un côté par la vapeur à 115°, en contact de l'autre côté avec l'air à 15°, dégagerait 1144 calories ; c'est la chaleur abandonnée par la condensation de $2^{kg},2$ de vapeur, la chaleur de vaporisation seule étant mise en liberté. Le nombre de calories et le poids de la vapeur condensée augmentent si l'air est agité.

Dans les machines, les surfaces qui dissipent au dehors la chaleur sont assez étendues, parce que des pièces telles que les bâtis, les attaches des cylindres, s'échauffent par conductibilité.

Une enveloppe isolante, d'épaisseur *e*', ajoutée à la paroi métallique, donne lieu à une chute de température BC (fig. 133), plus forte que dans la paroi (AB), en se laissant traverser par la même quantité de chaleur.

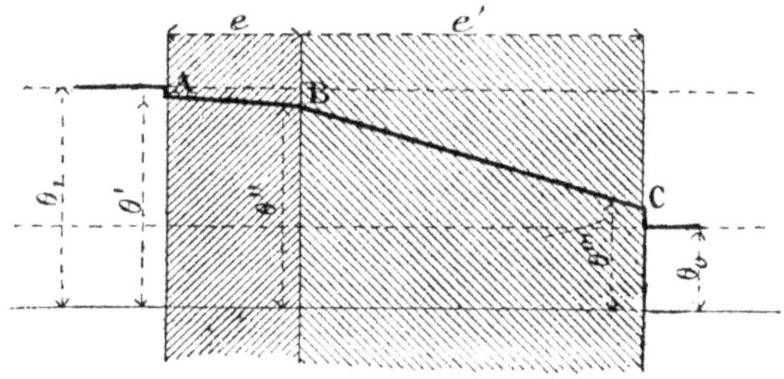

Fig. 133. — Transmission de la chaleur à travers une paroi recouverte d'une enveloppe isolante.

Lorsque des écarts de température sont peu considérables, la loi de Newton (§ 23) est applicable ; on établit aisément une équation qui ne renferme pas les températures intermédiaires θ', θ'' et θ''', sur les faces de la paroi et de l'enveloppe, et seulement les coefficients de conductibilité *k* et *k*' des deux substances, et deux coefficients K et K' donnant le nombre de calories, qui entrent sur une face et sortent par l'autre, pendant une seconde, pour une superficie d'un mètre carré et une différence de température égale à 1°. Une fois le régime permanent établi, la quantité de chaleur, Q, est la même dans chaque passage ; on déduit de cette constance les équations :

$$Q = K(\theta_1 - \theta') \quad \text{ou} \quad \frac{Q}{K} = \theta_1 - \theta'$$

$$Q = \frac{k}{e}(\theta' - \theta'') \quad \text{ou} \quad \frac{Qe}{k} = \theta' - \theta''$$

$$Q = \frac{k'}{e'}(\theta'' - \theta''') \quad \text{ou} \quad \frac{Qe'}{k'} = \theta'' - \theta'''$$

$$Q = K'(\theta''' - \theta_0) \quad \text{ou} \quad \frac{Q}{K'} = \theta''' - \theta_0.$$

L'addition membre à membre de la seconde série donne

$$Q\left(\frac{1}{K} + \frac{e}{k} + \frac{e'}{k'} + \frac{1}{K'}\right) = \theta_1 - \theta_0$$

équation qu'on peut écrire

$$Q = M(\theta_1 - \theta_0)$$

M étant un facteur unique qui se déduit des autres coefficients.
Un calcul analogue s'applique aux enveloppes circulaires dont les surfaces ne sont pas les mêmes à l'intérieur et à l'extérieur (§ 123).

Avec de grands écarts de température, la loi de Newton ne s'applique plus sans erreur : on a recours alors soit à des formules compliquées et peu certaines, soit à quelques données empiriques.
L'enveloppe isolante est souvent une couche d'air, maintenue contre la paroi chauffée par une gaine en tôle mince. L'air est en effet peu conducteur : mais il se laisse traverser par la chaleur que rayonne la paroi chaude vers l'enveloppe, et, ne restant pas immobile, il transporte, par convection, de la chaleur d'une face à l'autre de la gaine.
Certaines substances, composées de parties qui laissent beaucoup de vides, telles que le liège, le feutre, les scories filées, s'opposent au rayonnement et aux mouvements de l'air, tout en étant par elles-mêmes peu conductrices : ces substances sont de bons isolants. Elles réduisent à la moitié ou même au tiers la quantité de chaleur abandonnée par le métal nu.
Par exemple, la surface extérieure du cylindre et de la tuyauterie d'une machine Corliss, qui dépense 1000 kg de vapeur à l'heure, est de 12 m^2 ; le métal est en contact à l'intérieur avec la vapeur à 165° qui enveloppe le cylindre moteur. Sans revêtement isolant, on perdrait par heure 20.000 calories, ou on condenserait 40 kg de vapeur. Le revêtement isolant réduit ce chiffre à 20 kg environ.
Le voisinage des passages de vapeur, pour l'admission et pour l'échappement, entraîne encore une perte de chaleur. Souvent une mince paroi de fonte sépare la boîte à vapeur du conduit qui débouche dans le condenseur : un flux incessant de chaleur se perd en traversant cette paroi. Les deux faces du métal sont toutes deux en contact avec la vapeur humide : le coefficient de transmission doit être le même sur les deux faces (K = K') ; il est mal déterminé pour ce transport de chaleur. On connaît, par expérience, la quantité de chaleur que cède la vapeur à l'eau, à travers une paroi métallique : mais de la vapeur à la vapeur humide, la chaleur transmise est moindre.

41. Transformation du travail indiqué.

Le travail de la vapeur sur le piston, ou travail indiqué de la machine, n'est pas recueilli en totalité, car les frottements du moteur en consomment une part. Le travail effectif, que mesure un frein de Prony sur l'arbre d'un moteur, est réduit d'autant.
Il semble que la puissance absorbée par les chocs et les vibrations, dans une machine en bon état, soit assez faible pour être négligeable.
Les principales pièces frottantes sont les pistons contre les cylindres, les tiges dans leurs garnitures, les têtes de piston sur les glissières, les grosses têtes de bielles motrices autour des tourillons moteurs, les fusées de l'arbre dans les paliers. Il faut y ajouter les mécanismes de distribution : le tiroir ordinaire, non équilibré, absorbe un travail important en frottant sur sa table. En outre, les pompes du condenseur et les pompes alimentaires viennent prendre leur part de travail indiqué. Il est vrai que cette part n'est pas entièrement perdue, puisque ces pompes fournissent un travail nécessaire à la marche de la machine.

On peut prévoir le travail absorbé par les frottements d'une machine, en calculant les forces qui appuient l'une contre l'autre les pièces frottantes. La loi du mouvement de ces pièces est connue; il est vrai que les coefficients de frottement sont souvent incertains et qu'ils varient suivant le graissage.

Le frottement des pistons et des tiges dépend aussi du serrage de leurs garnitures. En prenant les valeurs extrêmes des coefficients, on détermine deux limites de la puissance absorbée par les résistances passives. Mais ces prévisions sont rarement exactes, et, lorsqu'on ne peut pas installer à la fois un indicateur et un frein de Prony sur une machine, on ne sait guère quelle fraction de la puissance indiquée elle rend.

Quand on fait varier la puissance effective produite, en modifiant les conditions du travail de la vapeur, et en conservant la même vitesse de marche, on constate généralement que la puissance consommée en frottements augmente en même temps que la puissance produite, bien que la fraction ainsi perdue diminue. Lorsque la puissance effective devient nulle, la machine tourne à vide, et la puissance indiquée est entièrement absorbée par les résistances passives.

De Pambour a donné le principe d'une règle, simple et généralement admise, pour prévoir la relation entre la puissance indiquée, P_i, et la puissance effective, P_e, avec différentes charges de la machine, à une même vitesse ; si P_o est la puissance indiquée quand la machine tourne à vide, *k* étant un coefficient plus petit que l'unité, $P_e = k(P_i - P_o)$; le travail des résistances serait composé du total d'une quantité constante et d'une quantité proportionnelle au travail indiqué.

Cette loi est vérifiée approximativement par la plupart des expériences, exécutées sur des machines. Elle est très convenable pou: la pratique, mais il ne faut pas lui attribuer d'importance théorique ; si l'on remarque que la variation des résistances passives d'une même machine aux diverses charges n'est pas très grande, et surtout que les résultats des expériences sont peu précis, on voit qu'il n'y a pas lieu de chercher une loi empirique compliquée, et que la formule algébrique linéaire la plus simple est la meilleure.

La variation du travail des résistances passives dépend, d'ailleurs, un peu de la manière dont est modifié le travail de la vapeur : si, pour réduire la puissance motrice, on diminue

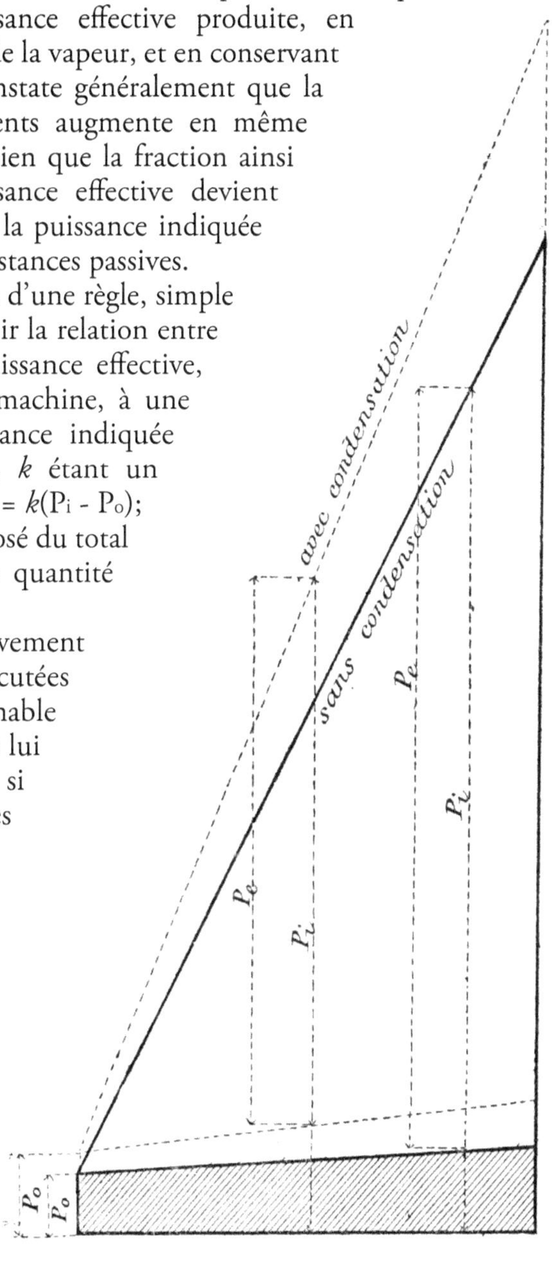

Fig. 134. — Diagramme de la relation entre la puissance indiquée, P_i, et la puissance effective, P_e.

la pression de la vapeur qui alimente la machine, il est probable qu'on diminuera les résistances passives plus que si on conserve la pression, en réduisant la longueur de l'admission. Dans les machines à distribution simple par tiroir, lorsqu'on réduit l'admission, on augmente en même temps la période de compression, si bien que, pour un tour de la machine à blanc, les efforts sur les pièces restent à peu près les mêmes qu'en charge. Dans ce cas, d'après quelques expériences rapportées par Thurston sur des machines rapides sans condensation, la différence entre le travail indiqué et le travail effectif reste à peu près constante.

Dans les machines à condensation, le travail absorbé par la pompe à air augmente avec la dépense de vapeur, c'est-à-dire avec la puissance produite, parce qu'on augmente en même temps l'arrivée d'eau au condenseur.

Des essais exécutés au Creusot sur une machine Corliss, et rapportés par M. Delafond, ont conduit aux formules : $P_e = 0{,}9P_i - 16$, pour la marche à condensation, et $Pe = 0{,}95P_i - 12$, pour la marche à échappement dans l'atmosphère. Les puissances sont exprimées en chevaux et la puissance indiquée, P_i a été poussée jusqu'à plus de 200 chevaux.

Ces relations sont représentées par le diagramme de la figure 134.

Quelques expérimentateurs ont aussi cherché comment la fraction perdue de la puissance indiquée variait avec la vitesse de marche : cette fraction paraît augmenter légèrement avec la vitesse.

À défaut d'expériences précises, souvent difficiles, en montant l'indicateur sur une machine qui tourne à vide, avec sa vitesse de régime, on connaît la plus faible valeur (P_o) de la puissance absorbée par les résistances passives. Par comparaison avec des machines analogues, on peut en déduire approximativement la puissance perdue aux diverses charges.

Dans la marche normale, le travail effectif de quelques machines atteint et dépasse même les 95 centièmes du travail indiqué ; mais il descend fréquemment aux 80, aux 75 centièmes. La condensation augmente un peu le déchet sur le travail indiqué.

Voici quelques exemples du coefficient de réduction de la puissance indiquée : 0,908 pour la célèbre machine à balancier sur laquelle Hirn a fait ses expériences à Logelbach ; 0,86 à 0,91 pour un grand nombre de machines essayées en Alsace pendant une période de 25 années ; 0,79 à 0,86 pour une machine compound, étudiée par M. Walther Meunier, avec une puissance indiquée de 136 à 288 chevaux ; 0,84 pour un cylindre seul de cette machine, avec condensation, et 0,88 pour ce même cylindre sans condensation.

Les frottements, assez forts dans les machines neuves, s'atténuent lorsque la marche en a rodé les surfaces frottantes.

42. Machines compound.

On représente le cycle théorique de la vapeur, dans la machine compound, en divisant le diagramme ABEFG (fig. 135), tracé entre les pressions extrêmes p_1 et p_2, par la droite DC, correspondant à la pression intermédiaire du réservoir, p_1' . ABCD mesure le travail dans le petit cylindre, DCEFG le travail dans le grand. Les volumes de ces deux cylindres, dont les pistons attaquent le même arbre, sont respectivement proportionnels à O*c* et à O*e*. Le travail donné par les deux cylindres serait fourni par le grand cylindre seul, recevant directement le volume AB de vapeur à la pression p_1.

En faisant abstraction, dans ce premier aperçu, des phénomènes complexes de condensation et de vaporisation sur les parois, on voit le volume DC de vapeur, plus ou moins humide, sortir du petit cylindre et pénétrer dans le réservoir ; ce même volume, ou plutôt un volume égal, sort du réservoir et se rend dans le cylindre à haute pression. Ces deux écoulements ne sont pas simultanés, mais se reproduisent périodiquement deux fois par chaque tour de la machine à double effet.

Si le volume admis dans le grand cylindre était plus grand, égal à D'C', la pression p_1' du réservoir serait plus faible : le petit cylindre fournirait un travail plus fort ABCKD' ; le grand cylindre ne donnerait que D'C'EFG et le total serait moindre que la surface du diagramme primitif, d'une quantité CKC'.

Ce premier aperçu ferait juger la machine compound inférieure à la machine monocylindrique : l'examen des diverses conditions réelles de l'évolution de la vapeur, dans la compound, montre une série de circonstances, favorables ou non, dont la résultante est en général avantageuse.

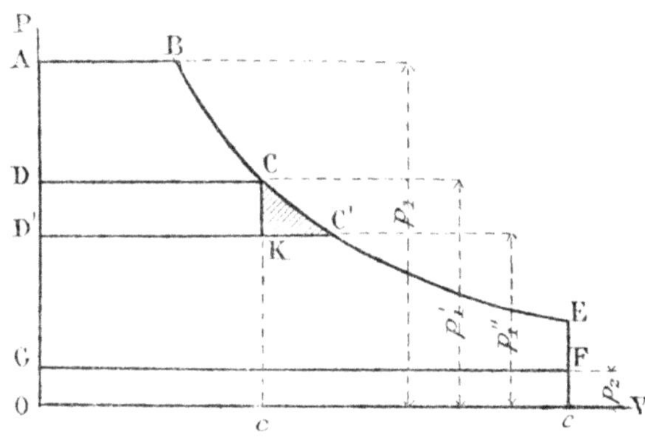

Fig. 135. — Diagramme théorique du travail dans les deux cylindres d'une machine compound.

En ce qui touche la détente, elle reste incomplète, quand la pression d'échappement p_2 est basse, aussi bien avec la compound qu'avec la machine monocylindrique, puisqu'elle est forcément limitée au volume du dernier cylindre. Elle est incomplète

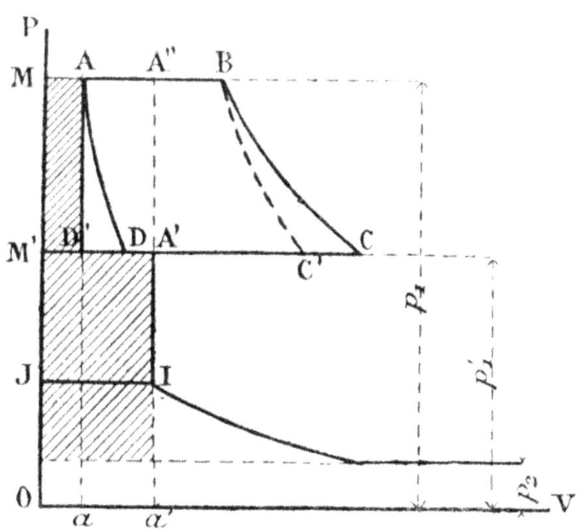

Fig. 136. — Compression dans les espaces libres des deux cylindres d'une machine compound.

aussi dans le premier cylindre de la compound, lorsqu'il donne un diagramme se rapprochant de ABCKD' (fig. 135).

L'effet des espaces libres des cylindres se trouve atténué par la disposition de la compound, comparée à la machine réduite au grand cylindre seul : MA et M'A' (fig. 136) représentent ces deux espaces libres ; s'il n'y avait aucune compression de la vapeur, la chaudière devrait remplir l'espace libre du petit cylindre, MA, plus petit que M'A', et déjà occupé par la vapeur à la pression p_1' du réservoir ; d'autre part cette vapeur du réservoir devrait remplir l'espace libre M'A' du grand cylindre. Dans la machine monocylindrique, c'est la vapeur à la pression p_1 de la chaudière qui remplit M'A' ou MA" : la quantité de vapeur ainsi dépensée est plus grande.

En outre, le petit cylindre de la compound se prête à une compression complète, vu la valeur élevée de la pression d'échappement, p_1' : on peut dans ce cylindre s'approcher du diagramme ABCD, qui compense l'effet de l'espace libre (voir p. 108).

Dans le grand cylindre, la compression relève la pression jusqu'à une valeur telle que OJ, qui s'approche plus de la pression p_1' que de la pression p_1 : le poids de vapeur du réservoir consommée pour remplir cet espace libre se trouve ainsi réduit.

La disposition compound paraît atténuer notablement l'action des parois. En désignant par θ_1, θ'_1, et θ_2 les températures de la vapeur saturée aux pressions p_1, p_1', et p_2, la température du fluide oscille entre θ_1 et θ'_1 dans le petit cylindre, entre θ'_1, et θ_2 dans le grand, tandis qu'elle oscillerait entre θ_1 et θ_2 dans le grand cylindre seul. Cette réduction des écarts de température diminue la condensation de la vapeur de la chaudière dans le petit cylindre, qui, en outre, présente des parois moins étendues que la machine monocylindrique ; la vapeur ainsi condensée se revaporise en partie pendant la détente et pendant l'échappement au réservoir. Dans le réservoir, s'il est bien enveloppé, il ne se produit guère de condensation. C'est en pénétrant dans le grand cylindre qu'une nouvelle condensation se fait sur les parois ; l'eau condensée se vaporise partiellement pendant la détente et l'échappement final.

Ainsi une partie de la vapeur se condense successivement deux fois : les poids ainsi condensés dans les deux cylindres peuvent être voisins l'un de l'autre, mais ne sont pas nécessairement égaux.

On étudie ces phénomènes comme sur un cylindre unique, en relevant les diagrammes à l'indicateur et en déterminant les quantités de chaleur cédées par la chaudière et reçues par le condenseur.

D'après des observations de M. Longridge, rapportées par M. Dwelshauvers-Déry, une machine compound de 800 chevaux transformait en travail 6 calories sur 50 apportées par la vapeur ; la perte attribuable à l'action des parois était de 10,92 calories. Ces calories sont comptées à partir du zéro centigrade.

Les enveloppes de vapeur s'appliquent aux machines compound, qui se prêtent à des combinaisons assez variées. Le cylindre à haute pression se trouve enveloppé, comme celui d'une machine monocylindrique, par la vapeur à la pression d'admission, parfois par la vapeur même qui va y pénétrer. Le cylindre à basse pression peut être enveloppé de même par la vapeur à la pression de la chaudière : on obtient ainsi une enveloppe très active, mais consommant une assez forte proportion de vapeur quand la pression initiale est élevée. Diverses expériences pratiques de consommation semblent indiquer que cette disposition n'est pas toujours la plus avantageuse, et qu'il vaut mieux alimenter l'enveloppe du grand cylindre par la vapeur détendue jusqu'à une pression voisine de celle du réservoir.

Le réservoir peut aussi être réchauffé par une enveloppe et même par un faisceau tubulaire, où circule la vapeur de la chaudière : la vapeur y est alors séchée et même légèrement surchauffée. Cette disposition est séduisante, car en prenant à la chaudière une quantité de chaleur relativement faible, on améliore notablement la qualité de la vapeur dans le réservoir.

Néanmoins, les expériences pratiques de consommation paraissent peu favorables à ce réchauffage de réservoir, qui, en général, augmenterait plutôt qu'il ne réduirait la dépense totale de vapeur. Ce fait semble prouver que la présence d'une faible proportion d'eau dans la vapeur admise aux cylindres n'est pas fort nuisible. L'enveloppe du réservoir peut toutefois être justifiée par l'augmentation de travail qu'elle donne.

Par exemple, des expériences de M. Witz, sur une machine compound construite par Dujardin, ont donné les chiffres qui suivent. Les deux cylindres ont pour diamètres 660 et 1.150 mm, avec une course de 1.350 mm ; le nombre de tours par minute est 64 ; les pressions extrêmes sont 6 kg et 0,13 kg par cm^2 en moyenne ; la puissance indiquée varie de 540 à 560 chevaux. Les consommations moyennes de vapeur, pour 270.000 kgm indiqués (ou par cheval-heure) ont été d'environ :

- 6,5 kg quand aucune enveloppe n'était chauffée ;
- 6,1 avec les enveloppes des cylindres et du réservoir chauffées ;
- 6,0 avec les enveloppes des deux cylindres chauffées.

La vapeur des enveloppes avait la pression de la chaudière.

Les proportions (en poids) de vapeur condensée dans les enveloppes, par rapport à la consommation totale, étaient, dans la seconde expérience :

- 1,75 p. 100 dans l'enveloppe du petit cylindre ;
- 2,12 — grand —
- 8,32 — du réservoir.

Dans la troisième expérience, on a condensé

- 1,75 p. 100 dans l'enveloppe du petit cylindre ;
- 3,56 — grand —

En généralisant ces résultats, on peut dire que, pour l'économie de vapeur, il est préférable de ne pas munir le réservoir d'enveloppe, et que la suppression des enveloppes des cylindres, qui simplifie la machine, n'accroît pas énormément la consommation d'une compound de grande puissance. Il convient de remarquer, à cet égard, que, plus le volume des cylindres augmente, moins l'influence proportionnelle des parois est grande.

La surchauffe s'applique avec avantage aux machines compound : elle permet de réduire beaucoup les condensations dans le petit cylindre et d'en supprimer l'enveloppe sans inconvénient. L'évolution subséquente dans le grand cylindre est aussi améliorée.

D'une manière générale, la vapeur (humide, sèche ou surchauffée), prise à la pression initiale, a reçu des calories qui se sont transformées en énergie interne et en travail externe de dilatation, correspondant au volume occupé ($q_1+\rho_1+ Ap_1u_1$ pour un kilogramme de vapeur saturée sèche). On retrouve le même poids de vapeur dans le réservoir intermédiaire : elle a cédé en route des calories, sous forme de travail indiqué dans le petit cylindre, et elle en a perdu quelques-unes au dehors : après déduction de ces calories sur le nombre initial, restent celles qui correspondent à la chaleur interne et au travail externe de dilatation de la vapeur dans le réservoir, $q_2 + (\rho_2 + Ap_2u_2)x_2$ pour un kilogramme, contenant la proportion x_2 de vapeur sèche. L'amélioration qui résulte de la surchauffe initiale se retrouve encore dans la vapeur du réservoir, mais habituellement elle n'y est plus surchauffée.

Par exemple, la vapeur est fournie sous la pression de 10 kg par cm² au petit cylindre, d'où elle pénètre dans le réservoir, sous la pression de $4^{kg},4$; la dépense est de 20 kg de vapeur par cheval-heure indiqué dans le petit cylindre, c'est-à-dire, pour 270.000 kgm, ou pour 634 calories. Si la vapeur est saturée sèche au début, un kilogramme apporte 661 calories (chaleur du liquide et chaleur de vaporisation, $q_1 + r_1$) dont 32 se transforment en travail et 6 se dissipent au dehors. On retrouve, dans la vapeur détendue à la pression de 4,4 kg par cm², 661 - 38 ou 623 calories ; $q + rx = 623$; q est égal à 144, r à 506 ; par conséquent $x = 0,95$. La proportion d'eau est de 5 p. 100.

Avec une quantité d'eau initiale de 10 p. 100, une transformation en travail de 30 calories et une perte de 6 calories par kilogramme de vapeur, la quantité de chaleur est au début de 613 et à la fin de 577, ce qui donne une proportion d'eau finale de 14 p. 100.

Enfin, avec une surchauffe de 40° (jusqu'à 219°), le kilogramme de vapeur apporte en plus 0,48 x 40 ou 19 calories, c'est-à-dire au total 680, dont 38 se transforment en travail et 7 se dissipent. Il en reste donc 635, ce qui correspond à une proportion finale de 3 p. 100 d'eau.

La disposition compound augmente la perte de travail causée par le laminage, puisque la vapeur est laminée à l'admission et à l'échappement de chacun des deux cylindres successifs. Par contre, l'effet des fuites intérieures est moindre, la chute totale de pression étant partagée en deux par le réservoir intermédiaire.

La disposition compound augmente la surface extérieure des appareils ; une machine monocylindrique se réduit au cylindre à basse pression seul de la compound équivalente. Toutefois, si l'enveloppe de ce cylindre n'est pas chauffée directement par la vapeur de la chaudière, la température intérieure se trouve réduite dans le grand cylindre, ce qui établit une certaine compensation entre les quantités de chaleur perdues extérieurement par les deux machines.

Des raisonnements analogues s'appliquent à la transformation du travail indiqué en travail effectif : la multiplicité des organes de la compound semble augmenter les résistances passives, mais la réduction des pressions diminue le frottement de la plupart de ces organes. En général, le déchet, de ce chef, sera un peu plus fort dans la compound. Il n'en est pas de même si l'on est conduit à doubler la machine monocylindrique, en montant deux cylindres pour un seul arbre.

Comment doit-on fixer, dans une machine compound, la pression moyenne p_1' du réservoir par rapport aux pressions extrêmes p_1 et p_2, et quelle doit être la capacité du réservoir ? La pression du réservoir est souvent choisie de manière à ce que chacun des deux cylindres produise à peu près le même travail : cette répartition du travail est la plus convenable quand les deux pistons commandent deux manivelles d'un même arbre.

Avec deux cylindres en tandem, elle n'a plus d'intérêt ; elle doit être modifiée pour la compound à trois cylindres et trois manivelles, où le cylindre à basse pression est divisé en deux. Cette répartition du travail est examinée § 48.

Quant au volume du réservoir, il peut être assez grand pour que les variations de la pression y soient peu sensibles ; mais, avec la capacité, le poids et l'encombrement augmentent, ainsi que la perte extérieure de chaleur : aussi préfère-t-on souvent de petits réservoirs, où les fluctuations de la pression sont assez importantes.

Pour étudier ces fluctuations, on commence par déterminer graphiquement le volume occupé par la vapeur, dans le réservoir et dans les portions des cylindres qui communiquent avec les réservoirs, pour les différentes positions de la machine pendant un tour complet. On représente la capacité choisie pour le réservoir par une longueur RR' (fig. 137) : par V_1R, le volume du cylindre à haute pression, avec les espaces libres en $V_1V'_1$, et V''_1R ; par $R'V_2$ le volume du cylindre à basse pression, avec les espaces libres $R'V'_2$; et $V''V_2$.

On définit les différentes positions des pistons par l'angle de rotation de l'une des manivelles à partir du point mort ; on figure cet angle en abscisses, et on trace les positions correspondantes des pistons (voir § 52), qui partagent en deux la capacité du cylindre. Le tracé de la figure 137 s'applique à la disposition fréquente de deux manivelles calées à angle droit. On marque, en 3, 5, 3', 5', les positions du piston à haute pression au moment où s'ouvre et se ferme l'échappement sur ses deux faces ; en 6, 2, 6', 2', les positions du piston à basse pression, lors de l'ouverture et de la fermeture de l'admission (voir au chap. IV l'étude de la distribution).

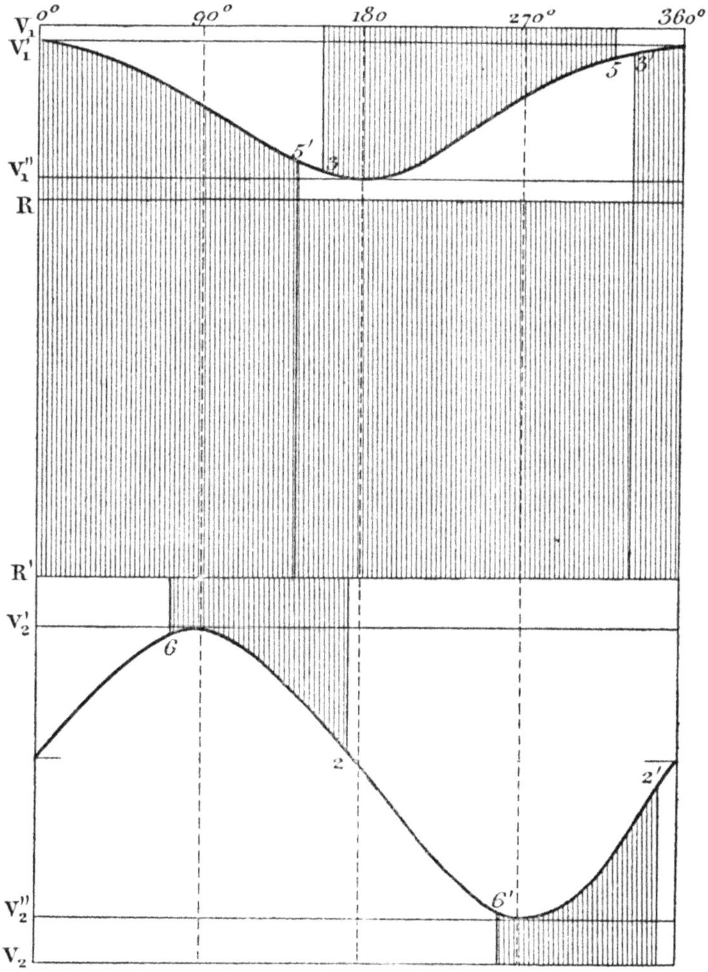

Fig. 137. – Volume de la vapeur dans le réservoir d'une machine compound et dans les portions de cylindres communiquant avec le réservoir.

L'épure ainsi tracée montre, pour une position quelconque de la machine, le volume occupé par la vapeur, volume qui se compose du réservoir, et d'une fraction de chacun des deux cylindres. Ce total varié d'une manière continue pendant certaines périodes, puis par adjonctions et retranchements brusques : il augmente subitement lorsque s'ouvre l'échappement du premier cylindre, en 3 et 3', et l'admission dans le grand, en 6 et 6' ; les réductions se produisent quand l'échappement et l'admission se ferment, en 5 et 5', et en 2, 2'. En même temps, le poids de la vapeur qui remplit cette capacité s'augmente et se réduit. À l'état de régime, le poids de vapeur qui sort, pendant un tour, du premier cylindre est égal au poids qui pénètre dans le second : c'est le poids admis dans le premier cylindre, qu'on prévoit en faisant l'étude d'un moteur.

La quantité de vapeur qui sort du premier cylindre est la différence de ce qu'il contient pour les positions du piston 3 et 5 d'une part, 3' et 5' de l'autre : ces deux portions peuvent même être supposées égales entre elles, quand la distribution est bien réglée.

De même, le poids qui pénètre dans le second cylindre est la différence de poids de la vapeur qui le remplit quand le piston est en 2, et du poids initial au moment où s'ouvre l'admission, en 6 : sur l'autre face du piston, c'est de même la différence des poids en 2' et en 6'. Souvent ces deux portions du poids total admis pendant un tour sont à peu près égales.

Pour les applications, on peut employer une méthode empirique simple, qui donne quelques indications utiles : cette méthode consiste à négliger l'effet des condensations pendant l'admission dans les deux cylindres, et des vaporisations pendant l'échappement : on suppose une compensation entre les quantités d'eau vaporisées pendant l'échappement du premier cylindre et celles qui se forment dans le second ; puis on admet qu'à poids égal le produit de la pression de la vapeur par le volume qu'elle occupe est constant. On calcule ainsi empiriquement la pression à la fin de l'admission dans le grand cylindre, en 2 et en 2'. S'il n'y avait aucun laminage de vapeur, la pression serait la même dans le réservoir. On peut alors de proche en proche y déterminer les variations successives de la pression.

En réalité, le laminage peut être assez fort à certains moments : c'est ainsi qu'aux positions 2 et 2' la pression dans le grand cylindre est plus faible que dans le réservoir ; elle est plus faible dans le réservoir que dans le petit cylindre au moment où s'ouvre l'échappement de ce cylindre, en 3 et en 3'. La différence de pression à ce moment ne doit pas être trop grande, mais surtout il convient qu'elle ne change pas de sens, parce qu'il en résulterait une boucle de surface négative sur le diagramme.

Les variations de pression sont petites quand le volume du réservoir atteint celui du grand cylindre. Ces variations dépendent en outre du nombre des cylindres et du calage des manivelles.

Pour une estimation rapide, en négligeant les variations de la pression dans le réservoir, on peut admettre que le volume admis dans le grand cylindre (jusqu'à la fermeture de l'admission, en 2) est égal au volume que le petit cylindre laisse échapper jusqu'à la fermeture de l'échappement, en 5. Plus la marche de la machine est rapide, plus le volume admis dans le grand cylindre doit être augmenté au-delà de cette limite.

Outre les différentes qualités de la machine compound énumérées plus haut, elle permet de détendre suffisamment la vapeur avec une assez faible détente dans chacun des cylindres.

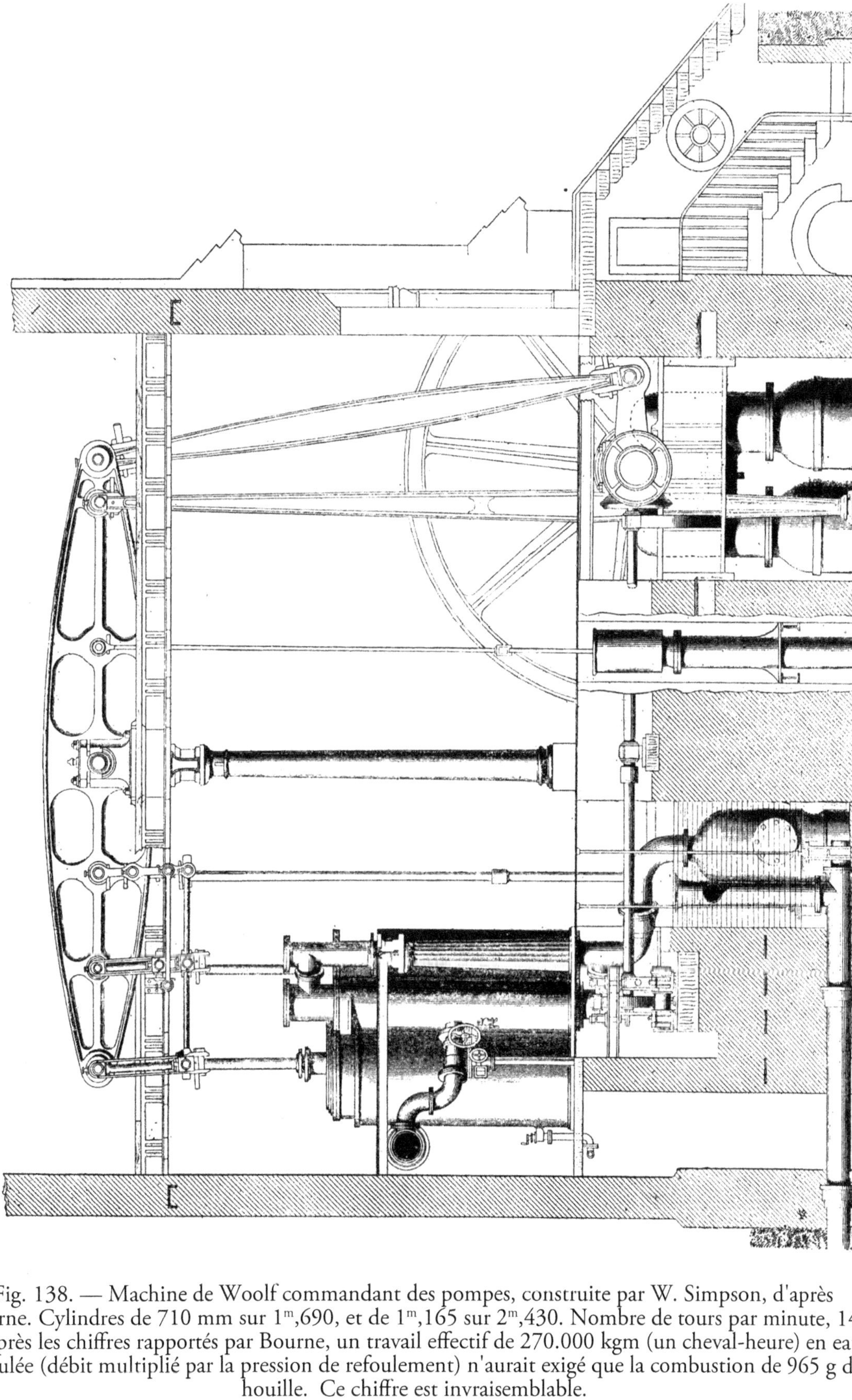

Fig. 138. — Machine de Woolf commandant des pompes, construite par W. Simpson, d'après Bourne. Cylindres de 710 mm sur 1^{m},690, et de 1^{m},165 sur 2^{m},430. Nombre de tours par minute, 14. D'après les chiffres rapportés par Bourne, un travail effectif de 270.000 kgm (un cheval-heure) en eau refoulée (débit multiplié par la pression de refoulement) n'aurait exigé que la combustion de 965 g de houille. Ce chiffre est invraisemblable.

L'effort moteur pendant une course varie moins que dans la machine monocylindrique, et la disposition compound permet de tirer bon parti de la distribution simple par tiroir.

43. Machines de Woolf.

Comme la compound, la machine du système *Woolf* a deux cylindres de dimensions différentes, qui communiquent seulement, l'un avec la chaudière, l'autre avec le condenseur ; mais il n'y a plus de réservoir entre les cylindres : les deux pistons ont une marche concordante et la vapeur passe immédiatement d'un cylindre dans l'autre, les passages formant des espaces libres en général assez grands.

On donne parfois à tort le nom de machine Woolf à la compound, quand les deux cylindres sont montés en tandem : mais la disposition de la compound en tandem n'est pas la disposition Woolf, s'il y a deux organes distincts de distribution, reliés par un conduit de vapeur formant réservoir.

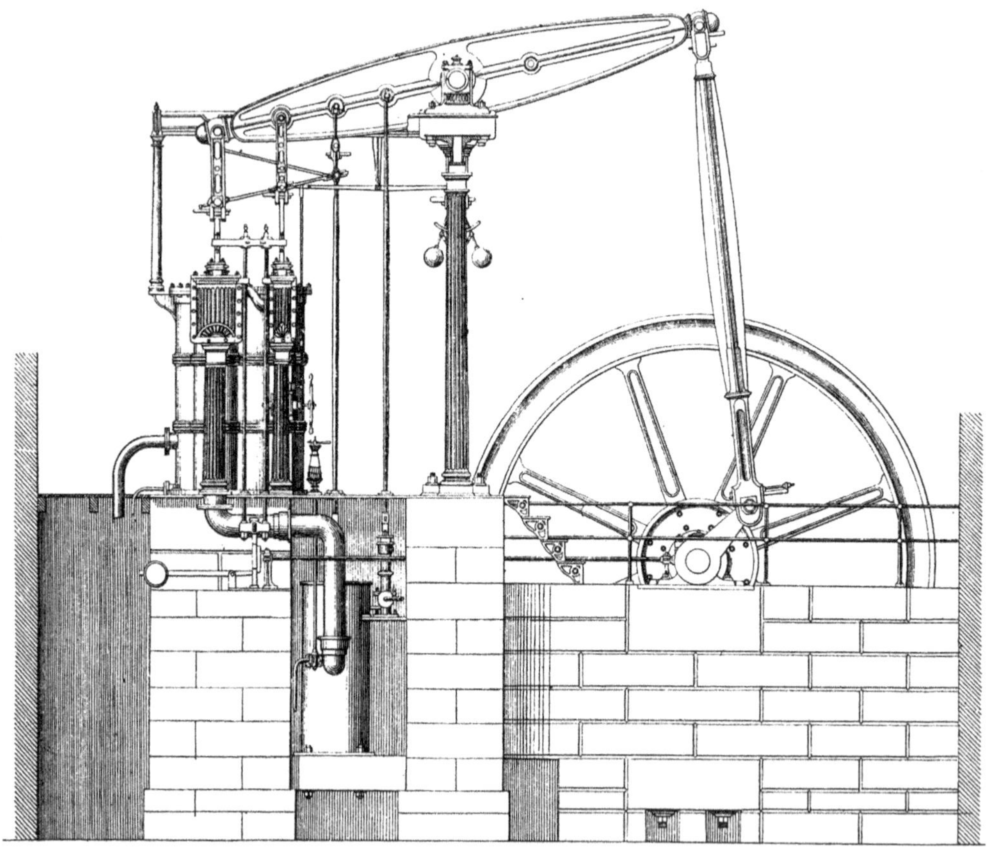

Fig. 139. — Machine de Woolf a balancier, avec détente Correy, construite par Powell en 1867, à cylindres de 380 mm sur $1^{m}218$ et 760 mm sur 1^{m},680 (rapport des volumes 1 à 5,45). La définition de la machine de Woolf ne s'applique pas en toute rigueur à cet appareil, puisque chaque cylindre possède un distributeur séparé ; mais le conduit entre les deux distributeurs est assez court pour que la marche soit à peu près celle de la véritable machine de Woolf.

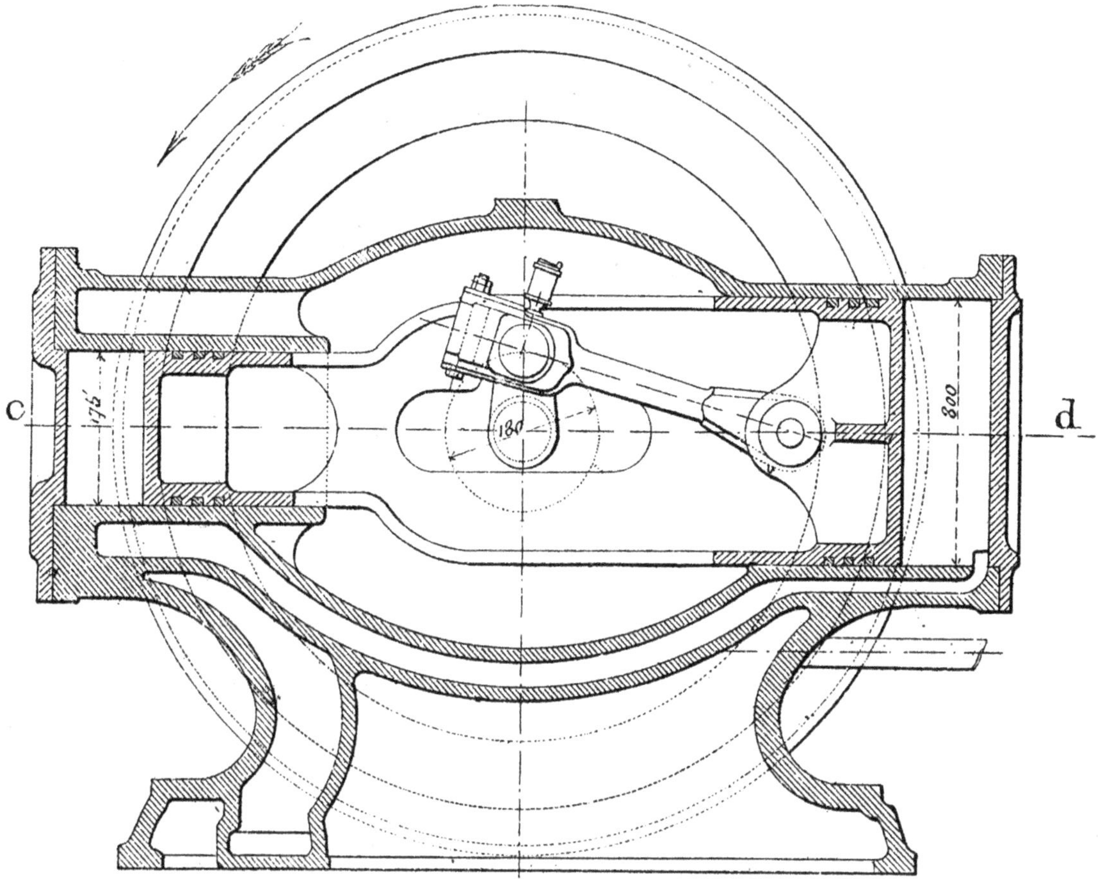

Fig. 140. — Machine de Woolf avec cylindres en tandem, à simple effet, construite par Maillet vers 1888 (d'après le Portefeuille des machines): Rapport des volumes des cylindres, environ 1 à 3.

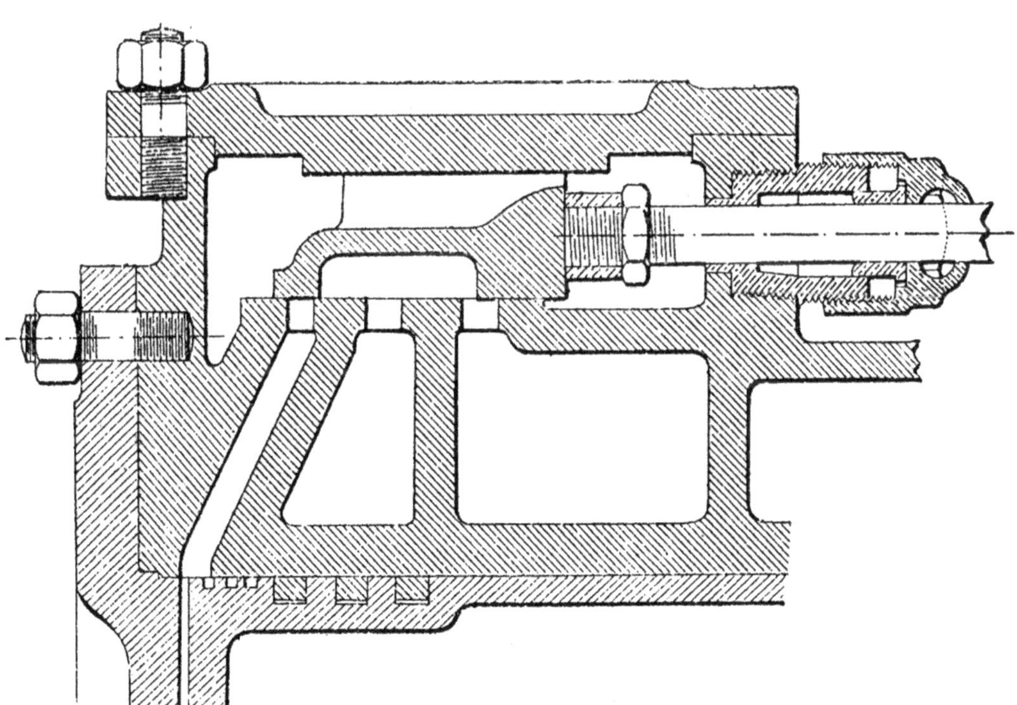

Fig. 141. — Machine de Woolf avec cylindres en tandem, construite par Maillet : distribution de vapeur.

Dans le type ancien, très répandu comme moteur de fabriques, les deux cylindres verticaux attaquent le même balancier, et les pistons ont des courses différentes (fig. 138 et 139). Dans des constructions plus récentes, les deux pistons sont attelés sur deux manivelles d'un même arbre calées à 180° : cette disposition réduit beaucoup les espaces libres formés par les passages de vapeur d'un cylindre à l'autre. On place aussi les deux cylindres en tandem (fig. 140 et 141), avec appareil unique de distribution, et même concentriquement.

Pour construire le diagramme théorique du travail de la vapeur, on représente en AB (fig. 142) le volume de vapeur à la pression initiale p_1 qui pénètre dans le premier cylindre et qui s'y détend jusqu'au volume H, suivant la courbe BI. Pendant le retour du piston, les deux cylindres sont en communication ; la vapeur continue à se détendre, en passant du volume H au volume V du second cylindre,

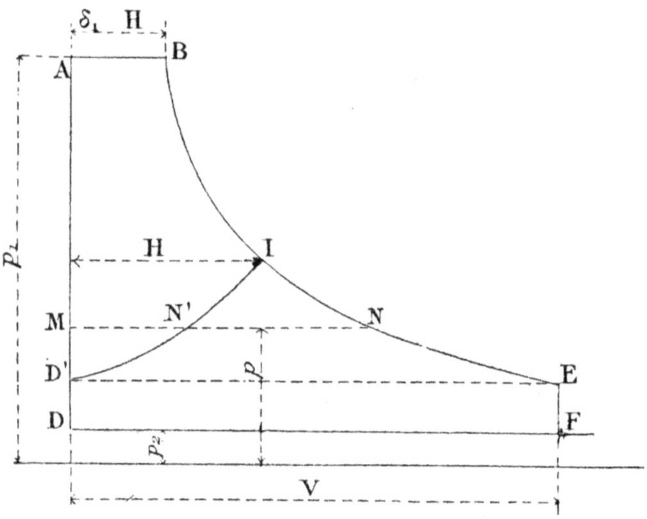

Fig. 142. — Diagramme théorique de la machine de Woolf.

suivant la courbe IE. Enfin la vapeur s'échappe dans le condenseur à la pression p_2, pendant le retour du piston du second cylindre (droite FD). La détente est supposée incomplète. Le travail total est représenté par l'aire ABEFD ; pour connaître la fraction de ce travail fournie par chaque cylindre, on construit la courbe ID' qui représente la contre-pression sur le petit piston pendant son retour, contre-pression égale à chaque instant à la pression motrice sur le grand piston. Cette courbe ID' se déduit aisément de la courbe IE : pour une pression p quelconque, MN représentant le volume total occupé par la vapeur, MN` est le volume contenu dans le petit cylindre, N'N le volume dans le grand. Le travail du petit cylindre est représenté par l'aire ABID', celui du grand par IEFDD' ; cette répartition est bien différente de celle que donne la machine compound.

Les diagrammes relevés à l'indicateur sur les machines de Woolf, pour les courses simples correspondantes des deux pistons, se présentent comme sur la figure 143 : AB montre l'admission de vapeur, à la pression pi, dans le petit cylindre ; BI, la détente jusqu'au volume H de ce cylindre ; IL, une chute de pression à l'échappement de ce cylindre; L'K' et LK, la détente dans le grand cylindre, et la contre-pression décroissante sur le petit piston pendant sa course de retour ; KA, la compression dans le petit cylindre à la fin de cette course de retour. Le grand cylindre donne le diagramme L'K'EFJP (L'K', détente de la vapeur pendant la communication des deux cylindres ; K'E, fin de la détente, dans le grand cylindre seul ; EFJ échappement et JP compression). Ce second diagramme est relevé sur un cylindre de volume V ; pour le comparer au premier, il faut en multiplier la surface par le rapport V/H. Un autre exemple de ces diagrammes est donné figure 157.

La machine de Woolf a, sur la machine monocylindrique, une partie des avantages de la compound, mais paraît inférieure en principe à cette dernière. Les écarts de la température de la vapeur dans chaque cylindre sont pour le premier t_1 et t'_2 pour le

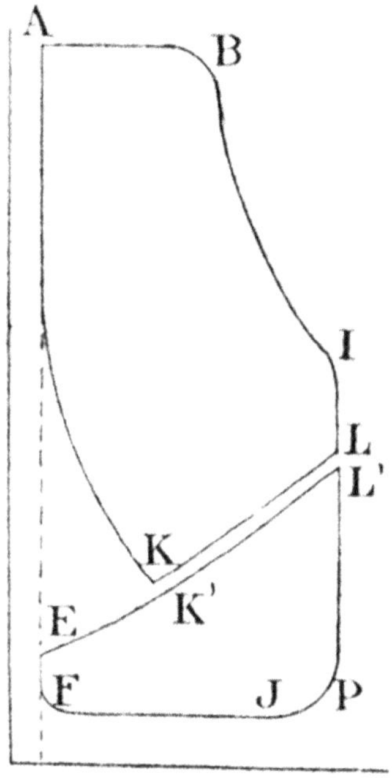

Fig. 143. — Diagrammes relevés sur une machine de Woolf.

second t'_1 et t_2, t'_1 étant plus élevé que t'_2. Au lieu de s'arrêter à une limite commune, comme dans une compound à grand réservoir, les températures extrêmes dans les deux cylindres chevauchent. Lorsque le réservoir de la compound est petit, il se produit de même des fluctuations assez fortes de la pression lors de l'échappement du petit cylindre et de l'admission dans le grand.

Certains types de cette machine et notamment le type primitif de Woolf ont de grands espaces libres, dont la compression peut en partie compenser l'action, mais moins facilement que dans la compound, car la pression finale à l'échappement du petit cylindre est plus faible et la pression initiale d'admission dans le grand cylindre plus forte.

44. Machines à triple et à quadruple expansion.

La théorie des machines à triple expansion est analogue à celle des machines compound : un cylindre à haute pression reçoit la vapeur de la chaudière, à la pression pi et la laisse échapper dans un premier réservoir, où règne la pression p'_1 ; ce réservoir alimente un cylindre intermédiaire, dont l'échappement se fait dans un second réservoir, sous la pression p''_1 ; la vapeur traverse ensuite le cylindre à basse pression, qui communique enfin avec le condenseur. Par suite des laminages inévitables, la pression de la vapeur admise dans chaque cylindre est un peu moindre qu'à l'échappement du cylindre précédent. Le diagramme théorique (fig. 144) est découpé en trois tranches par deux parallèles à l'axe OV, au lieu d'être partagé en deux parties seulement comme dans la compound.

Plus encore que dans la compound, à égalité des pressions extrêmes, on réduit les écarts extrêmes de température dans chaque cylindre, l'influence des espaces libres et on facilite la compression complète de la vapeur dans ces espaces ; toutefois cette division du diagramme en trois parties n'est guère pratique que lorsque les écarts des pressions extrêmes p_1 et p_2 sont assez grands, par suite de l'accroissement de la pression p_1. En fait, l'écart des températures extrêmes dans les deux derniers cylindres, à moyenne et à basse pression, des machines à triple expansion qu'on construit aujourd'hui est à peu près le même que dans les cylindres des compounds construites il y a dix ou quinze ans. Les valeurs de la pression initiale pi sont fréquemment comprises entre 10 et 12 kg par cm² et dépassent même ce dernier chiffre.

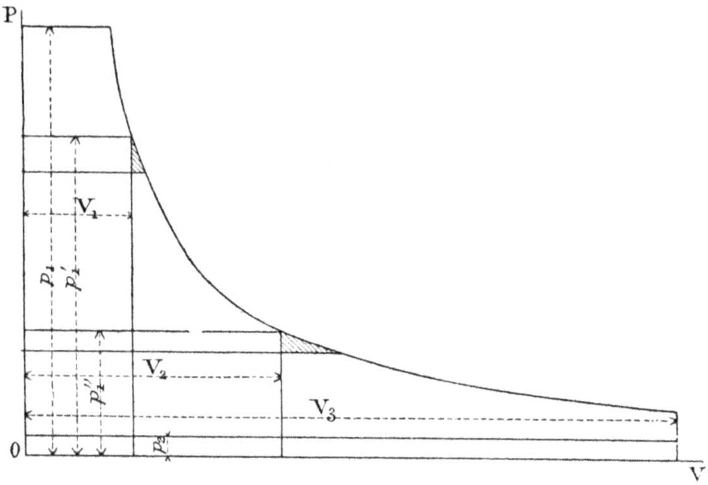

Fig. 144. — Diagramme théorique de la machine à triple expansion.

On a transformé des machines compound en machines à triple expansion, en portant la pression initiale de la vapeur de la valeur p_1 à la valeur P_1 et en ajoutant un cylindre qui reçoit la vapeur sous cette pression majorée P_1 et la laisse échapper dans un réservoir où règne la pression p_1 ; ce réservoir alimente le cylindre à haute pression de la compound, devenu cylindre à moyenne pression.

Dans les machines entièrement neuves, on cherche souvent à donner aux trois cylindres des proportions telles que chacun produise le tiers du travail total, quand chaque cylindre commande une manivelle d'un arbre unique, les trois manivelles étant calées à 120° (fig. 34 à 36, p. 37).

Pour n'avoir que deux manivelles calées à 90°, ce qui simplifie la construction de l'arbre et lui donne une longueur moindre, on adopte diverses combinaisons : on place en tandem deux des cylindres (fig. 145) ; souvent on divise un des cylindres en deux, ce qui en donne quatre au total, formant deux groupes en tandem : il paraît alors logique de couper en deux le plus grand des trois cylindres, ce qui produit la combinaison des figures 146 et 147 ; quelquefois on divise le cylindre

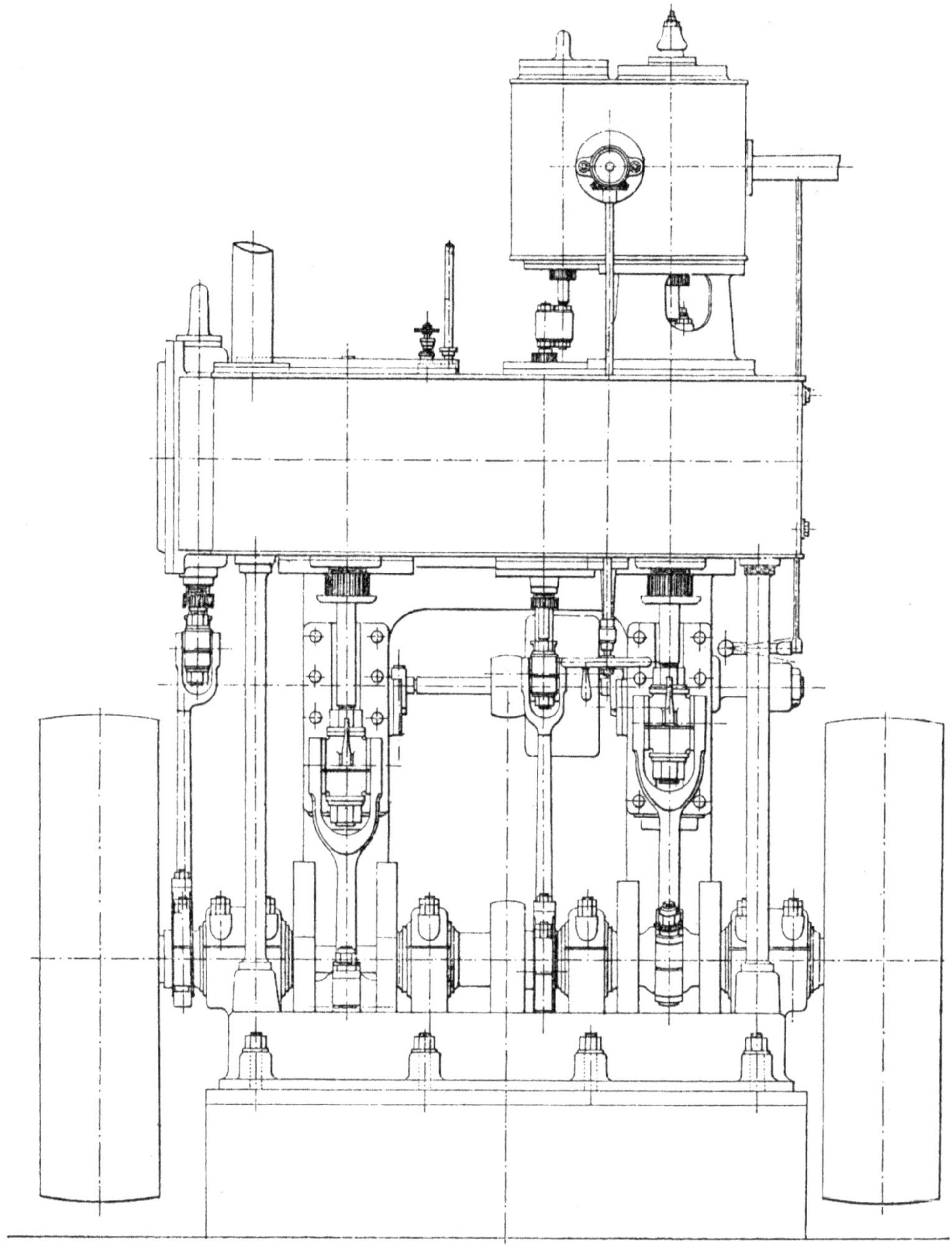

Fig. 145. — Machine pilon à triple expansion, avec deux cylindres en tandem, construite en 1893 par la Societé des établissements Weyher et Richemond.

à haute pression. De très grands appareils ont trois manivelles et cinq cylindres, par exemple deux demi-cylindres à haute pression, un cylindre à moyenne pression et deux demi-cylindres à basse pression (fig. 148). D'autres combinaisons sont possibles. Ces arrangements sont faits pour répartir aussi également que possible le travail sur les manivelles ; en outre, dans les machines pilon en tandem de grande dimension, on ne place à la partie supérieure de la machine que des cylindres de petit diamètre. Toutefois en principe il est fâcheux de diviser un cylindre, à moins que les dimensions n'en soient pratiquement irréalisables. Les rapports des volumes de cylindres, adoptés pour les machines à triple expansion, sont assez variables. Dans des appareils construits depuis quelques années pour la marine nationale française, on trouve des rapports compris entre 1 — 2, 4 — 5, 8 et 1 — 2 — 4,9. Haack et C. Busley indiquent, pour moyennes de 35 machines de bateaux construites de

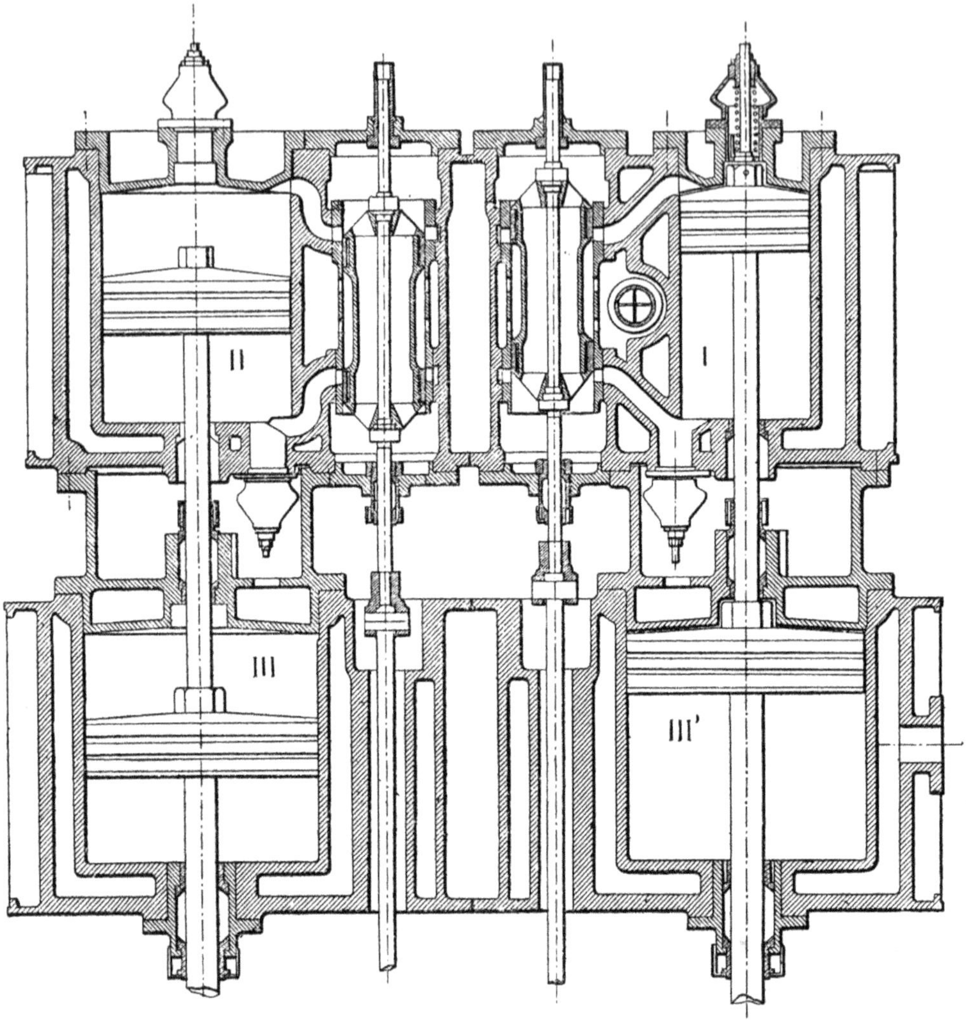

Fig. 146. — Machine pilon à triple expansion, à quatre cylindres, construite par Weyher et Richemond ; coupe longitudinale.

1886 à 1891, les valeurs 1— 2,602 — 6,769, avec le minimum 1—2,539—6,388 et le maximum 1— 2,814 —7,168 ; et, pour moyenne des moteurs de 4 paquebots à grande vitesse, construits vers 1890, 1 —2,601 —6,426.

Le volume des réservoirs des machines à triple expansion se détermine par une méthode analogue à celle indiquée pour la compound. On les fait en le refroidissement extérieur. Aussi constate-t-on souvent des fluctuations de la pression dans les réservoirs pendant un tour de la machine, fluctuations qui n'ont pas grand inconvénient quand elles ne sont pas excessives.

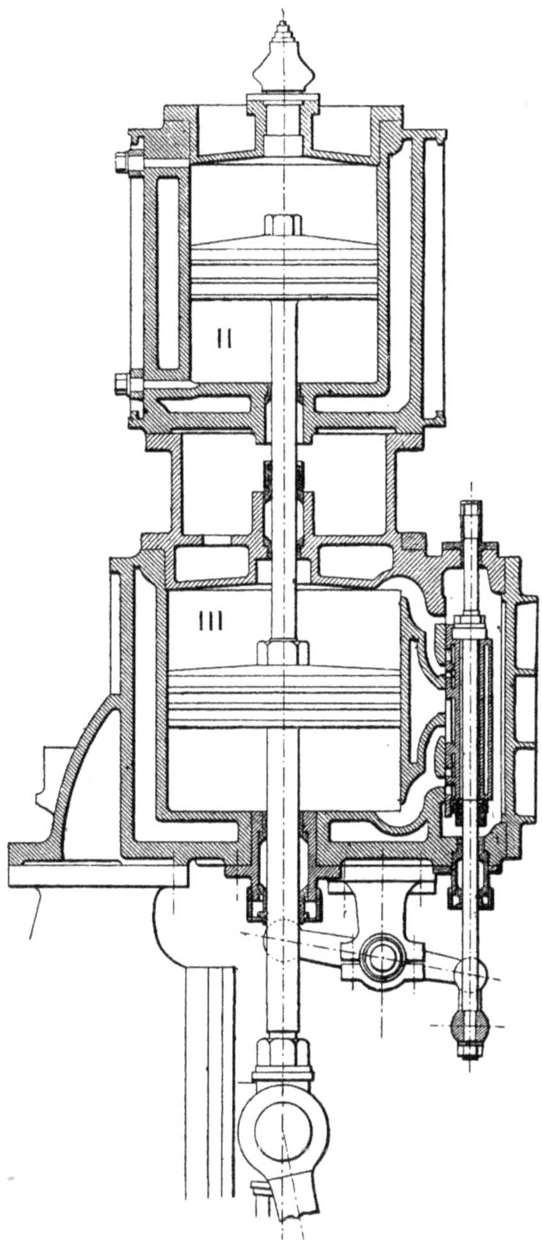

Fig. 147. — Machine à triple expansion et à quatre cylindres, construite par Weyher et Richemond ; coupe transversale.

L'usage des machines à triple expansion est général pour toutes les constructions récentes de la marine, comme était celui de la compound il y a 15 ou 20 ans. On commence à les employer comme machines fixes. On peut pousser encore plus loin la division du diagramme théorique, en employant quatre cylindres successifs et trois réservoirs intermédiaires.

C'est ce qu'on fait parfois aujourd'hui pour des machines marines et fixes avec une pression initiale élevée.

La quadruple détente se prête bien à l'emploi de deux groupes en tandem, avec deux manivelles à angle droit (fig. 119).

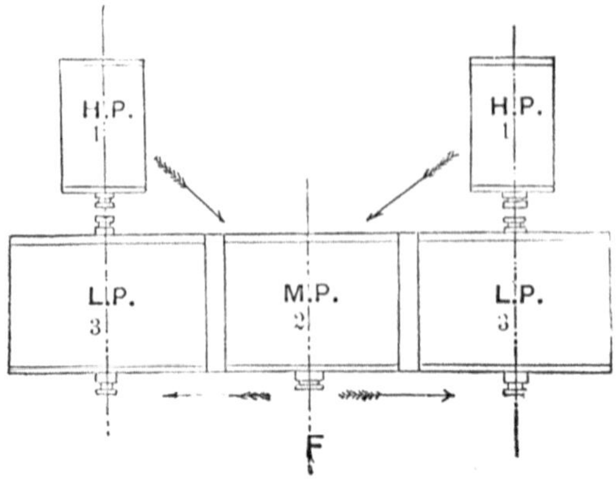

Fig. 148. — Machine à triple expansion à cinq cylindres et à trois manivelles, d'après Thurston.

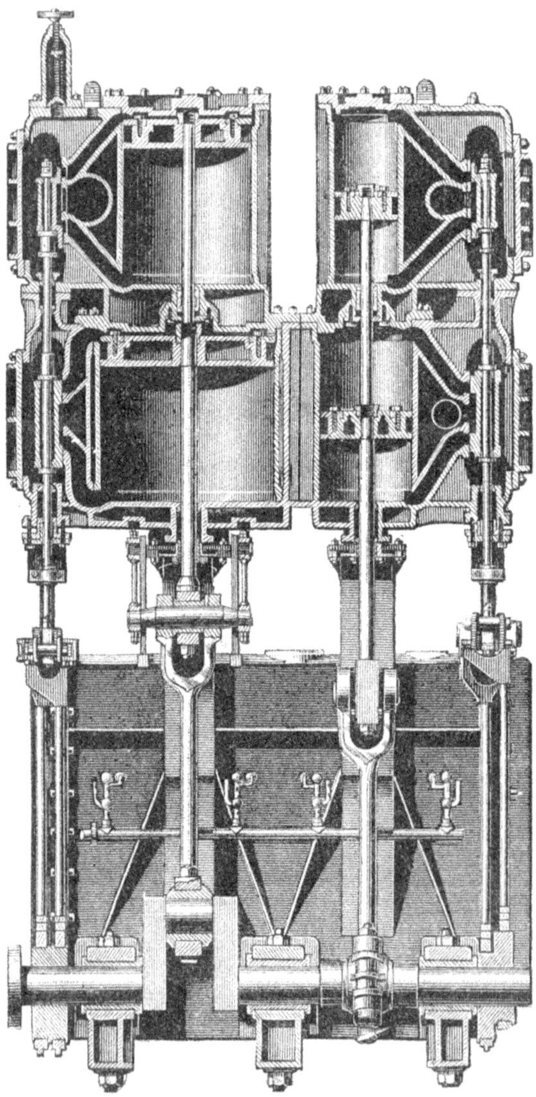

Fig. 149. — Machine à quadruple expansion, à deux manivelles (d'après Thurston).

45. Diagrammes totalisés.

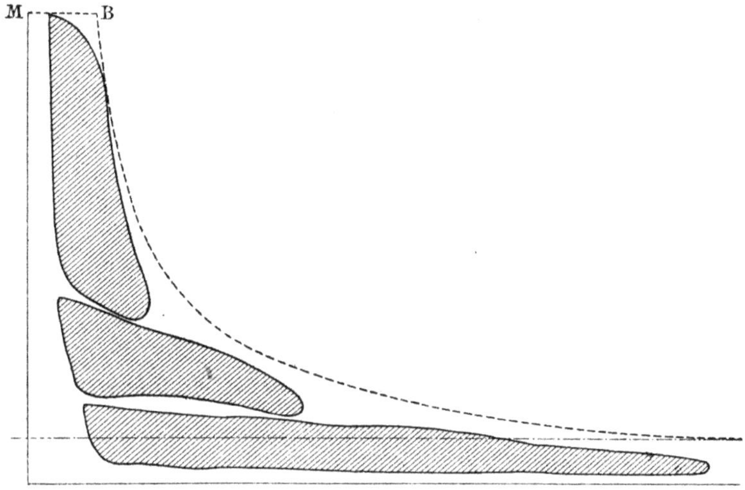

Fig. 150. — Diagrammes totalisés d'une machine à triple expansion.

L'indicateur ne trace pas à la même échelle les diagrammes du travail de la vapeur dans tous les cylindres des machines à détentes successives : les divers diagrammes ont habituellement une commune longueur, bien qu'ils se rapportent à des cylindres de volumes différents ; en outre, on choisit des ressorts plus ou moins flexibles, d'après les écarts de pression qu'ils ont à mesurer dans chaque cylindre, de sorte que les ordonnées des diagrammes ne figurent pas toutes la pression de même.

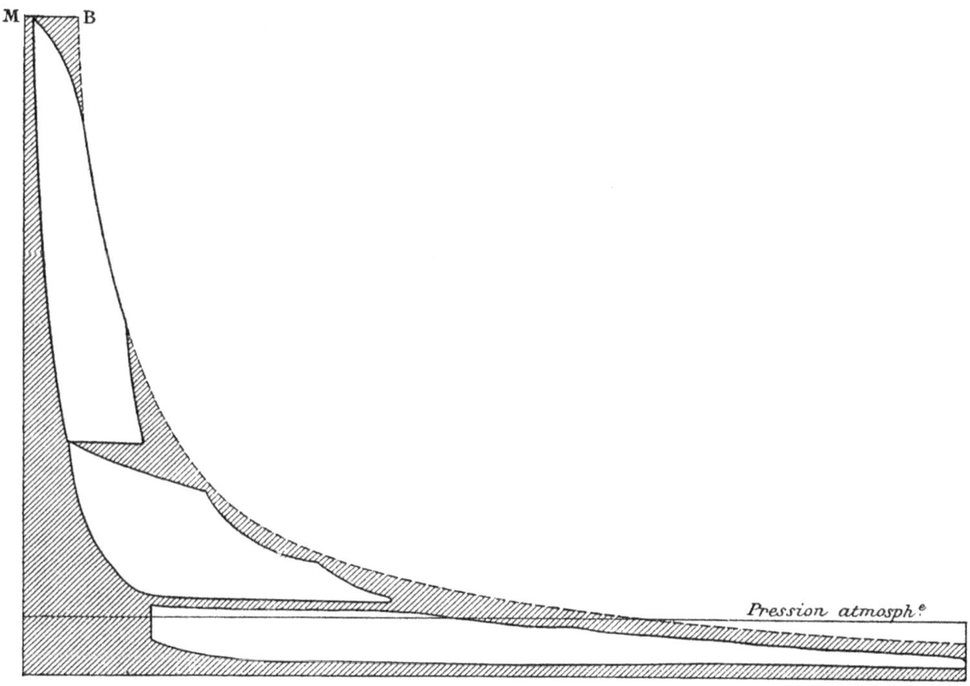

Fig. 151. — Diagrammes totalisés de la machine à triple expansion de la *Normannia*, d'après C. Busley.

Pour comparer directement ces diagrammes, on les transforme, en ramenant toutes les ordonnées à une échelle unique, et en modifiant les abscisses de manière à les rendre proportionnelles aux volumes des cylindres. On groupe alors ces diagrammes par rapport à deux axes de coordonnées, de manière à figurer pour chacun, par une abscisse, l'espace libre correspondant (fig. 150 et 151). Ce groupement est quelque

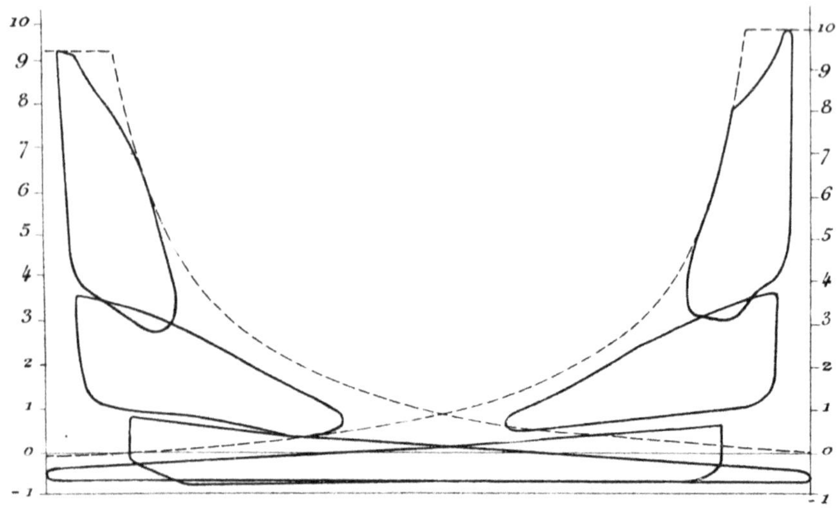

Fig. 152. — Diagrammes totalisés d'une machine à triple expansion, d'après C. Busley (pressions effectives en kilogrammes par centimètre carré.)

peu arbitraire dans les machines à double effet, car chaque cylindre fournit deux diagrammes, et, généralement, les courses des divers pistons ne commencent pas en même temps ; d'ailleurs, les deux diagrammes de chaque cylindre sont rarement identiques, à cause des irrégularités de la distribution et des fluctuations de la pression dans les réservoirs. Souvent on réunit sur une même figure les deux groupes de diagrammes (fig. 152).

Sur ce diagramme totalisé, on trace parfois une hyperbole équilatère, à partir d'un point B correspondant à la pression de la chaudière (fig. 150, 151, 152), hyperbole qu'on fait coïncider le mieux possible avec la courbe de détente dans le premier cylindre : on admet alors que cette hyperbole représente une certaine loi théorique de la détente du volume initial de vapeur MB, et on rapporte à cette loi la détente effective dans les divers cylindres. Cette comparaison est purement empirique, et

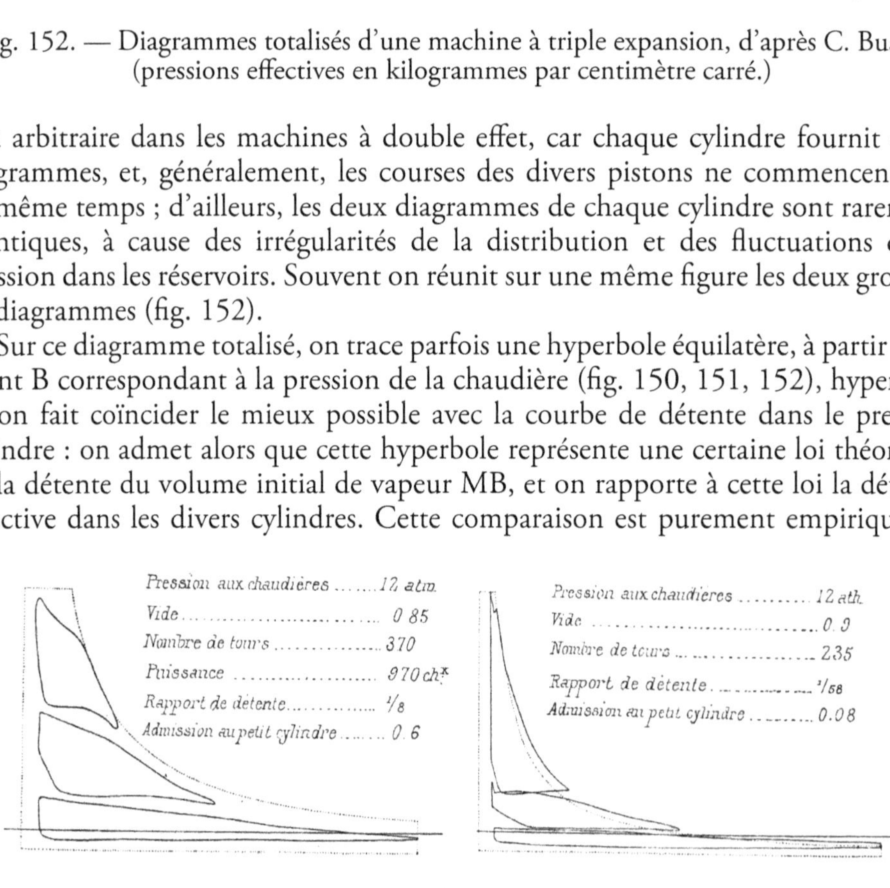

Fig. 153. – Diagrammes totalisés de machines de torpilleurs, d'après M. Demoulin, dans le *Portefeuille des machines.*

rien ne prouve que les diagrammes qui restent en dedans de cette hyperbole et s'en éloignent le plus correspondent aux machines les moins économiques : pour apprécier la machine il faut, en effet, non seulement connaître le travail produit, mais encore la dépense correspondante de vapeur : or à un même volume admis MB peuvent correspondre des poids variables suivant l'importance des condensations.

En outre, l'hyperbole s'applique au volume total de vapeur MB qui remplit le premier cylindre ; une fraction de cette quantité de vapeur est comprimée dans l'espace libre et doit être considérée comme séparée de celle qui travaille effectivement dans le moteur.

Les figures 150, à 155 donnent quelques exemples de diagrammes totalisés sur diverses machines, compound, à triple et à quadruple expansion.

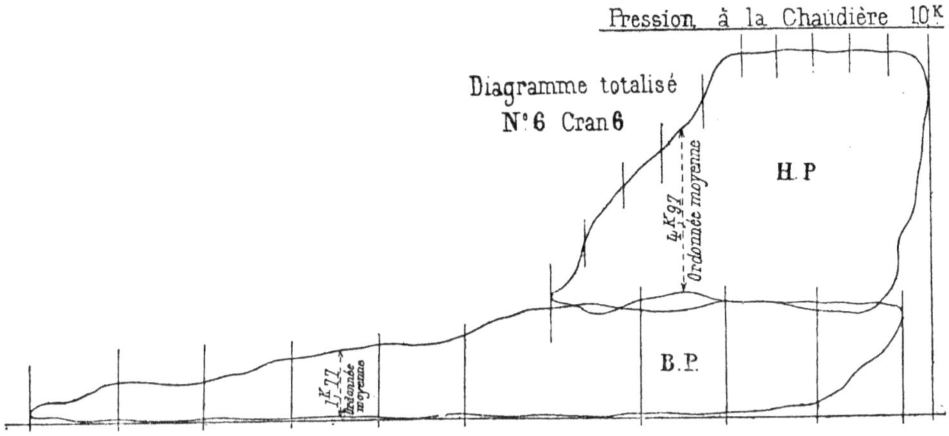

Fig. 154. — Diagrammes totalisés relevés sur une locomotive compound, d'après M. Fettu.

Sur la figure 153, qui représente deux groupes de diagrammes pour des admissions initiales très différentes, on voit les diagrammes correspondant à une très faible admission déborder hors de la surface limitée par l'hyperbole équilatère :

Fig. 155. — Diagrammes totalisés d'une machine à quadruple expansion.

cette circonstance indique une vaporisation active pendant la détente, conséquence d'une forte condensation à l'admission qui exagère certainement beaucoup la consommation de vapeur.

Des tracés analogues s'appliquent aux machines compound (fig. 154), et à quadruple expansion (fig. 155).

Au lieu de changer les abscisses des diagrammes, on peut les placer de manière à montrer la coïncidence des échappements et des admissions qui affectent le réservoir

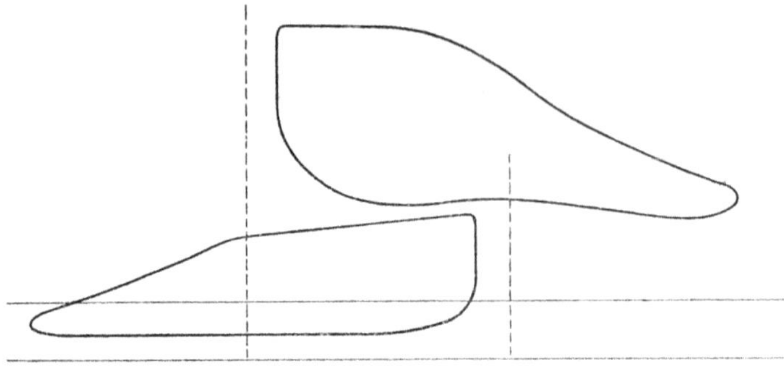

Fig. 156. — Diagrammes de machine compound, placés d'après la méthode de Hoeder.

intermédiaire (fig. 156), d'après la méthode indiquée par Hoeder. C'est de la sorte qu'on place habituellement les diagrammes des machines de Woolf (fig. 157) ; si on veut en rendre les surfaces comparables, en amplifiant les abscisses du diagramme

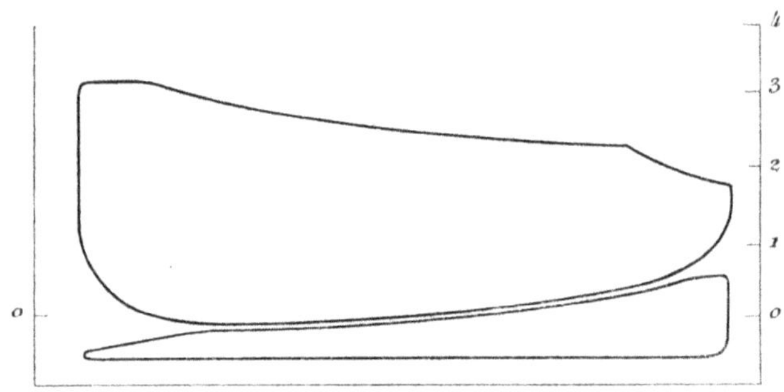

Fig. 157. — Diagrammes d'une machine de Woolf.

relevé sur le grand cylindre, comme pour une machine compound, on obtient le tracé de la figure 158. On peut aussi amplifier les abscisses à partir de la ligne KL déplacée de manière à figurer l'espace libre par l'abscisse du point L (fig. 159).

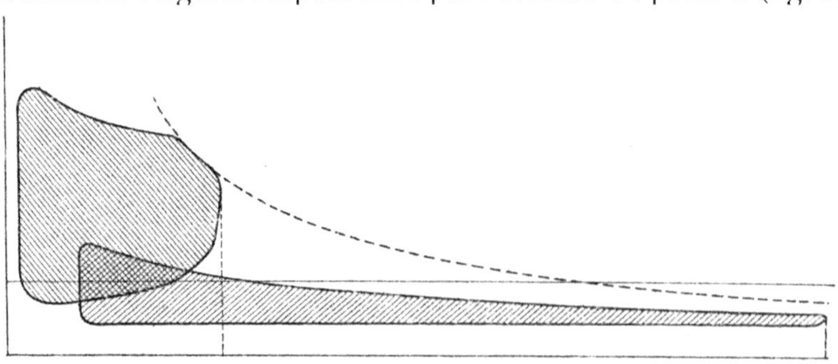

Fig. 158. — Diagrammes de machine de Woolf totalisés.

Ces transformations détruisent l'aspect compact des diagrammes de la figure 157, aspect qui peut faire croire à une très bonne utilisation de la vapeur dans la machine de Woolf.

Une déformation analogue, suivant des règles assez mal définies d'ailleurs, a été quelquefois employée pour mettre en évidence, sur les diagrammes totalisés des machines à plusieurs expansions, le début de l'admission dans chaque cylindre. Les

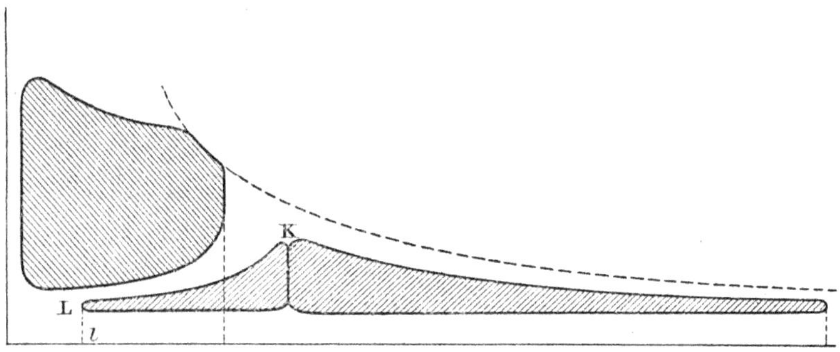

Fig. 159. — Diagrammes de machine de Woolf totalisés, seconde manière.

tracés de la figure 160 se rapportent à une machine dont les deux premiers cylindres sont montés en tandem, de sorte que l'admission dans le second cylindre commence avec l'échappement du premier; le troisième cylindre commande une manivelle calée à angle droit sur la première ; l'admission y commence donc vers le milieu de l'échappement du second cylindre.

Les diagrammes entropiques donnent une autre comparaison très claire du travail fourni par chacun des cylindres d'une machine à expansions multiples. La surface de chaque diagramme représente la chaleur transformée en travail, c'est-à-dire le travail

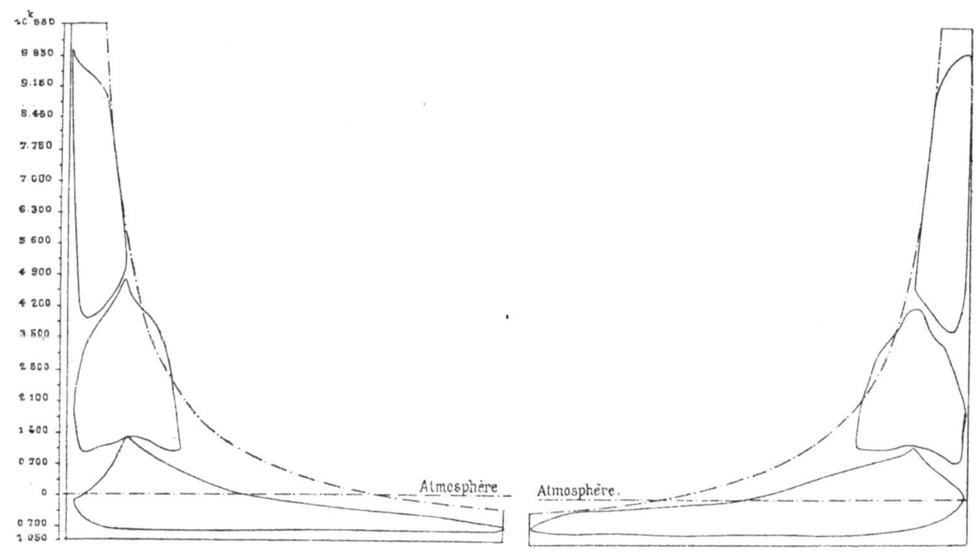

Fig. 160. – Diagrammes totalisés du steamer Isle of Dursey, d'après M. Demoulin dans le *Portefeuille des machines*.

même. En les rapprochant de la quantité de chaleur fournie par la vapeur qui sort de la chaudière, on voit quel est le rendement de la machine.

On trace les diagrammes entropiques d'après les diagrammes d'indicateur. Sur la figure 161, empruntée à un travail de M. H. Riall Sankey, le point B, qui correspond au début de la détente dans le premier cylindre, est placé sur le diagramme entropique d'après la proportion d'eau que contient à ce moment la vapeur. Cette proportion se déduit de l'étude expérimentale de la machine. Les lignes ponctuées correspondent à l'entropie de volumes égaux de fluide. Comme on l'a déjà fait remarquer, c'est seulement pour la détente que le diagramme figure l'entropie de la vapeur dans

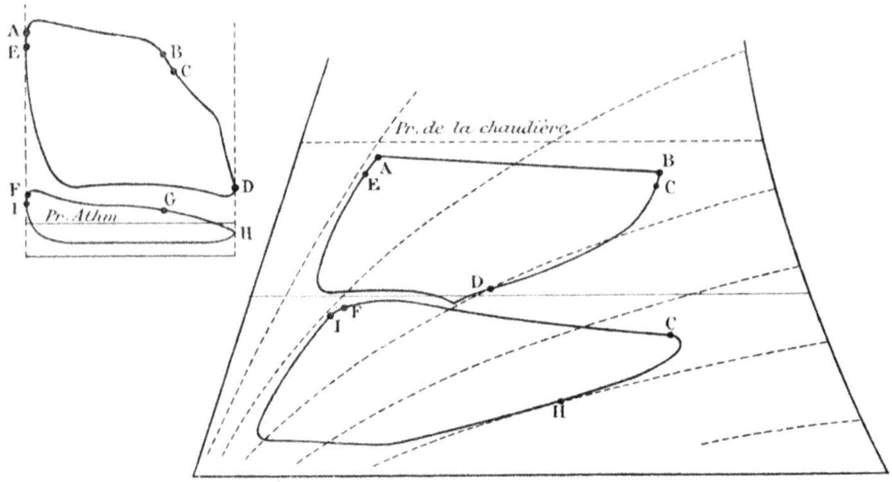

Fig. 161. — Diagrammes d'indicateur et diagrammes entropiques d'une machine compound, d'après M. H. Riall Sankey. (*Proceedings, mechanicai engineers.*)

le cylindre ; le reste du diagramme ne montre que des quantités de chaleur. On construit de même le diagramme pour le second cylindre, en partant du point G au début de la détente.

On remarquera, sur la figure 161, combien l'entropie diminue pendant les deux détentes : c'est le signe de condensations importantes.

46. Analyse résumée du fonctionnement des moteurs.

Une série de causes diverses, examinées dans les paragraphes qui précèdent, réduisent le travail fourni par la vapeur, ou augmentent la consommation nécessaire pour produire un nombre déterminé de kilogrammètres. Ces causes se combinent entre elles d'une manière souvent compliquée : aussi ne doit-on pas chercher à réduire chacune des actions défavorables, sans s'occuper des autres. Par exemple, une détente trop longue augmente beaucoup les condensations sur les parois. Dans l'état actuel de la physique, qui ne donne pas avec exactitude plusieurs des coefficients nécessaires, il paraît difficile de déterminer, par des considérations purement théoriques, les dispositions qui diminuent autant que possible la perte totale. Mais la combinaison des théories incomplètes et d'un grand nombre d'observations et d'expériences conduit à des règles utiles en pratique. Il ne faut pas oublier, d'ailleurs, que souvent bien des considérations passent avant celle de l'économie de vapeur, telles que la commodité de la manoeuvre, la simplicité de la machine, la modicité du prix d'installation.

Un tableau du § 31 (p. 98) indique quelle quantité de vapeur exigerait la production du cheval-heure, suivant le cycle théorique, avec diverses pressions initiales et finales. Le rendement du cycle théorique s'accroît à mesure que la pression s'élève. En pratique, l'élévation de la pression augmente en même temps les pertes dues au refroidissement extérieur, à la condensation intérieure, à l'espace libre et aux fuites. Dans les machines monocylindriques à condensation, ces causes paraissent limiter aux environs de 7 à 8 kg par cm^2 la pression de marche la plus avantageuse. Lorsqu'on ne peut faire usage de la condensation, la compression permet de compenser en partie l'action des espaces libres, et les pressions atteignent 11 à 12 kg par cm^2. C'est surtout pour les locomotives qu'on emploie ces pressions élevées, afin d'obtenir des efforts considérables à l'aide de petits cylindres, plutôt que pour économiser la vapeur.

L'emploi des cylindres successifs permet d'élever la pression jusqu'à 12 à 13 kg par cm^2 avec la triple expansion, et au-delà avec la quadruple expansion. C'est la fatigue des chaudières et des tuyauteries qui impose des limites pratiques à cette élévation des pressions.

Quelle est la meilleure valeur de la pression inférieure ? Quand elle est possible, la condensation offre un avantage important sur l'échappement dans l'atmosphère, bien que le rapport du rendement réel au rendement du cycle théorique soit moindre pour la machine à condensation que pour la machine à échappement dans l'atmosphère. Mais l'abaissement de la température au-dessous de 40° (centigrades) n'augmente guère l'économie : cela tient aux très faibles valeurs de la tension de la vapeur d'eau aux basses températures. La question est étudiée au § 50.

Dans toutes les machines à condensation, la détente est forcément incomplète : au-delà d'un certain rapport de détente, les pertes par condensation intérieure, et par refroidissement extérieur, deviennent si importantes que la consommation de la vapeur augmente. La valeur finale la plus convenable de la pression, à la fin de la détente, n'est d'ailleurs pas la même pour toutes les machines : il semble que les multiples expansions permettent l'abaissement de cette valeur finale. Pour les machines monocylindriques, l'expérience paraît indiquer, comme meilleur rapport de détente, la valeur 5 à 6 : cela conduit à une détente à peu près complète pour les machines à moyenne pression échappant dans l'atmosphère.

Le meilleur rapport du volume final de la vapeur au volume initial qui pénètre dans le premier cylindre est estimé à 8 ou 10 pour les machines compound et à 12 ou 15 pour les machines à triple expansion.

On peut d'ailleurs s'écarter quelque peu de ces valeurs, sans modifier beaucoup la dépense de vapeur par cheval. Quand une machine doit être compacte, on adopte un rapport un peu moindre ; un rapport plus grand, au contraire, convient si l'on prévoit qu'une augmentation de la puissance primitivement demandée sera nécessaire.

En principe, il est avantageux, pour économiser la vapeur, d'en éviter le laminage : mais on l'accepte souvent, à cause de la commodité de certains mécanismes de distribution, et de la difficulté de donner aux sections de passage une valeur suffisante, surtout dans les machines rapides.

L'espace libre n'est pas non plus avantageux en théorie, puisque tout ce qu'on peut faire est d'en atténuer l'influence nuisible par la compression, qui n'est pas toujours possible.

Toutefois, la commodité de certaines distributions fait accepter de grands espaces libres de même que le laminage; et même, lorsque de telles distributions donnent de fortes compressions, on est quelquefois conduit non à réduire au minimum, mais à agrandir les espaces libres : cet agrandissement est fréquent dans les locomotives compound.

La condensation dans le cylindre, pendant l'admission, est la cause qui augmente le plus la consommation : la vapeur abandonne ainsi une quantité importante de chaleur, perdue plus tard par l'échappement, ou, pour une fraction seulement, mal utilisée pendant la détente. L'enveloppe de vapeur atténue la perte due à cette cause. L'action de l'enveloppe, comme celle des parois non chauffées du reste, s'atténue quand la dimension des machines augmente : pour deux cylindres géométriquement semblables, les surfaces sont proportionnelles au carré du rapport de similitude, tandis que le volume varie comme la troisième puissance de ce rapport. Si l'on tient compte, en outre, du refroidissement extérieur, que l'enveloppe augmente, de l'accroissement de poids et de prix qu'elle entraîne, on conçoit qu'on ait trouvé avantage à la supprimer dans de grands appareils à expansions multiples.

L'influence des parois diminue quand la vitesse augmente. Par contre, les laminages augmentent avec la vitesse ; l'entretien est plus dispendieux, les avaries sont plus fréquentes pour les machines rapides ; on s'explique ainsi que les moteurs à grande vitesse soient assez peu répandus, malgré leurs avantages évidents.

La surchauffe de la vapeur en réduit la consommation. Elle permet de supprimer sans inconvénient l'enveloppe ; elle est applicable avec avantage aux plus grandes machines.

En résumé, pour économiser la vapeur, il convient de réduire autant que possible l'espace libre, la surface des parois, le laminage : les meilleures machines, à ce point de vue, satisfont aux conditions suivantes : le nombre des cylindres est aussi réduit que possible, à un, deux, trois ou quatre suivant que l'appareil est monocylindrique, compound, à triple ou à quadruple expansion ; la course du piston est longue par rapport au diamètre du cylindre ; les fonds et les pistons sont plats ; la distribution se fait par des obturateurs à fermeture rapide placés vers les fonds. Ces conditions sont réalisées dans les types Corliss et analogues. Aussi ces types sont ceux qui, monocylindriques, compound, à triple expansion, donnent les moindres dépenses de vapeur. D'importantes raisons empêchent souvent l'emploi de ces appareils ; pour les machines marines notamment, les distributions par tiroirs, avec grands espaces libres et laminages, sont à peu près exclusivement employées, et la proportion du diamètre à la course est moins bonne. L'emploi des expansions multiples compense en partie cette infériorité. On peut admettre qu'une bonne machine compound à tiroir, travaillant dans les meilleures conditions, fera la même dépense de vapeur qu'une Corliss monocylindrique, qui reçoit la vapeur à une pression moindre. De même, on peut comparer la Corliss compound et la machine à triple expansion à tiroirs.

Quelques exemples de consommations compléteront ces aperçus généraux.

Essais de diverses machines (Extrait d'un tableau publié par M. Sinigaglia).

- I et II. Machine à balancier, sans enveloppe, étudiée par Hirn.
- III. Machine à balancier, avec enveloppe, construite par Simpson et Co, à cylindre de 686 mm sur 1^{m},829, expérimentée par Mair ; la détente y est insuffisante, ce qui explique la forte consommation malgré l'enveloppe.
- IV. Machine de Woolf à balancier, étudiée par Hallauer, à cylindres de 550 mm sur 1^{m}200 et 1^{m},200 sur 2 m.

- V. Machine de Woolf à balancier, construite par Simpson et Co, expérimentée par Mair, à cylindres de 559 mm sur 1^m,397 et 940 mm sur 1^m,981, avec enveloppes.
- VI. Machine compound à balancier, construite par Simpson et Co, expérimentée par Mair, à cylindres de 533 mm et 914 mm sur 1^m,676, avec enveloppes.

Toutes ces machines marchaient avec condensation.

	Machines monocylindriques			Woolf		Compound
	Vapeur saturée sans enveloppe	Vapeur surchauffée	Vapeur saturée avec enveloppe	Vapeur saturée avec enveloppe		Vapeur saturée avec enveloppe
	I	II	III	IV	V	VI
Pression absolue dans la chaudière, en kg par cm²	4,97	4,97	4,17	5,17	5,48	5,34
Degré d'admission approximatif	1 : 7	1 : 7	1 : 3	»	1 : 4	1 : 4,7
Degré total de détente pour les machines à deux cylindres	»	»	»	7,5	16,5	13,6
Nombre de tours par minute	30,41	29,28	20	25,2	28,3	23,98
Puissance indiquée en chevaux	107,8	113,1	121,6	267,9	135,1	129,7
Consommation de vapeur par cheval indiqué et par heure, en kg	8,91	7,13	9,59	8,94	7,10	6,77

Essai d'une machine compound demi-fixe, construite par Weyher et Richemond (Rapport de MM. Walther Meunier et G. Keller, à la Société industrielle de Mulhouse, en 1883).

Cette machine a des cylindres de 284 mm et 480 mm sur 480 mm ; elle faisait en moyenne 88,5 tours par minute.

Durée des essais en minutes	Pression de la vapeur au début de l'admission (d'après les diagrammes)	Admission en centièmes de course	Nombre de tours par minute	Puissance en chevaux		Consommation de vapeur en kilogrammes			Poids d'eau condensée dans l'enveloppe		Observations
				indiquée	effective	pendant l'essai kg	par cheval indiqué et par heure	par cheval effectif et par heure	pendant l'essai kg	par kilogr. de vapeur consommée	
Pression effective moyenne à la chaudière 7^{kg},75											
80	6,90	0,110	60,8	145,0	122,6	1.973	10,20	12,07	50	0,025	
60	7,30	0,130	62,0	180,0	154,7	1.779	9,90	11,50	60	0,034	
36	7,24	0,160	62,0	197,0	173,3	1.187	10,00	11,36	37	0,031	
30	7,28	0,200	62,7	240,0	214,5	1.154	9,62	10,74	28	0,020	
Pression effective moyenne à la chaudière 5^{kg},50											
70	5,41	0,165	61,1	139,0	118,8	1.715	10,58	12,37	29	0,017	Vitesse un peu variable.
50	5,33	0,235	61,6	182,5	163,2	1.484	9,75	10,88	18	0,012	
30	5,48	0,300	60,5	207,0	188,5	1.017	9,82	10,80	13	0,013	

Fonctionnant à condensation et avec enveloppes où circulait la vapeur avant L'admission, elle a donné, dans une série d'essais, une puissance indiquée moyenne

Essais effectués au Creusot sur une machine Corliss à cylindre de 550mm sur 1m,100.

MARCHE A CONDENSATION, AVEC ENVELOPPE DE VAPEUR

Durée des essais en minutes	Pression de la vapeur au début de l'admission (d'après les diagrammes)	Admissions en centièmes de course	(1) Vide au condenseur (en centimètres de mercure)	Nombre de tours par minute	PUISSANCE en chevaux		CONSOMMATION de vapeur en kilogrammes			POIDS D'EAU condensée dans l'enveloppe	
					indiquée	effective	pendant l'essai	par cheval indiqué et par heure	par cheval effectif et par heure	pendant l'essai kg.	par kilogr. de vapeur consommée
Pression effective moyenne à la chaudière 7kg,75											
73	7,31	0,055	69,5	58,8	143,4	112,7	1.330	7,63	9,72	Pas mesurés	»
55	7,20	0,067	69,0	61,5	161,7	128,5	1.103	7,45	9,37		»
80	7,30	0,067	69,5	59,9	157,0	124,8	1.541	7,38	9,27	45	0,029
39	7,40	0,125	68,0	58,1	215,0	177,4	1.100	7,87	9,53	35	0,032
Pression effective moyenne à la chaudière 6kg,25											
94	5,98	0,050	69,5	59,6	114,0	85,6	1.412	7,90	10,53	43	0,030
102	5,86	0.055	70,0	59,6	125,5	95,5	1.657	7,75	10,22	52	0,031
40	5,91	0,115	69,0	59,4	178,6	143,9	897	7,55	9,38	11	0,012
40	5,91	0,140	68,5	60,0	195,7	160,4	1.021	7,83	9,56	15	0,015

MARCHE SANS CONDENSATION, SANS ENVELOPPE DE VAPEUR

DURÉE des essais en minutes	PRESSION au début de l'admission (d'après les diagrammes)	ADMISSIONS en centièmes de course	NOMBRE de tours par minute	PUISSANCE en chevaux-vapeur		CONSOMMATION de vapeur en kilogrammes			OBSERVATIONS
				indiquée	effective	pendant l'essai	par cheval indiqué et par heure	par cheval effectif et par heure	
Pression effective moyenne à la chaudière 7kg,75									
78	6,77	0,130	61,7	149,5	127,0	2.466	12,7	14,94	Vitesse un peu variable.
55	7,04	0,170	61,4	184,0	161,9	2.024	12,0	13,63	
25	7,17	0,200	63,6	220,0	196,7	1.059	11,55	12,91	
Pression effective moyenne à la chaudière 5kg,50									
66	5,18	0,155	62,0	123,0	104,6	1.670	12,34	14,53	Consommation un peu trop forte, des fuites s'étant produites à la chaudière.
60	5,41	0,180	60,9	137,8	119,9	1.645	11,95	13,73	
60	5,39	0,245	60,0	180,4	161,3	1.987	11,00	12,29	
30	5,45	0,320	60,6	212,0	193,0	1.148	10,82	11,90	

(1) Le « vide au condenseur » exprime la différence entre la pression atmosphérique (qui n'est pas donnée dans les tableaux d'expériences) et la pression dans le condenseur. De même les pressions effectives devraient être majorées de cette pression atmosphérique inconnue.

de 79,1 chevaux et une puissance effective de 68,5 chevaux (soit 86 p. 100 environ de la puissance indiquée). La dépense de vapeur, produite à la pression de 6^{kg},5 environ par cm^2, était de 7^{kg},6 par heure et par cheval indiqué, et de 8^{kg},8 par cheval effectif.

Essai d'une machine compound Armington et Sims, à grande vitesse (Congrès en 1890 des associations de propriétaires d'appareils à vapeur).

Les cylindres ont 240 et 360 mm sur 255 mm. Le nombre de tours par minute est 300 environ. La puissance effective, de 76 chevaux, était les 9 dixièmes de la puissance indiquée, dans un essai avec condensation et enveloppe de vapeur, où l'on a dépensé 10^{kg},68 de vapeur par cheval-heure effectif (dont 0^{kg},42 dans l'enveloppe). Un autre essai avec condensation et sans envoi de vapeur dans l'enveloppe, a dépensé 11^{kg},31 par cheval-heure effectif. On a enfin trouvé une dépense de 12^{kg},70 sans condensation et avec enveloppe (0^{kg},60 dans l'enveloppe), et de 13^{kg},1 sans condensation et sans enveloppe. La pression effective dans la chaudière était de 7 à 8 kg par cm^2. L'influence de l'enveloppe n'est pas très importante, ce qui s'explique par la grande vitesse de l'appareil.

Essais d'une machine à triple expansion, à Augsbourg, par Schröter (d'après la Zeitschrift des Vereines deutscher Ingenieure, 1890).

Dans cette machine, à distribution par soupapes, les cylindres à haute et à moyenne pression sont montés en tandem, le cylindre à basse pression commande une manivelle séparée. Les dimensions des cylindres sont 282 mm, 451 mm et 701 mm sur 1 m.

NUMÉRO DE L'ESSAI	1	2	3	4	5
Eau condensée dans la tuyauterie d'amenée (en fraction p. 100 du total)	2,4	2,9	2,7	3,1	4,3
Pression effective en kg par cm^2 — chaudière	10,5	10,6	10,5	10,6	10,2
Pression effective en kg par cm^2 — machine	10,2	10,3	10,4	10,6	10,1
Nombre de tours par minute	environ 70				
Admission moyenne au premier cylindre	0,26	0,25	0,26	0,31	0,30
Puissance indiquée en chevaux — cylindre à haute pression	58,3	58,7	58,6	64,2	60,4
— moyenne —	41,5	41,8	43,5	49,3	47,5
— basse —	98	100,3	98,7	111,5	107,7
totale	197,8	200,8	200,8	225	216,6
Eau par cheval-heure indiqué (non compris la purge de la tuyauterie d'amenée) kg	5,63			5,74	
Quantité d'eau condensée recueillie par heure en kg — enveloppe du cylindre à haute pression	31	31	31	29	29
enveloppe du cylindre à moyenne pression et premier réservoir	67	70	69	69	80
enveloppe du cylindre à basse pression et second réservoir	81	117	113	120	117
totale	179	218	213	218	226
Quantité totale d'eau condensée recueillie en fraction p. 100 de la quantité totale admise dans la machine	16,1	20	18,3	17	18,1

Les trois cylindres et les deux réservoirs intermédiaires sont munis d'enveloppes ; celle du cylindre à haute pression est alimentée directement par la vapeur d'admission ; les autres reçoivent une dérivation spéciale de la vapeur de la chaudière.

Machine pilon à triple expansion, à Milwaukee, construite par la Cie Allis.

Cette machine, qui commande des pompes, a trois cylindres de 712 —1,220 et 1,880 mm sur 1,523 mm, chacun avec distribution par quatre obturateurs, munis de déclics pour l'admission ; le nombre de tours par minute est de 20,5 ; la pression de la vapeur (absolue) est de 9,5 kg par cm^2. L'espace libre est de 1,4 p. 100 au premier cylindre, 1,5 au second, et 0,77 au dernier.

Les cylindres ont des enveloppes et les deux réservoirs intermédiaires sont réchauffés par un faisceau de tubes. La puissance indiquée était d'environ 177 chevaux (de 75 kgm) dans le premier cylindre, 172 dans le second et 231 dans le troisième. La dépense de vapeur, dans les essais rapportés par R. H. Thurston, a été de 5^{kg},30 par cheval indiqué et par heure.

Essais d'un moteur à vapeur surchauffée, du système Schmidt, par M. Schröter
(d'après la *Zeitschrift des Vereines deutscher Ingenieure*, 1895).

Le moteur Schmidt, soumis aux essais, a deux cylindres compound en tandem, à simple effet ; la vapeur, fortement surchauffée, agit d'abord sur un piston de 310 mm, puis sur un piston annulaire dont les diamètres sont 690 et 310 mm. La course est de 500 mm. Le réservoir intermédiaire communique constamment avec la partie inférieure du grand cylindre. Le moteur fonctionnait avec condensation.

Deux essais ont donné les chiffres suivants :

Date de l'essai	28 juillet 1894	30 juillet 1894
Durée de l'essai	6 h. 6. min.	7 h. 44 min.
Nombre de tours par minute, moyenne	116,3	117,3
Puissance indiquée en chevaux	72,4	76,4
Id. effective id.	62,6	63,1
Pression de la vapeur à l'admission (effective, en kg par cm²)	11,0	11,2
Température de la vapeur à l'admission	318°	344°
Consommation d'eau par heure et par cheval effectif, kg	5,63	5,51
Id. de houille id. kg	0,71	0,70

Les essais qui viennent d'être rapportés ont été exécutés par des observateurs différents, et dans des conditions souvent peu comparables. La différence des méthodes, des instruments d'observation et de la durée des essais peut aussi causer des divergences importantes.

Pour les grandes machines, on ne détermine guère que le travail indiqué et non le travail effectif.

En marche courante, la machine est souvent moins bien réglée que pendant les essais, et le fonctionnement est suivi de moins près : aussi la consommation dépasse habituellement celle qu'on a observée aux essais, qui est considérée comme un minimum, dont on s'approche, sans l'atteindre.

47. Marche à puissance variable.

Souvent la puissance, demandée à une machine, varie entre des limites éloignées. Si la vitesse change en même temps que la puissance, de telle sorte que le travail par coup de piston soit à peu près constant, les conditions du travail de la vapeur ne se modifient guère le laminage augmente seulement avec la vitesse, tandis que les condensations intérieures se réduisent un peu. Mais si la vitesse de marche reste à peu près constante, il est nécessaire de modifier le travail développé à chaque tour. Cette modification s'obtient en faisant varier la période d'admission ou la pression initiale de la vapeur.

Les machines monocylindriques paraissent donner la moindre dépense de vapeur avec une pression (absolue) de 7 à 8 kg par cm^2 et une détente poussée jusqu'à cinq fois environ le volume primitif. Si l'on dispose de vapeur à une pression plus élevée, que donnent facilement certains types de chaudière, il est donc logique de réduire cette pression à l'aide d'un détendeur.

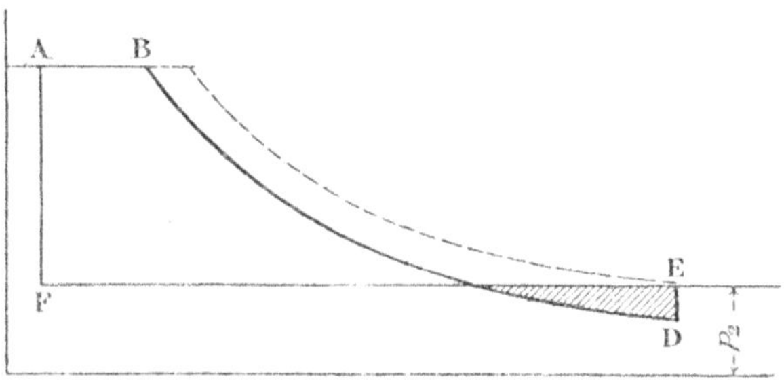

Fig. 162. — Diagramme de machine sans condensation, ABDEF, avec détente BD poussée au-dessous de la pression atmosphérique, *pa*, et travail résistant.

Puis on fait varier le travail en modifiant l'admission, de part et d'autre de l'admission normale. Mais pour une augmentation considérable du travail, il serait préférable de relever la pression plutôt que de trop réduire la détente, pourvu que les organes de la machine puissent supporter facilement l'excès de fatigue que donne l'élévation de la pression.

Quand on doit au contraire beaucoup diminuer le travail, il est préférable, en principe, de réduire la pression initiale plutôt que d'augmenter par trop la détente ;

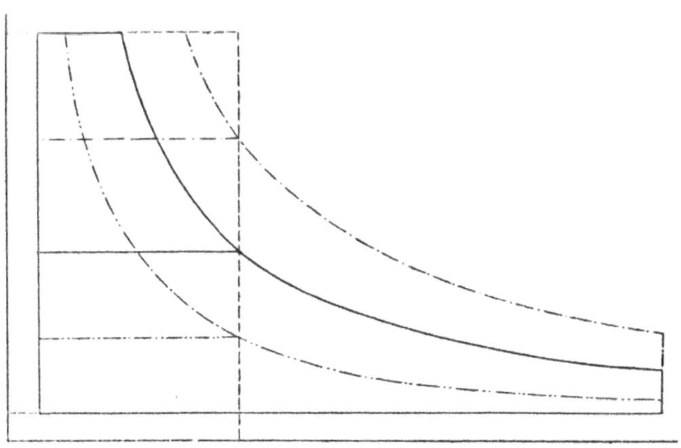

Fig. 163. — Diagrammes de machine compound avec travail variable.

l'excès de dépense, dû à l'espace libre et aux parois, conservant à peu près la même valeur absolue tant que la pression ne varie pas, prend une importance exagérée quand le travail demandé est faible.

Dans les machines sans condensation, il convient, en outre, que la détente n'abaisse pas la pression au-dessous de celle de l'atmosphère, pour éviter en fin de course un travail résistant, figuré par une boucle sur le diagramme d'indicateur (fig. 162).

Les machines compound se prêtent à une bonne utilisation de la vapeur malgré une variation étendue de la détente. Avec les diagrammes de la figure 163 que donnent les distributions Corliss, cette variation s'obtient aisément en modifiant le degré d'admission au petit cylindre, tandis qu'elle reste constante dans le grand. Toutefois, pour éviter une trop grande différence entre les travaux fournis par les deux cylindres, il peut être avantageux d'augmenter aussi l'admission au grand cylindre quand elle est très longue au petit cylindre.

On peut aussi faire varier le travail de la compound en modifiant la pression initiale de la vapeur, sans toucher à la distribution. À considérer seulement l'économie de

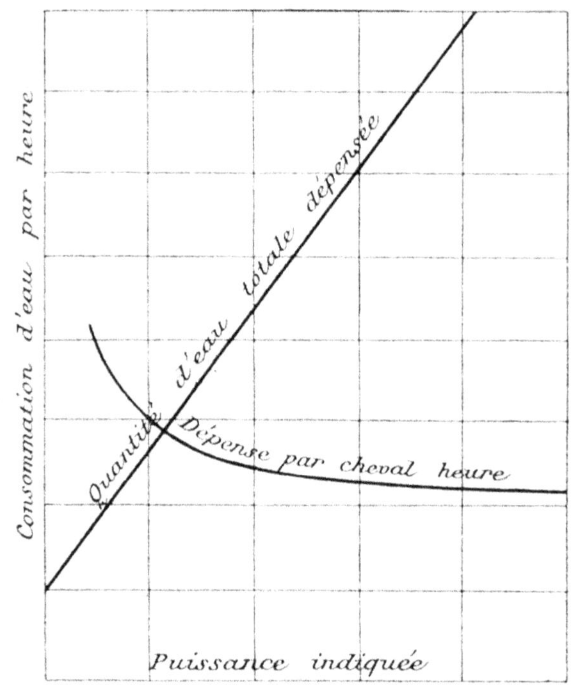

Fig. 164. — Loi de Willans : consommations d'eau avec pression et puissance variables, la vitesse et le degré d'admission restant les mêmes (400 tours par minute ; détente jusque 3,45 volumes).

vapeur, cette méthode paraît en général moins avantageuse, car la compound utilise bien une pression élevée avec une forte détente.

La machine à triple expansion peut développer de même des puissances très différentes, quand l'introduction au premier cylindre varie. Souvent la difficulté n'est pas alors de bien utiliser la vapeur, mais, pour certaines machines, de répartir convenablement la puissance motrice entre les divers cylindres, quand leurs pistons agissent sur des manivelles séparées.

En étudiant la marche de ses machines à simple effet (voir § 84), le constructeur anglais Willans a constaté que le poids de la vapeur dépensée variait en proportion de l'accroissement de la puissance indiquée, quand cet accroissement était obtenu par une augmentation de la pression de la vapeur, le degré de détente et la vitesse de rotation restant les mêmes. La « *loi de Milans* » peut s'énoncer comme il suit : quand on fait varier la pression de la vapeur qui alimente une machine, dont la distribution et la vitesse restent invariables, la dépense totale de vapeur en une heure est égale à une quantité constante, augmentée du produit de la puissance en chevaux par un coefficient constant. Les deux quantités constantes ont des valeurs différentes pour chaque machine et pour chaque degré de détente.

Graphiquement, si l'on porte en ordonnées les dépenses de vapeur et en abscisses les puissances indiquées, on trace une ligne droite, comme on le voit sur la figure 161, extraite du mémoire de Willans, qui donne un grand nombre de tracés analogues, pour diverses marches des machines.

48. Calcul des dimensions des cylindres

La puissance fournie par un même cylindre peut varier beaucoup ; elle dépend de la pression de la vapeur qu'il reçoit, de la contre-pression à l'échappement, du degré de détente, et, plus généralement, des diverses circonstances de la distribution ; elle change avec la vitesse de rotation de la machine. Pour déterminer les dimensions qu'on donnera à un cylindre auquel on demande une certaine puissance, on doit fixer au préalable ces diverses conditions de marche. Il faut alors prévoir le diagramme du travail de la vapeur. Une fois ce diagramme tracé, on en mesure l'ordonnée moyenne, ou la pression moyenne qui pousse constamment le piston : on en déduit le volume qu'il doit engendrer pour donner le travail demandé à chaque tour.

Cette méthode détermine seulement le produit de la surface du piston par la course, et on peut choisir arbitrairement, ou plutôt d'après d'autres considérations, l'une de ces dimensions. À égalité de volume engendré par le piston, deux cylindres sont équivalents, qu'ils aient un grand diamètre avec une faible course, ou un petit diamètre avec une longue course, sous réserve des différences secondaires dans le travail qui résultent de la variation des espaces libres et de l'action des parois.

En réalité, c'est un travail effectif qu'on demande à la machine, tandis que l'on déduit du diagramme le travail indiqué ; le travail indiqué surpasse le travail effectif dans une proportion calculée d'après les analogies connues.

Le tracé approximatif du diagramme n'est pas bien difficile, en tenant compte dans chaque cas des détails de la distribution et des laminages, à l'admission et à l'échappement, qui résultent de la section des passages et de la vitesse de la machine.

La formule de Poncelet et Morin peut suffire pour une évaluation sommaire : elle suppose d'abord un diagramme tel que ABDEF (fig. 165), sans laminage et avec une courbe de détente, BD, en hyperbole équilatère.

Si δ est la fraction de la course, O*b*/O*d* qui correspond à l'admission, p_1 et p_2 étant les pressions extrêmes de la vapeur, l'ordonnée moyenne de ce diagramme est donnée par la formule $p_1^{\delta}\ (1-\log^{\delta})-p_2$ où log$^{\delta}$ désigne le logarithme naturel de δ, ou le logarithme vulgaire multiplié par 2,3026.

Le diagramme réel aura moindre surface ; si les tracés relevés sur certaines machines Corliss s'approchent de ce diagramme fictif ABDEF, ils s'en écartent beaucoup dans les machines rapides à tiroir. On applique chaque fois un coefficient de réduction convenable : pour un avant-projet, on adopte souvent la valeur assez forte 0,7.

Une nouvelle réduction est nécessaire pour passer du travail indiqué au travail effectif.

Le tableau qui suit donne le produit $\delta(1 - \log^{\delta})$ pour diverses valeurs de δ ou du degré d'admission ; en multipliant les nombres du tableau par la pression initiale, on obtient l'ordonnée moyenne pendant la course motrice, d'où il faut retrancher l'ordonnée moyenne pendant le retour, égale à la pression d'échappement p_2

Valeurs de δ	Valeurs correspondantes de $\delta(1 - \mathcal{L}\delta)$
1	1
0,9	0,995
0,8	0,979
0,7	0,950
0,6	0,908
0,5	0,847
0,4	0,767
0,35	0,717
0,30	0,663
0,25	0,597
0,20	0,522
0,18	0,489
0,15	0,435
0,14	0,415
0,13	0,396
0,1	0,303

On retient aisément quelques valeurs approximatives : pour δ = 0,25, c'est-à-dire pour une admission pendant le quart de la course, la pression motrice moyenne est les 6 dixièmes de la pression initiale : pour δ = 0,20 (admission au cinquième), la pression moyenne est la moitié de la pression initiale; pour δ = 0,13 et δ = 0,1, les valeurs sont 0,4 et 0,3.

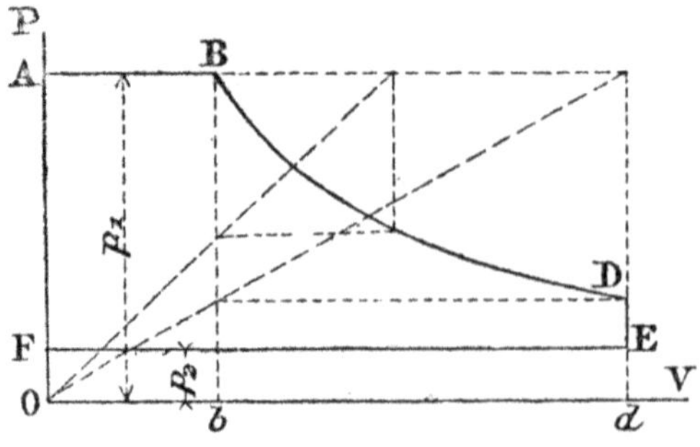

Fig. 165. — Diagramme de la formule de Poncelet et Morin.

Par exemple, on veut développer 100 chevaux, avec une admission au cinquième et des pressions extrêmes de 6 et 0,2 kg par cm², dans le cylindre unique d'un moteur à double effet, faisant 80 tours par minute.

En admettant que la surface réelle du diagramme soit les 7 dixièmes du diagramme hypothétique de Poncelet et Morin, et que le travail effectif soit les 85 centièmes du travail indiqué, un coup simple de piston doit produire [(75 x100 x 60) / (2 x 80)] ou environ 2800 kgm effectifs, c'est-à-dire 2800/0,85 ou 3300 kgm indiqués ; le diagramme de Poncelet doit correspondre à 3300/0,7 ou à 4700 kgm. Or l'ordonnée moyenne de ce diagramme est de 6 x 0,5 - 0,2 ou 2,8 kgm par cm². La surface du piston, en centimètres carrés, multipliée par la course, en mètres, est donc égale à 4700/2,8 ou 1680. Avec une course de 800 mm, le diamètre sera de 515 mm.

Parfois la puissance en chevaux P est donnée par la formule équivalente :

$$P = \varphi \frac{S w p_1 \delta}{75} \left[1 \quad \mathcal{L} \frac{1}{\delta} - \frac{p_2}{p_1 \delta} \right]$$

où φ est un coefficient de réduction, S la surface, et *w* la vitesse moyenne du piston.

Le tracé des diagrammes prévus détermine de même les cylindres des machines compound et à plusieurs expansions.

Pour une estimation rapide, on trace, d'après la règle de Poncelet et Morin, le diagramme ABDEF (fig. 166 et 167) qui produirait dans un cylindre unique tout le travail demandé : de ce diagramme on déduit le volume du cylindre à basse pression. Puis on découpe ce diagramme en deux parties, ABC'E', E'C'DEF (fig. 166 pour une compound, en trois parties, ABC'E', E"C"DEF (fig. 167), pour une machine à triple expansion : on donne à ces diverses bandes des surfaces égales ou offrant un rapport déterminé ; ainsi dans une machine à triple expansion, on peut désirer que l'un des cylindres développe autant de puissance que les deux autres réunis, ou bien que les trois cylindres soient équivalents.

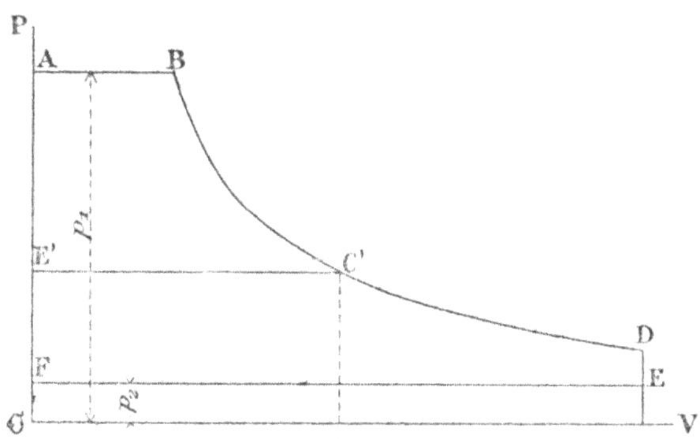

Fig. 166. — Diagramme pour le calcul des cylindres d'une compound.

Les longueurs E'C', E"C", FE, sont proportionnelles aux volumes des divers cylindres.

Le diagramme totalisé étant plus découpé que le diagramme unique d'une machine monocylindrique, le coefficient de réduction (φ) doit être choisi plus petit pour les machines à expansions multiples.

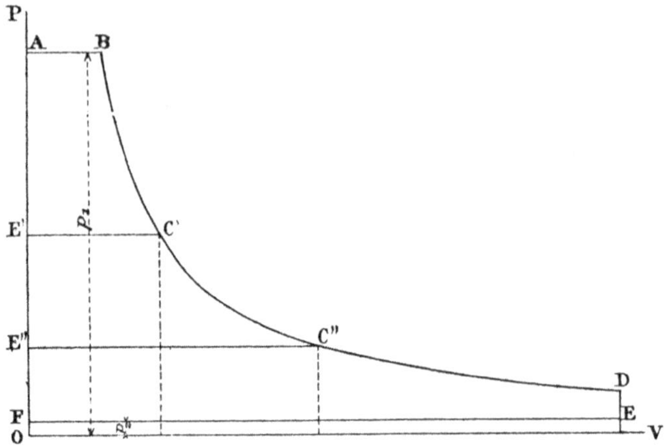

Fig. 167. — Diagramme pour une machine à triple expansion.

Cette méthode rapide, mais peu précise, doit être complétée par l'étude détaillée des diagrammes prévus, faite en tenant compte des variations de pression dans les réservoirs intermédiaires.

49. Turbines à vapeur.

Il y a bien des années qu'on a essayé de faire tourner, au moyen de jets de vapeur, des roues à réaction ou des turbines : mais les anciens appareils de ce genre ne donnaient qu'un travail insignifiant pour une forte dépense de vapeur. Ce problème, récemment repris et logiquement étudié, a été plus heureusement résolu on a construit des machines capables de recueillir efficacement l'énergie disponible dans un jet de vapeur, s'écoulant d'une chaudière dans un condenseur ou dans l'atmosphère.

Ces appareils présentent de grandes analogies avec les turbines hydrauliques : le courant liquide y est remplacé par un courant de vapeur très rapide. Dans la turbine hydraulique, l'eau est guidée par les aubes fixes d'un distributeur et pénètre sur les aubes d'une couronne mobile ; les vitesses doivent être telles que le jet liquide pénètre sur les aubes de la couronne mobile suivant la direction même de leur courbure et les abandonne avec une faible vitesse absolue.

On distingue les turbines à réaction, où les aubages de la couronne sont complètement remplis d'eau, et où la pression du jet liquide varie pendant la traversée de ces aubages, et les turbines à impulsion, où l'écoulement se fait sous pression constante, et sans que les aubages de la couronne mobile soient entièrement remplis d'eau. La *turbine Girard* est le type le plus répandu des appareils à impulsion. Entre la réaction et l'impulsion, on trouve une catégorie intermédiaire, où les aubages sont entièrement remplis d'eau, mais où la pression ne varie pas dans la traversée de la couronne.

La direction des filets liquides caractérise les turbines parallèles, les turbines radiales, qui sont centrifuges ou centripètes, et les turbines mixtes, où l'entrée dans la couronne mobile se fait comme dans l'appareil centripète et où les filets sortent parallèles à l'axe.

Enfin l'admission est totale, quand elle se fait sur toute la circonférence de la couronne, ou partielle.

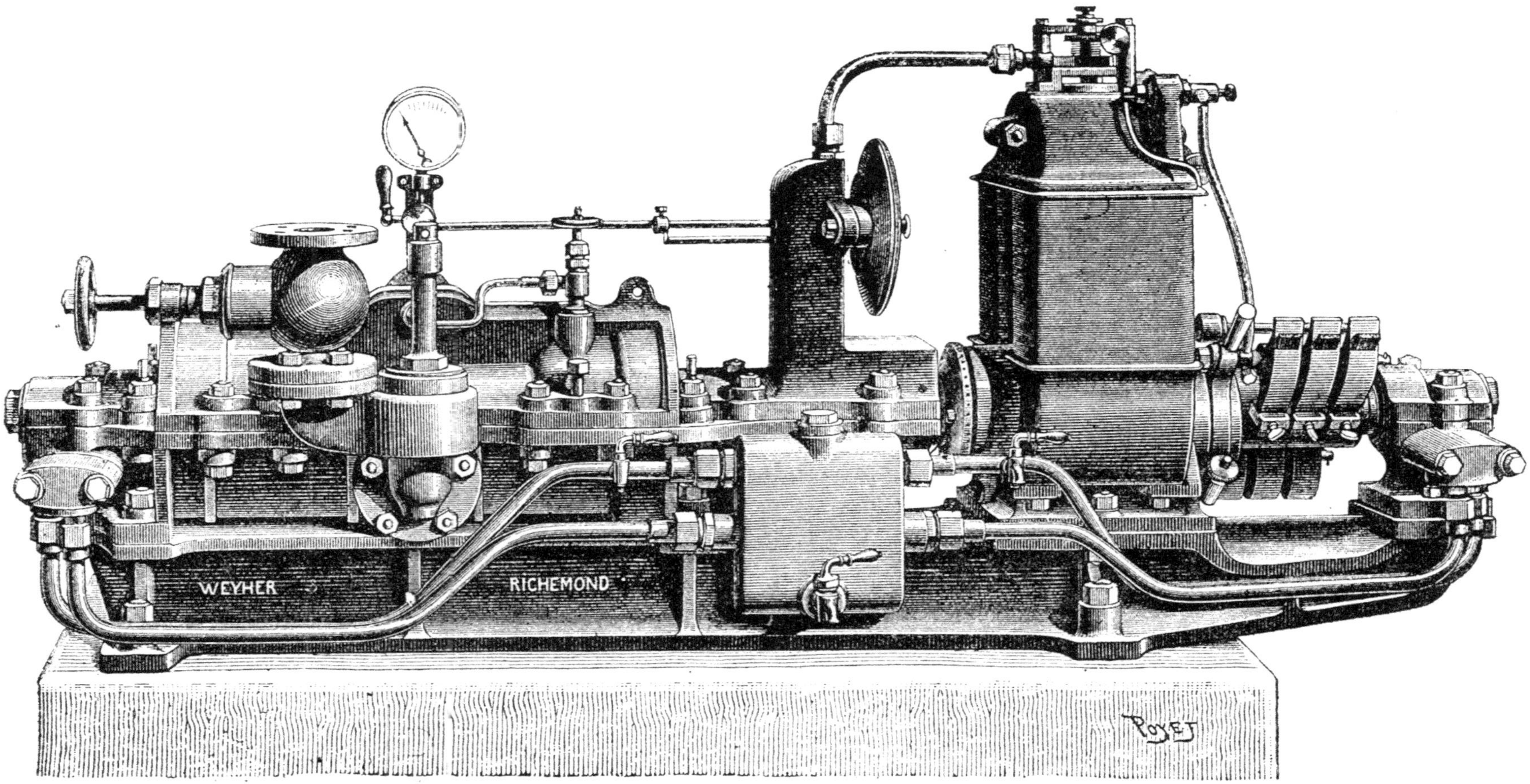

Fig. 168. – Turbine à vapeur de Parsons, actionnant une machine dynamo-électrique, construite vers 1889.

Dans les turbines à réaction, l'excès de pression du jet liquide sur la pression, qui règne à l'extérieur, produit une fuite par le vide qui existe entre le distributeur fixe et la couronne mobile, vide qui peut être fort réduit, mais qu'on ne supprime jamais.

Lorsque la vapeur remplace l'eau dans la turbine, la masse débitée par seconde diminue beaucoup, mais la vitesse augmente : l'énergie disponible sous forme de force vive est la même pour une masse 100 fois moindre animée d'une vitesse décuple. L'étude du mouvement du fluide devient d'ailleurs plus compliquée, parce que le volume n'en reste pas constant comme celui de l'eau, mais augmente quand la pression diminue. En outre, les formules qui donnent les vitesses d'écoulement pour les diverses pressions ne sont pas fort exactes.

Certaines turbines à vapeur fonctionnent à réaction ; d'autres sont des appareils à impulsion, ou plutôt appartiennent à la classe intermédiaire, car il paraît difficile que les aubages n'en soient pas entièrement remplis par la vapeur.

Dans le turbo-moteur de Parsons (fig. 168 et 169) la vapeur traverse successivement une série de couronnes mobiles, enfilées sur le même arbre et séparées par des distributeurs fixes : c'est comme une série de turbines qui seraient étagées le long d'une chute d'eau très élevée ; la vapeur s'écoule successivement d'un distributeur à l'autre, sous des différences assez faibles de pression, ce qui en réduit la vitesse.

La vapeur se dilate à mesure que sa pression baisse ; si toutes les turbines ont les mêmes dimensions, la vitesse devrait augmenter d'une turbine à la suivante : et si la vitesse de rotation est celle qui convient le mieux pour l'une des couronnes de

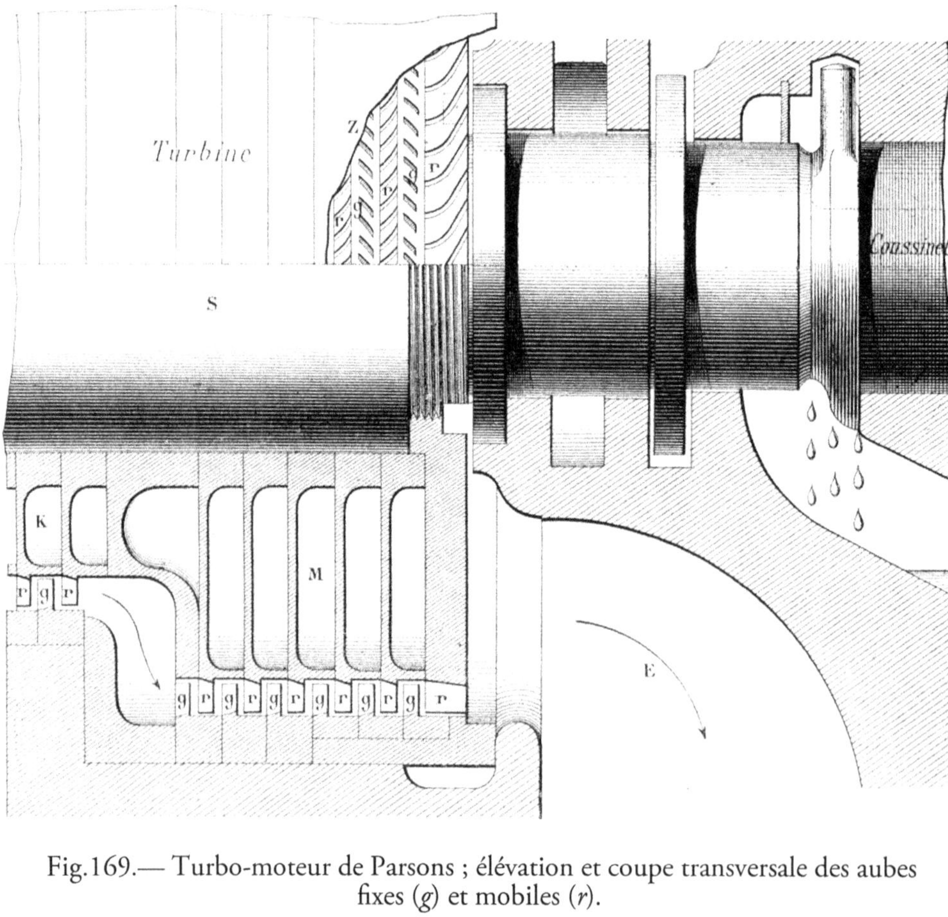

Fig. 169.— Turbo-moteur de Parsons ; élévation et coupe transversale des aubes fixes (*g*) et mobiles (*r*).

la série, comme elles tournent toutes ensemble, cette vitesse sera trop grande pour les couronnes placées en amont, trop faible pour celles d'aval. Ce défaut est en partie corrigé, dans les grands appareils, par la variation du diamètre des turbines, qui sont partagées en deux ou en trois séries de diamètres croissants. Il semblerait plus logique de faire varier d'une manière continue ces diamètres, l'ensemble des turbines formant un cône. Pour éviter les poussées longitudinales sur l'arbre, il y

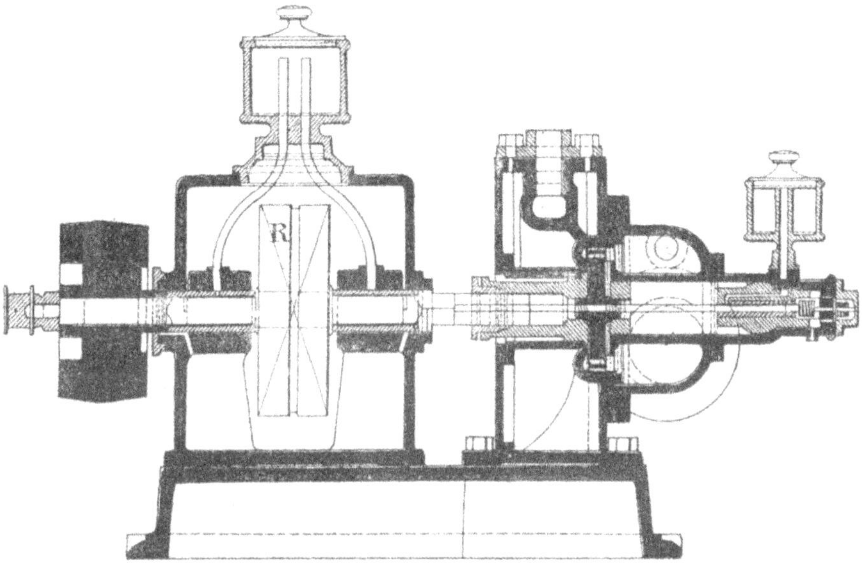

Fig. 170. — Turbine de Laval ; coupe longitudinale.

a deux parties symétriques par rapport à un plan perpendiculaire à cet arbre : la vapeur arrive au milieu et s'écoule aux deux bouts.

Les aubes des distributeurs et des couronnes ont de très petites dimensions. Le jeu qui existe entre ces pièces est assez considérable ; il en résulte des fuites latérales,

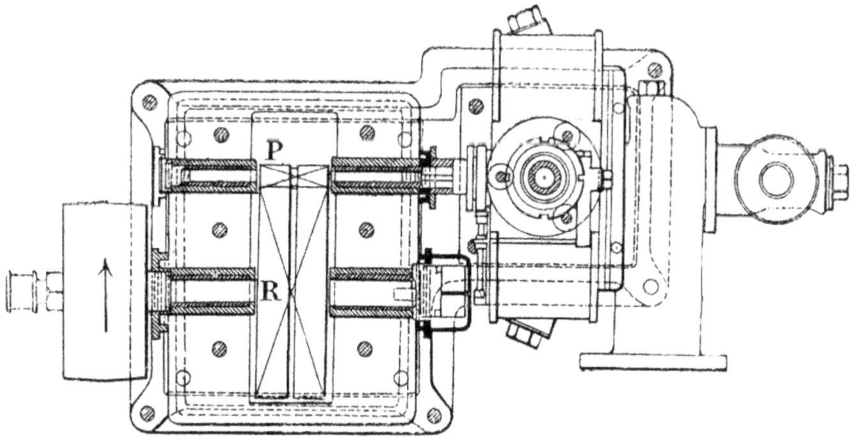

Fig. 171. — Turbine de Laval; coupe horizontale.

entre les aubes et les parois. Malgré la division du courant par un grand nombre de distributeurs, la vitesse d'écoulement d'un distributeur à l'autre est considérable et, par suite, la vitesse de rotation de l'appareil est très grande. On a dépassé le nombre de 10.000 tours par minute et même atteint celui de 18.000. Dans les derniers appareils construits, on a réduit le nombre de tours à 5.000 ou 6.000.

Pour tourner à ces vitesses vertigineuses, les appareils doivent être parfaitement équilibrés autour de leur axe ; le graissage est assuré par une circulation abondante d'huile produite par la machine elle-même.

Ces appareils sont exclusivement employés à produire l'électricité à l'aide d'une dynamo montée sur le même arbre, et formant un ensemble unique avec le moteur. La construction de la dynamo est encore plus délicate que celle du moteur, car elle comprend une série de fils enroulés qui doivent rester en place. La régulation se fait à l'aide d'un petit servo-moteur que le courant électrique produit actionne et qui commande un papillon sur l'arrivée de vapeur.

Après avoir eu quelque succès, la turbine de Parsons paraît être rarement employée.

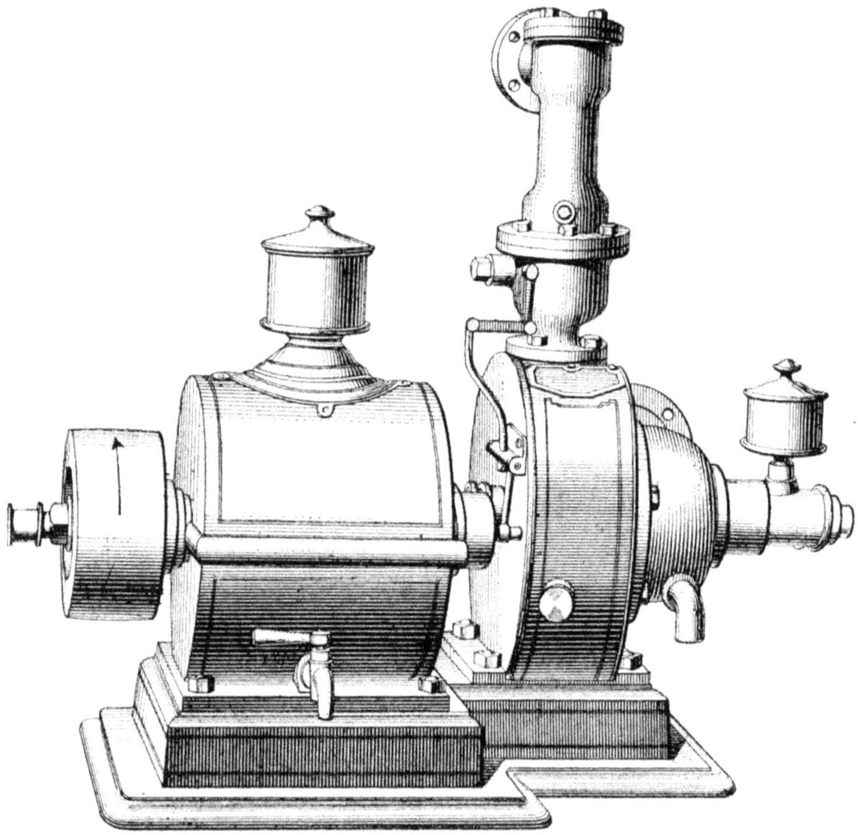

Fig. 172. — Vue d'ensemble d'une turbine de Laval.

La turbine à vapeur de Dow, un peu plus récente, se compose d'une série de turbines centrifuges concentriques montées sur un axe unique et séparées par des distributeurs fixes : ce tracé tient compte de la dilatation continue de la vapeur à mesure qu'elle se détend. Deux groupes semblables sont montés symétriquement sur un même axe, et, pour éviter tout frottement en bout résultant de poussées longitudinales inégales sur cet arbre,l'admission de vapeur se fait entre les deux groupes par une fente circulaire en partie obstruée par un disque plein monté sur l'arbre : si ce disque se déplace légèrement d'un côté, il augmente l'admission de vapeur du côté opposé ; il en résulte une augmentation de poussée longitudinale qui ramène le disque à sa position moyenne.

La turbine de Laval (fig. 170 à 175) paraît aujourd'hui fonctionner d'une manière satisfaisante ; elle se rapproche du type à impulsion et comporte une couronne

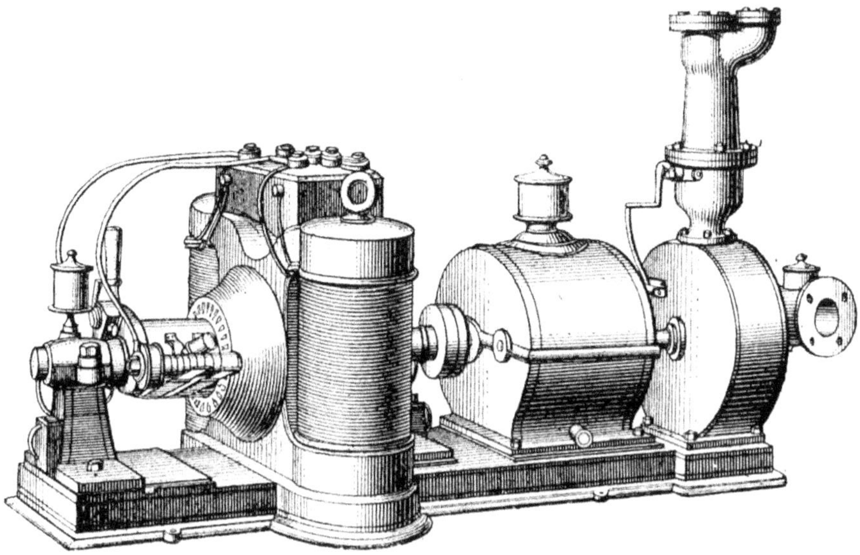

Fig. 173. — Vue d'ensemble d'une turbine de Laval accouplée à une dynamo.

mobile unique. Elle est du type parallèle, à admission partielle : la vapeur est lancée sur la couronne mobile par quelques ajutages : la pression dans la veine fluide est celle de l'atmosphère, pour les machines sans condensation.

La vitesse linéaire de la couronne, actionnée par les jets de vapeur, est extrêmement considérable, car, d'après les règles du tracé des aubes, le rapport de cette vitesse à celle du jet de vapeur n'est pas très éloigné de l'unité. Cette vitesse linéaire est de 175 m à 400 m par seconde ; avec les diamètres adoptés, le nombre de tours par minute s'élève jusqu'à 30 000.

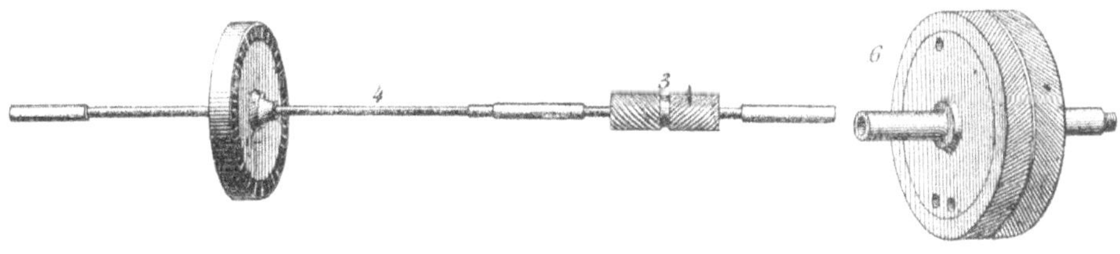

Fig. 174. — Arbre et engrenages de la turbine de Laval.

Pour une turbine de 10 chevaux, le disque n'a que 12 cm de diamètre, avec une vitesse de 2/.000 tours à la minute ; le diamètre est de 30 cm pour une turbine de 100 chevaux tournant à 15.000 tours.

La couronne est entourée d'une frette en acier (fig. 174). Il serait difficile de centrer exactement l'arbre tournant avec la couronne ; cet arbre est très mince et par suite flexible. En ne calant pas le disque au milieu de cet arbre, une flexion se produit à la mise en marche ; mais l'arbre se redresse quand la vitesse atteint une certaine valeur (fig. 175).

Pour ralentir cette énorme vitesse angulaire, on fait usage d'un train d'engrenages hélicoïdaux, où le pignon a dix fois moins de dents que la roue. Le nombre de tours est ainsi réduit au dixième, et la machine devient applicable à la commande d'une dynamo, ou bien d'autres transmissions réduisent encore la vitesse angulaire. Ces engrenages, qui doivent être très soigneusement exécutés, tournent à l'intérieur d'une boîte.

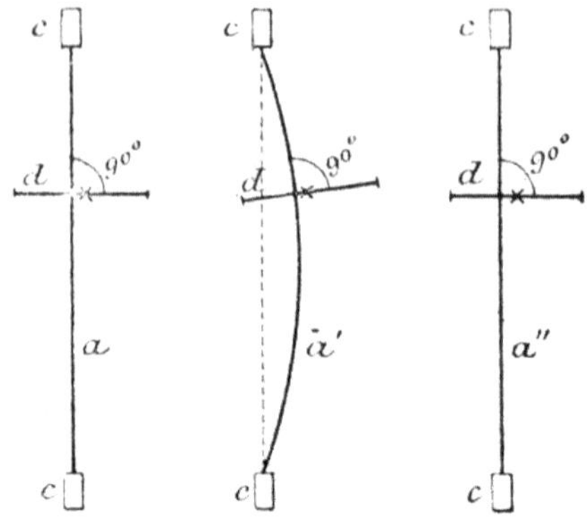

Fig. 175. - Arbre de la turbine de Laval : *a*, l'arbre flexible au repos ; *a'*, l'arbre flexible à la mise en mouvement ; *a"*, l'arbre flexible à partir d'une certaine vitesse ; *d*, disque ; *c*, coussinet ; le centre de gravité est marqué par une croix.

La consommation de vapeur peut s'abaisser d'une fan remarquable pour un appareil de ce genre.

Les constructeurs de ces machines, d'après leurs expériences et leurs prévisions, ont dressé le tableau qui suit :

PUISSANCE en CHEVAUX	Pression effective d'admission à la turbine en kg par cm²					
	4	6	8	10	12	14
	1° Échappement à l'air					
	KG	KG	KG	KG	KG	KG
5 à 30	25,00	23,00	21,50	20,00	19,00	18,50
50	22,00	19,00	17,50	16,50	15,50	15,00
75	20,75	18,00	16,50	15,50	14,50	14,00
100 et 150	20,00	17,25	15,50	14,75	14,00	13,50
200	19,25	16,50	15,00	14,50	13,75	13,00
300	19,00	16,25	14,50	13,75	13,00	12,25
	2° Échappement au condenseur (64 cm de mercure en-dessous de la pression atmosphérique).					
5	18,00	17,00	16,00	15,00	14,30	13,90
10 et 15	17,50	16,50	15,50	14,50	13,80	13,40
20 et 30	17,00	16,00	15,00	14,00	13,40	12,80
50	10,80	10,20	9,70	9,40	9,00	8,75
75	10,60	10,00	9,60	9,20	8,80	8,65
100	9,50	8,80	8,40	8,00	7,80	7,70
200	9,20	8,55	8,15	7,75	7,60	7,50
300	8,90	8,30	7,90	7,50	7,40	7,30

Ces machines sont légères : le poids par cheval se tient entre 17 et 32 kg pour les moteurs jusqu'à 50 chevaux, et pourrait encore être réduit ; elles occupent peu de place. La mise en marche et la conduite sont faciles : un régulateur à force centrifuge et à ressort réduit l'admission de vapeur dès que la vitesse augmente.

Ce mode d'emploi de la vapeur élimine une des causes les plus importantes qui en augmentent la dépense, l'action des parois ; chaque portion des parois métalliques de la turbine est en contact avec un fluide dont la température n'est pas soumise à de constantes fluctuations.

Une turbine de Laval de 100 chevaux, essayée à Bordeaux en 1895, a dépensé, d'après M. Compère, $14^{kg},650$ de vapeur par kilowatt-heure aux bornes de la dynamo qu'elle commandait ; en estimant à 85 p. 100 le rendement de cette dynamo, c'est une dépense de $9^{kg},160$ par cheval-heure produit par la machine, qui menait en outre la pompe à air de son condenseur. La pression de la vapeur était d'environ 8 kg par cm^2.

50. Machines à vapeurs de liquides autres que l'eau.

L'eau n'est pas toujours la seule substance qui serve au transport et à la transformation de la chaleur en travail dans les moteurs à vapeur : d'autres liquides ont été utilisés, vers 1850, dans les machines à vapeurs combinées ou à deux liquides, dont le principe est fort ingénieux. La vapeur d'eau, après avoir travaillé dans un cylindre, s'échappe dans un condenseur à surface, qui est refroidi, non pas par un courant d'eau à la manière ordinaire, mais par un liquide plus volatil que l'eau : ce liquide était de l'éther sulfurique dans la machine de du Tremblay, du chloroforme dans celle de Lafont. L'eau condensée et le liquide volatil sont entièrement séparés dans le condenseur, qui est une véritable chaudière pour ce liquide : la chaleur abandonnée par la vapeur d'eau l'y vaporise à son tour. La tension de la vapeur ainsi formée est bien plus forte que celle de la vapeur d'eau à la même température : à 60°, la pression de la vapeur est, pour l'eau, 0,2 kg par centimètre carré, tandis qu'elle est 2,35 kg pour l'éther et 1 kg pour le chloroforme ; à 70°, ces chiffres sont respectivement 0,32 kg — 3,12 kg — 1,1 kg par cm^2.

La vapeur ainsi produite agit dans un second cylindre moteur, puis se liquéfie dans un condenseur, entretenu par une circulation d'eau à une température aussi basse que possible, 20° par exemple. Une pompe alimentaire renvoie le liquide au condenseur-chaudière qui l'a vaporisé.

Cette disposition ne crée pas, à proprement parler, une source nouvelle de puissance motrice, mais elle permet d'utiliser, mieux que la vapeur d'eau seule, une partie de la chaleur que celle-ci renferme. La théorie enseigne bien que la proportion de chaleur qu'on peut transformer en travail augmente à mesure que la température de condensation s'abaisse ; mais, aux basses températures, la pression de la vapeur d'eau est trop faible pour qu'elle puisse fournir le supplément de travail théoriquement disponible. Qu'on se figure une machine compound dont le grand cylindre recevrait la vapeur à la température de 60° ou à la pression de 0,2 kg par centimètre carré, et qui devrait la détendre jusqu'à la pression de 0,024 kg, correspondant à 20°. Par suite de ses gigantesques proportions, un tel cylindre ne donnerait guère de travail effectif. Le cylindre à éther, au contraire, reçoit un fluide dont les pressions ne sortent pas de limites convenables pour l'emploi, 2,35 kg à 0,6 kg par centimètre carré pour 60° et 20° ; il est beaucoup plus petit que ne serait le cylindre à vapeur d'eau ; plus petit même que le premier cylindre, celui qui reçoit la vapeur sortant de la chaudière. Les diagrammes, qui représentent les pressions et les volumes de vapeur, auraient l'aspect de la figure 176 : celui du premier cylindre, à vapeur d'eau, est ABCD ; celui du second cylindre, irréalisable entre les limites indiquées, d'une compound ordinaire serait DCEF ; le petit diagramme compact AB'C'D' du cylindre à éther remplace le diagramme DGEF, démesurément allongé

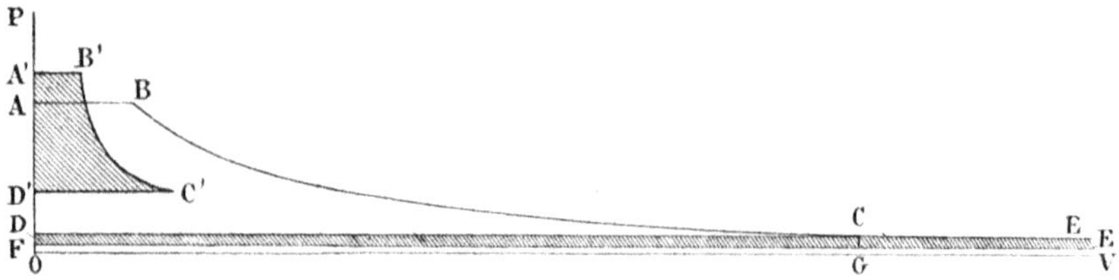

Fig. 176. — Diagrammes des machines à vapeurs combinées (le point E sort des limites du cadre).

et aplati. Avec un seul cylindre, on a le diagramme ABCGF, qui s'augmente du rectangle DCGF, mais laisse perdre encore CEG. En réalité, les machines de du Tremblay avaient deux cylindres de mêmes dimensions : la détente dans le premier n'était sans doute pas poussée jusqu'à la pression du condenseur de la vapeur d'eau.

Ces machines étaient une première forme des machines compound, présentant même des avantages que n'a pas la compound, dont le grand cylindre ne suffit généralement pas pour détendre la vapeur jusqu'à la pression finale. Toutefois, comme la perte n'est pas bien grande, avec les températures fréquentes dans les condenseurs, comme l'emploi des vapeurs d'éther et de chloroforme est dangereux et difficile, on s'explique que ces machines ingénieuses aient disparu.

Si l'on venait à disposer communément d'eau très froide pour la condensation, par exemple si des lignes de navigation s'installaient sur les mers polaires, la machine à vapeur d'eau seule ne tirerait pas un bon parti de cette basse température, et il pourrait être opportun de reprendre la combinaison des deux vapeurs. On peut dire encore que la machine compound est une forme particulière de la machine à vapeurs combinées, où les deux vapeurs sont de même nature : alors le condenseur-chaudière, ou l'échangeur de calories, disparaît naturellement : c'est la même vapeur qui passe dans les deux machines.

On a remplacé, dans de petits moteurs, la vapeur d'eau par celle d'un liquide plus volatil. Ainsi le pétrole sert à la fois de combustible et d'intermédiaire pour la transformation de la chaleur en travail dans la machine de *Quillfeldt* (fig. 177 à 179), employée comme propulseur de canots. Une prise spéciale (fig. 179) dirige une partie du pétrole vaporisé dans la chaudière vers le brûleur (fig. 178) qui la chauffe. Un brûleur auxiliaire sert pour la mise en train. Le moteur comporte trois cylindres à simple effet, avec distribution à changement de marche. Des tubes placés le long de la quille forment un condenseur à surface, qui recueille le pétrole à la sortie des cylindres. Une pompe alimentaire renvoie à la chaudière le pétrole condensé.

De petits moteurs ont été alimentés par l'éther au lieu de l'eau : quelques expériences, exécutées sur ces moteurs par le constructeur Yarrow, paraissent indiquer une économie notable de combustible, quand on substitue l'éther à l'eau dans la chaudière.

Si le fonctionnement des machines réalisait le cycle de Carnot, le rendement, ou la proportion de chaleur transformée en travail, ne dépendrait pas du fluide employé, mais seulement des températures de la chaudière et du condenseur : il serait donc plus faible avec les fluides volatils tels que l'éther, qui, à égalité de pression dans la chaudière, ont une température de vaporisation moindre que l'eau. Mais comme on est loin de réaliser le cycle de Carnot, et comme les diverses causes qui diminuent le rendement prennent une importance considérable surtout dans les petites machines, l'économie annoncée dans l'emploi de l'éther n'a rien d'invraisemblable :

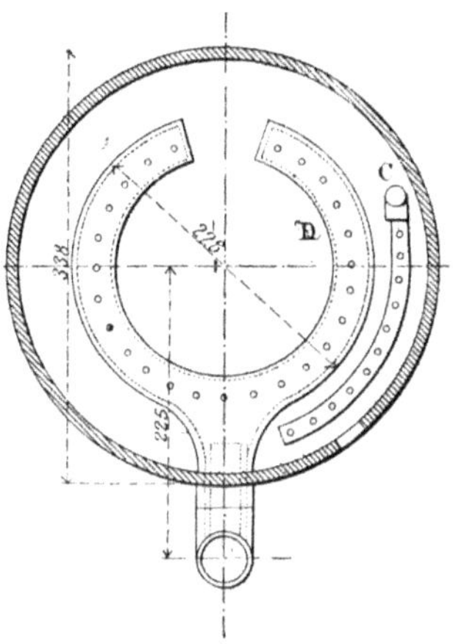

Fig. 178. – Moteur de Quillfeldt ; brûleurs.

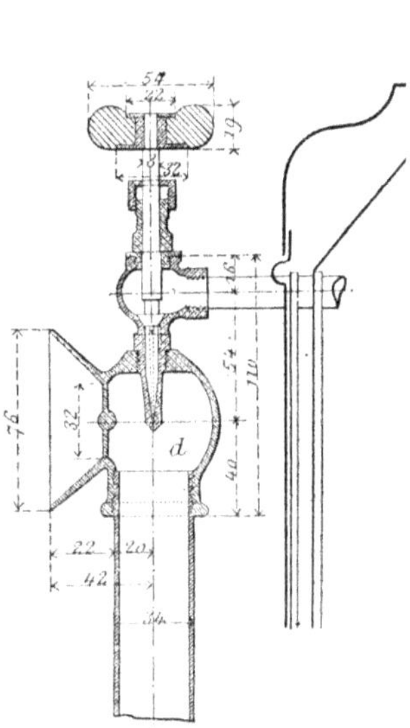

Fig. 179. – Moteur de Quillfeldt ; prise de vapeur pour le brûleur.

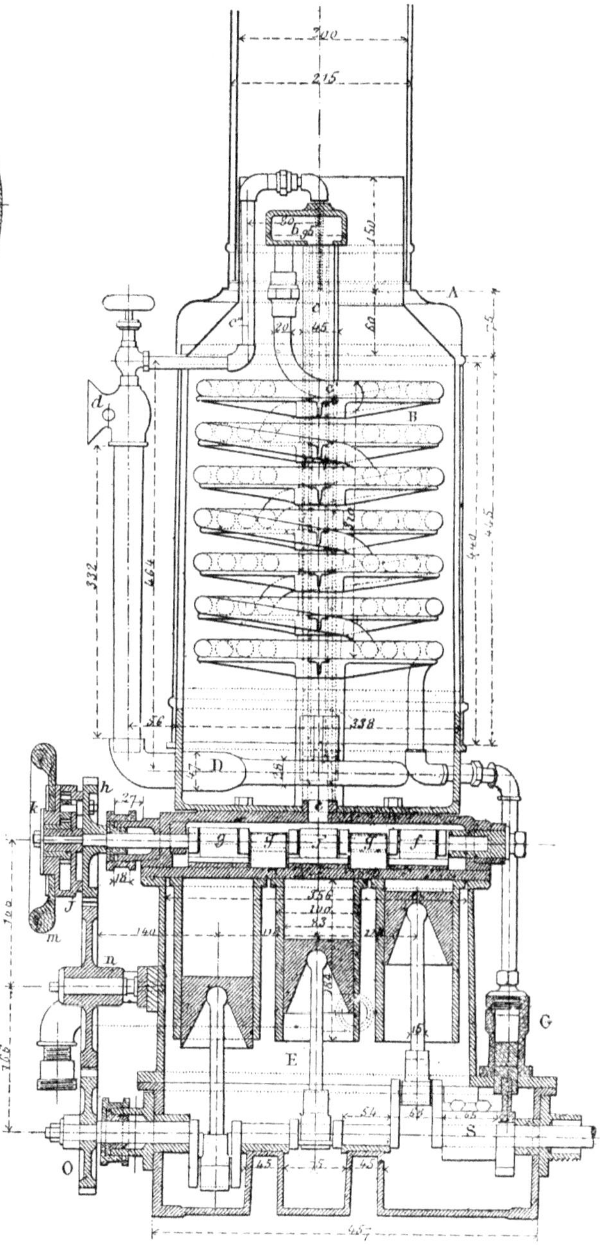

Fig. 177. — Moteur de Quillfeldt, à vapeur de pétrole.

certaines causes de diminution du rendement se réduisent en même temps que la température supérieure du fluide pour une même pression. L'amélioration qui en résulte peut largement compenser la réduction du rendement théorique maximum, due au moindre écart des températures extrêmes. Des expériences minutieuses, comme celles qui ont permis l'analyse du fonctionnement de la machine à vapeur d'eau, mettraient sans doute en évidence ces différences dans le fonctionnement des divers fluides.

L'économie constatée peut, d'ailleurs, tenir en partie à la chaudière : par suite de la moindre température de la vapeur, ou pour quelque autre cause tenant à la transmission de la chaleur, il est possible que, dans un même générateur, le combustible soit mieux utilisé quand il vaporise des liquides plus volatils que l'eau. Ces liquides volatils ont, en outre, l'avantage pratique de permettre une mise en train rapide.

- IV -

DISTRIBUTION DE LA VAPEUR

51. Phases de la distribution.

Des mécanismes variés servent à distribuer la vapeur dans les cylindres des machines, en ouvrant et en fermant des orifices. Quelques-uns réalisent une distribution complètement arrêtée à l'avance : l'ouverture et la fermeture des passages de vapeur correspondent à des positions exactement prévues du piston moteur, et la section des orifices a constamment une valeur déterminée. Mais les appareils communément employés ne laissent pas cette complète liberté dans l'étude de la machine : les diverses phases de la distribution dépendent plus ou moins les unes des autres, et les passages ne sont pas toujours largement ouverts.

Dans le cylindre d'une machine à double effet, chacun des deux compartiments, que sépare le piston, doit être en communication tantôt avec une source de vapeur à la pression supérieure, tantôt avec une enceinte où règne une pression moindre ; puis, à d'autres instants, ce compartiment doit être isolé complètement : alors la vapeur qu'il renferme se détend ou est comprimée, selon le sens du mouvement du piston.

La distribution comprend ainsi, pour chacun des deux compartiments, qu'il convient de considérer isolément, quatre phases, l'admission, la détente, l'échappement, la compression.

En tenant compte des changements dans le sens du mouvement du piston, on subdivise ces quatre phases en six :

Pendant l'aller du piston	1° l'admission ; 2° la détente ; 3° l'échappement anticipé ;
Pendant le retour du piston	4° l'échappement ; 5° la compression ; 6° l'admission anticipée.

La 6° période ne correspond qu'à un faible parcours du piston moteur, et même bien des machines n'ont pas d'admission anticipée. Souvent aussi les périodes d'échappement anticipé et de compression (3° et 5°) ne correspondent qu'à de petits déplacements du piston.

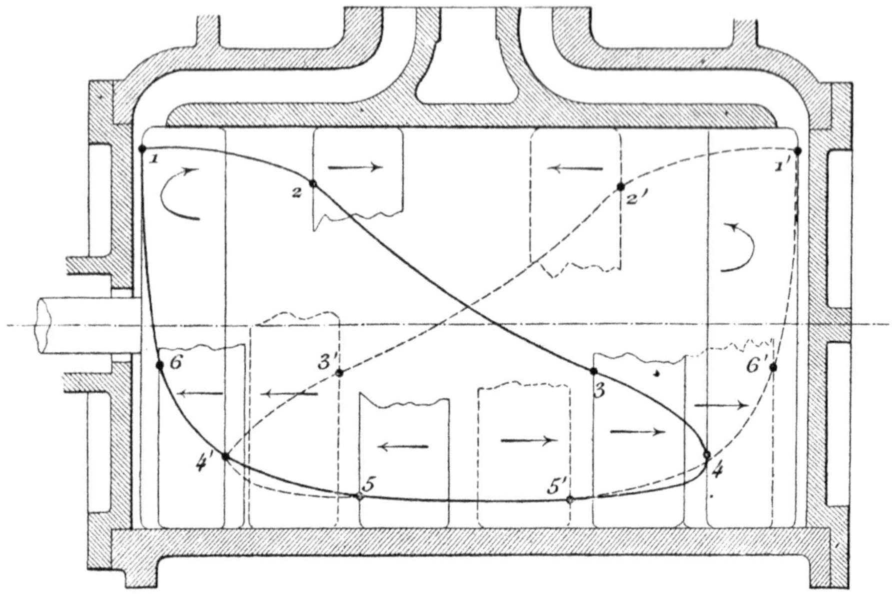

Fig. 180. — Diagrammes de la pression sur les deux faces du piston.

La figure 180 représente les diagrammes d'indicateur relevés dans les deux compartiments du cylindre, ou, comme on dit, sur les deux faces du piston ; les commencements des six périodes de la distribution sont numérotés. On voit, sur ces diagrammes, les laminages de la vapeur, qui dépendent de la grandeur des orifices

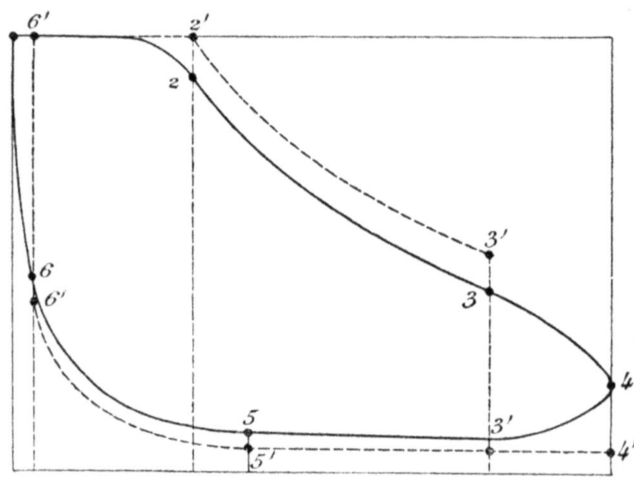

Fig. 181. — Phases de la distribution avec et sans laminages.

de passage et de la vitesse du piston. La figure 181 montre, en traits ponctués, le diagramme que donnerait la machine marchant avec une assez grande lenteur pour qu'il n'y ait aucune chute de pression au passage des orifices du cylindre ;

le diagramme avec laminage de la vapeur est tracé en traits pleins. En étudiant la distribution dans un cylindre, on détermine, pour chacune de ses faces, les positions du piston lors de l'ouverture et de la fermeture des orifices d'admission et d'échappement, positions correspondant aux numéros 2 — 3 – 5 — 6 et 2' — 3' — 5' — 6' des figures ; en outre, on doit connaître, à chaque instant, la dimension de l'ouverture pendant les périodes d'admission et d'échappement, n°s 6 à 2 et 3 à 5, 6' à 2' et 3' à 5', ainsi que la vitesse du piston. On peut alors calculer les chutes de pression et la vitesse de la vapeur à travers les ouvertures. La condensation sur les parois pendant l'admission et la vaporisation pendant l'échappement augmentent le débit et par suite la vitesse de la vapeur et les chutes de pression.

52. Distribution par tiroir unique et par excentrique.

Le mécanisme le plus simple pour distribuer la vapeur dans un cylindre à double effet est le *tiroir à coquille*. La figure 182 représente les deux lumières d'admission, aboutissant aux fonds du cylindre, et celle du milieu, qui sert pour l'échappement.

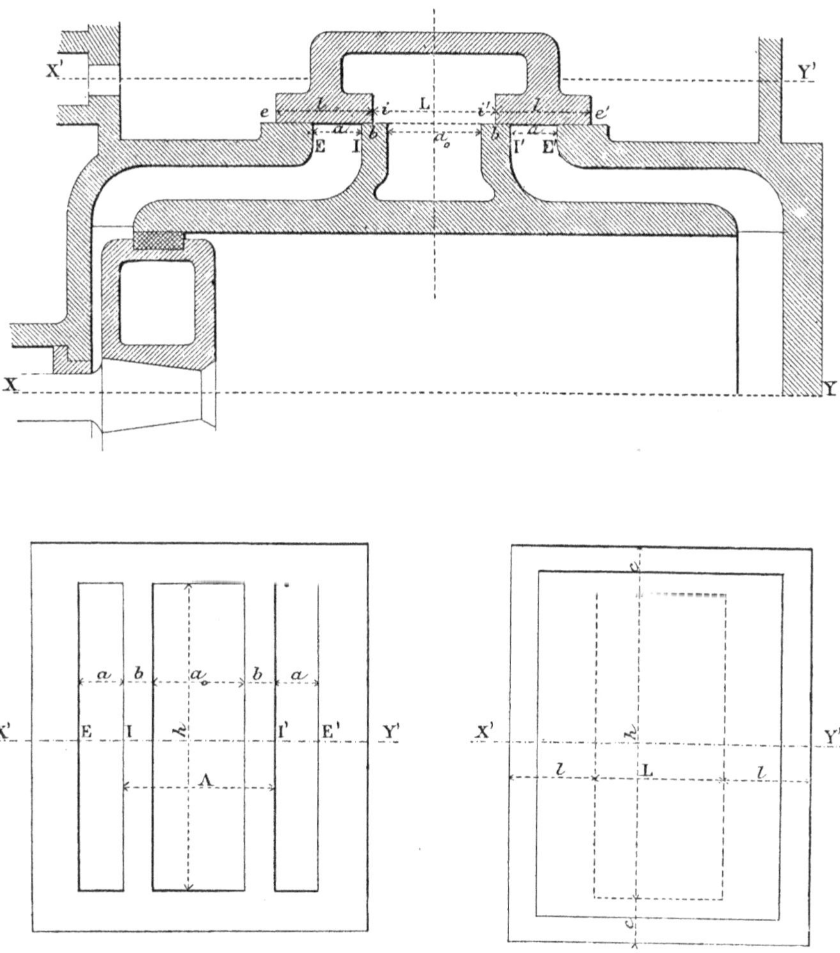

Fig. 182. — Lumières du cylindre et tiroir.

Les ouvertures des lumières sur la table sont des rectangles de hauteur commune *h* et de bases *a*, a_0, *a'*, séparées par des barrettes de largeur *b*. La longueur $b + a_0\ b$, qu'il

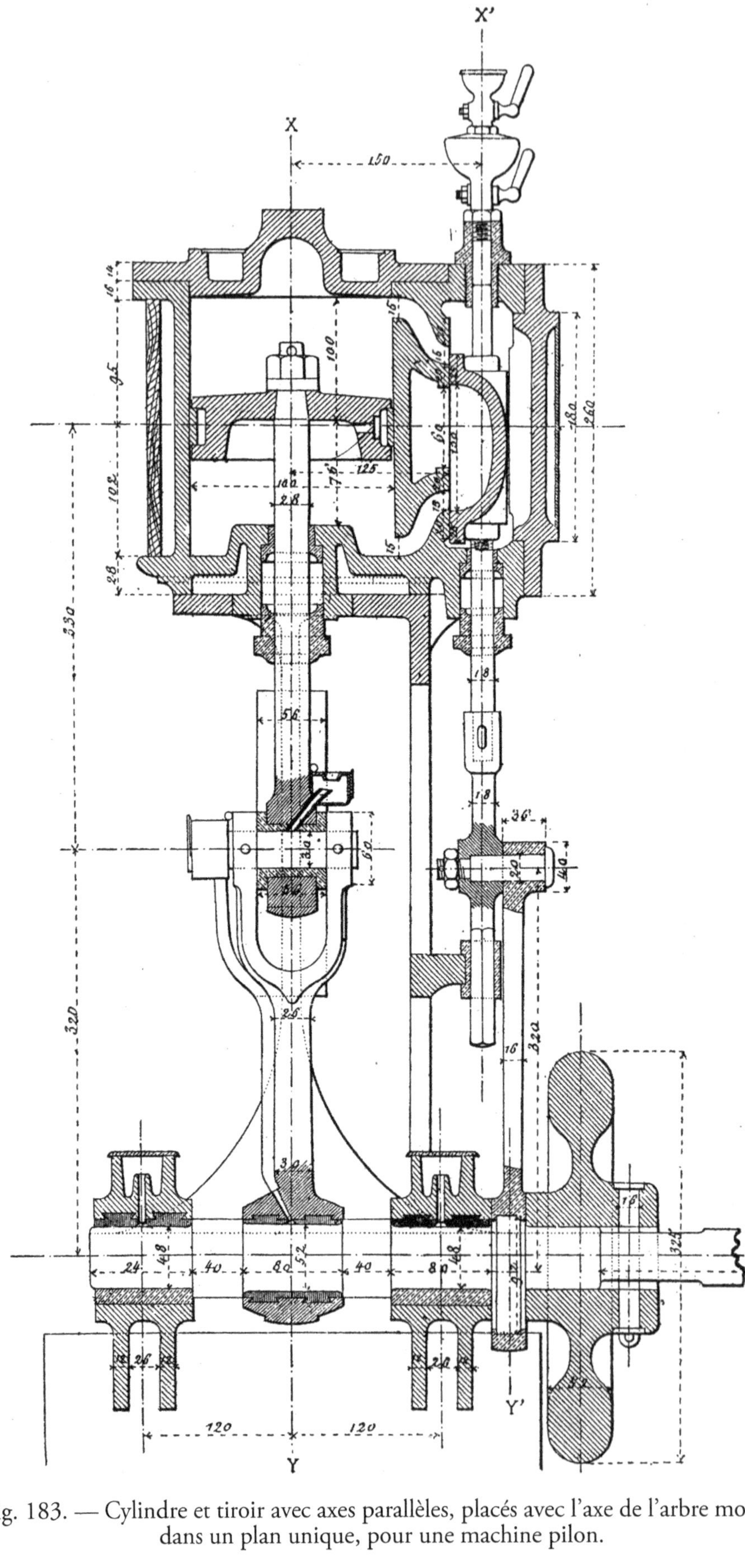

Fig. 183. — Cylindre et tiroir avec axes parallèles, placés avec l'axe de l'arbre moteur dans un plan unique, pour une machine pilon.

est souvent utile de considérer, est désignée par la lettre A. Le tiroir présente une face plane qui s'applique exactement et qui glisse sur la table ; cette face est un rectangle de hauteur h+2*c* un peu plus grande que *h*. La face plane du tiroir présente en outre un évidement rectangulaire de hauteur *h*.

Le tiroir est d'habitude conduit par un *excentrique*, de rayon *r*, c'est-à-dire par une manivelle dont le bouton est assez grand pour embrasser l'arbre, ce qui ne modifie en rien la loi géométrique du mouvement. Le cylindre et son tiroir peuvent être disposés comme le représente la figure 183 ; les axes du cylindre et de la tige du tiroir, XY et X'Y', sont parallèles et ces deux axes et celui de l'arbre forment un même plan.

Sur les tracés qui suivent, le mouvement du tiroir est représenté dans le plan de l'excentrique, perpendiculaire à l'arbre moteur ; sur la figure 184 notamment, la coupe du tiroir et des lumières est supposée rabattue dans ce plan.

Les dimensions, qui caractérisent une distribution par tiroir, sont celles des lumières sur le cylindre, du tiroir, du mécanisme de commande et enfin une cote qui précise la position du tiroir sur la table des lumières.

Pour les lumières, il faut avant tout fixer les distances des bords des deux lumières extrêmes, c'est-à-dire les trois longueurs EI, II', I'E' (fig. 182), désignées par les lettres *a*', A et a^1 ; il est rare que les largeurs *a* et *a*' ne soient pas égales.

Les dimensions caractéristiques du tiroir sont de même les distances de leurs quatre bords, *ei*, *ii*' et *i'e*', désignées par *l*, L et *l*' : les longueurs *l* et *l*' sont fréquemment égales.

Le mécanisme de commande est défini par le rayon d'excentricité *r* et par l'angle de ce rayon et de la manivelle motrice, compté dans le sens du mouvement de rotation : on appelle *angle d'avance*, δ, ou *avance angulaire*, l'excès de cet angle sur un angle droit; il faut aussi connaître la longueur de la bielle ou barre d'excentrique, TA (fig. 184).

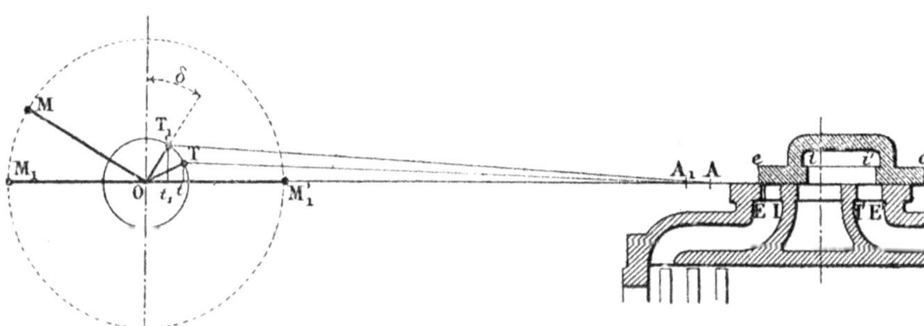

Fig. 184. — Commande du tiroir par un excentrique (la coupe des lumières du cylindre et du tiroir est rabattue sur le plan de la figure par une rotation de 90°).

Enfin la position du tiroir sur la table des lumières est précisée quand on indique la distance du bord mobile *e* au bord fixe E, pour une position déterminée de la machine, par exemple lorsque la manivelle motrice est à son *point mort*, OM_1 : à ce moment, le piston est à fond de course du côté de la lumière EI. Cette distance E*e*, pour cette position de la machine, distance désignée par la lettre E, s'appelle avance linéaire du tiroir. L'avance linéaire est souvent très petite et même nulle.

Qu'on suppose fixées toutes ces cotes caractéristiques ; en partant de la position initiale OT_1, occupée par le rayon d'excentricité quand le piston est à fond de course, qu'on fasse faire un tour complet à l'arbre de la machine et qu'on observe le déplacement du bord *e* du tiroir, par rapport au bord E de la lumière : tant que *e* se rapprochera du milieu de la table, la lumière El s'ouvrira de plus en plus ; l'ouverture se rétrécira quand *e* se déplacera en sens contraire, pour être complètement close lorsque *e* se trouvera au-delà de E : en résumé, l'ouverture et la fermeture ont lieu quand le bord mobile du tiroir, *e*, passe sur le bord fixe de la lumière, E ; la lumière est ouverte ou fermée suivant que *e* se trouve plus ou moins rapproché que E du milieu de la table.

La communication avec le condenseur, pour le même côté du piston, commence et cesse quand le bord intérieur du tiroir, *i*, passe sur le bord I de la lumière ; cette communication est ouverte ou fermée suivant que le bord *i* est plus éloigné ou plus rapproché du milieu de la table que le bord I.

Connaissant ainsi les positions des bords du tiroir, *e* et *i*, qui produisent l'ouverture et la fermeture de la lumière EI, pour l'admission et pour l'échappement, sur le côté du piston desservi par cette lumière, on en déduit les positions correspondantes du rayon d'excentricité OT, qui conduit le tiroir.

Pour la seconde lumière, qui dessert l'autre face du piston, ce sont les déplacements du bord *e'* du tiroir, par rapport au bord fixe E', et du bord *i* par rapport à I', qui règlent les admissions et les échappements. L'étude de ces mouvements serait peu commode, s'il fallait tracer, pour chaque position intéressante du tiroir, le mécanisme complet de commande, avec sa longue bielle : mais ce tracé peut être simplifié. Le mécanisme étant dans une position quelconque, OTA*eii'e'* (fig. 184), l'arc de cercle T*t*, dont A est le centre et AT le rayon, détermine une longueur A*t*, égale à celle de la barre d'excentrique AT, longueur A*t* qui prolonge, vers l'arbre, la tige du tiroir. Si cette tige était effectivement prolongée de la sorte, et portait en *t* un modèle du tiroir, avec ses dimensions caractéristiques, *l*, L, *l'*, ce modèle, lié par une tige rigide au véritable tiroir, en répéterait les mouvements pendant la marche de la machine ; le tiroir serait ainsi rapproché du cercle décrit par le rayon de l'excentrique, OT, ce qui faciliterait le tracé de l'épure. On obtient aisément le point *t*, correspondant à T, en traçant l'arc de cercle de rayon égal à la longueur de la bielle du tiroir, à l'aide d'un gabarit simple, construit en taillant le petit côté d'une équerre à dessin suivant le rayon voulu (fig. 185).

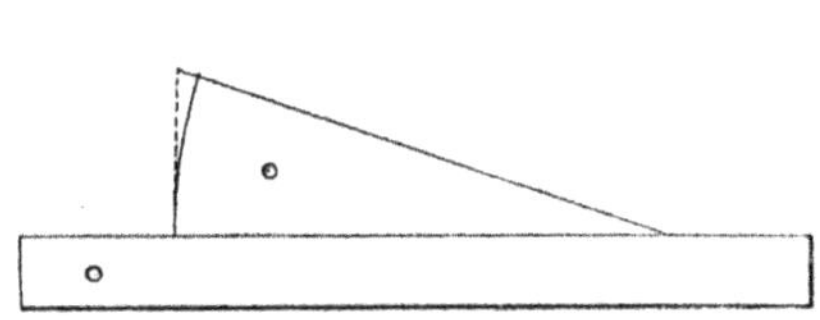

Fig. 185. — Gabarit pour le tracé du déplacement du tiroir.

Il faut transporter en même temps les points fixes de la table sur laquelle se meut le tiroir : pour la position initiale OT_1, le point E est à la distance ε du bord *e* du tiroir, alors en t_1 (fig. 186). L'arbre tournant dans le sens de la flèche, le point *e* s'éloigne de E, en ouvrant de plus en plus la lumière, jusqu'à ce qu'il arrive en T_1 ; alors il se rapproche de E, qu'il rencontre lorsque le rayon d'excentricité passe en OL. La lumière reste alors fermée pour l'admission, jusqu'à ce que le rayon passe en OT_6; à ce moment commence l'admission anticipée.

Pour l'échappement, on doit suivre le mouvement du bord *i* du tiroir, qui est à la distance *l* du bord *e*, par rapport au point fixe I, qui est séparé de E par la largeur *a* de la lumière. Qu'on transporte les points *i* et I d'une longueur *l* vers *e* : le mouvement relatif ne changera pas, mais *i* se confondra avec le point *t*, qui figurait le bord *e* ; après ce transport, I est en I_1, ayant dépassé E d'une longueur *l* - a, égale à l'excès de la largeur de la bande du tiroir sur celle de la lumière.

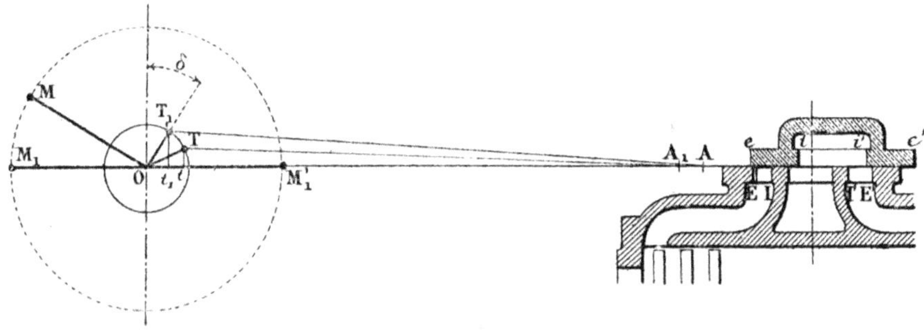

Fig. 186. – Mouvement du tiroir sur la table des lumières (les lettres T_4 et T'_4, mal placées sur la figure, doivent être supprimées.)

On voit alors que le point *t* (c'est-à-dire le bord intérieur *i* du tiroir) passe sur I, quand le rayon OT vient en OT_3 et en OT_5 ; la position OT_3 marque le commencement de l'échappement anticipé, et OT_6, la fin de l'échappement : la séparation de ces deux périodes a lieu lorsque le piston est à fond de course ; à ce moment OT passe en OT'_1 diamétralement opposé à OT_1.

Le déplacement du même point *t* sur le diamètre T'T" montre comment la distribution se fait sur l'autre face du piston, si on lui fait représenter successivement les bords *e'* et *i'* du tiroir : il faut pour cela supposer les points fixes E' et I' déplacés vers E respectivement de la longueur du tiroir, *l*+L+ *l'* et de la longueur *1*+ L.

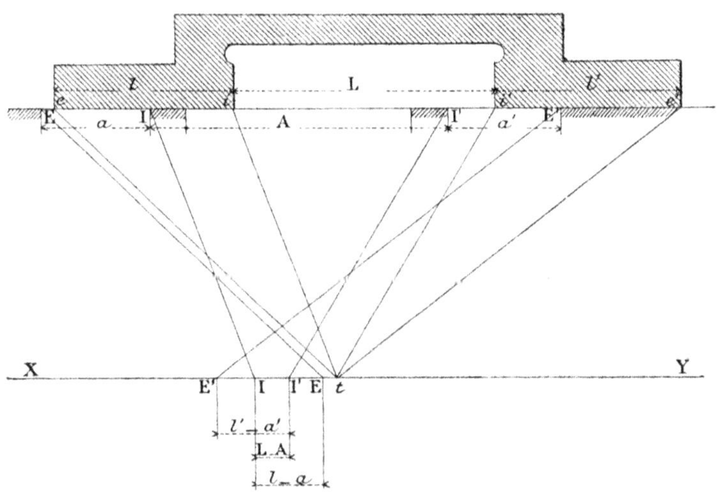

Fig. 187. — Réduction des quatre points mobiles conjugués du tiroir, *e, i, e', i'*, à un seul, *t*, avec déplacement corrélatif des quatre points fixes de la table, E, I, E', 1'.

La figure 187 donne une construction pour tracer les quatre points fixes, quand on a le dessin du tiroir et des lumières : sur la coupe longitudinale du tiroir, on prend *t* quelconque sur une parallèle XY à EE' ; on joint *t* aux quatre points *e, i, e', i'*, du tiroir, et on mène, depuis les points fixes E, I, E', I', des parallèles aux rayons ainsi construits. Ces parallèles déterminent sur XY les distances des quatre points cherchés.

En résumé, toute l'étude de la distribution revient à suivre sur le diamètre T'T" le mouvement du point *t*, projection de T suivant un arc de cercle, dont le rayon est la longueur de la barre, et qui coupe normalement ce diamètre.

Sur ce diamètre T'T" sont marqués quatre points fixes EIE'I' (fig. 188) : le passage du point mobile *t* sur ces repères indique le commencement et la fin des diverses phases de la distribution : et la distance de *t* à ces repères montre à chaque instant la largeur des ouvertures données par le tiroir.

La distance EI de la figure 188 est égale à l - a, excès de la largeur l de la bande du tiroir sur la largeur d de la lumière : lorsque cette bande recouvre la lumière, elle la dépasse de deux quantités dont la somme est constante et égale à cette différence

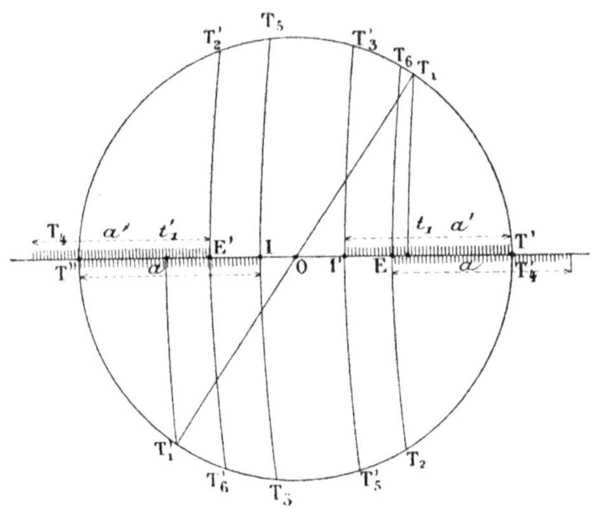

Fig. 188. — Épure du déplacement du tiroir sur les lumières
(supprimer sur la figure les lettres T4 et T'4).

l - a. En précisant une position spéciale du tiroir, on peut définir séparément chacune de ces quantités dont la somme égale l - a : c'est ce qu'on nomme le *recouvrement extérieur* et le *recouvrement intérieur* du tiroir : cette définition séparée n'est pas indispensable, car il suffit de considérer la somme de ces deux longueurs. De même E'I' est égal à la différence, l'-a', des largeurs de l'autre bande et de l'autre lumière, ou à la somme des recouvrements de cette seconde bande.

Sur le diamètre T'T", I I', d'après la construction, est égal à la différence de la distance A des bords intérieurs des lumières et de la distance L des bords intérieurs du tiroir : cette différence est la somme des recouvrements intérieurs du tiroir. L peut être plus grand que A, alors le tiroir ne peut recouvrir à la fois, vers l'intérieur, les deux lumières ; on dit qu'il a des *recouvrements intérieurs négatifs* ou des *découverts* ; sur le diamètre T'T", le point I passe à droite du point I' (fig. 188).

Enfin la distance du point E à la position initiale t_1 du point t est l'avance linéaire correspondante du tiroir, ε.

L'avance linéaire pour l'autre côté du piston, ε', égale à E't'_1 (fig.188), se déduit des dimensions qui viennent d'être indiquées.

On voit que les éléments essentiels, qui précisent les phases d'une distribution, se réduisent aux suivants :

- Le rayon d'excentricité, r ;
- L'angle d'avance, δ ;
- La longueur de la barre d'excentrique, qui fixe le rayon de l'arc projetant Tt ;
- La somme des recouvrements sur chacune des bandes du tiroir ;
- La somme des deux recouvrements intérieurs ;
- L'avance linéaire du tiroir à l'un des fonds de course du piston, ε ou ε'.

Il est inutile de donner séparément les deux recouvrements extérieurs et les deux recouvrements intérieurs, ce qui exige qu'on suppose le tiroir placé dans une position spéciale, peu intéressante, d'ailleurs, à considérer, et qu'on ne définit très clairement que lorsque le tiroir est symétrique comme les lumières, ou plutôt lorsque $l - a = l' - a'$.

En ajoutant sur le tracé (fig. 188), à partir des quatre points fixes, les largeurs a et a' des lumières, on fait voir directement, dans chaque position du point mobile t, les dimensions des ouvertures.

Les phases de la distribution sont ainsi rapportées aux positions de la manivelle du tiroir, ou du rayon d'excentricité ; les positions de tous les autres organes de la machine se trouvent définies en même temps ; il est utile de connaître celles du piston, pour se rendre compte du travail exercé par la vapeur.

Sur les coupes perpendiculaires à l'arbre de la machine, la manivelle motrice se projette suivant un rayon OM (fig. 189) qui suit à distance angulaire constante,

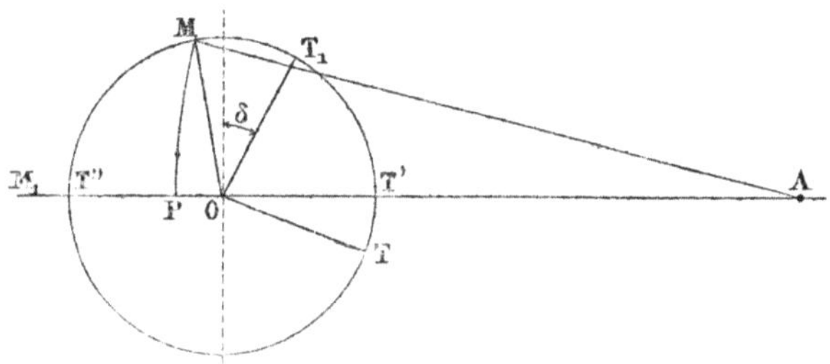

Fig. 189. — Mouvements corrélatifs du piston et du tiroir.

90°+δ, le rayon OT de l'excentrique. Le rayon R de la manivelle motrice est presque toujours plus grand que le rayon d'excentricité, r : mais, pour simplifier les tracés, on peut supposer ces rayons égaux, ce qui revient à un simple changement d'échelle pour l'un d'eux.

Pour une position quelconque de OT, il faudrait donc tracer OM tel que l'angle MOT fût égal à 90°+δ, puis la bielle motrice MA. Le mouvement de A est le même que celui du piston.

On peut encore transporter ce point A dans l'intérieur du cercle OM, comme on l'a fait pour le tiroir, en traçant l'arc de cercle MP de rayon AM, ou en *projetant circulairement* M sur TT' à l'aide d'un rayon égal à la bielle motrice : ce rayon aura subi la même transformation d'échelle que la manivelle OM.

Il est évident qu'on simplifiera ces tracés, si, au lieu de mener tous ces rayons OM à la distance angulaire 90°+δ de OT, on suppose qu'on fasse tourner de cet angle 90°+δ vers OT, une fois pour toutes, le système de rayons OM, ainsi que le diamètre T'T''. OM se confond alors avec OT et doit se projeter sur le diamètre T_1T_4 (fig. 190); on n'aura plus qu'à mener l'arc de cercle projetant TP ; le mouvement de P sur le diamètre T_1T_4 sera précisément celui du piston entre ses fonds de course. Cette construction est connue sous le nom d'*épure de Reech*.

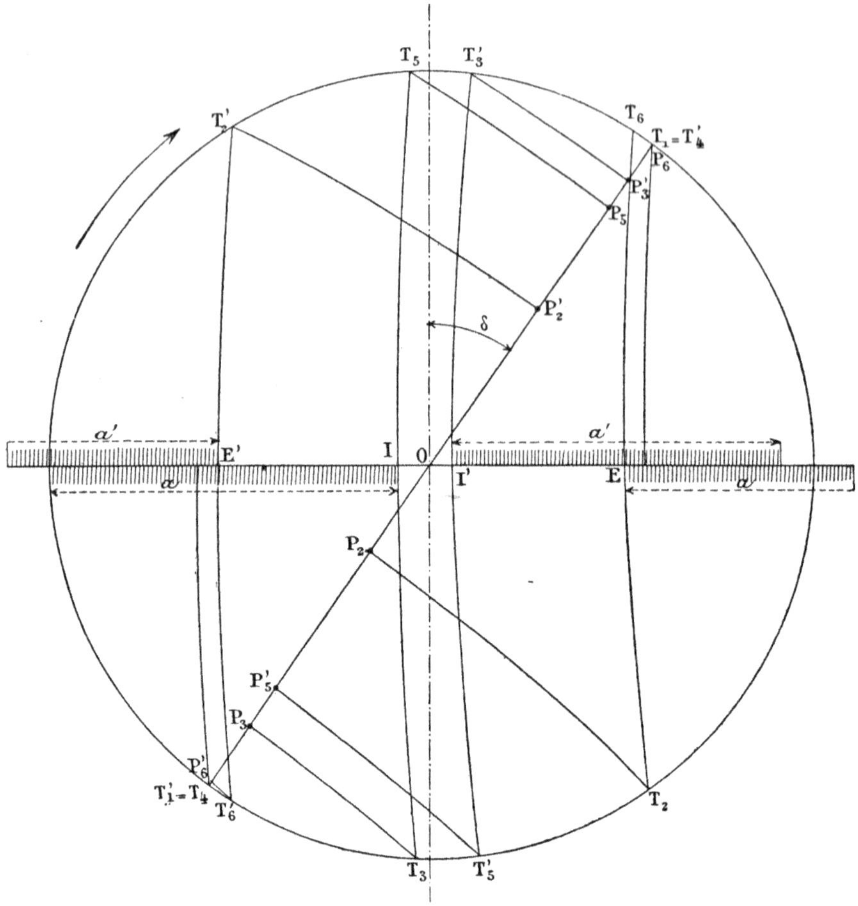

Fig. 190. — Tracé des positions correspondantes du tiroir et du piston au début des diverses phases de la distribution.

Ces tracés permettent d'apprécier rapidement les diverses distributions que peut donner un tiroir conduit par un excentrique. Pour simplifier cette recherche, on supposera d'abord, comme cela existe parfois, que les avances linéaires, ε et ε', sont nulles, ainsi que la somme des recouvrements intérieurs (L = A). En choisissant l'angle δ d'avance, on fixe le diamètre T_1T_4 . Puisque ε et ε' sont nuls, les points fixes E et E' doivent être placés, sur le diamètre T'T'' (fig. 191), en t_1 et t_4. D'après la seconde hypothèse, les points I et I' se confondent : on pourra les placer de manière que les longueurs P_3T_4, et $P_3'T_1$ soient égales : alors les périodes d'échappement anticipé et de compression correspondent à des parcours égaux du piston (les points P_3 et P_5' P_3'et P_5 se confondent). Cette égalité existera pour les deux faces du piston, puisque la période d'échappement anticipé sur une face, et celle de compression sur l'autre, commencent en même temps.

Pendant les admissions sur les deux faces du piston, la manivelle parcourt deux angles égaux : mais l'égalité n'existe pas pour les parcours du piston : T_1P_2 est plus petit que $T_1'P_2'$, puisque la courbure des arcs projetants, T_2P_2, $T_2'P_2'$ réduit le parcours T_1P_2, correspondant à la face du piston qui regarde l'arbre, et allonge le parcours, $T_1'P_2'$ pour l'autre face. Plus le rayon projetant est petit, ou plus le rapport des longueurs de la bielle et de la manivelle est faible, plus cette différence est marquée.

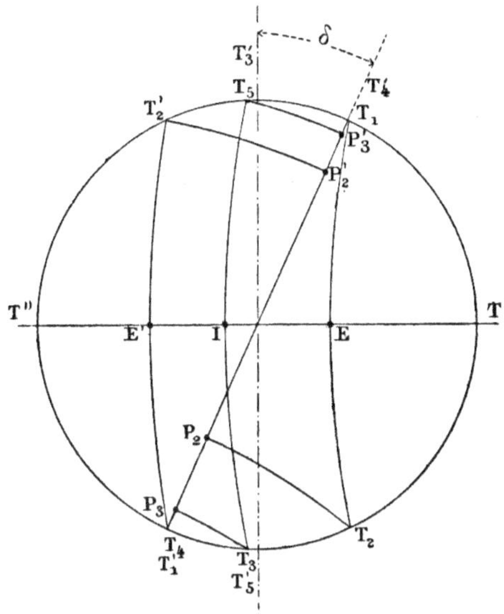

Fig. 191. — Distribution sans avances linéaires ni recouvrements intérieurs.

Par contre, l'ouverture de la lumière est un peu plus grande pour le côté qui a la plus courte admission, à cause de la courbure de l'arc projetant T_1E, $T_1'E'$: elle est ET' pour le côté qui regarde l'arbre, E'T'' pour l'autre. La courbure de cet arc est d'ailleurs habituellement bien moindre que celle de l'arc TP, la bielle du tiroir étant, par rapport à sa manivelle, plus longue que la bielle motrice. Dans les machines rapides, le laminage sera moindre du côté de la plus grande ouverture, qui correspond au plus faible parcours du piston, ce qui rapproche de l'égalité le travail moteur sur les deux faces du piston.

Plus l'angle d'avance δ sera grand, plus les parcours du piston pendant l'admission, T_1P_2 et $T'_1P'_2$, diminueront ; mais, par contre, les parcours P_3T_4 et P_5T_1 (ou P'_3T_1), pendant l'échappement anticipé et la compression, augmenteront ; en outre, les ouvertures les plus grandes des lumières, ET' et E'T'', se restreindront. On ne peut donc obtenir de courtes admissions qu'avec de longs échappements anticipés et de longues compressions, et de faibles ouvertures de lumières pour l'entrée de la vapeur.

L'examen des effets des avances linéaires et des recouvrements intérieurs complétera ces premiers aperçus.

Les *avances linéaires* (ε et ε') allongent les périodes d'admission, qui ne cessent plus quand le point *t* repasse en t_1 et en t'_1 ; elles augmentent d'autant la plus grande ouverture des lumières. Dans les machines rapides, elles assurent l'établissement de la pression de la chaudière dès le début de l'admission proprement dite. Inversement, elles peuvent remédier quelque peu à un excès de compression, en permettant à la vapeur trop comprimée de refluer dans la boîte à vapeur : le terme admission anticipée, qui indique une circonstance géométrique de la distribution, n'est plus alors effectivement exact.

En donnant au tiroir, pour la lumière la plus voisine de l'arbre, une avance linéaire (ε), plus grande que pour l'autre lumière (ε'), on augmente le parcours T_1P_2 plus que $T'_1P'_2$ et on rapproche de l'égalité les deux parcours du piston pendant l'admission sur les deux faces. En même temps, la différence entre les plus grandes ouvertures des deux lumières augmente. Dans les petites machines, on se contente souvent du réglage à avances linéaires égales, facile à réaliser par tâtonnements : on modifie sur place la longueur de la tige du tiroir, jusqu'à ce qu'il donne effectivement, pour les deux côtés du cylindre, des avances égales, qu'on observe en faisant tourner l'arbre après avoir démonté le plateau de la boîte à vapeur.

L'effet des *recouvrements intérieurs* est évident sur les figures. À mesure que les longueurs EI et E'I' augmentent, les périodes d'*échappement anticipé*, P_3T_4 et $P'_3T'_4$ (fig. 190) se réduisent, mais celles de compression, P_5P_6 et $P'_5P'_6$ deviennent plus longues. On peut, au contraire, diminuer les compressions, en rapprochant I de E et I' de E', mais on augmente alors les parcours d'échappement anticipé.

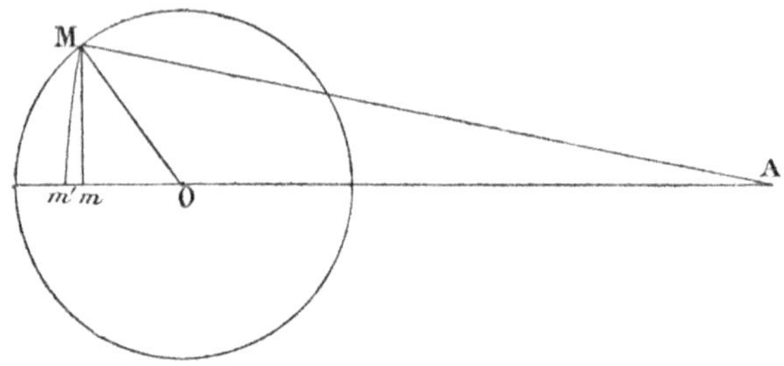

Fig. 192. - Ecart entre les projections, directe et circulaire, de la manivelle.

Une étude approximative des positions du tiroir et du piston suffit souvent : on peut alors négliger la courbure des arcs de cercle T*t* et TP et les remplacer par des droites perpendiculaires à T'T" et à T_1T_4. L'erreur ainsi commise, parfois minime pour le tiroir, est presque toujours assez importante pour le piston. Cette simplification est commode dans les études générales et rapides, mais, pour une application pratique, on doit préférer les tracés précis, qui sont bien faciles.

Angle dont a tourné la manivelle depuis son point mort.				Valeur de l'écart, dû à l'obliquité de la bielle, pour une course de 100 mm, avec un rapport de la bielle à la manivelle égal à :					
				4	5	6	10	15	20
				mm	mm	mm	mm	mm	mm
10°	170°	190°	350°	0,2	0,15	0,1	0,07	0,05	0,04
20°	160°	200°	340°	0,7	0,6	0,5	0,3	0,2	0,15
30°	150°	210°	330°	1,6	1,25	1,05	0,6	0,4	0,3
40°	140°	220°	320°	2,6	2,1	1,7	1,0	0,7	0,5
50°	130°	230°	310°	3,7	2,9	2,5	1,5	1,0	0,7
60°	120°	240°	300°	4,7	3,75	3,1	1,9	1,25	0,95
70°	110°	250°	290°	5,5	4,4	3.7	2,2	1,5	1,1
80°	100°	260°	280°	6,1	4,9	4,1	2,4	1,6	1,2
90°	90°	270°	270°	6,3	5,05	4,2	2,5	1,7	1,25

À défaut des gabarits simples qui permettent les projections circulaires, le tableau qui suit donne les écarts *mm'* (fig. 192) entre cette projection et la projection verticale, quand le rapport de la longueur de la bielle au rayon de la manivelle a diverses valeurs. Ces écarts sont les mêmes pour les quatre positions de la manivelle symétriques par rapport aux deux axes principaux. Ils sont donnés en millimètres et dixièmes de millimètres pour un diamètre ou une course de 100 millimètres.

Les angles sont comptés à partir du point mort de la manivelle le plus éloigné du cylindre.

Avec une bielle courte, égale à quatre fois la manivelle, la rotation d'un angle droit à partir du point mort le plus éloigné du cylindre correspond aux 437 millièmes de la course du piston ; à partir de l'autre point mort, cette rotation correspond aux 563 millièmes de la course.

La figure 193 représente graphiquement le tableau : les angles sont comptés en abscisses et les écarts *mm*' en ordonnées.

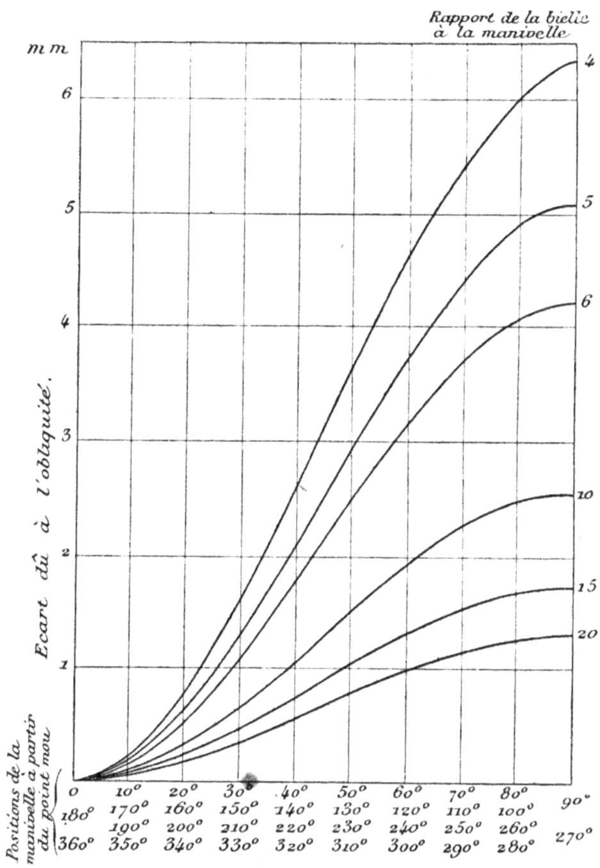

Fig. 193. — Valeurs de l'écart dû à l'obliquité de la bielle, pour une course de 100 mm, et pour diverses longueurs de bielle.

Divers tracés permettent de construire les déplacements de l'extrémité, guidée en ligne droite, d'une bielle dont l'autre extrémité est conduite par une manivelle ; l'un des plus simples est celui des *cercles de Müller* (fig. 194). Avec le point O comme centre, on décrit deux cercles de rayons L + R et L - R, L et R étant les longueurs de la bielle et de la manivelle ; puis on trace un troisième cercle tangent aux deux premiers ; le rayon de ce troisième cercle est L ; le centre est en M_4, à la distance R de O. Quand la manivelle est dirigée suivant OM, ayant tourné d'un angle ω à partir de son point mort OM_1, le piston a parcouru la longueur MA ; il lui reste à parcourir la longueur AM'. Cela résulte de ce que les côtés OM_4 et KA du triangle OM_4A sont respectivement égaux au rayon R et à la longueur L, et de ce que OM_4 fait, avec la direction AO, l'angle ω.

L'épure indiquée par Dubost (fig. 195) permet de construire l'écart *mm'* ; après avoir tracé une fois pour toutes la longueur PQ, dont le rapport à la longueur du rayon est le même que le rapport du rayon à la bielle, on joint Q*m*, qui coupe la circonférence en I, et IP détermine *m'*.

On voit sur les épures que la longueur *l* - a, ou la somme des recouvrements d'une bande, portée en EI (fig. 188) a une influence capitale, mais que la largeur même de la lumière, *a*, n'a pas d'importance pour les tracés.

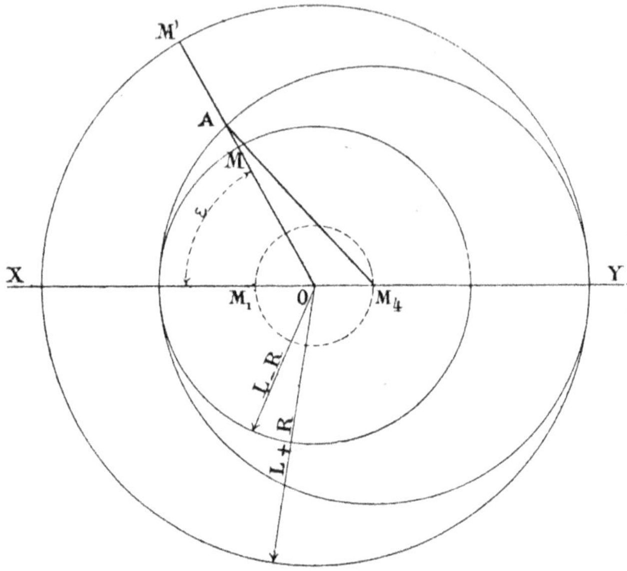

Fig. 194. — Cercles de Müller, donnant la distance du piston à ses fonds de course (AM et AM') pour un déplacement angulaire ω à partir du point mort de la manivelle (R, rayon de la manivelle ; L, longueur de la bielle).

Toutefois, l'épure montre que la plus grande ouverture possible est ET', pour l'admission, IT'' pour l'échappement ; IT'' est habituellement plus long de ET' : la largeur a devra donc être au moins égale à ET' ; elle serait ainsi suffisante pour l'admission, mais souvent trop petite pour l'échappement ; d'autre part il est inutile

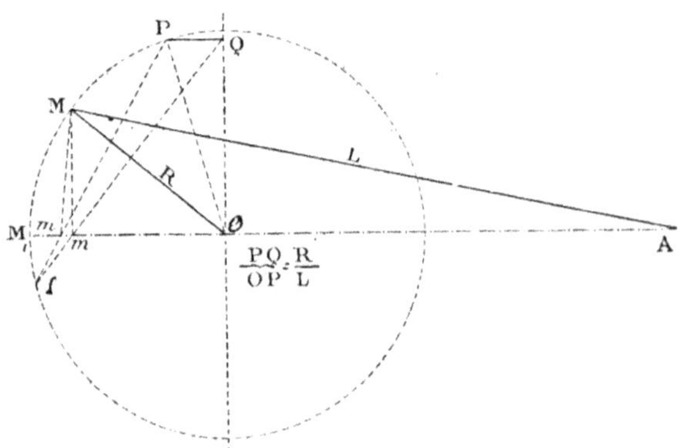

Fig. 195. — Epure de Dubost.

de la prendre supérieure à IT''. De même, la largeur de l'autre lumière, *a'*, sera comprise entre E'T'' et I'T'. On prend souvent une valeur commune de *a* et de *a'* un peu inférieure au maximum IT' ou IT". Pour déterminer la largeur a_0 de la lumière centrale, il faut soustraire (fig. 182) de la distance A des bords intérieurs des lumières les largeurs 2*b* des barrettes en fonte, largeurs déterminées par des conditions de résistance. Lorsque le tiroir, à l'un de ses fonds de course, ouvre en grand à l'échappement une des lumières extrêmes, il ne faut pas que la bande qui

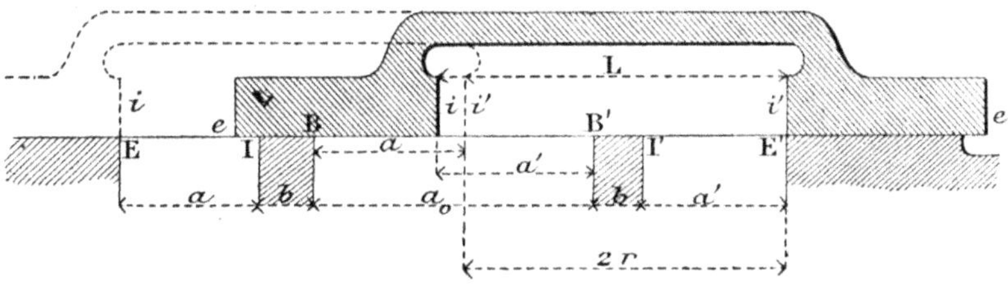

Fig. 196. — Détermination de la largeur *a*, de la lumière centrale.

dessert l'autre lumière extrême (fig. 196) vienne recouvrir une fraction trop grande de la lumière centrale : il convient que la largeur du passage *i*B' soit toujours égale au moins à l'ouverture donnée sur E'I', c'est-à-dire généralement à la largeur même *a'*. De même le bord *i'* du tiroir ne doit pas trop approcher du bord B ; il convient qu'il laisse toujours un vide égal au moins à *a*.

La figure 196 montre ces conditions, exprimées par la relation :

$$a_0 = a + a' + 2r - L$$

Les proportions des appareils sont toujours telles que le bord *e* ne puisse jamais dépasser le bord B, ce qui laisserait fuir la vapeur qui remplit la boîte à tiroir. Cette disposition vicieuse ne se produirait qu'avec des lumières beaucoup trop étroites pour la course du tiroir.

Tous ces tracés ne tiennent pas compte de la hauteur *h* des lumières : on fixe cette hauteur de manière à obtenir une section suffisante de lumière *a* x *h* : toutefois les convenances de construction ne permettent guère que cette hauteur dépasse beaucoup le diamètre du cylindre. La section convenable des passages se détermine à l'aide des formules approximatives qui donnent la relation entre la vitesse de la vapeur, s'écoulant d'une enceinte dans une autre, et la différence de la pression dans ces deux enceintes.

On en déduit dans chaque cas les sections de passage qui limitent à une valeur déterminée la chute de pression.

Avec la distribution ordinaire par tiroir, les laminages sont inévitables, puisque les lumières se referment graduellement à la fin de l'admission et de l'échappement. Pour simplifier le calcul, on peut chercher à ne pas dépasser certaines limites de vitesse pour l'écoulement de la vapeur lors des plus grandes ouvertures de lumière, à l'admission et à l'échappement.

Souvent on se contente de règles empiriques très simples pour proportionner les orifices de passage : on suppose le piston animé de sa vitesse moyenne, qui est égale à (4R*n*/60), R étant le rayon de la manivelle motrice et *n*, le nombre de tours par minute ; on en déduit la vitesse de la vapeur, comme s'il n'y avait aucune condensation ni aucune contraction de la veine fluide, au moment de la plus grande ouverture pour l'admission. On proportionne les ouvertures pour que cette vitesse fictive de la vapeur ait une valeur qu'on choisit, suivant la nature des machines, entre 25 et 60 mètres par seconde.

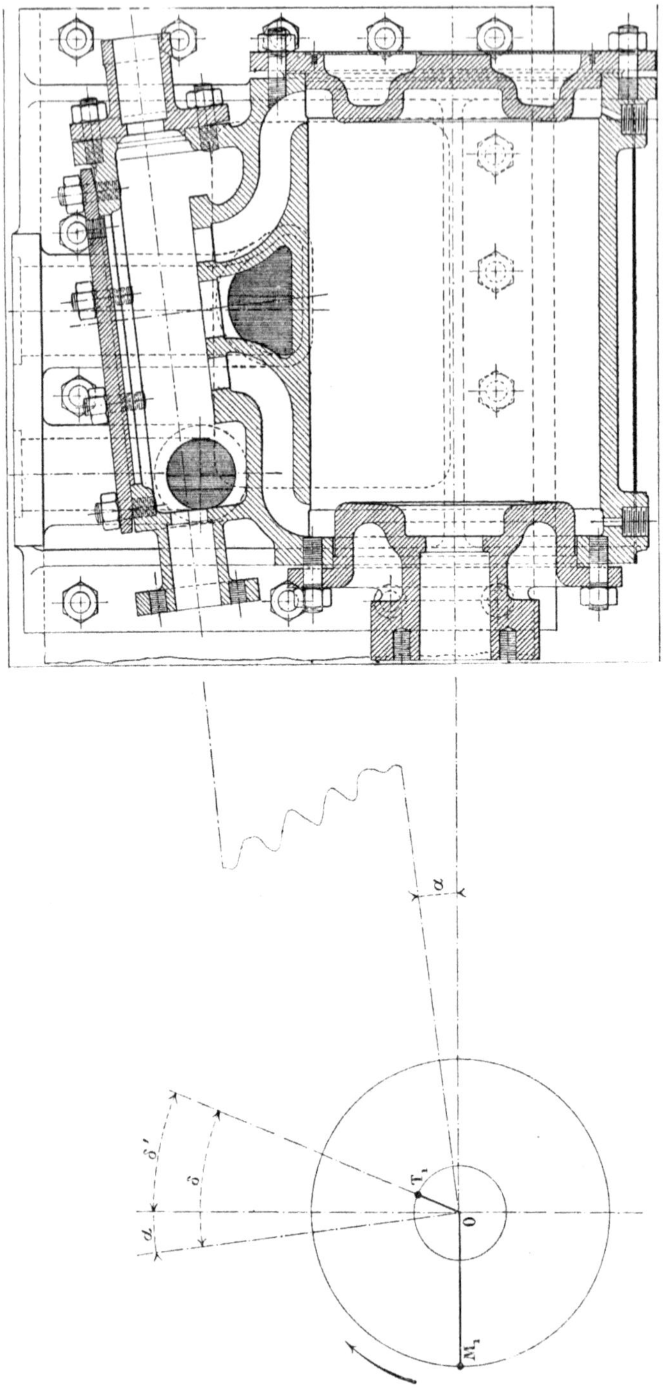

Fig. 197. – Calage de l'excentrique lorsque les axes du cylindre et du tiroir font un angle α.

En d'autres termes, la surface ouverte de la lumière d'admission se calcule en multipliant la surface du piston par le rapport de sa vitesse moyenne au nombre choisi entre 25 et 60. Il devient difficile d'obtenir des sections aussi grandes qu'on le désirerait pour les machines qui tournent rapidement et dans les cylindres de très

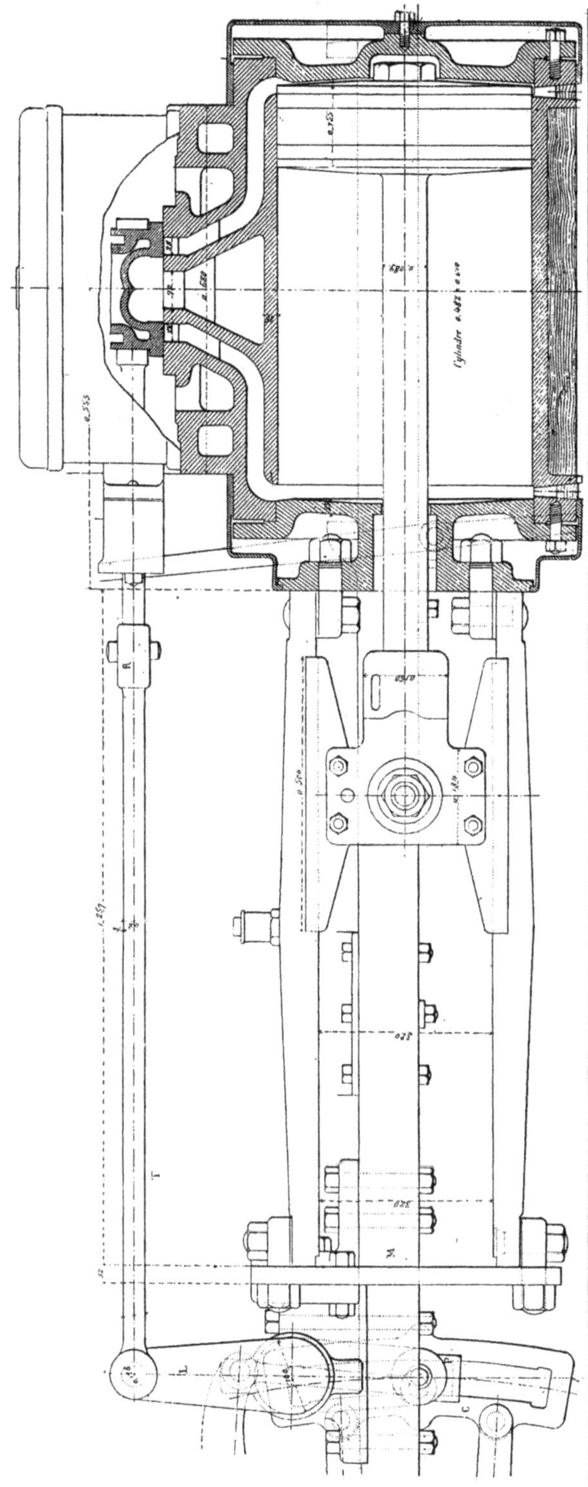

Fig. 198. — Commande de la tige du tiroir par un balancier de renvoi (disposition d'une locomotive américaine : l'extrémité inférieure du balancier est commandée par une coulisse de Stephenson); d'après M. Demoulin, dans le *Portefeuille des machines* (des hachures sont placées à tort sur les orifices destinés à recevoir les purgeurs).

grand diamètre. L'axe du mouvement du tiroir n'est pas toujours parallèle à l'axe du cylindre ; les deux axes peuvent faire un angle α, comme sur la figure 197. On ramène immédiatement cette disposition à celle qui a été étudiée, en supposant qu'on rétablisse le parallélisme en faisant tourner de l'angle α l'axe du tiroir avec sa manivelle, ainsi que la table des lumières. On détermine alors le véritable angle d'avance δ ; la manivelle du tiroir fait en réalité, avec la manivelle motrice, l'angle 90° + δ - α.

Un *balancier de renvoi* est souvent employé pour la commande d'un tiroir dont l'axe est parallèle à celui du cylindre, sans être dans le plan déterminé par cet axe et par l'axe de l'arbre (fig. 198). On peut alors considérer le tiroir comme retourné bout pour bout et l'excentrique doit être calé à 180° de sa position normale. Sur le diagramme fondamental (fig. 188) les points E et I sont alors les bords de la lumière la plus éloignée de l'arbre. Le balancier modifie quelque peu le mouvement du tiroir : il renverse l'effet des obliquités de la barre d'excentrique ; avec l'égalité des avances linéaires sur les deux côtés, la plus grande ouverture des lumières est moindre du côté où la période d'admission correspond à un plus petit parcours du piston. Ces deux causes d'inégalité s'ajoutent ; elles ne se compensent plus en partie de manière à ramener vers la même valeur le travail sur les deux faces du piston.

Pour faciliter le réglage des machines, et pour instruire leurs conducteurs et tous ceux qui les approchent, M. Guinotte a appliqué une disposition recommandable : sur la tige même du tiroir, convenablement prolongée au besoin, il fixe un modèle en coupe du tiroir, jouant sur une coupe des lumières : si ces pièces visibles sont convenablement repérées et montées de manière à ne pouvoir se déranger, elles témoignent à chaque instant de l'état de la distribution, qu'on ne peut vérifier directement qu'après des démontages gênants.

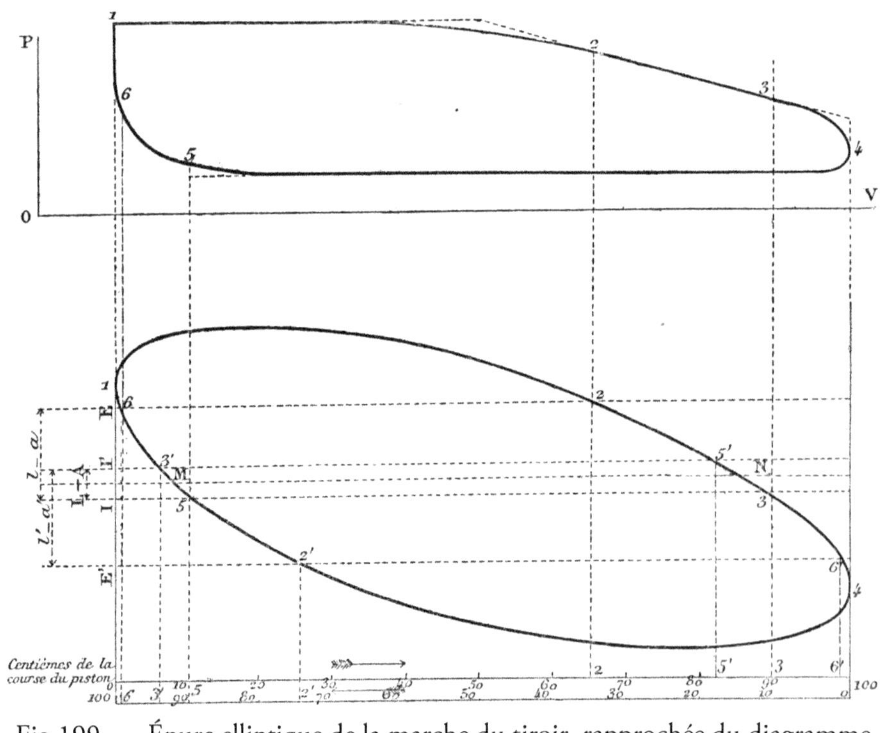

Fig 199. — Épure elliptique de la marche du tiroir, rapprochée du diagramme d'indicateur.

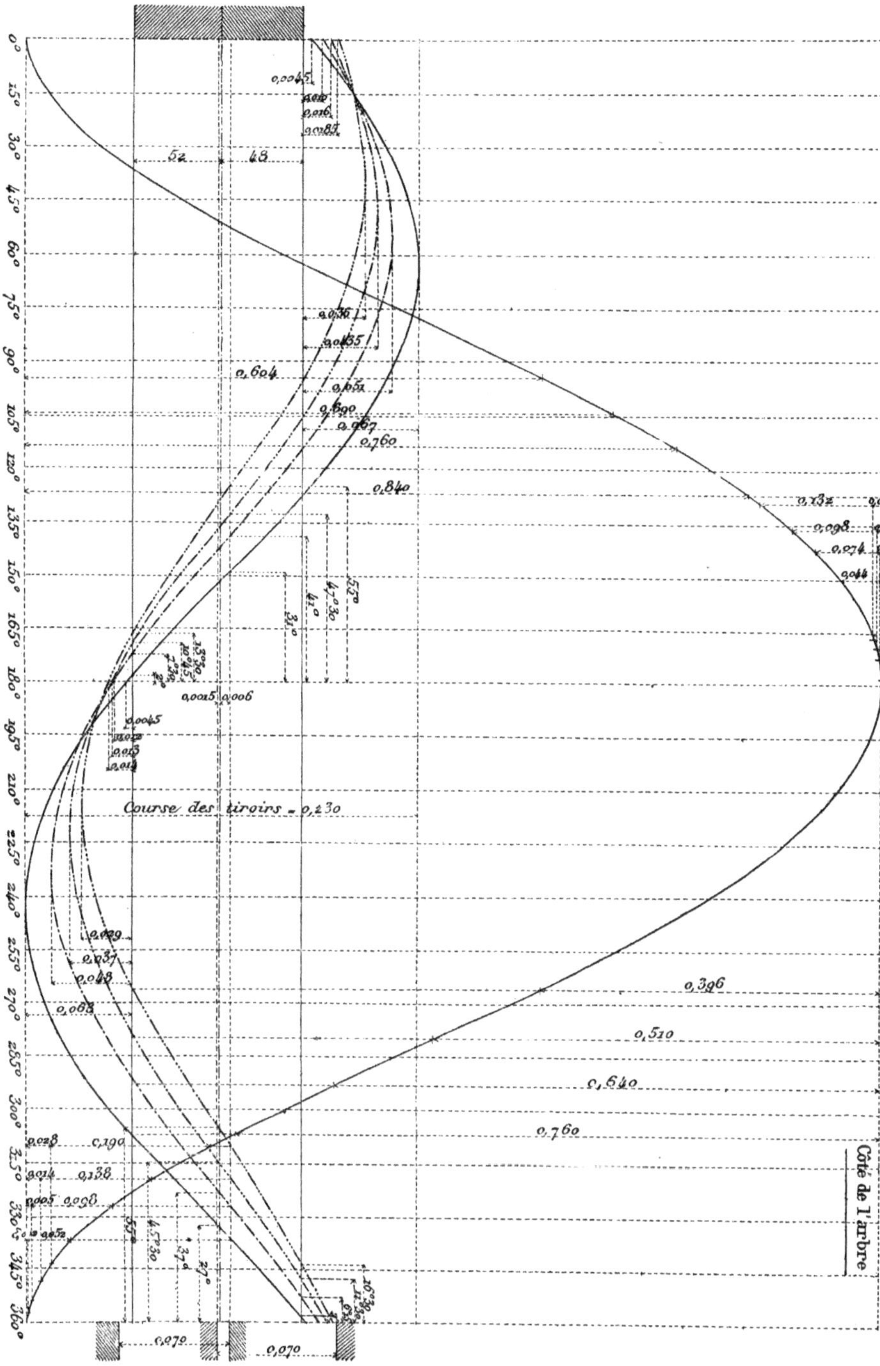

Fig. 200. — Epure sinusoïdale du mouvement d'un tiroir, conduit par une coulisse de Stephenson.

Fig. 200. – Épure sinusoïdale du mouvement d'un tiroir, conduit par une coulisse de Stephenson.

Diverses épures figurent les mouvements corrélatifs du tiroir et du piston.

L'épure dite *elliptique* suppose le mouvement du tiroir renvoyé perpendiculairement à celui du piston : parfois on réalise effectivement ce renvoi au moyen d'un fil passant sur une poulie, dans un modèle ou *pantin* représentant la marche d'une machine. Le mouvement d'un point du piston est alors inscrit en ordonnées, et celui d'un point du tiroir en abscisses (fig. 199).

Ce point unique représente encore les quatre bords du tiroir, qui se déplacent devant les quatre bords des lumières on figure ces quatre bords fixes comme dans le premier tracé, en prenant les longueurs EI, E'I', I I', égales à *l* - *a*, *l'* - *a'* et L - A ; l'avance linéaire ε, égale à E1, détermine la position des points fixes sur l'épure.

L'épure donne les positions du tiroir aux moments où les bords mobiles rencontrent les bords fixes : on en déduit immédiatement les parcours du piston. Sur la figure 199, ces parcours sont, pour le côté de l'arbre, 1-2 pendant l'admission, 2-3 pendant la détente, 3-4 pendant l'échappement anticipé, 4-5 pendant l'échappement, 5-6 pendant la compression, 6-1 pendant l'admission anticipée. Les chiffres accentués représentent ces phases sur l'autre face du piston.

La courbe tracée sur cette épure n'est pas effectivement une ellipse, à cause de l'obliquité des bielles.

Dans l'épure sinusoïdale (fig. 200) des ordonnées figurent les déplacements du piston et du tiroir pour les diverses positions de la manivelle motrice, caractérisées par l'angle de la rotation depuis un des points morts ; la valeur de cet angle, pour

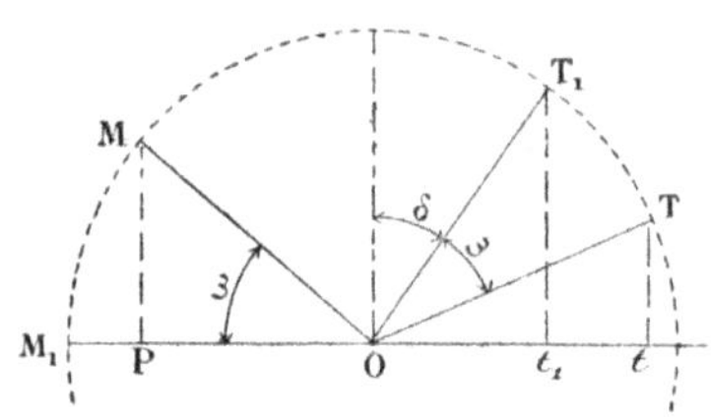

Fig. 201. — Déplacement du tiroir assimilé au mouvement de la projection *t* du centre T de l'excentrique.

un tour complet, de 0° à 360°, est portée en abscisse. Les bords fixes des lumières correspondent à des parallèles, dont les distances sont déterminées comme pour l'épure elliptique. La figure 200 s'applique à un tiroir commandé par une coulisse de Stephenson, et non par un excentrique simple. Les courbes sont loin d'être effectivement des sinusoïdes, surtout pour le mouvement du piston : dans l'exemple choisi, la longueur de la bielle motrice est de 1^{m},900, avec une course de 1 m.

L'*épure de Zeuner* est un tracé approximatif qui néglige l'obliquité de la barre d'excentrique. Quand la machine a tourné d'un angle *w* à partir du point mort de la manivelle motrice, le déplacement du tiroir, rapporté à sa position moyenne, est supposé égal à la projection O*t* du rayon de l'excentrique OT (fig. 201). O*t* est égal au produit de OT par le cosinus de l'angle *t*OT, ou à *r* sin (δ + ω). On décrit un cercle dont le diamètre OD est égal au rayon d'excentrique *r* (fig. 202) ; l'angle YOD est égal à l'avance angulaire δ et OX, est perpendiculaire à OY. O*t*, faisant avec OX l'angle ω, est égal à la projection de OT (fig. 201), car OT = OD . cos *t* OD = r sin (δ+ω).

Comptée sur le cercle ainsi tracé et sur un second cercle OD', symétrique du premier par rapport au point O, la longueur du rayon vecteur O*t* donnera le

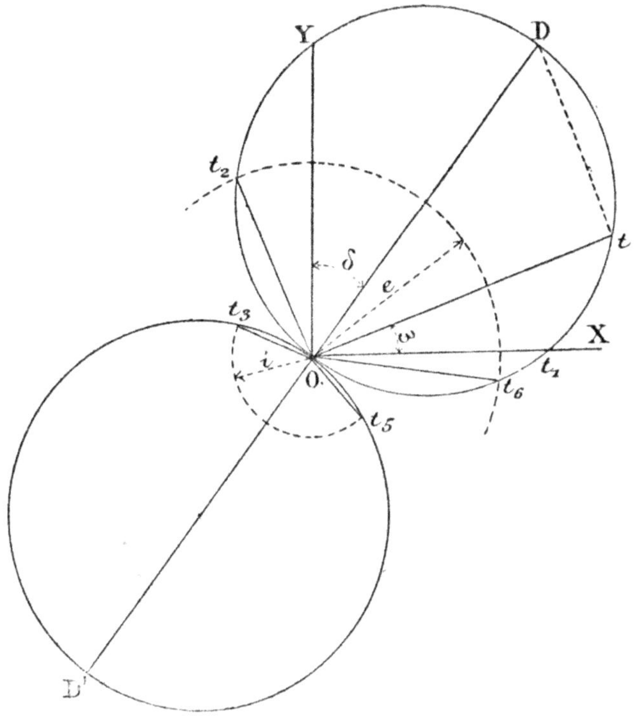

Fig. 202. — Diagramme de Zeuner, donnant approximativement le déplacement du tiroir (O*t*) pour une rotation ω à partir du point mort de la manivelle motrice.

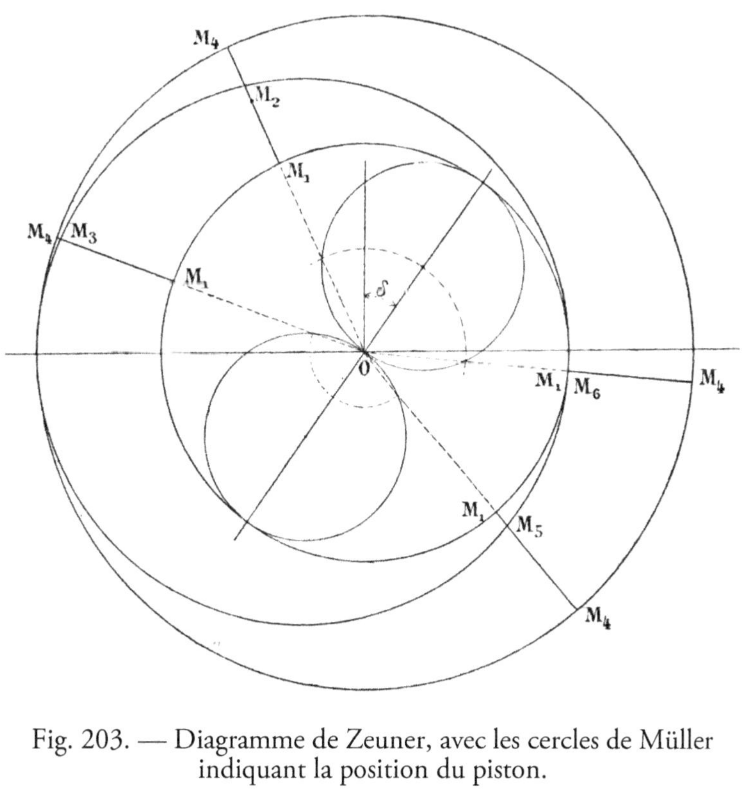

Fig. 203. — Diagramme de Zeuner, avec les cercles de Müller indiquant la position du piston.

déplacement du tiroir, à partir de sa position moyenne, pour une rotation tOX égale à ω ; cet angle de rotation est compté à partir du point mort de la manivelle motrice, depuis 0° jusqu'à 360°.

On peut à la rigueur se dispenser de tracer le second cercle. Pour connaître les phases de la distribution, il suffit de décrire deux cercles ayant leur centre en O, et dont les rayons sont le recouvrement extérieur *e* et le recouvrement intérieur *i* du tiroir placé dans sa position moyenne. En ajoutant au diagramme de Zeuner les cercles de Müller (fig. 203), on lira les positions exactes du piston pour les diverses positions angulaires de la manivelle, qui ne correspondent qu'approximativement aux phases réelles de la distribution.

Pour se rendre compte des ressources qu'offre la distribution simple par tiroir, avec les différentes valeurs de l'avance angulaire, δ, on néglige d'abord les effets de l'obliquité des bielles, puis on considère un tiroir sans avances linéaires ($\varepsilon = \varepsilon' = 0$) ni recouvrements intérieurs (L = A). La figure 204 représente ainsi, approximativement, les phases de la distribution pour la variation la plus étendue de l'angle d'avance, depuis 0 jusqu'à 90°. Les ordonnées montrent les parcours du piston pendant les phases d'admission, de détente et d'échappement anticipé : l'échappement proprement dit dure autant que l'admission et la détente réunies, et la compression autant que l'échappement anticipé.

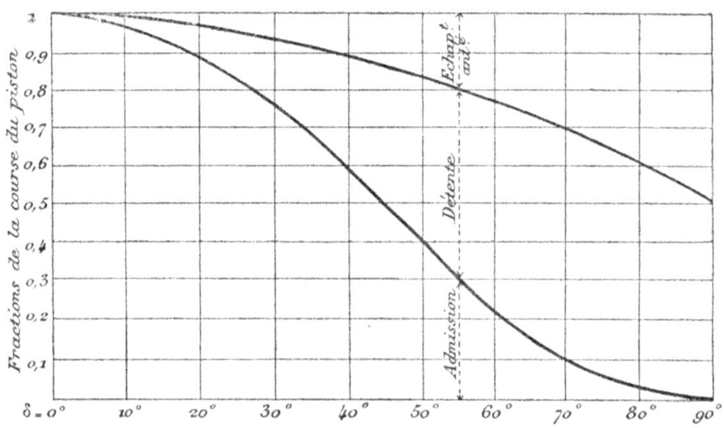

Fig. 204. — Tableau des périodes d'admission, de détente, d'échappement anticipé, données par un tiroir sans recouvrement intérieur ni avance linéaire, pour toutes les valeurs de l'angle d'avance δ comprises entre 0° et 90°.

Avec un angle d'avance nul, l'admission a lieu pendant tout le parcours du piston : on a une distribution sans détente, usitée dans quelques appareils à vapeur, tels que les servo-moteurs, et appliquée aux moteurs hydrauliques. Avec une petite avance angulaire, jusque vers 20°, l'admission dure encore pendant presque toute la course. Une avance de 20° à 40° donne des périodes d'admission pendant plus de la moitié de la course totale du piston, ce qui est nécessaire pour le démarrage, dans toutes les positions, des machines à deux cylindres commandant des manivelles calées à angle droit.

Avec des avances de 40° à 60°, l'admission diminue, mais les périodes d'échappement anticipé et de compression augmentent notablement. Elles deviennent excessives pour des avances supérieures à 60°.

Par l'addition de recouvrements intérieurs au tiroir, on augmente la détente aux dépens de l'échappement anticipé, mais on allonge aussi la période de compression. Le découvert intérieur produit des effets inverses.

Le seul examen de la longueur géométrique des phases ne donne pas une idée suffisante d'une distribution : les laminages de vapeur y ont une action fort importante, surtout dans les machines rapides. La fermeture graduelle de l'orifice ouvert à l'admission, et l'ouverture graduelle de l'orifice d'échappement, allongent en réalité la période de détente aux dépens de celles d'admission et d'échappement anticipé. Cela permet souvent d'obtenir une détente convenable de la vapeur avec des avances de 40° environ. Le laminage à l'admission devient même souvent assez fort pour qu'on le réduise quelque peu en diminuant la longueur totale des tiroirs de manière à leur donner des avances linéaires ; on augmente ainsi l'ouverture des lumières.

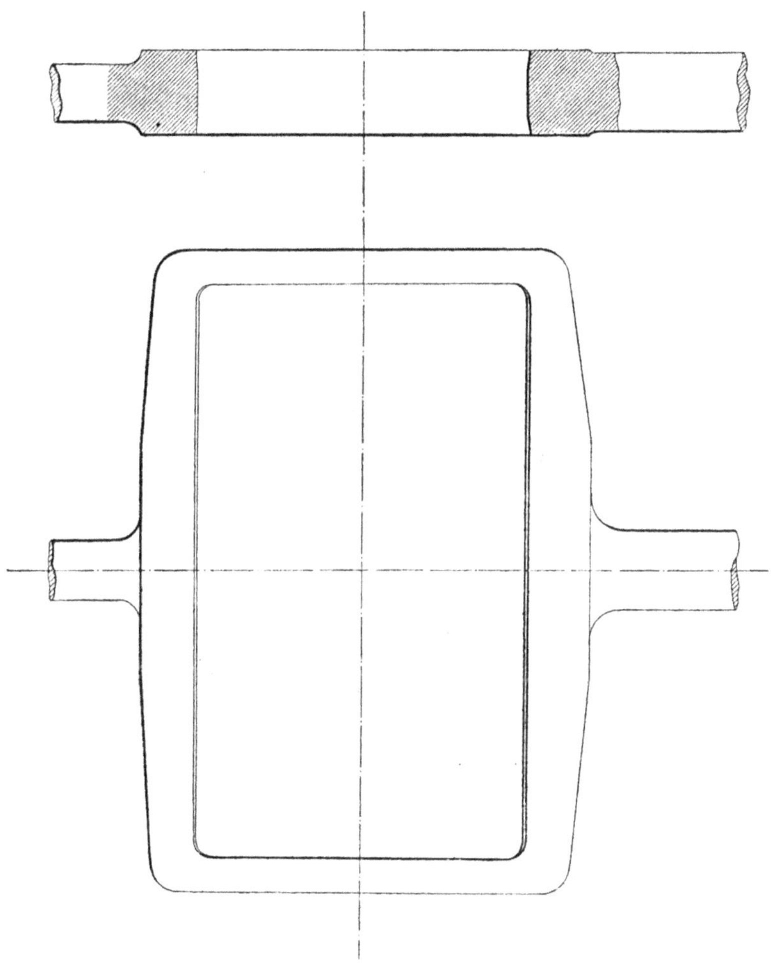

Fig. 205. — Cadre de tiroir.

La fermeture graduelle de l'orifice d'échappement augmente la compression ; si le tiroir donne une assez grande période de compression, il entraîne aussi pour le cylindre de vastes espaces libres dans lesquels la vapeur se comprime.

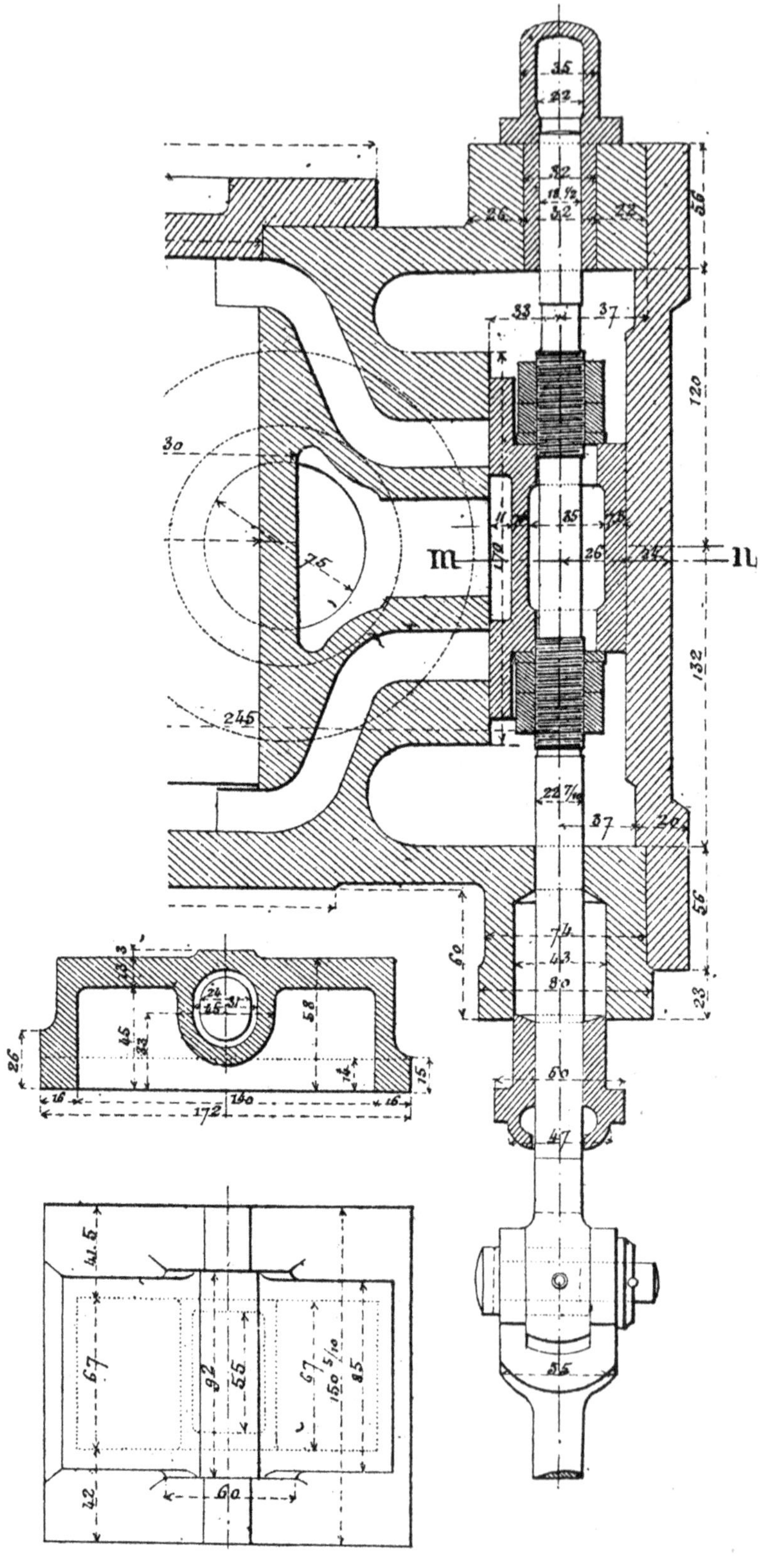

Fig. 206. — Tiroir traversé par sa tige (machine de M. Raffard).

C'est ainsi que les divers inconvénients qu'entraîne la distribution par excentrique et tiroir, tels que les laminages de vapeur, les grands espaces libres, la forte compression, se combinent de manière à se compenser en partie. En outre, la résistance offerte par la compression évite le changement brusque des efforts sur le piston : cette action est étudiée au § 67.

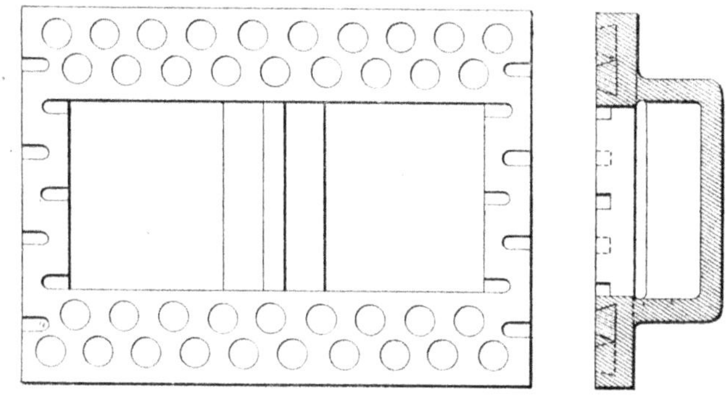

Fig. 207. — Tiroir garni de macarons de régule, et muni d'encoches latérales.

Le tiroir est habituellement monté de manière à se déplacer légèrement dans une direction perpendiculaire à la table des lumières ; ce déplacement le maintient collé sur la table malgré l'usure et permet au besoin le soulèvement. Dans les petites machines, il est souvent pris dans un cadre forgé avec la tige (fig. 205), ou relié à la tige qui traverse un logement ménagé dans le métal (fig. 206). Lorsque le tiroir ne repose pas sur une table horizontale, de petits ressorts le maintiennent appliqué, quand l'arrivée de vapeur est interrompue.

Le tiroir est coulé en fonte ou en bronze. La surface frottante est parfois garnie, de macarons (fig. 207) ou de bandes en régule.

53. Formes diverses de tiroirs.

Certains tiroirs, bien que n'ayant pas la forme simple à coquille, donnent une distribution semblable, qu'on étudie à l'aide des mêmes tracés géométriques. Tels sont les tiroirs à *double orifice, solidaires, à canal, cylindriques* ; ces derniers sont disposés pour réduire le frottement.

Quand on augmente le diamètre d'un cylindre en conservant la course du piston, on peut allonger, proportionnellement au diamètre, la hauteur des lumières (*h*) : mais pour ouvrir à la vapeur des sections de passage équivalentes, il faudrait augmenter, d'après la même proportion, la course du tiroir.

Cette augmentation de course ne peut pas être toujours obtenue, surtout avec les mécanismes de commande tels que les coulisses. Quelquefois on applique contre le cylindre deux tiroirs, jouant chacun sur une table différente.

Avec le tiroir à double orifice (fig. 208 et 209), souvent employé dans les machines marines, les sections de passage, pour l'admission et pour l'échappement, sont deux fois plus grandes. Les lumières extrêmes du cylindre sont dédoublées. Des quatre ouvertures rectangulaires ajoutées sur la face frottante du tiroir, les deux plus voisines de la cavité centrale sont en communication constante avec la boîte à vapeur : la largeur n'a pas besoin d'en être plus grande que la fraction de la lumière du cylindre découverte pour l'admission lorsque le tiroir est à fond de course ; les deux ouvertures extrêmes du tiroir sont en communication constante avec l'échappement comme la cavité centrale. Quant à la largeur de la bande (68 mm sur la figure 208) laissée entre les lumières dédoublées du cylindre, elle est assez grande pour que la barrette qui sépare les deux ouvertures voisines du tiroir ne la quitte jamais.

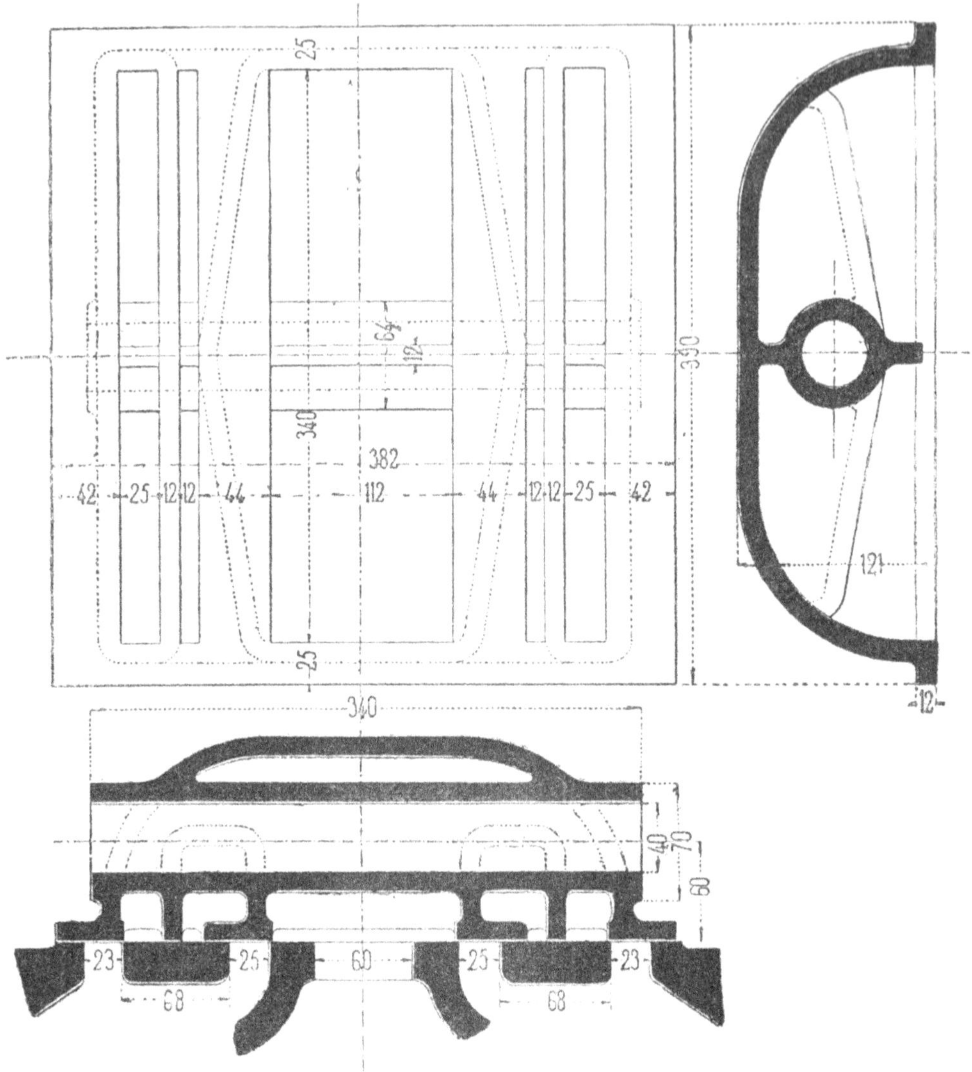

Fig. 208. — Tiroir à double orifice, d'après Coste et Maniquet : vue de la face frottante, coupe longitudinale et coupe transversale.

On diminue le volume des espaces libres en faisant déboucher les lumières d'admission sur la table près des fonds du cylindre ; mais ces lumières se trouvent alors éloignées l'une de l'autre, et le tiroir devrait avoir une longueur démesurée. On le coupe en deux, en pratiquant deux lumières d'échappement, et on a deux tiroirs solidaires au lieu d'un seul. Le vide qui reste entre les deux tiroirs ne doit jamais découvrir les lumières d'échappement. La figure 210 représente un tiroir à double orifice, ainsi divisé, avec échappement de vapeur par la face latérale.

Le tiroir à canal ou tiroir de Trick (fig. 211 et 212) augmente seulement les sections de passage pour l'admission de vapeur. Au moment de l'ouverture de l'admission ou du contact des bords E et *e*, le bord *e*, du canal coïncide avec le bord

E, de la partie dressée de la table, bord dont la position rigoureuse, indifférente avec le tiroir ordinaire, devient ici obligatoire. Dès que le tiroir avance, la vapeur pénètre dans la lumière non seulement directement, mais aussi par le canal : c'est comme si, au début de l'admission, le tiroir marchait deux fois plus vite. La même action se produit avant la fermeture de la lumière d'admission. L'échappement se fait sans modification.

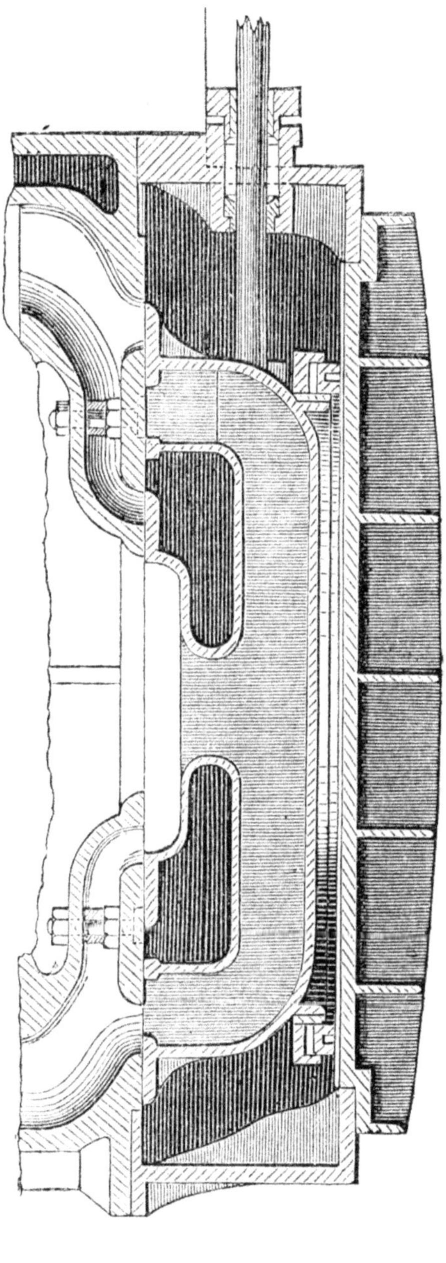

Fig. 209. — Tiroir à double orifice du « Great Eastern », construit en 1859 (d'après Bourne).

Les cotes sont telles que le canal ne vient jamais communiquer avec la lumière d'échappement a_0. Le canal unique du tiroir fonctionne de même lors de l'ouverture de la lumière de droite : alors le bord e'_1 vient coïncider avec le bord E'_1 de la table. Quand on substitue à un tiroir ordinaire le tiroir à canal, il paraît logique de réduire l'étendue des périodes d'admission anticipée, en diminuant les avances linéaires.

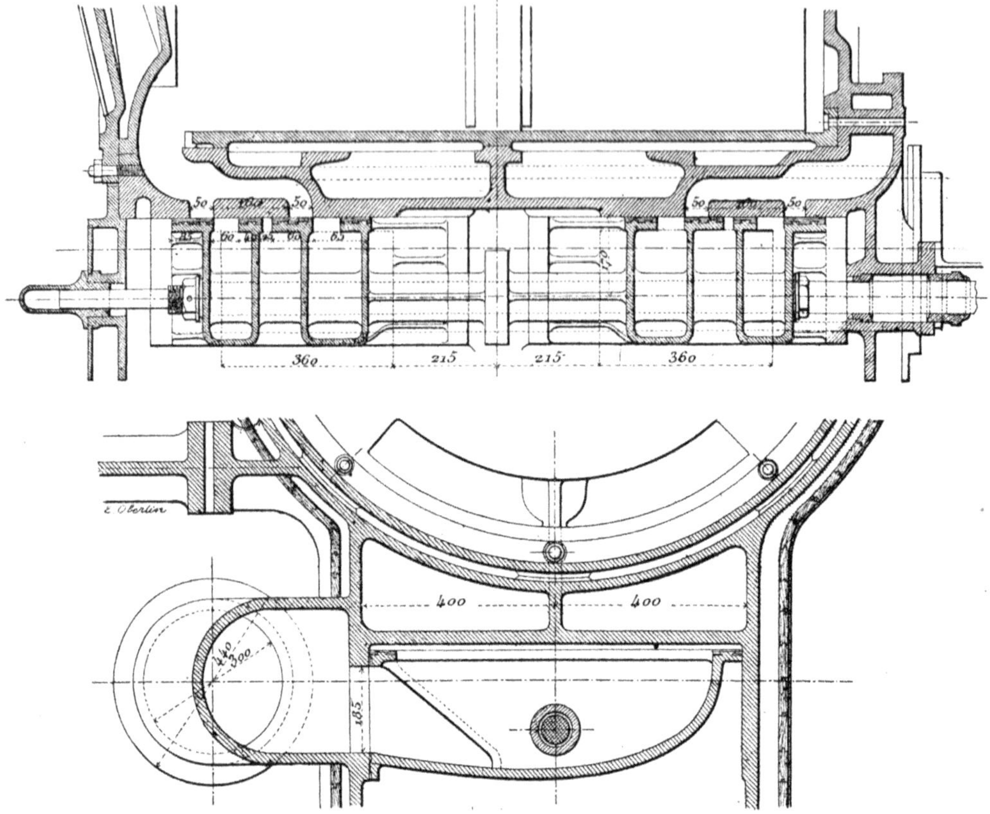

Fig. 210. — Tiroirs séparés, à double orifice, et à échappement par la face latérale, pour machine marine («le Pluvier », construit en 1881); coupe par l'axe des tiroirs et coupe perpendiculaire.

Il est difficile de prévoir exactement le travail absorbé par le frottement d'un tiroir, car la pression qu'il supporte et le coefficient de frottement varient. Ce travail peut être assez considérable, et surtout l'usure et le grippement des surfaces sont à craindre. Dans une position quelconque (fig. 213), le tiroir supporte, du fait de la vapeur à la pression p_1, une charge p_1 x ee' x $(h+2c)$, $h+2c$ étant la hauteur du tiroir. En dessous, il est soumis à une charge contraire p_1 x $e'E_1$ x $(h+2c)$ $+p_2$ x iE' x h $+p$ x EI x h, p_2 étant la pression d'échappement et p la pression variable dans le cylindre sous la lumière recouverte. Si le tiroir et la table sont en contact parfait, la vapeur n'exerce aucun autre effort sur le tiroir ; mais avec les surfaces rayées comme elles le sont parfois, les pressions peuvent s'étendre sous une certaine largeur de la bande qui devrait poser sur la table. Quoi qu'il en soit, on peut estimer la charge résultante du tiroir pour une série de positions. On l'évalue approximativement en multipliant la surface totale [$(h+2c)$ x ee'] par la différence des pressions p_1 et p_2. La surface de portée du tiroir doit être assez grande pour que la charge par centimètre carré ne dépasse pas une limite, qu'on place aux environs de 30 kg.

Le coefficient de frottement varie avec le graissage et l'état des surfaces. La valeur 0,20 serait très défavorable ; avec le coefficient 0,05, le frottement serait plus doux,

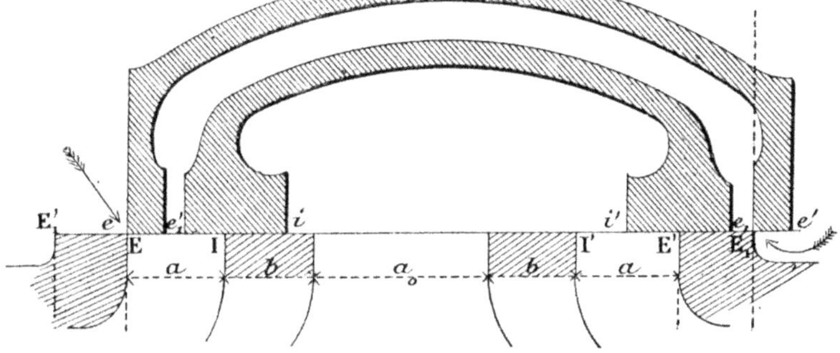

Fig. 211. — Tiroir de Trick, à canal.

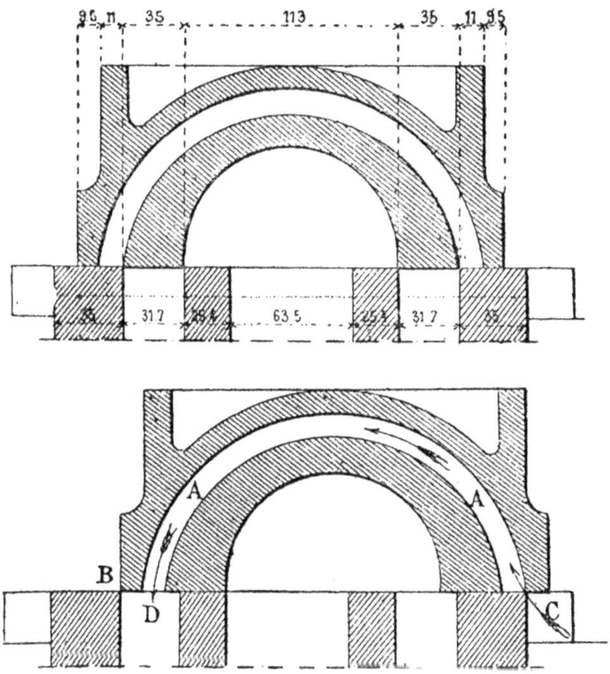

Fig. 212. — Tiroir à canal.

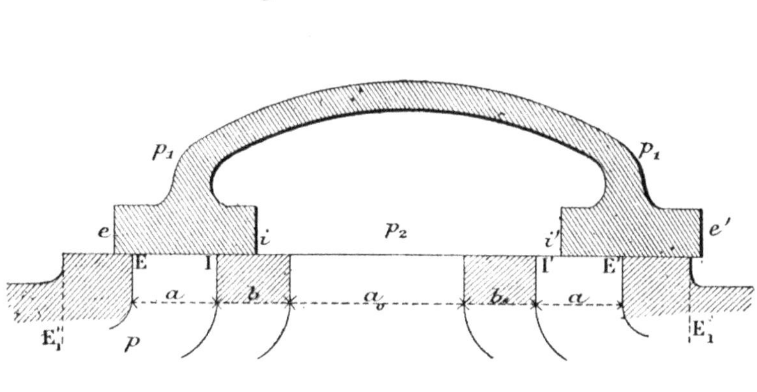

Fig. 213. — Pression sur un tiroir.

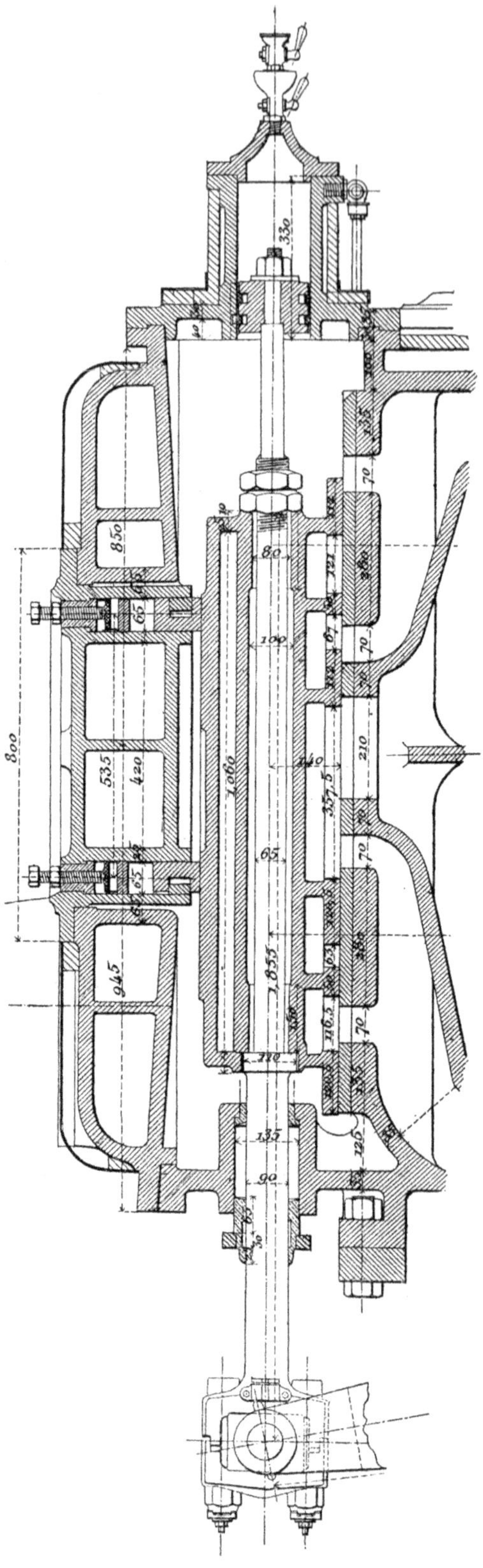

Fig. 214. — Compensateur de tiroir, pour cylindre à haute pression d'une machine marine, et piston pour l'équilibre du poids des pièces; coupe suivant l'axe du tiroir.

mais il paraît pouvoir se réduire bien au-dessous de cette valeur. Pour une surface totale de 1140 cm², une différence des pressions de 10 kg par cm², un coefficient de frottement de 0,1, une course de 100 mm avec 3 tours par seconde, le travail absorbé par le frottement est 1140 x 10 x 0,1 x 0,2 x 3 ou environ 700 kilogrammètres par seconde.

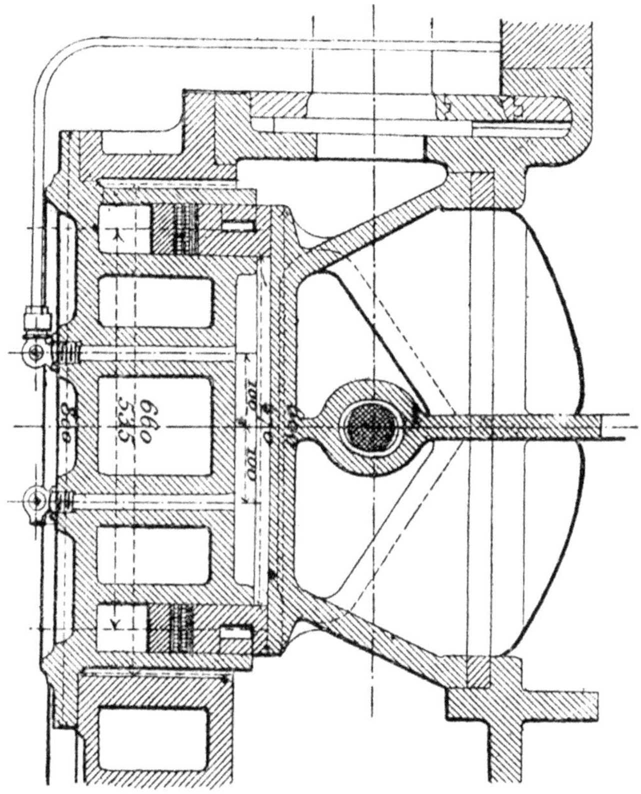

Fig. 215. — Compensateur; coupe perpendiculaire à l'axe du tiroir, montrant les conduits d'échappement de vapeur du compensateur.

On réduit le frottement au moyen du compensateur, fort usité dans les machines marines. L'extérieur du tiroir porte une face plane (fig. 214 et 215), sur laquelle vient porter une couronne fixée dans le plateau qui ferme la boîte à vapeur. Cette couronne est appuyée contre le tiroir par des ressorts qu'on peut régler à l'aide de

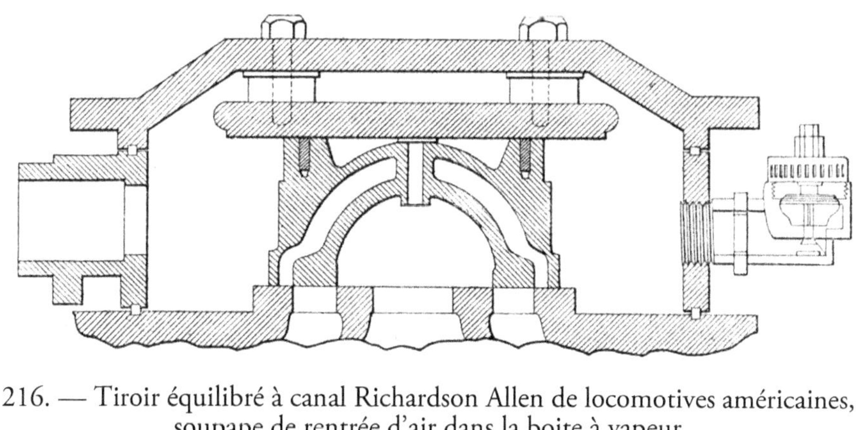

Fig. 216. — Tiroir équilibré à canal Richardson Allen de locomotives américaines, avec soupape de rentrée d'air dans la boite à vapeur.

vis, de manière à exercer une pression convenable pour un bon contact et à racheter l'usure.

Le joint entre le compensateur et le plateau doit être étanche. On isole ainsi une portion de la surface du tiroir, qu'on soustrait à la pression de la boîte à vapeur, en mettant en communication avec l'échappement l'espace circonscrit par le compensateur, à l'aide d'un trou percé dans le dos du tiroir ou mieux d'une ouverture dans le plateau.

La surface ainsi isolée doit être déterminée de telle sorte que, dans toutes les positions du tiroir, il y ait toujours une pression assez forte qui l'applique sur la table ; si cette surface est trop grande, le tiroir risque de se soulever par moments, et il en résulte une fuite de vapeur. En général la portion sous-traite à la pression ne dépasse pas les 5 à 6 dixièmes de la surface totale du tiroir.

La pièce mobile est aussi fixée sur le dos du tiroir et frotte sur une face plane du plateau (fig. 209, 216 et 217).

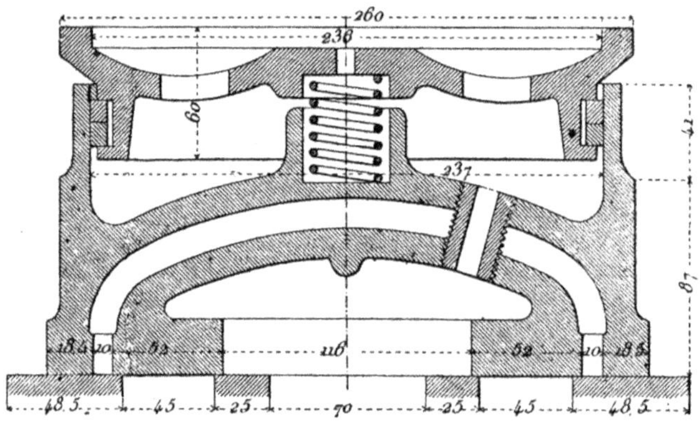

Fig. 217. — Tiroir à canal, avec condensateur Adams, appliqué sur des locomotives du chemin de fer du Nord en 1889.

Parfois on rattache la partie frottante du compensateur au tiroir par une lame d'acier flexible, soit plane ou plutôt légèrement conique (fig. 218), soit en forme de demi-tore (fig. 219).

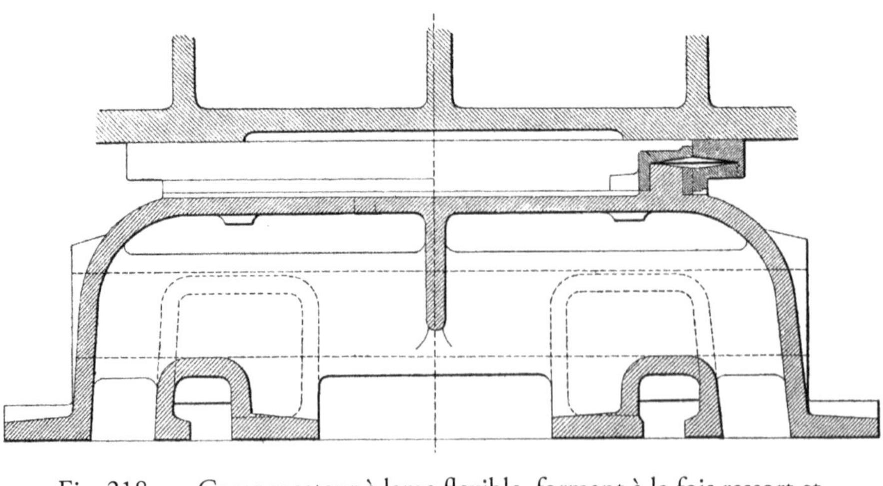

Fig. 218. — Compensateur à lame flexible, formant à la fois ressort et joint étanche avec le tiroir.

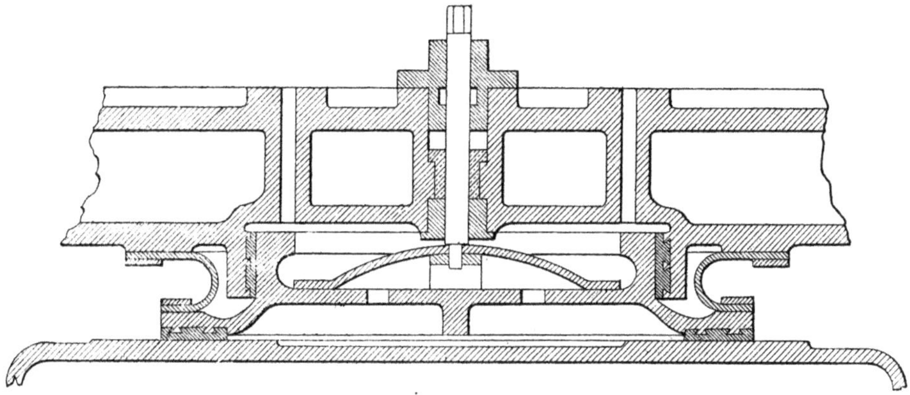

Fig. 219. – Compensateur à lame flexible en demi-tore (d'après Bienaymé).

En ouvrant complètement le dos du tiroir sous le compensateur, et en plaçant un conduit d'échappement au milieu du compensateur (fig. 220), on peut supprimer la lumière d'échappement, de forme assez compliquée, fondue avec le cylindre. Cette

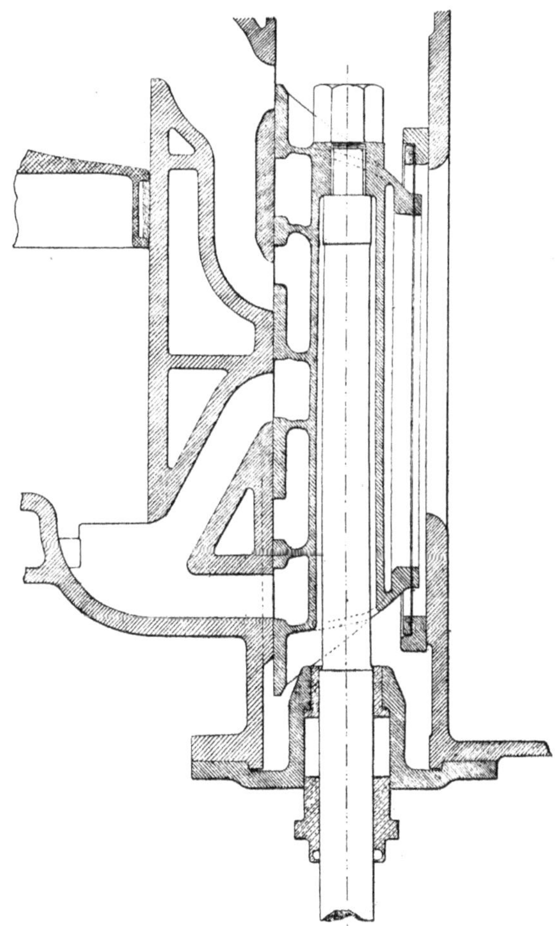

Fig. 220. — Tiroir à dos percé, avec doubles orifices et compensateur à lame flexible, construit par A. Normand. Des cinq lumières du tiroir, les deux extrêmes et la lumière centrale servent à l'échappement et communiquent avec l'ouverture du plateau, isolée par le compensateur ; les deux autres donnent une admission supplémentaire.

disposition n'est guère usitée ; si une fuite vient à se produire au compensateur, il n'y a pas de remède facile ; avec le tiroir ordinaire, au contraire, si l'orifice de communication avec l'échappement est disposé dans le plateau et muni d'un robinet (fig. 215), il suffira de fermer ce robinet pour arrêter la fuite, en supprimant, il est vrai, l'équilibre du tiroir, ce qui n'empêche pas la machine de fonctionner.

On obtient un équilibre complet en faisant usage de pistons ou du tiroir cylindrique. La boîte à vapeur devient un cylindre où se meuvent deux pistons solidaires (fig. 221 à 224), conduits par la tige du tiroir. Ces pistons se déplacent sur deux lumières annulaires.

La vapeur est admise de part et d'autre de ces deux pistons ; l'échappement se fait entre eux. Ces pistons solidaires distribuent la vapeur exactement comme le tiroir

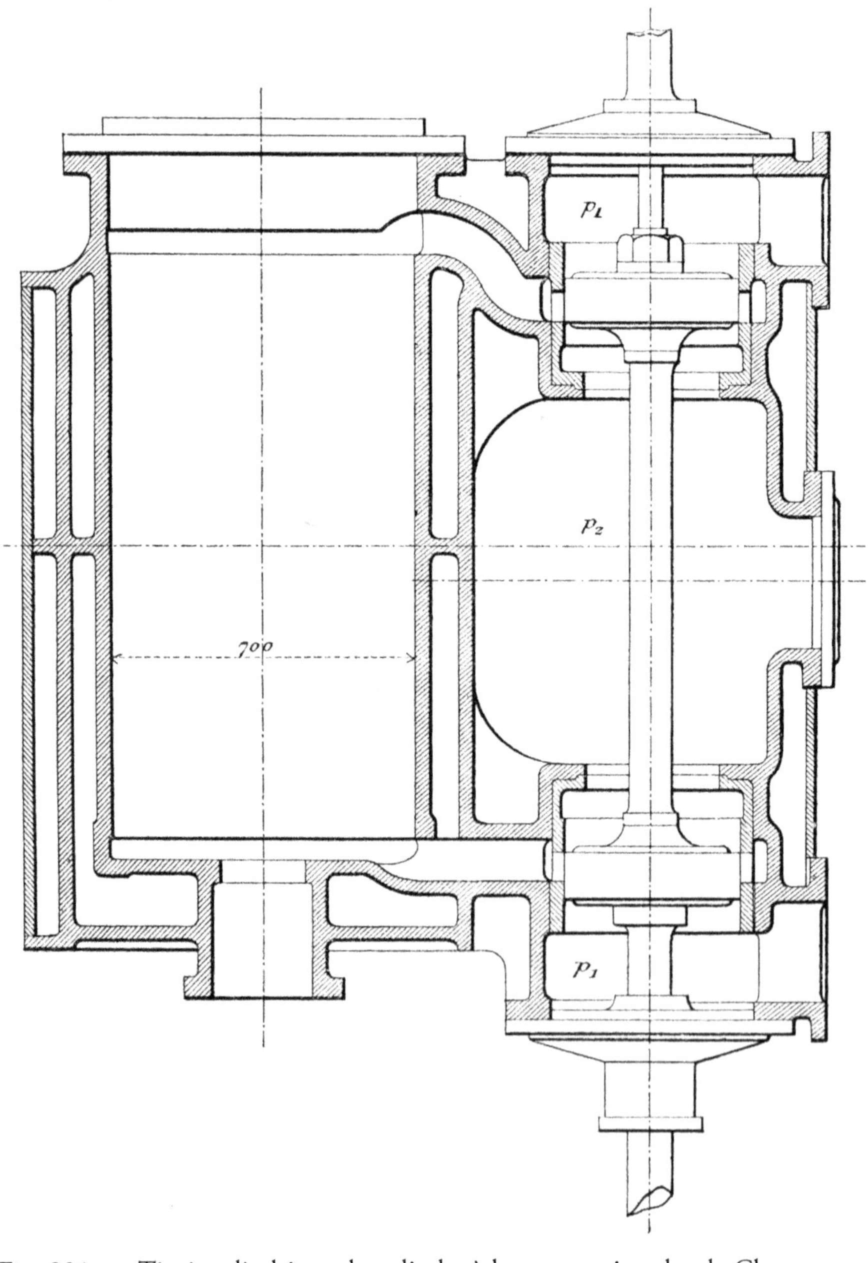

Fig. 221. — Tiroir cylindrique du cylindre à haute pression de « la Charente ».

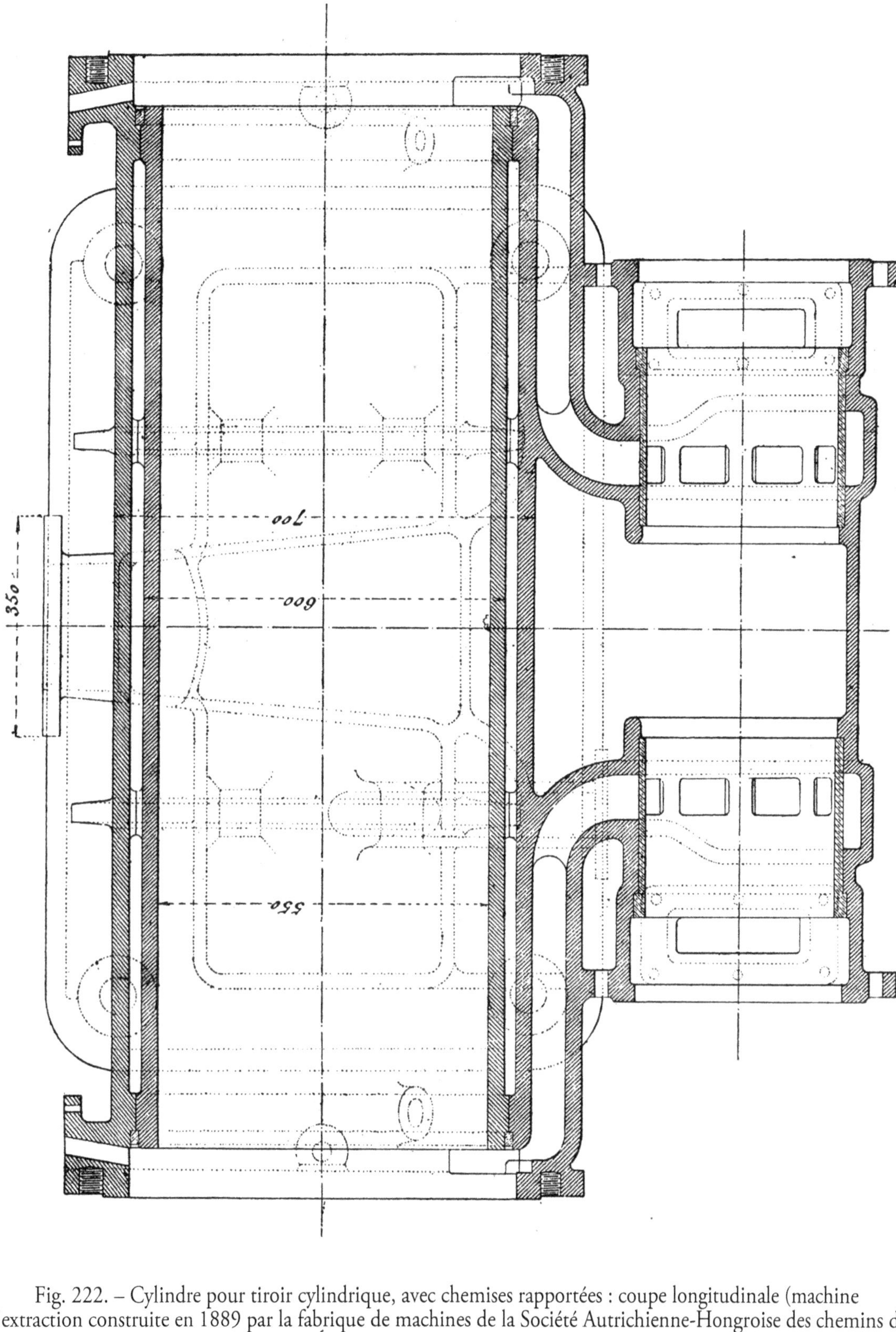

Fig. 222. – Cylindre pour tiroir cylindrique, avec chemises rapportées : coupe longitudinale (machine d'extraction construite en 1889 par la fabrique de machines de la Société Autrichienne-Hongroise des chemins de fer de l'État ; d'après le *Portefeuille des machines*.

ordinaire. Les lumières annulaires sont coupées par une série de barrettes pleines, qui maintiennent les pistons et empêchent qu'ils n'accrochent les bords.

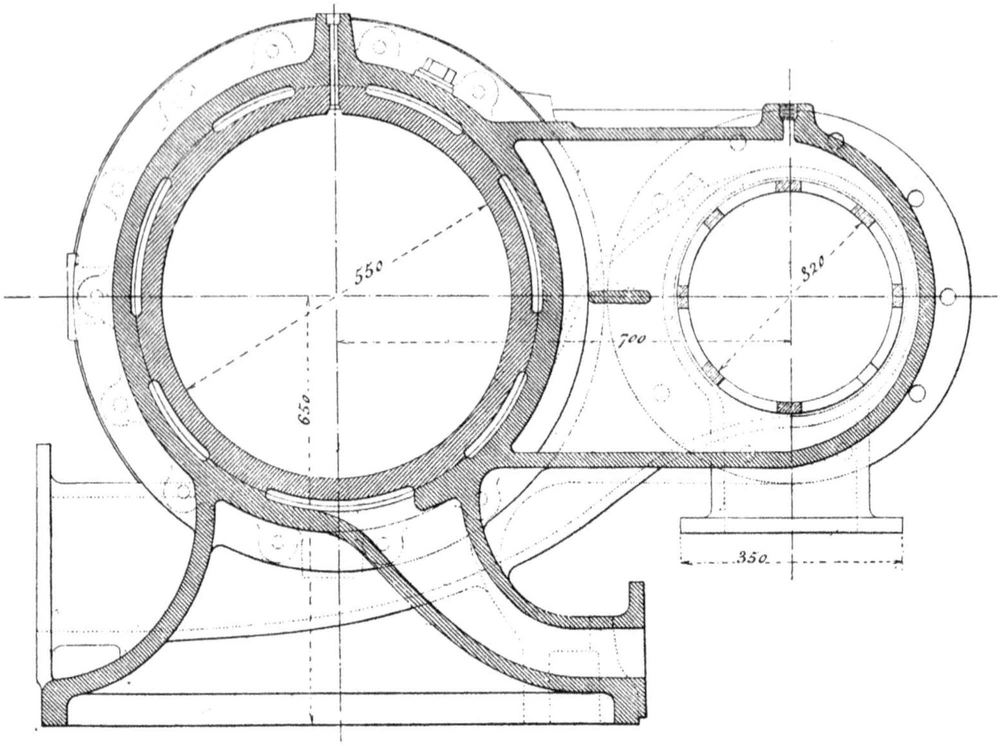

Fig. 223. – Cylindre pour tiroir cylindrique ; coupe transversale.

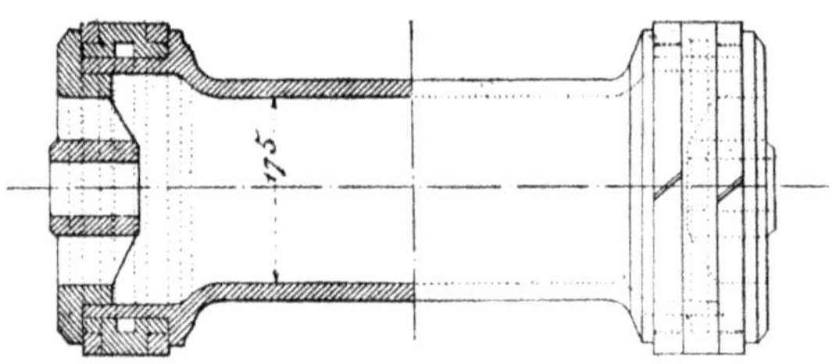

Fig. 224. – Tiroir cylindrique pour le cylindre des fig. 222-223.

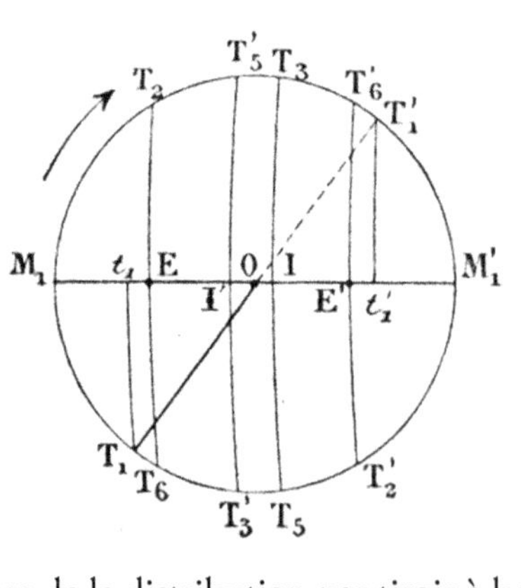

Fig. 225. – Épure de la distribution par tiroir à bords intervertis.

Les pistons sont munis de bagues ou segments élastiques, parfois au nombre de quatre par piston, groupés deux par deux avec joints croisés ; ou bien chaque piston porte un segment unique de longueur *l*, avec une pièce rapportée dans le joint pour le rendre étanche.

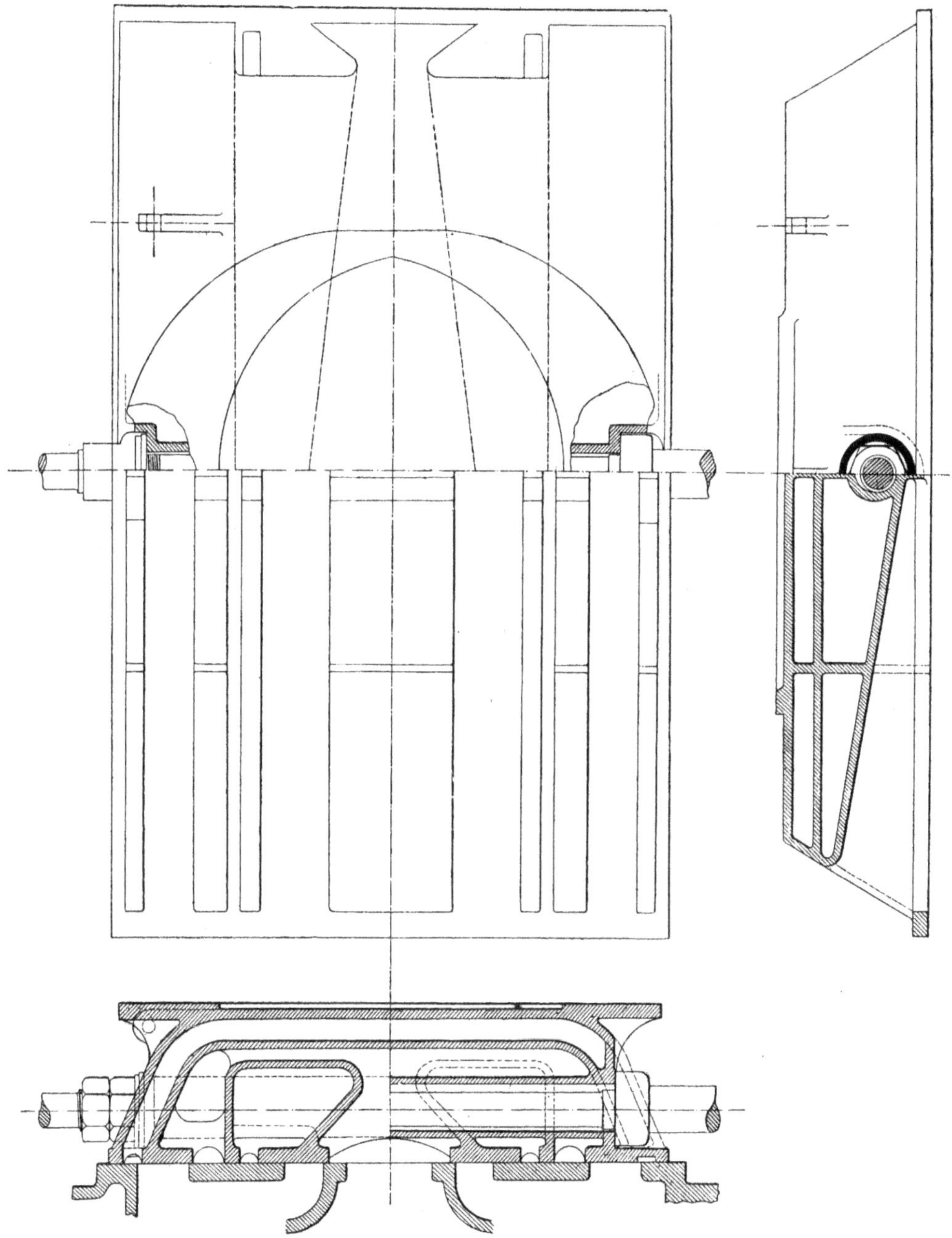

Fig. 226. — Tiroir du cylindre à basse pression des machines du croiseur américain « Texas », construit en 1892.

On a même construit des pistons distributeurs sans segments, parfaitement ajustés à frottement doux dans leur cylindre. L'exécution étant très soignée, ces pistons peuvent rester longtemps à peu près étanches, avec un faible frottement.

Le cylindre porte alors une chemise d'acier sur laquelle frottent les pistons et qu'on peut remplacer.

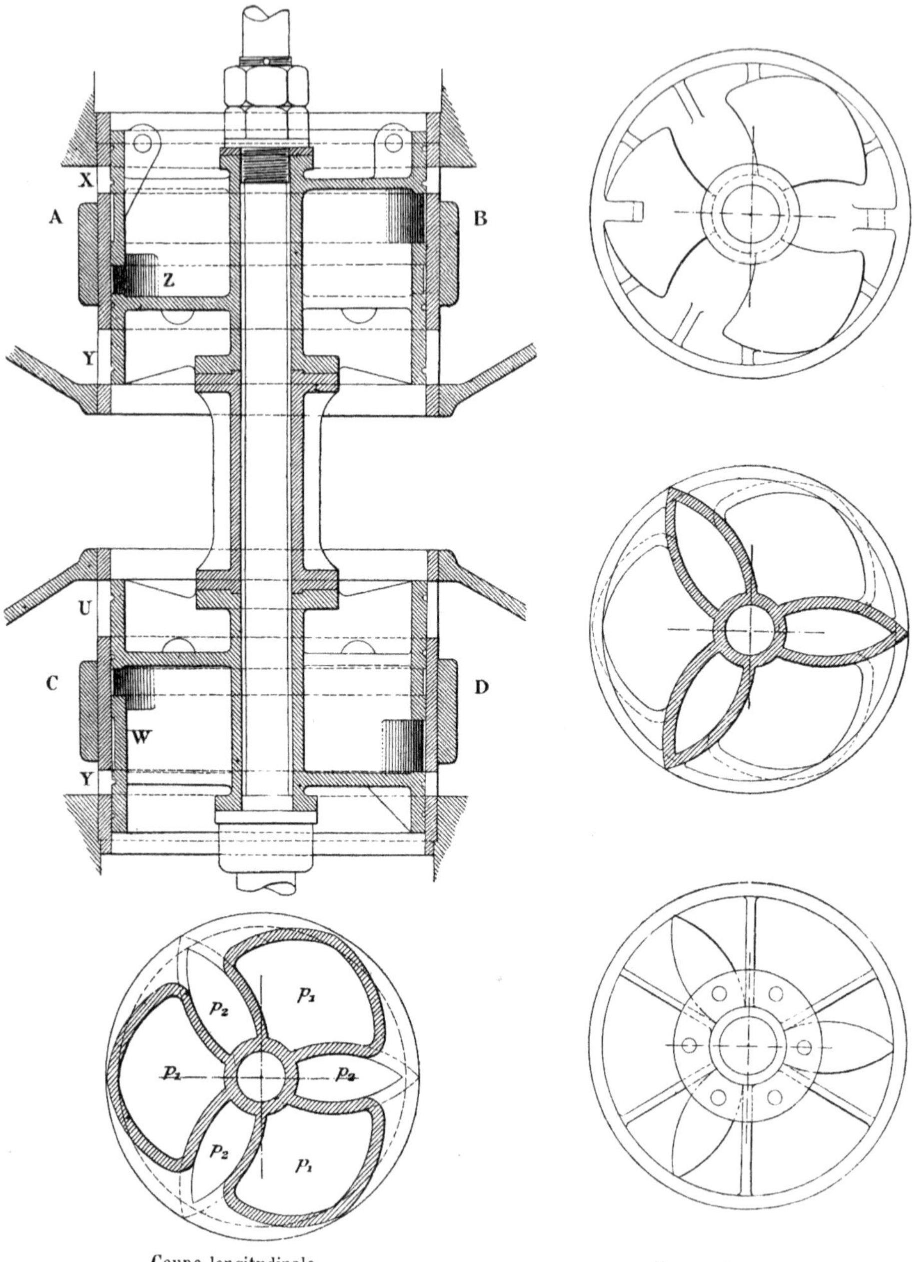

Coupe longitudinale.
Coupe suivant AB.

Vue en dessus.
Coupe suivant CD.
Vue en dessous de la partie supérieure.

Fig. 227. — Tiroir cylindrique du cylindre intermédiaire des machines du « Texas ».

Souvent on intervertit les côtés d'admission et d'échappement des tiroirs cylindriques (fig. 11), à condition de déplacer de 180° le rayon de l'excentrique qui les conduit.

En traçant l'épure de la distribution (fig. 225), on voit que l'interversion des bords du tiroir la modifie comme un balancier de renvoi. Si on fait usage, en même temps, de ce balancier, l'excentrique reprend son calage primitif et la distribution se retrouve à peu près la même.

Quand l'admission se fait par les bords intérieurs du tiroir, un conduit unique amène la vapeur au milieu du cylindre. Les doubles conduits d'admission ou d'échappement ne sont, du reste, jamais nécessaires : il suffit de réunir les deux pistons solidaires du tiroir cylindrique par une tige creuse (fig. 11 et 224).

Dans les grandes machines verticales, il est utile d'équilibrer le poids du tiroir au moyen d'un piston, constamment poussé de bas en haut par la vapeur (fig. 214). Une différence sur les diamètres des deux pistons, qui composent un tiroir cylindrique, en équilibre plus simplement le poids.

En exagérant la force qui tend à soulever constamment le tiroir, on réduit l'effort que doit transmettre le mécanisme de commande pendant la course ascendante : alors ce mécanisme travaille plus en tirant le tiroir qu'en le poussant, ce qui est une condition favorable pour un système formé de tiges longues et minces. Ce mécanisme pourrait même être toujours tiré dans le même sens : il ne fournirait plus aucun travail pendant la course montante : avec un tel système, la tension constante des articulations supprime les chocs.

Dans des machines horizontales, on a même quelquefois employé un servomoteur pour entraîner le tiroir, afin de diminuer la fatigue des mécanismes de distribution ; on fait travailler à double effet le cylindre d'équilibre de la figure 214, en montant une garniture sur la tige et en le munissant d'un petit tiroir, qui suit le mouvement de la tige, convenablement réduit : le piston auxiliaire reçoit la pression de la vapeur de manière à toujours tirer ou pousser la tige du tiroir dans le sens où le mécanisme de commande l'entraîne.

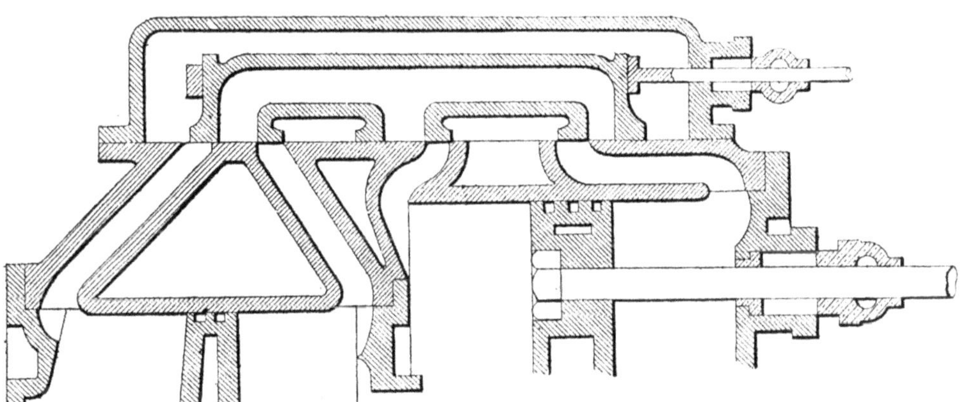

Fig. 228. — Tiroir Rennie,pour machine de Woolf à cylindres en tandem : le canal établit la communication entre les deux cylindres; l'admission dans le petit cylindre se fait par le bord extérieur du tiroir et, pour l'autre lumière, par une cavité du tiroir ; la seconde cavité sert à l'échappement du grand cylindre (d'après Bienaymé.)

Les dispositions de tiroirs, qui viennent d'être décrites, ont été combinées de diverses manières. Par exemple, la figure 226 représente un tiroir à double orifice auquel le canal de Trick a été ajouté pour augmenter l'ouverture à l'admission par les lumières extérieures. On remarquera, en outre, que le canal établit pendant un instant une communication entre les deux faces du piston. Cette disposition permet à une petite quantité de vapeur, prise sur une face un peu avant l'échappement anticipé, de passer du côté où commence la compression : on augmente ainsi un peu l'effet de cette compression, dans le cylindre à basse pression des machines à condensation.

La figure 227 montre un tiroir cylindrique avec doubles lumières, fonctionnant pour l'échappement comme pour l'admission : les coupes transversales à deux hauteurs différentes font voir les passages d'admission et d'échappement dans le tiroir ; la lettre p_1 désigne la vapeur d'admission et la lettre p_2 la vapeur d'échappement.

Le tiroir de Rennie (fig. 228) distribue la vapeur dans les deux cylindres en tandem d'une machine de Woolf.

Les tiroirs qui viennent d'être décrits sont souvent commandés par des coulisses, et non par un excentrique simple, mais il n'en résulte aucune différence dans leur construction.

54. Coulisse de Stephenson.

La distribution simple par excentrique et tiroir ne convient que pour les machines dont l'arbre tourne toujours dans le même sens. Souvent, au contraire, il est nécessaire que l'arbre puisse tourner à volonté dans un sens ou dans l'autre.

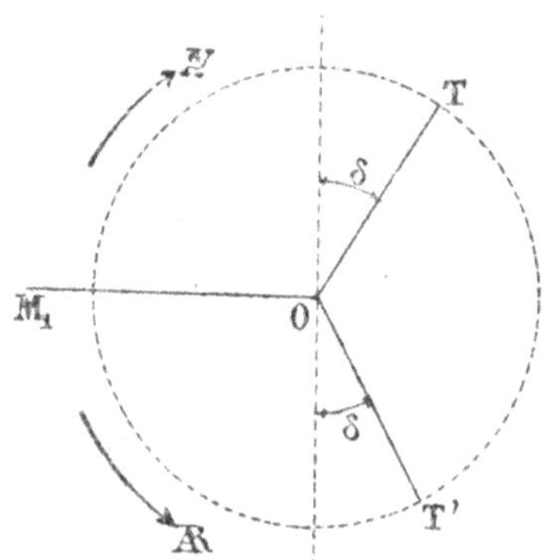

Fig. 229. — Excentriques pour marches avant et arrière.

Soit OT (fig. 229) le rayon d'excentricité qui donne une distribution convenable pour un sens de rotation, qu'on appellera marche avant ; OT est calé à 90°+δ en avant de la manivelle motrice OM_1 dans le sens de cette rotation. Soit OT' le même rayon d'excentricité, correspondant à un excentrique calé avec le même angle 90° +δ *en arrière* de OM_1; ce second excentrique donnerait la même distribution pour une rotation en sens contraire de l'arbre ou marche arrière.

On pourra donc obtenir les deux marches en employant deux excentriques, chacun conduisant sa bielle ou sa barre, à condition de relier la tige du tiroir à l'une ou l'autre de ces barres. On a employé à cet effet des mécanismes assez compliqués (voir fig. 284, p. 274), jusqu'à ce que Stephenson eut imaginé la coulisse, construite dans l'année 1842. Les deux extrémités des barres d'excentriques sont réunies par une pièce dite coulisse, dans laquelle peut glisser un coulisseau fixé sur la tige du tiroir, et ce mécanisme permet d'amener l'extrémité de l'une ou l'autre barre devant la tige du tiroir qu'elle doit commander.

En réduisant les pièces à leurs axes, elles se présentent comme sur la figure 230 : OM_1 est la manivelle motrice ; OT, OT', sont les rayons des excentriques, de longueur *r* ; TC, T'C', les barres d'excentrique, de longueur *l* ; CC' est la coulisse; AB, la tige de tiroir, dont le point A est astreint à rester toujours sur la coulisse et sur la droite OB.

Réduit à ces éléments, le système serait déformable d'une infinité de manières. Il faut de plus suspendre la coulisse par une *bielle de suspension* EJ, articulée en J, et à l'extrémité E d'un levier KE, fixé sur un arbre K dit *arbre de relevage*.

Quand on fait tourner cet arbre de manière à amener E en EA; le point C vient saisir le point A, et c'est l'excentrique OT qui conduit le tiroir.

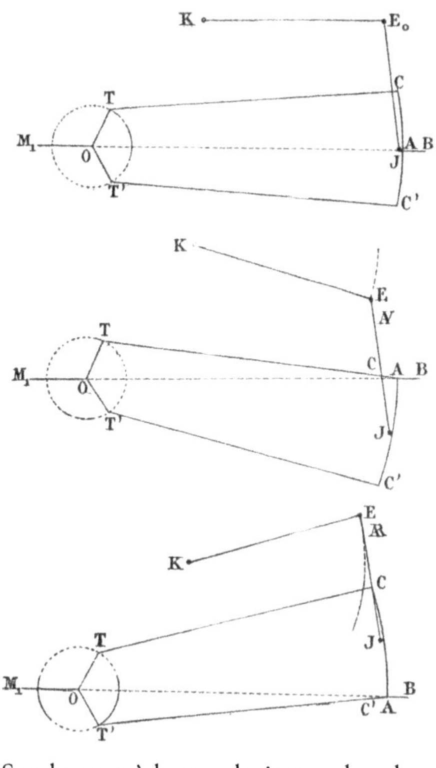

Fig. 230. — Coulisse de Stephenson à barres droites ; arbre de relevage dans ses positions moyenne et extrêmes.

L'arbre de relevage est immobilisé dans cette position. Quand, au contraire, on fixe KE dans la position EA, c'est l'excentrique OT' qui commande le tiroir. On obtient de la sorte les marches avant et arrière par la manoeuvre de l'arbre de relevage.

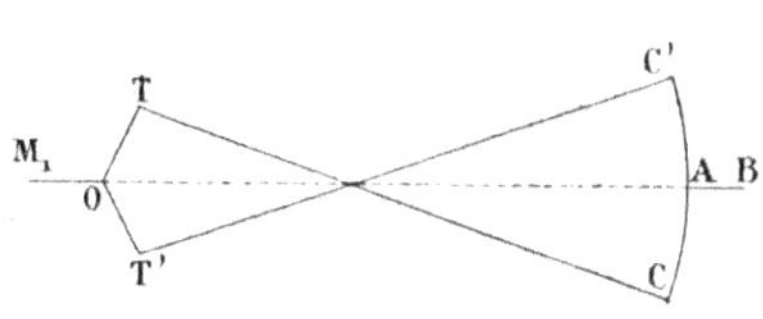

Fig. 231. — Coulisse de Stephenson à barres croisées.

Les barres d'excentriques sont parfois montées différemment (fig. 231), OT commandant l'extrémité inférieure de la coulisse, et OT' l'extrémité supérieure. La machine est ici supposée horizontale. Les barres sont dites alors croisées ou fermées;

dans la première disposition, elles sont droites ou ouvertes. Ces expressions ne désignent exactement la situation des barres que dans la position initiale considérée, car, après un demi-tour, les barres droites se coupent, et les barres croisées ne se coupent plus (fig. 232).

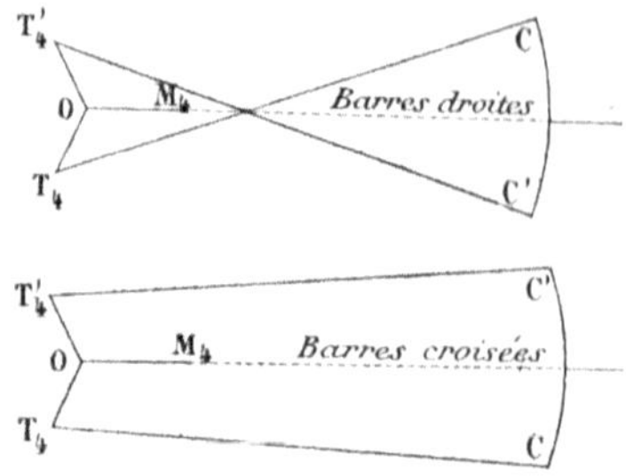

Fig. 232. — Barres après une rotation de 180°.

La coulisse rend d'autres services que le simple changement du sens de la marche. Qu'on imagine le levier de l'arbre de relevage fixé dans une position intermédiaire KE (fig. 233), le point A va se trouver en un point intermédiaire de la coulisse et le tiroir prendra un mouvement dont on n'aperçoit pas immédiatement la loi. Ce mouvement, étant d'ailleurs absolument défini, peut être déterminé, soit par calculs, soit par épures, pour une série de positions de KE comprises entre KEAV et KEAR.

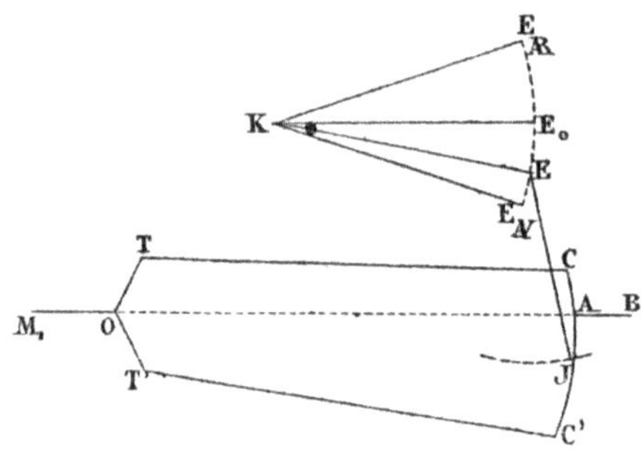

Fig. 233. — Tiroir conduit par un point intermédiaire de la coulisse.

On reconnaît alors que le mouvement du tiroir est assimilable, par approximation, à celui que lui donnerait un certain excentrique de rayon r et d'angle de calage δ, variables pour chacune des positions de KE. C'est ce qu'on appelle, dans chacune de ces positions, l'*excentrique fictif* du tiroir, qu'on pourrait substituer à la coulisse. La connaissance de l'excentrique fictif et des éléments invariables du tiroir entraîne la connaissance de la distribution dans chaque cas.

M. Guinotte a donné une règle commode, établie à l'aide de considérations géométriques simples, pour trouver les excentriques fictifs d'une coulisse : si le point A de la coulisse (fig. 231), menée par les deux excentriques OT et OT', conduit le tiroir, on obtient le rayon de l'excentrique fictif, OG, en joignant TT' et en prenant le point G qui divise TT' comme le point A divise la coulisse CC' : le rapport des longueurs GT'/GT est égal au rapport AC/AC'. Les deux excentriques OT et OT' peuvent avoir des rayons et des angles de calage différents, et le point A peut être en dehors de CC', en A' par exemple : le rayon de l'excentrique fictif est alors OG'. Cette extension de la règle est utile pour l'étude d'appareils autres que la coulisse de Stephenson. En réalité, le coulisseau oscille un peu sur la coulisse pendant la marche, de sorte que le point A en représentera la position moyenne ; et la règle ne donne pas le mouvement du tiroir avec une exactitude complète, mais avec une approximation généralement suffisante pour étudier un avant-projet ou pour se rendre compte de la marche d'une machine.

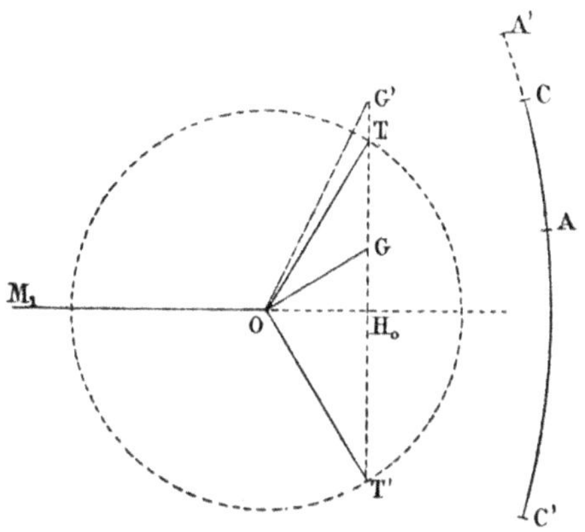

Fig. 234. — Excentriques fictifs de la coulisse de Stephenson.

Dans chaque cas, l'épure exacte seule peut faire connaître le degré de précision de la méthode, qui dépend de la relation entre les divers éléments du mécanisme. Avec des barres très courtes, les écarts peuvent être notables. Mais, au contraire, on sera souvent surpris de voir combien cette méthode s'approche de l'exactitude. Pour bien en apprécier le mérite, il faut avoir reconnu la longueur des calculs (qui ne sont d'ailleurs qu'approchés) et des épures exactes : l'emploi de ces procédés doit être réservé à l'étude définitive d'une distribution, les tâtonnements de l'avant-projet se faisant à l'aide de la méthode de M. Guinotte. Parfois même on préfère, pour l'étude

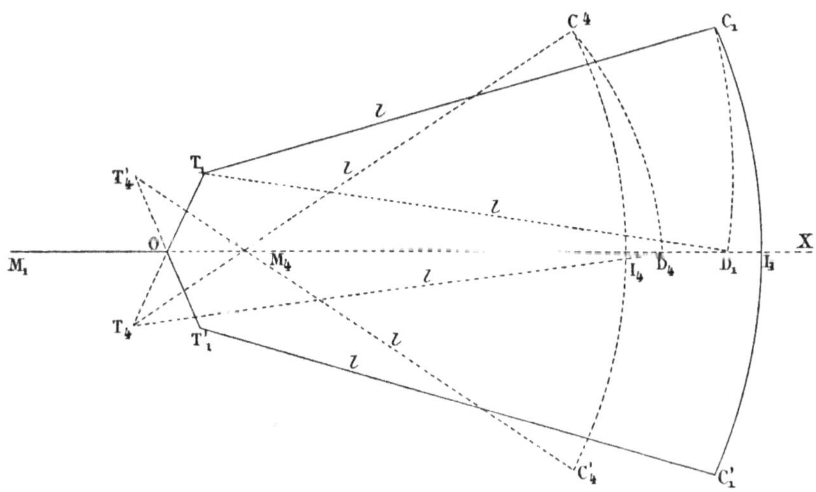

Fig. 235. — Variation des avances linéaires du tiroir pendant la manoeuvre de l'arbre de relevage de la coulisse de Stephenson à barres droites.

définitive, l'emploi de modèles représentant la distribution projetée ; cependant le procédé des gabarits, de MM. Coste et Maniquet, facilite les tracés exacts.

Pour la coulisse de Stephenson ordinaire, avec deux excentriques OT, OT', ayant même rayon et même angle de calage, la variation de l'excentrique fictif sera celle de OG, G allant de T à T' (fig. 234). On obtient ainsi une première représentation approximative de la distribution : en considérant la marche avant, par exemple, on voit l'angle d'avance croître de δ à 90° : la période d'admission diminue depuis une certaine valeur initiale, tandis que les périodes d'échappement anticipé et de compression s'allongent.

On peut facilement pousser plus loin cette étude, sans arriver à la détermination exacte et complète de toute la distribution, mais en considérant certaines positions spéciales du tiroir, et surtout la position, particulièrement importante, du tiroir quand le piston est à fond de course : il laisse alors l'ouverture ε, dite *avance linéaire*. Cette avance ne doit jamais se transformer en retard, et ne doit pas dépasser un certain maximum à fixer dans chaque cas.

Soient T_1C_1, $T'_1C'_1$, des barres ouvertes, avec la manivelle motrice au point mort, OM, (fig. 235) ; l'arbre de relevage est d'abord supposé dans sa position moyenne, ou, comme on dit, à son *point mort*, expression qu'il ne faut pas confondre avec celle qui s'applique à la manivelle motrice. Le tiroir donne alors une certaine avance linéaire, ε_0 qui est même alors la plus grande ouverture de la lumière. Qu'on manoeuvre l'arbre de relevage jusqu'au fond de course avant, c'est-à-dire jusqu'à amener le point C_1 sur OX, en D_1 : dans cette manoeuvre, l'arbre de la machine étant immobile, C_1 décrit un cercle de rayon l autour de T, comme centre ; le coulisseau, et par suite le tiroir, se déplace de I_1D_1 ; l'avance linéaire devient ε_0-I_1D_1

Il semble d'abord qu'on puisse donner à I_1D_1 telle valeur qu'on désire, en fixant convenablement le rayon de la coulisse ; qu'on puisse, si on le juge utile, annuler I_1D en déterminant la coulisse par les trois points C,D,C'_1. Mais il n'en est pas ainsi, parce qu'il faut se préoccuper de l'avance linéaire pour l'autre face du piston, quand la manivelle OM est en OM_4. Alors OT est en OT_4, OT' en OT'_4, et la coulisse en $C_4I_4C'_4$; si le tiroir donne une avance linéaire ε'_0, avec l'arbre de relevage au point mort, cette avance deviendra, quand l'arbre de relevage sera au fond de course avant, ε'_0 - I_4D_4, D_4 étant obtenu en décrivant de T_4 comme centre un cercle de rayon l. On voit alors que si l'on diminue I_1D_1 en augmentant le rayon de la coulisse, on augmentera d'autant I_4D_4. Il paraît plus logique de prendre I_1D_1 égal à I_4D_4, de telle sorte que les avances linéaires varient également pour chaque face du piston quand

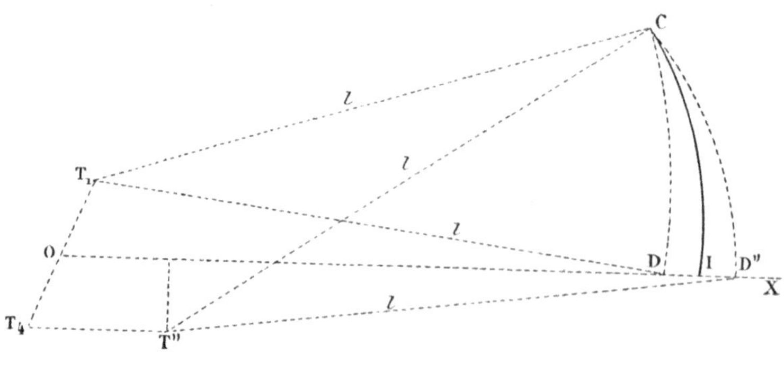

Fig. 236. — Détermination du rayon de la coulisse de Stephenson.

l'arbre de relevage passe de son point mort à ses fonds de course. On voit que, dans l'espèce (cas des *barres droites*), ces avances linéaires diminuent à mesure que l'arbre de relevage s'éloigne de sa position moyenne.

Une construction géométrique simple donne le rayon que doit avoir la coulisse pour l'égalité de I_1D_1 et de I_4D_4. Pour rapprocher ces deux longueurs (fig. 236) on transporte le centre T_4 en T", en menant T_4T" parallèle à OX, et en prenant CT" égal à *l*. On décrit les deux cercles de rayon *l* CD et CD" : le point I devra être le milieu de DD", ce qui détermine le cercle CI de la coulisse, dont le centre est, dans la position considérée, sur OX.

En réalité, on prend pour rayon de la coulisse *l*, qui diffère très peu du rayon obtenu par la construction précédente.

La même construction, appliquée au cas des barres croisées, montre qu'au contraire les avances linéaires augmentent quand l'arbre de relevage passe de sa position moyenne à ses positions extrêmes.

Cette variation des avances linéaires est une propriété importante de la coulisse de Stephenson. Quand les barres sont droites, l'augmentation des avances linéaires, à mesure qu'on ramène l'arbre de relevage vers sa position moyenne, atténue la grande diminution de l'ouverture des lumières, qui résulte de la réduction de la course du tiroir. Surtout dans les machines rapides, cette action peut être avantageuse, notamment quand la vitesse est variable : dans ces machines, c'est souvent quand la vitesse augmente qu'on fait usage de fortes détentes ; or l'augmentation de vitesse comporte logiquement l'augmentation de l'avance linéaire. En outre une longue période d'admission anticipée peut corriger un peu l'inconvénient d'une compression excessive.

Avec les barres croisées, au contraire, si l'avance linéaire est faible au début, quand l'arbre de relevage est à fond de course, elle disparaîtra quand l'arbre se rapprochera de sa position moyenne ; au point mort même, la lumière ne s'ouvrira plus du tout. Ce peut être un avantage si la coulisse ne sert que d'appareil de changement de marche, le tiroir étant toujours conduit par l'une ou l'autre extrémité de la coulisse :

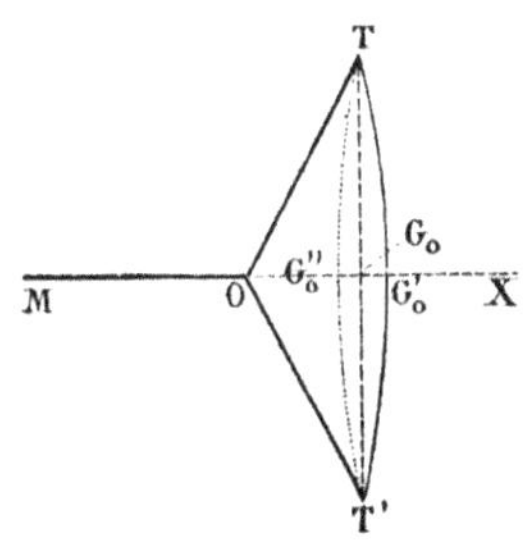

Fig. 237 — Centres des excentriques fictifs, avec barres droites (TGX) et barres croisées (TG$_0$"T').

en mettant l'arbre de relevage à son point mort, on fera stopper la machine.

En tenant compte de cette variation des avances linéaires, on trace plus exactement les excentriques fictifs équivalents à une coulisse : avec les barres droites, les centres de ces excentriques forment l'arc d'une courbe telle que TG'$_0$T' (fig. 237) au lieu d'être placés sur la corde TT' ; la distance G'$_0$G$_0$ représente l'accroissement de l'avance linéaire pendant la manoeuvre de l'arbre de relevage. Avec les barres croisées, les centres forment un arc tourné en sens inverse, TG"$_0$T'.

La coulisse est suspendue à l'arbre de relevage par une bielle articulée en un point J, qui est placé soit à peu près au milieu de l'arc de la coulisse, soit à l'une des extrémités, en C ou C'. Ce point d'articulation décrit un arc de cercle autour de l'extrémité du levier de suspension, E. Il convient que cet arc se rapproche autant que possible de la parallèle à l'axe OX' du tiroir, afin de réduire au minimum la petite oscillation du coulisseau A dans la coulisse.

Les études de Zeuner ont montré que, pour remplir cette dernière condition aux différentes positions de l'arbre de relevage, il faudrait que la longueur du levier KE de cet arbre fût égale à celle des barres, *l*. En pratique, ce levier est toujours plus court : il convient de le disposer pour que l'arc décrit par le point E se rapproche autant que possible de l'arc de rayon *l* qu'il devrait décrire.

On peut réduire pour la marche avant la variation des avances linéaires, donnée par la coulisse de Stephenson, en sacrifiant la régularité de la marche arrière. Il

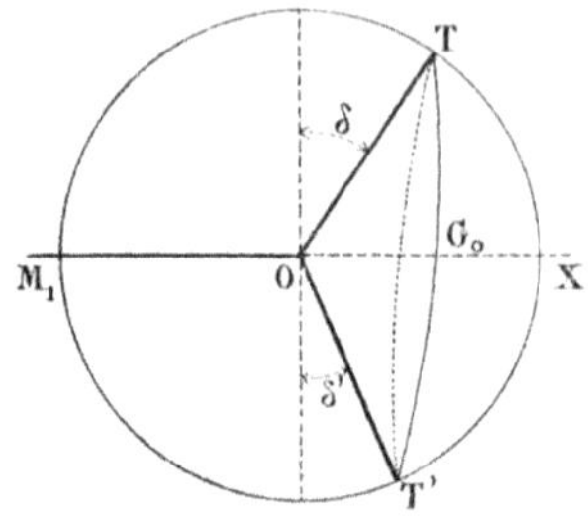

Fig. 238. — Excentriques avec angles d'avance différents.

suffit de caler les deux excentriques avec des angles d'avance un peu différents. Les barres étant droites, un angle un peu plus grand pour l'excentrique OT que pour l'excentrique OT' (fig. 238) place à peu près normalement à l'axe OX l'arc TG_0 sur lequel se rangent les centres des excentriques fictifs de marche avant. Pour l'arc G_0T', au contraire, correspondant à la marche arrière, la variation des avances linéaires est exagérée.

Avec les barres croisées, la différence des angles d'avance des deux excentriques serait inverse.

Les figures 239 à 243 représentent quelques-unes des formes adoptées pour l'exécution des coulisses de Stephenson. Celle qui se rapproche exactement des tracés géométriques est la coulisse à deux flasques (fig. 239), reliées par des entretoises à leurs extrémités. Les axes d'articulation sont formés par des tourillons forgés avec les flasques ; sur les tourillons extrêmes s'articulent les fourchettes qui terminent les barres, et, sur ceux du milieu, la bielle de suspension, dédoublée en deux parties assez écartées pour laisser passer les fourchettes des barres ; d'autres fois, la bielle de suspension s'articule sur l'une des paires extrêmes de tourillons.

L'extrémité de la tige du tiroir porte deux tourillons dont l'axe correspond au point A des figures 230 à 233 ; sur ces tourillons s'engagent deux coulisseaux qui peuvent glisser dans les flasques de la coulisse. On peut ainsi faire occuper au point A toutes les positions depuis l'articulation C de l'une des barres jusqu'à l'articulation C' de l'autre.

Une forme plus simple de la coulisse est celle de la figure 240 : une pièce unique porte deux trous et une rainure circulaire ; les deux trous reçoivent les axes d'articulation des barres d'excentrique, et en outre des bielles de suspension ; le coulisseau portant l'axe A glisse dans la rainure. On voit que l'axe A ne peut plus coïncider avec les articulations C et C' des barres ; la zone utile de la coulisse est réduite. Il en est de même quand la coulisse est formée d'une barre pleine, à section rectangulaire, qui passe à travers le coulisseau (fig. 241).

La figure 242 représente une forme presque aussi simple que celle de la figure 240, mais où l'amplitude de la course du coulisseau est augmentée. On ne se trouve plus exactement dans les mêmes conditions que précédemment, le coulisseau se mouvant sur un cercle qui ne passe plus par les axes d'articulation des barres. Les différences secondaires de distribution qui en résultent paraissent sur les épures exactes.

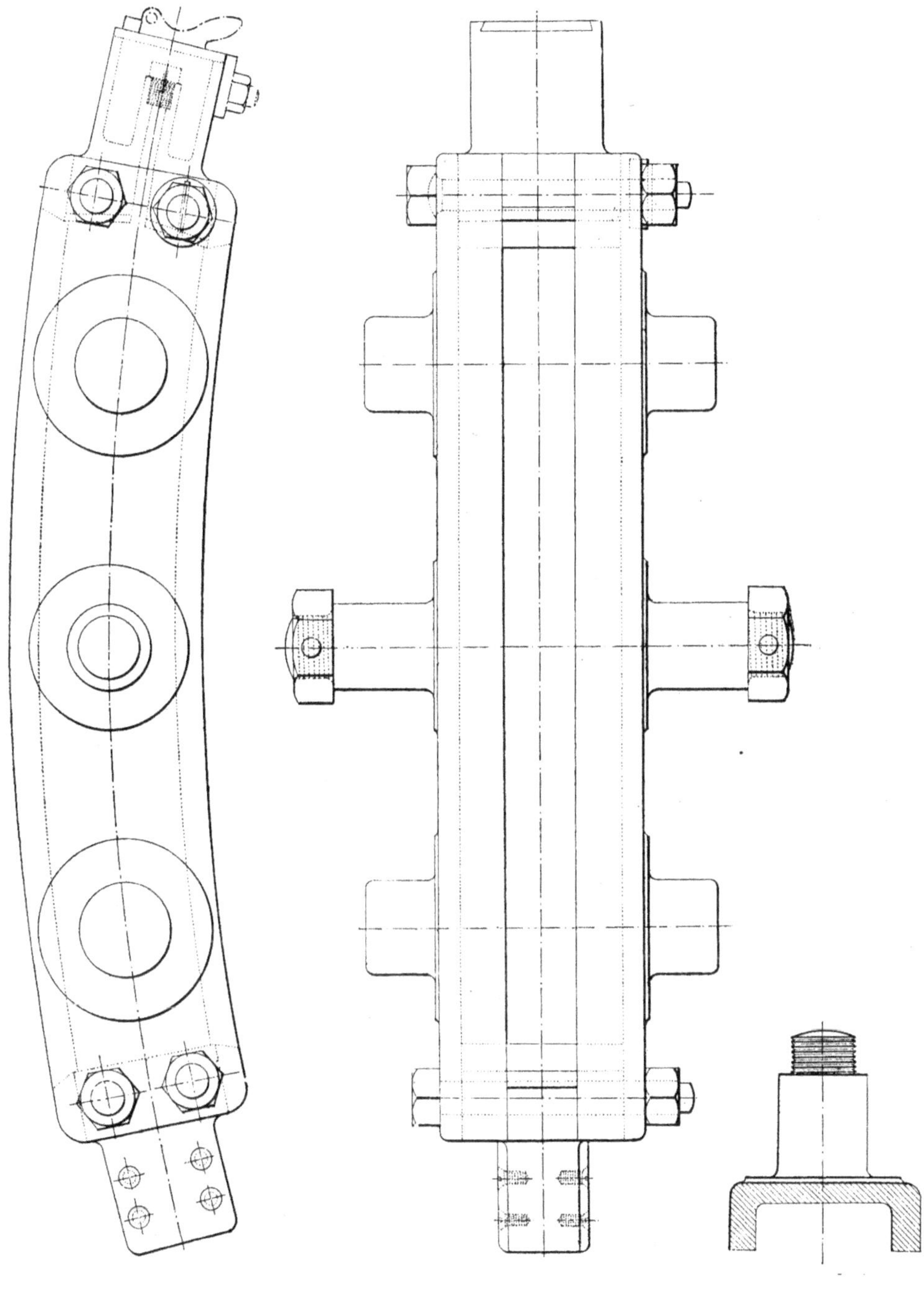

Fig. 239. — Coulisse de Stephenson à flasques, pour locomotive des chemins de fer de l'Ouest ; élévations et coupe transversale d'une des flasques. L'entretoise supérieure d'une des flasques porte un godet graisseur, et l'entretoise inférieure un guide.

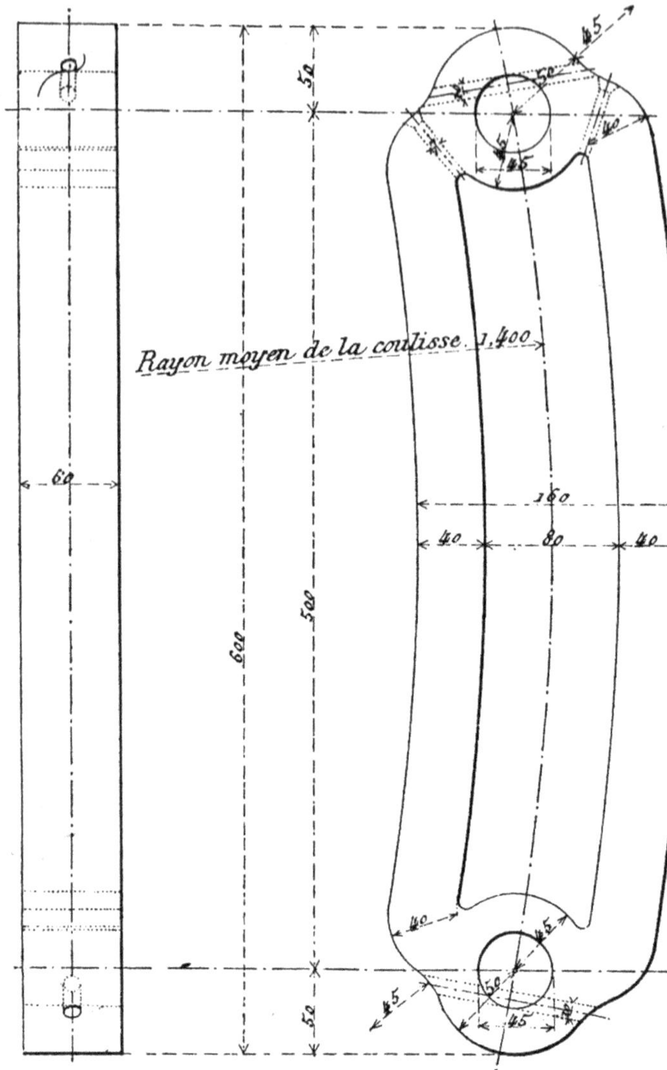

Fig. 240. — Coulisse de Stephenson découpée dans une pièce unique, pour distribution de locomotive.

La coulisse de locomotives américaines (fig. 198 et 243) réalise la même disposition : le coulisseau, qui joue dans la rainure, commande, sur l'une de ses faces seulement, l'extrémité d'un balancier de renvoi. L'axe A et la tige AB du tiroir sont astreints à se mouvoir en ligne droite, par l'effet d'un guide que traverse cette tige ; parfois la tige du tiroir est reliée à un balancier, oscillant autour d'un point fixe, K (fig. 244).

Quand un seul excentrique commande le tiroir, toutes les pièces de la distribution peuvent avoir un plan de symétrie commun, perpendiculaire à l'arbre moteur. Il n'en est plus de même quand deux excentriques mènent les extrémités d'une coulisse : ces deux excentriques sont placés de part et d'autre du plan de symétrie de la coulisse.

Il en résulte une certaine obliquité d'efforts, qui augmente un peu les frottements des articulations. Quelquefois on rétablit la symétrie en divisant l'un des excentriques en deux moitiés encadrant l'autre excentrique.

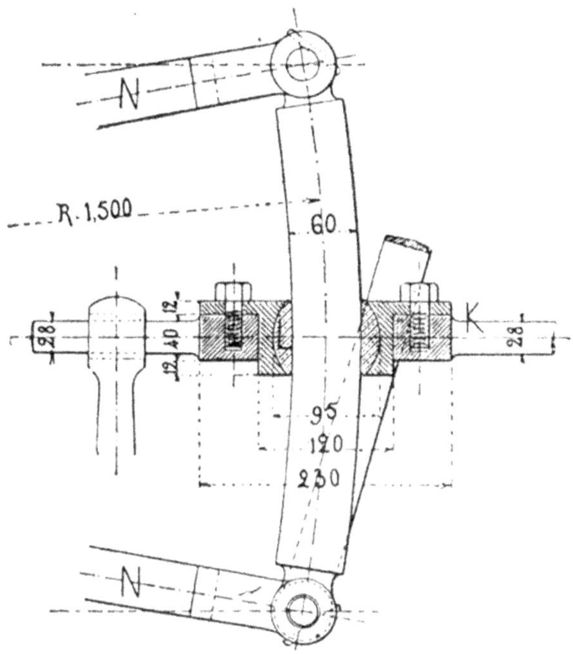

Fig. 241. — Coulisse de Stephenson à barre pleine (d'après Coste et Maniquet).

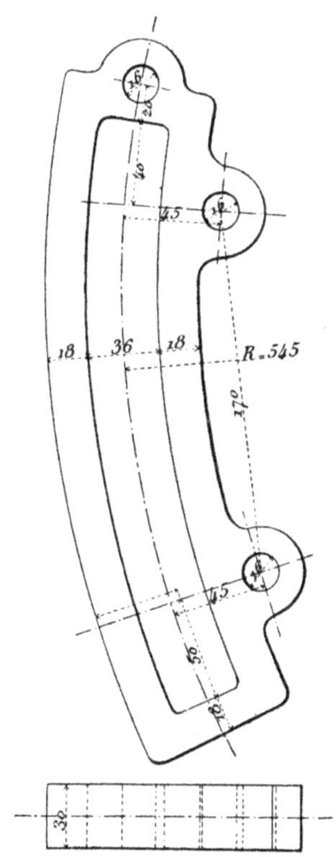

Fig. 242. — Coulisse découpée à arc déporté.

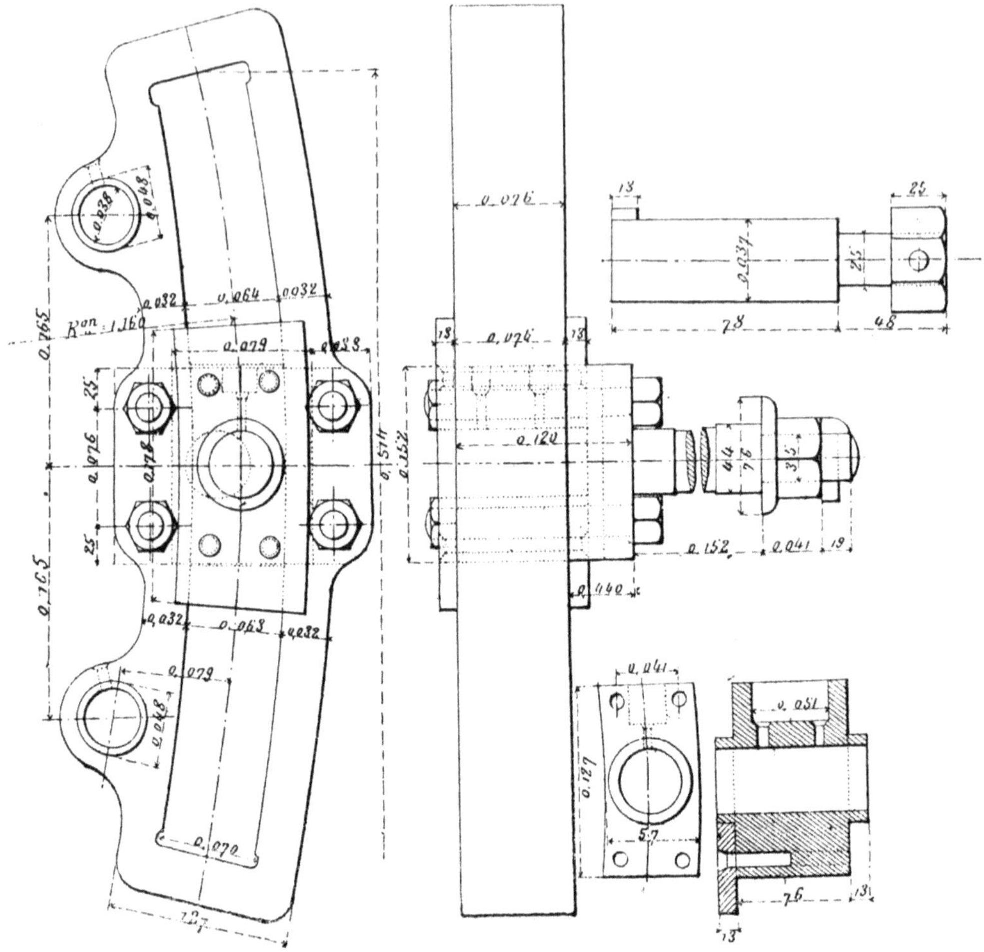

Fig. 243. — Coulisse de Stephenson, à arc déporté, pour locomotives américaines ; d'après M. Demoulin, dans le *Portefeuille des machines*.

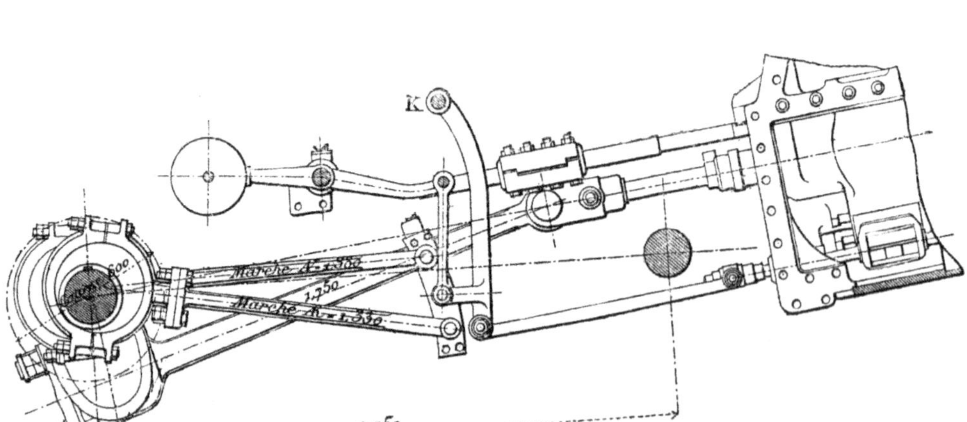

Fig. 244. — Coulisse de Stephenson, avec bielle du tiroir suspendue à un axe fixe, pour locomotive de banlieue des chemins de fer de l'Ouest.

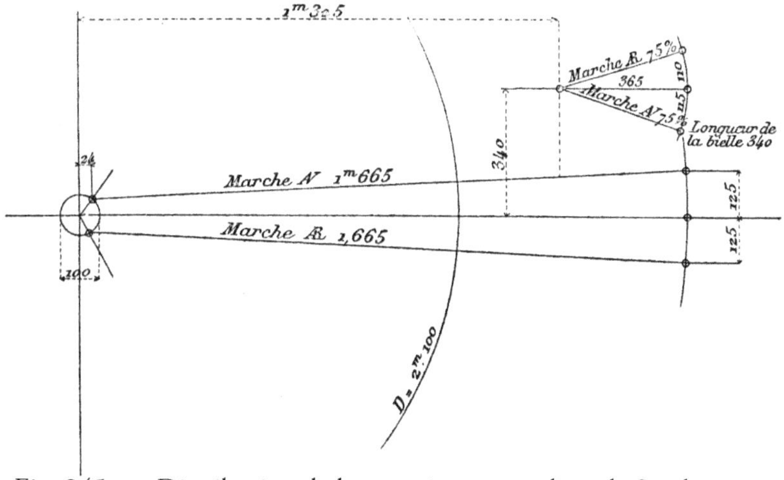

Fig. 245. — Distribution de locomotive par coulisse de Stephenson.

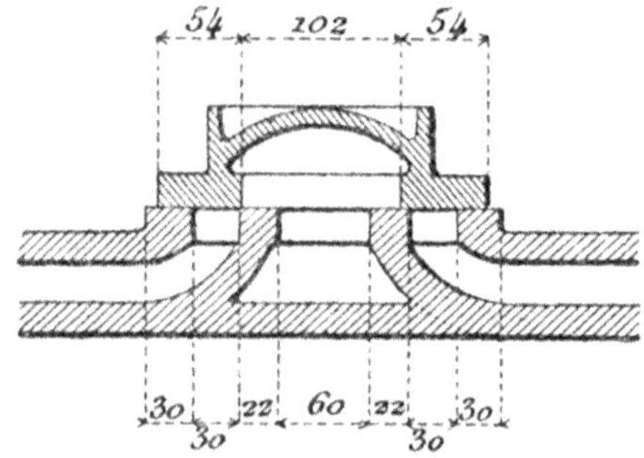

Fig. 246. — Tiroir et lumières de la distribution commandée par la coulisse de la fig. 245.

Les figures 245 et 246 représentent une distribution de locomotive par coulisse de Stephenson. Le tableau qui suit en donne les phases, sur les côtés avant (AV) et arrière (AR) du piston, pour neuf positions de l'arbre de relevage. Les phases sont

SENS de la marche	AVANCES linéaires		OUVERTURES maxima des lumières à l'admission		ADMISSION		DÉTENTE		ÉCHAPPEMENT anticipé		ÉCHAPPEMENT		COMPRESSION		ADMISSION anticipée	
	AR	AV	AR	AV	AR	AV	AR	AV	AR	AV	AR	AV	AR	AV	AR	AV
	mm	mm	mm	mm	p. 100	p. 100	p. 100	p. 100	p. 100	p. 100	p. 100	p. 100	p. 100	p. 100	p. 100	p. 100
Avant...	1	1	24	22	73	77	19	17	8	6	93	91	$6\frac{7}{8}$	$8\frac{7}{8}$	1/8	1/8
Arrière..	3	2	23	21	72	75	20	18	8	7	92	91	$7\frac{2}{3}$	$8\frac{3}{4}$	1/3	1/4
Avant...	3	$2\frac{1}{2}$	13	12	54	$57\frac{1}{2}$	31	$30\frac{1}{2}$	15	12	87	84	$12\frac{1}{2}$	$15\frac{1}{3}$	1/2	2/3
Arrière..	$4\frac{1}{2}$	3	$12\frac{1}{2}$	12	51	55	33	31	16	14	85	$82\frac{1}{2}$	$14\frac{1}{3}$	17	2/3	1/2
Avant...	4	3	8	7	35	37	41	44	24	19	78	73	$21\frac{1}{4}$	26	3/4	1
Arrière..	5	$3\frac{1}{2}$	8	7	$32\frac{1}{2}$	35	$42\frac{1}{2}$	42	25	23	75	71	$23\frac{1}{2}$	28	$1\frac{1}{2}$	1
Avant...	5	4	$5\frac{1}{2}$	$4\frac{1}{2}$	20	20	45	50	35	30	66	61	32	$36\frac{1}{2}$	2	$2\frac{1}{2}$
Arrière..	$4\frac{1}{2}$	$3\frac{1}{2}$	$5\frac{1}{2}$	$4\frac{1}{2}$	19	21	46	48	35	31	66	61	31	36	3	3
Point mort..	5	4	5	4	11	10	41	47	48	43	54	48	40	45	6	7

définies par les parcours du piston, en centièmes de sa course. Le côté avant est le plus éloigné de l'essieu.

Les différences dans la distribution d'un côté à l'autre du piston sont peu importantes. Ces différences sont parfois bien plus fortes, comme le montre le

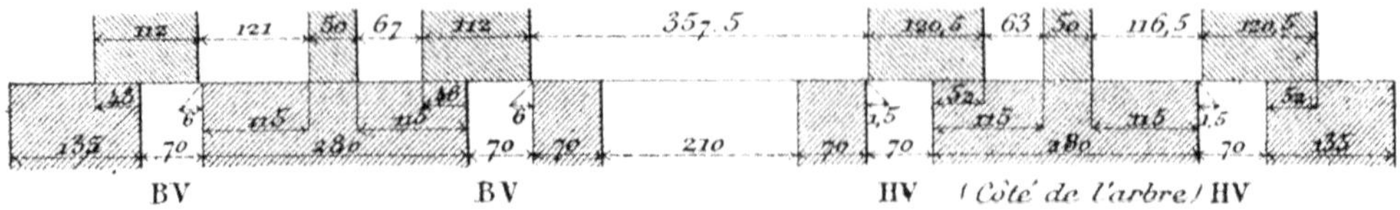

Fig. 247. — Tiroir à double orifice, à mi-course, conduit par une coulisse de Stephenson.

tableau de la page suivante, qui donne la distribution pour le cylindre à haute pression d'une machine marine compound à bielle motrice assez courte (course 1 m ; longueur de la bielle, 1^{m},900). La figure 247 donne les cotes caractéristiques du tiroir, à double orifice, de ce cylindre. L'épure sinusoïdale de la figure 200 s'applique à cette distribution.

55. Types divers de coulisses.

La *coulisse de Gooch*, ou *coulisse retournée* (fig. 248 et 249), est commandée, comme celle de Stephenson, par deux barres TC et T'C' ; elle tourne sa convexité vers l'arbre moteur et elle est suspendue par une bielle JE, oscillant autour d'un axe E invariable. La tige du tiroir est entraînée par une bielle AB, suspendue par la bielle GH au levier HK de l'arbre de relevage. Suivant la position donnée à cet arbre de relevage, l'extrémité A de cette bielle est commandée par l'un des bouts C, C', ou

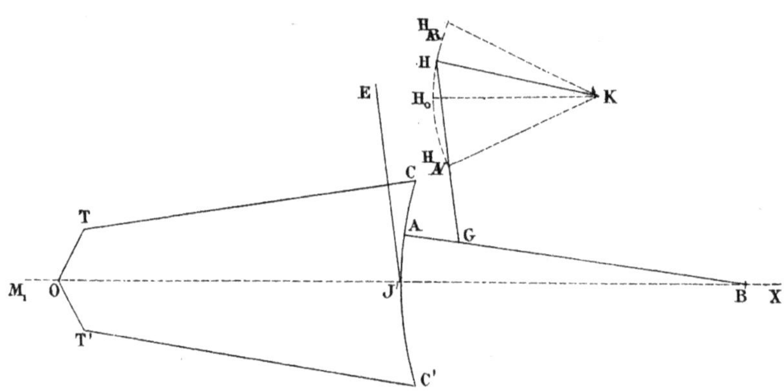

Fig. 248. — Schéma du mécanisme de distribution par coulisse de Gooch.

par un point intermédiaire quelconque de la coulisse. Le tiroir est ainsi conduit soit par l'un des excentriques OT, OT', soit par un excentrique fictif dont le centre est sur la droite TT'.

Le rayon de la coulisse est la longueur même de la bielle AB : par conséquent, dans la position de la figure 248, c'est-à-dire quand la manivelle motrice est au point mort, on peut manœuvrer l'arbre de relevage sans déplacer le tiroir, qui donne à ce moment l'*avance linéaire*. Il en est de même quand la manivelle motrice est à son autre point mort.

	Marche avant											
	Admission à 0,500			Admission à 0,600			Admission à 0,700			Admission à 0,800		
ADMISSION	BV	HV	M	BV	HV	M	BV	HV	M	BV	HV	M
Avances linéaires en millimètres	18,5	14	16,25	16	13	14,5	10	12	11	4,5	4,5	4,5
Angle de la manivelle motrice, à partir des points morts, au début de l'admission anticipée	16°30′	13°30′	15°	11°30′	10°45′	11°07′5	6°15′	7°30′	6°52′5	2°	2°	2°
Admission, en fraction de la course du piston	0,604	0,396	0,500	0,690	0,510	0,600	0,760	0,640	0,700	0,840	0,760	0,800
Sections maxima d'introduction en cm².	835,2	672,8	754	1009,2	858,4	933,8	1183,3	1113,6	1148,4	1554,4	1461,6	1508
ÉCHAPPEMENT	BC	HC	M	BC	HC	M	BC	HC	M	BC	HC	M
Ouverture des lumières quand la manivelle motrice est au point mort, en mm	72	68	70	71	65,5	68,25	70	59,5	64,75	62,5	54	58,25
Fraction de la course du piston parcourue pendant l'échappement anticipé	0,168	0,260	0,214	0,128	0,186	0,157	0,094	0,127	0,1105	0,056	0,072	0,064
Fraction de la course du piston parcourue pendant l'échappement	0,782	0,856	0,819	0,848	0,895	0,8715	0,897	0,920	0,9085	0,946	0,954	0,950
Sections maxima d'évacuation en cm².	1624	1624	1625	1624	1624	1624	1624	1624	1624	1624	1624	1624
Fraction de la course du piston parcourue pendant la compression.	0,190	0,132	0,161	0,138	0,098	0,118	0,098	0,074	0,086	0,052	0,044	0,048

BV et BC désignent le côté du piston opposé à l'abre.
HV et HC désignent le côté qui regarde l'arbre.
Les valeurs moyennes sont données dans la colonne M.

Tableau de la distribution, par coulisse de Stephenson, du cylindre à haute pression d'une machine compound, avec bielle assez courte.

La coulisse de Gooch donne donc des avances linéaires constantes pour toutes les positions de l'arbre de relevage, du moins quand elle est montée régulièrement, avec des excentriques de mêmes rayons et de mêmes avances angulaires, et des barres (TC et T'C') égales, de telle sorte que l'arc CC' se place normalement à l'axe OX, quand la manivelle motrice passe par ses points morts.

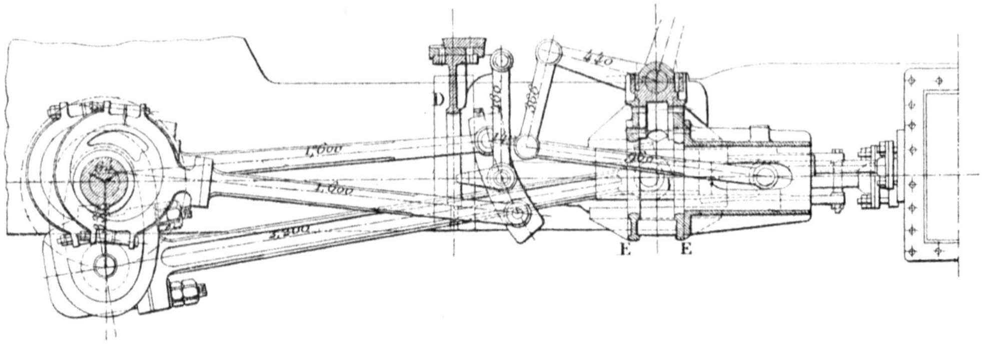

Fig. 249. — Distribution de locomotive par coulisse de Gooch.

La constance des avances linéaires n'entraîne pas celle des périodes d'admission anticipée, qui sont d'autant plus longues que le coulisseau est plus près du milieu de la coulisse : les centres des excentriques fictifs sont rangés sur la corde T_1T_1 (fig. 250), et l'admission anticipée se produit pendant le parcours d'un arc de projection constante EG_1, c'est-à-dire pendant le parcours d'un angle d'autant plus grand que le rayon, qui varie de OT_1 à OG_1 est plus petit.

Le mécanisme de Gooch demande une longueur plus grande que celui de Stephenson, pour être monté dans des conditions analogues, puisqu'il faut loger en plus la bielle AB.

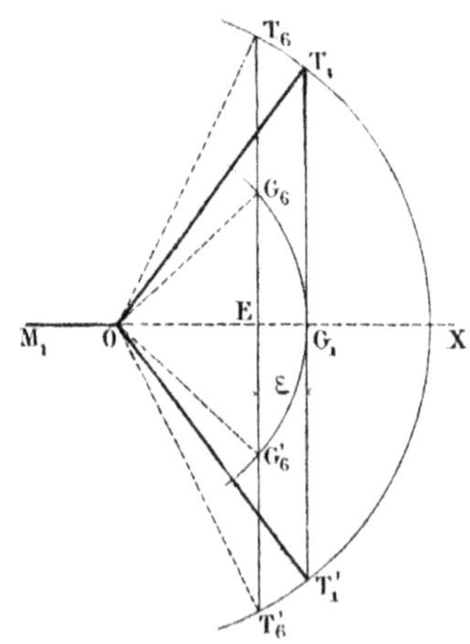

Fig. 250. — Variation de la période d'admission anticipée, avec avance linéaire constante.

La coulisse d'Allan (fig. 251 et 252) est droite ; elle est suspendue à un levier KH de l'arbre de relevage, dont un second levier KH' porte la bielle AB du tiroir : quand on fait tourner cet arbre, on élève la coulisse et on abaisse la bielle, ou vice versa. Tout l'attirail est ainsi suspendu à un seul arbre, tandis que la coulisse de Gooch exige deux axes de suspension. Les avances linéaires ne sont pas constantes,

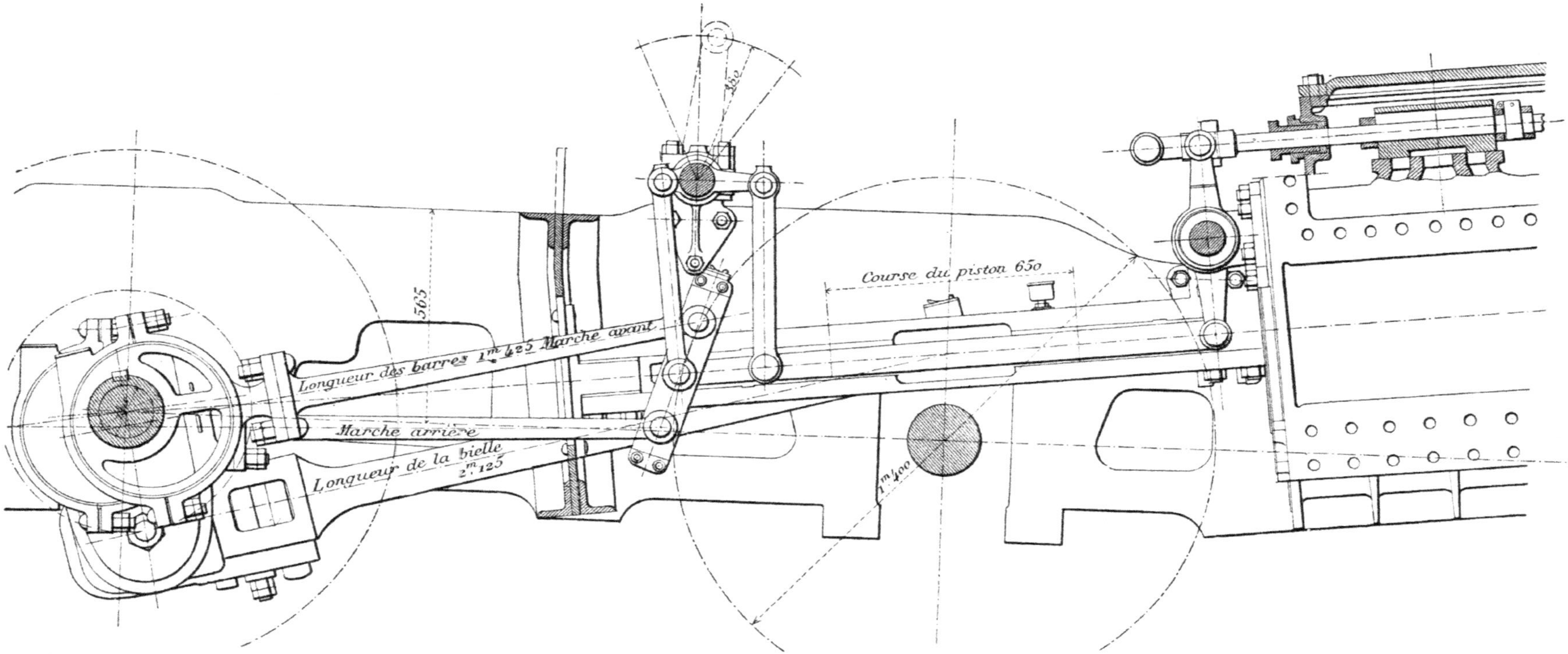

Fig. 252. – Distribution de locomotive par coulisse d'Allan, avec balancier de renvoi, pour locomotive des chemins de fer de l'Est.

mais la variation en est moindre qu'avec la coulisse de Stephenson. Les centres des excentriques fictifs forment un arc de grand rayon mené de T à T'.

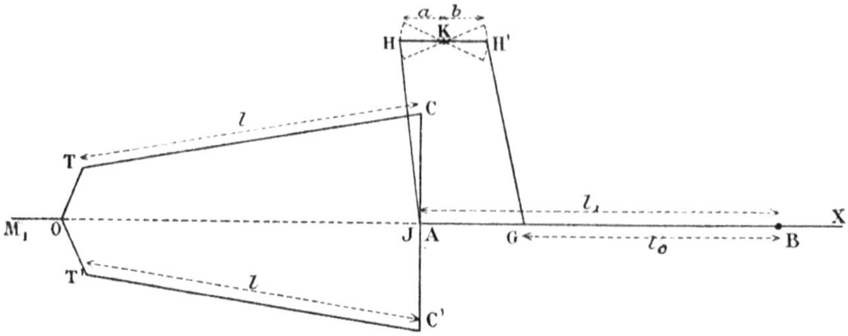

Fig. 251. – Coulisse d'Allan, schéma.

Zeuner a indiqué, pour proportionner les longueurs *a* et *b* des deux leviers de suspension, la relation $\frac{b}{a} = \frac{l_0}{l}\left[1 + \sqrt{1 + \frac{l}{l_1}}\right]$; la figure 251 donne la signification des lettres.

On trouve parfois quelque avantage à ne pas placer les axes des deux leviers KH et KH' exactement dans le prolongement l'un de l'autre, de sorte qu'ils forment un angle qui diffère légèrement de 180°.

Dans l'appareil de *Walschaert*, un seul excentrique OT_1, calé perpendiculairement à la manivelle motrice OM_1 (fig. 253), fait osciller la coulisse CC' autour d'un axe fixe I. La bielle AB, articulée en B sur le levier EF, est suspendue au levier KH de l'arbre de relevage K, de telle sorte qu'on peut déplacer l'extrémité A dans toute l'étendue de la coulisse. L'extrémité E du levier EF est rattachée à la tête du piston moteur par la biellette ME. Enfin le point F, guidé en ligne droite suivant X'Y', conduit le tiroir.

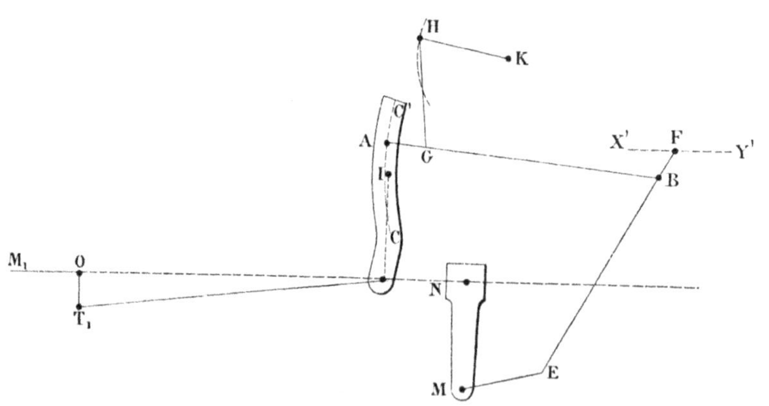

Fig. 253. — Schéma de la distribution Walschaert.

Pour appliquer la règle de Guinotte, donnant les excentriques fictifs équivalents à ce mécanisme, il faut considérer le levier EF comme une coulisse droite, dont l'extrémité E est conduite par la manivelle motrice même, OM_1 (fig. 254) : quant à la coulisse CC', qui oscille autour de l'axe I, ce n'est qu'un levier de renvoi qui réduit plus ou moins l'amplitude du mouvement donné par l'excentrique OT_1 et qui en

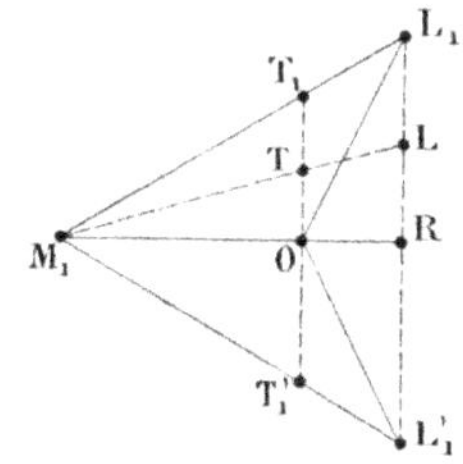

Fig. 254. — Excentriques fictifs de la distribution Walschaert.

renverse le sens quand le point A se trouve entre I et C'. Cette coulisse CC' équivaut donc à un excentrique perpendiculaire à OM_1 et dont le rayon varie de OT, à OT'_1 (fig. 254). Soit OT cet excentrique équivalent, pour une position quelconque de l'arbre de relevage ; d'après la règle générale, pour obtenir l'excentrique fictif, on divise M_1T par un point L placé comme le point F, qui mène le tiroir, sur la coulisse droite EB. L'excentrique fictif a pour rayon OL. Tous les points L ainsi construits se rangent sur la ligne droite $L_1L'_1$.

Les avances linéaires de la distribution Walschaert sont constantes, aux divers crans de marche, parce que le centre de l'arc CC' de la coulisse se trouve précisément en B, quand la manivelle motrice est à l'un de ses points morts : on peut alors manœuvrer l'arbre de relevage sans déplacer le tiroir, qui, dans cette position, donne l'avance linéaire.

Le tableau qui suit donne les éléments de la distribution Walschaert d'une locomotive, représentée par la figure 255. Les parcours du piston, pour les diverses phases de la distribution, sont exprimés en centièmes de la course, pour sept positions de l'arbre de relevage ; les lettres AV et AR désignent les côtés avant (opposé à l'arbre) et arrière du piston. Les avances linéaires ne restent pas rigoureusement constantes aux divers crans de marche.

SENS de la marche	AVANCES linéaires		OUVERTURES maxima des lumières à l'admission		ADMISSION		DÉTENTE		ÉCHAPPEMENT anticipé		ÉCHAPPEMENT		COMPRESSION		ADMISSION anticipée	
	AR	AV	AR	AV	AR	AV	AR	AV	AR	AV	AR	AV	AR	AV	AR	AV
	mm	mm	mm	mm	p. 100	p. 100	p. 100	p. 100	p. 100	p. 100	p. 100	p. 100	p. 100	p. 100	p. 100	p. 100
Avant...	4	4	34	32	75	75	17	18½	8	6½	93	91	6¾	8½	1/4	1/2
Arrière..	5	3½	32	28	75	75	17	18	8	7	92	91	7¾	8¾	1/4	1/4
Avant. .	4	4	15	15	50	49	32	34	18	17	82	80	17½	19	1/2	1
Arrière..	4½	4	14½	13	50	51	32	34	18	15	82	81	17½	18½	1/2	1/2
Avant...	4	4	10	11	36	36	40	42	24	22	74	74	25	24½	1	1½
Arrière..	4½	5	10	9	35	35	39	43	26	22	74	72	25	26½	1	1½
Point mort..	4	5½	4	5½	7	9	43	40	50	51	50	49	43	43	7	8

La période d'admission la plus longue ne dépasse pas les trois quarts de la course. Pour le démarrage des locomotives, une admission encore plus étendue est souvent utile : on l'obtient facilement avec la coulisse de Walschaert en prolongeant suffisamment la course du coulisseau.

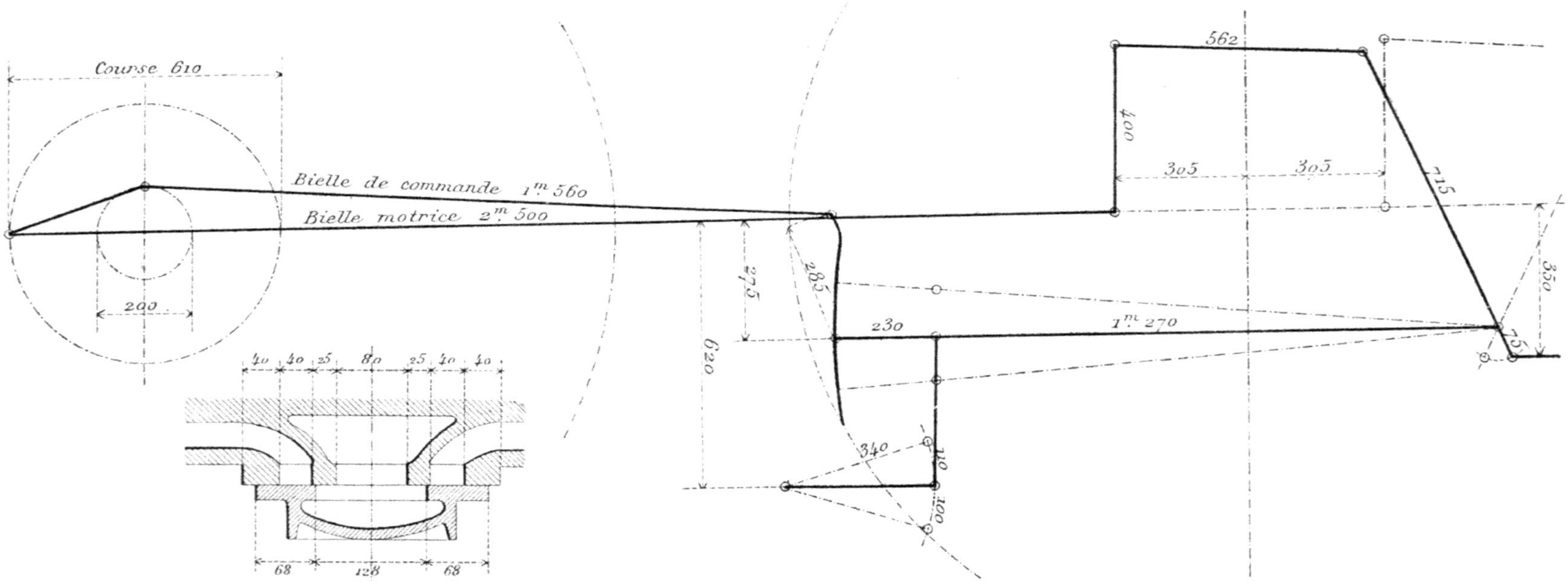

Fig. 255. – Distribution Walschaert, sur une locomotive, avec tiroir en-dessous du cylindre.

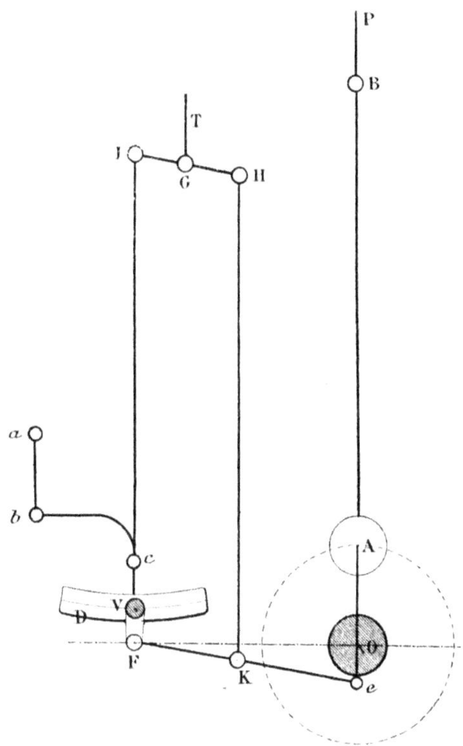

Fig. 256. — Distribution Findler (d'après le *Portefeuille des machines*, de 1895)

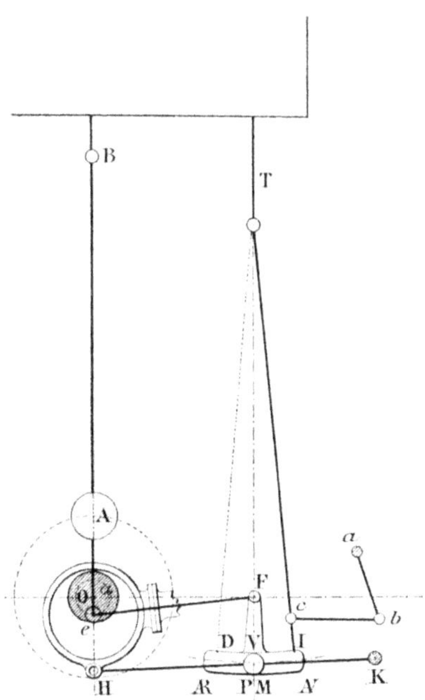

Fig. 257. — Distribution de Meulen (d'après le *Portefeuille des machines*).

Dans la *distribution Findler* (fig. 256) le levier actionné par la tête de piston est remplacé par un levier IGH, commandé par la bielle KH articulée sur la barre d'excentrique *e*F.

Dans la *distribution de Meulen* (fig. 257) l'axe d'oscillation de la coulisse, V, au lieu d'être fixe comme dans les deux systèmes précédents, est porté par le balancier HK, articulé en H sur le collier d'excentrique, et dont l'extrémité K est guidée perpendiculairement à l'axe du cylindre. Le déplacement du centre d'oscillation de la coulisse remplace le mouvement pris sur la tête du piston dans l'appareil Walschaert.

Dans la *distribution Normand* (fig. 258), l'axe d'oscillation D de la coulisse est porté par la barre d'excentrique, qui fait osciller la coulisse à l'aide du renvoi d'équerre BAC.

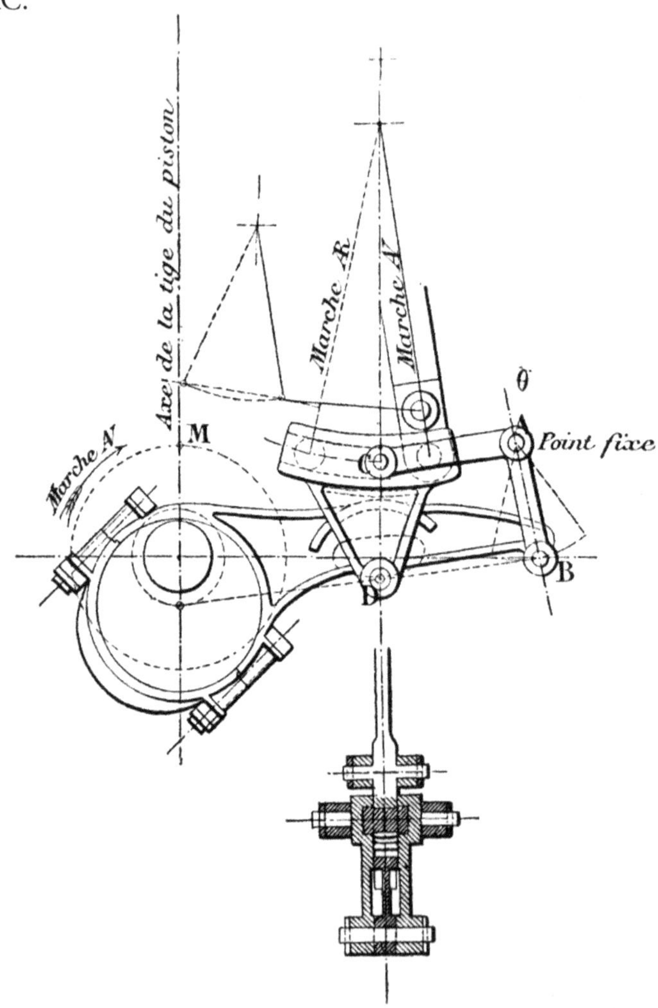

Fig. 258. — Distribution Normand (d'après le *Portefeuille des machines*).

Dans la *distribution Marshall,* dont le mécanisme est fort simple, la tige du tiroir, ABX' (fig. 259), est conduite par un point A d'une barre menée par l'excentrique OT, calé dans la direction même de la manivelle motrice OM ; le point C de cette barre est astreint à décrire un arc de cercle autour d'un centre H, qui peut occuper diverses positions sur l'arc $H_{AV}H_{0}H_{AR}$: le point H est l'extrémité du levier de l'arbre de relevage, dont l'axe est en K.

Pour trouver les excentriques fictifs, on considère ACT comme une coulisse droite dont le point T est conduit par l'excentrique OT et le point C par un excentrique qui lui donnerait, en projection sur OX, le même mouvement : les déplacements

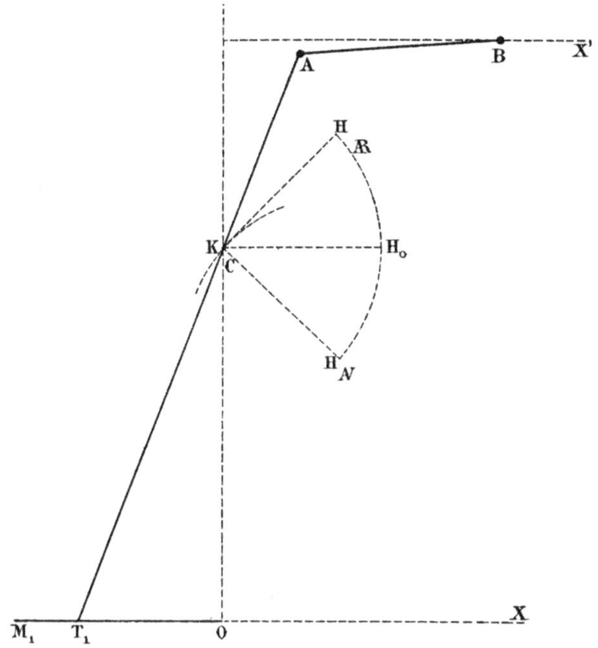

Fig. 259. — Distribution Marshall.

perpendiculaires du point C n'ont en effet qu'une influence secondaire sur le tiroir. La figure représente ce point C dans sa position moyenne : on voit donc que cet excentrique devrait être perpendiculaire à OM. Le rayon OD en est égal au plus grand écart de C suivant OX, et varie selon la position du centre d'oscillation H. Cet excentrique de C aurait les deux valeurs extrêmes opposées OD et OD' (fig. 260). Pour obtenir l'excentrique fictif OL du tiroir, il suffit alors de joindre TD et de diviser TD prolongé de telle sorte que (LT/DT=AT/CT). Le point L se déplacera sur LL' pour les différentes valeurs de OD.

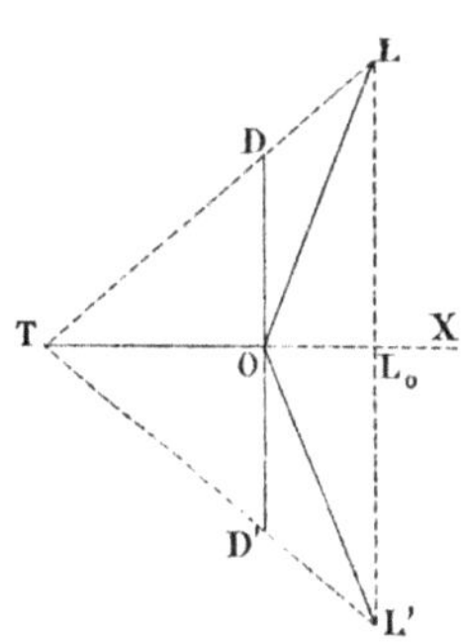

Fig. 260. — Excentriques fictifs de la distribution Marshall.

La distribution Marshall donne encore des avances linéaires constantes aux divers crans de marche, pourvu que le point C, articulé sur la bielle de suspension HC, vienne se projeter sur l'axe K de l'arbre de relevage quand la manivelle motrice passe à ses points morts. Alors la manoeuvre de l'arbre ne déplace pas le tiroir. La distribution Marshall se prête à des variantes assez nombreuses. Le point A, qui conduit le tiroir, peut être placé entre le centre de l'excentrique T, et le point K guidé par l'arbre de relevage; pour que le mouvement du tiroir reste le même, il faut que le calage de l'excentrique change, et qu'il soit placé à l'opposé de la manivelle motrice, comme le montre la figure 261.

Si l'admission se fait par les bords intérieurs du tiroir, l'excentrique reste calé suivant OM_1 quand le point A se trouve entre les deux points guidés T et K, ou, au contraire, est à l'opposé de la manivelle OM_1 quand A est placé sur le prolongement de TK.

Enfin le calage de l'excentrique ne se fait pas toujours rigoureusement dans la direction de la manivelle ou à l'opposé de la manivelle, ainsi qu'on le voit sur la figure 261.

Dans le système Hackworth, le point K est guidé par une coulisse en arc de cercle, qu'on peut fixer dans des positions diverses, et qui remplace l'articulation sur le levier de l'arbre de relevage.

Dans la distribution Joy (fig. 262 et 263), il n'y a plus d'excentrique. Un levier GH (fig. 262) est articulé en un point G de la bielle motrice, point qui décrit une courbe voisine d'une ellipse, et à l'extrémité H sur une tige HF oscillant autour du point fixe F. Le point H parcourt un arc de cercle voisin d'une droite perpendiculaire à l'axe OX du cylindre. Un second levier EPK est articulé en un point E de GH ; le point P de ce levier est astreint à se mouvoir dans une coulisse fixe CC', et le point K conduit la bielle KB du tiroir. La coulisse fixe CC' peut se déplacer à volonté et occuper toutes les positions entre $C_{AV}C'_{AV}$, correspondant à la marche avant, et $C_{AR}C'_{AR}$, correspondant à la marche arrière, en pivotant autour de son milieu J.

Le point P du levier venant se placer au milieu J de la coulisse dans la position de la figure, quand la manivelle motrice est à ses points morts, on peut alors déplacer la coulisse sans que le tiroir bouge : les avances linéaires sont constantes.

On détermine les excentriques fictifs comme pour la distribution Marshall : l'extrémité E du levier EPK décrit une courbe voisine d'un cercle dont le rayon est dirigé comme celui de l'excentrique OT_1 de cette distribution, c'est-à-dire parallèlement à la manivelle motrice OM_1.

Les figures 264 et 265 représentent deux autres distributions sans excentriques, appliquées à des locomotives. Sur la première, l'oscillation de la coulisse est produite par celle de la bielle motrice ; l'axe d'oscillation n'est pas fixe; il est porté par un levier dont une extrémité est commandée par la tête du piston. La seconde (fig. 265) se rapproche de la distribution Walschaert, dont elle ne diffère que par la commande du mouvement d'oscillation de la coulisse.

Bien d'autres appareils à coulisse pour changement de marche se rapprochent plus ou moins des types qui viennent d'être décrits. D'une manière générale, on peut dire que les divers systèmes de coulisses réalisent des distributions à peu près équivalentes : les différences les plus importantes résultent de la constance ou de la variation des avances linéaires. Ce sont les facilités de l'installation sur chaque machine qui font choisir un système. Par exemple, lorsque la place est suffisante pour l'installation commode des tiroirs à côté des cylindres, de telle sorte que l'axe du tiroir se trouve dans le plan formé par l'axe du cylindre et l'axe de l'arbre moteur, les distributions de Stephenson, de Gooch, d'Allan, s'appliquent convenablement : la première demande la moindre longueur. Au contraire, si le tiroir doit être monté

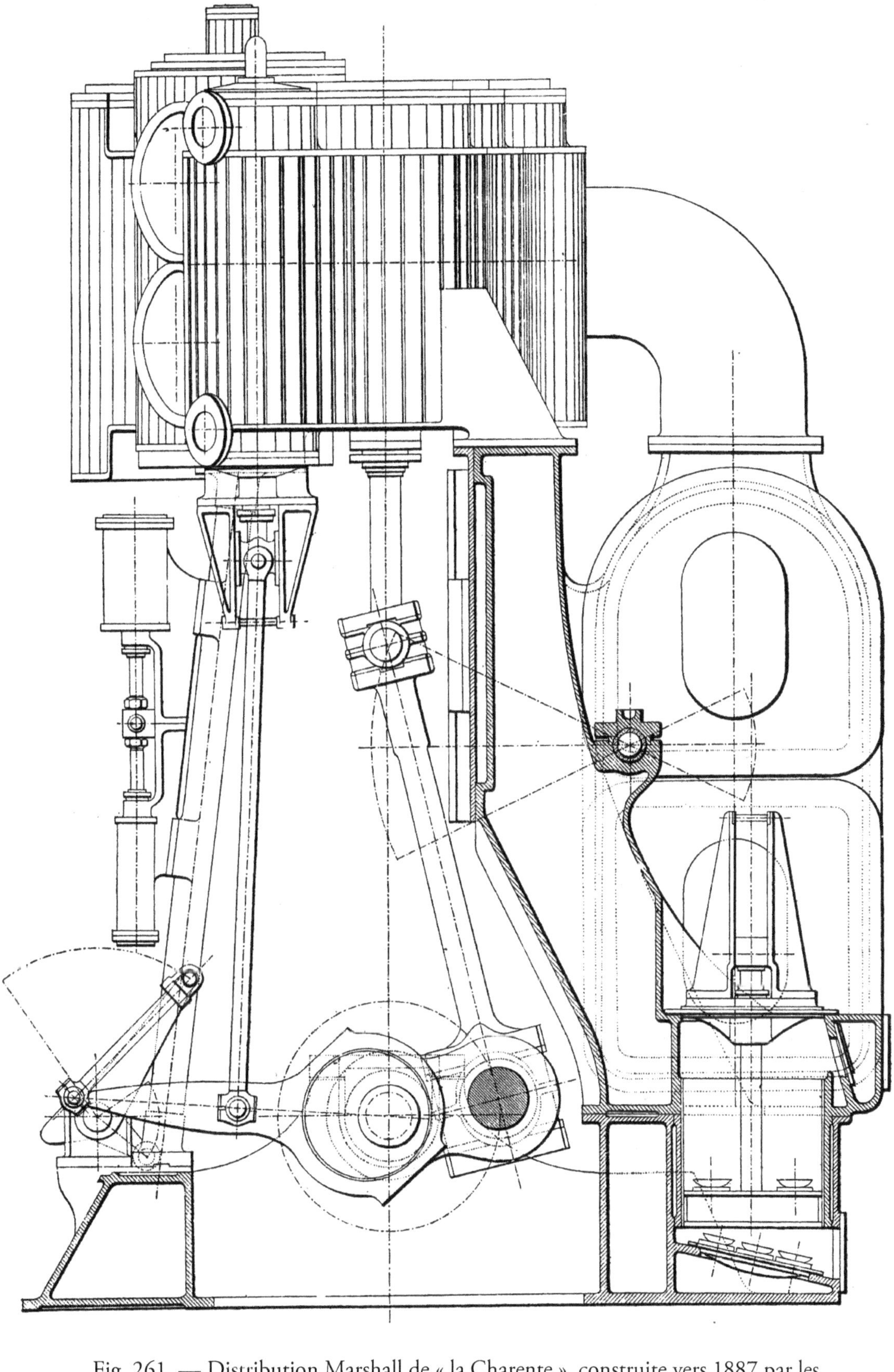

Fig. 261. — Distribution Marshall de « la Charente », construite vers 1887 par les Forges et Chantiers de la Méditerranée.

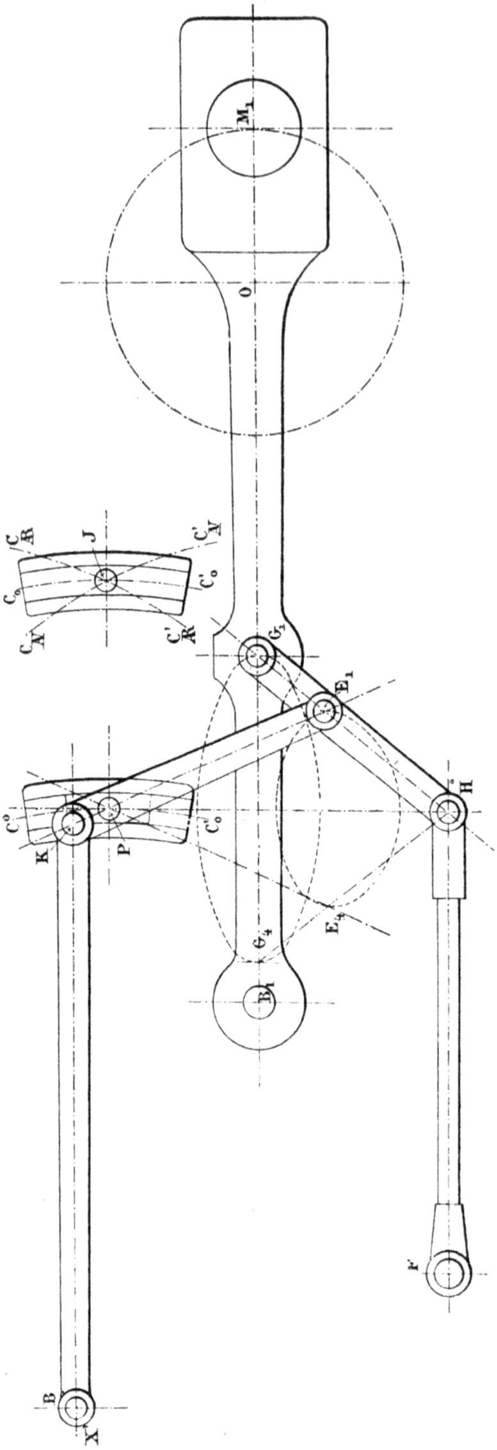

Fig. 262. — Distribution Joy : FH, levier oscillant autour du point fixe F : HEG, levier articulé en H, et en G sur la bielle motrice BM ; EPK, levier articulé en E et portant en P le coulisseau qui glisse dans la coulisse ; CAVC'AV, CARC'AR, positions extrêmes de la coulisse, déplacée par l'arbre de relevage (non figuré) ; KX', bielle du tiroir.

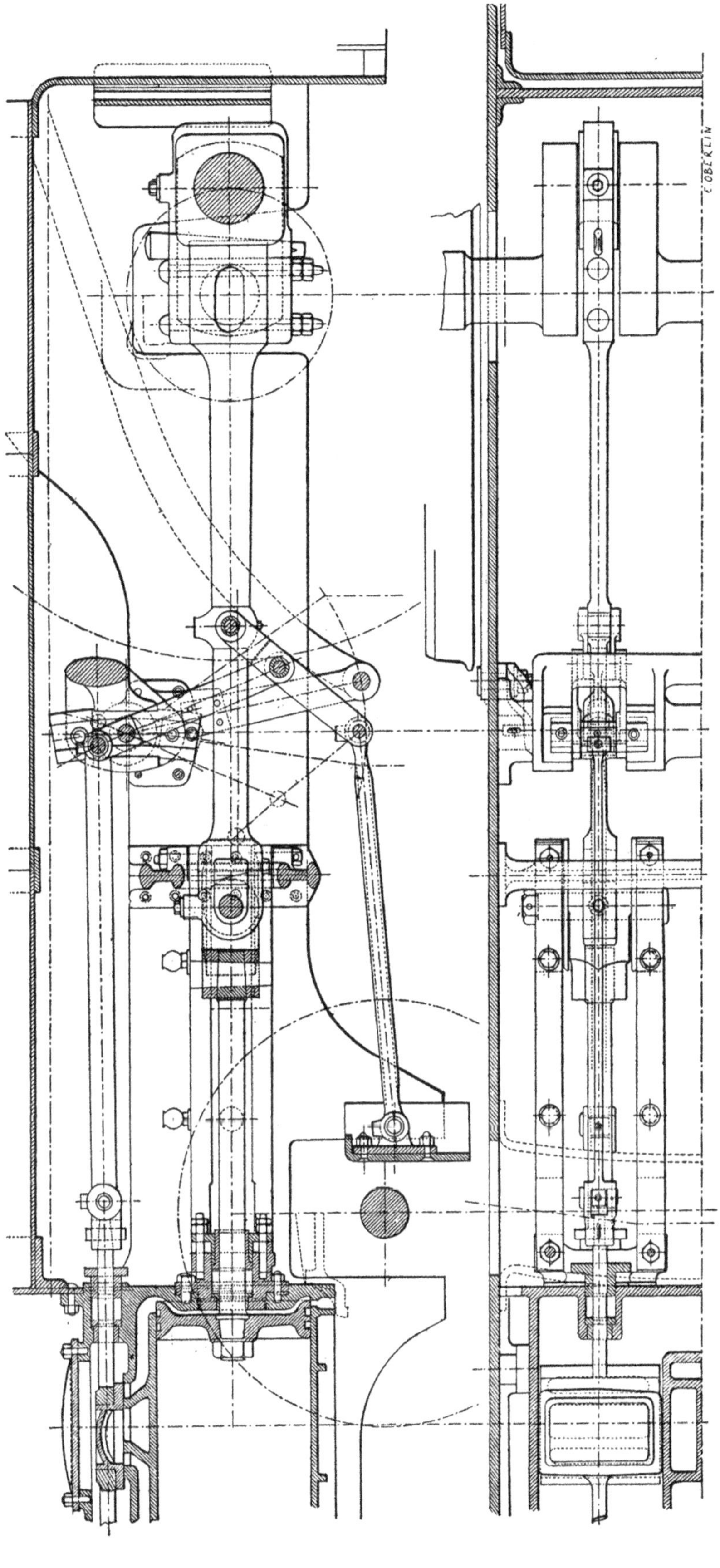

Fig. 263. – Distribution Joy, appliquée à une locomotive du Great Eastern Railway.

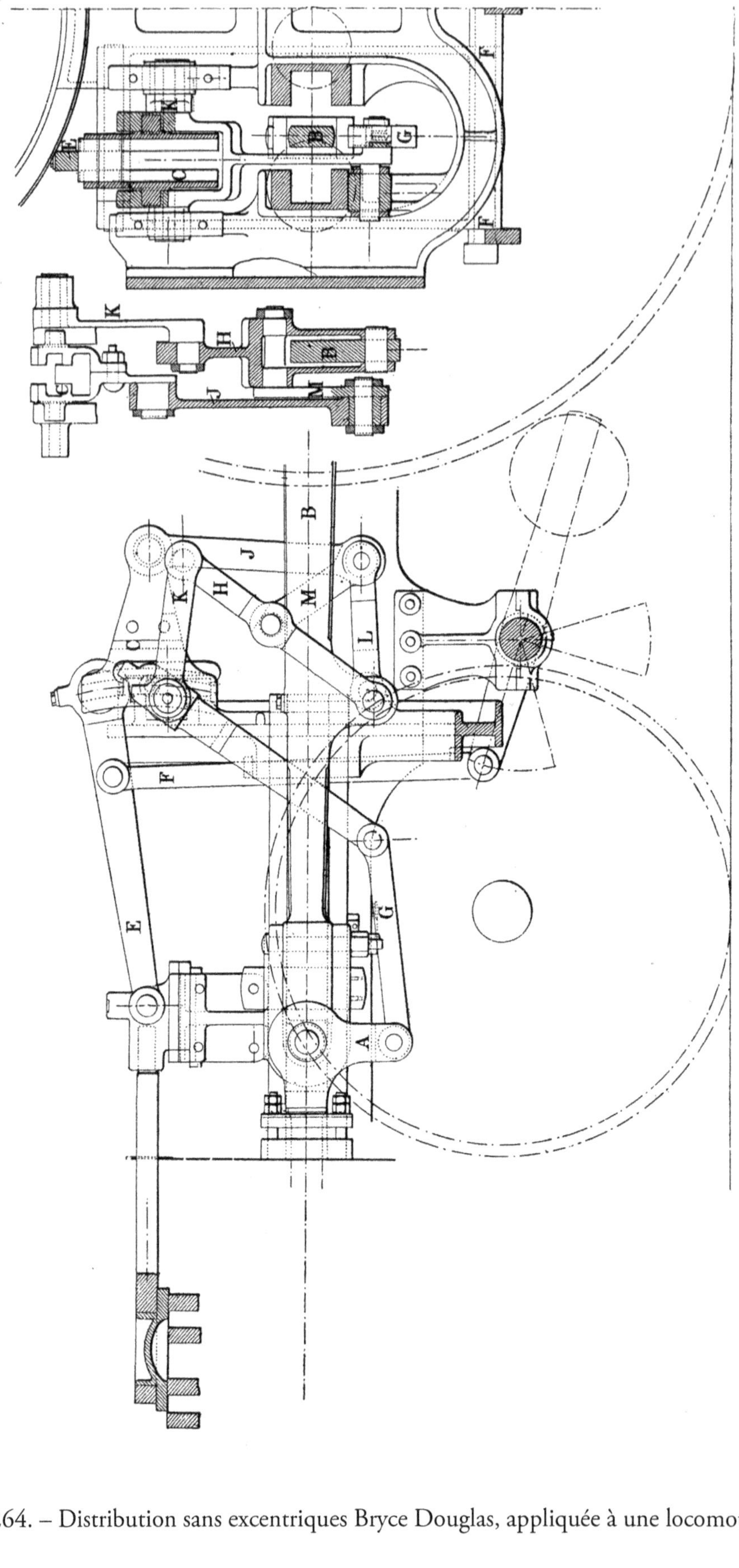

Fig. 264. – Distribution sans excentriques Bryce Douglas, appliquée à une locomotive.

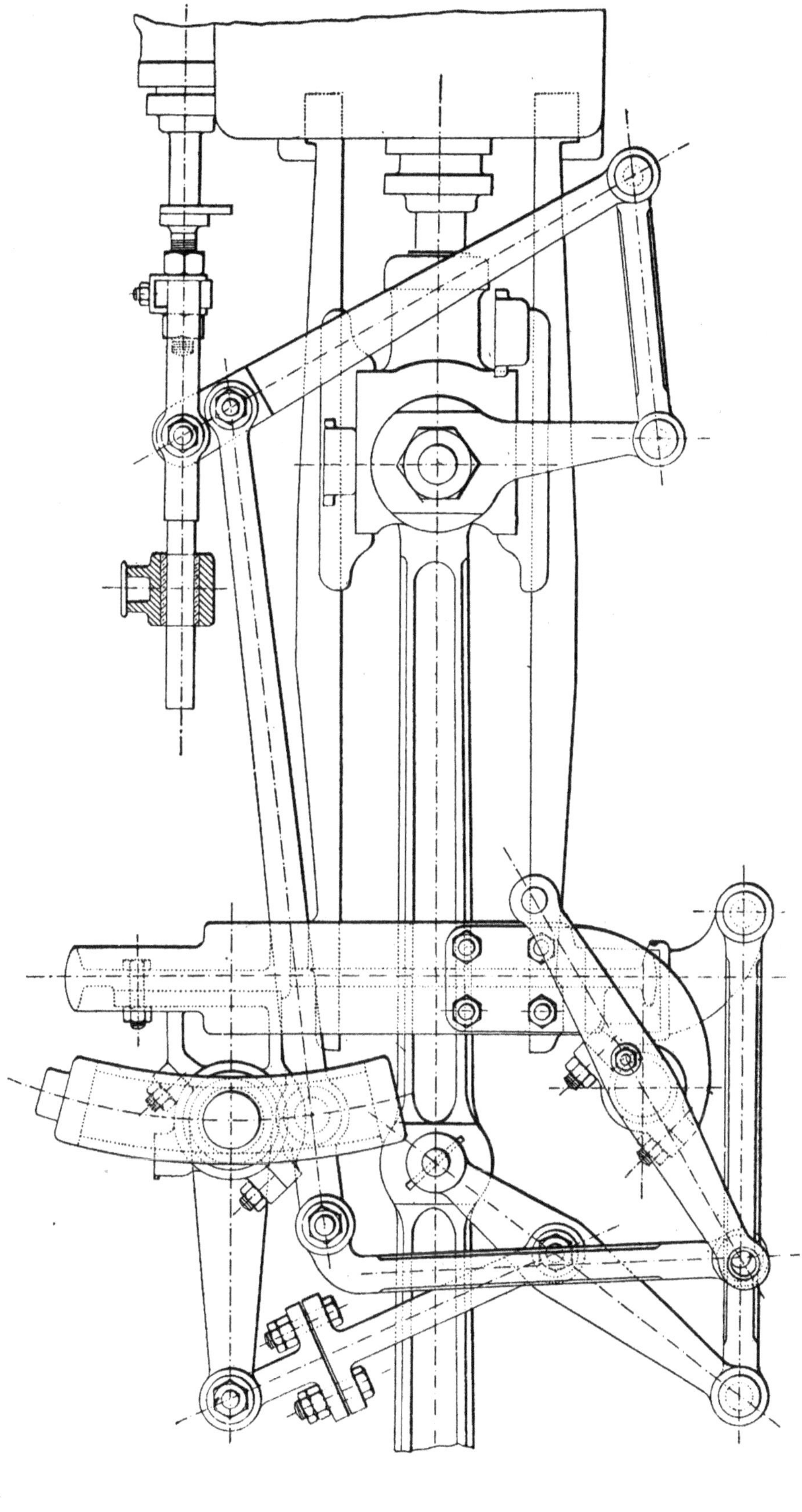

Fig. 265. – Distribution sans excentriques des locomotives à grande vitesse des chemins de fer de l'Ouest : l'oscillation de la coulisse autour d'un axe fixe, est produite par un système de leviers commandé par un point de la bielle motrice.

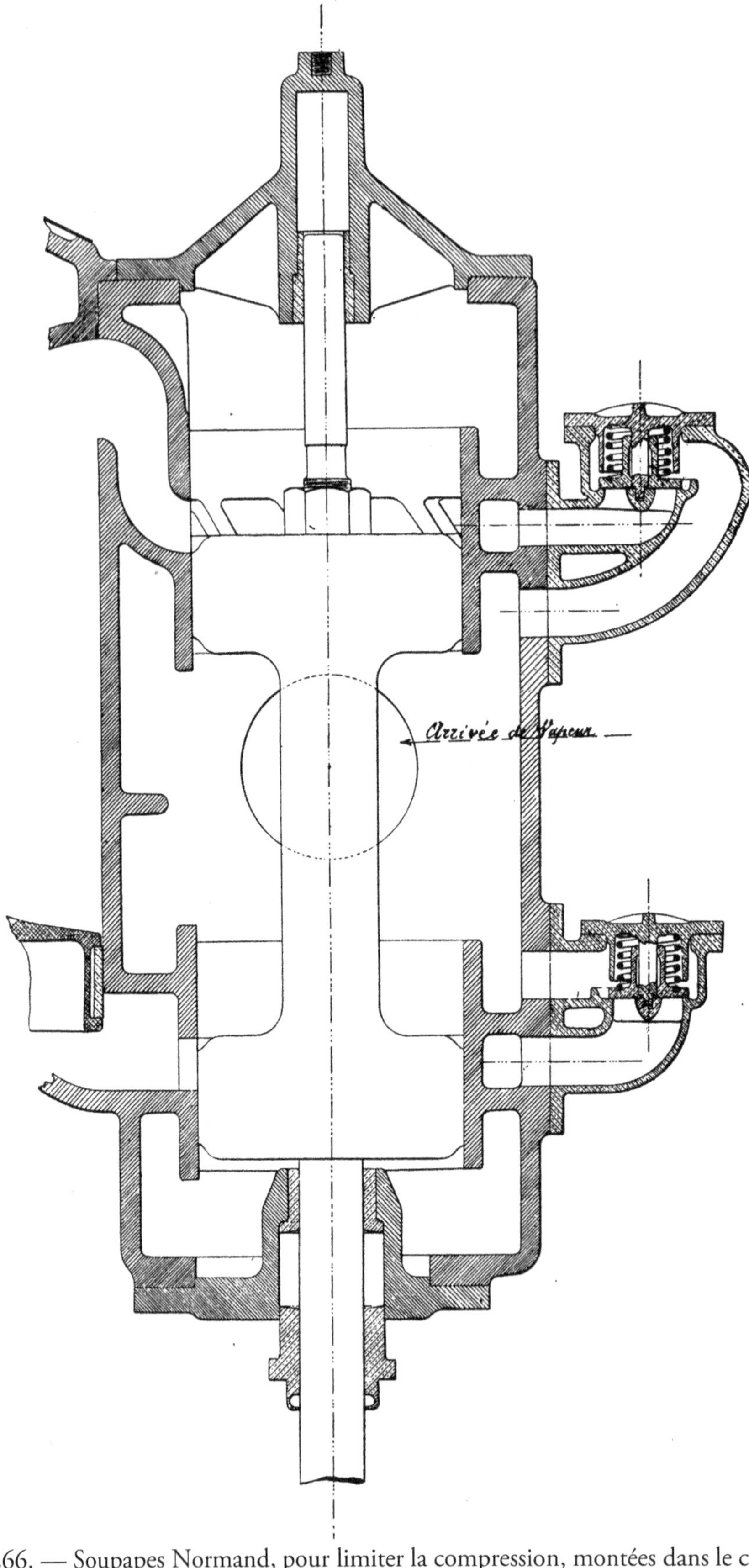

Fig. 266. — Soupapes Normand, pour limiter la compression, montées dans le cylindre à haute pression d'une machine compound, avec tiroirs cylindriques.

au-dessus ou au-dessous du cylindre d'une machine horizontale, ou latéralement dans une machine verticale, c'est-à-dire quand l'axe du tiroir et l'axe du cylindre sont dans un plan perpendiculaire ou oblique à l'axe de l'arbre moteur, les distributions de Walschaert, Marshall, Joy sont, en général, plus commodes.

On demande aux coulisses deux genres de service différents : ou bien la coulisse n'est qu'un simple appareil de changement de marche ; l'arbre de relevage est toujours placé dans l'une ou l'autre de ses positions extrêmes ; ou bien la coulisse sert en outre à faire varier la distribution de la vapeur et fonctionne dans ses positions intermédiaires. Ce sont surtout les petites machines à puissance et à vitesse variables, et principalement les locomotives, qui ont ainsi des distributions variables par coulisse. La compression est alors souvent très forte, quand on réduit l'admission, surtout dans les machines à expansions multiples. M. Normand la limite en montant des soupapes légèrement chargées qui s'ouvrent de l'intérieur du cylindre dans la boîte à vapeur (fig. 266).

56. Commande de l'arbre de relevage.

On manœuvre simplement l'arbre de relevage des petites machines à l'aide d'un levier (fig. 267) qu'un verrou, pénétrant dans les encoches d'un secteur denté, permet d'arrêter dans une série de positions. Souvent on préfère une vis (fig. 268

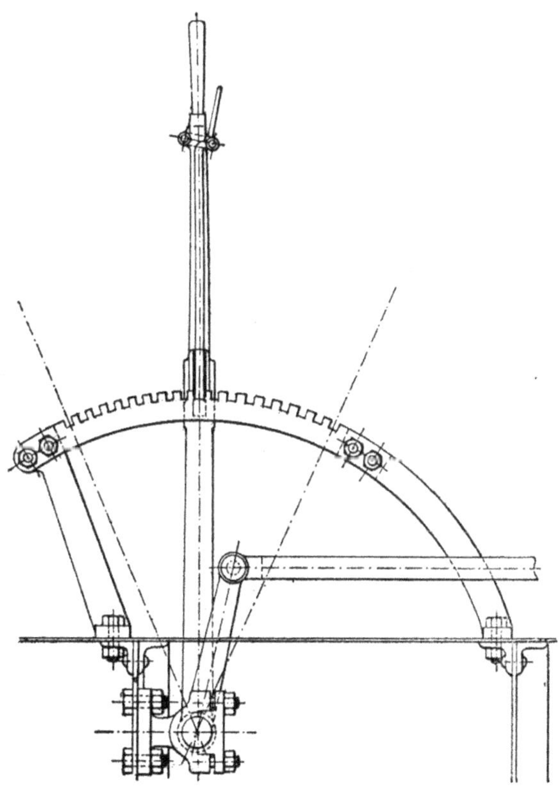

Fig. 267. – Levier de changement de marche.

et 269), que fait tourner un volant de manœuvre ; cette vis déplace un écrou qui pousse ou qui tire une tringle articulée à l'extrémité d'un levier calé sur l'arbre de relevage. C'est une disposition fréquemment adoptée pour les locomotives.

Quand l'effort à produire dépasse une certaine valeur, la manoeuvre à bras devient difficile ou impossible. Une machine auxiliaire commande alors les mécanismes de relevage.

Un piston pressé par la vapeur dans l'un ou l'autre sens convient pour la manoeuvre de la tringle, qui fait tourner l'arbre de relevage ; pour régler l'action de ce piston, on conserve la vis manœuvrée à la main, dans l'appareil à *contre-poids de vapeur* (fig. 270 et 271) : le pas de la vis est assez faible pour qu'elle ne soit pas *réversible*, de sorte qu'il est nécessaire de la faire tourner à la main pour que le piston se déplace.

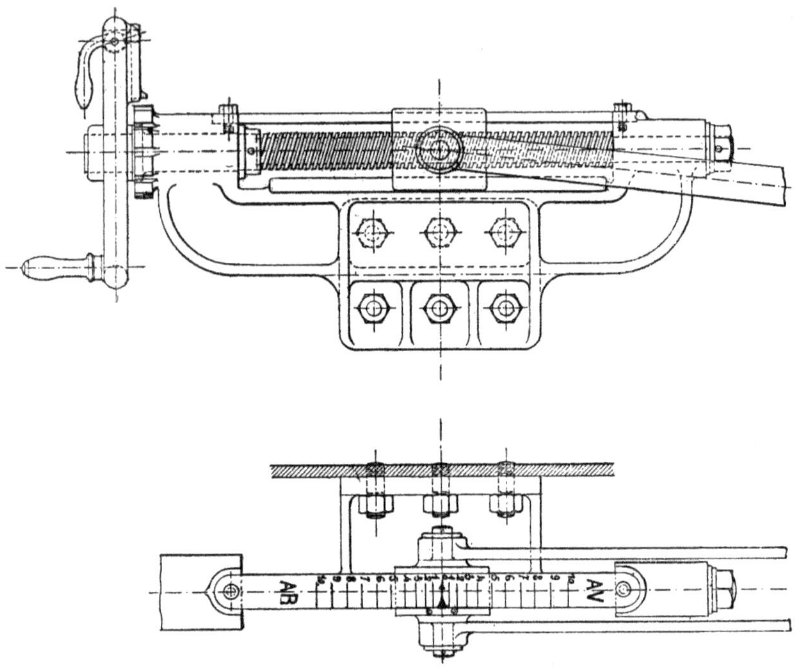

Fig. 268. – Vis de changement de marche.

On conjugue aussi le piston moteur avec un *frein à huile*, formé d'un piston qui se meut dans un cylindre rempli d'huile, dont les deux côtés communiquent seulement par un tuyau muni d'un robinet.

Tant que ce robinet est fermé, le mouvement est impossible : avec une faible ouverture du robinet, le mouvement est lent et on reste facilement maître de l'appareil.

On fait enfin usage d'une forme simple de servo-moteur, disposé pour que le piston poussé par la vapeur reproduise exactement le déplacement donné par la main à un levier de manoeuvre.

La vapeur est distribuée dans le cylindre par un tiroir sans recouvrement (fig. 272). En déplaçant le levier de manoeuvre à partir de sa position moyenne, on admet la vapeur dans le cylindre : le piston se met en marche, mais alors il ramène le tiroir vers sa position moyenne, qu'il atteint quand la course du piston correspond à celle du levier de manoeuvre.

L'appareil s'arrête alors.

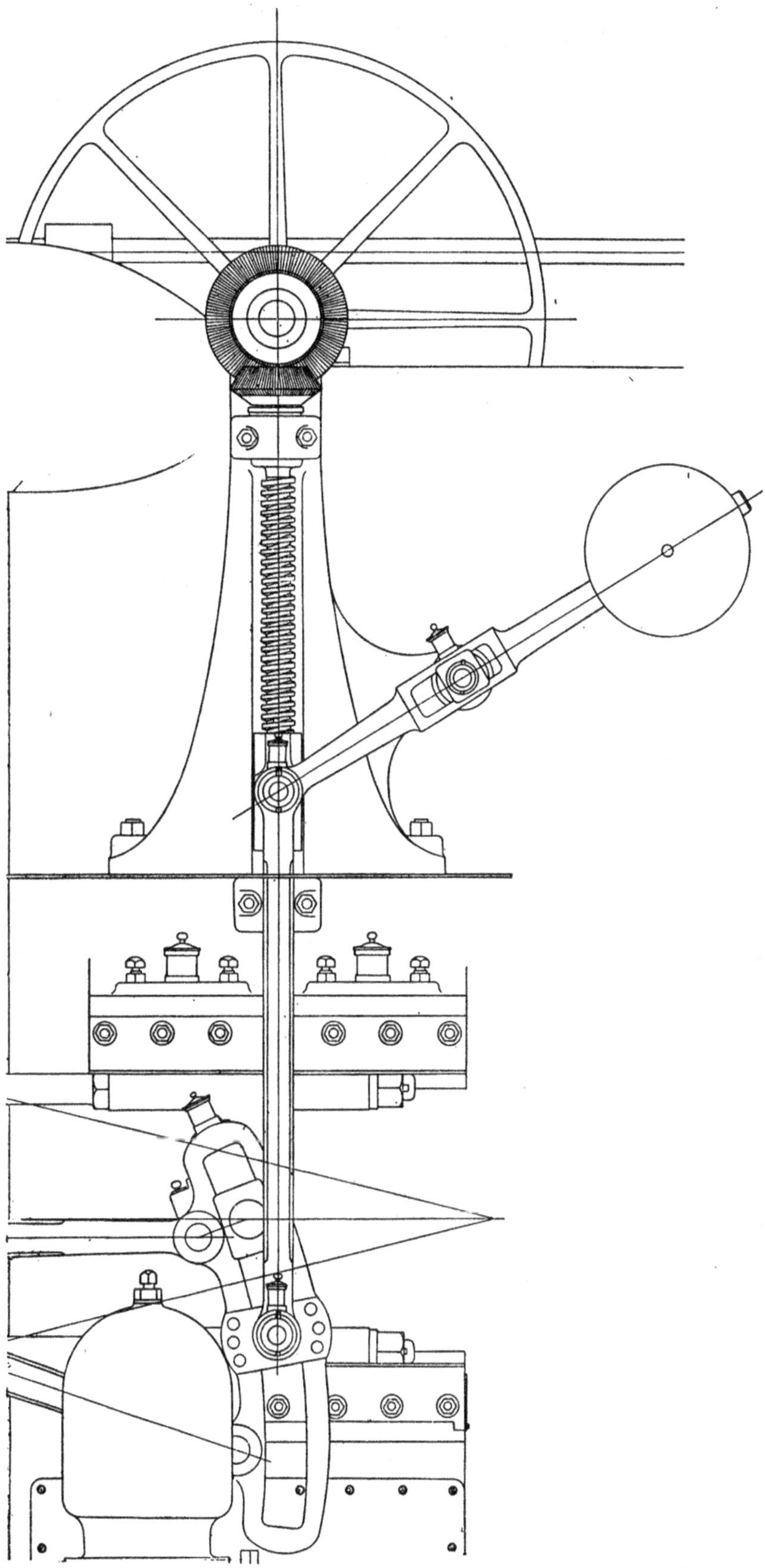

Fig. 269. — Changement de marche à vis du Redoutable, construit au Creusot en 1875.

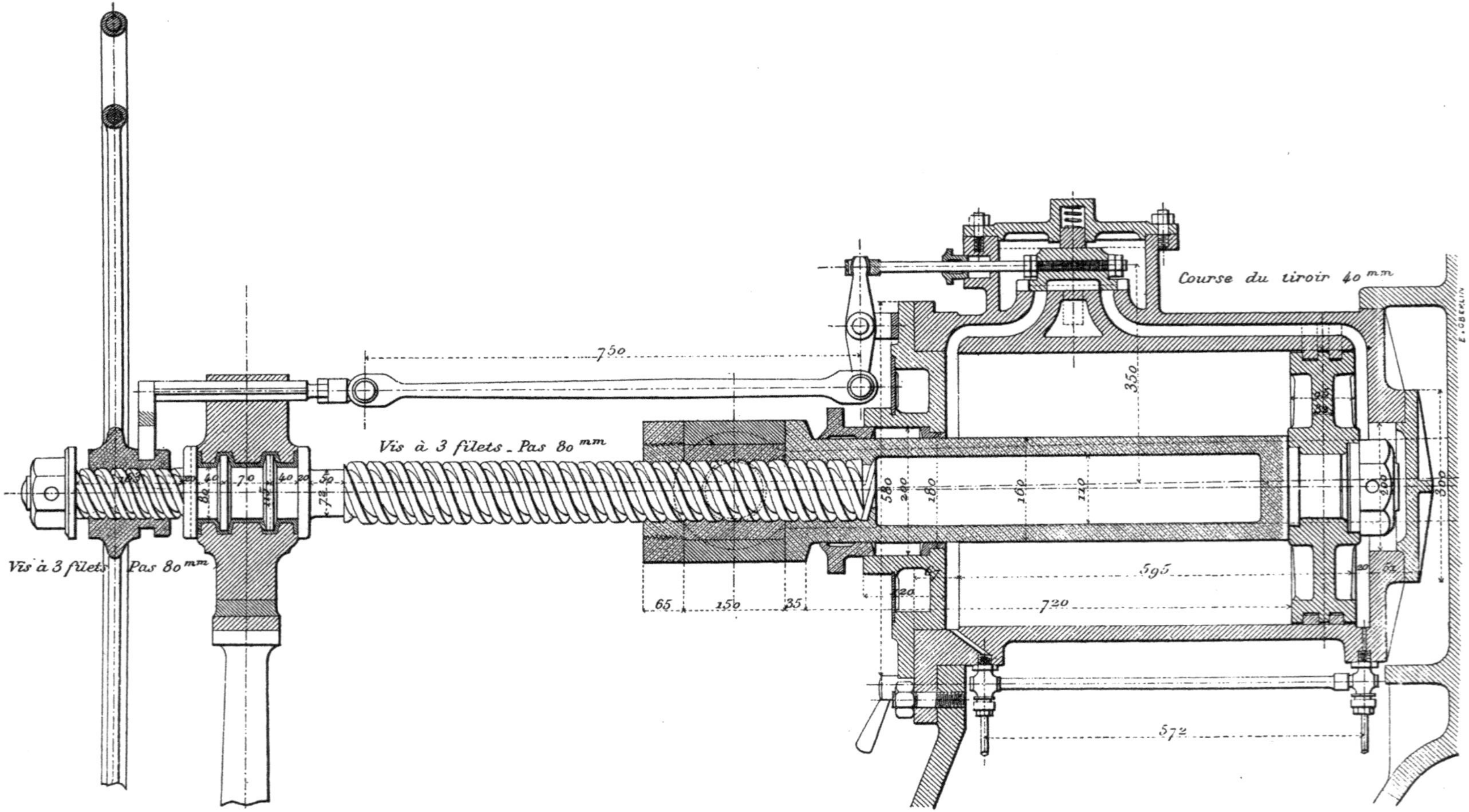

Fig. 270. – Changement de marche à contre-poids de vapeur, pour machine marine construite en 1879 ;
un petit déplacement préliminaire du volant de manoeuvre ouvre l'admission de vapeur sur une des aces du piston.

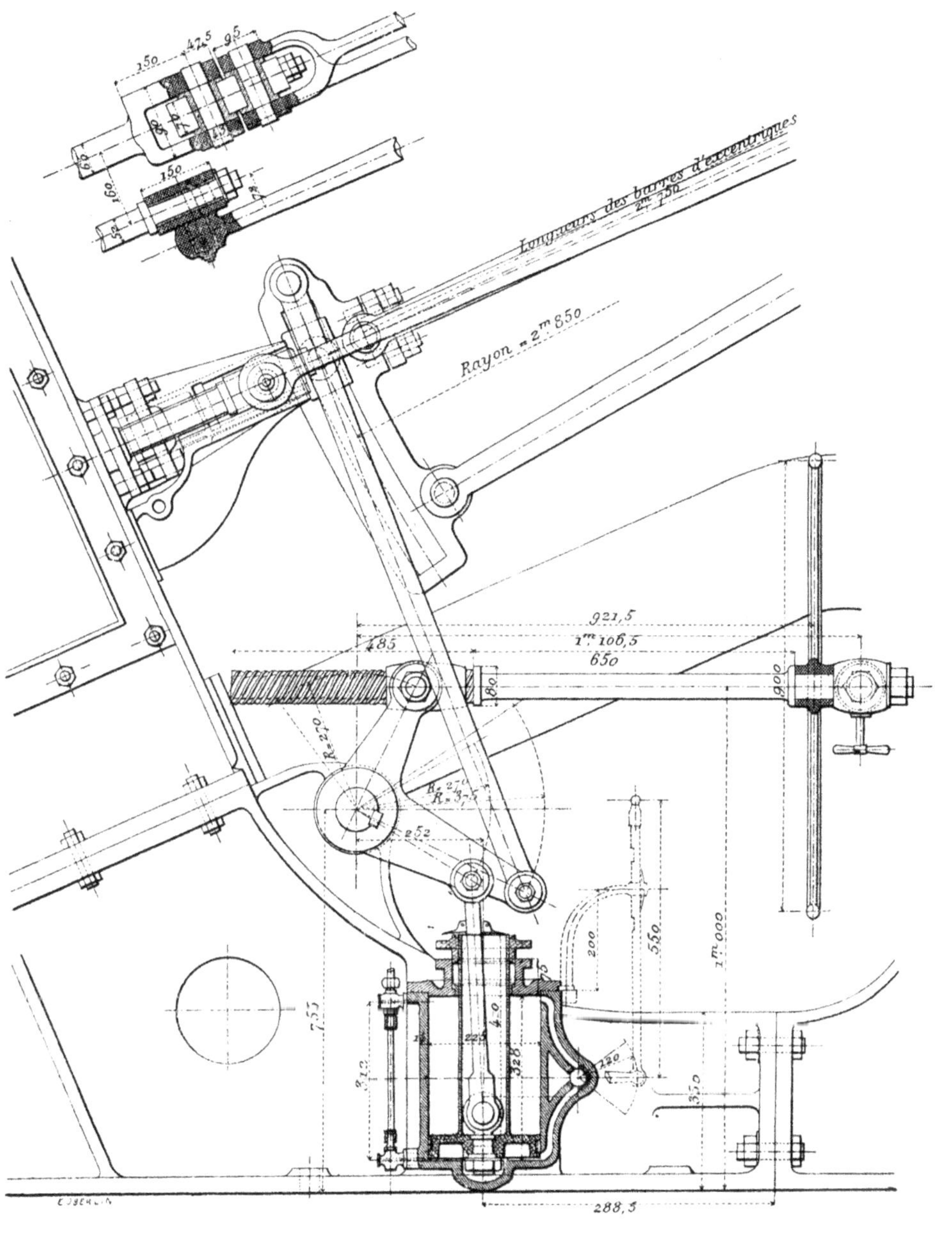

Fig. 271. — Changement de marche à contre-poids de vapeur, pour machine marine (aviso à roues), construite en 1881.

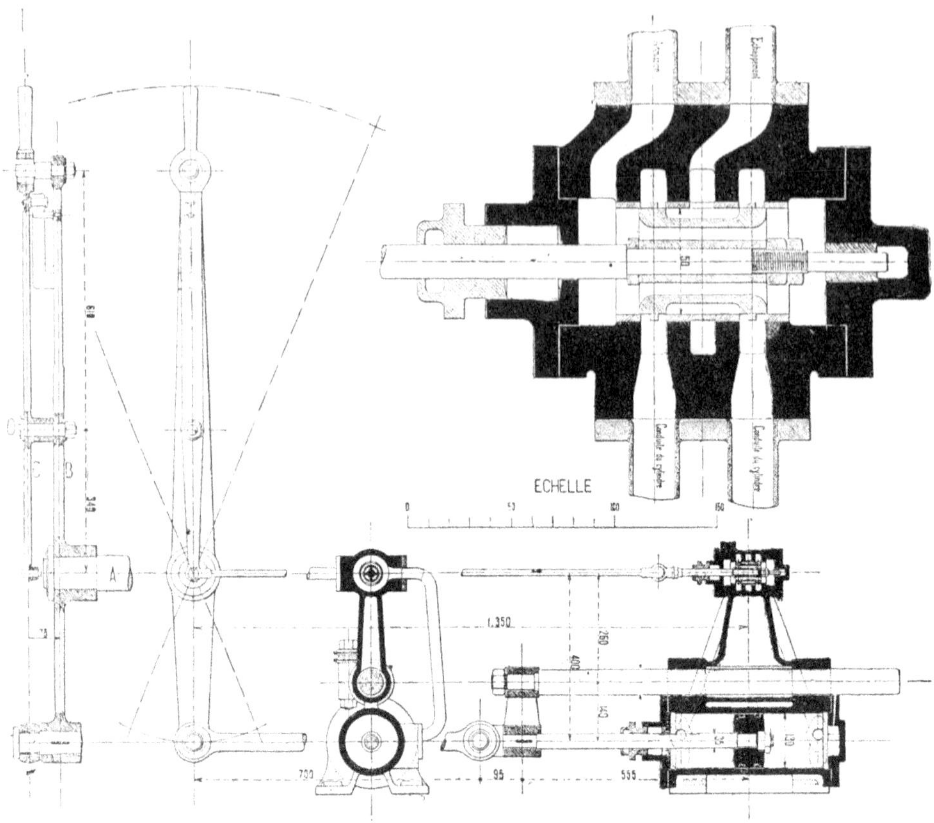

Fig. 272. — Servo-moteur pour commande d'arbre de relevage, d'après Coste et Maniquet.

57. Mécanismes divers de changement de marche.

Les distributions, obtenues à l'aide des mécanismes de changement de marche, se rapprochent de celles que donnerait un *excentrique fictif*, de calage et de rayon variables. En réalisant cet excentrique fictif, on obtient les mêmes effets. Si cette réalisation est possible à l'aide d'appareils simples et robustes, elle débarrasse la machine d'un attirail encombrant et coûteux. Plusieurs systèmes de ce genre ont été proposés : malgré quelques applications heureuses, ils n'ont pas encore remplacé les coulisses dans la pratique générale des constructions.

Le centre de l'*excentrique sphérique Tripier* peut se déplacer suivant TT' (fig. 273), parce qu'il est articulé en K sur un axe porté par l'arbre moteur. Dans ce déplacement, il parcourt, au lieu d'une ligne droite, un arc de cercle, TT'; la forme sphérique donnée à l'extérieur de la poulie et au collier d'excentrique permet la manoeuvre.

L'excentrique mobile porte une seconde articulation, en D, avec une biellette, qui le rattache à un manchon S pouvant glisser le long de l'arbre.

Il est facile de déplacer ce manchon et de l'arrêter dans une position quelconque ; sa surface extérieure présente deux joues, entre lesquelles est monté un second manchon S' qui l'entoure. Ce second manchon, fileté sur sa face extérieure, ne participe pas à la rotation de l'arbre de la machine, et on peut lui imprimer à volonté

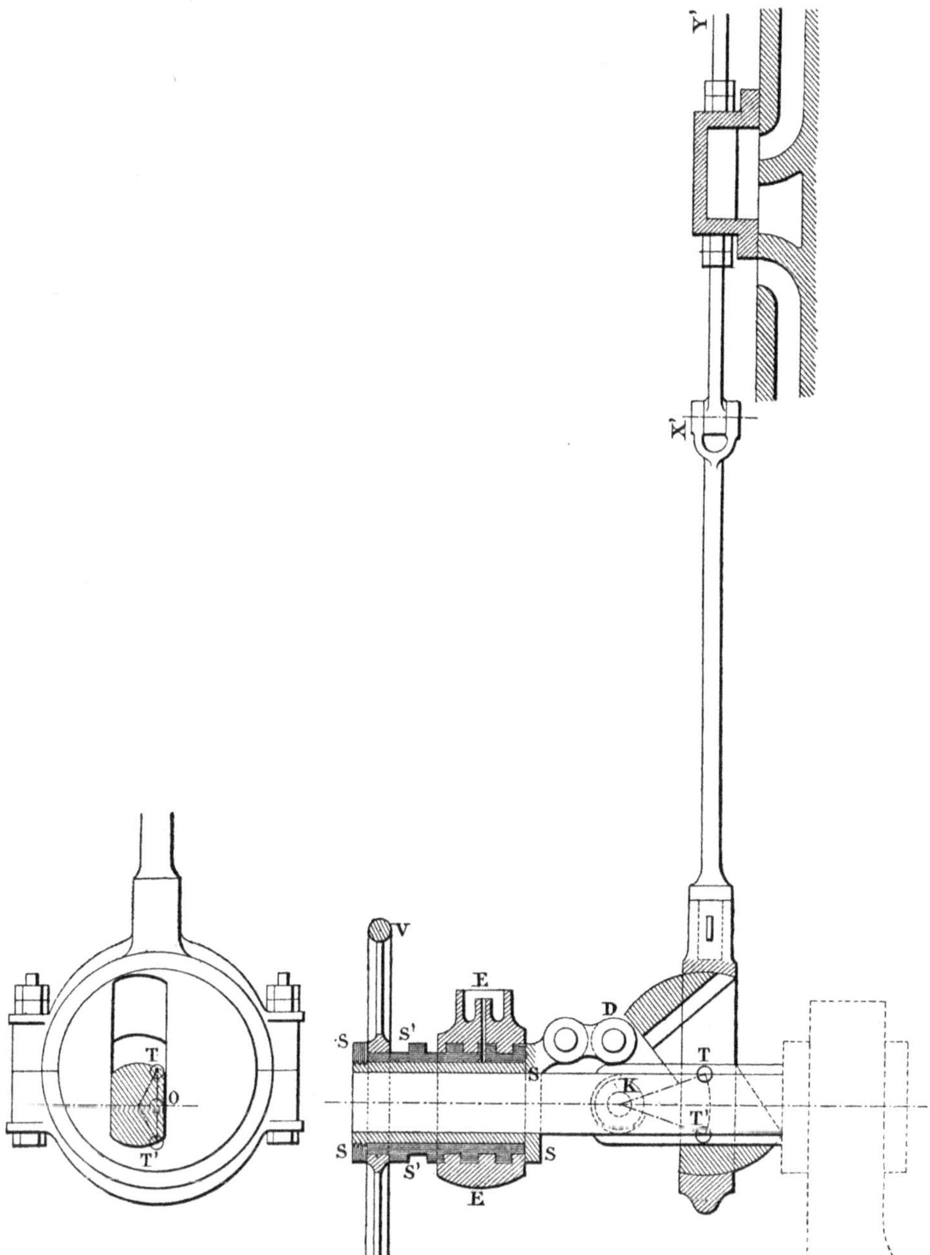

Fig. 273. — Excentrique sphérique Tripier.

un déplacement longitudinal en le faisant tourner dans un écrou fixe E, à l'aide du volant V.

La *transmission hydraulique* des pressions donne un moyen simple en principe de réaliser les excentriques fictifs d'une coulisse : un piston, fixé à l'arbre moteur, joue dans un cylindre qui fait corps avec la poulie d'excentrique; la course est égale et parallèle à la droite (TT') que doit parcourir le centre de cette poulie. L'appareil de

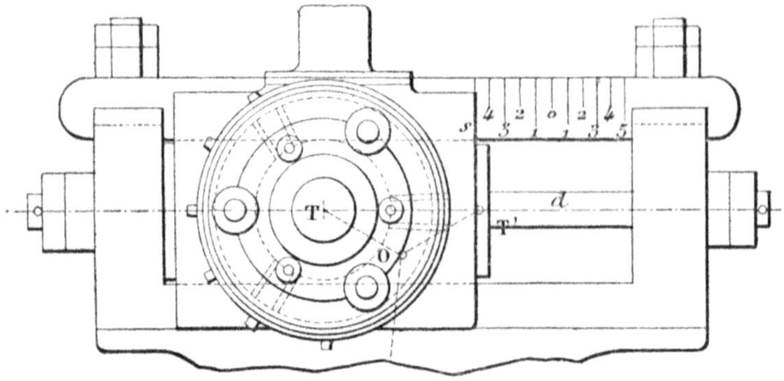

Fig. 274. — Manivelle hydraulique Müller ; élévation, la bielle du tiroir enlevée.

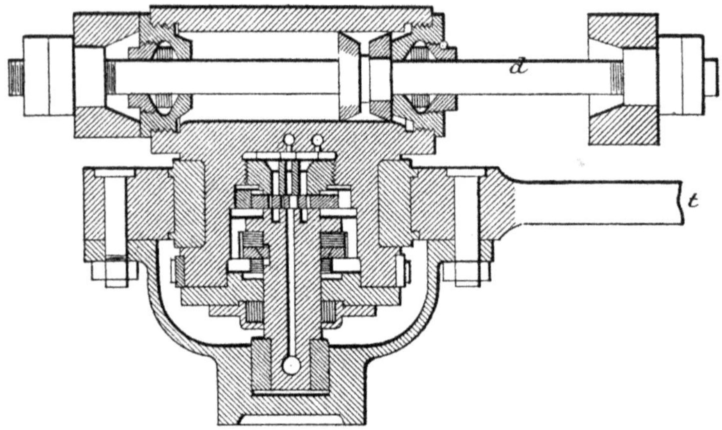

Fig. 275. — Manivelle hydraulique Müller ; coupe horizontale.

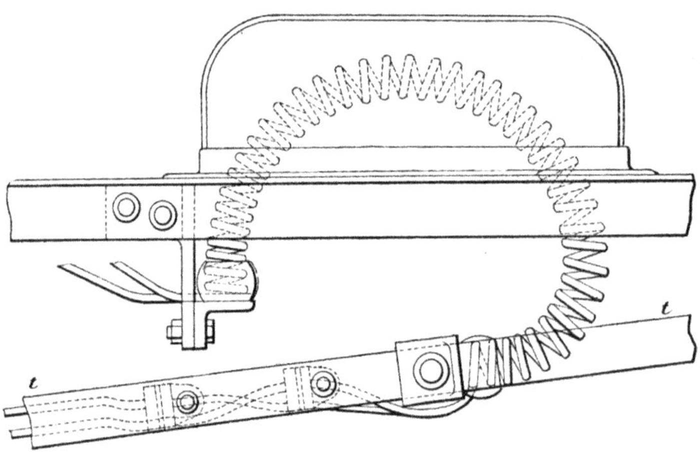

Fig. 276. — Manivelle hydraulique Müller ; raccord des tuyaux sur la bielle du tiroir.

manoeuvre consiste en un cylindre pareil avec piston; deux conduits réunissent deux à deux les extrémités des cylindres. Tout l'appareil étant plein d'eau, de glycérine ou d'huile, un piston entraîne l'autre. Pour qu'il ne se produise pas de jeu dans la transmission, il faut que le fluide remplisse toujours complètement les cylindres et les conduits. Si le principe est simple, il est assez difficile d'établir la double communication étanche entre le cylindre fixe et le cylindre mobile, qui tourne avec l'arbre de la machine. M. Müller a employé à cet effet, il y a une douzaine d'années,

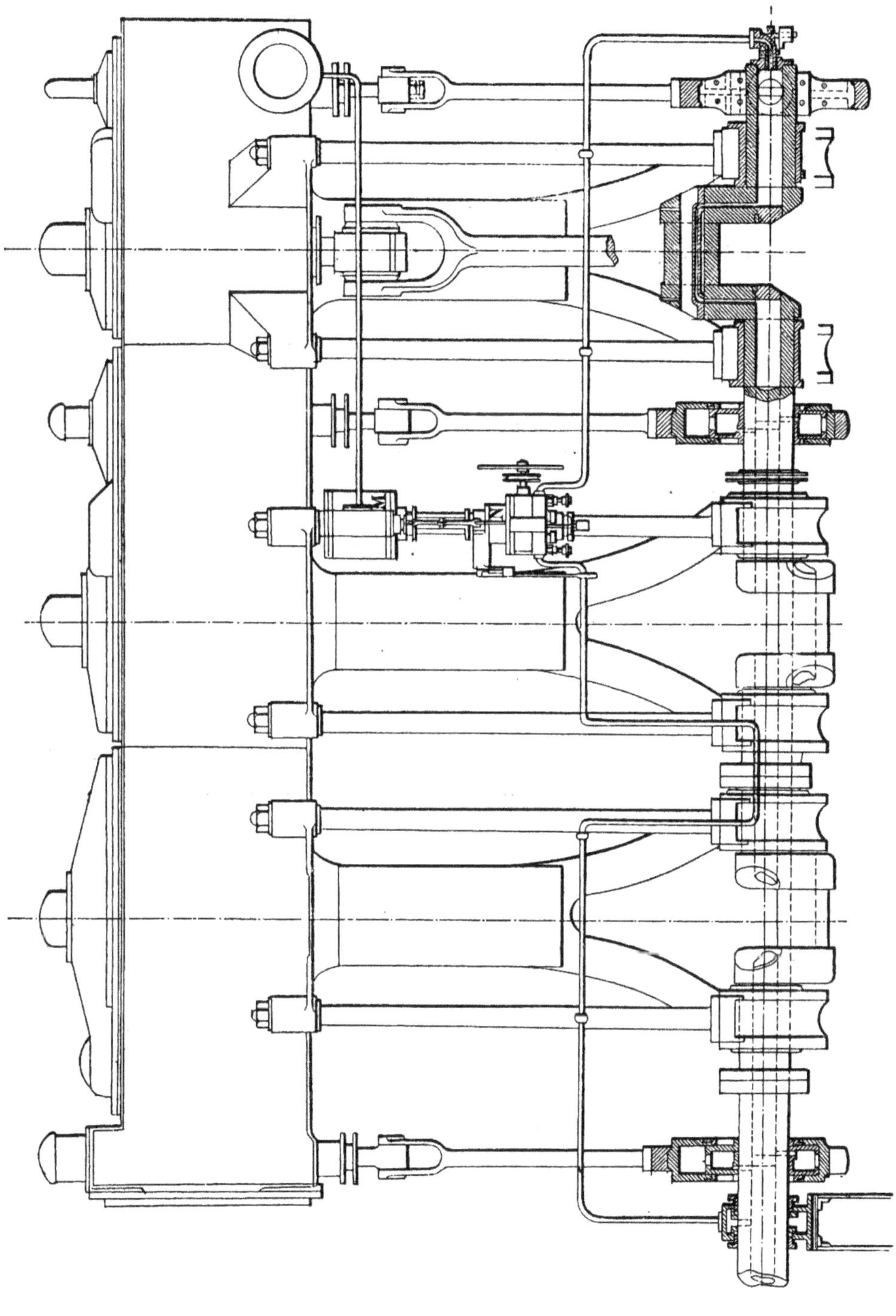

Fig. 277. – Changement de marche hydraulique Joy ; élévation et coupe verticale (d'après *l'Engineering*).

des tuyaux de cuivre flexibles (fig. 274 à 276), qui viennent se fixer sur la bielle du tiroir. Les figures 274 et 275 représentent le piston que déplace le fluide, pour transporter le centre de la manivelle de T à T'.

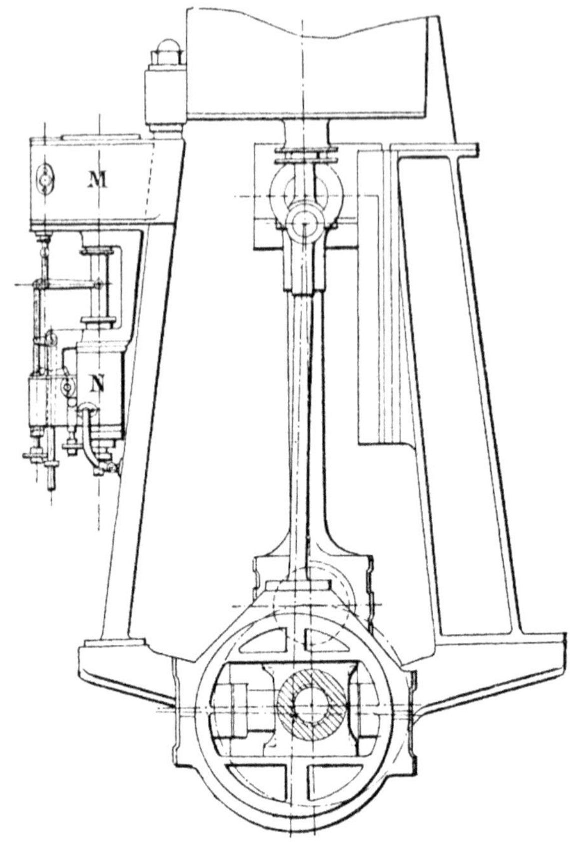

Fig. 278. — Changement de marche hydraulique Joy ; coupe transversale.

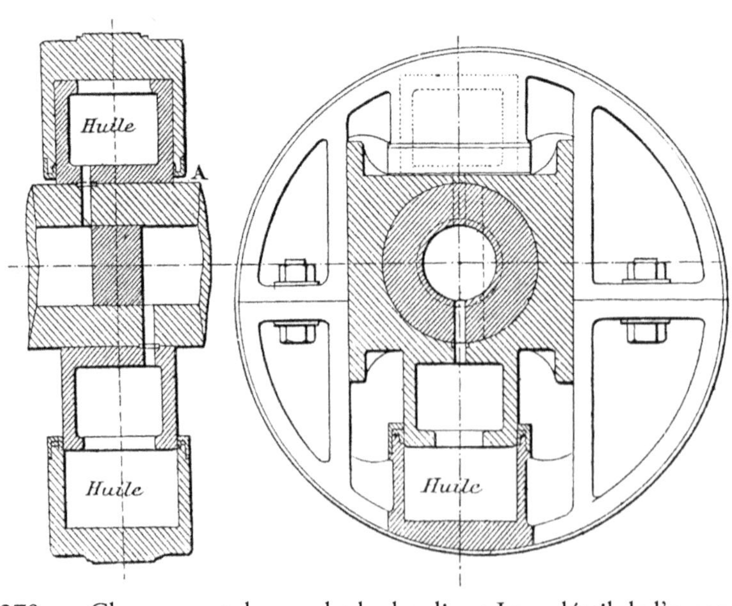

Fig. 279. — Changement de marche hydraulique Joy ; détail de l'excentrique.

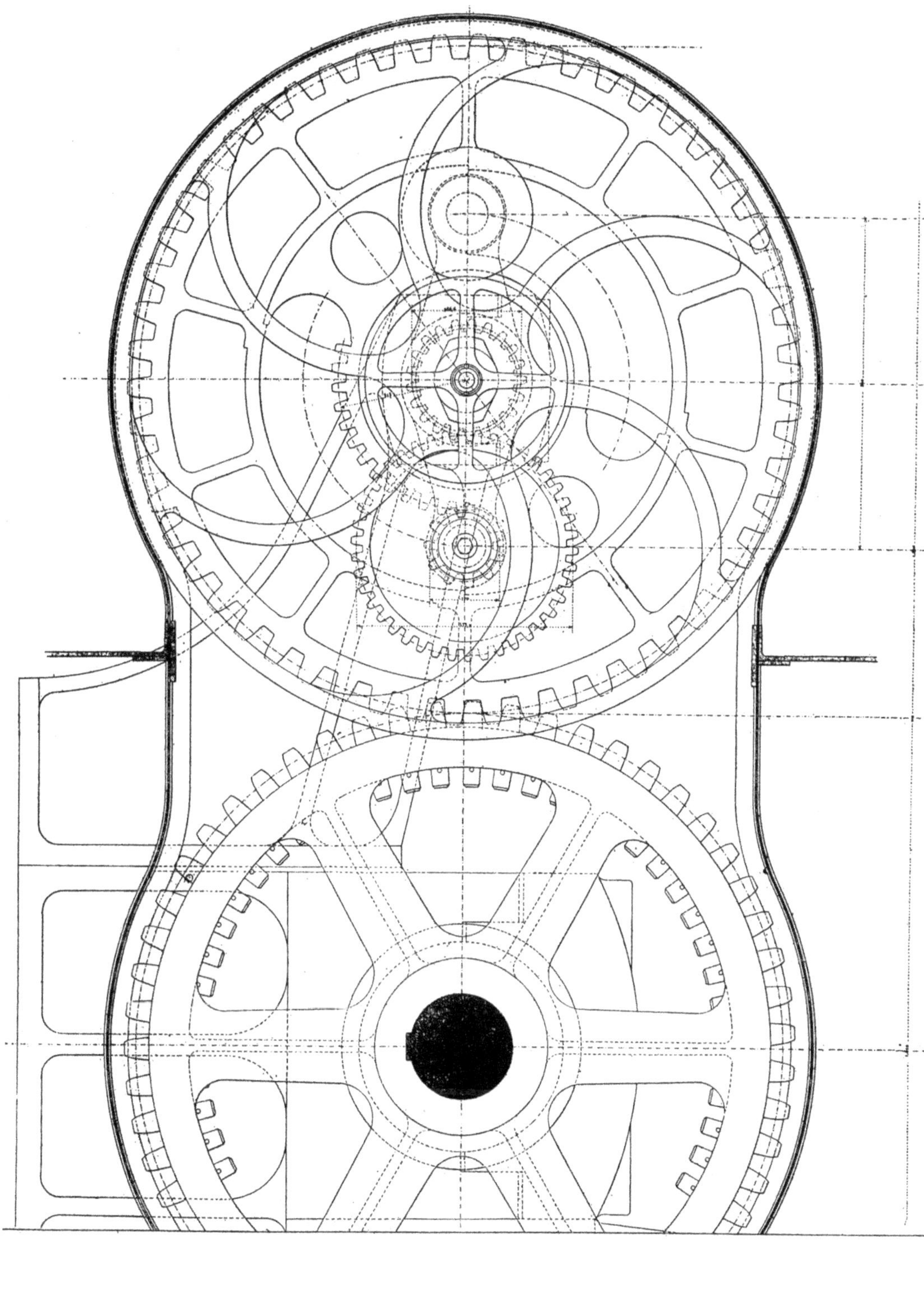

Fig. 280. – Changement de marche du « Fulminant » construit au Creusot en 1877 ; élévation.

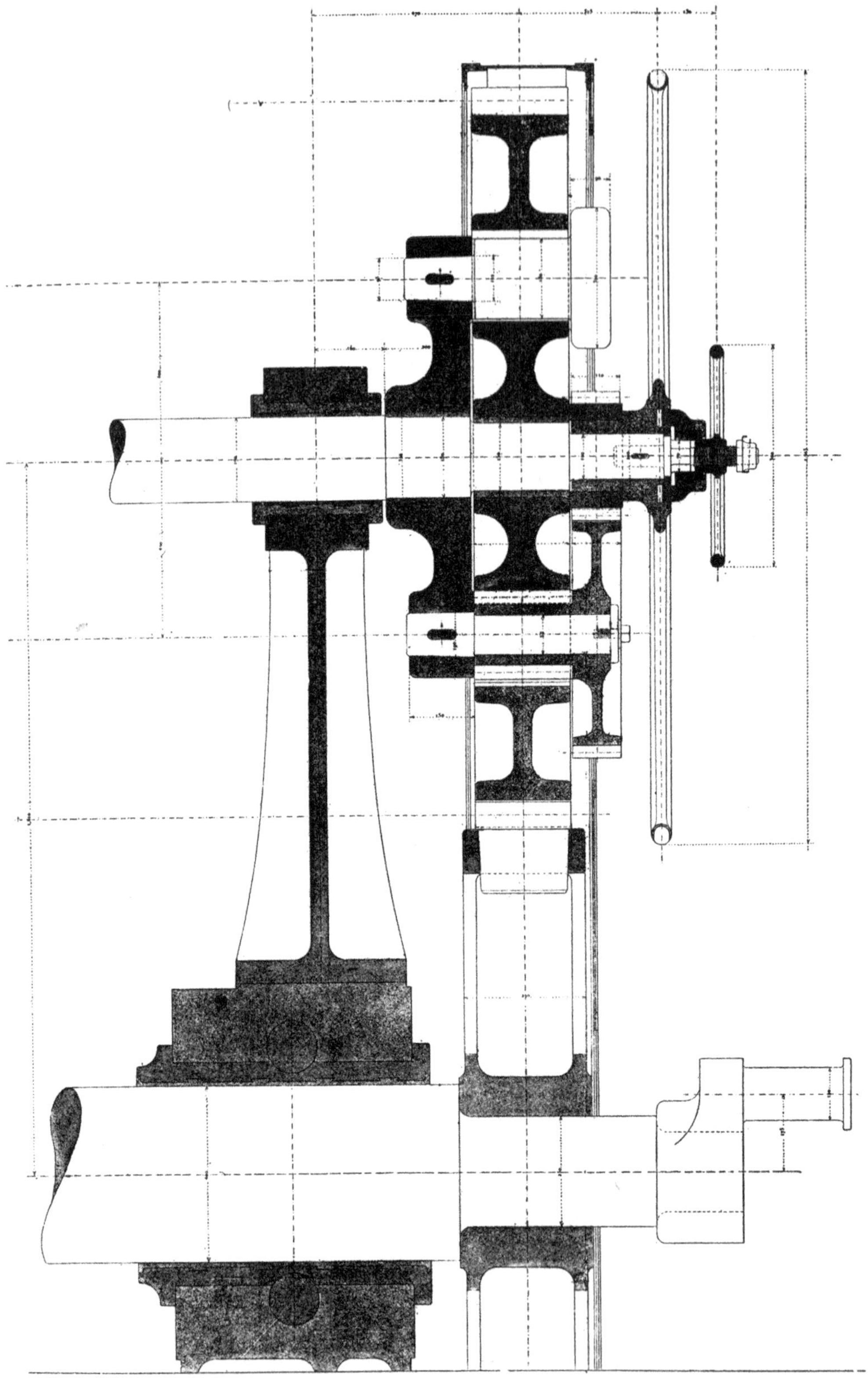

Fig. 281. — Changement de marche du « Fulminant »; coupe longitudinale. L'arbre qui porte les excentriques est relié par engrenages à l'arbre moteur ; la roue dentée de commande n'est pas calée sur l'arbre des tiroirs, mais l'entralne par l'intermédiaire d'un toc (vu à la partie supérieure de la figure) et d'un bras claveté sur l'arbre. Pour passer d'un sens de marche à l'autre, on fait tourner d'un angle convenable l'arbre des excentriques, à l'aide du volant de manoeuvre et des jeux d'engrenages. Ce mécanisme est désigné par le nom de « mise en train Mazeline ».

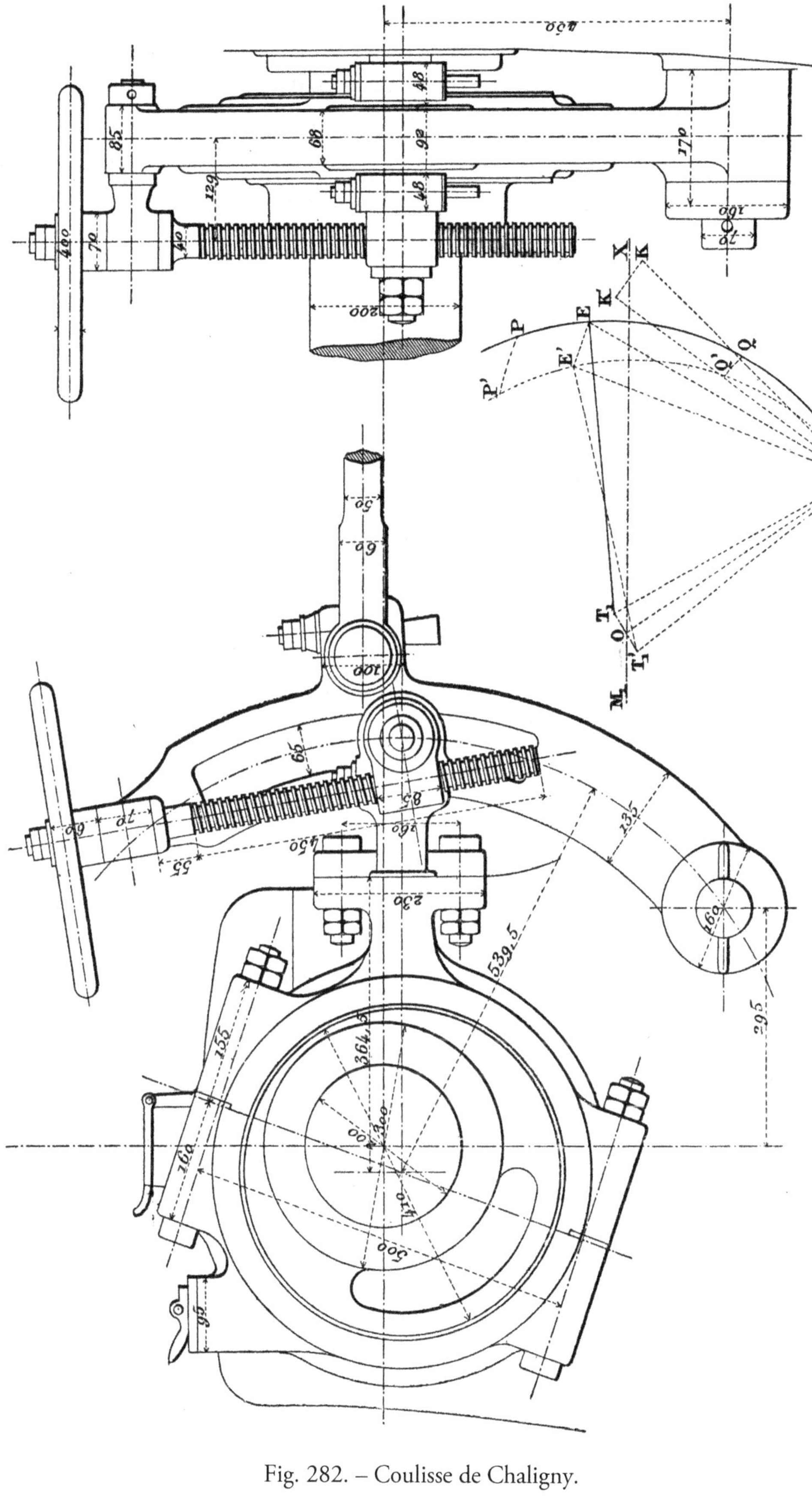

Fig. 282. – Coulisse de Chaligny.

La disposition de Joy consiste à forer des conduits dans l'arbre avec ses coudes, ainsi que le montrent les figures 277 à 279, qui représentent (d'après *l'Engineering*), l'application du système sur une machine marine à trois cylindres. Le cylindre à huile N, dont le piston est commandé par un cylindre à vapeur M, refoule l'huile d'un côté ou de l'autre : on voit sur la figure 277 comment la pression se transmet d'une poulie à l'autre. Les déplacements des poulies étant limités par des *tocs* sur l'arbre, la marche de la machine reste possible, mais toujours dans le même sens, en cas de dérangement de l'appareil.

On peut rapprocher des appareils de changement de marche ceux qui modifient le calage de l'excentrique pour un seul sens de rotation. Cette disposition est fréquente dans les machines à grande vitesse : la modification se fait sous l'action combinée de masses et de ressorts, qui constituent un régulateur de vitesse. Les mécanismes de ce genre sont l'objet du § 73.

La coulisse de Chaligny (fig. 282) est un balancier qui fait varier la course du tiroir; un coulisseau E fixé au collier d'excentrique la fait osciller autour de l'articulation fixe C, avec une amplitude plus ou moins grande suivant sa position ; le point K de la coulisse conduit le tiroir. Les avances linéaires du tiroir sont invariables, parce que la coulisse forme un cercle dont le centre coïncide avec le centre de l'excentrique (T_1 et T'_1) lorsque la manivelle motrice est à ses points morts : la manoeuvre du coulisseau ne déplace pas le tiroir dans ces positions. Il suffit pour cela que les longueurs T_1C, T'_1C et T_1E soient égales au rayon de la coulisse.

Lorsqu'on n'a besoin que des deux positions extrêmes de l'excentrique, pour la marche avant et pour la marche arrière, on peut en faire varier le calage entre deux tocs. Une disposition analogue en principe, mais d'une construction meilleure, pour les grands appareils, consiste à caler l'excentrique sur un arbre auxiliaire, relié à l'arbre moteur par l'intermédiaire d'un engrenage ; pour passer d'un sens de marche à l'autre, on fait tourner d'un angle convenable l'arbre auxiliaire. Les figures 280 et 281 donnent un exemple de ces appareils, qui ont été fort employés pour les machines marines.

58. Distributions à deux tiroirs.

Avec un tiroir conduit par un excentrique, ou par une coulisse, qui donne à peu près la même distribution que des excentriques fictifs, on ne peut obtenir une courte période d'admission qu'en augmentant beaucoup les périodes d'échappement anticipé et de compression. Les distributions à deux tiroirs combinent une grande détente et une compression modérée ; elles sont généralement disposées pour que cette détente soit variable à volonté.

Un procédé, fort simple en principe, consiste à séparer les organes d'admission et d'échappement, en montant, sur des côtés opposés du cylindre, deux tiroirs différents, conduits chacun par un excentrique. La *Straight line engine* (fig. 283) montre un exemple de cette disposition : chaque tiroir est composé de deux moitiés conjuguées ; l'excentrique d'admission est à calage variable.

Le système primitif de *Gonzenbach* donne une solution du problème qui n'est pas entièrement satisfaisante : un tiroir de distribution ordinaire (fig. 284), réglé pour une grande admission et pour une compression modérée, se meut dans une boîte à vapeur aussi petite que possible. La vapeur pénètre dans cette boîte par un orifice, que peut fermer, à un moment convenable, la *plaque, la glissière, le taquet*,

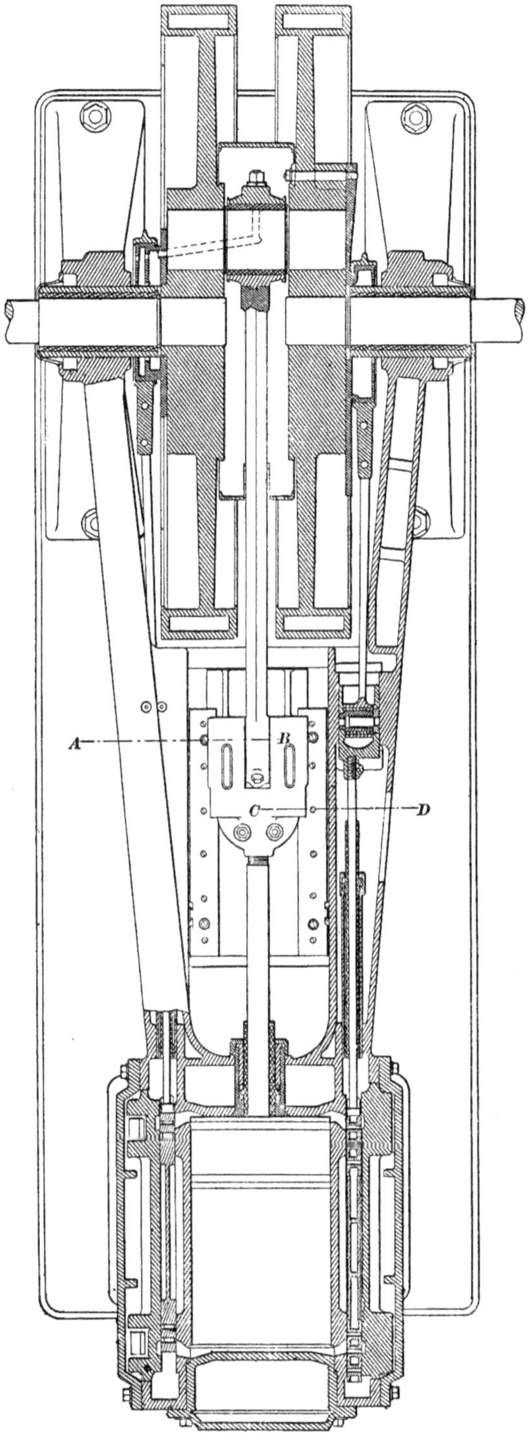

Fig. 283. — Distribution à deux tiroirs séparés de la *straight line engine* ; coupe horizontale (d'après l'*American machinist*), montrant le tiroir d'admission, commandé par un excentrique à calage variable par le régulateur, et le tiroir d'échappement, avec excentrique à calage fixe. Ce tiroir n'est pas pressé sur sa table par la vapeur, mais par un plateau parallèle à la table.

la tuile ou le tiroir de détente, pièce conduite par un excentrique spécial. Si cette fermeture a lieu avant que le tiroir principal n'ait recouvert la lumière d'admission qu'il découvre, la vapeur, contenue dans le cylindre et dans la boîte autour du tiroir principal, va se détendre, jusqu'à ce qu'il ferme à son tour la lumière d'admission ;

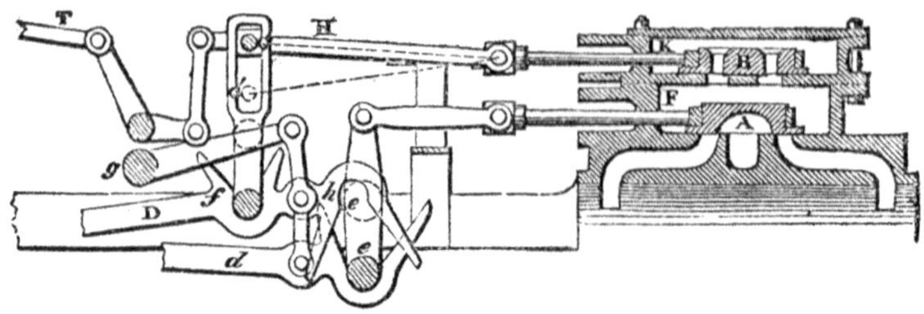

Fig. 284. — Tiroir de détente Gonzenbach, d'après Bourne (avec ancien mécanisme de changement de marche â pied de biche); A, tiroir principal ; B, plaque de détente.

la détente s'achève alors dans le cylindre seul. Ce système introduit un espace libre spécial pendant la détente. Pour que l'appareil fonctionne convenablement, l'ouverture de la boîte à vapeur doit être déjà démasquée quand le tiroir principal découvre la lumière d'admission ; une fois cette ouverture refermée, elle ne doit plus se rouvrir avant que ce tiroir n'ait recouvert la lumière d'admission qu'il découvrait ; enfin la section de passage, offerte à la vapeur par l'ouverture de la boîte, doit être suffisante, et, autant que possible, supérieure à la section d'entrée dans la lumière donnée par le tiroir principal, pendant la plus grande partie de l'admission.

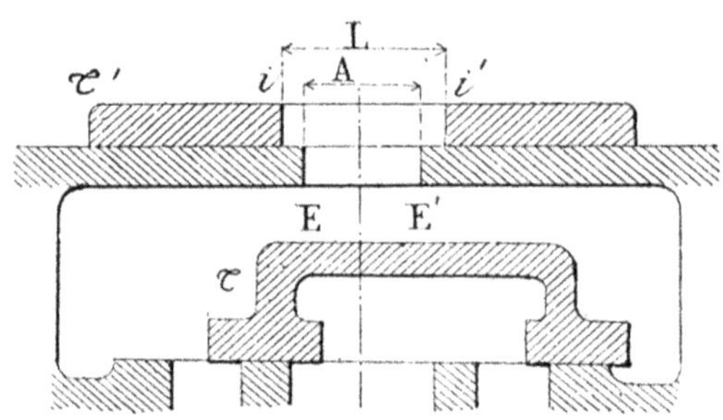

Fig. 285. — Coupe schématique de la distribution Conzenbach.

On voit sur la coupe schématique de la glissière (fig. 285) que l'admission est interrompue par le contact des bords *i* et E' et *i'* et E et que, pour passer d'une de ces positions à l'autre, la glissière doit se déplacer d'une longueur L+A.

Pour une étude approximative de la distribution, on projette, sur l'axe $M_1M'_1$ le centre de l'excentrique qui conduit la glissière. Quand cette projection passe sur les points E ou E' (fig. 286), l'orifice de la boîte à vapeur s'ouvre ou se ferme.

Le rayon de l'excentrique est en OT'_1, quand la manivelle motrice passe par son point mort OM_1 ; la détente commence au moment où ce rayon passe en OT'_2.

Pour faire varier la détente, on modifie la course de la glissière, à l'aide d'un balancier de renvoi (fig. 287 et 288) dont un des bras est variable ; c'est comme si on changeait le rayon OT'. Avec une course moindre, l'admission a lieu pendant une rotation plus longue. Comme la vapeur pénètre de nouveau dans la boîte

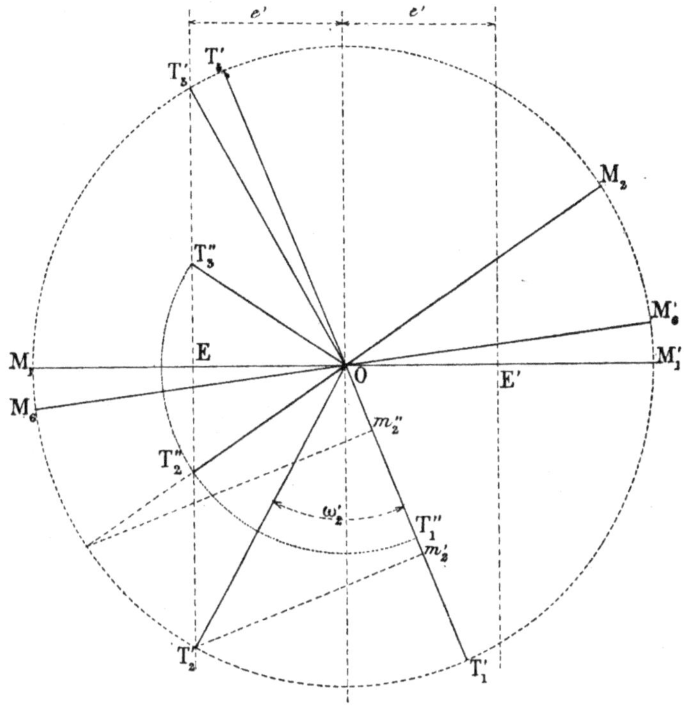

Fig. 286. — Épure approchée de la distribution Gonzenbach. OT'_1 étant le rayon de l'excentrique à conduit la glissière, l'admission est interrompue quand ce rayon vient en OT'_2. S'il est réduit à la longueur OT''_1, le parcours angulaire pendant l'admission devient $T''_1OT''_2$. OM_2 est la position de la manivelle motrice quand le tiroir principal ferme la lumière d'admission, OM_6 sa position au début de l'admission anticipée.

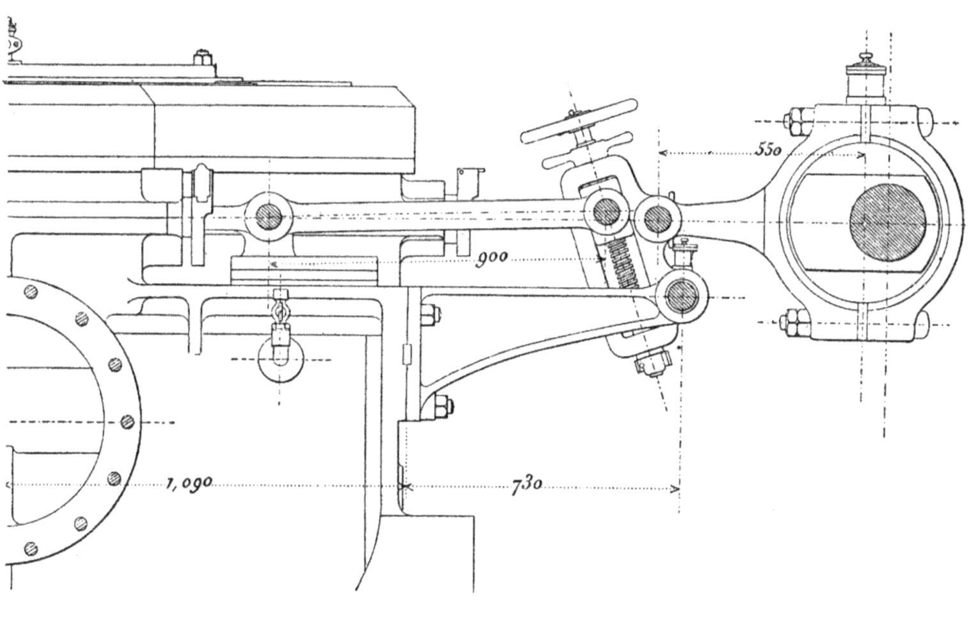

Fig. 287. — Commande de la glissière de détente de la machine du « Fulminant », construite au Creusot en 1877.

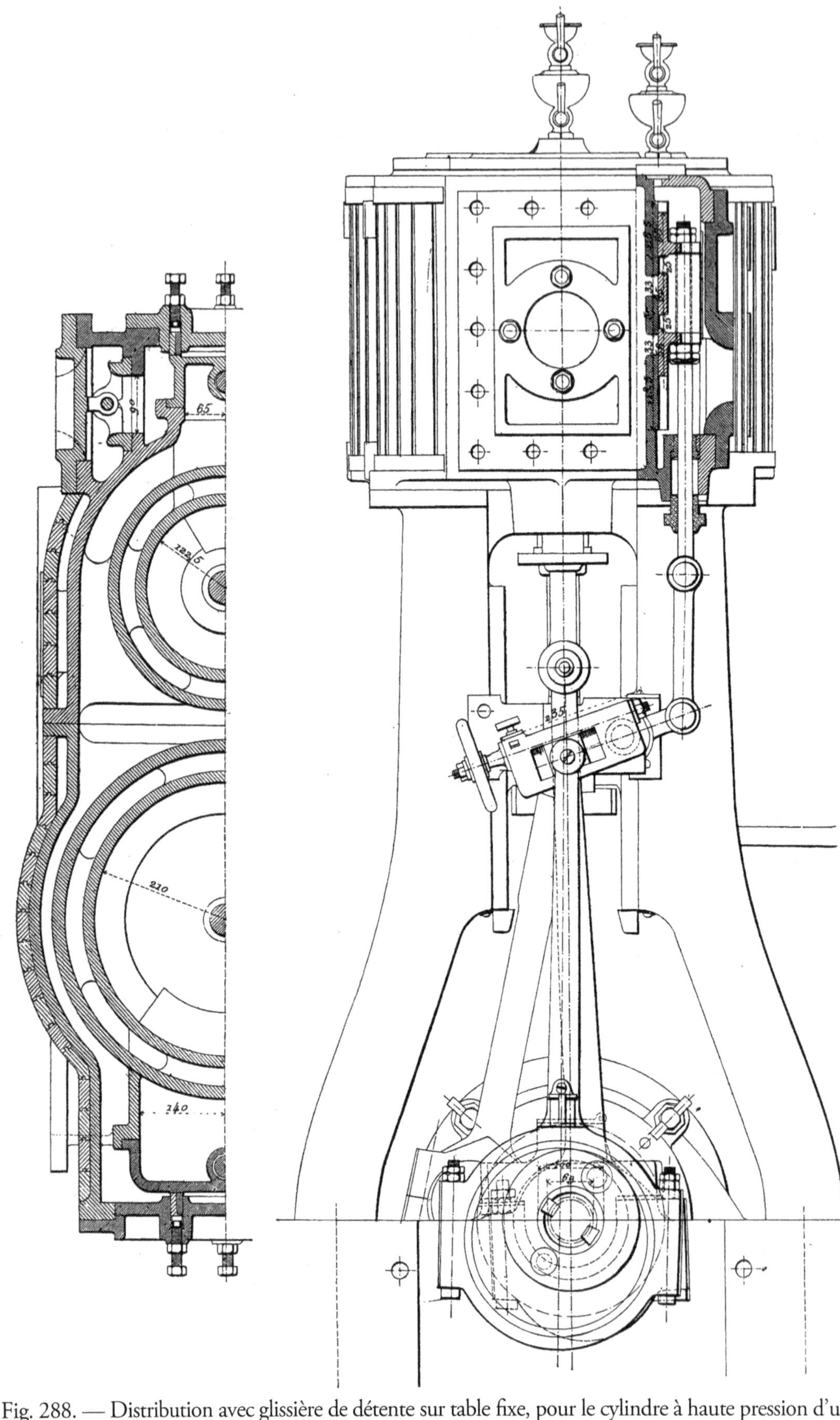

Fig. 288. — Distribution avec glissière de détente sur table fixe, pour le cylindre à haute pression d'une machine pilon compound, construite en 1879 ; la glissière est conduite par un excentrique avec balancier a bras variable.

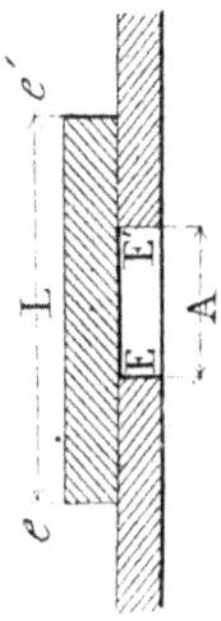

Fig. 289. – Tiroir de détente sur plaque fixe, avec admission par les bords extérieurs.

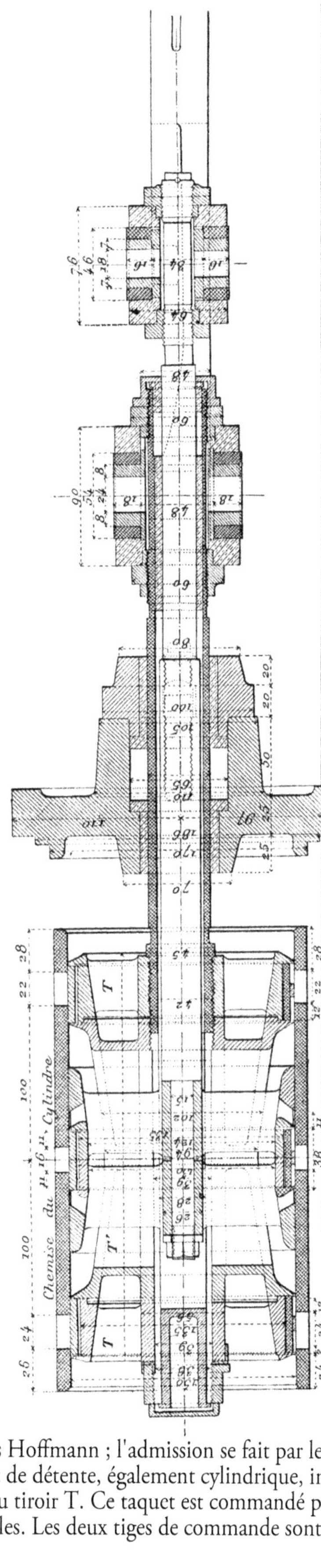

Fig. 290. — Tiroirs concentriques Hoffmann ; l'admission se fait par les bords intérieurs du tiroir cylindrique TT ; le taquet de détente, également cylindrique, interrompt l'arrivée de vapeur dans la partie centrale du tiroir T. Ce taquet est commandé par un excentrique à rayon et angle de calage variables. Les deux tiges de commande sont concentriques.

quand le rayon passe par la position symétrique (par rapport à $M_1M'_1$) de celle qui interrompt l'admission, il faut qu'à ce moment la manivelle motrice ait dépassé la position OM_2, pour laquelle le tiroir principal ferme la lumière du cylindre ; cette condition impose une limite inférieure à la course de la glissière.

On peut aussi disposer le taquet de détente pour qu'il ferme, dans sa position moyenne, l'ouverture de la boîte à vapeur (fig. 289) ; il détermine l'admission par le déplacement de ses bords extérieurs. La glissière cylindrique de la figure 290 agit de la sorte ; elle a même axe qu'un tiroir cylindrique avec admission par ses bords intérieurs : la glissière ouvre et ferme l'arrivée de vapeur dans la partie centrale de ce tiroir. Elle est commandée par un excentrique à rayon et calage variables. L'étude géométrique de cette distribution reste la même.

Le taquet de détente a souvent la forme d'une grille (fig. 291), qui donne une bonne section de passage sans exagération de la course.

On réduit presque à rien l'espace libre supplémentaire dans la détente que donne la glissière Gonzenbach, en supprimant la cloison sur laquelle se meut la glissière et

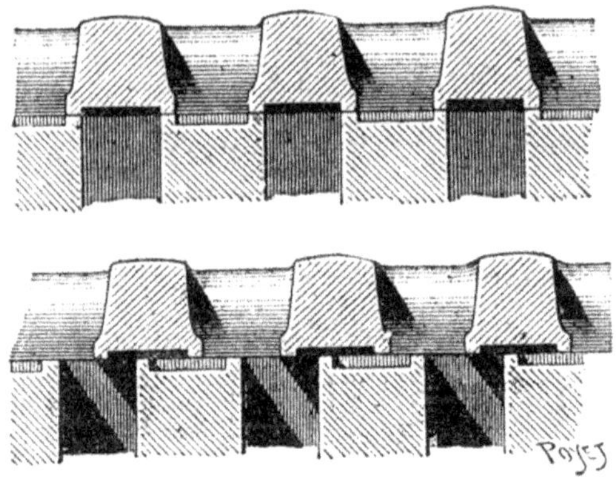

Fig. 291. — Tiroir à grille de la machine Wheelock.

en la posant directement sur le tiroir principal ; ce tiroir est muni de deux lumières spéciales, ajoutées au-delà de ses bords extérieurs (fig. 292) et la face supérieure en est dressée. L'admission est interrompue quand la glissière vient fermer l'une de ces deux lumières spéciales du tiroir.

L'étude de la distribution exige la détermination du mouvement relatif des deux tiroirs. On en voit les déplacements sur les épures elliptiques ou sinusoïdales. On

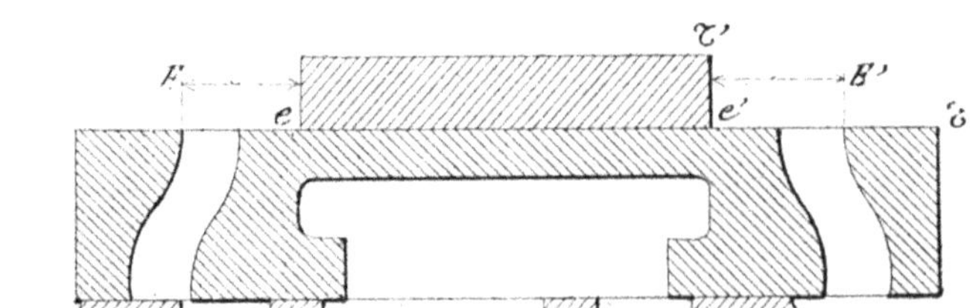

Fig. 292. — Montage de la glissière sur le dos du tiroir.

les détermine approximativement avec une grande facilité, quand on peut négliger l'obliquité des bielles des tiroirs. OT et OT' (fig. 293) étant les rayons des deux excentriques, dans une position quelconque, un point de l'un des tiroirs se meut comme la projection t de T et un point de l'autre comme la projection t' de T' ;

en construisant OT'' égal et parallèle à TT' et en prenant la projection *t*'' de T'', les distances O*t*'' et *tt*' sont égales. Le mouvement relatif de *t*' par rapport à *t* est donc le même que le mouvement absolu du point *t*''.

L'étude est alors aussi simple que celle de la détente Gonzenbach : si l'excentrique OT'' convenait avec une glissière sur une plaque fixe, c'est en réalité l'excentrique

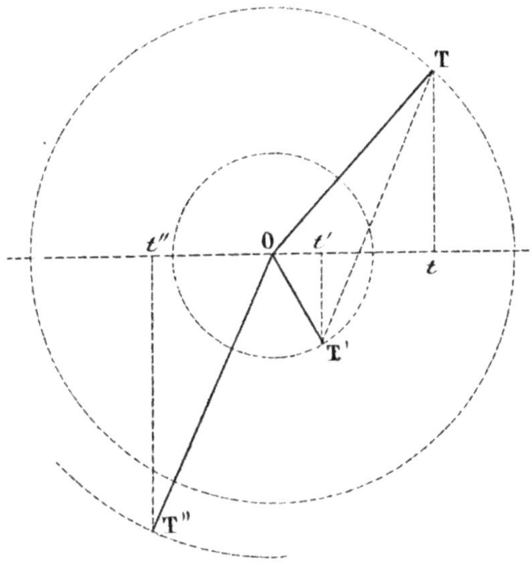

Fig. 293. — Composition des excentriques.

OT', diagonale du parallélogramme construit sur OT et OT'', qui donne la même distribution, quand la glissière se meut sur le dos du tiroir.

En faisant conduire la glissière par une coulisse ou par un mécanisme équivalent, on obtient de grandes variations dans la période d'admission. M. Guinotte a réalisé d'ingénieuses combinaisons de ce genre pour les machines d'extraction (fig. 294 à 296) : dans la marche avant de la machine, le tiroir principal étant conduit par l'excentrique OT, (fig. 294), on trouve, par exemple, que le centre de l'excentrique fictif OT', qui mènera la glissière, doit se déplacer sur la ligne droite FE ; il suffit

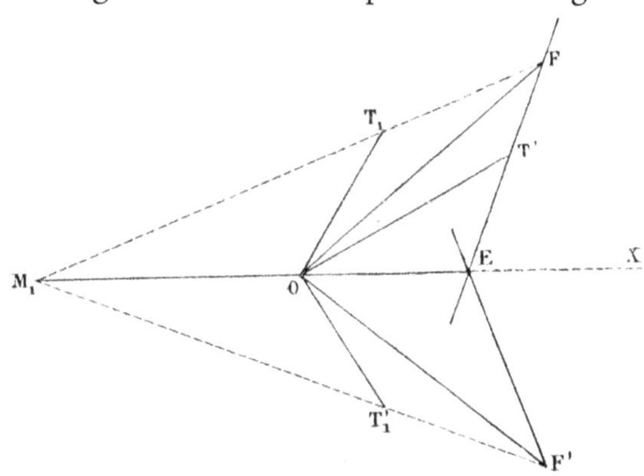

Fig. 294. — Distribution Guinotte, pour machine à changement de marche.

pour cela de commander la glissière par une coulisse, menée par les deux excentriques OF et OE. Mais l'excentrique OF sera aussi fictif : au lieu de le réaliser, on prend le mouvement sur un point d'un levier ou d'une coulisse droite, commandée par

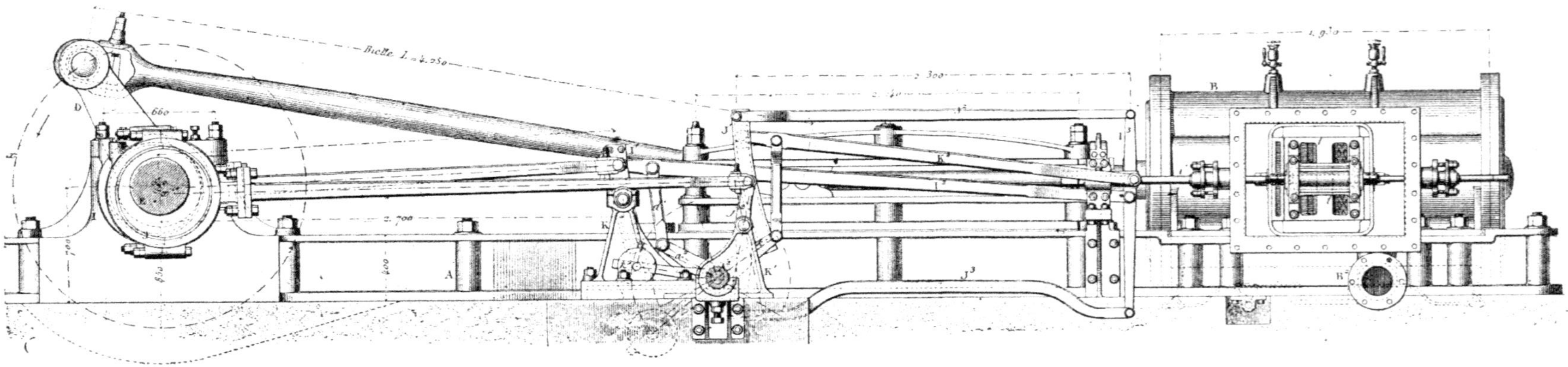

Fig. 295. – Machine d'extraction, à détente variable du système Guinotte, construite par Petau en 1874, d'après la *Publication industrielle d'Armengaud* ; élévation longitudinale d'un des cylindres, le plateau de la boîte à tiroir étant enlevé.

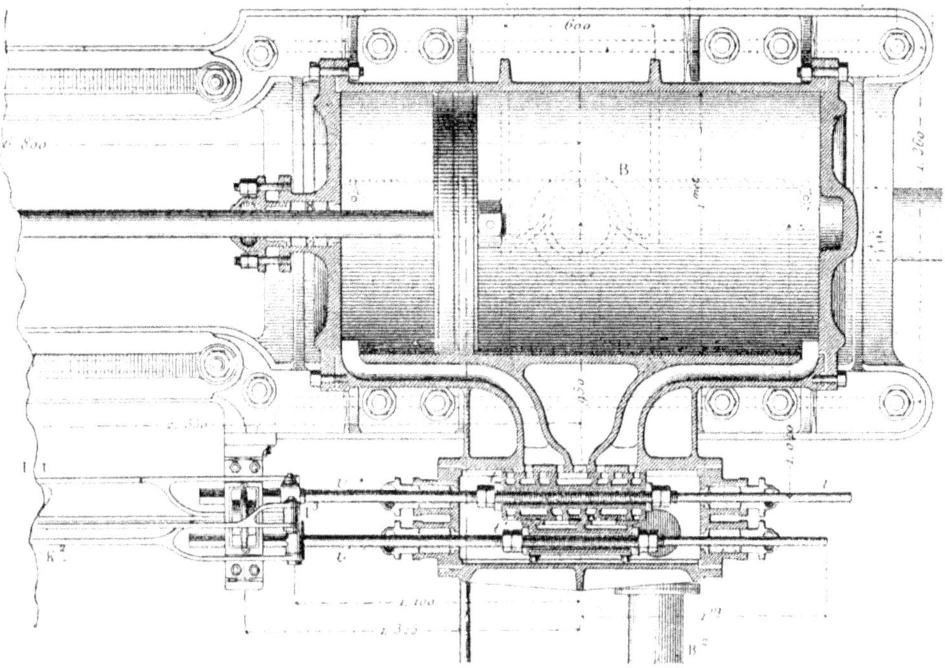

Fig. 296. — Machine d'extraction à détente Guinotte ;
coupe horizontale par l'axe du cylindre.

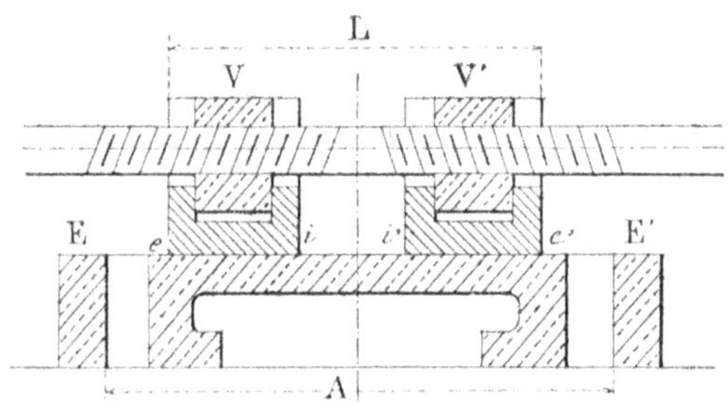

Fig. 297. – Détente Mayer

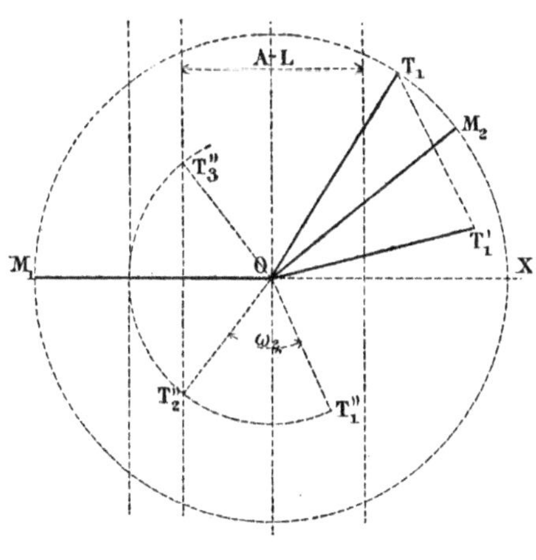

Fig. 298. – Épure approchée de la distribution Mayer

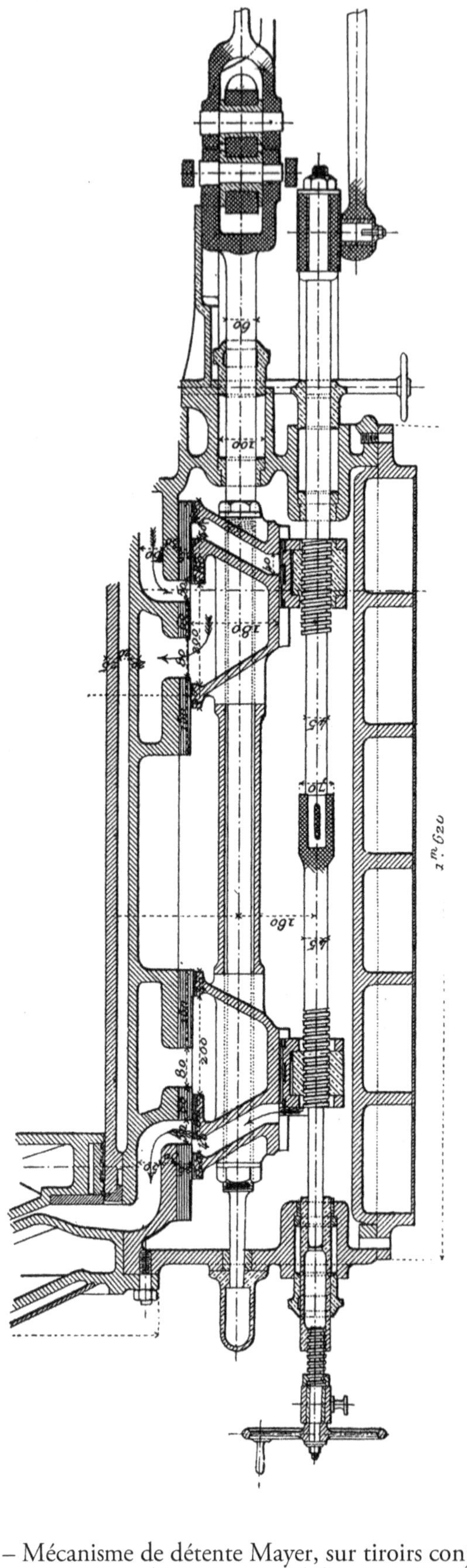

Course du tiroir		0m,120
Durée de l'admission, en fraction de la course du piston. Moyenne 0,70	Côté de l'arbre.	0,645
	Côté opposé	0,755
Durée de la compression, en fraction de la course du piston	Côté de l'arbre.	0,0724
	Côté opposé	0,1218
Avance linéaire, en millimètres	Côté de l'arbre.	0m,013
	Côté opposé	0m,008
Ouverture maximum de l'admission, en millimètres	Côté de l'arbre.	0m,0325
	Côté opposé	0m,0325
Ouverture maximum à l'échappement, en millimètres	Côté de l'arbre.	0m,050
	Côté opposé	0m,050

Admissions variables par détente Meyer comprises entre 0,10 et 0,50 de la course du piston.

Fig. 299. – Mécanisme de détente Mayer, sur tiroirs conjugués, pour cylindre à haute pression de la machine compound d'un aviso à roues, construit en 1881.

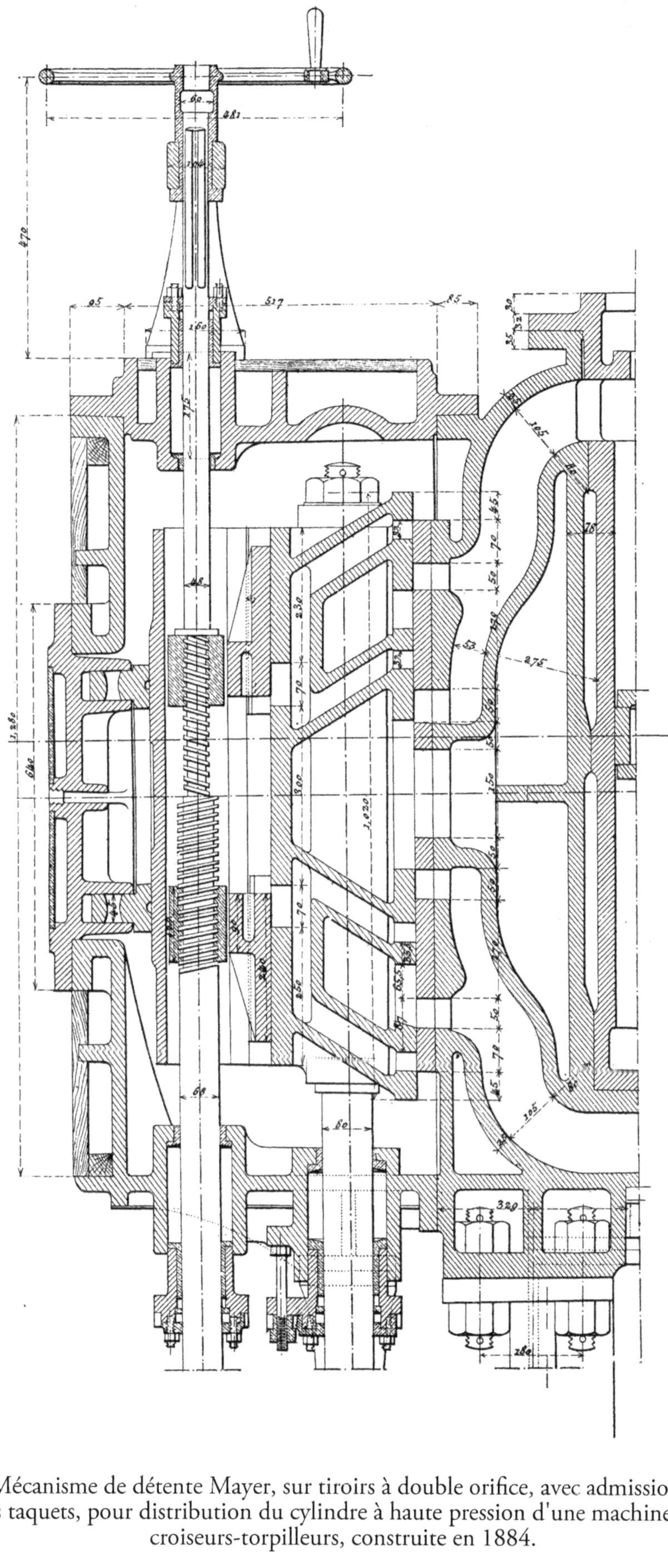

Fig. 300. – Mécanisme de détente Mayer, sur tiroirs à double orifice, avec admission par les bords intérieurs des taquets, pour distribution du cylindre à haute pression d'une machine compound de croiseurs-torpilleurs, construite en 1884.

les rayons OM_1 et OT_1, c'est-à-dire par la tête de piston et par la tige du tiroir. À l'excentrique OE, on peut aussi substituer un second levier commandé par la tête de piston.

Le système ainsi construit fonctionne également pour la marche arrière de la machine, quand on fait conduire le tiroir principal par l'excentrique OT'_1 ; car cette manoeuvre substitue au rayon OF le symétrique OF', et les centres des excentriques fictifs qui mènent la glissière de détente se placent sur la ligne EF', symétrique de EF.

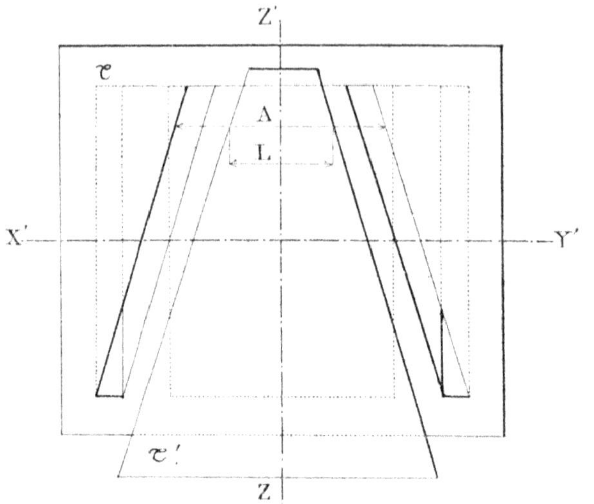

Fig. 301. – Glissières à bords obliques, à manoeuvre transversale suivant ZZ'.

Dans la détente Meyer, fréquemment employée, le rayon et l'angle de calage de l'excentrique qui conduit la plaque de détente ne changent pas; mais c'est la distance des bords de cette plaque qu'on peut faire varier. Elle se compose de deux taquets *ei*, *e'i"* (fig. 297), qui sont entraînés par deux écrous V, V', à pas de vis de sens contraires, vissés sur la tige de commande. La rotation de cette tige éloigne ou rapproche les deux taquets et modifie la longueur *ee'*. Cette rotation peut se faire pendant la marche : d'une part, la tige est reliée au mécanisme qui lui donne le mouvement de va-et-vient par un joint convenable, et, d'autre part, elle glisse dans un manchon carré fixe, qu'on peut faire tourner à volonté. Chacun des taquets doit être assez long pour que jamais les bords *i* et *i'*, qui ne jouent aucun rôle dans la distribution, ne découvrent les lumières du tiroir principal.

Soit OT", (fig. 298) l'excentrique fictif qui représente le mouvement relatif de la plaque de détente sur le tiroir.

On mène deux perpendiculaires à l'axe OX, distantes de la longueur EE'— *ee'* ou A — L. L'admission cesse quand l'excentrique fictif passe en OT''_2 c'est-à-dire après une rotation depuis le point mort, égale à $T''_1OT''_2$. Cet angle augmente quand la distance EE' — *ee'* augmente, c'est-à-dire quand on rapproche les deux taquets. Le taquet découvre la lumière du tiroir quand OT" passe en OT''_3 : il faut qu'à ce moment le tiroir principal ait interrompu l'admission. Quand la direction de OT''_2 se rapproche de OM_1, la fermeture de la lumière devient lente, et le laminage est considérable.

La figure 299 représente les tuiles de la détente Meyer montées sur des tiroirs conjugués. On les dispose aussi de manière à les faire agir par leurs bords intérieurs (fig. 300).

Avec la distribution Meyer, on ne peut guère réaliser, dans de bonnes conditions, une variation aussi étendue que possible, depuis l'admission presque nulle, jusqu'à celle qui dure pendant la plus grande partie de la course du piston; mais cette

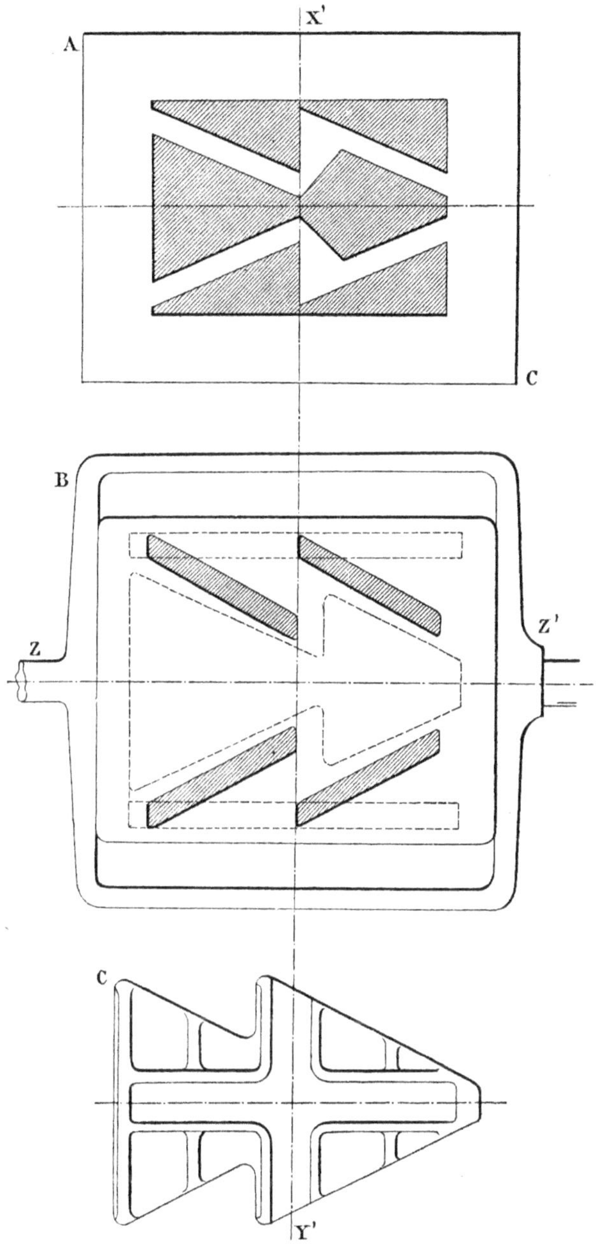

Fig. 302. — Distribution avec tiroir à lumières obliques. À, lumières du cylindre ; B. tiroir avec cadre spécial de manœuvre; le mouvement de va-et-vient du tiroir a lieu suivant X'Y' ; C1 tuile de détente.

distribution permet d'obtenir, d'une manière satisfaisante, une admission variable de part et d'autre d'une valeur moyenne quelconque.

Souvent on cale exactement à l'opposé de la manivelle l'excentrique des plaques de détente Meyer, qui peuvent alors s'appliquer sur le tiroir des machines à changement de marche.

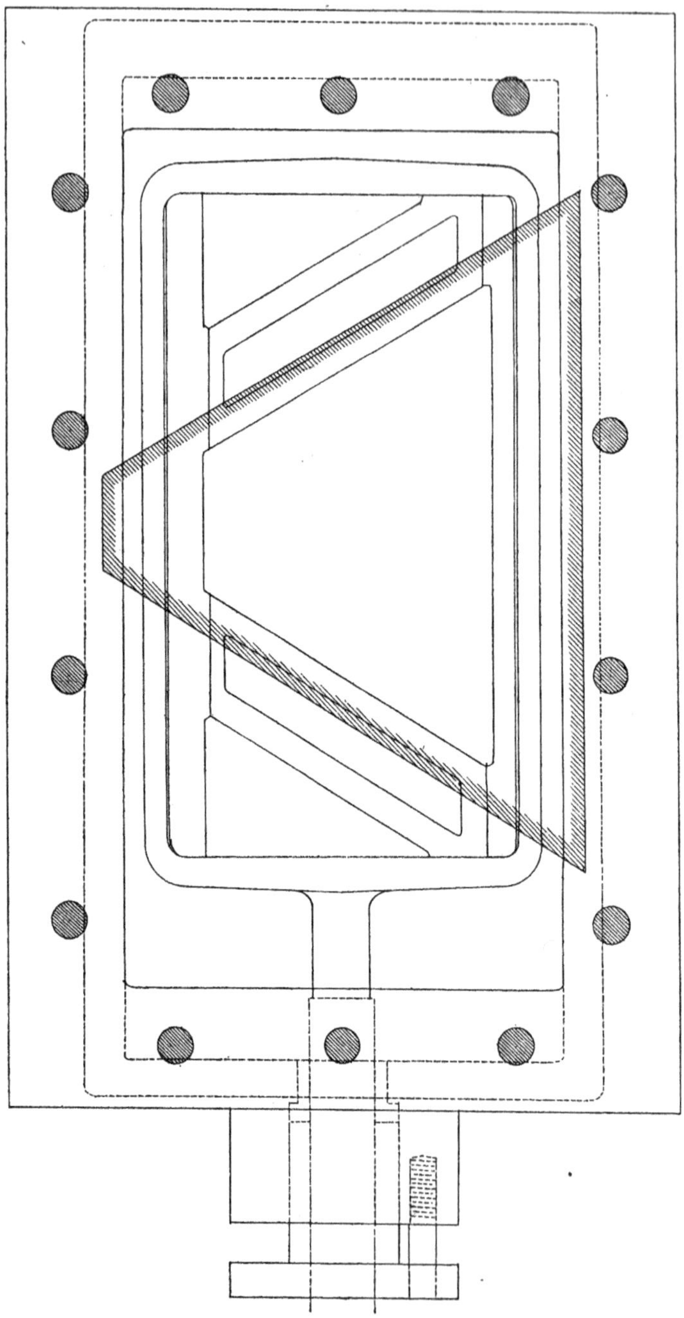

Fig. 303. – Détente Rider, exécutée par la société alsacienne de constructions mécaniques; développement de la surface de contact des deux tiroirs (voir fig. 304 à 308).

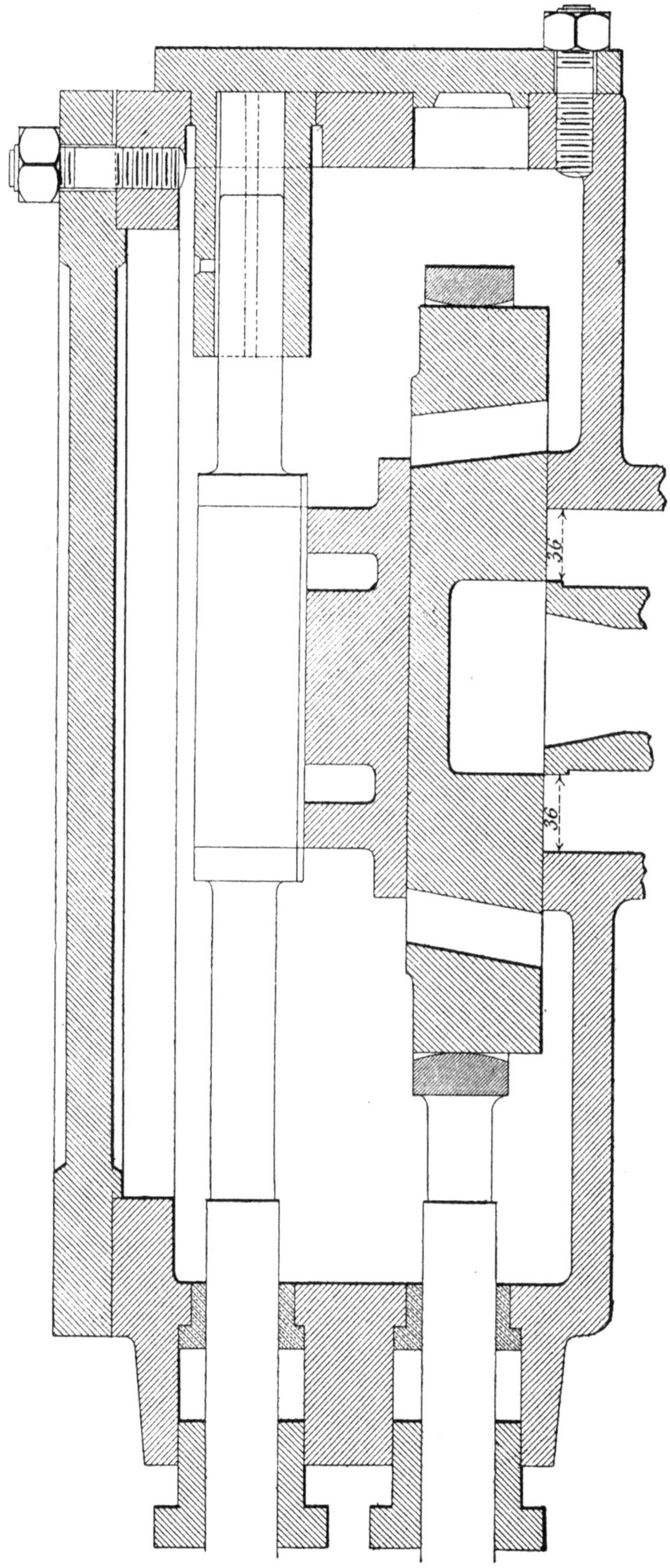

Fig. 304. – Détente Rider ; coupe par l'axe des tiroirs ; la surface extérieure du tiroir principal est cylindrique et porte deux lumières à bords en hélice, sur lesquelles se meut le tiroir de détente (voir fig. 305).

Au lieu de composer la plaque de détente de deux parties dont on modifie l'écartement, on obtient le même effet avec une plaque unique de forme trapézoïdale (fig. 301), qu'on déplace suivant une perpendiculaire ZZ' à l'axe du mouvement X'Y' : ce déplacement transversal modifie la cote A — L qui contrôle la période d'admission. Les bords des lumières, ouvertes sur le dos du tiroir, sont parallèles à ceux de la plaque.

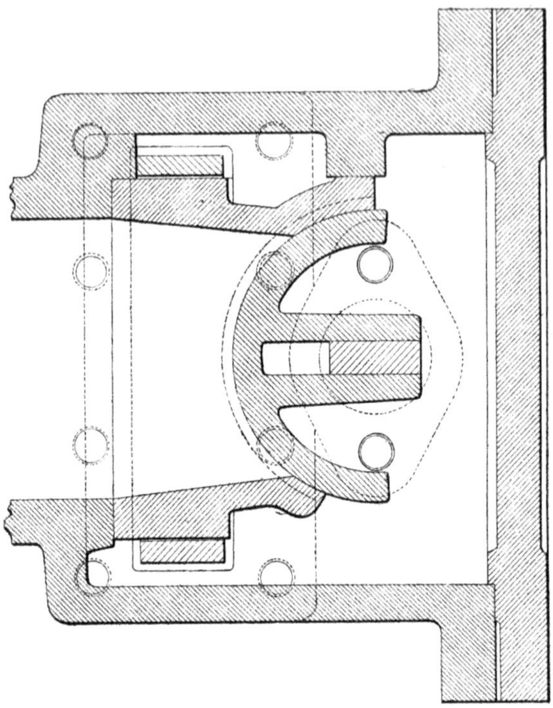

Fig. 305. — Détente Rider ; coupe transversale.

Cette manoeuvre a été appliquée à la distribution du cylindre à haute pression d'une locomotive compound (fig. 302) ; c'est le tiroir principal qui reçoit le déplacement transversal ; cette interversion ne change en rien l'admission, mais elle a permis d'agir en même temps sur l'échappement : la lumière centrale du cylindre, ainsi que la cavité du tiroir, étant également tracées avec des bords obliques, les recouvrements intérieurs ne restent pas constants, et la période de compression est ainsi diminuée pour les fortes admissions. La forme en zigzag des bords réduit la longueur des pièces suivant l'axe du mouvement X'Y'.

Si l'on enroule sur un cylindre de révolution, autour de l'axe X'Y' du mouvement de va-et-vient, les deux surfaces planes du tiroir et de la plaque qui frottent l'une contre l'autre (fig. 303), les bords obliques deviennent des hélices ; et l'effet du déplacement transversal s'obtient par une rotation de la plaque, devenue cylindrique, autour de son axe.

Telle est la disposition de Rider (fig. 303 à 308) d'une manoeuvre commode, car un faible déplacement angulaire du taquet cylindrique produit les variations de détente, qui exigent plusieurs tours de la vis à filets opposés de Meyer. Ce taquet doit avoir un certain jeu sur sa tige, pour compenser les effets de l'usure.

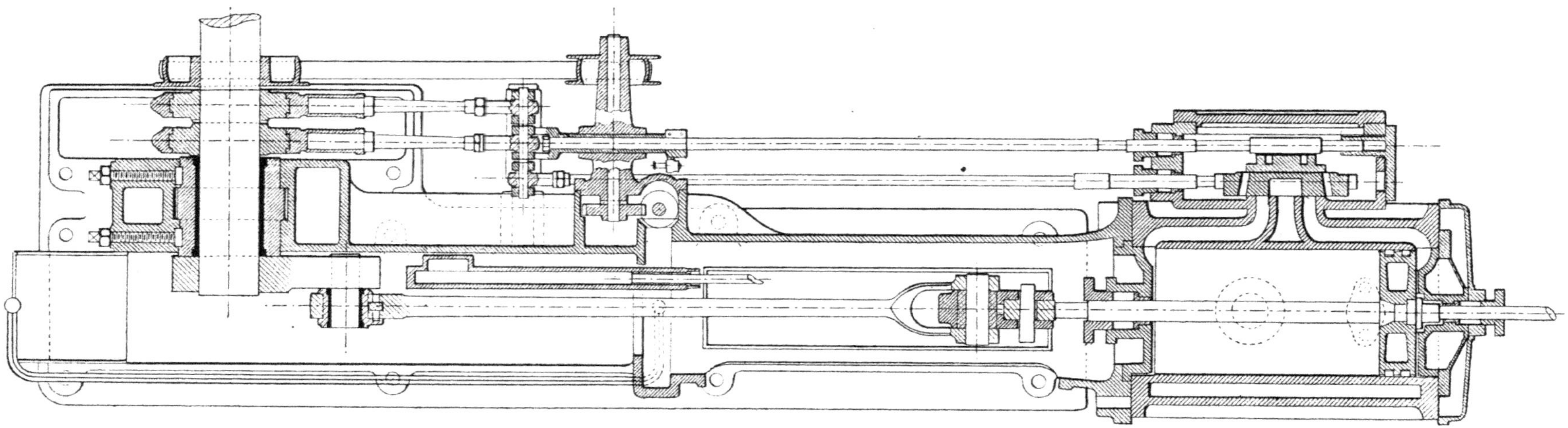

Fig. 306. – Machine horizontale à détente Rider, exécutée par la société alsacienne de constructions mécaniques ; coupe horizontale par l'axe du cylindre.

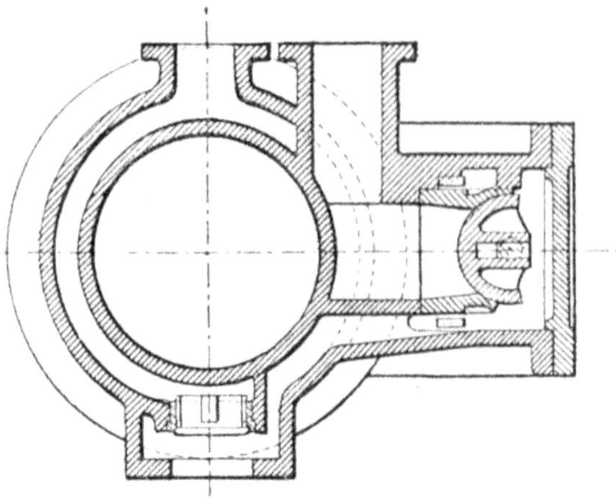

Fig. 307. — Machine horizontale à détente Rider ; coupe transversale par le milieu du cylindre, montrant l'arrivée de vapeur par l'enveloppe.

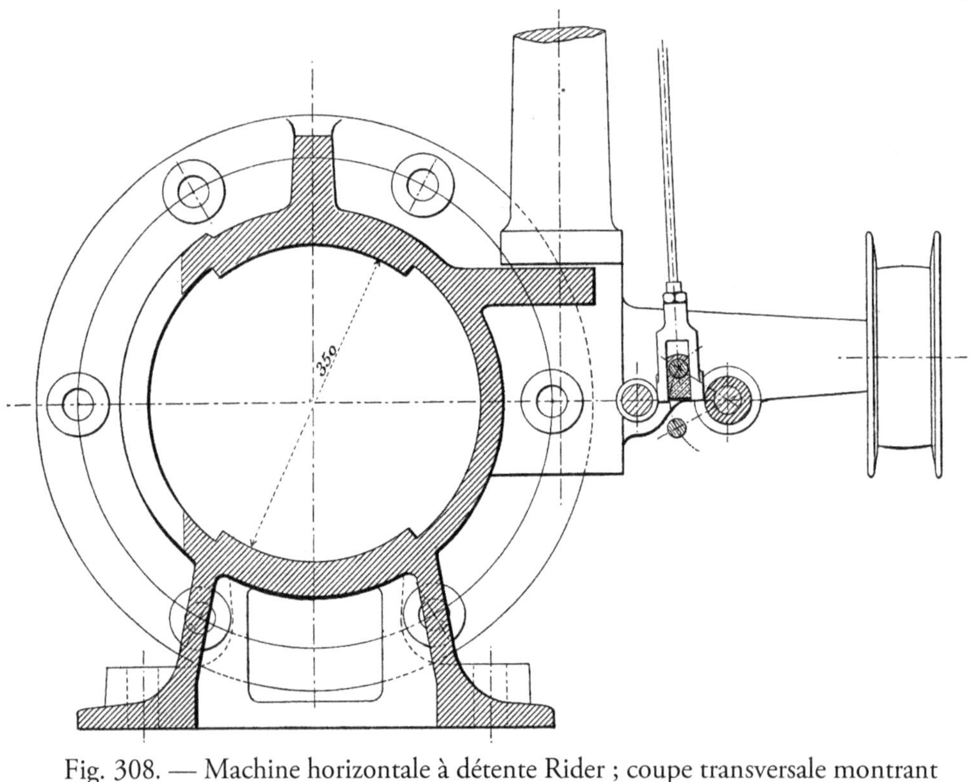

Fig. 308. — Machine horizontale à détente Rider ; coupe transversale montrant la commande du mouvement de rotation du tiroir de détente par une tringle fixée au manchon du régulateur.

59. Distributions avec taquets à butées.

Au lieu de commander directement par un excentrique les taquets, qui viennent interrompre l'admission donnée par le tiroir principal, on peut les déplacer sur le tiroir à l'aide de butées, dont on change la position quand le degré d'admission doit

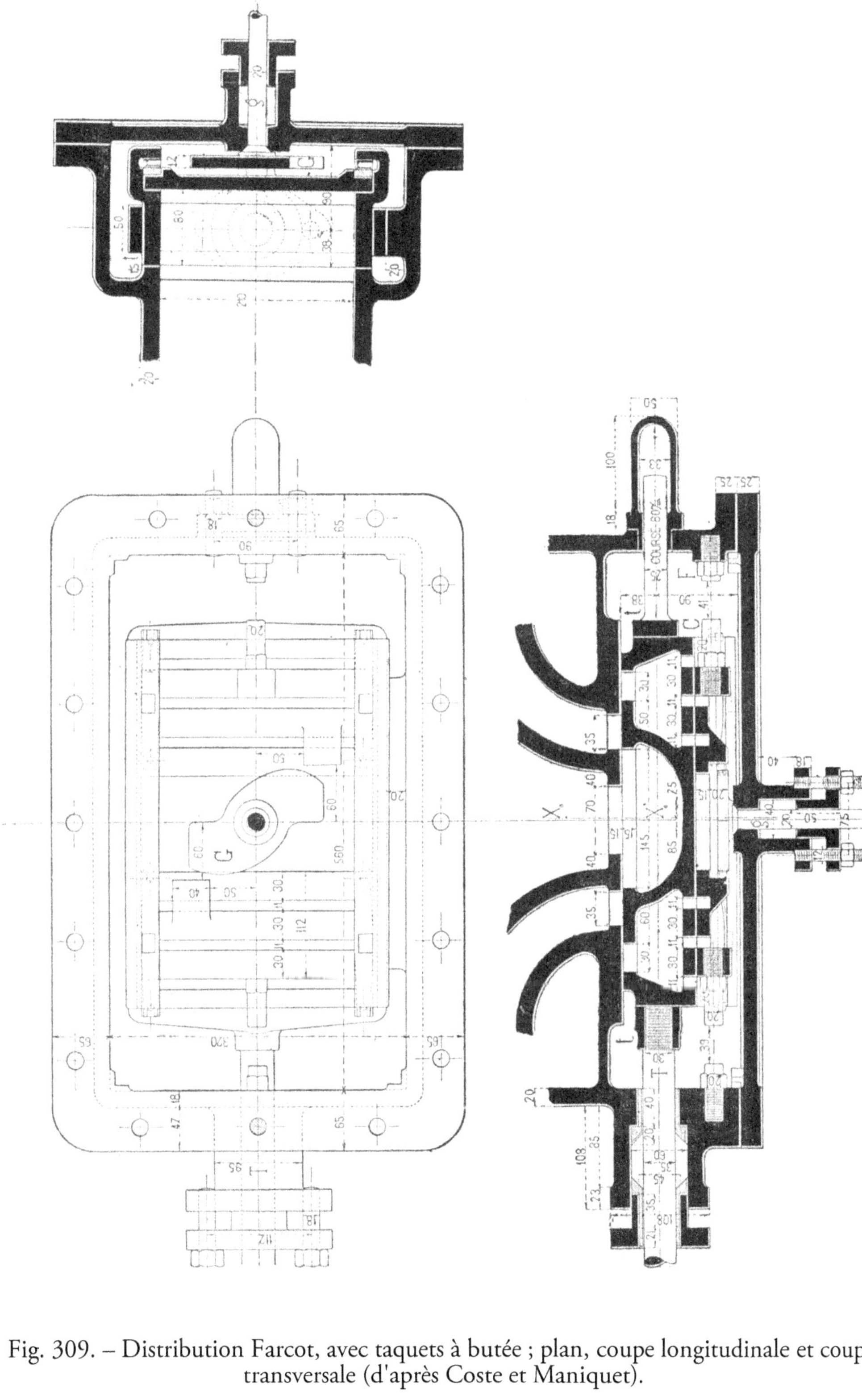

Fig. 309. – Distribution Farcot, avec taquets à butée ; plan, coupe longitudinale et coupe transversale (d'après Coste et Maniquet).

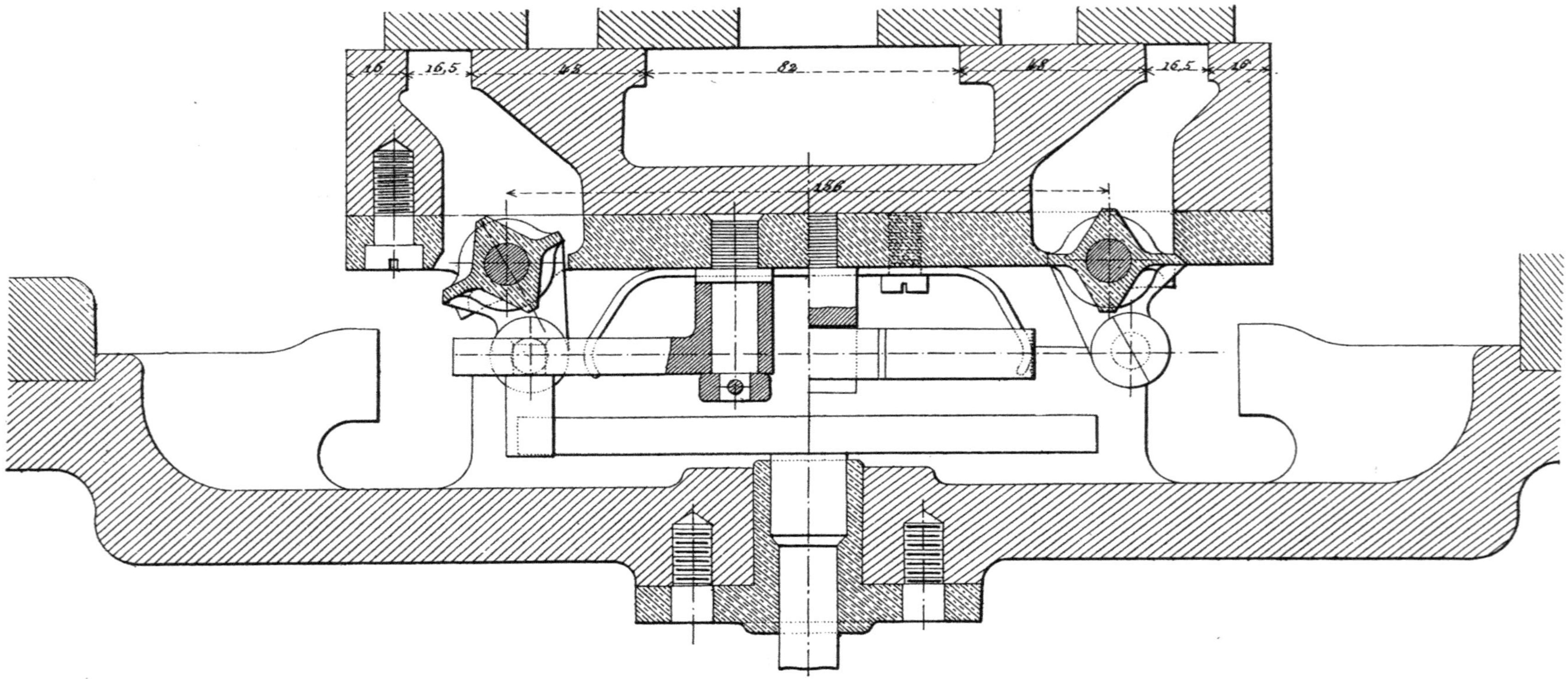

Fig. 310. – Distribution avec clapets à butée, de Weyber et Richemond.

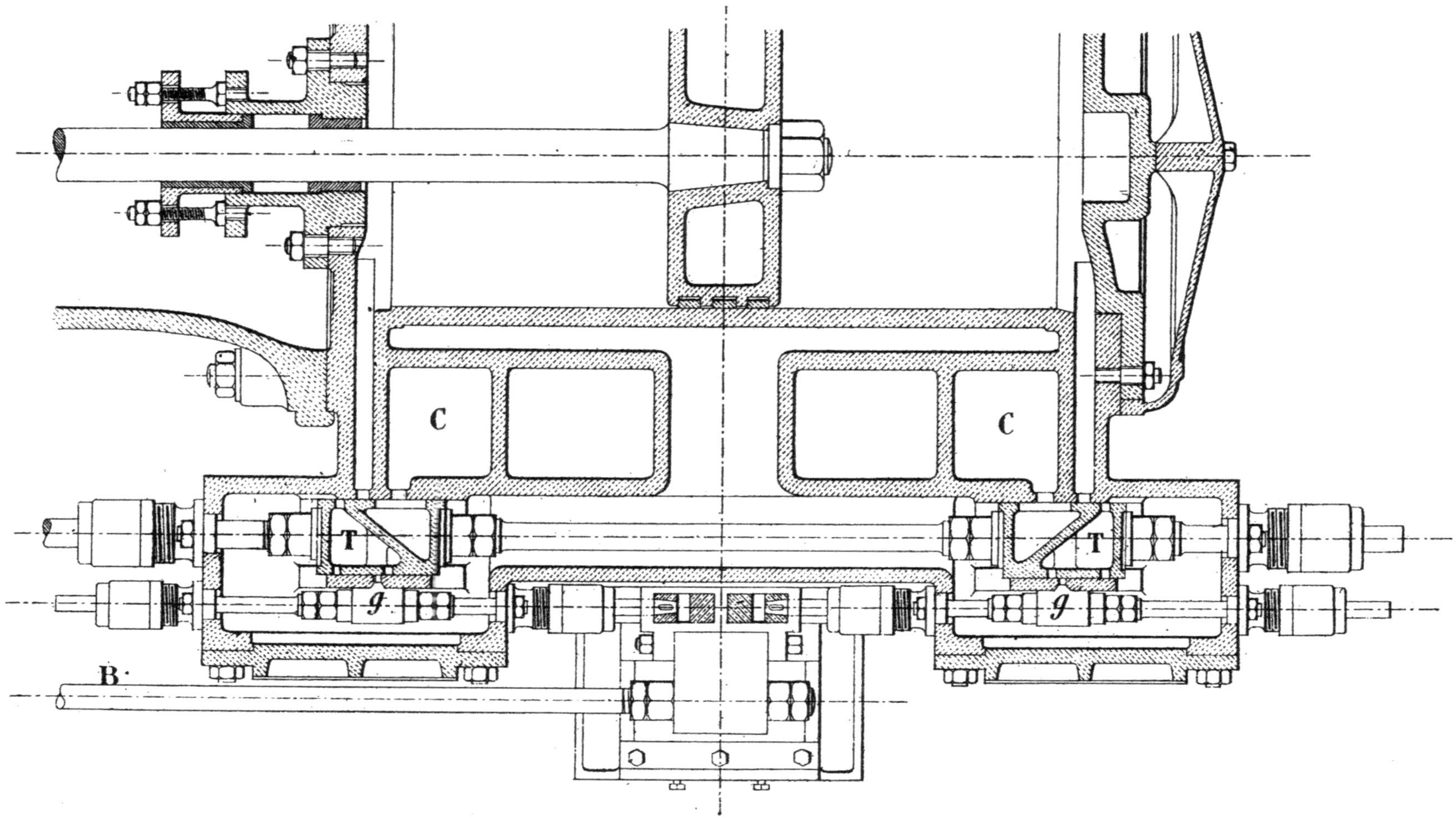

Fig. 311. – Distribution Hertay, construite par la société *Le Phoenix*.

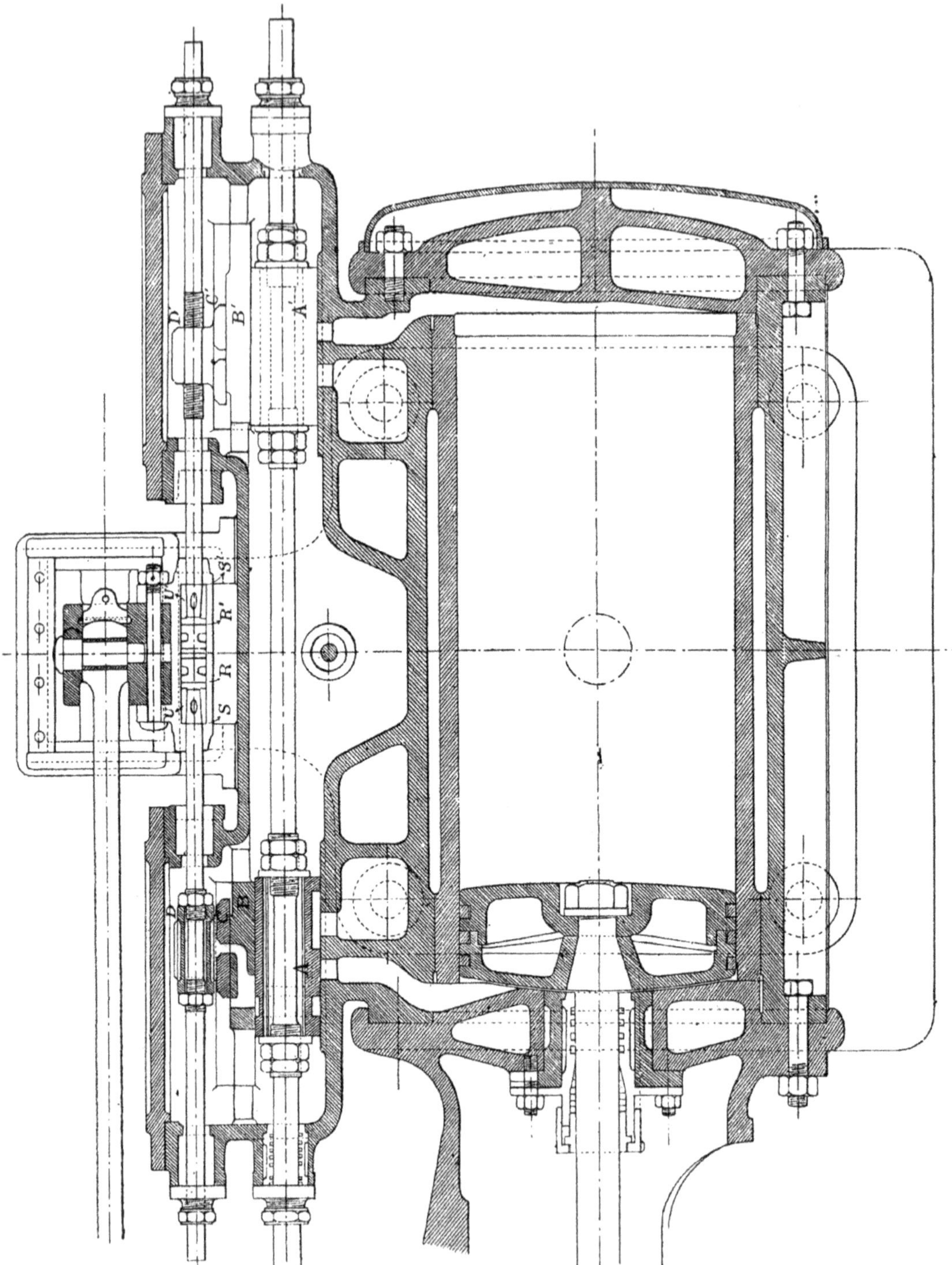

Fig. 312. – Distribution Is. Claeys, avec taquets à butée ; coupe horizontale par l'axe du cylindre.

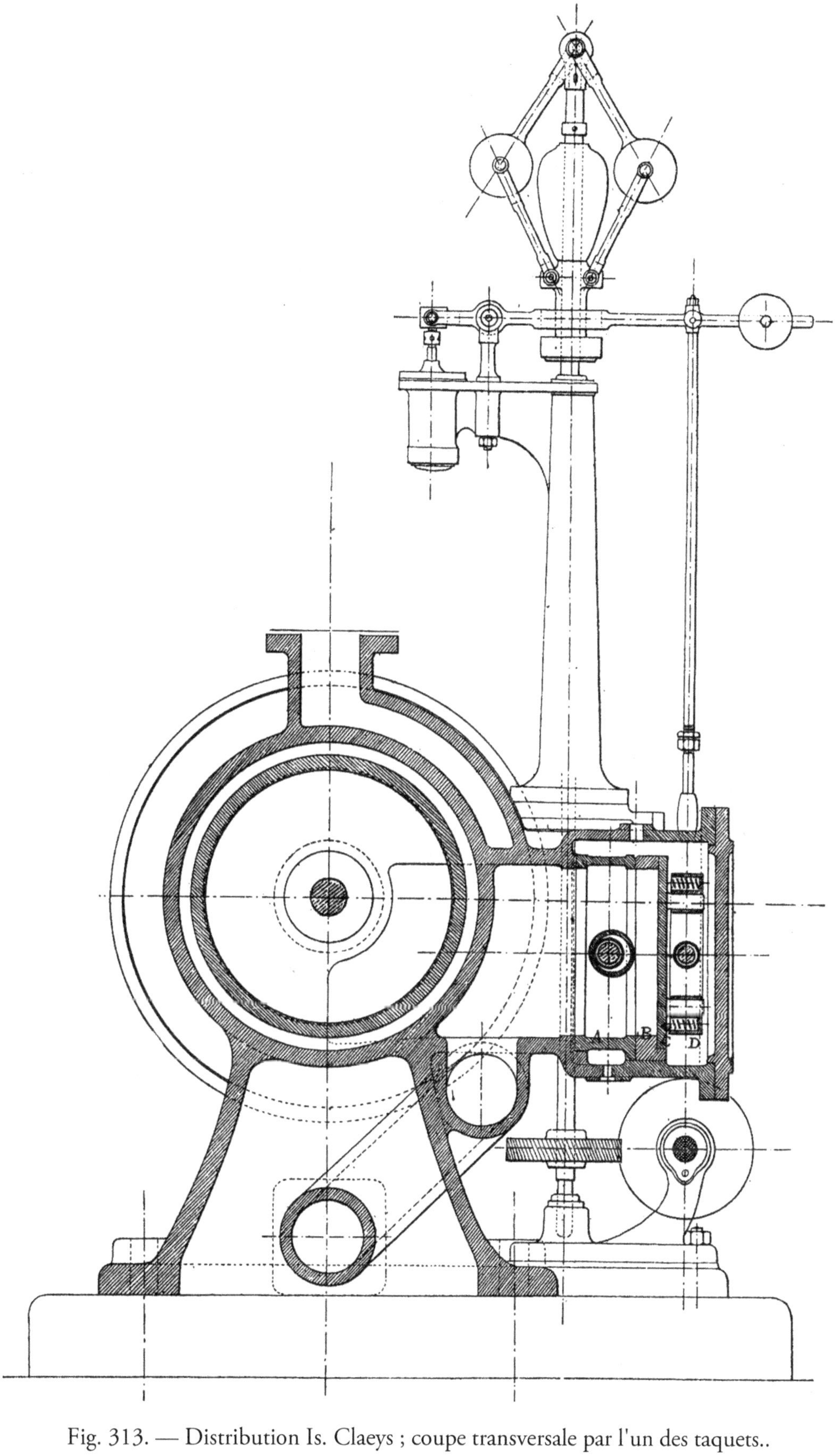

Fig. 313. — Distribution Is. Claeys ; coupe transversale par l'un des taquets..

varier. C'est ainsi que, dans l'ancienne distribution Farcot (fig. 309), les taquets sont entraînés par le tiroir principal, jusqu'à ce que la butée G les arrête : l'admission doit être interrompue avant que le tiroir n'arrive à fond de course, c'est-à-dire pour

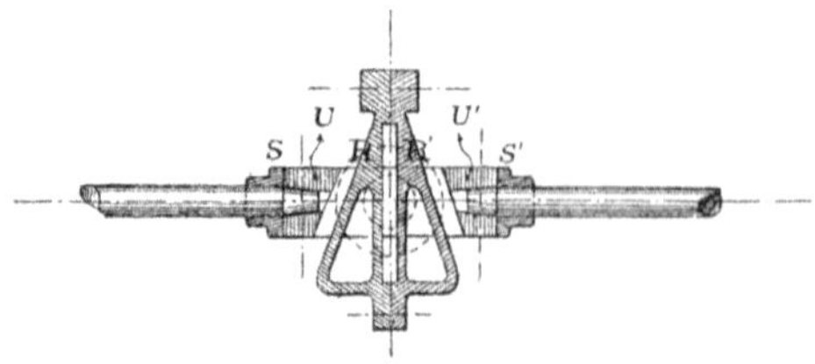

Fig. 314. — Distribution Is. Claeys ; coupe verticale par le cadre et son coin.

une rotation, à partir du point mort, inférieure au complément de l'angle d'avance, δ. Des butées fixes F font découvrir de nouveau les lumières d'admission du tiroir.

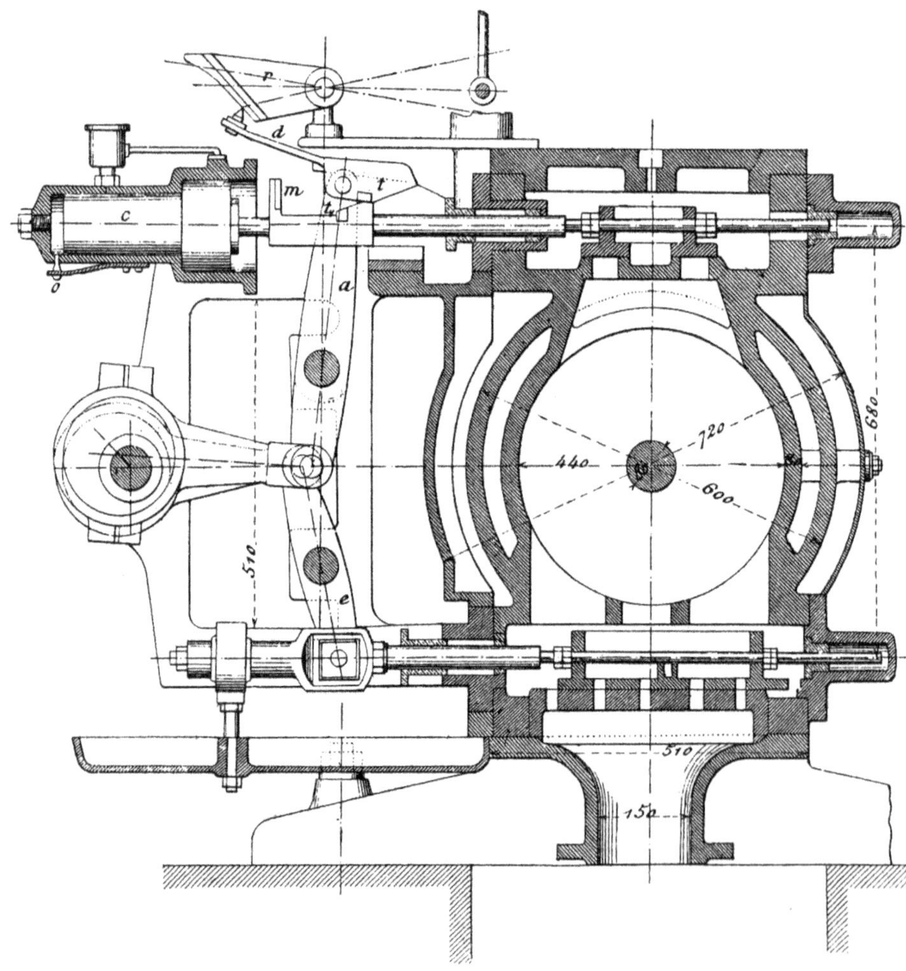

Fig. 315. — Distribution Wannieck, avec tiroirs plans à déclenchement (exposition de Vienne en 1888); coupe transversale du cylindre. Les tiroirs sont commandés par des excentriques calés sur un arbre auxiliaire, parallèle à l'axe du cylindre : un ressort pneumatique referme l'admission quand la touche d rencontre la came r, dont le régulateur fait varier la position.

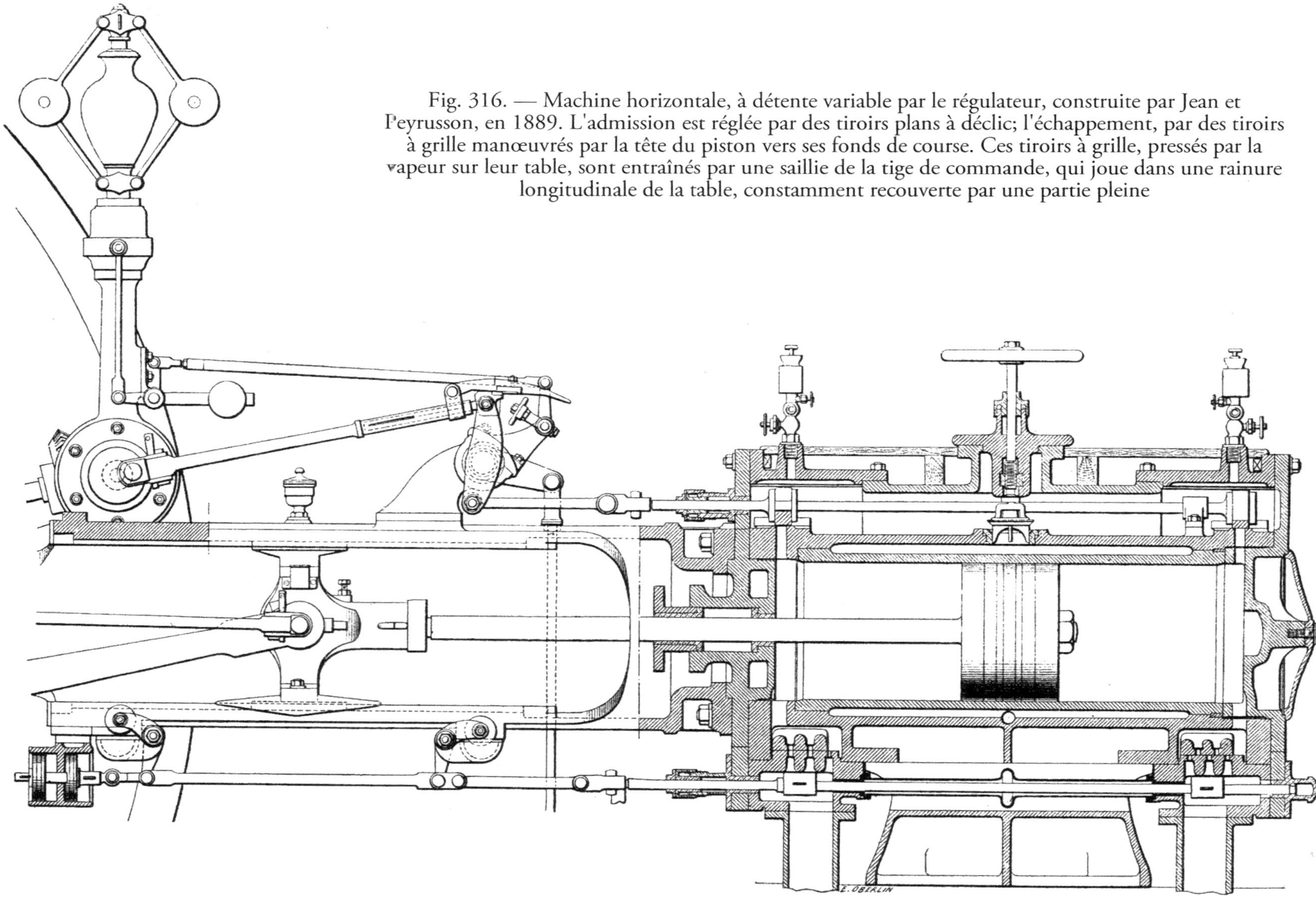

Fig. 316. — Machine horizontale, à détente variable par le régulateur, construite par Jean et Peyrusson, en 1889. L'admission est réglée par des tiroirs plans à déclic; l'échappement, par des tiroirs à grille manœuvrés par la tête du piston vers ses fonds de course. Ces tiroirs à grille, pressés par la vapeur sur leur table, sont entraînés par une saillie de la tige de commande, qui joue dans une rainure longitudinale de la table, constamment recouverte par une partie pleine

La distribution des machines Weyher et Richemond est analogue en principe : les taquets glissant sur le dos du tiroir y ont été remplacés par des clapets, que la butée referme (fig. 310).

Farcot a augmenté la période d'admission, en plaçant les taquets sur un tiroir spécial, superposé au tiroir principal, et commandé par un excentrique calé à 60° environ en avant de la manivelle motrice ; ce tiroir ne sert qu'à étendre la période pendant laquelle les taquets peuvent se fermer ; il porte des canaux constamment en communication avec les deux conduits d'admission du tiroir principal.

Dans la distribution Hertay (fig. 311), ce sont les butées qui reçoivent un mouvement de va-et-vient, commandé par un excentrique calé à 170° environ en avant de la manivelle motrice ; les taquets, entraînés par le tiroir, portent des tiges qui sortent des boîtes à vapeur. Le déplacement vertical d'un coin, attaché au manchon d'un régulateur, produit la rencontre des deux pièces en un point variable de la course. C'est le mouvement relatif des deux excentriques, qu'on étudie par la méthode de Guinotte, qui détermine l'admission.

Le mécanisme Is. Claeys (fig. 312 à 314) comporte une plaque intermédiaire immobile entre le tiroir principal et les taquets : ceux-ci sont déplacés, puis abandonnés au repos par le système des butées, qui est commandé par un excentrique spécial, calé à 120° en arrière de la manivelle motrice : un coin triangulaire, en relation avec le régulateur, modifie la durée de l'admission. Le système ne diffère, en principe, du système Farcot à deux excentriques que par la commande des butées substituée à celle des taquets, ce qui exige un déplacement à 180° de l'excentrique. L'entraînement des taquets, malgré le frottement des presse-étoupes nécessités par la situation extérieure des butées, est alors beaucoup plus sûr.

Dans la distribution Bonjour, de petits pistons à vapeur déplacent le taquet de détente : un robinet manœuvré par un point d'une coulisse admet la vapeur sur ces petits pistons.

On peut rapprocher de ces systèmes ceux où des tiroirs indépendants, pour l'admission et pour l'échappement, sont brusquement commandés par des mécanismes divers (fig. 315 et 316). On réalise ainsi des combinaisons fort variées, qui ne conviennent pas pour des marches très rapides. L'étude de ces combinaisons se rapproche de celle des distributions Corliss.

60. Distributions Corliss.

Le nom de l'Américain George H. Corliss est attaché à une catégorie de machines caractérisées par des dispositions ingénieuses, ayant trait surtout à la distribution de la vapeur. Nombreux sont les types de ces machines dus à Corliss même, toujours à la recherche de nouveaux arrangements, et à d'autres constructeurs d'Amérique ou d'Europe. On cite l'Américain Fr. E. Sickels, né en 1819 et mort en 1895, comme auteur de distributions à déclenchement, mais sans intervention du régulateur, antérieures à celles de Corliss. Malgré le grand mérite de plusieurs mécanismes inventés par d'autres ingénieurs, il paraît juste de conserver à cette classe de machines le nom de l'habile constructeur de Providence. G. H. Corliss, né en 1817, prit ses premières patentes en 1849 : ce n'est guère qu'à partir de 1867, à la suite de l'exposition de Paris, où il obtint un grand prix, que ses machines se répandirent en France. Lors de l'exposition de 1889, on a pu constater leur énorme développement. Corliss était mort l'année précédente.

Le succès des dispositions qu'il a imaginées montre comment on peut arriver à la réalisation des idées justes, en fait de construction de machines, pourvu qu'on sache résoudre les difficultés pratiques de l'exécution. À la vue des dessins, il est probable qu'on n'hésiterait guère à condamner les machines Corliss comme beaucoup trop compliquées, si l'expérience n'avait démontré qu'elles fonctionnent très bien ; mais ce bon fonctionnement tient à ce que tous les détails en ont été étudiés avec soin, et les avantages obtenus sont très importants. Il serait dangereux de conclure que le mérite de la machine Corliss tient à sa complication : il est plus juste de penser qu'il existe malgré cette complication.

Dans les machines Corliss, les espaces libres sont petits : l'admission se fait sans laminage ; les périodes d'échappement anticipé et de compression sont courtes. Le diagramme d'indicateur se rapproche des tracés théoriques (fig. 317). On obtient ainsi le plus grand travail que puisse produire, avec un degré de détente déterminé, un cylindre de volume donné.

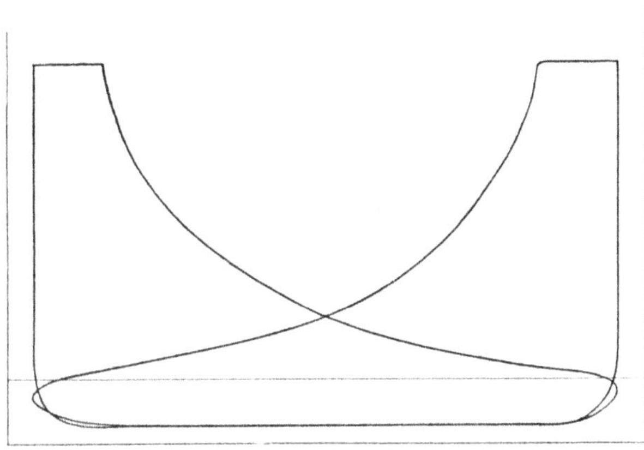

Fig. 317. — Diagrammes d'indicateur relevés sur une machine Corliss.

La petitesse des espaces libres tient à deux causes : le diamètre du cylindre n'est pas grand et la course est longue, ce qui réduit le vide dû au jeu indispensable laissé par le piston à fond de course ; et les lumières sont courtes. En même temps, la surface des parois se trouve diminuée et ne dépasse guère celle de l'enveloppe cylindrique, avec deux bases planes.

Dans les machines horizontales, le bâti est du type à baïonnette, souvent désigné par le nom de bâti Corliss.

La vapeur est distribuée par quatre obturateurs ou distributeurs, un pour l'admission et un pour l'échappement à chaque bout du cylindre (fig. 318) ; dans les machines horizontales, les distributeurs d'échappement sont placés à la partie inférieure, pour assurer l'écoulement de l'eau condensée.

Chaque obturateur (fig. 319) est un véritable tiroir oscillant, porté par une table cylindrique, sur laquelle s'ouvre une lumière. Les axes d'oscillation des obturateurs sont perpendiculaires à l'axe du cylindre. Un tourillon, sur chacun de ces axes, sort de la boîte à vapeur, de manière à recevoir le mouvement de commande. Souvent ces pièces ne traversent pas de garniture formée d'une matière plastique, mais portent simplement un collet G (fig. 320), appuyé par la vapeur contre la base de la douille qui les guide. Un ressort assure un contact permanent, malgré l'usure ; pendant l'échappement, avec la condensation, la pression atmosphérique tend à faire rentrer

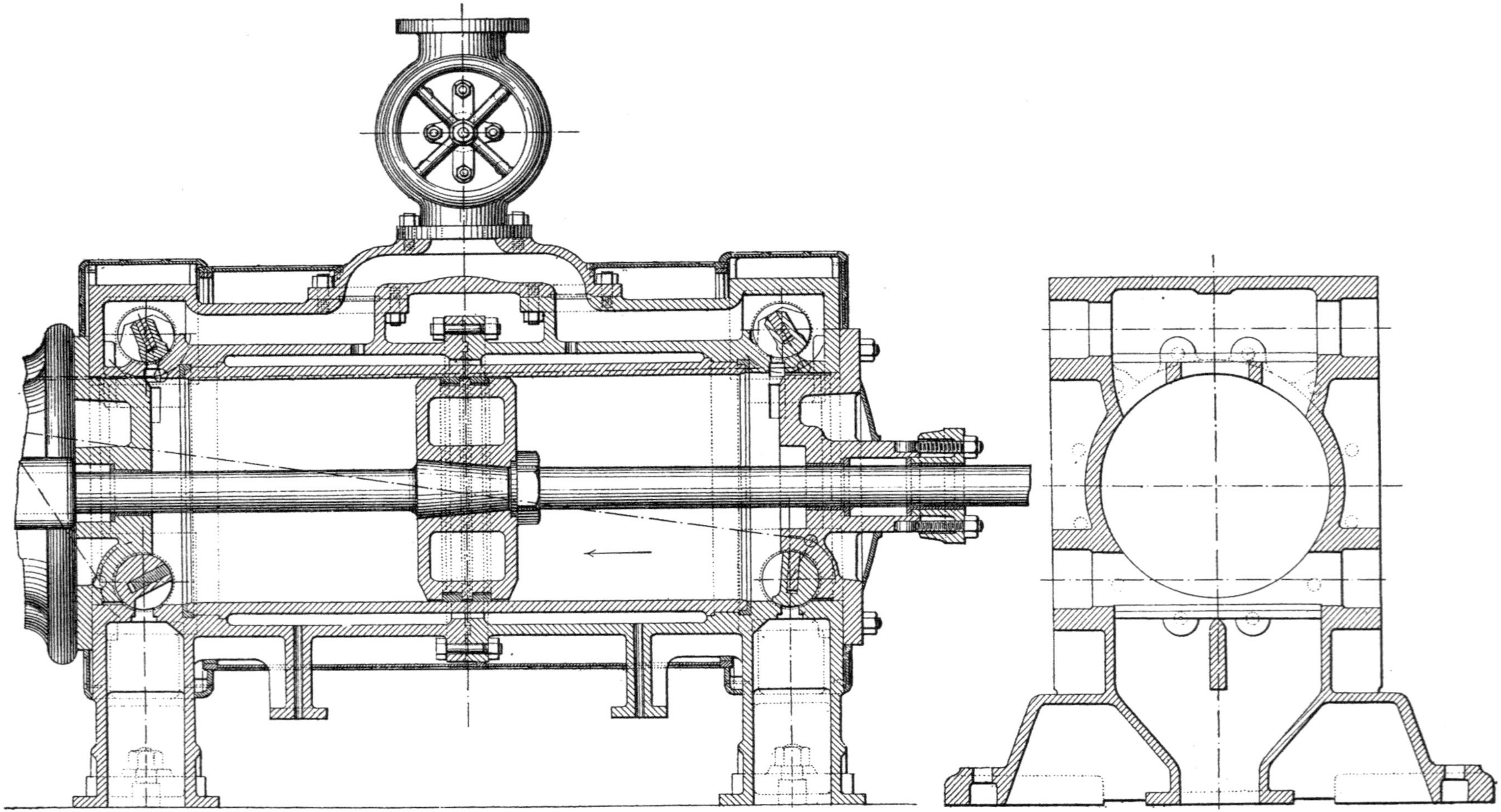

Fig. 318. – Cylindre de machine Corliss, construite en 1889 par E. Garnier ; coupe longitudinale et coupe transversale par les axes des deux distributeurs.

le tourillon : le manchon H appuie alors sur la douille en bronze. La pression de la vapeur, et, en outre, de petits ressorts, appliquent sur sa table le distributeur, qui ne fait pas corps avec l'axe d'oscillation, mais peut s'en éloigner légèrement (fig. 319

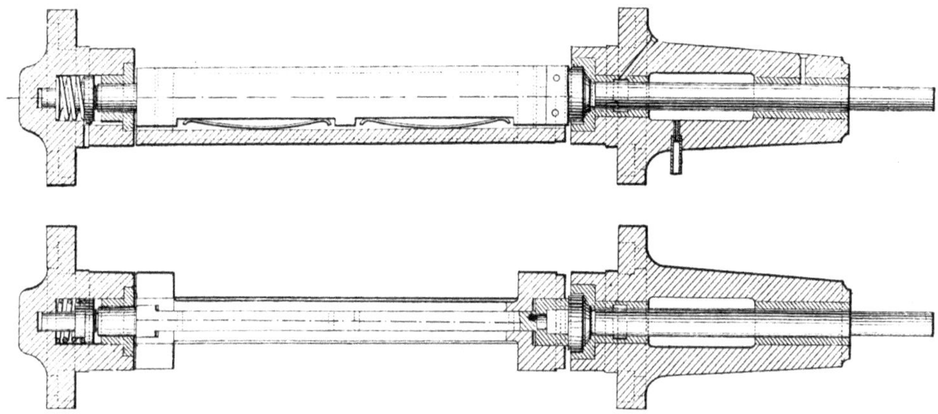

Fig. 319. Distributeur de la machine Corliss de E. Garnier (fig. 318).

et 321). Pour que l'obturateur d'échappement soit ainsi pressé contre sa table, il est monté à l'intérieur du cylindre, dans l'espace libre (fig. 322). Il est bon que les deux tourillons fassent corps avec une tige unique (fig. 323) qui traverse le distributeur suivant toute sa longueur.

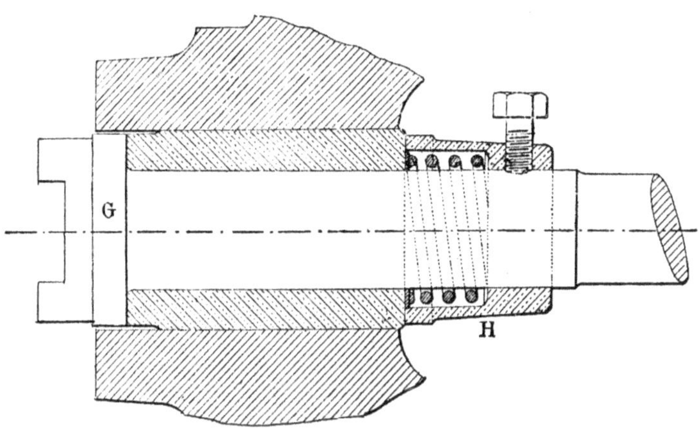

Fig. 320. — Tourillon d'obturateur sans garniture, à collet, pour machine Corliss construite au Creusot vers 1882.

Souvent les obturateurs sont commandés par un plateau monté au milieu de la longueur du cylindre (fig. 340) ; un excentrique calé sur l'arbre de la machine fait osciller ce plateau. Le plateau est remplacé par une étoile, formée de bras, qui portent les diverses articulations, lorsqu'elles sont placées à une distance un peu grande du centre d'oscillation (fig. 324). Malgré la complication des renvois, on voit facilement que l'excentrique commande les obturateurs à peu près comme un tiroir unique ; pour deux écarts symétriques du rayon d'excentrique, par rapport à l'axe du cylindre, on retrouve les obturateurs dans les mêmes positions ; les phases de la distribution commencent et prennent fin quand le bord actif de chaque obturateur vient en contact avec le bord de la lumière ; enfin on peut compter, suivant la section circulaire des tables cylindriques, des longueurs équivalentes aux recouvrements extérieurs (pour les distributeurs d'admission) et intérieurs (pour

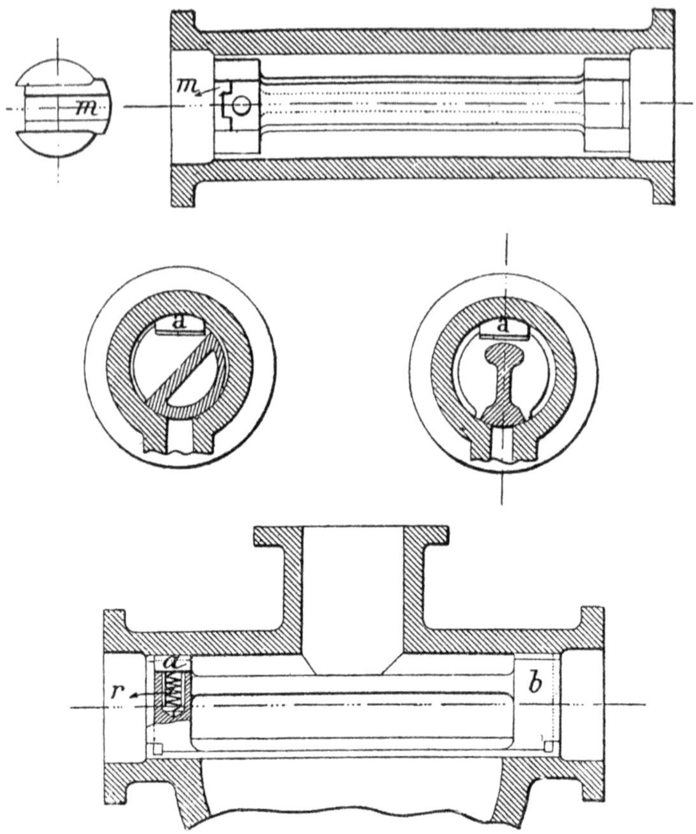

Fig. 321. — Montage des distributeurs de la machine Corliss construite au Creusot en 1882. Les distributeurs sont pressés contre leurs tables par les petits ressorts *r*, logés dans des tasseaux *a* ; ces tasseaux sont engagés dans les disques *b*, qui terminent le distributeur à chaque extrémité.

les distributeurs d'échappement). L'excentrique peut être calé à 180° de sa position normale, ainsi qu'on le voit sur la figure 341, parce que le plateau agit comme un balancier de renvoi.

L'angle d'avance de l'excentrique est habituellement petit : aussi la période d'admission (lorsque les déclics ne fonctionnent pas) se prolonge pendant presque toute la course du piston, et les périodes d'échappement anticipé et de compression sont très courtes ; avec une telle distribution, la détente est à peu près nulle : pour l'obtenir, on ajoute aux distributeurs d'admission des mécanismes de rappel, et des déclics, qui provoquent une brusque fermeture, quand le piston a parcouru une fraction de sa course : on réalise ainsi une courte période d'admission, suivie d'une longue détente. Pour cette fermeture brusque, l'obturateur se sépare du mécanisme de commande qui l'entraînait : il est repris par ce mécanisme pendant le retour du piston, afin de fonctionner de même pendant la course suivante.

C'est un ressort, ou un système équivalent, qui ferme le distributeur quand la rencontre d'une butée le déclenche. Un tampon pneumatique ou *dash pot* arrête l'appareil, une fois la lumière fermée. La butée n'est pas fixe, mais elle est en relation avec un régulateur, qui la déplace de manière à modifier la période d'admission : le travail donné par un coup de piston est ainsi variable.

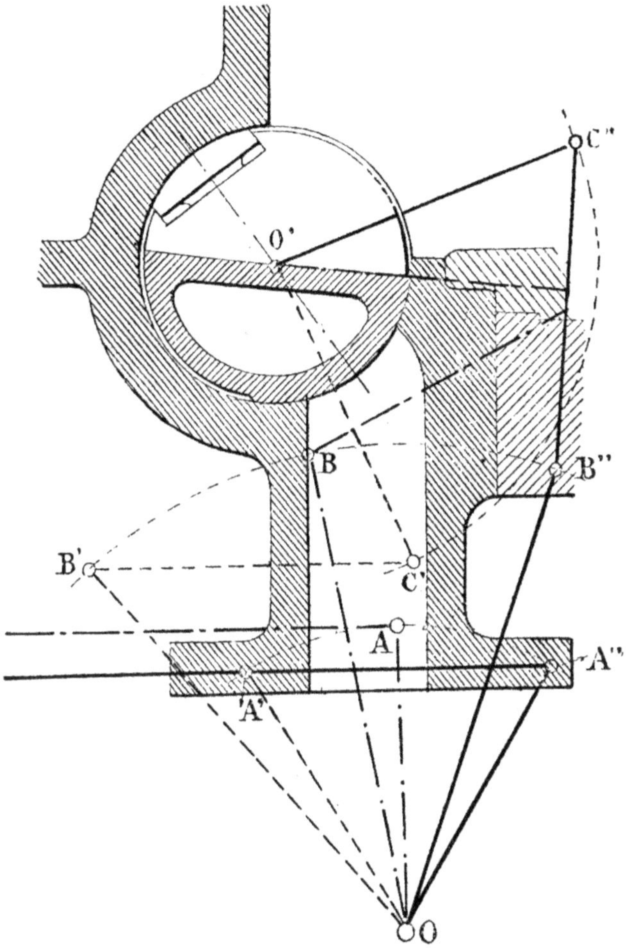

Fig. 322. – Coupe transversale du distributeur d'échappement de la machine Corliss construite au Creusot en 1882.

Corliss et ses imitateurs ont beaucoup varié les mécanismes qui produisent ces effets : l'étude détaillée en est assez longue. On examinera d'abord quelle est la plus grande valeur qu'ils peuvent donner à l'admission. Souvent le déclenchement du déclic n'est possible que pendant le parcours de l'angle T_1OX' (fig. 325) par le rayon de l'excentrique : les pièces commandées par l'excentrique prennent en effet leurs plus grands écarts quand le rayon OT atteint la direction OX', puis rebroussent

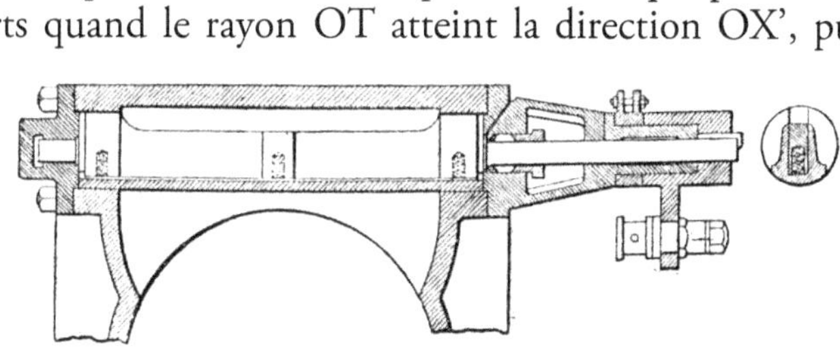

Fig. 323. — Distributeur Corliss avec tige unique portant les deux tourillons.

Fig. 324. – Machine Corliss, construite au Creusot en 1889, avec pompe à air du condenseur commandée en tandem.

chemin quand ce rayon dépasse OX'. Si la butée est trop éloignée pour que la pièce, qu'elle doit déclencher, l'atteigne pendant ce parcours angulaire T_1OX', elle n'est plus rencontrée pendant le reste de la course : l'admission peut varier depuis une très faible valeur jusqu'à un maximum, qui correspond à une rotation un peu inférieure

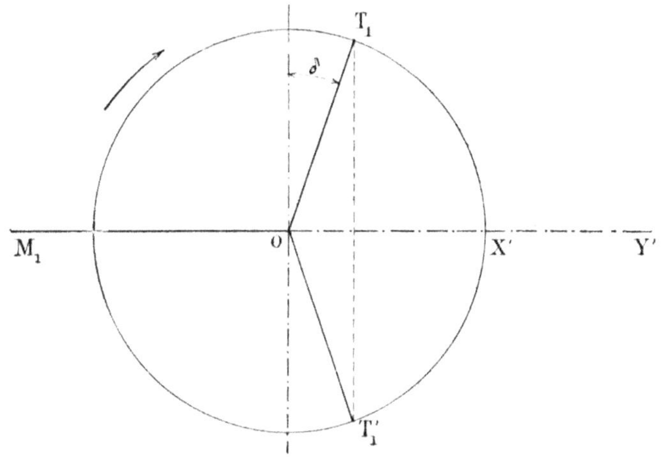

Fig. 325. — Calage de l'excentrique et périodes de déclenchement des machines Corliss.

à T_1OX' ; elle a lieu au plus pendant les 30 ou les 40 centièmes environ de la course, et encore grâce à la petitesse de l'angle d'avance. Au-delà, on n'obtient plus qu'une admission prolongée pendant presque toute la course, qui ne peut convenir pour la marche régulière de la machine. Dans bien des cas, d'ailleurs, une admission de 30 à 35 pour 100 au maximum suffit amplement. D'autres fois, surtout pour les machines compound, cette limite est trop basse : aussi a-t-on imaginé des mécanismes de déclenchement qui fonctionnent aussi bien pendant le retour des pièces à déclencher que pendant l'aller, de sorte que l'admission peut durer pendant une fraction quelconque de la course du piston.

Le double déclenchement, pour l'un et l'autre sens du mouvement de la barre d'excentrique, s'obtient de deux manières différentes : tantôt on munit la bielle qui commande l'obturateur d'admission de deux déclics pouvant fonctionner l'un pendant l'aller de la bielle, l'autre pendant le retour ; la touche du second déclic doit être articulée de manière à s'effacer, pendant l'aller, sous la butée qu'elle rencontrera en rebroussant chemin, si le premier déclic n'a pas agi ; tantôt un mécanisme spécial imprime un déplacement transversal variable à la touche de la bielle qui entraîne le distributeur : l'arête de cette touche décrit ainsi une courbe ovale plus ou moins aplatie, de sorte que le déclenchement peut se produire dans une position quelconque, aussi bien pendant l'aller que pendant le retour de la bielle. Ce mécanisme spécial est commandé par un point de la barre d'excentrique, dont on utilise ainsi l'oscillation perpendiculaire à l'axe du cylindre ; il comprend des articulations variables sous l'action du régulateur, qui modifient la loi du mouvement transversal de la touche. Ce n'est pas toujours la touche de la bielle qui reçoit ainsi un mouvement supplémentaire de commande : parfois c'est le talon, relié à l'obturateur et entraîné par cette touche ; cela revient au même en principe.

Les mécanismes à longue admission ont un avantage incident : on n'est plus obligé, pour obtenir une admission suffisante, de donner à l'excentrique un très petit angle d'avance, et on peut fixer cet angle de manière à réaliser, à l'aide des distributeurs d'échappement, une certaine compression. Cette compression peut être utile pour compenser l'effet des espaces libres, qui conservent une certaine importance, et pour éviter l'application brusque de la pleine pression de la vapeur sur le piston.

En disposant les bielles de renvoi qui commandent les distributeurs, on cherche habituellement à en produire rapidement l'ouverture et la fermeture, puis à les déplacer le moins possible pendant que les lumières sont découvertes ou closes, de manière à éviter des frottements inutiles. La loi de la fermeture par l'excentrique

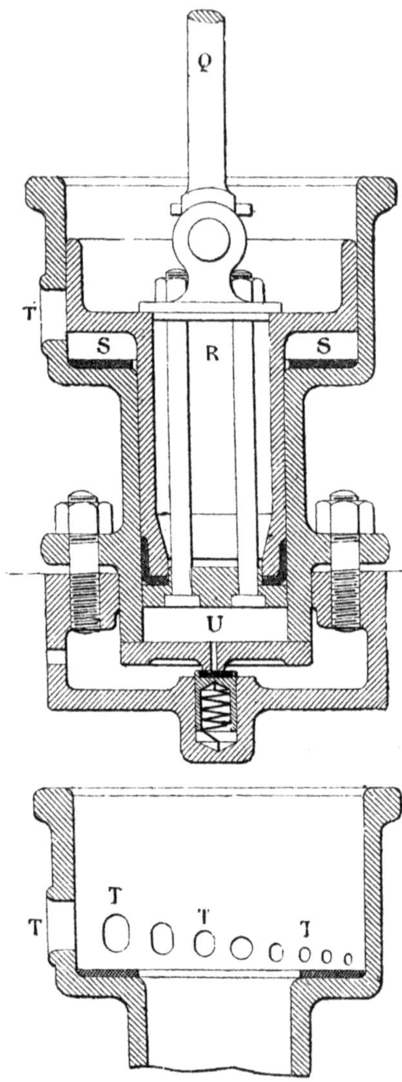

Fig. 326. — Dash-pot de machine Corliss, formant ressort pneumatique (construction du Creusot) : quand les pistons sont soulevés par la tige Q, le vide se fait dans le cylindre U. Lorsque le déclenchement se produit, la pression atmosphérique fait descendre les pistons : le grand cylindre S amortit progressivement la vitesse, l'air devant s'échapper par les trous T de plus en plus petits. Une bande de cuir arrête enfin le système ralenti. La petite soupape placée à la base du cylindre U sert à l'échappement de l'air qui pourrait y pénétrer accidentellement.

n'est d'ailleurs intéressante que pour les distributeurs d'échappement, puisque ceux d'admission sont refermés brusquement par des mécanismes spéciaux.

Pour cette fermeture brusque, on emploie des contre-poids, des ressorts en acier, et des ressorts pneumatiques. Le ressort est, en principe, préférable au contre-poids. Le ressort pneumatique est un piston chargé par l'atmosphère ; on le combine avec le *dash-pot* (fig. 326), qui sert de tampon d'arrêt : le réglage et l'entretien sont un peu plus difficiles qu'avec le ressort à lames ou à boudin. Quelquefois la pression de la vapeur est substituée à celle de l'atmosphère.

Il est intéressant de se rendre compte de la durée de la fermeture d'un obturateur d'admission : l'expression fermeture instantanée n'est jamais rigoureusement exacte. On étudie, d'après les règles de la mécanique, le mouvement de l'obturateur, qui oscille autour d'un axe fixe et reçoit l'action d'une force motrice déterminée et de

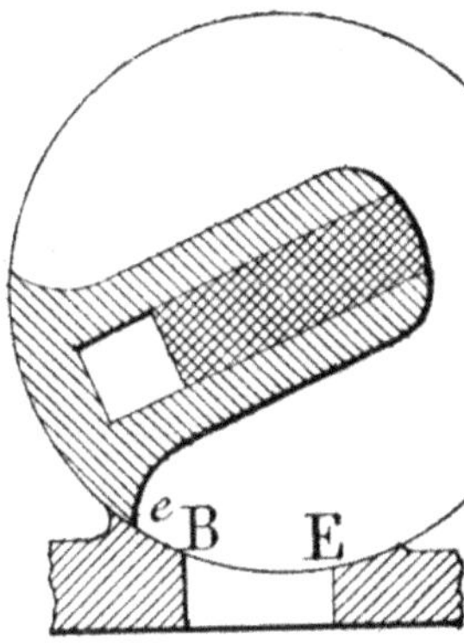

Fig. 327. — Mouvement angulaire d'un obturateur Corliss.

frottements. La fermeture commence quand le bord *e* du distributeur rencontre le bord B de la lumière (fig. 327), et se termine quand il atteint le bord E. Quand le déclenchement se produit peu après le début de la course du piston, la lumière n'est pas complètement découverte et la section de passage diminue dès que le déclic agit. On obtient une solution approchée en supposant constant le moment de la force motrice et en négligeant les frottements : le théorème des forces vives donne alors facilement le temps qui s'écoule depuis le départ de l'obturateur lors du déclenchement jusqu'à la rencontre de chacun des deux bords B et E[9].

Le fonctionnement du régulateur a une grande importance ; d'une part, l'effort qui lui est demandé, pour modifier le degré d'admission, doit être très faible ; d'autre part, il est bon que la transmission de mouvement entre le régulateur et le mécanisme de distribution ne soit pas réversible, afin que le choc qui accompagne le déclenchement ne déforme pas le régulateur, et ne trouble pas ainsi la régularité de la machine. Beaucoup de mécanismes de machines Corliss satisfont à la première condition ; il n'en est pas toujours de même pour la seconde.

9 En appelant t la durée du parcours d'un angle α à partir du repos, Fl le moment moteur, $\Sigma mr^2 = Mk^2$ le moment d'inertie du distributeur, y compris la masse des pièces mobiles du *dash-pot*, rapportée à l'extrémité du levier moteur, la durée est donnée par l'équation : $t^2=((2Mk^2)/Fl))\alpha$
Par exemple, avec les valeurs $Mk^2 = 1{,}47 \times 0{,}0049$ (poids de 15 kg et rayon de giration de 7 cm) $Fl = 80 \times 0{,}17$ (force de 80 kg à l'extrémité d'un levier de 17 cm), $\alpha = \pi/4 = 0{,}786 = (45°)$ pour le parcours jusqu'à la fermeture, et $\alpha' = 0{,}386$ pour le parcours préalable jusqu'à la rencontre du premier bord, B, on trouverait une durée de 0,0288 - 0,0202 = 0,0086, soit environ un centième de seconde. Le parcours du piston moteur n'est pas négligeable pendant cette durée : à la vitesse très modérée de 60 tours par minute, une course simple demande 50 centièmes de seconde.

Plusieurs machines Corliss sont munies d'un dispositif de sûreté recommandable : si une avarie, telle que la chute d'une courroie, vient à paralyser la commande du régulateur, il se ralentit et augmente de plus en plus l'admission : la machine s'emballe et prend en peu d'instants une vitesse capable de causer les accidents les plus graves, tels que l'éclatement du volant ; on supprime ce risque de danger en

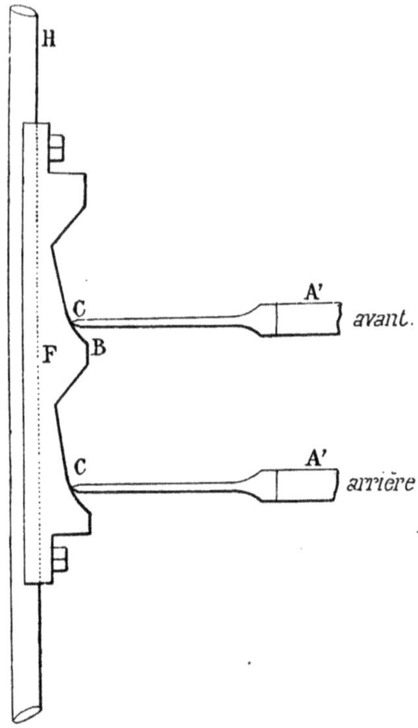

Fig. 328. — Commande des butées de déclenchement, pour machine Corliss construite au Creusot en 1882, avec dispositif de sûreté interrompant l'admission au-delà du maximum.

disposant les déclics de telle sorte qu'après avoir augmenté l'admission jusqu'à sa limite supérieure, le régulateur la supprime complètement. Par exemple (fig. 328), à mesure que la butée F s'abaisse, par suite du ralentissement, l'extrémité C des tiges A', qui touche la came, se déplace de plus en plus vers la gauche, jusqu'à ce que les saillies B les ramènent à droite et suppriment toute admission, si le ralentissement continue.

Les règles générales de l'appréciation des machines s'appliquent aux mécanismes de distribution Corliss : la simplicité des détails de construction, la facilité de l'entretien, la précision du fonctionnement ont une grande importance pratique : il faut notamment que la reprise de l'obturateur, après le déclenchement, s'effectue avec certitude et sans chocs.

On étudie la distribution d'une machine Corliss en traçant les épures du mouvement des mécanismes pendant un tour, pour les différentes positions des butées. Les figures 329 et 330 donnent un exemple du résultat de ces épures. On représente par des ordonnées le mouvement des distributeurs, en les rapportant aux positions du piston moteur : c'est, en principe, l'épure elliptique décrite au § 52. L'échappement dure pendant presque toute la course (fig. 330), ainsi que l'admission, quand elle n'est pas interrompue par le déclenchement de l'obturateur, dont le bord se meut alors suivant *kk'* (fig. 329).

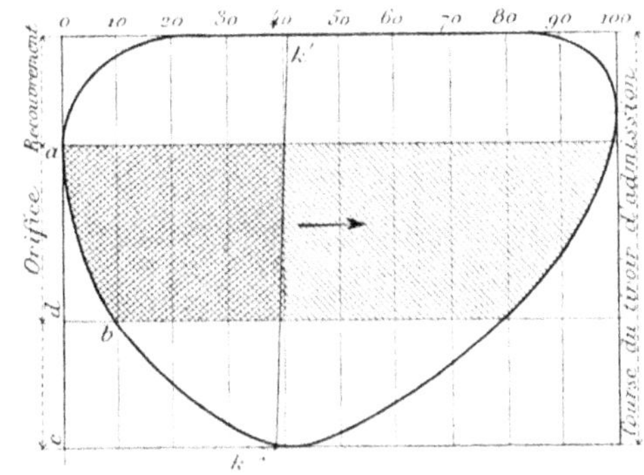

Fig. 329. — Épure du mouvement d'un obturateur d'admission (machine Corliss construite au Creusot en 1882).

Uhland a donné une description détaillée de nombreuses dispositions des machines Corliss. Le premier type, construit en 1849, avait quatre tiroirs plans, commandés par quatre tourillons d'un plateau oscillant central : des contre-poids refermaient les tiroirs d'admission. Les tiroirs plans séparés ont été repris par plusieurs constructeurs. Le second type de Corliss diffère du premier surtout par l'emploi des distributeurs oscillants.

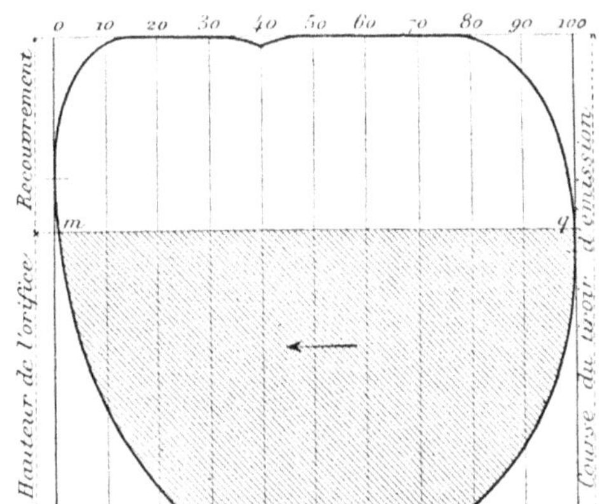

Fig. 330. — Épure du mouvement d'un obturateur d'échappement (machine Corliss construite au Creusot en 1882).

Le troisième type a des bielles suspendues par ressorts. La figure 331, qui représente la commande d'un distributeur d'admission, montre que le talon *o* de la bielle suspendue a laissé échapper la came *n* ; le contre-poids (fig. 332) a entraîné l'obturateur. Le déclenchement se produit quand la bielle est abaissée, malgré l'action du ressort, par la rencontre de l'extrémité de la tige R, dont le coin M règle la saillie.

Un quatrième type est désigné par le nom de Harris Corliss : c'est la butée de la fourchette J (fig. 333) contre l'ergot R qui produit l'abaissement de la bielle et, par suite, le déclenchement de l'obturateur. L'ergot R est porté par un manchon M, que déplace un régulateur.

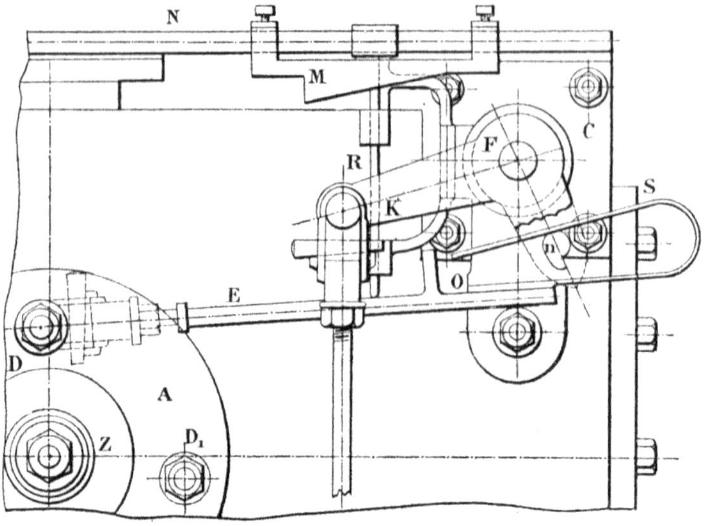

Fig. 331. — Machine Corliss à bielles suspendues par ressorts (d'après Uhland).

Dans le type à ressorts en lame de sabre (fig. 334), le plateau oscillant, que conduit l'excentrique, n'est plus au milieu du cylindre ; il est rapproché de l'arbre de la machine ; les distributeurs d'admission sont commandés par deux tringles que tirent deux lames de ressort, quand une butée vient soulever le taquet qui les pousse. Sur la machine de la figure 334, le déclenchement peut se produire jusqu'aux huit

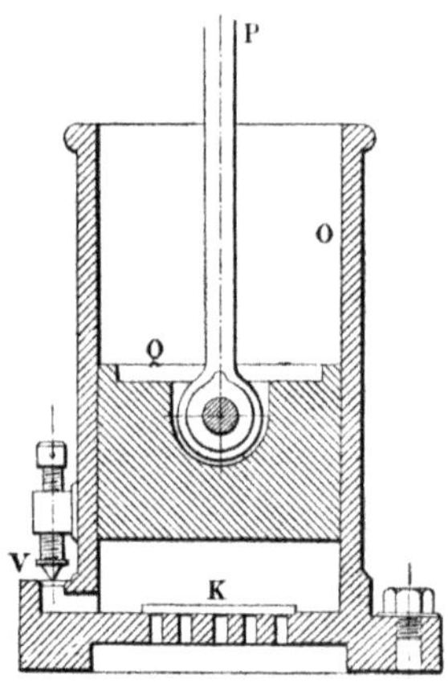

Fig. 332. — Contrepoids avec dash-pot pour fermeture des obturateurs d'admission.

dixièmes de la course du piston : à la touche I, qui produit le déclenchement pendant l'aller de la bielle du distributeur (fig. 335), c'est-à-dire pendant le déplacement de gauche à droite sur la figure, on a ajouté une touche A, qui peut agir, pendant le retour de cette bielle, sur le taquet E ; ce taquet E articulé s'efface sous la touche A pendant le mouvement d'aller de la bielle. La saillie B, en abaissant la queue A', arrêterait toute admission de vapeur, si, par suite de quelque avarie, le manchon du régulateur restait abaissé d'une manière anormale, comme on le voit sur la partie supérieure de la figure 335.

Dans un sixième type de machine Corliss (fig. 336), le plateau oscillant, placé de nouveau au milieu du cylindre, commande par un seul tourillon les bielles de deux

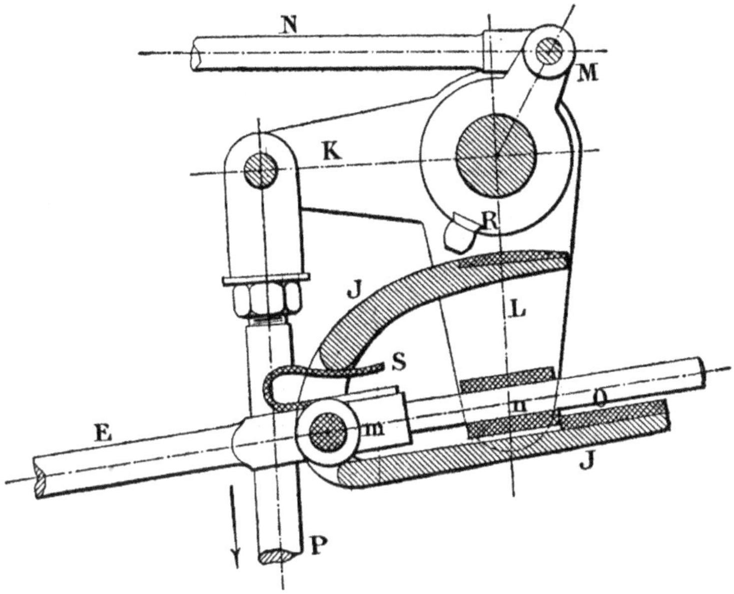

Fig. 333. – Déclic Harris Corliss (d'après Uhland).

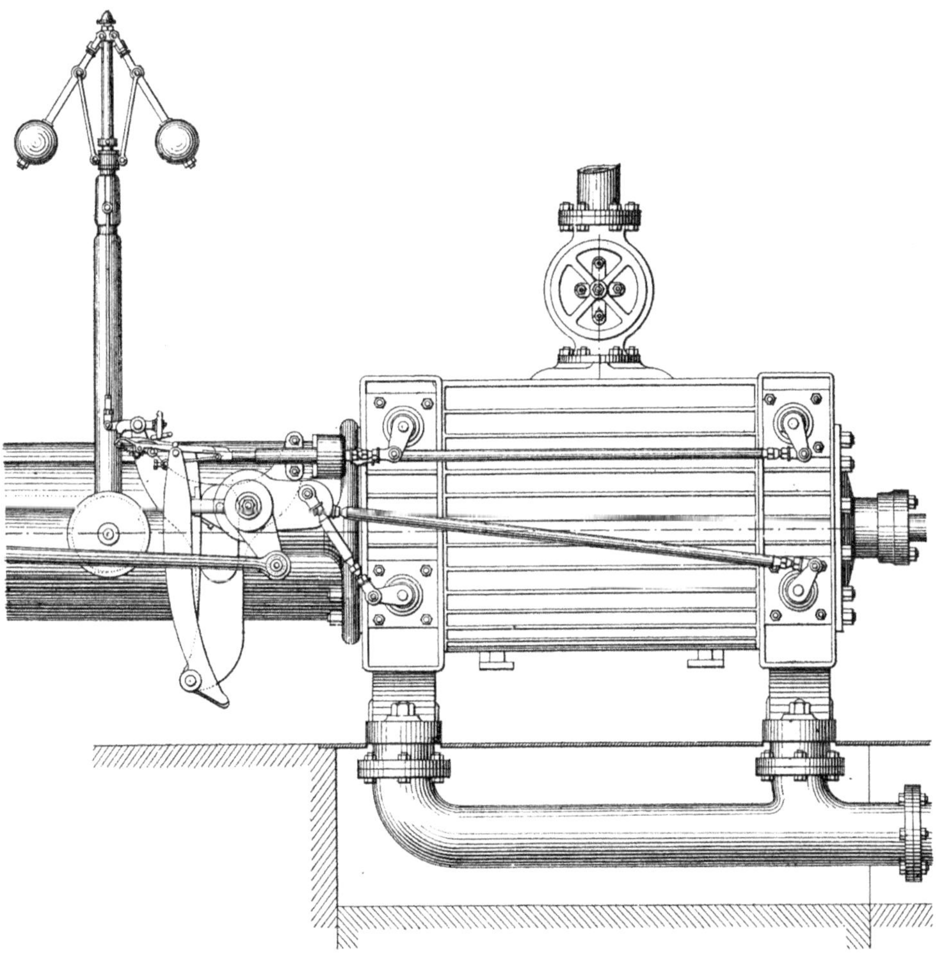

Fig. 334. – Machine Corliss à ressorts en *lame de sabre*, construite par E. Garnier.

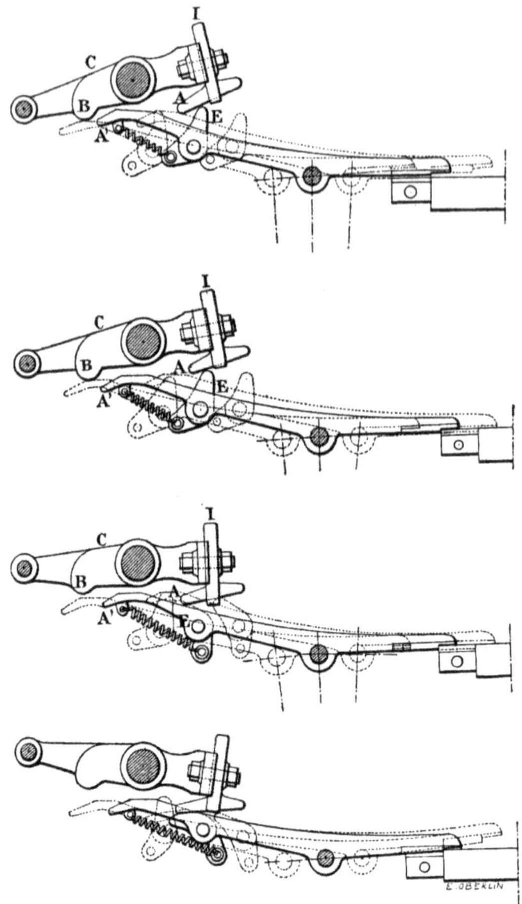

Fig. 335. — Mécanisme de déclenchement de la machine Corliss de la fig. 334; positions pour diverses périodes d'admission de plus en plus courtes.

distributeurs qui desservent un côté du cylindre. Pour l'admission, la bielle E agit, par l'intermédiaire du balancier K_1K, sur un piston à deux diamètres, formant ressort pneumatique à la partie inférieure et tampon amortisseur à la partie supérieure. Ce piston est relié par la bielle e au distributeur d'admission : il le referme par sa descente, quand le taquet R écarte la tige entraînée par le taquet *o* du balancier K_1K.

De même, dans la disposition adoptée par le Creusot en 1882 (fig. 337), la bielle de commande (ou de connexion), K, entraîne l'obturateur d'admission, par l'intermédiaire du balancier IL et de la touche M, jusqu'à ce que la butée de 0 au fond de la coulisse fasse échapper le levier P, tiré par la bielle de rappel Q.

La machine Spencer et Inglis (fig. 338) est caractérisée par l'emploi de ressorts à boudin agissant sur les pistons amortisseurs des obturateurs d'admission. La disposition est, d'ailleurs, analogue à celle du troisième type Corliss. Mais le mécanisme d'enclenchement de la bielle a été perfectionné, de manière à mieux assurer la reprise de la bielle de l'obturateur, grâce à l'emploi de touches bien guidées qui la saisissent de deux côtés.

Les machines de Farcot sont disposées pour donner une admission variable entre des limites très étendues. Plusieurs dispositions ont été successivement employées par Farcot : celle qui figurait à l'exposition de 1889 est représentée figures 340 à

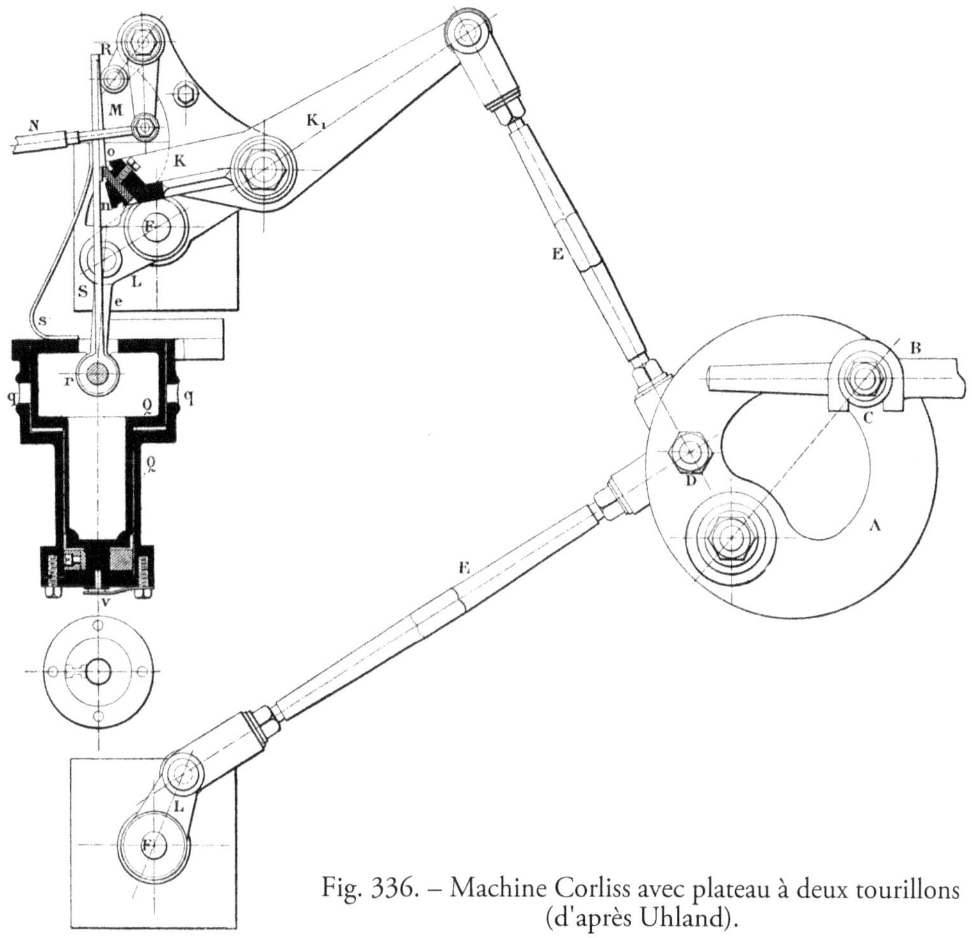

Fig. 336. – Machine Corliss avec plateau à deux tourillons (d'après Uhland).

345. Les distributeurs sont placés dans les fonds mêmes du cylindre (fig. 339), ce qui réduit autant que possible la capacité des lumières. La bielle de commande C (fig. 342), fait osciller le balancier H, qui entraîne l'obturateur par la traction du ressort de rappel sur le levier J referme l'obturateur. Le déclenchement est produit, soit à l'aller, soit au retour, du mécanisme de commande, par l'excentrique N ou par l'excentrique M, qui sont en relation avec le régulateur par les bielles K, R, 0 (fig. 343 à 345).

L'obturateur de la distribution Frikart (fig. 346 à 355) est tiré d'un côté par la tige d'un ressort pneumatique, articulée en A (fig. 348) et entraînée en sens contraire par le taquet F, que porte le balancier B, commandé par l'excentrique. En outre, le taquet F est relié à un système G, J, L et M (fig. 346), entraîné par le point H de la barre d'excentrique. Il décrit une courbe XX (fig. 348) ; le déclenchement se produit quand le taquet F, dans le parcours de cette courbe, laisse échapper le talon T. Cette courbe X dépend de la course du piston. La figure 349 donne l'épure du mouvement des distributeurs. Les figures 351 et 352 à 354 représentent des machines à triple expansion avec détente Frikart aux deux premiers cylindres ; le régulateur agit seulement sur l'admission au premier cylindre, ou bien il commande aussi l'admission dans le cylindre intermédiaire. La figure 355 reproduit un jeu de diagrammes relevés sur la machine des figures 352 à 354.

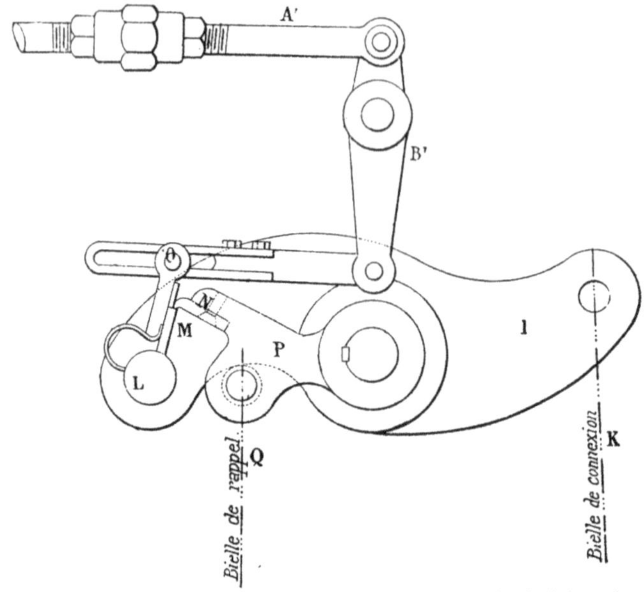

Fig. 337. — Machine Corliss construite au Creusot en 1882 ; commande de l'obturateur d'admission.

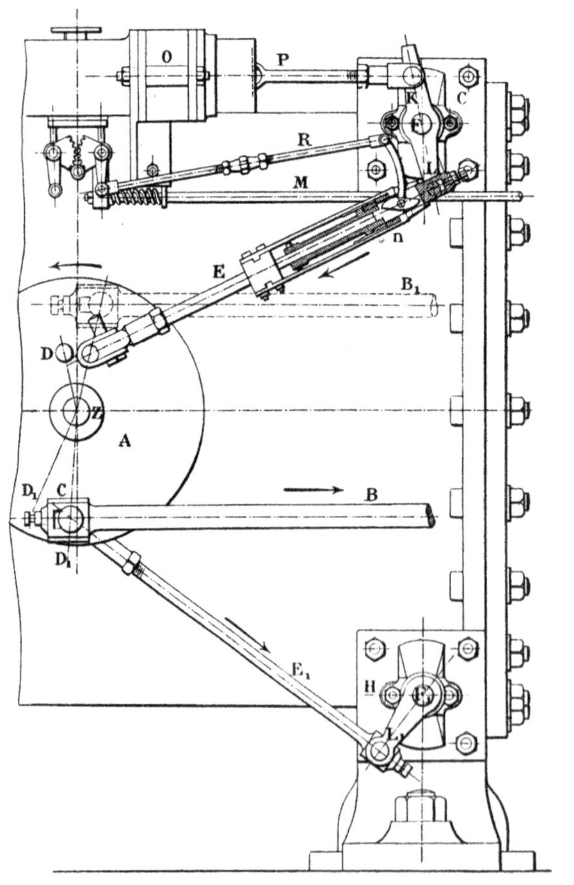

Fig. 338. – Distribution Spencer et Inglis, d'après Uhland.

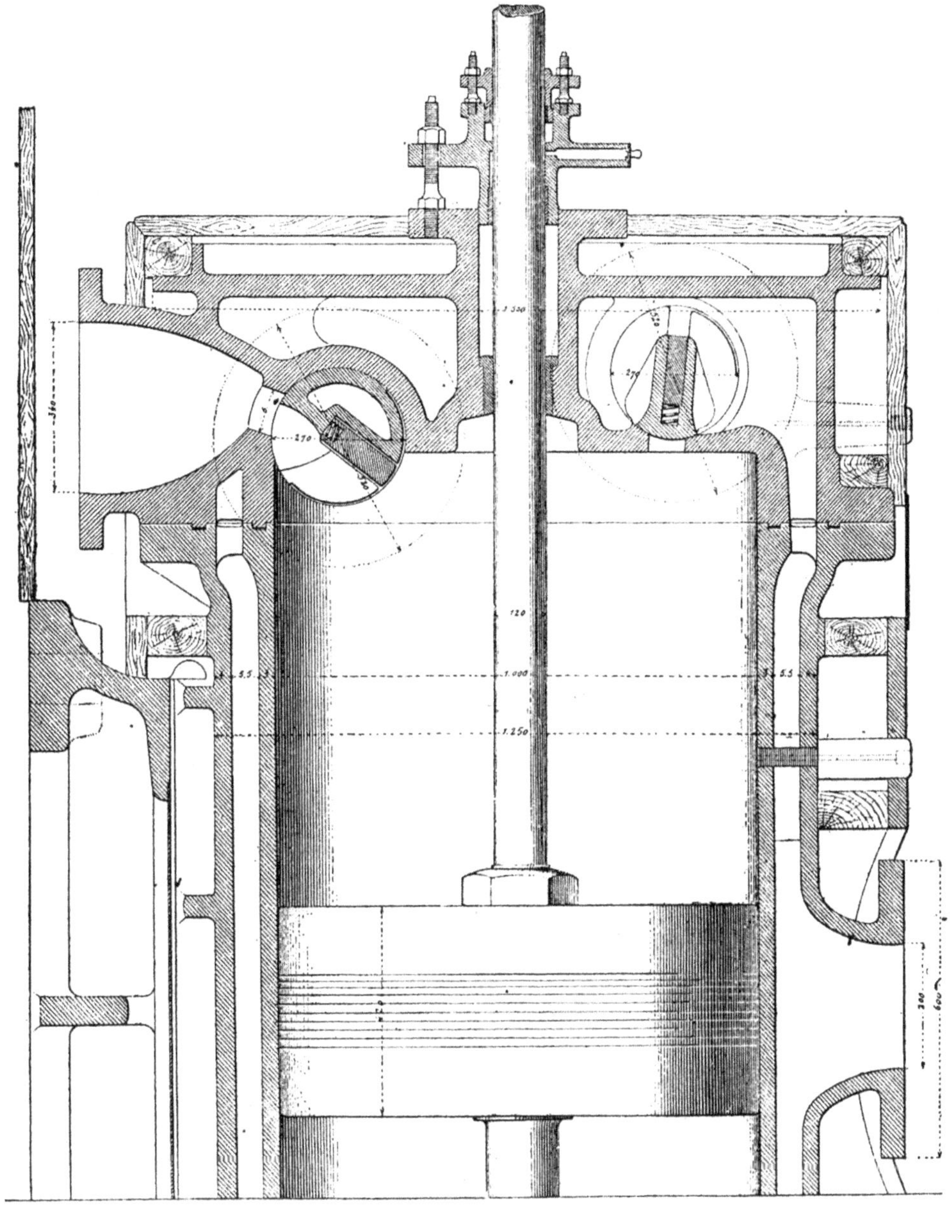

Fig. 339. — Distributeurs de la machine de Farcot, placés dans les fonds du cylindre ; la vapeur pénètre d'abord dans l'enveloppe par une tubulure placée à la partie supérieure du cylindre (à droite sur la figure) ; l'échappement se fait à la partie inférieure du cylindre (à gauche sur la figure) ; l'obturateur d'échappement pénètre en partie à l'intérieur du cylindre, à la place occupée par le piston à fond de course.

Dans la plupart des machines Corliss, l'angle d'avance de l'excentrique est petit, de sorte que la période de compression est courte; cette petitesse de l'angle d'avance est nécessaire, quand les distributeurs d'admission ne peuvent se déclencher que pendant une rotation égale au complément de cet angle. Dans ce cas, pour obtenir une compression suffisante, on monte parfois un second excentrique, qui actionne les distributeurs d'échappement.

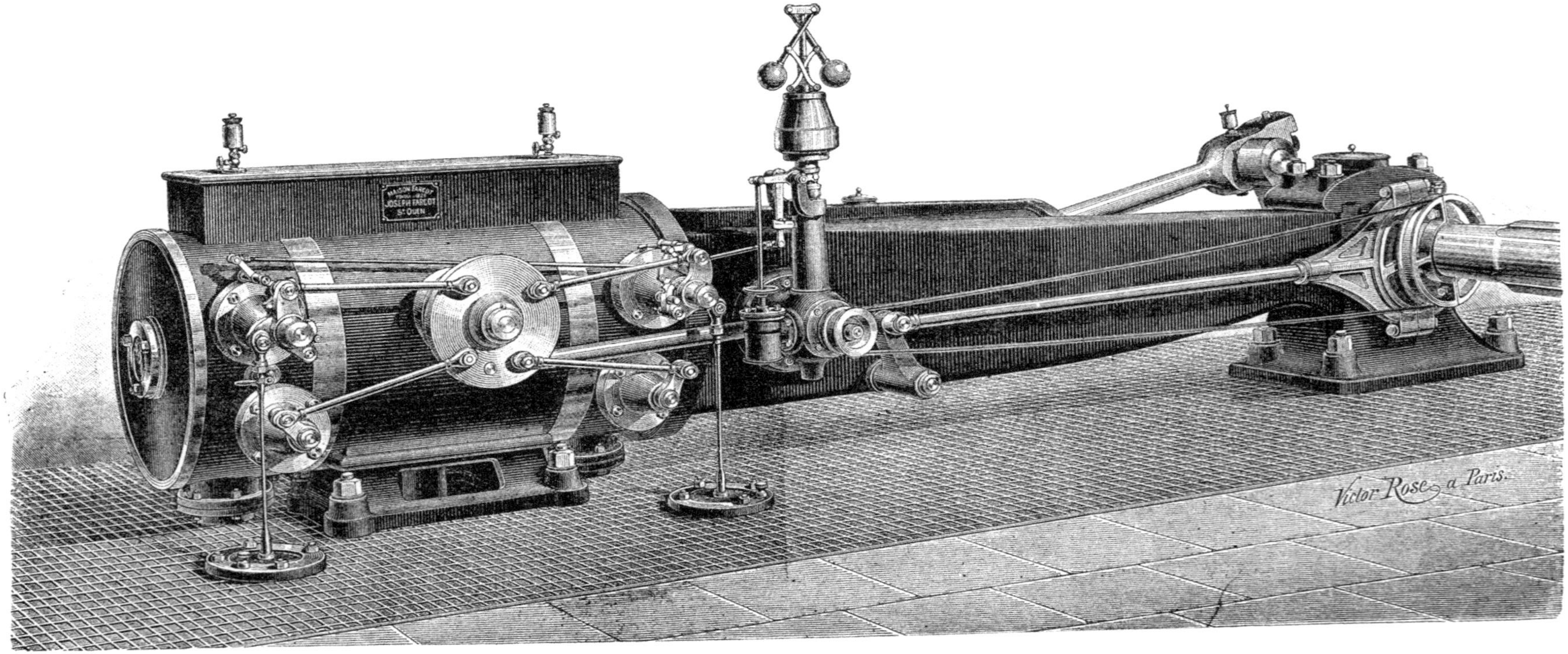

Fig. 340. – Machine à quatre distributeurs de Farcot (exposition universelle de 1889) ; la grande machine exposée par ce constructeur avait un cylindre de 1 000 mm sur 1800. Le volant pesait 21 tonnes.

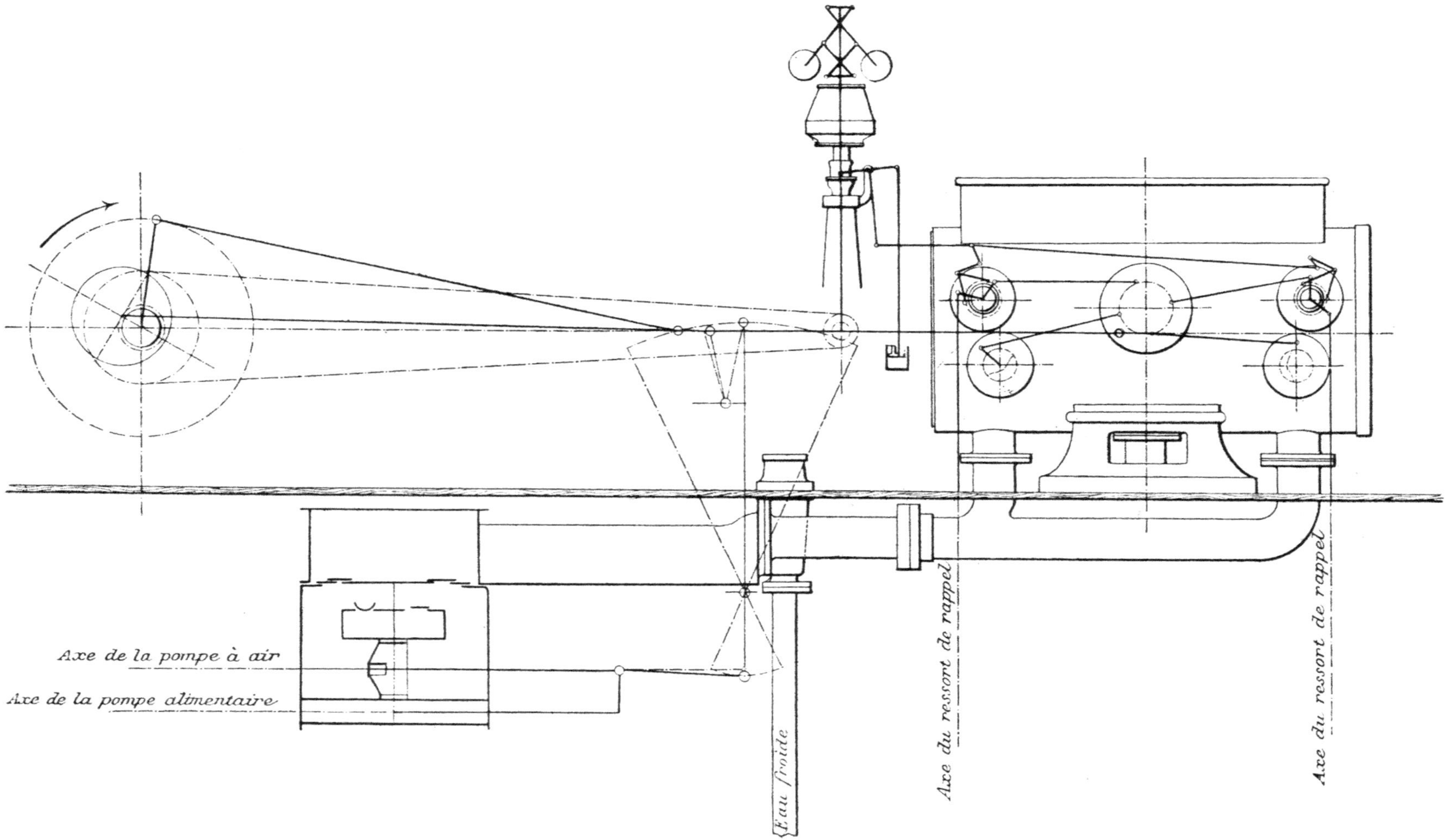

Fig. 341. – Machine à quatre distributeurs de Farcot, construite en 1889.

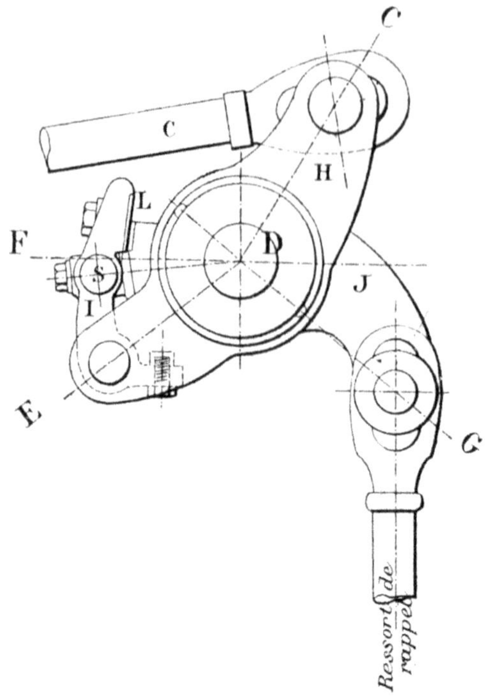

Fig. 342. — Machine à quatre distributeurs, de Farcot ; commande d'un distributeur d'admission.

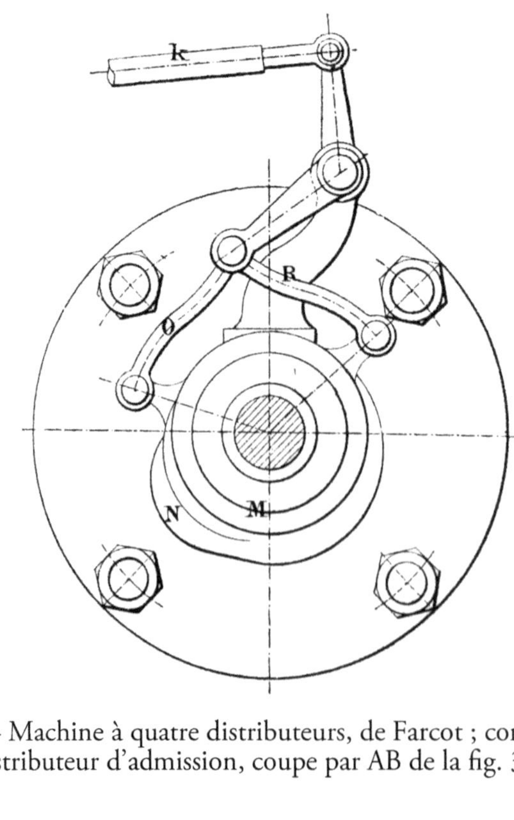

Fig. 343. — Machine à quatre distributeurs, de Farcot ; commande d'un distributeur d'admission, coupe par AB de la fig. 344.

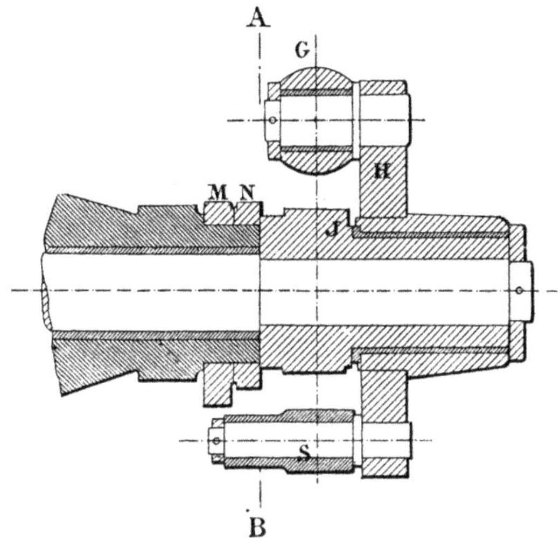

Fig. 344. — Distributeur d'admission de la machine Farcot ;
coupe par CDE de la fig. 342.

On a aussi proposé d'éloigner les lumières d'échappement des fonds du cylindre, de sorte que le piston moteur vienne les recouvrir, et même les dépasser (fig. 356), produisant ainsi la compression d'un côté et un échappement anticipé sur l'autre face. Le passage des segments élastiques du piston sur les lumières n'est pas sans présenter quelques difficultés, facilement surmontées du reste.

Les figures 357 et 358 donnent, d'après G. Richard, deux dispositions américaines récentes.

La machine Wheelock, dans sa première disposition (fig. 359 à 361), présentait, comme la Corliss, quatre distributeurs oscillants ; ils étaient placés à la partie inférieure d'un cylindre horizontal et formaient une combinaison analogue à celle

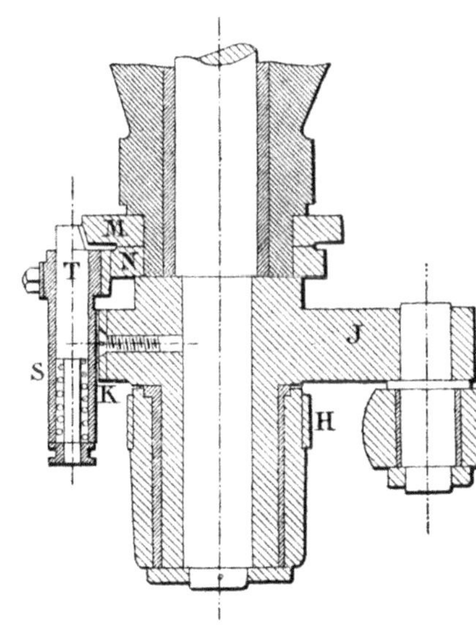

Fig. 345. — Distributeur d'admission de la machine Farcot ;
coupe par FDG de la fig. 312.

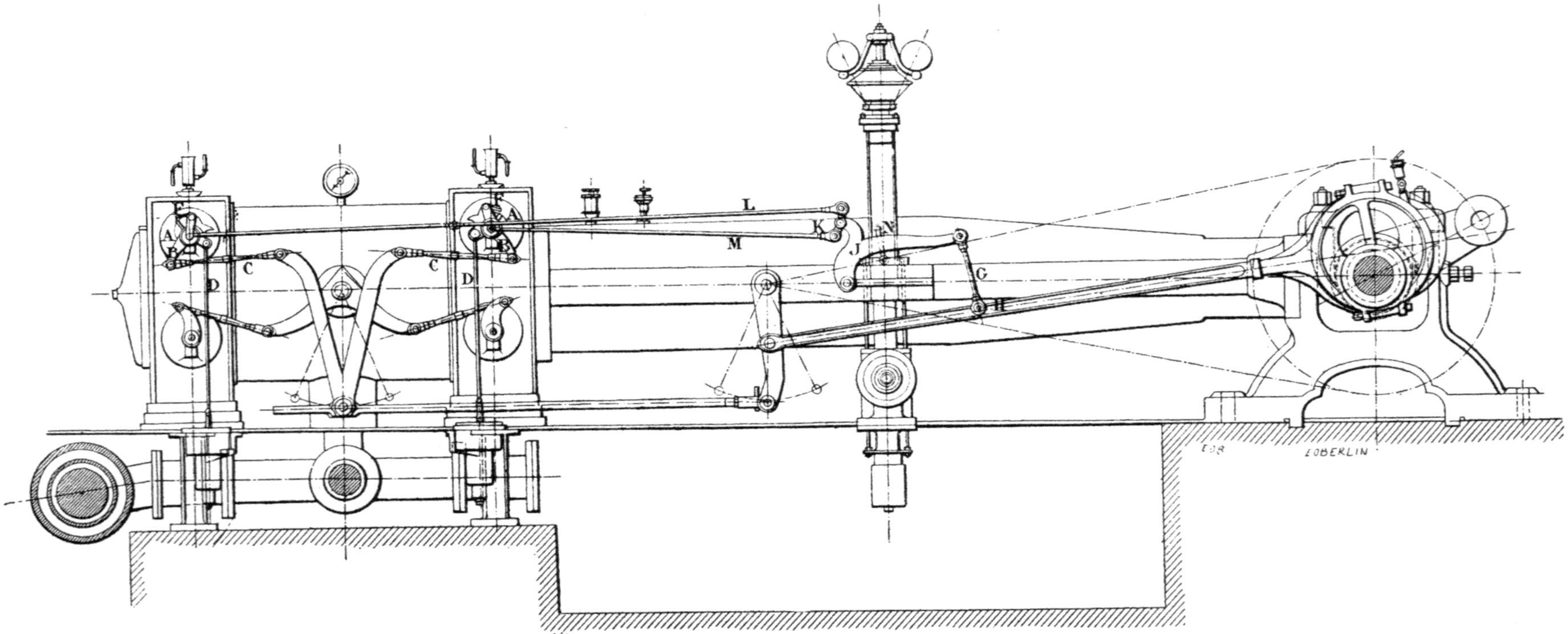

Fig. 346. – Machine à distribution Frikart, construite en 1889 par la Société alsacienne de constructions mécaniques.

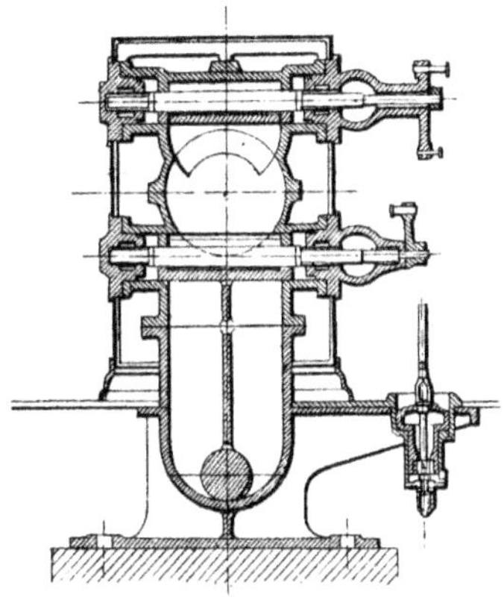

Fig. 347. — Machine à distribution Frikart ; coupe transversale par les obturateurs.

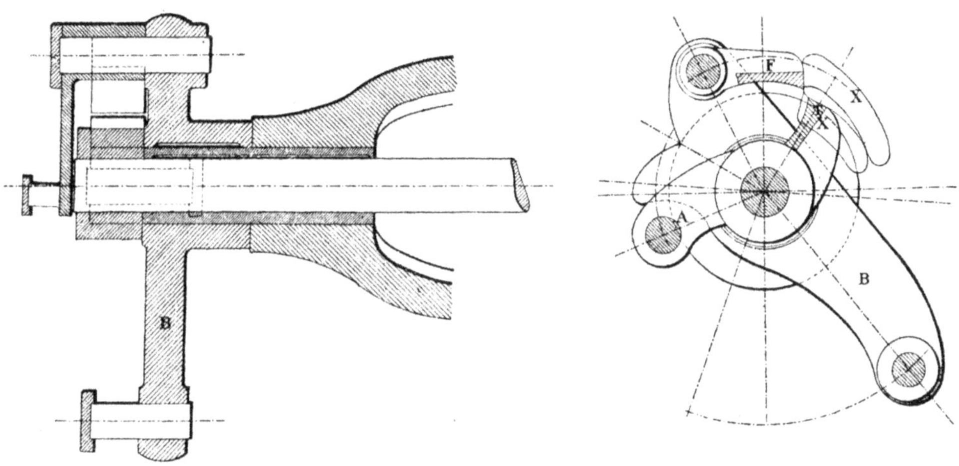

Fig. 348. — Machine à distribution Frikart ; commande d'un obturateur d'admission.

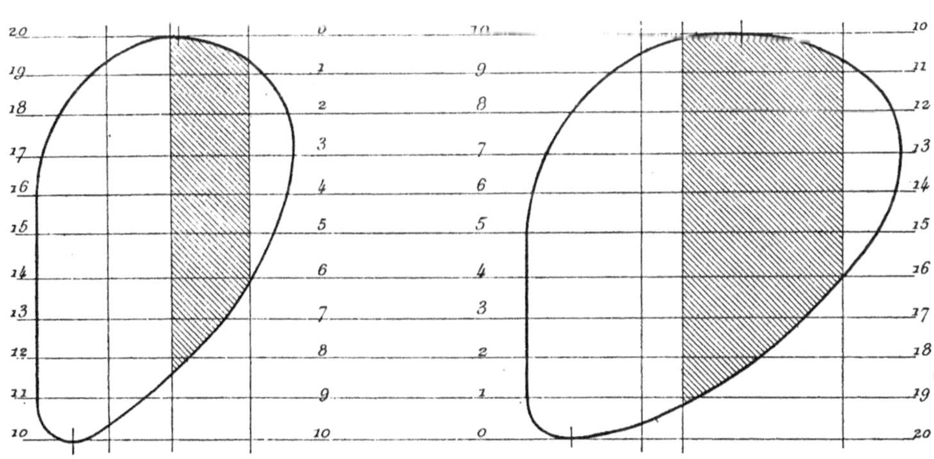

Fig. 349. — Machine à distribution Frikart ; épures du mouvement des obturateurs.

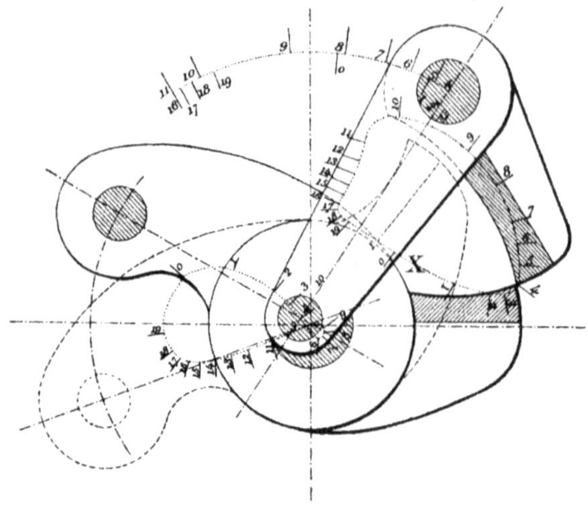

Fig. 350. — Tracé du mouvement de déclic avec la distribution Frikart.

des détentes avec glissière sur plaque fixe. Dans cette disposition, le véritable tiroir est l'obturateur A (fig. 359), donnant une très longue admission que le second obturateur B, interrompt en un point variable de la course. Le déclenchement se fait à l'aide de la fourchette des machines Harris Corliss (fig. 360). Le mécanisme est ramassé à la partie inférieure du cylindre ; la machine a un aspect simple et très élégant (fig. 361).

Dans des constructions postérieures, les obturateurs oscillants ont été remplacés par des tiroirs plans à grille (fig. 362 et 363) ; le mécanisme extérieur de manoeuvre (fig. 363) est resté le même. Sur certaines machines de ce type, on a eu quelque peine à tenir en bon état les tiroirs et les articulations du mouvement de renvoi, placé à l'intérieur des boîtes à vapeur : il est nécessaire que la construction de ces mécanismes délicats soit très soignée.

La distribution de Stoppani (fig. 364 à 367) comporte à chaque extrémité du cylindre deux obturateurs concentriques, conduits par un seul excentrique ; l'obturateur extérieur (fig. 367) sert à l'admission et à l'échappement ; l'obturateur central, en tournant sous l'action d'un ressort, coupe l'admission avant que le piston ait parcouru le tiers de sa course. On voit sur la figure 367 une chemise rapportée pour recevoir l'obturateur extérieur. Cette chemise est conique extérieurement ; le remplacement en est facile.

Les obturateurs à déclenchement ont été appliqués à des machines à rotation assez rapide, atteignant et dépassant le nombre de 150 tours par minute. Dans la machine pilon de E. Garnier (fig. 368), les obturateurs d'admission sont commandés par les articulations A et A' de la barre d'excentrique, dont le point B est guidé en ligne droite ; les touches T et T' décrivent des courbes ovales, de sorte que la période de déclenchement est fort étendue. Les points C et C' sont pris dans des coulisses, que le régulateur incline plus ou moins, en les faisant pivoter autour des articulations O et O'. Un second excentrique commande les obturateurs d'échappement.

La distribution *Bonnefond* (fig. 369 à 371) comprend des tiroirs plans à déclic pour l'admission, et des obturateurs oscillants pour l'échappement. Le déclenchement des tiroirs d'admission est produit par le mouvement relatif de leur tige de commande et d'une tige spéciale, conduite par un excentrique ou par la tige du piston. On peut

Fig. 351. – Machine à triple expansion, avec détente Frikart, construite en 1890 par la Société alsacienne de constructions mécaniques.

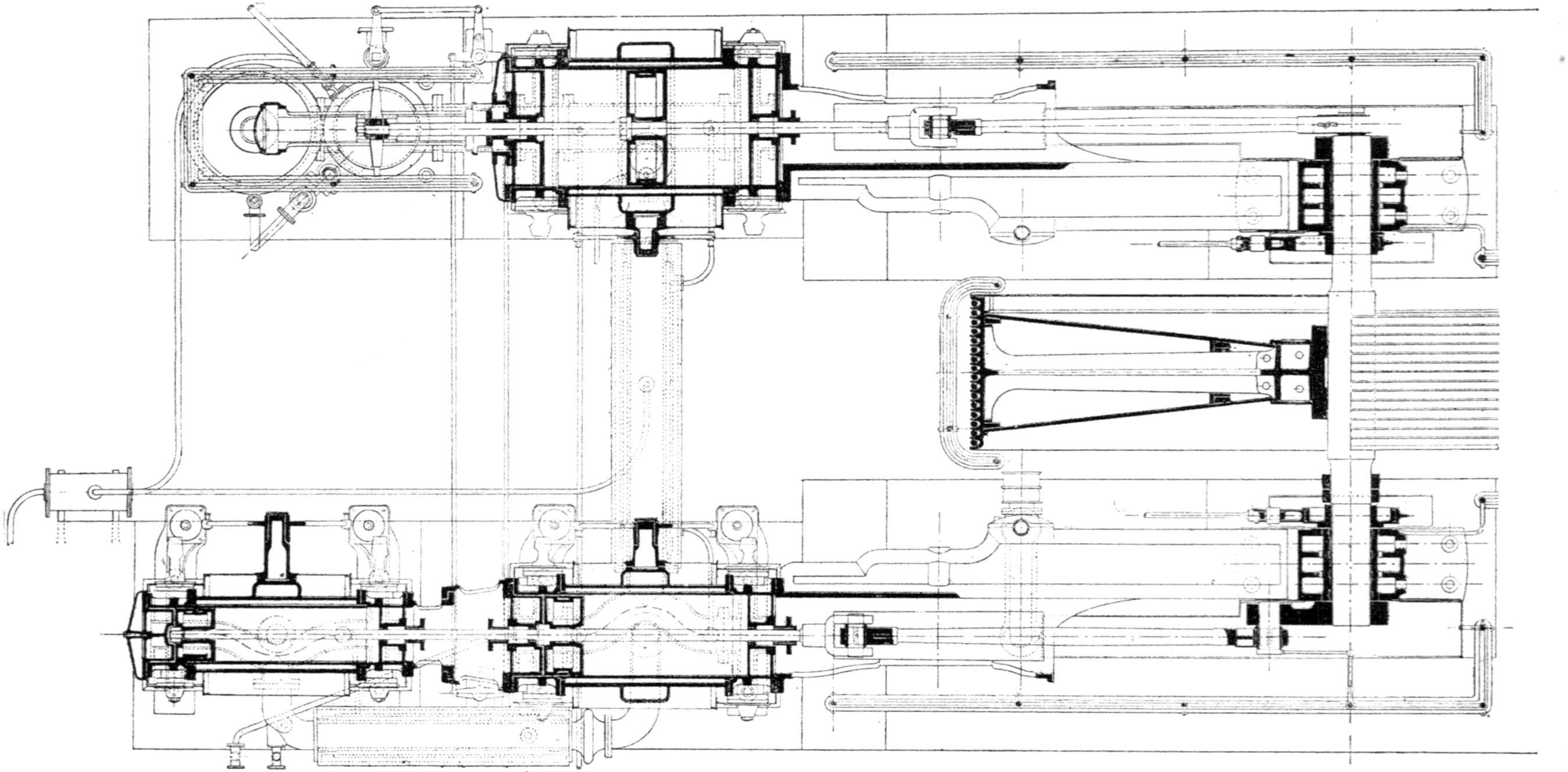

Fig. 352. — Machine à triple expansion, avec détente Frikart, de la Société alsacienne de constructions mécaniques. Coupe horizontale.
Diamètre des cylindres, 400 - 600 - 900 mm ; course, 1^{m},200 ; rapport des volumes, 1 - 2,25 - 5,05. Nombre de tours par minute, 70. Le petit et le moyen cylindres sont munis d'obturateurs à déclenchement, donnant une admission de 0 à 60 p. 100 ; le régulateur agit sur l'admission du petit cylindre. Le grand cylindre a des obturateurs oscillants sans déclenchement. Diamètre du volant, à 16 gorges pour câbles de 50 mm, 5^{m},600. La vue perspective de la fig. 351 ne représente pas la même machine que les fig. 352 à 354, mais un appareil symétrique, dont le condenseur n'est, d'ailleurs, pas installé de même.

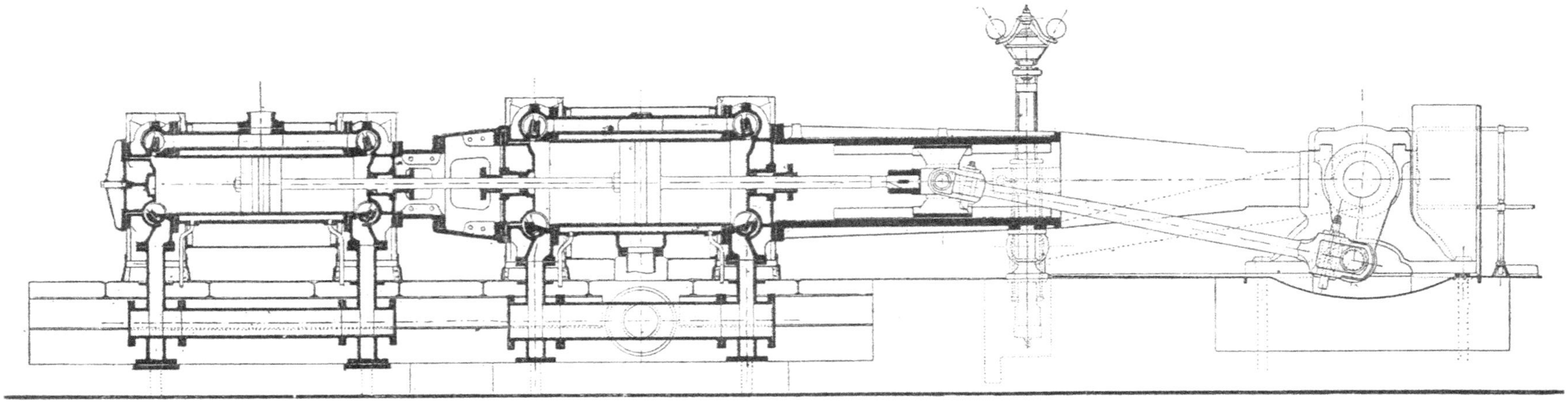

Fig. 353. – Machine à triple expansion, avec détente Frikart, de la Société alsacienne ; coupe verticale par l'axe des deux premiers cylindres.

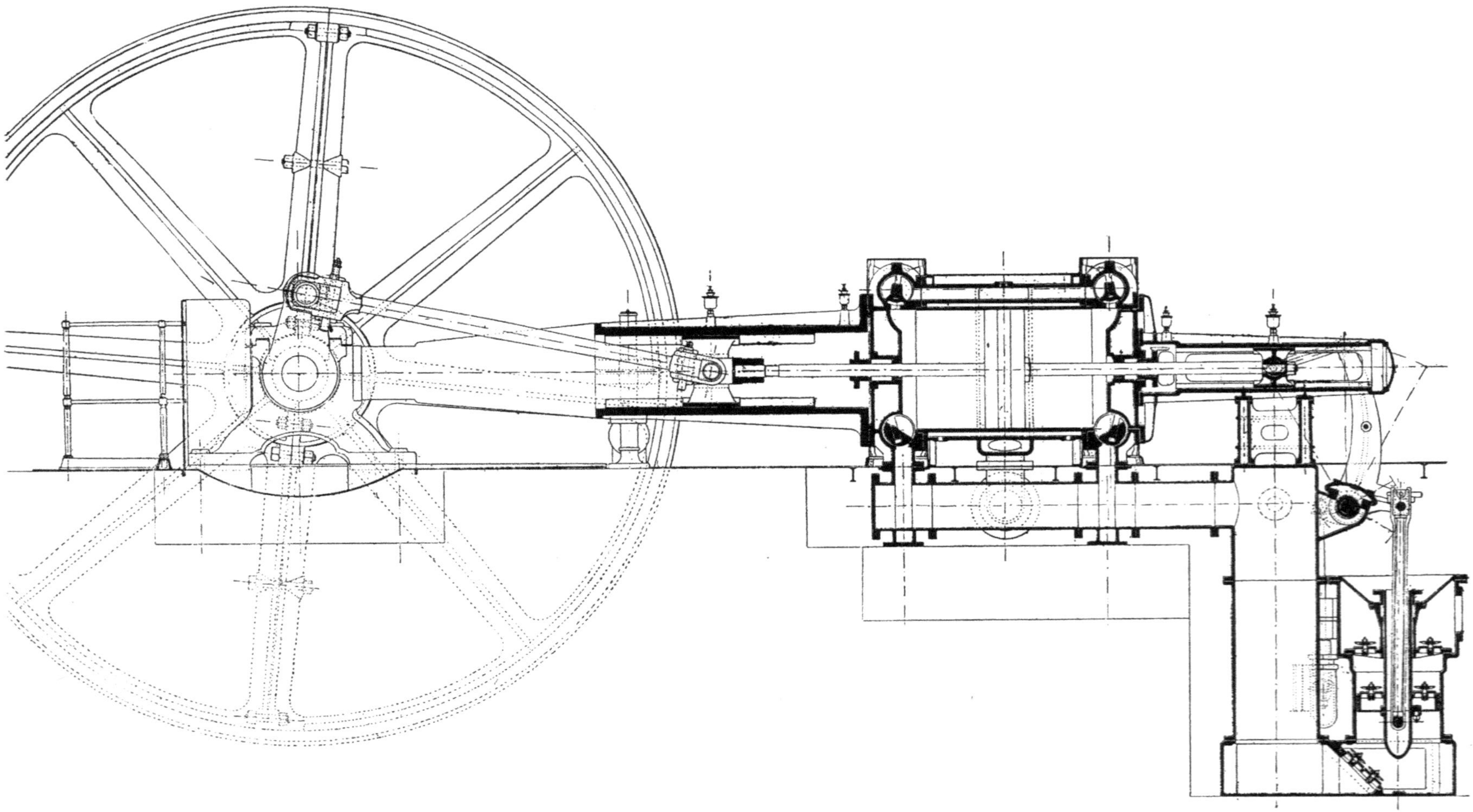

Fig. 354. – Machine à triple expansion, avec détente Frikart, de la Société alsaciene ; coupe verticale par l'axe du grand cylindre.

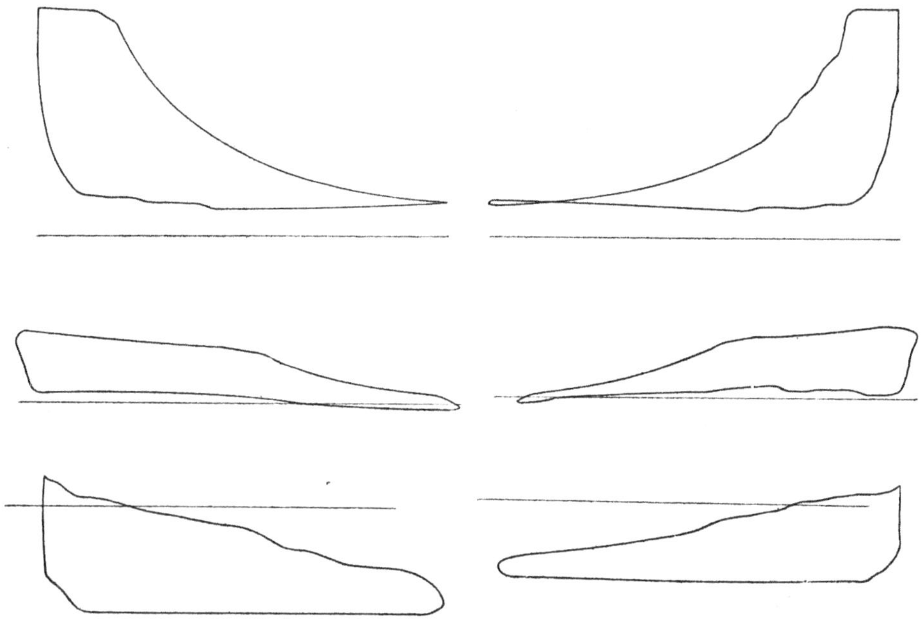

Fig. 355. — Diagrammes relevés sur la machine à triple expansion, avec détente Frikart aux deux premiers cylindres, de la Société alsacienne. Nombre de tours, 70,8. Pression initiale effective de la vapeur, 10 kg par cm^2. Durée de l'essai, 10 heures. Puissance indiquée moyenne, 398 chevaux. Consommation de vapeur, condensation dans les conduites et enveloppes comprises, 5^{kg},414 par cheval indiqué et par heure.

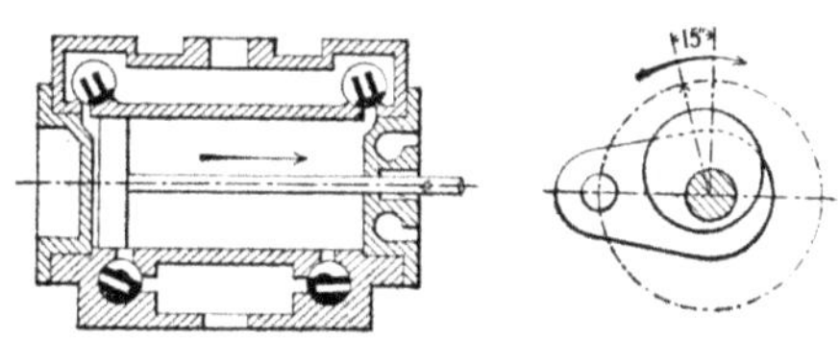

Fig. 356. — Distribution Corliss, avec avance à l'échappement et compression, obtenues en éloignant des fonds du cylindre les lumières d'échappement.

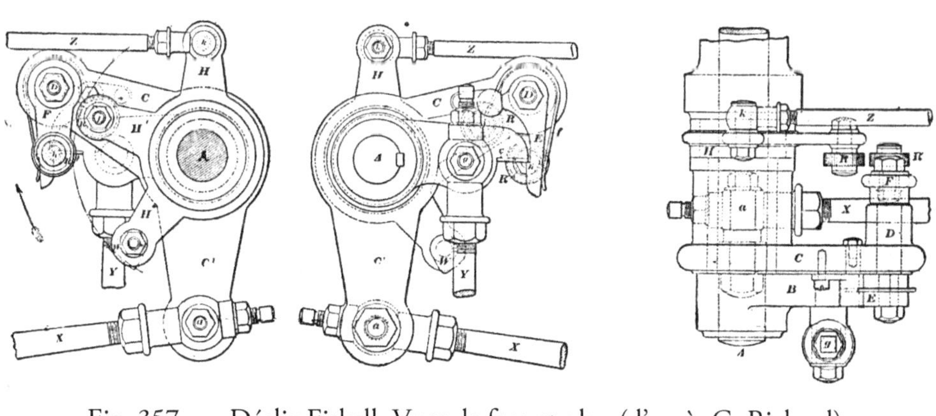

Fig. 357. — Déclic Fiskell. Vues de face et plan (d'après G. Richard).
X, bielle du plateau de distribution, actionnant, en *a*, le levier C'C, fou sur l'axe du distributeur d'admission, avec cliquet DE, mis en prise, en *c*, par le ressort *f*, avec la manivelle B, calée sur A — F, manivelle de D, à galet R. — HH'H", levier fou sur A, à came W' et à galet R', soumis en régulateur.

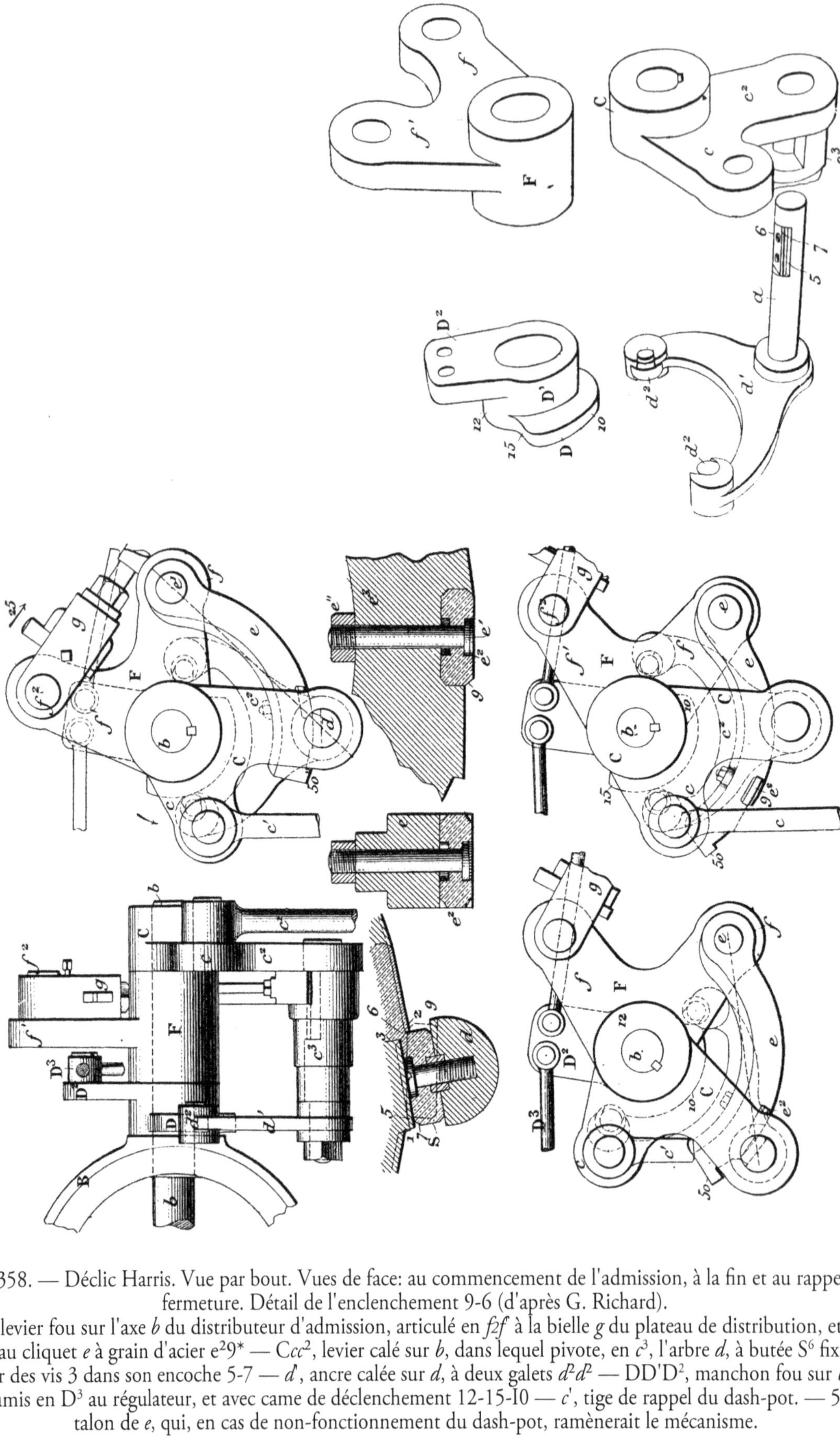

Fig. 358. — Déclic Harris. Vue par bout. Vues de face: au commencement de l'admission, à la fin et au rappel de fermeture. Détail de l'enclenchement 9-6 (d'après G. Richard).

F*ff'*, levier fou sur l'axe *b* du distributeur d'admission, articulé en $f2f$ à la bielle *g* du plateau de distribution, et en *fe'* au cliquet *e* à grain d'acier $e^2 9$* — Ccc^2, levier calé sur *b*, dans lequel pivote, en c^3, l'arbre *d*, à butée S^6 fixée par des vis 3 dans son encoche 5-7 — *d'*, ancre calée sur *d*, à deux galets $d^2 d^2$ — $DD'D^2$, manchon fou sur *b*, soumis en D^3 au régulateur, et avec came de déclenchement 12-15-I0 — *c'*, tige de rappel du dash-pot. — 50, talon de *e*, qui, en cas de non-fonctionnement du dash-pot, ramènerait le mécanisme.

Fig. 359. — Première distribution Wheelock (exposition universelle de 1878), à obturateurs oscillants.

Fig. 360. — Première distribution Wheelock ; vue extérieure.

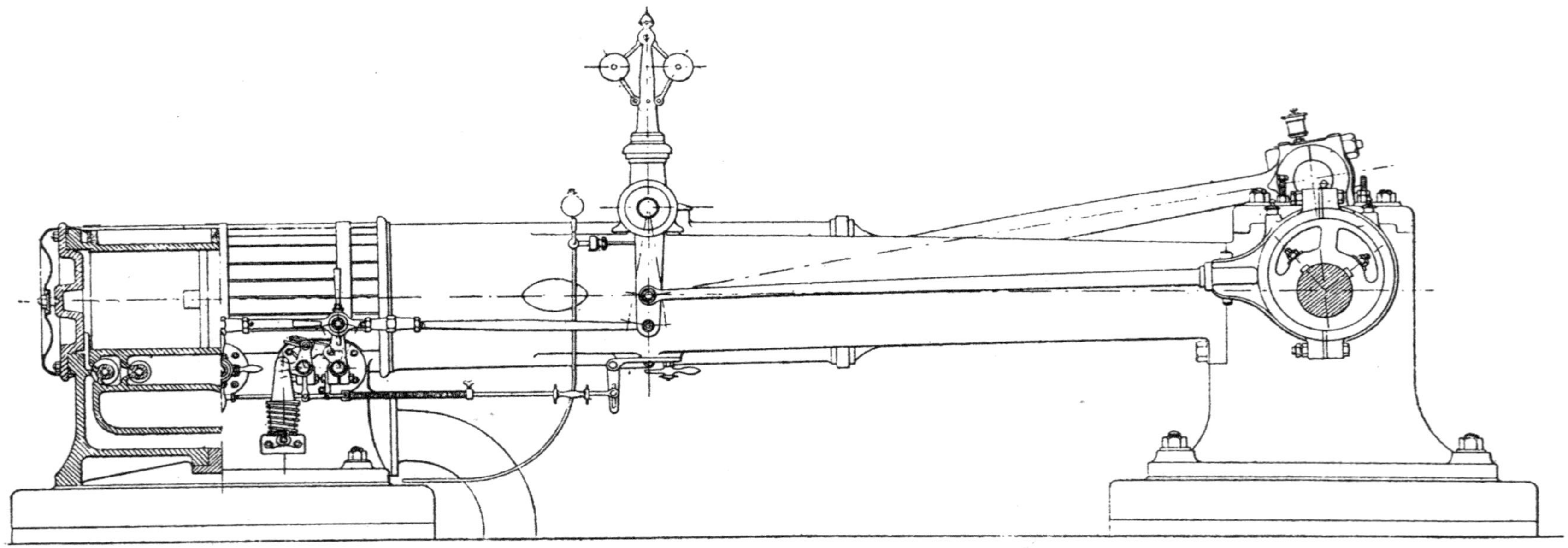

Fig. 361. – Machine Wheelock, construite en 1885 par D. Adamson et C°, d'après l'Engineering ; cylindre de 407 mm de diamètre, avec course de 914 mm.

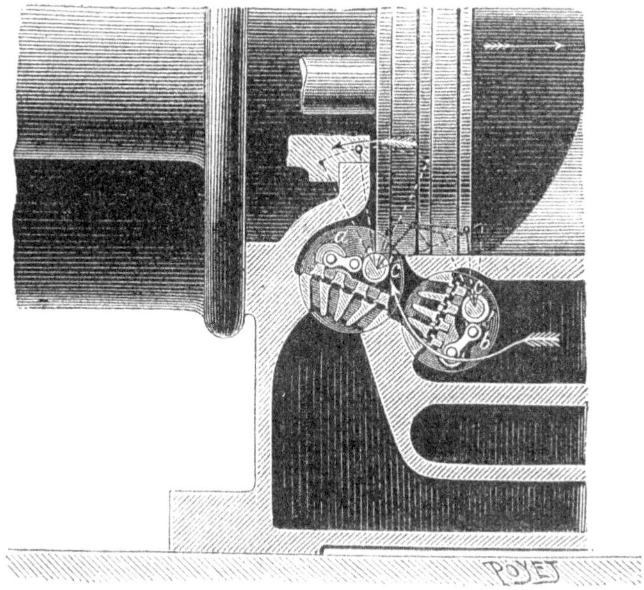

Fig. 362. — Distribution Wheelock, avec tiroirs plans à grille.

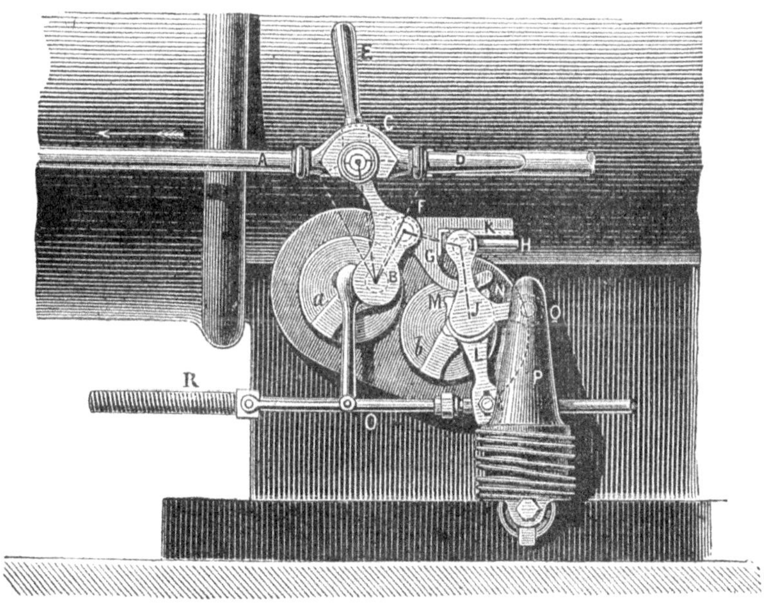

Fig. 363. — Distribution Wheelock avec tiroirs plans à grille ; vue extérieure.

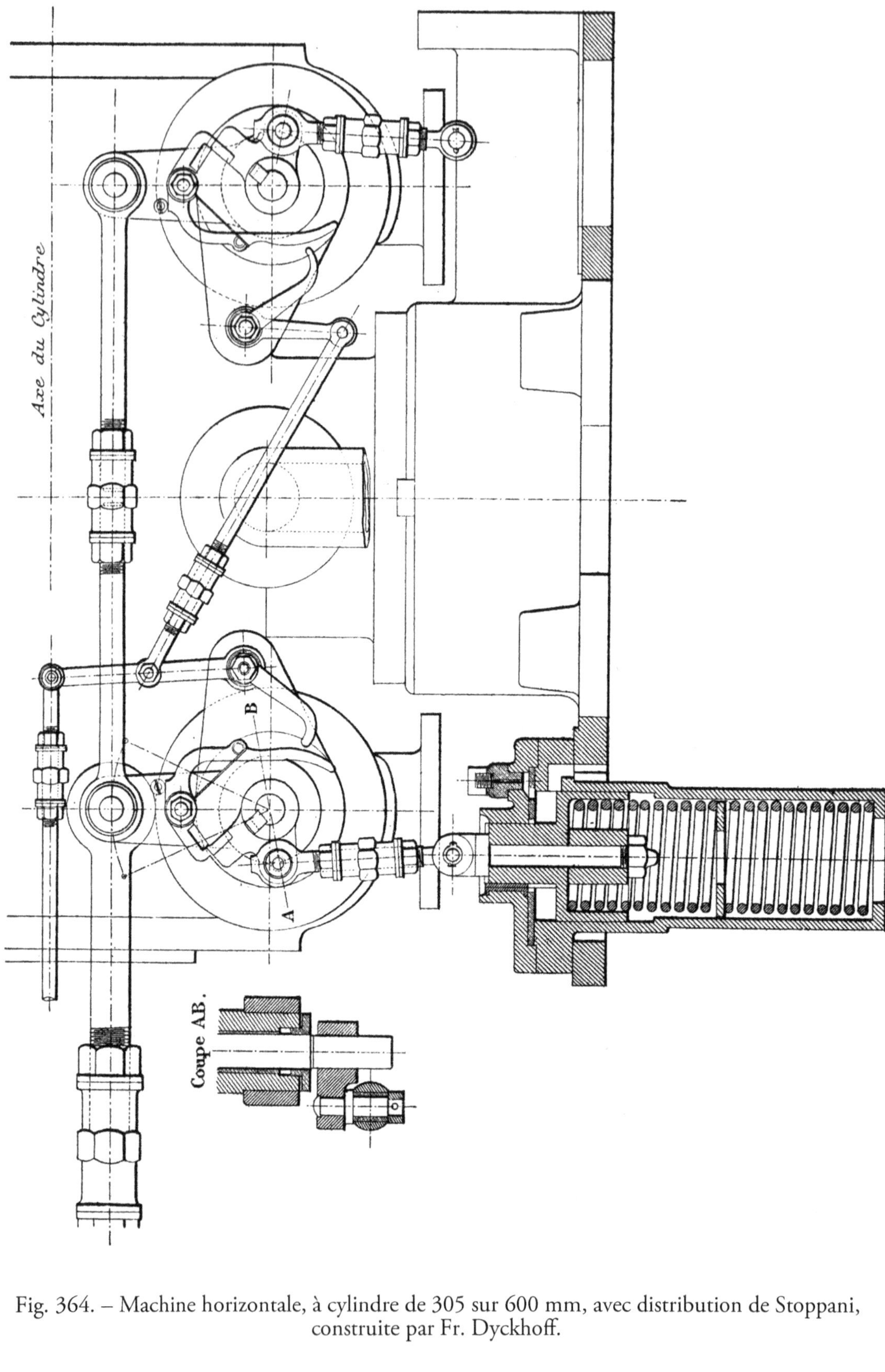

Fig. 364. – Machine horizontale, à cylindre de 305 sur 600 mm, avec distribution de Stoppani, construite par Fr. Dyckhoff.

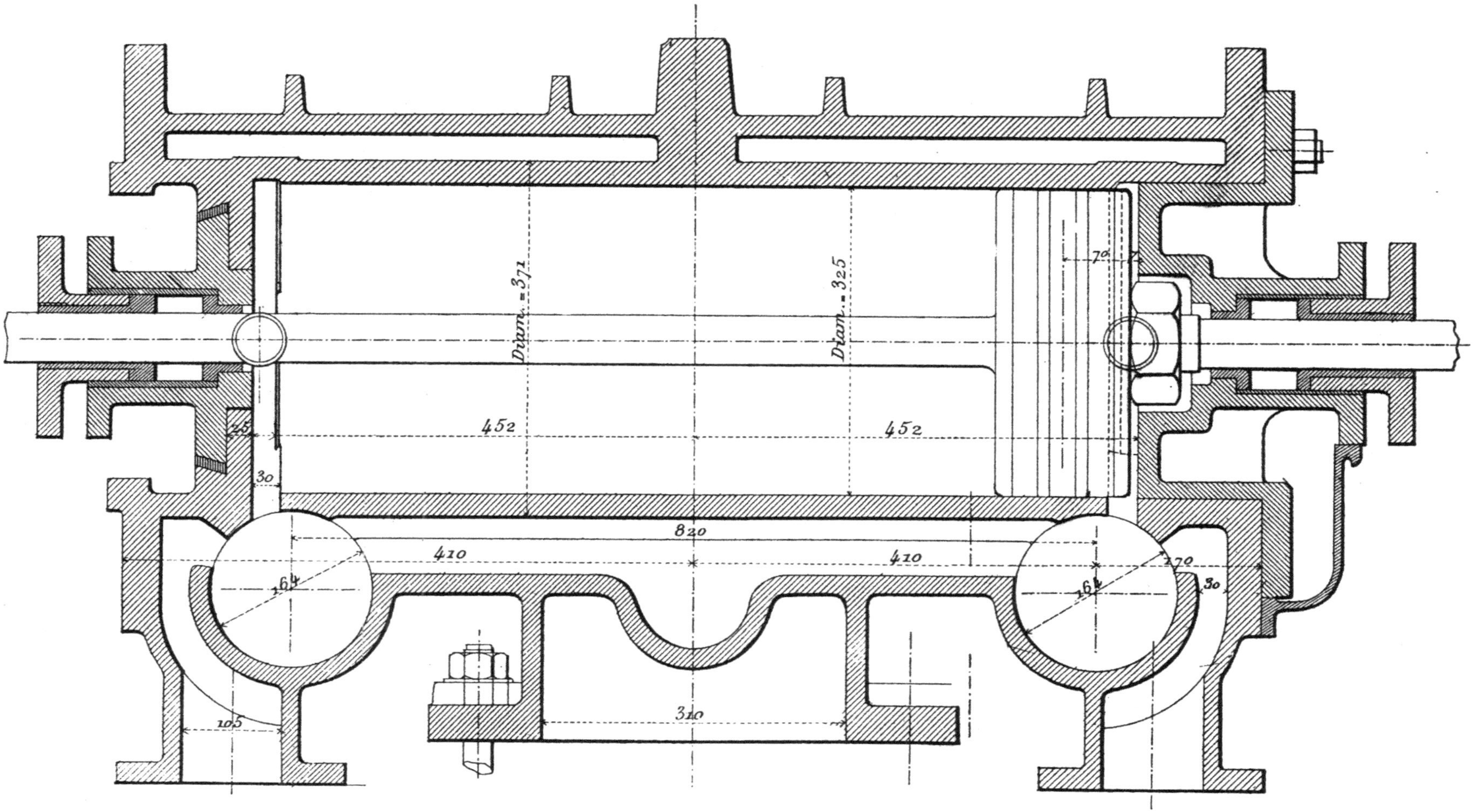

Fig. 365. – Machine à distribution de Stoppani ; coupe longitudinale du cylindre.

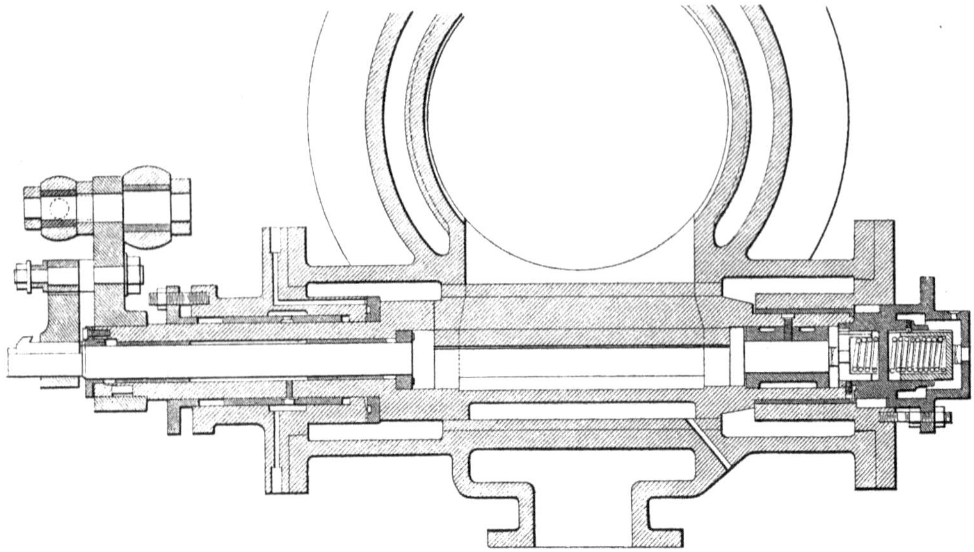

Fig. 366. — Machine à distribution de Stoppani ; coupe transversale du cylindre par l'axe d'un distributeur.

faire varier l'admission en déplaçant les butées de cette tige spéciale qui produisent le déclenchement ; ce déplacement se fait à la main, ou par l'action d'un régulateur.

La machine représentée fait 150 tours par minute ; la distribution Bonnefond fonctionne aussi sur des locomotives, avec des vitesses de rotation bien supérieures.

Les descriptions sommaires, qui précèdent, sont loin de comprendre toutes les dispositions adoptées pour les distributions à déclenchement : elles donnent seulement quelques exemples des types les plus connus, mais on peut en rapprocher la plupart des mécanismes existants.

Pour apprécier ces constructions si variées, il convient de tracer d'abord un programme théorique des meilleures dispositions d'un mécanisme à déclenchement.

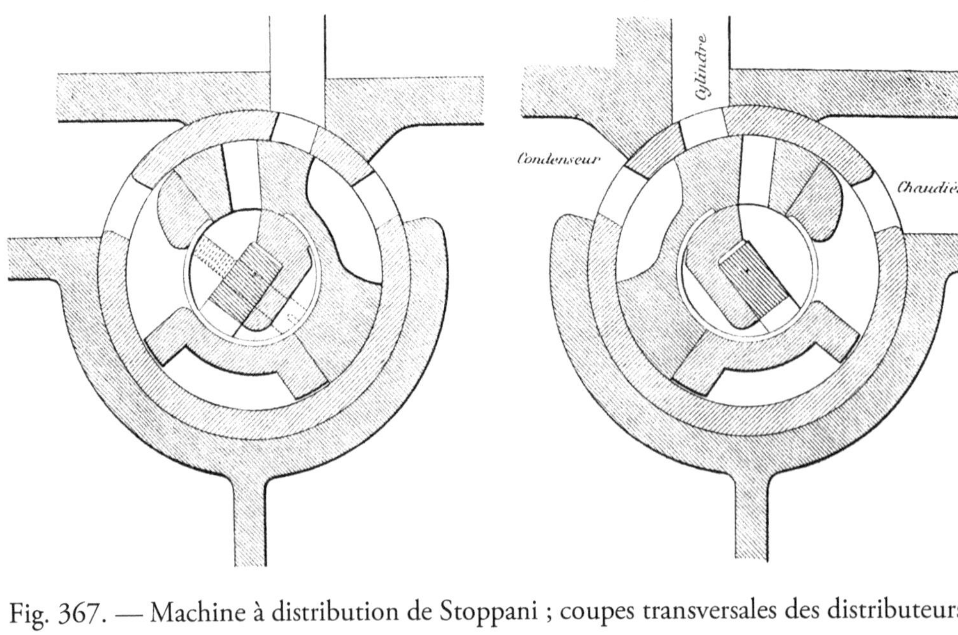

Fig. 367. — Machine à distribution de Stoppani ; coupes transversales des distributeurs.

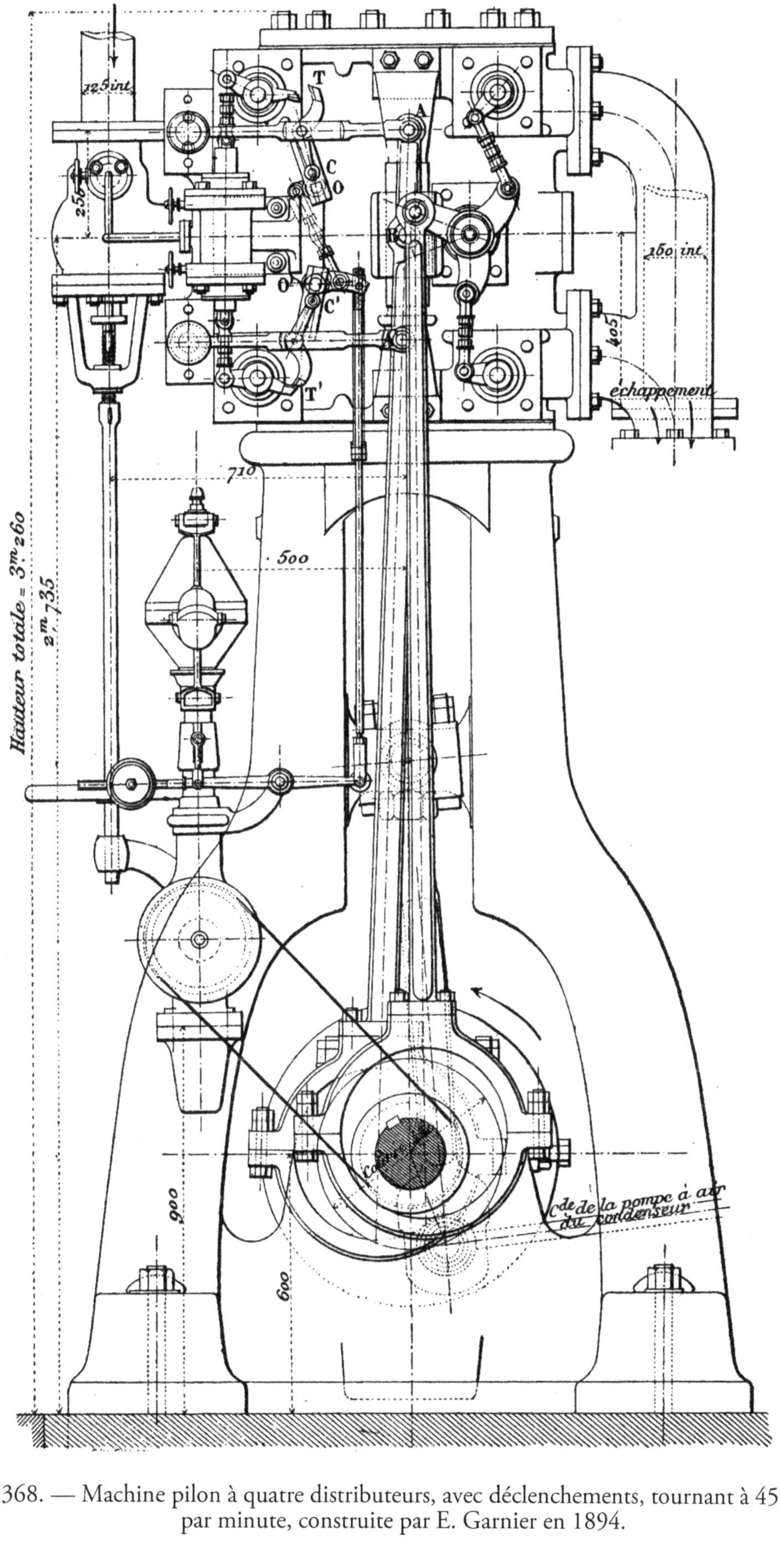

Fig. 368. — Machine pilon à quatre distributeurs, avec déclenchements, tournant à 450 tours par minute, construite par E. Garnier en 1894.

Pour une certaine marche normale de la machine, l'admission doit durer pendant une fraction déterminée de la course, le cinquième, par exemple ; si cette admission est la même sur les deux côtés du piston, elle correspond à des parcours angulaires inégaux M_1OM_2 et $M'_1OM'_2$, à cause de l'obliquité de la bielle motrice (fig. 372). Cette admission se produit pour la vitesse normale de la machine. Lorsque la vitesse augmente ou diminue, le régulateur restreint ou allonge l'admission. La vitesse doit toujours rester comprise entre deux limites, plus ou moins rapprochées suivant la destination de la machine ; les plus grands écarts de la vitesse correspondent aux valeurs extrêmes de la puissance : la limite inférieure la plus petite possible de la puissance correspond à la marche à vide du moteur.

Une bonne régulation exige que les diverses positions du régulateur, entre les deux extrêmes, pour le minimum et le maximum de la vitesse, donnent des degrés d'admission bien distincts et variant d'une manière régulière. Par exemple, si l'on considère 9 degrés d'admission, représentés par les chiffres 1 à 9 de la figure 372, la machine marchera régulièrement si ces admissions correspondent à 9 positions du régulateur placées comme en A (fig. 373). Au contraire, si les positions du régulateur sont celles du tracé B, on voit que le moindre déplacement des boules, entre les positions 5 à 9, produira une variation considérable de la puissance motrice. Or le régulateur n'occupe pas rigoureusement à chaque instant la position qui correspond à la vitesse de la machine ; en outre les pièces du mécanisme fléchissent et s'usent ; il en résulte une marche irrégulière de la machine pour les fortes admissions, avec la disposition B.

Il convient de remarquer que les très courtes admissions exagèrent la dépense de vapeur par cheval-heure.

Si la longueur de la bielle est égale à cinq fois celle de la manivelle, une admission au cinquième correspond à 58° et à 49° pour les angles M10M2, MMM; ; avec l'avance angulaire très petite de 15°, le rayon de l'excentrique se trouvera à 17° et à 26° de ses points morts au moment du déclenchement. Les mécanismes simples, qui n'agissent que pendant l'aller de la barre d'excentrique, c'est-à-dire pendant des parcours angulaires inférieurs à $T_1OM'_1$ ne donnent plus qu'une mauvaise régulation pour les admissions un peu fortes, puisque, à l'approche du point mort, un parcours angulaire notable de l'excentrique ne produit qu'un très petit déplacement du mécanisme de distribution.

La machine ne marchera donc bien qu'avec des admissions ne dépassant guère le cinquième, qui peuvent suffire dans bien des cas pour les machines monocylindriques ; mais il est nécessaire que l'angle d'avance δ reste très petit, plus petit qu'il ne conviendrait pour l'échappement : la compression est en général insuffisante.

Pour obtenir de fortes admissions, on a disposé des butées supplémentaires agissant pendant le retour de la barre d'excentrique, c'est-à-dire lorsque le rayon d'excentrique a dépassé le point mort.

Mais ces butées supplémentaires n'agissent nettement que pour des positions de l'excentrique symétriques de celles qui donnent un bon déclenchement à l'aller ; elles ne régleront bien que de très fortes admissions, qu'on a rarement occasion d'atteindre ; et, pour toute la zone voisine des points morts de l'excentrique, c'est-à-dire pour les admissions d'environ 40 p. 100, qui sont les plus fréquentes dans les machines à expansions multiples, la machine sera mal réglée : le moindre déplacement des organes produira des variations considérables de l'admission.

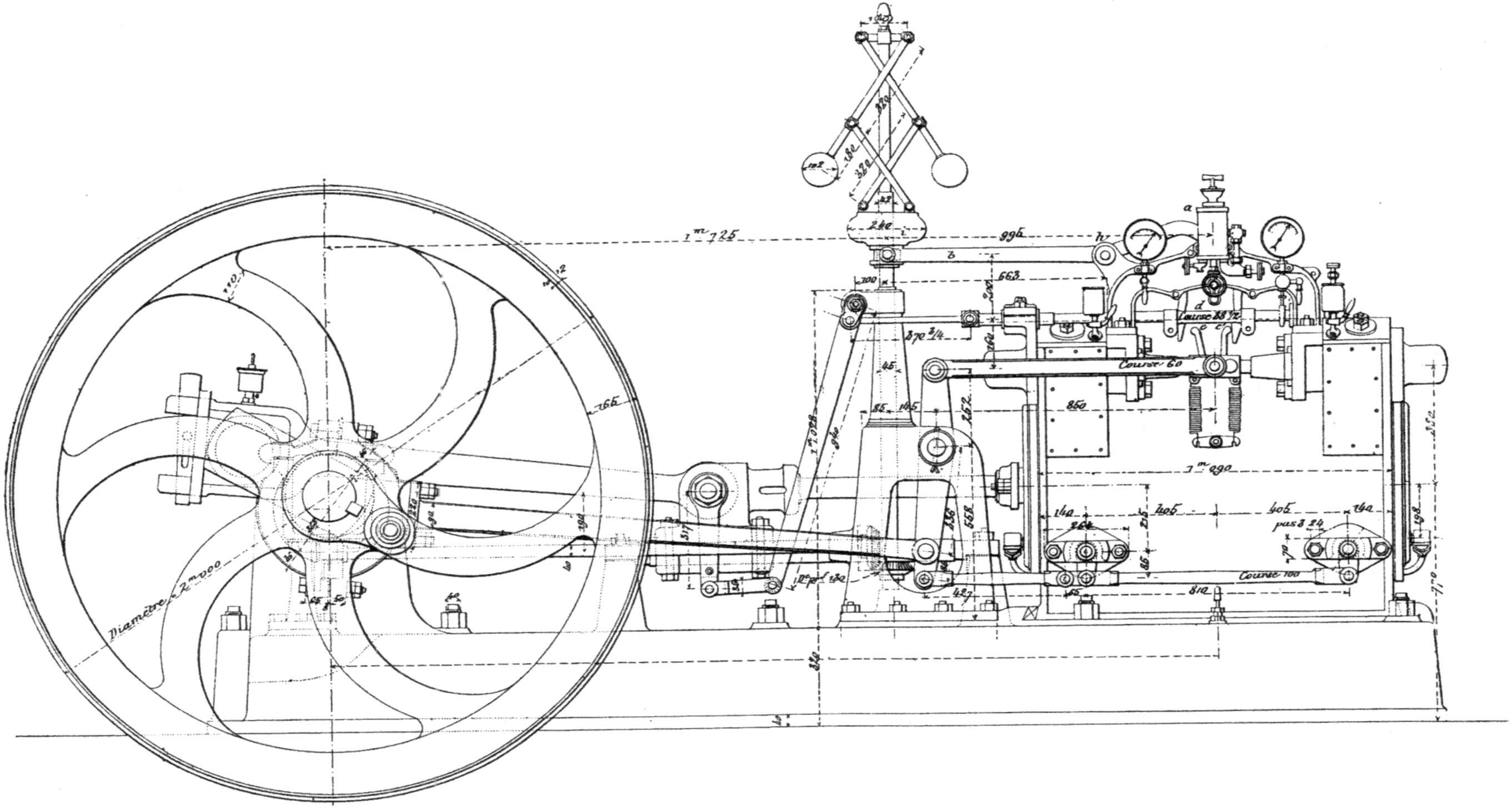

Fig. 369. – Machine à vapeur horizontale rapide, avec distribution à déclic du système Bonnefond ; élévation longitudinale.

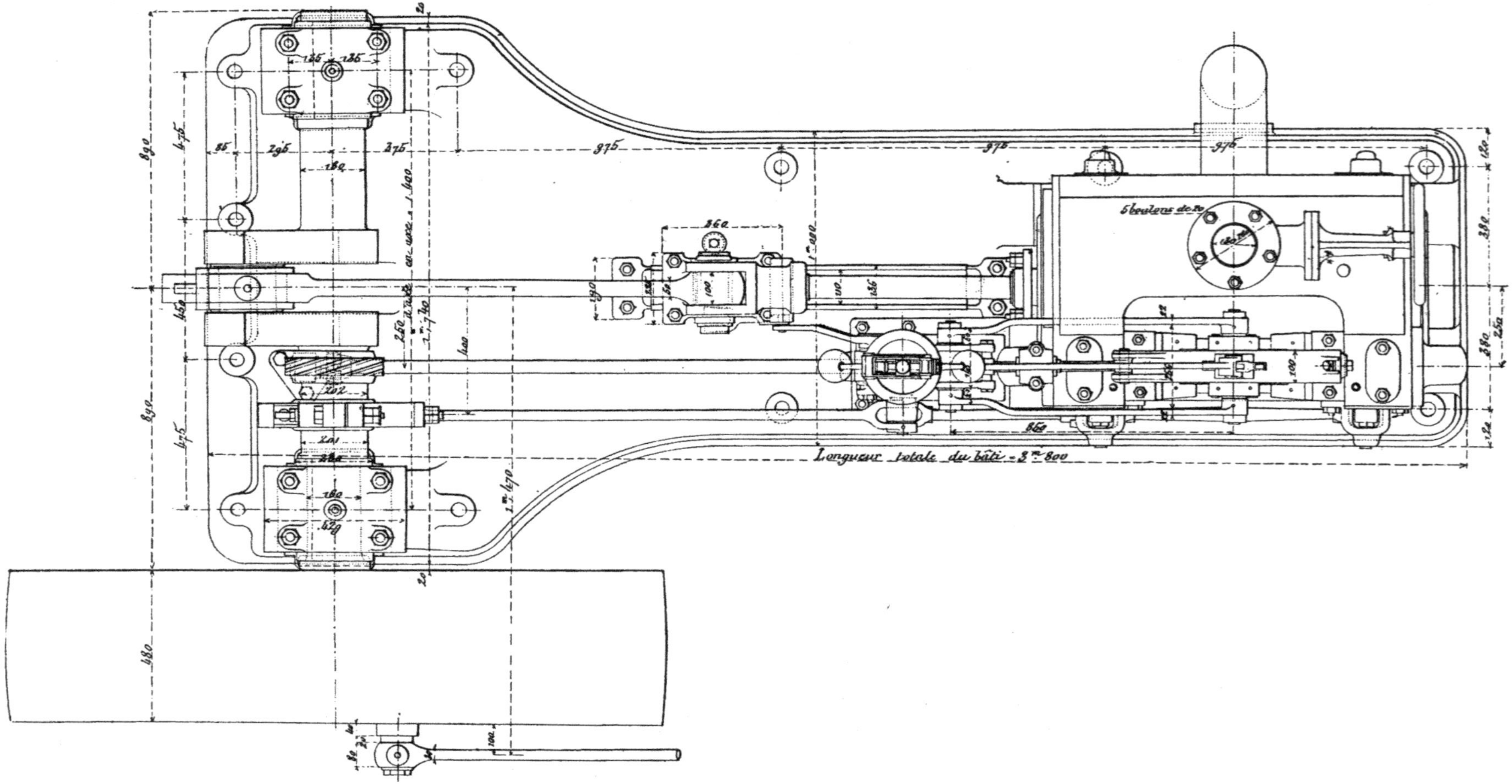

Fig. 370. – Machine à distribution Bonnefond ; plan.

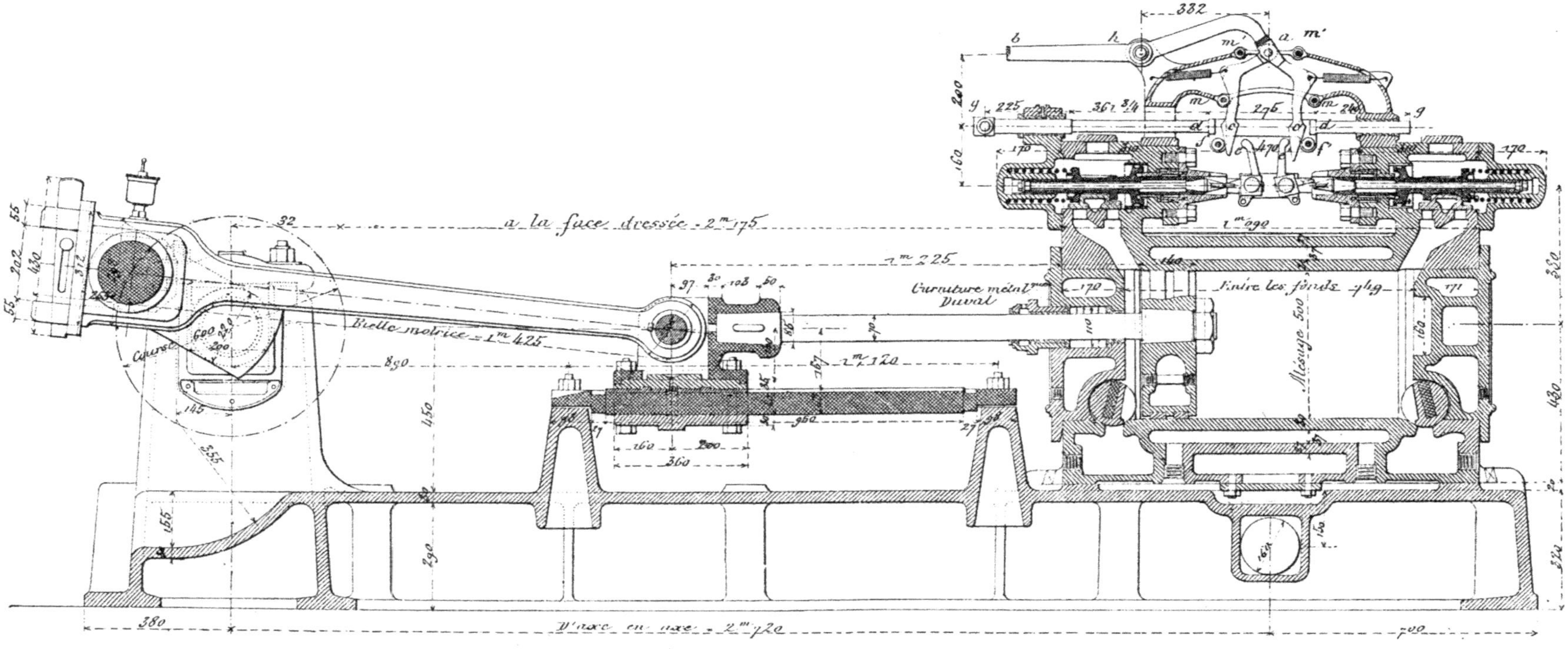

Fig. 371. – Machine à distribution Bonnefond ; coupe longitudinale.

À ce point de vue, les mécanismes qui, pour commander le déclenchement, utilisent le mouvement de la barre d'excentrique perpendiculaire à l'axe de la machine, ont un avantage évident.

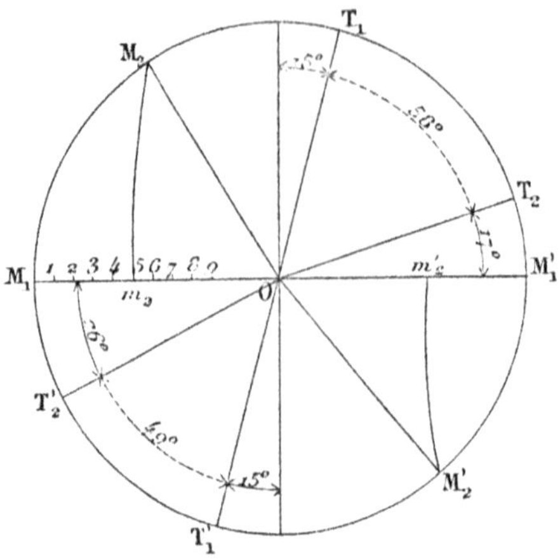

Fig. 372. — Variation de l'admission dans la machine Corliss.

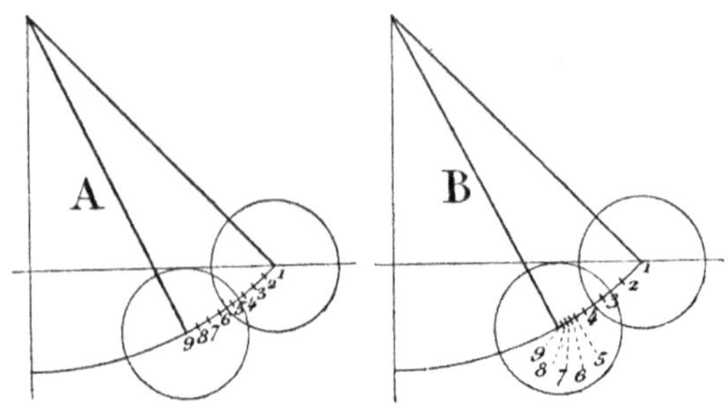

Fig. 373. — Positions diverses du régulateur pour les admissions variées.

Après l'examen général des services que peut rendre un mécanisme de distribution, on se rendra compte en détail du fonctionnement, qui doit se faire avec précision et sans chocs ; c'est par la bonne disposition des pièces et par une exécution soignée qu'on obtient une marche régulière et sans avaries.

Les machines Corliss se prêtent bien à l'exécution par séries de pièces interchangeables : toutes les parties, souvent assez petites, qui constituent la distribution, se construisent exactement et avec économie, lorsque leur fabrication est assez importante pour justifier la création d'outillages spéciaux.

61. Distributeurs oscillants et tournants.

Les anciennes machines Corliss ne font guère plus de 80 à 90 tours par minute ; avec des vitesses plus grandes, le fonctionnement des mécanismes à déclenchement est plus difficile, bien qu'ils aient été récemment appliqués à des moteurs faisant 150 tours et même davantage par minute ; en outre, la durée de la fermeture, restant constante, occupe une fraction de plus en plus grande de la course du piston. On a parfois conservé les distributeurs oscillants, mais en les commandant constamment par l'excentrique ; sur les machines représentées figures 374 à 379 et 380, deux excentriques séparés servent à l'admission et à l'échappement ; le calage du premier est variable avec la vitesse de rotation.

On remplace aussi quelquefois le tiroir à mouvement rectiligne alternatif par un tiroir oscillant (fig. 381) : la distribution reste, en principe, la même.

On obtient aussi l'effet du tiroir ordinaire au moyen d'une pièce animée d'une rotation continue (fig. 382 et 383), analogue à plusieurs tiroirs pareils qui se présentent successivement sur les lumières du cylindre : la rotation de cette pièce peut être plus lente que celle de l'arbre moteur.

Le tiroir Brotherhood (fig. 383) dessert trois cylindres à simple effet ; il est calé directement sur l'arbre moteur.

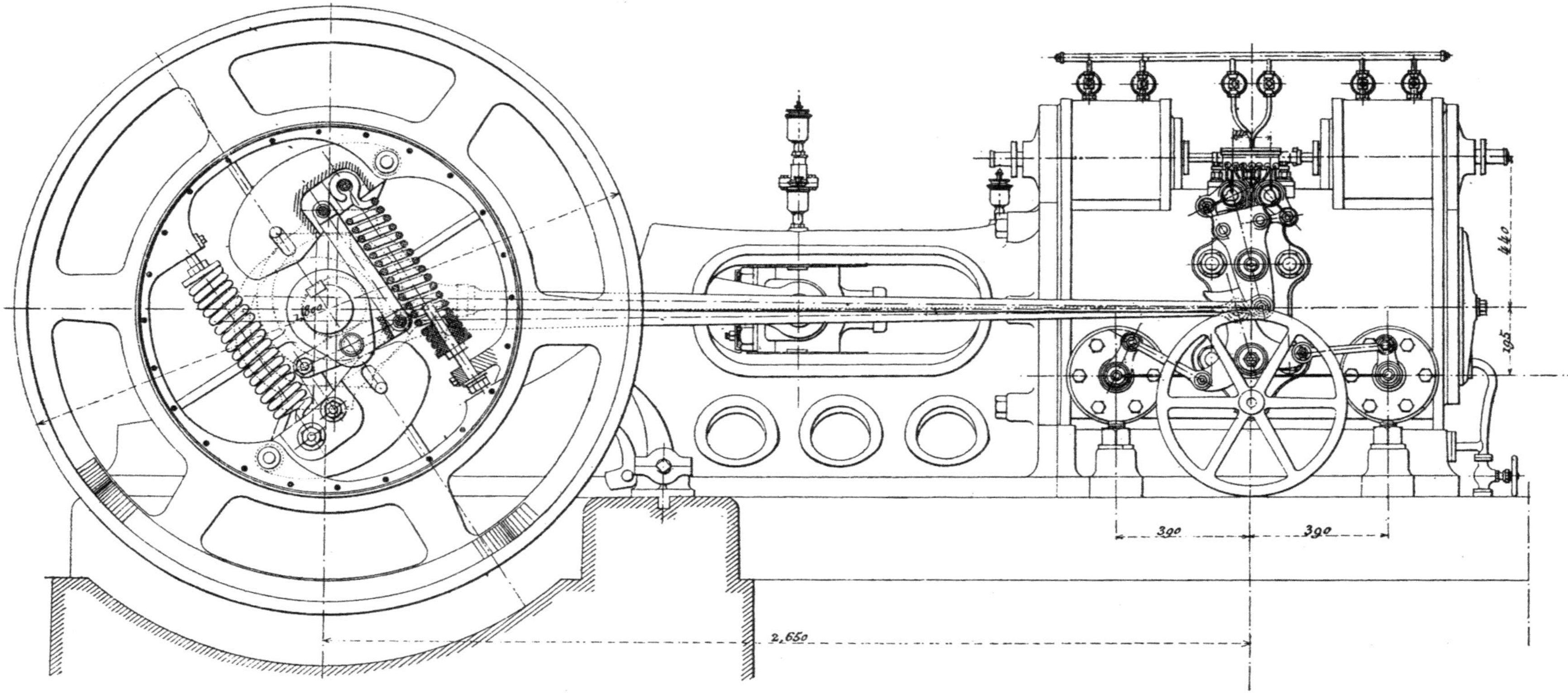

Fig. 374.— Machine rapide sans déclic, à tiroirs cylindriques pour l'admission et à obturateurs oscillants Corliss pour l'échappement, construite au Creusot en 1893 (exposition de Chicago) ; — nombre de tours par minute, 150 à 200 ; le calage de l'excentrique qui commande l'admission varie par l'action du régulateur ; un second excentrique à calage fixe commande l'échappement (voir les fig. 375 à 379).

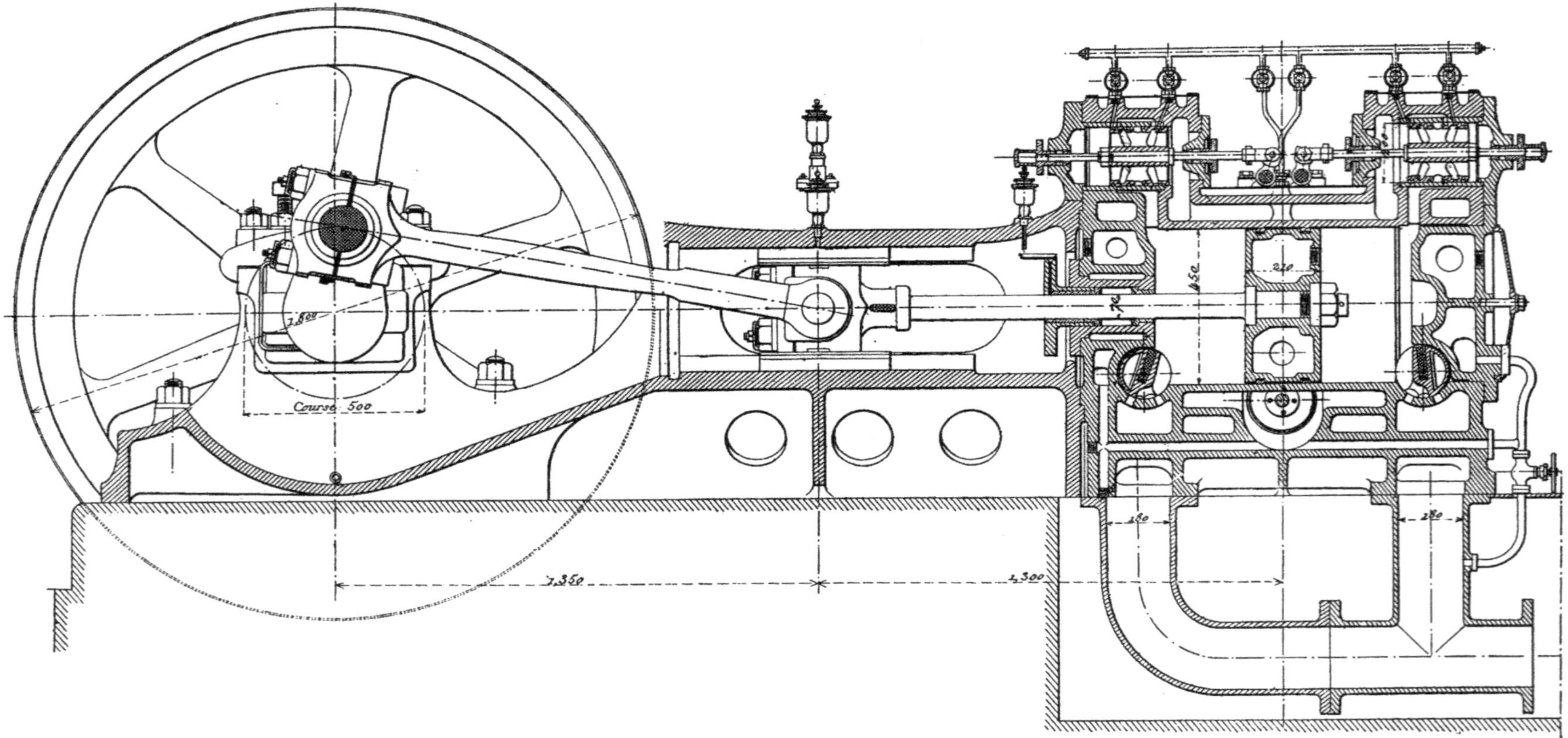

Fig. 375. – Machine rapide du Creusot ; coupe longitudinale.

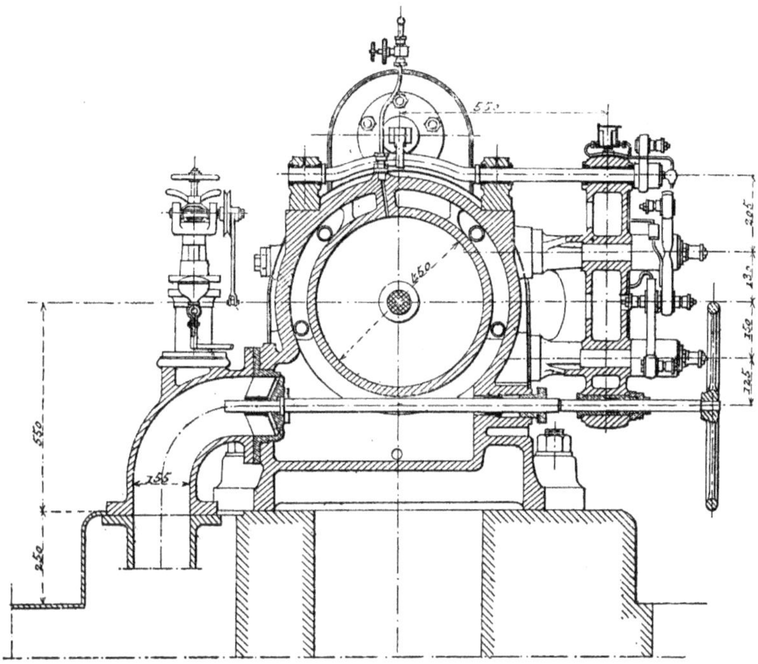

Fig. 376. – Machine rapide du Creusot ; coupe transversale par le milieu du cylindre.

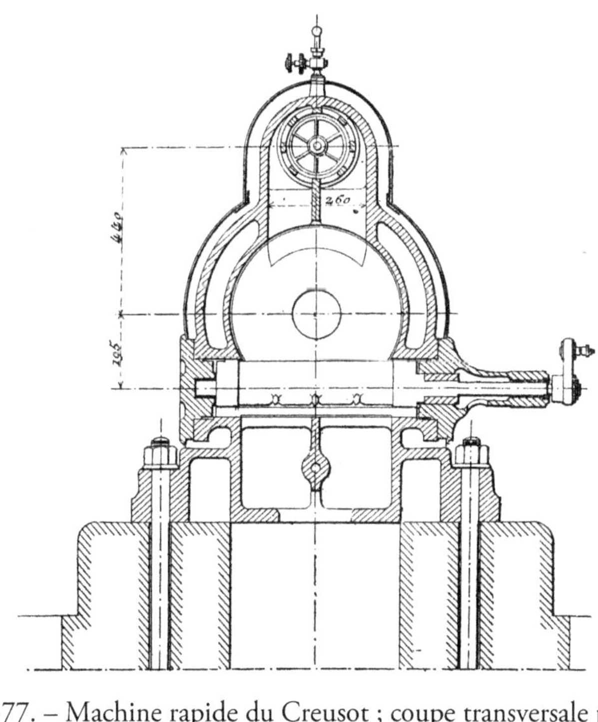

Fig. 377. – Machine rapide du Creusot ; coupe transversale par l'axe d'un obturateur d'échappement.

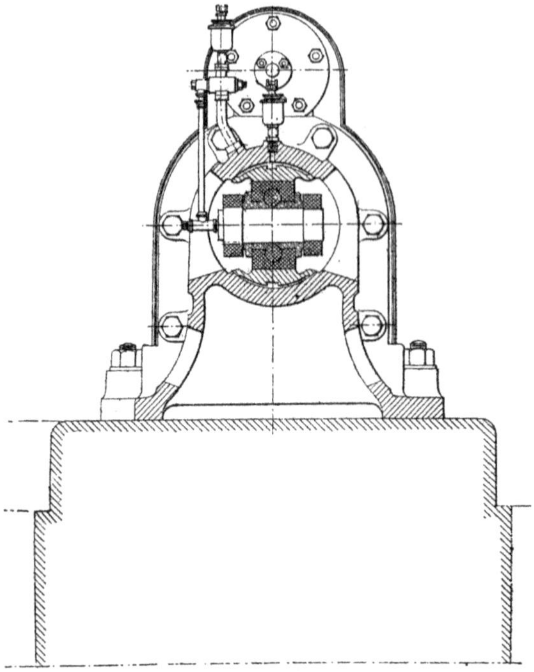

Fig. 378. – Machine rapide du Creusot ; coupe transversale par le tourillon de la petite tête de bielle.

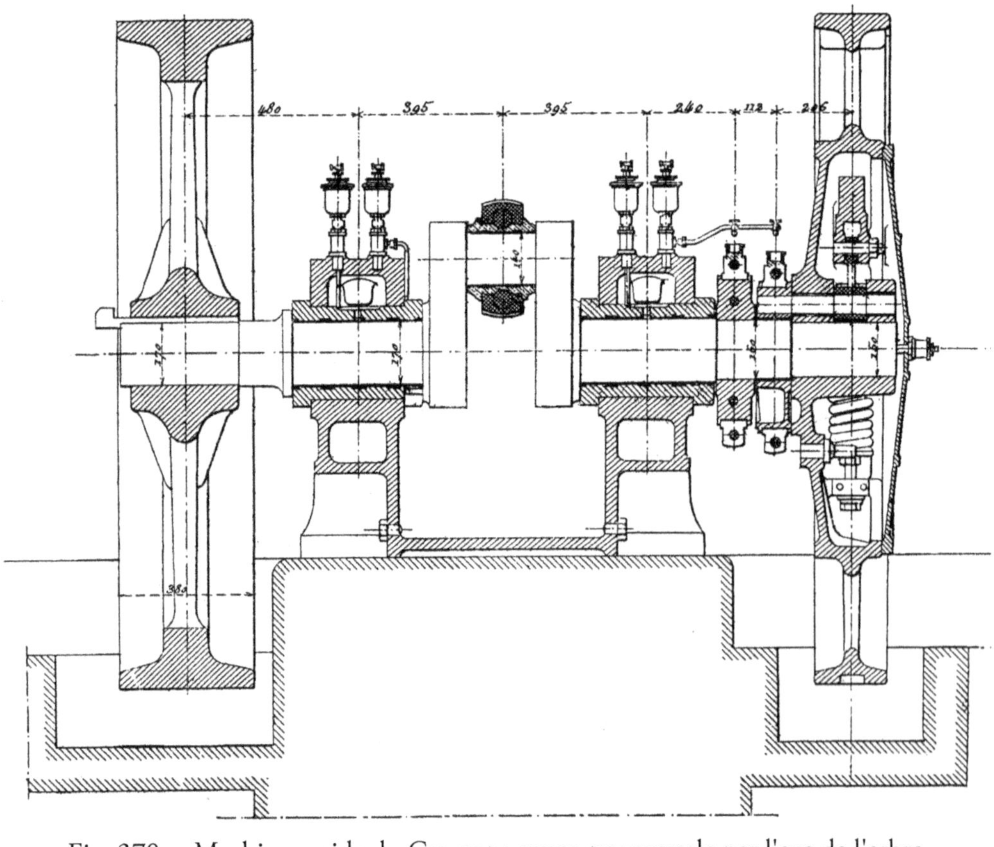

Fig. 379. – Machine rapide du Creusot ; coupe transversale par l'axe de l'arbre.

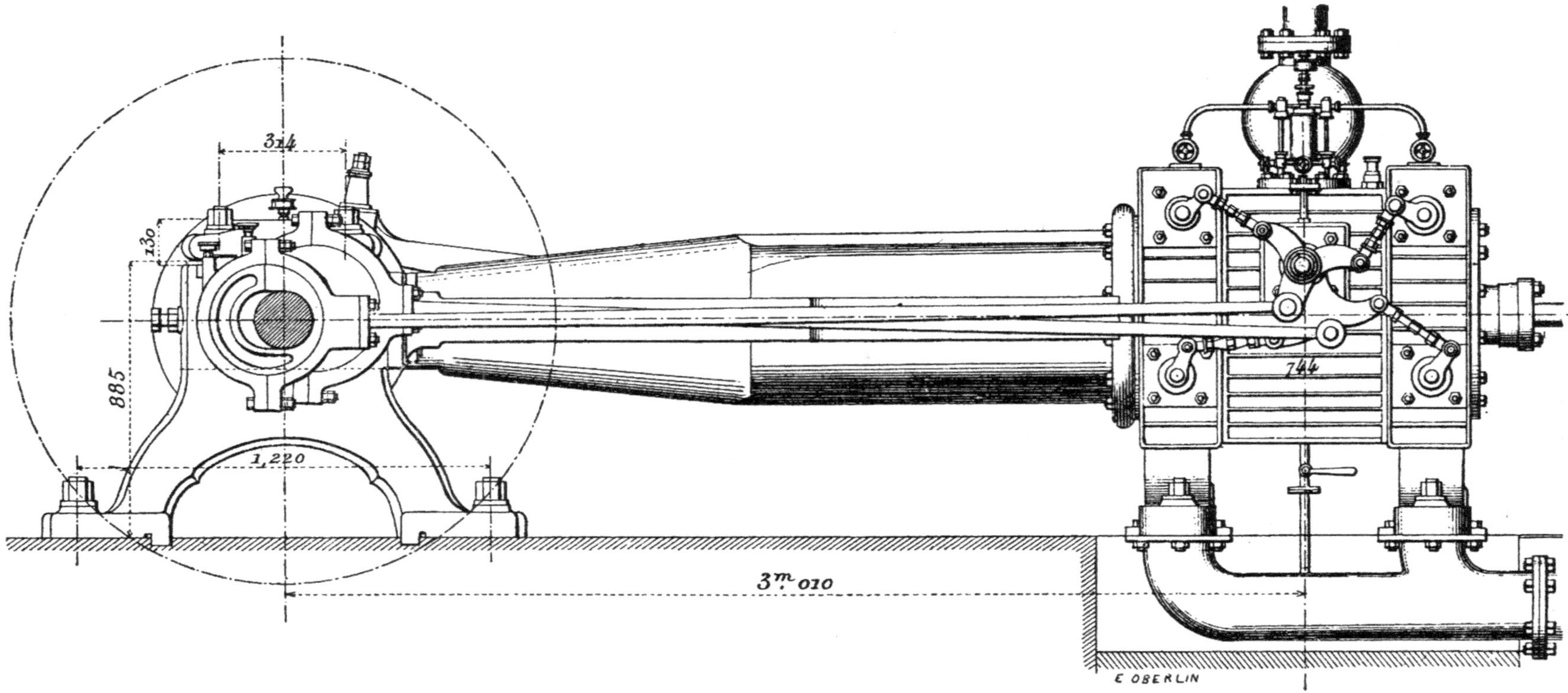

Fig. 380. — Machine rapide à quatre distributeurs, sans déclenchement, construite par E. Garnier en 1889 ; nombre de tours par minute, 180 ; régulateur de Porter, non représente sur la figure, agissant sur une soupape placée à l'arrivée de vapeur ; excentrique à calage variable commandant les distributeurs d'admission ; excentrique à calage fixe pour les distributeurs d'échappement.

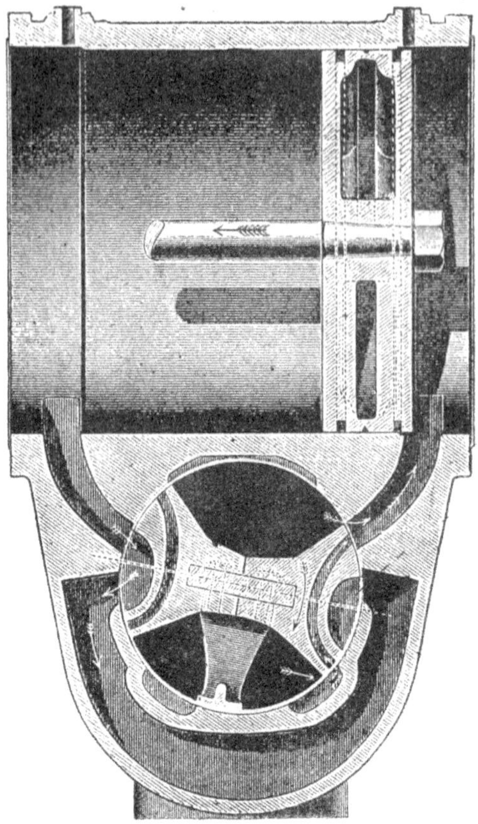

Fig. 381. – Tiroir oscillant de la machine Ball et Wood (exposition de Chicago en 1893 ; d'après G. Richard). Cette machine est représentée par la figure 31 page 34.

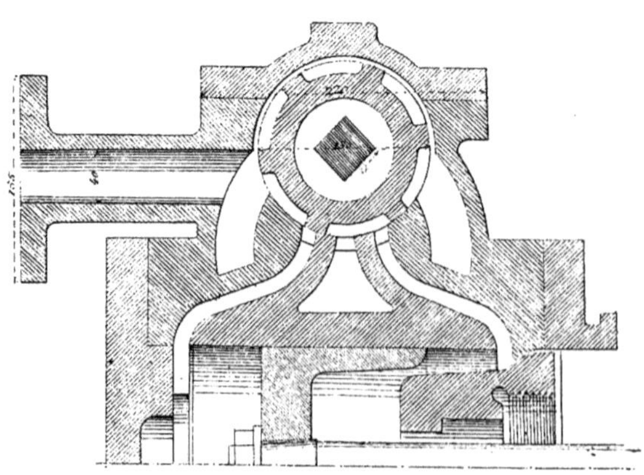

Fig. 382. – Tiroir rotatif Meyer.

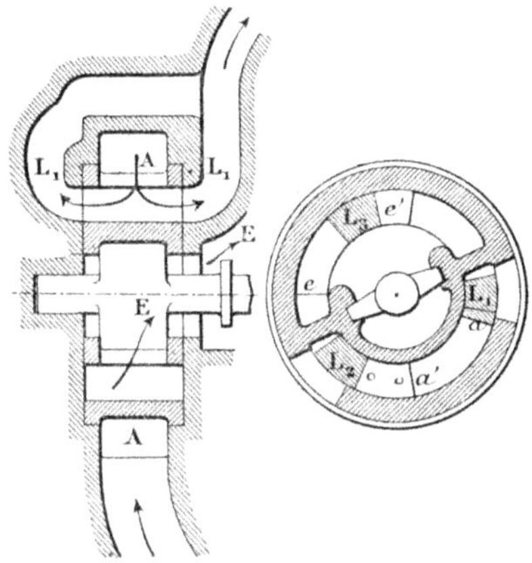

Fig. 383. — Tiroir à rotation continue de la machine à trois cylindres, fonctionnant à simple effet, de Brotherhood. Les petits trous percés dans les recouvrements assurent le démarrage en toute position.

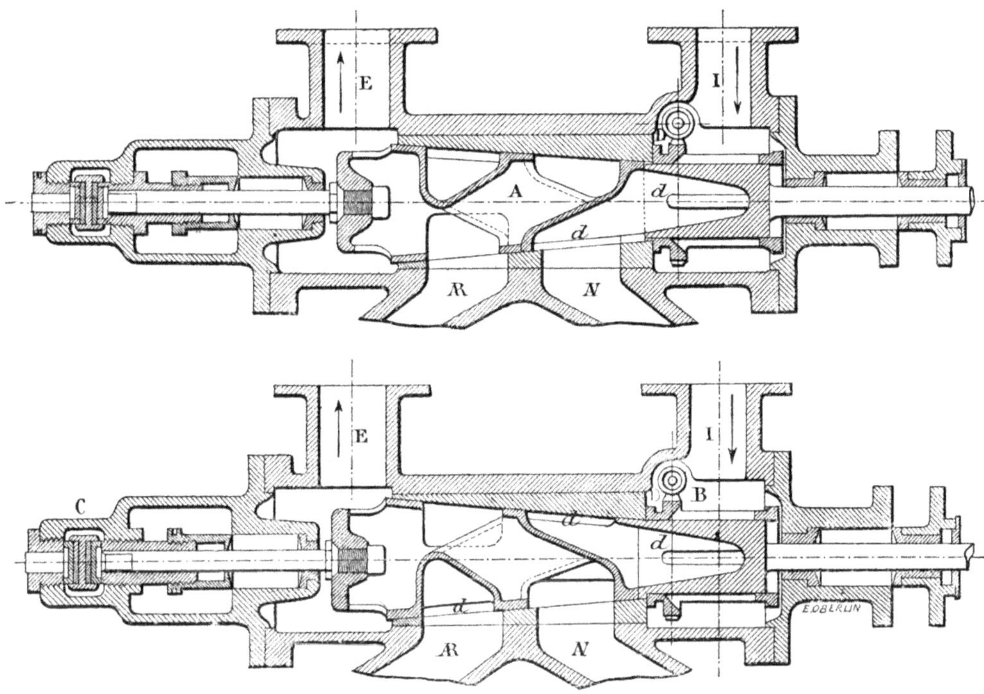

Fig. 384. — Distributeur rotatif d'une machine Biétrix à un cylindre : 1° admission dans la lumière AV ; 2° admission dans la lumière AR.

Dans la machine Biétrix (fig. 384 à 386), un véritable robinet, dont la clef conique est animée d'une rotation continue, distribue la vapeur. Les figures 384 et 386 représentent ce distributeur pour une machine à un cylindre et pour une machine de Woolf avec cylindres en tandem. La vapeur, amenée par la tubulure I, pénètre dans la cavité *ddd* de la clef (fig. 384), qui la distribue dans la lumière avant (AV) ou arrière (AR); l'échappement se fait par la cavité A et la tubulure E. Dans la machine de Woolf (fig. 385 et 386), la vapeur est amenée, en *dd*, à la lumière arrière (*ar*) du petit cylindre ; elle est transvasée de la lumière avant (*av*) du petit

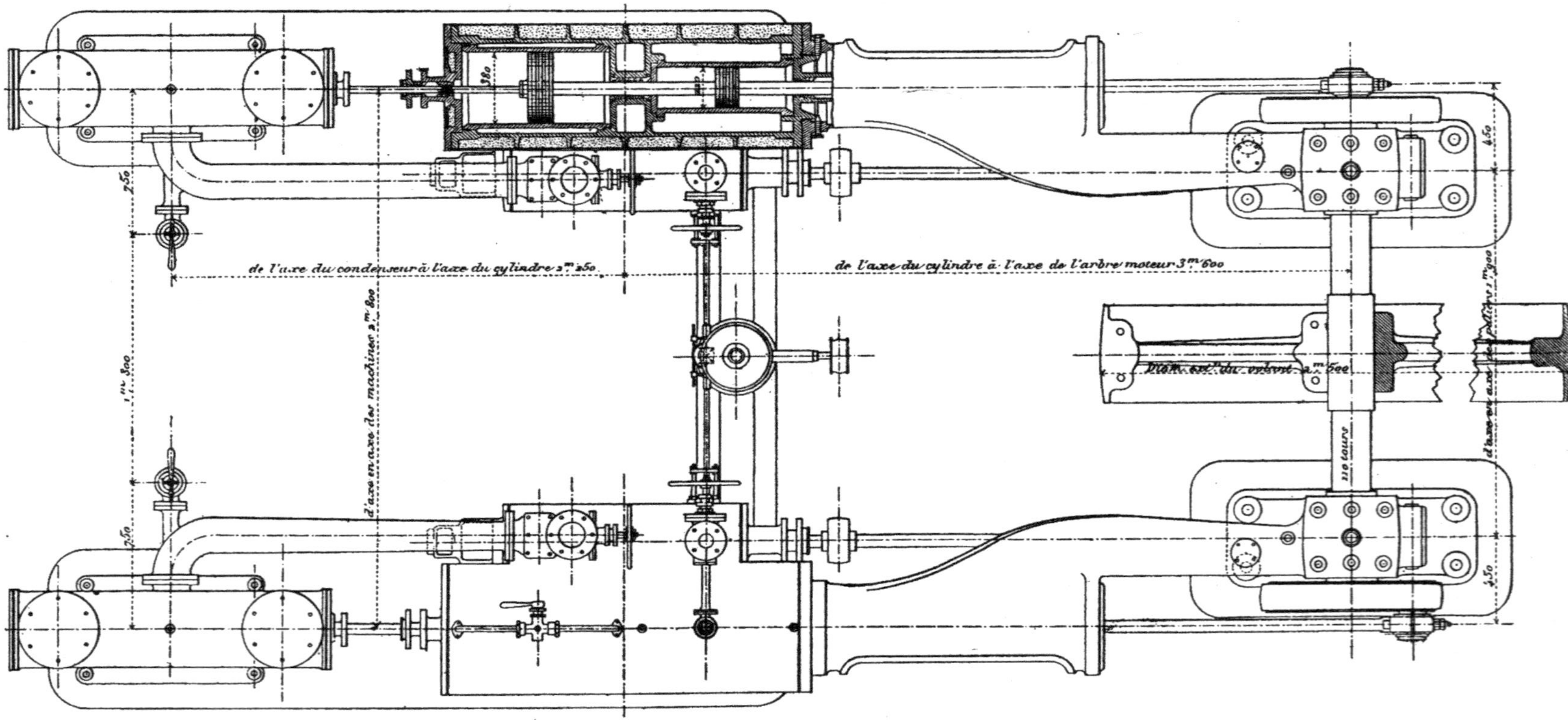

Fig. 385. – Machine Biétrix, avec détente de Woolf et deux groupes de cylindres en tandem ; chacun des deux groupes moteurs est muni d'un condensateur.

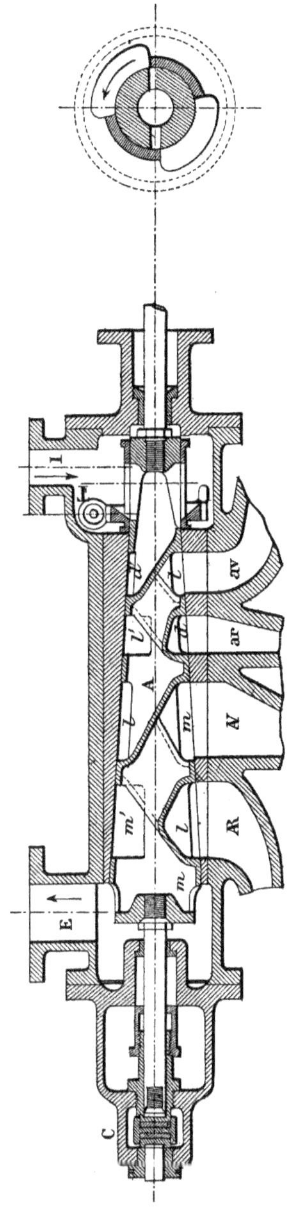

Fig. 386. – Distributeur rotatif pour machine Woolf à cylindres en tandem, du système Biétrix ;
coupe longitudinale et coupe transversale par TU.

cylindre à la lumière arrière (AR) du grand, par la cavité *lll* ; enfin elle s'échappe de la lumière avant (AV) par *mm*. Ces communications sont supprimées et interverties par la rotation de la clef. En outre, une bague entourant la clef près de l'arrivée de vapeur I, peut se déplacer, en tournant autour de son axe, de manière à faire varier le degré d'admission au premier cylindre. Un distributeur unique du même genre peut même distribuer la vapeur dans deux groupes Woolf en tandem, placés parallèlement.

Avec ces mécanismes, le réglage de la clef dans le boisseau est délicat : il faut éviter les fuites sans avoir un frottement trop dur.

62. Distributions à soupapes.

Les soupapes sont parfois employées pour distribuer la vapeur dans les machines. Le double siège (fig. 387 et 388) équilibre en grande partie la charge sur la soupape ; la pression, qui résulte de la différence du diamètre des deux sièges, est utile pour assurer la portée.

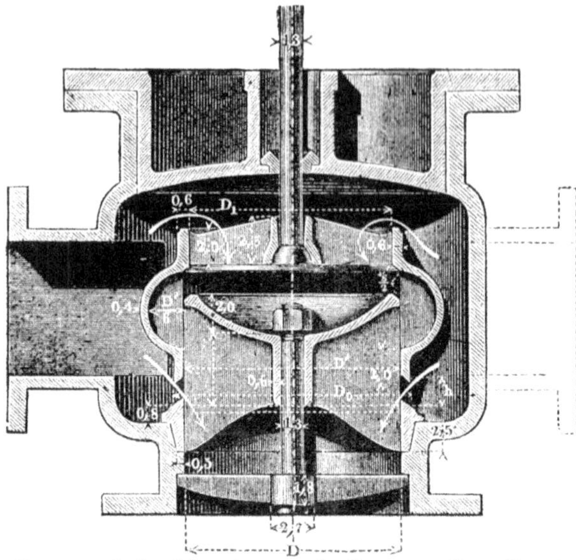

Fig. 387. – Soupape à double siège ou de Cornouailles, d'après Reuleaux.

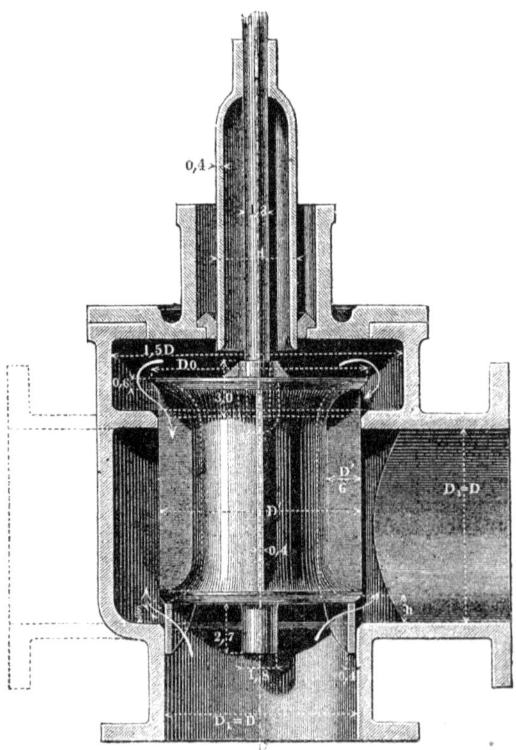

Fig. 388. – Soupape à double siège, autre forme, d'après Reuleaux : la tige est grossie de manière à réduire la pression qui s'oppose au soulèvement de la soupape.

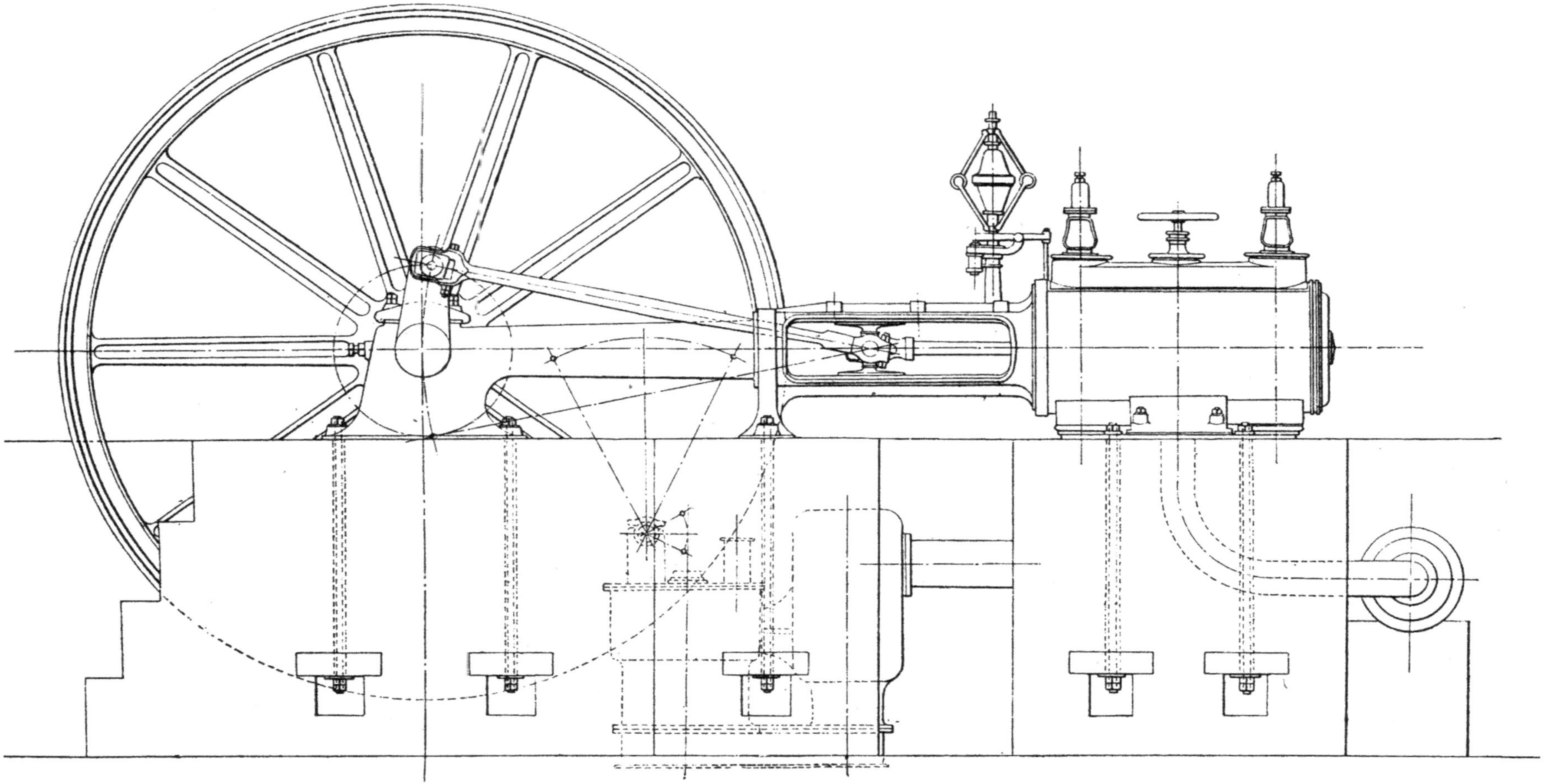

Fig. 389. – Machine compound, avec distribution à soupapes Sulzer, construite par Carels.
Cylindres de 525 à 825 mm sur 1^{m}200 ; 60 à 70 tours par minute.

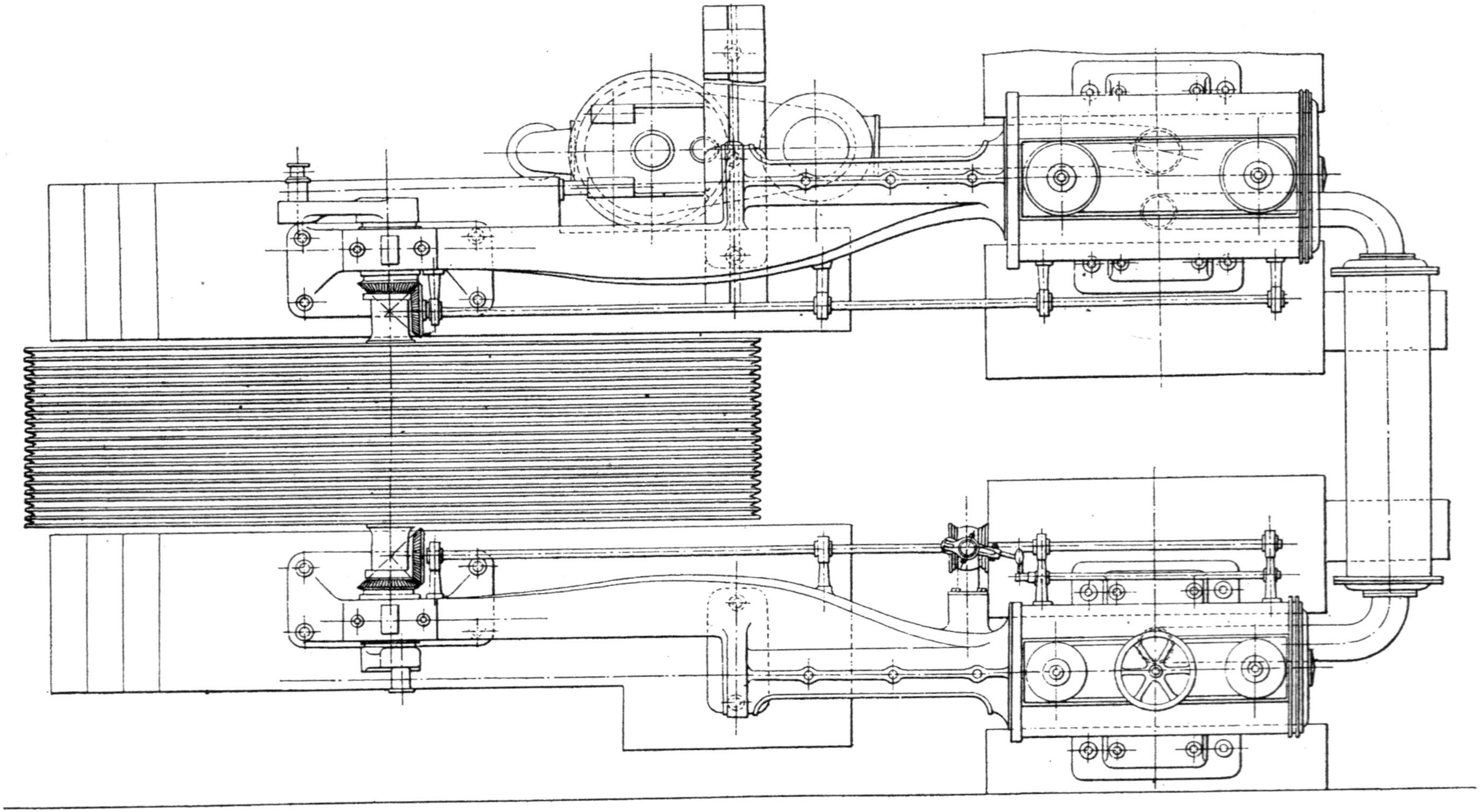

Fig. 390. – Machine compound, avec distribution à soupapes Sulzer ; plan.

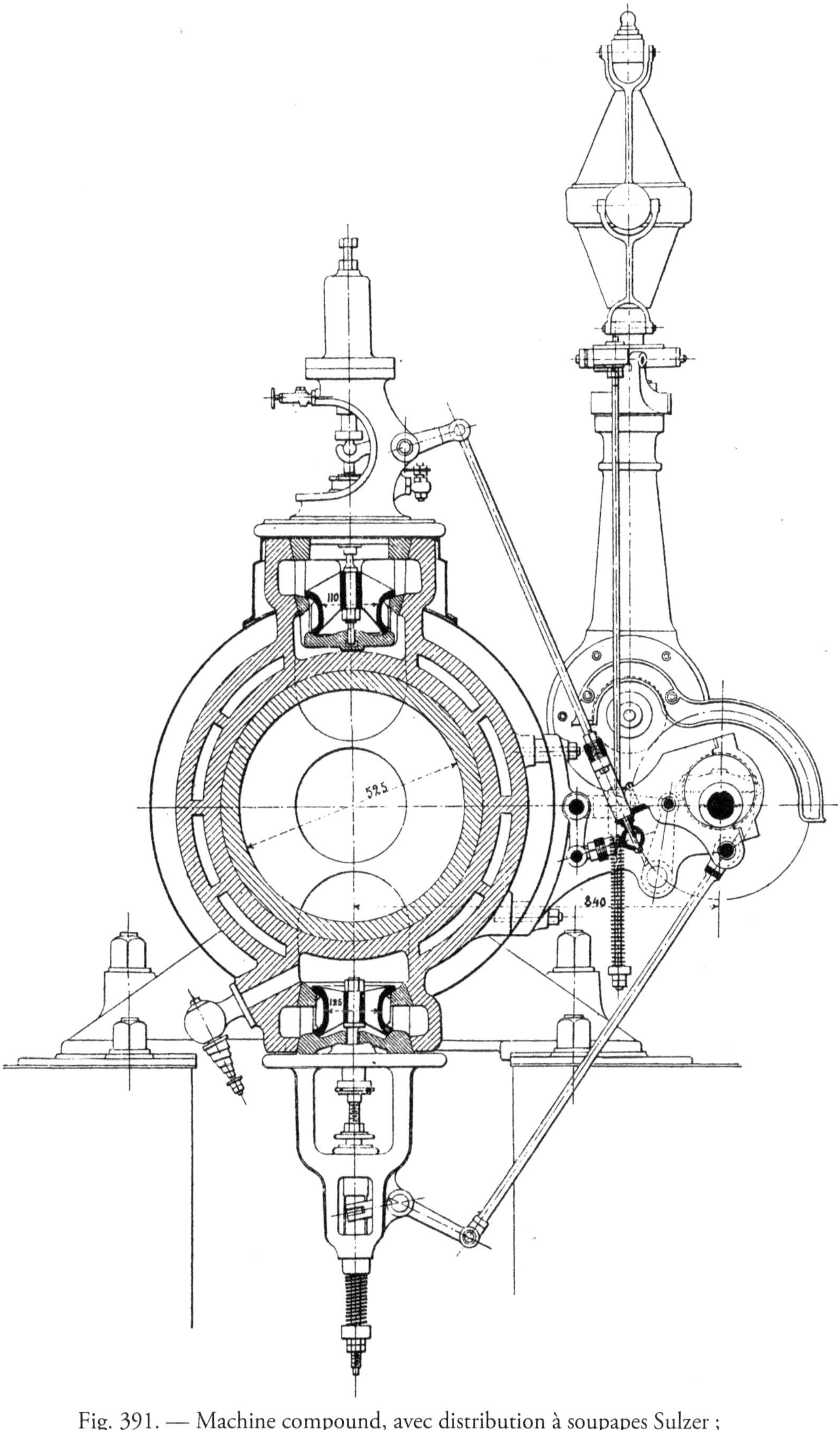

Fig. 391. — Machine compound, avec distribution à soupapes Sulzer ;
coupe transversale par le petit cylindre.

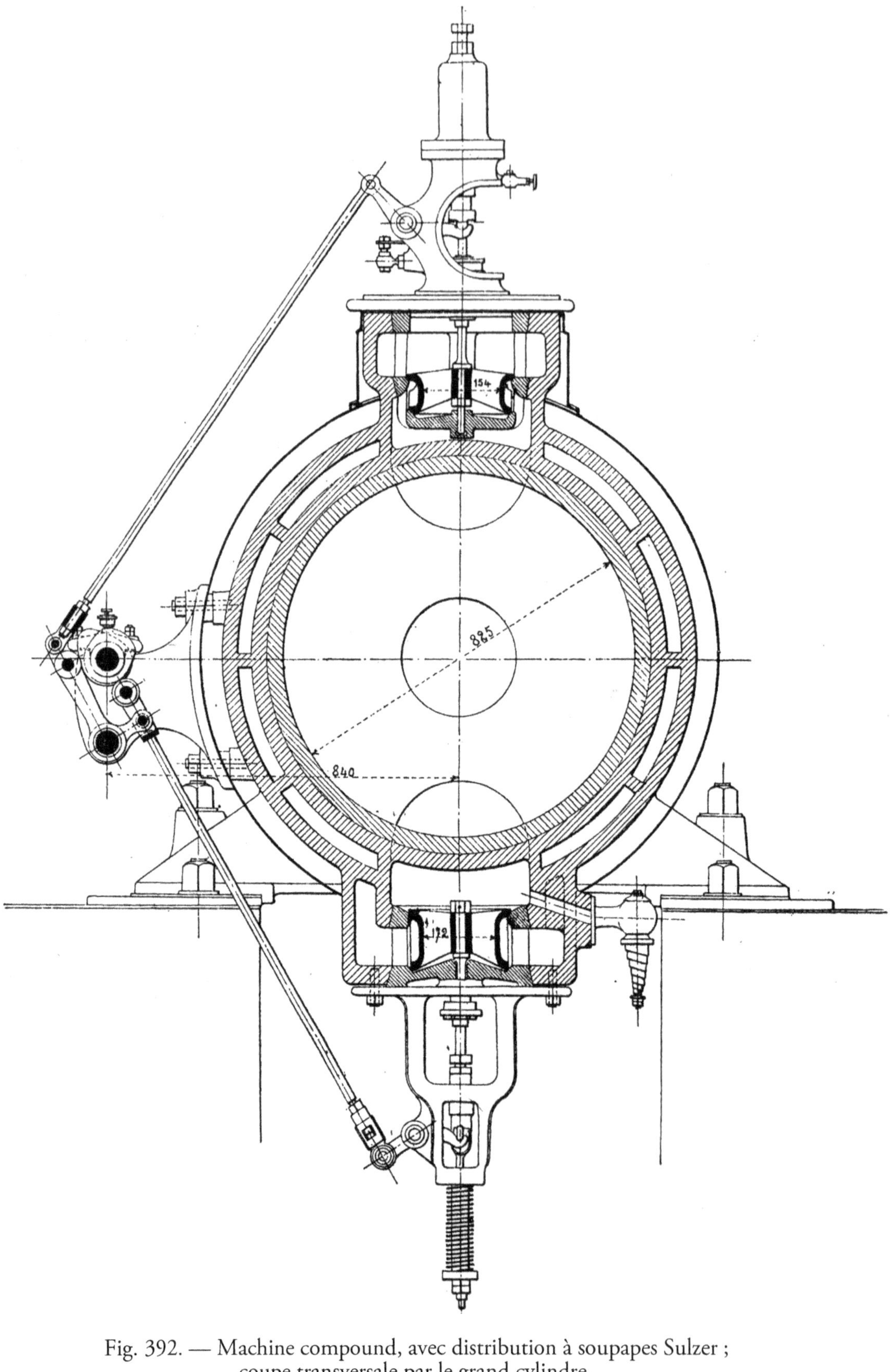

Fig. 392. — Machine compound, avec distribution à soupapes Sulzer ;
coupe transversale par le grand cylindre.

On peut cependant donner le même diamètre aux deux sièges en composant la soupape de deux parties assemblées par des boulons ; le plan de jonction est normal à l'axe. Le mécanisme de manoeuvre doit fermer la soupape sans choc violent contre les sièges : cette condition paraît assez difficile à concilier avec une interruption brusque de l'admission. En munissant la soupape d'ailettes inclinées, la vapeur la fait tourner, ce qui évite des usures locales. Certaines soupapes en fonte, sur des sièges de même métal, ont fait de très longs services, sans usure notable. C'est un organe mécanique qui doit être exécuté avec une grande précision. Quand la construction en est bien soignée, pourvu que la vitesse ne soit pas trop grande, la soupape donne une bonne distribution, avec des fermetures étanches, en dépensant peu de travail en frottements.

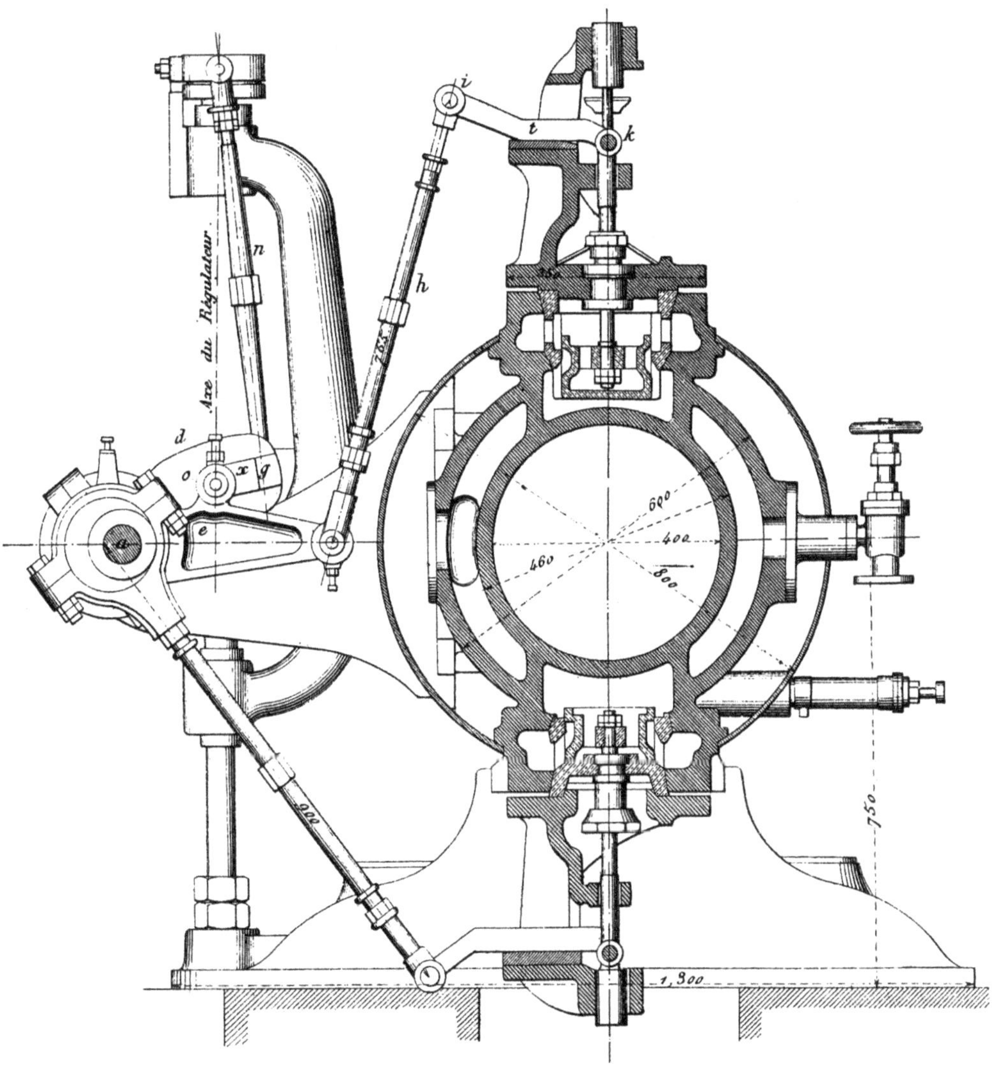

Fig. 393. — Distribution Hartung, sur le petit cylindre d'une machine compound construite en 1888. La soupape d'admission a une durée d'ouverture variable, suivant l'orientation de la coulisse *g*, qui guide le coulisseau *x* fixé à la barre d'excentrique. Cette coulisse est orientée par l'arbre *o*, commandé par le régulateur. Les soupapes d'échappement sont placées à la partie inférieure du cylindre.

Chaque extrémité du cylindre porte une soupape d'admission et une soupape d'échappement, celle-ci de préférence à la partie inférieure quand la machine est horizontale.

L'ouverture et la fermeture des soupapes d'échappement et l'ouverture des soupapes d'admission ont lieu quand le piston passe par les mêmes positions ; c'est l'instant de la fermeture des soupapes d'admission qui seul varie, dans les machines à détente variable.

Dans les machines Sulzer (fig. 389 à 392), les quatre soupapes sont commandées par un arbre auxiliaire parallèle à l'axe du cylindre. Un mécanisme à déclic, avec butée variable par l'action d'un régulateur, laisse échapper la soupape d'admission quand le piston a parcouru une fraction de sa course comprise entre 1 et 9 dixièmes. La soupape est fermée par un ressort, et un *dash pot* amortit le choc sur les sièges.

Le déclic n'existe pas dans la distribution Hartung (fig. 393), mais l'admission varie par l'action du régulateur.

Le mécanisme Audemar comporte aussi un arbre auxiliaire parallèle à l'axe du cylindre, tournant à la même vitesse que l'arbre moteur, qui le commande par roues d'angle. Cet arbre porte des cames qui manœuvrent les tiges des soupapes, en agissant sur des boutons sphériques.

Chaque came (fig. 394) présente deux parties circulaires de rayon différent, raccordées par une courbe à inflexion. Une soupape est ainsi soulevée pendant

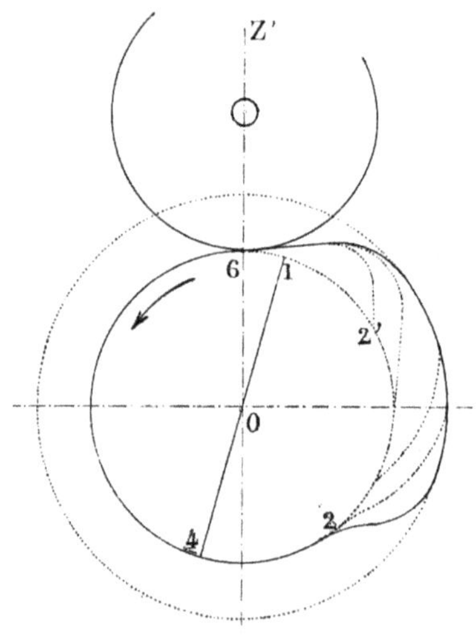

Fig. 394. — Cames pour soupape d'admission de la distribution Audemar.

que l'arbre tourne de l'angle 6-0-2. Qu'on imagine, pour l'admission, une série de cames voisines présentant des angles 6-0-2 ayant tous un côté 0-6 commun, mais un côté 0-2 variable ; en substituant ces cames l'une à l'autre, on aura des périodes d'admission variables. Or la substitution des cames est aisée : en les plaçant l'une à côté de l'autre, on forme un manchon à profil continu qu'il suffit de faire glisser sur l'arbre.

On peut aller plus loin encore : en réduisant l'angle 6-0-2, on arrive à un point mort où il est nul : au-delà, on peut reproduire un tracé symétrique, correspondant à la marche en sens contraire. Les manchons qui commandent les deux soupapes d'échappement se déplacent avec les deux autres : ils ne présentent de changement de profil que de part et d'autre du point mort (fig. 395).

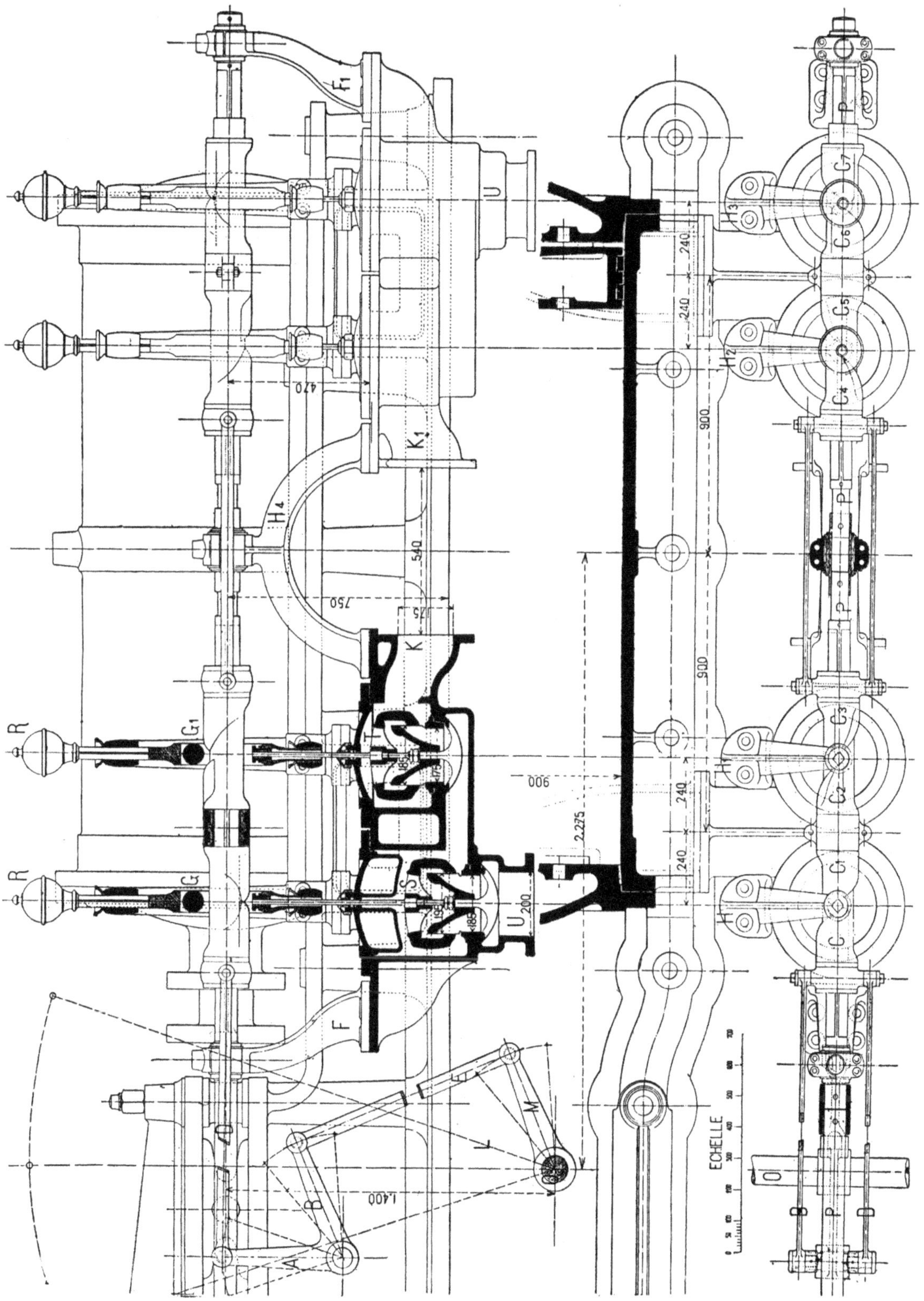

Fig. 395. – Machine avec distribution Audemar, à soupapes, d'après Coste et Maniquet.

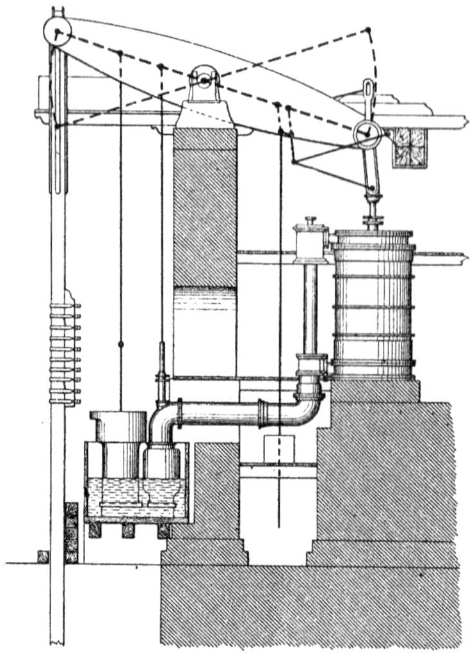

Fig. 396. — Machine de Cornouailles, pour l'épuisement des mines.

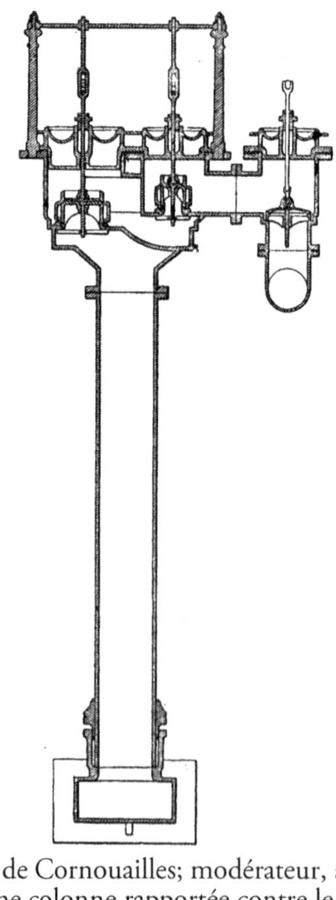

Fig. 397. — Machine de Cornouailles; modérateur, soupape d'admission, soupape d'équilibre, sur une colonne rapportée contre le cylindre ; coupe parallèle à l'axe du cylindre (d'après Bourne).

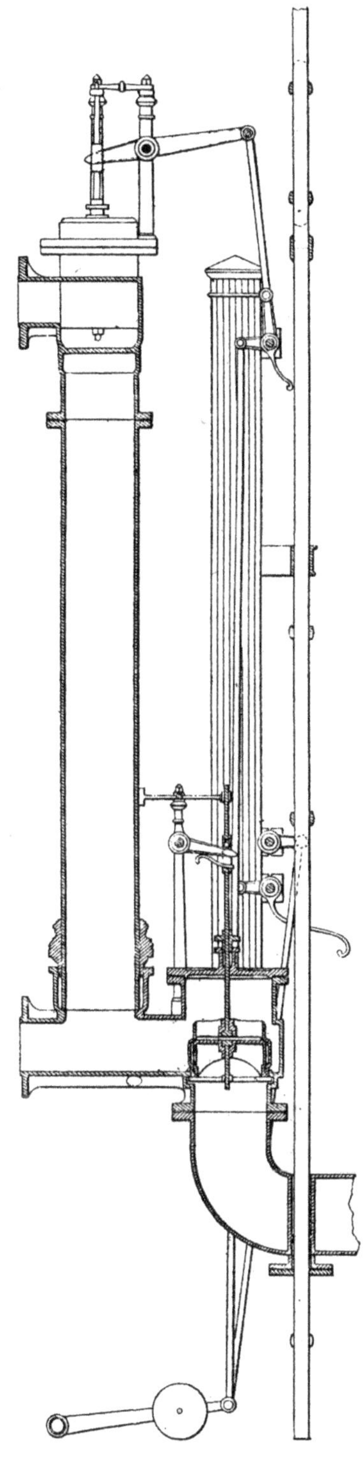

Fig. 398. — Machine de Cornouailles; coupe par l'axe du cylindre, passant par la soupape d'échappement.

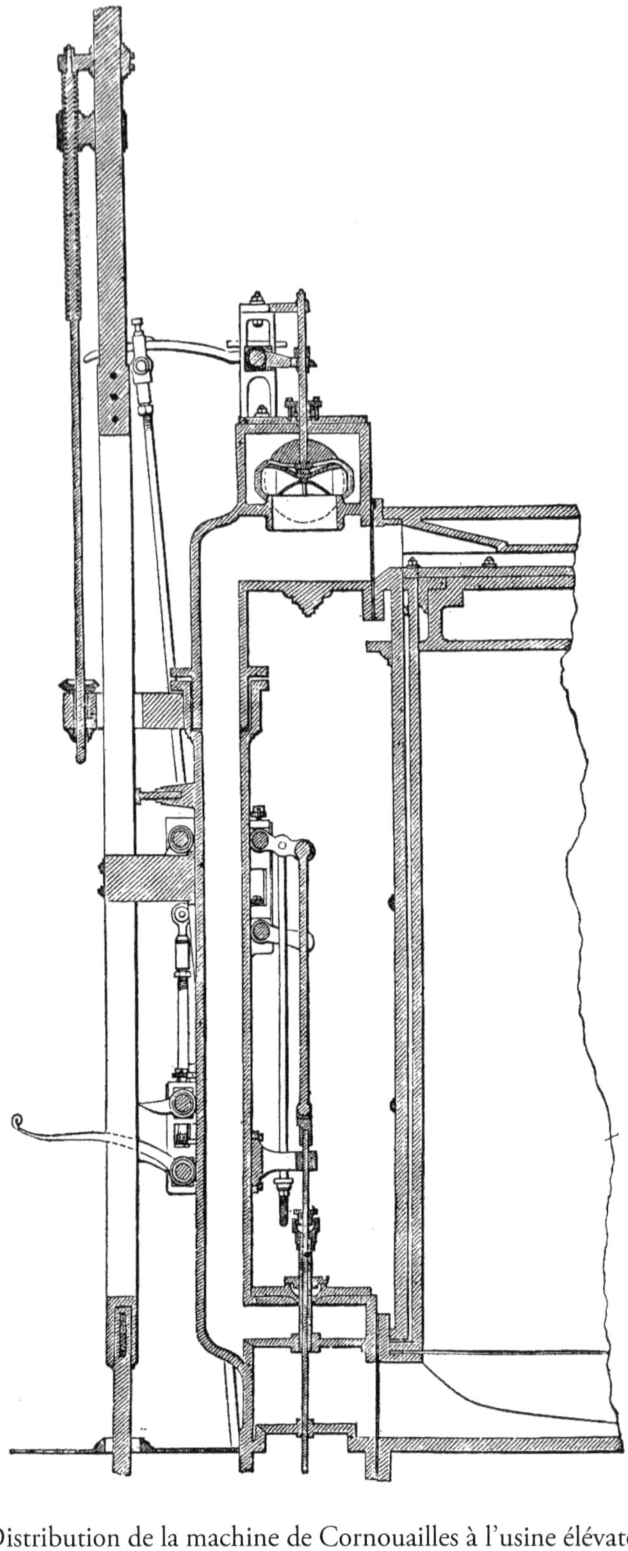

Fig. 399. — Distribution de la machine de Cornouailles à l'usine élévatoire de Chelsea, d'après Bourne ; les soupapes simples d'équilibre et d'échappement sont manœuvrées par des tiges concentriques. (Le texte de Bourne décrit autrement les soupapes, mais le dessin semble bien indiquer deux soupapes concentriques.)

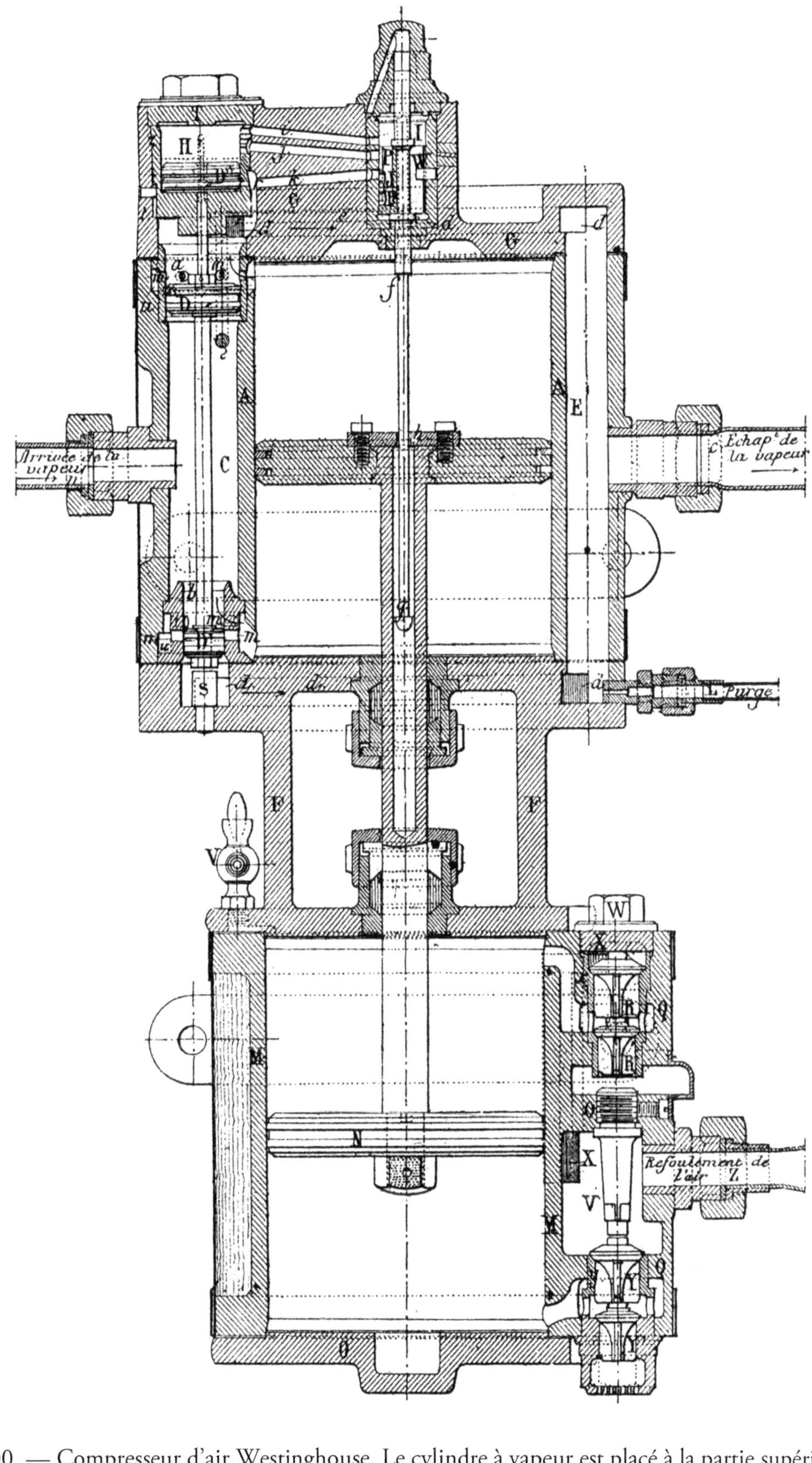

Fig. 400. — Compresseur d'air Westinghouse. Le cylindre à vapeur est placé à la partie supérieure ; vers ses fonds de course, le piston déplace un petit tiroir auxiliaire qui distribue la vapeur au piston D», commandant le tiroir cylindrique DD'.

L'emploi de soupapes pour la distribution de vapeur est fort ancien ; elles existaient dans la curieuse machine de Cornouailles, employée à l'élévation de l'eau (fig. 396). Le piston de cette machine, à simple effet, est attelé à une extrémité d'un balancier, qui porte à l'autre une maîtresse tige, en partie équilibrée par des contre-poids.

Pendant la descente du piston, la vapeur agit d'abord par pleine pression, puis par détente ; le travail moteur est, par suite, décroissant, tandis que le travail résistant, qui correspond à l'élévation de la portion non équilibrée de la maîtresse-tige, est constant.

Les masses en mouvement emmagasinent au début de la course, à l'état de force vive, l'excès de travail moteur, pour le restituer à la fin de la course. Pendant la descente de la maîtresse-tige, qui refoule l'eau dans les tuyaux des pompes, le piston moteur remonte et n'a aucun travail à faire : vers la fin de sa course ascendante seulement, quand le système doit s'arrêter, il en absorbe la force vive par la compression de la vapeur.

Trois soupapes effectuent la distribution (fig. 397, 398, 399) : une *soupape d'admission* au-dessus du piston ; une *soupape d'équilibre*, qui fait communiquer les deux faces du piston ; une *soupape d'échappement*, qui met le bas du cylindre en relation avec le condenseur.

Le piston étant en haut de sa course et la machine arrêtée, toutes les soupapes sont fermées ; celles d'échappement et d'admission s'ouvrent, et le piston se met en marche.

Quand il a parcouru une fraction de sa course, la soupape d'admission se ferme et la détente commence. Lorsque le piston arrive vers le bas de sa course, la soupape d'échappement se ferme, puis celle d'équilibre s'ouvre ; le piston remonte sans produire de travail. Quand il approche du fond de course supérieur, la soupape d'équilibre se ferme et la vapeur est comprimée pendant le reste du parcours. Après un arrêt plus ou moins long, la machine repart de même.

Les soupapes sont manœuvrées par des leviers reliés à leurs tiges ; ces leviers sont poussés par des taquets d'un jeu de fer ou système de tiges qui suivent le mouvement de la tige du piston.

On imagine aisément que les soupapes d'admission et d'échappement puissent être fermées, que la soupape d'équilibre puisse être ouverte et fermée aux instants indiqués, par suite du mouvement de la machine. Mais comment les soupapes d'échappement et d'admission s'ouvrent-elles, puisque la machine est arrêtée au moment où cette ouverture doit se produire ? Elles sont entraînées par des contre-poids, qui tombent dès qu'un déclic les laisse échapper. Ce déclic est commandé par une cataracte, c'est-à-dire par un petit piston qui se meut dans un cylindre plein d'huile et muni d'un robinet : le robinet étant plus ou moins ouvert, le piston descend plus ou moins vite.

Une fois la machine en marche, elle relève les contre-poids et le piston de la cataracte ; l'huile rentre dans le cylindre par une soupape. On emploie souvent une seconde cataracte pour produire l'ouverture de la soupape d'équilibre, assez difficile à bien régler quand c'est le piston qui la commande, parce que cette ouverture doit se faire quand le piston est à fond de course, position qui n'est pas rigoureusement déterminée comme dans une machine à rotation.

La figure 117 (p. 124) représente des diagrammes relevés sur une machine de Cornouailles.

63. Distributions à commande indirecte.

On emploie fréquemment, pour commander des pompes ou des compresseurs d'air, les machines à action directe, sans arbre tournant, où le piston à vapeur et le piston foulant sont montés sur une tige unique. La distribution diffère alors de toutes celles qui viennent d'être examinées (à l'exception de la machine de Cornouailles), qui empruntent leur mouvement à l'arbre animé d'une rotation continue. On fait encore usage du tiroir, qu'il s'agit de déplacer quand le piston arrive à ses fonds de course : la détente de la vapeur est en effet souvent sacrifiée dans ces appareils, où la résistance est à peu près constante pendant toute la course et qui n'ont pas de volant.

Dans quelques appareils (petits chevaux alimentaires) le tiroir est manoeuvré par un levier contre lequel bute la tige de piston à fond de course ; mais, avec cette disposition, les chocs ou l'arrêt de la machine sont à craindre, si la vitesse est insuffisante pour pousser le tiroir à bout de course et s'il reste arrêté dans sa position moyenne. Aussi préfère-t-on souvent commander le tiroir par un piston à vapeur auxiliaire : le piston principal distribue la vapeur dans le cylindre auxiliaire, en manoeuvrant un organe de petites dimensions; tel est le cas de certaines pompes et des compresseurs montés sur les locomotives pour actionner les freins à air comprimé (fig. 400).

La pompe Blake (fig. 401 et 402) comporte deux tiroirs superposés; le tiroir D, commandé par les pistons auxiliaires B, et le tiroir C, que déplace le piston principal, par le choc du manchon P contre les butées O et O".

La machine élévatoire de Worthington (fig. 403) se compose de deux groupes semblables réunis sur un bâti commun ; le piston d'un groupe commande le tiroir de l'autre d'un mouvement continu : lorsqu'un piston est au milieu de sa course,

Fig. 403. — Pompe simple Worthington, à deux cylindres ; chaque piston commande le tiroir du cylindre de l'autre piston.

l'autre piston est au fond de la sienne, et son tiroir, au milieu de sa course, est sur le point d'ouvrir l'admission.

Chaque lumière est divisée en deux conduits, servant l'un pour l'admission, l'autre pour l'échappement. Le conduit d'échappement débouche à une certaine distance du fond du cylindre, ce qui laisse une chambre où le piston comprime la vapeur : il est ainsi certainement arrêté, même en cas de retard dans la manoeuvre de son tiroir. Un obturateur oscillant se trouve sur le conduit d'admission ; il est relié à la tige du piston, qui le ferme en un certain point de sa course et le rouvre en

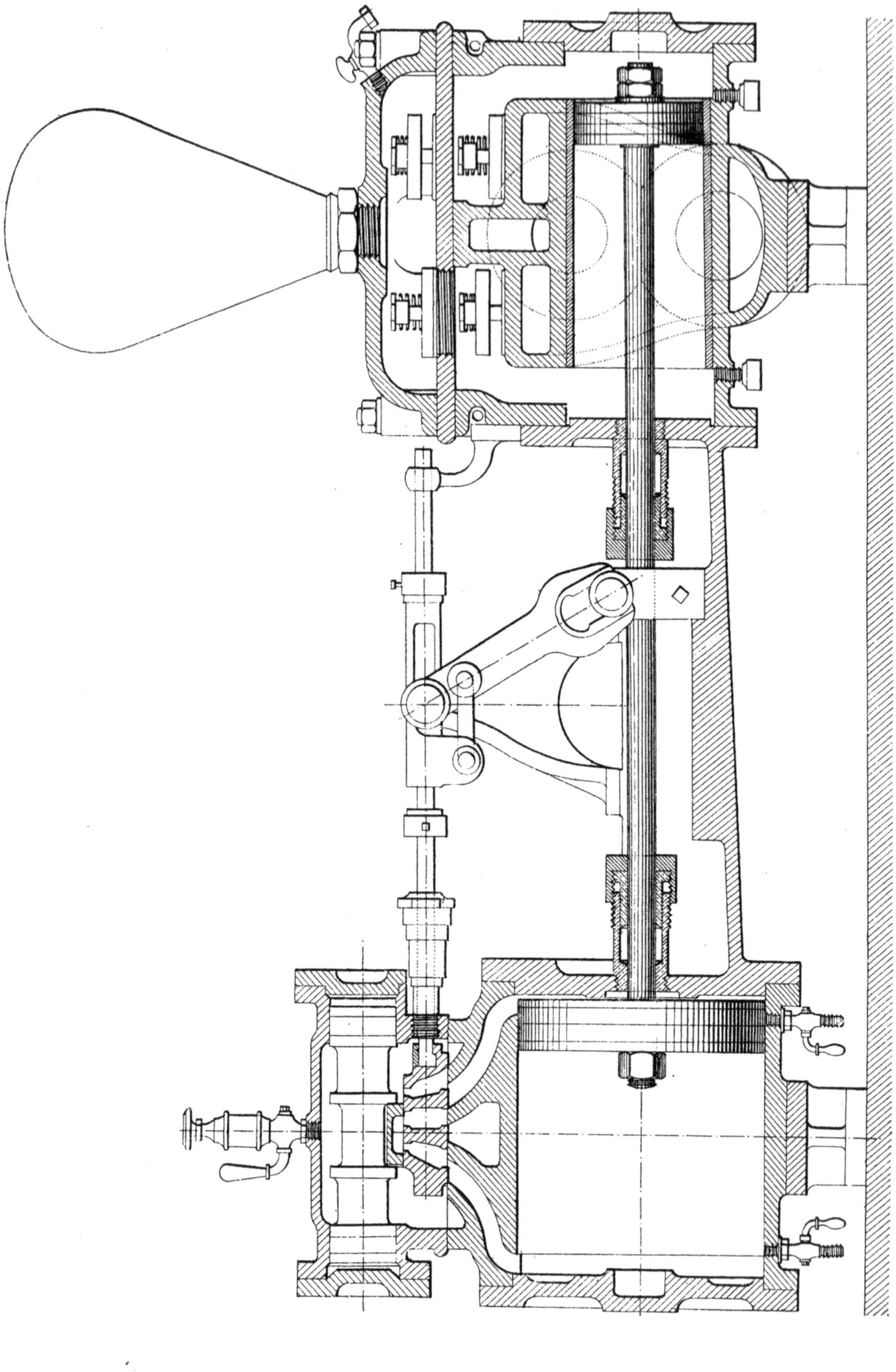

Fig. 401. – Pompe à vapeur Blake, à action directe ; coupe longitudinale.

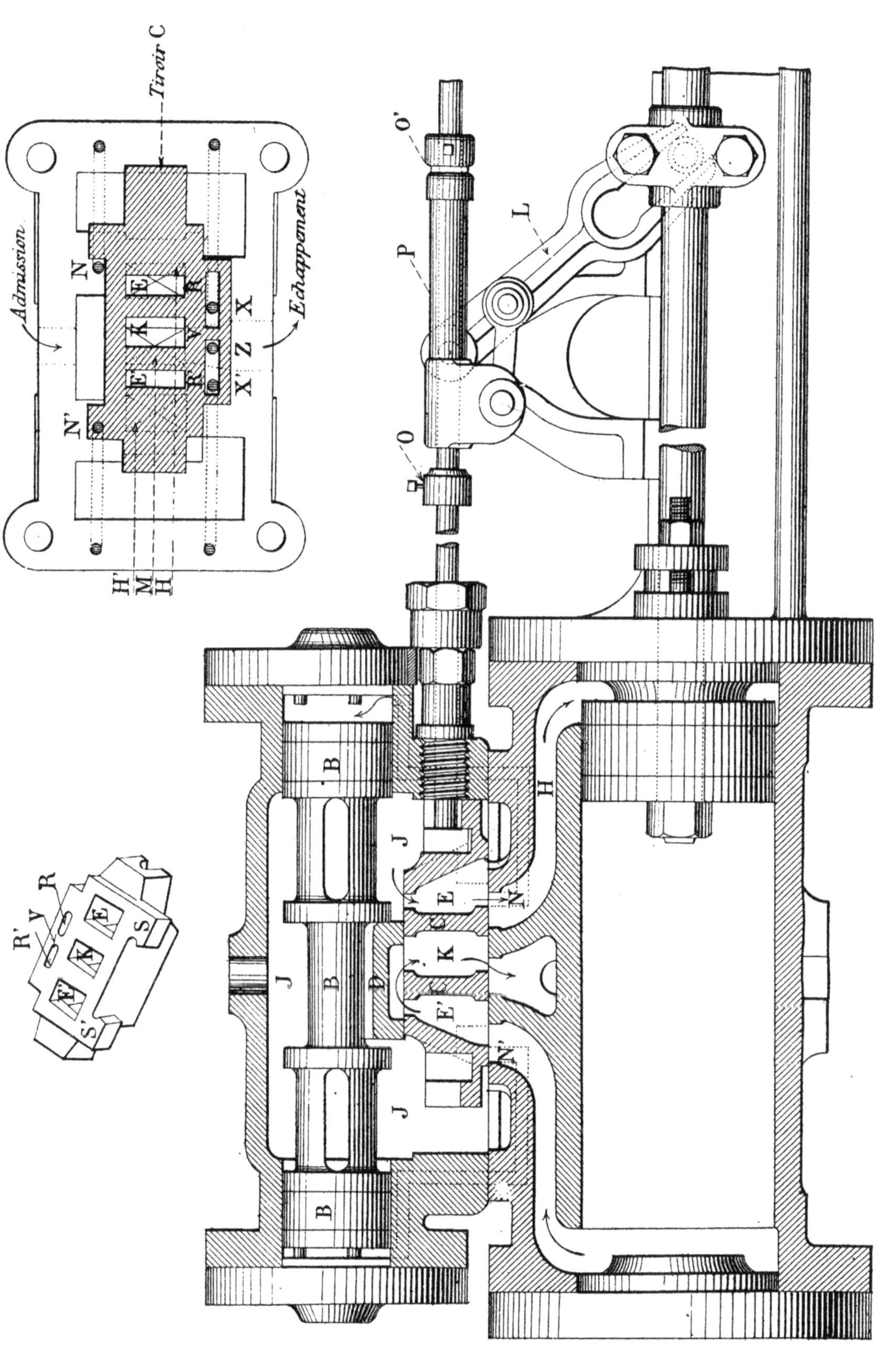

Fig. 402. – Pompe Blake ; détails du cylindre moteur et de la distribution.

temps utile, avant le commencement d'une course nouvelle, en repassant au même point. On obtient ainsi la détente de la vapeur. On peut être surpris de la précision avec laquelle les deux groupes croisent leurs mouvements, sans être réunis par une liaison mécanique telle qu'un arbre avec deux manivelles à angle droit : on s'explique aisément cette précision en remarquant que si l'un des pistons arrive un peu trop tôt à fond de course, il ne repart qu'au moment où son tiroir et par conséquent l'autre piston passent par une position déterminée.

Dans certaines machines Worthington, la même distribution est réalisée à l'aide de quatre obturateurs oscillants par cylindre.

Le fonctionnement de cette machine est étudié dans le § 86.

64. Marche à contre-vapeur.

On fait quelquefois fonctionner à contre-vapeur, pour produire un travail résistant, les moteurs à changement de marche, notamment les locomotives et les machines d'extraction. Le tiroir est alors conduit par l'excentrique de marche arrière, tandis que la machine tourne en avant. Pour déterminer la distribution obtenue dans cette marche, il suffit d'appliquer les tracés qui servent à l'étude de la distribution normale, avec un excentrique dont l'angle d'avance S dépasse l'angle droit (fig. 404). Ces tracés montrent, sur une face du piston, l'admission pendant le parcours angulaire 1 — 2, la détente pendant 2 — 3, l'échappement anticipé pendant 3 — 4, l'échappement pendant 4 — 5, la compression pendant 5 — 6 et l'admission anticipée pendant 6 — 1. Les lettres accentuées s'appliquent à l'autre face du piston. Les périodes d'échappement anticipé et d'admission anticipée occupent alors une fraction considérable de la course.

En comparant cette distribution anormale à celle que donne le même excentrique pendant la marche arrière, on reconnaît que les phases s'intervertissent, pendant les mêmes parcours du piston, effectués en sens contraires : ce qui était admission

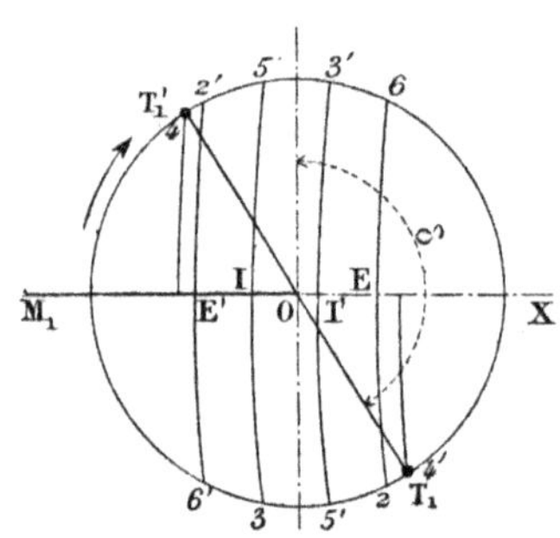

Fig. 404. — Étude de la distribution dans la marche à contre-vapeur.

devient admission anticipée, ce qui était détente devient compression, ce qui était échappement devient échappement anticipé et vice versa.

Pour prévoir le travail absorbé par la contre-vapeur, on trace le diagramme d'indicateur, d'abord sans laminage ; c'est le tracé 1-2-3-3-4-5-6-6-1 de la figure 405. Le trait ponctué figure un diagramme avec laminage. En général, le laminage réduit la surface du diagramme de contre-vapeur, de sorte que le travail résistant diminue quand la vitesse augmente.

Si on compare le travail résistant au travail moteur donné par le même excentrique dans la marche normale, on verra souvent, comme sur la figure 406, que, même sans laminages, il est moindre. En outre les laminages réduisent la surface du diagramme de contre-vapeur plus qu'ils ne changent celle du diagramme normal.

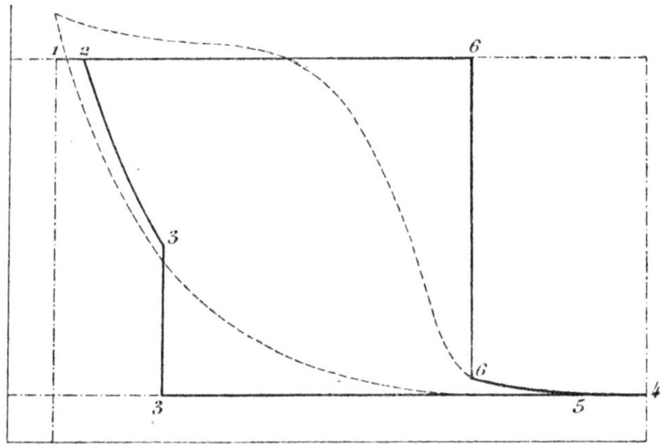

Fig. 405. — Diagrammes de la contre-vapeur, sans laminage et avec laminage.

Par contre, les résistances passives du mécanisme sont à déduire du travail moteur indiqué, tandis qu'elles s'ajoutent au travail résistant indiqué.

La figure 404 représente la marche à contre-vapeur donnée par un excentrique dont l'angle d'avance est très obtus. Dans les machines à coulisse, cet angle peut prendre, pour l'excentrique fictif, toutes les valeurs comprises entre des limites OT et OT' (fig. 407). Si les avances linéaires sont constantes, le centre de l'excentrique se déplace sur la ligne droite TT'. À mesure qu'il se rapproche de la position médiane

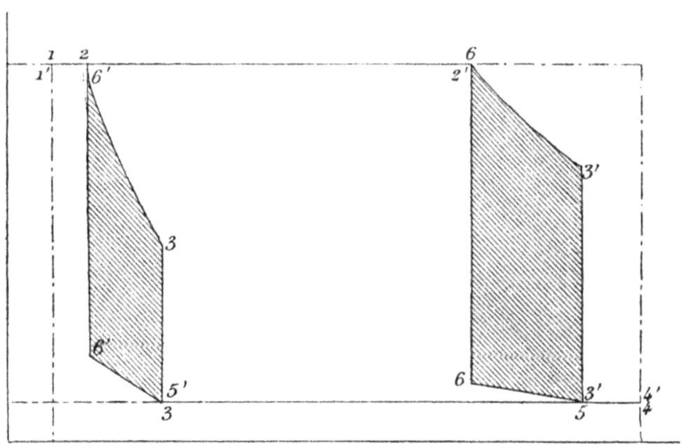

Fig. 406. — Diagrammes comparés de la contre-vapeur et de la marche directe : 1-2-3-3-4-5-6-6, diagramme de la contre-vapeur, sans laminage ; l'-2'-3'-3'-4'-5'-6'-6', diagramme de marche directe, sans laminages.
La différence des deux surfaces est couverte de hachures.

T", la période d'admission diminue. La distribution donnée par l'excentrique OT", au point mort de la coulisse, est remarquable ; les périodes d'admission et d'admission anticipée, d'échappement anticipé et d'échappement, deviennent égales et correspondent aux mêmes parcours, en sens contraires, du piston. Le diagramme sans laminage de vapeur serait 1-2-3-5-4-5-6-2-1 (fig. 408); les hachures couvrent la surface du diagramme réel, avec laminage. Cette surface peut être assez grande, quand le tiroir a une avance linéaire un peu forte; cette avance linéaire est la plus grande ouverture de la lumière. Avec la condensation, qui réduit beaucoup le travail

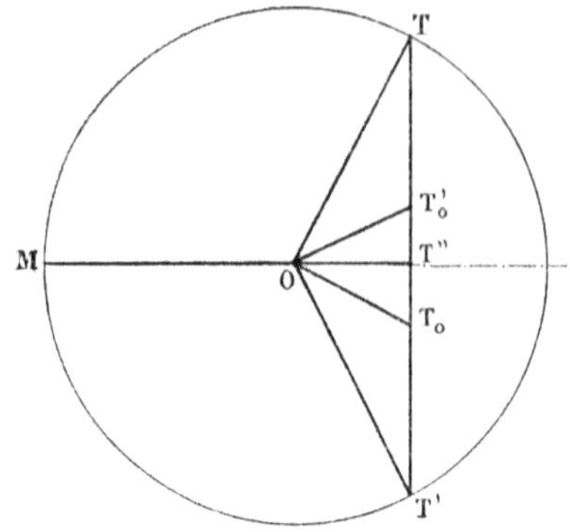

Fig. 407. — Excentriques fictifs de la marche à contre-vapeur et de la marche directe.

résistant de la compression, la surface du diagramme serait même plus grande que sur la figure. Comme l'excentrique fictif OT'' est exactement opposé à la manivelle motrice, il donne la même distribution, avec même travail moteur, pour la marche avant et pour la marche arrière.

Quand le centre de l'excentrique fictif dépasse T'' en se rapprochant de T' (fig. 407), la surface du diagramme diminue, mais elle représente encore un travail moteur, jusqu'à une position T_o où cette surface s'annule algébriquement : le travail résistant pendant le retour du piston compense alors le travail moteur de l'aller. Au-delà de T_o, les différences changent de sens et l'excentrique donne un travail résistant de plus en plus grand à mesure qu'il se rapproche de T'.

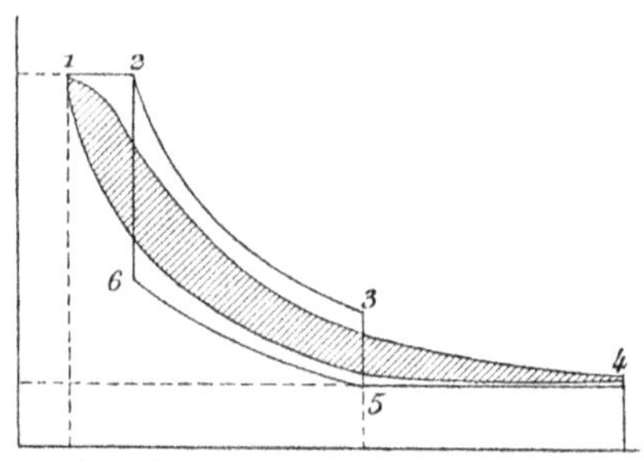

Fig. 408. — Diagramme de la distribution par un excentrique avec avance angulaire de 90°.

Pour l'autre sens de marche, on a de même une zone $T''T'_o$ de la coulisse qui donne un travail moteur et une zone plus courte T'_oT qui donne un travail résistant.

Quelques circonstances spéciales accompagnent la marche à contre-vapeur des machines dont l'échappement se fait dans l'atmosphère. Ce qui pénètre dans le cylindre par la lumière d'échappement n'est plus la vapeur du condenseur, mais l'air à la pression atmosphérique : cet air est ensuite comprimé, puis refoulé dans la boîte à tiroir. Il n'y a bientôt plus de vapeur dans le cylindre, et seulement de l'air. Il s'ensuit que la température dans le cylindre n'est plus contenue entre des limites précises, comme celles de la vapeur saturée; mais elle peut s'élever beaucoup.

L'échauffement est d'autant plus grand que la température initiale de l'air est plus élevée, comme on le constate dans les locomotives, où l'air est puisé dans la boîte à fumée par la tuyère d'échappement. L'élévation de température est suffisante pour faire gripper les cylindres; à l'action de la chaleur s'ajoute celle des escarbilles aspirées. En injectant dans le conduit d'échappement de la vapeur humide ou de l'eau chaude qui s'y vaporise, on évite l'aspiration de l'air et les inconvénients qu'elle entraîne.

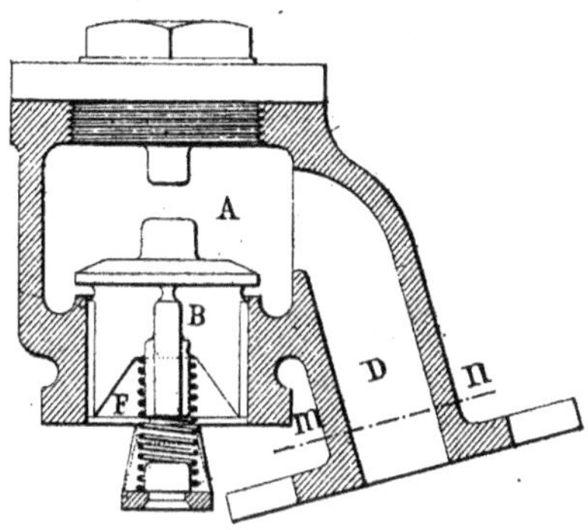

Fig. 409. — Soupape de rentrée d'air, montée sur la boite à vapeur d'un cylindre de locomotive.

Des effets analogues à ceux de la contre-vapeur, c'est-à-dire un travail résistant, accompagné d'un échauffement de l'air aspiré par l'échappement, se produisent dans la marche des machines lorsque la prise de vapeur est fermée, marche parfois

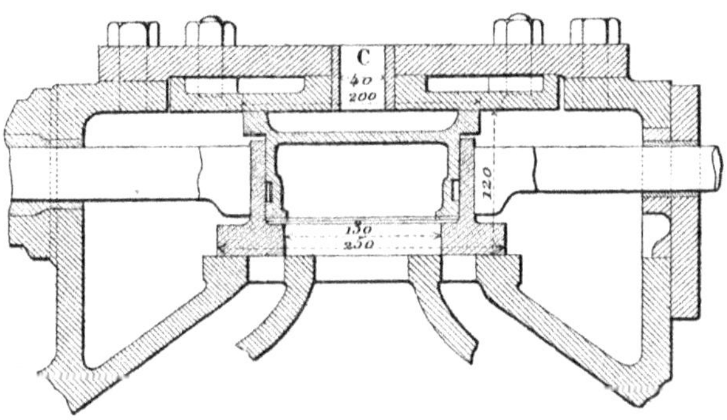

Fig. 410. — Tiroir équilibré Mac Donald.

prolongée pour les locomotives. M. Ricour a montré comment une soupape d'aspiration d'air, montée sur la boîte à vapeur (fig. 409), faisait disparaître ces inconvénients. Le tiroir équilibré Mac Donald (fig. 410) est disposé pour laisser rentrer l'air dans la boîte à vapeur par l'ouverture C.

65. Démarrage des machines.

Pour qu'une machine se mette en marche, il ne suffit pas que la vapeur pénètre dans le cylindre et en presse le piston; il faut que l'effort sur l'arbre, produit par cette pression, soit suffisant pour surmonter les résistances, fort variables, qui s'opposent à son mouvement. Tantôt ce ne sont guère que les résistances passives des appareils :

tel est le cas des laminoirs, de l'hélice des bateaux ; tantôt, au contraire, il faut, dès le premier instant de la mise en marche, produire un travail considérable; c'est ainsi qu'une machine d'extraction enlève une charge au bout d'un câble tendu, qu'une locomotive entraîne tout un train dont les attelages sont serrés.

Il faut aussi, dans certains cas, que le démarrage se fasse immédiatement et sans hésitation dans toutes les positions de la machine : c'est ce qu'on demande à une machine d'extraction; tantôt il suffit qu'il soit facile dans la plupart des positions, sans qu'une difficulté de mise en marche qui se produira quelquefois ait très grand inconvénient : c'est le cas de la locomotive; ou bien enfin on est libre de placer d'avance la machine dans la position la plus favorable pour le démarrage : ainsi les moteurs d'ateliers, qui ne sont mis en marche que deux ou trois fois par jour, ou bien sont arrêtés dans une position favorable, ou bien déplacés au préalable à l'aide de vireurs, commandés à bras d'hommes ou par un moteur auxiliaire, et agissant sur la jante du volant (fig. 411 et 412). Ces appareils doivent être disposés de manière que les hommes ne risquent pas d'être blessés si la machine se met en marche pendant la manoeuvre. Ils sont d'ailleurs utiles pour la manoeuvre à froid des machines, lors des réparations.

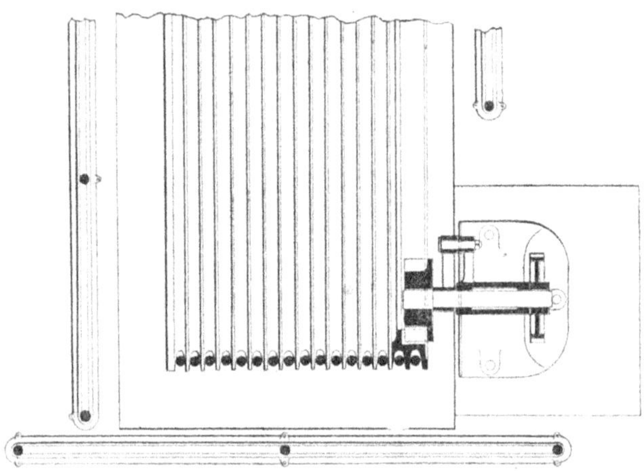

Fig. 411. — Volant à gorges, avec vireur, exécuté par la Société alsacienne de constructions mécaniques ; ce volant est celui de la machine représentée par les figures 352 à 354.

La connaissance de la distribution d'une machine permet d'apprécier exactement les conditions de démarrage. Cette distribution est ici supposée faite par tiroir ordinaire ; les mêmes considérations conviennent pour les autres mécanismes.

L'effort moteur est transmis à un arbre tournant; la résistance à vaincre peut être assimilée à une force tangentielle F' agissant à l'extrémité d'un rayon R'. Pour l'équilibre, on peut remplacer cette force par une autre F, agissant à l'extrémité du rayon R de la manivelle, pourvu que le produit FR soit égal à F'R'.

Le principe du *travail virtuel* (§ 17) donne la force tangentielle, F, appliquée en M (fig. 413) à l'extrémité de la manivelle, qui fait équilibre à une traction ou à une poussée P du piston. Un déplacement infiniment petit de la bielle AM est assimilable à une rotation autour du centre instantané C, intersection de la manivelle OM prolongée et de la normale en A à l'axe du cylindre. Les déplacements de A et de M, dans cette rotation, sont proportionnels aux rayons CA et CM : les travaux virtuels

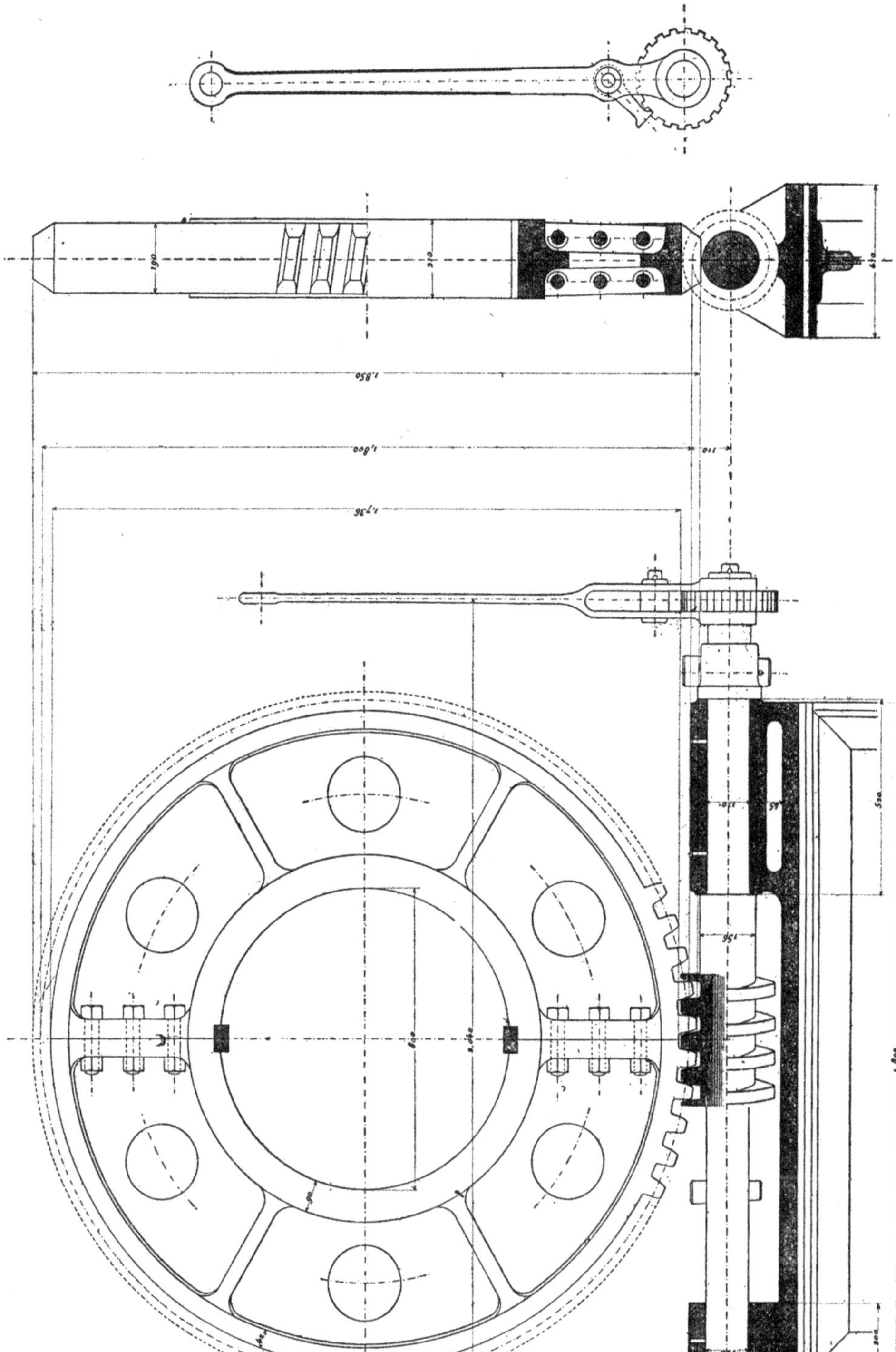

Fig. 412. – Vireur d'arbre d'hélice, avec manoeuvre à bras.

se calculent en multipliant les forces F et P par ces déplacements : F x CM = P x CA. En tenant compte de la similitude des triangles CAM et OGM, F = (P x CA/ CM) = (P x OG /OM). Si P est constant, la force F est précisément proportionnelle à la longueur OG.

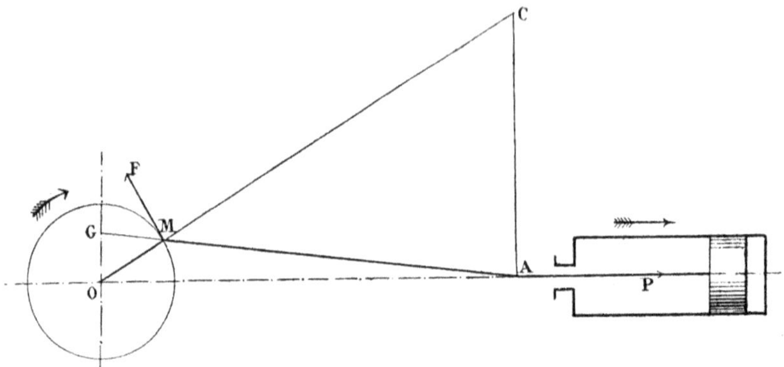

Fig. 413. — Equilibre de l'effort du piston et de la résistance à l'extrémité de la manivelle.

Lors de la mise en marche d'une machine, la force P, qui pousse le piston, est égale à la pression disponible de la vapeur admise dans le cylindre, multipliée par la surface du piston, moins la contre-pression sur l'autre face, qui sera généralement due à l'atmosphère. Dans une machine à condensation, il arrive souvent que le condenseur ne donne pas encore une pression réduite à la mise en marche. Cette force P n'existe pas si le piston est arrêté dans une position telle que la vapeur ne pénètre pas dans le cylindre. Elle peut même être de sens contraire à celle qui produirait la rotation qu'on veut obtenir, si la machine est dans la position d'admission anticipée.

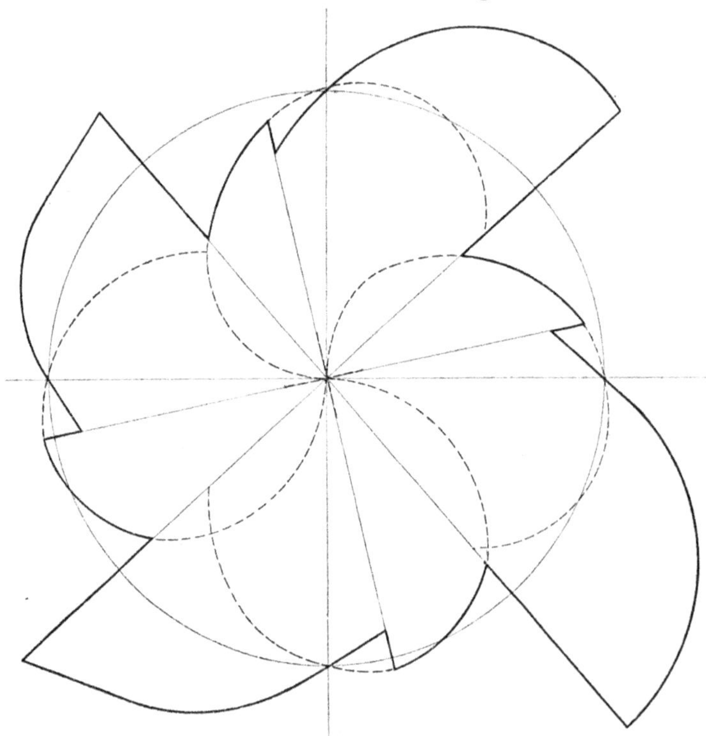

Fig. 414. — Effort de démarrage dans une machine à deux cylindres.

Un seul cylindre ne produisant aucun effort, ou seulement un faible effort lorsque la manivelle est arrêtée dans le voisinage de ses points morts, on voit que la facilité du démarrage exige au moins deux cylindres, dont les pistons attaquent deux manivelles calées à angle droit. La figure 44 représente les valeurs de l'effort de démarrage ou de la force tangentielle F pour une telle machine dans les diverses positions où elle se trouve arrêtée : cet effort, qui résulte de la somme de deux forces produites dans les deux cylindres, est porté suivant le rayon dans la direction d'une des manivelles, à partir du centre.

Ce diagramme représente seulement l'effort de démarrage, la machine étant arrêtée, et non celui qu'elle donne pendant un tour quand elle est en marche.

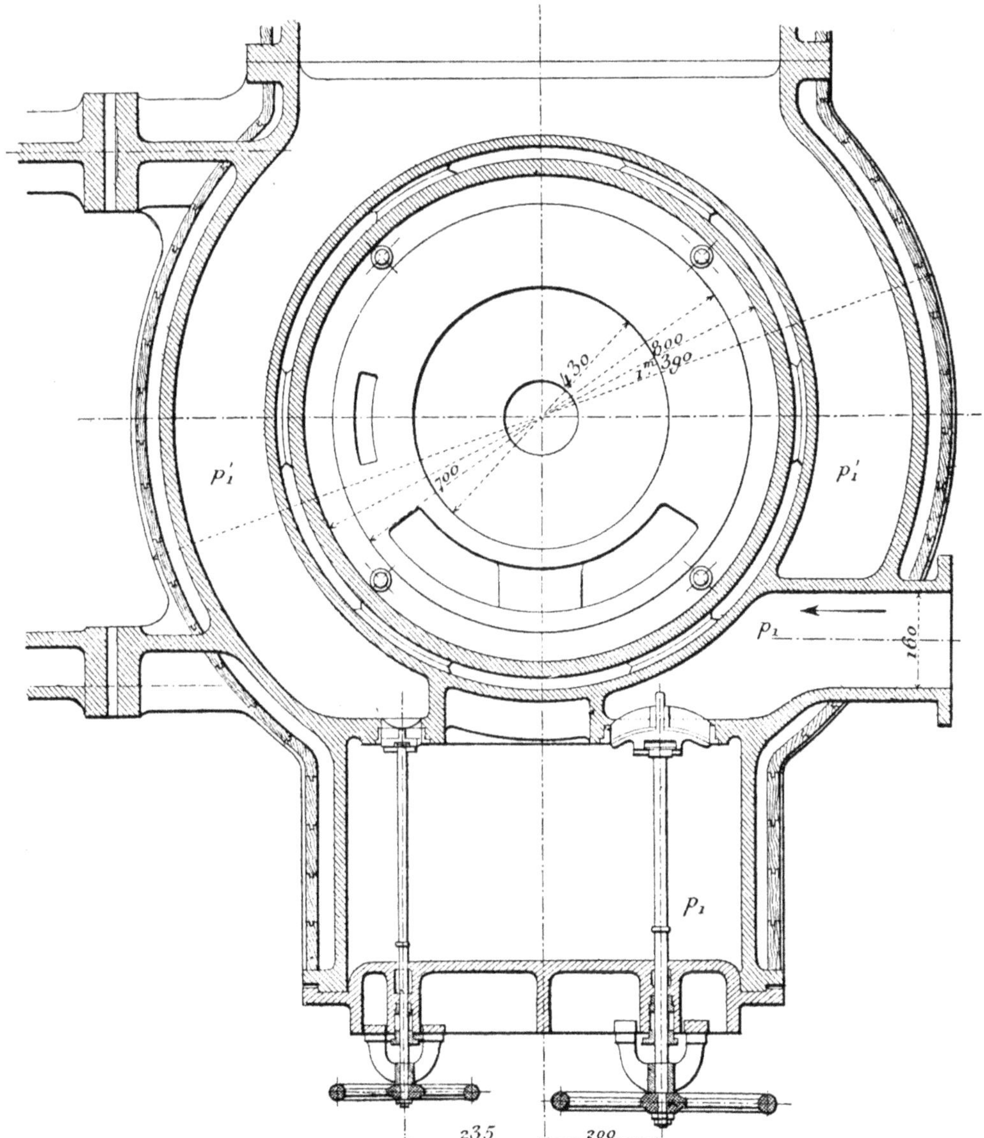

Fig. 415. — Soupape d'admission directe dans le réservoir d'une compound (pression p'_1), et soupape d'admission dans la boite à vapeur du cylindre à haute pression (pression p_1); le réservoir entoure le cylindre à haute pression, muni d'une enveloppe ; coupe perpendiculaire à l'axe du cylindre.

La position la plus défavorable est celle où le piston d'une des manivelles cesse de recevoir la vapeur : cette manivelle n'agit plus et l'autre ne produit pas encore son plus grand effort. Les distributions qui donnent de très longues périodes d'admission réduisent cet effet fâcheux.

Pour le démarrage, comme pour le travail produit en marche, c'est le volume seul du cylindre, ou produit de la surface du piston par sa course, qui importe. À égalité de volume, la force P, qui est proportionnelle à la surface du piston, est en raison inverse de la course ou bien du rayon de manivelle; la force F varie de même, mais le produit F x OM reste constant.

Quand les deux cylindres, qui attaquent les manivelles calées à 90°, sont ceux d'une machine compound, les conditions de démarrage se modifient. Si la manivelle du cylindre à haute pression est arrêtée dans une position telle qu'il n'entre pas de vapeur dans ce cylindre, ou si l'effort de la vapeur sur le piston est insuffisant, on introduit directement la vapeur dans le réservoir intermédiaire, à une tension réduite (fig. 415). Le cylindre à basse pression se trouve placé, pour le démarrage, comme le serait le second cylindre de la machine double à deux cylindres simples ; mais

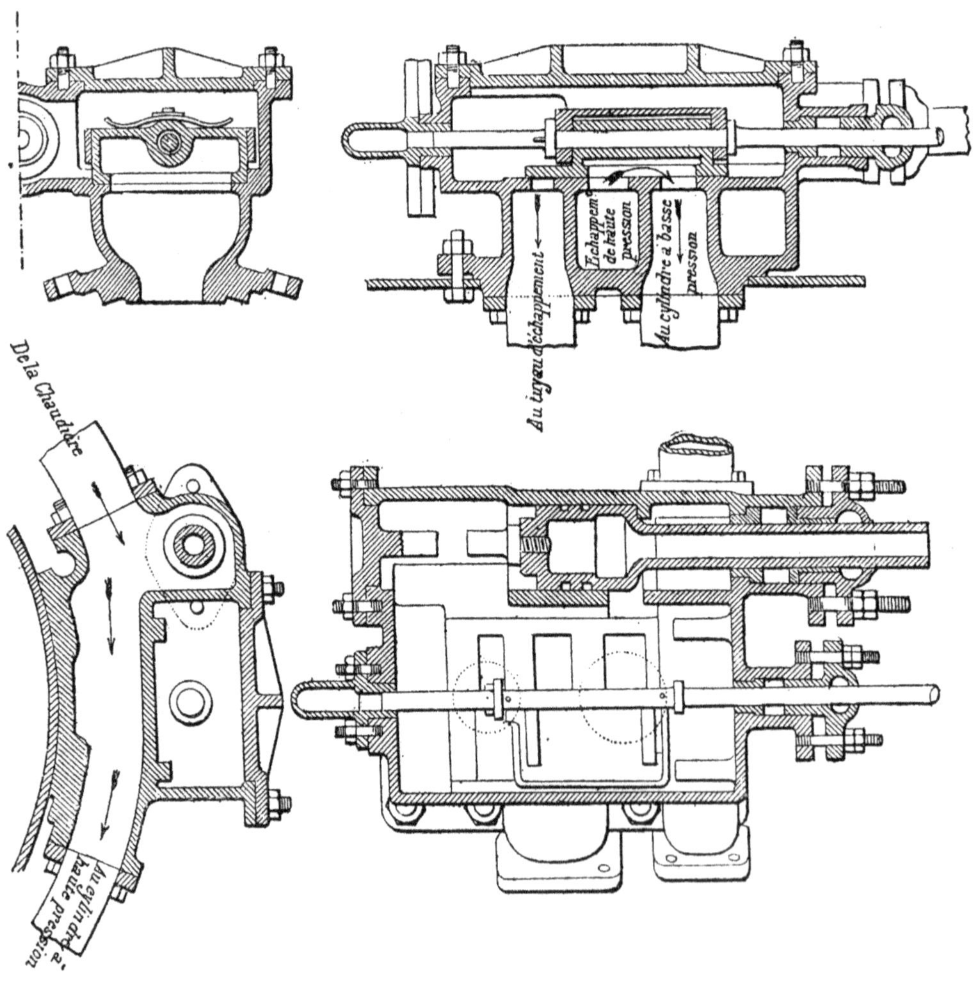

Fig. 416. — Tiroir de démarrage des locomotives compound Mallet, avec réducteur de pression pour la vapeur directement admise au grand cylindre.
(D'après un mémoire de M. Polonceau.)

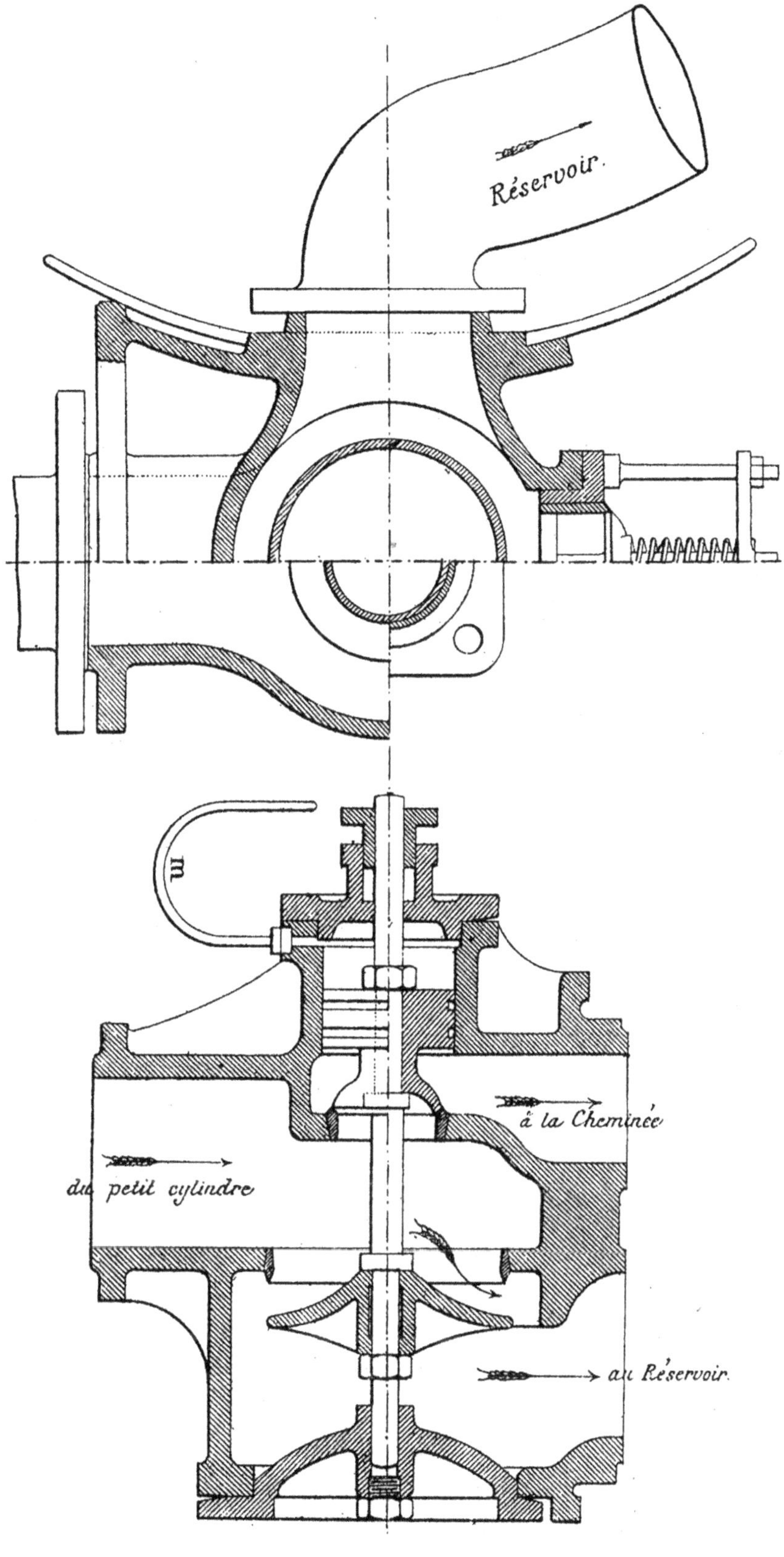

Fig. 417. — Appareil de démarrage Mallet, pour locomotives compound : le jeu d'un robinet, en envoyant la vapeur par le tuyau m, dispose l'appareil pour la marche normale en compound ; dans une autre position, le robinet met le tuyau *m* en communication avec l'extérieur et envoie la vapeur directement au réservoir, isolé par le déplacement des clapets vers la gauche. Une soupape de sûreté limite la pression dans le réservoir. (D'après un mémoire de M. Mallet.)

l'introduction de vapeur dans le réservoir réagit sur le premier piston ; elle pénètre par l'échappement du cylindre à haute pression et y augmente la contre-pression. Si le piston du petit cylindre est arrêté dans la zone de l'échappement anticipé sur une face, et de la compression sur l'autre, la vapeur qui afflue du réservoir exerce une action motrice. Mais si ce piston se trouve dans la zone de détente, non seulement il ne reçoit pas l'action motrice de la vapeur de la chaudière, mais encore il est poussé à contresens par la vapeur du réservoir. L'effort de démarrage peut alors se trouver beaucoup réduit.

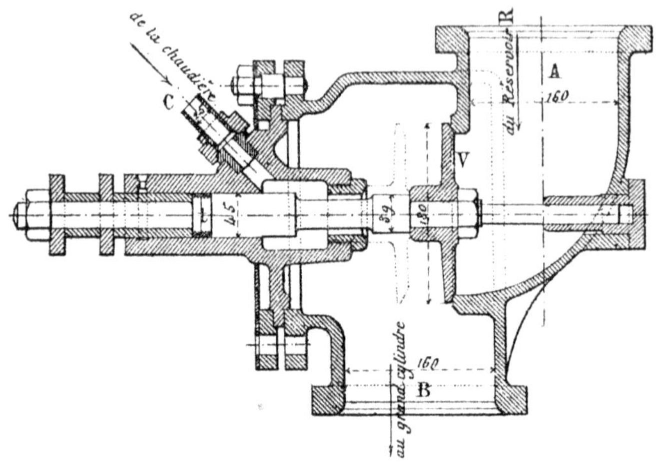

Fig. 418. — Clapet de démarrage des locomotives compound de von Borries : en poussant le clapet en V, on sépare l'échappement du petit cylindre et la boite à vapeur du grand cylindre, où la vapeur de la chaudière pénètre parle tuyau C.
(D'après un mémoire de M. Mallet.)

Plusieurs dispositifs, évitant cette difficulté de démarrage, ont été imaginés, surtout pour les locomotives compound.

On peut isoler complètement les deux cylindres en donnant un échappement indépendant au cylindre à haute pression : c'est le dispositif de M. Mallet. Un tiroir spécial (fig. 416) établit à volonté la communication de l'échappement du cylindre

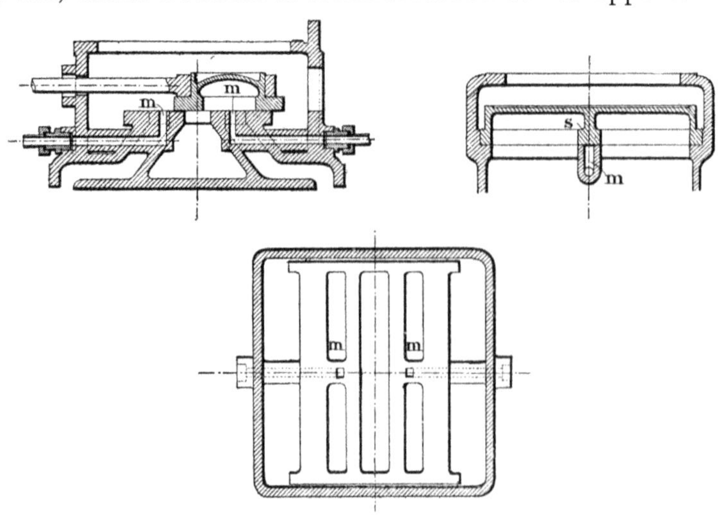

Fig. 419. — Distribution Goelsdorf pour le démarrage des locomotives compound.

à haute pression avec le réservoir ou avec l'extérieur; on emploie souvent dans ce cas un détendeur pour établir dans le réservoir une pression convenablement réduite. Les clapets de la figure 417 fonctionnent d'une manière analogue.

On se contente souvent d'un clapet (fig. 418) qui peut fermer la communication de l'échappement du cylindre à haute pression et du réservoir : ce clapet empêche la vapeur envoyée dans le réservoir de refluer au cylindre à haute pression, et se rouvre automatiquement par l'effet de l'échappement de ce cylindre.

Dans certaines machines, on peut établir à volonté, à l'aide d'un tuyau muni d'un robinet, une communication entre les deux côtés du cylindre à haute pression ; on annihile ainsi complètement l'effet de ce cylindre.

Les difficultés de démarrage disparaissent ou se réduisent beaucoup quand l'admission dans chaque cylindre peut se faire pendant la course presque entière. C'est ce qu'a réalisé pour la locomotive M. Goelsdorf, à l'aide d'une distribution Walschaert, donnant une admission pendant les neuf dixièmes de la course du piston. Il a même supprimé le robinet d'admission directe de vapeur au réservoir intermédiaire, en faisant cette admission par de petits orifices *mm* ménagés sur la table du cylindre à haute pression (fig. 419). Ces orifices sont découverts seulement dans la marche avec admission supérieure à la moitié de la course, admission qui ne sert que pour le démarrage ou pour développer des efforts exceptionnels.

Le frottement des tourillons dans leurs coussinets modifie les conditions d'équilibre, qui viennent d'être établies pour des pièces réduites à leurs axes géométriques. Le diamètre intérieur du coussinet est un peu plus grand que le

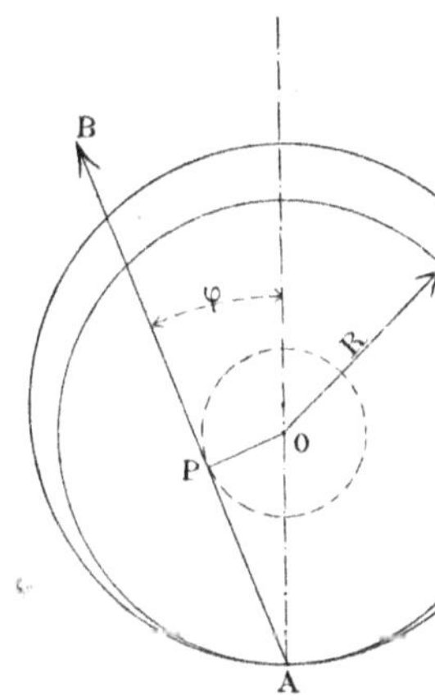

Fig. 420. — Contact d'un tourillon et d'un coussinet, en A, et direction de la réaction, AB.

diamètre extérieur du tourillon; on admet que les deux surfaces ne se touchent que suivant une génératrice : les sections droites sont deux cercles tangents en A (fig. 420). Dans le mouvement de rotation du tourillon, la réaction du coussinet et la normale AO aux surfaces en contact forment l'angle de frottement φ ; R étant le rayon OA du tourillon, cette réaction est tangente en P à un cercle de rayon OP égal à $R \sin \varphi$. Elle serait de même tangente à un cercle de rayon O_1P_1 égal à $R_1 \sin \varphi$, R_1 étant le rayon du coussinet, un peu plus grand que R. Dans les tracés, on peut prendre indifféremment l'un de ces deux cercles très voisins.

Les deux extrémités d'une bielle sont articulées sur des tourillons de rayons R et R'; la force qu'elle transmet ne suit pas la droite qui joint les centres de ces deux tourillons, mais la direction de cette force passe par les points de contact M et M' (fig. 421) des tourillons et de leurs coussinets; car la bielle n'étant soumise qu'à l'action de deux forces, l'une en M, l'autre en M', l'équilibre exige qu'elles soient directement opposées. Dans les tourillons, ces forces sont tangentes aux cercles de rayons R sin φ et R' sin φ. On obtient donc en définitive la direction MM' en menant la tangente commune à ces deux cercles; suivant la position de la bielle, le sens de la rotation et la direction des efforts, cette force est tangente extérieurement ou intérieurement, d'un côté ou d'un autre, aux deux cercles (fig. 421).

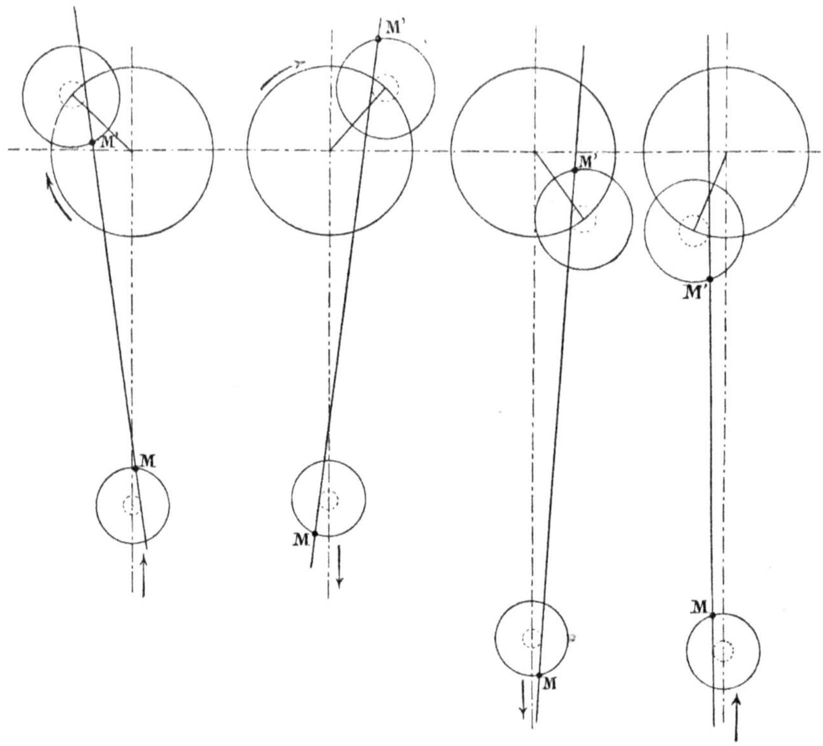

Fig. 421. — Positions diverses de la traction ou de la poussée d'une bielle, d'après M. J. Boulvin.

Au voisinage des points morts, le frottement produit l'*arc-boutement* de la bielle et s'oppose à la rotation de l'arbre sous la poussée du piston. La réaction du coussinet, contre le tourillon de l'arbre, est tangente à une circonférence de rayon R" sin φ, R"étant le rayon de ce tourillon. Lorsque la direction de la force motrice MM' vient à couper le cercle de rayon R" sin φ, le mouvement de l'arbre dans son coussinet est impossible, puisque la réaction du coussinet ne peut prendre la direction MM' : l'arc-boutement se produit. Les deux zones où le mouvement est impossible sont limitées par les tangentes communes aux trois circonférences de rayons R sin φ, R'sin φ, R" sin φ (fig. 422); cette zone est plus étendue du côté opposé au cylindre, le rayon du tourillon de l'arbre moteur étant plus grand que le rayon du tourillon de la tête de piston ; le frottement est supposé le même entre les diverses surfaces.

L'amplitude de ces zones est d'environ 5° et 3°40' avec des rayons R, R' et R" de 40, 100 et 100 mm, un rayon de manivelle (ou demi-course) égal à 300 mm, une bielle de longueur égale au double de la course, et un coefficient de frottement de 0,052 (ou φ = 3°).

L'arc-boutement n'existe pas pour la transmission en sens inverse : la transformation du mouvement de rotation en mouvement rectiligne est possible dans toutes les positions de la manivelle.

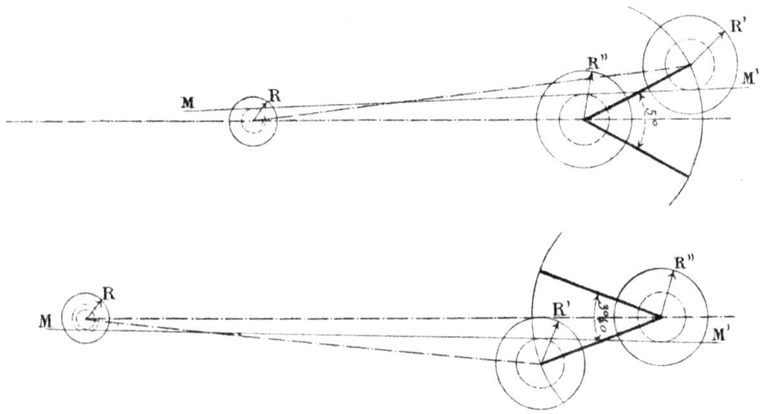

Fig. 422.—Zones d'arc-boutement de la bielle (l'échelle des cercles de rayons R sin φ, R' sin φ, R" sin φ est exagérée).

La *barre d'excentrique* est une bielle dont la grosse tête a un grand rayon R'; il en résulte que les zones d'arc-boutement sont fort étendues : elles peuvent même se rejoindre, lorsque les circonférences R' sin φ et R" sin φ sont tangentes ou se coupent. L'excentrique ne peut alors servir qu'à la commande de tiges au moyen d'un arbre et non à la commande de l'arbre par la tige : c'est une transmission qui n'est pas toujours réversible.

66. Comparaison des systèmes de distribution.

Les paragraphes qui précèdent, bien qu'ils ne mentionnent pas tous les systèmes de distribution exécutés ou proposés, donnent une idée de la grande variété de ces mécanismes; mais ils montrent en même temps que cette variété est en partie superficielle, et que tous les systèmes se ramènent en principe à quelques dispositions peu nombreuses. La plus simple est celle du tiroir commandé par la rotation d'une manivelle, qui est souvent de l'espèce dite excentrique; en général, le mouvement que donnent au tiroir les coulisses et autres mécanismes analogues ne s'écarte pas beaucoup de la commande par des excentriques fictifs. Les tiroirs peuvent être dédoublés, jouer sur des tables séparées, ou bien se superposer; ils peuvent aussi osciller autour d'un axe, au lieu de prendre un mouvement rectiligne : ils conservent un caractère commun, en ouvrant et en fermant graduellement les passages de vapeur.

Ce caractère se retrouve encore quand l'organe distributeur est animé d'un mouvement continu de rotation, comme dans les machines Brotherhood et Biétrix ; toutefois le déplacement du tiroir sur les lumières est alors uniforme et plus rapide, puisqu'il se meut suivant un cercle et non plus comme la projection du centre de la manivelle sur un diamètre.

En ouvrant et en fermant progressivement les orifices de distribution, les tiroirs produisent des laminages de vapeur plus ou moins importants, suivant la vitesse de la machine et la section des passages découverts ; ces laminages allongent la période de détente réelle aux dépens de l'admission et de l'échappement anticipé. La plupart des machines à tiroirs ont des espaces libres assez grands, et souvent la distribution y donne une période de compression étendue.

Si l'étude géométrique des mécanismes de commande des tiroirs est assez simple, bien qu'elle exige souvent des tracés fort longs quand on la veut précise, il ne faut pas se dissimuler que ces distributions sont en réalité assez délicates ; beaucoup de soin et d'expérience sont nécessaires pour bien proportionner les mécanismes qui les produisent. L'épure de distribution n'est pas tout ; les dimensions des passages ont une importance capitale. L'effet de ces dimensions dépend, d'ailleurs, de la vitesse de la machine. Pour une vitesse donnée, s'ils sont trop grands, ils laisseront prendre à l'échappement anticipé (du moins dans la distribution par un seul tiroir) une importance exagérée ; trop petits, ils restreindront par trop l'admission et créeront une contre-pression excessive pendant l'échappement. On est souvent surpris de voir quelles différences dans la marche d'une machine résultent de très légères modifications dans les recouvrements d'un tiroir ou dans la longueur de la tige de commande.

En étudiant la distribution, on doit aussi déterminer la meilleure pression de marche : dans les machines monocylindriques, il convient, en général, que cette pression ne soit pas très forte, et une diminution de pression est souvent préférable à une détente trop étendue : tel est le cas quand la puissance à produire est beaucoup réduite, comme on l'a vu au § 47.

Une seconde classe de mécanismes pour la distribution de la vapeur comprend les appareils à fermeture brusque, où les obturateurs abandonnent momentanément les mécanismes de commande continue ; ces obturateurs sont des tiroirs plans, des tiroirs oscillants Corliss, des soupapes. Ces systèmes ne conviennent guère aux machines rapides, bien que quelques applications récentes comportent des vitesses assez considérables. Les espaces libres sont souvent assez petits dans les machines munies de ces distributeurs ; la période d'admission, et par suite celle de détente, sont généralement variables.

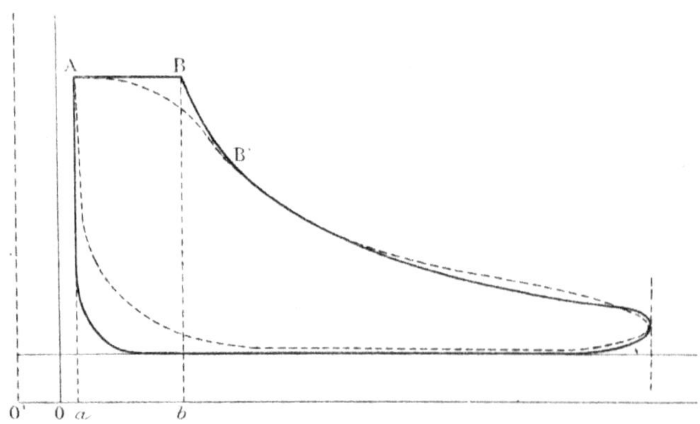

Fig. 423. — Comparaison des diagrammes donnés par les mécanismes de distribution à déclenchement et à mouvement continu.

La figure 423 compare les diagrammes donnés par deux machines ayant même diamètre de cylindre et même course, l'une avec distribution à fermetures rapides, l'autre avec distribution à tiroir. L'espace libre est O*a* pour la première et O*a*' pour la seconde. L'admission AB' avec laminage correspond à l'admission AB sans chute de pression. Puis la courbe de détente s'élèvera probablement un peu plus dans la machine qui a le plus grand espace libre, le volume qui se détend, à partir du point commun B' des diagrammes, y étant plus considérable ; mais l'échappement anticipé abaisse cette courbe avant la fin de la course. Cependant, dans les machines à rotation rapide, l'abaissement de pression dû à une période souvent étendue d'échappement anticipé n'est pas très fort et, sur les diagrammes d'indicateur, la courbe de détente semble se prolonger presque jusqu'à la fin de la course. Vers l'extrémité de la course de retour, la compression vient beaucoup réduire la surface du diagramme.

La dépense apparente de vapeur est comprise entre *ab* et O*b*, dans l'une des machines, entre *ab* et O'*b* dans l'autre, suivant l'importance de la compression. Il faut y ajouter la quantité qui disparaît en se condensant à l'admission ; cette quantité sera probablement plus forte dans une machine à tiroir, malgré la cession de chaleur aux parois pendant la compression, à cause de l'étendue généralement plus grande de ces parois.

En résumé, non seulement le travail est plus grand dans la première machine, comme le montre le diagramme, mais on peut prévoir qu'elle dépensera moins de vapeur.

Ces effets seront plus ou moins prononcés dans les différentes machines, suivant la disposition des mécanismes, la section des passages, la vitesse de marche, mais la comparaison faite sur la figure 423 se reproduira dans des conditions analogues pour la plupart des systèmes, bien établis.

En résumé, les mécanismes à déclenchement, les distributions de précision, comme on les nomme en Allemagne, sont celles qui utilisent le mieux la vapeur. Les distributions à tiroir conviennent, d'abord pour les machines rapides, ensuite toutes les fois que la simplicité des mécanismes est désirable. Il faut remarquer en outre que la compression de la vapeur, donnée par les tiroirs, a certains avantages pour la douceur de la marche des machines, comme on le verra au chapitre suivant ; enfin les expansions multiples diminuent beaucoup la dépense de vapeur des machines à tiroirs simples.

- V -

TRANSMISSION ET RÉGULARISATION DU MOUVEMENT

67. Effet de la masse des pièces à mouvement alternatif.

Entre l'effort du piston et la résistance, perpendiculaire à l'extrémité de la manivelle, qui lui ferait équilibre, si la machine était arrêtée, existe une relation simple, que montre la figure 413. L'effort du piston, pour chacune de ses positions, se déduit des diagrammes de l'indicateur, qui mesure la pression sur ses deux faces ; de la combinaison des deux diagrammes, on déduit la poussée ou la traction résultante.

Les deux surfaces utiles du piston, S et S', peuvent différer un peu, à cause de la présence de la tige sur une seule des faces, ou par suite de la différence des diamètres de la tige et de la contre-tige ; *p* et *p*' étant, à un instant donné, les pressions par centimètre carré sur les deux faces, la force résultante, P, est *p*S - *p*'S' (S et S' étant mesurés en cm^2).

On représente cette force, en plaçant les diagrammes, relevés sur les deux faces, comme sur la figure 424, après avoir multiplié les ordonnées de celui qui correspond à la surface S' par le rapport des surfaces S'/S. Ces ordonnées sont alors proportionnelles aux forces *p*S et *p*'S'. La différence, P, est, pendant la course d'aller du piston, la longueur, telle que CD, interceptée entre les deux lignes MDN et N'CM' ; pendant le retour, c'est la longueur, telle que C'D', interceptée entre les lignes M'C'N' et ND'M. Avec les diagrammes à forte compression choisis comme exemple, la force P change de sens en fin de course ; elle ne reste pas motrice et devient résistante.

Pour mettre en évidence la force P, on la porte en ordonnées à partir d'une base XY, d'un côté ou d'un autre suivant sa direction. La surface, enfermée par la ligne ainsi construite, est égale à la somme des surfaces des deux diagrammes. Ces deux surfaces sont rarement égales, et l'aire limitée par la base XY ne sera pas, en général, équivalente à celle du diagramme relevé sur la face correspondante du piston. C'est ainsi que les diagrammes, relevés sur les deux faces d'un piston, donnés par la figure 425, ont des surfaces bien différentes, tandis qu'en les combinant de manière à représenter le travail produit par chaque course simple du piston, on reconnaît que ce travail est à peu près le même pour les deux courses.

Pendant le mouvement de la machine, la relation d'équilibre n'existe plus entre la force P et celle qu'on peut supposer appliquée à l'extrémité de la manivelle, parce

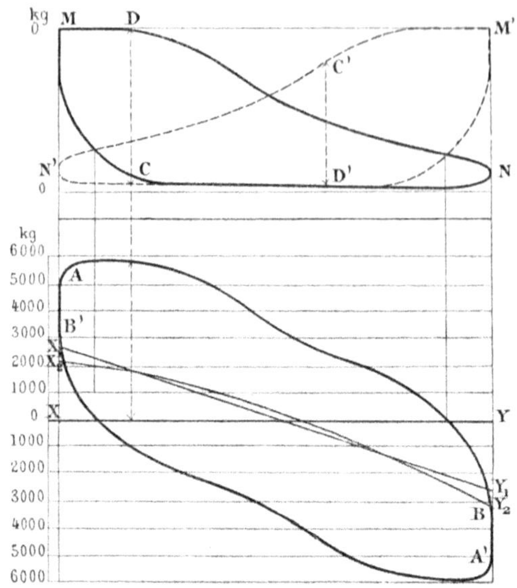

Fig. 424. — Diagramme des efforts transmis à la manivelle motrice.

que le piston, la tige du piston et les pièces qu'elle porte prennent un mouvement varié en ligne droite ; le mouvement, plus compliqué, des diverses parties de la bielle a aussi une influence. L'accélération de ces masses exige une certaine force ; c'est une fraction de la force P.

Lorsque le mouvement est, à proprement parler, accéléré, cette fraction de la force P est absorbée ; pendant le ralentissement, au contraire, les masses restituent une force qui s'ajoute à P.

Algébriquement, l'accélération, positive ou négative, absorbe toujours une part de la force P, part qui change également de signe.

En négligeant l'action de la bielle, si M est la masse à mouvement rectiligne, et j son accélération, cette part est Mj ; pour calculer la force perpendiculaire à la manivelle, il faut substituer à la force P, qui correspond au cas de l'équilibre statique, la force P - Mj.

Dans la masse M, on comprendra d'ailleurs celle de la petite tête de la bielle motrice ; on supposera même que toute la masse du corps de cette bielle est répartie entre ses deux extrémités.

On est ainsi ramené au calcul de l'accélération j pour chaque position du piston, calcul facile quand l'arbre tourne avec une vitesse angulaire uniforme. Une construction simple (indiquée par le docteur Kirsch) détermine cette accélération. Soit R le rayon de la manivelle, OM (fig. 426), et L, égal à kR, la longueur de la bielle, dont l'extrémité A se meut sur la droite XY, qui peut ne pas passer par le centre O, ainsi qu'on le voit parfois sur les locomotives et sur quelques autres machines.

La vitesse angulaire de l'arbre étant ω, la vitesse v du piston est, à chaque instant, égale à OG x ω (fig. 426).

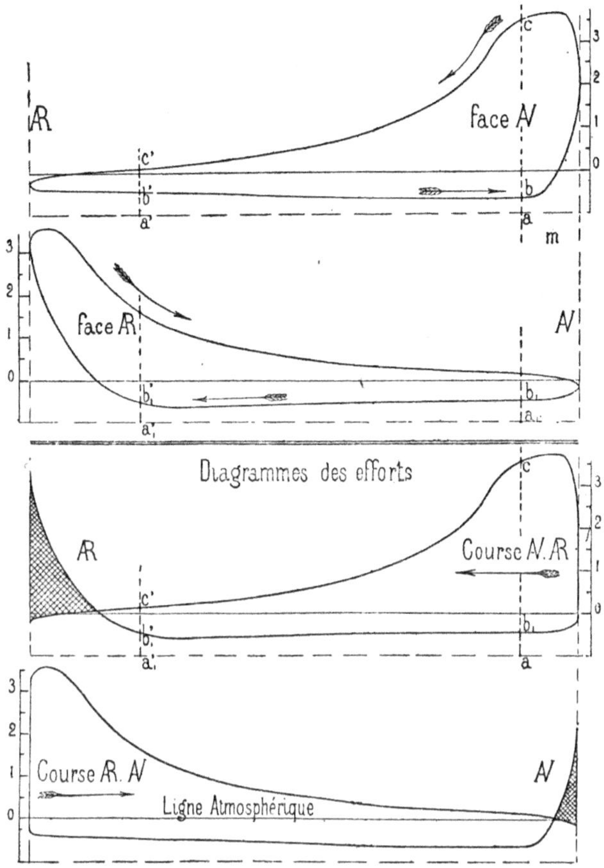

Fig. 425. Diagrammes relevés sur une machine à distribution par soupapes, et diagrammes des efforts sur le piston, d'après M. Sour.

L'accélération du piston est proportionnelle à la vitesse avec laquelle le point G se déplace sur OZ : cette accélération se figure en traçant OL parallèle à CG, et LD perpendiculaire à AM : OD x ω^2 représente l'accélération cherchée[10].

10 Qu'on suppose d'abord la vitesse angulaire ω égale à 1, R sera la vitesse du centre M de la manivelle; et si v est la vitesse de A, on a, dans la rotation autour du centre instantané de la bielle, C, la proportion v/R = CA/CM = OG/OM
(OG étant perpendiculaire à XY), vu la similitude des triangles CAM et OGM; v est représenté par OG. La distance du point G au centre donne donc à chaque instant la vitesse du point A. On cherche l'accélération, dv/dt, de ce point A, mais comme OG = v, l'accélération cherchée est égale à la dérivée de l'espace OG par rapport au temps, c'est-à-dire égale à la vitesse de G sur OZ. Soit u = GK la vitesse absolue du point G supposé fixe sur la bielle : $u = v$(CG/CA) ; u est perpendiculaire à CG, et peut se décomposer en deux composantes u' = GJ, et u'' = JK, menées suivant OZ et suivant la direction GA de la bielle; u' sera précisément la vitesse cherchée. Pour construire u' on mène par O une parallèle OL à CG jusqu'à sa rencontre en L avec la bielle AM ; on élève la perpendiculaire LD à AM, qui coupe X'Y' (parallèle à XY menée par O) en D; les triangles semblables OLD et GKJ, dont les côtés sont perpendiculaires deux à deux, donnent GJ/GK = u'/u = OD/OL
Or comme $u = v$(CG/CA) = v(OL/OG) = OL, on conclut que u' = OD.
L'accélération cherchée du piston, j, est donc OD.
La vitesse angulaire a été supposée égale à l'unité.
Si ω a une autre valeur quelconque, la vitesse v du piston, proportionnelle à OG, devra être multipliée par ω ; en prenant la dérivée de la vitesse, on introduira une seconde fois le facteur ω, et l'accélération sera OD x ω^2.
On donne généralement le nombre de tours n par minute : $\omega = 2\pi n/60$.

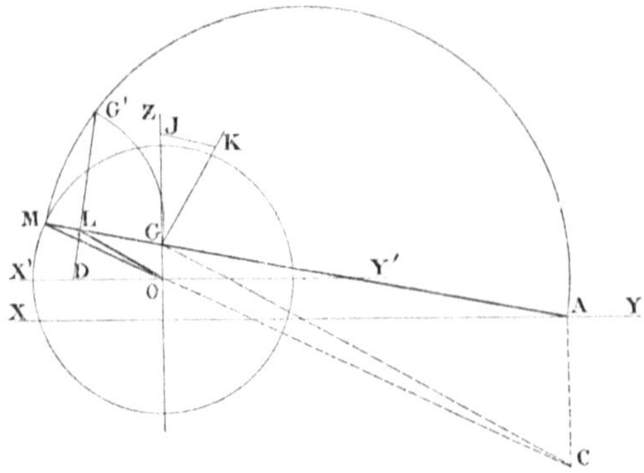

Fig. 426. — Construction de l'accélération du piston (l'axe XY du cylindre ne passe pas nécessairement par le centre O).

Lorsque le centre O est sur XY (fig. 427), il suffit de mener GH parallèle à XY, HL perpendiculaire à GH et LD à MA : la longueur OD est proportionnelle à l'accélération du piston[11].

On voit immédiatement sur la figure que MG^2 = ML x MA, à cause de la similitude des triangles MLO, MGC et MGO, MAC, qui donne : ML/MG = MO/MC = MG/MA

On pourra donc construire les points L et D en prenant sur un cercle ayant MA comme diamètre MG' = MG et en abaissant de G' la perpendiculaire sur MA. Cette construction s'applique quand le premier tracé n'est pas possible (bielle passant par O, OM perpendiculaire à XY), et quand le centre instantané C s'éloigne trop.

11 Les triangles semblables MLH, MGO et MHG, MOA (fig. 427) donnent comme tout à l'heure : ML/MG = MO/MC = MG/MA ou ML x MA = MG^2.

La figure 428 représente les valeurs des accélérations, rapportées en ordonnées aux diverses positions du piston, pour des bielles égales à 2, 3, 4 et 5 fois le rayon R ; la droite oblique X_1Y_1 correspond à la bielle infiniment longue. Le tracé pour la bielle longue de deux rayons n'est donné que pour montrer l'allure de la courbe : au-dessous d'une certaine longueur, l'accélération passe par un minimum à l'un des fonds de course. Pour les bielles très courtes de la pratique (L = 3 à 3,5 R), on remarquera que l'accélération ne varie pour ainsi dire pas aux environs du fond de course voisin de l'arbre.

Ces courbes peuvent servir à la correction des diagrammes d'indicateur lorsqu'on tient compte de la force nécessaire pour produire l'accélération du piston. Une partie M*j*, positive ou négative, de l'effort P produit l'accélération des masses à mouvement alternatif ; P - M*j* est transmis par la bielle. Soit ω le poids total des pièces à mouvement alternatif, ω/g=M, leur masse : l'accélération *j* est égale à OD x ω^2 (fig. 427).

$$Mj = \omega /g \times \omega^2 \times OD = \omega/g \times (4\pi^2 n^2/3600) \times OD = 0{,}00112\omega n^2 \times OD$$

Mj serait représenté sur le diagramme, dans le cas de la bielle infinie, par la droite X_1Y_1, telle que la distance X_1X (fig. 424) soit égale à 0,00112 ω n^2R ; avec une bielle de longueur *k*R, par la courbe X_2Y_2. A partir de cette courbe, on comptera la force P - M*j* qui se transmet à la bielle ; P est ainsi réduit au début de la course, augmenté à la fin, et se trouve rapproché de l'uniformité avec une vitesse de rotation convenable.

Pour éviter les chocs dans les articulations, il convient que les changements de sens des efforts ne soient pas trop rapides : la figure 424 montre cette condition assez bien remplie; le renversement des efforts se produit vers les fonds de course. Cette figure correspond à une machine ayant les dimensions suivantes :

Diamètre du piston .... .370 mm
Id de la tige .... 57 mm
Course du piston .... 330 mm
Nombre de tours par minute .... 300 mm
Longueur de la bielle .... 825 mm
Poids du piston avec tige et tête .... 125^{kg}
Id. de la bielle .... 80 dont 32kg attribués au piston.
Force produisant l'accélération aux fonds de course..... 2.12^{kg} et 3.180^{kg}

La machine est supposée horizontale; si elle était verticale, il faudrait ajouter le poids ω à P pendant la course descendante et le retrancher pendant la course montante : cela revient à remonter d'une hauteur correspondante à ω la courbe qui partage le diagramme des efforts, pour une machine-pilon, et à l'abaisser

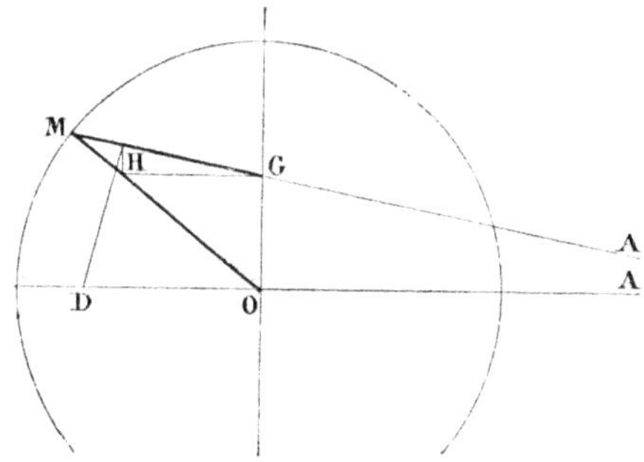

Fig. 427. — Construction de l'accélération du piston, quand l'axe du cylindre rencontre l'axe de l'arbre (la lettre L a été omise sur la figure).

M. Nillus a donné une solution complète du problème, en tenant un compte exact du mouvement de la bielle. Il a démontré qu'avec les types de bielles généralement en usage, on arrivait à une approximation suffisante, en supposant concentrée sur la tête du piston une fraction déterminée de la masse totale de la bielle, fraction comprise entre les 4 et les 5 dixièmes de cette masse. C'est un résultat utile en pratique, car on serait souvent tenté, à première vue, d'effectuer suivant un

pour une machine verticale avec cylindre sous l'arbre. Si l'axe faisait avec l'horizon l'angle α, la correction de P serait égale à $\omega \sin \alpha$.

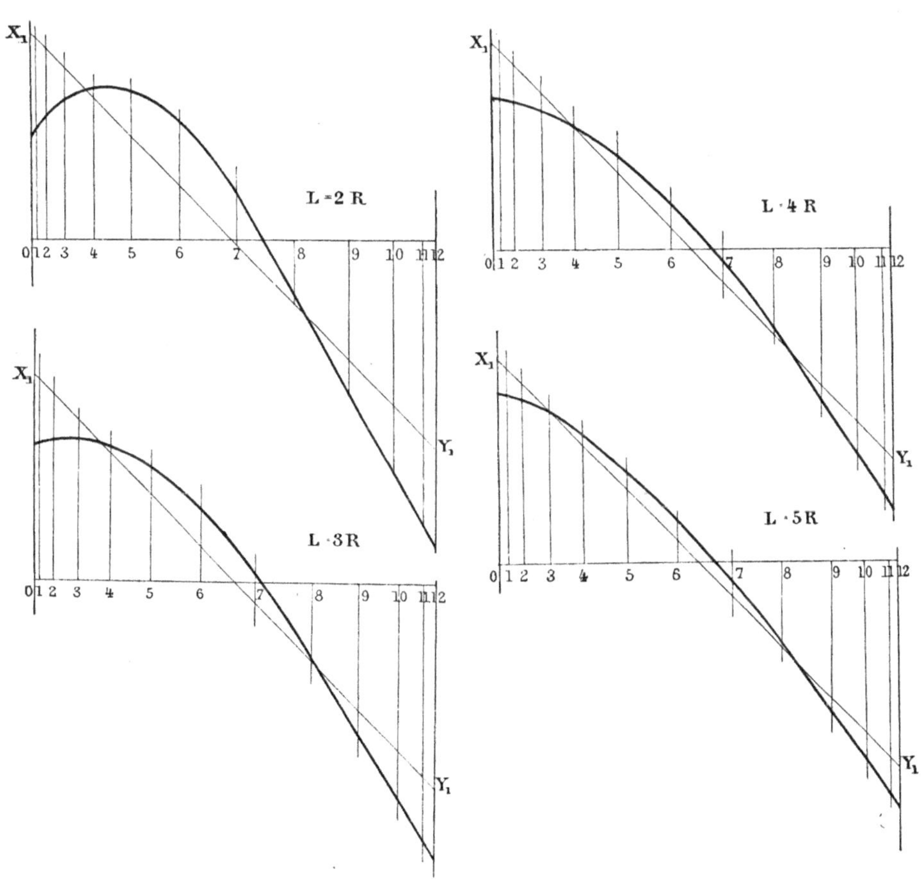

Fig. 428. — Accélérations du piston, pour diverses longueurs de la bielle motrice.

rapport différent la répartition de la masse de la bielle entre ses deux extrémités. En négligeant l'obliquité de la bielle, la vitesse du piston est proportionnelle au sinus de l'angle ωt décrit par la manivelle depuis le point mort (fig. 429), et l'accélération au cosinus du même angle : cette accélération est égale à $Om \times \omega^2$.

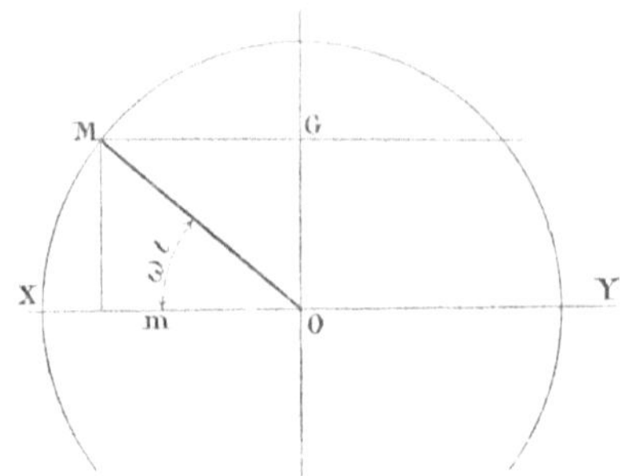

Fig. 429. — Construction de l'accélération du piston ($Om \times \omega^2$), pour une bielle infinie (la lettre *m*, mal placée sur la figure, désigne la projection du point M).

68. Chocs et vibrations.

Les articulations des mécanismes ont des jeux, qui augmentent par l'usure : le diamètre intérieur des coussinets dépasse un peu le diamètre des tourillons. Le moindre défaut de graissage expose à de graves avaries les articulations trop justes : d'autre part, avec des jeux exagérés, une machine neuve est à peu près à l'état de machine usée. Il est prudent, toutefois, d'augmenter un peu les jeux, lors de la mise en marche des grandes machines, en resserrant les articulations dès que les pièces sont rodées.

Dans la transmission usuelle, la bielle s'articule à une extrémité sur la tête de piston et à l'autre sur la manivelle, et l'arbre tourne dans les paliers : c'est généralement la grosse tête de bielle qui a le jeu le plus important.

Lorsque l'effort transmis par une pièce à une autre change de sens, le tourillon quitte la portion des coussinets qu'il touchait, et vient frapper la portion opposée. Il en résulte un choc, dont l'intensité dépend du chemin relatif parcouru par le tourillon, c'est-à-dire de l'amplitude du jeu, et de la vitesse relative prise pendant ce parcours. Pour éviter les chocs violents, il faut donc, non seulement réduire le jeu des pièces, mais les soumettre à des efforts tels que le changement de portée ne se fasse pas trop brusquement. Les diagrammes des efforts dus à la pression de la vapeur et aux forces d'inertie permettent de déterminer les positions de la machine lors du changement de portée. Dans les machines Corliss, l'admission brusque, qui n'est pas préparée par une compression préalable, produit une variation subite d'efforts, d'où peuvent résulter des chocs. Avec une forte compression et une admission anticipée, au contraire, la variation de l'effort dû à la pression de la vapeur est graduelle, comme l'est toujours celle des forces d'inertie. Dans les grandes machines, on cherche à produire le changement de portée au moment où la manivelle passe par ses points morts. Une variation de la vitesse ou de la pression initiale de la vapeur peut déplacer le point de la course où se produit le changement de portée, et modifier l'allure de la machine.

Parmi les forces qui agissent dans une machine, celles qui résultent de la pression de la vapeur restent généralement contenues à l'intérieur du système, en partie fixe et en partie mobile, qui constitue la machine, en exceptant, bien entendu, la force utile qu'on peut produire, telle que la traction d'une courroie, la poussée des bras d'une hélice. Cependant il ne faut pas trop généraliser cette remarque ; une locomotive, par exemple, peut prendre un déplacement vertical par rapport à l'essieu, qui s'appuie sur le rail; par suite, la pression de la vapeur sur les fonds des cylindres, lorsqu'ils sont inclinés, et la poussée de la tête de piston contre les glissières donnent lieu, sur le châssis de la machine, à des efforts verticaux non équilibrés: la contrepartie de ces efforts est supportée par le rail, qui ne fait pas corps avec la locomotive.

L'action des forces d'inertie sur les constructions rattachées à la machine est plus importante que selle de la vapeur : cette action disparaît quand la fondation est absolument rigide, mais non lorsque la machine est supportée par une construction de masse limitée. C'est ainsi que se développent sur les bateaux des vibrations parfois très fortes. Pour atténuer cet effet fâcheux, on cherche à équilibrer les pièces mobiles. Cet équilibre est facile pour celles qui sont animées d'un mouvement de rotation : il suffit de disposer une pièce diamétralement opposée, ayant même masse, ou telle que le produit de la masse par le rayon à partir du centre de rotation soit le même.

Mais les pièces à mouvement rectiligne alternatif ne peuvent être équilibrées par des masses tournantes, qui ne font que changer la direction des forces perturbatrices.

Pour équilibrer ces masses, on dispose parfois deux pistons actionnant deux manivelles, calées à 180° l'une de l'autre : ce système laisse encore subsister des forces perturbatrices, dirigées dans le plan des axes des cylindres. Deux systèmes à mouvements opposés, concentriques ou bien formés de deux moitiés à marche concordante, encadrant un mécanisme central, donnent un meilleur équilibre, mais qui n'est pas encore parfait, à cause de l'obliquité des bielles.

Les vibrations des bâtiments légers, porteurs de machines puissantes, prennent parfois une importance considérable, lorsqu'il s'établit des périodes synchrones entre le mouvement vibratoire de la coque et la marche de la machine. Quelquefois certaines vitesses de marche ne peuvent pas être maintenues pour cette raison.

Les expériences du constructeur A. F. Yarrow, en inscrivant sur un appareil enregistreur les vibrations d'un navire, ont montré que ces vibrations restaient les mêmes lorsque la machine commandait l'hélice et lorsqu'elle tournait, à la même vitesse, après démontage du propulseur. Par l'addition de deux contrepoids à mouvement alternatif, commandés chacun par un excentrique spécial, vers les deux extrémités de l'arbre d'une machine pilon à triple expansion, M. Yarrow a beaucoup réduit l'amplitude des vibrations, comme le montrent les relevés de la figure 430.

Dans une machine à trois ou quatre manivelles également réparties, tournant avec une vitesse uniforme, quand le poids de chaque attirail est le même, la somme

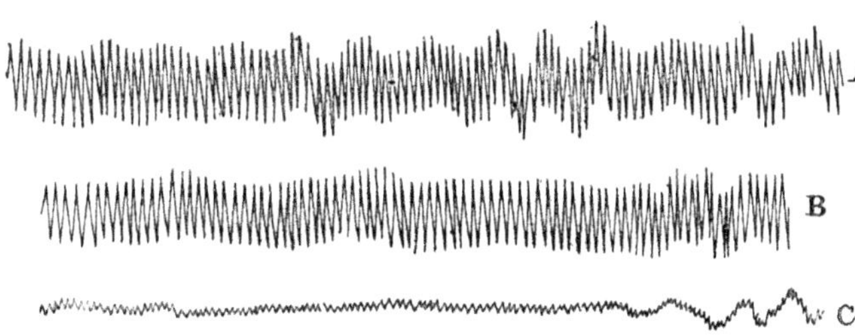

Fig. 430. — Vibrations d'un bateau, relevées par l'enregistreur Yarrow : A, machine à triple expansion ordinaire ; B, avec manivelles équilibrées ; C, avec contre-poids à mouvements alternatifs.

des forces d'inertie dirigées suivant l'axe des cylindres est sensiblement nulle, quelle que soit la longueur des bielles[12] ainsi que l'a démontré M. Normand. Mais ces forces, dont la projection est nulle, forment des couples d'intensité variable.

69. Volants.

Les règles indiquées au § 67 déterminent, pour chaque position de la manivelle d'une machine, pendant un tour, l'*effort tangentiel*, ou le moment moteur qui résulte de l'action du piston, en tenant compte du travail de la vapeur et des forces d'inertie. On en déduit le travail produit, en multipliant cet effort par le trajet du centre de la manivelle. Le développement sur une ligne droite OO' (fig. 431) de ce trajet circulaire, avec des ordonnées égales aux diverses valeurs du moment, donne une courbe OABCDO' ; l'aire comprise entre cette courbe et l'axe OO' mesure le travail ; les portions de la surface qui descendent en dessous de cet axe représentent un travail résistant ou négatif, à déduire du reste. La figure 431 s'applique au cylindre unique d'une machine à double effet.

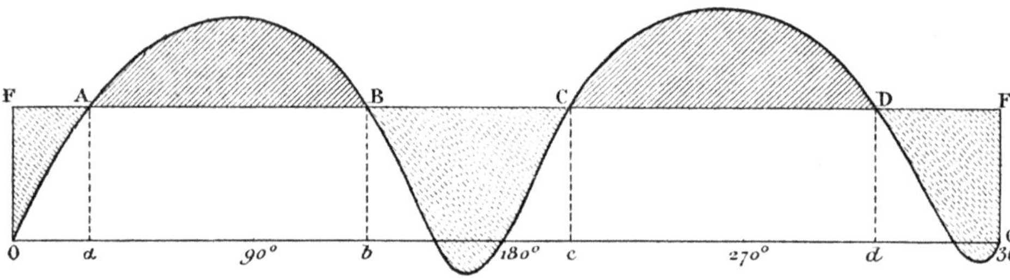

Fig. 431. — Efforts, moteur et résistant, sur l'arbre d'une machine à un cylindre.

Le travail résistant des appareils commandés, auquel s'ajoute celui des résistances passives du moteur, peut de même varier suivant une loi connue pendant un tour : une surface limitée par une courbe et par l'axe OO' le représentera. Parfois à peu près uniforme, il est figuré par un rectangle OFF'O'.

Dans la marche à l'état de régime, le travail moteur pendant un tour est égal au travail résistant : la surface du rectangle OFF'O' est égale à la valeur algébrique de la surface OABCDO'.

Lorsque le travail moteur surpasse le travail résistant, la vitesse de la machine, et de tous les mécanismes qu'elle entraîne, augmente pour se ralentir quand la différence des travaux est en sens inverse. Cette augmentation ou cette diminution de la vitesse dure tant que la différence des travaux reste de même sens. C'est donc pour les positions de la manivelle correspondant aux points A et C (fig. 431) qu'elle passe par des minima ; c'est aux positions B et D qu'auront lieu les maxima de vitesse.

Le théorème des forces vives permet de calculer les variations de la vitesse depuis un minimum jusqu'à un maximum, ou entre deux positions quelconques de la machine, quand on connaît toutes les masses en mouvement. Faute de connaître toutes ces masses, on peut se limiter aux plus importantes ; quand la machine est munie d'un volant, ou roue à jante massive destinée à régulariser la vitesse, on peut

12 Avec des bielles infinies, la somme des trois forces d'inertie est égale à :

$$R\omega^2[\cos \alpha + \cos(\alpha+2/3\pi)+\cos(\alpha+4/3\pi)]$$

le facteur entre parenthèbes est identiquement nul.

tenir compte seulement de la masse de ce volant, ou même de celle de sa jante : les écarts réels de la vitesse seront moindres que les écarts ainsi calculés en faisant abstraction de certaines masses.

Si ω' et ω'' désignent un minimum, puis le maximum suivant de la vitesse angulaire de l'arbre moteur, la demi-variation de force vive correspondante, sur un élément de masse *m*, à une distance *r* de l'axe de rotation, sera

$1/2\ (m\omega''^2r^2 - m\omega'^2r^2)$, ou bien $1/2(mr^2(\omega''^2-\omega'^2)$; pour une somme d'éléments semblables, cette demi-variation sera $1/2\ (\omega''^2-\omega'^2)\Sigma mr^2$.

La quantité Σmr^2 est le moment d'inertie du corps tournant.

La demi-variation de force vive étant égale à l'excédent de travail moteur, $\mathcal{T}$ absorbé lorgne la vitesse passe de ω' à ω'', l'équation

$$\mathcal{T} = 1/2\ (\omega''^2-\omega'^2)\ \Sigma mr^2 = 1/2\ (\omega''+\omega')(\omega''-\omega')\ \Sigma mr^2$$

fixe la valeur qu'il faut donner au moment d'inertie pour réaliser un écart de vitesse donné $\omega''- \omega'$, ou, inversement, l'écart de vitesse que permet un volant déterminé, avec une vitesse moyenne $(\omega''+\omega')/2$.

Quand la machine a deux cylindres agissant sur deux manivelles, on évalue l'effort produit par chacun d'eux au même instant, puis on ajoute ces efforts (fig. 432). Les deux cylindres peuvent travailler chacun de même, ou bien être ceux

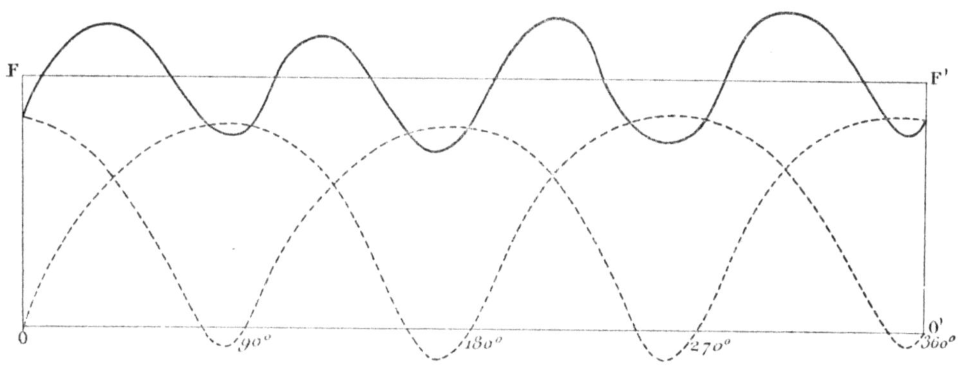

Fig. 432. — Machine à deux cylindres avec manivelles à angle droit ; tracé des variations de l'effort moteur pendant un tour.

d'une machine compound. On trace de même les efforts pour une machine à trois manivelles (fig. 433), avec les diverses combinaisons des cylindres. Les variations du moment moteur pendant un tour sont plus ou moins grandes, suivant le nombre des manivelles, le travail de la vapeur dans chaque cylindre, la vitesse de rotation. Il est important qu'il ne soit pas trop irrégulier, dans les moteurs qui n'ont pas de volant, comme les machines marines.

La figure 434 s'applique à une machine à simple effet, qui donne au volant un grand travail à emmagasiner, puis à restituer.

Le tracé du moment moteur se fait souvent en coordonnées polaires (fig. 435), qui donnent une représentation très claire, mais ne permettent pas la mesure du travail par le simple planimétrage d'une surface.

Les services d'un volant ne sont pas gratuits, car son poids augmente les frottements de l'arbre moteur sur ses coussinets ; d'après Poncelet, le coefficient de frottement de l'arbre serait compris entre 0,054 et 0,075 : un volant de 20.000 kg donnerait lieu à un frottement de 1080 à 1500 kg : le diamètre des coussinets étant de 200 mm et l'arbre faisant 50 tours par minute, c'est une longueur de $0^m,524$ par

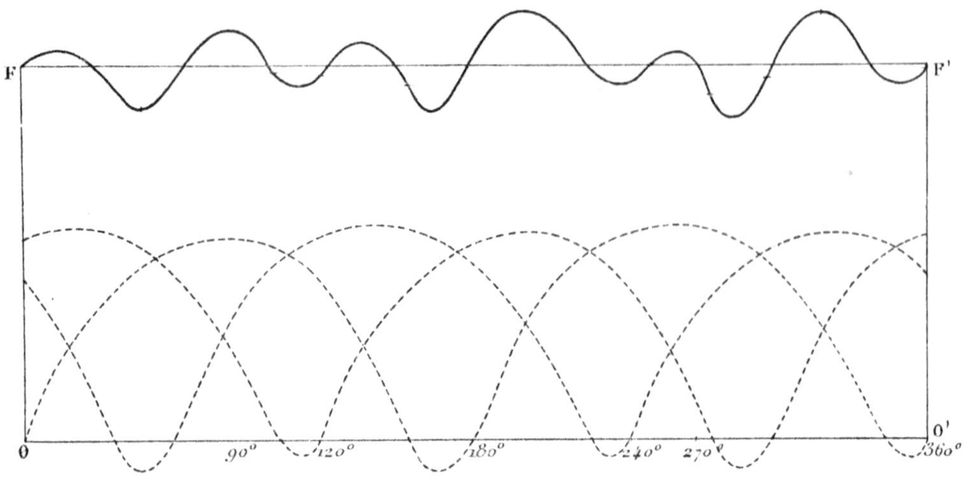

Fig. 433. — Machine à trois manivelles ; tracé des variations de l'effort moteur pendant un tour.

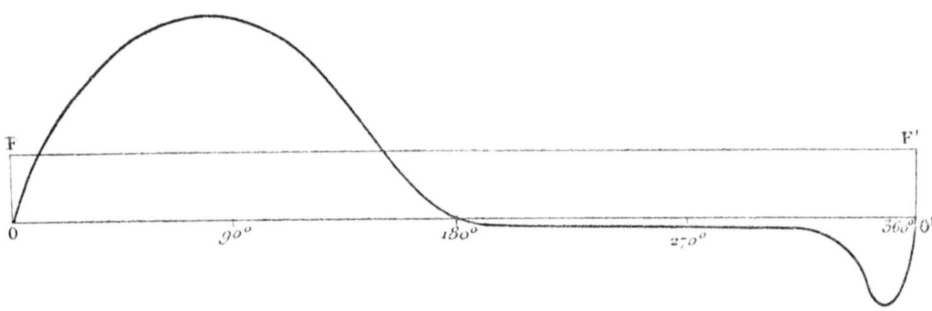

Fig. 434. — Machine avec un cylindre à simple effet ; variations de l'effort moteur pendant un tour.

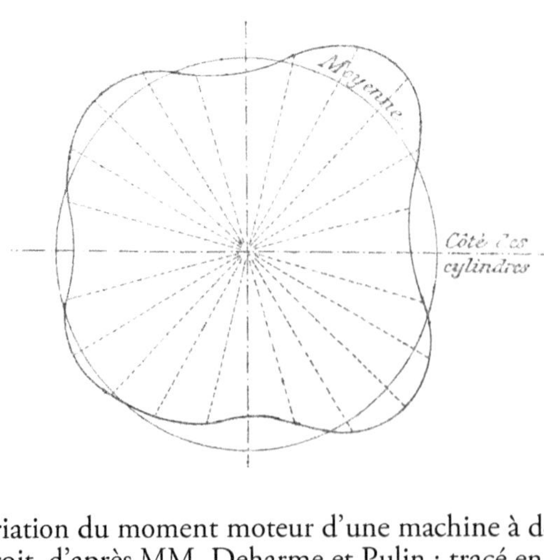

Fig. 435. — Variation du moment moteur d'une machine à deux cylindres avec manivelles à angle droit, d'après MM. Deharme et Pulin ; tracé en coordonnées polaires.

seconde, parcourue par cette force de 1080 à 1500 kg, ou un travail consommé de 565 à 785 kgm par seconde ; on perd ainsi une puissance de 7,5 à 10,5 chevaux.

Dans ce calcul, le frottement est évalué comme si le poids portait sur un plan, tandis qu'il repose sur la surface cylindrique du coussinet. Cette circonstance paraît augmenter le frottement : d'après Reuleaux, pour en tenir compte, il convient de multiplier par 4/π A- ou 1,273 le coefficient de frottement.

D'autre part, d'après les expériences sur les fusées des essieux de chemins de fer, ce coefficient est bien moindre que ne l'indiquait Poncelet : il est souvent compris entre 0,02 et 0,015.

D'ailleurs la pesanteur n'agit pas seule pour appuyer l'arbre contre ses coussinets : avec la pesanteur se composent les forces produites par le piston et par la traction de la courroie de transmission ou par la poussée des dents d'engrenage. Le frottement dépend à chaque instant de la grandeur de la force résultante sur le coussinet. M. Raffard fait remarquer qu'on peut réduire le travail dû à cette résultante, en disposant judicieusement les forces qui la composent : dans une machine verticale, la poussée du piston peut équilibrer à peu près le poids du volant, pourvu que ces forces agissent dans un même plan perpendiculaire à l'arbre ; souvent, au contraire, elles sont appliquées aux deux bouts de l'arbre, la manivelle étant à une extrémité et le volant à l'autre. L'ancienne machine à balancier réalise la disposition recommandée par M. Raffard : pendant la course descendante, le piston tend à soulever le volant, dont le poids peut être alors à peu près équilibré. Pendant la course montante, au contraire, la pression de l'arbre sur les coussinets est doublée et s'exerce de haut en bas : mais cette pression double, pendant un demi-tour seulement, ne représente en somme que la pression inévitable sur les coussinets due à l'action motrice de la vapeur, et du poids du volant même ne résulte aucune perte de travail.

Dans une machine horizontale, au contraire, l'effort du piston et le poids du volant donnent lieu à une poussée oblique, qui s'exerce continuellement sur le coussinet, dans une direction ou l'autre.

Pour réduire le frottement dû au volant, il importe d'en diminuer le poids autant que possible. Or à mesure que le rayon du volant augmente, un poids de moins en moins grand suffit pour produire un même effet. Une masse M, concentrée sur une jante de rayon R, emmagasine, pour une vitesse angulaire donnée, c'est-à-dire pour un nombre donné de tours par minute, une force vive proportionnelle à cette masse et au carré du rayon R ; le frottement est en raison directe du poids ou de la masse M. L'accroissement du rayon est d'ailleurs limité par la difficulté de l'installation d'une trop grande roue et surtout par la nécessité de la faire assez résistante. On établit aisément une équation approchée de l'effort de traction qui tend à rompre la jante, en la supposant isolée des bras et animée d'une rotation autour de l'axe[13].

13 Soient ω la vitesse angulaire, *m* la masse de l'unité de volume, concentrée sur la circonférence de rayon R, S la section transversale de la jante. Sur un arc correspondant à l'angle infiniment petit $d\alpha$(fig. 436), l'équilibre des tensions cherchées, F, et de la force centrifuge, appliquée au milieu de l'arc, $mSRd\alpha.\omega^2R$, s'exprime par l'égalité :
$2F \sin dx/2 = mSRd\alpha.\omega^2R$ ou $F/S = m\omega^2R^2 = mv^2$,
en désignant par v la vitesse linéaire de la jante.
En comptant F/S en kg par mm^2 pour la fonte, dont le décimètre cube pèse environ 7kg,4, et v en mètres par seconde, on trouve que la tension par mm^2, F/S, est égale à $0{,}00075\ v^2$. Une vitesse à la jante v de 50 m produit une tension d'environ 2 kg par mm^2.
Ce calcul ne s'applique que si le poids de la matière est négligeable à côté des autres forces considérées. Il n'en est plus de même pour une portion de la croûte terrestre à l'équateur : la vitesse linéaire, due à la rotation diurne, est 40000 km/86163 secondes ou environ 465 m par seconde.

Cet effort, pour chaque millimètre carré de la section, est proportionnel au carré de la vitesse linéaire de la jante, qui, avec la fonte, ne doit guère dépasser 50 mètres par seconde. Les volants ne servent pas seulement de régulateurs de vitesse angulaire, mais aussi d'accumulateurs du travail, qu'ils restituent en se ralentissant. Cet emploi est fréquent dans les machines de laminoirs, où les résistances, autres que les frottements, sont intermittentes : pendant que la barre se profile entre les cannelures du laminoir, la résistance est considérable, et le volant, en se ralentissant, vient en aide à la machine : il s'accélère de nouveau et recueille le travail disponible dans les intervalles entre les passages, des barres.

Pour emmagasiner ainsi un travail considérable, il faut non seulement donner une grande masse au volant, mais surtout lui imprimer une grande vitesse, inadmissible avec la fonte : en construisant le volant en fer, au lieu de le fondre, ou bien en formant la jante avec un fil d'acier enroulé sur un tambour en tôle, on peut atteindre des vitesses bien plus grandes à la périphérie de la roue : 115 m par seconde produisent une traction de 10 kg par cm^2. À cette vitesse, la demi-force vive d'une masse de 10 tonnes équivaut à 6.700.000 kilogrammètres.

Lorsqu'un volant tourne avec une vitesse angulaire à peu près uniforme, ou dont les variations sont lentes, les bras sont soumis à une traction qui tend à les rompre, traction proportionnelle au carré de la vitesse angulaire : chacun supporte en outre une fraction du poids du volant.

Lorsque la vitesse de rotation varie rapidement, comme dans les machines de laminoirs, les bras tendent en outre à se rompre par flexion : qu'on suppose un obstacle arrêtant brusquement l'arbre de la machine, les bras devront retenir la lourde jante du volant animée d'une grande vitesse : ils plieront et seront exposés à la rupture; il pourrait aussi arriver que le moyeu se décalât et se mît à tourner sur l'arbre, accident moins grave.

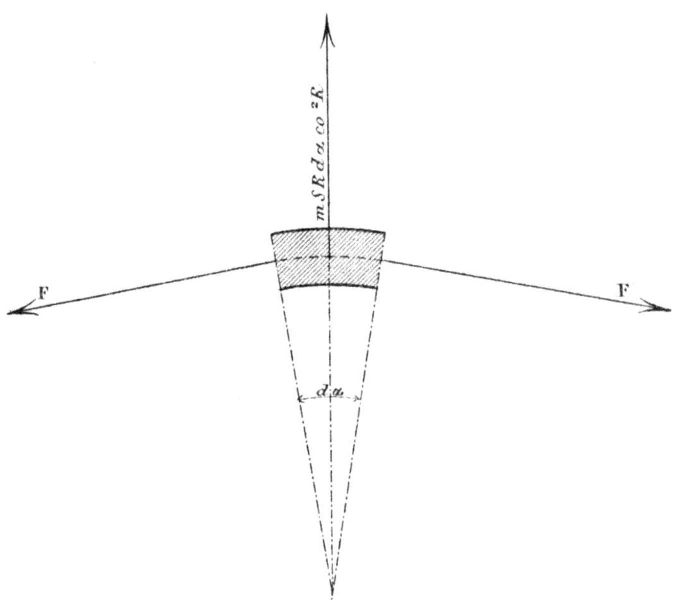

Fig. 436. — Tension dans la jante du volant.

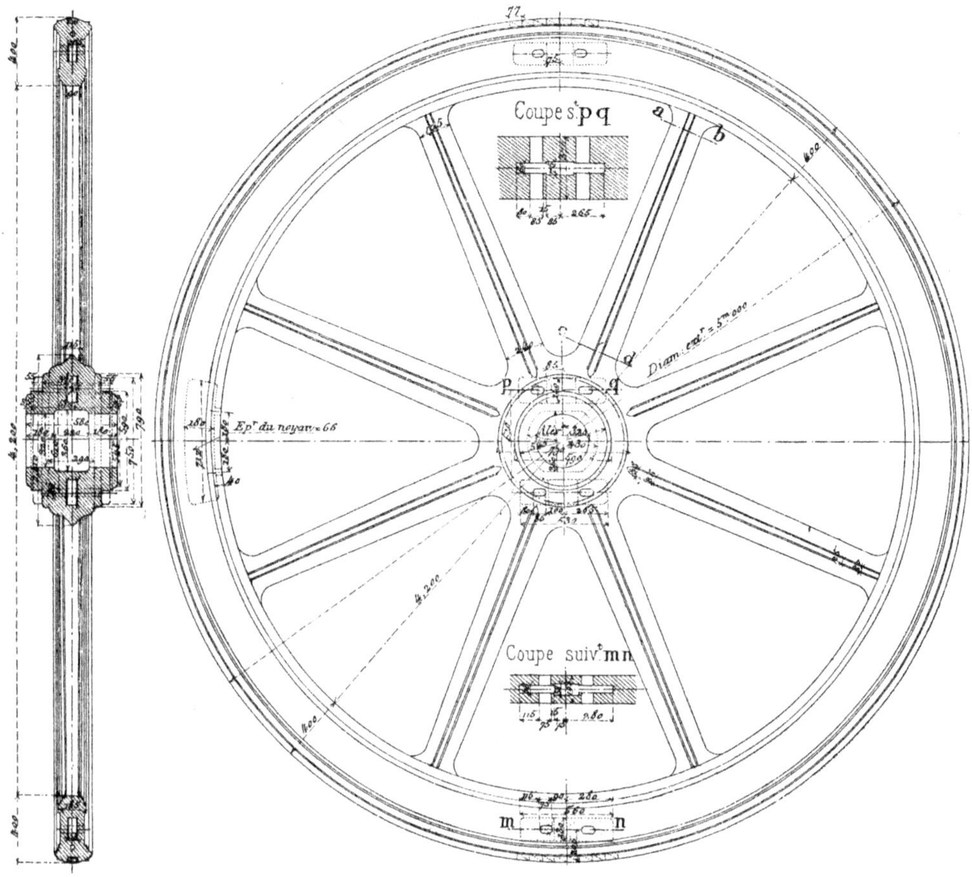

Fig. 437. — Volant d'une machine Corliss, construite par E. Garnier ; élévation; vue en bout d'une des moitiés ; détails de l'assemblage.

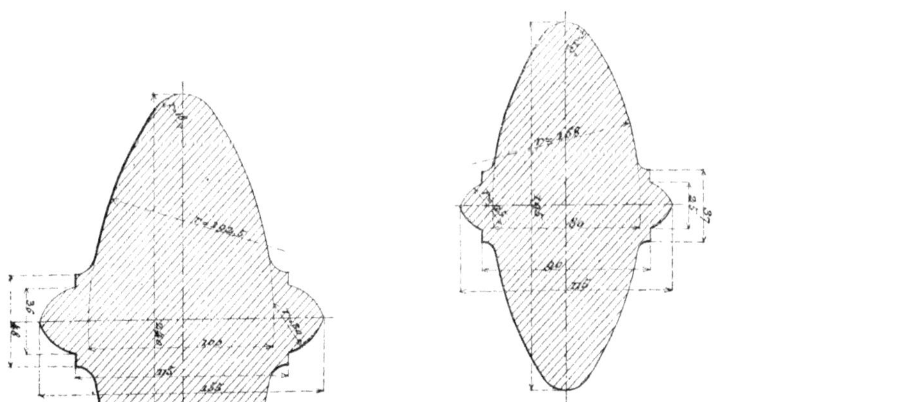

Fig. 438. — Volant d'une machine Corliss : détail de la denture pour la manoeuvre à bras ; coupes transversales suivant *ab* et *cd* de la figure 437.

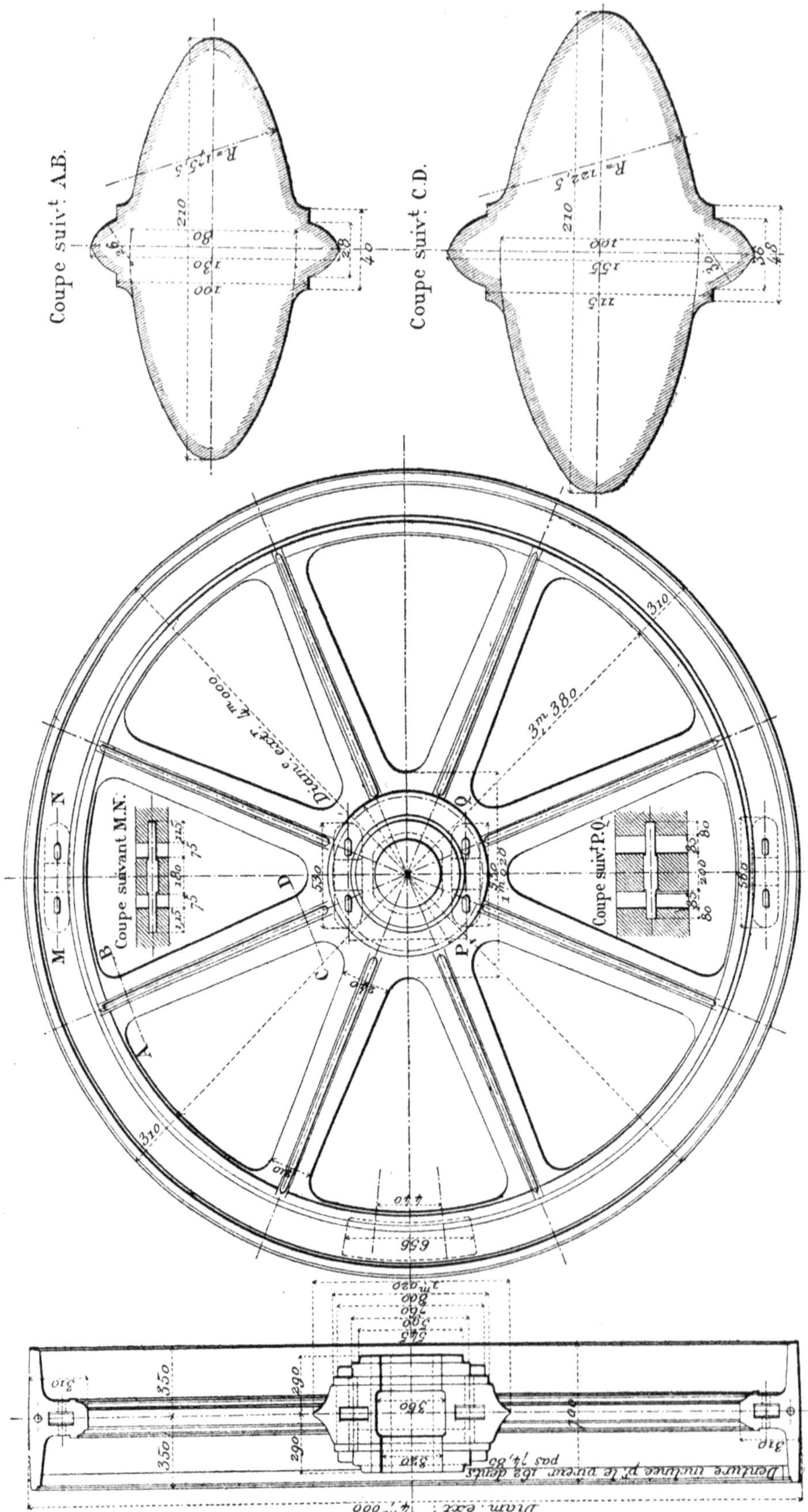

Fig. 439. – Poulie-volant, construite par E. Garnier : élévation ; vue en bout d'une des moitiés ; détails de l'assemblage ; coupe des bras suivant AB et CD.

Les figures 437 et 438 représentent le volant en fonte d'une machine Corliss ; on y voit la denture permettant de le faire tourner à l'aide d'un levier. On doit souvent monter sur l'arbre d'une machine une grande poulie pour porter une courroie de transmission (fig. 439), ou bien des câbles, sur une jante à gorges; cette poulie peut servir de volant.

Quelques expériences ont enregistré les variations de la vitesse angulaire d'un arbre, en inscrivant les vibrations d'un diapason sur un tambour tournant comme cet arbre. Les vibrations étant isochrones, les dentelures tracées occupent toutes les mêmes longueurs d'arc si la rotation est uniforme, ou bien indiquent les arcs inégaux parcourus chacun pendant une même fraction de seconde. Cette étude a été faite par M. Ransom sur des machines à vapeur, et sur des moteurs à gaz. M. Duveau est l'auteur d'un appareil qui enregistre les différences de vitesse entre l'arbre d'une machine et un plateau animé d'une rotation uniforme.

Les observations attentives de la vitesse des machines, exécutées à l'aide d'instruments de ce genre, sont fort intéressantes.

70. Modes d'action des régulateurs.

Les variations de la vitesse angulaire, pendant un tour de l'arbre, sont contenues par le volant entre des limites qu'on peut rapprocher beaucoup ; le volant s'oppose à tout changement brusque de cette vitesse, mais il n'empêche pas l'accélération ou le ralentissement qui résultent du défaut d'équilibre entre la puissance motrice et la résistance. Pour éviter cette variation, quand la résistance vient à croître ou à diminuer, il faut modifier de même la puissance : c'est le rôle des régulateurs, qui augmentent ou réduisent le travail moteur de la vapeur par tour de la machine.

On représente clairement les variations de la vitesse angulaire en les portant en ordonnées, qui correspondent à des abscisses figurant le trajet du centre de la manivelle, dans ses tours successifs (fig. 440) ; on obtient une ligne sinueuse, dont les petites oscillations périodiques se reproduisent à chaque tour et peuvent être réduites par l'augmentation du volant : grâce à l'action du régulateur, cette ligne

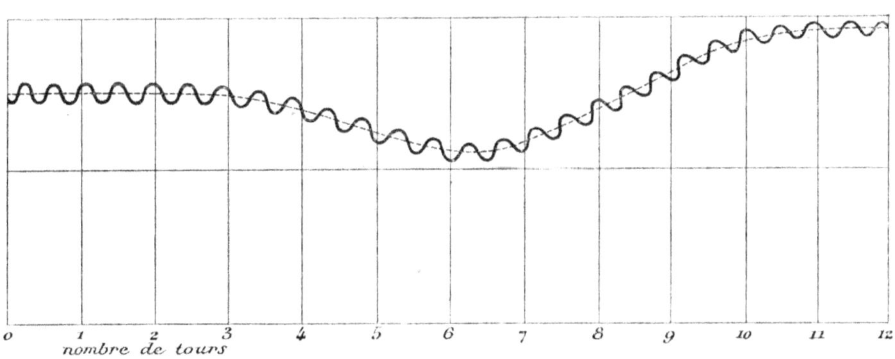

Fig. 440. — Variations de la vitesse angulaire pendant plusieurs tours.

est contenue entre deux limites plus ou moins rapprochées, mais en tout cas plus écartées que les deux limites données par le volant pendant un seul tour.

Le régulateur fait varier le travail, soit en réduisant la pression de la vapeur amenée au cylindre de la machine, soit en modifiant la longueur de l'admission. Il consiste en un mécanisme qui est entraîné par le moteur et qui peut prendre une forme différente pour chaque valeur de la vitesse, entre deux limites extrêmes; à chacune de ces formes correspond une position de l'organe de réglage du moteur, et, par suite, une valeur différente du travail qu'il fournit.

La pression de la vapeur est réduite par un papillon tournant autour d'un axe (fig. 441), ou par une soupape équilibrée (fig. 442), qu'un faible effort suffit à manoeuvrer. Lorsque ces appareils sont voisins de leur position de fermeture

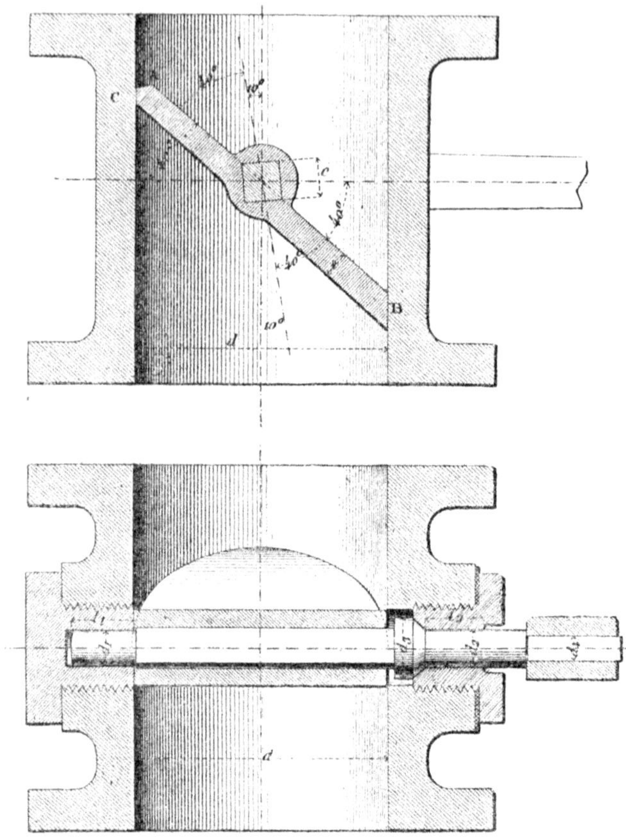

Fig. 441. — Papillon commandé par un régulateur; (d'après G. Marié.).

complète, un petit déplacement produit une variation considérable de la pression, tandis qu'ouverts en grand ils sont bien moins sensibles.

L'effort demandé au régulateur pour déplacer la soupape équilibrée est beaucoup réduit si elle reçoit d'autre part un mouvement de rotation continu; c'est alors le moteur qui fournit presque tout le travail absorbé par les frottements. Cette disposition est réalisée dans l'appareil à mouvement louvoyant de M. Raffard (fig. 443).

Les mécanismes, qui font varier l'admission de vapeur dans le cylindre, se voient sur la plupart des machines à déclenchement, telles que les Corliss, et sur certaines machines à tiroirs superposés, Rider, Farcot et autres.

On demande à ces mécanismes de se manoeuvrer sans un trop grand effort et de ne pas être réversibles, sous l'action des chocs qui produisent les déclenchements : il ne faut pas que ces chocs, reçus par les butées, déforment par trop le régulateur.

Pour éviter ces déformations brusques, on munit souvent le régulateur d'un frein à huile : c'est un petit piston non jointif ou percé de trous, dans un cylindre plein d'huile, qui n'empêche pas les mouvements assez lents.

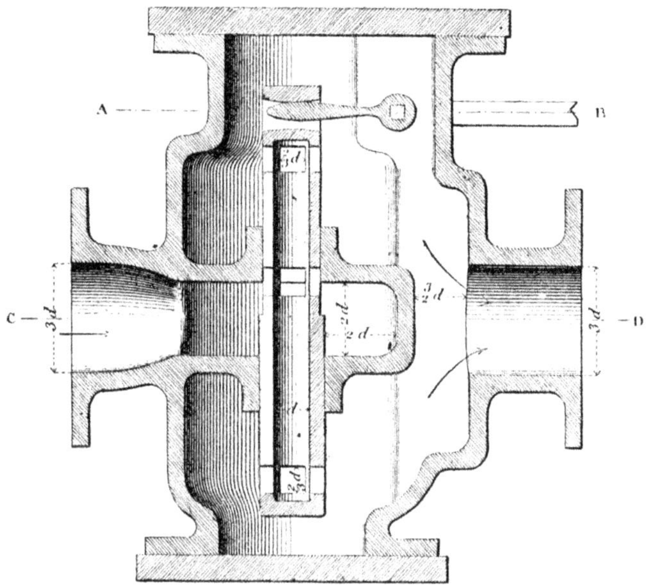

Fig. 442. — Soupape commandée par un régulateur ; (d'après G. Marié.)

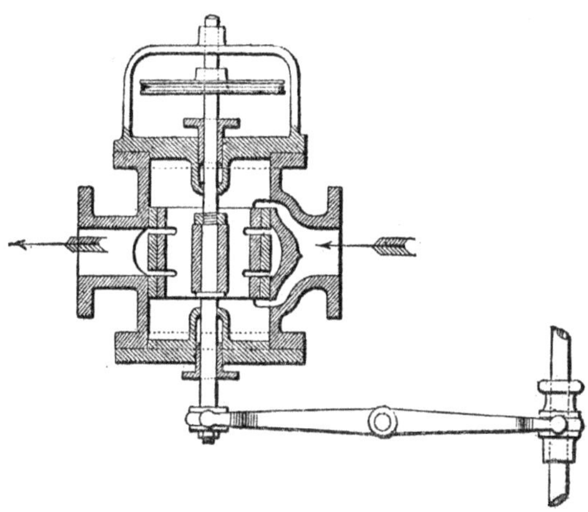

Fig. 443. — Obturateur à mouvement louvoyant, de N. J. Raffard.

Beaucoup de machines comportent les deux modes de réglage du travail moteur, par réduction de la pression et par variation de l'admission; le premier existe presque toujours, l'appareil de prise de vapeur pouvant être plus ou moins ouvert. L'un des deux réglages se fait automatiquement par le régulateur, l'autre est à la main du conducteur de la machine. On est généralement tenté de juger préférable le réglage automatique de l'admission; toutefois M. G. Marié démontre que, dans le cas fréquent où le travail d'un moteur ne doit pas varier à chaque instant entre des limites étendues, le réglage à la main de la distribution, avec action du régulateur sur la pression, peut donner d'aussi bons résultats. La disposition inverse simplifie un peu la tâche du conducteur ; elle s'applique sans complications spéciales aux mécanismes à déclenchement.

Dans tous les cas, les conditions de la bonne marche d'un régulateur sont les mêmes. Il doit prendre une nouvelle position d'équilibre relatif dès que la vitesse moyenne de la machine change : en parlant de la vitesse moyenne, on fait abstraction des petites variations inévitables pendant chaque tour ; c'est la vitesse qui serait figurée par le trait ponctué de la figure 440. Quand cette vitesse varie, la déformation du régulateur doit se faire sans retard, et sans qu'il oscille autour de sa position d'équilibre. La réalisation rigoureuse de ces deux conditions est impossible : pour parler avec une précision mathématique, il faut indiquer la valeur la plus grande du retard et des écarts admissibles.

En second lieu, l'organe de réglage de la machine doit se déplacer en même temps que le régulateur : c'est une condition que ne réalise pas le *régulateur à embrayage*, qui se contente de mettre l'organe de réglage, par exemple la vis à filets opposés de la distribution Meyer, en relation avec les pièces en mouvement de la machine : la manoeuvre est beaucoup trop lente; le retard qui en résulte dans la modification du travail moteur permet des écarts notables de vitesse et peut donner de grandes irrégularités de marche. S'il est nécessaire de faire produire de grands efforts à un régulateur, on peut lui adjoindre un servo-moteur à action rapide, qui n'a pas les inconvénients de l'embrayage.

L'organe de réglage doit produire un effet aussi prompt que possible : toutefois certaines causes de retard sont inévitables. Dans une machine Corliss, dès que l'obturateur d'admission sur un côté du piston vient de se refermer, la vapeur est engagée dans le cylindre et y produit un travail déterminé ; il n'y a plus de réglage que sur l'admission suivante, de l'autre côté du piston. Un papillon ne modifie pas instantanément la pression en aval, car une certaine quantité de vapeur l'a déjà dépassé au moment où il agit : aussi importe-t-il que le volume compris entre le papillon et le cylindre soit aussi réduit que possible. Dans les machines à plusieurs cylindres successifs, avec réservoirs intermédiaires, un effet analogue prend une grande importance, quel que soit le mode d'action du régulateur avant l'admission au premier cylindre ; la quantité de vapeur engagée dans la machine et qui doit y terminer son évolution est considérable. On n'évite cet effet que par une action simultanée sur l'admission dans chacun des cylindres.

Lorsque le régulateur agit immédiatement sur l'effort moteur, une position du régulateur et par suite une valeur du travail correspondent à chaque vitesse angulaire de la machine : ces vitesses sont comprises entre deux extrêmes, qui ne doivent pas différer par trop. L'échelle la plus étendue des vitesses est comprise entre la *marche à vide* du moteur, où il surmonte seulement les résistances passives, et la *marche à pleine charge.*

On dit que le régulateur est d'autant plus sensible que les vitesses extrêmes sont plus rapprochées : on définit avec précision la sensibilité par le rapport $\omega_0 / \omega_2 - \omega_1$ où ω_1 et ω_2 sont les deux vitesses extrêmes et ω_0 leur moyenne $(\omega_1 + \omega_2)/2$; c'est la valeur moyenne de la sensibilité qu'on exprime ainsi ; on trouverait des valeurs différentes en appliquant la même définition pour deux vitesses plus rapprochées.

Si réduites que soient les résistances de l'organe de réglage manoeuvré par un régulateur, elles s'opposent à la déformation de l'appareil, et il faut une certaine force pour les surmonter : par suite la vitesse pourra varier légèrement sans que la déformation se produise, entre deux limites ω' et ω''. Cet effet inévitable n'est pas nuisible, s'il n'est pas trop fort, puisque, malgré l'action du volant, la vitesse est sujette à de légères fluctuations, pendant chaque tour de la machine : ces fluctuations, restant comprises entre les limites w' et to», sont sans action sur le régulateur, dont elles ne pourraient que troubler le fonctionnement.

Le régulateur est d'autant plus puissant que les limites ω' et ω" sont plus rapprochées, pour une certaine résistance R à surmonter ; ce n'est pas la différence absolue ω' - ω" qu'il importe de considérer, mais le rapport de l'écart à la vitesse moyenne (ω'+ω")/2 ou ω ; ce rapport a pour valeur (ω'- ω")/(ω'+ ω").

On définit la puissance par l'expression (R. (ω'+ ω")) / (ω'- ω") d'autant plus grande que les limites ω' et ω" sont plus rapprochées.

MM. Beer et Dw. Déry ont étudié une représentation graphique du fonctionnement d'un régulateur. Les vitesses angulaires sont figurées par des abscisses (fig. 444) ; les ordonnées définissent la forme du régulateur : par exemple elles sont égales à la hauteur du manchon sur l'axe du régulateur à boules de Watt.

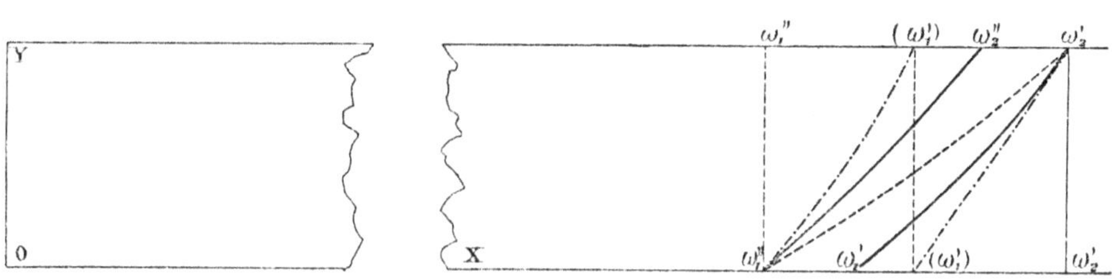

Fig. 444. — Courbes des vitesses d'un régulateur.

Le régulateur étant monté sur une machine, la position du manchon détermine le travail produit par la vapeur : on pourrait prendre pour ordonnées la valeur même de ce travail.

Comme la vitesse peut osciller entre deux limites voisines ω' et ω" sans que le régulateur se déforme, on trace ainsi deux courbes qui indiquent la relation entre les vitesses et la forme du régulateur, ou le travail moteur par tour ; l'une des courbes correspond aux vitesses ω', l'autre aux vitesses ω". Quand la résistance diminue, la machine s'accélère, le régulateur se déforme, et chaque position du manchon correspond à la vitesse la plus grande, ω' ; inversement, quand la résistance augmente, la vitesse se ralentit, et, dans la déformation du régulateur, chaque position du manchon correspond à la vitesse la plus petite, ω".

Entre deux limites extrêmes de vitesse ω''_1 et ω'_2, on peut concevoir une série de régulateurs fonctionnant différemment, depuis celui dont le graphique serait une courbe unique $\omega''_1\omega'_2$ jusqu'à celui qui correspondrait à deux droites $\omega''_1\omega''_2$ et $\omega'_1\omega'_2$ parallèles à l'axe des y : le premier aurait une très grande puissance avec une faible sensibilité; au contraire, la puissance de l'autre serait minime et la sensibilité extrême.

Ceux qui fonctionnent le mieux correspondent à deux courbes $\omega'_1\omega_2$ et $\omega''_1\omega_2$, point trop écartées, mais laissant entre elles largement la place qui correspond aux variations de vitesse que permet le volant.

L'étude des appareils existants apprend jusqu'à quel point ils satisfont à ces conditions théoriques. La figure 445 représente des diagrammes tracés par M. H. B. Ransom, qui a expérimenté l'action de divers régulateurs, d'après les relevés d'une série de ses essais. On voit sur cette figure l'effet de la réduction subite de la résistance à moitié environ. Pendant trois tours après cette réduction le manchon du régulateur n'a pas bougé ; puis il s'est élevé pendant les 6 tours suivants, en réduisant le travail indiqué par tour. Une fois le manchon arrêté, ce travail a encore décru, puis s'est légèrement relevé.

La figure 446 représente, d'après M. Ransom, les courbes déduites de l'observation du même régulateur : les ordonnées figurent l'élévation du manchon en pouces et les abscisses, le nombre de tours par minute ; une de ces courbes

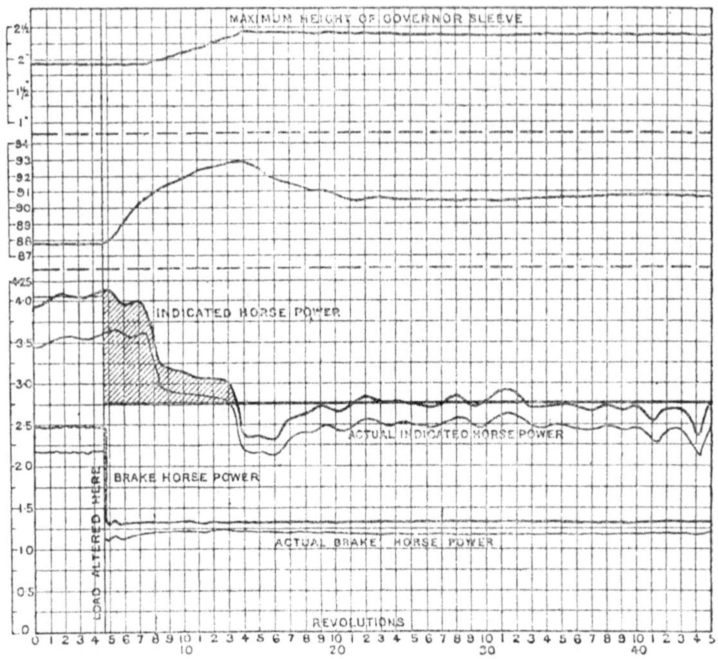

Fig. 445. — Diagramme d'une expérience de H. B. Ransom sur une machine munie d'un régulateur de Watt commandant une soupape équilibrée. Les nombres de tours sont portés en abscisses. Les courbes représentent la puissance en chevaux relevée au frein et la puissance indiquée (*actual brake horse power* et *actual indicated h. p.*), et ces mêmes puissances calculées pour une vitesse de 100 tours à la minute. Une autre courbe représente la vitesse en tours par minute, et la courbe supérieure, la hauteur, en pouces, du manchon du régulateur (*governor sleeve*).
D'après les *Proceedings of the inst. of civil engineers.*

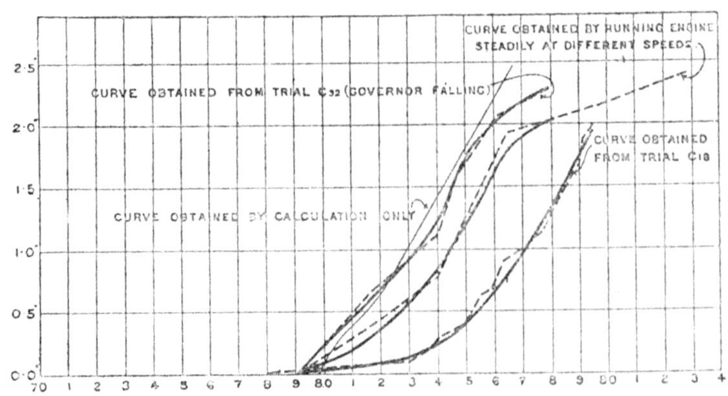

Fig. 446. — Diagrammes des positions du manchon d'un régulateur de Watt, en fonction du nombre de tours par minute, d'après des expériences de H. B. Ransom.

correspond à la descente (*governor falling*), l'autre à l'ascension du manchon : une courbe intermédiaire a été tracée d'après des observations de la machine en marche uniforme. Enfin une ligne en traits fins indique des résultats de calcul.

On peut désirer la même vitesse moyenne de régime avec des charges variées, tandis que le régulateur donne alors des vitesses différentes. On ramène toujours la machine à cette vitesse uniforme en agissant sur la transmission qui relie le régulateur à l'organe de réglage : par suite de cette modification, des travaux différents correspondent à une même position du régulateur. Cette correction peut se faire à la main ou automatiquement : le compensateur Denis (fig. 447) en est un exemple.

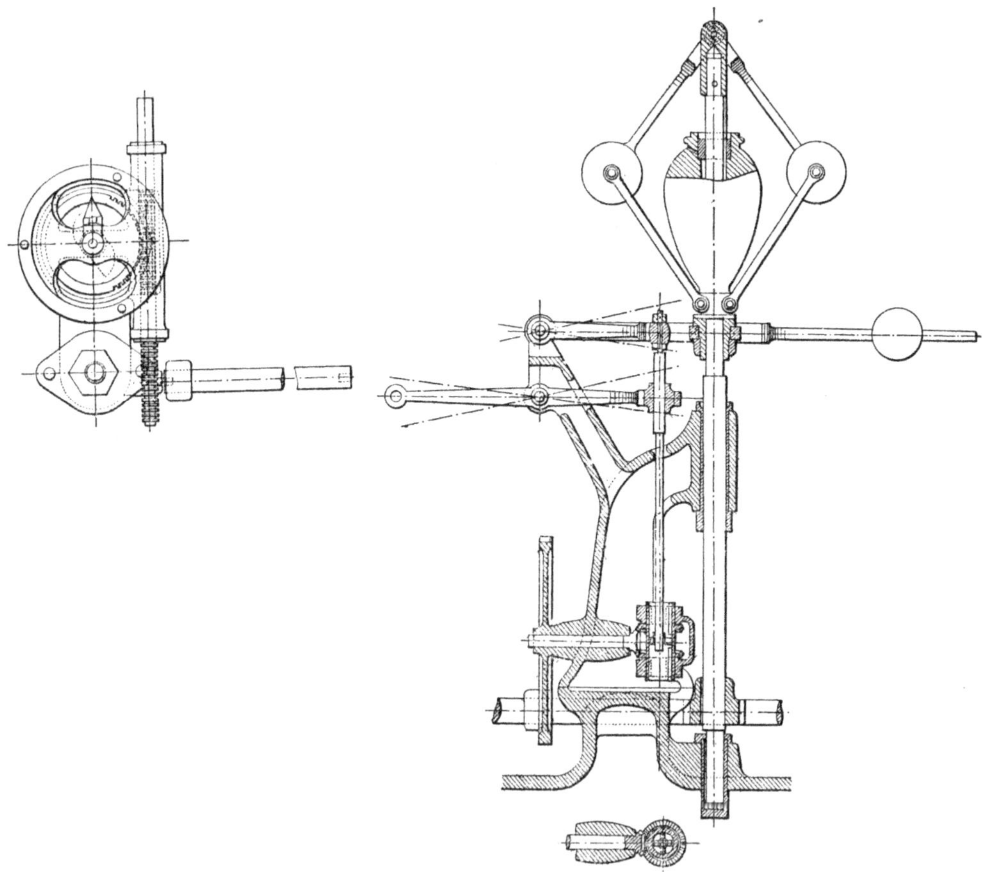

Fig. 447. — Compensateur Denis, sur un régulateur de Porter : dès que le manchon du régulateur s'écarte de sa position moyenne, il embraye dans un sens ou dans l'autre un engrenage qui modifie la longueur de la tringle qui rattache au régulateur le papillon sur l'arrivée de vapeur.

71. Régulateurs de Watt et de Porter.

Les régulateurs à force centrifuge le plus fréquemment employés sont ceux de Watt et de Porter, où des masses sphériques ou lenticulaires sont fixées à l'extrémité de bras, articulés sur un axe vertical. Le pendule conique ainsi formé est rattaché à un manchon, qui glisse sur l'axe, et qui s'élève à mesure que les boules s'écartent.

Le régulateur de Porter est caractérisé par l'importance de la masse du manchon (fig. 448). L'articulation des bras du pendule est placée soit sur l'axe vertical même (fig. 449), soit à quelque distance de cet axe (fig. 450), soit enfin de manière que les bras se croisent (fig. 451). Les tiges telles de DB et BE ont habituellement même longueur, et les articulations D et E sont à égale distance de l'axe vertical. Parfois les boules C sont montées sur les articulations B (fig. 448 et 452).

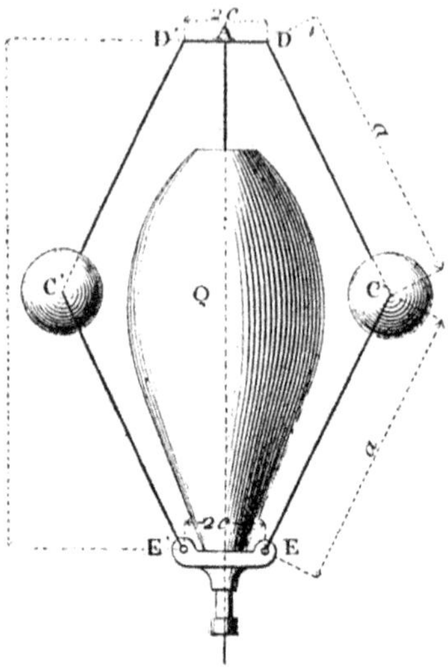

Fig. 448. — Régulateur de Porter.

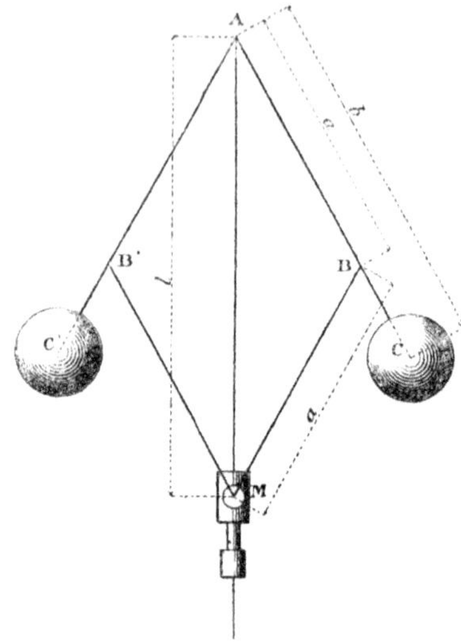

Fig. 449. — Régulateur à bras articulés sur l'axe vertical tournant.

Un calcul simple fait connaître la position d'équilibre relatif de l'appareil, sous l'action de la pesanteur et de la force centrifuge, pour une vitesse angulaire connue de l'axe vertical, qui est entraîné par le moteur. L'équation d'équilibre relatif s'écrit en composant avec la pesanteur les forces d'inertie d'entraînement, c'est-à-dire la force centrifuge. On exprime que la somme des moments, par rapport à l'articulation A (fig. 453), est nulle ; en tenant compte seulement de la masse des boules, pesant

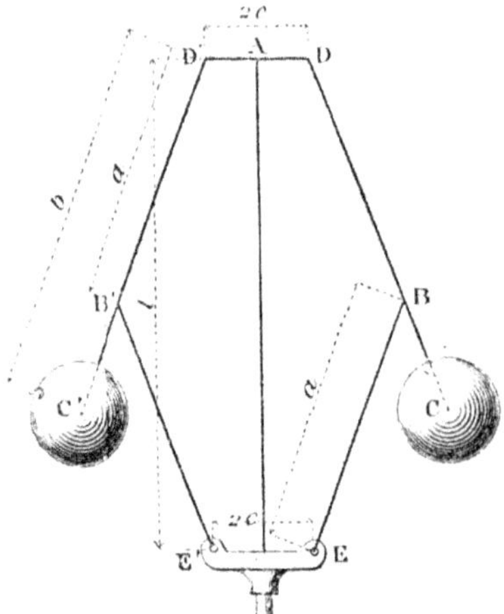

Fig. 450. — Régulateur avec bras articulés à la distance c de l'axe vertical tournant.

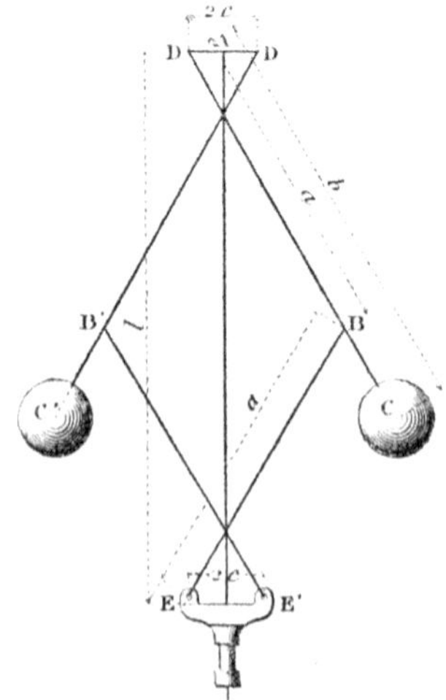

Fig. 451. — Régulateur à bras croisés.

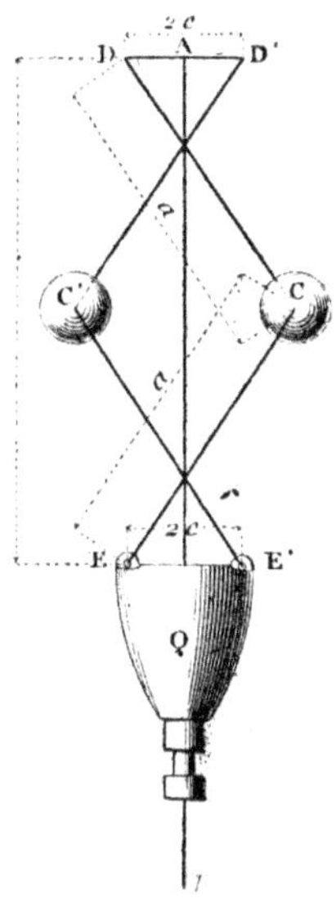

Fig. 452. — Régulateur à boules montées sur l'articulation des bras obliques.

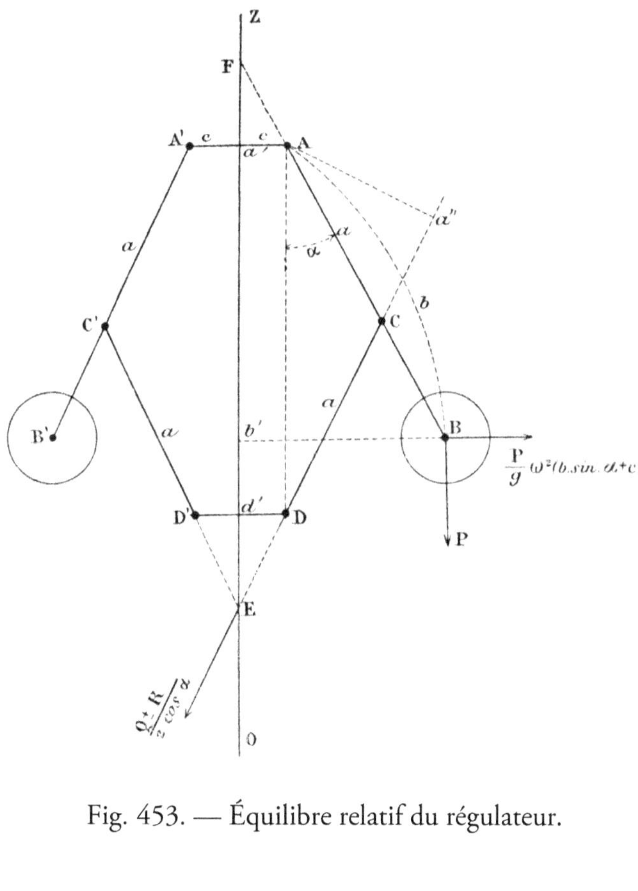

Fig. 453. — Équilibre relatif du régulateur.

chacune P, et du manchon, de poids Q, ω étant la vitesse angulaire du régulateur, α l'angle du bras avec la verticale, *g* l'accélération de la pesanteur, *a, b* et *c* les longueurs des bras indiquées sur la figure, on écrit la relation

$$\frac{P}{g}\omega^2(b \sin \alpha + c)b \cos \alpha = \frac{Q}{2 \cos \alpha} a \sin 2\alpha + Pb \sin \alpha$$

ou

$$\frac{P}{g}\,\frac{b \sin \alpha + c}{\mathrm{tg}\, \alpha}\,\omega^2 = P + Q\frac{a}{b}\cdot$$

Cette équation représente la relation moyenne entre l'angle α et la vitesse angulaire ω ; on obtiendra deux autres équations, correspondant aux positions occupées lorsque la vitesse diminue et lorsqu'elle augmente, en remplaçant le poids Q par Q - R et par Q + R, R étant la résistance qui s'oppose au déplacement du manchon.

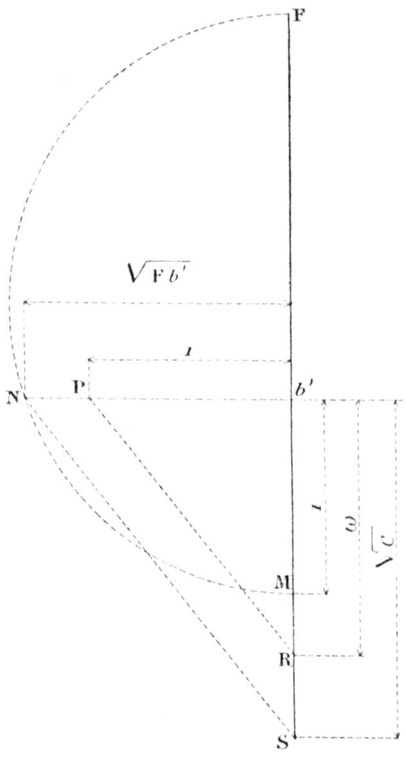

Fig. 454. — Construction de la vitesse angulaire ω.

La construction de la figure 454 représente graphiquement la vitesse angulaire ω pour une valeur quelconque de l'angle α (fig. 453) : si AB coupe OZ en F,

$$Fb' = b \cos \alpha + (c / \mathrm{tg}\, x) = b \sin \alpha + (c / \mathrm{tg}\, x)$$

Par suite :

$$\omega^2 = \frac{g}{P}\cdot\frac{P + (Q \pm R)\frac{a}{b}}{Fb'} = \frac{C}{Fb'} \quad \text{ou} \quad \frac{C'}{Fb'}$$

en représentant par C et C' les facteurs indépendants de l'angle α.

On prend alors (fig. 454) *b*'M = 1, à la suite de F*b*' ; sur FM comme diamètre, on décrit une circonférence ; la perpendiculaire *b*'N à FM représente √/Fb'. On prend encore *b*'S = √C et *b*'P = 1 ; on mène PR parallèle à NS ; la longueur *b*'R figure la vitesse ω, car les triangles semblables *b*'PR, *b*'NS donnent la relation :

$$\frac{b'R}{1} = \frac{b'S}{b'N} = \sqrt{\frac{C}{Fb'}}.$$

Ayant ainsi construit la vitesse angulaire pour une valeur quelconque de l'angle α, qui mesure l'écart des bras du régulateur, on peut tracer la courbe ayant pour abscisses les vitesses angulaires et pour ordonnées les élévations *l* du manchon, qui sont liées à l'angle α par la relation simple $l = 2a(1 - \cos\alpha)$. La course totale du manchon, L, sera la différence des deux valeurs extrêmes l_1 et l_2 correspondant aux limites de l'angle α.

Pour chaque valeur de l'angle α, on a deux valeurs de la vitesse angulaire correspondant à Q + R et à Q - R, c'est-à-dire à l'élévation et à l'abaissement du manchon, ou bien à l'accélération et au ralentissement de l'appareil : on obtient ainsi les deux courbes $\omega'_1\omega'_2$ $\omega''_2\,\omega''_1$(fig. 455 et 444). On peut encore tracer la courbe moyenne $\omega_1\omega_2$, correspondant à une résistance nulle (R = 0).

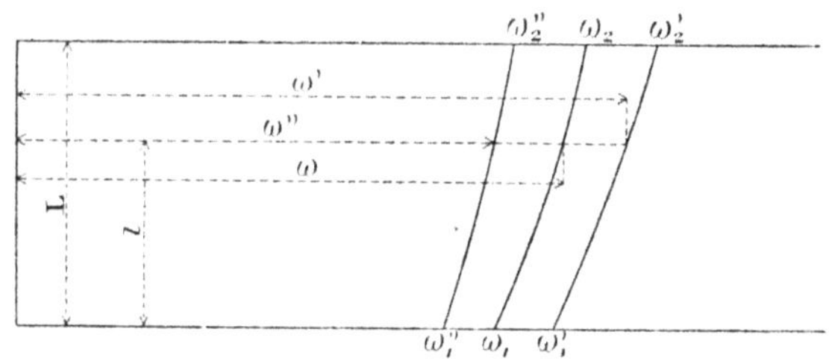

Fig. 455. — Courbes des vitesses d'un régulateur.

Lorsque le régulateur se déforme rapidement, les boules n'occupent pas à chaque instant la position qui correspond à la vitesse angulaire dans l'équilibre relatif. L'amplitude de la déformation du régulateur est alors augmentée par l'inertie radiale du système, qui dépasse la position d'équilibre correspondant à la nouvelle vitesse, puis oscille en deçà et au-delà de cette position. Il importe que ces oscillations n'aient pas une grande amplitude et qu'elles s'éteignent rapidement. Ce mouvement ne dépend pas seulement du régulateur, mais du système qu'il commande, du moteur dont il gouverne la marche, et même des appareils que ce moteur actionne. L'étude complète d'un régulateur est un problème de mécanique assez compliqué.

Pour une étude approchée, si l'on se reporte à l'équation d'équilibre relatif, on trouve qu'en croisant les bras, comme sur la figure 451, on augmente la sensibilité du régulateur : on rapproche alors les vitesses qui correspondent aux positions extrêmes fixées pour les boules. On a même cherché à obtenir ainsi des régulateurs isochrones, dont toutes les positions d'équilibre correspondent à une même vitesse angulaire. On démontre aisément que l'isochronisme serait réalisé si le centre de la boule se déplaçait sur une parabole : à cette parabole on substitue un arc de cercle voisin, dont le centre se trouve placé comme sur la figure 451. Ces régulateurs isochrones fonctionnent mal : ils passent trop facilement d'une extrémité à l'autre de leur course, donnant ainsi d'énormes variations du travail moteur par coup de piston. Sur chaque machine, on peut augmenter sans inconvénient la sensibilité du régulateur jusqu'à une certaine valeur ; au-delà la marche est troublée et irrégulière.

Dans le régulateur de Porter (fig. 448), la valeur considérable du poids Q du manchon par rapport au poids P des boules permet d'obtenir facilement une grande puissance. D'après la définition donnée au § 70, la puissance, pour une résistance R, est proportionnelle au quotient $(\omega'+\omega'') / (\omega'-\omega'')$, ω' et ω'' étant les vitesses extrêmes entre lesquelles le régulateur ne se déforme pas.

En désignant par m, pour abréger l'écriture, la quantité $(b \sin \alpha + c) / (g \operatorname{tg} \alpha)$, l'équation de l'équilibre relatif du régulateur donne, pour ω' et ω'', les valeurs :

$$\omega'^2 = \frac{P + (Q + R)\dfrac{a}{b}}{mP}$$

$$\omega''^2 = \frac{P + (Q - R)\dfrac{a}{b}}{mP}.$$

Par la soustraction membre à membre de ces équations on obtient :

$$\omega'^2 - \omega''^2 = \frac{2R\dfrac{a}{b}}{mP}.$$

L'expression de la puissance est alors :

$$\frac{R(\omega' + \omega'')}{\omega' - \omega''} = \frac{R(\omega' + \omega'')^2 mP}{2R\dfrac{a}{b}} = \frac{b}{a}\,\frac{mP(\omega' + \omega'')^2}{2}.$$

Les écarts de ω' et de ω'' n'étant pas considérables, on peut approximativement remplacer $\omega' + \omega''$ par 2ω, ω étant la vitesse moyenne, égale à :

$$\sqrt{\frac{P + Q\dfrac{a}{b}}{mP}}\ ;$$ la puissance est alors représentée par l'expression :

$$2\frac{b}{a}\left(P + Q\frac{a}{b}\right) = 2\left(P\frac{b}{a} + Q\right).$$

On augmente la puissance par l'accroissement des poids P ou du poids Q ; mais il est plus commode d'accroître le second poids, pour ne pas faire tourner de grosses boules. La vitesse de rotation à donner au régulateur doit augmenter en même temps ; il n'est pas difficile de multiplier, autant qu'on le désire, la vitesse angulaire de l'arbre d'une machine pour la commande du régulateur. Il importe toutefois que les régulateurs qui tournent vite soient exactement équilibrés autour de leur axe vertical.

Sans calculs, on se rend compte aisément que le manchon demeure suspendu par l'action des masses tournantes, action qui est proportionnelle au carré de la vitesse angulaire : de petites masses tournant très vite supporteront un lourd manchon, tandis qu'avec une rotation lente, de grosses boules ne tireront qu'un petit manchon. Comme la résistance des mécanismes commandés par l'appareil s'ajoute au poids du manchon ou s'en retranche, on conçoit qu'elle troublera le fonctionnement de l'appareil d'autant moins que ce poids sera plus fort.

72. Types divers de régulateurs.

Il est commode de faire varier à volonté le poids (Q) du manchon, suivant les applications du régulateur, de manière à réaliser par tâtonnements la meilleure marche. Le régulateur Andrade (fig. 456) permet cette variation, ainsi que celui de Farcot (voir § 79, t. II).

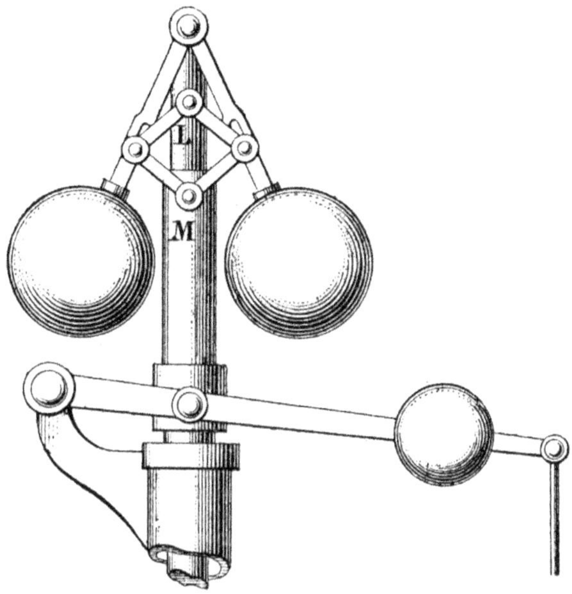

Fig. 456. — Régulateur Andrade, d'après M. Haton de la Goupillière. Le sommet L d'un losange articulé est porté par l'arbre tournant, et le sommet opposé soulève le manchon M.

Bien des dispositions diverses ont été imaginées. Dans l'appareil de Foucault, les bras portant les boules sont articulés sur le manchon, dons elles équilibrent en partie le poids. Les boules restent toujours dans un plan horizontal : elles sont en outre

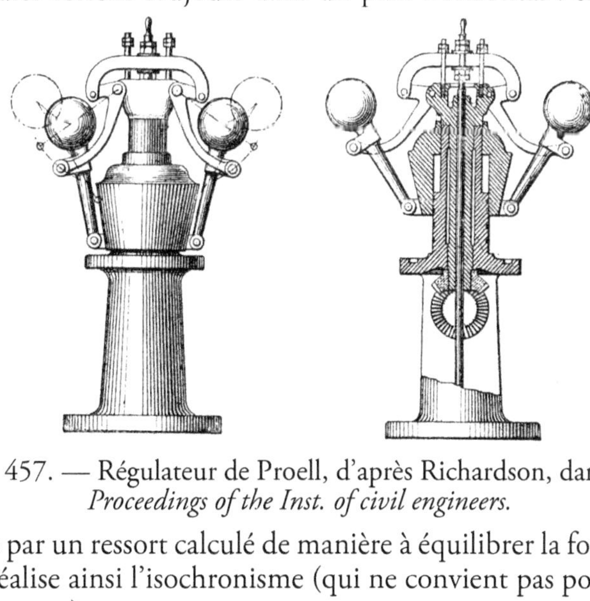

Fig. 457. — Régulateur de Proell, d'après Richardson, dans les *Proceedings of the Inst. of civil engineers.*

rattachées à l'axe par un ressort calculé de manière à équilibrer la force centrifuge sur ces boules. On réalise ainsi l'isochronisme (qui ne convient pas pour les régulateurs des machines à vapeur).

Le régulateur de Proell (fig. 457) comporte un gros manchon comme celui de Porter ; l'articulation des boules est renversée. Les leviers sont combinés de telle sorte que l'action du manchon augmente à mesure que les boules s'écartent.

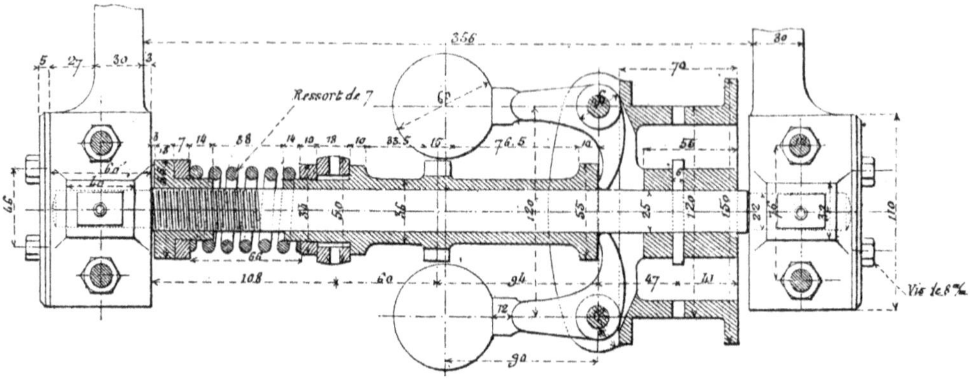

Fig. 458. — Régulateur à axe horizontal et à ressort, construit par M. Raffard.

Le régulateur *Cosinus*, dû à Buss, permettrait de réaliser aussi l'isochronisme, dont il convient de ne pas trop s'approcher. Les deux bras du pendule sont coudés et articulés sur le manchon; chaque bras coudé porte deux masses, dont une s'appuie par un galet sur un talon de l'arbre vertical et est ainsi maintenue dans un plan horizontal.

Le manchon pesant peut être remplacé par un ressort, moins encombrant; on n'est plus obligé de placer verticalement l'arbre du régulateur et le système est applicable à des machines mobiles. Tel est, par exemple, le régulateur Raffard (fig. 458).

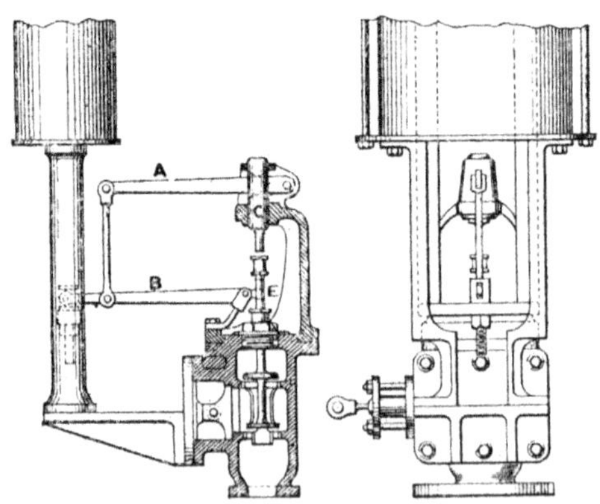

Fig. 459. — Régulateur électrique de Richardson, avec dispositif de sûreté pour fermer l'admission de vapeur en cas d'arrêt du courant.

On demande parfois aux régulateurs d'interrompre l'admission de vapeur dès que la vitesse dépasse une limite fixée : cette disposition serait utile pour empêcher l'affolement de l'hélice des navires par les gros temps. Pour les grandes machines marines, on ne paraît pas avoir construit à cet effet d'appareil simple et commode. Les *régulateurs à inertie* servent pour les applications de ce genre qui ont été essayées : par exemple, un levier oscillant, commandé par le moteur, porte une masse, dont l'inertie produit un déclenchement qui interrompt l'admission quand la vitesse dépasse la limite fixée. On peut aussi faire agir un régulateur à force centrifuge, aux extrémités de sa course, sur un déclic qui laisse échapper un contre-poids : ce contre-poids ferme un papillon sur l'arrivée de vapeur.

Lorsqu'une machine à vapeur conduit une dynamo, le courant électrique peut être facilement appliqué à la commande d'un régulateur, pour maintenir constante la différence de potentiel aux bornes de la dynamo, ou l'intensité du courant. L'un des régulateurs étudié à cet effet par M. Richardson comprend un noyau de fer qui se déplace dans un solénoïde (fig. 459). En cas d'arrêt du courant, le poids du noyau agirait sur le levier de sûreté A pour interrompre l'admission de vapeur : la régularisation est produite normalement par le levier B, qui commande une soupape équilibrée.

73. Régulateurs agissant sur le calage de l'excentrique.

Beaucoup de machines à rotation rapide ont un tiroir commandé par un excentrique à calage variable, en relation avec un régulateur, qui diminue le rayon de l'excentrique, et augmente l'avance angulaire, quand la vitesse s'accroît. Ces régulateurs se composent de ressorts et de masses pesantes placées dans une poulie calée sur l'arbre de la machine. On peut les classer en trois catégories principales.

Dans la première catégorie, le centre de l'excentrique peut se déplacer suivant un arc de cercle T_1T_0 de grand rayon (fig. 460) ; la poulie d'excentrique, reliée à un centre K, est sollicitée par une bielle AB, tirée par une masse P, qui peut pivoter

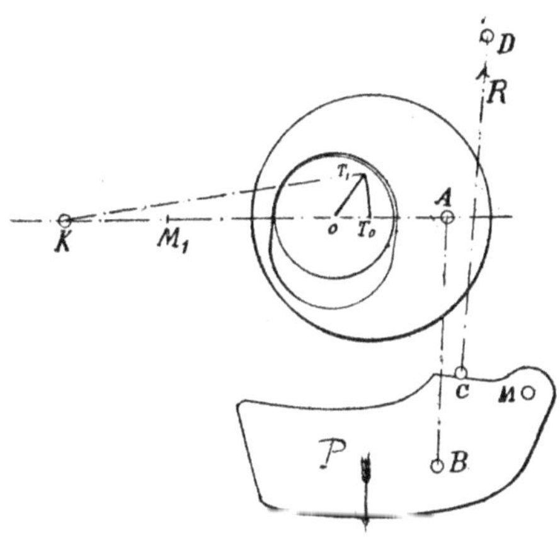

Fig. 460. — Régulateur agissant sur le calage de l'excentrique : premier genre.

autour d'un centre M ; cette masse prend pour chaque vitesse de rotation de la machine une position d'équilibre sous l'action de la force centrifuge et d'un ressort antagoniste R, fixé en D, qui la tire suivant CD.

Quand la vitesse croît, le centre de l'excentrique se rapproche de T_0. Tout le système tourne avec la machine ; les trois points fixes (dans le mouvement relatif du système), K, M, D se trouvent dans le volant ou dans un plateau spécial calé sur l'arbre.

On ajoute une seconde masse P' avec son ressort R', symétrique par rapport à l'axe 0, afin de doubler les forces en jeu et d'éviter le balourd de l'arbre. On peut aussi ne monter qu'un seul ressort, réunissant les deux poids et n'ayant pas d'attaches fixes, ou bien n'agissant directement que sur l'un des poids, qui sont reliés ensemble.

Les figures 461 et 462 donnent un exemple du système avec deux ressorts.

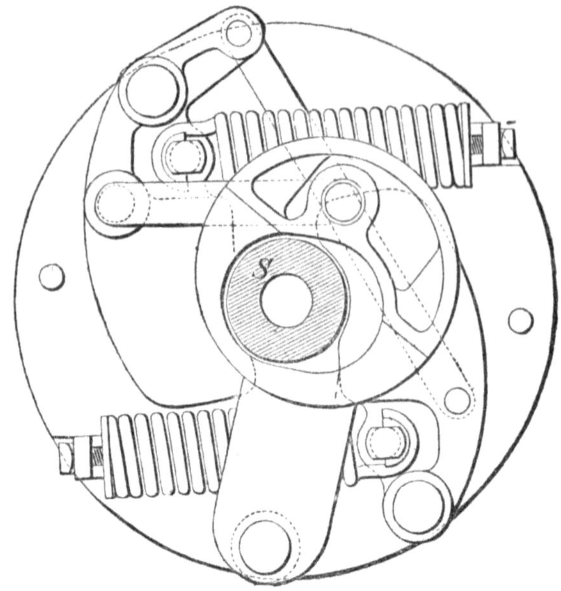

Fig. 461. — Régulateur de la machine Westinghouse : admission la plus grande.

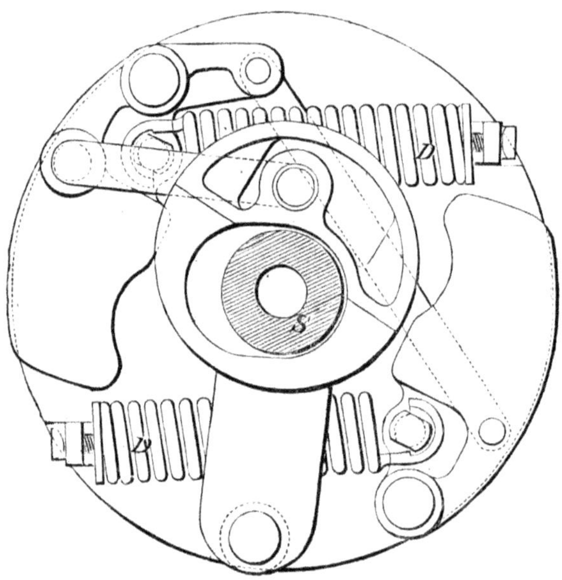

Fig. 462. — Régulateur de la machine Westinghouse : admission la plus petite.

Si on suppose indéfiniment éloigné le centre K, T_1T_0 devient à la limite une droite perpendiculaire à la manivelle motrice OM_1 ; des guides assurent le mouvement rectiligne ; tel est le régulateur de la figure 463. Trois masses symétriquement disposées, chacune avec son ressort, commandent la poulie d'excentrique. La figure 464 montre le frein à huile de cet appareil.

Dans une seconde classe d'appareils, le centre de l'excentrique peut tourner suivant T_1T_0 autour d'un centre K voisin (fig. 465). On réalise cette disposition en employant deux poulies d'excentrique superposées ; la première, calée sur l'arbre, a son centre en K ; la seconde, dont le centre est T, est mobile sur la première ; elle est tirée par deux bielles symétriques, AB, A'B', actionnées par les poids P, P', avec ressort antagoniste. La variation des avances linéaires, quand l'angle de calage varie, n'est pas entièrement satisfaisante avec cette disposition.

Les figures 466 et 467 en donnent un exemple : le plateau BC (fig. 467), qui porte le bouton E, tourne sur l'excentrique A.

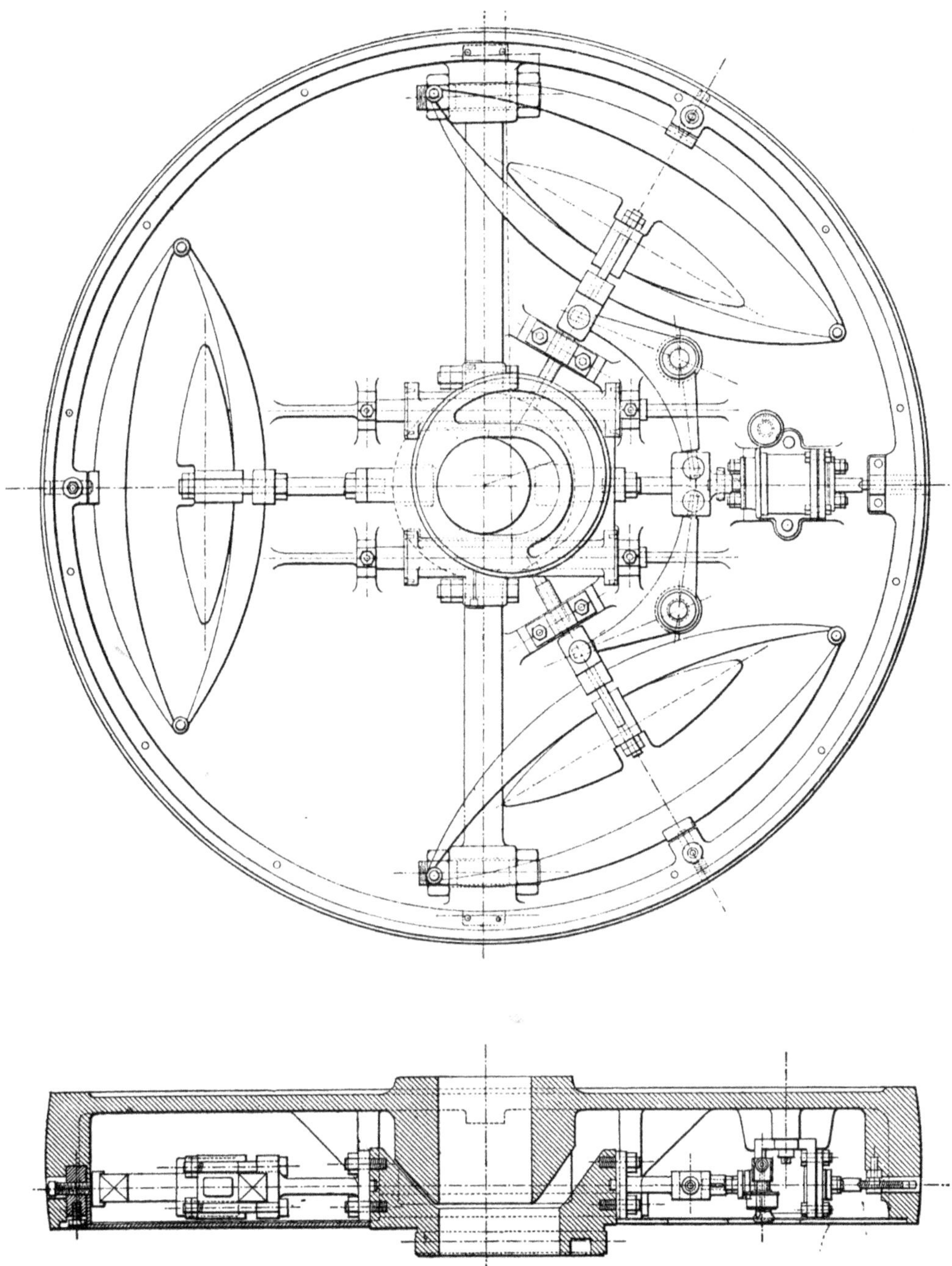

Fig. 463. — Régulateur à déplacement rectiligne du centre de l'excentrique, pour machine à grande vitesse, avec quatre distributeurs, construite par E Garnier.

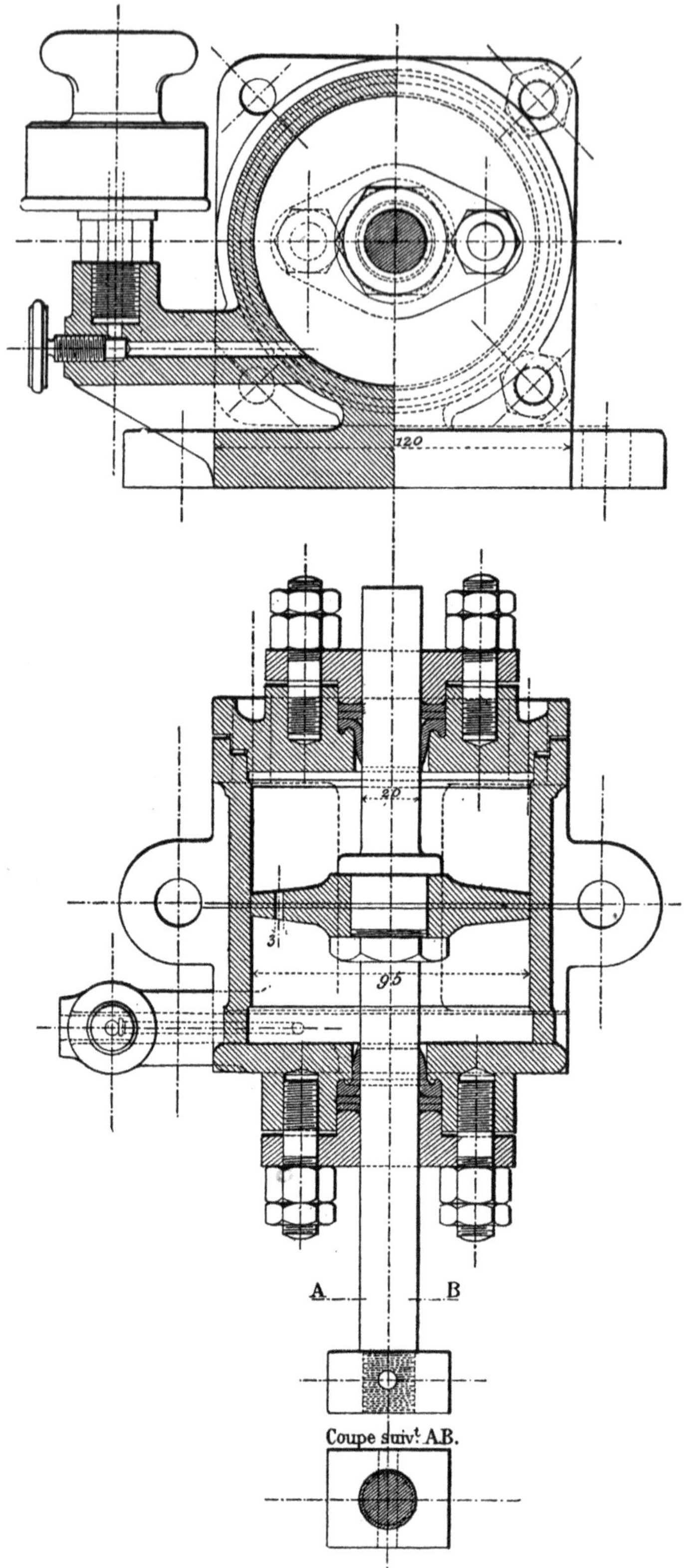

Fig. 464. — Frein à huile du régulateur de la machine E. Garnier (fig. 463).

En rendant mobiles les deux poulies superposées, on rapproche le déplacement du centre T d'une droite T_1T_0 (fig. 468) par la combinaison des deux rotations. La rotation simultanée des deux poulies s'obtient par l'addition du lien EF. Les figures 469 et 470 donnent un exemple de cette disposition.

On établit l'équation d'équilibre relatif du régulateur à commande directe, pour les diverses vitesses de rotation, en prenant les moments des forces par rapport à l'articulation du poids mobile. Le poids même est, d'ailleurs, négligeable à côté de la force centrifuge. Les trois forces qui figurent dans l'équation sont alors la force centrifuge, la traction ou la poussée du ressort, et la poussée ou la traction de la

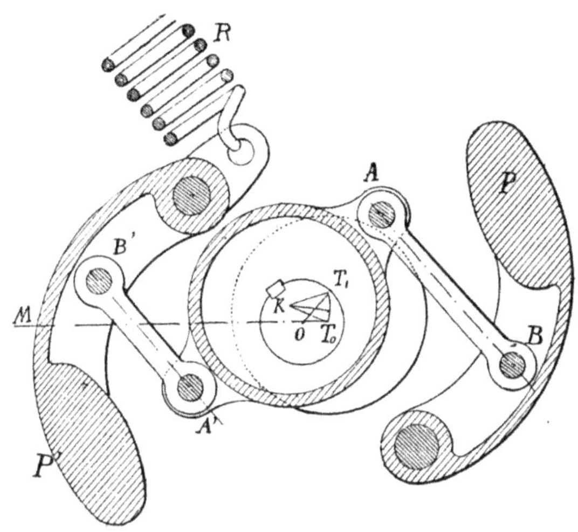

Fig. 465. — Régulateur agissant sur le calage de l'excentrique : second genre.

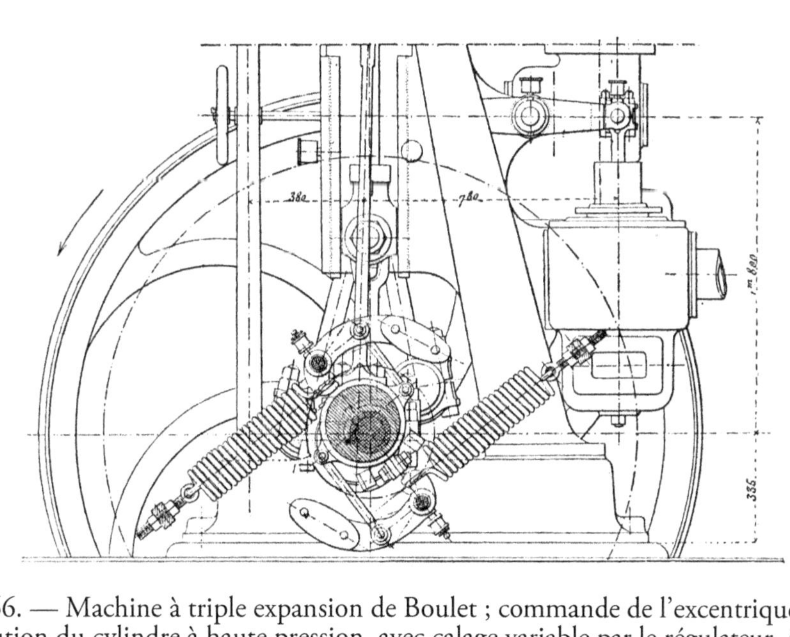

Fig. 466. — Machine à triple expansion de Boulet ; commande de l'excentrique pour la distribution du cylindre à haute pression, avec calage variable par le régulateur. (Voir fig. 34 à 36 d'autres vues de cette machine.)

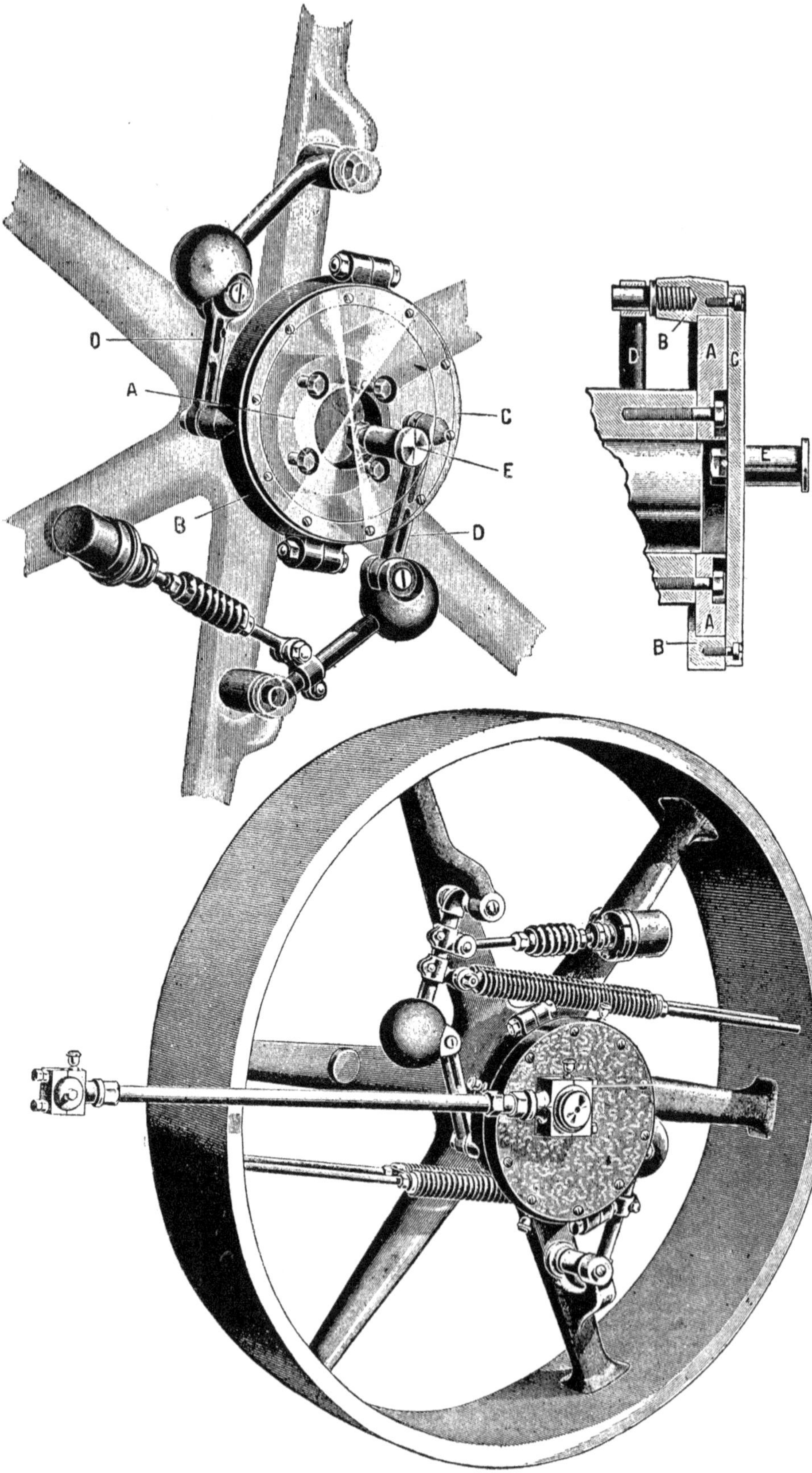

Fig. 467. — Régulateur Ball (d'après G. Richard).

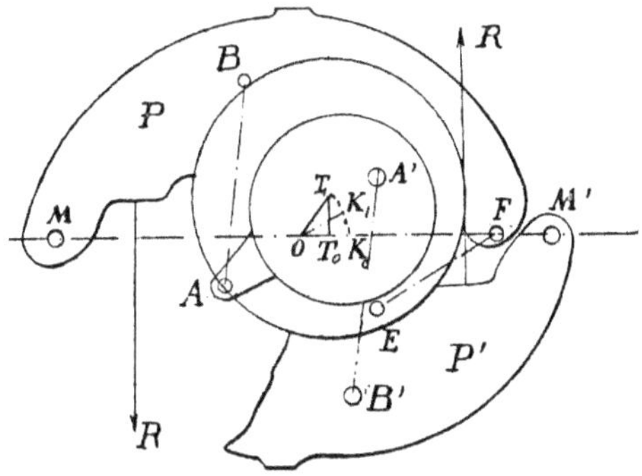

Fig. 468. — Régulateur agissant sur le calage de l'excentrique : troisième genre.

Fig. 469. — Régulateur de la machine Armington et Sims, donnant la plus grande admission.

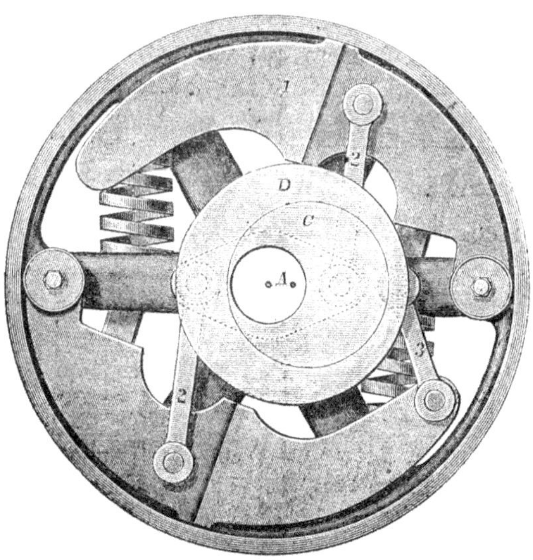

Fig. 470. — Régulateur de la machine Armington et Sims, donnant la plus petite admission.

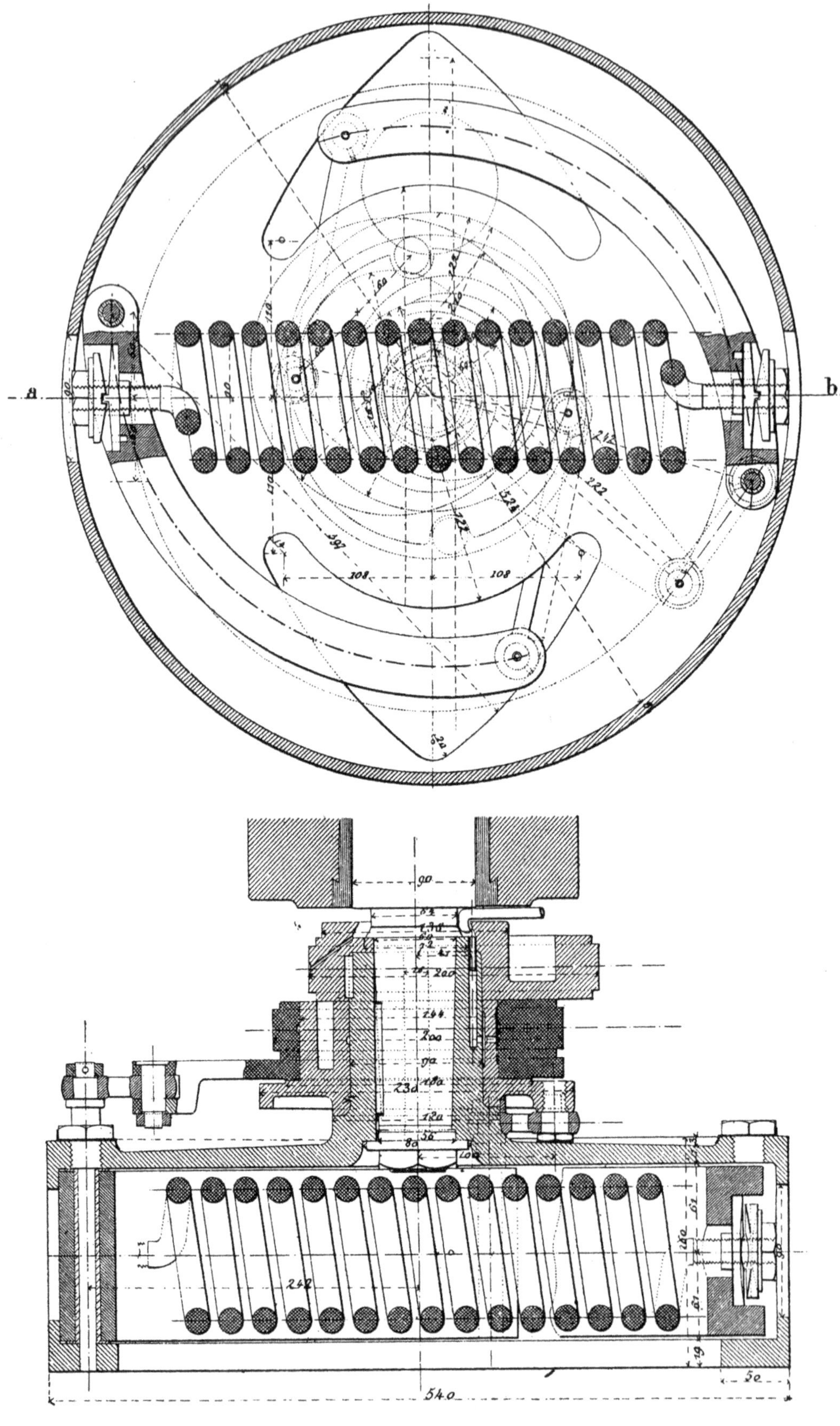

Fig. 471. — Excentrique à calage variable commandant le tiroir de détente de la machine Hoffmann (fig. 290).

bielle du tiroir. Le plus simple sera de mesurer sur une épure les bras de levier qui figurent dans l'équation des moments.

Si la poussée ou la traction du tiroir prend une valeur trop considérable, elle peut modifier le calage de l'excentrique et, par suite, troubler la distribution : il importe d'éviter ou de beaucoup réduire cette action perturbatrice.

À cet effet, on emploie des tiroirs équilibrés, le plus souvent cylindriques, dont le frottement est faible. Il faut aussi que le frottement de la tige dans la garniture ne soit pas trop fort, et que la masse du tiroir, de sa tige et de sa bielle, soit petite, pour limiter les forces d'inertie. On peut d'ailleurs équilibrer à peu près complètement l'action de ces forces, au moyen de ressorts ou de matelas d'air pressés par la tige du tiroir.

Le régulateur même doit être puissant et peu sensible.

Le frein à huile, tel que celui de la figure 464, empêche les déplacements rapides de l'excentrique pendant un tour de la machine. Enfin la commande de la tige du tiroir peut n'être pas réversible, de sorte que le tiroir n'agit pas sur le calage de l'excentrique qui le conduit. Un collier de grand diamètre agit de la sorte, au moins pendant une partie de la course.

Les excentriques à calage variable servent fréquemment à la commande des tiroirs de détente (fig. 471).

74. Transmissions.

L'étude des transmissions de mouvement constitue une branche importante de la mécanique appliquée ; cette étude est ici limitée à quelques indications, relatives aux principales transmissions directement montées sur les machines à vapeur.

Les roues dentées sont fréquemment usitées pour la commande d'arbres parallèles ou non à l'arbre de la machine. Elles modifient dans un rapport déterminé la vitesse angulaire. Quand les roues dentées en prise sont de diamètres notablement différents, la plus petite s'appelle pignon.

Lorsque les deux arbres sont parallèles, on emploie des engrenages cylindriques, dont les *circonférences primitives*, tangentes entre elles, ont des rayons proportionnels aux deux vitesses angulaires qu'on veut réaliser. Si l'on choisit le profil d'une dent de

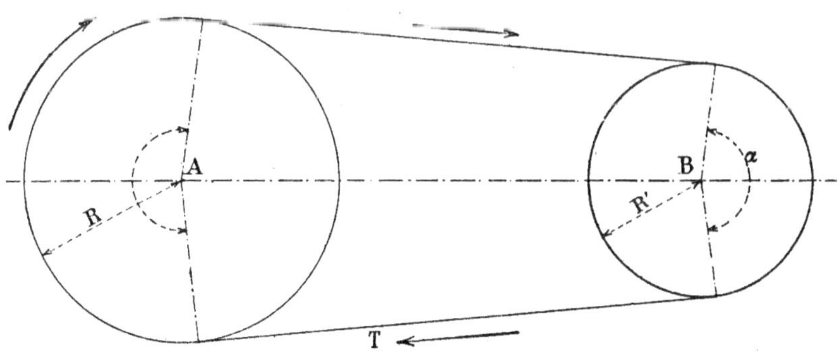

Fig. 472. — Transmission par courroie ; À, poulie menante ; B, poulie menée ; T, tension du brin conducteur ; t, tension du brin de retour.

la première roue, le profil de la dent de la seconde roue est l'enveloppe des positions du profil choisi, lorsque la circonférence primitive de cette seconde roue roule sur la circonférence primitive de la première. Le flanc d'une dent est la partie comprise à l'intérieur de la circonférence primitive ; la tête est à l'extérieur.

Les dents d'une roue sont identiques et également espacées ; le pas est la distance entre les flancs de deux dents consécutives, comptée suivant l'arc de la circonférence primitive ; il est le même pour les deux roues de l'engrenage. Chaque pas comprend une partie pleine et un vide, un peu plus long que le plein ; car il est nécessaire de ménager un jeu, qui augmente par l'usure. Avec une construction très précise, ce jeu peut être extrêmement restreint.

L'engrenage peut être *extérieur* ou *intérieur*. Il est réciproque lorsque chacune des deux roues peut être alternativement *menante* et *menée* ; cette condition est généralement nécessaire, car des variations de vitesse peuvent faire changer le côté des dents qui est en prise.

Les dents sont tracées suivant des *épicycloïdes* ou des *développantes de cercle*. Avec ce second tracé, l'usure des dents est plus régulière, même quand la distance des axes des roues varie un peu, et une même roue peut conduire aussi bien des pignons de diamètres différents.

Lorsque les axes des arbres reliés par roues dentées se rencontrent, la transmission se fait par engrenages coniques : les surfaces des dents forment des cônes ; la théorie imagine une section par une sphère, dont le centre est à la rencontre des axes. Par approximation, on substitue, aux sections sphériques, des sections planes perpendiculaires aux axes des cônes.

Il est surtout important que la division de la roue soit bien régulière, que le pas soit partout le même. Aux États-Unis, la construction des engrenages a été l'objet d'études minutieuses, qui ont conduit à la création de types uniformes, permettant le remplacement facile des roues, et la substitution à une seule des deux roues dentées d'une autre roue de diamètre différent. Au lieu de définir la denture par le pas compté sur la circonférence primitive, on indique aux États-Unis le pas diamétral, c'est-à-dire le quotient du nombre des dents par le diamètre de la circonférence primitive exprimé en pouces. Cette manière de compter conduit, pour la mesure des diverses parties de l'engrenage, à des nombres en général bien plus simples que ceux calculés avec l'expression du pas véritable. La hauteur de la dent en dehors de la circonférence primitive est prise égale au pas diamétral.

Les courroies de transmission sont formées de bandes en cuir assemblées. L'épaisseur des courroies simples est de 4 à 5 mm ; pour transmettre un effort considérable, cette épaisseur conduirait à des largeurs inacceptables : on la double en superposant deux cuirs ; les courroies doubles sont naturellement moins flexibles que les simples.

Les deux bouts extrêmes de la courroie sont cousus avec des lanières ou assemblés à l'aide d'agrafes métalliques : cette attache est fréquemment refaite, car, dans les premiers temps de service, les courroies s'allongent beaucoup et doivent être resserrées.

Pendant la marche de la transmission, les deux brins de la courroie sont inégalement tendus. Une poulie A (fig. 472) doit transmettre un effort tangentiel P à une poulie B. Le *brin conducteur*, qui tire la poulie B, est soumis à une tension T, et le *brin conduit* ou de *retour* à la tension t. La force transmise est égale à la différence de la tension des deux brins ($P = T - t$). La courroie ne doit glisser sur aucune des deux poulies. On déduit la condition nécessaire de la formule relative au frottement des câbles sur les cylindres, où l'angle embrassé et le coefficient de frottement figurent en exposant du nombre *e* (égal à 2,718...), base des logarithmes naturels. Si α est le plus petit des deux angles embrassés, et *f* le coefficient de frottement, la tension T doit être inférieure au produit de *t* par e^{fx}.

Le coefficient de frottement de la courroie sur la fonte a pour valeur moyenne 0,28. Les conditions de résistance limitent la tension T, la charge par millimètre carré de la section ne devant pas dépasser un quart de kilogramme. La charge de rupture est d'environ 2 kg par mm^2. D'après M. Leloutre, cette charge atteint 3 à 3,3 kg dans les courroies neuves, mais descend à 2 kg au bout de quelques mois.

On détermine les plus petites tensions T et *t*, en fonction du coefficient de frottement *f* et de l'angle α, par la résolution des deux équations :

$$T - t = P$$
$$T = te^{fx}.$$

La figure 473 donne graphiquement le tableau des valeurs de l'exponentielle e^{fx}, ou du rapport des deux tensions, pour les diverses valeurs du coefficient de frottement et de l'angle α. Par exemple, pour un angle de 150° et un coefficient de 0,10, cette valeur est 1,30, comme pour un angle de 110° et un coefficient de 0,136.

Sur les poulies à jante bombée, qui sont d'un usage fréquent, la tension est plus forte au milieu de la courroie que sur les bords, qui s'enroulent sur des cercles un peu plus petits : ces tensions inégales ont pour effet de toujours ramener la courroie vers le milieu des jantes.

La grande tension totale, T+ *t*, nécessaire pour transmettre la force P, égale à la différence de ces tensions, augmente la fatigue des arbres portant les poulies, arbres qui travaillent à la flexion comme à la torsion, ainsi que les frottements sur leurs coussinets.

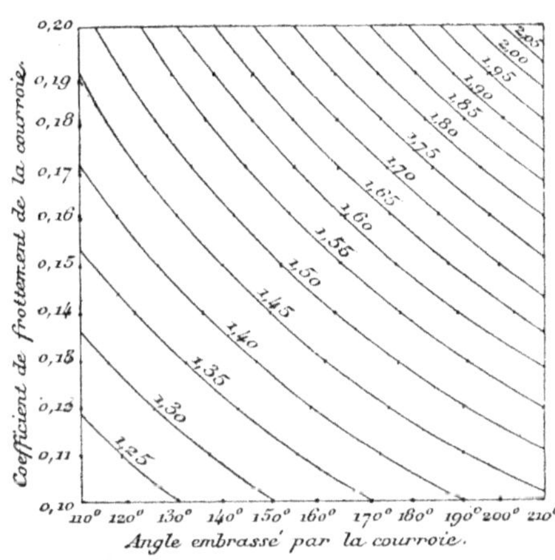

Fig. 473. — Tableau graphique des valeurs de l'exponentielle e^{fx} pour diverses valeurs de l'angle α, porté en abscisses, et du coefficient de frottement *f*, porté en ordonnées. Ces valeurs sont inscrites sur les courbes. Pour le calcul, l'angle est exprimé en radians (p. 12).

L'allongement élastique des courroies produit, dans la transmission, un effet important, qui a été analysé par M. Kretz. Les deux brins de la courroie s'allongent inégalement sous l'action des tensions *t'* et T' par mm^2 ; ces allongements sont à peu près proportionnels aux charges, et 1 m de courroie devient 1+ *it'* et 1+ *i*T', dans les deux brins. En chaque point du trajet, vu la permanence du mouvement, si l'on ramenait les longueurs de courroies aux longueurs primitives, il passerait dans un temps donné les mêmes longueurs. Sur la poulie conduite, la longueur 1+*it'* s'enroule et la longueur $1+iT'$ se déroule dans le même temps : il se produit donc sur cette poulie un glissement vermiculaire inévitable dans le sens du mouvement. Sur la poulie conductrice, la longueur $1+iT'$ s'enroule pendant que la longueur $1+it'$ se déroule : il y a donc glissement en sens inverse du mouvement.

En écrivant l'égalité des longueurs primitives qui s'enroulent en même temps sur les deux poulies (R et R' étant les rayons des poulies, ω et ω' leurs vitesses angulaires), on établit la relation :

$$(R\omega / 1+iT') = (R'\omega') / (1+it') \text{ d'où } = (\omega' / \omega) = (R / R') \times [(1+it') / (1+iT')]$$

Si la courroie était inextensible, on aurait $\omega'/\omega = R / R'$. La différence est d'ailleurs notable : la valeur de i atteint $0^{m},160$ par kilogramme sur un millimètre carré ; pour la charge limite de $0^{kg},25$ par millimètre carré, l'allongement par mètre, iT', est de 40 mm. Si la tension T est égale à $2,3t$, $it' = 17$ mm et $(1+it') / (1+iT') = 0,98$ ou un cinquantième ; dans cet exemple, le rapport des vitesses (ω' et ω) sera réduit d'un cinquantième ; la poulie conduite, au lieu de faire 50 tours, en fera 49.

Le calcul de la tension des brins n'a pas tenu compte de la diminution de la pression, exercée par la courroie sur la poulie, qui résulte de la vitesse de rotation. Un supplément de tension est nécessaire pour compenser cette réduction. La formule, indiquée au § 69 (p. 393) pour déterminer la fatigue de la jante des volants, donne ce supplément de tension : il suffit d'écrire l'équation d'équilibre relatif du système en y introduisant la force fictive d'inertie, c'est-à-dire la force centrifuge. La densité du cuir est à peu près celle de l'eau ; on trouve ainsi que la tension supplémentaire par millimètre carré, pour une courroie voyageant à la vitesse linéaire de y mètres par seconde, doit être, en kilogrammes,

$$v^2 / 1000\,g \quad \text{ou} \quad v^2 / 9810$$

Pour une vitesse v de 20 m par seconde, la tension supplémentaire devra être de 41 g par mm². À 50 m par seconde, cette tension dépasse les 250 grammes par millimètre carré qui sont la limite convenable de la charge totale.

Malgré cette augmentation de la tension, il est bon de faire voyager les courroies assez vite, en employant de grandes poulies, si la vitesse de rotation est donnée, ou en faisant tourner rapidement des poulies de dimensions limitées, parce que, pour une même puissance, la force transmise est d'autant moindre que la vitesse est plus grande : on réduit la section des courroies en augmentant la vitesse, jusqu'à une certaine limite, où l'influence de la force centrifuge devient prépondérante[14].

On emploie quelquefois à la confection des courroies d'autres matières que le cuir, notamment la toile et le caoutchouc. Pour les grandes puissances, les courroies atteignent des dimensions considérables ; G. Richard en cite une (à l'exposition de

14 Le coefficient de frottement et l'angle α étant fixés, la tension utile T est un multiple déterminé de la force P à transmettre ; elle est donc, comme cette force, en raison inverse de la vitesse v, c'est-à-dire égale à T_1 / v, en désignant par T_1 la tension qui correspondrait à une vitesse d'un mètre par seconde. Si S est la section de la courroie, en millimètres carrés, chaque millimètre carré supportera la charge totale $T / S + (v^2 / 9810)$, et cette charge totale ne doit pas dépasser la limite de $0^{kg},250$. On peut donc écrire la relation : $S = - [(T_1 / (0,250v - (v^2 / 9810))]$.
Le minimum de la section S correspond au maximum du dénominateur : en égalant à zéro la dérivée, par rapport à v, de ce dénominateur, on trouve la valeur

$$v^2 = (0,250 \times 9810) / 3 \quad \text{ou} \quad v = 28,6 \text{ m}$$

La valeur de S varie peu pour les valeurs voisines de la vitesse v, et on peut adopter celle de 30 m par seconde.

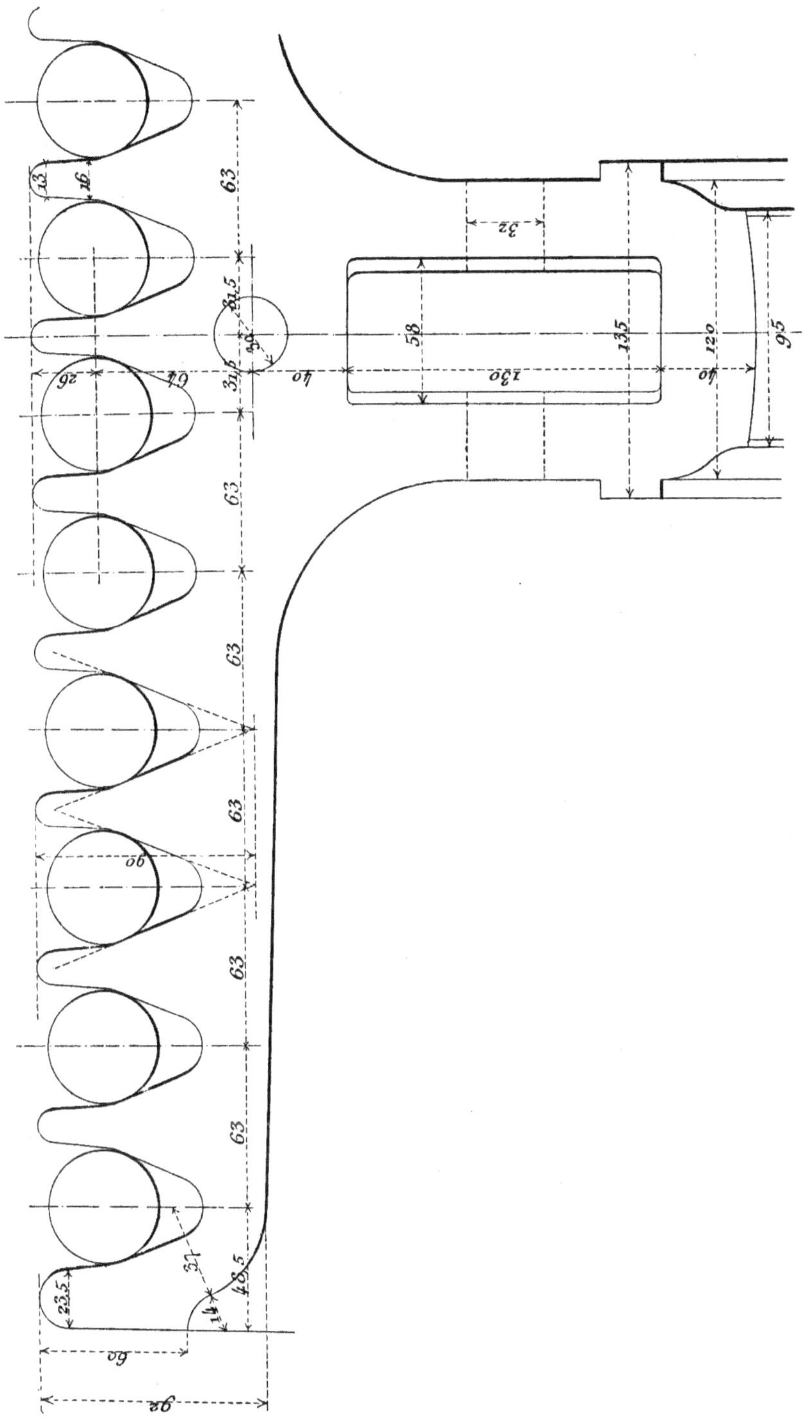

Fig. 474. – Volant à gorges, en deux pièces, avec 12 câbles de 45 mm, sur une machine Corliss à cylindre de 61θ sur 1230 mm, construite par E. Garnier ; diamètre du volant : 5 m largeur de la jante : 790 mm.

Chicago en 1893), large de $2^{m},55$, longue de 61^{m} et pesant 2350 kg. À la place d'une pièce unique si considérable, on préfère souvent des câbles ronds en chanvre ou en aloès, qui ont chacun peu d'importance et qu'on peut multiplier autant qu'il est nécessaire. Ces câbles ont aussi l'avantage de se prêter à la commande de plusieurs arbres.

Les câbles, dont le diamètre est souvent de 50 mm (ce diamètre varie de 30 à 70 mm), s'enroulent dans des gorges (fig. 471), qui augmentent beaucoup l'adhérence, à cause des pressions obliques sur les joues de la gorge : aussi le brin de retour est moins tendu que celui d'une courroie. Les deux extrémités se rejoignent par une épissure, qui forme un câble sans fin de section uniforme. Il convient que tous les câbles montés sur la même poulie soient à peu près également tendus.

En pratique, on ne constate pas de très grandes différences entre le prix et le rendement des transmissions par courroie et par câbles ; cependant ces dernières paraissent soumettre les arbres à des tractions moindres ; la marche en semble plus douce et l'entretien plus facile. Il est vrai que des différences dans la tension et dans le diamètre de deux câbles d'un même jeu entraînent des glissements, puisque les diamètres d'enroulement ne restent pas identiques.

Reuleaux cite, d'après le journal T*he Engineer*, la poulie-volant d'un moteur de 4000 chevaux, qui porte 60 câbles ; la largeur est de $4^{m},5$, le diamètre de 9 m et le poids de 140 tonnes.

Les transmissions par câbles télédynamiques en fils d'acier, celles par petits câbles en coton ou en chanvre, pour la commande des transbordeurs et de divers outils, peuvent être rapprochées des précédentes ; mais elles présentent bien des particularités qui méritent une étude spéciale et on ne peut guère les considérer comme appendances des machines à vapeur. Il en est de même des transmissions électriques, utiles surtout pour le transport à distance et pour la distribution de la puissance motrice.

Dans la plupart des ateliers, l'ensemble des transmissions consomme une partie importante de la puissance des moteurs, fraction qui souvent dépasse de beaucoup les limites qu'on ne supposerait guère pouvoir être atteintes.

De nombreux relevés, réunis par les associations de propriétaires d'appareils à vapeur (Congrès de 1893), montrent que les frottements des moteurs et des transmissions de la plupart des ateliers absorbent une fraction de la puissance indiquée produite, qui descend rarement au-dessous de 20 p. 100, qui est souvent comprise entre 20 et 40 p. 100, et qui dépasse fréquemment 40 p. 100. Ces chiffres prouvent que la distribution de la puissance motrice dans les ateliers doit être étudiée avec le plus grand soin, en recherchant les principales causes de perte de travail, pour les atténuer. Ils montrent aussi l'intérêt des transmissions électriques, substituées aux transmissions de grande longueur par arbres et courroies.

- VI -

PRINCIPAUX ORGANES DES MACHINES

75. Bâtis et fondations.

De même que les principales pièces mobiles des machines, les bâtis sont soumis à de grands efforts, et leur rôle dans la transmission des forces est tout aussi important. Le piston avec sa tige, la bielle, la manivelle, l'arbre, d'une part, le palier, le bâti, et le cylindre, d'autre part, forment un ensemble, qui reçoit l'action de forces, développées par la pression de la vapeur sur le piston et sur le fond du cylindre. La déformation élastique du bâti, sous l'action de ces forces, doit être très faible ; les attaches des diverses parties fixes doivent être assez solides pour les maintenir sans aucun déplacement.

Certaines fondations portent seulement le poids de la machine, et empêchent qu'elle ne vibre et ne se déplace petit à petit. D'autres fois, la fondation joue aussi un rôle essentiel dans l'appareil, en transmettant une partie des forces intérieures, qui s'y développent. Ainsi, dans la machine à balancier, le cylindre, le support du balancier et le palier de l'arbre sont reliés par la fondation ; il est vrai que les efforts exercés par ces trois pièces ne s'écartent pas beaucoup de la verticale. De même, dans les machines horizontales, avec manivelle en porte à faux, le palier le plus éloigné de la manivelle n'est généralement rattaché au reste du bâti que par la fondation : la fosse, où se loge la partie inférieure du volant, empêche toute liaison plus directe. Au contraire, le bâti est directement rattaché aux deux paliers quand la bielle motrice s'articule sur un coude au milieu de l'arbre.

Certaines machines horizontales comportent une plaque de fondation ou un bâti plat sur lequel se boulonnent le cylindre et le palier (fig. 475) ; cette disposition était fréquente dans les anciennes constructions. Mais, depuis bien des années, on voit plus souvent le bâti Corliss ou à baïonnette (fig. 476 et 20, t. I), qui rattache directement le cylindre au palier. Ce bâti n'est pas exactement opposé à l'effort transmis par la bielle motrice : il en résulte une tendance au déplacement transversal du cylindre, avec flexion du bâti. La rigidité même du bâti et les boulons qui fixent le cylindre et le palier sur la fondation s'opposent à ce mouvement.

Le palier peut être fondu avec le bâti à baïonnette.

Fig. 475 – Machine compound horizontale, avec bâti plat portant le cylindre et le palier, construite vers 1889 par la société Le Phénix. Distribution Hertay (voir fig. 311, t. 1)

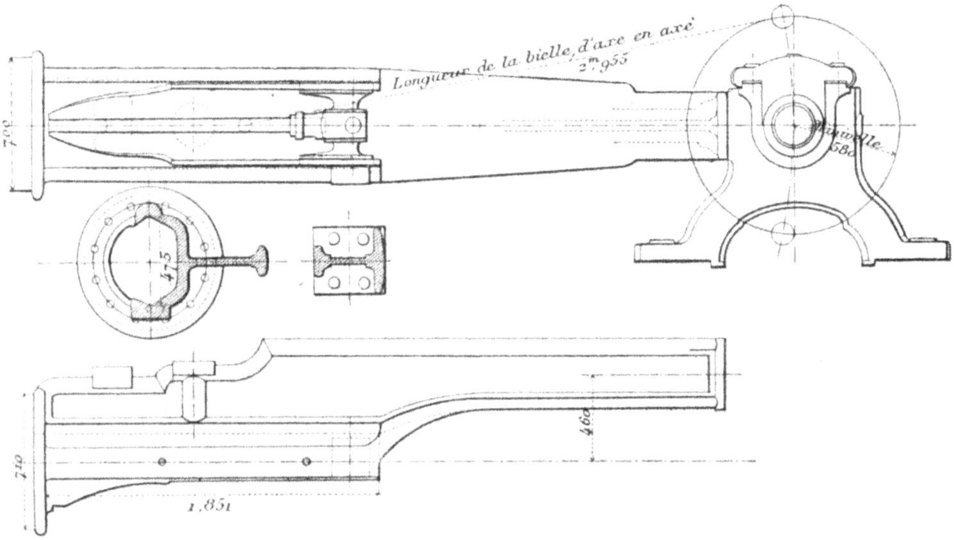

Fig. 476. — Bàti à baïonnette de machine Corliss, à cylindre de 508 mm sur 1.160 mm, construite par E. Garnier.

Lorsqu'on met en marche une machine, la vapeur échauffe un peu le bâti, qui se dilate : la dilatation tend à éloigner le cylindre et le palier ; on a quelquefois monté le cylindre sur une glissière longitudinale, qui en permet le déplacement : c'est une complication, qui paraît peu utile, en général : les pièces et les assemblages sont assez compressibles pour se prêter sans inconvénient à cette dilatation, ou bien les boulons de fixation de cylindre ont un peu de jeu dans leurs trous.

Dans les machines-pilon, le bâti n'est fixé qu'à sa partie inférieure ; la dilatation de la partie supérieure et du cylindre est libre. Mais il ne faut pas d'assemblage trop rigide entre les divers groupes d'un grand appareil à plusieurs cylindres ; l'arbre et ses supports ne se dilatent pas comme la partie supérieure de la machine et, par suite des détentes successives, la température moyenne des divers cylindres n'est pas la même. Au contraire, dans des machines marines rapides et légères, dont les vibrations sont à craindre, on fixe les cylindres à leur partie supérieure par des tirants longitudinaux attachés au pont du navire. M. Normand entretoise en outre les bâtis suivant une diagonale placée dans le plan longitudinal, pour réduire les vibrations par la grande rigidité de la machine, fixée au bâtiment. Cet entretoisement se combine avec l'emploi de trois pistons de poids égal, actionnant trois manivelles, disposition indiquée au § 68 (t. 1).

Les bâtis sont communément en fonte. Pour donner plus de légèreté aux machines-pilon, et en faciliter la visite, on remplace souvent, par de gros boulons ou des colonnettes en fer, les montants en fonte, sur une des faces de la machine (fig. 477), ou même sur les deux faces. On réduit aussi le poids des bâtis en les coulant en acier (fig. 478, 479 et 480) : certains moulages de ce genre sont fort compliqués et atteignent de grandes dimensions. Les figures 481 à 483 représentent des bâtis fort légers de torpilleurs construits aux États-Unis.

Les fondations des machines fixes se composent de massifs en maçonnerie, construits avec des pierres de taille ou en béton (fig. 484). Les machines marines sont boulonnées sur les membrures du bâtiment.

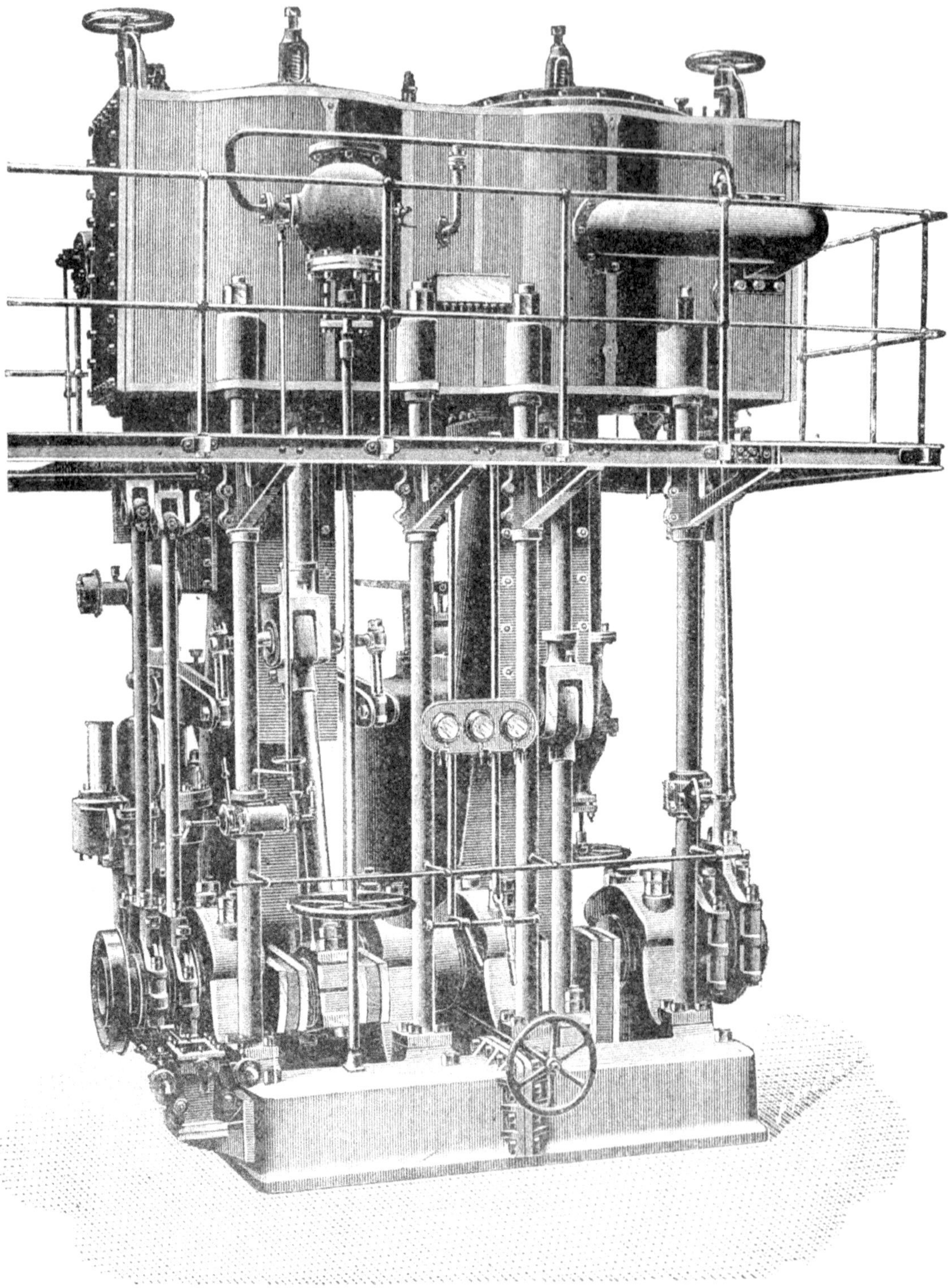

Fig. 477. — Machine pilon, construite par la Société le Phénix, avec colonnettes en fer formant la face antérieure du bâti.

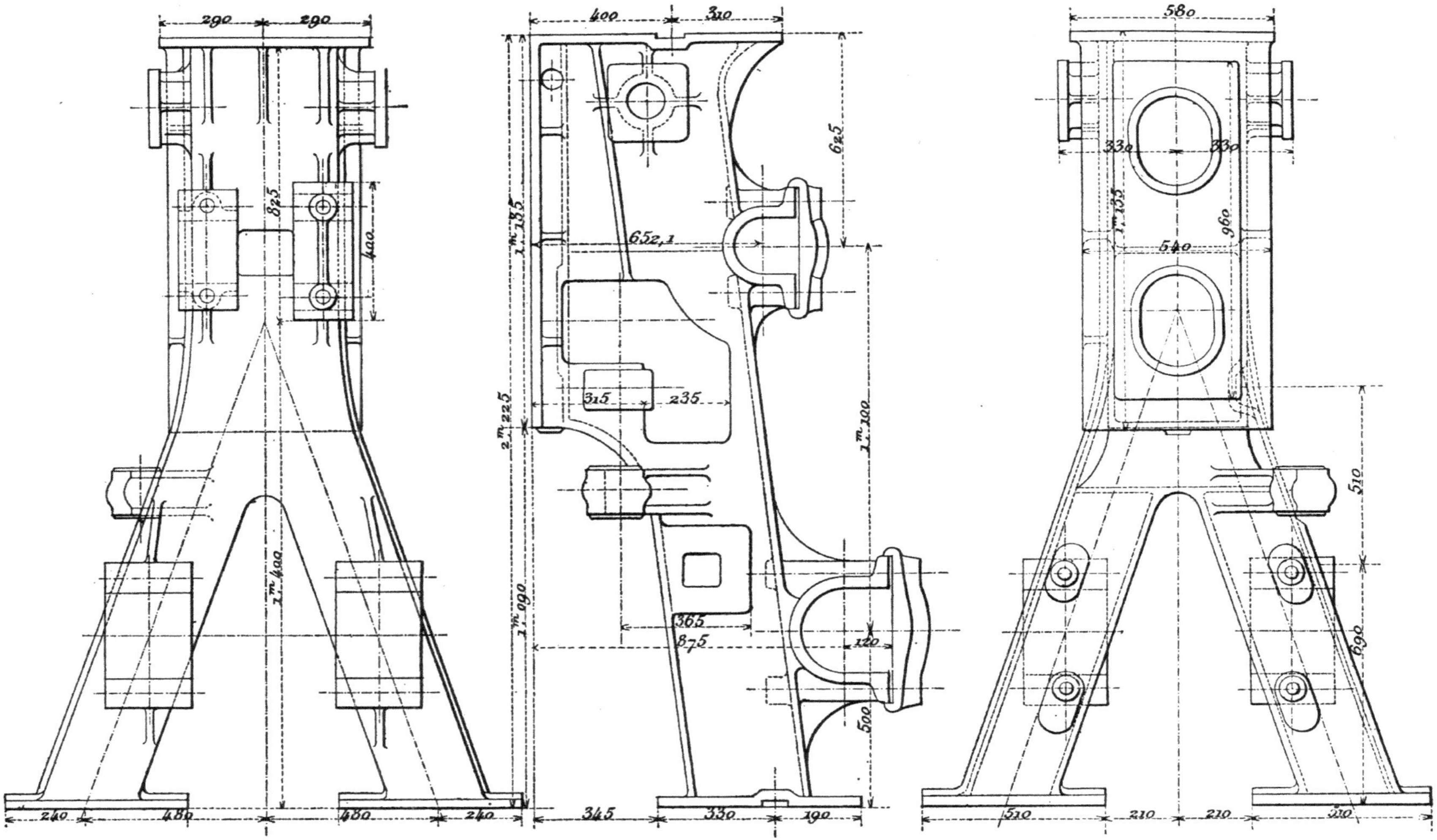

Fig. 478. — Support en acier coulé pour machine marine pilon, exécuté en 1895 par *les aciéries et forges de Firminy* ; élévation longitudinale, du côté de l'arbre de relevage ; élévation transversale ; élévation longitudinale du côté de la glissière. Poids, 1.600 kg. Ce bat s'assemble sur le support représenté figures 479 et 480.

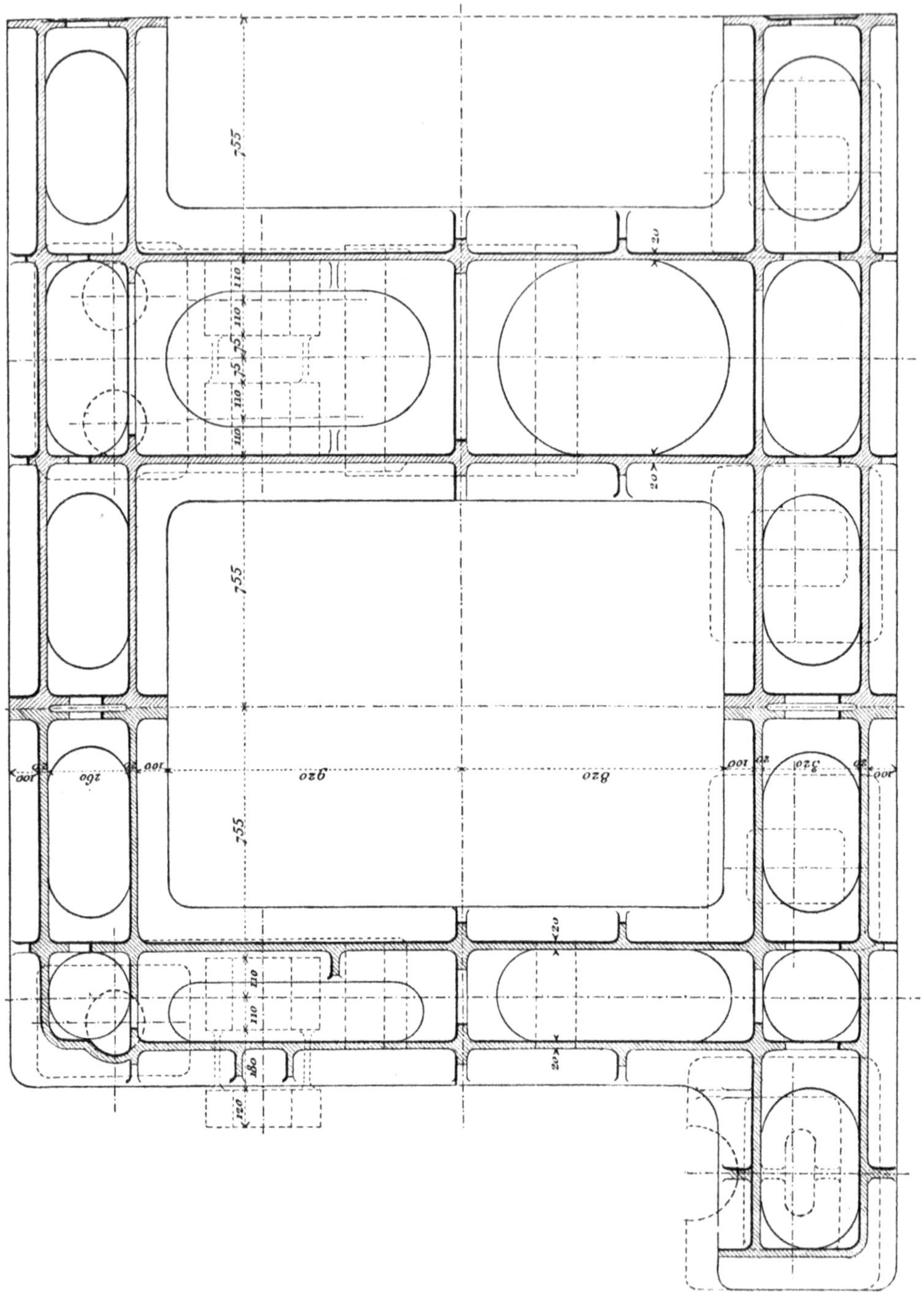

Fig. 479. — Bâti en acier coulé, pour hase de machine marine pilon , exécuté en 1895 par les *aciéries et forges de Firminy*; coupe horizontale (voir fig. 480).

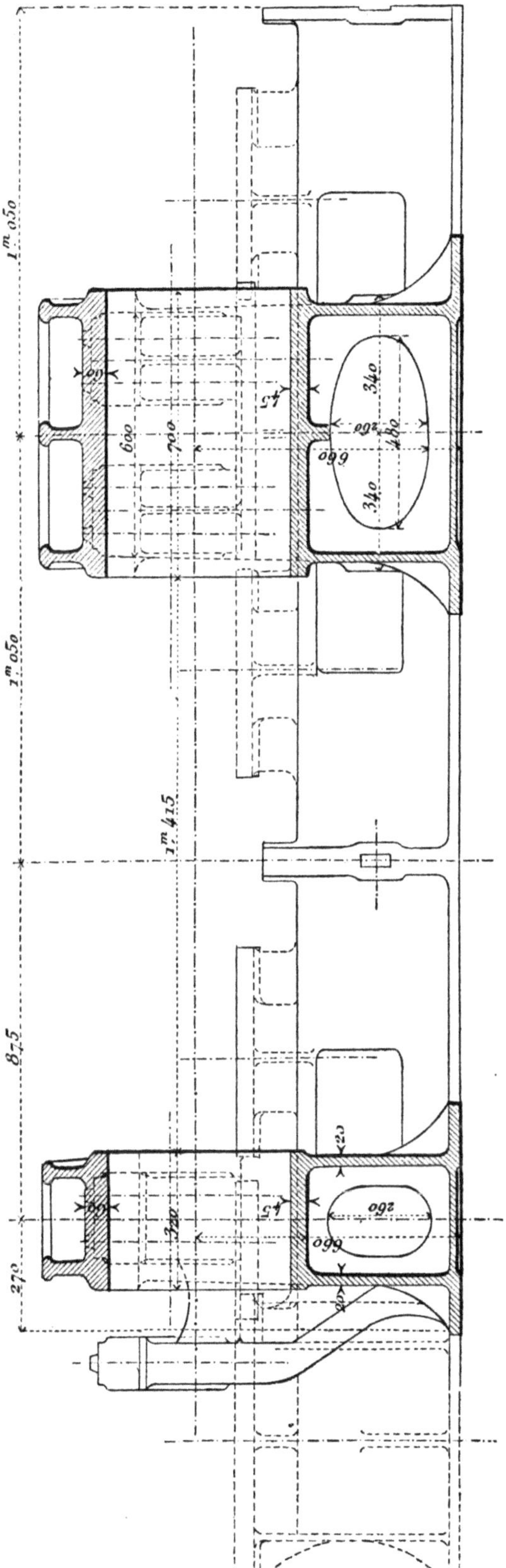

Fig. 480. — Bâti en acier coulé, formant la base d'une machine marine pilon, exécuté par les *aciéries et forges de Firminy* en 1895. Coupe par l'axe des paliers (voir fig. 479).

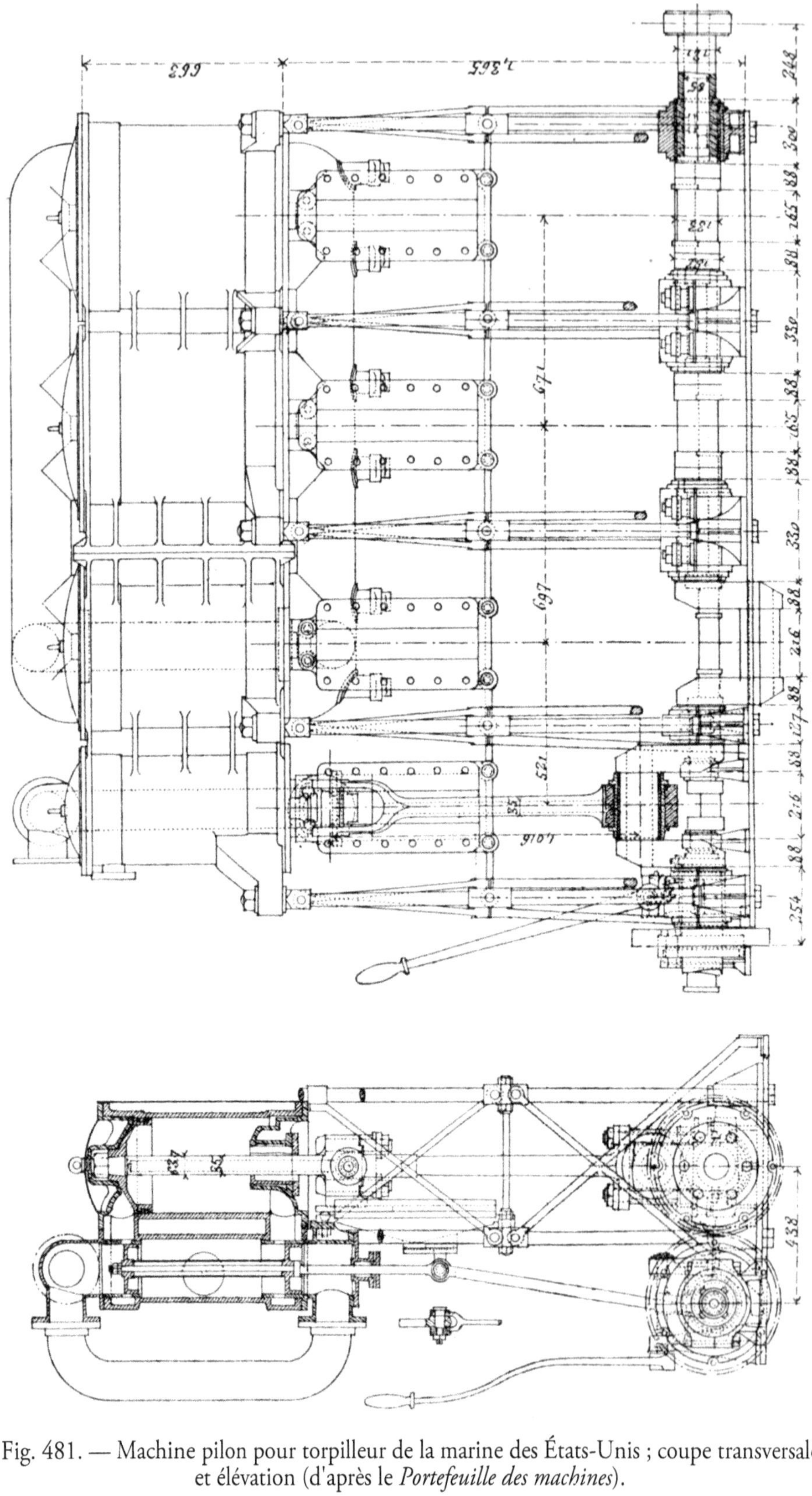

Fig. 481. — Machine pilon pour torpilleur de la marine des États-Unis ; coupe transversale et élévation (d'après le *Portefeuille des machines*).

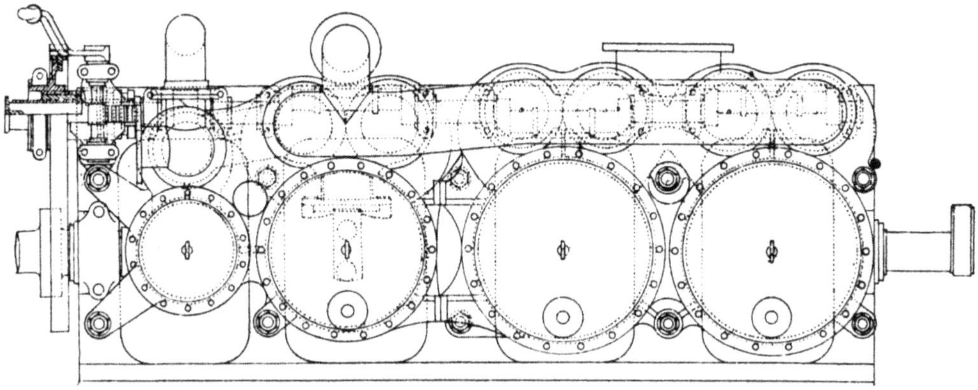

Fig. 482. — Machine pilon pour torpilleur de la marine des États-Unis ; plan.

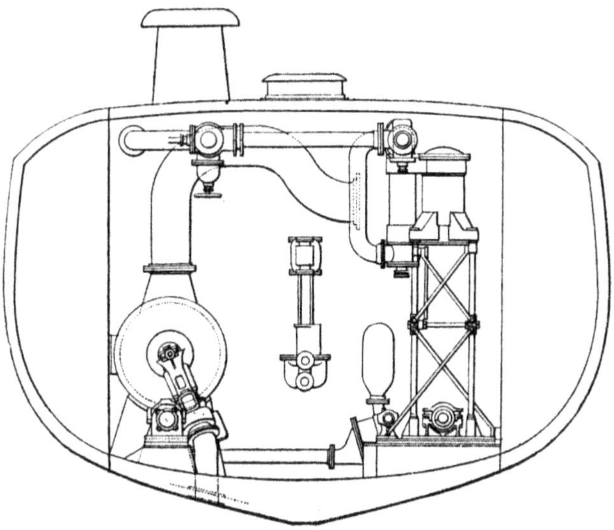

Fig. 483. — Coupe transversale du torpilleur recevant les machines représentées figures 481 et 482.

Les fondations des machines fixes transmettent au sol des vibrations parfois gênantes. Des blocs de caoutchouc sont quelquefois employés pour arrêter ces vibrations ; ils ne doivent être ni trop ni trop peu comprimés ; M. Anthoni conseille de leur faire porter 4 à 6 kg par cm^2.

76. Cylindres.

Les cylindres sont fondus d'une seule pièce, même avec une enveloppe de vapeur (fig. 485 et 486), ou bien une chemise intérieure rapportée forme l'enveloppe (fig. 487 à 490). La table des tiroirs plans, ou la chemise du logement des tiroirs cylindriques, ou même la boîte à vapeur entière peuvent également être rapportées.

Sur les petits cylindres, en ménageant des bossages dans les barrettes qui séparent les lumières, on permet de fixer, à l'aide de vis, de nouvelles tables lors des réparations.

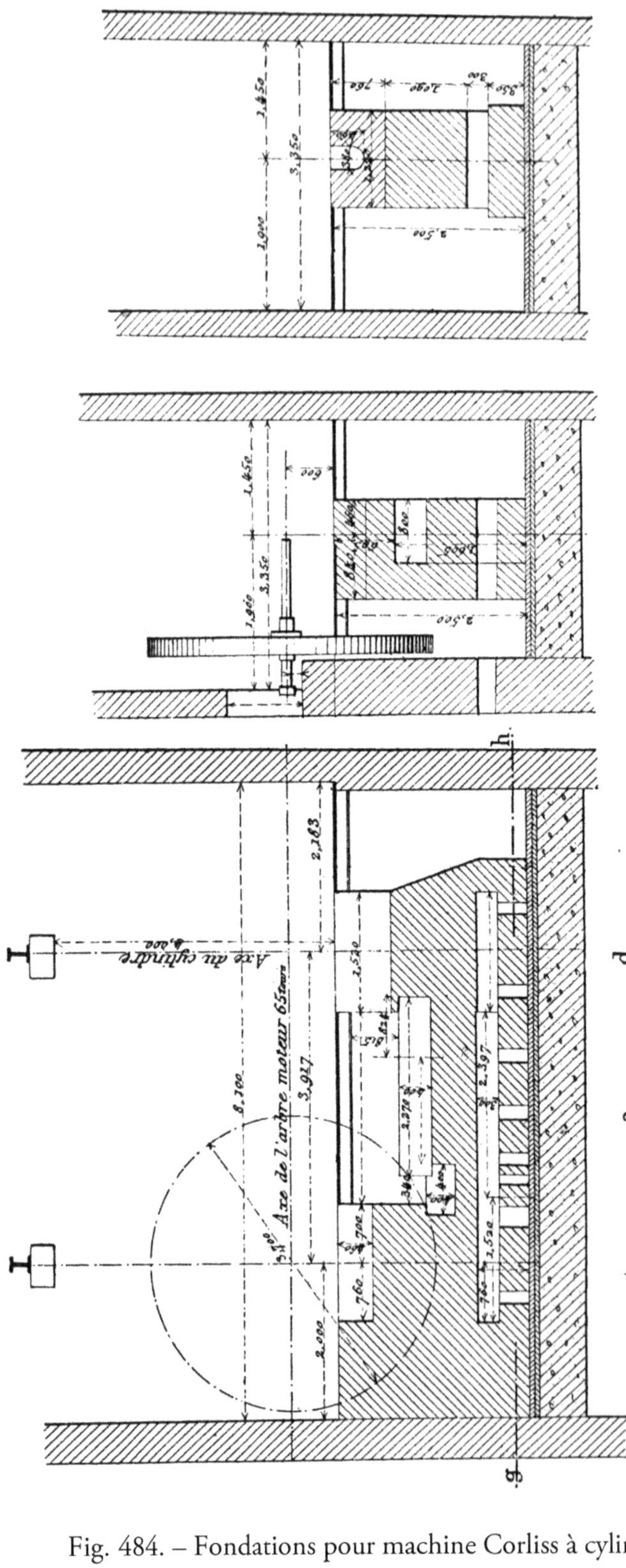

Fig. 484. – Fondations pour machine Corliss à cylindre de 360 sur 930 mm.

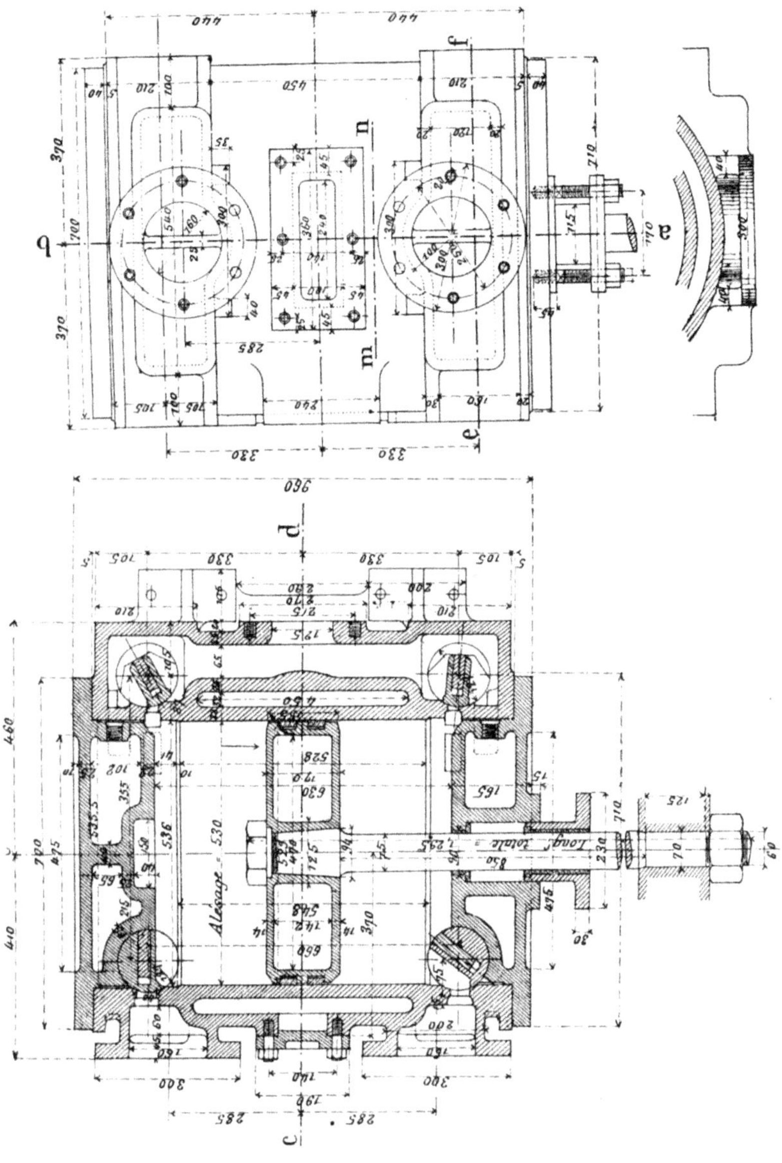

Fig. 485. — Cylindre de machine à quatre distributeurs, construite par E. Garnier ; coupe verticale et élévation. (Cette machine est représentée par la figure 368, t. I.)

La base du cylindre qui regarde l'arbre, ou couvercle, peut être fondue avec le cylindre, ou bien rapportée comme le plateau opposé. Pour certaines locomotives, en rapportant ainsi les deux plateaux, on peut fondre deux cylindres exactement pareils, ce qui est une économie de modèles et de pièces de rechange. Il est toujours commode, pour l'alésage, d'avoir de grandes ouvertures aux deux bouts du cylindre. La base du cylindre éloignée de l'arbre se nomme le fond. Les expressions de couvercle et de fond sont employées surtout pour les machines marines.

On a récemment coulé de grands cylindres en acier (fig. 492 et 493) ; on y rapporte des chemises de fonte. On fait aussi usage de chemises en acier.

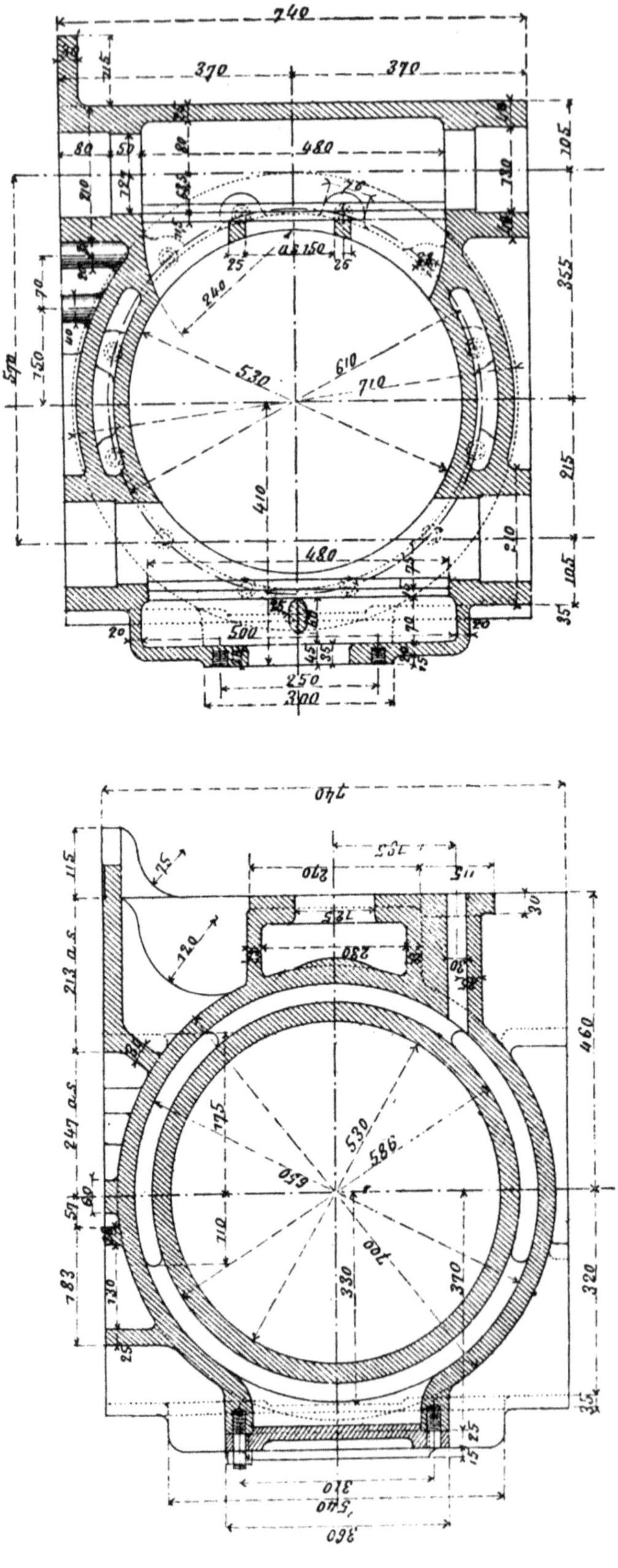

Fig. 486. — Cylindre de machine à quatre distributeurs; coupes horizontales par le milieu du cylindre et par les distributeurs inférieurs (voir fig. 485).

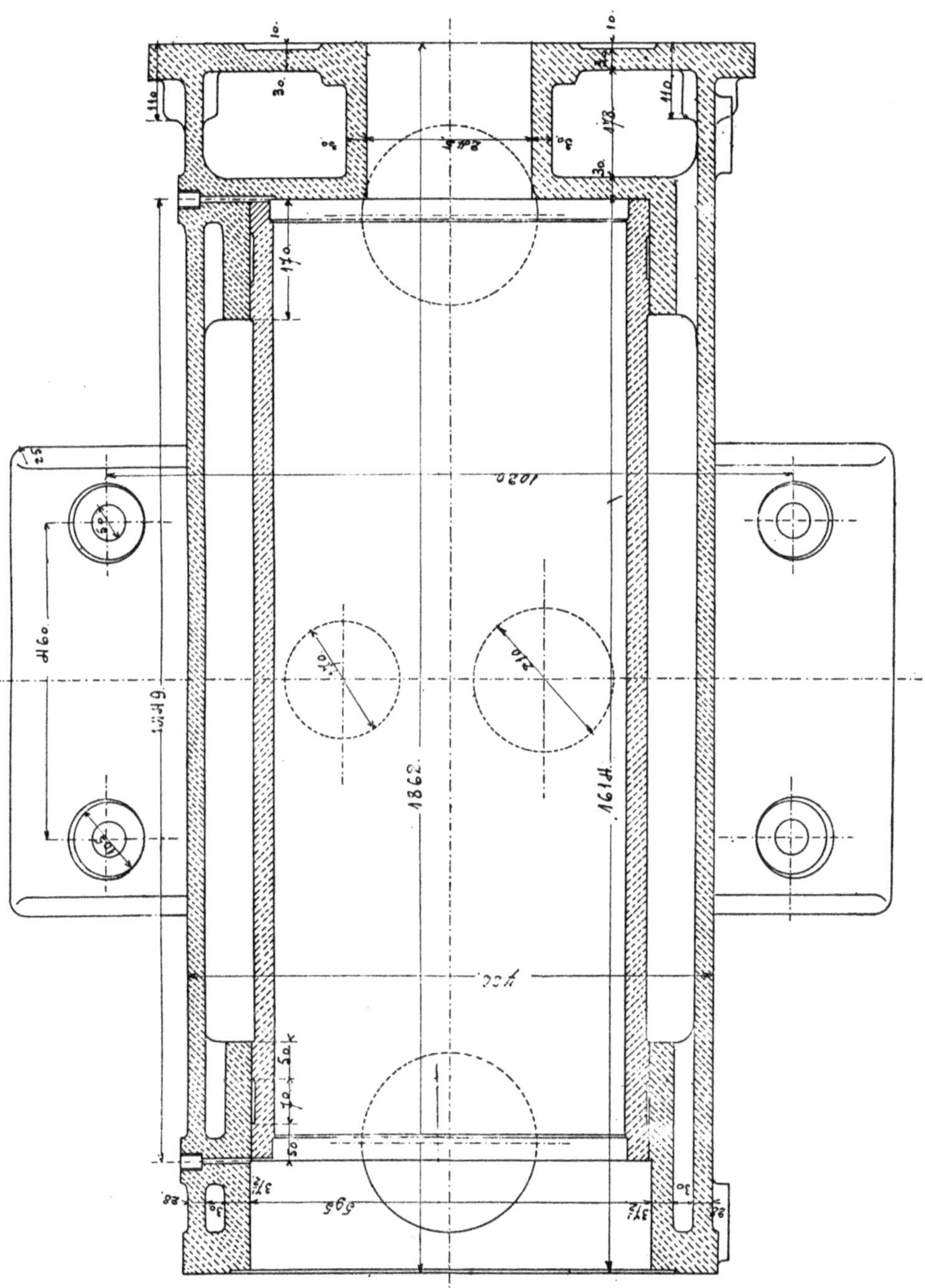

Fig. 487. Cylindre avec chemise rapportée, pour machine à distribution par soupapes, construite par Carels ; coupe horizontale.

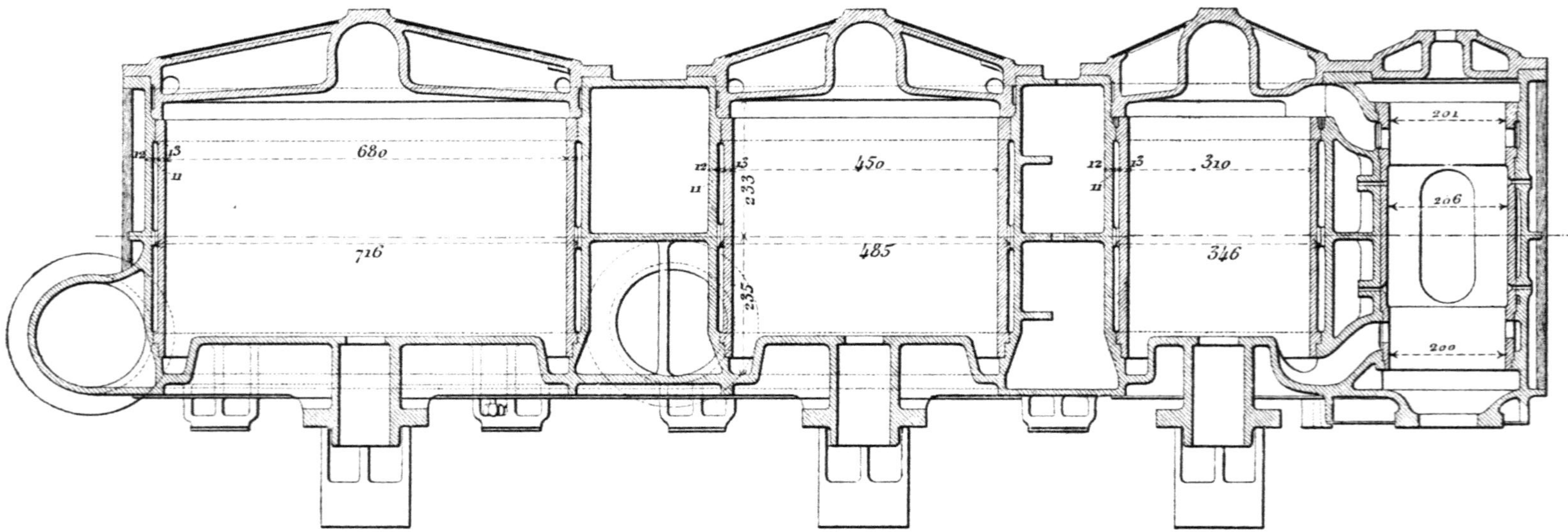

Fig. 488. — Cylindres pour machine de torpilleur à triple expansion de 550 chevaux, construite en 1888 par les *Forges et Chantiers de la Méditerranée* ; coupe longitudinale (voir fig. 489 et 490).

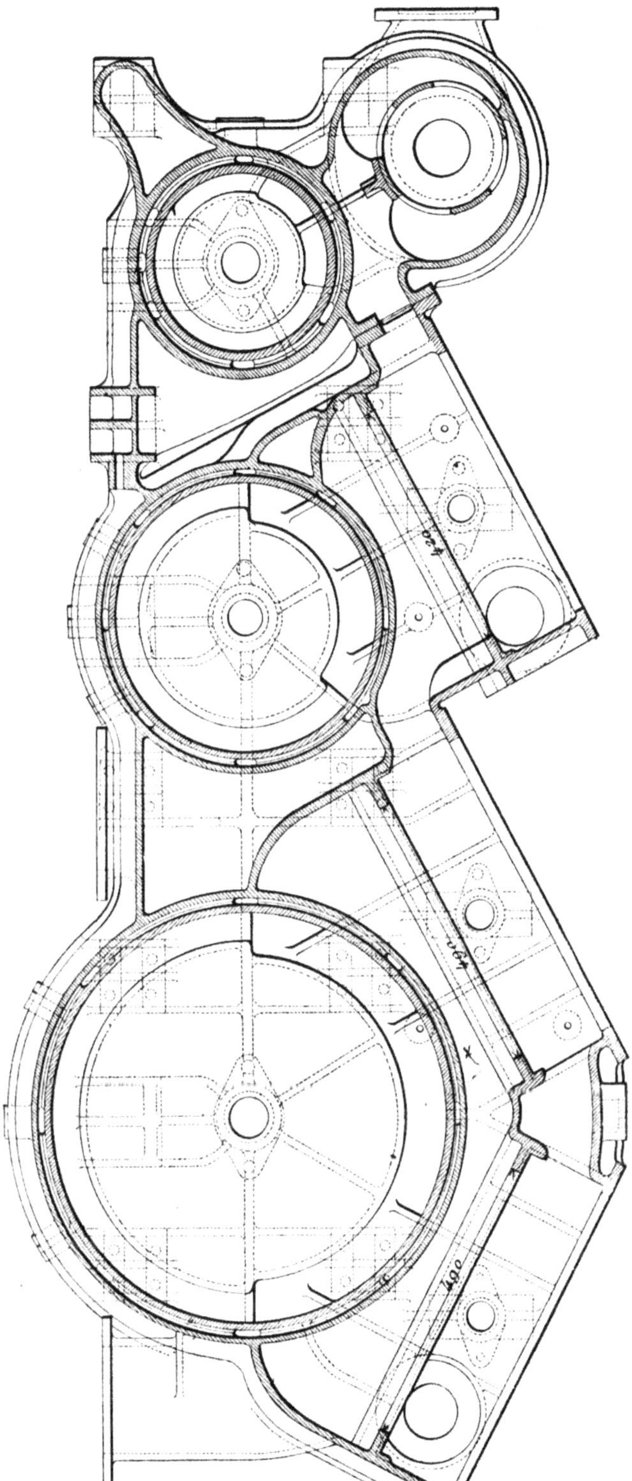

Fig. 489. — Cylindres pour machine de torpilleur de 550 chevaux ; coupe horizontale par les cylindres (un tiroir cylindrique au cylindre à haute pression ; un tiroir plan au cylindre à moyenne pression ; deux tiroirs plans au cylindre à basse pression).

L'assemblage de la chemise et du cylindre a déjà été examiné (p. 131, t. I). La figure 494 représente une disposition employée en Angleterre : un demi-tore en cuivre est rapporté à la partie supérieure des deux pièces et assure l'étanchéité sans gêner la dilatation, qui peut être différente pour les deux parties, si elles ne sont pas formées du même métal, ou si elles ne prennent pas même température moyenne.

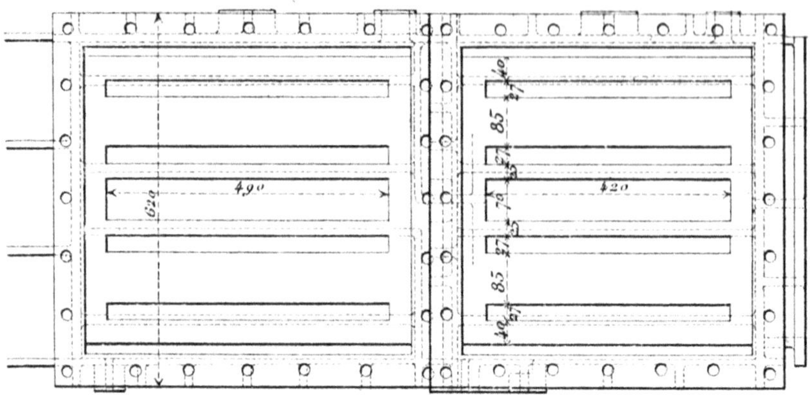

Fig. 490. — Cylindres pour machine de torpilleur de 550 chevaux ; vue de face des boites à tiroir pour cylindres à moyenne pression et à basse pression (voir fig. 488 et 489).

Le cylindre est une pièce souvent compliquée, dont toutes les parties doivent être proportionnées avec soin pour offrir une résistance suffisante. Cette étude exige la connaissance approfondie des procédés de fonderie, et des dispositions nécessaires pour éviter des tensions excessives du métal lorsqu'il se refroidit dans le moule ; sinon on s'expose à des ruptures. Outre cette difficulté spéciale, qui résulte du mode d'exécution, d'ailleurs bien commode, les formes des cylindres rendent assez délicate la détermination des efforts que la pression de la vapeur impose à leurs diverses parties ; ils présentent de nombreuses surfaces planes qui doivent être convenablement raidies par les nervures. L'observation d'un grand nombre de pièces exécutées, jointe aux calculs entièrement théoriques, a permis de fixer quelques règles pour les proportions des diverses parties.

L'épaisseur des parois cylindriques de fonte, en centimètres, se détermine, d'après M. Alheilig, par la formule :

$$pD \,/\, 2(0{,}1pD+30)$$

D étant le diamètre intérieur en centimètres, et p la pression effective de la vapeur en kg par cm^2. Dans cette formule, le terme $0{,}1pD+30$, qui représente l'effort supporté par le métal (en kg par cm^2) ne doit pas dépasser 170.

Dans le dernier cylindre des machines marines à plusieurs expansions, la pression absolue de la vapeur ne dépasse pas celle de l'atmosphère, de sorte que le métal ne supporte aucune pression intérieure. Dans ce cas M. Alheilig propose, pour la paroi cylindrique, l'épaisseur de 36^{mm},6, quel que soit le diamètre.

Ces épaisseurs comportent un léger surcroît de métal destiné à disparaître par l'usure et par les alésages.

Les plateaux des petits cylindres, en fonte, sont formés d'une toile raidie par des nervures. La double toile donne plus facilement une résistance suffisante pour les

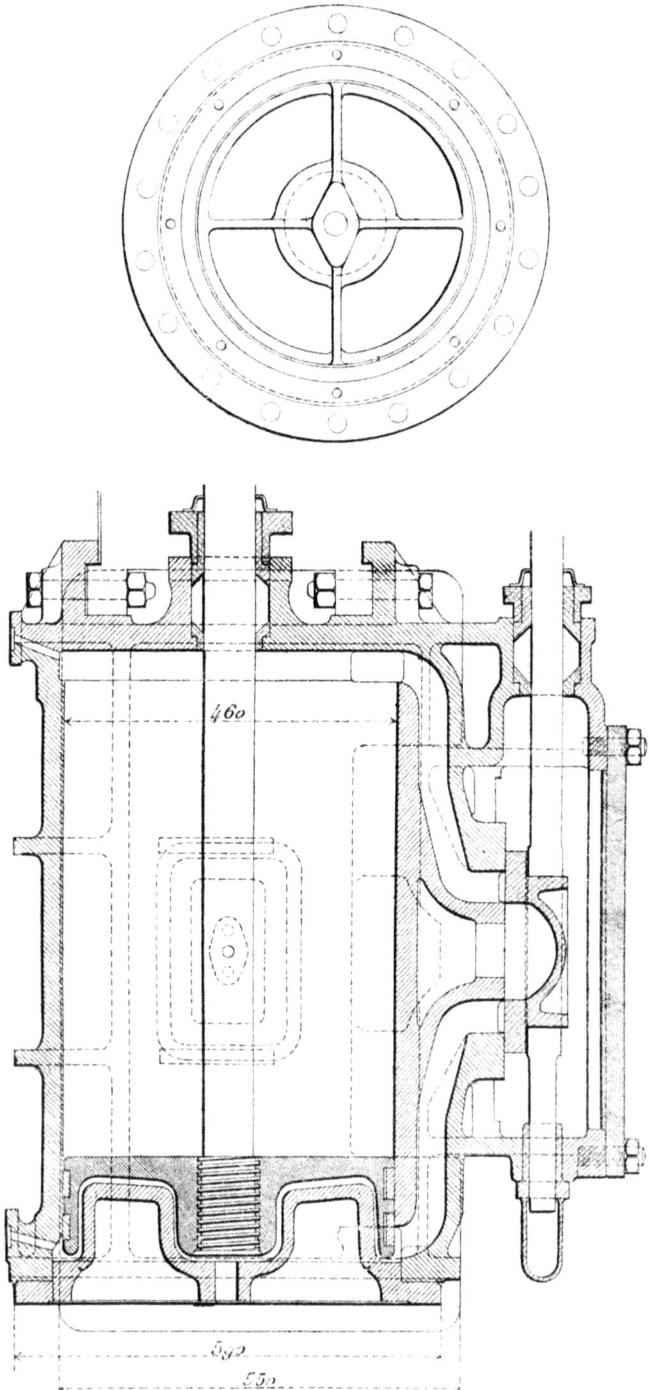

Fig. 491. — Cylindre de locomotive de la Compagnie des chemins de fer de l'Ouest, muni du piston et d'un plateau en fonte à nervures, avec rainure circulaire pour déterminer la rupture en cas de coup d'eau.

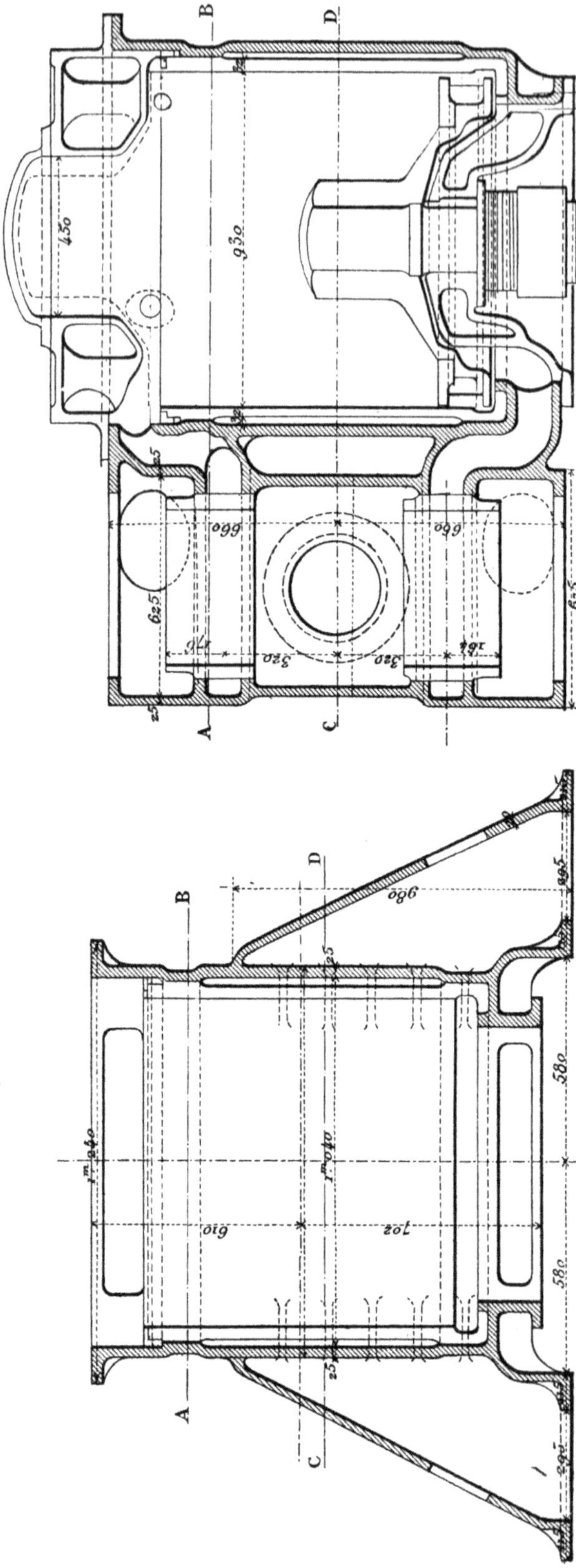

Fig. 492. — Cylindre, pour machine marine, en acier coulé, exécuté par les *Aciéries et Forges de Firminy* ; coupes verticales suivant EF et suivant OP (fig. 493). Poids 3500 kg. Les chemises rapportées, le fond, le couvercle, le piston, sont figurés sans hachures.

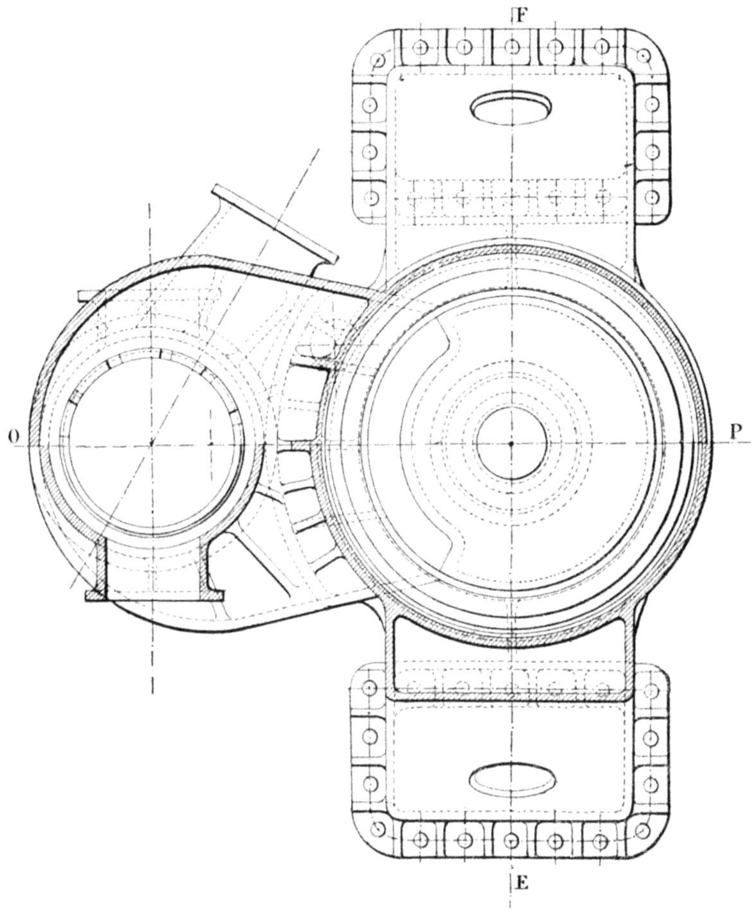

Fig. 493. — Cylindre en acier coulé pour machine marine ; demi-coupes horizontales suivant AB et CD (fig. 492).

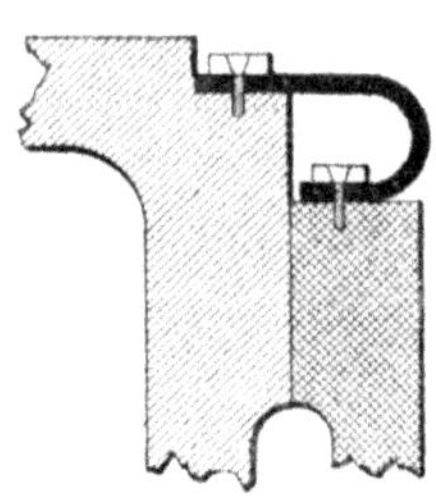

Fig. 494. — Joint supérieur de chemise de cylindre avec demi-tore en cuivre.

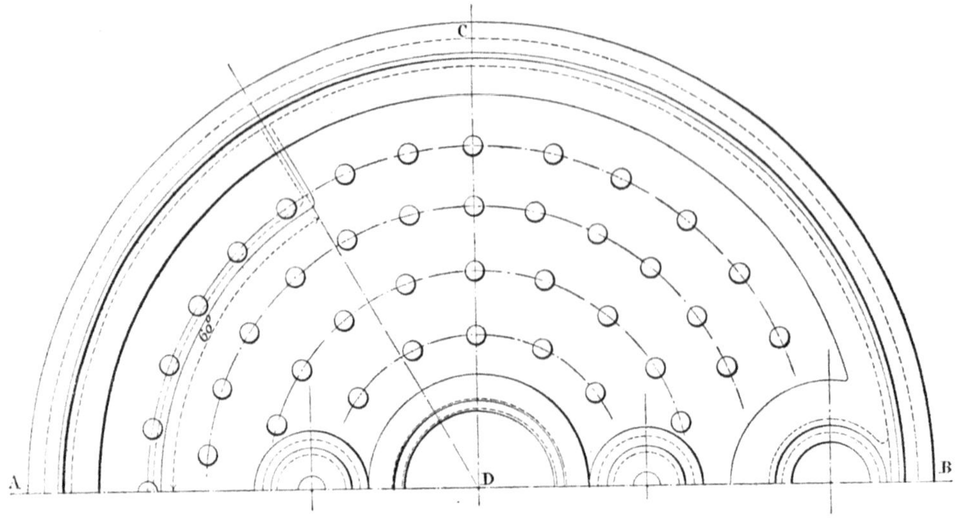

Fig. 495. — Couvercle de cylindre, en acier coulé, pour machine marine, exécuté par les *Aciéiries et forges de Firminy* en 1892 ; demi-plan. Poids, 3000 kg. Le couvercle est fermé par un plateau en tôle, maintenu par une série d'entretoises fixées dans les bossages de la pièce coulée. L'ouverture du plateau voisine du bord reçoit une soupape de sûreté.

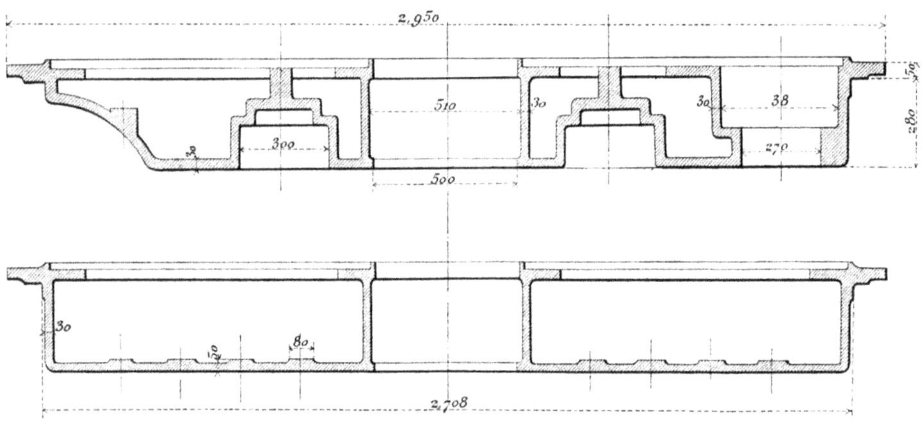

Fig. 496 – Couvercle de cylindre, en acier coulé ; coupes suivant AB et suivant CD de la figure 495.

grands diamètres et permet l'enveloppe de vapeur. On réduit le poids en substituant l'acier moulé à la fonte ; pour obtenir une très grande légèreté, on a même formé le couvercle d'une pièce coulée avec tôle d'acier rapportée (fig. 495 et 496).

Les cylindres sont munis de robinets purgeurs (fig. 497), quand l'échappement ne se fait pas à la partie inférieure, et parfois de soupapes de sûreté (fig. 93 et 94, t.I).

77. Pistons et garnitures.

Le piston est soumis à la pression de la vapeur, que de fortes compressions peuvent exagérer. Les diagrammes relevés dans les cylindres de la « *City of Paris* » indiquent des différences de pression qui atteignent respectivement 6 — 2,75 — 1,3 kg par cm^2 ; les diamètres étant de 1^{m},143 — 1^{m},803 — 2^{m},870, il en résulte des efforts

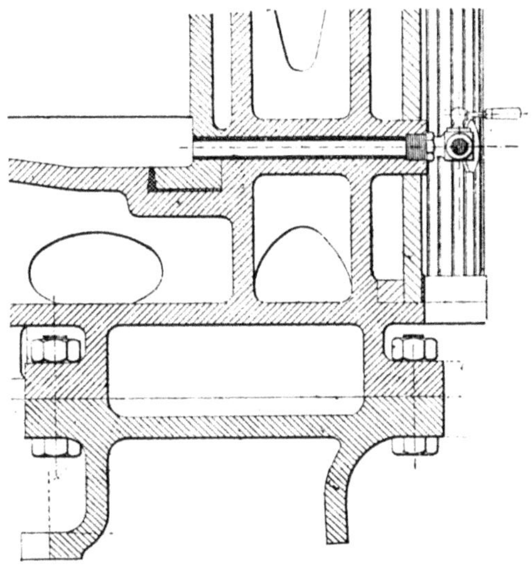

Fig. 497. — Montage d'un robinet purgeur à la partie inférieure du cylindre d'une machine pilon.

de 62, 70 et 85 tonnes. Comme terme de comparaison, le poids de l'obélisque de Louqsor, à Paris, est estimé à 225 t. La toile du piston est simple (fig. 498, 499 et 500) ou double (fig. 501 à 505). La hauteur ou l'épaisseur du piston dépend surtout de l'emplacement occupé par les bagues de la garniture ; en principe, il convient de la diminuer autant que possible, puisqu'elle entraîne une égale augmentation de la longueur du cylindre.

Il est bon d'alléger le piston, pour réduire les effets de l'inertie, les vibrations qui en résultent, et l'usure des cylindres horizontaux.

La forme creuse, souvent raidie par des nervures intérieures, permet de concilier la légèreté et la résistance. La forme conique, ou en chapeau chinois (fig. 498), est de même favorable au bon emploi de la matière ; dans les machines-pilon, elle réduit la hauteur du cylindre au-dessus de l'arbre.

Le piston est forgé en fer (fig. 491), ou coulé en fonte ou en acier. Le piston creux de la figure 501 est formé de deux plateaux en fer soudés par leurs bords. Deux pistons coniques (fig. 498) de même taille, assemblés l'un contre l'autre, forment une chambre qui permet l'essai à la pression hydraulique.

Pour atténuer l'effet thermique des parois, il convient que la surface en contact avec la vapeur soit aussi faible que possible, comme sur le type à bases plates de la figure 501 ; la surface des fonds de cylindre, qui sont également plats, est réduite de même. En polissant toutes les surfaces, il est probable qu'on diminue les condensations.

On est tenté de croire que le piston creux sépare mieux la vapeur, admise d'un côté, de la vapeur d'échappement, qui se trouve de l'autre. Mais si l'on remarque que les variations de la température du métal, pendant une course aller et retour, ne se font sentir que jusqu'à une profondeur de quelques millimètres au plus, et que la masse de métal doit prendre la même température moyenne dans le piston creux et dans le piston plein, on voit que l'avantage du piston creux, sous ce rapport, est illusoire. Il n'existerait que si on y faisait circuler la vapeur, comme dans l'enveloppe,

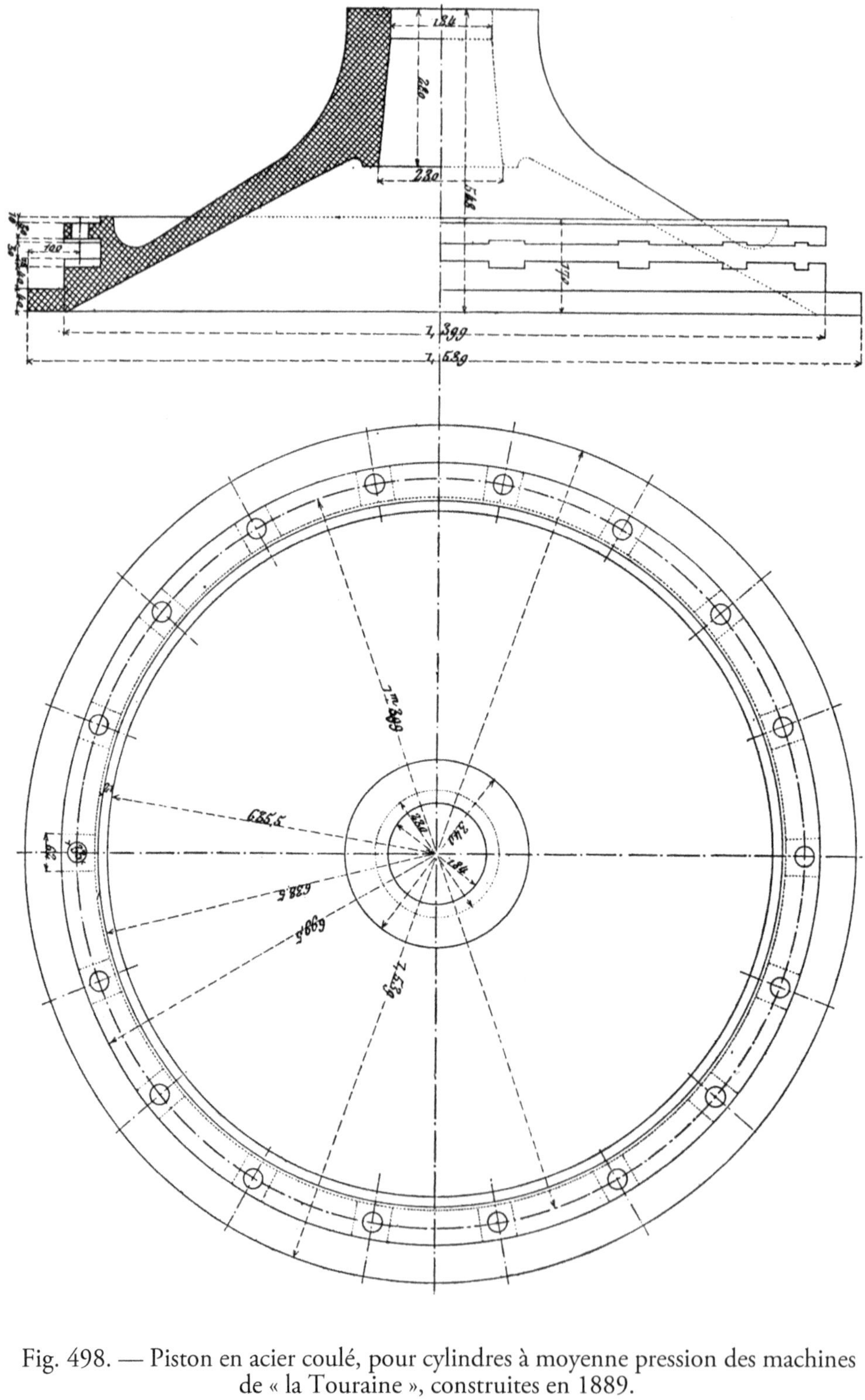

Fig. 498. — Piston en acier coulé, pour cylindres à moyenne pression des machines de « la Touraine », construites en 1889.

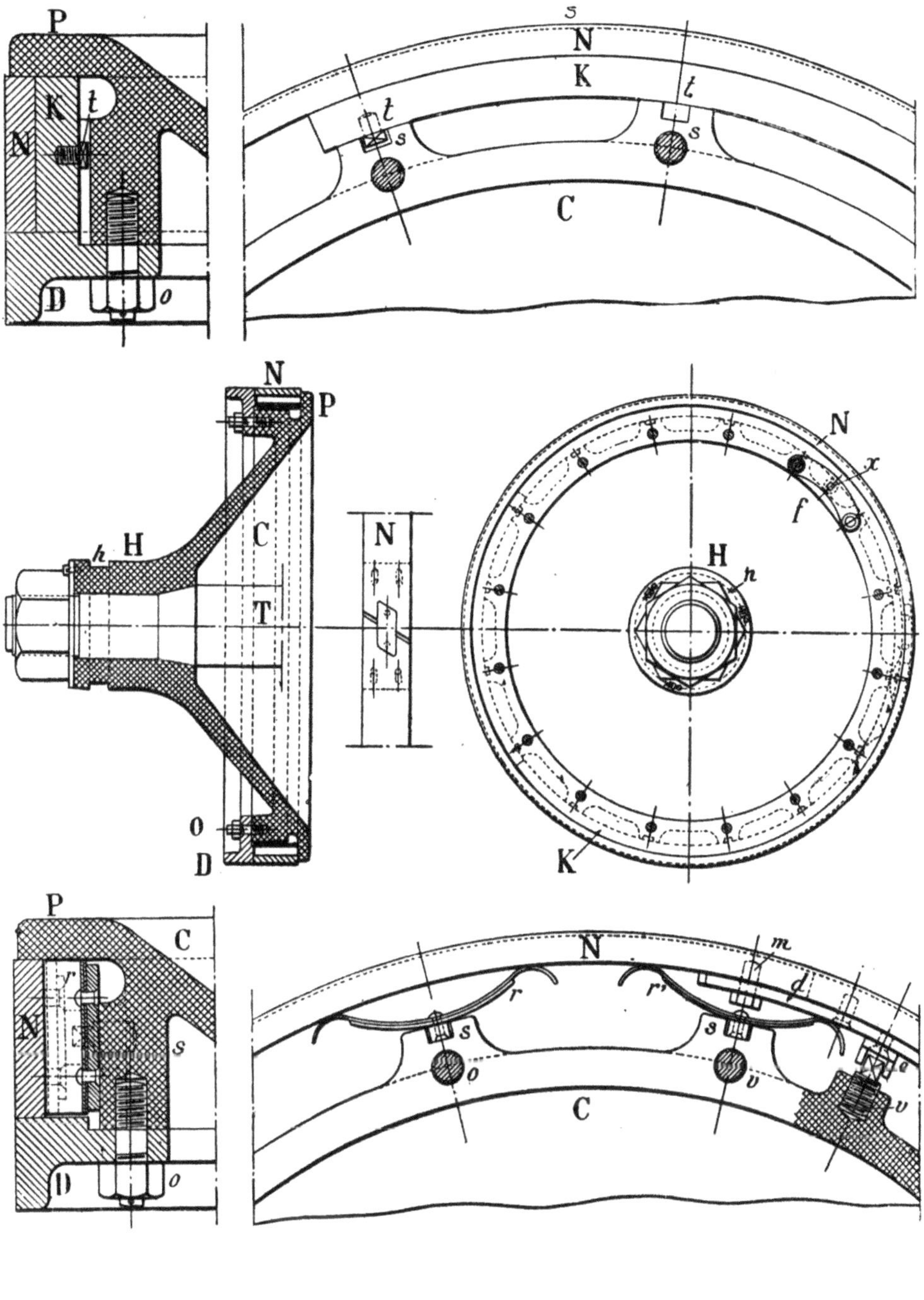

Fig. 499. — Piston en acier coulé, pour machine marine horizontale, d'après M. Demoulin. Le couvre-joint de la bague N est formé de la plaque d, fixée par les vis m; la fourche en acier e empêche la bague de tourner. La bague N est pressée contre le cylindre par les ressorts tels que r, r' ; à la partie inférieure du piston, une cale en fonte K, maintenue par la tête des vis t, reporte sur la bague le poids du piston

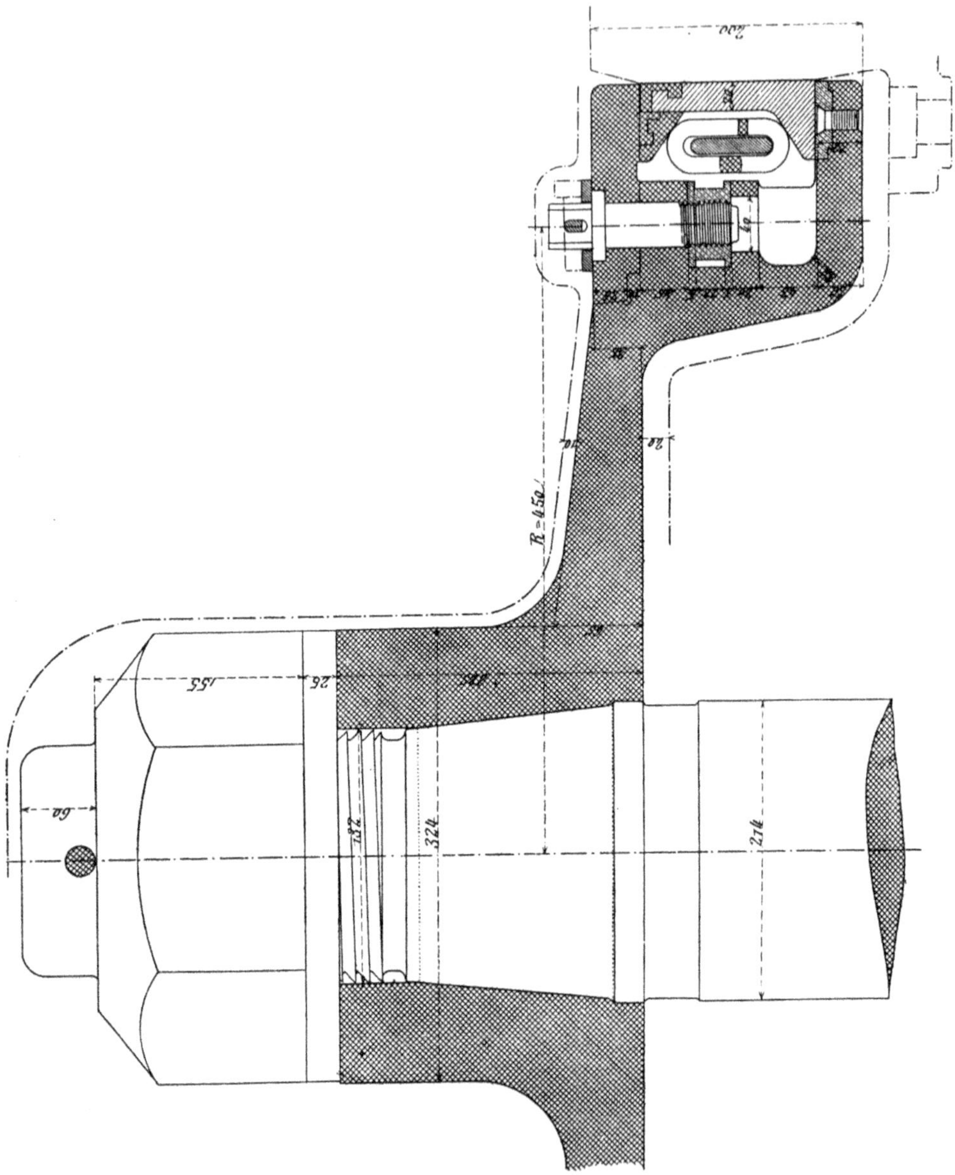

Fig. 500. — Piston en acier coulé, pour cylindre à haute pression de « la Normandie » (transformation en 1892).
Les jeux de montage aux deux fonds de ourse sont cotés (10 et 20 mm).

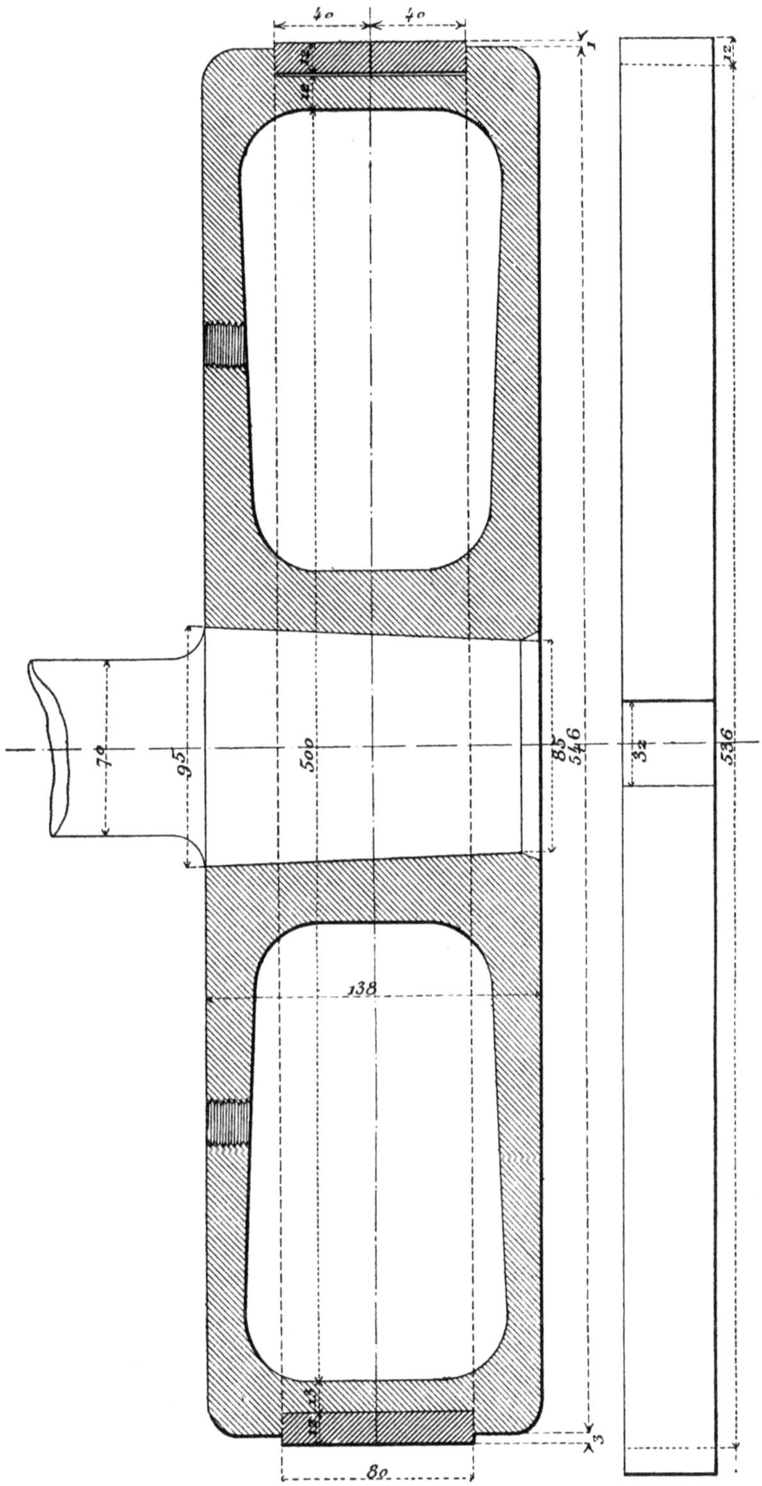

Fig. 501. — Piston creux en fer, avec segments en fonte, pour locomotives du Chemin de fer du Nord.

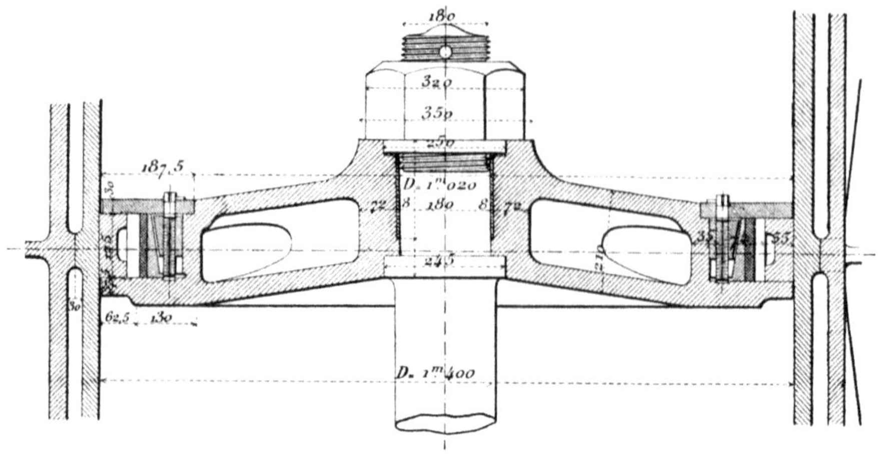

Fig. 502. — Piston à double toile, en fonte, pour machine pilon.

ce qui est possible, mais au prix de complications excessives. L'emmanchement de la tige doit être très solide et garanti contre le desserrage en service, que les vibrations pourraient provoquer.

Le simple emmanchement conique de la figure 501, exécuté à la presse hydraulique, ou en chauffant le piston pour le dilater, est simple et solide, au moins jusqu'au diamètre de 500 à 600 mm. Une petite rivure à froid complète le montage. Habituellement, l'assemblage est maintenu par un écrou, l'emmanchement de la tige étant conique ou cylindrique, avec une embase à l'opposé de l'écrou. Une clavette rivée, ou une bonne goupille, s'oppose au desserrage de l'écrou. Quelquefois la tige est forgée avec le piston.

Le joint étanche, entre le piston et le cylindre, s'obtient à l'aide de bagues élastiques ou segments, presque toujours en fonte, parfois garnis de métal anti-friction. Pour les diamètres ne dépassant pas 700 ou 800 mm, l'élasticité de la bague fendue, puis resserrée et tournée extérieurement au diamètre du cylindre, suffit généralement pour l'appliquer contre les parois. Pour les grands diamètres, une série de ressorts assurent la portée des segments. On voit en coupe, sur la figure 500, un ressort d'acier en spirale, qui fait le tour de la gorge du piston et applique la bague élastique contre le cylindre. Le joint étanche doit exister non seulement au contact du segment et du cylindre, mais aussi entre le plat de la bague et la gorge tournée sur le piston. La pression de la vapeur l'appuie contre cette gorge. On monte généralement deux bagues sur un piston.

Lorsque la bague bâille par l'usure, elle laisse un petit passage à la vapeur : la coupure en trait brisé (fig. 506) substituée à la coupure droite (fig. 501) n'empêche pas complètement la fuite de vapeur, qui passe sous le segment : pour l'arrêter, on munit certains segments de pièces de joint. Parfois on laisse un peu de jeu entre les extrémités d'une bague neuve, afin qu'elle ne se coince pas dans le cylindre si elle s'échauffe par suite d'un frottement anormal.

Les garnitures des pistons étaient généralement en chanvre dans les anciennes machines ; cependant l'emploi ou l'essai des garnitures métalliques n'est pas nouveau; la figure 507 représente la disposition, peu satisfaisante d'ailleurs, employée par Cartwright en 1797. Cette garniture est composée de plusieurs portions formant

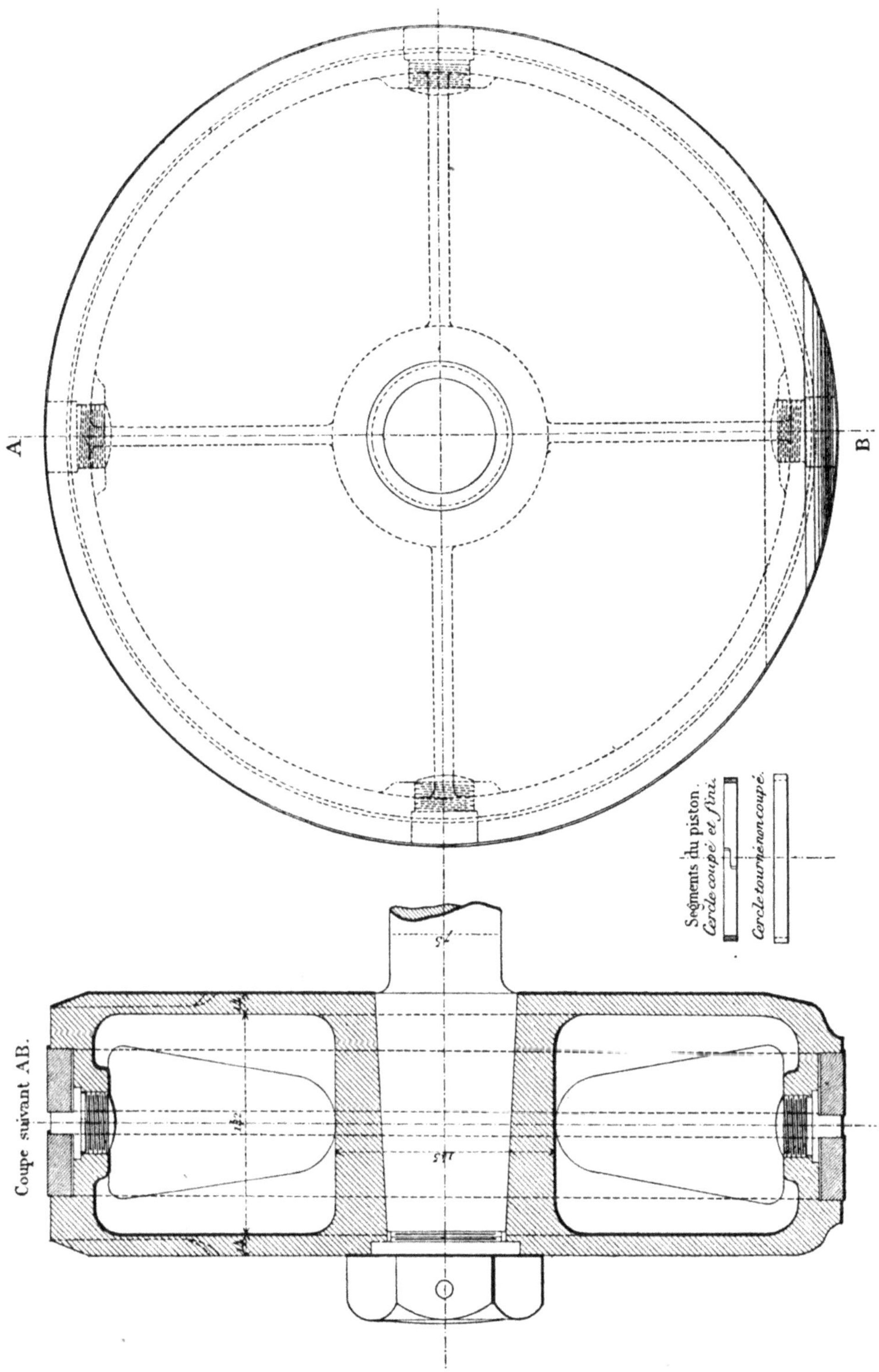

Fig. 503 – Piston creux, en acier coulé, pour machine pilon, construite par E. Garnier.

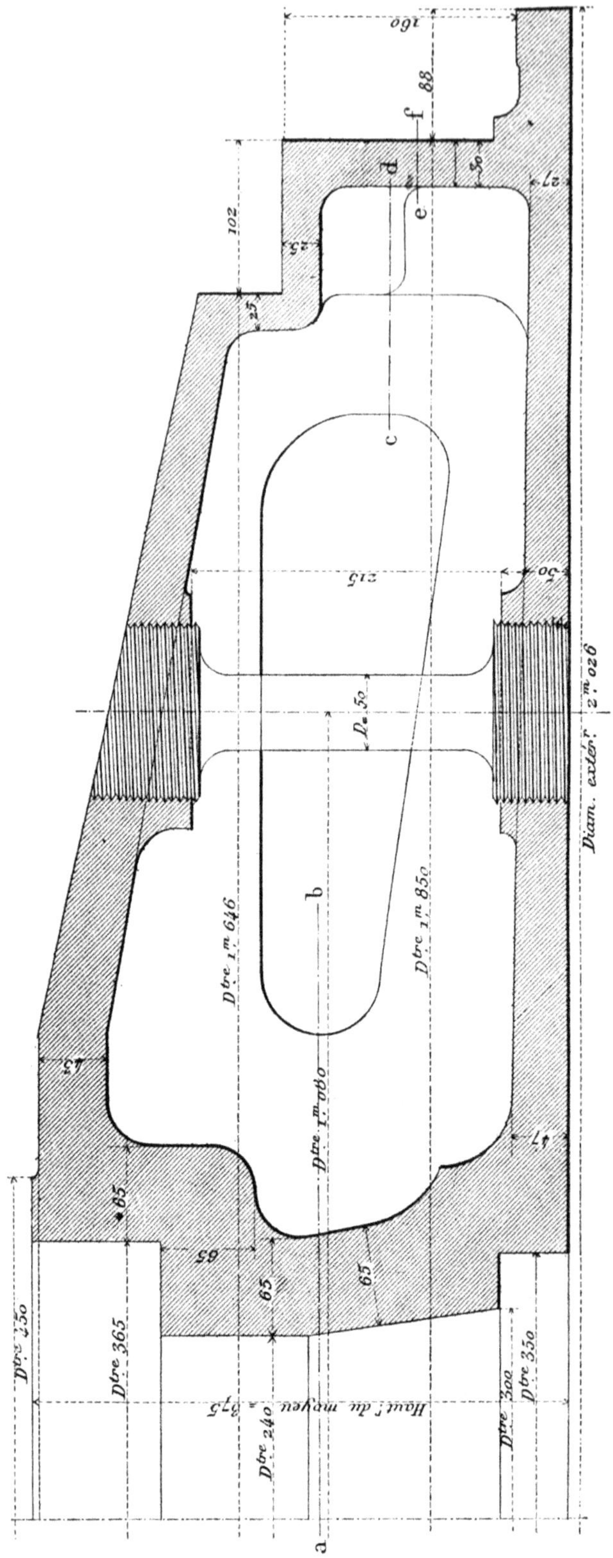

Fig. 504 – Piston à double toile, en acier coulé, exécuté en 1895 par les aciéries et fonderies de Firminy ; poids 2395 kg. Coupe longitudinale.

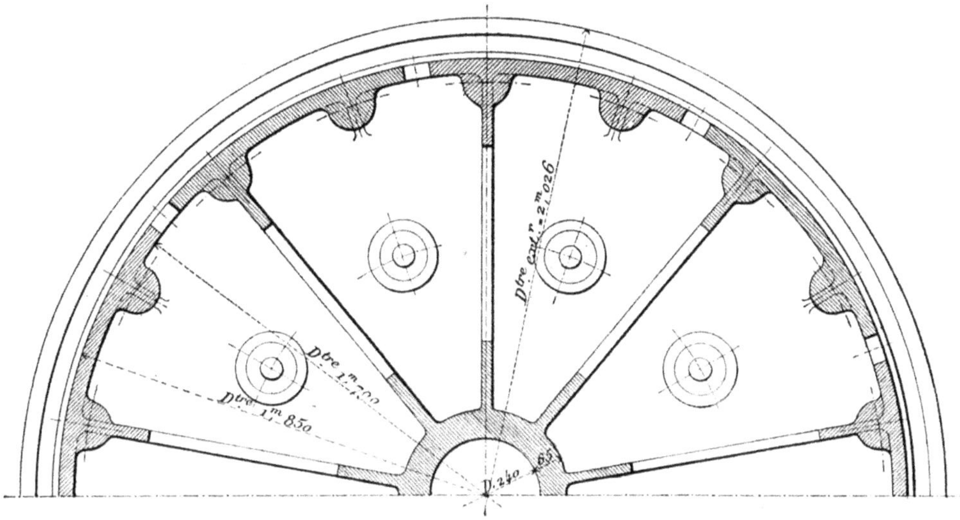

Fig. 505. — Piston à double toile, en acier coulé ; coupe suivant abcdef de la figure 504.

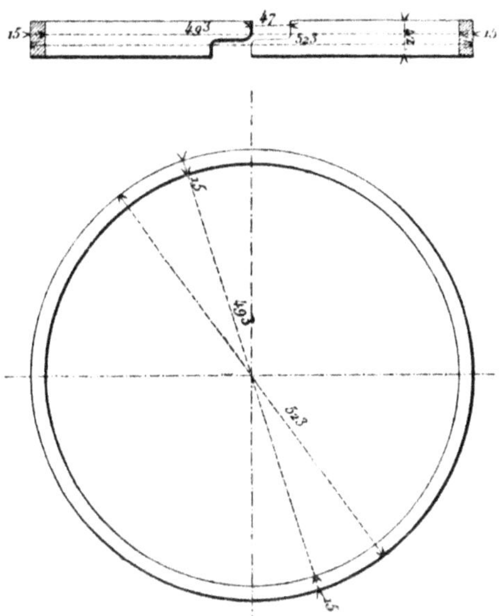

Fig. 506.— Bague de piston à joint brisé ; diamètre d'alésage du cylindre, 508 mm.

des segments de cercle ; ce nom a été improprement étendu aux bagues d'une seule pièce.

Les bagues ne constituent pas seulement une garniture étanche, mais souvent elles portent une partie du poids du piston, dans les machines horizontales ; dans les machines verticales, et surtout dans les machines marines, elles s'opposent aux déplacements transversaux.

Il est intéressant d'examiner comment le piston est supporté dans une machine horizontale. À l'extérieur, la tige est emmanchée dans la tête ou la crosse de piston,

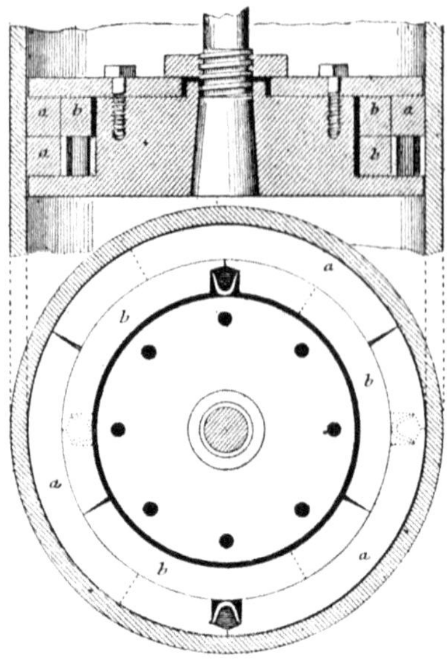

Fig. 507. — Piston à garniture métallique de Cartwright, en 1797, d'après Tredgold. Les segments en laiton a et b sont pressés par de petits ressorts en V. Ces segments sont trop épais pour avoir une élasticité convenable.

portée par les glissières. La tige sort du cylindre à travers une garniture, en traversant des bagues en bronze, qui sont généralement disposées de manière à la guider et à la supporter ; certaines garnitures, au contraire, assurent seulement un joint étanche, mais permettent un déplacement transversal de la tige. Le piston peut porter sur le fond du cylindre, soit directement, soit en appuyant sur l'intérieur du segment. La ligure 499 montre une cale en fonte disposée pour cette portée. Enfin, dans certaines machines, une contre-tige sort du cylindre, à travers une seconde garniture ; elle peut même s'emmancher dans un patin porté par des glissières.

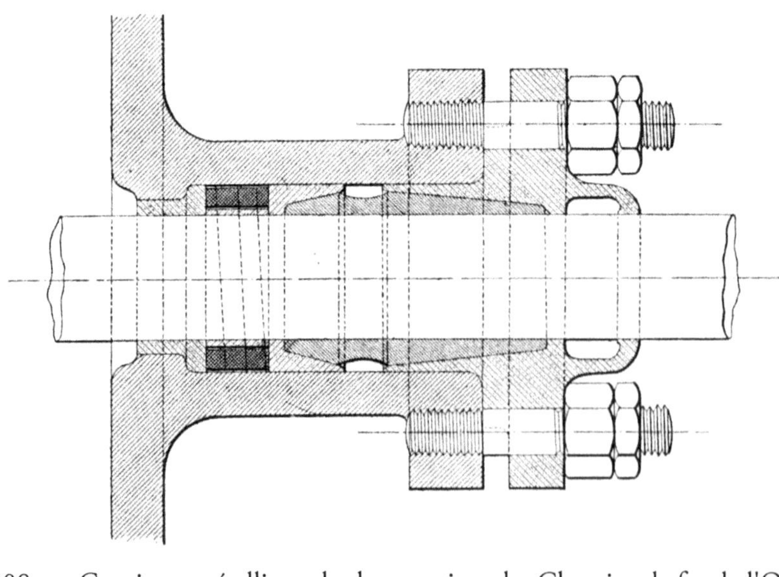

Fig. 508. — Garniture métallique des locomotives des Chemins de fer de l'Ouest. Le serrage de la bague de métal blanc, en deux pièces, est réglé par le ressort qui s'appuie sur la bague de fond.

Dans ce dernier cas (et spécialement pour des pistons de machines soufflantes, plus grands que les pistons moteurs), on a quelquefois fait porter tout le poids par les deux glissières extrêmes : le piston, monté au milieu de la tige, qui relie les deux patins, la fait fléchir ; les garnitures de tige permettent un déplacement transversal, et le piston ne doit pas poser sur ses segments.

D'autres fois, on se sert des garnitures de la tige et de la contre-tige pour porter le poids du piston : comme la tête du piston sert aussi nécessairement de guide, cette disposition a l'inconvénient général du guidage en trois points, qui peuvent ne pas rester exactement en ligne droite par suite d'usures inégales.

Dans tous les cas, il est bon de se rendre compte de la façon dont on veut faire travailler les garnitures de tige : si ce sont des guides chargés, les bagues en bronze doivent avoir une longueur suffisante ; si au contraire elles ne doivent qu'assurer le joint, il faut permettre les déplacements latéraux qui résultent des flexions de la tige en marche et des usures. La garniture de tige comporte la bague de fond et le presse-garniture, serré sur des goujons, de manière à comprimer la matière molle qui assure le joint ; bague et presse-garniture sont en deux pièces si la tige porte des renflements, qui ne peuvent les traverser lors du montage. Les deux parties du presse-garniture sont alors serrées par une gaine, dont le diamètre intérieur est suffisant.

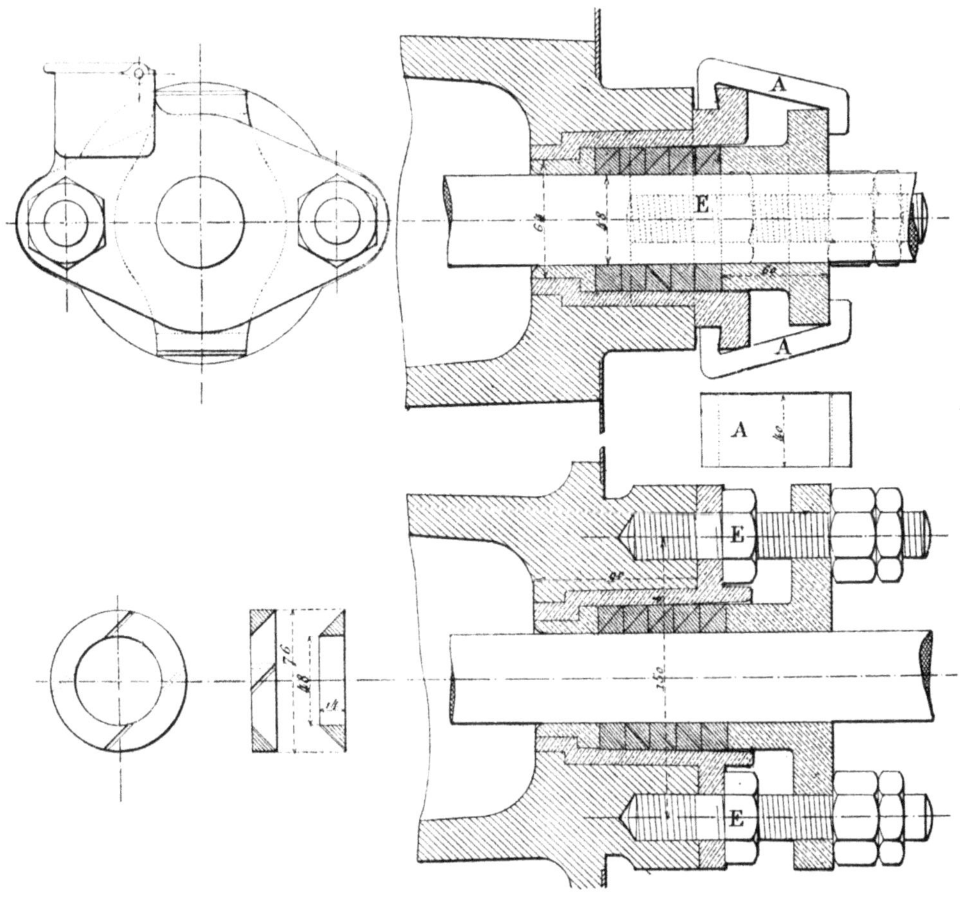

Fig. 509. — Garniture métallique, avec fourreau pour le démontage ; coupes longitudinales, verticale et horizontale, vue par bout, détail des bagues métalliques et des agrafes A qui servent à l'extraction du fourreau, quand on dévisse les écrous E.

L'étoupe, que brûle la vapeur à très haute température, a été remplacée généralement par des tresses d'amiante, ou par des bagues en métal blanc tendre (fig. 508 et 509), diversement combinées. Les figures 510 et 511 représentent une garniture ne s'opposant pas au déplacement transversal de la tige. On emploie aussi des bagues élastiques analogues à celles des pistons. Celles qui entourent la tige, sur la figure 512, sont légèrement dilatées et tendent à se refermer, tandis que les bagues extérieures de la garniture tendent à s'ouvrir.

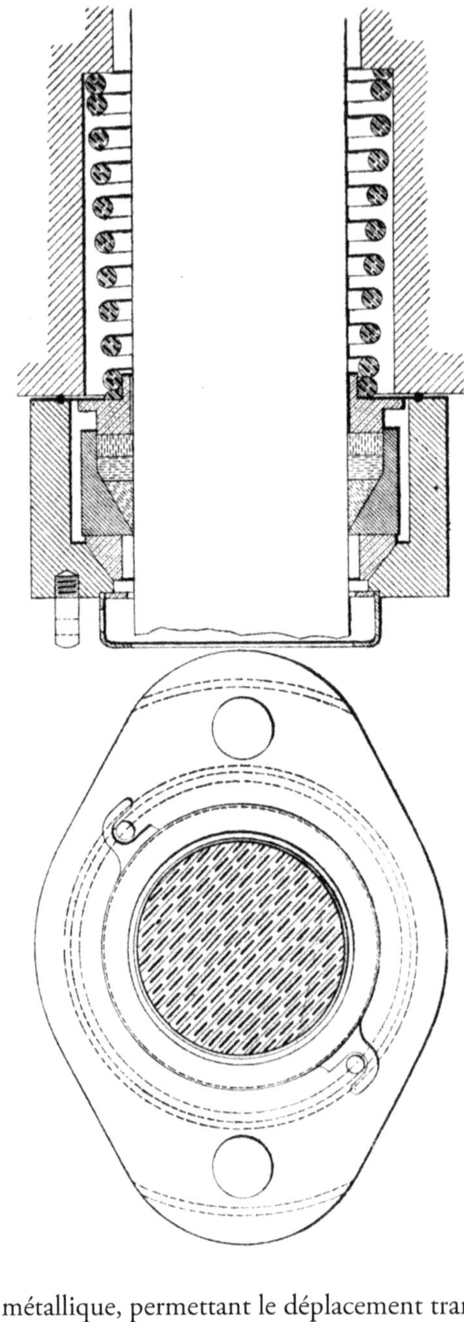

Fig. 510. — Garniture métallique, permettant le déplacement transversal de la tige, pour pistons de locomotives,

La figure 513 représente une garniture intérieure pour le passage de la tige entre deux cylindres en tandem contigus. Le réglage des écrous, qui serrent le presse-garniture, est assez délicat : on fait disparaître cette difficulté de réglage en employant les bagues de la figure 512, ou en assurant une pression convenable à l'aide de ressorts (fig. 508). Les écrous sont alors serrés à bloc. Les dispositions de ce genre sont recommandables sur les machines qui doivent être simples et d'un entretien très facile, comme les locomotives.

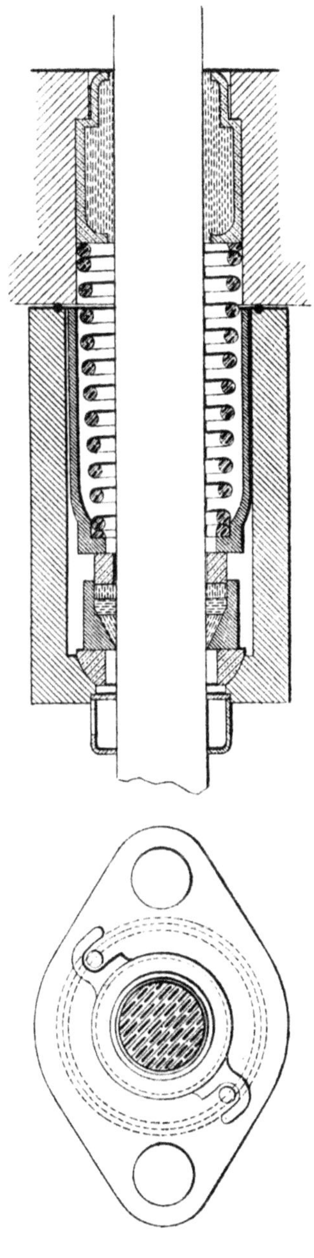

Fig. 511. — Garniture métallique, permettant le déplacement transversal de la tige, pour tiges de tiroirs de locomotives, de la "U. S. metallic packing Co".

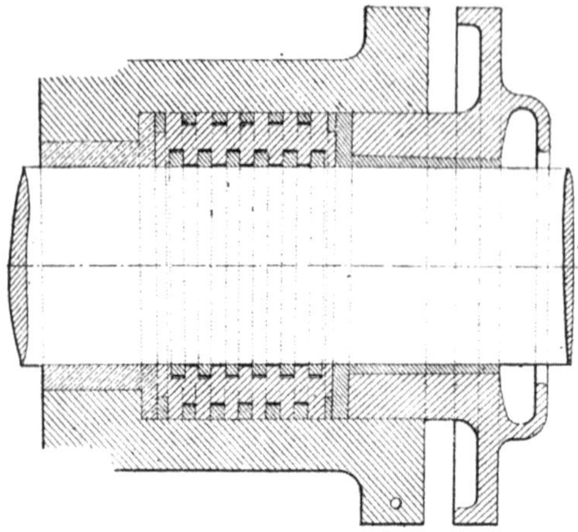

Fig. 512. — Garniture de tige Jackson, à bagues élastiques.

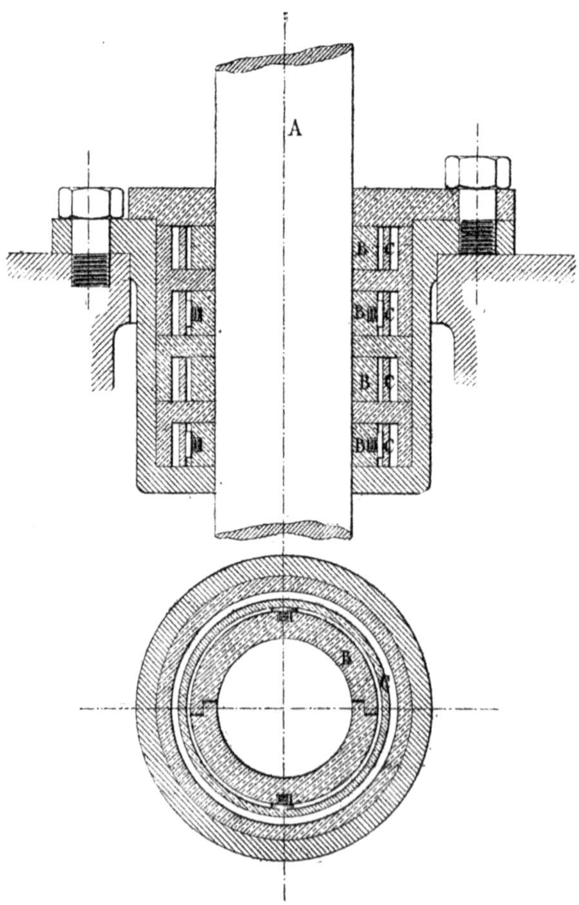

Fig. 513. — Garniture intérieure de tige de piston, construite par B. Normand en 1884, pour cylindres en tandem à fond commun. B segments en bronze ; C ressorts en bronze (d'après M. Demoulin, dans le *Portefeuille des machines*).

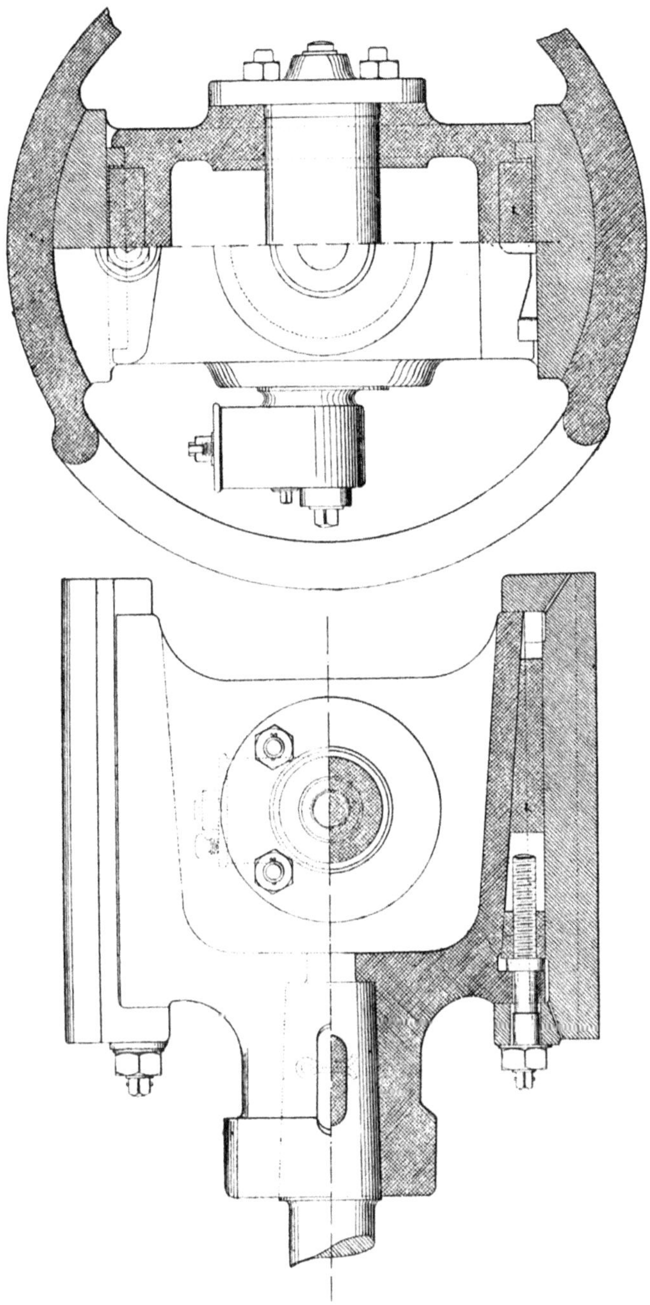

Fig. 514. -- Tète de piston, avec rattrapage de jeu à coin, pour machine d'extraction, construite vers 1898 par la Fabrique de machines de la Société Autrichienne-Hongroise des Chemins de fer de l'Etat, d'après le *Portefeuille des machines*. Coupe longitudinale et élévation ; coupe transversale, montrant les glissières.

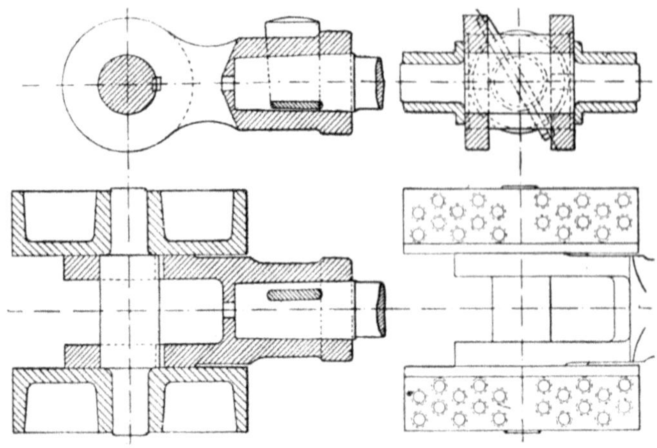

Fig. 515. — Tête de piston de locomotive, guidée par quatre glissières.

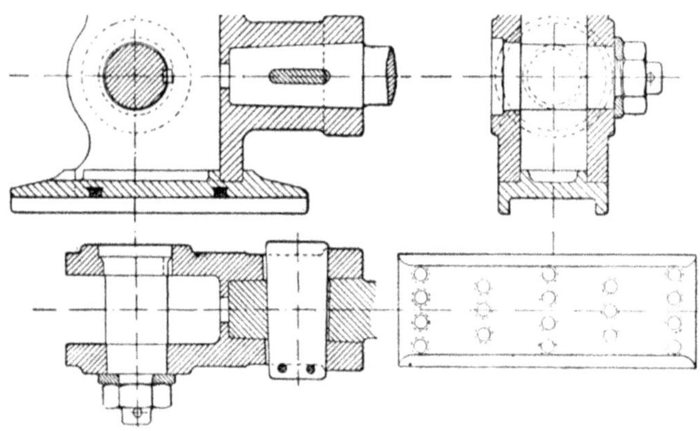

Fig. 516. — Tête de piston de locomotive, guidée par deux glissières.

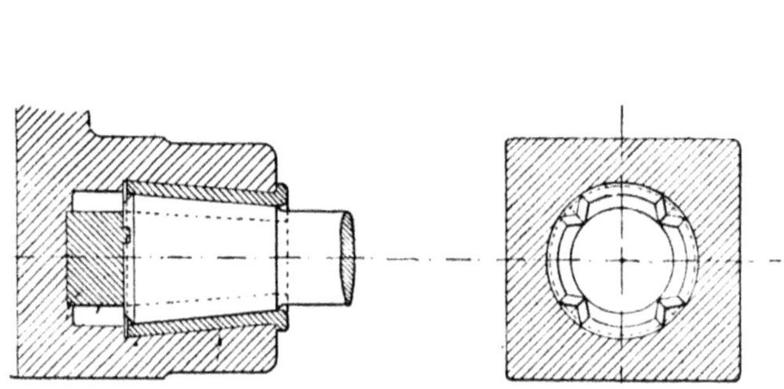

Fig. 517. — Tête de piston, sans clavette dans la tige, des locomotives des Chemins de fer de l'Ouest.

Le démontage de certaines garnitures métalliques est assez difficile : on le rend aisé en les plaçant dans un fourreau à collerette (fig. 509), qu'on tire par l'intermédiaire de crochets A, A, en poussant vers l'extérieur le presse-garniture, à l'aide des écrous E, E.

Il est important de bien graisser la tige, qu'on entoure à cet effet d'une mèche alimentée par un godet.

La tige s'emmanche dans la tête ou la crosse de piston (fig. 514 à 517), qui porte les patins coulissant dans les glissières, et le tourillon, sur lequel s'articule la bielle. Dans les grandes machines, confiées à un personnel spécial, on prévoit des moyens de réglage des patins (fig. 514), pour compenser l'usure. Les appareils de réglage, non seulement compliqueraient trop les petites machines, mais risqueraient bien souvent d'être maladroitement manoeuvrés. On se contente alors du réglage par addition de cales contre les patins ou sur les supports des glissières.

Quand les machines tournent indifféremment dans les deux sens, les glissières fonctionnent également des deux côtés de la tête de piston : la pression sur les glissières est à peu près constamment dirigée dans la même direction, lorsque la rotation n'a lieu que dans un sens.

La surface de portée des glissières peut rarement être aussi rapprochée de l'axe du cylindre qu'il serait désirable : le patin doit être assez long pour qu'il n'en résulte pas une augmentation excessive de charge sur l'une de ses extrémités. L'arcboutement pourrait se produire avec un patin très court et très éloigné de l'axe du cylindre.

78. Bielles.

La petite tête de bielle s'articule sur la tête de piston et la grosse tète sur le tourillon de la manivelle. La petite tête est simple (fig. 518 à 521), ou à fourche (fig. 522 et 523). Cette seconde disposition simplifie la tête de piston, mais complique

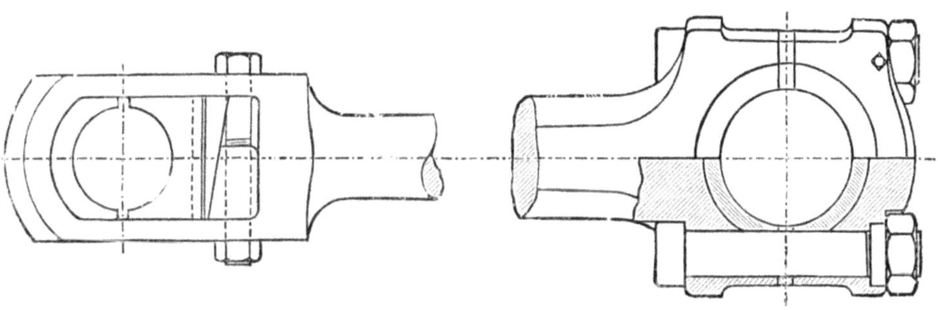

Fig. 518. — Tètes de bielle simples ; réglage à coin sur la petite tête, chapeau à boulons sur la grosse tête (d'après Thurston).

la bielle ; la transmission ne se fait bien que si les deux tourillons portent également sur les deux branches de la fourche.

Les formes des grosses têtes de bielles sont assez variées : souvent la tête comprend une cage, qui renferme deux demi-coussinets, embrassant le tourillon de manivelle : ces deux moitiés sont serrées l'une contre l'autre par une clavette ou un coin à vis (fig. 524) : elles forment alors un oeil dont le diamètre est légèrement supérieur à celui du tourillon. L'usure ovalise cet oeil : le joint étant perpendiculaire au grand axe de l'ovale, on rattrape le jeu en limant la face de contact des coussinets, ou en

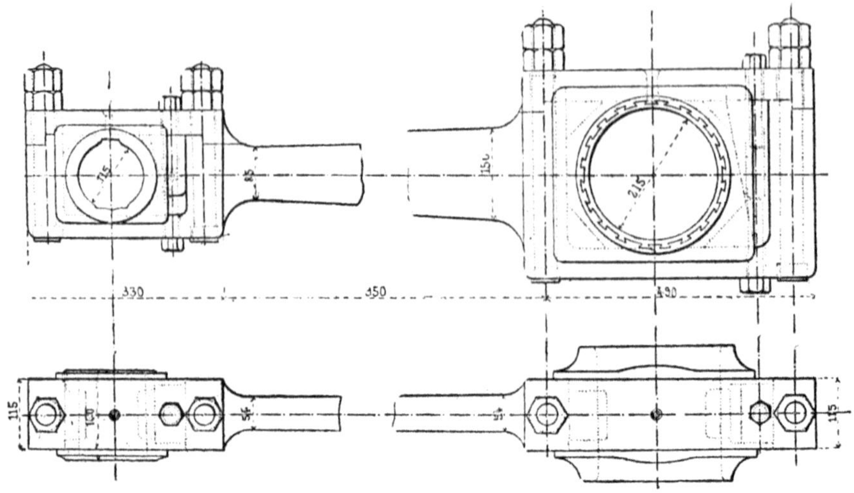

Fig. 519. — Bielle de la machine Dick et Church (d'après G. Richard).

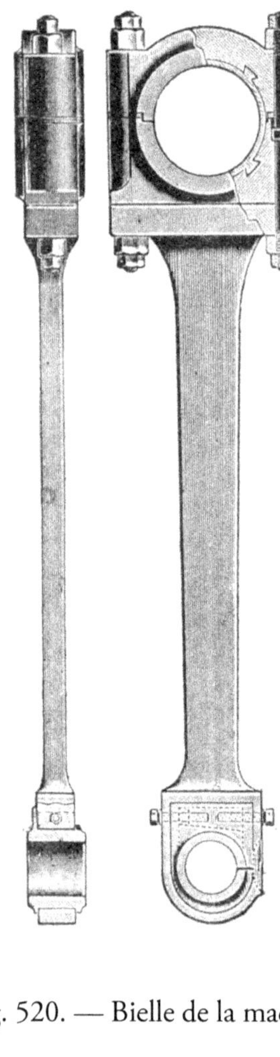

Fig. 520. — Bielle de la machine Ide.

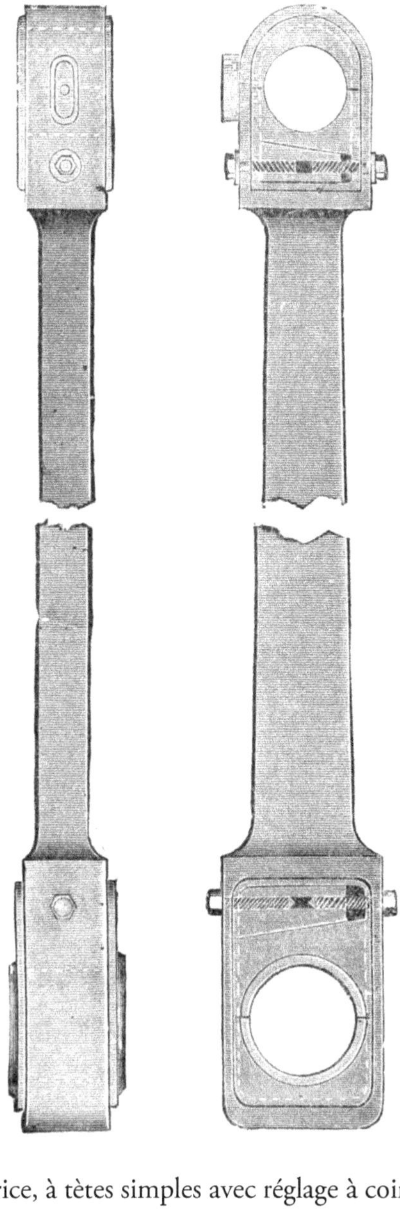

Fig. 521. — Bielle motrice, à têtes simples avec réglage à coin, d'après Thurston.

retirant des cales minces disposées d'avance, et en serrant de nouveau les coussinets à bloc l'un contre l'autre.

La petite tête peut aussi présenter une disposition de réglage ; mais comme elle s'use moins que l'autre, parce qu'elle n'a qu'un mouvement d'oscillation de faible amplitude sur son tourillon, ce réglage est moins utile.

Le réglage d'une tête augmente ou raccourcit la longueur de la bielle, suivant la disposition adoptée. On tient compte de cette variation en donnant primitivement au piston un espace libre un peu plus fort du côté où le réglage de la bielle diminuera le jeu.

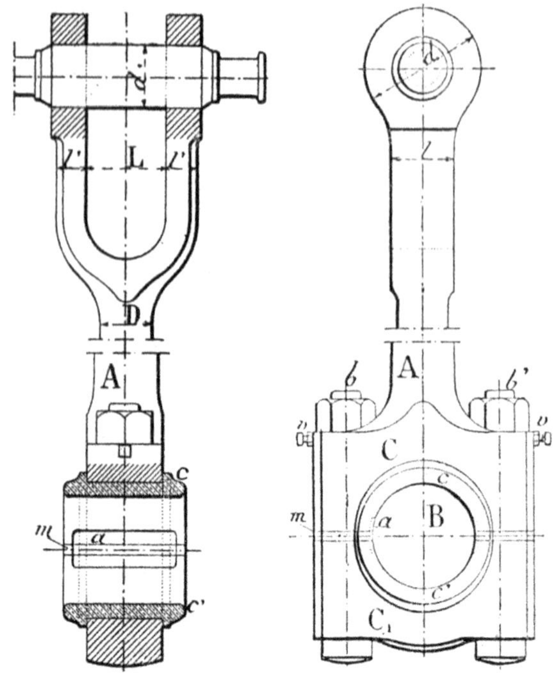

Fig. 522. — Bielle à fourche pour machine marine ; le chapeau C, de la grosse tête est serré par les boulons b, sur les cales de rattrapage de jeu, m (d'après M. Demoulin).

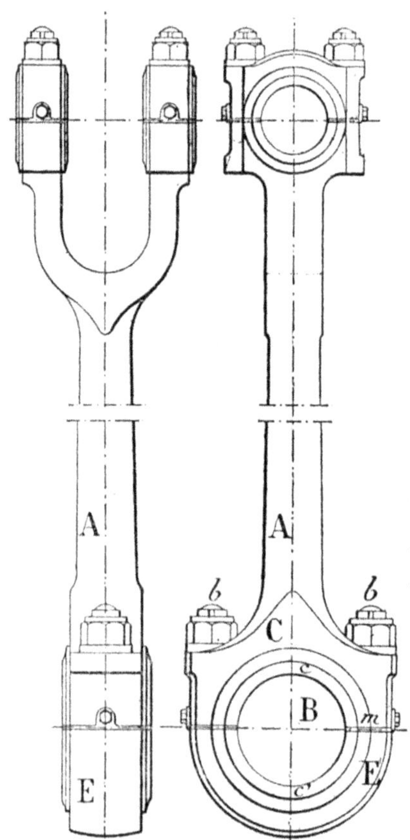

Fig. 523. — Bielle à fourche, pour machine marine ; le chapeau E porte deux parties filetées, sur lesquelles se vissent, en b,b,les écrous de serrage (d'après M. Demoulin).

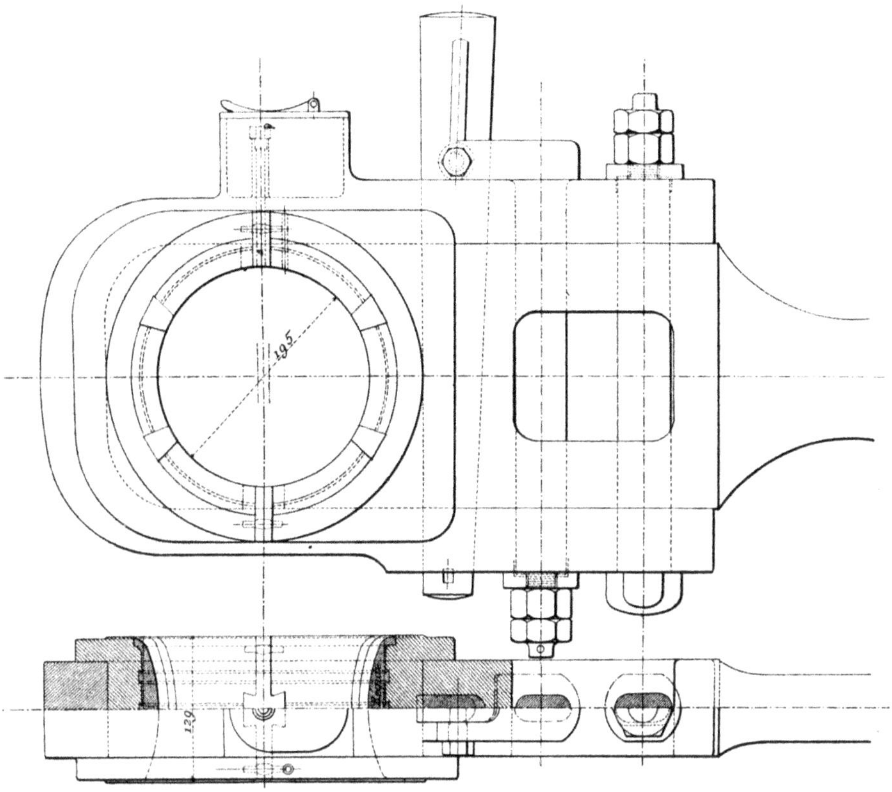

Fig. 524. — Grosse tète de bielle motrice pour locomotive à mécanisme intérieur.

Une grosse tête plus simple se compose d'un chapeau que deux boulons serrent contre les deux demi-coussinets (fig. 522). Le chapeau peut aussi être de forme demi-circulaire à l'extérieur et porter deux parties filetées, b, b (fig. 523) sur lesquelles on serre les écrous.

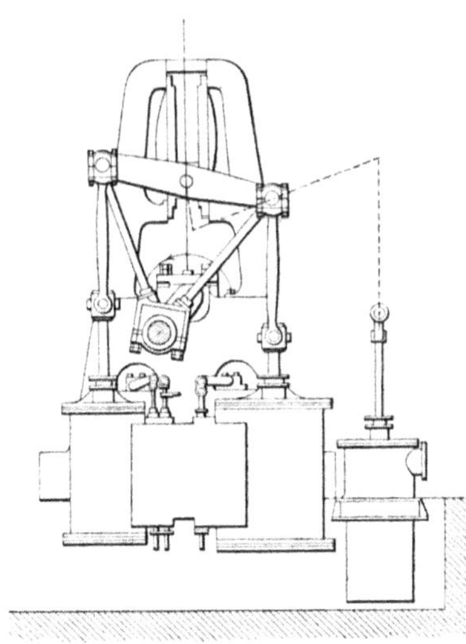

Fig. 525. — Machine de Bernay, à bielle triangulaire (d'après G. Richard), compound à cylindres de 760 et 1.050 mm sur 1^m,370.

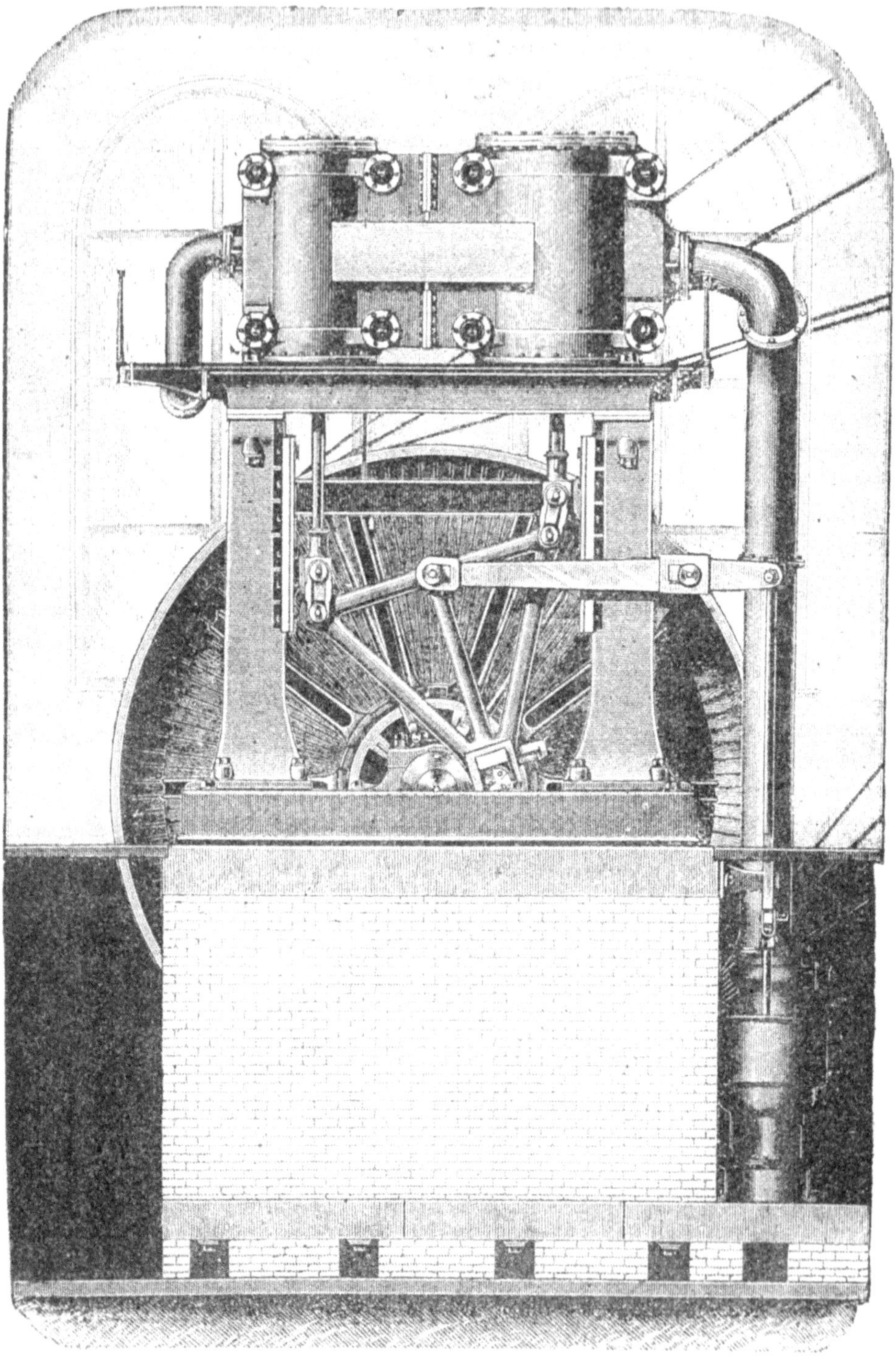

Fig. 526. — Machine de Fleming et Ferguson, à bielle triangulaire.

Certaines machines à deux cylindres ont une seule bielle triangulaire articulée sur la manivelle, et reliée aux deux tiges de piston par deux biellettes. Cette disposition se voit dans la machine de Bernay (fig. 525) et dans celle de Fleming et Ferguson (fig. 526). Dans la machine de Bernay, qui remonte à 1874, le milieu de la base de la bielle est guidé en ligne droite par des glissières. Dans celle de Fleming et Ferguson, ce point décrit un arc de grand rayon à l'extrémité d'un balancier.

Les deux pistons ont des mouvements qui ne concordent pas, à cause de l'inclinaison que prend la base de la bielle ; ils n'atteignent pas simultanément leurs fonds de course.

79. Arbres et manivelles.

L'arbre d'un moteur, soumis à la poussée et à la traction des bielles, à la traction des courroies, au poids des volants, à la réaction de ses coussinets de support, travaille à la flexion et à la torsion.

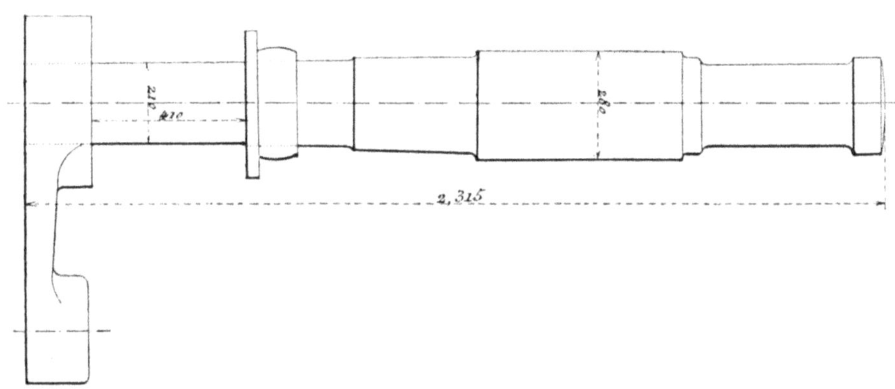

Fig. 527. — Arbre de machine Corliss.

Il est forgé en acier ou en fer ; les arbres en fonte ne sont plus guère employés pour les machines à vapeur. La manivelle est rapportée à l'extrémité de l'arbre (fig. 527 et 528), ou l'arbre est coudé, quand les manivelles sont comprises entre les paliers ; les coudes sont forgés avec l'arbre (fig. 529), ou bien il est composé de plusieurs parties assemblées (fig. 530).

La manivelle rapportée, plus simple que le coude, se trouve placée en porte-à-faux à l'extrémité de l'arbre ; il en résulte une augmentation de l'effort sur les paliers ; on

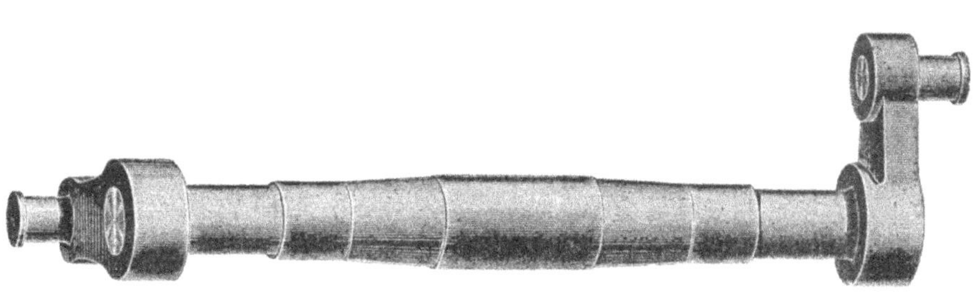

Fig. 528. — Arbre de machine fixe, avec deux manivelles calées à angle droit.

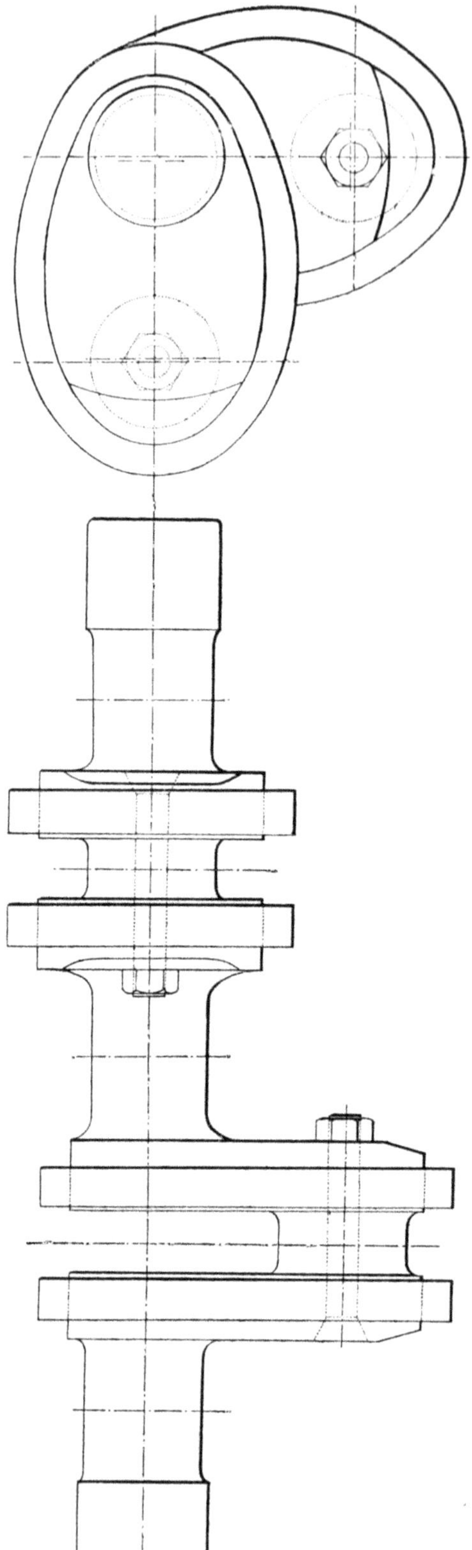

Fig. 529 – Essieu coudé de locomotive, avec frettes sur les coudes et boulons de sûreté dans les tourilons.

Fig. 530 – Arbre à trois manivelles rapportées.

doit la disposer de manière à rapprocher autant que possible du palier le plan que décrit l'axe de la bielle motrice : comme le fait remarquer M. Raffard, la seconde disposition de la fig. 531 est préférable à la première. La manivelle est parfois remplacée par le plateau manivelle, plus mince et mieux équilibré. Ce plateau peut être emmanché à la presse hydraulique sur l'arbre, sans clavette ; il réduit un peu le risque d'accident au conducteur de la machine.

L'arbre tourne dans des coussinets en bronze ou en alliage blanc, moins sujet aux chauffages et aux grippements que le bronze, sans doute parce qu'il se déforme plus facilement, de manière à corriger le défaut d'ajustage des pièces en contact. Les coussinets sont maintenus dans les paliers (fig.532).

Une articulation sphérique des coussinets (fig. 533) assure la bonne portée des deux extrémités de l'arbre, malgré les défauts de montage ou les déplacements des paliers.

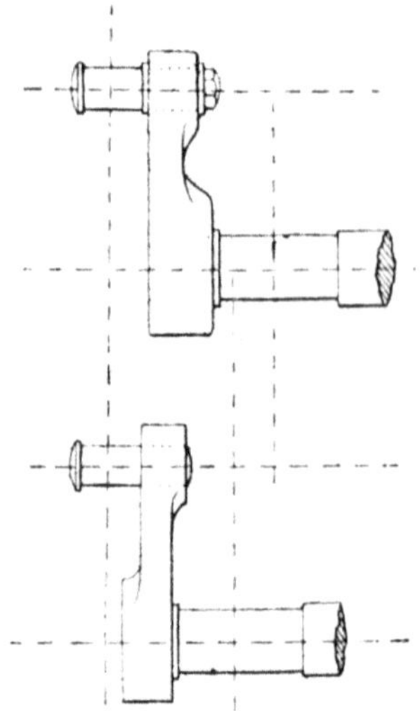

Fig. 531. — Dispositions de la manivelle, d'après M. Baffard ; la seconde rapproche davantage du palier l'axe de la bielle.

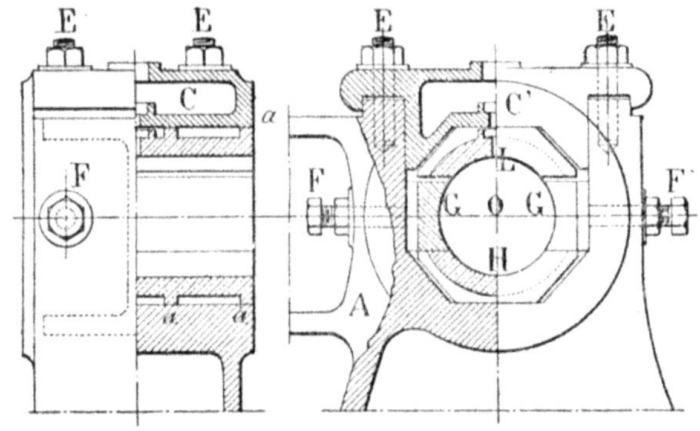

Fig. 532. — Palier à quatre coussinets, pour machine horizontale, d'après M. Demoulin; F et F', vis de réglage.

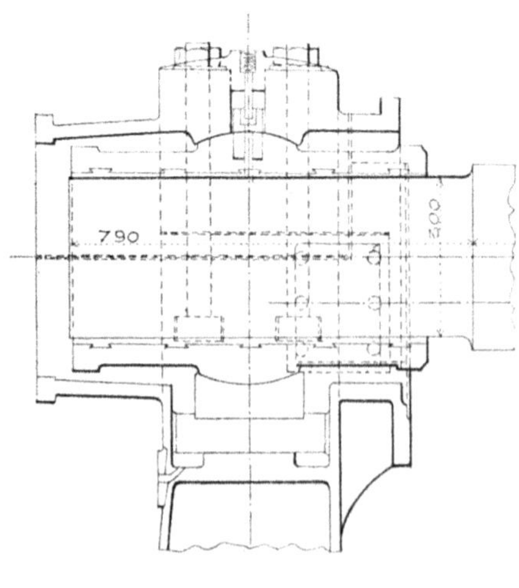

Fig. 533. — Palier avec articulation sphérique, de la machine Collmann, construite par Làng, à Budapest (voir fig. 568 et 569).

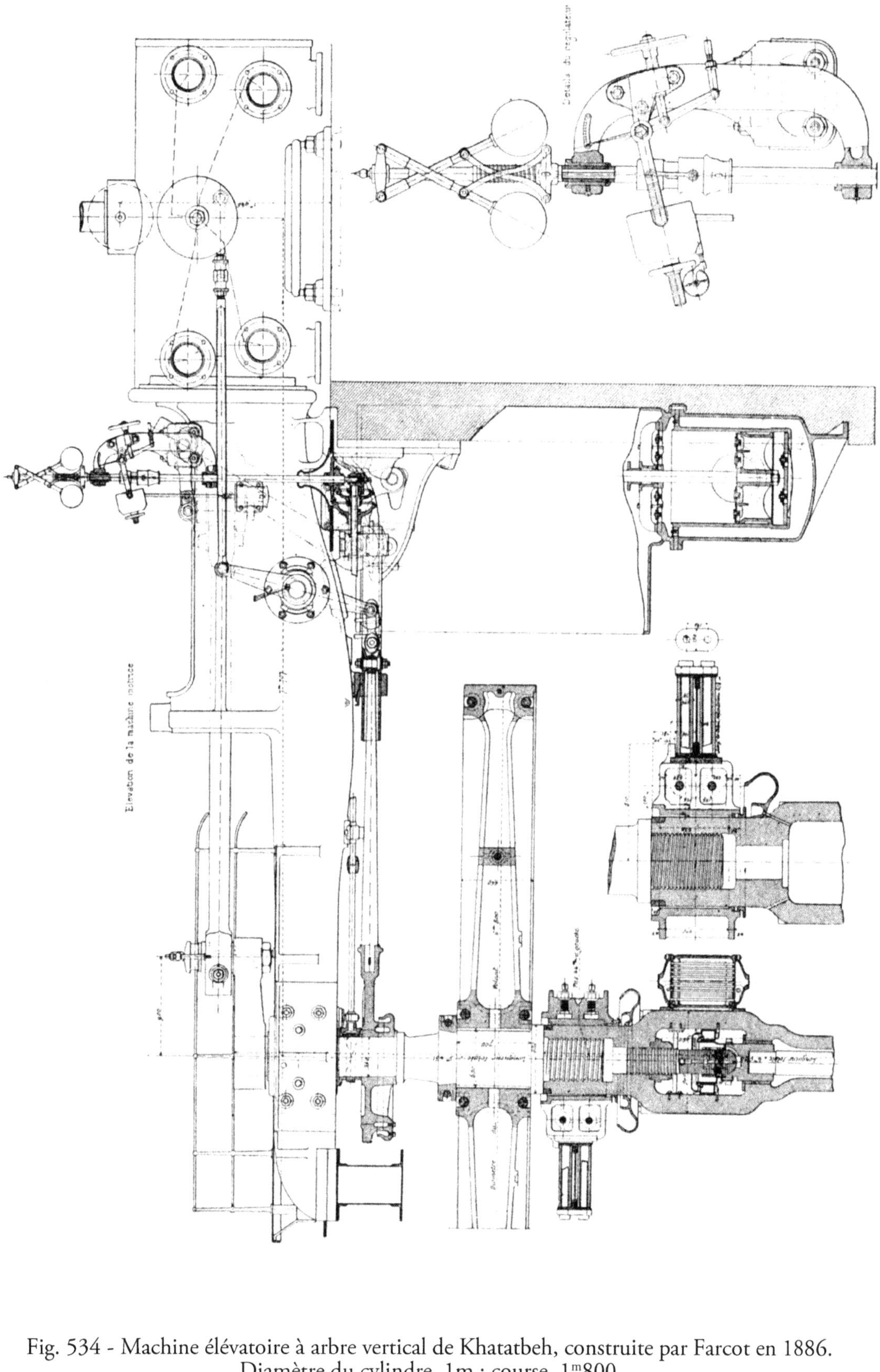

Fig. 534 - Machine élévatoire à arbre vertical de Khatatbeh, construite par Farcot en 1886.
Diamètre du cylindre, 1m ; course, 1m800.

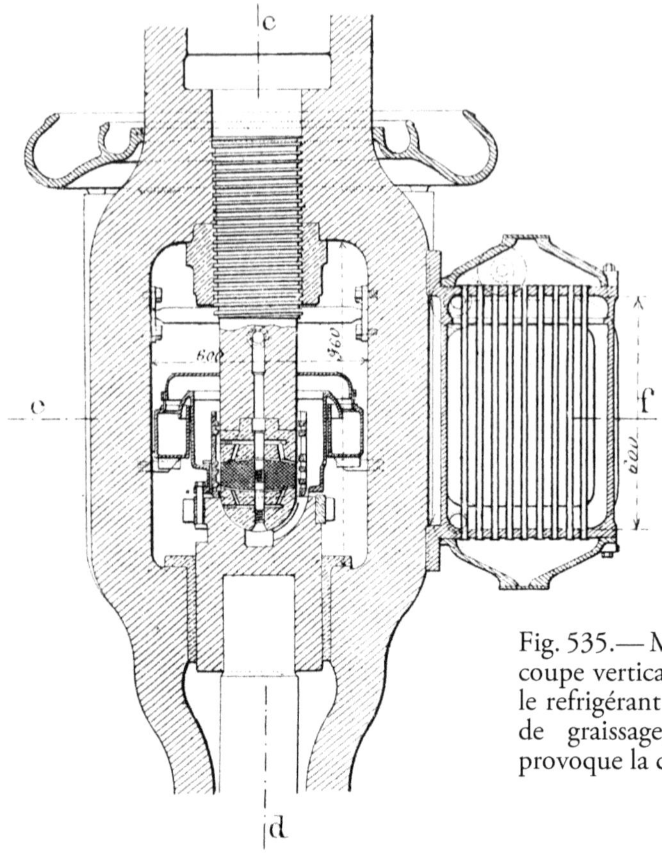

Fig. 535.— Machine de Khatatbeh ; coupe verticale du pivot, montrant le refrigérant tubulaire pour l'huile de graissage, dont une pompe provoque la circulation.

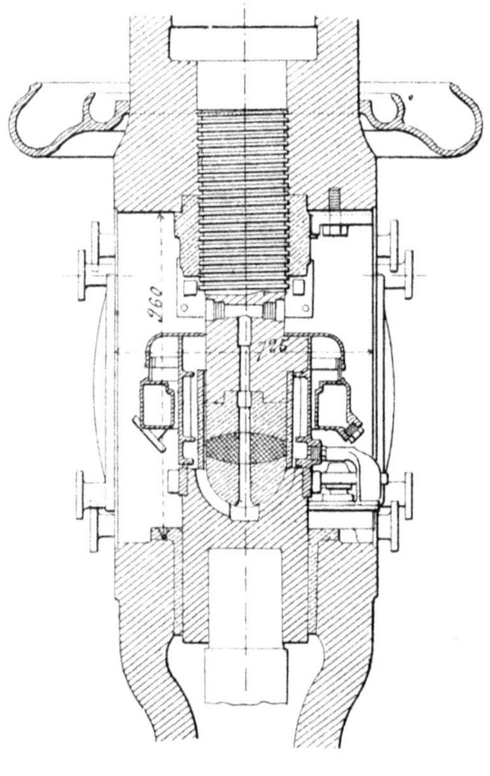

Fig. 536. — Machine de Khatatbeh ; coupe verticale suivant cd de la fig. 535.

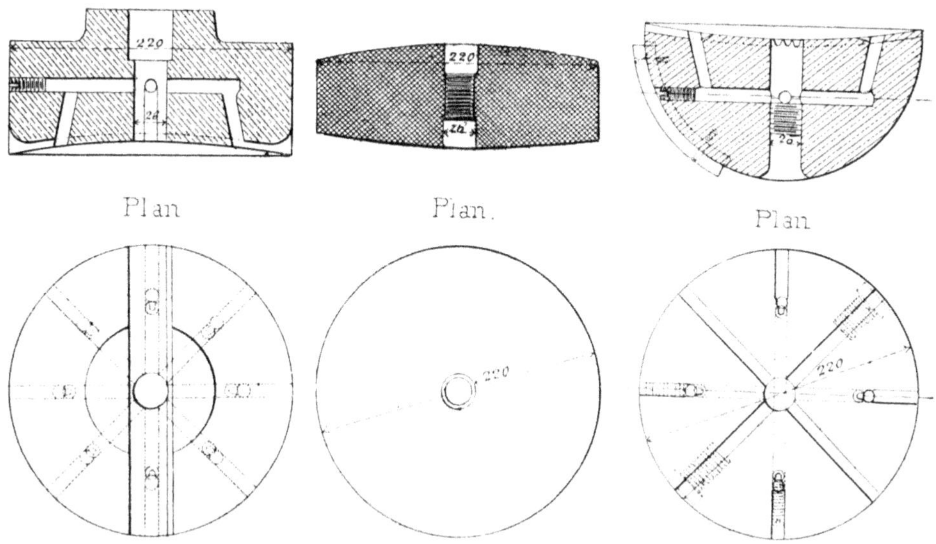

Fig. 537. — Machine de Khatebelt ; grains d'acier du pivot.

Un arbre vertical repose sur une *crapaudine* ; la commande des grandes pompes centrifuges de Khatatbeh (fig. 534 à 538) est un exemple de cette disposition, rare dans les machines à vapeur : le pivot a été reporté vers la partie supérieure de l'arbre creux, et repose sur une colonne centrale fixe. C'est une disposition analogue à celle qui est fréquemment employée pour les turbines à axe vertical. Le poids qui charge ce pivot est d'environ 48 tonnes ; la vitesse peut varier et atteindre 35 tours par minute. Les grains du pivot supportent une charge de 200 kg par cm². Une petite pompe assure une circulation d'huile, qui traverse un réfrigérant tubulaire, refroidi par l'eau.

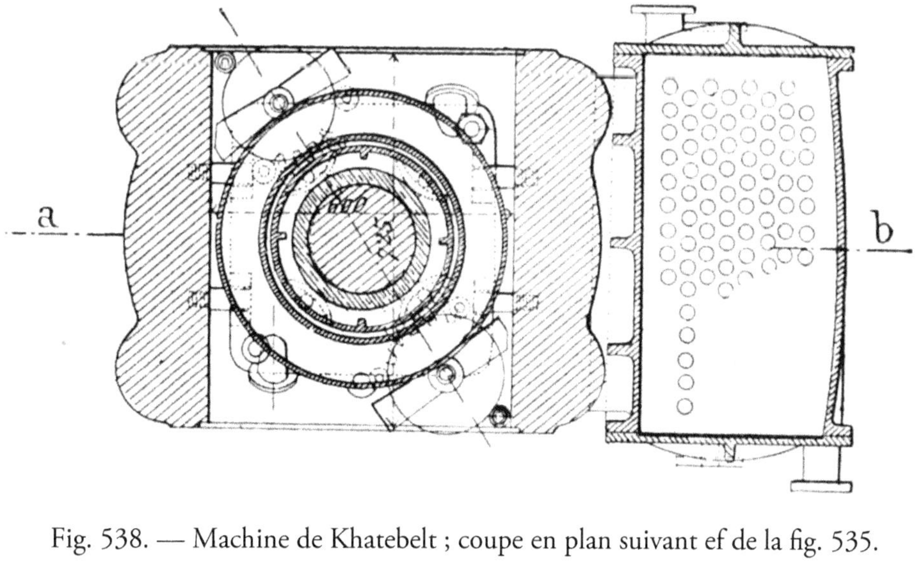

Fig. 538. — Machine de Khatebelt ; coupe en plan suivant ef de la fig. 535.

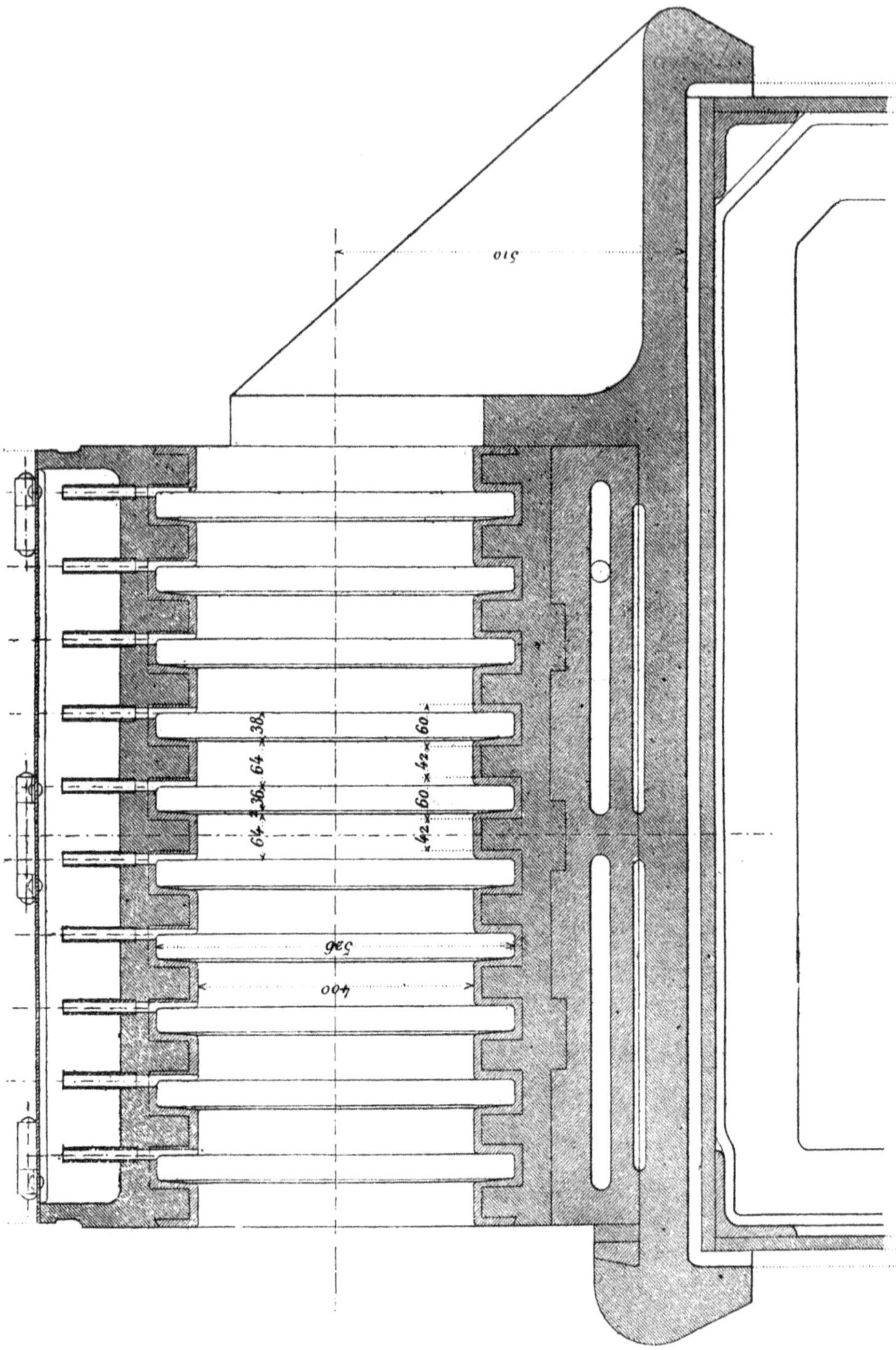

Fig. 539 – Palier de butée du "Fulminant", construit au Creusot en 1877 ;
coupe longitudinale.

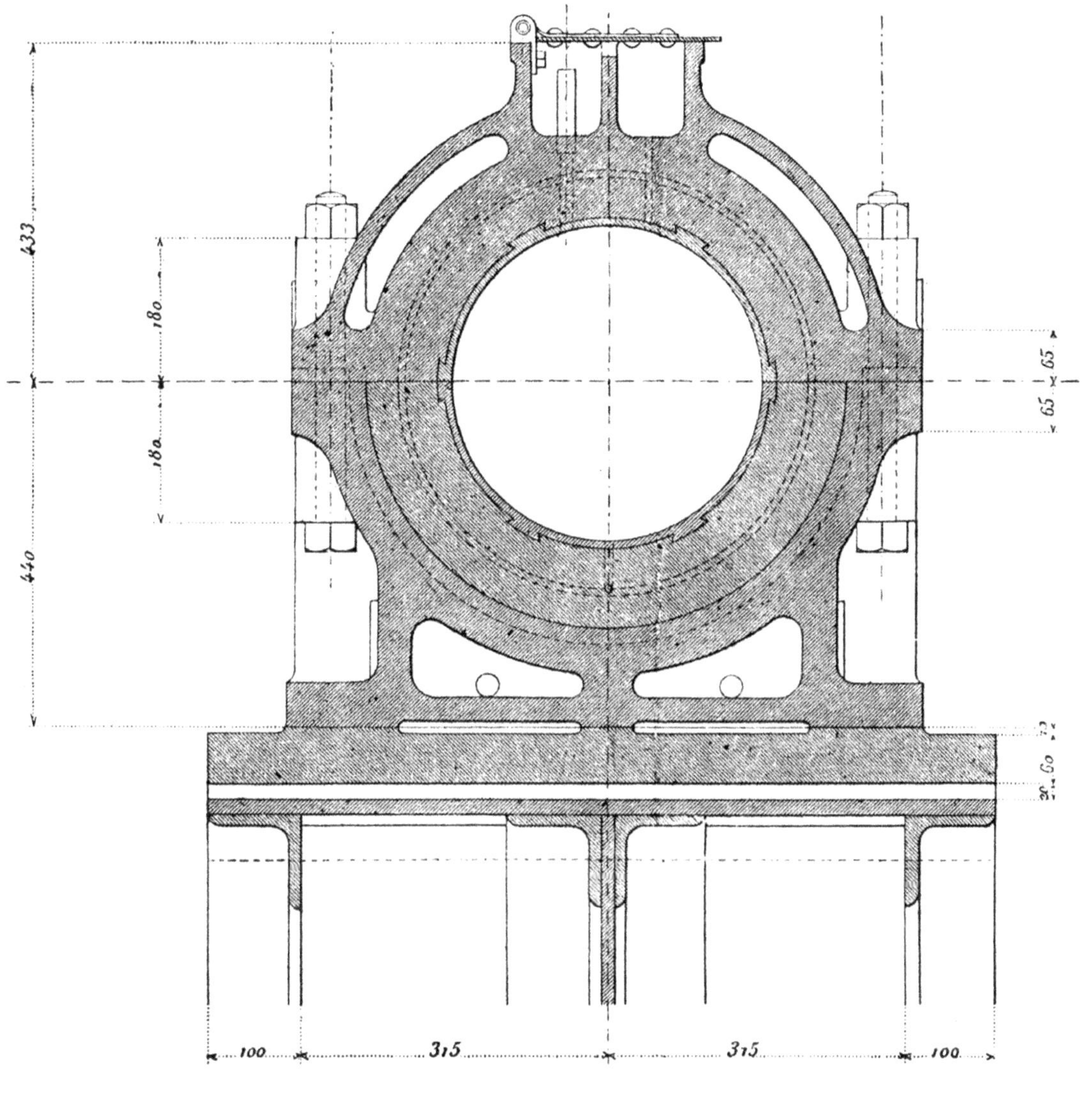

Fig. 540. — Palier de butée du "Fulminant" ; coupe transversale.

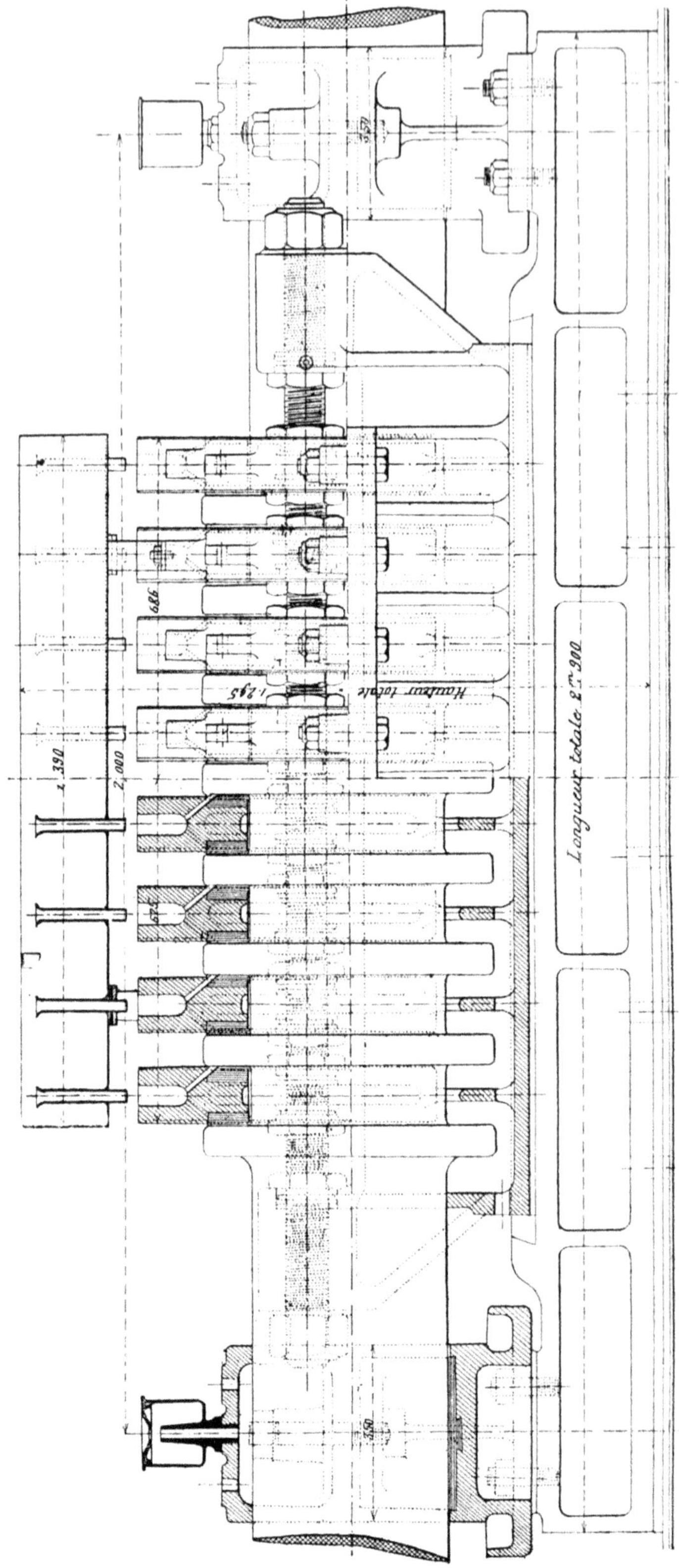

Fig. 541 – Palier de butée du paquebot "la Navarre", de la Compagnie générale transatlantique, construit en 1890 ; coupe longitudinale et élévation.

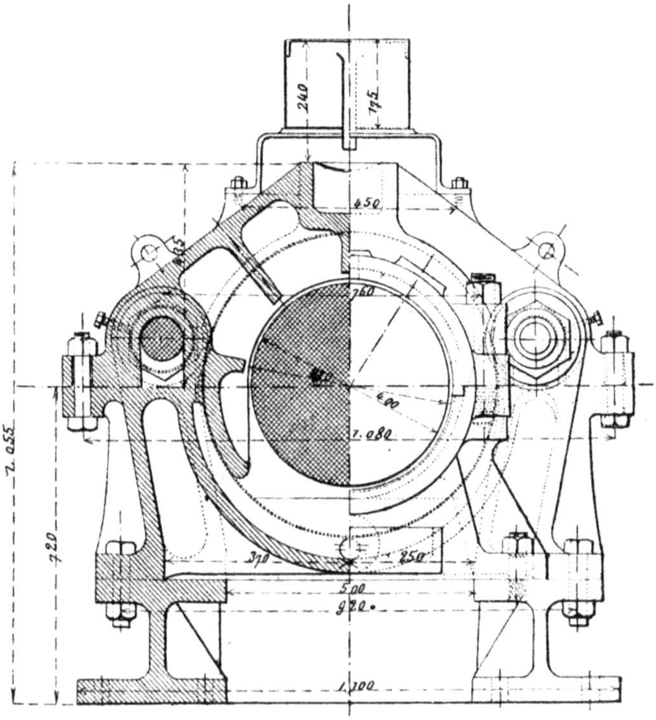

Fig. 542. — Palier de butée de « la Navarre ; coupe et élévation transversales.

La poussée de l'hélice des navires est transmise longitudinalement par l'arbre, muni d'une série de collets, qui s'appuient sur les cannelures du palier de butée (fig. 539 et 540). On le compose fréquemment d'une série de coussinets demi-circulaires, qu'on peut remplacer séparément (fig. 541 et 542). Un réglage à vis permet de rattraper l'usure pour chaque coussinet : on peut ainsi avoir une bonne portée pour le sens normal de la marche ; mais dans la marche arrière, l'arbre se déplace longitudinalement et les collets portent mal, quand l'usure est un peu grande.

80. Graissage des mécanismes.

Les surfaces frottantes des mécanismes sont lubrifiées par des huiles, d'origine animale, végétale ou minérale, ces dernières étant souvent les moins coûteuses. L'huile doit pénétrer sur toutes les surfaces frottantes. On ménage souvent à cet effet, sur l'une des surfaces, des canaux ou pattes d'araignée. Lorsqu'une portion de ces surfaces est toujours découverte, on l'entretient garnie d'huile ou on la plonge dans un bain d'huile : telles sont les glissières des têtes de piston, les fusées des essieux de chemins de fer, qui ne portent de coussinet qu'à leur partie supérieure.

Pour les petits appareils et pour les articulations qui ne transmettent pas de grands efforts, comme les mécanismes de distribution des locomotives, on se contente souvent d'un simple trou de graissage, qui débouche sur les surfaces frottantes de l'articulation : on verse un peu d'huile dans ce trou. En l'agrandissant un peu, on peut y loger un morceau de mèche en coton, qui conserve une petite provision de matière lubrifiante.

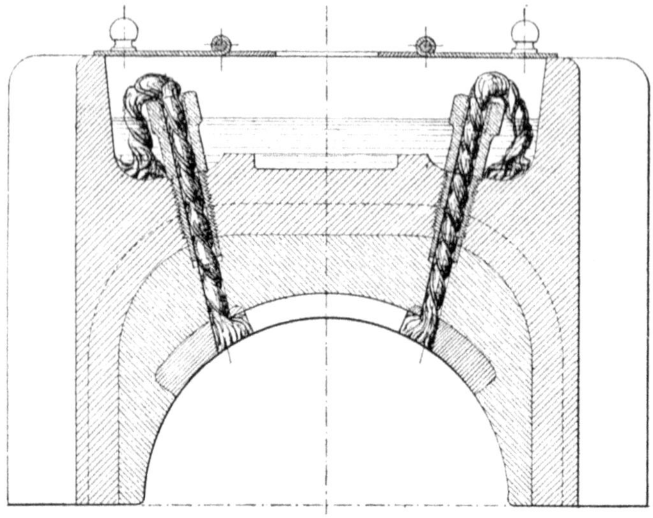

Fig. 543. — Graissage par mèches d'un coussinet de locomotive.

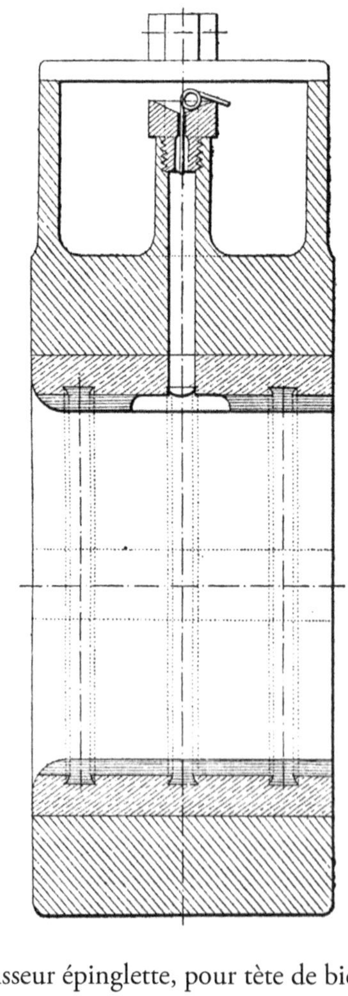

Fig. 544. — Graisseur épinglette, pour tête de bielle de locomotive.

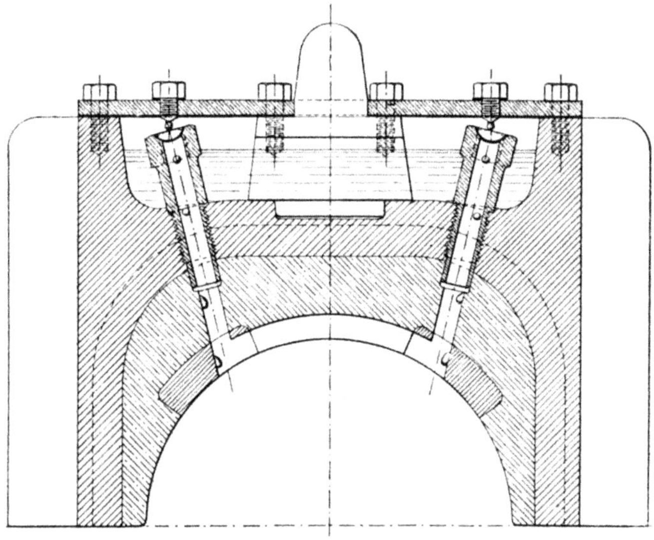

Fig. 545. — Graissage par trous très petits d'un coussinet de locomotive.

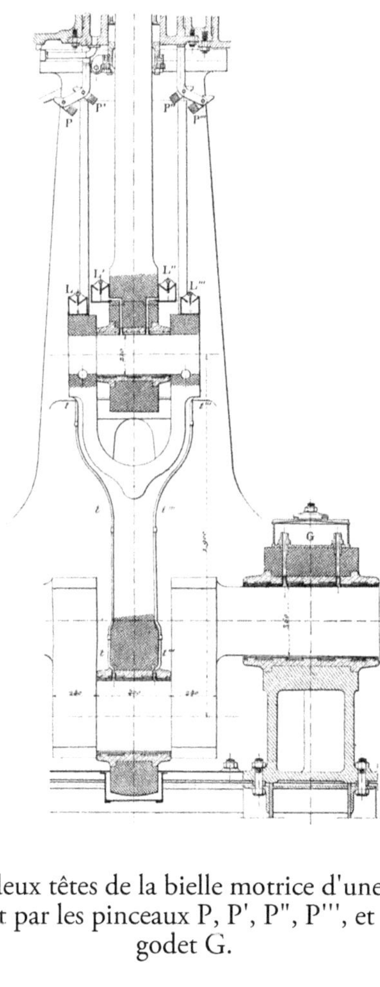

Fig. 546. — Graissage des deux têtes de la bielle motrice d'une machine marine pilon par les lécheurs L, L', L", L''', et par les pinceaux P, P', P", P''', et graissage d'un palier par le godet G.

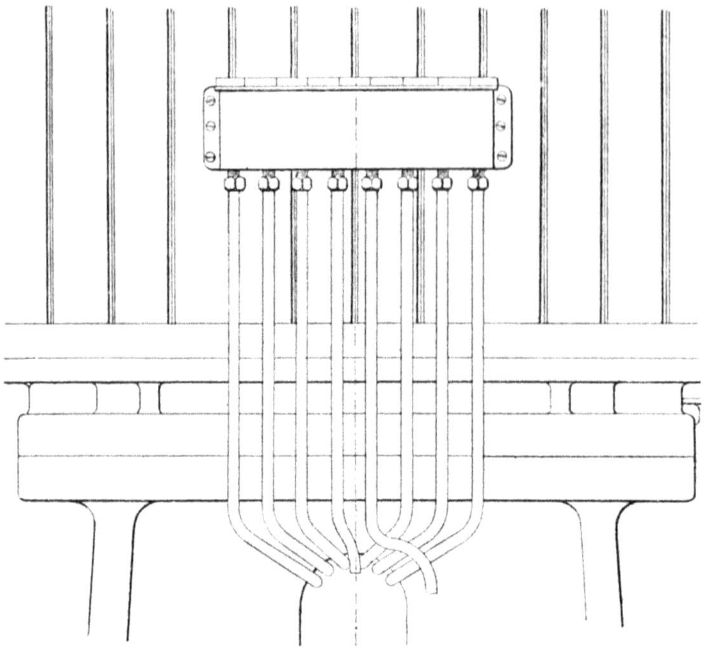

Fig. 547. — Réservoir central de graissage, pour machine marine.

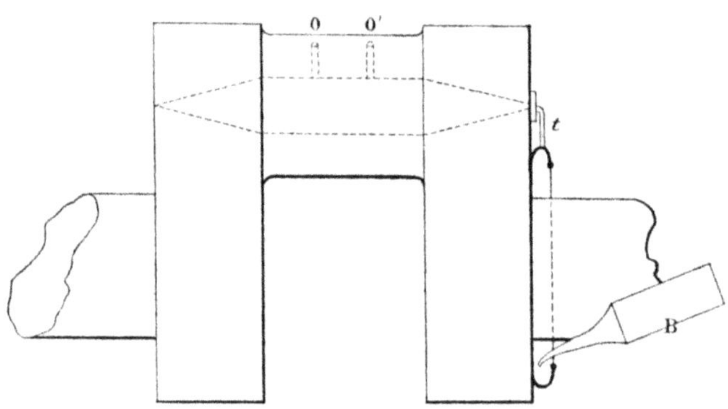

Fig. 548. — Graissage par canaux intérieurs d'un tourillon d'arbre coudé.

Les articulations importantes sont munies de godets graisseurs, d'où part un conduit qui débouche dans les pattes d'araignée. Ce conduit s'élève jusqu'à la partie supérieure du godet, et une mèche de graissage, formant siphon, débite l'huile goutte à goutte (fig. 543). On fait varier le débit en montant des mèches plus ou moins serrées. Ce système est d'un réglage un peu délicat, et a le défaut de débiter l'huile pendant les arrêts de la machine. Les graisseurs sans mèche sont plus commodes ; on fait souvent usage d'une épinglette jouant dans un petit trou (fig. 544) ou même d'un simple trou de très petit diamètre (fig. 545). Ces deux dispositions ne conviennent que pour des articulations de locomotives, soumises à des secousses ; elles exigent une fermeture étanche des godets.

Lorsque les machines doivent tourner longtemps sans arrêt, comme les machines marines, il faut assurer un graissage continu des articulations mobiles, telles que les têtes de bielles ; les *lécheurs* (fig. 546), montés sur ces articulations, prennent à chaque révolution un peu d'huile sur des pinceaux fixes constamment imbibés. En pareil cas, un réservoir central dessert par une série de tuyaux les diverses articulations (fig. 547).

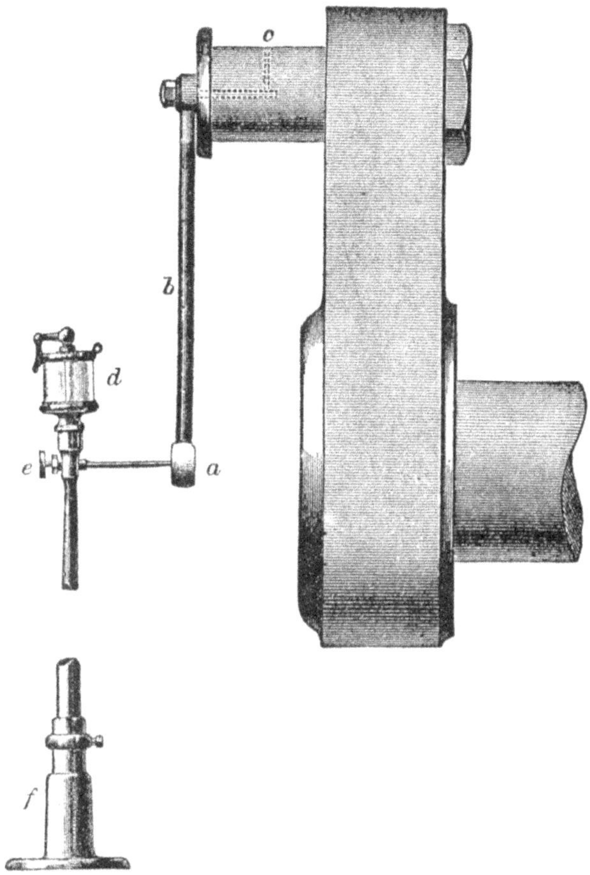

Fig. 549. — Graissage de manivelle de machine horizontale, d'après G. Richard.

On alimente aussi les surfaces frottantes par des canaux percés dans l'intérieur des pièces et débouchant à la surface du tourillon. Le tourillon creux de l'arbre coudé de la figure 548 est alimenté par la burette B, versant l'huile dans une gouttière circulaire qui entoure l'arbre, et d'où part le tuyau t : l'huile s'échappe à la surface du tourillon par les trous O, O'.

Les manivelles des machines horizontales sont souvent lubrifiées par un tuyau b (fig. 549), formant contre-manivelle, et terminé par la coupe *a* ; cette coupe reçoit l'huile, débitée par le godet *d*, que porte le pied *f*. En entourant d'une gouttière un plateau manivelle, on y recueille l'huile projetée, à l'aide d'une cuiller frottant dans la gouttière.

Lorsque les machines sont abondamment graissées, on dispose à la partie inférieure des récipients qui reçoivent l'huile en excès. Cette huile, après filtrage, est utilisée de nouveau. Dans les machines rapides, un graissage très abondant est nécessaire ; il en résulte des projections désagréables, qu'on supprime en enfermant les bielles dans une caisse close, contenant un bain d'huile. Sur la figure 550, ou voit comment l'huile relevée par les coudes et leurs prolongements est conduite au tourillon moteur et aux paliers de l'arbre.

Fig. 550. — Graissage de la tête de bielle et des fusées de l'arbre de la machine Ide, d'après G. Richard.

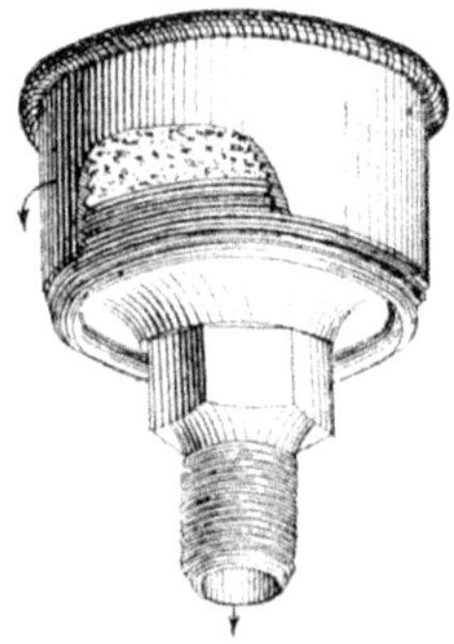

Fig. 551. — Godet graisseur à graisse pâteuse.

Au lieu d'huile, on emploie quelquefois des graisses pâteuses, qui se répandent moins que l'huile sur les diverses parties de la machine : cette graisse est contenue dans des godets, avec couvercle à vis formant piston, qui refoule la graisse dans les conduits et les pattes d'araignée, quand on le tourne (fig. 551). Ce graissage, très propre, est en général inférieur à celui qu'on obtient avec l'huile ; le débit de la matière lubrifiante est moins régulier.

Les articulations importantes des machines marines et de certains grands moteurs fixes peuvent être au besoin refroidies au moyen d'un arrosage, avec l'eau amenée par une canalisation spéciale, ou même circulant dans des chambres à l'intérieur des paliers.

81. Graissage des pistons et des distributeurs de vapeur.

Il est presque toujours nécessaire de graisser les pistons et les distributeurs de vapeur, qui frottent contre la fonte des cylindres, bien que l'eau condensée puisse réduire le frottement. Les matières employées pour ce graissage doivent conserver leurs propriétés lubrifiantes à la température de la vapeur qui travaille dans le

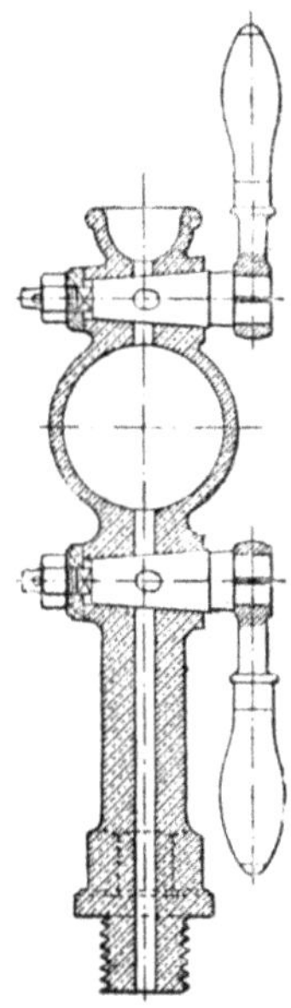

Fig. 552. — Graisseur à deux robinets.

cylindre : quand cette température est très élevée, certaines huiles se décomposent, d'autres deviennent extrêmement fluides.

D'autre part, lorsque l'eau de condensation, recueillie dans un condenseur à surface, retourne à la chaudière, elle y entraîne un peu d'huile : il est fort important que cette huile n'attaque pas les tôles de la chaudière. Les huiles végétales et animales, les suifs, se décomposent par la chaleur et produisent des acides, qui corrodent le fer ; cette action peut même se produire dans le cylindre. C'est pourquoi on préfère, pour ce graissage, les huiles minérales.

On graisse séparément le piston et le tiroir ou les distributeurs de vapeur, ou bien on se contente d'introduire un peu d'huile dans le courant de vapeur, qui lubrifie successivement les diverses surfaces frottantes.

Pour les petites machines, on fait un graissage intermittent, en introduisant dans le cylindre l'huile contenue dans un réservoir à deux robinets (fig. 552) ; on ajoute parfois la pression de la vapeur sur l'huile, quand le godet graisseur n'est pas monté directement sur le cylindre (fig. 553), empruntée, comme les figures 554, 555, 557 et 558, à l'ouvrage de Séguéla.

Pour les machines de quelque importance, le graisseur continu est meilleur et dépense moins d'huile. Les *graisseurs à condensation* reçoivent l'eau provenant de la liquéfaction de la vapeur, prise sur le cylindre à lubrifier ou directement à la chaudière ; cette eau déplace l'huile et la chasse dans les conduits de graissage. Par exemple, l'huile qui remplit le graisseur Rous (fig. 554), monté directement sur la boîte à vapeur du cylindre, est remplacée peu à peu par l'eau de condensation ; le conduit oblique, figuré en pointillé, sert à la vidange de l'eau accumulée dans le réservoir.

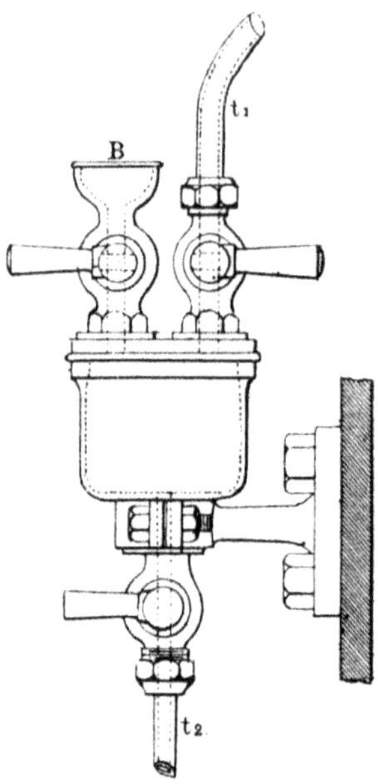

Fig. 553. — Graisseur à trois robinets.

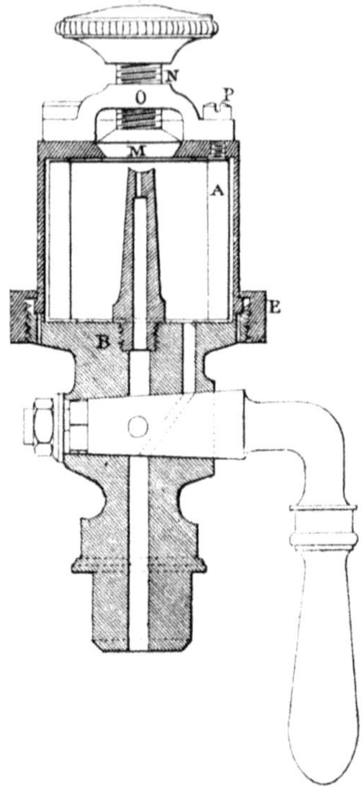

Fig. 554 — Graisseur bous.

De nombreux appareils sont étudiés pour condenser la vapeur en dehors du récipient d'huile. L'huile est prise à la partie supérieure du récipient ; on la fait souvent passer par un tube en verre, qui la montre goutte à goutte : ces gouttes s'élèvent dans l'eau qui remplit le tube. Des robinets permettent de régler le débit.

La figure 555 donne un exemple de ce genre de graisseurs.

Le réglage des appareils à condensation exige quelque soin ; les variations de température ou les courants d'air peuvent en changer le débit. Pour éviter cette variation, on a placé dans le conduit d'échappement le serpentin où se liquéfie la vapeur (machine Collmann, fig. 556).

Les *graisseurs mécaniques* réalisent un débit exactement réglé : le graisseur Mollerup (fig. 557) se compose d'un corps de pompe, qu'on remplit, par l'entonnoir E d'huile, que déplace le plongeur B : la descente est commandée avec une vitesse très faible, qu'on règle à volonté, à l'aide de la roue à rochet D, entraînée par le levier L, dont l'extrémité est rattachée à une pièce mobile du moteur.

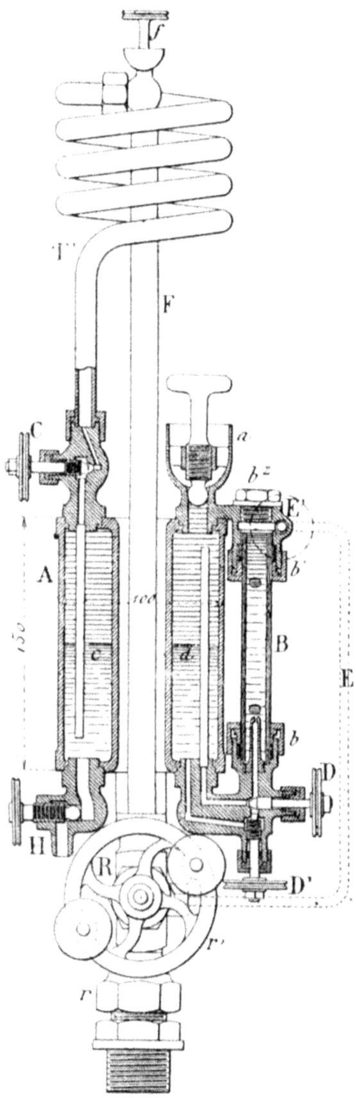

Fig. 555. — Graisseur à condensation Bourdon et Hamelle.

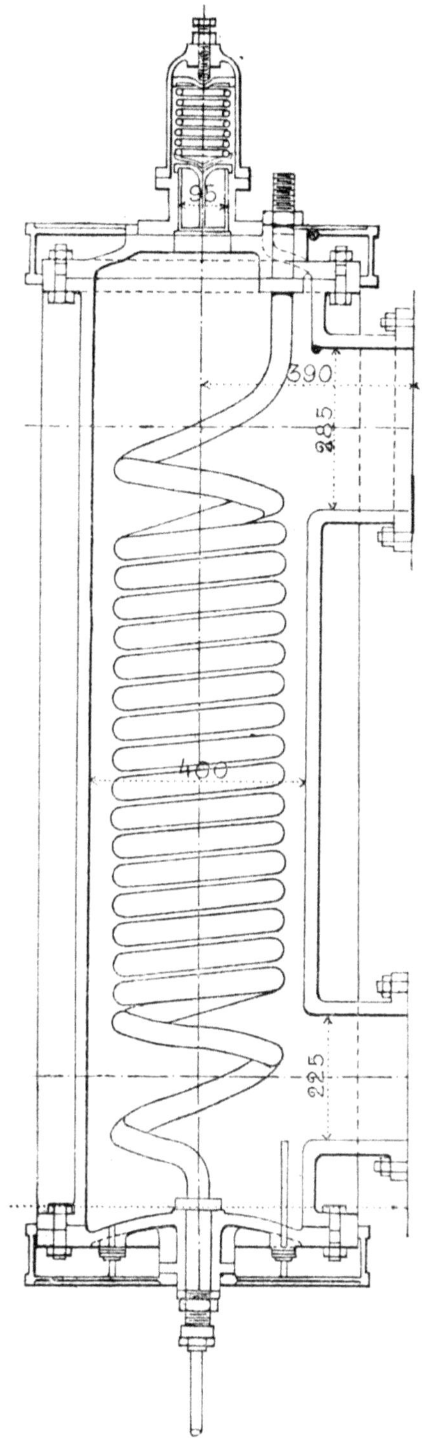

Fig. 556. — Réservoir intermédiaire de la machine Collmann, construite par Lang à Budapest avec serpentin pour condenser la vapeur alimentant le graisseur (voir fig. 568 et 569).

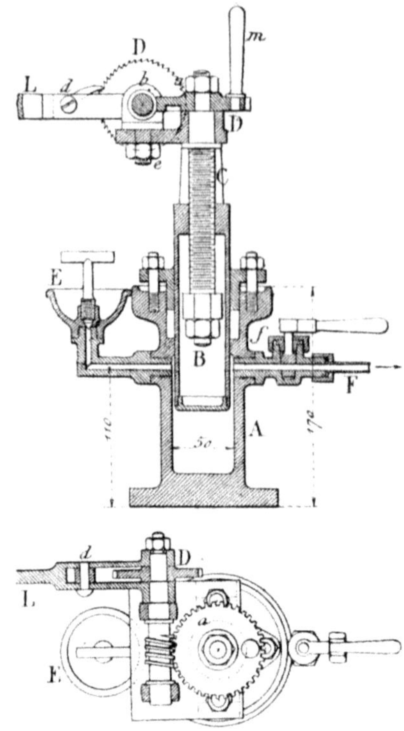

Fig. 557. — Graisseur Mollerup.

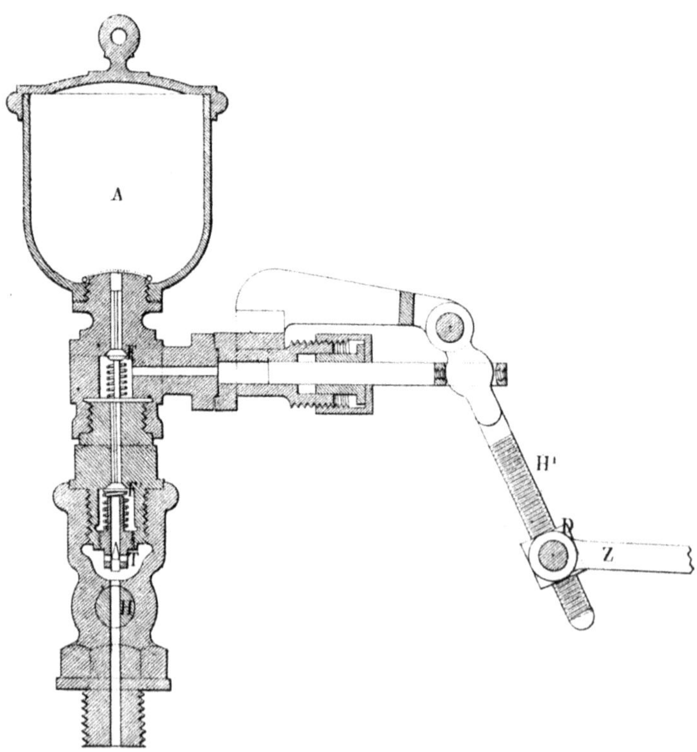

Fig. 558. — Graisseur Dreyer, Rozenkranz et Droop

D'autres graisseurs constituent une véritable pompe aspirante et foulante, dont le fonctionnement sans arrêt est indéfini (fig. 558).

La vapeur, qui travaille dans le moteur à graisser, peut commander cette pompe : dans l'appareil de la figure 559, le piston B, qui mène le plongeur P, se meut dans un cylindre A, dont les deux côtés communiquent avec les deux bouts du cylindre moteur. Le levier L permet la manoeuvre à la main.

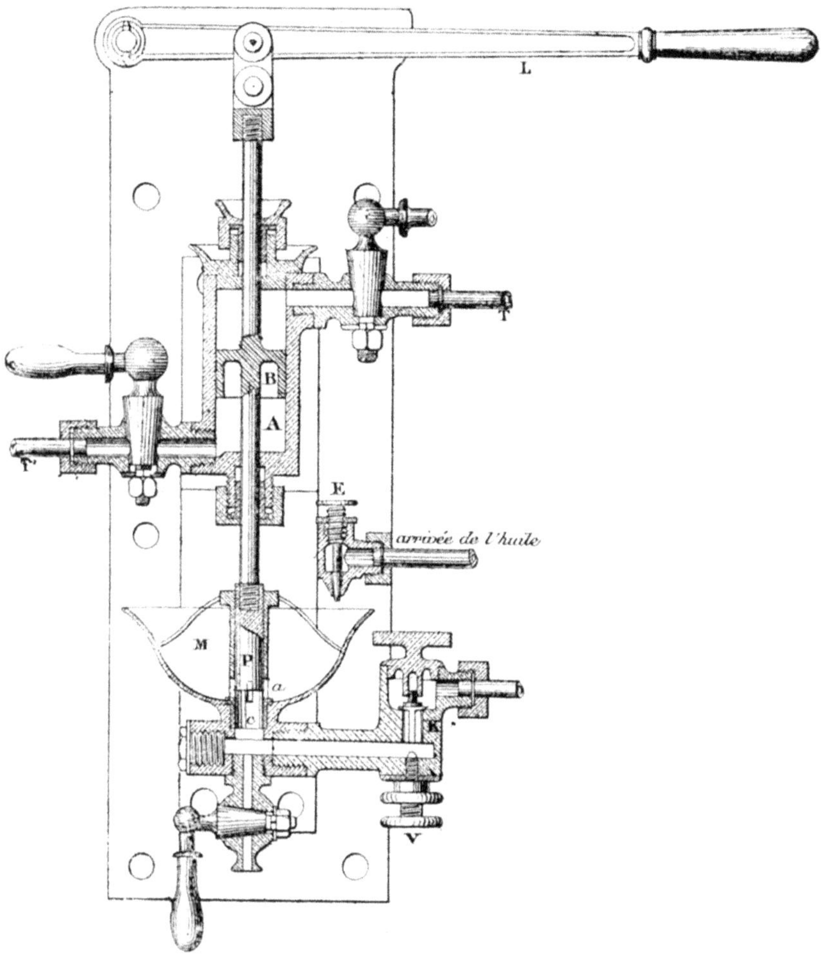

Fig. 559. — Graisseur de cylindre, à piston commandé par la vapeur.

Certaines machines tournent assez longtemps sans que la vapeur soit admise au cylindre ; cette marche sans vapeur est souvent prolongée pour la locomotive, avec la circonstance aggravante d'aspiration d'air chaud et de cendres dans la boîte à fumée. Un bon graissage est alors nécessaire. La plupart des appareils qui viennent d'être décrits se prêtent à ce graissage : toutefois les graisseurs à condensation, alimentés par la boîte à vapeur, ne fonctionnent pas quand l'admission est interrompue.

- VII -

DISPOSITIONS D'ENSEMBLE DES MACHINES

82. Classifications.

Il est commode, en classant les moteurs, de grouper ceux qui rendent les mêmes services. C'est ainsi qu'on réunit en grandes familles :

- Les moteurs fixes, à petite et à moyenne vitesse ;
- Les moteurs fixes, à grande vitesse ;
- Les locomobiles et les machines demi-fixes ;
- Les machines qui servent à l'élévation de l'eau ;
- Les machines d'extraction ; les machines soufflantes, les compresseurs, d'autres moteurs destinés à des applications spéciales ;
- Les locomotives ;
- Les machines de bateaux ;
- Les machines rotatives ;
- Les appareils à jet de vapeur ;
- Les turbines à vapeur.

On peut faire rentrer dans ces familles la plupart des appareils employés. Dans cette classification tout artificielle, une même famille comprend souvent des types de machines différents, tandis que, d'une famille à l'autre, il existe de grandes analogies : c'est ainsi que bien des souffleries et des élévations d'eau sont commandées par des moteurs fixes qui ne présentent guère de dispositions spéciales pour cet emploi.

Dans chaque famille, on peut subdiviser les machines en tenant compte de la vitesse de marche, de la pression de la vapeur à l'admission et à l'échappement, du nombre de cylindres successifs, du mécanisme de distribution, de la direction de l'axe des cylindres, de la disposition des bâtis, de la forme des principaux organes.

Une étude générale de la machine à vapeur ne peut contenir des détails étendus sur les diverses catégories de machines : chacune de ces catégories, pour être complètement étudiée, exigerait un ouvrage spécial. On ne trouvera donc, dans ce chapitre VII, que des indications sur les caractères principaux des divers genres de machines, avec quelques exemples de types intéressants.

83. Moteurs fixes à petite et à moyenne vitesse.

En parlant de la vitesse des moteurs, on entend la *vitesse angulaire* de l'arbre qu'ils commandent, habituellement définie par le nombre de tours en une minute (voir § 12). La *vitesse moyenne du piston* ($2nc/60$) calculée en divisant par 60 le produit du nombre de tours en une minute (n) par le double de la course ($2c$), ne varie pas comme la vitesse ainsi entendue, car les machines lentes ont généralement une course plus longue que les machines rapides. Avec une course dix fois plus grande et un nombre de tours dix fois moindre, on retrouve même vitesse de piston.

L'auteur de ces lignes a proposé, dans un opuscule sur les divers types de moteurs à vapeur, les catégories suivantes, qui se prêteraient d'ailleurs à des subdivisions nouvelles :

A. — *Grands moteurs d'ateliers :*

a. Machines à balancier ;
b. » horizontales à un cylindre ;
c. » » à deux cylindres sur deux manivelles ;
d. » » à cylindres en tandem ;
e. Types divers.

B. — *Moteurs à moyenne vitesse :*

f. Machines horizontales ;
g. » verticales ;
h. » » pilon.

C. — *Moteurs à grande vitesse :*

i. Machines horizontales ;
j. » verticales ;
k. » pilon ;
l. » à simple effet.

D. — *Locomobiles et machines demi-fixes :*

m. Machines horizontales sur chaudière ;
n. » » sous chaudière ;
o. » de petite puissance ;
p. Moteurs de treuils, grues, etc.

E. — *Machines pour applications spéciales :*

q. Machines d'extraction ;
r. » d'épuisement ;
s. » élévatoires ;
t. » soufflantes ; compresseurs ;
u. » de laminoirs ;
v. Marteaux-pilons ;
w. Applications diverses.

F. — *Locomotives.*

x. Locomotives à deux cylindres séparés ;
y. » compound.

G. — *Machines marines.*

z. Machines à roues ;
aa. » pilon, simples et compound ;
bb. » pilon à plusieurs expansions ;
cc. » horizontales
dd. » de torpilleurs.

H. — *Machines spéciales et diverses.*

ee. Machines rotatives.
ff. » pseudo-rotatives ;
gg. » à réaction ;
hh. Pulsomètres, injecteurs ;
ii. Servo-moteurs.

I. — *Machines à vapeurs autres que celle de l'eau.*

jj. Machines à vapeurs combinées ;
kk. » à vapeur de pétrole.

Fig. 560. — Machine pilon compound tandem, construite vers 1885 par MM. Douglas et Grant, d'après *l'Engineering*. Distributeurs Corliss au premier cylindre, tiroir plan au second. Diamètres des cylindres, 356 et 610 mm ; course des pistons, 610 mm ; nombre de tours par minute, 80.

Au-dessous de 70 à 80 tours par minute, le moteur est dit à petite vitesse : les vitesses de 60 à 70 tours sont fréquentes. La *moyenne vitesse* comporte 80 à 160 tours : au-dessus les machines sont dites à *grande vitesse*. Pour un fonctionnement prolongé, c'est encore la petite vitesse qu'on préfère généralement, comme donnant les moindres consommations et la marche la plus sûre.

Dans les machines à moyenne vitesse, la distribution se fait généralement par tiroirs. Pour la petite vitesse, les obturateurs Corliss sont d'un emploi fréquent. On commence même à les appliquer, avec le déclenchement, pour des vitesses de 150 tours par minute.

La *machine à balancier* est un type ancien et célèbre, qu'on ne construit plus guère aujourd'hui, sauf pour certains usages spéciaux qui justifient le balancier. La tête du piston est guidée en ligne droite par le parallélogramme de Watt (fig. 14, t.I) ou par des glissières : cette dernière disposition est usitée surtout aux États-Unis. La machine est d'habitude très lente : elle fait 30 à 50 tours par minute. Des tiroirs, des soupapes, des obturateurs Corliss à déclic, distribuent la vapeur ; la machine est monocylindrique (fig. 12 et 13) ou du système Woolf (fig. 138, t. I, p. 153.): Quelquefois deux groupes pareils attaquent deux manivelles calées à angle droit sur un arbre unique.

Depuis le commencement du siècle jusque vers l'année 1860, la machine à balancier a été recherchée comme meilleur moteur des filatures et de tous les établissements qui exigent une puissance motrice régulière et une vitesse uniforme : puis la simplicité et le prix moindre des *machines horizontales* les ont fait accueillir avec une faveur croissante.

Bien que les fondations en soient étendues, elles ne le sont guère plus que celles de la machine à balancier. La vapeur peut être utilisée de même dans les deux moteurs. L'*ovalisation du cylindre*, parfois reprochée aux machines horizontales, ne paraît guère importante, quand le piston est convenablement supporté. L'usure presque nulle de certaines machines à balancier n'est pas due à l'emploi de cet organe de transmission, mais à des conditions de marche, qu'on pourrait retrouver dans les machines horizontales, si on ne craignait pas d'en augmenter le prix d'achat ainsi que la dépense de combustible : une marche lente et une pression modérée de vapeur sont d'excellentes conditions pour ménager les appareils.

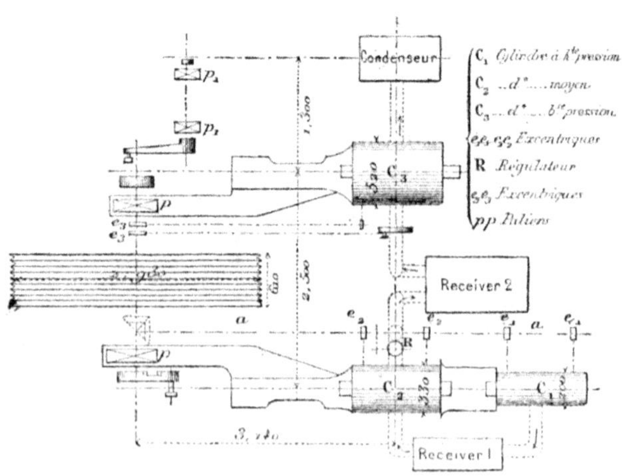

Fig. 561. — Plan de la machine horizontale à triple expansion, avec trois cylindres et deux manivelles, de Marty, Bromovsky et Schulz, construite en 1888.

Fig. 562. — Machine pilon à triple expansion et à deux manivelles, exécutée par la Société alsacienne de constructions mécaniques. Pression initiale de la vapeur, 9 à 12 kg par cm^2; nombre de tours par minute, 120 à 180.

Pour les machines horizontales, on préfère généralement le *bâti à baïonnette* (fig. 20, t. I, et 476), qui relie le fond du cylindre au palier de l'arbre.

Les distributions à déclic, avec des obturateurs oscillants ou des soupapes, sont les plus fréquentes ; même avec un cylindre unique, elles peuvent donner une faible consommation de vapeur. Aussi, pour les puissances ne dépassant pas 200 à 300 chevaux, la machine à cylindre unique, tout compte fait, paraît souvent la plus avantageuse. Quelques-unes de ces machines atteignent des dimensions colossales, comme celle qu'avait exposée Farcot en 1889, avec un cylindre de 1 m sur $1^m,800$ (fig. 340, p. 349, t. I). Mais l'emploi de tels moteurs est exceptionnel ; en général, pour les puissances supérieures à 200 ou 300 chevaux, deux cylindres au moins conviennent, et il est avantageux de les faire traverser successivement par la vapeur.

Avec les cylindres en tandem, un seul excentrique peut conduire les deux distributions. Quand chacun des cylindres commande une manivelle séparée, les efforts moteurs sont mieux répartis, mais le prix de la machine augmente. On construit de grandes machines compound avec deux groupes en tandem, attaquant deux manivelles.

Les constructeurs de machines fixes emploient de plus en plus la disposition pilon (fig. 560), qui occupe peu de place en plan ; l'appareil repose sur un massif de fondation simple ; l'arbre est bien maintenu par ses coussinets, entre lesquels se placent les coudes. Les bâtis en paraissent un peu plus lourds que dans une machine horizontale équivalente.

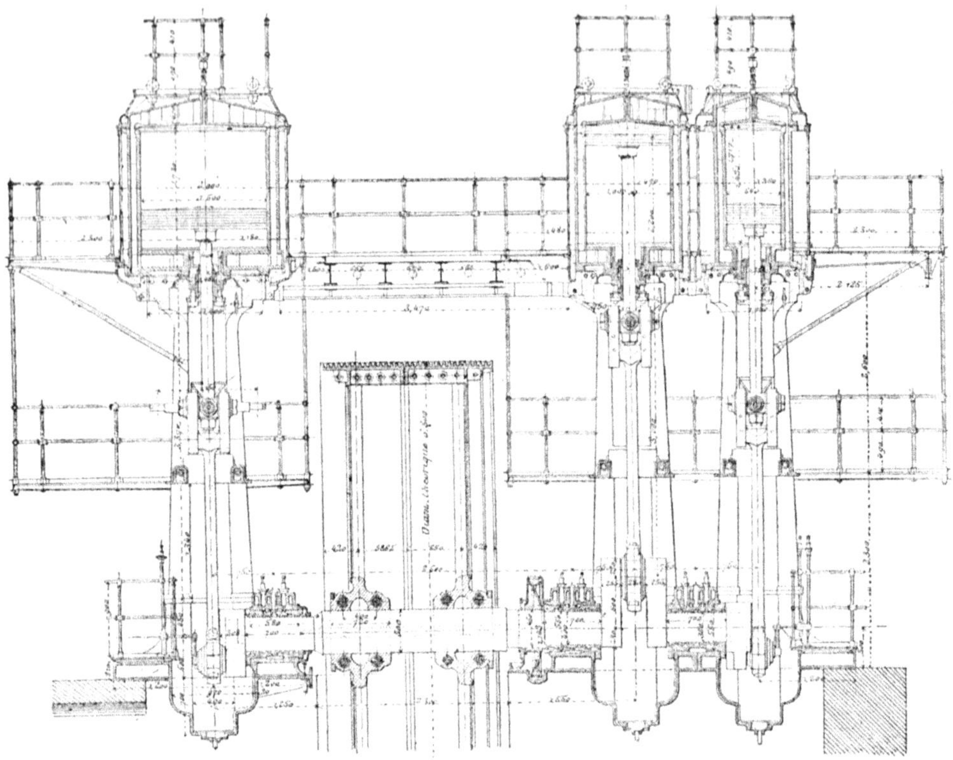

Fig. 563. — Machine pilon à triple expansion, de 1300 chevaux indiqués, construite par MM. Sulzer frères ; coupe longitudinale. Diamètres des cylindres, 600 mm — 1^m^ — 1^m^,500 ; course des pistons, 1^m^,200 ; rapports des volumes, 1 — 2,78 — 6,25. Nombre de tours par minute, 76. Admission au premier cylindre, variable de 0 à 60 p. 100. Volant à 32 gorges pour câbles de 45 mm. Condenseur avec tuyau d'écoulement haut de 11 m et pompe à air seul.

Depuis quelques années, la triple expansion est employée pour les moteurs fixes, en utilisant des pressions de 8 à 12 kilogrammes par centimètre carré. On place en tandem deux des cylindres, le troisième commandant une seconde manivelle (fig. 145, t. I, 561 et 562), ou bien on dédouble le cylindre à basse pression, de manière à former deux groupes en tandem (fig. 146 et 147, t. I), comprenant chacun un demi-cylindre à basse pression.

Ce montage à quatre cylindres, deux à deux en tandem, convient pour la quadruple expansion, quelquefois employée dans les moteurs d'atelier. On dispose aussi trois manivelles pour les trois cylindres, comme dans la machine-pilon à soupapes de MM. Sulzer frères (fig. 563 et 564), et dans celle de MM. Boulet (fig. 34 à 36, t. I). C'est ainsi qu'à la disposition compound, devenue à peu près générale pour les moteurs fixes à deux cylindres, on substitue de plus en plus, depuis une dizaine d'années, la triple et même la quadruple expansion ; quand l'importance de la machine conduit à monter plus de deux cylindres, on ne voit guère de motifs pour ne pas adopter ces détentes multiples : c'est seulement lorsque deux cylindres suffisent qu'il peut être préférable de conserver la détente compound, de même que la machine monocylindrique est encore bien justifiée quand elle n'a qu'un seul cylindre.

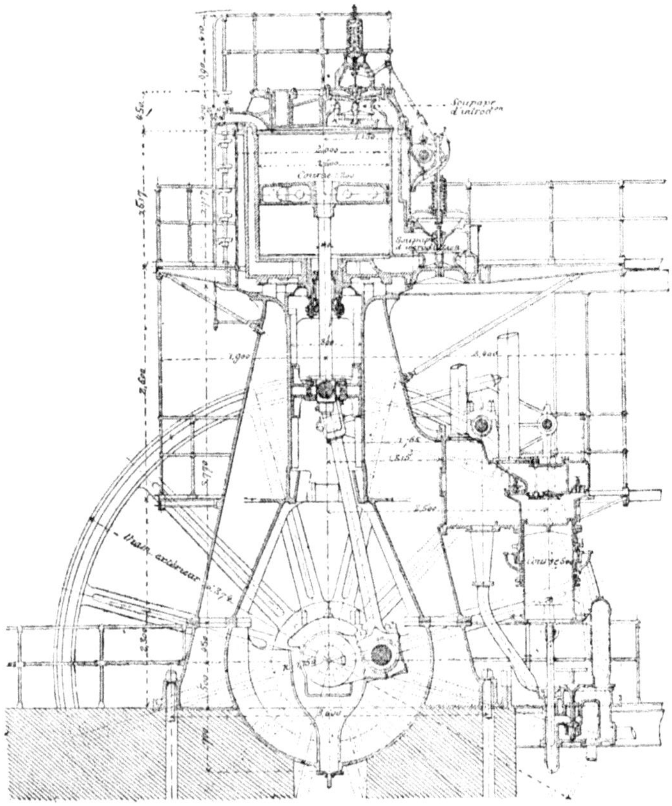

Fig. 564. — Machine pilon à triple expansion, de 1300 chevaux indiqués ; coupe transversale par l'axe du grand cylindre.

La disposition verticale, avec cylindres à la partie inférieure, est commode pour la commande directe des arbres de transmission ; comme un grand volant ne peut alors s'appliquer, l'arbre porte deux manivelles à angle droit et la machine a deux cylindres. Il est donc avantageux de prendre la disposition compound.

Telles sont les machines murales marchant à moyenne vitesse, et parfois fort analogues à des mécanismes de locomotives. À défaut de murs, ces machines sont dressées contre un bâti en fonte, pour attaquer un arbre porté par des colonnes.

84. Moteurs fixes à grande vitesse.

Plusieurs motifs paraissent indiquer la supériorité des machines à grande vitesse : à égalité de puissance, elles sont plus petites et moins coûteuses que les machines lentes ; la rapidité de l'évolution de la vapeur y réduit l'influence des parois ; leur

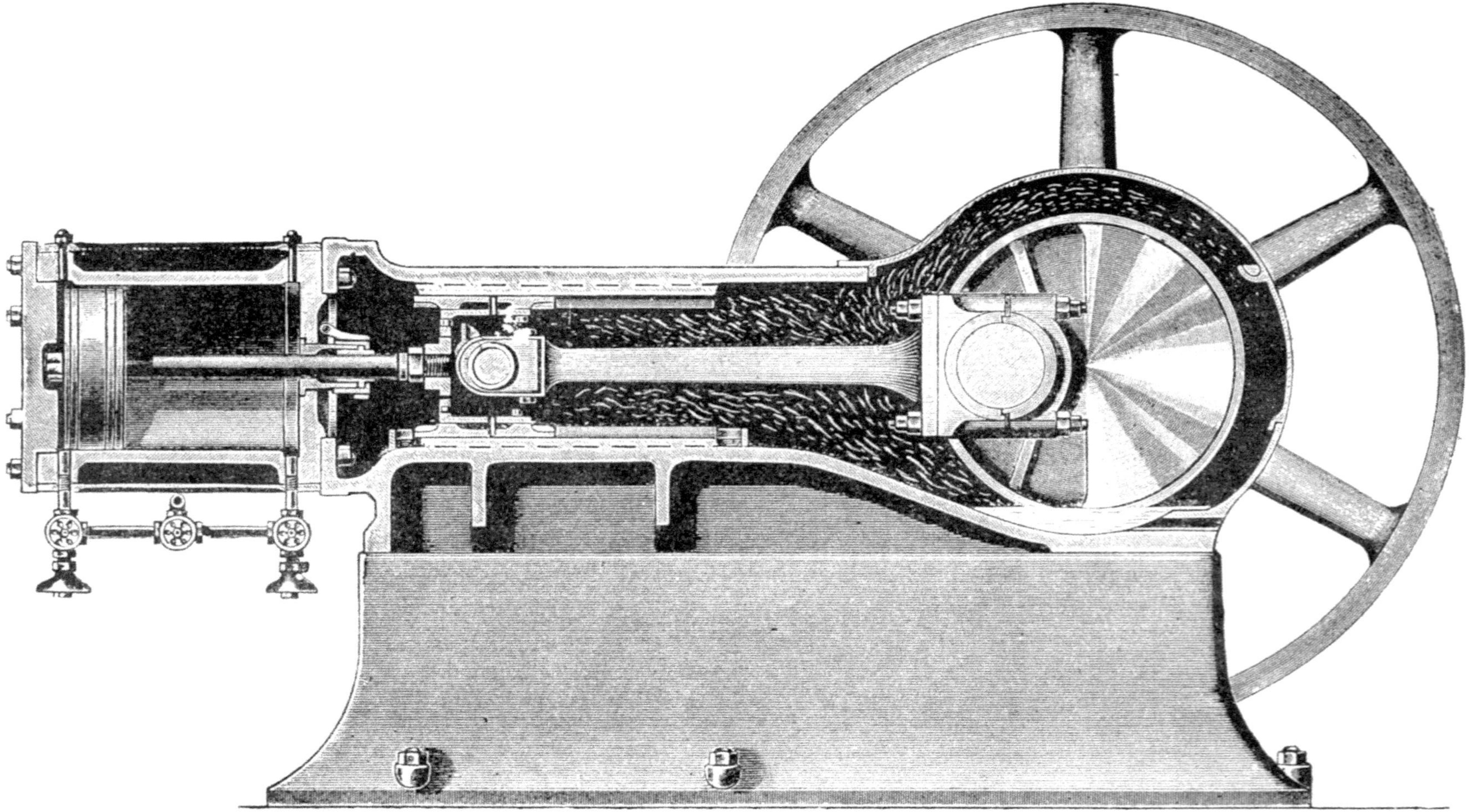

Fig. 565 – Machine Ide, d'après G. Richard. La puissance des diverses machines de ce type varie de 8 à 250 chevaux, et le nombre de tours par minute varie de 500 à 225.

Fig. 566. — Machine Ide compound tandem, d'après G. Richard. La puissance des machines de ce type varie de 80 à 300 chevaux, avec des vitesses de 280 à 230 tours par minute. Par cheval, elles pèsent, non compris le socle, 55 à 60 kg.

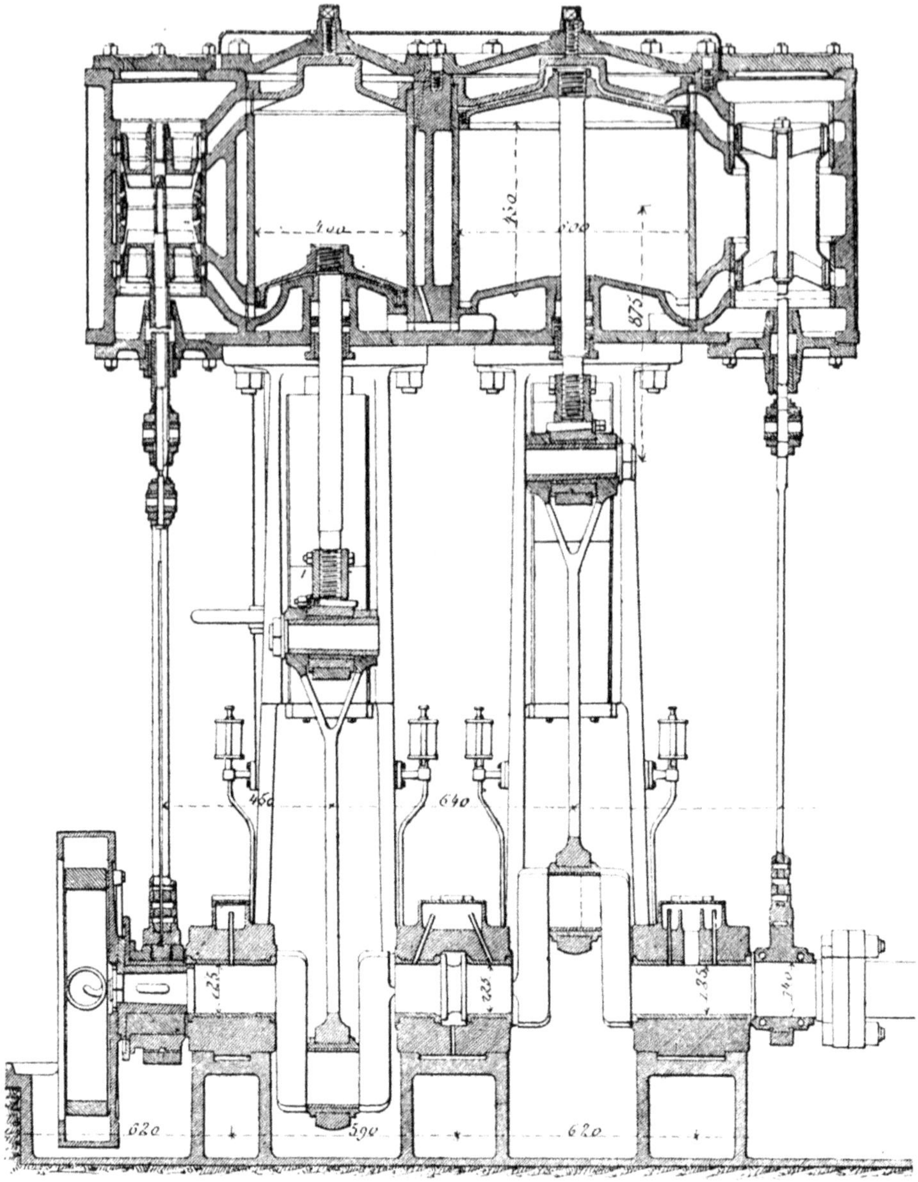

Fig. 567. — Machine compound pilon à grande vitesse, avec manivelles à 180°, système Hoffmann (Exposition universelle de 1889). Les tiroirs concentriques du petit cylindre donnent une admission de 5 à 50 p. 100 ; ils sont représentés figure 290, t. I ; le régulateur, par la figure 471, t. 1.

vitesse même est, dans bien des cas, plus convenable pour l'application, par exemple quand elles doivent commander des machines dynamo-électriques.

Pour ces motifs, les moteurs à grande vitesse sont fréquemment employés, surtout aux États-Unis. Cependant, dans la plupart des installations permanentes, lorsque les dépenses de premier établissement ne sont pas impérieusement limitées, on préfère les moteurs plus lents. En marche courante, ces derniers consomment moins de vapeur, dont la dépense est augmentée par les laminages, inévitables dans

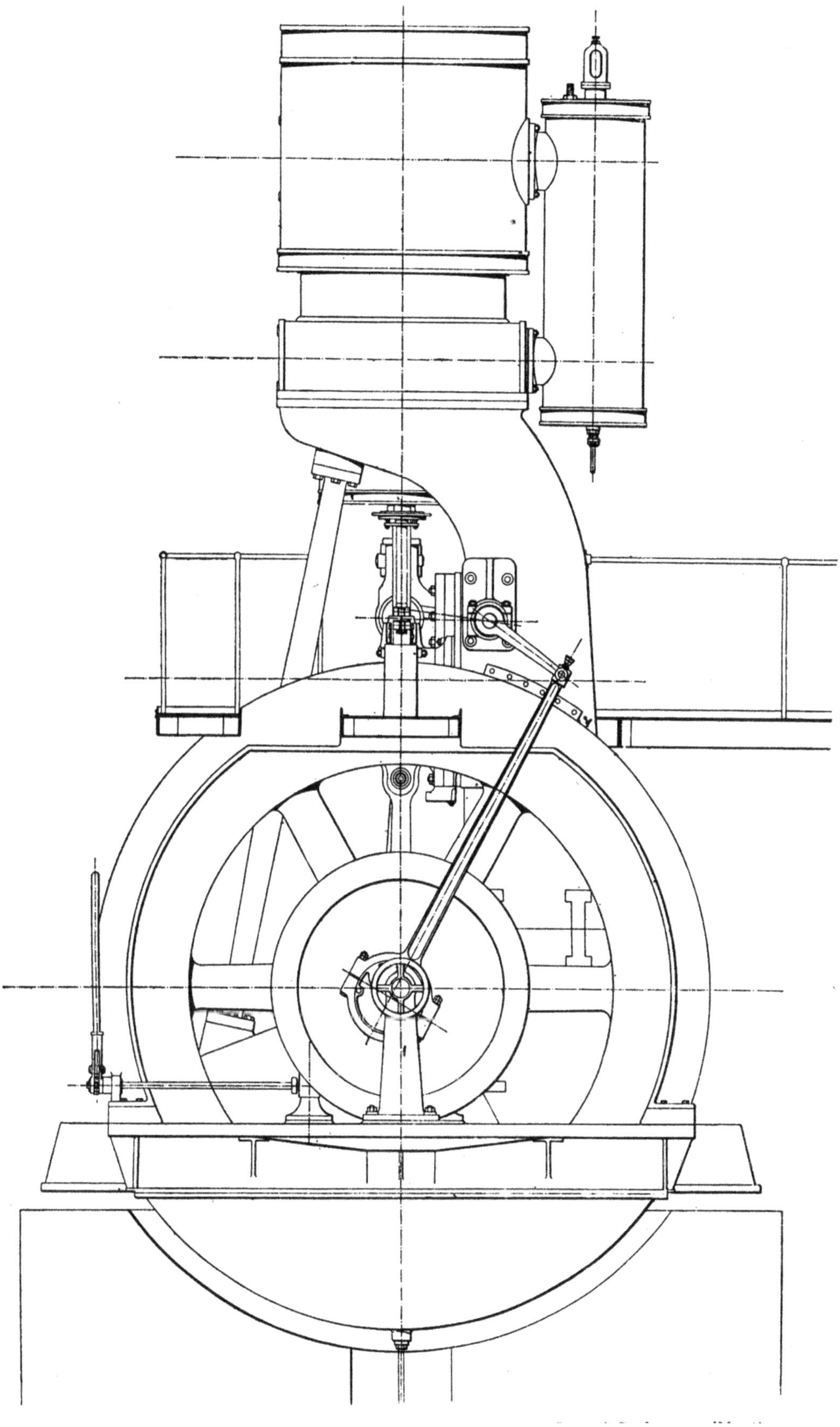

Fig. 568. — Machine compound Collmann, construite par Lang à Budapest ; élévation.

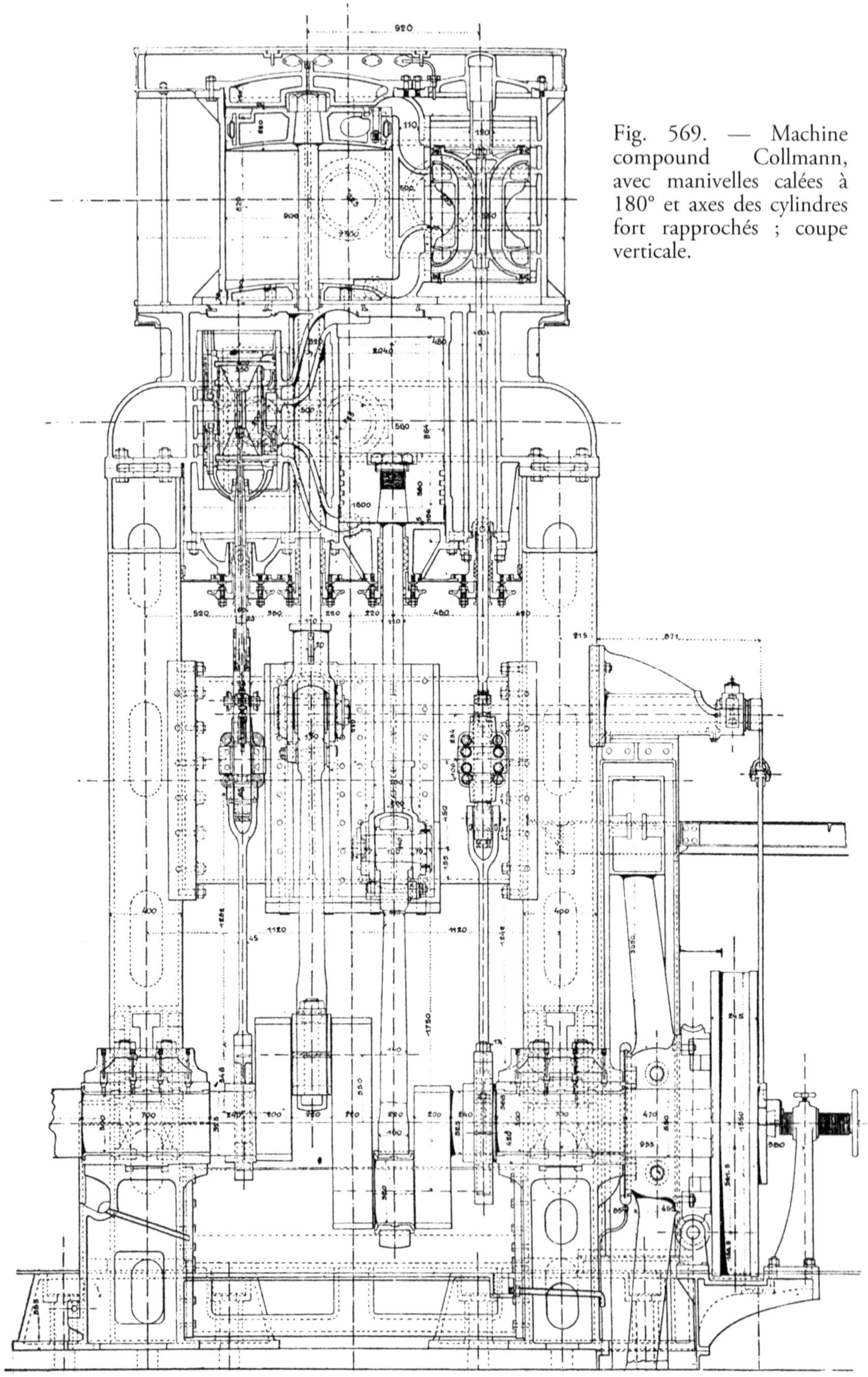

Fig. 569. — Machine compound Collmann, avec manivelles calées à 180° et axes des cylindres fort rapprochés ; coupe verticale.

les machines rapides. Il est probable que celles-ci dépensent, en outre, un peu plus de matières grasses, l'entretien en doit être plus dispendieux, et elles sont plus exposées aux avaries et aux chômages.

La disposition horizontale et celle en pilon sont les plus fréquentes pour les moteurs rapides, comme pour les machines lentes. D'ailleurs les deux genres de machines ne se distinguent pas nettement, les vitesses adoptées croissant en série continue ; certaines machines rapides ne diffèrent guère des machines plus lentes que par leur régulateur.

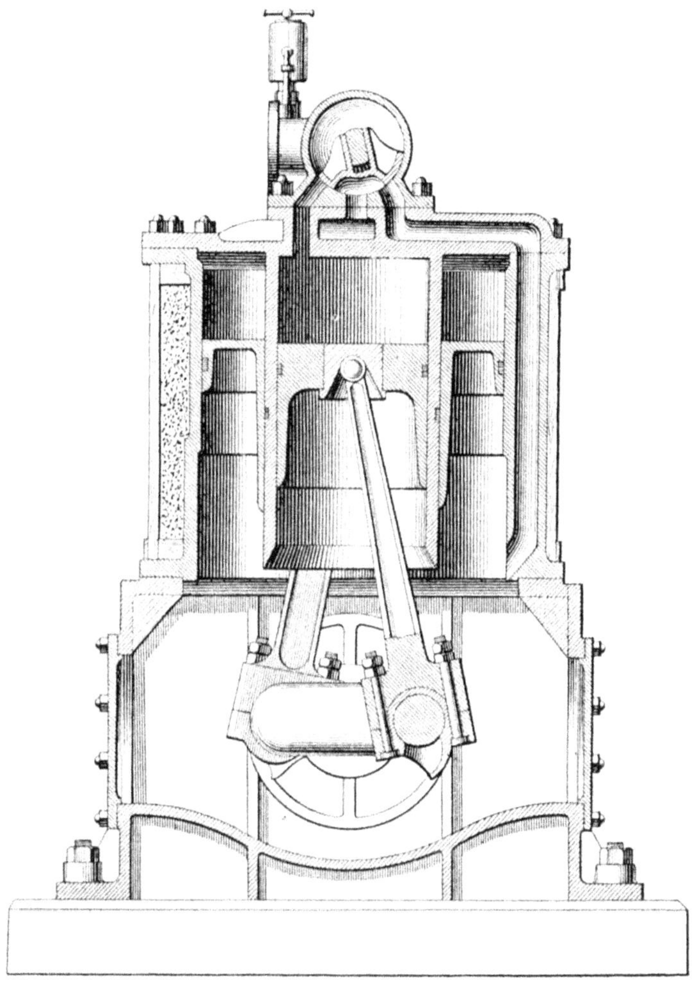

Fig. 570. — Machine à détente Woolf dans des cylindres concentriques, construite par Flaud et Cohendet en 1878 ; le tiroir oscillant admet la vapeur au-dessus du petit piston et ouvre l'échappement pour le grand piston, annulaire, par la lumière de droite (sur la figure) et la boîte où se meuvent les manivelles, ou bien met en relation les deux cylindres.

Le tiroir équilibré, plan ou cylindrique, est fréquemment employé dans les moteurs à grande vitesse. Certains sont munis de tiroirs superposés ou concentriques ; d'obturateurs oscillants, comme ceux des machines Corliss, mais sans déclic (fig. 380, t. I); de distributeurs à rotation continue. Ces machines sont monocylindriques, compound, ou à triple expansion.

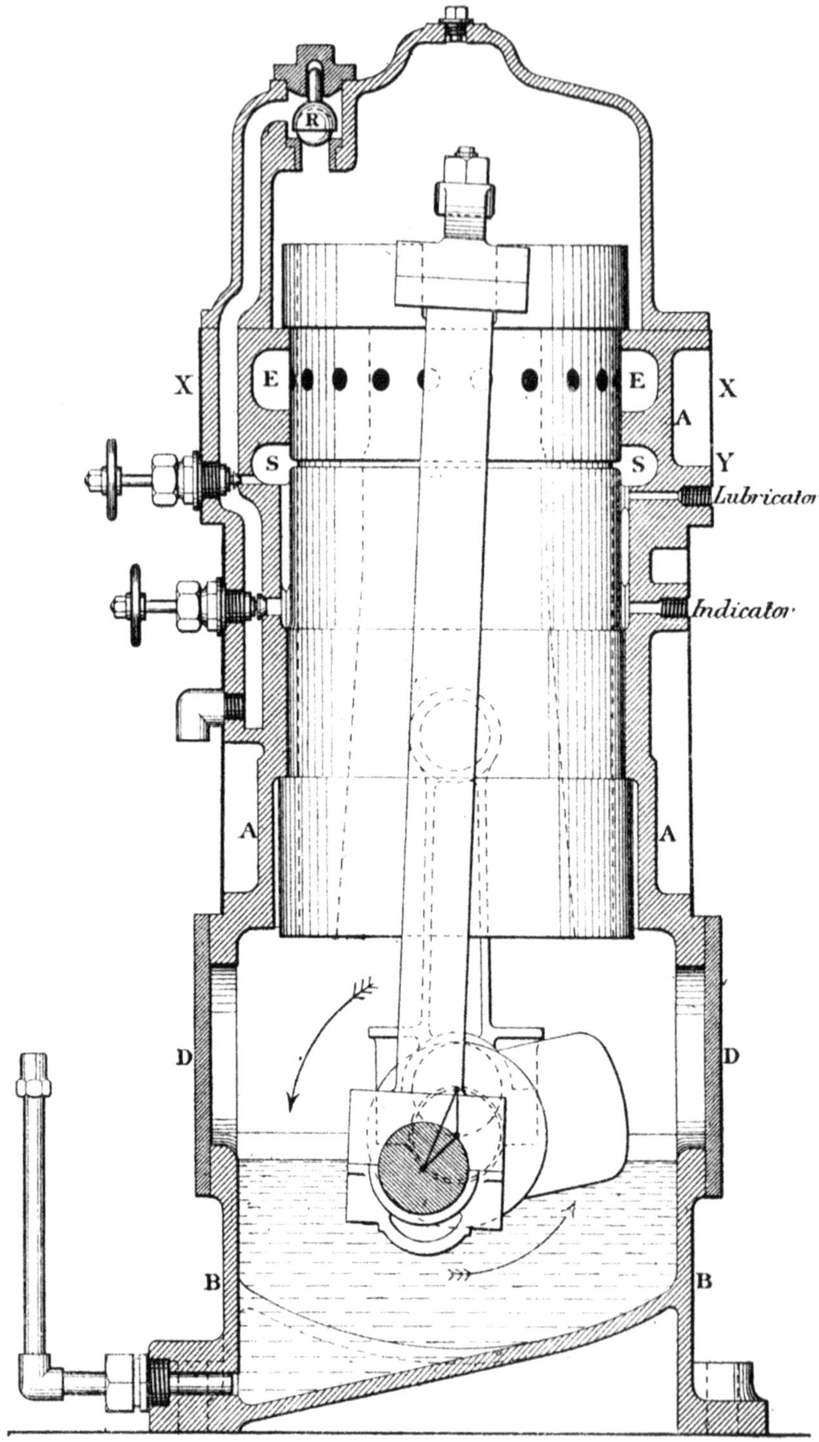

Fig. 571. — Machine Grafton ; coupe verticale. L'enveloppe intérieure du cylindre n'est pas coupée sur le dessin ; elle est composée de deux parties laissant entre elles le vide S, qui sert à l'admission ; l'échappement se fait par les ouvertures E. Les deux manivelles sont calées à 135° (d'après les Proceedings of the Institution of mechanical engineers). Échelle du 8e.

Le régulateur agit souvent en modifiant le calage de l'excentrique. Les figures 31 et 283 (t. I), 565 et 566 représentent quelques-uns de ces appareils.

Pour équilibrer, en partie, les pièces animées d'un mouvement rectiligne alternatif, on fait souvent agir les pistons des machines rapides à deux cylindres sur deux manivelles calées à l'opposé l'une de l'autre, et non à angle droit comme d'habitude. Telle est la machine compound (fig. 567) construite dans les ateliers d'Oerlikon, dont l'arbre fait 200 à 300 tours par minute.

Le même calage se voit dans la machine Collmann (fig. 568 et 569), où les deux cylindres sont superposés de manière à rapprocher beaucoup les axes des deux mécanismes, disposition favorable à l'équilibre. La vapeur est distribuée au premier cylindre par deux tiroirs concentriques ; un excentrique à calage variable par le régulateur (visible en élévation sur la figure 568) conduit le tiroir de détente,

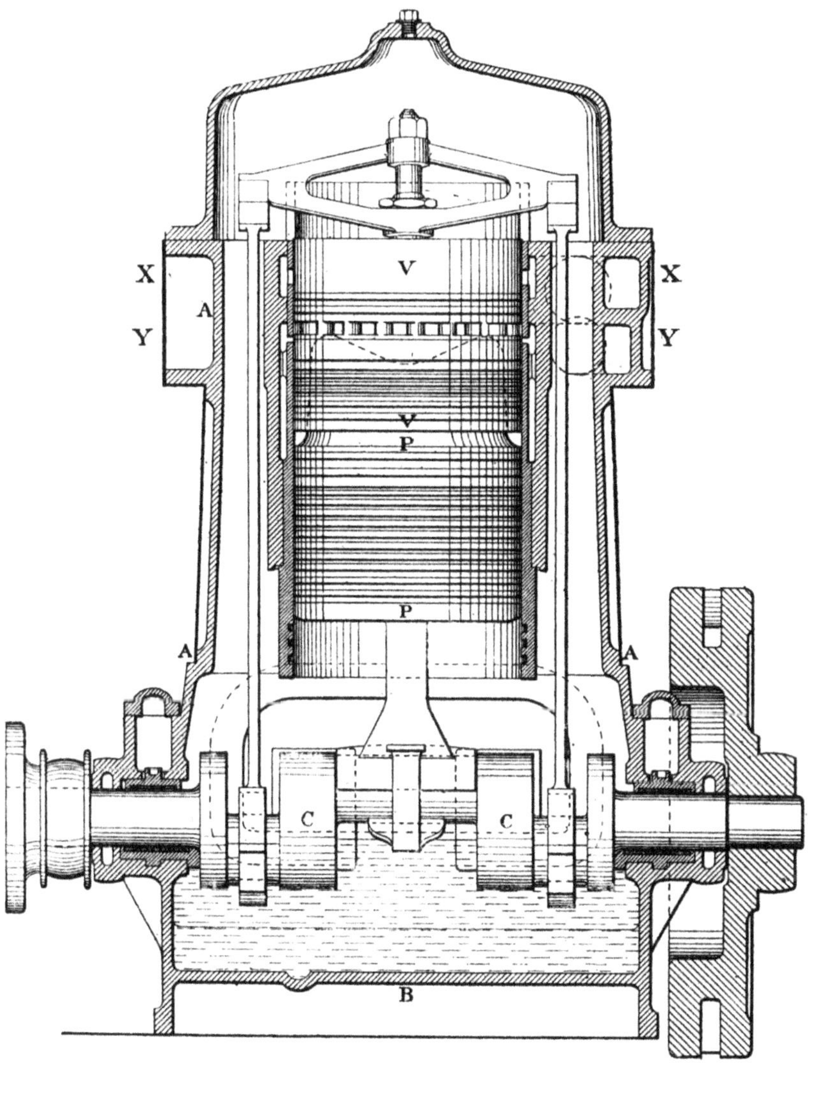

Fig. 572. — Machine Grafton ; coupe verticale ; les deux pistons, V et P, ne sont pas coupés sur la figure ; le piston V remplit le rôle d'un tiroir de distribution. Echelle du 10e.

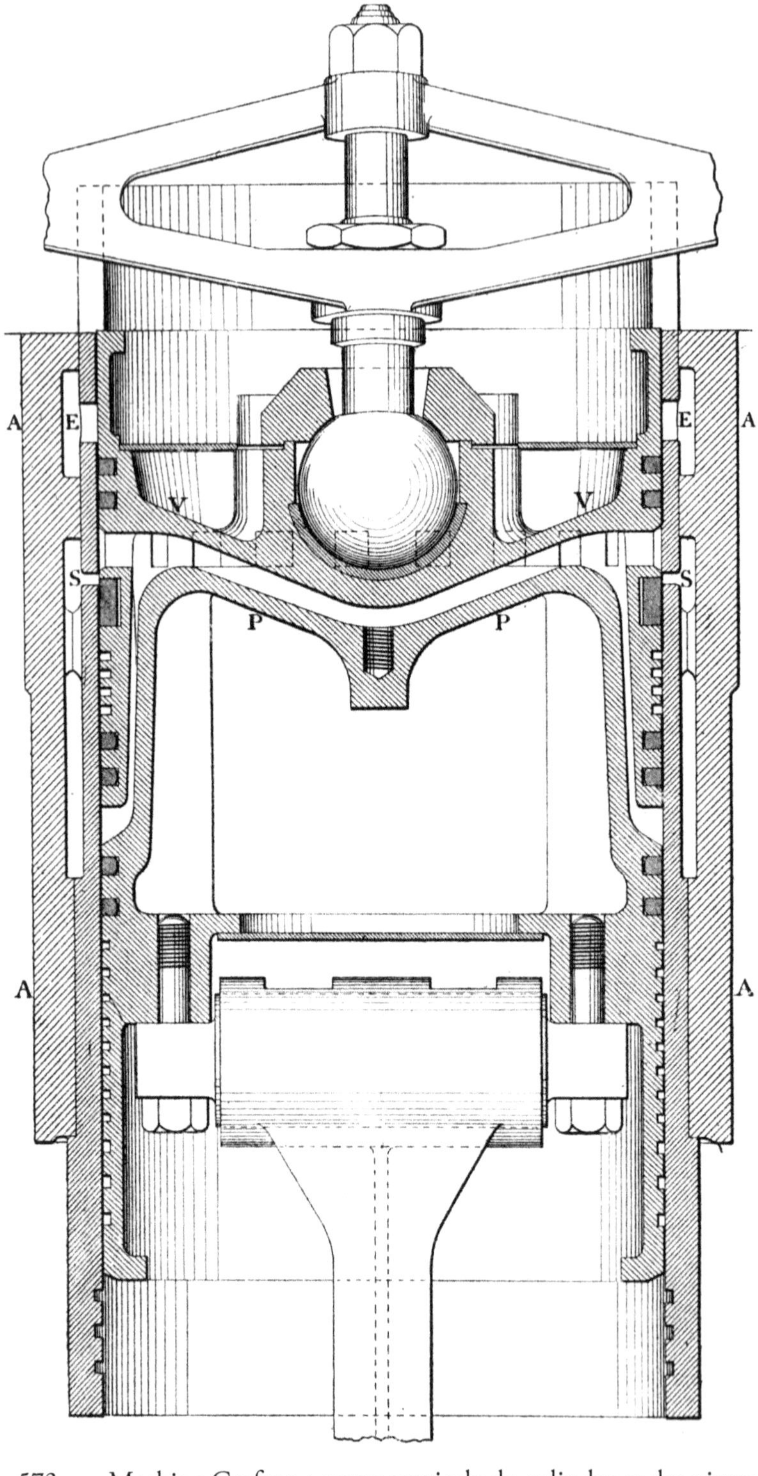

Fig. 573. — Machine Grafton ; coupe verticale du cylindre et des pistons.

par l'intermédiaire d'un arbre de renvoi. Le tiroir cylindrique du grand cylindre est à canal. La marche à simple effet permet d'éviter les chocs, qui résultent du changement de sens des efforts dans la machine à double effet. Avec le simple effet,

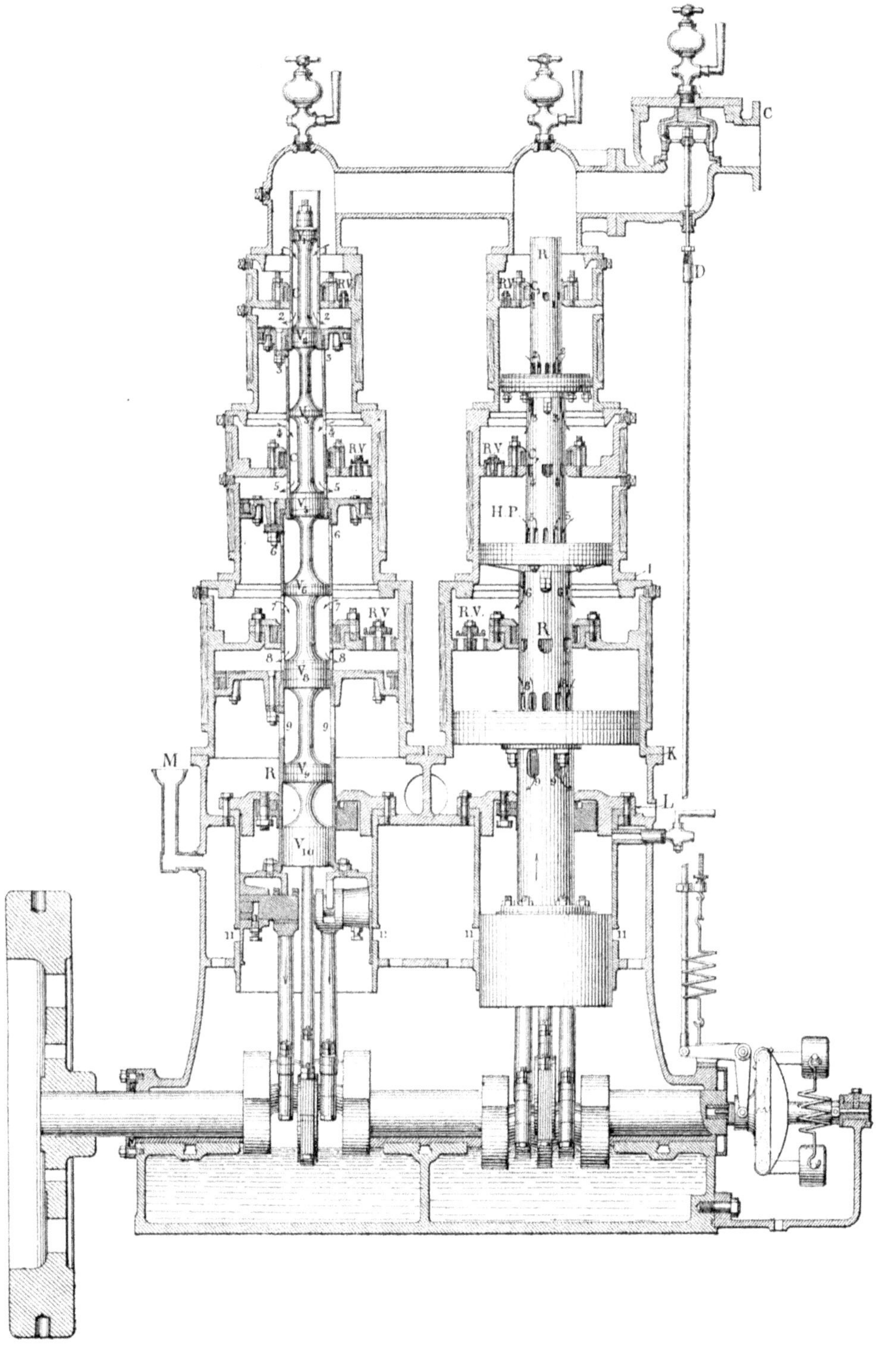

Fig. 574. — Machine Willans, à simple effet, et à triple expansion.

la même face du piston est toujours pressée par la vapeur ; les efforts transmis à la bielle et à la manivelle peuvent conserver une direction constante, pourvu que les forces d'inertie ne dépassent pas la contre-pression résistante sur le piston, pendant la seconde moitié de la course de retour.

Pour réaliser cette condition, de longues périodes de compression sont nécessaires ; la résistance qui en résulte risquerait d'être insuffisante dans une machine à condensation : on fait alors usage d'un piston spécial refoulant un matelas d'air.

Les types de machines rapides à simple effet sont nombreux, monocylindriques, compound, du système Woolf, c'est-à-dire avec un seul organe de distribution sur le trajet de la vapeur entre les deux cylindres successifs. Souvent les manivelles sont calées à l'opposé l'une de l'autre. La bielle peut être articulée sur le piston même, assez long pour être bien guidé en ligne droite, malgré la suppression des glissières de la tête de piston. Parfois la bielle et la manivelle, abondamment arrosées d'huile, se meuvent dans une boîte en fonte complètement close.

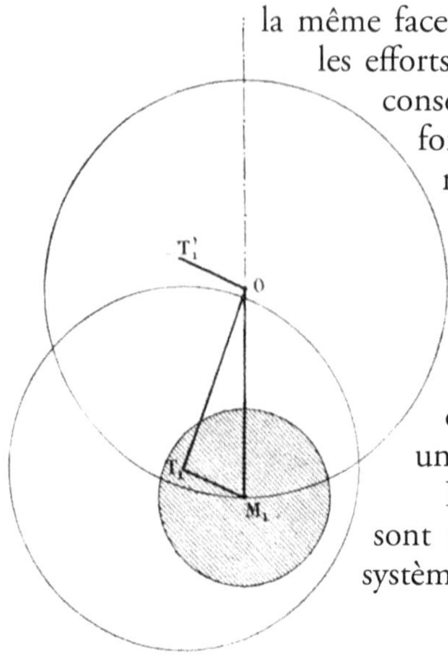

Fig. 575. — Calage de l'excentrique de la machine Willans.

Telle est la machine Westinghouse, dont la figure 3 (t. I) montre l'aspect extérieur. L'équilibre des pistons est plus complet quand ils sont concentriques, comme dans la machine Woolf construite par Flaud et Cohendet en 1878 (fig. 570), ou quand ils ont des mouvements opposés, dans un même cylindre, comme dans la machine Grafton (fig. 571 à 573). C'est le piston supérieur de cette machine qui sert de tiroir et qui distribue la vapeur. Les deux manivelles ne sont pas directement opposées, mais font un angle de 135°.

Dans la machine Willans (fig. 574), la vapeur est distribuée par des tiroirs cylindriques montés sur une tige unique, qui se meut suivant l'axe du cylindre ; ces tiroirs jouent à l'intérieur d'un fourreau, qui porte les pistons moteurs ; c'est le mouvement relatif du tiroir, par rapport au piston moteur, qui effectue la distribution, en mettant en communication le dessus du piston, tantôt avec la partie supérieure du fourreau, pour l'admission, tantôt avec la partie inférieure, pour l'échappement. À cet effet, chacun des trois tiroirs, V_2 V_5 et V_8, se meut devant des trous, 2, 5 et 8 du fourreau. En outre, l'admission est interrompue après le parcours, par le piston, d'une fraction déterminée de sa course, lorsque d'autres trous du fourreau, 1 pour le premier cylindre, 4 pour le second, et 7 pour le troisième, passent dans la garniture que traverse le fourreau.

Ce mécanisme rentre dans la classe des distributions à deux tiroirs superposés : la tige centrale produit la distribution principale, dans son mouvement par rapport au fourreau, qui limite l'admission seule.

Pendant la course montante, la vapeur passe du côté supérieur au côté inférieur des pistons, en remplissant les capacités qui forment les deux réservoirs intermédiaires ; l'échappement du dernier cylindre se fait dans une chambre qui communique avec le condenseur ou avec l'atmosphère. Le guide de l'articulation de la bielle est un

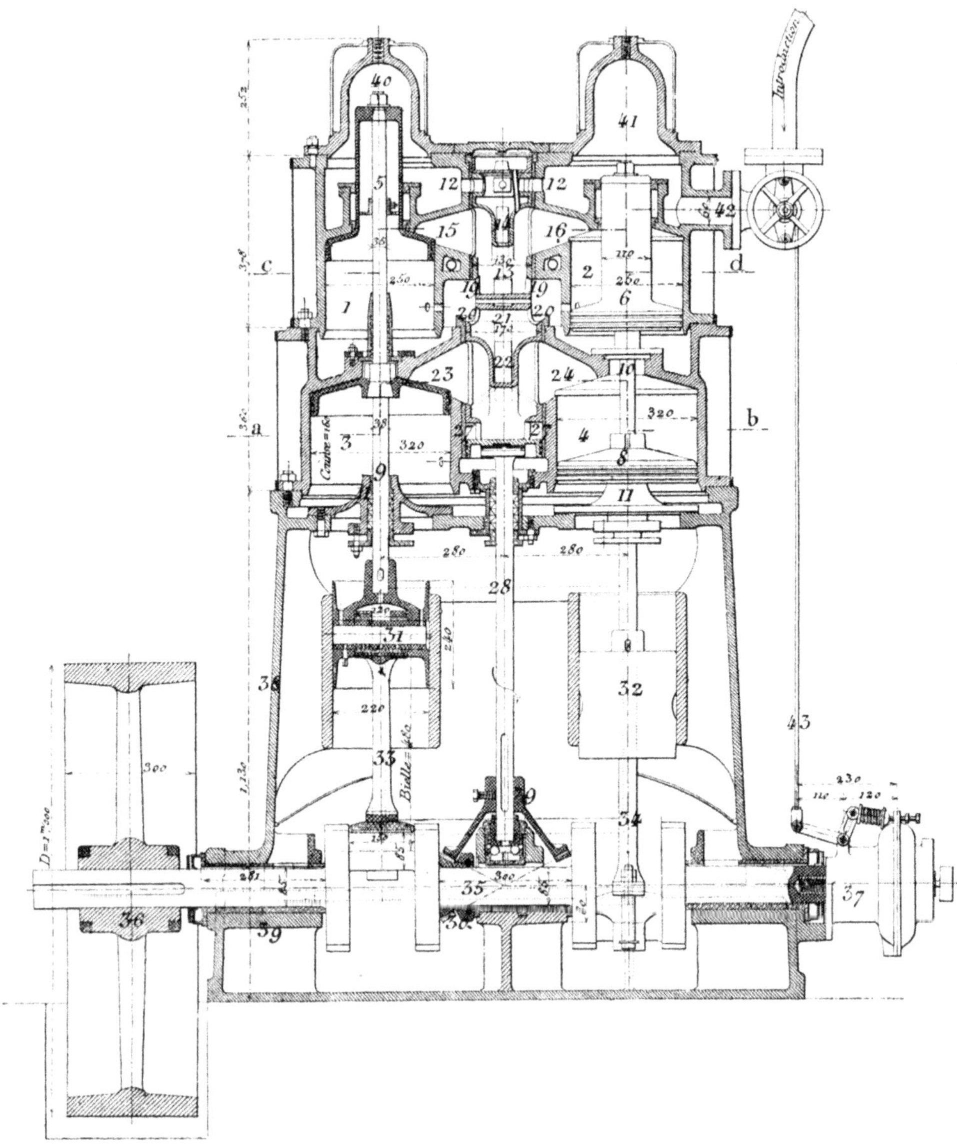

Fig. 576.— Machine rapide compound à simple effet, construite par Carels à Gand ; coupe longitudinale.

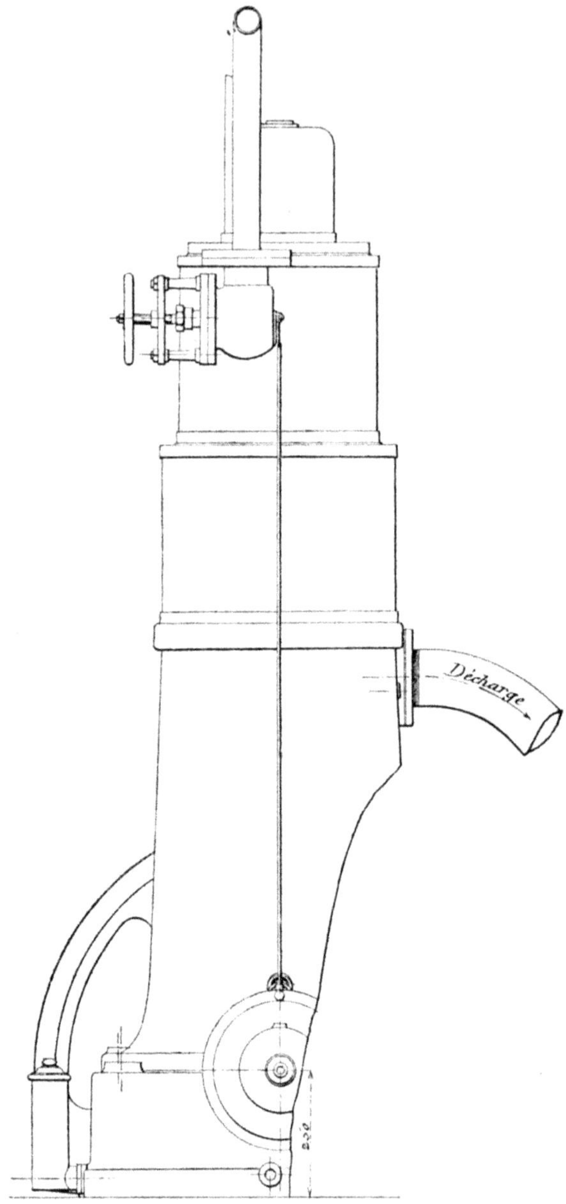

Fig. 577. — Machine rapide de Carels ; élévation transversale.

piston qui comprime un matelas d'air, pendant cette course montante : la période de compression de la vapeur, peu étendue, ne crée pas une résistance suffisante pour éviter à grande vitesse le changement de sens des efforts dans les pièces à mouvement alternatif. Les trous 11 servent à l'entrée de l'air dans la chambre où il est comprimé.

La distribution doit être réglée de manière à ramener à peu près la pression à la valeur initiale pour chaque cylindre à la fin de la course ascendante ; on voit sur le dessin, dans le fond des cylindres, des soupapes (R. V.) s'ouvrant si la compression

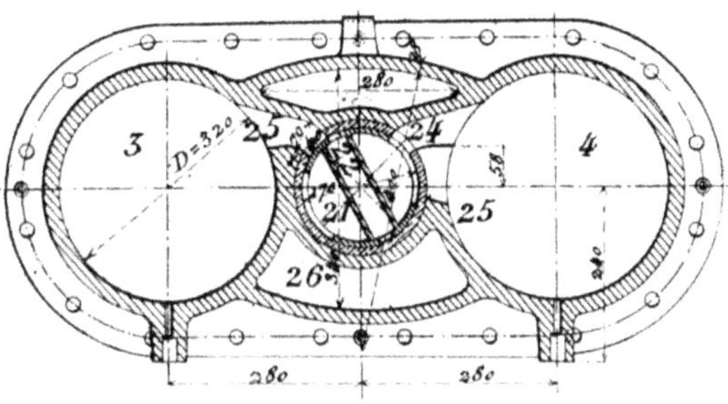

Fig. 578. — Machine rapide de Carels coupe horizontale par les grands cylindres.

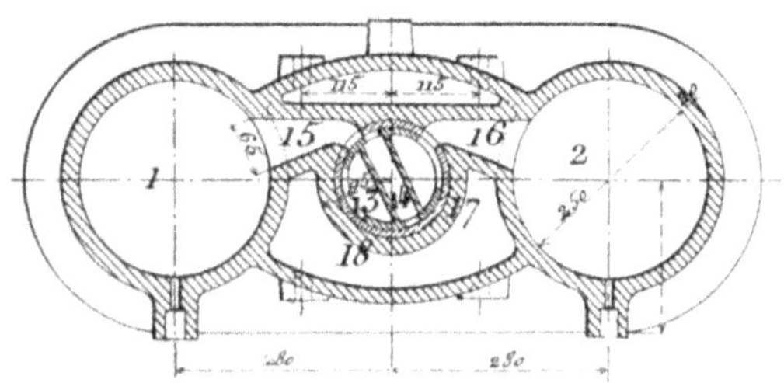

Fig. 579. — Machine rapide de Carels ; coupe horizontale par les petits cylindres.

est excessive ; en outre, la pression dans chaque réservoir intermédiaire, de capacité variable, doit être à peu près celle de la vapeur du cylindre qui l'alimente au moment où s'ouvre l'échappement de ce cylindre. Un régulateur commande un piston équilibré placé sur l'admission de vapeur, en C.

La règle de la composition des excentriques détermine le calage de l'excentrique de la machine Willans : on veut réaliser la distribution qui correspondrait à un excentrique de rayon OT'_1 (fig. 575), la manivelle motrice étant en OM_1. Le rayon OT_1, diagonale du parallélogramme construit sur OM_1 et OT'_1, commande la tige centrale, qui se meut dans le fourreau conduit par OM_1. On obtient cet effet en calant l'excentrique sur le tourillon moteur, suivant M_1T_1, égal et parallèle à l'excentrique fictif OT'_1.

La figure 574 représente une machine Willans à triple expansion, avec deux manivelles. Le type compound n'en diffère que par la suppression du premier cylindre de chaque groupe.

La machine de Carels (fig. 576 à 579) se compose de deux groupes tandem à simple effet agissant sur deux manivelles calées à 180°. La distribution se fait par tiroirs rotatifs, montés sur un arbre vertical, commandé par l'arbre de la machine, à l'aide de roues d'angle (n°s 30 et 9 sur la figure 576) qui réduisent à moitié la vitesse. Cet arbre est supporté par une couronne de billes en acier. Des fourreaux constamment pressés par la vapeur, en 40 et 41, maintiennent une pression dirigée de haut en bas.

Le régulateur agit en étranglant plus ou moins l'arrivée de vapeur. Comme dans la machine de Willans, la vapeur forme une enveloppe agissant sur le fond supérieur de chaque cylindre, mais le dessous des pistons reste constamment en contact avec la vapeur d'échappement.

85. Locomobiles et machines demi-fixes.

Des roues portent les locomobiles, propres aux emplois temporaires, en agriculture et pour les constructions ; on peut aisément les faire voyager sur les routes. La

Fig. 580. — Locomobile compound, à chaudière du type locomotive.

chaudière est du type locomotive (fig. 580), d'un type analogue, mais avec boîte à feu surélevée (fig. 581), ou bien cylindrique avec tubes en retour (fig. 582 à 581). Le mécanisme, à un cylindre (fig. 581) ou à deux cylindres (fig. 580), généralement compound, est porté par une selle qui pose sur la chaudière : la distribution se fait par un tiroir, parfois par deux tiroirs, du système Meyer. Quelquefois elle comporte un changement de marche par coulisse.

Les roues d'une locomobile, installée à demeure, deviennent inutiles ; cette suppression donne la machine demi-fixe (fig. 585 à 587), souvent employée comme moteur d'ateliers ; le montage en est facile et moins coûteux que pour un appareil équivalent formé d'une chaudière et d'une machine séparées. Le moteur demi-fixe peut d'ailleurs fonctionner aussi économiquement que bien des machines fixes de

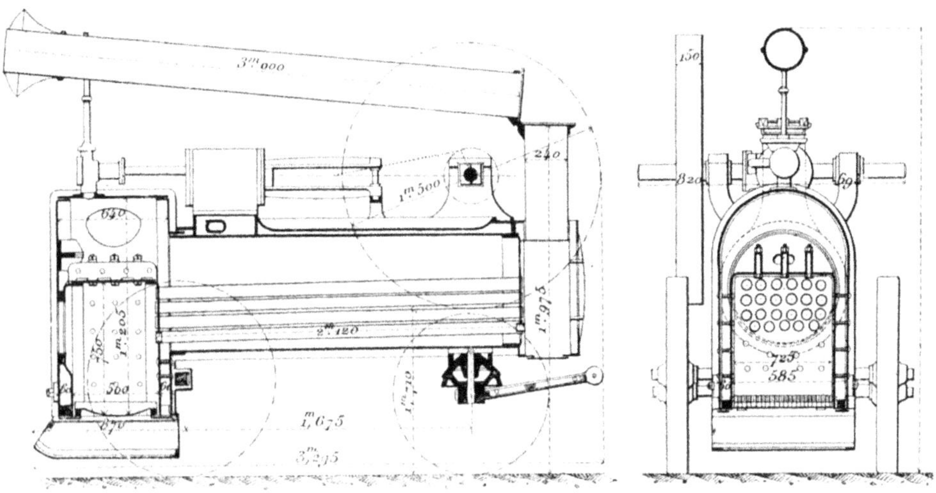

Fig. 581. — Locomobile construite par Chaligny

Timbre de la chaudière		6 kg
Capacité		750 litres
Surface de chauffe	foyer	$1^{m^2},600$
	tubes en laiton à (l'extérieur)	$8^{m^2},950$
	totale	$10^{m^2},550$
Nombre de tours par minute		115
Course du piston		$0^{m},300$
Diamètre		$0^{m},190$
Poids total		3900 kg
Puissance normale		8 chevaux.

même puissance ; la position des cylindres supprime même la perte de chaleur dans la tuyauterie et permet une alimentation facile des enveloppes.

La chaudière, qui porte la machine, repose sur une fondation simple.

Ces machines demi-fixes se construisent pour des puissances de 60 chevaux et même plus fortes ; mais il devient alors difficile de donner à la chaudière des dimensions suffisantes pour produire aisément la vapeur nécessaire.

Quelquefois on place le mécanisme sur un bâti logé sous le corps cylindrique d'une chaudière de forme locomotive (fig. 588), comme un mouvement intérieur de locomotive. On obtient ainsi un montage encore simple et compact.

Pour les faibles puissances, des moteurs analogues prennent le nom de *machines portatives*. Souvent alors la chaudière est verticale et le moteur lui est accolé.

Le moteur Komarek (fig. 589) est un exemple de ces machines portatives pour lesquelles on recherche avant tout la simplicité. Il est fort important aussi que la conduite des petits moteurs soit facile et qu'ils ne soient pas dangereux, même pour les maladroits et les négligents. Ce sont surtout les chaudières qui offrent des dispositions spéciales. Le mécanisme comporte généralement un cylindre à double effet, quelquefois à simple effet, avec distribution par tiroir.

La condensation par surface est employée pour plusieurs de ces machines, parfois sans production de vide, afin de ramener à la chaudière l'eau distillée et d'éviter

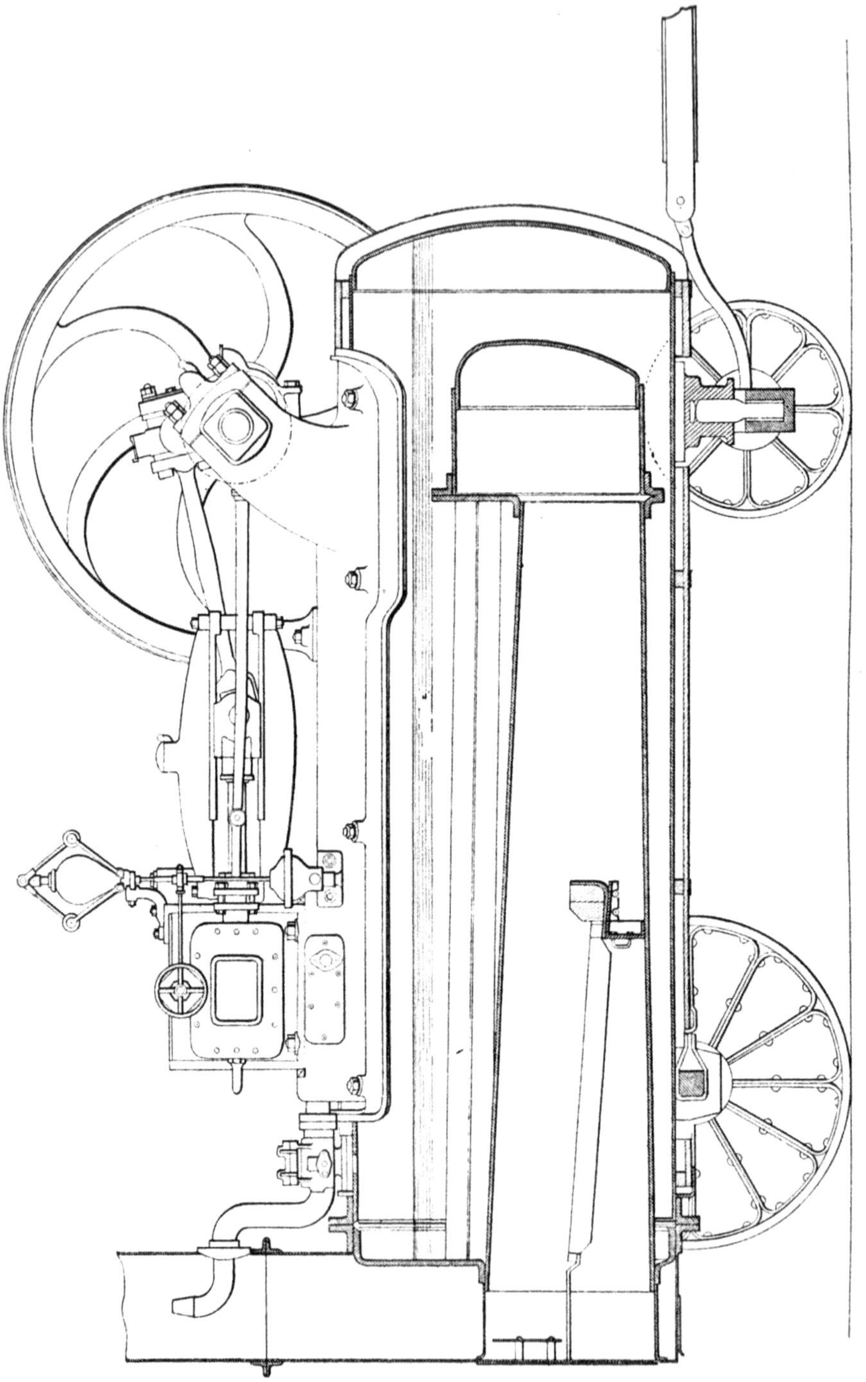

Fig. 582 – Locomobile à un cylindre, avec chaudière cylindrique, construite par les établissements Weyher et Richemond; coupe longitudinale.

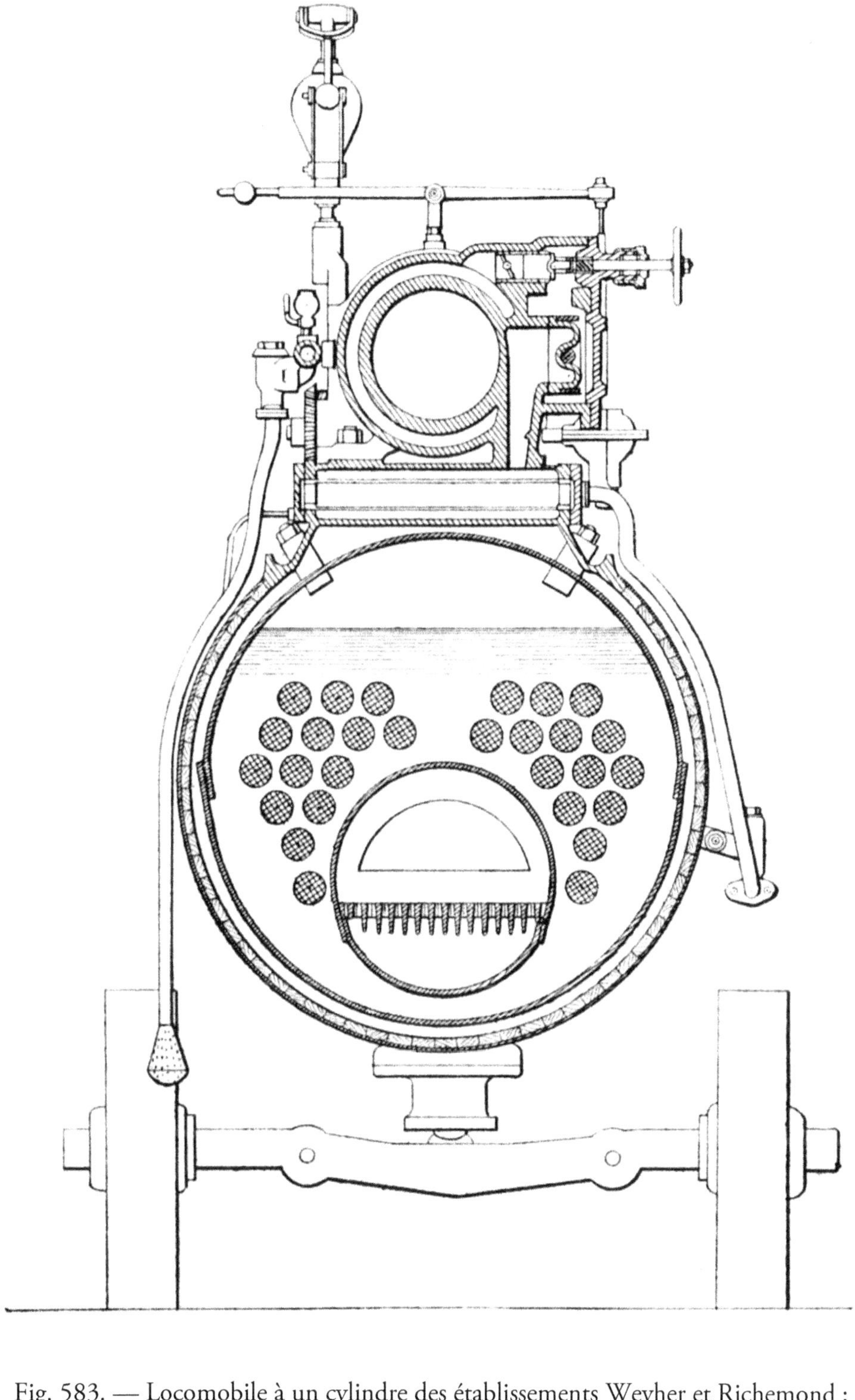

Fig. 583. — Locomobile à un cylindre des établissements Weyher et Richemond ; coupe transversale.

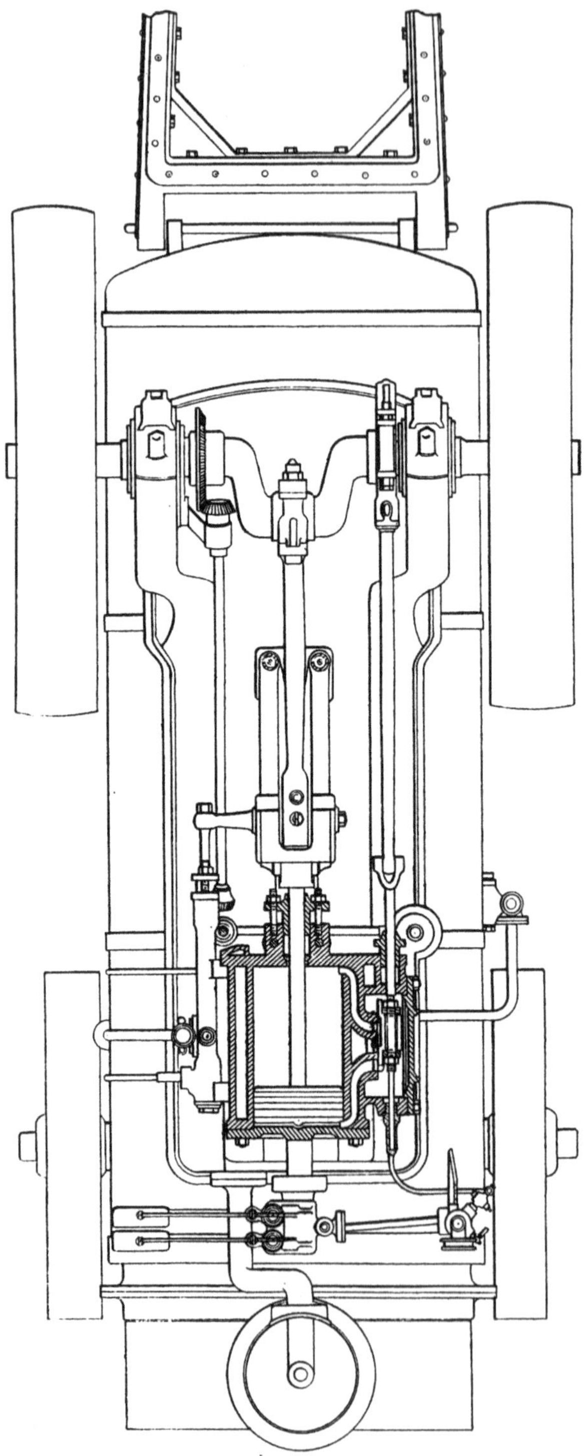

Fig. 584 – Locomobile à un cylindre des établissements Weyher et Richemond ; plan.

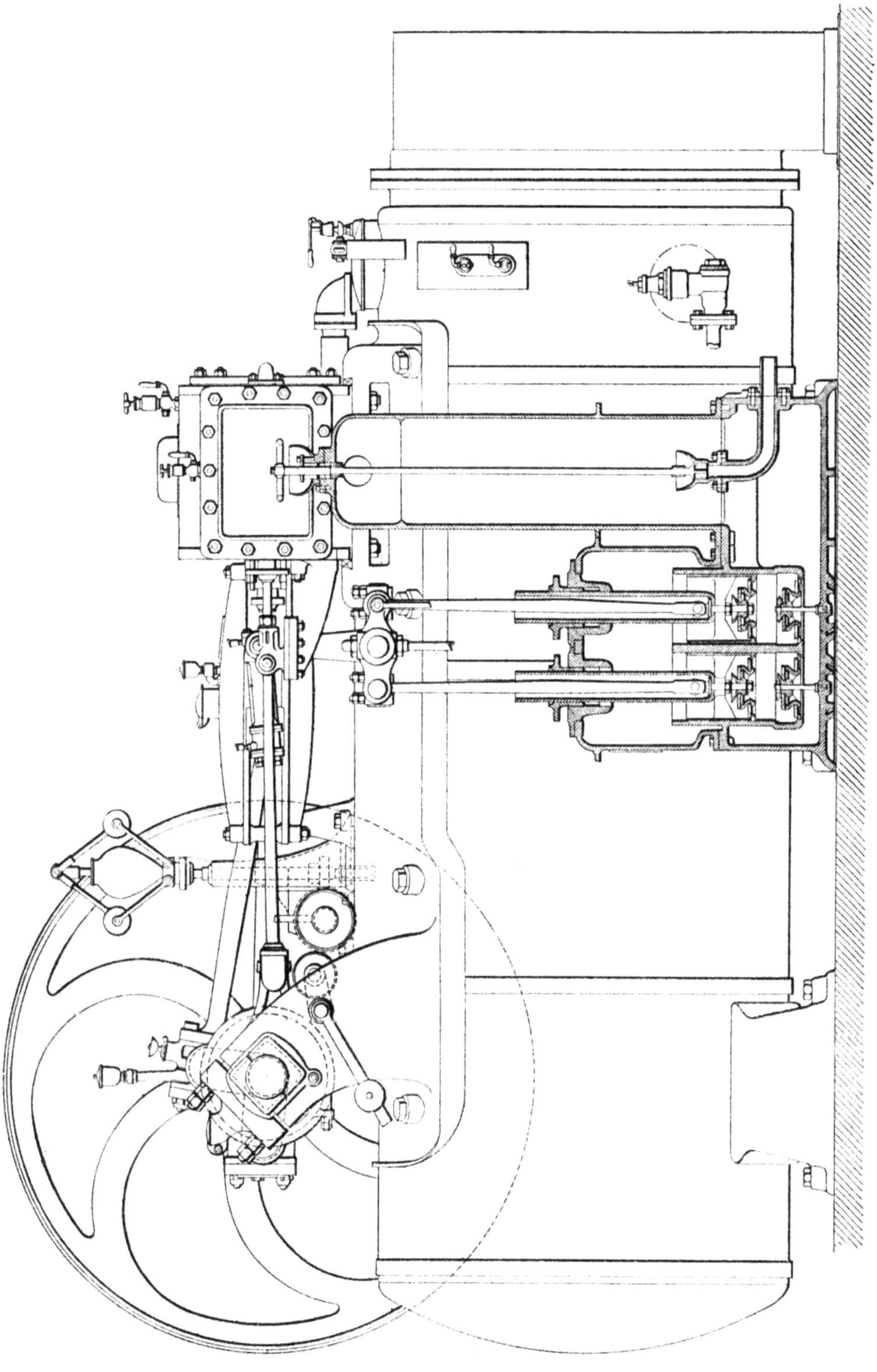

Fig. 585 – Machine demi-fixe compound, construite par les établissements Weyher et Richemond ; élévation, avec coupe longitudinale du condenseur.

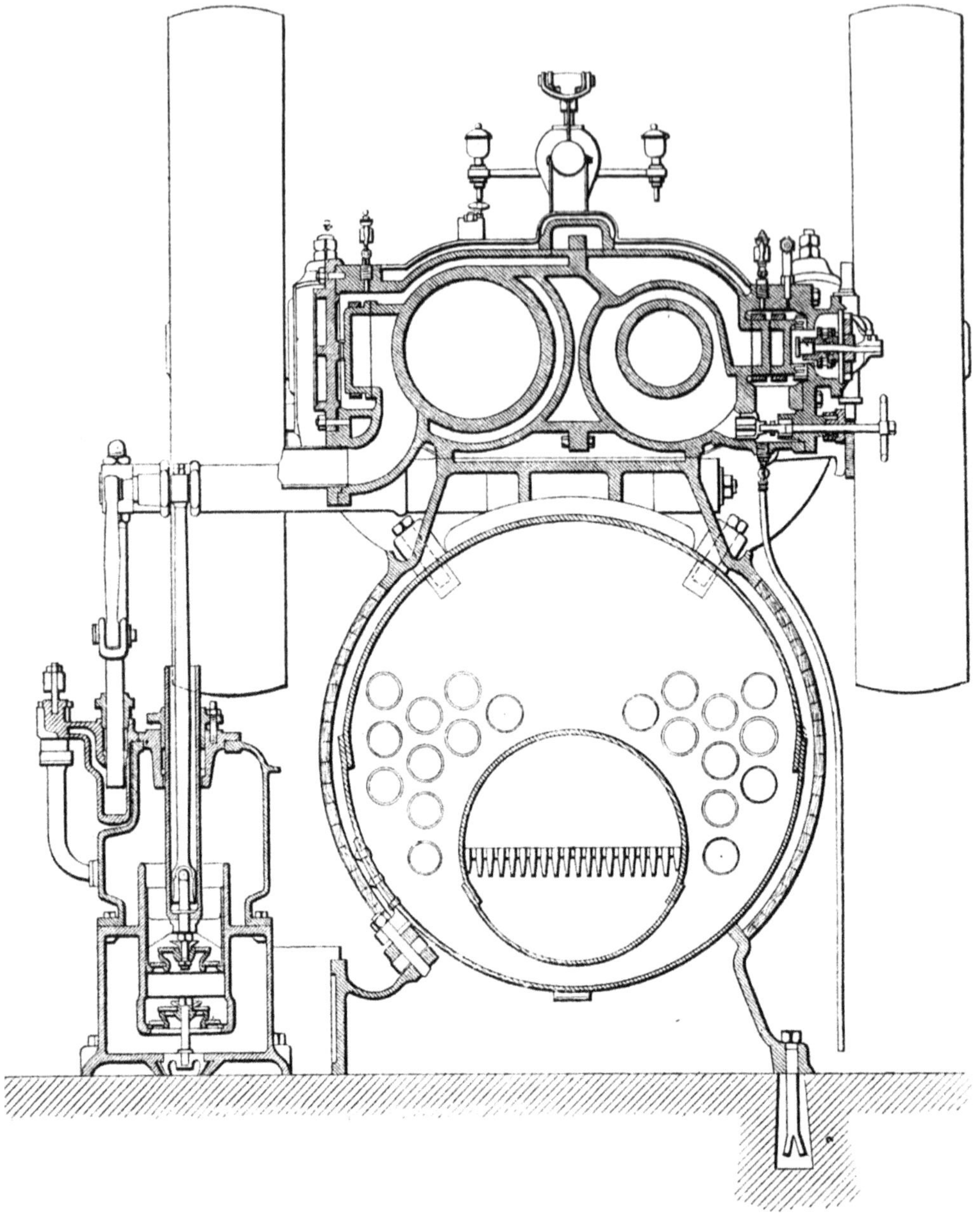

Fig. 586. — Machine demi-fixe compound Weyher et Richemond ; coupe transversale.

ainsi les incrustations. Cette condensation entraîne une certaine dépense quand elle est faite avec l'eau des distributions urbaines. Dans la machine Davey (fig. 590), la vapeur est employée à la tension même de l'atmosphère, de sorte que la chaudière n'est soumise à aucune pression et peut être fermée par un simple couvercle : la condensation est alors nécessaire.

Pour la commande des appareils tels que les grues, les treuils, et autres engins de manoeuvre, on fait un fréquent usage de petits moteurs à deux cylindres sur manivelles calées à angle droit, souvent à changement de marche par coulisse.

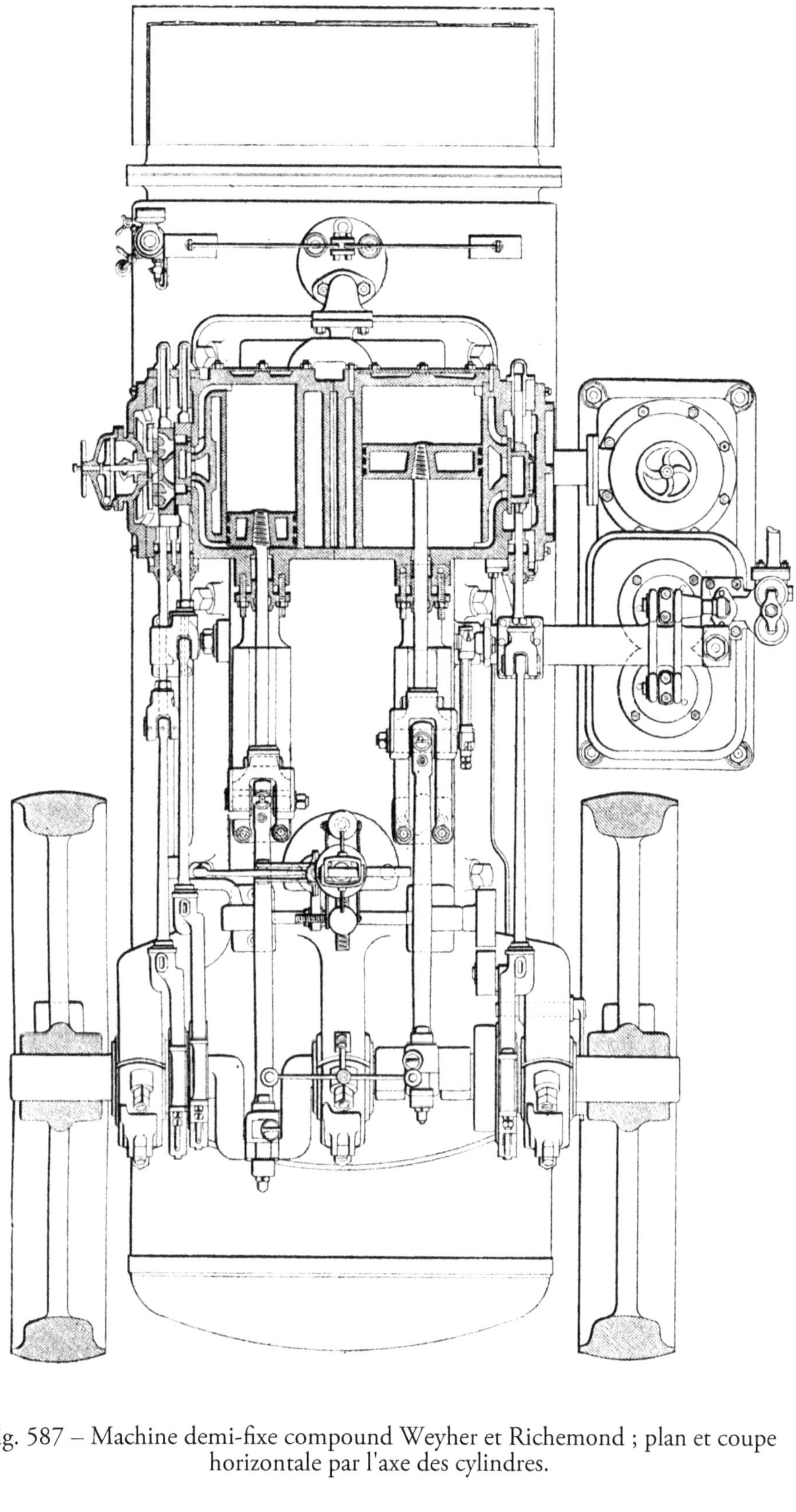

Fig. 587 – Machine demi-fixe compound Weyher et Richemond ; plan et coupe horizontale par l'axe des cylindres.

Lorsqu'il y a plusieurs mouvements à produire, comme dans une grue, ou bien on les commande par embrayages à l'aide d'un moteur unique, ou bien on installe un moteur séparé pour chaque mouvement.

On peut ranger dans la même classe les petits moteurs à vapeur qui servent à la propulsion des voitures sur routes ordinaires, moteurs remarquables surtout par la disposition des chaudières.

Fig. 588 – Machine demi-fixe sous chaudière.

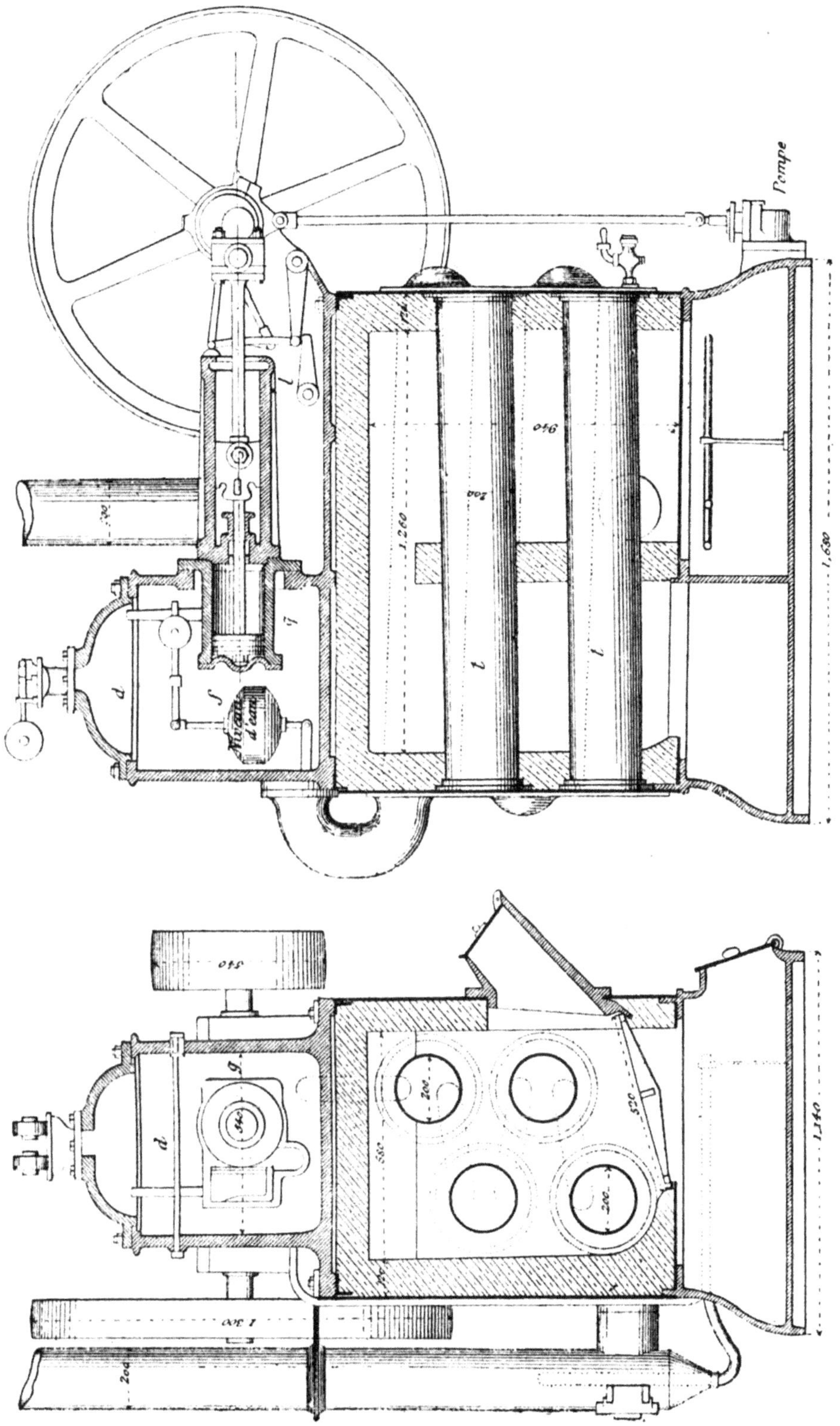

Fig. 589 – Moteur Komarek (exposition de Vienne en 1888) ; la chaudière se compose des quatre tubes, t, t, et du dôme, d ; le flotteur f règle l'alimentation.

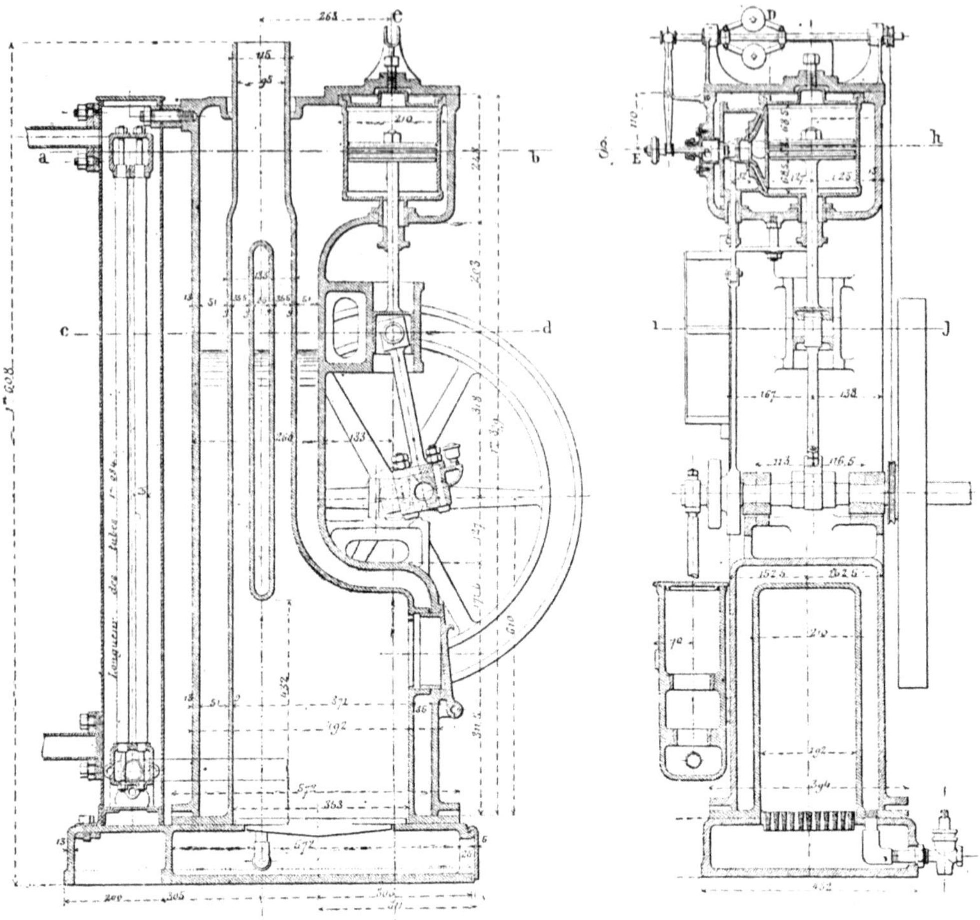

Fig. 590. — Moteur domestique de un cheval, système Davey, construit par M. Albaret en 1885, fonctionnant sous une pression effective nulle, avec condensation par surface ; surface de grille, 7 dm² ; surface de chauffe jusqu'au niveau de l'eau, 145 dm² ; volume de l'eau, 44 l ; volume de la vapeur, 21 l ; distribution par excentrique à tocs ; alimentation par soupape à flotteur.

Fig. 591. — Locomotive routière.

Fig. 592. — Rouleau compresseur, construit par Aveling et Porter.

Si l'on relie par une transmission l'arbre moteur aux roues, convenablement construites, la locomobile, munie d'un changement de marche à coulisse, devient la *locomotive routière* (fig. 591) et le *rouleau compresseur.*

86. Elévations d'eau.

Les machines d'épuisement servent à extraire les eaux gênantes, et les rejettent hors des mines ou des terrains inondés, tandis que les machines *élévatoires* amènent l'eau aux endroits où elle est utile. Avec les pompes qu'elles commandent, les

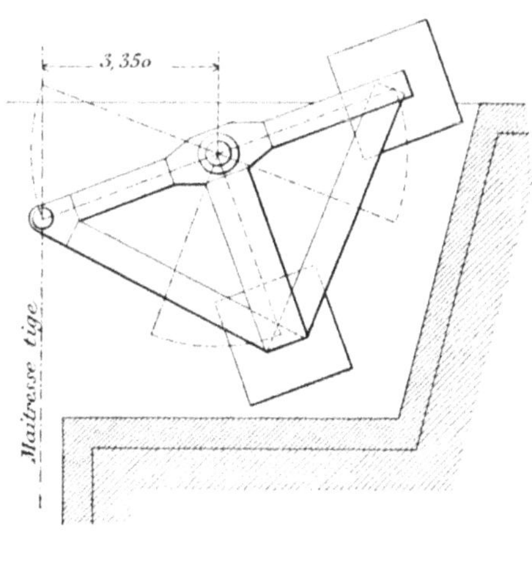

Fig. 593. — Balancier Bockholtz.

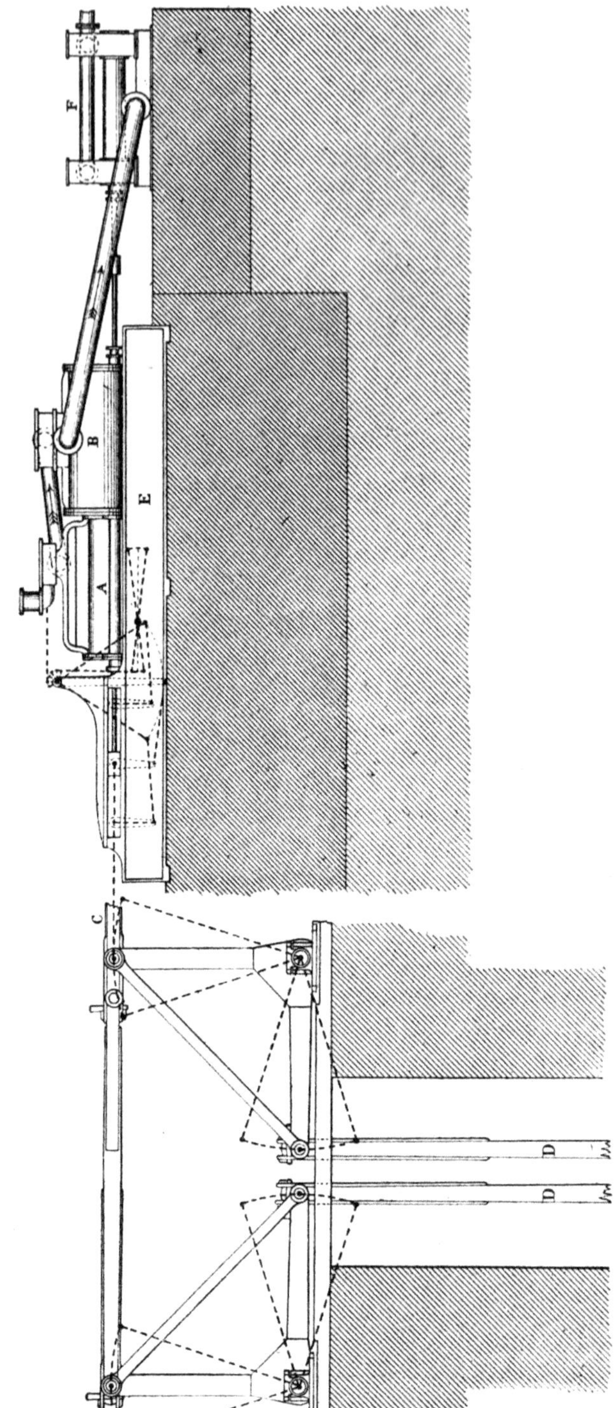

Fig. 594. — Machine d'épuisement compound, avec distribution différentielle Davey, d'après les *Proceedings or the Institution or mechanical engineers.*

machines qui servent à élever l'eau constituent un ensemble, dont on mesure le travail utile, en jaugeant la quantité d'eau élevée à une hauteur connue. Lorsque le refoulement se fait par de longues conduites, les moteurs produisent en outre un travail qui correspond à la *perte de charge* dans la conduite et qu'il est utile d'évaluer à part.

L'épuisement des mines s'est fait longtemps à l'aide des machines de Cornouailles (fig. 396, t. I), qui avaient remplacé les moteurs primitifs représentés par les fig. 8 et 9[15]. Dans la machine de Cornouailles, la vapeur, en agissant par sa pleine pression, puis par sa détente, soulève la maîtresse-tige, suspendue dans le puits ; les plongeurs des pompes, superposées en reprises, sont entraînés par la maîtresse-tige, et l'eau est aspirée dans les corps de pompe. Pendant la course descendante du piston, la vapeur se transvase d'un côté à l'autre du cylindre ; le poids de la maîtresse-tige fait descendre les plongeurs et refoule l'eau. Vers la fin de la course, la soupape d'équilibre se ferme et la compression de la vapeur arrête le système.

C'est la masse de la maîtresse-tige, en partie équilibrée qui absorbe, pendant une partie de la course ascendante, l'excès du travail moteur, pour le restituer lorsque la détente affaiblit la pression motrice de la vapeur. Le travail ainsi emmagasiné est proportionnel à la masse totale mise en mouvement, et au carré de la vitesse qu'elle prend.

Pour augmenter le nombre des kilogrammètres ainsi emmagasinés, ou la variation du travail moteur résultant de la détente, il faut accroître la masse ou la vitesse : on limite la vitesse pour ne pas compromettre la sécurité d'un lourd attirail en mouvement, et pour éviter les chocs à l'entrée de l'eau aspirée dans les pompes. D'autre part, l'accroissement de la masse, par l'addition de poids qui s'équilibrent, réduit la vitesse pendant la descente : un petit excès du poids de la maîtresse-tige doit mettre en mouvement tout l'attirail et les colonnes d'eau.

On améliore un peu la marche de la machine en plaçant des masses additionnelles non plus aux deux extrémités d'un balancier, relié à la maîtresse-tige, mais sur le bras perpendiculaire du *balancier Bockholtz* (fig. 593) : la vitesse de la descente en est notablement augmentée, tandis que celle de la montée, toujours plus grande, n'est guère modifiée par cette position des contrepoids ; ils agissent cependant à contre-sens pendant la course montante de la tige, en augmentant au début un travail moteur déjà trop fort. Le balancier *Rossigneux* agit de même, en roulant sur une came de grand rayon, ce qui déplace le point d'articulation.

Qu'on supprime la moitié de la masse non équilibrée de la maîtresse tige, et qu'on fasse travailler à double effet le cylindre moteur, en compensant la réduction du poids de la tige par l'action motrice de la vapeur, on réduira à moitié le volume du cylindre ; en même temps, la force vive des masses n'emmagasine plus qu'un moindre excès de travail. C'est une amélioration de la machine, qui coûte alors moins cher et fonctionne mieux et plus rapidement.

Avec le double effet, on combine utilement la détente de Woolf dans deux cylindres accolés, ou en tandem, de manière à réduire la variation du travail moteur pendant une course, pour une même détente finale.

La *distribution différentielle* Davey (fig. 594 à 596), appliquée à ces machines, combine l'action de la cataracte et celle du moteur lui-même, qui referme l'admission d'autant plus tôt que sa vitesse est plus grande : on évite ainsi les

15 *L'Engineering* a publié en 1895 les vues d'une machine de Newcomen encore en service dans une houillère d'Angleterre.

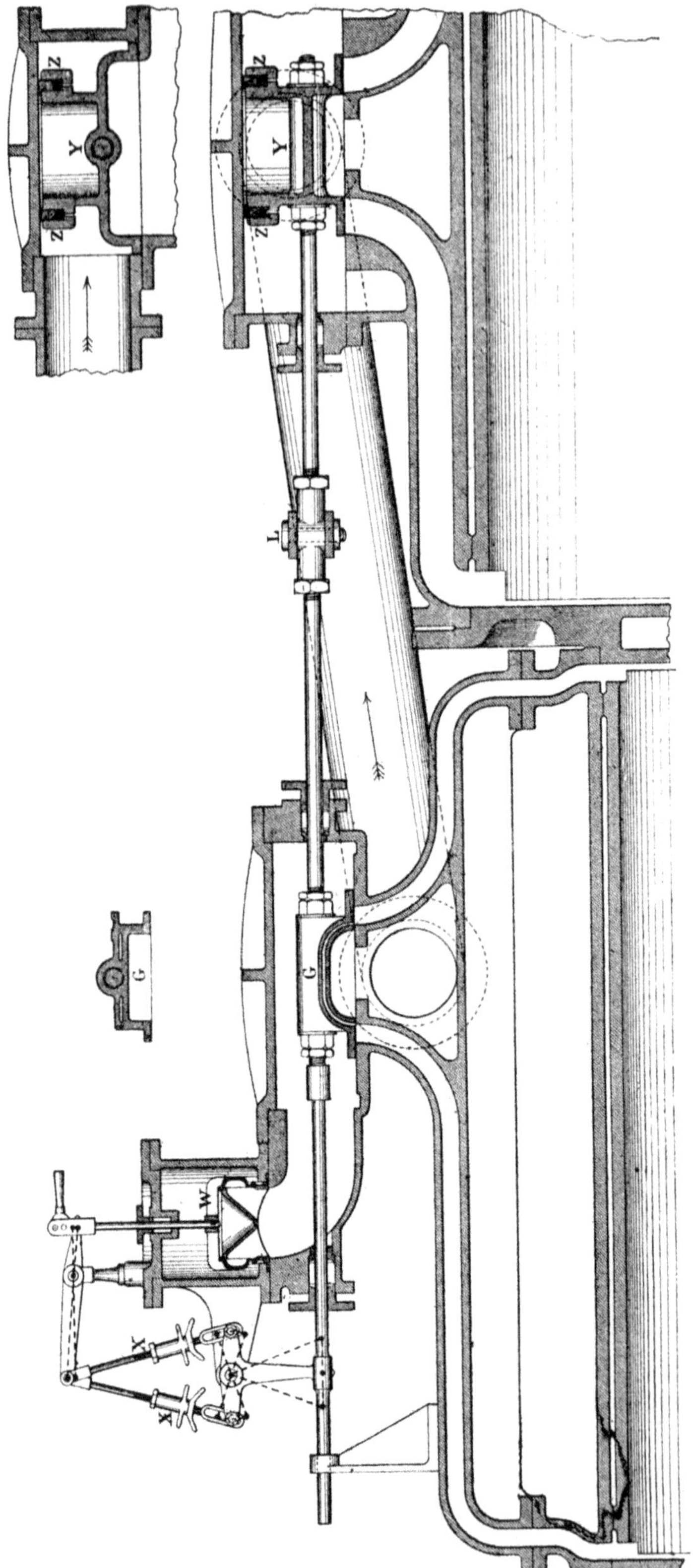

Fig. 595 – Machine à distribution différentielle Davey ; coupe par les tiroirs.

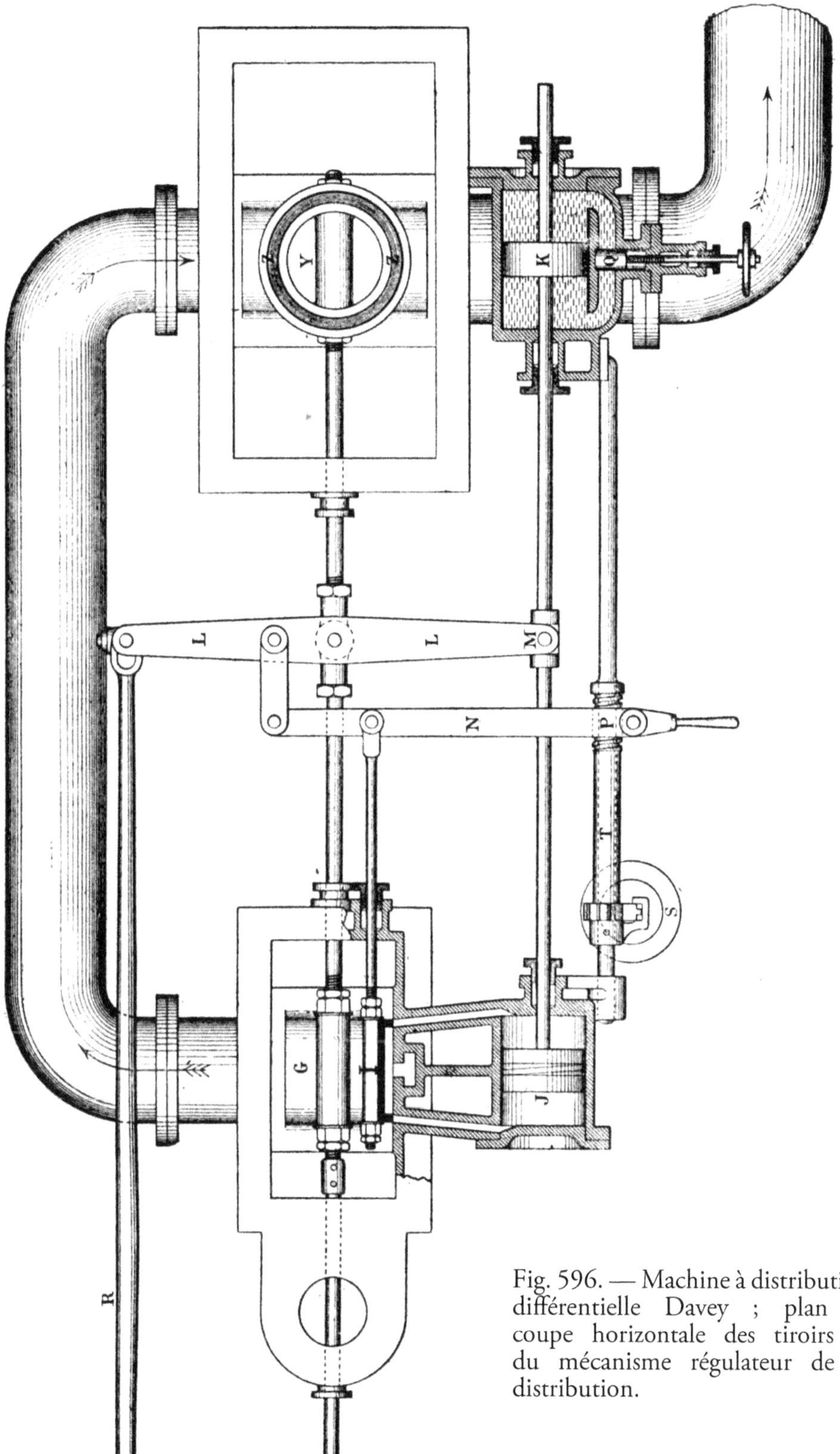

Fig. 596. — Machine à distribution différentielle Davey ; plan et coupe horizontale des tiroirs et du mécanisme régulateur de la distribution.

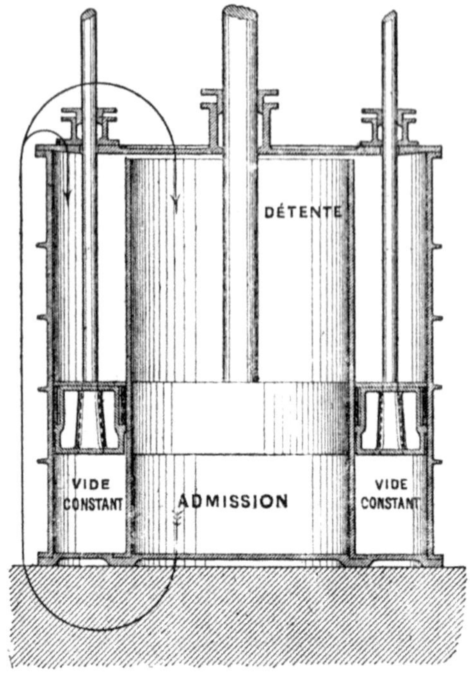

Fig. 597. — Cylindres concentriques des machines d'épuisement de Haarlem.

dangers d'une diminution subite de résistance, qui résulte du désamorçage d'une pompe. D'importantes machines Woolf, à cylindres verticaux ou horizontaux avec balanciers de renvoi, sont munies de cette distribution différentielle.

En ajoutant au balancier de la machine à double effet une bielle qui commande l'arbre d'un volant, M. Kley a rendu la manoeuvre plus sûre et plus facile, car il faut beaucoup de soins pour régler la course de la machine de Cornouailles, sans frapper les taquets d'arrêt et sans exagérer les espaces libres. La machine de Kley conserve les temps d'arrêt après chaque oscillation de l'arbre, qui tourne à chaque course double d'un angle un peu inférieur ou un peu supérieur à la circonférence entière.

On supprime l'attirail encombrant des maîtresses tiges, en plaçant au fond de la mine le moteur, avec des pompes qui refoulent l'eau d'un seul jet ; mais il faut amener la vapeur de la surface, car l'installation de chaudières souterraines est rarement pratique. Ces machines souterraines ont beaucoup d'analogies avec des machines élévatoires installées au jour, seulement les pièces en sont ramassées de manière à se loger dans des chambres peu étendues. Souvent on emploie un moteur compound à deux cylindres, commandant directement chacun une pompe à double effet, et un arbre à volant, avec manivelles à angle droit. Les pompes à action directe, sans arbre ni volant, trouvent aussi leur emploi dans les mines.

Pour l'assèchement des marais et des terrains inondés, et pour les irrigations, on doit élever à une faible hauteur de grandes quantités d'eau, à l'aide de roues élévatoires ou de pompes centrifuges, généralement préférées aux pompes à piston autrefois en usage. La commande de ces appareils n'exige guère de dispositions spéciales du moteur. La position verticale de l'arbre des grandes machines Corliss horizontales, installées par Farcot à l'usine de Khatatbeh, a été indiquée au § 79 (fig. 534 à 538).

Les machines qui ont desséché la mer de Haarlem, pendant les années 1845 à 1852, actionnaient, à l'aide d'une série de balanciers, des pompes aspirantes rangées en cercle autour des cylindres moteurs. Le *Leeghwater* commandait 11 pompes du diamètre de 1^m,600, avec course de 3 m ; les deux autres machines, chacune 8 pompes de 1^m,850 de diamètre, avec la même course. Les cylindres moteurs étaient concentriques (fig. 597), avec détente de Woolf et distribution par soupapes. Le diamètre du cylindre extérieur était de 3^m,66 ; le diamètre du cylindre intérieur, de 2^m,14 ; l'épaisseur de la paroi cylindrique était de 44 mm ; la course avait 3 m. Pendant la course montante, la vapeur était admise sous le petit piston, et la partie supérieure du cylindre communiquait avec le condenseur ; pendant la descente, la vapeur se transvasait d'un côté à l'autre. La partie inférieure du piston annulaire était en communication constante avec le condenseur. Le grave défaut de ces machines est la position du cylindre d'admission en quelque sorte au milieu du condenseur. Conservées jusqu'à nos jours pour l'entretien des terrains asséchés, elles viennent d'être remplacées par des moteurs actionnant des pompes centrifuges.

Pour l'élévation de l'eau des villes, on a souvent fait usage de la machine de Cornouailles, surtout en Angleterre : des masses de métal remplaçaient le poids de la maîtresse tige. C'est une application compliquée et qu'il serait difficile de justifier aujourd'hui. Pour cet usage, on emploie surtout les moteurs à mouvement de rotation et les machines à commande directe, sans transformation du mouvement rectiligne des pistons. Les machines à mouvement de rotation (fig. 598 et 599) sont caractérisées par la lenteur de la marche, imposée par les pompes, dont les plongeurs sont montés directement sur la tige du piston moteur.

Les pompes de l'usine élévatoire de la ville de Paris, à Saint-Maur, sont commandées par des machines Corliss (fig. 599), à cylindre de 1m sur 1^m,800, marchant à 30 tours par minute. Les diagrammes (fig. 600), relevés sur une de ces machines, montrent combien la pression s'abaisse lentement au début de la course de retour, quand il n'y a pas d'avance à l'échappement, malgré la lenteur de la marche.

Les machines de l'usine de Bercy ont des cylindres de 807 mm sur 1^m,600, avec distribution Sulzer à soupapes, et font 22 tours par minute. À l'usine d'Ivry, les cylindres, à distribution Corliss, ont 827 mm sur 2 m; la vitesse est de 22 à 21 tours. La marche lente de ces machines y rendrait particulièrement intéressante l'étude de l'action des parois. Les essais de la machine élévatoire Allis, récemment installée à Milwaukee, ont été cités au § 46 (t: I).

En supprimant la bielle, la manivelle et l'arbre, on simplifie évidemment les machines élévatoires : les machines de ce genre, à mouvement rectiligne non transformé, se sont beaucoup perfectionnées aux États-Unis. La distribution en est étudiée au § 63 (t. I).

Les pompes doubles à action directe, telles que celle de Worthington (fig. 403, t. l), ont l'avantage de fonctionner aisément avec des vitesses assez variables et de refouler l'eau régulièrement. Mais elles ne détendent guère la vapeur et, par suite, en consomment beaucoup. Pour réduire cette consommation, on a monté, dans chaque groupe, deux cylindres compound, avec pleine admission dans les deux. Les diagrammes du travail de la vapeur s'approchent alors des rectangles ABCD, A'B'C'D' (fig. 601), tandis que le premier cylindre seul donnerait le travail ABC"D". Un réservoir, commun aux deux groupes, maintient à peu près constante la pression intermédiaire.

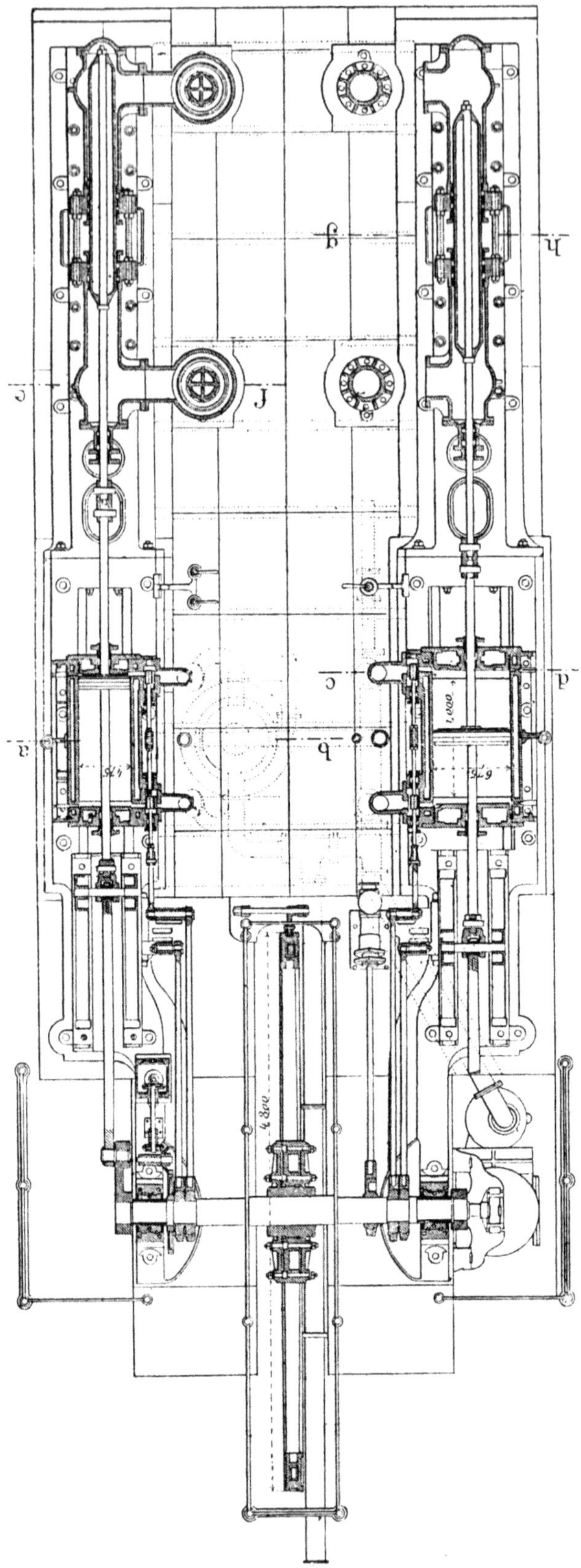

Fig. 598. — Machine élévatoire compound à deux cylindres, avec manivelles calées à angle droit, et pompes à piston plongeur à double effet (machines construites pour la ville de Mulhouse, par la Société alsacienne de constructions mécaniques, en 1886). Distribution par tiroirs plans, à déclic pour l'admission et placés au-dessus des cylindres ; échappement par les tiroirs latéraux. Nombre de tours par minute, 27.

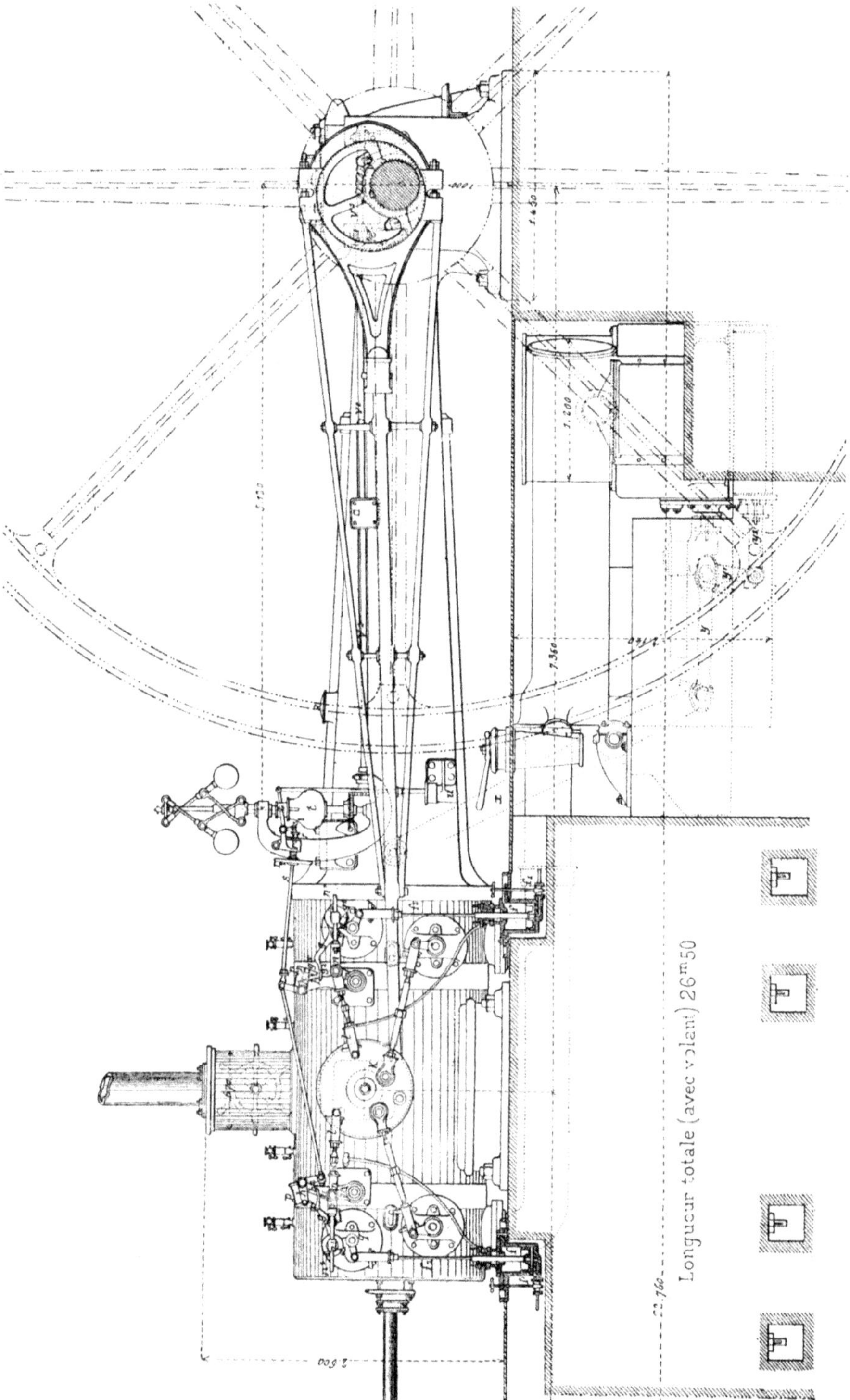

Fig. 599. — Moteur des pompes de la Ville de Paris à Saint-Maur, construit en 1877 par Farcot (machines n°s 1 et 2) : les plongeurs sont commandés par la contre-tige (la longueur totale indiquée sur le dessin, 26^{m},50, s'applique à l'appareil complet, avec les pompes).

L'emploi d'un condenseur, dangereux sur la machine monocylindrique, parce que le matelas de vapeur en fin de course deviendrait insuffisant, est sans inconvénient avec la compound.

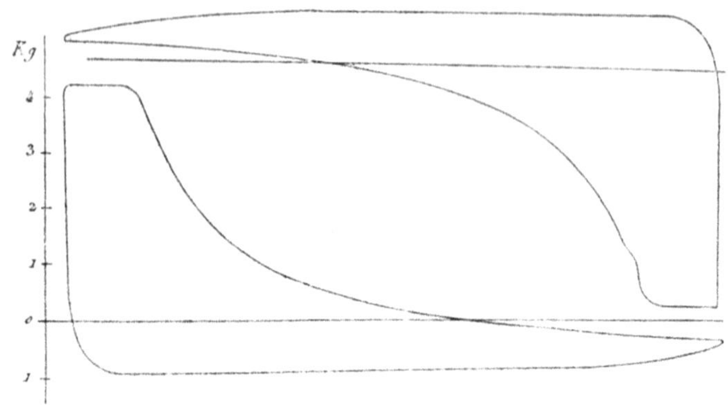

Fig. 600. — Diagrammes relevés, le 17 janvier 1894, sur la machine n° 3 de l'usine de Saint-Maur. Pression effective aux chaudières, 4,5 kg par cm^2.
Introduction moyenne, 1 : 9,5.

Pour réduire encore la dépense de vapeur, il faut ne l'admettre, dans chaque cylindre, que pendant une fraction de la course, et la laisser s'y détendre. Mais alors le travail moteur diminue depuis le commencement jusqu'à la fin d'une course, tandis que le travail résistant des pompes reste à peu près constant ; la force vive des pièces en mouvement est, d'ailleurs, assez faible pour que leur action comme

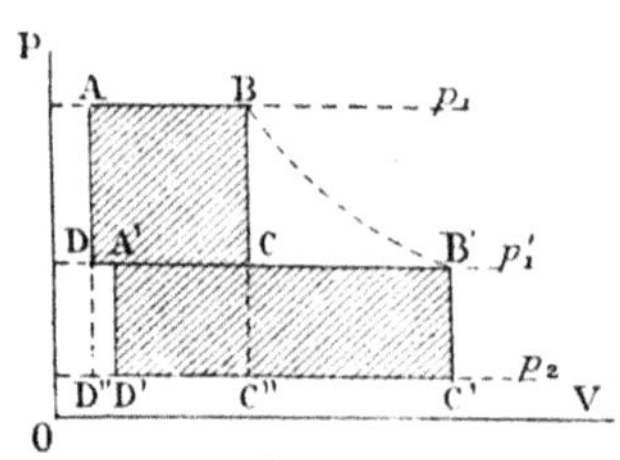

Fig. 601. — Diagramme du travail à pleine admission dans les deux cylindres d'une compound.

volant soit peu importante. Le compensateur des pompes Worthington (fig. 602 à 605) à deux cylindres oscillants, dont l'axe, dans la position moyenne, se place perpendiculairement à l'axe du mécanisme principal ; les pistons de ces cylindres sont soumis à la pression de l'eau refoulée par les pompes, ou à une pression plus forte ; pendant la première moitié de la course, ils marchent contre cette pression, qui les pousse pendant la seconde moitié. Ils absorbent ainsi au début l'excès du travail moteur, pour le restituer en fin de course.

La détente s'obtient au moyen de tiroirs supplémentaires ou d'obturateurs oscillants (fig. 602 et 603), placés sur les conduits d'admission : ces organes sont commandés directement par le mécanisme du groupe dont ils règlent la distribution : le piston les referme après avoir parcouru une fraction déterminée de sa course ; il les rouvre en repassant au même point, dans la course de retour, de sorte qu'ils laissent entrer la vapeur au début d'une course nouvelle.

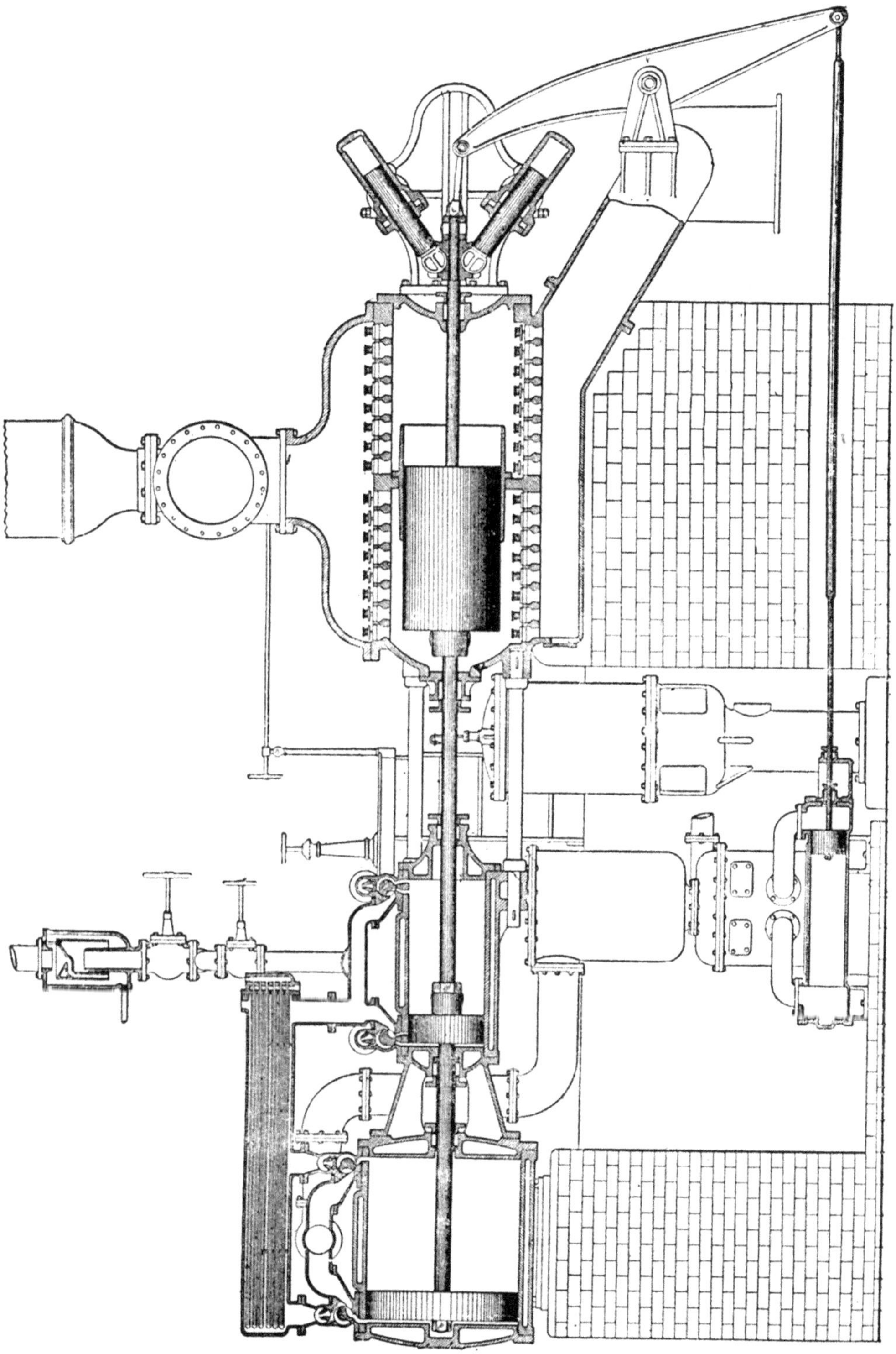

Fig. 602. — Machine élévatoire Worthington, compound, avec réservoir intermédiaire réchauffé et compensateurs ; coupe verticale de l'un des deux groupes.

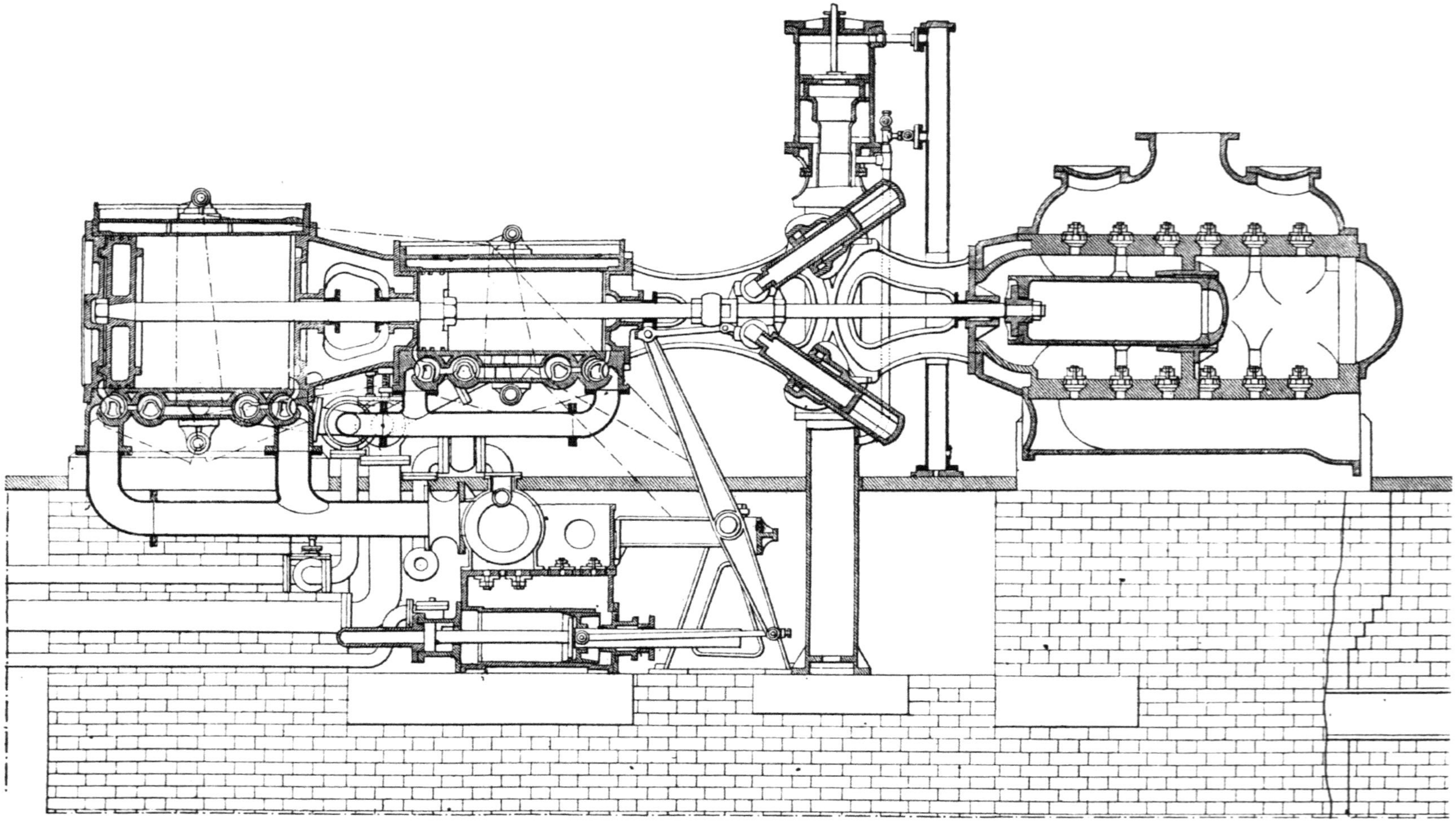

Fig. 603. — Machine élévatoire Wortliington, compound, avec compensateurs; coupe verticale de l'un des deux groupes.

Le réservoir intermédiaire est chauffé par un faisceau tubulaire qui reçoit la vapeur de la chaudière.

Les grandes pompes à action directe sont des machines simples et peu encombrantes : on peut en faire varier facilement la vitesse, jusqu'à 40 excursions aller et retour du piston. Elles paraissent dépenser un peu plus de vapeur que les bonnes machines à volant. L'axe des cylindres est parfois placé verticalement au lieu d'être horizontal.

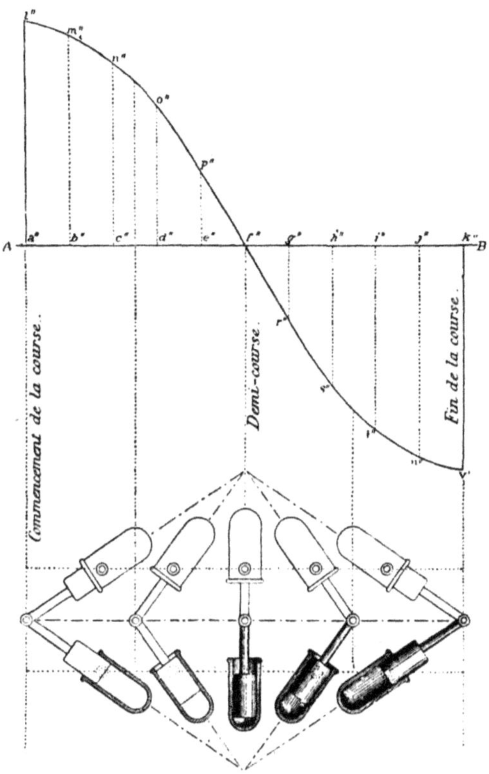

Fig. 604 — Positions diverses du compensateur Worthington.

On a construit récemment des appareils analogues à triple expansion (fig. 606) avec deux groupes de trois cylindres en tandem.

Pour les épuisements et les élévations d'eau temporaires, on emploie souvent des machines très simples, les pulsomètres et les éjecteurs, où la vapeur se trouve en contact avec l'eau, qu'elle pousse ou qu'elle entraîne. L'eau élevée est en même temps chauffée, de sorte que ces machines dépensent une assez forte proportion de vapeur. Toutefois une partie des calories ainsi emportées par l'eau proviennent d'une condensation utile : une source froide est nécessaire pour le fonctionnement d'une machine thermique ; dans le pulsomètre et l'éjecteur, c'est l'eau élevée qui est la source froide, de sorte que toute la chaleur qu'elle reçoit ne peut être considérée comme perdue par suite de l'imperfection des appareils. De même, dans une pompe mue par un moteur à piston, l'eau élevée peut servir à la condensation et se trouve ainsi chauffée.

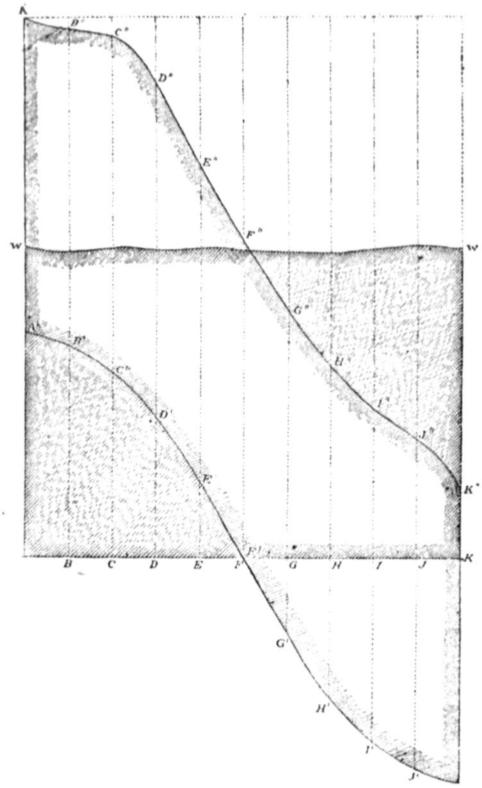

Fig. 605. — Diagramme des efforts dans la machine élévatoire Worthington : A"B"C"...J"K", effort moteur ; WW, effort résistant de la pompe ; A'B'C'...J'K', effort résistant, puis moteur du compensateur.

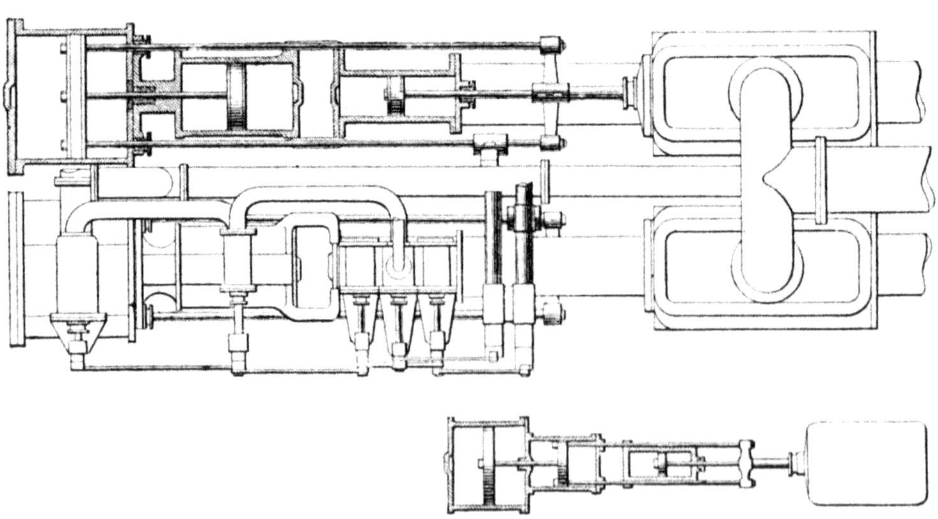

Fig. 606. — Pompes Worthington à triple expansion, d'après G. Richard ; deux dispositions différentes du montage des tiges des trois pistons en tandem.

Le pulsomètre (fig. 607 et 608) se compose de deux chambres, en forme de poire, placées debout, l'une contre l'autre, la pointe en haut. La vapeur entre par cette pointe, dans l'une ou l'autre chambre ; à cet effet, une bille ou une soupape ferme alternativement l'une et l'autre ouverture. Chacune des deux chambres porte un clapet d'aspiration et un clapet de refoulement ; les deux clapets d'aspiration s'ouvrent, de bas en haut, dans une cavité où débouche un tuyau d'aspiration, qui plonge dans l'eau qu'on veut élever ; les deux clapets de refoulement envoient de même l'eau dans une cavité, formant réservoir d'air, d'où part le tuyau de refoulement. Au lieu de ces clapets, on peut employer des boulets, qui fonctionnent de même.

Quand le pulsomètre est en marche, l'une des chambres est pleine d'eau et reçoit la vapeur : la pression de la vapeur se transmet à l'eau, qui soulève le clapet et monte dans le tuyau de refoulement. En même temps, la vapeur, en contact avec l'eau et avec la fonte des parois, se condense ; cette condensation devient de plus en plus importante à mesure que l'eau descend dans la chambre, parce que les surfaces de contact de la vapeur avec l'eau et avec les parois augmentent. Comme l'orifice d'entrée de vapeur est petit, il vient un moment où cette condensation croissante produit un grand abaissement de la pression : la bille ou la soupape de distribution est alors attirée : elle vient boucher cet orifice et démasque celui de l'autre chambre. Une fois la première chambre ainsi fermée, la vapeur achève de s'y condenser : la pression atmosphérique pousse l'eau dans le tuyau d'aspiration et dans la chambre, en soulevant le clapet d'aspiration. À ce moment l'entrée de vapeur se ferme dans la seconde chambre, qui fonctionne exactement comme la première, puis les mêmes actions se reproduisent.

Chacune des chambres est munie d'un petit reniflard, qu'on peut ouvrir plus ou moins, pour y laisser entrer un peu d'air au moment où la condensation se produit : l'ouverture de ce reniflard amortit les chocs que produirait dans la chambre la masse d'eau brusquement aspirée ; le reniflard doit être d'autant plus ouvert que la hauteur de l'aspiration est moindre.

La pression atmosphérique fait équilibre à une colonne d'eau haute de 10 mètres, avec le vide par dessus ; mais par suite des résistances diverses au passage de l'eau et de la nécessité de la faire monter rapidement dans le tuyau d'aspiration, la hauteur à laquelle un pulsomètre peut aspirer l'eau ne dépasse guère 6 ou 7 mètres. Quant à la hauteur du refoulement, comptée à partir de l'appareil, elle dépend de la pression de la vapeur, chaque kilogramme par centimètre carré de la pression effective correspondant à une hauteur de 10 mètres ; comme pour l'aspiration, cette hauteur est en réalité quelque peu réduite.

La dépense de vapeur des pulsomètres est très variable suivant les circonstances de l'emploi : des essais sur un pulsomètre, aspirant l'eau à une profondeur de 3 à 5 m, et la refoulant à une hauteur de 10 à 45 m, avec des débits de 30 à 11 mètres cubes par heure, ont donné des consommations comprises entre 100 et 250 kg de vapeur par cheval-heure effectif en eau élevée. L'eau n'est échauffée que de quelques degrés.

L'éjecteur, dont la figure 609 représente un type simple, dépense plus de vapeur et, par conséquent, élève davantage la température de l'eau : souvent on constate des échauffements compris entre 15 et 20°.

Certains éjecteurs ont une série de cônes emboîtés l'un dans l'autre, entre lesquels l'eau est aspirée.

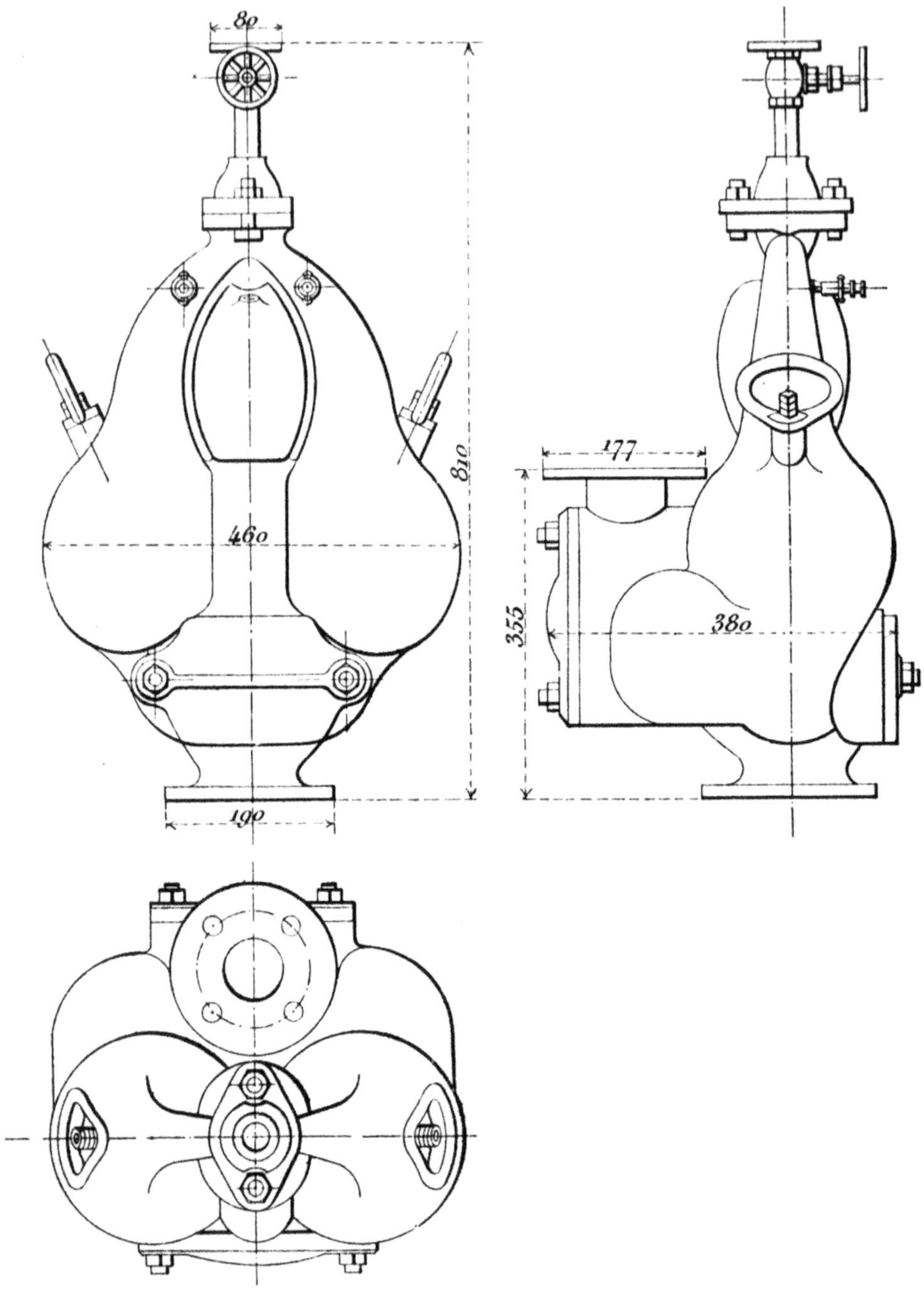

Fig. 607. — Pulsomètre de la Société de construction des Batignolles ; diamètres intérieurs des brides : aspiration, 80 mm ; refoulement, 70 mm ; prise de vapeur, 15 mm (il existe une série graduée de types).

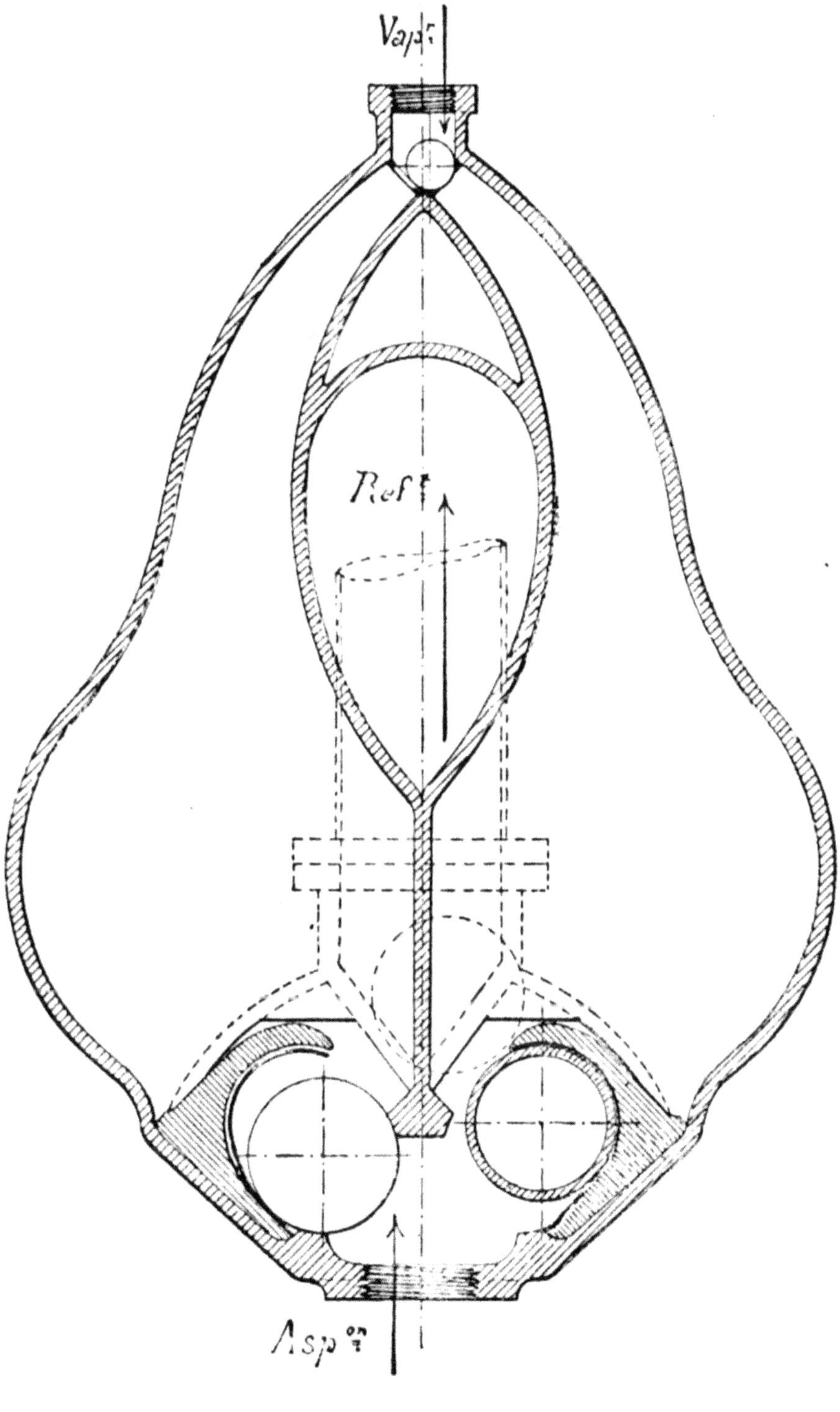

Fig. 608. — Pulsomètre ; coupe verticale

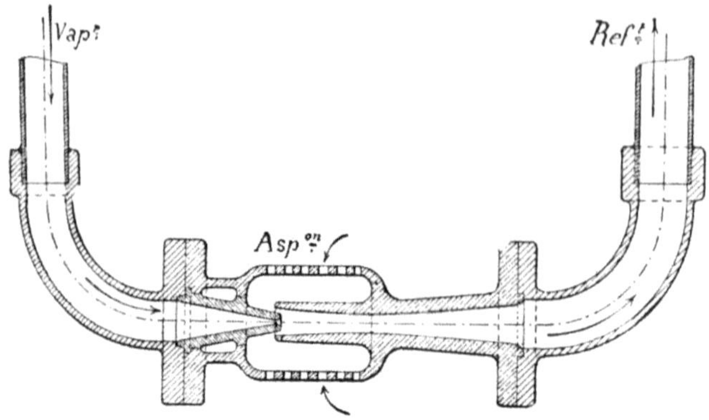

Fig. 609. — Ejecteur ; coupe longitudinale.

87. Machines d'extraction.

La machine d'extraction (fig. 610 à 614) est, avant tout, établie en vue de la commodité et de la simplicité de la manoeuvre ; elle doit obéir docilement et sans retard à son conducteur, démarrer sans hésitation dans toutes les positions, tourner à volonté dans les deux sens, et exercer des efforts parfois très variables dans le cours d'une même manoeuvre. Presque toujours la machine d'extraction a deux cylindres, dont les pistons commandent deux manivelles à angle droit de l'arbre, qui porte les tambours ou les bobines sur lesquels s'enroulent, en sens inverses, les deux câbles des cages.

La distribution se fait par tiroirs, soupapes, obturateurs oscillants ; le changement de marche exige souvent un servo-moteur. Un frein à vapeur peut arrêter l'arbre.

Les conditions de démarrage, jointes à la prévision d'un approfondissement du puits d'extraction, conduisent à de grandes dimensions des cylindres ; la commodité de la manoeuvre incite à marcher presque toujours à pleine admission, en laminant plus ou moins la vapeur. Aussi la consommation de ces machines est souvent exagérée. L'emploi de la détente permet de la réduire. On l'obtient à l'aide d'une distribution telle que celle d'Audemar, à soupapes, où la manœuvre d'un seul levier permet de diminuer la période d'admission, d'arrêter la machine, et de changer la marche.

D'autres fois un régulateur agit automatiquement sur le mécanisme de distribution, de manière à produire la détente dès que la vitesse dépasse une certaine valeur.

La distribution des machines *Guinotte* (fig. 295 et 296, t. I) a une détente réglée automatiquement à chaque tour, suivant la valeur, déterminée d'avance, du travail qu'elles doivent produire.

Les conditions spéciales de fonctionnement rendent assez difficile l'emploi du système compound, à moins de faire usage de deux groupes de cylindres en tandem. La condensation est rarement employée ; elle exige un condenseur indépendant.

Quelquefois verticale (fig. 612 à 614), la machine d'extraction est généralement horizontale.

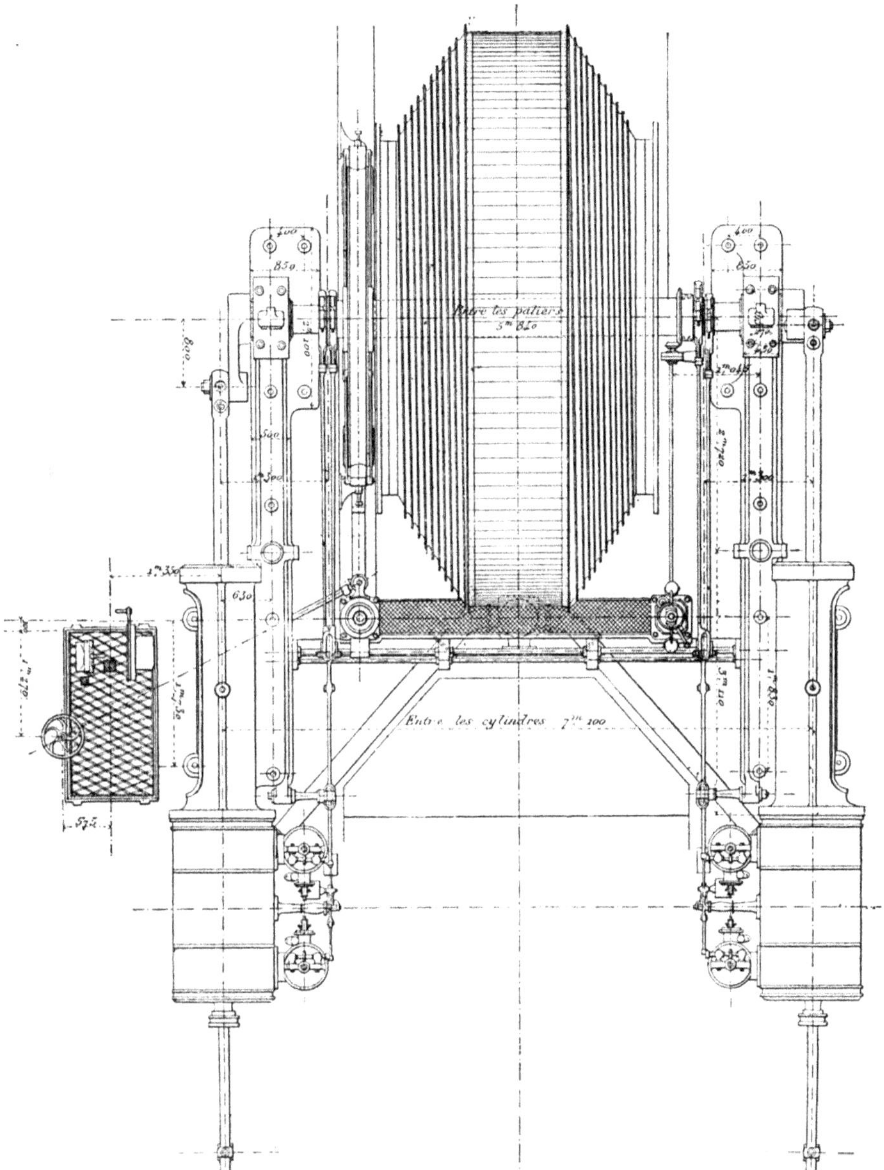

Fig. 610. — Machine d'extraction horizontale à deux cylindres de 850 mm sur 1 m,600, avec distribution par soupapes et détente variable par le régulateur, aux mines d'Aniche (d'après le *Bulletin de la Société de l'Industrie minérale*, 1886).

Légende des figures 610 et 611.

Piston : Diamètre	0m,850	**Arbre** : Diamètre au milieu	0,425
Course	1,600	Diamètre aux tourillons	0,300
Diamètre de la tige	0,120	Longueur des tourillons	0,500
Soupapes d'admission : Diamètre	0,240	— d'axe en axe des tourillons	5,840
Levée	0,028	**Tambour** : Diamètre minimum	4,250
Soupapes d'échappement : Diamètre	0,290	Diamètre maximum	7,000
Levée	0,035	Largeur	3,400

Le régulateur limite la vitesse à 35 tours par minute.

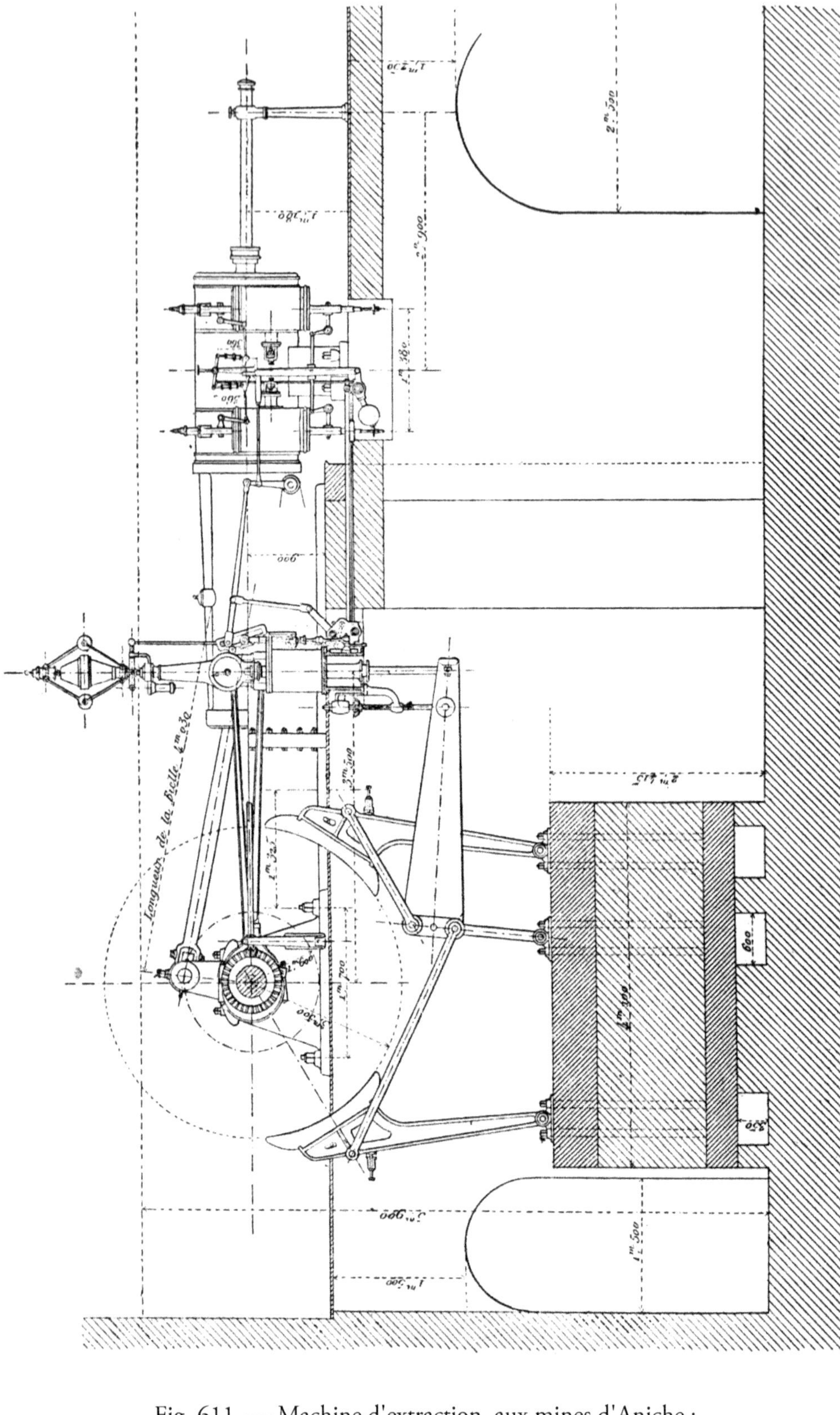

Fig. 611. — Machine d'extraction, aux mines d'Aniche ;
élévation, montrant le frein à vapeur.

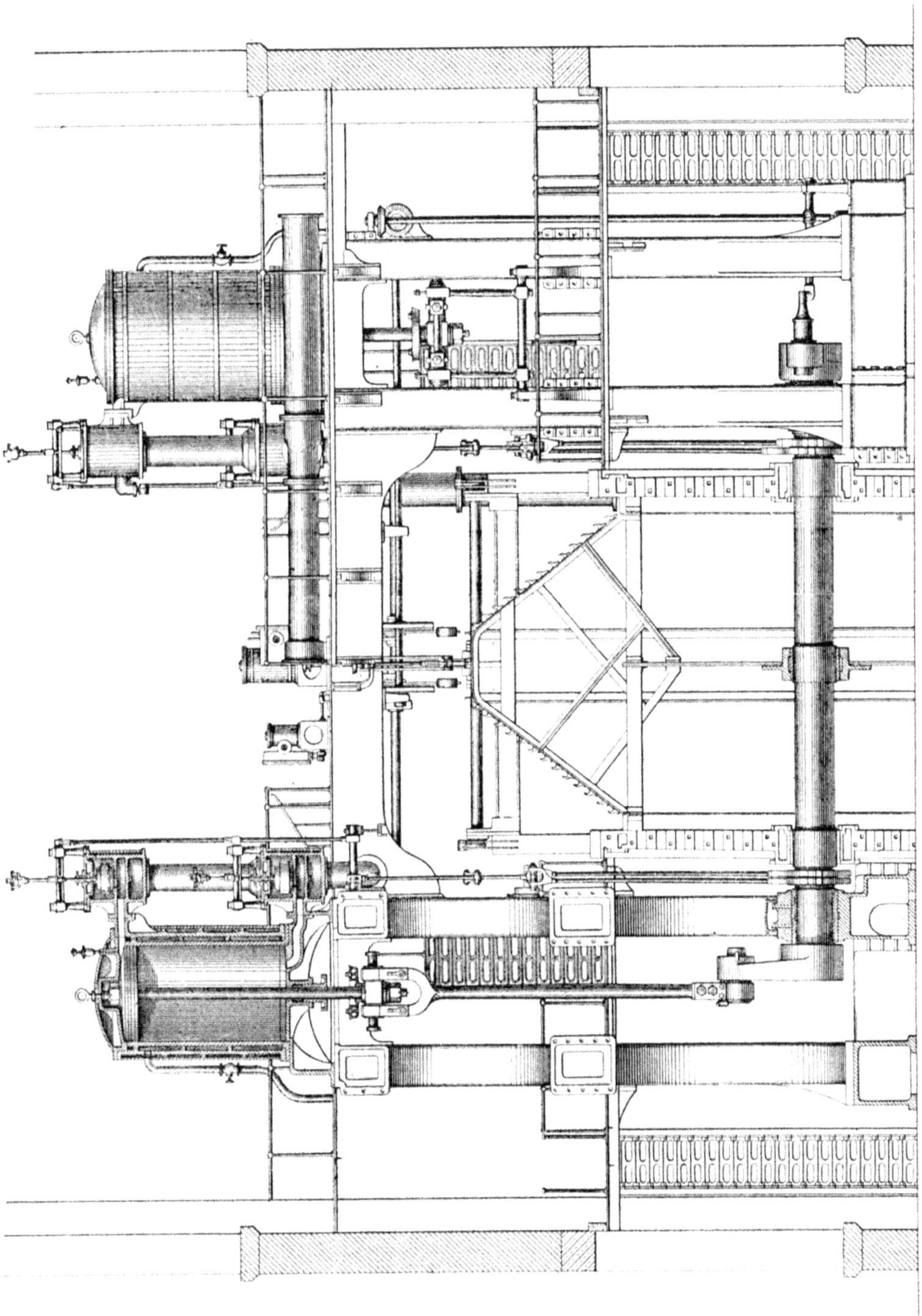

Fig 612. — Machine d'extraction pilon de la houillère Harris' Navigation, à cylindres de 1^m,37 sur 2^m,13, avec distribution à soupapes (d'après les *Proceedings of the Institution of civil engineers*).

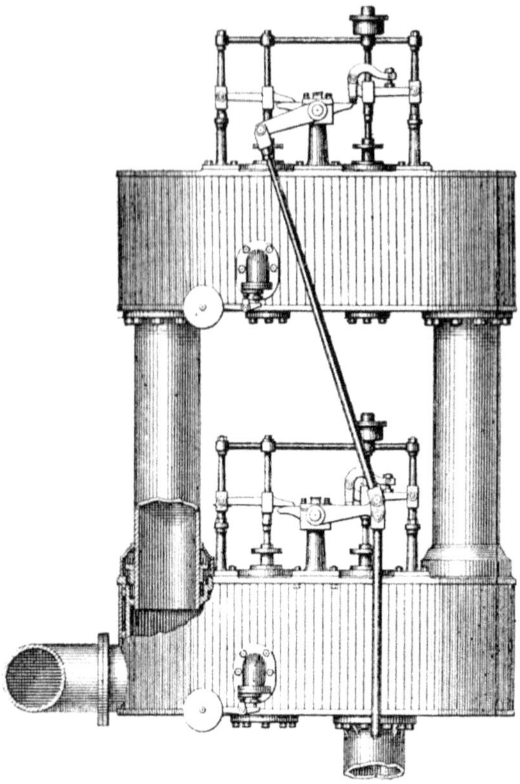

Fig. 613. — Machine d'extraction de la houillère Harris' Navigation : mécanisme de commande des soupapes.

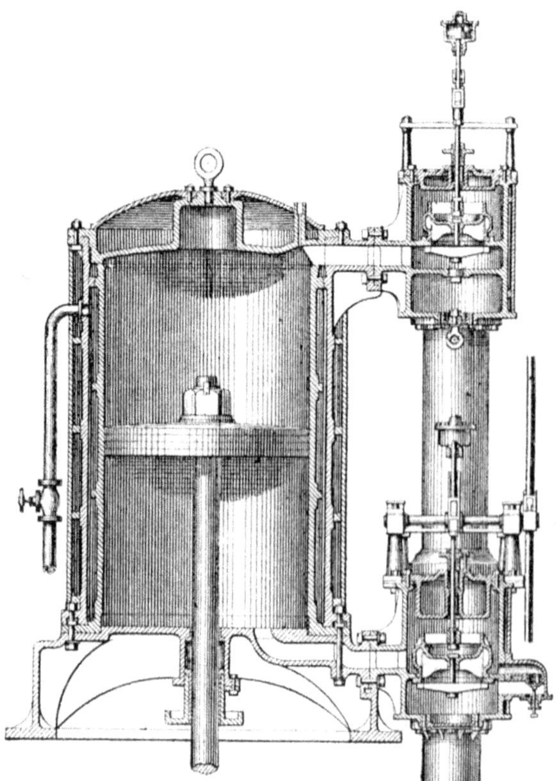

Fig. 614. — Machine d'extraction de la houillère Harris' Navigation : coupe verticale d'un cylindre, d'une soupape d'admission et d'une soupape d'échappement.

88. Compresseurs, machines de laminoirs.

Parmi les nombreuses applications spéciales des moteurs à vapeur, il convient de citer, à cause de leur importance dans la mécanique générale et dans la métallurgie, les machines soufflantes, les compresseurs, les machines de laminoirs.

Bien des moteurs de souffleries et des compresseurs d'air n'offrent guère de dispositions spéciales résultant de leur application particulière : ce sont des machines horizontales, munies d'un arbre à volant, avec commande directe du cylindre à vent,

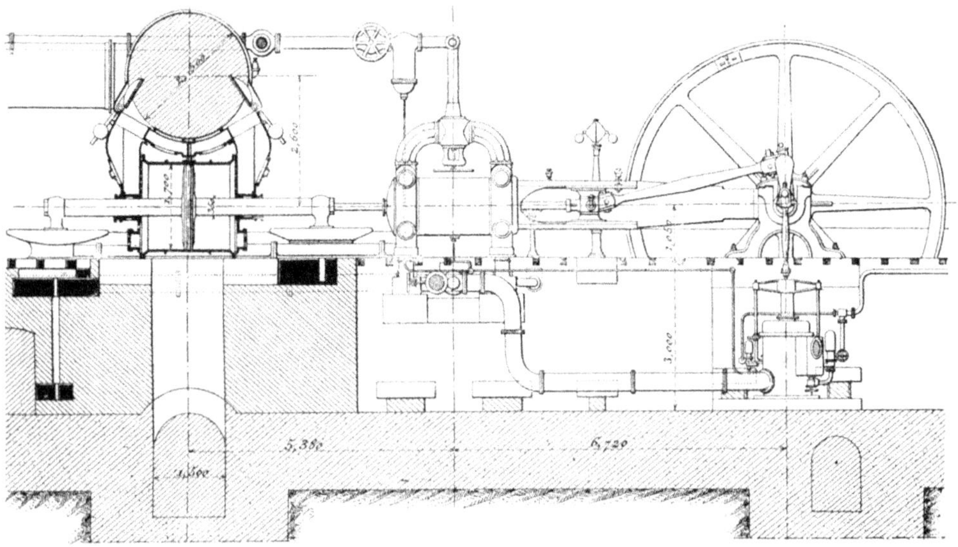

Fig. 615. — Machine soufflante horizontale, pour haut-fourneau, avec moteur Corliss ; construction du Creusot.

monté en tandem (fig. 615) ; généralement deux groupes à deux cylindres, simples ou de préférence compound, attaquent deux manivelles à angle droit. Le volant est utile, parce que le travail résistant croît du commencement à la fin de la course, tandis que le travail moteur décroît par suite de la détente de la vapeur : le cylindre à vent est même un instant moteur au début, lorsque l'air comprimé dans l'espace libre se détend.

Une grande uniformité de rotation est d'ailleurs inutile, et même un certain ralentissement en fin de course facilite la fermeture des clapets en temps opportun. Ces machines doivent marcher assez lentement. La disposition pilon est employée de même (fig. 616 et 617).

Le type pilon Corliss à triple expansion a été récemment adopté pour des installations considérables (fig. 618 à 621). D'autres fois, un balancier réunit le piston moteur et le piston soufflant (fig. 622). Le type vertical est assez répandu : dans la machine Cockerill, le cylindre soufflant est à la partie supérieure du bâtis et l'arbre des volants à la base ; deux cylindres moteurs, du type Woolf, attaquent l'arbre par des bielles en retour.

On a quelquefois besoin de comprimer l'air à des pressions fort élevées, dépassant 100 atmosphères, par exemple pour la propulsion des torpilles.

On emploie à cet effet des pompes étagées (fig. 623), qui effectuent la compression en plusieurs reprises.

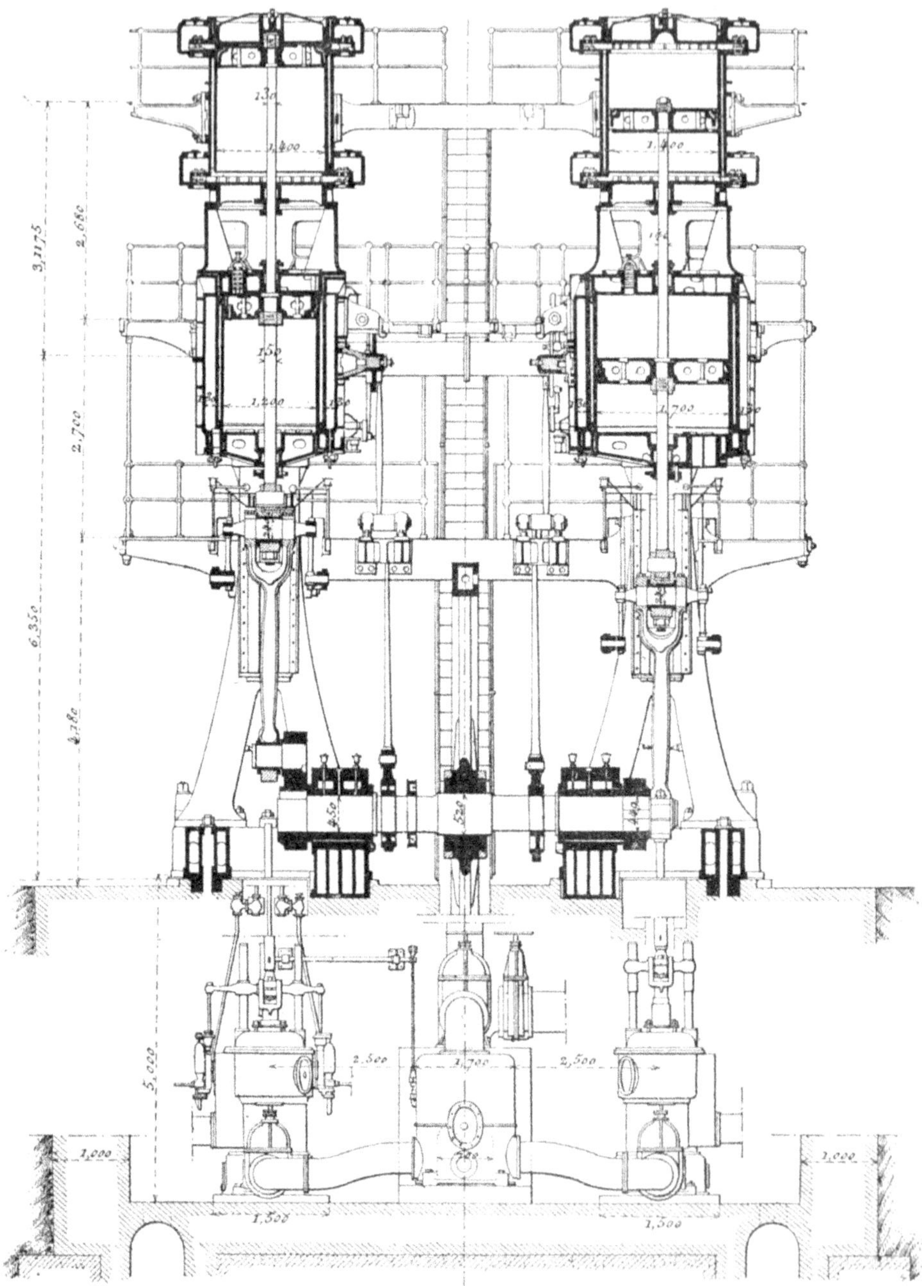

Fig. 616. — Machine soufflante pilon, pour aciérie Bessemer, avec moteur compound à distribution Corliss ; construction du Creusot ; coupe longitudinale (d'après le *Génie civil*).

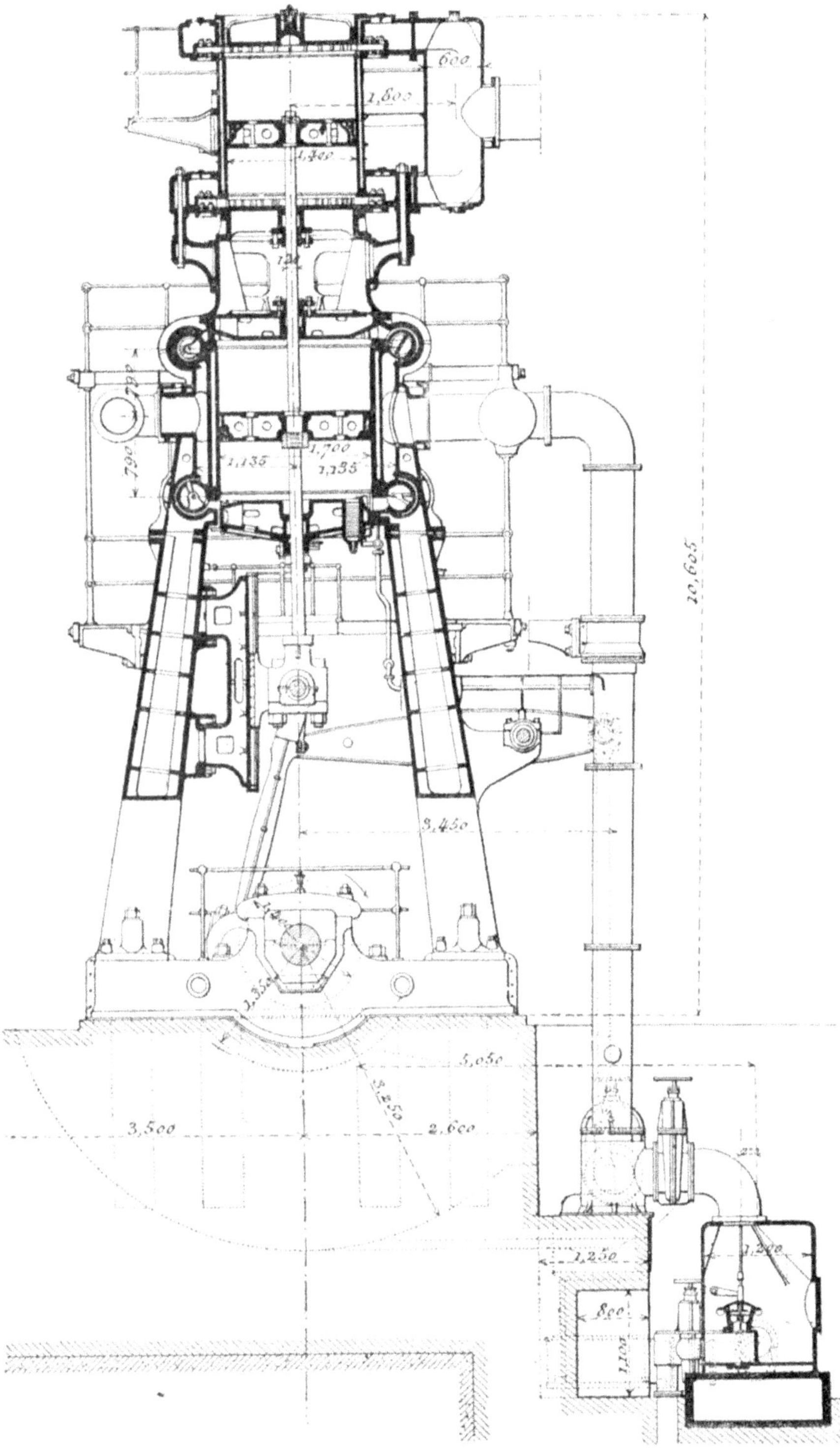

Fig. 617. — Machine soufflante pilon (fig. 616); coupe transversale par l'axe du grand cylindre.

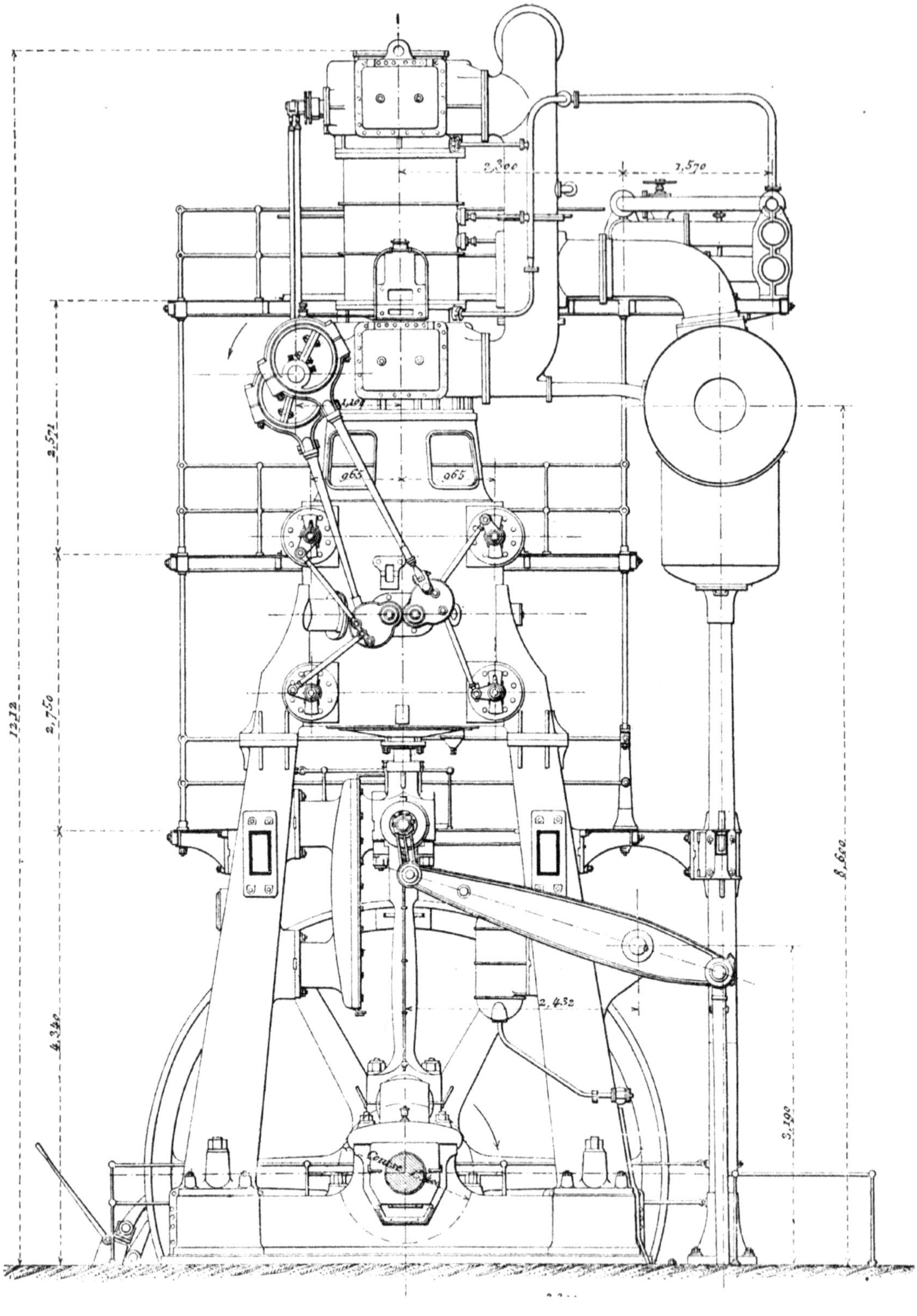

Fig. 618. — Machine à triple expansion du Creusot, pour la compression de l'air ; élévation transversale du cylindre intermédiaire ; la distribution est commandée par deux excentriques, un pour les obturateurs d'admission, sans déclics, l'autre pour les obturateurs d'échappement.

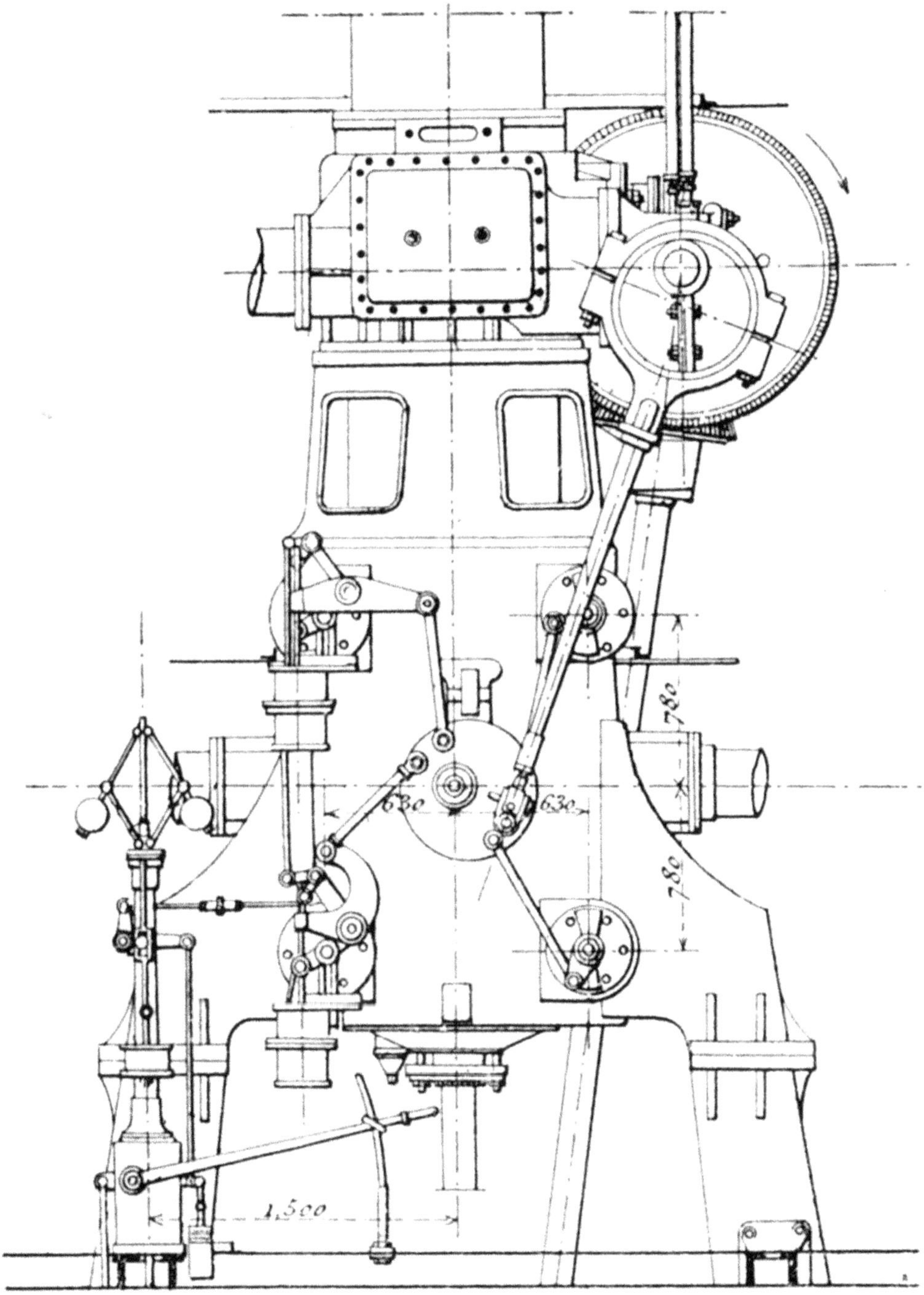

Fig. 619. — Machine à triple expansion du Creusot, pour la compression de l'air ; distribution du cylindre à haute pression, commandée par un seul excentrique, avec déclics pour les obturateurs d'admission ; la détente est réglée par le régulateur, dont on peut modifier l'action à l'aide d'un levier.

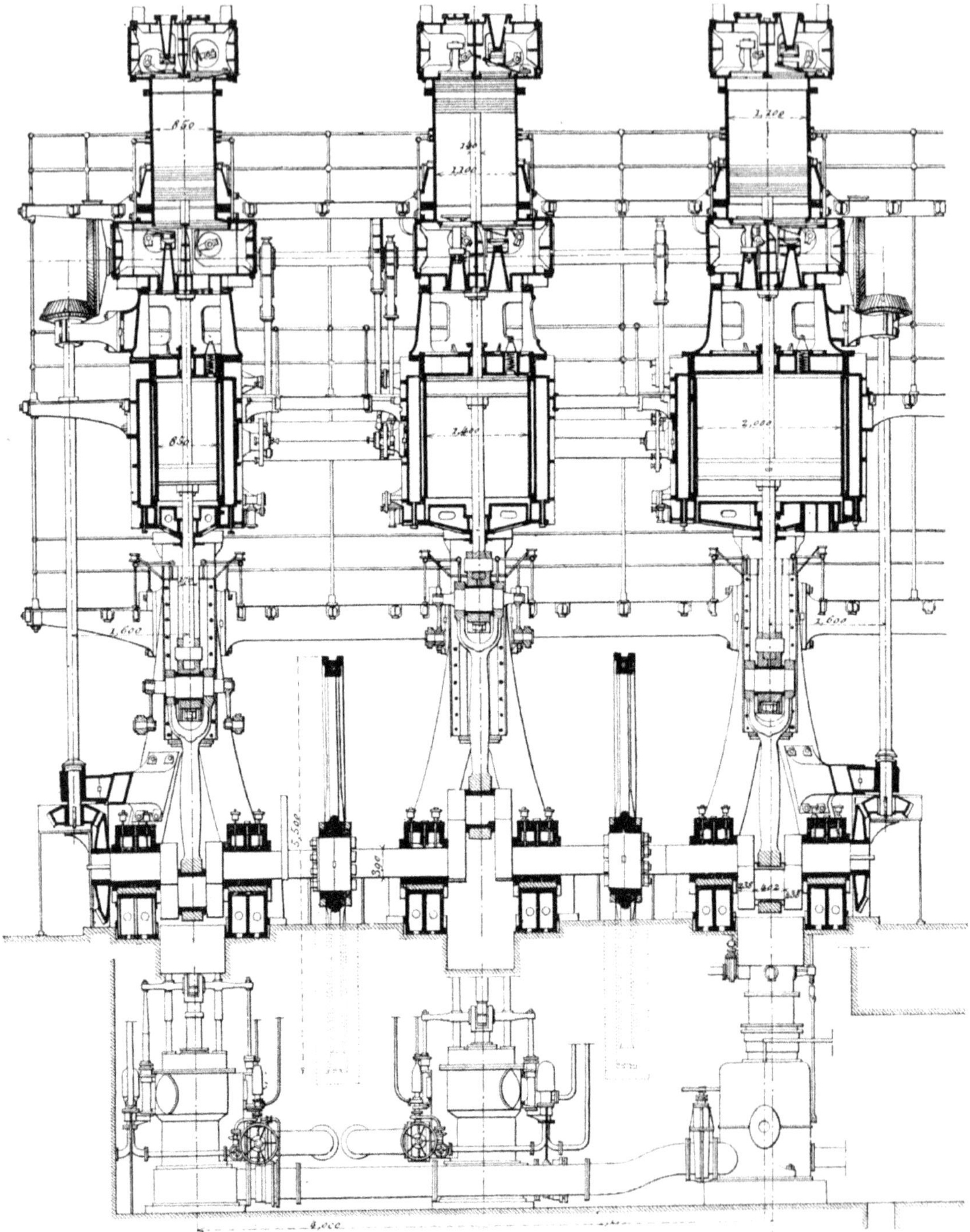

Fig. 620. — Machine pilon à triple expansion, pour la compression de l'air, construite au Creusot ; coupe longitudinale ; la compression de l'air se fait en deux fois, d'abord dans les deux cylindres de 1^{m},100, puis dans le cylindre de 850 mm.

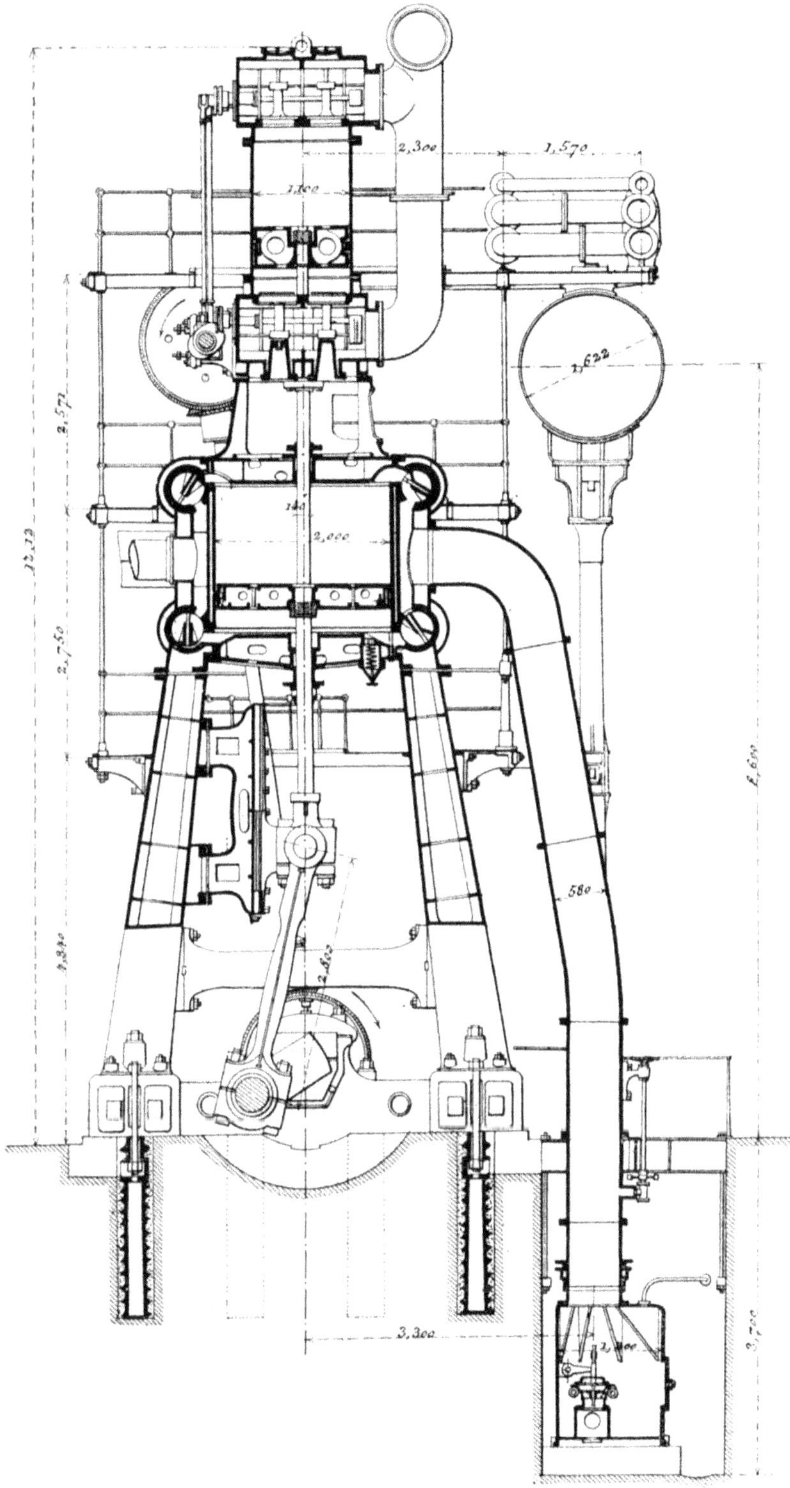

Fig. 621. — Machine à triple expansion du Creusot, pour la compression de l'air ; coupe transversale par l'axe du grand cylindre.

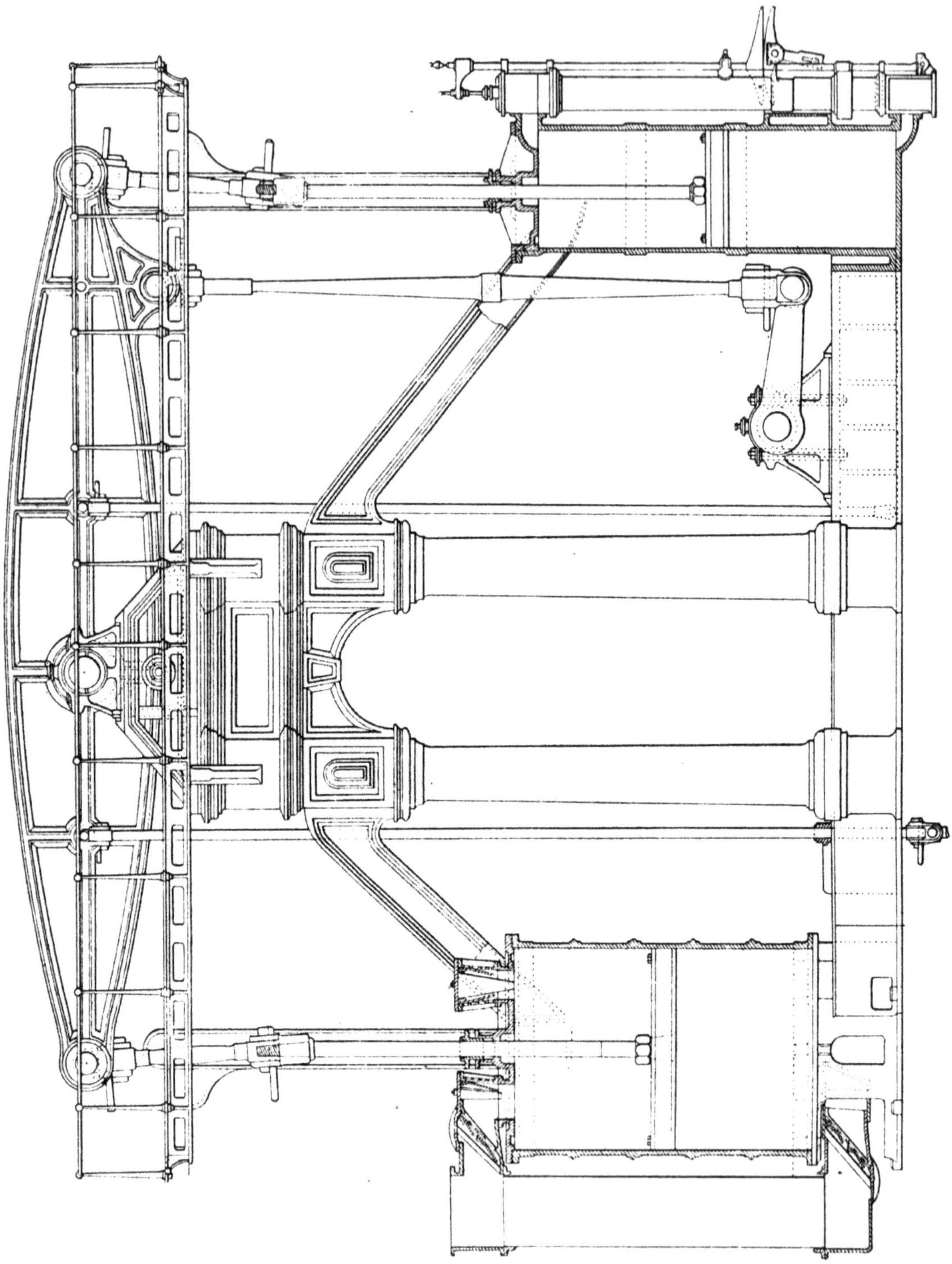

Fig. 622. — Machine soufflante à balancier, construite à la *West Point foundry*, vers 1877 (d'après *l'Engineering*). Diamètre du cylindre moteur, 1[m],282 ; diamètre du cylindre soufflant, 2[m],135 ; rayon de la manivelle, 1[m],250.

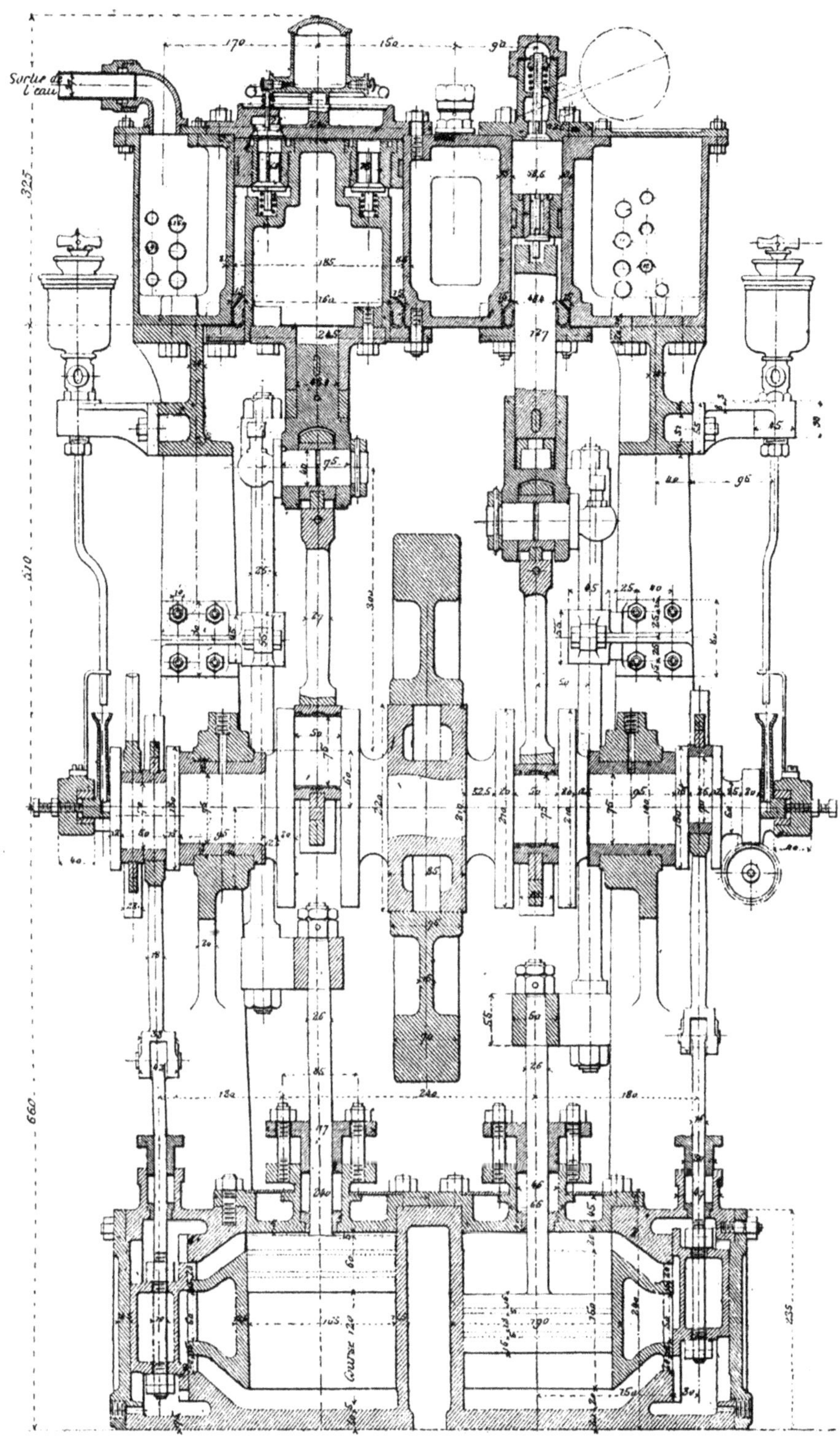

Fig. 623. — Compresseur d'air à haute pression, construit par M. Elwell fils en 1894. Les cylindres moteurs, placés à la partie inférieure de l'appareil, commandent les deux pompes inégales qui compriment l'air en quatre reprises : le grand piston aspire l'air dans l'atmosphère en descendant ; il le comprime en remontant, dans l'espace annulaire laissé par le plongeur. Pendant la descente, l'air qui remplit cet espace annulaire est comprimé puis refoulé dans un réservoir formé de tuyaux rafraîchis par une circulation d'eau. La seconde tige porte de même un piston plongeur et un piston ordinaire, qui continuent la compression en deux reprises.

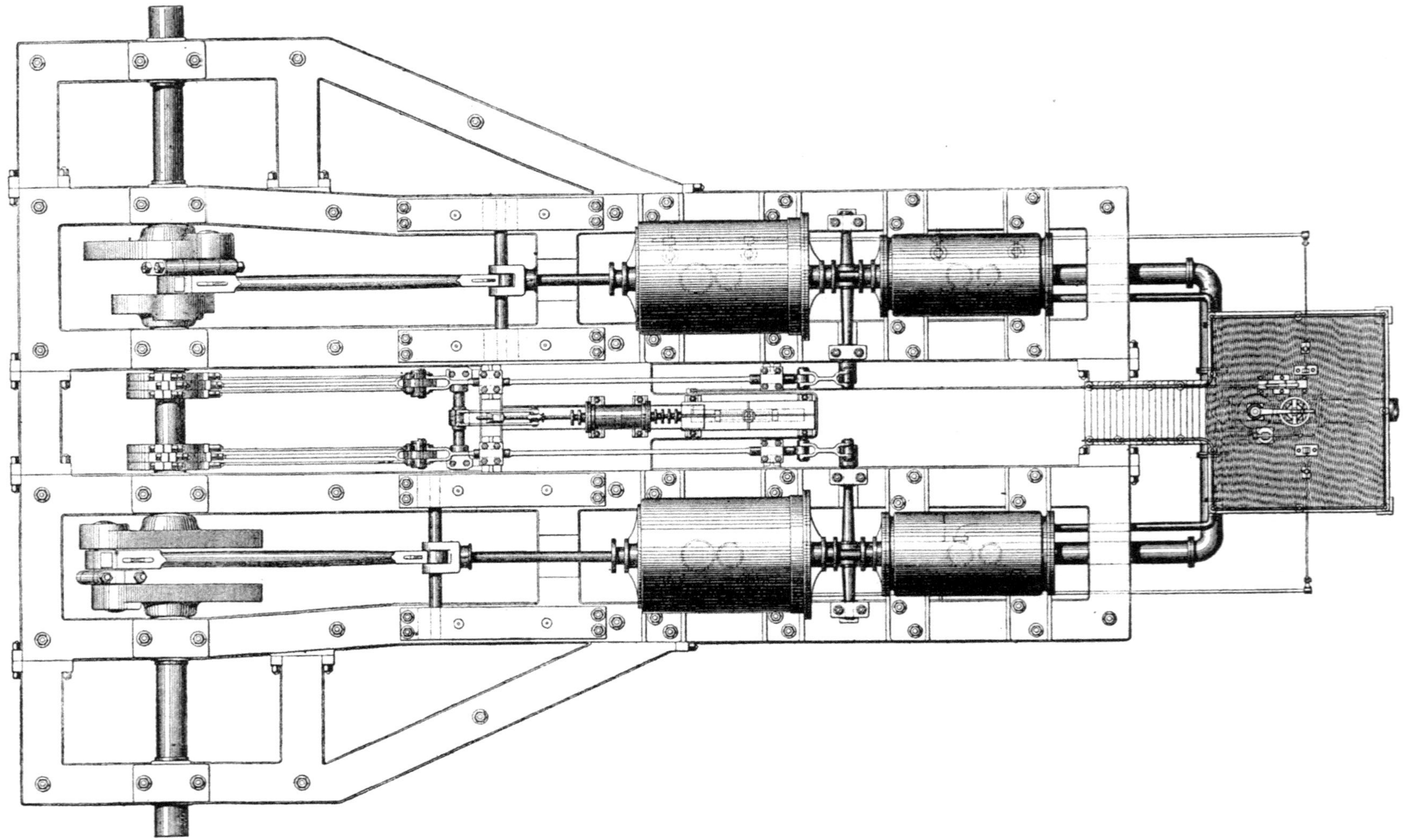

Fig. 624. — Machine compound tandem, pour laminoir à rails, à changement de marche par coulisse de Stephenson et servo-moteur, construite vers 1818 par MM. Tannett, Walker and C^{e} (d'après *l'Engineering*). Diamètre des cylindres, 915 mm et 1^{m},37 ; course des pistons, 1^{m},83 ; pression initiale de la vapeur 5^{kg},4 par cm^{2}.

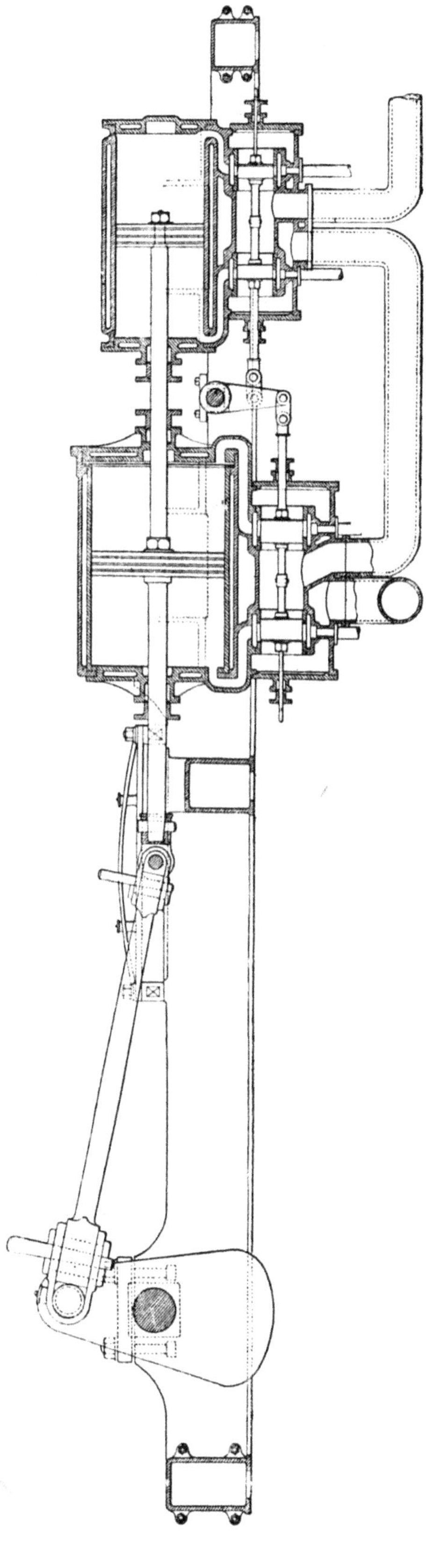

Fig. 625. — Machine compound tandem pour laminoir de MM. Tannett, Walker and Co ; coupe verticale par l'un des groupes moteurs.

Fig. 626. -- Machine pour laminoir réversible, avec changement de marche par coulisse et servo-moteur, exécutée par la Société alsacienne de constructions mécaniques.

Les machines de laminoirs sont de deux sortes. Si le laminoir tourne toujours dans le même sens, le moteur qui l'actionne doit avoir un fort volant, qui agit comme accumulateur de travail plus que comme régulateur de vitesse : c'est une machine horizontale, simple ou compound, ou bien une machine-pilon, qui tient moins de place dans la forge. Le système Corliss est fréquemment employé aujourd'hui pour les machines de laminoirs.

Les laminoirs réversibles sont actionnés par des machines à changement de marche par coulisse, à deux cylindres sur manivelles à angle droit (fig. 626), machines remarquables par la rapidité de la mise en train et du renversement de la rotation, malgré des dimensions considérables. Un servo-moteur manoeuvre l'arbre de relevage ; les tiroirs cylindriques conviennent pour réduire la fatigue de la distribution. On emploie aussi trois cylindres commandant trois manivelles calées à 120° : l'effet moteur est alors très régulier. Parfois deux groupes compound tandem remplacent les deux cylindres simples (fig. 621 et 625).

89. Locomotives.

La machine locomotive fonctionne à haute pression, sans condensation, avec de grandes variations de puissance et de vitesse. Rarement le travail qu'elle doit accomplir est exactement prévu à l'avance : on sait à peu près ce qu'une locomotive peut faire, mais on compte qu'à l'occasion elle fera davantage ; et souvent on cherche à en tirer tout ce qu'elle peut donner.

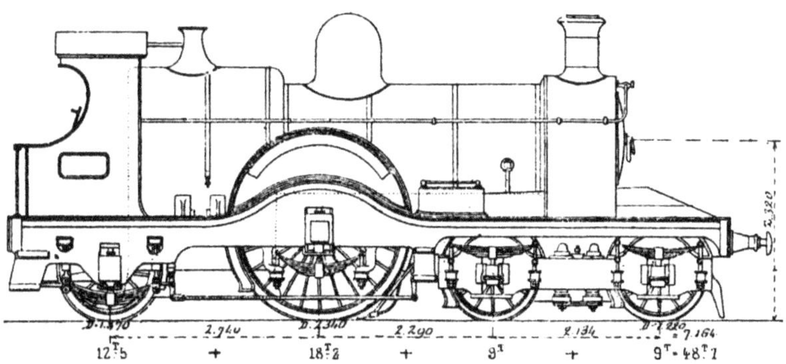

Fig. 627. — Locomotive à essieux indépendants, construite par le Great Western railway en 1894 ; d'après M.J. Morandière.

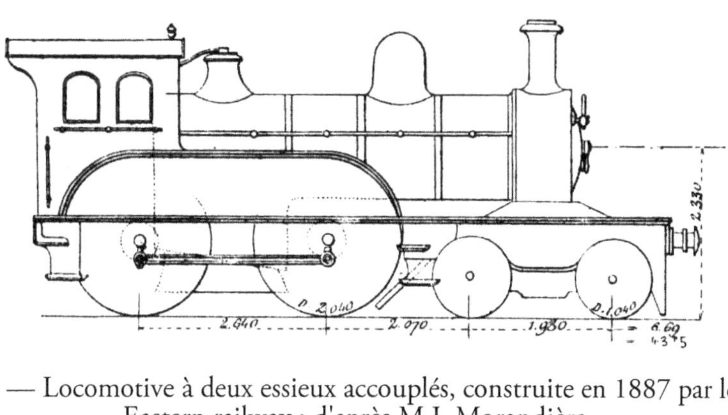

Fig. 628. — Locomotive à deux essieux accouplés, construite en 1887 par le North Eastern railway ; d'après M.J. Morandière.

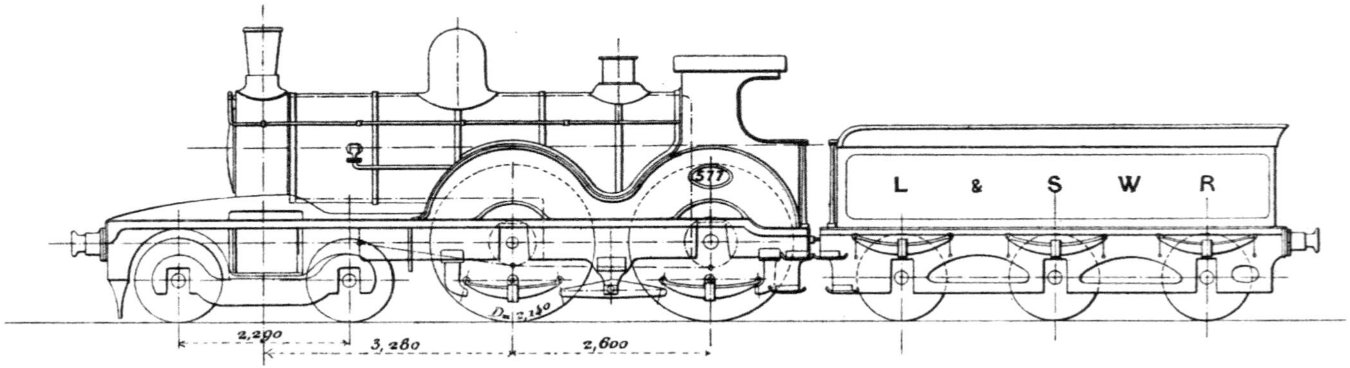

Fig. 629. — Locomotive à grande vitesse du London and South Western Ry. Diamètre des cylindres, 483 mm ; course des pistons, 660 mm. Poids de la locomotive en service, 49 tonnes ; poids du tender en charge, 32t,6.

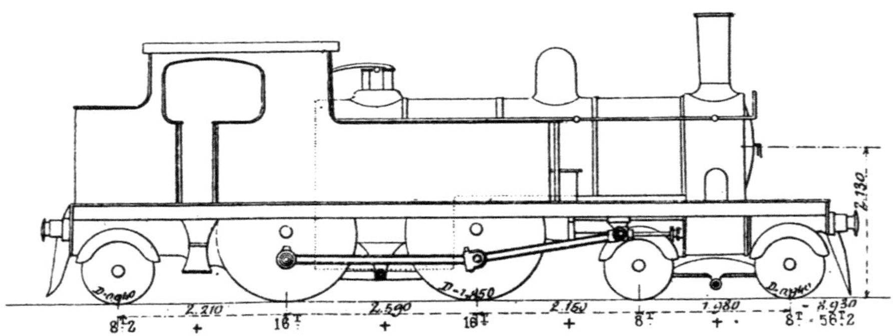

Fig. 630. — Locomotive-tender à deux essieux accouplés, construite en 1880 pour le chemin de fer de Tilbury ; d'après M. J. Morandière.

Les dispositions de la locomotive ont été reproduites dans beaucoup d'autres moteurs ; elles sont essentiellement caractérisées par la simplicité et la grande solidité des pièces, obtenue sans en exagérer le poids. La bonne disposition des roues et des châssis a une importance capitale, pour que la charge soit constamment bien répartie sur les divers essieux, et pour que la machine circule aisément sans fatiguer les voies : l'étude, si importante, de ces parties de la locomotive ne rentre pas dans un travail général sur la machine à vapeur.

C'est pour les locomotives que Séguin a imaginé la chaudière tubulaire (§110). Le foyer est monté à l'intérieur d'une boîte à feu, dont la section horizontale est rectangulaire. Dans les locomotives construites pour la voie normale de $1^m,45$ environ entre les rails, la largeur de la grille est généralement limitée, par les roues, à un mètre environ ; la longueur, pour les machines puissantes, varie entre $1^m,50$ et $2^m,50$, de sorte que la surface de la grille est comprise entre 1,5 et 2,5 m^2.

Le foyer peut être profond et descendre entre deux essieux, ou bien être placé en arrière du dernier essieu, mais cette disposition en porte à faux, impraticable d'ailleurs avec de grands foyers, est de moins en moins employée. L'allongement

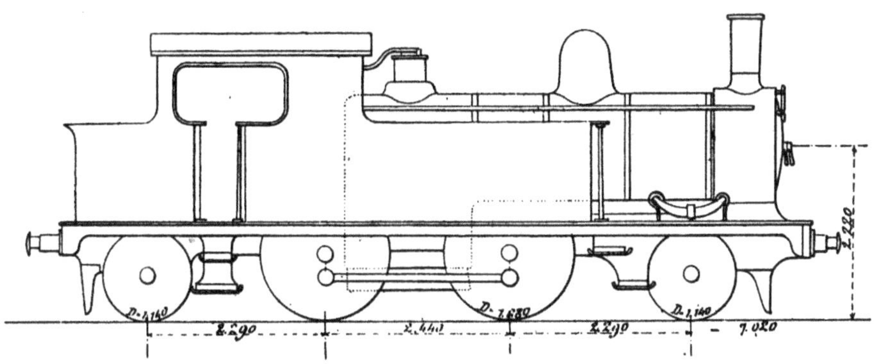

Fig. 631. — Locomotive-tender à deux essieux accouplés, construite en 1884 par le Great Eastern railway ; d'après M. J. Morandière.

des foyers oblige souvent à les monter au-dessus d'un essieu. Les foyers de Belpaire en Belgique et de Wootten en Pennsylvanie (fig. 645) débordent au-dessus des longerons et des roues (voir § 110).

La grille de la locomotive, ordinairement des plus simples, est composée de barreaux, en fer ou en fonte, plus ou moins rapprochés suivant les combustibles. De plus en plus on fait usage de barreaux minces et serrés pour brûler des menues houilles. Les grilles oscillantes, à secousses, sont assez rarement employées, tant on craint sur la locomotive toute complication ne donnant pas d'amélioration bien marquée.

Le diamètre intérieur des tubes est le plus souvent de 40 à 45 mm, à moins qu'on ne fasse usage de *tubes à ailettes*, plus gros. L'échappement de la vapeur par une tuyère placée sous la cheminée produit un tirage actif. Le paragraphe 102 contient quelques dessins de ces appareils.

Le mécanisme de la locomotive comprend deux cylindres, dont les pistons attaquent un essieu par deux manivelles calées à angle droit : une coulisse de Stephenson ou un mécanisme équivalent conduit le tiroir. Les systèmes le plus fréquemment employés, après celui de Stephenson, sont ceux de Gooch, d'Allan,

Fig. 632 – Locomotive-tender du London ans South Western Railway.

de Walschaert ; on trouve aussi parfois celui de Joy et d'autres sans excentriques. Ce sont surtout les conditions de l'installation qui font choisir un de ces systèmes.

Les tiroirs sont assez souvent percés du canal de Trick, et munis de compensateurs, d'un emploi général aux États-Unis. L'usage des tiroirs cylindriques pour les locomotives s'est peu répandu ; ne pouvant se soulever, ils créent une résistance assez grande pendant la marche sans vapeur : cet inconvénient disparaît quand on munit les boîtes à vapeur de soupapes laissant rentrer l'air (fig. 109. t. 1); mais l'installation, sur la locomotive, en est un peu plus compliquée que celle du tiroir ordinaire.

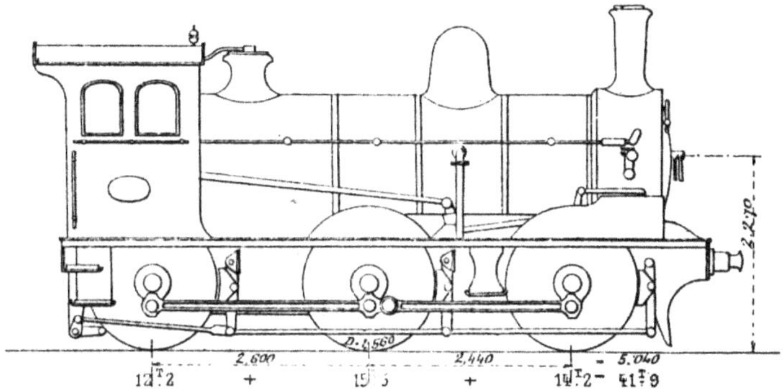

Fig. 633. — Locomotive compound à deux cylindres et à trois essieux accouplés, construite en 1886 par le North Eastern Ry ; d'après M. J. Morandière.

La locomotive fonctionne en plein air, par tous les temps, avec des arrêts de courte durée ; on lui demande de grands efforts ; une avarie en cours de route trouble la marche des trains d'une manière fâcheuse ; le personnel chargé de l'entretenir dans les dépôts est limité et se compose plutôt de manoeuvres que d'ouvriers spéciaux très habiles. Il faut donc avant tout que la locomotive soit simple, robuste, et que les avaries en soient rares et facilement réparables. La commodité de l'entretien est d'une extrême importance, tant pour la régularité du service que pour l'économie dans les dépenses de traction.

C'est pour ce motif que les diverses complications du mécanisme, souvent essayées, se sont en général peu répandues. Bien des ingénieurs ont voulu améliorer la distribution de la vapeur, par l'emploi de deux tiroirs superposés, ou d'obturateurs séparés, au nombre de quatre par cylindre ; on a même appliqué à la locomotive la fermeture par déclic des obturateurs d'admission, malgré la grande vitesse de rotation de leurs essieux.

Ces distributions perfectionnées peuvent fonctionner avec succès : plusieurs sont actuellement en usage ; mais un perfectionnement de détail, si ingénieux qu'il soit, ne peut être considéré comme pratique s'il fait payer une économie de vapeur par une augmentation des frais d'entretien et par des avaries multipliées en service. Ces raisons, dans le monde entier, ont presque toujours fait préférer au constructeur de locomotives la distribution par tiroir simple et par coulisse.

Cette distribution si répandue doit être étudiée et vérifiée avec soin pour donner le meilleur résultat possible. On voit trop souvent en service des locomotives dont le mécanisme mal réglé distribue irrégulièrement la vapeur. La seule modification essentielle des anciennes dispositions qui se soit largement répandue est la détente successive dans deux cylindres. Les locomotives compound peuvent n'avoir que deux cylindres de diamètres inégaux ; quelquefois on préfère trois cylindres, en divisant en deux le cylindre à basse pression ; Webb a même fait l'inverse, et a monté deux petits cylindres à haute pression qui alimentent un gros cylindre unique à basse pression. Les moments moteurs varient beaucoup à chaque tour de ces machines à trois cylindres. On a récemment construit un assez grand nombre de locomotives à quatre cylindres, deux à haute et deux à basse pression (fig. 636 à 638, 640, 641, 643) ; souvent les deux groupes commandent chacun un essieu séparé ou un groupe

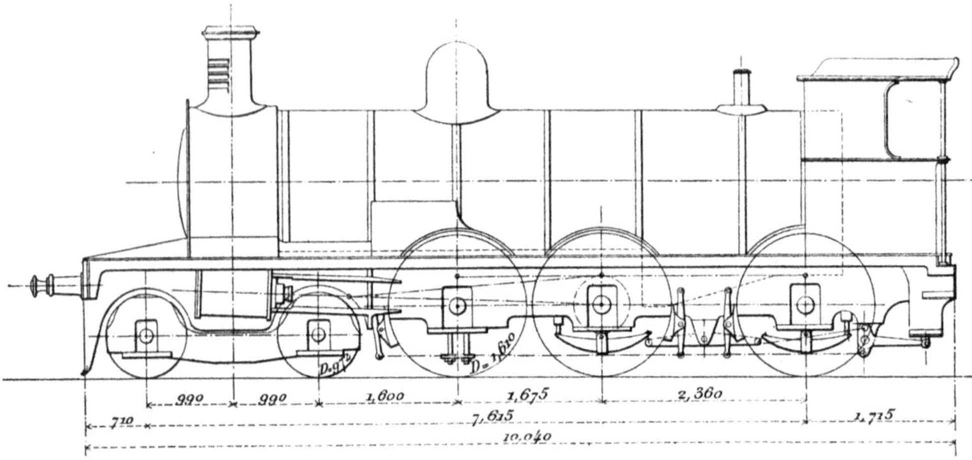

Dimensions principales :

Poids de la machine en service	56^t,890	Surface de chauffe des tubes (à l'extérieur)	145^{m^2}
Charge sur l'avant-train	14,220	Surface de chauffe du foyer	10^{m^2},50
Charge sous roues accouplées AV.	13,720	— — totale	155^{m^2},50
Charge sous roues motrices	14,730	Surface de la grille	2^{m^2},10
Charge sous roues accouplées AR.	14,220	Diamètre des cylindres	0^m,508
Poids adhérent	42,670	Course des pistons	0,660
Diamètre moyen de la chaudière	1^m,450	Diamètre des roues couplées	1,610
Timbre de la chaudière	12 kg	Diamètre des roues porteuses	0,972
Nombre de tubes	211	Largeur totale de la machine	2,540
Longueur des tubes	4^m,280	Largeur entre les longerons	1,255
Diamètre extérieur des tubes	0,051		

Fig. 634. — Locomotive construite pour le Highland railway (Écosse) par Sharp and Co, en 1894.

d'essieux. Il existe, surtout aux États-Unis, quelques types à quatre cylindres réunis par paires et du système Woolf ; la vapeur est distribuée dans chaque paire par un distributeur unique.

On constate souvent, pour les locomotives compound, une diminution de la consommation du combustible, s'élevant à 10 ou 15 p. 100 de la quantité brûlée par les locomotives ordinaires équivalentes, faisant le même service.

Si l'on accepte assez facilement cette multiplicité des cylindres, qui n'est pas indispensable, c'est sans doute parce qu'elle n'introduit pas d'organes nouveaux, et parce qu'on n'y trouve que la répétition de mécanismes simples éprouvés par une longue pratique. Il en résulte aussi une réduction de la puissance développée dans chaque cylindre : les mécanismes ne subissent plus la fatigue excessive qu'on constate parfois dans certaines locomotives. Par suite, les frais d'entretien de ces machines à cylindres multiples peuvent ne pas s'élever autant qu'on le craindrait. Mais la dépense de construction en est notablement augmentée.

La disposition compound à quatre cylindres se prête bien à la commande de deux trucks séparés, pour les locomotives à adhérence totale qui doivent circuler dans les courbes raides. Dans les machines de M. Mallet (fig. 636 à 638), le truck

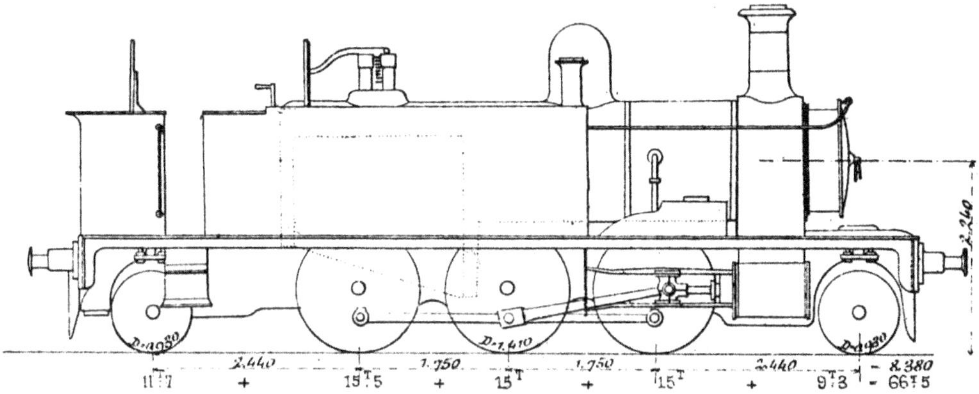

Fig. 635. -- Locomotive-tender à trois essieux accouplés, construite pour le chemin de fer de la Mersey ; d'après M. J. Morandière.

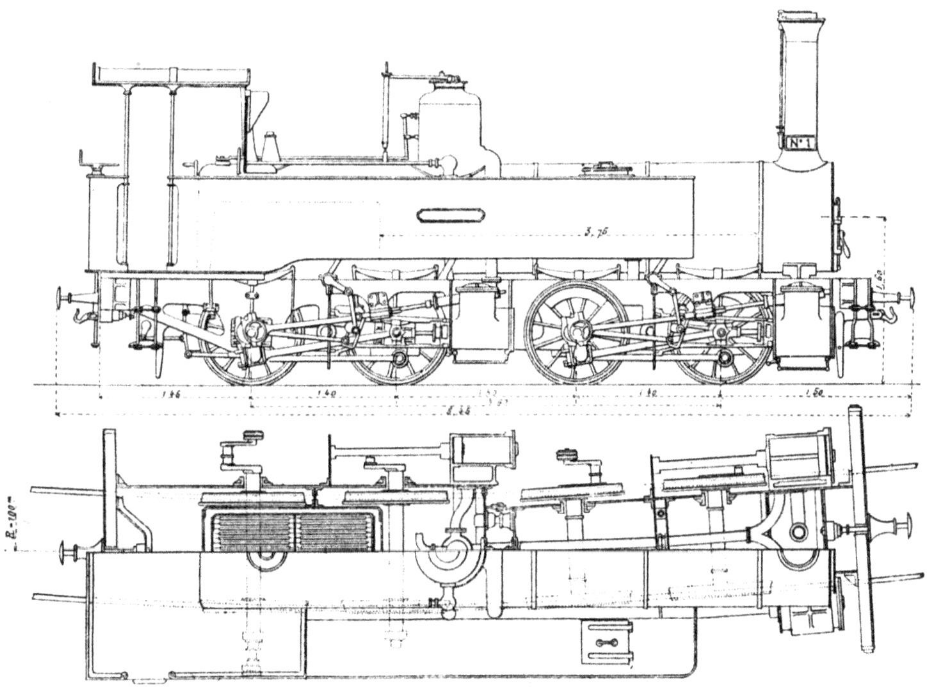

Fig. 636. — Locomotive compound Manet, articulée, à 4 cylindres, pour les Chemins de fer de Corse.

d'avant est seul articulé sur le châssis de la machine, auquel le groupe d'arrière est rigidement fixé.

Des mécanismes de démarrage ont été étudiés en grand nombre pour les machines compound à deux cylindres. Une distribution convenable (fig. 419, t. I) permet cependant de s'en passer ; avec quatre cylindres, une simple admission de vapeur dans le réservoir suffit. Un arbre de relevage unique est suffisant à la rigueur, comme on le voit souvent sur les machines à deux cylindres ; dans les machines à quatre cylindres, on adopte souvent deux arbres séparés et à manoeuvre indépendante, pour les distributions à haute et à basse pression.

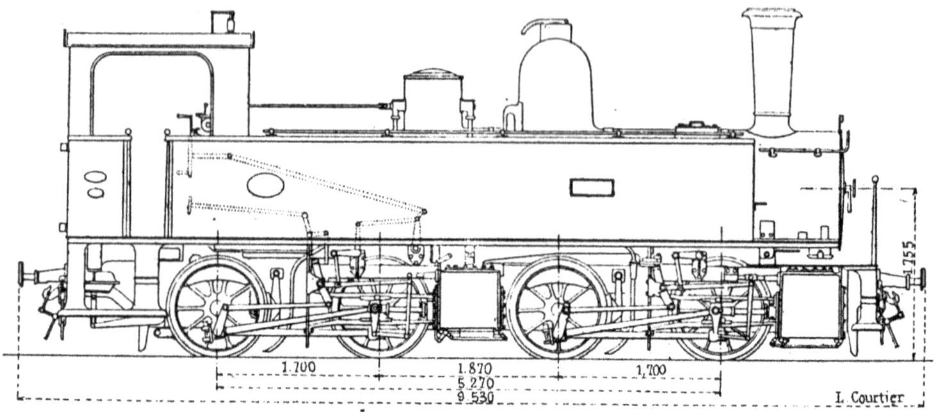

Fig. 637. — Locomotive Mallet, à voie d'un mètre, pour réseau breton des chemins de fer de l'Ouest.

Certaines pièces de locomotives s'usent assez rapidement et doivent être fréquemment réparées ou remplacées. Il importe de les disposer de manière que le montage et le démontage en soient aisés. Les remplacements sont grandement facilités lorsque les pièces sont exactement calibrées et interchangeables. Il est important d'avoir peu de séries différentes ; même lorsque les locomotives ne peuvent être pareilles, comme celles qui remorquent des trains rapides et celles qui traînent les gros trains de marchandises, il est au moins possible de leur donner bien des organes identiques. Le plus grand progrès de la construction des locomotives consiste à les composer d'un petit nombre d'organes, simples et robustes, construits avec grande précision et ne différant d'une série à l'autre que pour des motifs bien justifiés.

On est amené à construire aujourd'hui des locomotives très fortes, parce que les charges et les vitesses sont de plus en plus grandes. On trouve d'ailleurs, dans le matériel ancien, un nombre surabondant de machines de moyenne et de faible puissance, pour les services faciles.

Les Anglais sont restés fidèles aux locomotives de dimensions moyennes. Ils attachent avec raison une grande importance à la simplicité de la construction et à l'élégance de l'aspect. On trouve en Angleterre beaucoup de locomotives à deux essieux accouplés, avec bogie à l'avant ; les cylindres sont le plus souvent à l'intérieur des longerons (fig. 628). On y construit même quelquefois des machines analogues, mais avec un seul essieu moteur (fig. 627), l'essieu d'arrière étant seulement porteur. Quelques compagnies anglaises préfèrent cependant les cylindres extérieurs (fig. 629). Pour les marchandises et les trains lents de voyageurs, on emploie beaucoup les machines à trois essieux couplés (fig. 633). La locomotive représentée figure 634 dépasse les proportions généralement admises en Angleterre. Les trains de banlieue sont remorqués par des locomotives tenders, ayant deux essieux couplés (fig. 630 à 632), ou même trois essieux couplés (fig. 635).

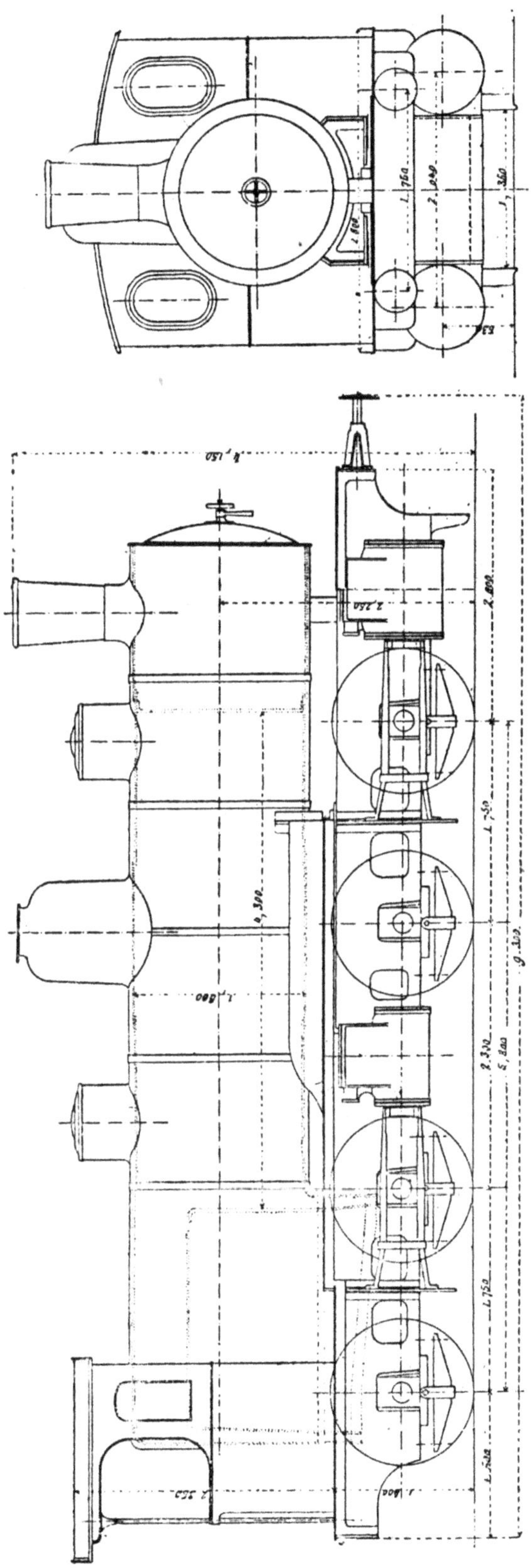

Fig. 638. — Locomotive Mallet, compound articulée à quatre cylindres, pour chemins de fer Badois et Prussiens : cylindres de 390 et 600 mm sur 600 mm ; diamètre des roues, 1m,260 ; surface de grille, 1m,95 ; poids à vide, 49 t ; poids en service, 55 t. Cette locomotive est disposée pour circuler dans les courbes de 100 mètres de rayon.

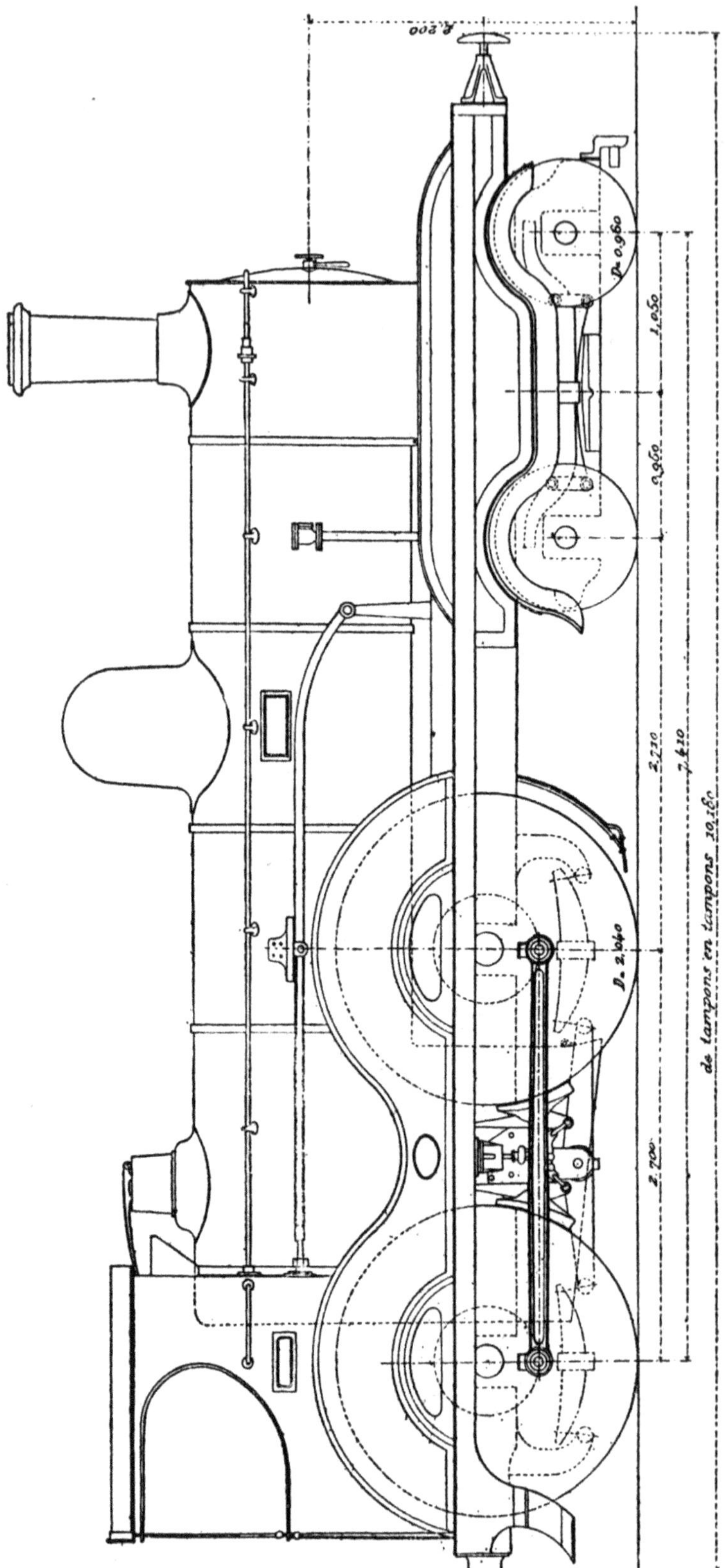

Fig. 639. — Locomotive à quatre roues couplées et à bogie construite en 1889 par la Compagnie des chemins de fer de l'Ouest. Timbre de la chaudière, 11 kg ; cylindres de 460 sur 660. Des locomotives analogues, construites postérieurement, sont timbrées à 12 kg et ont une grille de 2 m².

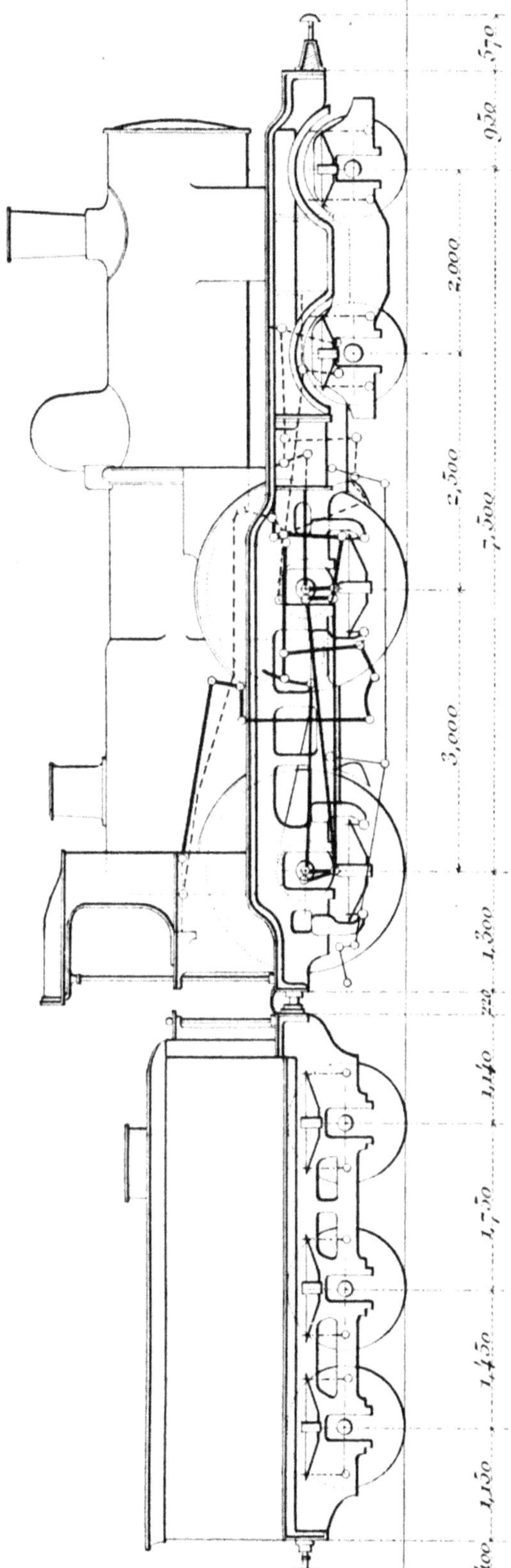

Fig. 640. — Locomotive compound à quatre cylindres, construite en 1896 pour les chemins de fer du Midi. Surface de grille, $2^{m2},46$; 111 tubes à ailettes, longs de $3^{m},900$, avec diamètre extérieur de 70 mm ; timbre de la chaudière 14 kg ; cylindres de 350 et 550 mm sur 640 mm ; diamètre des roues motrices, $2^{m},130$; poids en service, 55 t.

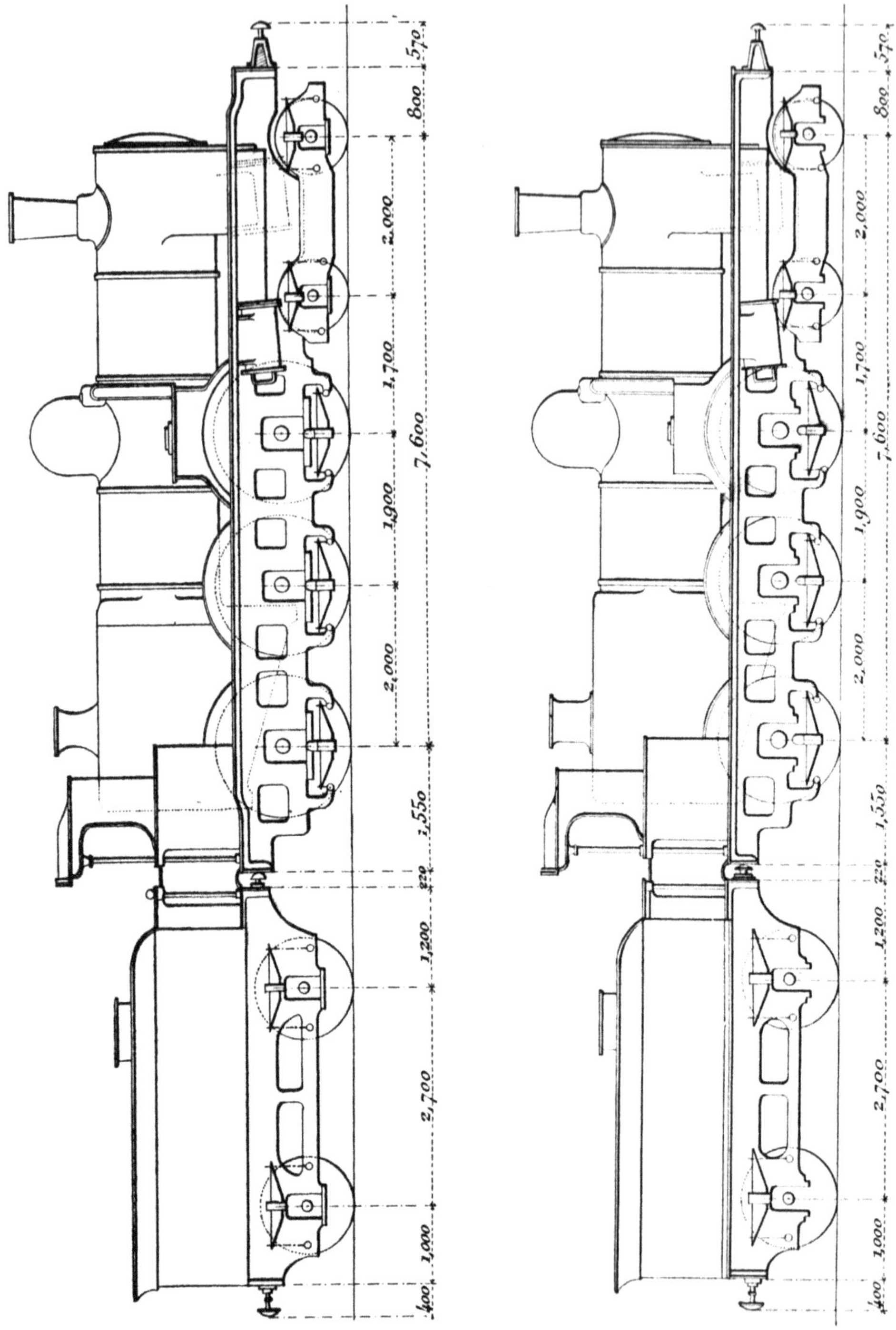

Fig. 641. — Locomotives compound à quatre cylindres, construites en 1896 pour les chemins de fer du Midi. Surface de grille, 2^{m2},46; 111 tubes à ailettes, longs de 4^{m},100, avec diamètre extérieur de 70 mm ; timbre de la chaudière, 14 kg ; cylindres de 350 et 550 mm sur 640 mm ; diamètre des roues motrices, 1^{m},750 et 1^{m},460 ; poids en service, 60 t et 59^{t},2.

Dans les divers pays de l'Europe continentale, les types de locomotives sont plus disparates qu'en Angleterre, et une longue monographie serait nécessaire pour les décrire. On leur donne souvent des grilles de grande surface, pour l'emploi des menus combustibles. Le système compound, avec deux cylindres extérieurs, est fréquemment employé en Allemagne pour des machines de puissance moyenne.

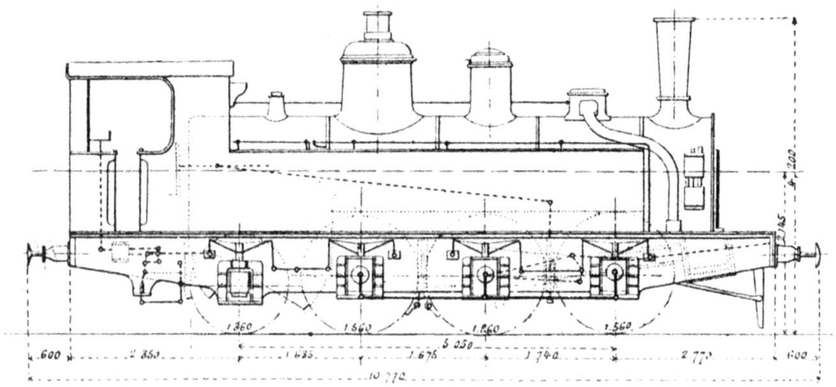

Fig. 642. — Locomotive-tender à trois essieux couplés des chemins de fer de l'Est (d'après les Mémoires de la Société des Ingénieurs civils).

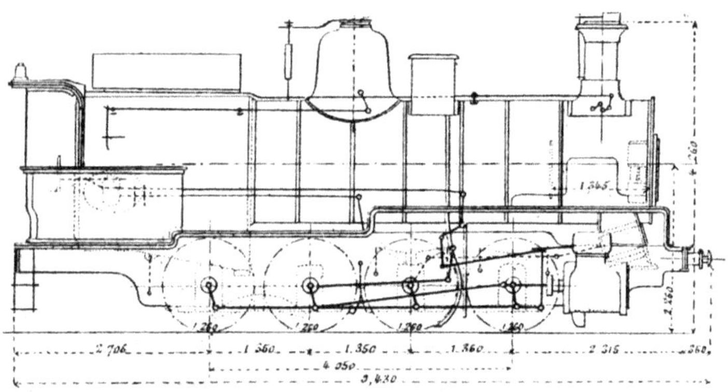

Fig. 643. — Locomotive à quatre essieux couplés, compound à quatre cylindres, des chemins de fer de Paris à Lyon et à la Méditerranée (d'après les Mémoires de la Société des Ingénieurs civils).

Les figures 642 et 643 représentent des locomotives à 3 et à 4 essieux couplés employées en France.

Les constructions américaines se rapprochent presque toutes de types caractéristiques : le châssis est formé de grosses barres de fer à section carrée et non, comme en Europe, de longerons en tôle. Les cylindres sont extérieurs, la table des lumières est en dessus, et le tiroir est commandé par un arbre de renvoi que fait osciller une coulisse de Stephenson, placée à l'intérieur du châssis. L'adoption du système compound a seule amené quelques variantes de cette disposition.

L'avant est porté par un bogie, ou au moins par un essieu unique articulé. La chaudière, y compris le foyer, est construite en tôles d'acier minces.

Fig. 644 – Locomotive américaine (d'après une photographie communiquée par M. Ball)

Fig. 645. — Locomotive à essieu moteur indépendant, avec bogie à l'avant et essieu porteur à l'arrière, construite par les ateliers Baldwin à Philadelphie vers 1895. Les cylindres sont superposés avec détente Woolf ; le loyer, du système Wootten, déborde au-dessus des roues d'arrière.

Fig. 646. — Locomotive à deux essieux couplés, avec bogie à l'avant et essieu porteur sous le foyer, construite par les ateliers Baldwin, à Philadelphie, vers 1895.

Fig. 647. — Locomotive à deux essieux couplés, avec essieux porteurs à l'avant et à l'arrière, construite par les ateliers Baldwin à Philadelphie, vers 1895. Chaque bielle motrice est commandée par deux cylindres superposés, avec détente de Woolf.

Fig. 648. — Locomotive à deux essieux couplés, construite en 1895 par la Rogers locomotive Co. Cylindres de 451 mm sur 660 mm ; diamètre des roues motrices, 1m,750 ; poids en service, 49.000 kg ; poids adhérent, 31.500 kg.

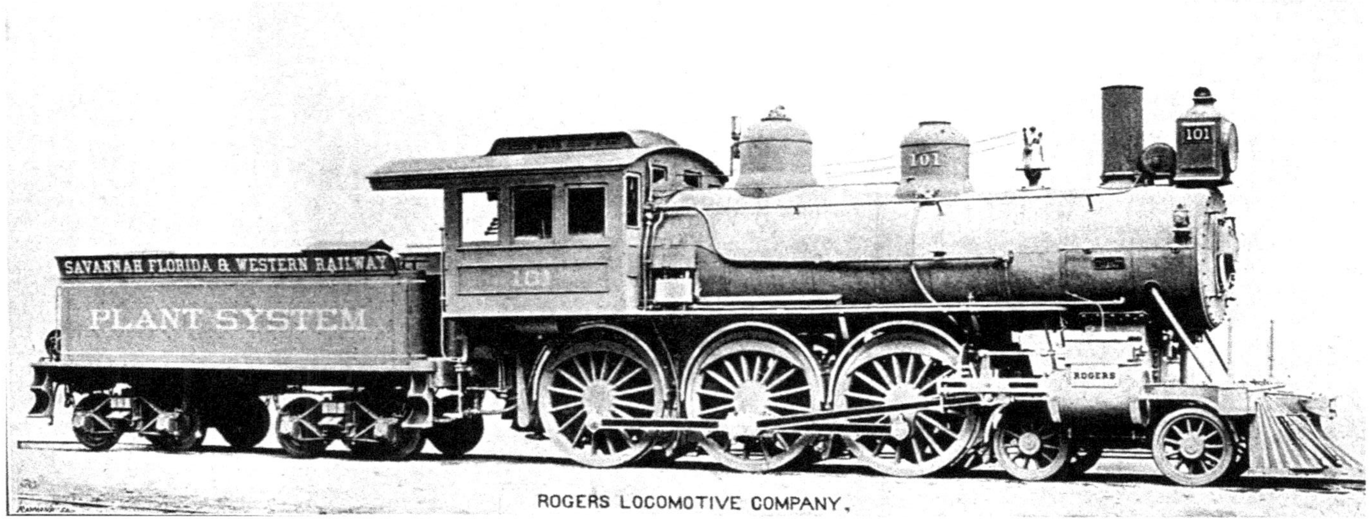

Fig. 649. — Locomotive à trois essieux couplés, construite en 1895 par la Rogers locomotive Co. Cylindres de 508 mm sur 610 mm ; diamètre des roues motrices, 1m,830 ; poids en service, 68.000 kg ; poids adhérent, 50.000 kg.

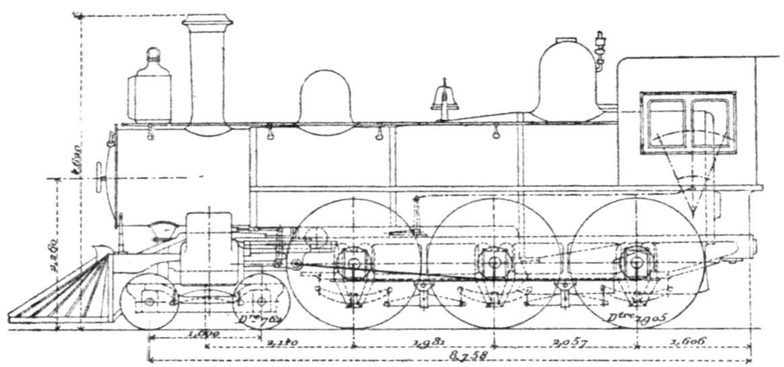

Fig. 650. — Locomotive à trois essieux accouplés et à bogie du Canadian Pacific railway, construite en 1889 ; cylindres de 530 sur 560 mm.

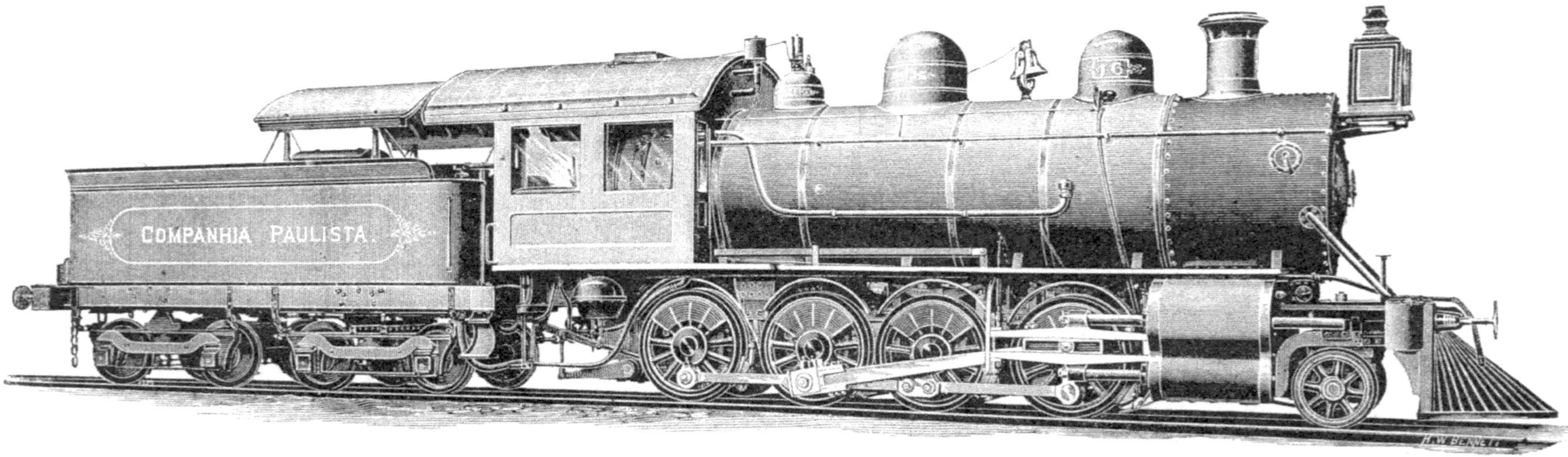

Largeur de voie	1m,60
Poids à vide	66 tonnes
Cylindres Woolf superposés, diamètres	382 et 635 mm
Course des pistons	712 mm
Diamètre du corps cylindrique de la chaudière	1m,930
Nombre des tubes	300
Diamètre extérieur	51 mm
Longueur entre les plaques tubulaires	3m,65
Largeur du foyer	1m,23

Longueur du foyer	2m,42
Diamètre au roulement des roues couplées	1m,27
Pression effective de la vapeur	12kg,6
Poids en ordre de marche sous l'essieu porteur	8t,8
— — sous le premier essieu moteur	16t,7
— — — second —	16,2
— — — troisième —	16,5
— — — quatrième —	16,4

Fig. 651. — Locomotive à quatre essieux couplés, construite par les établissements Baldwin à Philadelphie pour le Brésil (d'après *l'Engineering*).

Les dernières constructions américaines sont remarquables par leurs grandes dimensions. Les figures 615 à 651 en donnent quelques exemples.

Pour les trains rapides, on emploie généralement les machines à deux essieux couplés (fig. 646 à 648)), et à trois essieux couplés (fig. 649 et 650) exceptionnellement, on fait usage de locomotives à essieu moteur indépendant (fig. 645). Les trains de marchandises sont remorqués par de grosses locomotives à 4 (fig. 651) et même à 5 essieux couplés. La détente compound est parfois appliquée, ainsi que la détente de Woolf avec cylindres superposés (fig. 645 et 647).

90. Machines de bateaux.

Les appareils destinés à la grande navigation doivent brûler peu de charbon pour produire le cheval-heure ; il importe que le poids total en soit modéré et qu'ils n'occupent pas trop de place à bord ; il est nécessaire qu'ils soient assez robustes et assez simples pour fonctionner d'une manière continue et régulière, parfois pendant

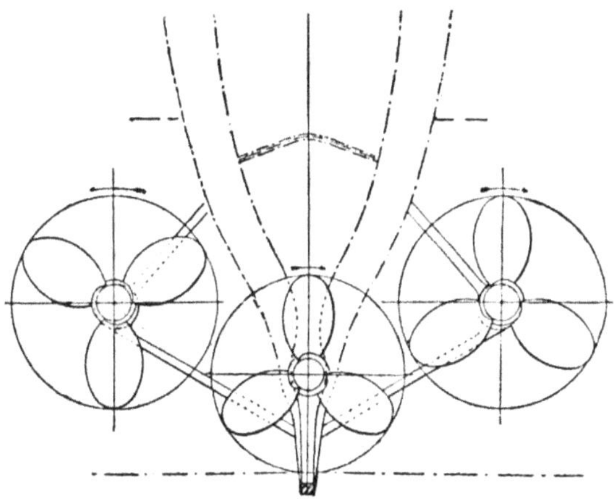

Fig. 652. — Vue de l'arrière du croiseur américain « Columbia », à trois hélices.

plusieurs semaines sans arrêt. Certains appareils de ce genre sont remarquables par leurs colossales dimensions.

On peut leur demander une puissance toujours à peu près uniforme, soit pour les paquebots à grande vitesse, soit pour les bateaux de charge à marche lente. Au contraire, la marine militaire exige des moteurs qui puissent fonctionner à des allures très différentes, ce qui est une difficulté sérieuse.

Les organes de propulsion, commandés par les moteurs, consistent en hélices ou en roues à aubes ; celles-ci, exclusivement usitées au début de la navigation à vapeur, ont généralement cédé la place à l'hélice. Cependant on en construit encore, pour des paquebots à courtes traversées maritimes, et pour la navigation fluviale.

En montant deux hélices, commandées chacune par un moteur spécial, on évite, dans de très grands bâtiments, les dimensions excessives qu'aurait une machine unique ; dans les puissants moteurs, on est d'ailleurs conduit à multiplier les cylindres en les dédoublant, de sorte que la construction de deux machines séparées n'augmente guère le prix des appareils. Les deux hélices donnent d'ailleurs de grandes facilités d'évolution, et offrent une précieuse ressource, en cas d'avarie à l'un

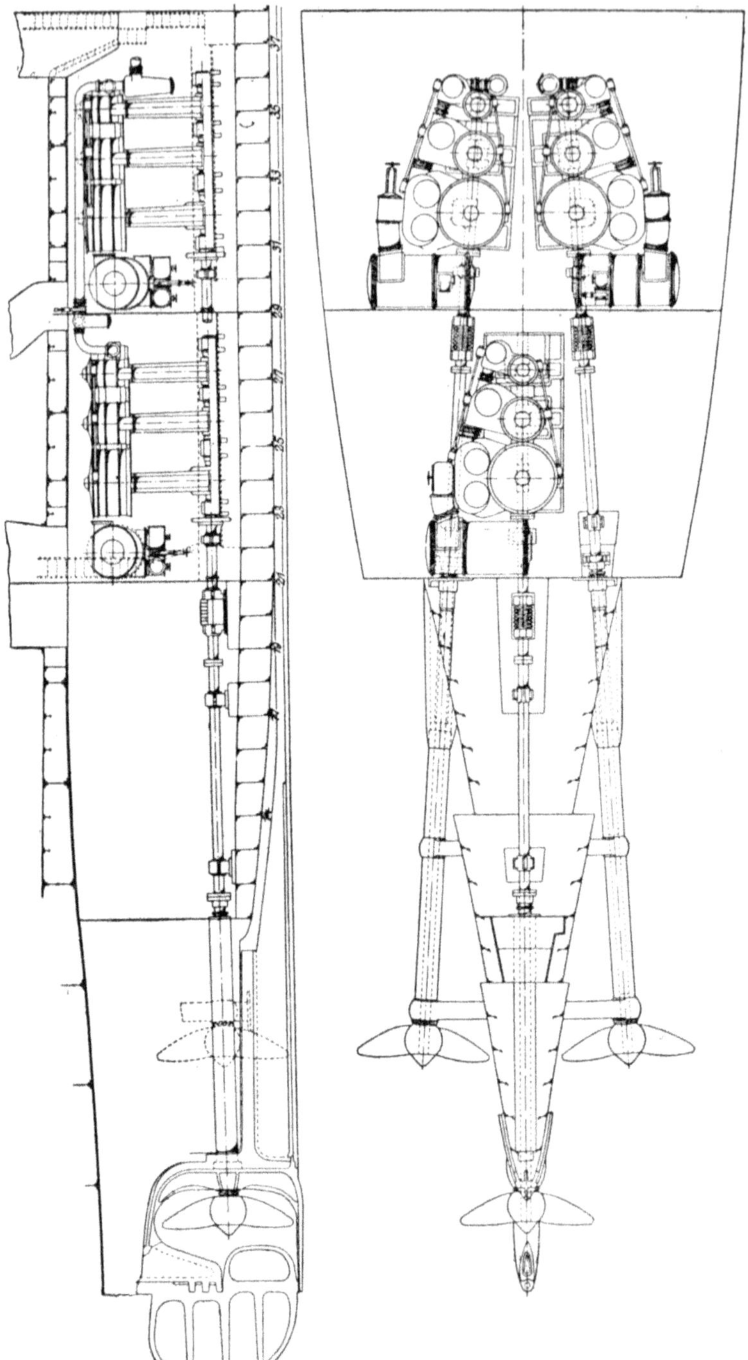

Fig. 653. — Machines d'un croiseur à trois hélices ; coupe longitudinale et plan, d'après C. Busley dans la *Zeitschril des Vereines deutscher Ingenieure*.
Puissance totale indiquée, 12.800 chevaux.

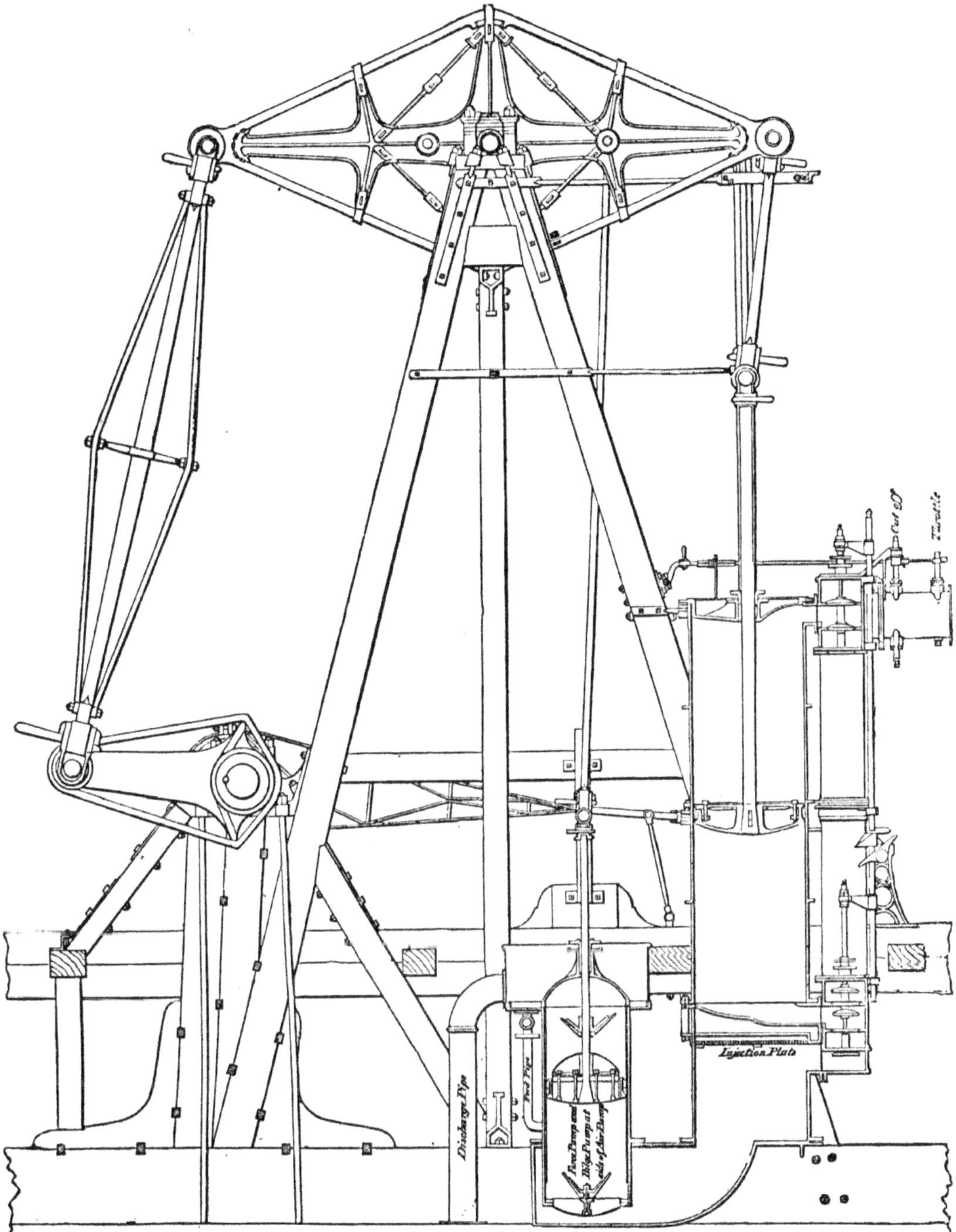

Fig. 654. — Machine à balancier supérieur d'un bateau de rivière américain, d'après Bourne cylindre unique, distribution par soupapes. Ces machines, d'un type ancien, se trouvent encore aujourd'hui en service sans modifications essentielles.

des groupes moteurs. On a même construit des navires à trois hélices (fig. 652 et 653) : cette disposition peut être commode pour les bâtiments à faible tirant d'eau.

La commande directe de l'arbre des roues exige une machine à marche lente. Le balancier supérieur est depuis longtemps en usage aux États-Unis (fig. 654). Cette grande masse, oscillant au-dessus des ponts, donne aux bateaux des rivières américaines une curieuse physionomie. Le cylindre, vertical et à longue course, est

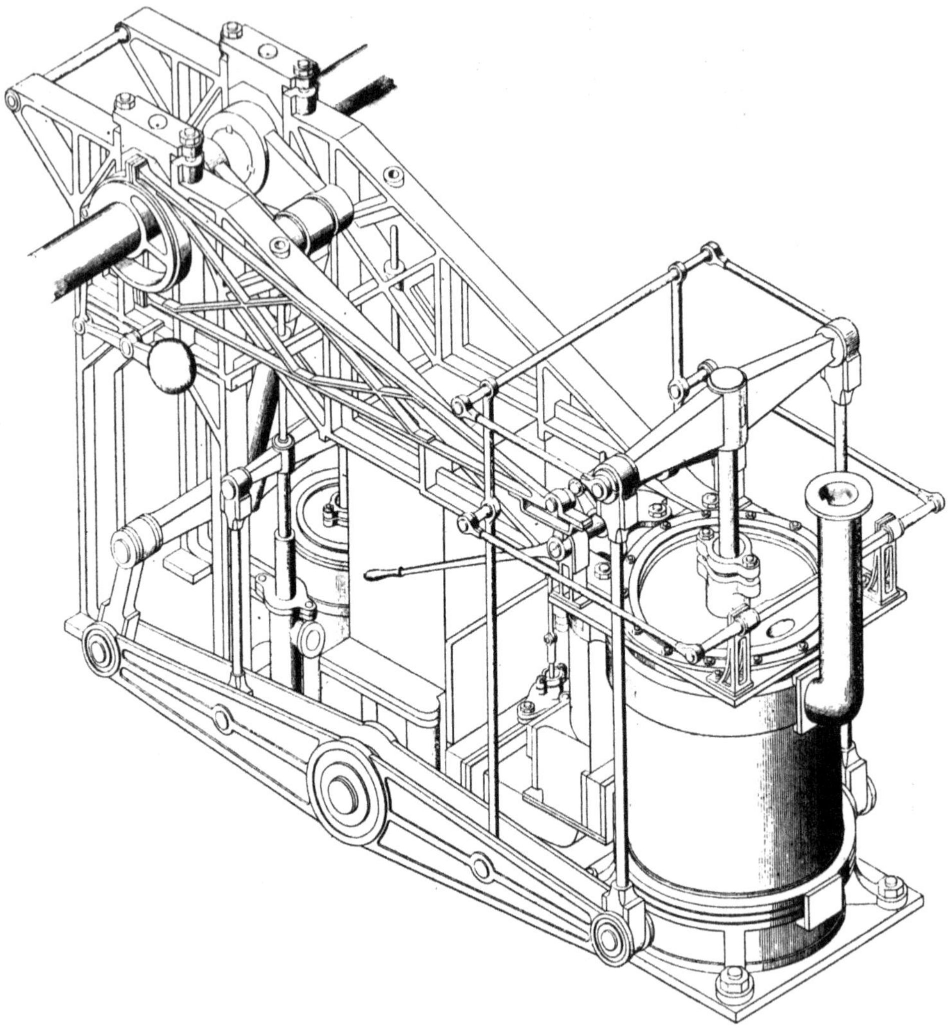

Fig. 655. — Machine de bateau, à balanciers inférieurs, d'après Tredgold.

souvent unique. Pour les grandes puissances, on fait usage de deux cylindres avec détente de Woolf ; ceux du Puritan, construit en 4887, ont $1^{m},905$ sur $2^{m},750$ et $2^{m},795$ sur $4^{m},270$: le balancier pèse 42 tonnes.

Malgré leur unique manivelle, il est facile de conduire ces machines, sans jamais les arrêter auprès des points morts : elles sont couramment employées pour les ferry boats ou bacs à vapeur, qui font d'incessants démarrages.

Pour la navigation maritime, les anciennes machines avaient des balanciers inférieurs, placés de part et d'autre du cylindre vertical, et commandés par des

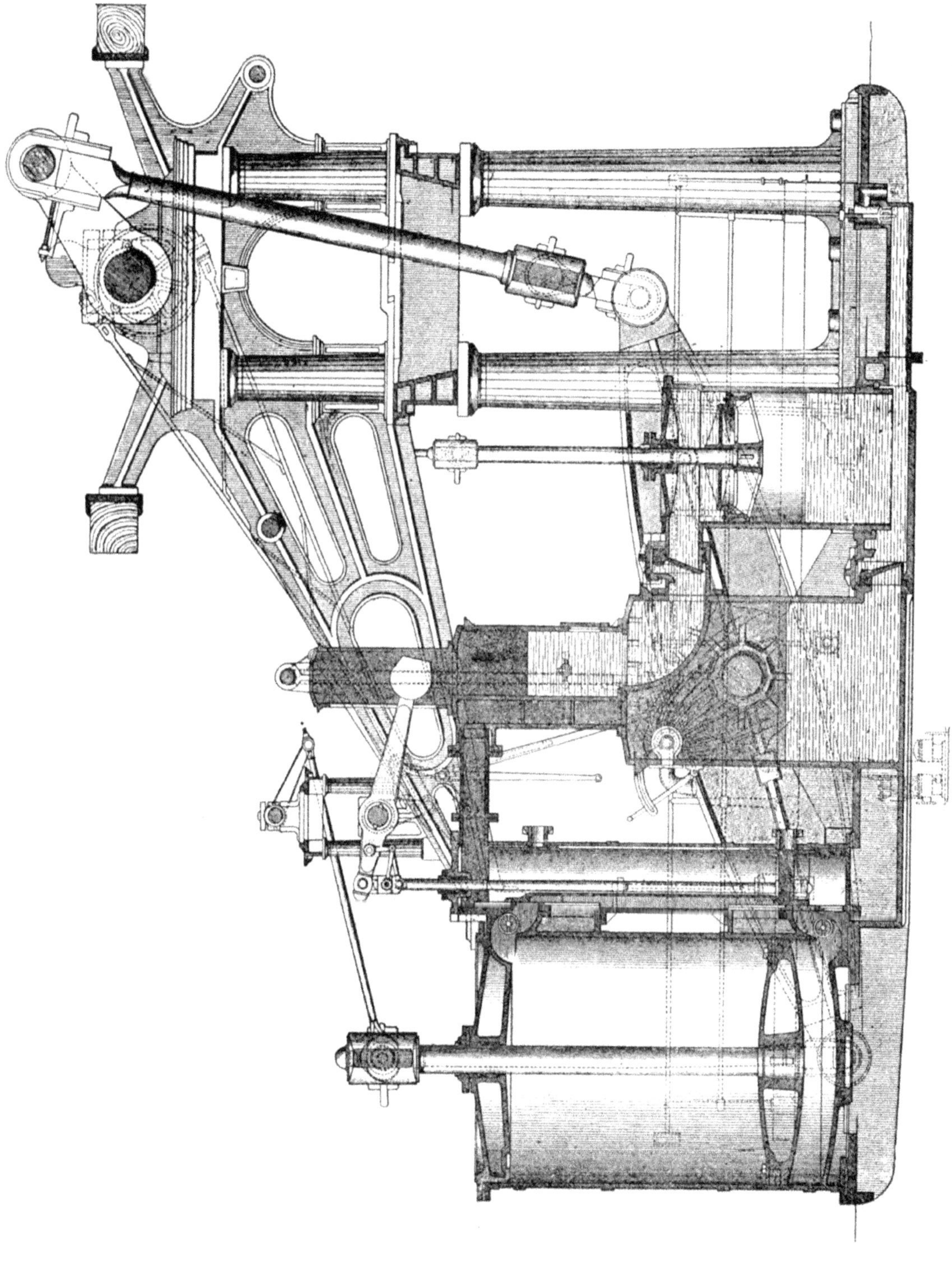

Fig. 656 – Machine à balanciers inférieurs, pour bateau à roues, construite par Caird and C° à Greenock, d'après Bourne.

bielles en retour; les figures 655 et 656 représentent deux de ces machines ; on y voit le parallélogramme qui guide en ligne droite les extrémités de la traverse portée par la tige du piston.

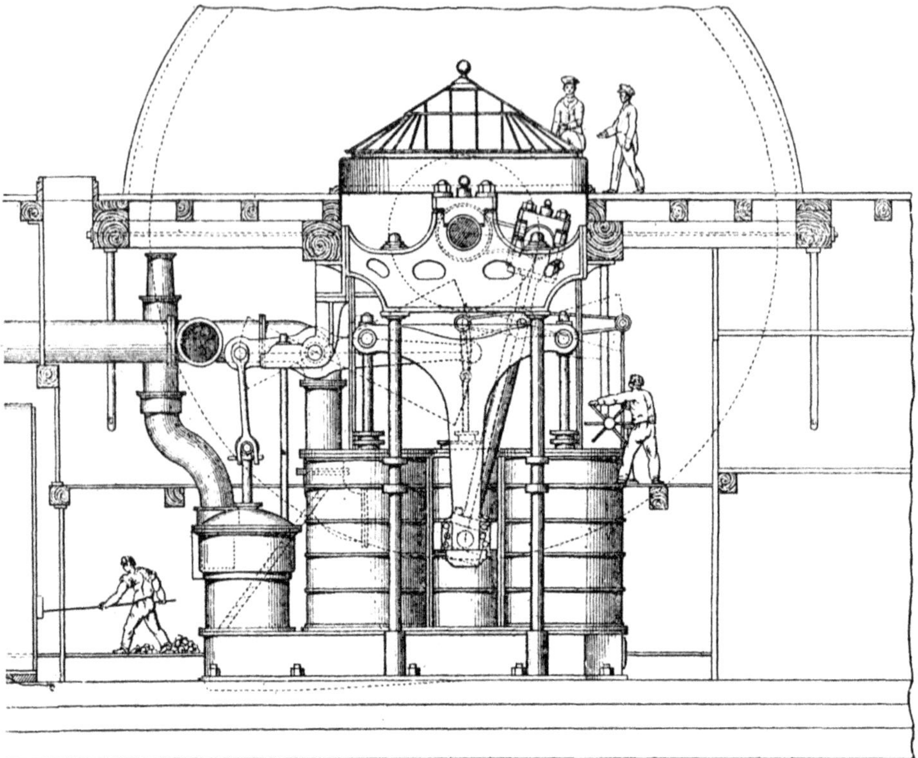

Fig. 657. — Machine de la « Retribution », construite par Maudslay, avec cylindres jumelés et pistons conjugués par une traverse ; coupe longitudinale (d'après Bourne). Deux groupes semblables commandent deux manivelles à angle droit.

On s'est bientôt débarrassé de l'attirail lourd et encombrant des balanciers, pour appliquer la connexion directe. Mais, en conservant la position verticale des cylindres, on était fort gêné par le manque de hauteur disponible sous l'arbre des roues : d'une part, on était conduit à donner aux cylindres de grands diamètres avec de faibles courses, ce qui est une mauvaise proportion, et, d'autre part, à raccourcir beaucoup trop les bielles, dont la longueur descendait presque à trois fois le rayon de la manivelle.

Diverses dispositions ont été imaginées pour allonger la bielle en abaissant l'articulation de la petite tête ; l'une d'elles consiste à conjuguer deux cylindres, dont les tiges de piston commandent une grande traverse triangulaire (fig. 657). Certains constructeurs ont transporté l'articulation de la petite tête de bielle à une hauteur suffisante au-dessus de l'arbre ; la tige est alors reliée à un cadre qui laisse le passage de l'arbre et de la manivelle, ou l'on emploie plusieurs tiges. Telle est l'ancienne disposition de la machine à clocher (fig. 658), récemment reprise dans la construction d'un appareil à triple expansion, à cylindres de $1^{m},120$, $1^{m},780$ et $2^{m},950$ sur $1^{m},980$ (paquebot Violet).

Une solution curieuse est celle des cylindres oscillants (fig. 659 à 661) ; la tige du piston s'articule directement sur le bouton de la manivelle, et le cylindre oscille sur deux tourillons. Ces tourillons sont creux : l'un sert à l'arrivée et l'autre à l'échappement de la vapeur : des garnitures s'opposent aux fuites. Un renvoi spécial commande le tiroir, porté par le cylindre oscillant.

Cette ingénieuse disposition a été quelquefois employée pour des machines fixes, bien que les quelques complications qu'elle entraîne ne fussent plus aussi

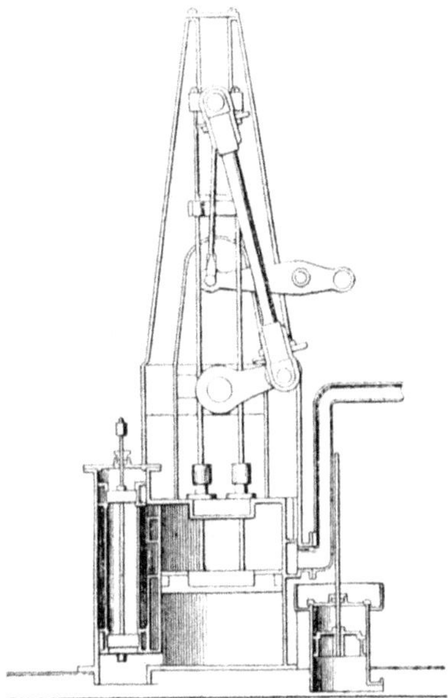

Fig. 658. — Machine à clocher de Napier, pour bateau à roues, d'après Bourne.

bien justifiées. Pour de très petits appareils cependant (fig. 17, t. I), elle peut être commode. L'oscillation même du cylindre joue quelquefois un rôle dans la distribution, pour laquelle on ne cherche pas alors une grande précision.

Dans beaucoup de constructions récentes, les cylindres sont inclinés (fig. 662[16]) ou même horizontaux. La place occupée par les machines, relativement très grandes, et par les chaudières est alors considérable, dans les bateaux rapides qui exigent de puissants appareils : c'est un grave inconvénient des roues sur ces bateaux rapides.

16 *Légende de la figure 662.*

Puissance prévue pour la machine, faisant 36 tours par minute, 400 chevaux. Les diamètres des cylindres sont 800 mm et 1^{m},300 ; la course des pistons est 1^{m},200. La chaudière a deux foyers avec une surface totale de grille de 4^{m2},86. Le condenseur a 614 tubes, longs de 2 m avec un diamètre extérieur de 22 mm.
Le poids total de l'appareil moteur est de 93 tonnes : ce poids se décompose comme il suit :

Poids des machines avec tous les accessoires, tuyautage, prises d'eau.................................. 46.764 kg
Poids des roues. 7.580
Poids de la chaudière avec accessoires, enveloppe, supports, cheminée sans l'entourage...... 22.297
Poids des parquets et échelles (machine et chaudière) 1.855
Poids de l'outillage et des rechanges 1.526
Eau de la chaudière à 15 cm au-dessus de la boîte à feu... 12.000
Eau dans le condenseur et la bâche 1.000
Total ....93.022 kg

La disposition horizontale de la machine se prête à l'emploi d'une roue unique à l'arrière, commode pour la navigation fluviale.

Pour la commande des arbres d'hélice, la machine-pilon, à connexion directe, serait à peu près seule employée, si on ne préférait, dans certains navires de guerre, abriter les moteurs en dessous de la ligne de flottaison grâce au montage horizontal.

Les machines-pilon des bateaux sont rarement monocylindriques. On voit encore un assez grand nombre de compound, mais la plupart des grands moteurs sont à triple expansion, et quelquefois à quadruple expansion. L'arbre porte deux, trois ou quatre manivelles.

Deux manivelles, calées à angle droit, conviennent pour une compound à deux cylindres ; avec la triple expansion, deux des cylindres doivent alors être superposés en tandem ; on répartit mieux les efforts avec deux groupes en tandem, obtenus en divisant en deux un des cylindres. Les deux groupes tandem se prêtent bien à la quadruple expansion.

Les figures 663 et 664 représentent une petite machine à deux groupes en tandem d'un genre particulier, où chaque groupe commande, au moyen d'une seule manivelle, un arbre d'hélice. Les deux cylindres supérieurs reçoivent directement la vapeur de la chaudière ; l'un des cylindres inférieurs est le cylindre intermédiaire, et l'autre le cylindre à basse pression.

Chacun des deux groupes est disposé pour fonctionner isolément au besoin. Trois manivelles conviennent bien pour les trois cylindres de la machine à triple expansion. Cette disposition a été souvent adoptée pour la compound, en divisant en deux le cylindre à basse pression, afin de réduire et de mieux répartir les efforts moteurs.

Les figures 665 à 667 représentent une des deux machines d'un paquebot de construction récente (*La Navarre*, de la Cie générale transatlantique) ; les trois cylindres de cette machine, à triple expansion, commandent trois manivelles. Les bâtis sont formés de montants en fonte du côté des glissières, et de colonnes en acier du côté opposé. Les tiroirs cylindriques des deux premiers cylindres, et le tiroir plan du dernier, sont commandés par des coulisses de Stephenson : les axes des pistons et des tiroirs sont dans un même plan. Des balanciers, articulés sur la tête du premier piston, mènent la pompe à air du condenseur et les pompes alimentaires.

Les figures 668 à 670 montrent une autre machine à triple expansion avec trois cylindres et trois manivelles, construite en 1890, pour un cuirassé chilien, par les Forges et Chantiers de la Méditerranée. Les bâtis sont d'une grande légèreté ; les arbres et les bielles sont forés, ce qui en réduit un peu le poids sans les affaiblir et permet de constater l'absence de défauts du métal ; les tiroirs cylindriques, dédoublés pour le dernier cylindre, sont menés par l'appareil Marshall.

Dans de très grands appareils à triple expansion, le cylindre à basse pression est divisé en deux, ce qui conduit, avec trois manivelles, à l'emploi d'un groupe en tandem au moins, et souvent de deux, afin de mieux répartir la puissance motrice entre les manivelles ; c'est parfois le cylindre à haute pression qui est ainsi divisé en deux.

Les figures 671 à 673 montrent la machine à trois groupes en tandem de la «*Champagne* », construite en 1885 par la Compagnie générale transatlantique. Cette machine compound était étudiée pour fonctionner aussi à triple expansion, en admettant d'abord dans un des cylindres supérieurs la vapeur, détendue ensuite dans les deux autres cylindres supérieurs, puis dans les trois cylindres inférieurs.

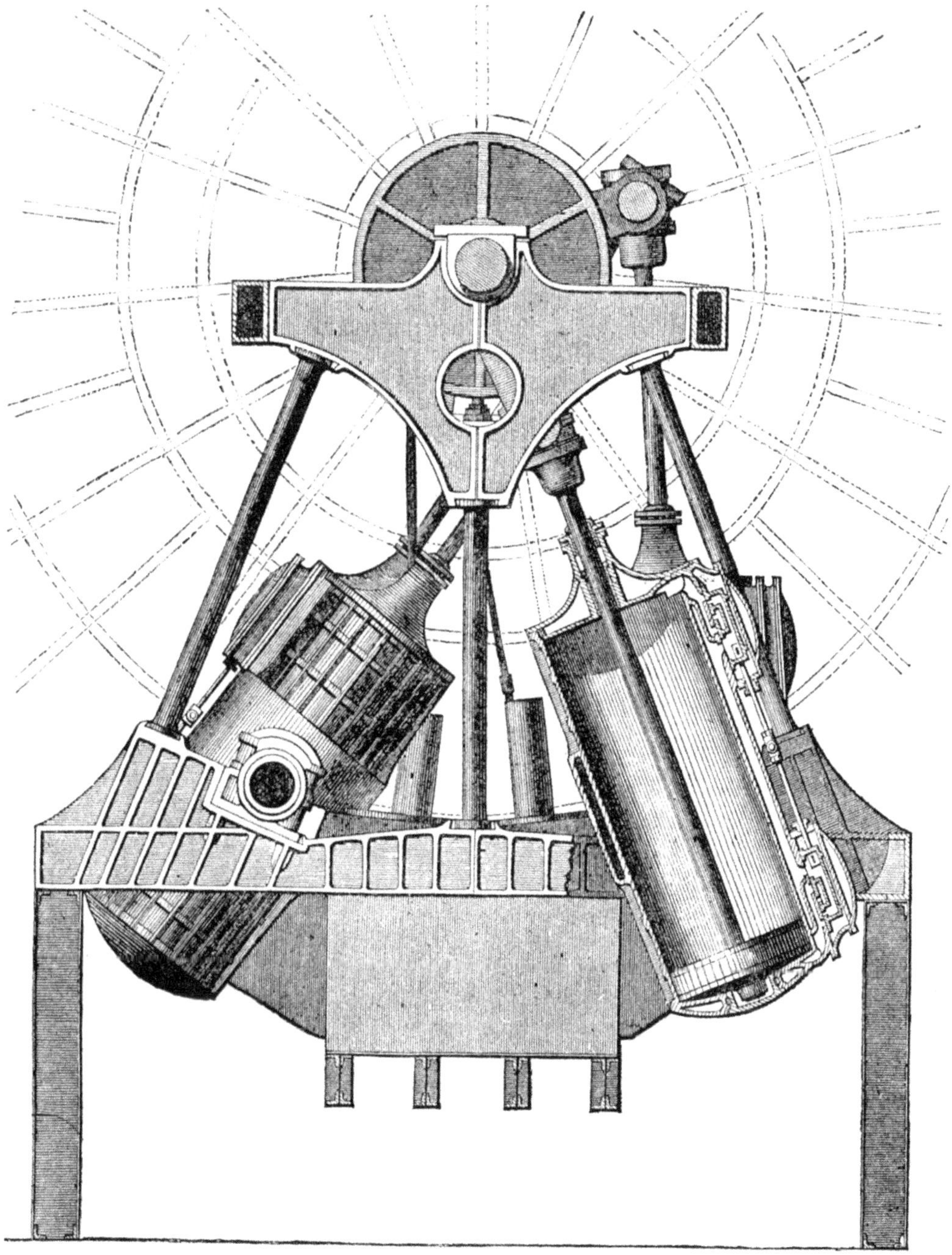

Fig. 659. — Machine à cylindres oscillants du steamer « Great Eastern », d'après Bourne ; quatre cylindres de 1^{m},88 sur 4^{m},57 commandant deux manivelles ; tiroirs divisés à double orifice.

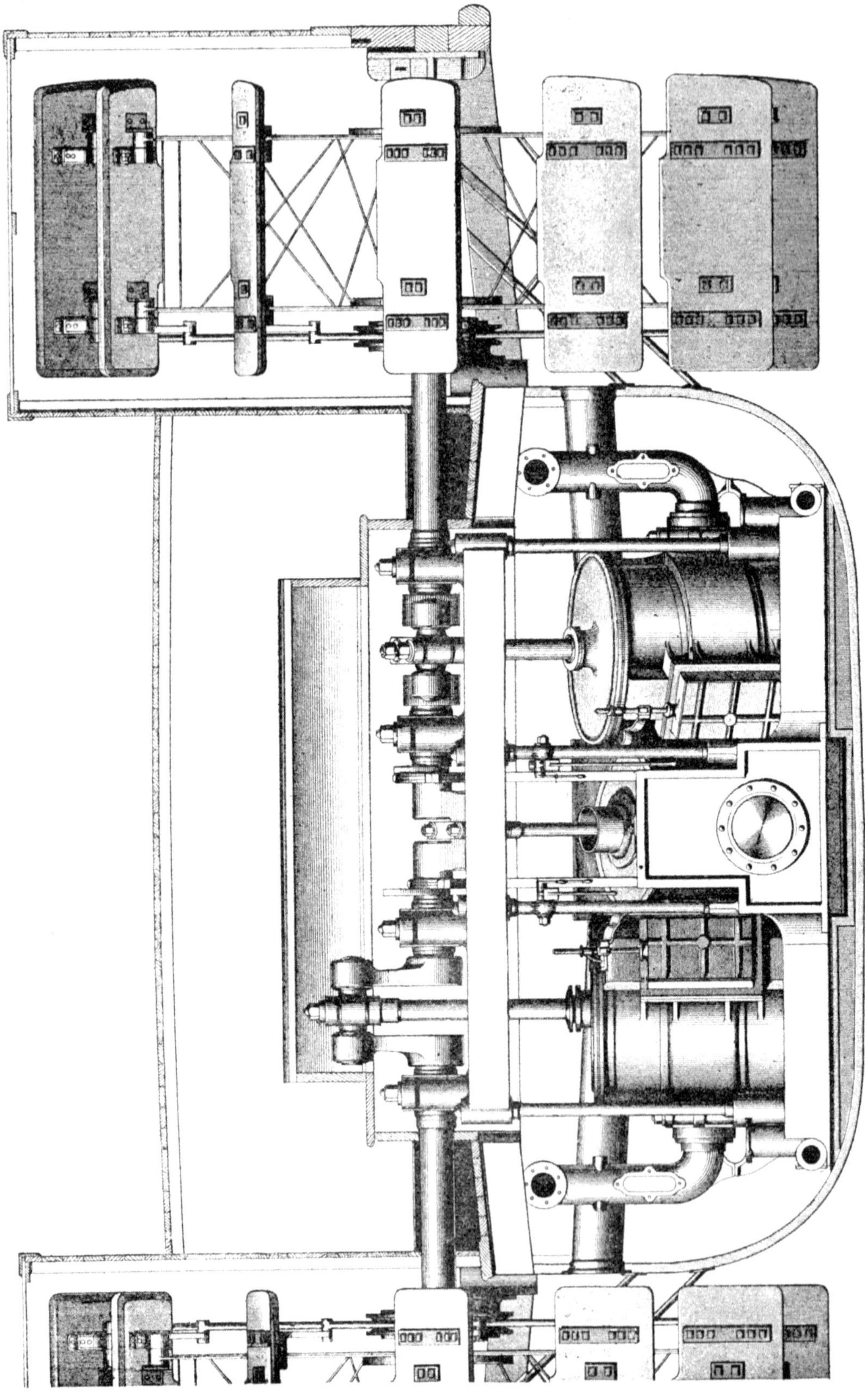

Fig. 660 – Machine à cylindres oscillants du steamer "Iona" ; coupe transversale.

La machine à triple expansion avec un cylindre dédoublé conduit à l'emploi de quatre manivelles (fig. 674 et 675), quand les cylindres ne sont pas montés en tandem. Quatre manivelles, calées suivant deux directions rectangulaires, ne donnent guère plus d'uniformité au moment moteur que deux coudes à angle droit ; mais elles équilibrent partiellement les pièces à mouvement alternatif, comme dans les compound à marche rapide, où les deux manivelles sont opposées à 180°.

Fig. 661. — Machine à cylindres oscillants, construite par J. et G. Thompson à Glasgow, pour bateau à roues ; coupe longitudinale, d'après Bourne. (Steamer «Iona» ; deux cylindres de $1^{m},17$ sur $1^{m},22$; nombre de tours par minute, 42).

Les axes des tiroirs des machines marines sont placés dans le même plan que ceux des cylindres, ou bien latéralement, dans un plan parallèle. La première disposition allonge la machine et, d'une manière générale, la seconde paraît préférable, quand le nombre des cylindres est supérieur à deux. Les tiroirs sont alors parfois commandés par un arbre auxiliaire, conduit par l'intermédiaire d'engrenages ou, plus simplement, par les mécanismes tels que ceux de Joy et de Marshall.

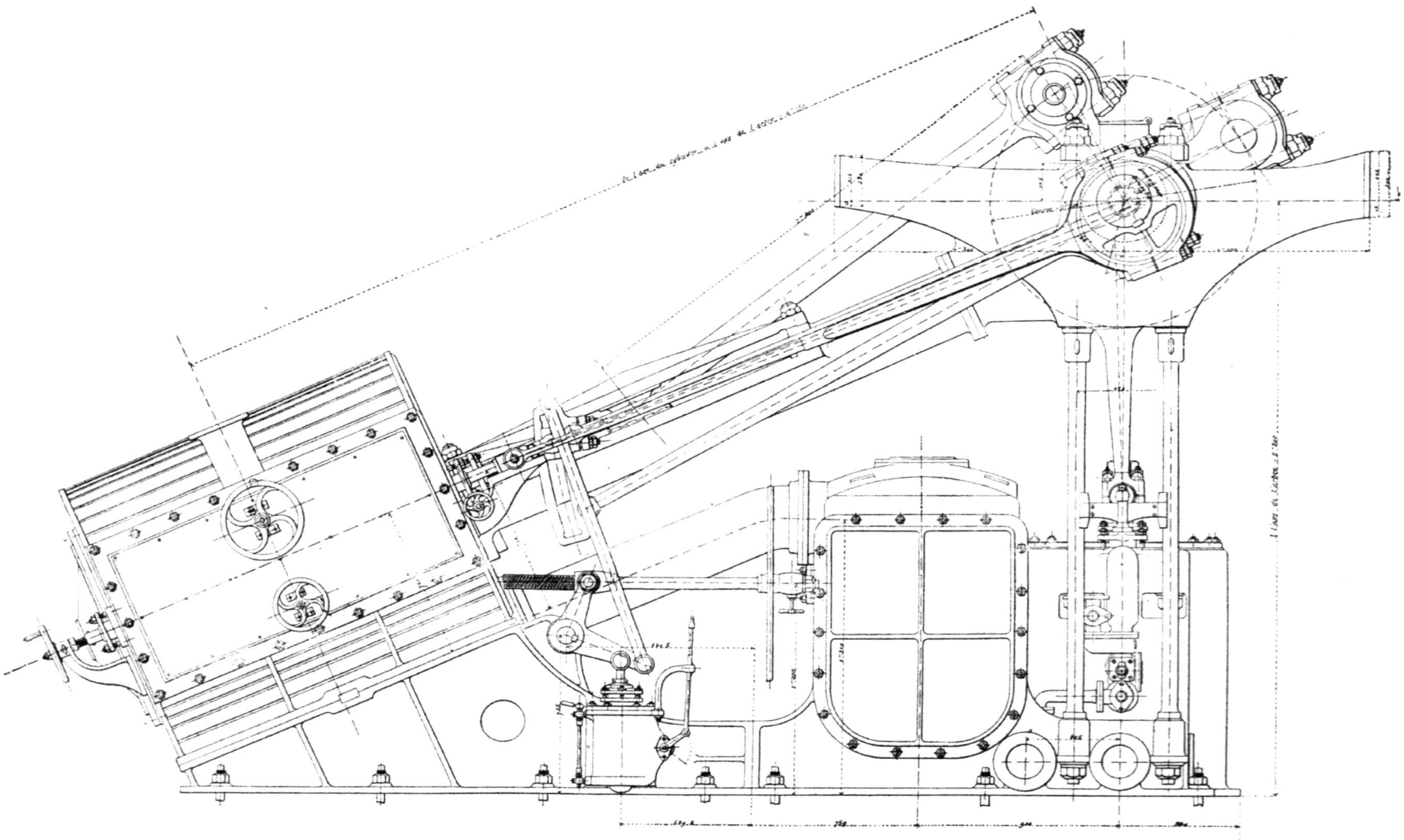

Fig. 662 – Machine compound, à cylindres inclinés, pour bateau à roues, construit en 1881 ; voir la légende p. 163.

De la légère inclinaison, donnée aux cylindres des machines du croiseur Daring (fig. 676 et 677), résulte quelque facilité pour le logement des tiroirs ; elle a permis de rapprocher les axes des cylindres, disposés en deux groupes de deux.

L'usage des tiroirs cylindriques est de plus en plus fréquent, même au dernier cylindre, pour lequel on a longtemps conservé des tiroirs plans. Avec l'énorme capacité qu'atteignent les derniers cylindres de certains moteurs, il devient difficile de donner une section suffisante aux passages de vapeur. En effet, si l'on augmente les dimensions d'une machine de manière qu'elle reste géométriquement semblable, le volume croîtra comme la troisième puissance du rapport de similitude, et les sections de passage s'agrandiront seulement comme le carré de ce rapport. Si les courses des pistons et des tiroirs sont les mêmes, pour divers cylindres de diamètres différents, et si la longueur des lumières planes, ou le diamètre des tiroirs cylindriques, varie comme le diamètre du cylindre, les volumes croissent comme le carré du diamètre, tandis que les sections de passage sont proportionnelles à ce diamètre.

Pour obtenir des sections suffisantes, on est obligé de munir les grands cylindres de deux et même de plusieurs tiroirs. C'est ainsi que les machines des croiseurs américains n°s 12 et 13, à cylindres de 1^{m},067, 1^{m},498 et 2^{m},337 sur 1^{m},067, ont un tiroir cylindrique pour le premier cylindre, deux pour le second et quatre pour le troisième.

Cette multiplicité des tiroirs complique et alourdit la machine. La coulée des cylindres est rendue plus difficile, les surfaces de refroidissement sont augmentées ; l'espace libre atteint et dépasse même le cinquième du volume du cylindre. Si la compression peut y rétablir la pression initiale dans les cylindres à haute et à moyenne pression, elle est insuffisante dans les cylindres à basse pression où, d'autre part, la détente ne peut être poussée jusqu'à la pression finale.

L'application d'une bonne distribution à obturateurs indépendants, pour l'admission et l'échappement, et à faibles espaces libres, parait un perfectionnement possible des machines marines ; les avantages de ces distributions sont bien démontrés pour les machines fixes.

En réduisant les espaces libres, on diminuerait la dépense de vapeur et le volume des cylindres, pour un même travail. Les organes de distribution connus, qu'on peut appliquer, à la place des tiroirs ordinaires plans ou cylindriques, sont les obturateurs oscillants de Corliss, ou les tiroirs à grille. On peut aussi, ou conserver la commande directe de ces distributeurs par la coulisse, ou bien appliquer le déclenchement et la fermeture rapide pour l'admission comme dans les machines Corliss.

L'étude de cette application, aux machines marines, des dispositions éprouvées depuis longtemps sur les machines fixes, est un peu compliquée par la nécessité du changement de marche. Cependant, avec le mécanisme de Frikart , par exemple, un seul excentrique suffit à donner de longues admissions pour chaque sens de rotation, de sorte qu'une coulisse ordinaire se prêterait à la commande des obturateurs. En outre, la difficulté de ménager à la vapeur, dans les très grands cylindres, des sections de passage suffisantes, subsiste toujours, si elle n'est pas aussi grande qu'avec les tiroirs.

Enfin la compression est nécessaire pour ménager le changement de sens des efforts, et les admissions brusques de vapeur de beaucoup de Corliss donneraient lieu à des chocs destructeurs dans les machines de bateaux. On pourrait sans doute y réduire les espaces libres des cylindres et la durée de la compression, mais pas autant que dans les machines fixes.

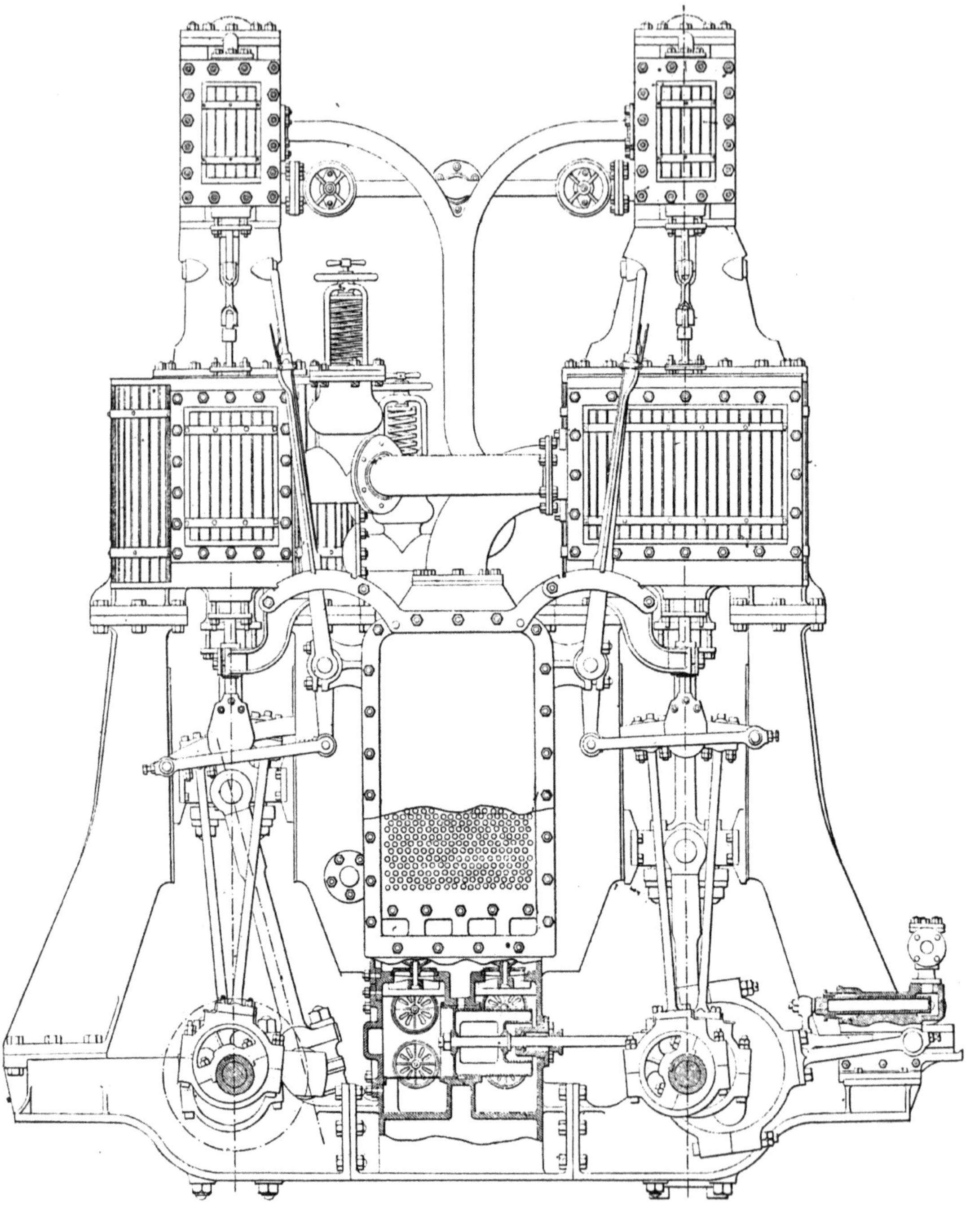

Fig. 663. — Machines du steamer *Arabian*, construites vers 1884 ; coupe transversale. Chacun des deux groupes tandem commande un arbre d'hélice ; le cylindre à haute pression est dédoublé et les deux cylindres inférieurs sont l'un à moyenne, l'autre à basse pression. Des soupapes spéciales permettent la marche indépendante des deux machines. La pression initiale effective est de $11^{kg},5$ et la puissance totale indiquée de 336 chevaux (d'après M. Demoulin dans le *Portefeuille des Machines*).

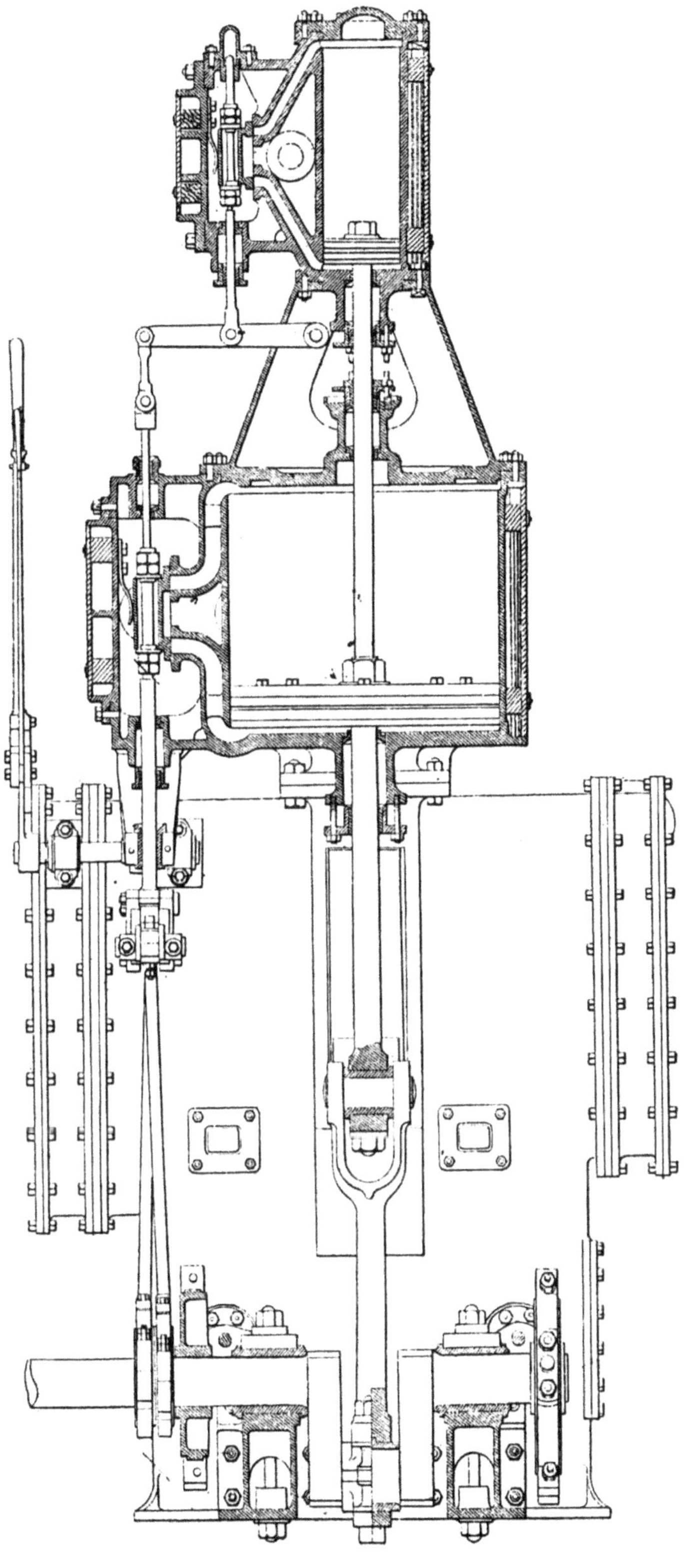

Fig. 664. — Machines du steamer *Arabian* ; coupe longitudinale.

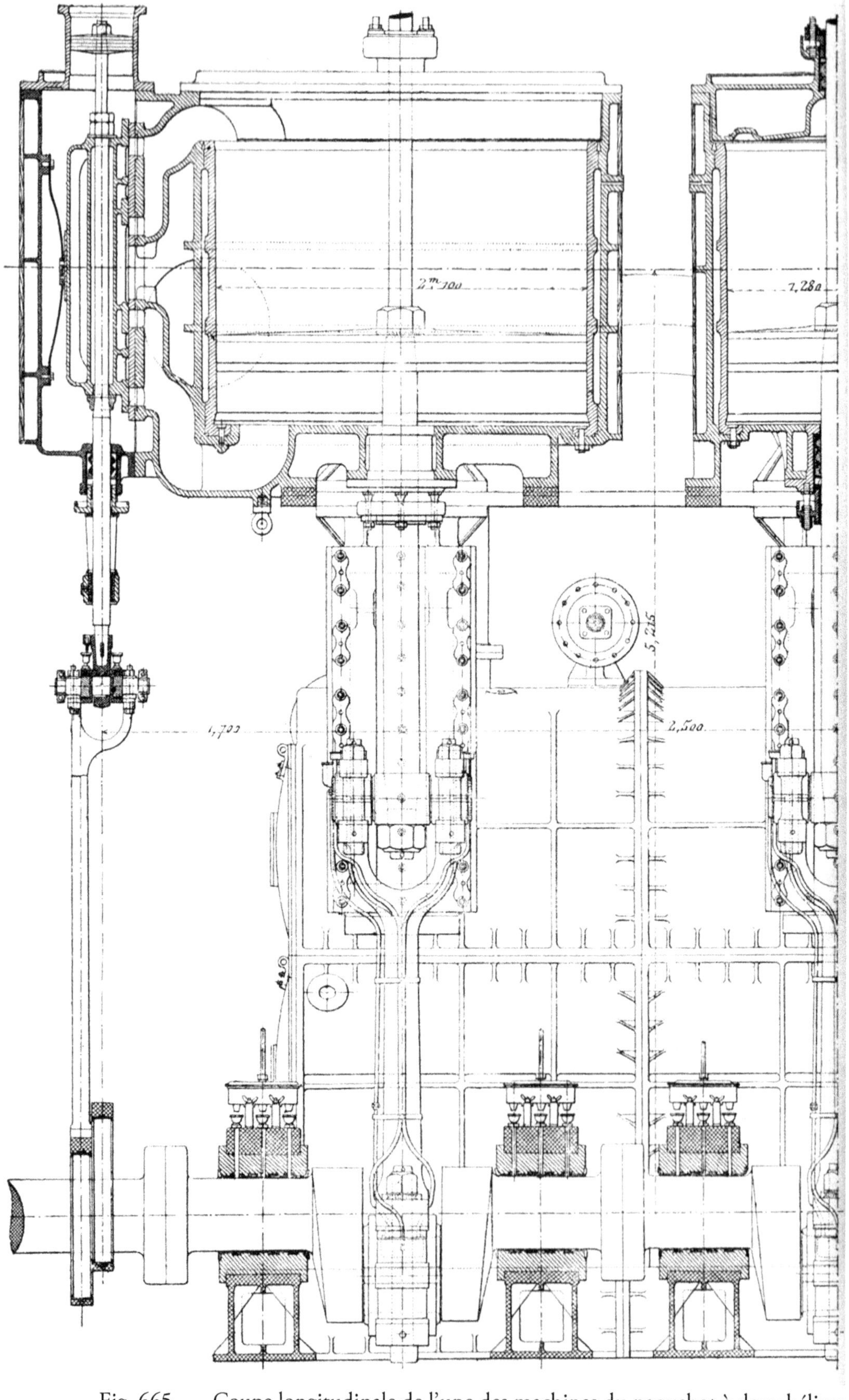

Fig. 665. — Coupe longitudinale de l'une des machines du paquebot à deux hélices

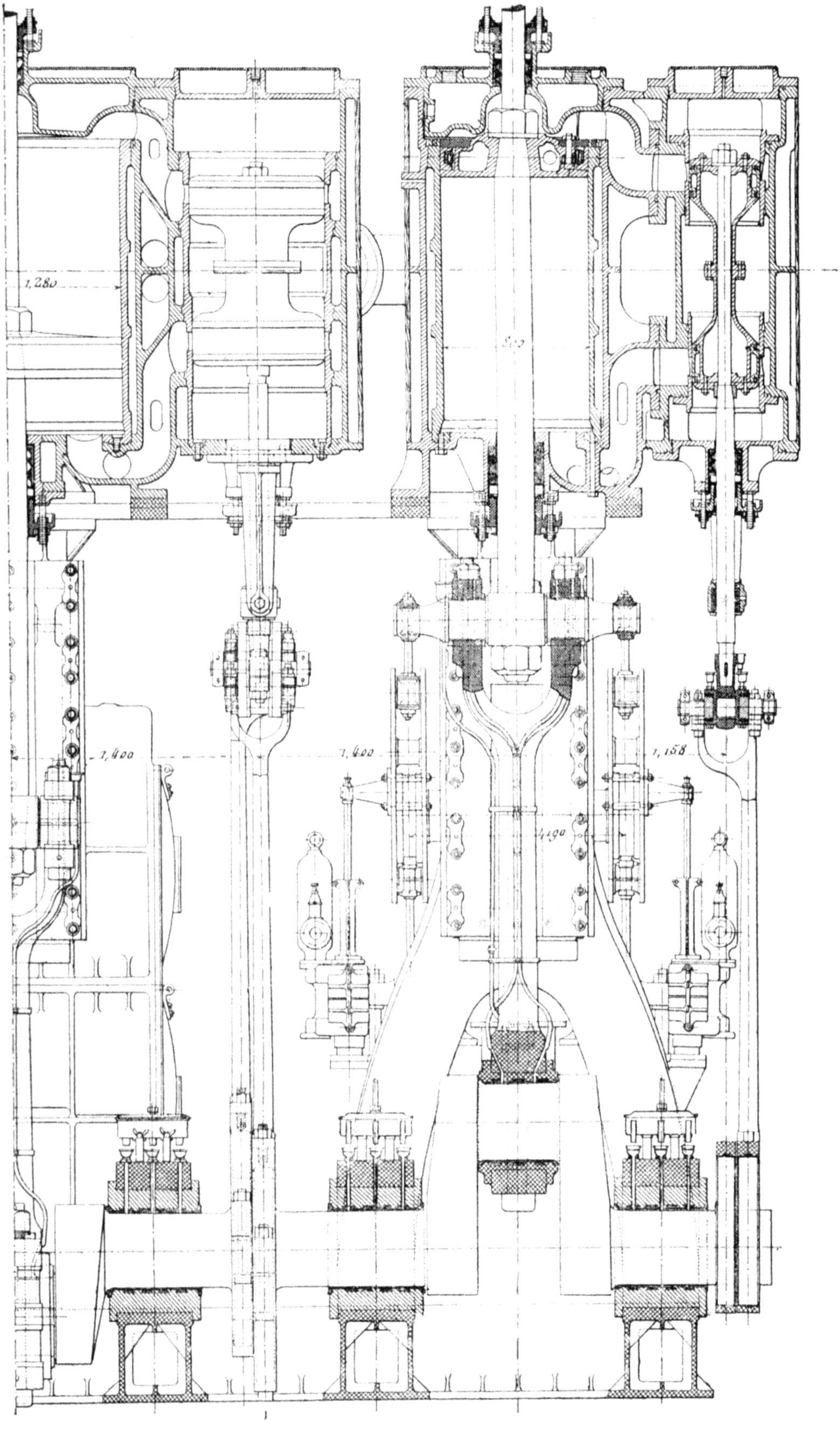

la Navarre de la Compagnie générale transatlantique, construit en 1891.

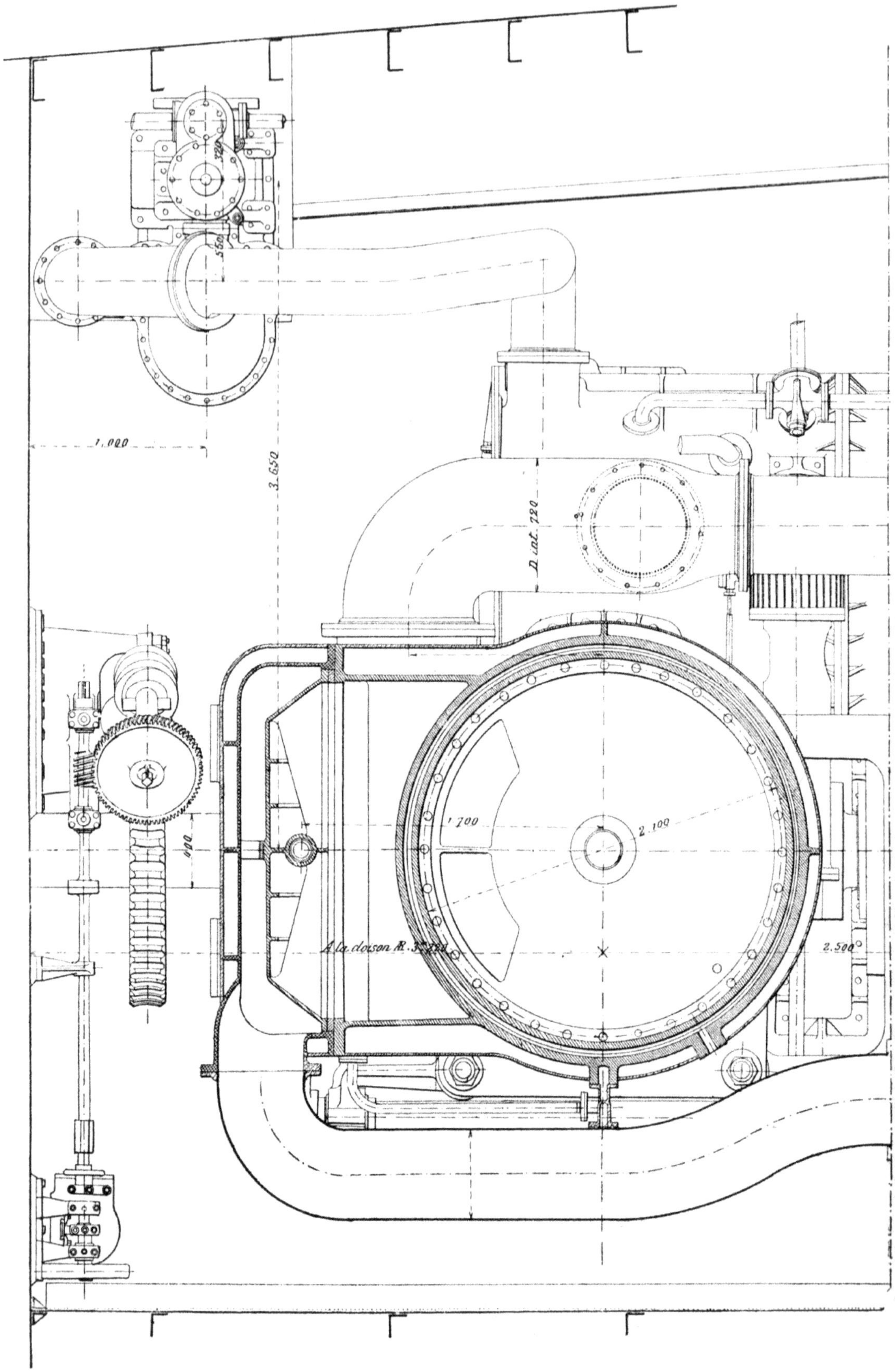

Fig. 666 – Machine bâbord de «la Navarre» ;

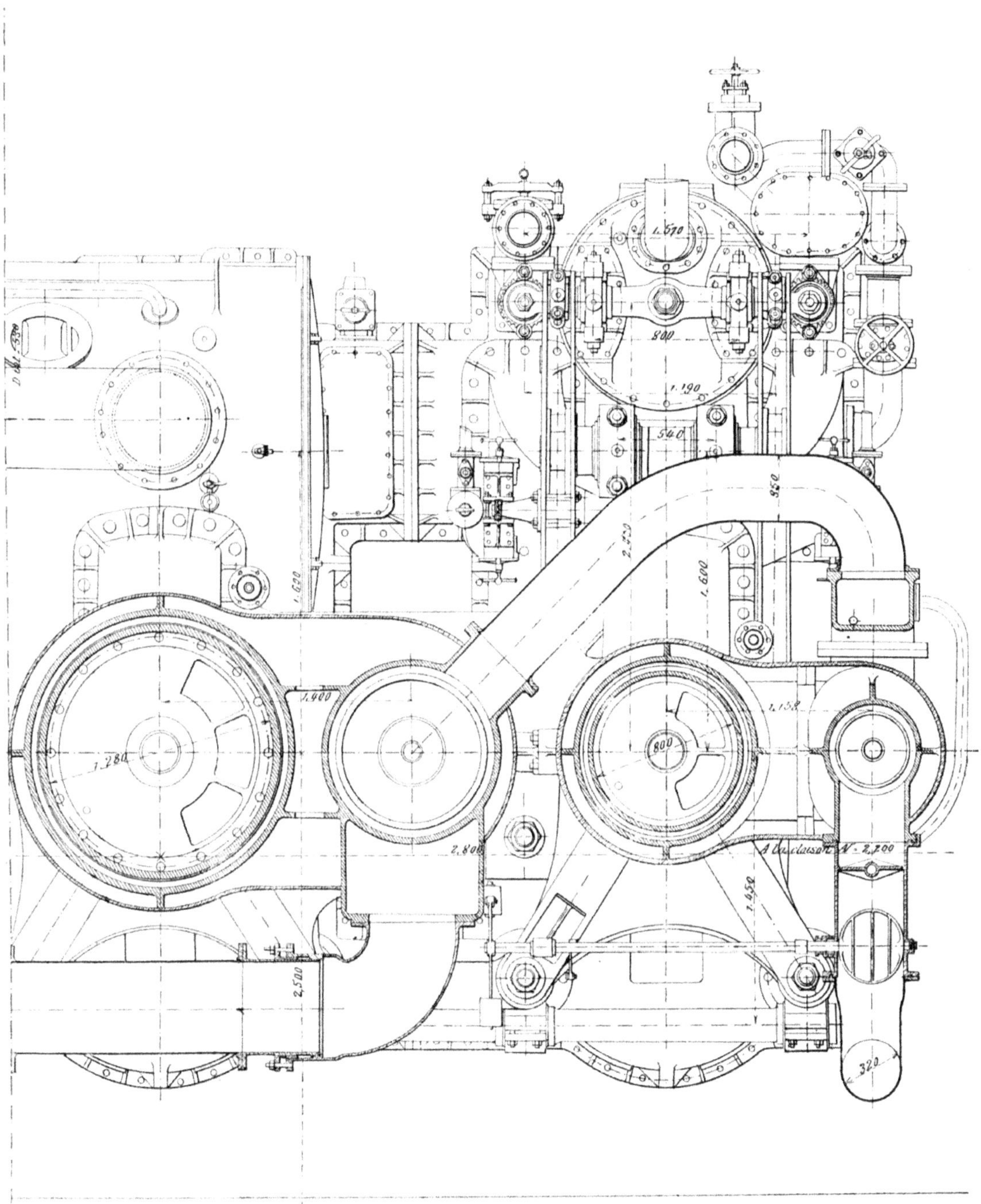

coupe horizontale par les cylindres.

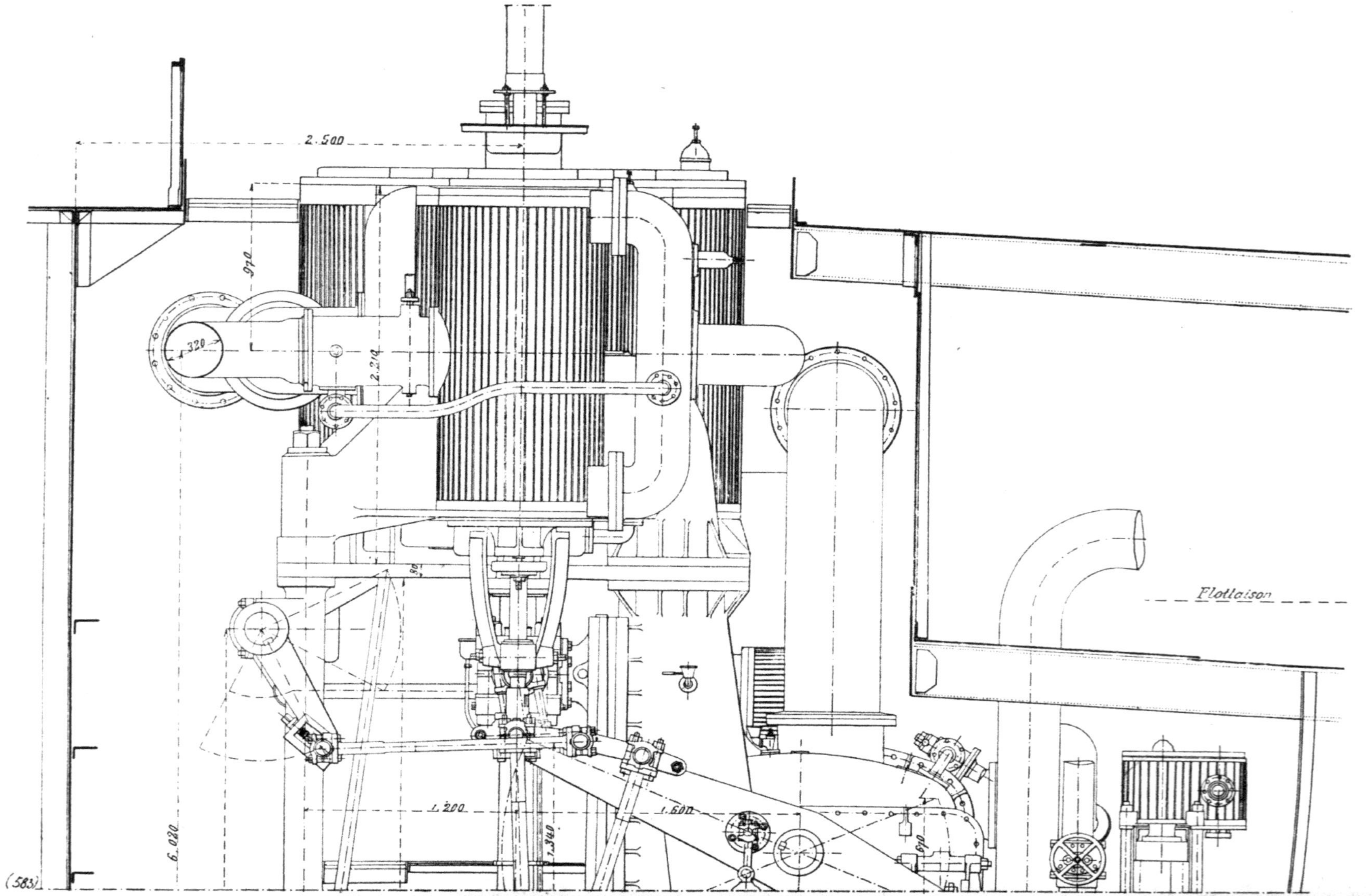

2.500
970
320
2.210
80
Flottaison
1.200
1.600
1.340
6.020
610
(583)

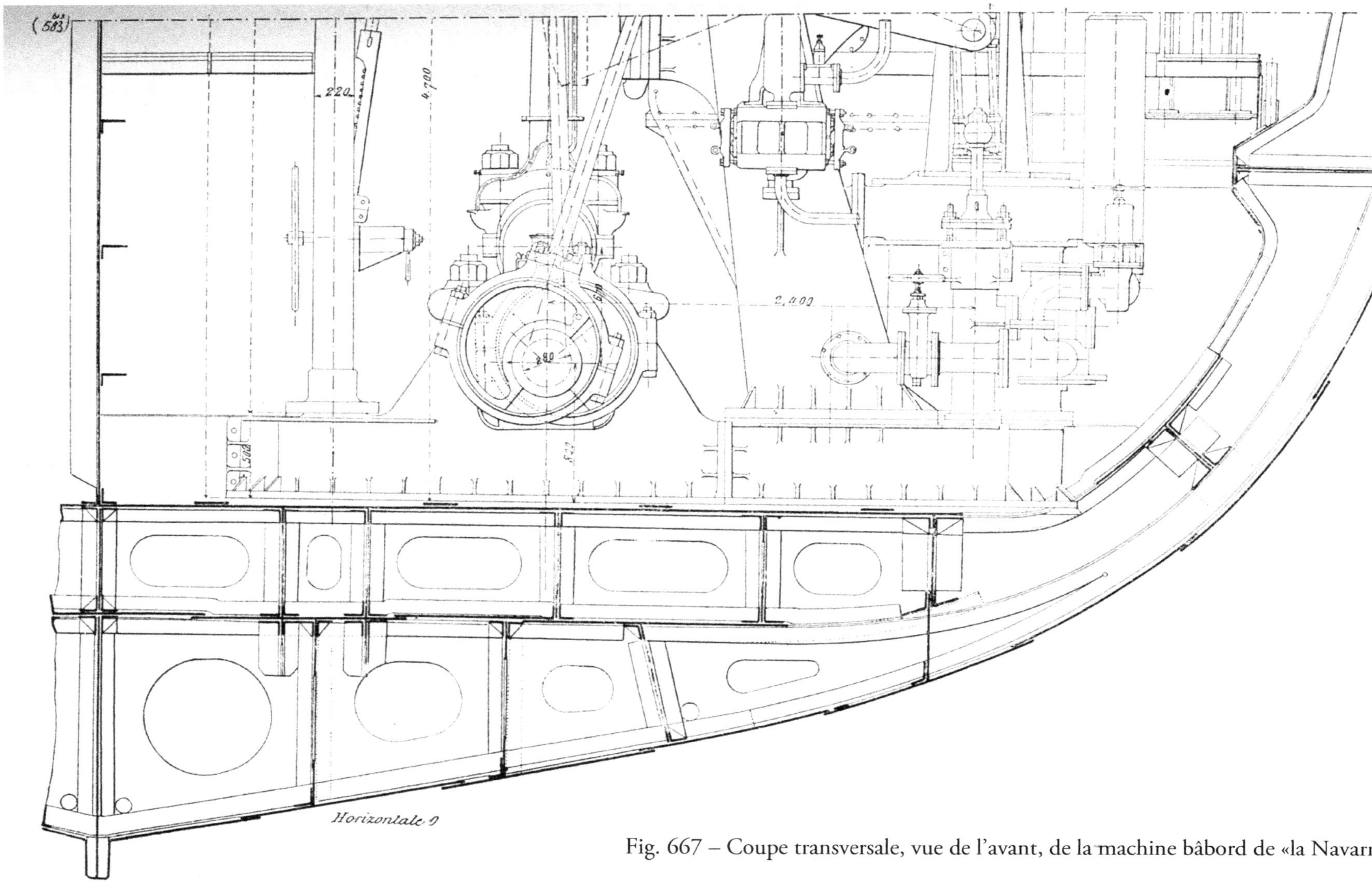

Fig. 667 – Coupe transversale, vue de l’avant, de la machine bâbord de «la Navarre».

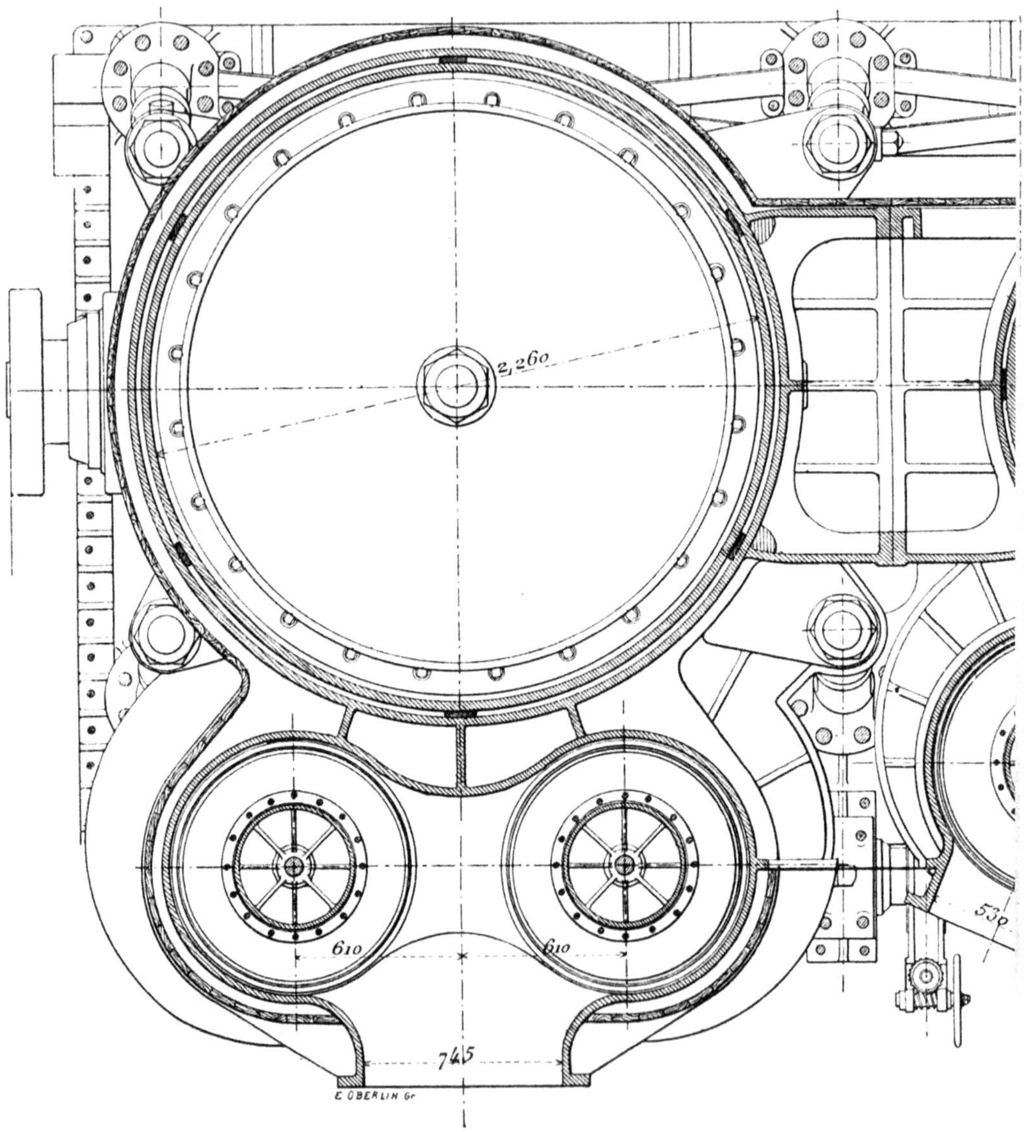

Fig. 668. — Une des machines du « Capitan Prat -, cuirassé chilien, construit
par le milieu des cylindres. Distribution par tiroirs cylindriques,

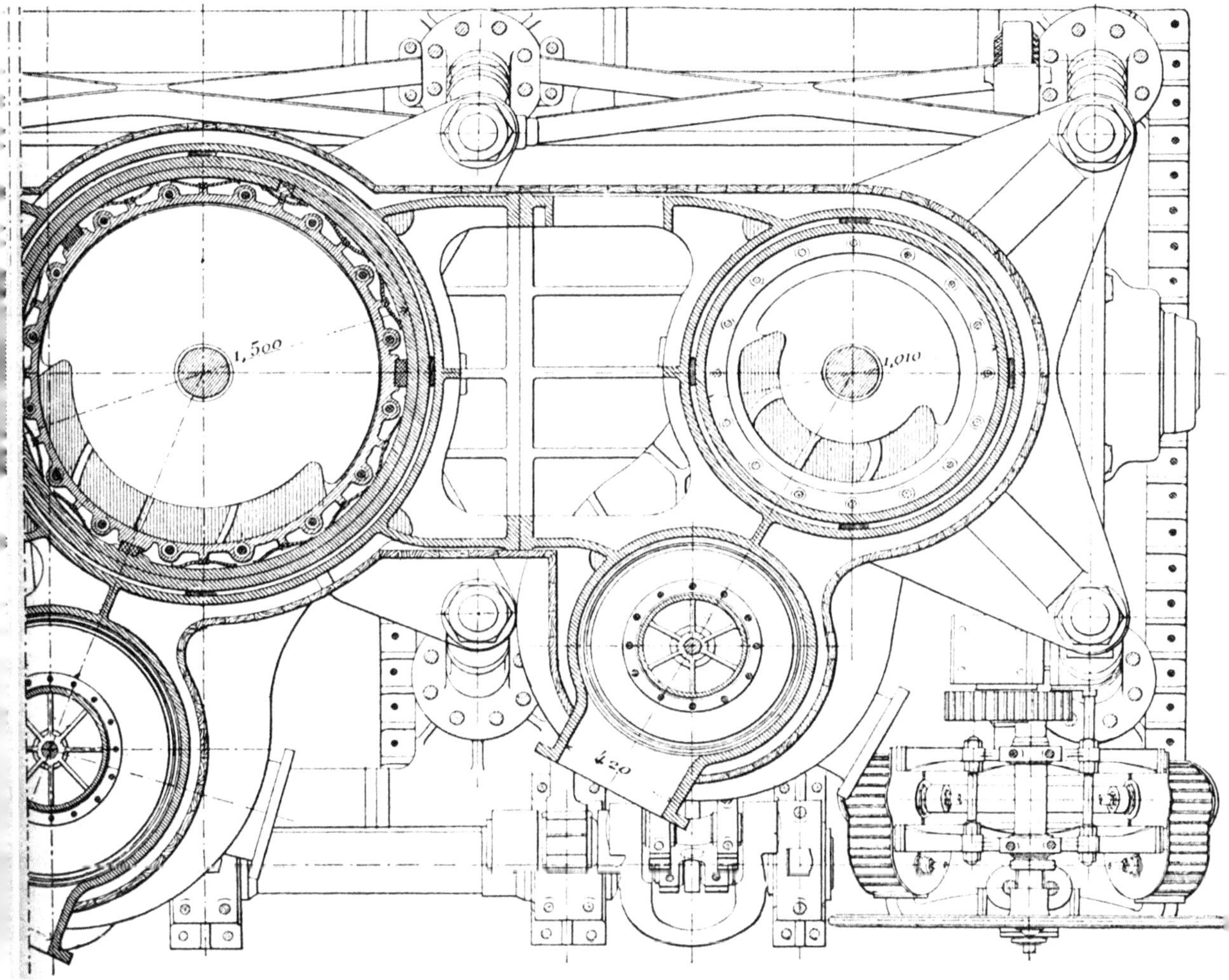

en 1890 par les Forges et Chantiers de la Méditerranée ; coupe horizontale
deux au grand cylindre.

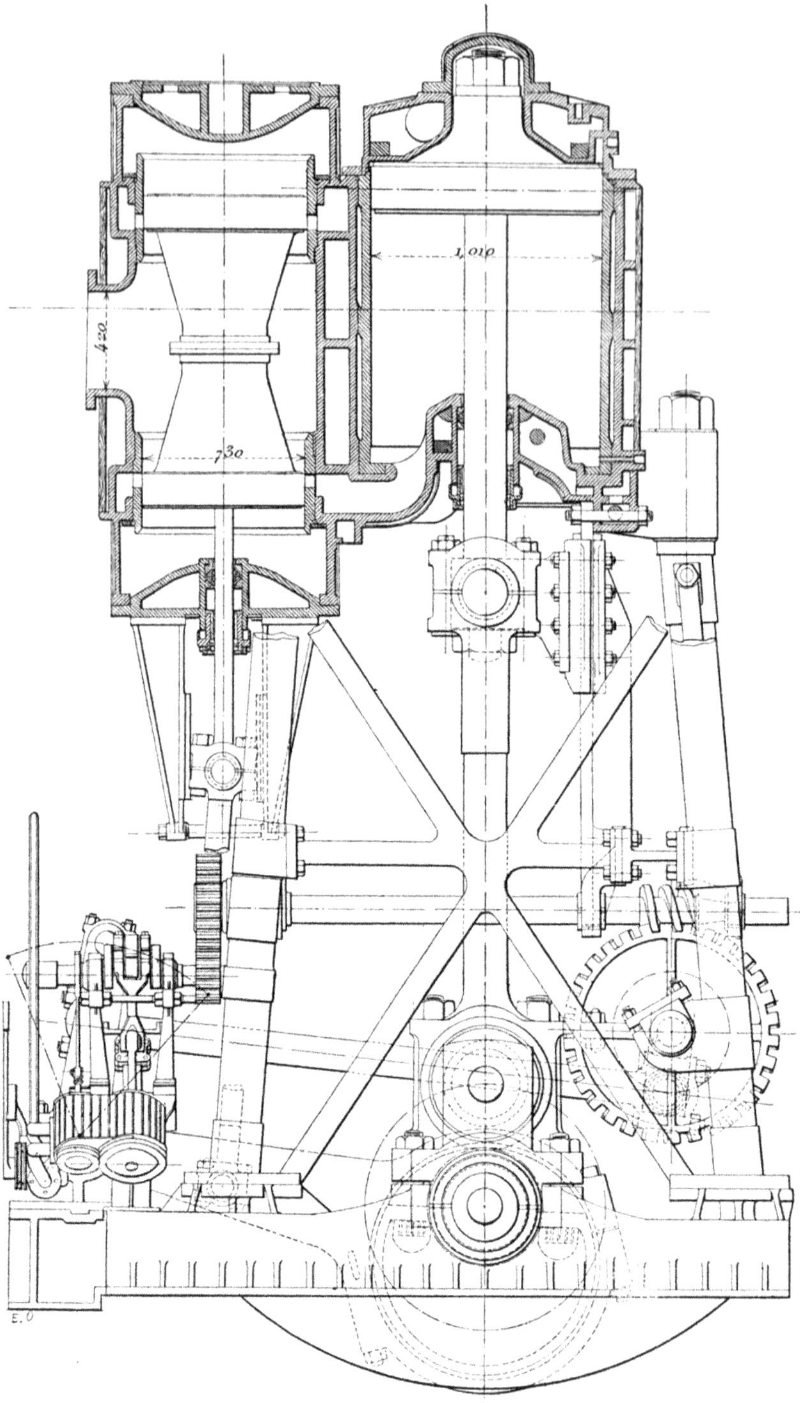

Fig. 669. — Machine du «Capitan Prat » ; coupe transversale par l'axe du petit cylindre. Cette vue montre le petit moteur à vapeur qui commande l'arbre de relevage, par l'intermédiaire de roues dentées et d'une vis sans fin.

Légende des figures 668 à 670.

Deux machines de 6000 chevaux :		Poids par cheval indiqué :	
Pression de régime	10 kg	Machines	45,67 kg
Surface de grille	64 m²	Chaudières	31,41 kg
Surface de chauffe	2075 m²	Eau	13,42 kg

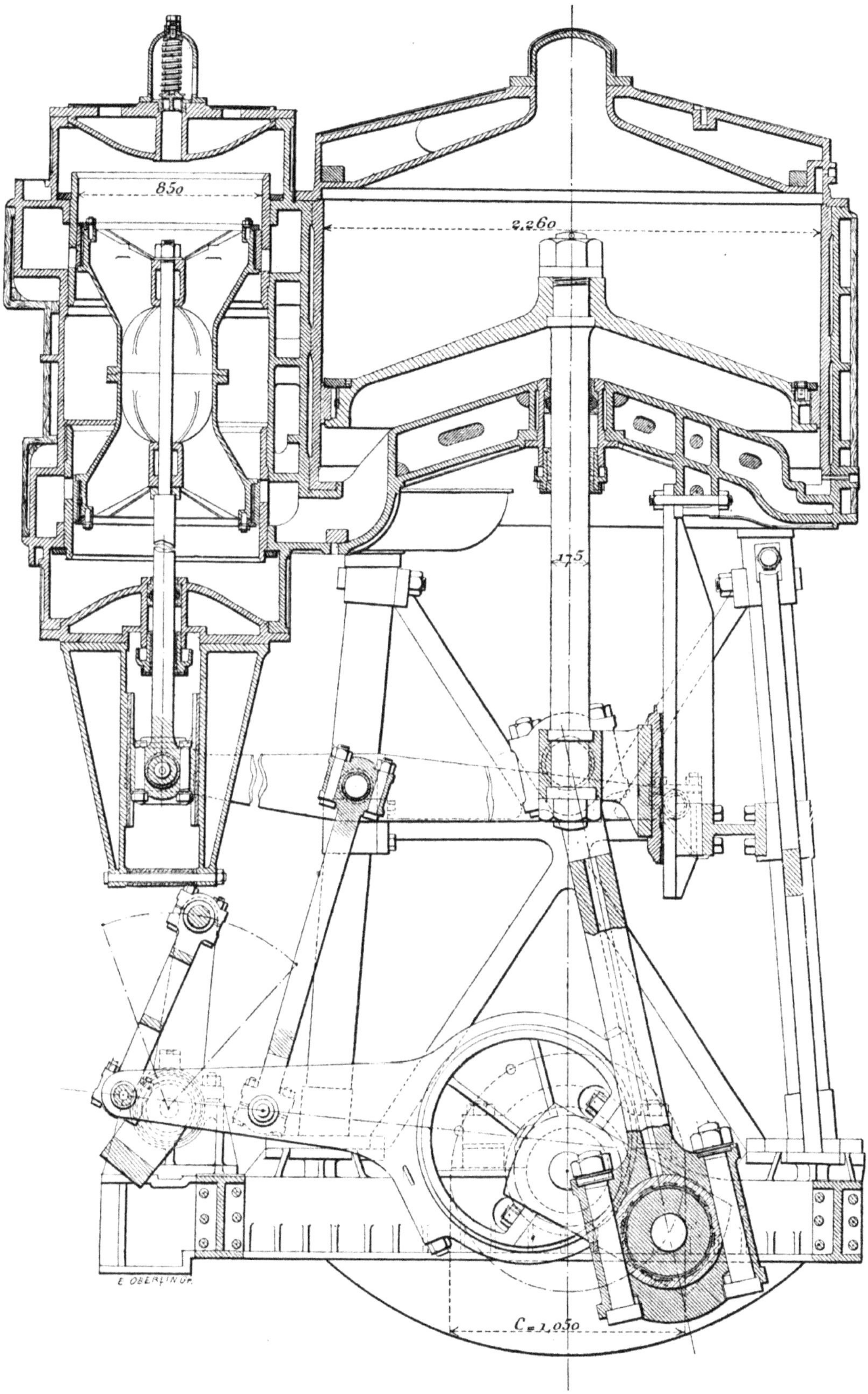

Fig. 670. — Machine du » Capitan Prat » ; coupe transversale par l'axe du grand cylindre ; distribution Marshall.

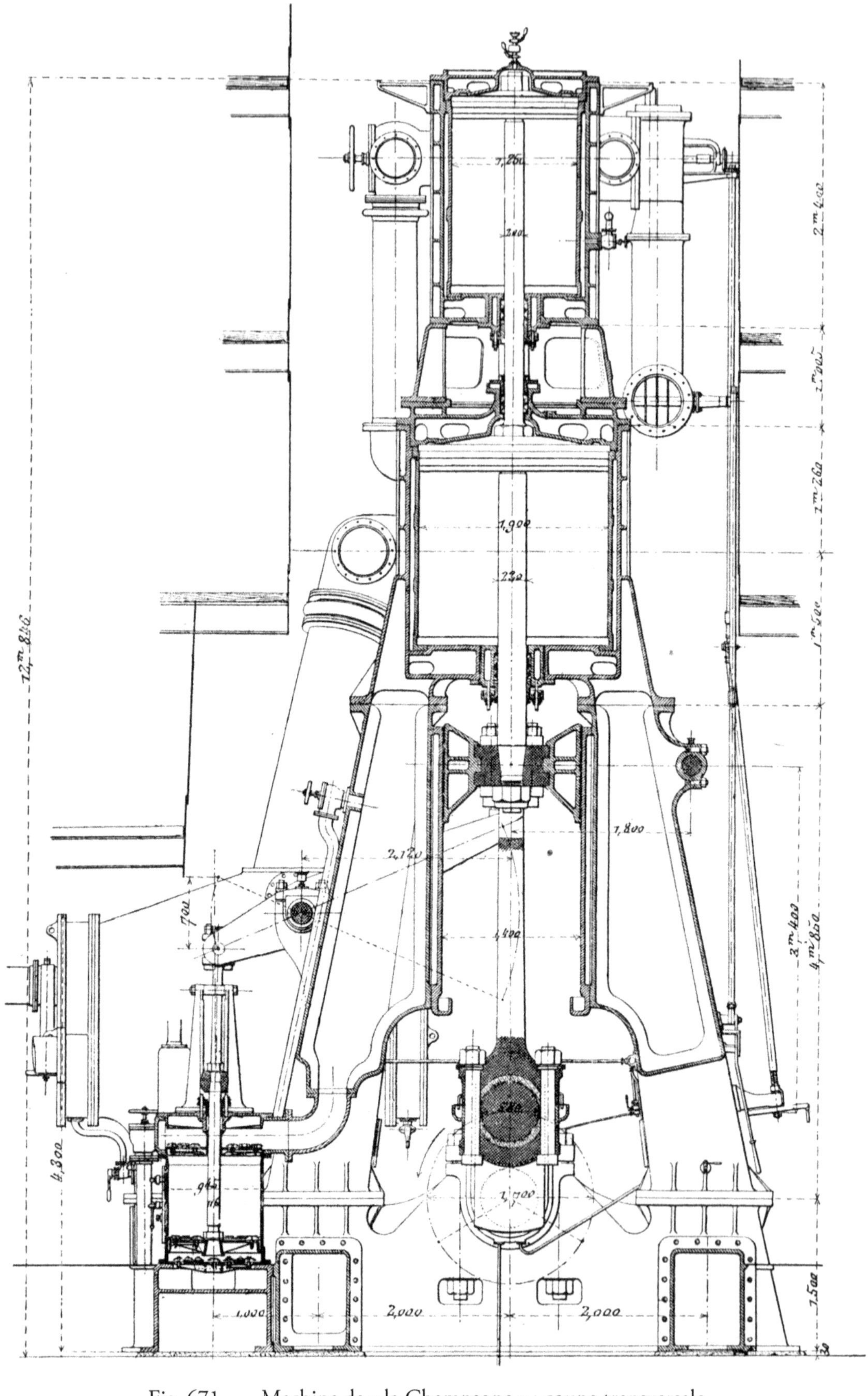

Fig. 671. — Machine de « la Champagne » ; coupe transversale.

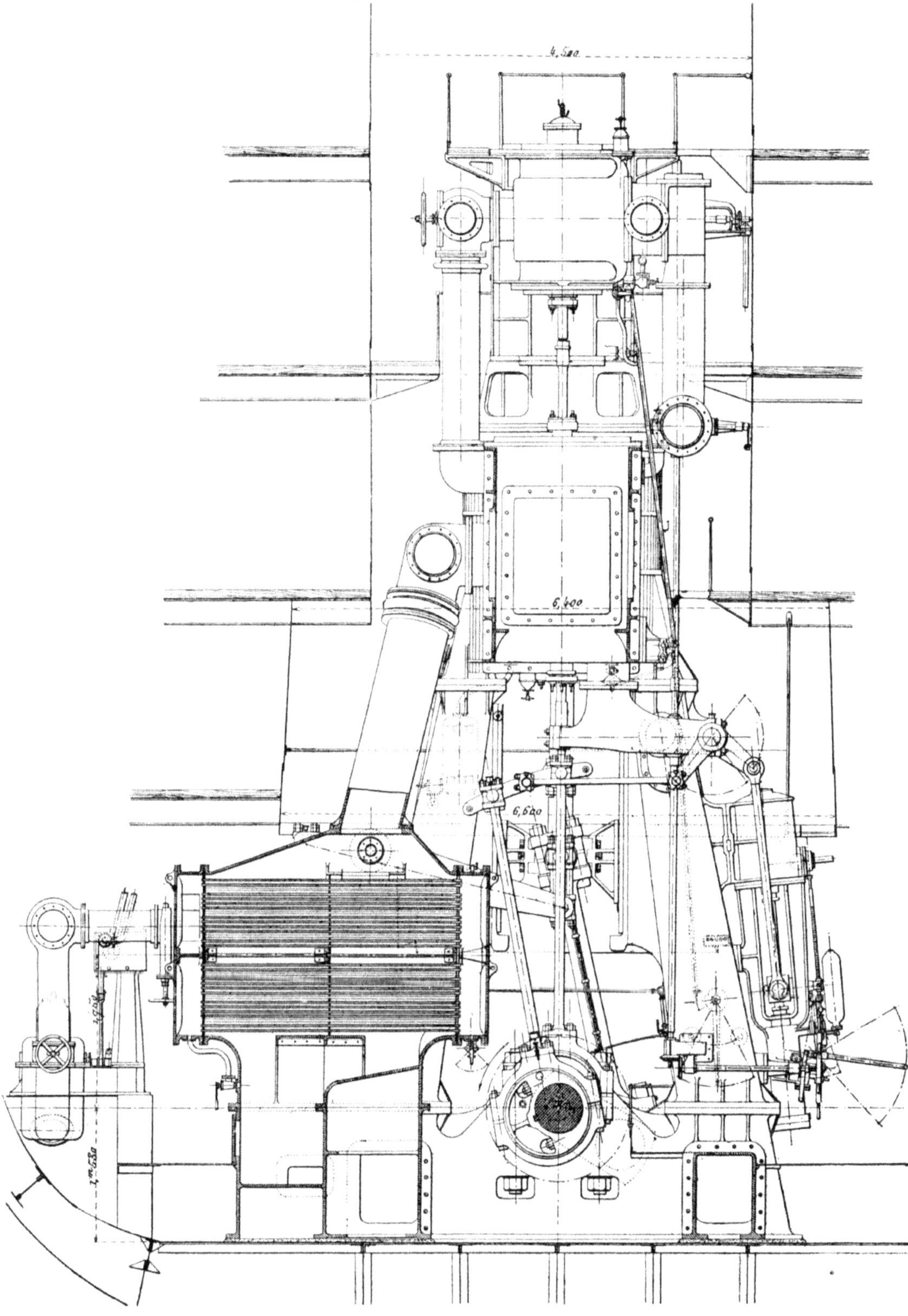

Fig. 672. — Machine de « la Champagne » ; élévation transversale et coupe d'un condenseur.

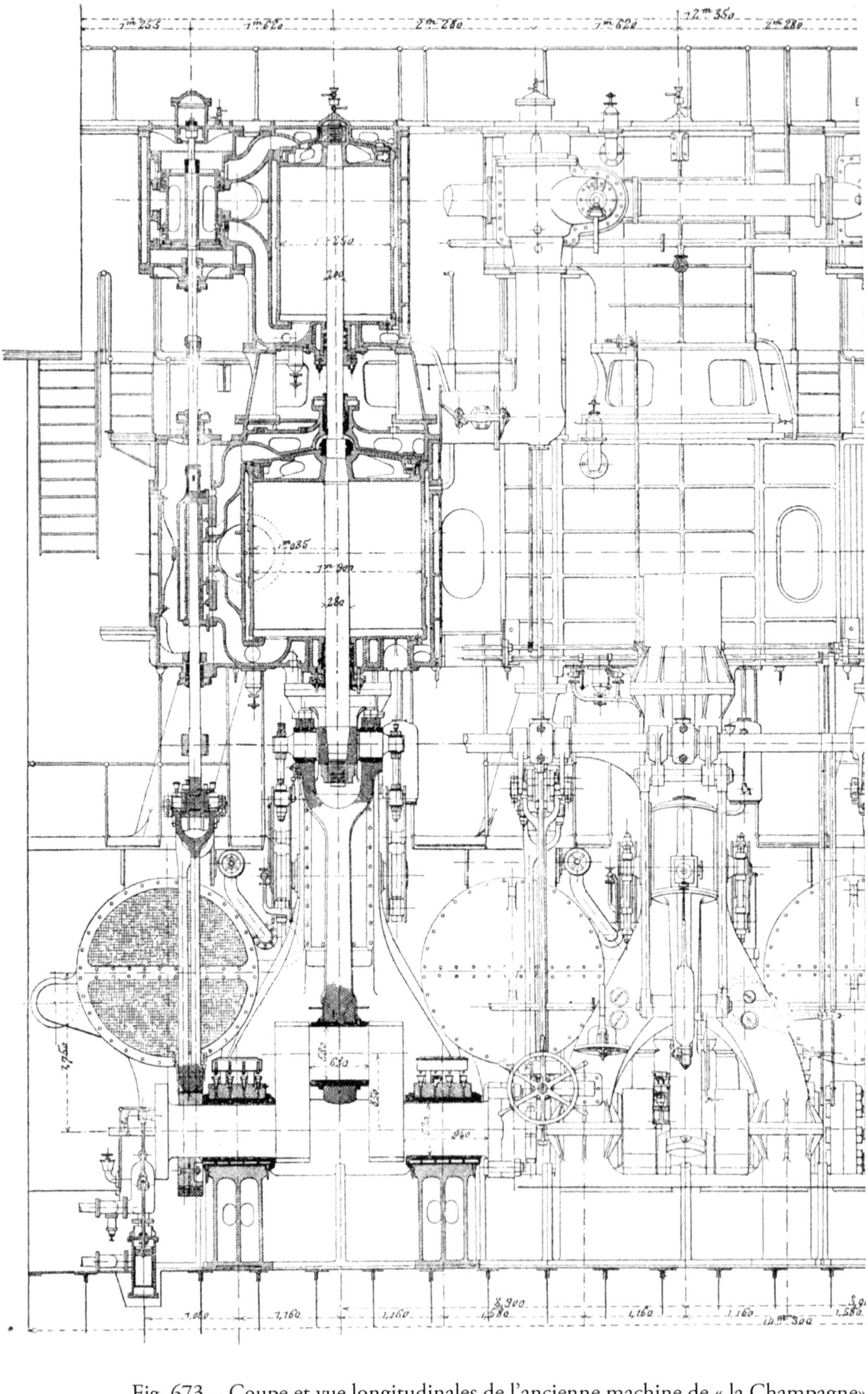

Fig. 673. - Coupe et vue longitudinales de l'ancienne machine de « la Champagne»

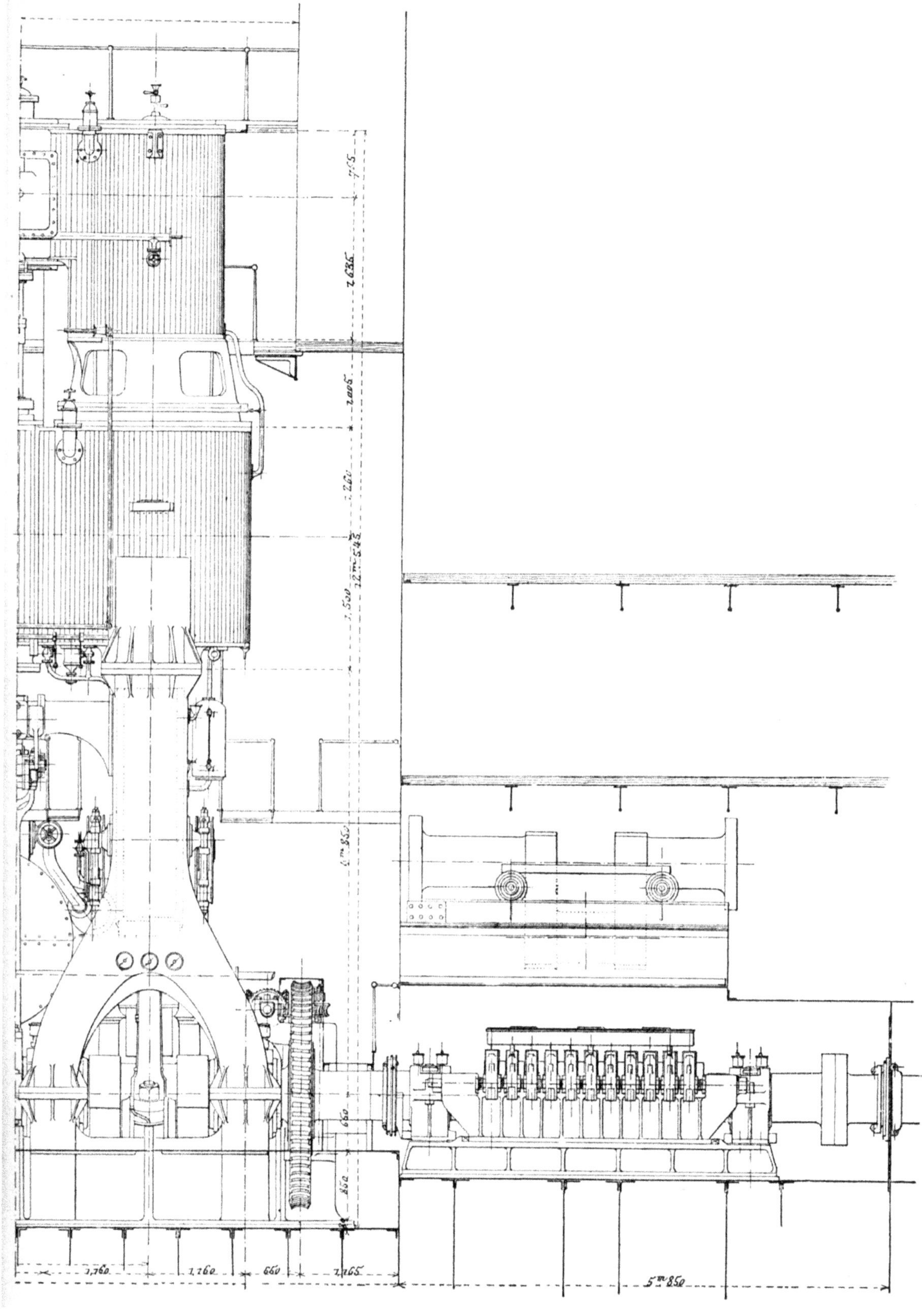

construite en 1885 par la Compagnie générale transatlantique.

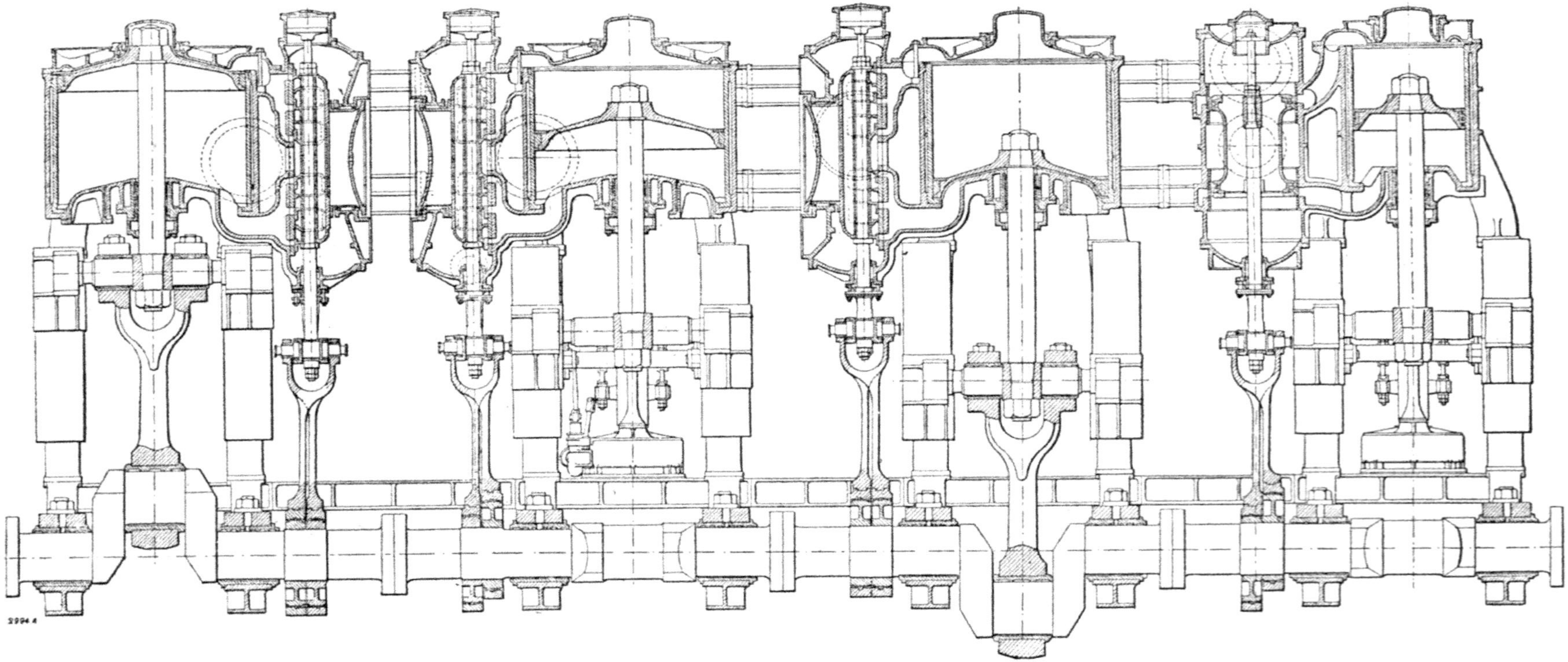

Fig. 674 – Machine à triple expansion et à quatre cylindres du croiseur «Terrible», (d'après *l'Engineering*). Coupe longitudinale ; cylindres de $1^{m},144$, $1^{m},930$ et $1^{m},930$ sur $1^{m},220$.

Une particularité intéressante est la suppression de l'enveloppe de vapeur dans certaines grandes machines, dont on réduit ainsi le poids. Il convient de remarquer, à ce sujet, que l'efficacité de l'enveloppe diminue à mesure que la dimension du cylindre augmente, et que l'écart des températures extrêmes de la vapeur se réduit.

Dans des torpilleurs, on a poussé très loin la réduction du poids et de l'encombrement des machines ; on emploie pour ces bâtiments des appareils compound (fig. 678 à 680) et à triple expansion (fig. 681 et 682), tournant à très grande vitesse. Les canots à vapeur ont aussi de petites machines-pilon compound ou à triple expansion (fig. 683 et 684).

La machine compound des figures 678 à 680, construite par M. Normand, est munie de soupapes légères entre le cylindre et la boîte à vapeur (fig. 266, t. I),

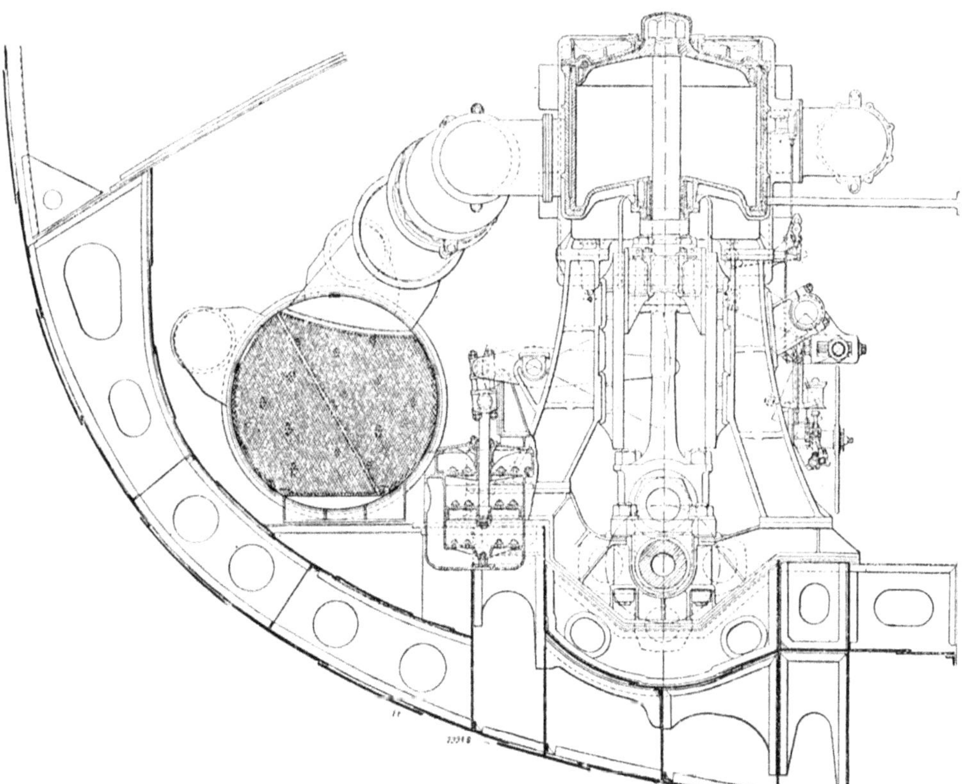

Fig. 675. — Machine à triple expansion du croiseur «Terrible» ; coupe transversale par l'axe d'un des cylindres à basse pression.

destinées à limiter la compression, et d'un tiroir spécial au grand cylindre, pour prise de vapeur destinée à réchauffer l'eau d'alimentation ; l'effet de cette disposition est étudié au § 113. Dans les essais à vitesse réduite, cet appareil a donné des consommations extraordinairement faibles (moins de 500 g de briquette par cheval indiqué et par heure, d'après les rapports publiés dans les mémoires de la Société des Ingénieurs civils, en décembre 1890) ; cette grande économie indique que les dispositions de la chaudière, comme celles de la machine, devaient être excellentes. Les bâtis de la machine, en bronze, sont rattachés l'un à l'autre par des tirants obliques en fer (fig. 678).

Les figures 681 et 682 donnent les vues perspectives d'une machine à triple expansion pour torpilleur plus récente, exécutée également par les ateliers Normand. Deux machines pareilles, d'une puissance totale de 2.300 chevaux, ont été construites

Fig. 676. — Machine du « Daring », à triple expansion et à quatre cylindres, construite vers 1893 ; diamètres des cylindres, 480 — 685 — deux de 685 mm ; course, 405 mm. Deux machines pareilles commandent chacune une hélice. Aux essais, à la vitesse de 389 tours par minute, la pression de la vapeur à l'admission étant de 14 kg par cm^2, la puissance indiquée a atteint 4.644 chevaux et la vitesse 28,3 noeuds (52^{km},5 à l'heure).

pour le « Chevalier », qui déplace en charge 130 tonnes. On a donné le même poids aux trois pistons de chaque machine, pour équilibrer autant que possible les forces d'inertie (voir § 68, t. I).

On a récemment atteint des vitesses très considérables avec de petits bâtiments, comme ceux que montrent les figures 685 et 686. Le Forban, construit par Aug. Normand, a fait, dans ses essais, 31,029 nœuds, ou machines-pilon pour la commande de l'arbre de l'hélice, et conservées dans quelques navires de guerre, la place manque encore plus qu'en dessous des arbres des roues. La bielle de la machine à fourreau (fig. 687) s'articule sur le piston même, au milieu d'un fourreau, guidé par deux presse-étoupes, et assez large pour permettre l'oscillation de la bielle. Les fourreaux présentent une grande surface refroidissante ; leurs garnitures ont un diamètre considérable ; ce sont là des inconvénients sérieux.

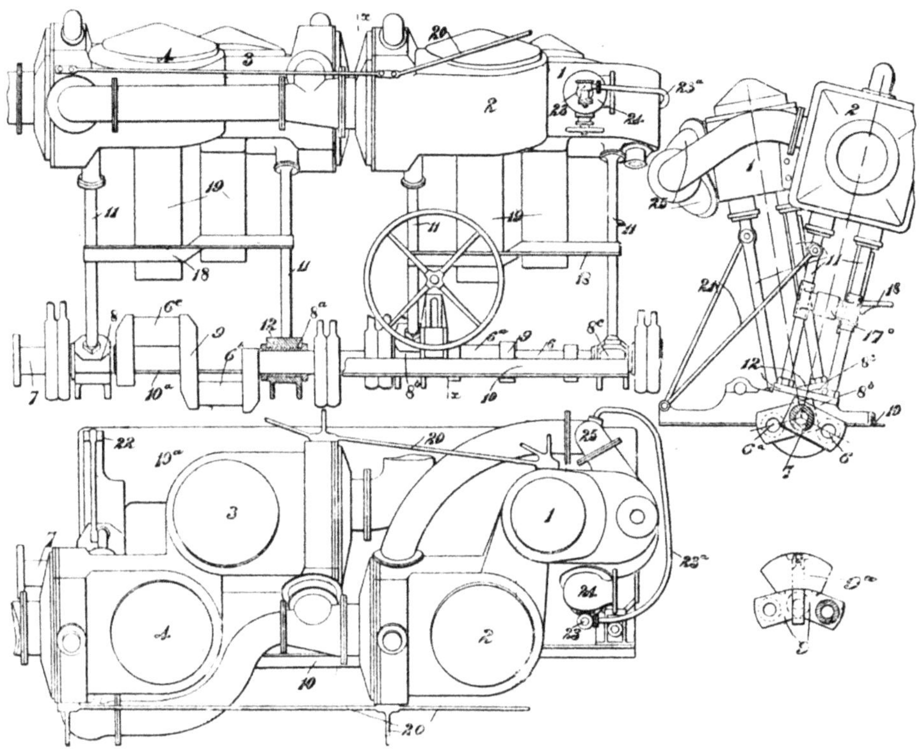

Fig. 677.— Machine du «Daring»; élévation, coupe transversale, plan, manivelles avec contrepoids cylindre à haute pression ; 2, cylindre intermédiaire; 3 et 4, cylindre à basse pression divisé en deux. Deux groupes de manivelles calées à angle droit ; les deux manivelles de chaque groupe sont opposées à 180°, sauf une correction résultant de l'angle des axes des cylindres correspondants.

Dans la marine anglaise, les machines à fourreau ont fait un long service. En France, on a donné la préférence à la machine à bielle en retour ou renversée (fig. 688 à 693) : la tête de piston (fig. 688), qui porte l'articulation de la petite tête de bielle, est transportée du côté de l'arbre opposé au cylindre ; elle est rattachée au piston par deux longues tiges, disposées de manière à éviter l'arbre et ses coudes.

Les figures 688 à 690 représentent la machine compound à trois cylindres du « Fulminant », construite en 1877. Les deux manivelles correspondant aux cylindres à basse pression sont calées à angle droit ; la troisième manivelle fait un angle de 135° avec chacune des deux autres. Les tiroirs, placés au-dessus des cylindres, sont menés par un arbre auxiliaire, entraîné par un engrenage à toc ; ce mécanisme de changement de marche est représenté par les figures 280 et 281 (t. I). La machine

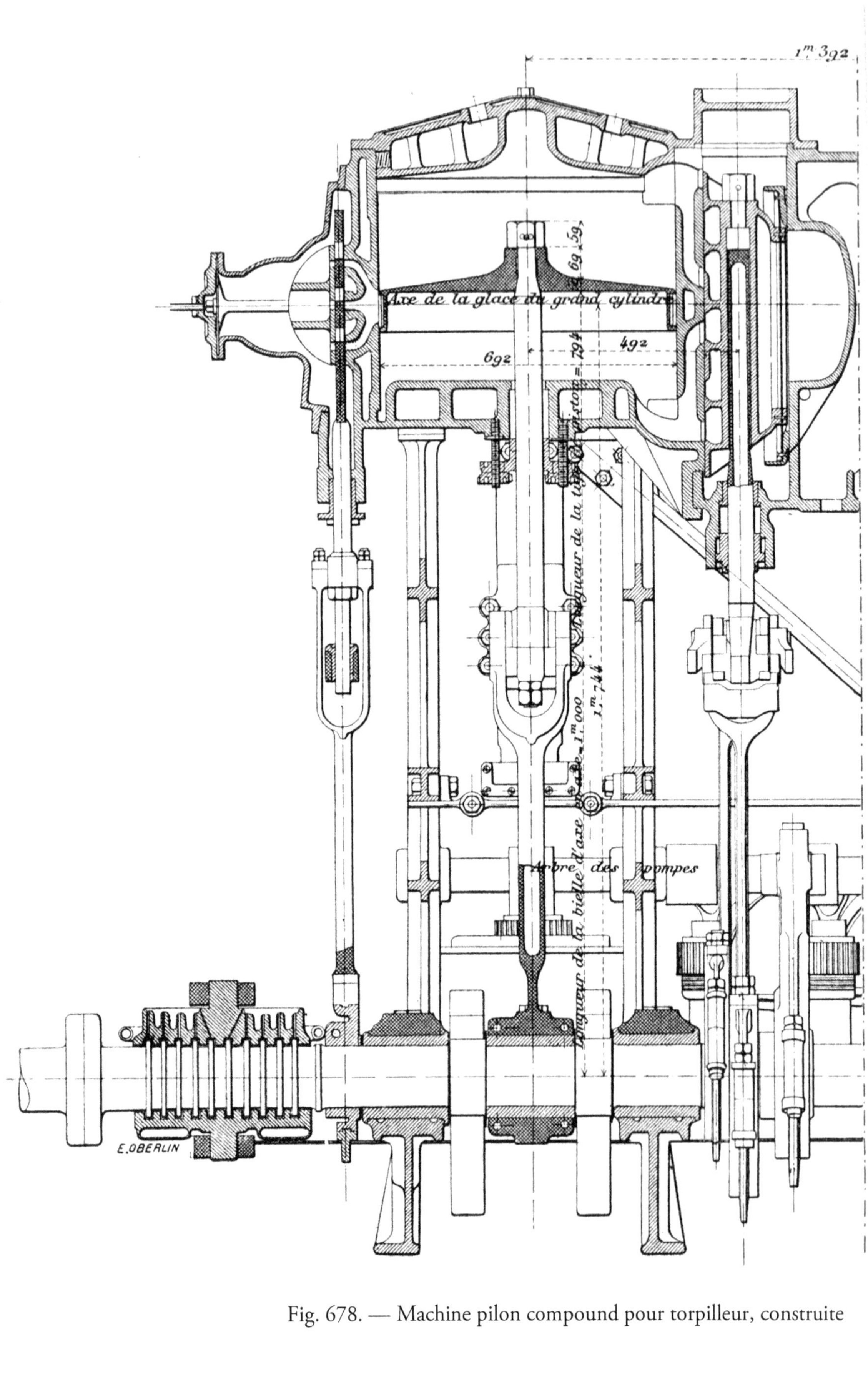

Fig. 678. — Machine pilon compound pour torpilleur, construite

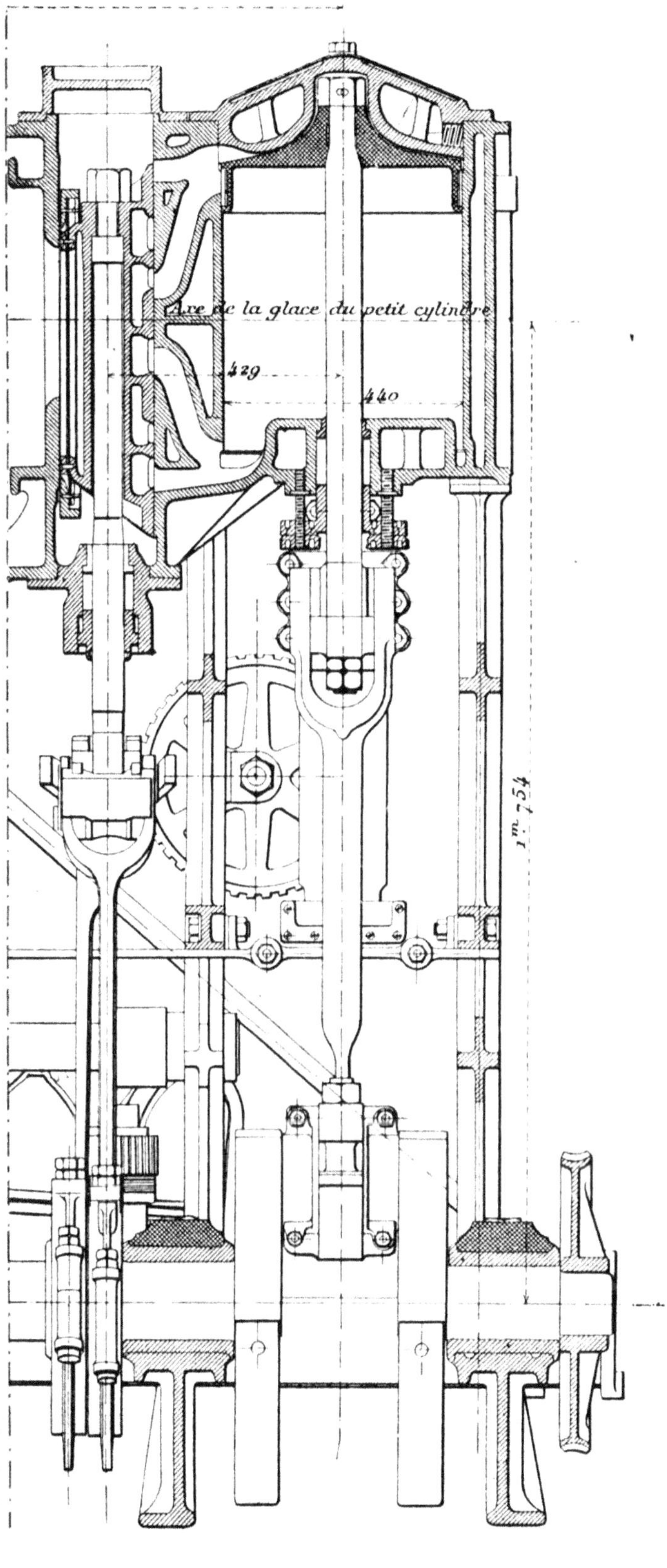

Diamètres des cylindres, 440 et 692 mm.
Course des pistons, 440.
Nombre maximum de tours, 320 par minute.
Puissance prévue, 900 chevaux.
Admission au premier cylindre, 65 p. 100.
Poids de la machine complète (sans eau), 12.215 kg.
Eau du condenseur et des bâches, 1.300.

par M. Normand en 1889. Coupe longitudinale.

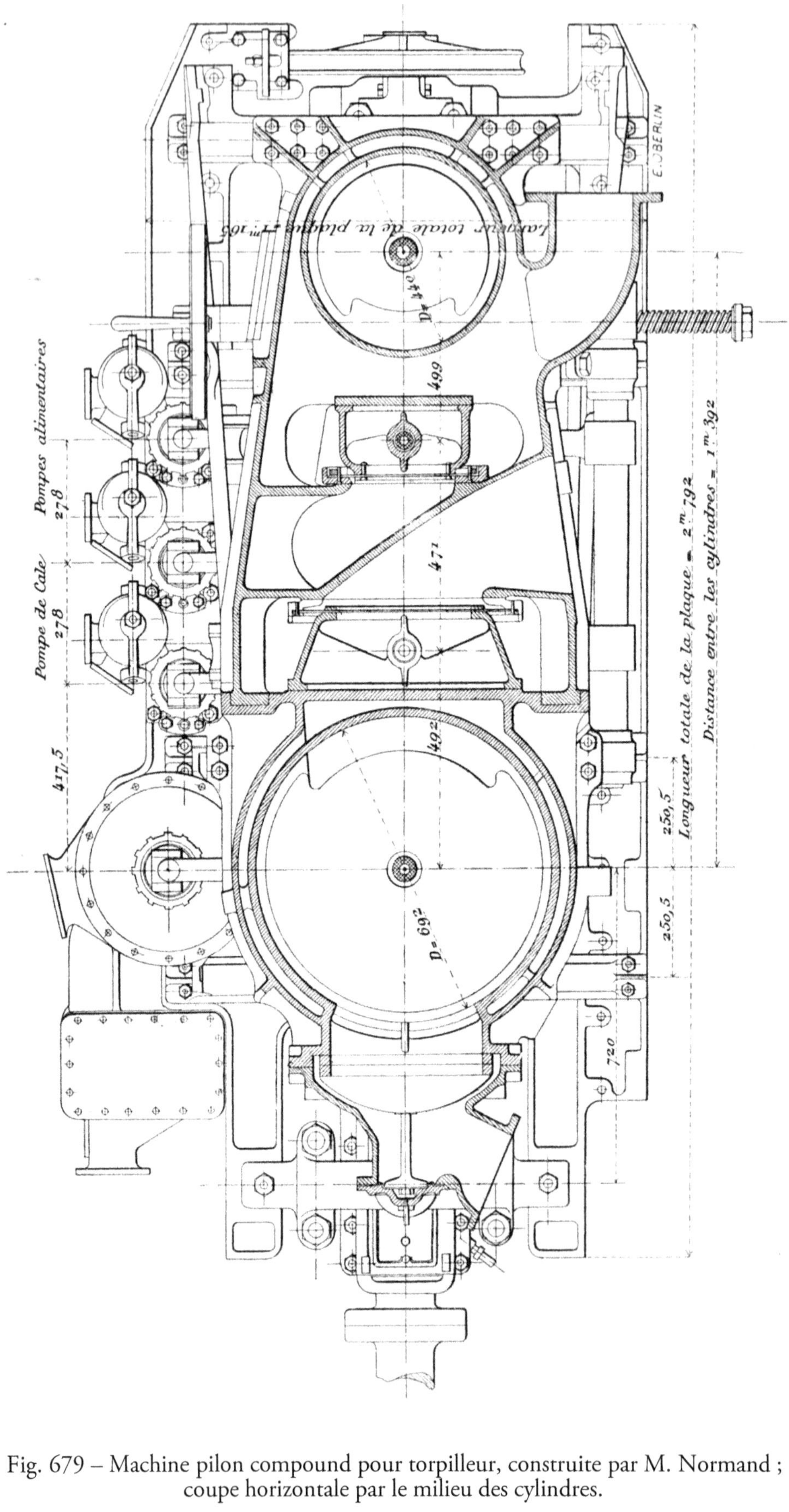

Fig. 679 – Machine pilon compound pour torpilleur, construite par M. Normand ;
coupe horizontale par le milieu des cylindres.

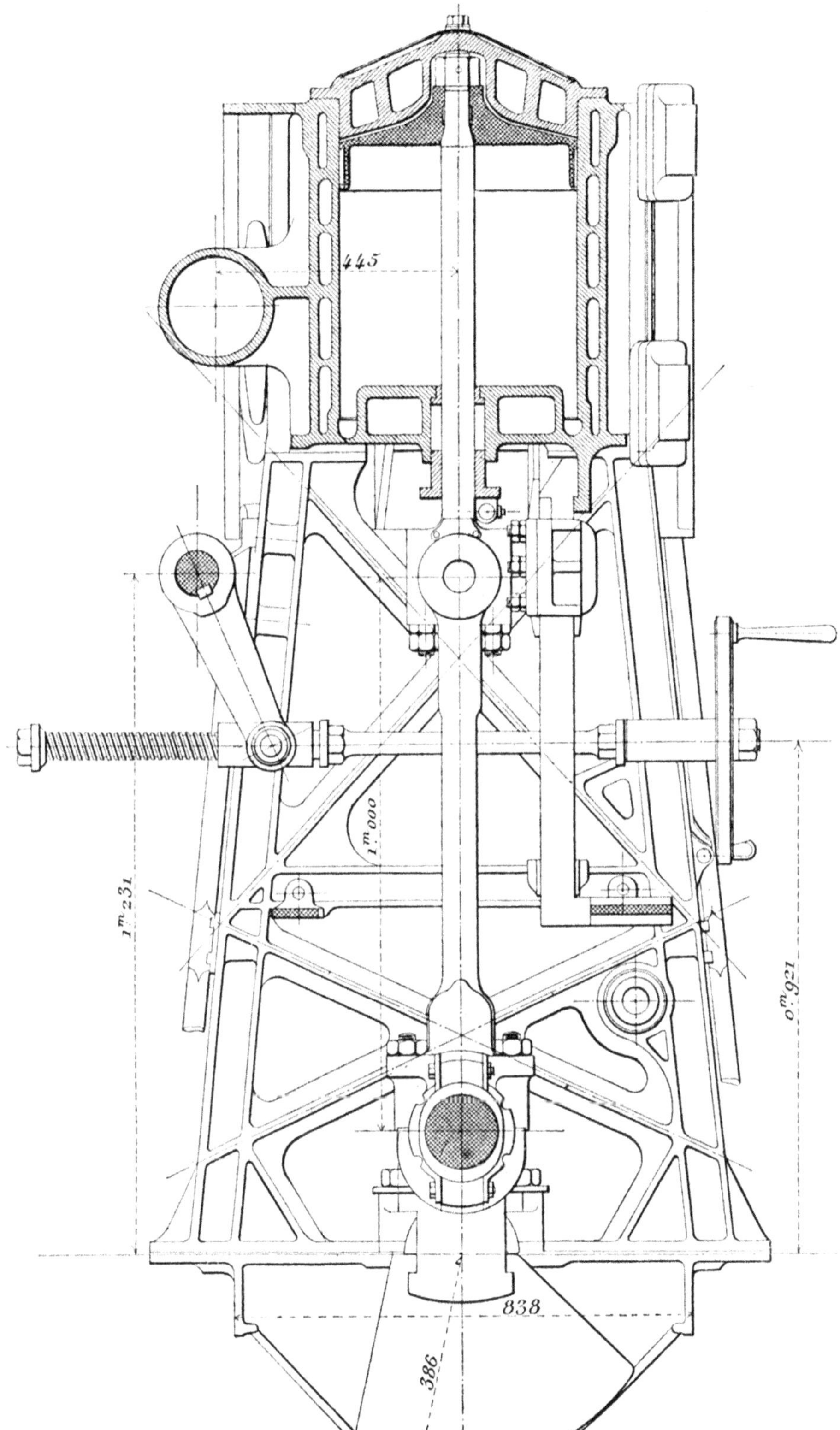

Fig. 680. — Machine pilon compound pour torpilleur, construite par M. Normand
coupe transversale par l'axe du petit cylindre.

du « Redoutable » (fig. 691 à 693) est un exemple d'appareil compound à bielle en retour avec cylindres en tandem ; trois groupes pareils commandent trois manivelles symétriquement disposées.

Dans les bâtiments à deux hélices, on ménage plus facilement, entre les axes des deux lignes d'arbres, les emplacements nécessaires pour deux machines horizontales ou légèrement inclinées. Sur la machine représentée figure 694, une grosse contre-

Fig. 681. — Vue de la machine tribord du torpilleur «Chevalier ».

tige, creuse, supporte le poids du plus grand piston. Les tiroirs sont conduits par des coulisses de Stephenson ; les axes en sont placés dans le même plan que les axes des cylindres. La figure 695 montre des tiroirs montés au-dessus des cylindres.

Pour les machines du croiseur chilien, représentées par les figures 696 à 698, on a cherché à réduire beaucoup les poids ; on remarquera à ce point de vue les fonds de cylindres et les tiroirs cylindriques construits en partie avec des tôles d'acier. La marine militaire demande pour la puissance des machines des variations étendues : à certains moments, de grandes vitesses sont nécessaires, tandis que l'allure réduite augmente beaucoup le parcours que peut faire un navire sans épuiser ses approvisionnements. C'est un programme difficile, car il convient, non seulement d'économiser la vapeur aux diverses allures, mais aussi de répartir convenablement les efforts entre les manivelles. Une machine, étudiée pour une allure intermédiaire, risque de ne bien fonctionner ni à petite ni à grande vitesse. Une machine établie en vue de la marche à outrance, ne sera pas économique à l'allure réduite ; le rayon d'action du bâtiment en sera réduit. Au contraire, une bonne machine pour l'allure réduite dépensera probablement trop de vapeur au moment des coups de collier, si

Fig. 682 – Vue de la machine tribord du torpilleur «Chevalier», construit en 1893 par Aug. Normand.

bien que la production des chaudières pourra être insuffisante. Plusieurs solutions ont été appliquées : on peut d'abord faire varier la pression d'admission ; mais la réduction devrait être bien considérable à certains moments. On fait aussi varier le degré d'admission au cylindre à haute pression des machines compound et à triple expansion : cette variation trouble la répartition des efforts sur les manivelles. On a construit des machines à triple expansion qui se transforment en compound aux grandes allures, par l'admission directe de la vapeur de la chaudière dans les deux premiers cylindres ; le volume final, qui est celui du dernier cylindre, risque alors d'être trop faible, et la détente totale est insuffisante.

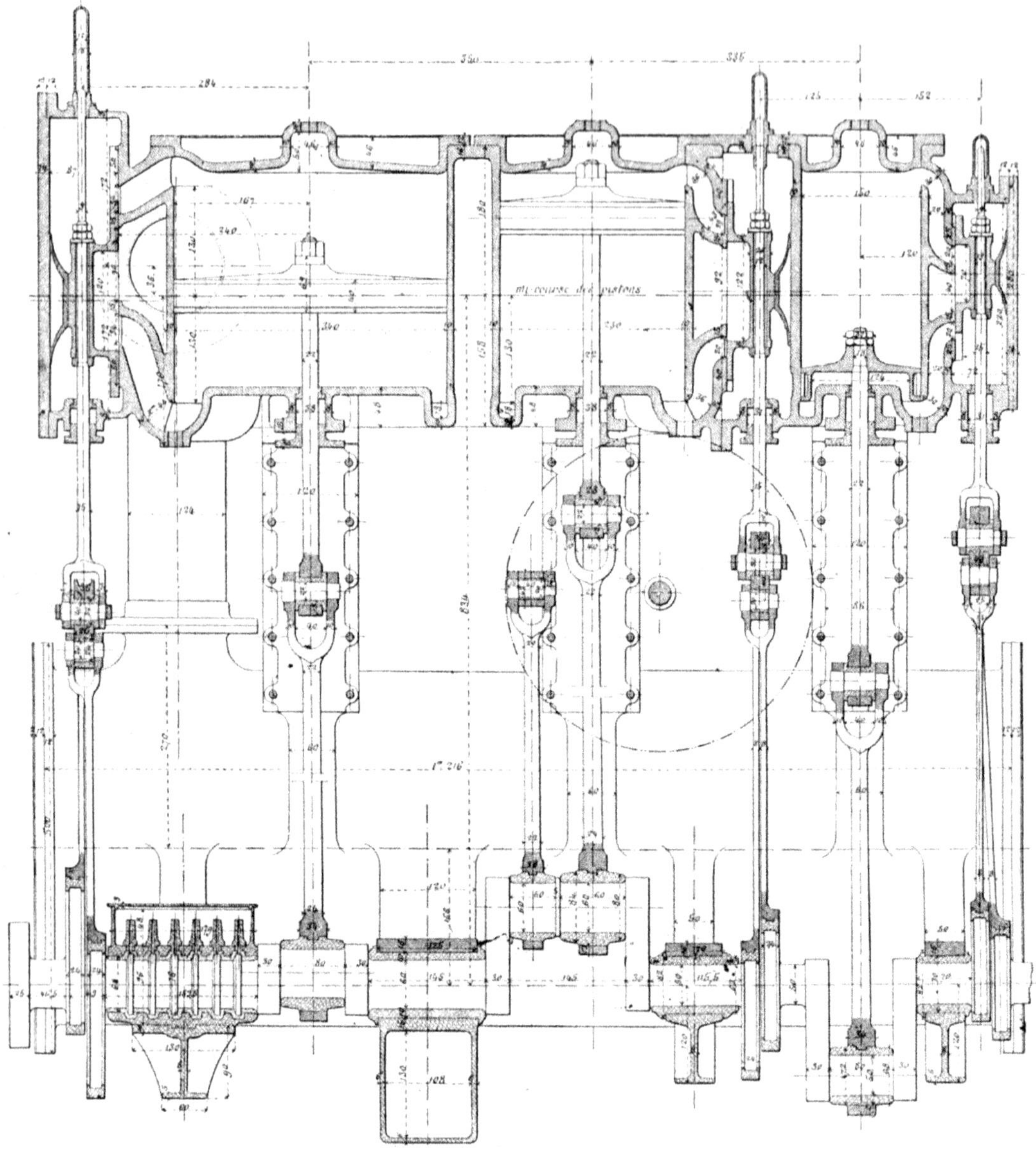

Fig. 683. — Machine pilon à triple expansion pour canot, construite par les *Ateliers et Chantiers de la Loire*, vers 1886 ; distribution par coulisse de Stephenson.

Pression à la chaudière, $9^{kg},25$.
Nombre de tours par minute, 400.
Introduction en centièmes de la course :
Petit cylindre, 70 p. 100.
Moyen cylindre, 60 p. 100.
Grand cylindre, 70 p. 100.
Puissance totale indiquée, 92 chevaux.

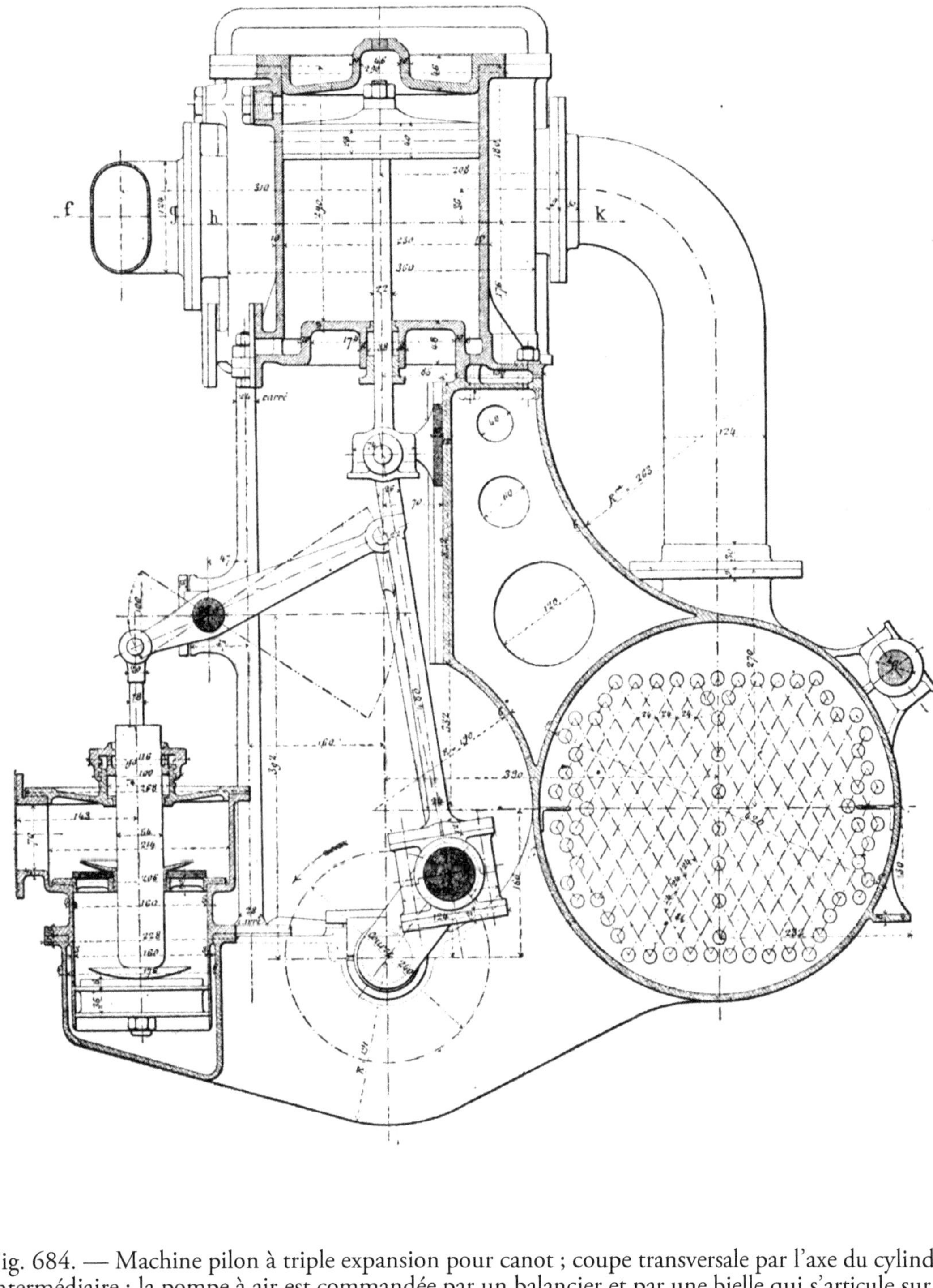

Fig. 684. — Machine pilon à triple expansion pour canot ; coupe transversale par l'axe du cylindre intermédiaire : la pompe à air est commandée par un balancier et par une bielle qui s'articule sur le même tourillon que la bielle motrice (voir fig. 683).

Fig. 685 – Vue du torpilleur «Lynx» (d’après le Génie Civil) ; vitesse aux essais, 27 nœuds (50 km à l’heure)

Fig. 686. — Vue du contre-torpilleur « Hornet » (d'après le Génie civil); puissance indiquée des machines, 4.000 chevaux ; vitesse aux essais, 29 noeuds ($53^{km},7$ à l'heure).

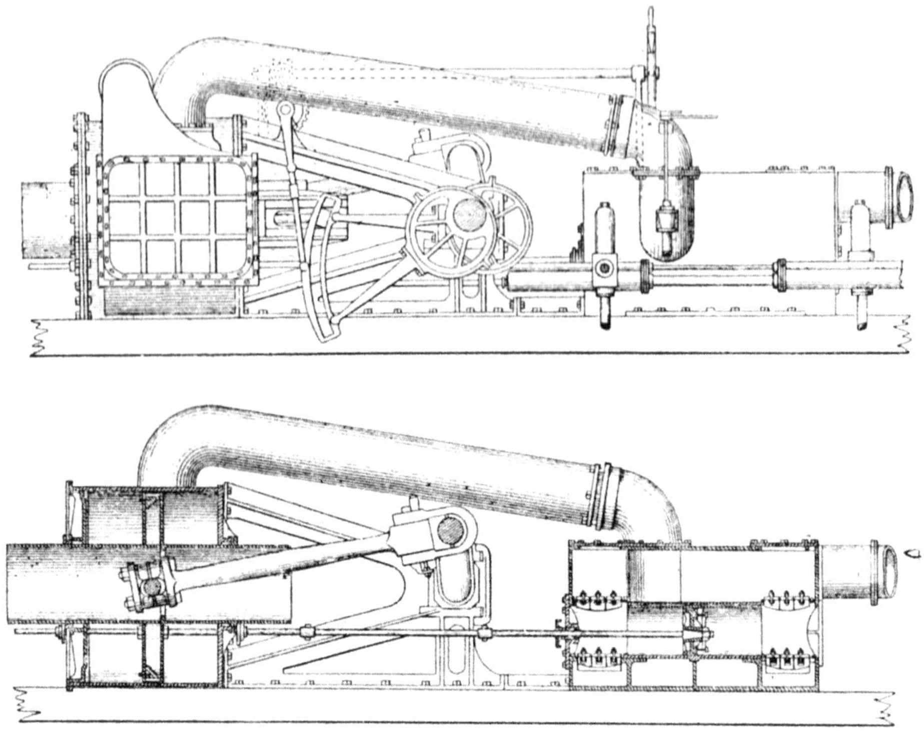

Fig. 687. — Machine à fourreau de Penn, pour l' «Arrogant »
(deux cylindres de 1m,400 sur 914 mm), d'après Bourne.

Enfin on a disposé des machines avec un débrayage qui permet de séparer la portion de l'arbre commandée par le cylindre à basse pression, pour la marche à allure réduite, avec réduction de la pression et du degré d'admission au premier cylindre. Cette solution peut conduire à une bonne utilisation de la vapeur dans tous les cas ; mais les usures inégales risquent de rendre difficile le raccord des portions d'arbres séparées.

On a disposé de même deux machines pareilles sur un seul arbre d'hélice. C'est ainsi que le cuirassé Italien « Sicilia » porte quatre machines compound pour deux hélices. Ces quatre machines doivent développer ensemble 15.000 chevaux avec le tirage naturel, et 20.000 chevaux avec le tirage forcé.

Parmi les appareils spéciaux du matériel fluvial et maritime, on peut citer les machines employées pour le halage sur chaîne ou sur câble des *bateaux-toueurs* et à la commande des dragues. Les toueurs ont souvent des machines horizontales, car la place ne manque pas à bord pour les installer.

Les grandes dragues ont fréquemment une hélice propulsive : une machine-pilon peut à volonté, par le jeu d'embrayages, commander l'hélice ou la chaîne à godets. Cette chaîne passe sur une poulie installée en haut d'un chevalement : elle est entraînée par un arbre vertical, muni d'engrenages d'angle à ses deux extrémités. Certaines dragues fonctionnent par l'aspiration d'un courant d'eau, mis en mouvement dans une pompe centrifuge.

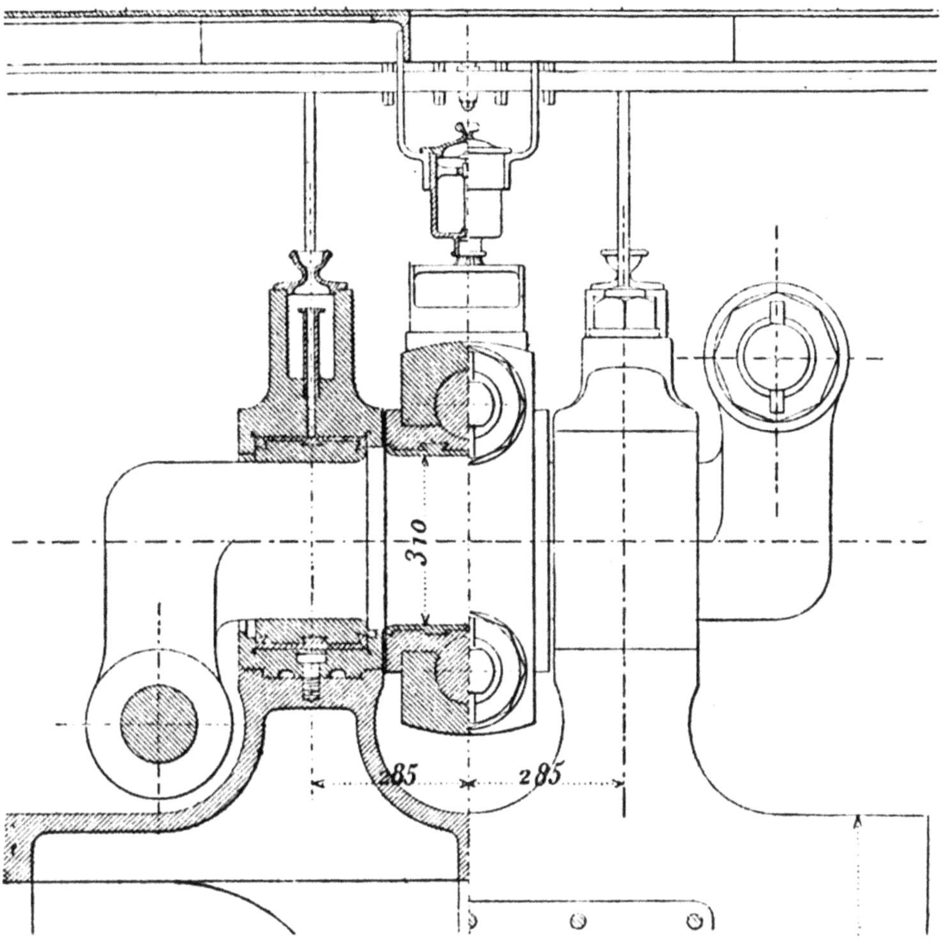

Fig. 688. — Machine à bielle renversée du «Fulminant» ; coupe verticale par la tête de piston.

Légende des figures 688 à 690.

Nombre de tours par minute	70.
Admission au cylindre à haute pression	35 à 60 p. 100.
En marche normale	35 à 40 p. 100.
Admission aux cylindres à basse pression	70 p. 100.
Surface condensante (extérieur des tubes)	730 m^2.
Nombre de tubes du condenseur	5220
Diamètre extérieur des tubes.	20 mm.
Débit des deux pompes de circulation, à l'heure	1400 m^3.

Nombre de chaudières	8.
Nombre de foyers	16.
Pression effective	4^{kg},133.
Surface de grille	38^{m^2},4.
Surface de chauffe	936^{m^2}.
Poids de la machine	278 t.
Poids de la transmission et des accessoires	71 t.
Poids des chaudières, enveloppes, cheminées, accessoires	213 t.
Puissance indiquée	3.500 chevaux.

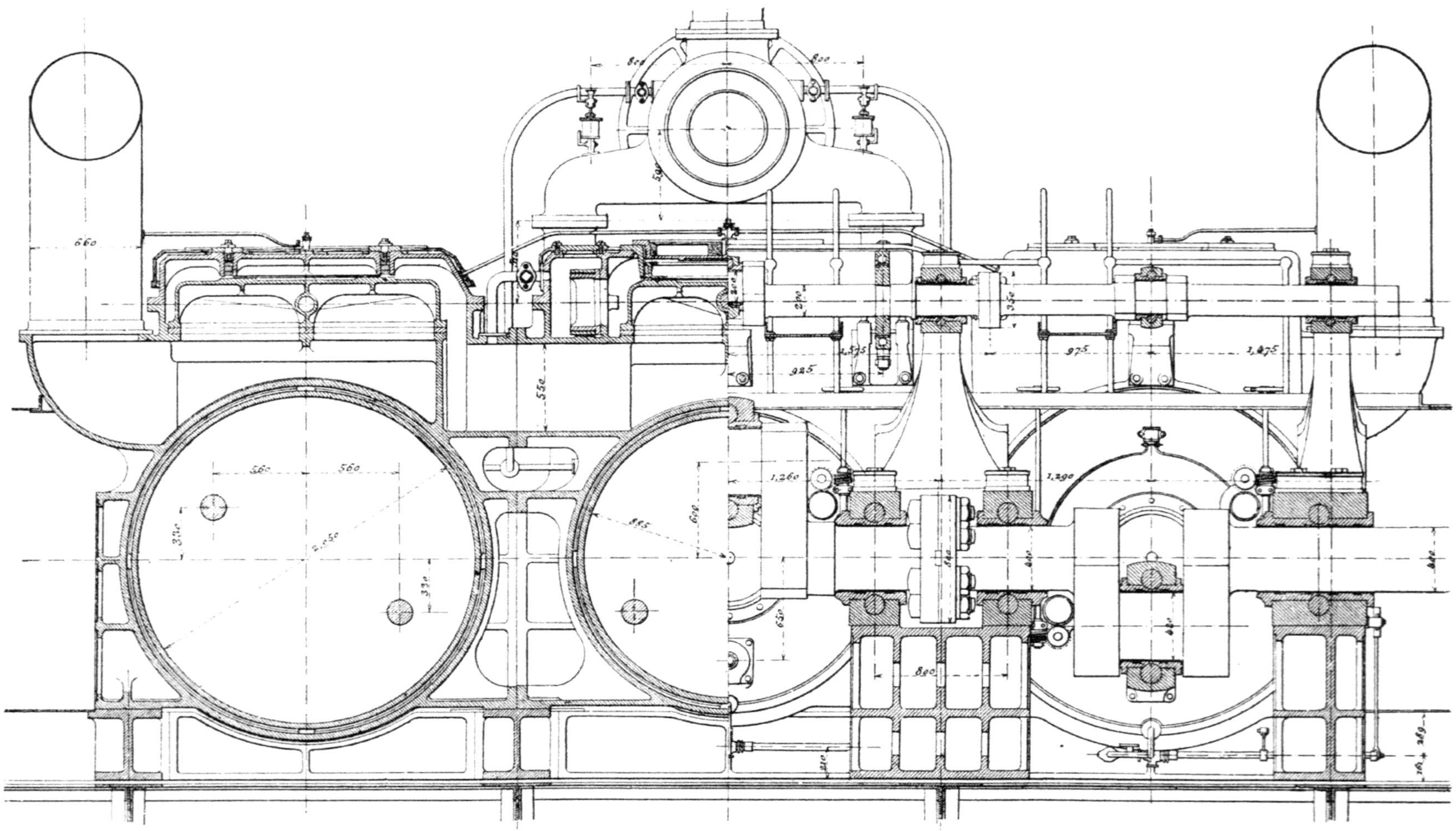

Fig. 689. — Machine à bielle renversée du « Fulminant » ; demi-coupes verticales, par le milieu des cylindres et par l'axe de l'arbre. La distribution du cylindre à haute pression est à deux tiroirs, du système Gonzenbach ; la commande du tiroir de détente est représentée fig. 287, t. 1. Voir la légende page précédente.

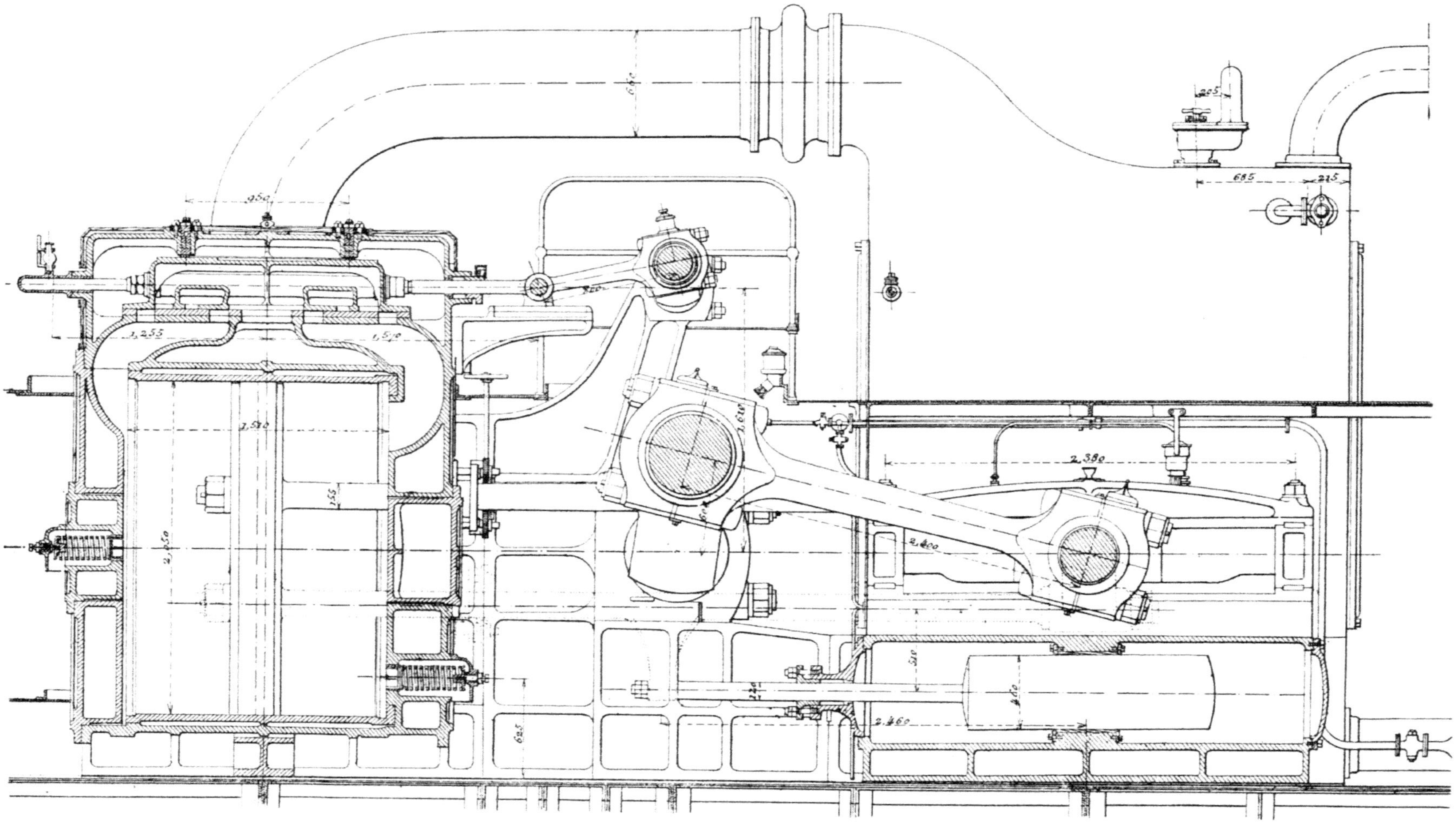

Fig. 690. — Machine à bielle renversée du « Fulminant », construite au Creusot en 1877, compound à trois cylindres du système Dupuy de Lhôme ; coupe verticale par l'axe d'un des cylindres à basse pression. Le tiroir, à double orifice et à compensateur, est commandé par la manivelle d'un arbre auxiliaire, relié par engrenages à l'arbre moteur.

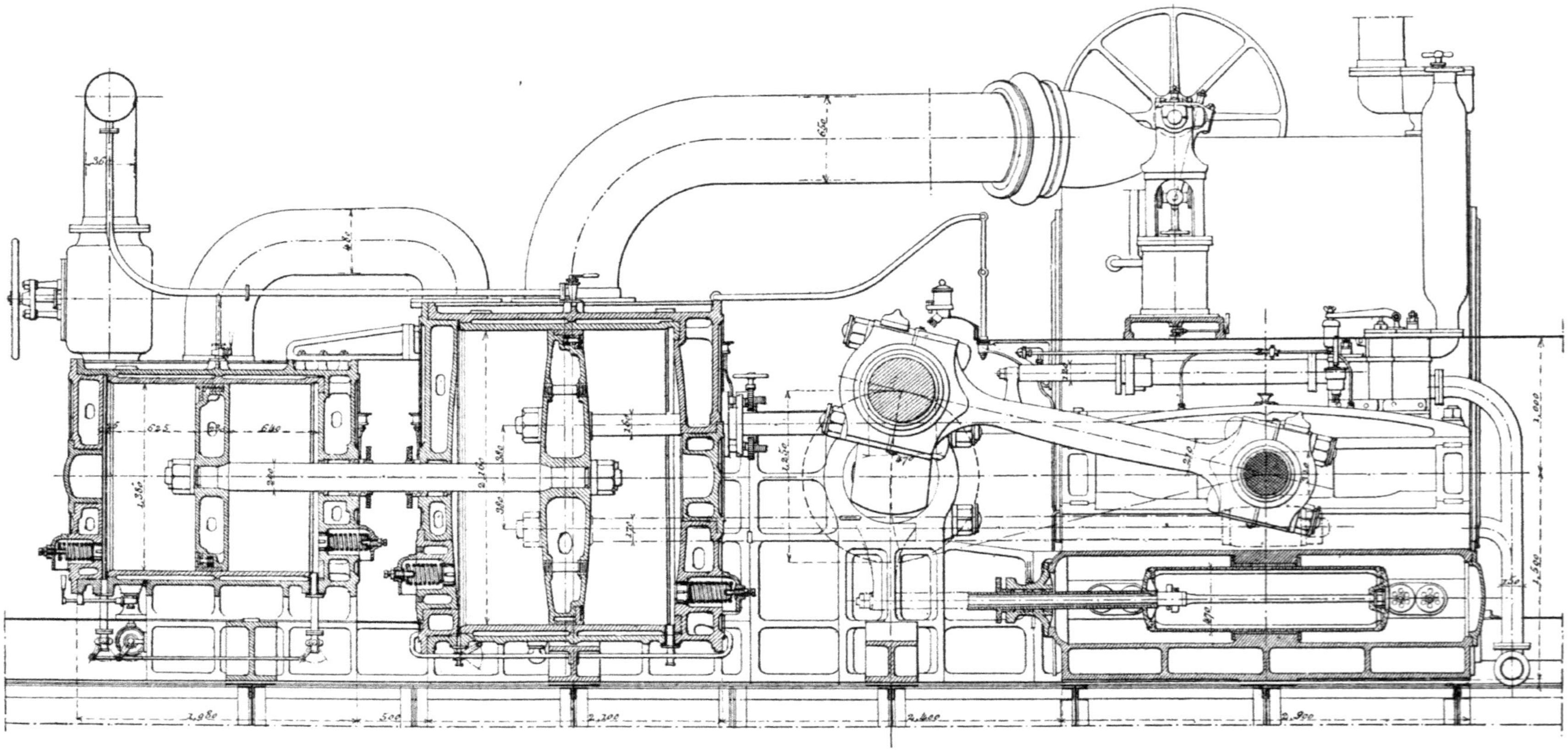

Fig. 691. — Machine à bielle renversée du « Redoutable », compound à trois groupes en tandem, construite au Creusot en 1875 ; coupe verticale par l'axe du groupe central. Les tiroirs sont placés latéralement et commandés par coulisse de Stephenson ; on voit, sur le haut de la figure à droite, un des volants de manoeuvre de l'arbre de relevage et un servo-moteur à cylindre vertical. La coupe montre la pompe à air du condenseur, à double effet, placée sous la tète du piston.

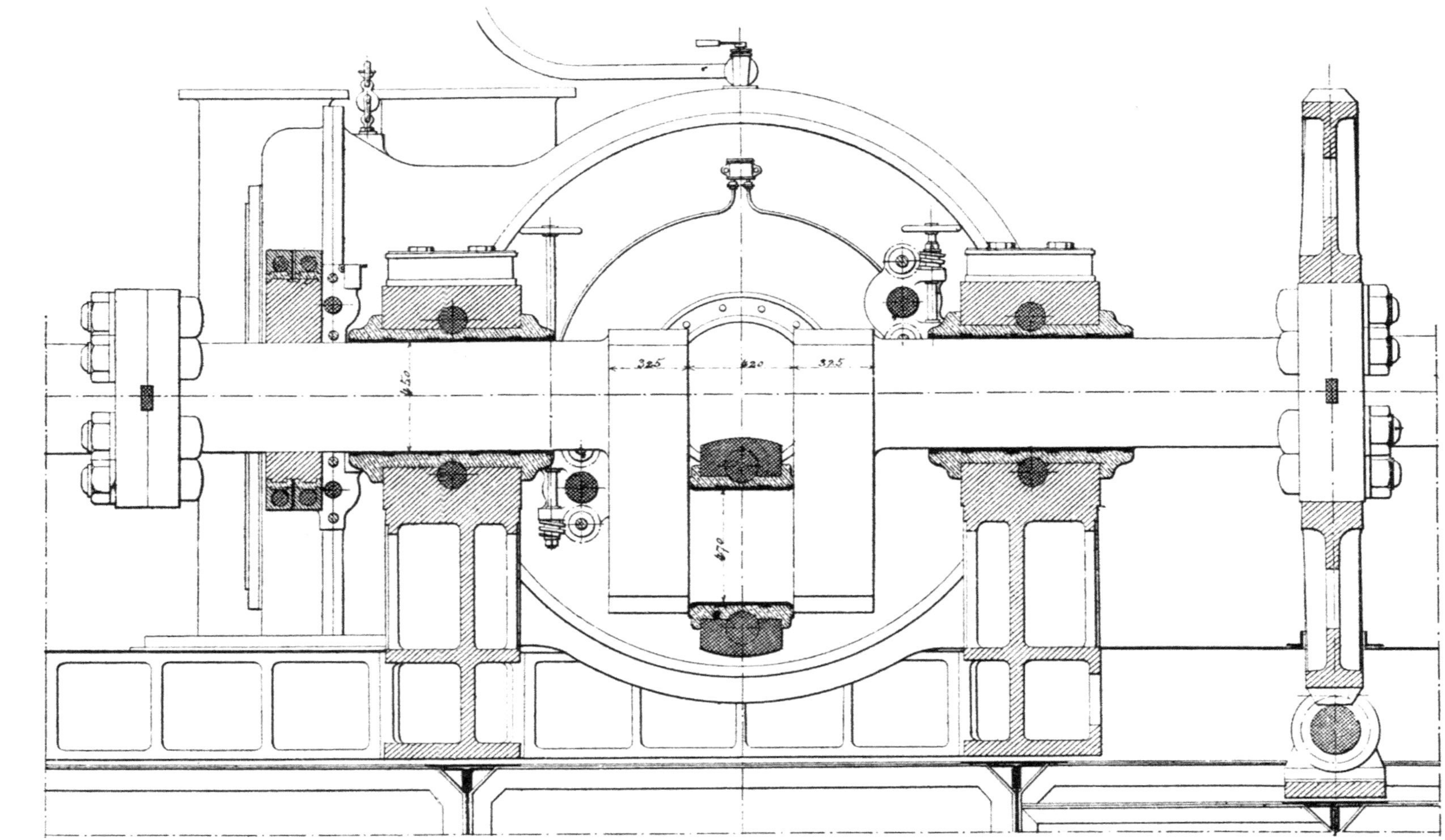

Fig. 692. — Machine à bielle renversée du «Redoutable» ; coupe verticale par l'axe de l'arbre du groupe arrière, montrant la commande du *vireur*.

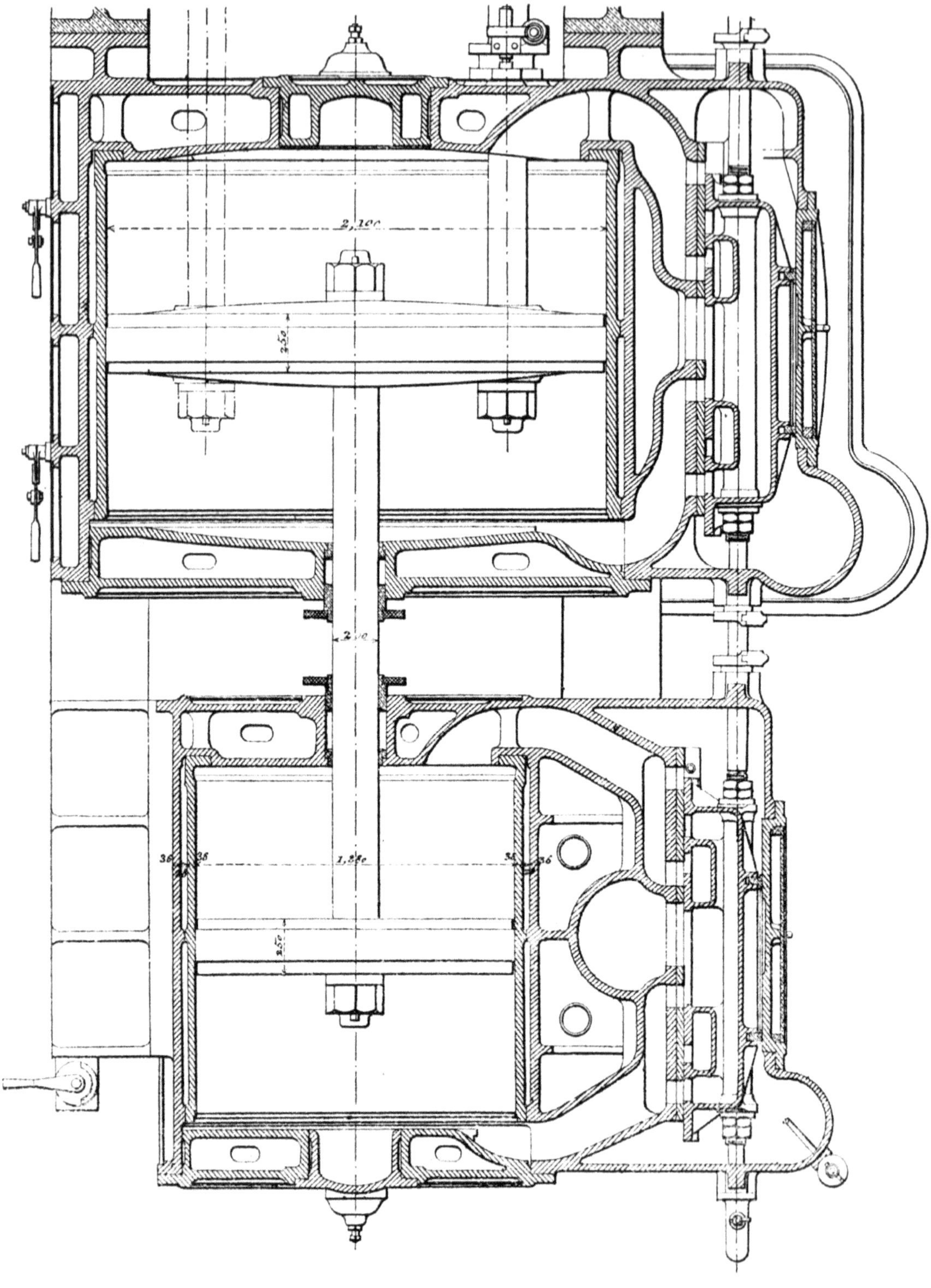

Fig. 693. — Machine à bielle renversée du « Redoutable »; coupe horizontale d'un des groupes, montrant les deux tiroirs à double orifice et à compensateur, montés sur une tige commune.

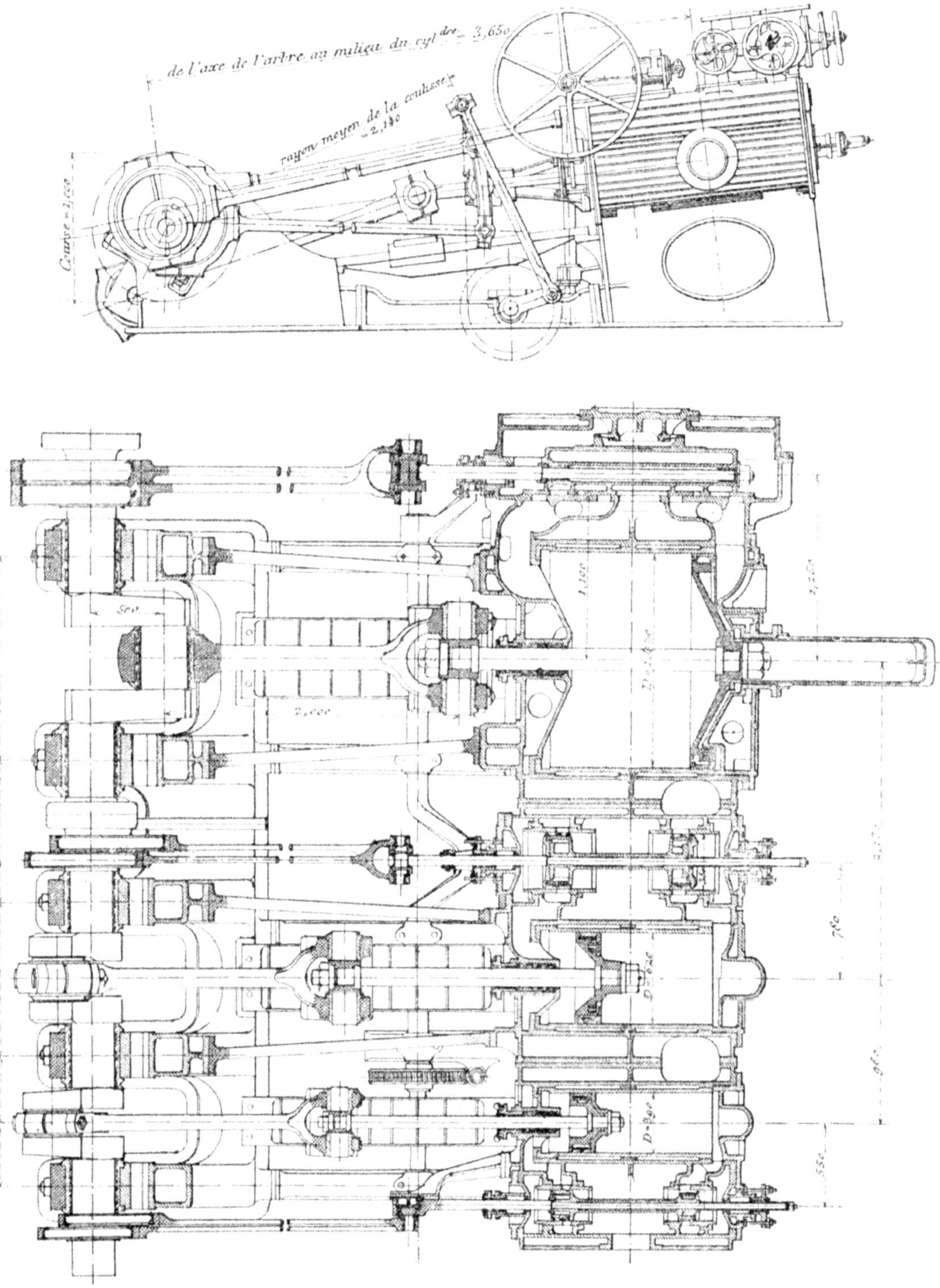

Fig. 694. — Appareil à triple expansion, pouvant fonctionner en compound, pour garde-côtes japonais à deux hélices, construit vers 1889 par les *Forges et Chantiers de la Méditerranée*.
Timbre de la chaudière, 12 kg.
Nombre de tours prévu par minute 72, et 111 dans la marche en compound.

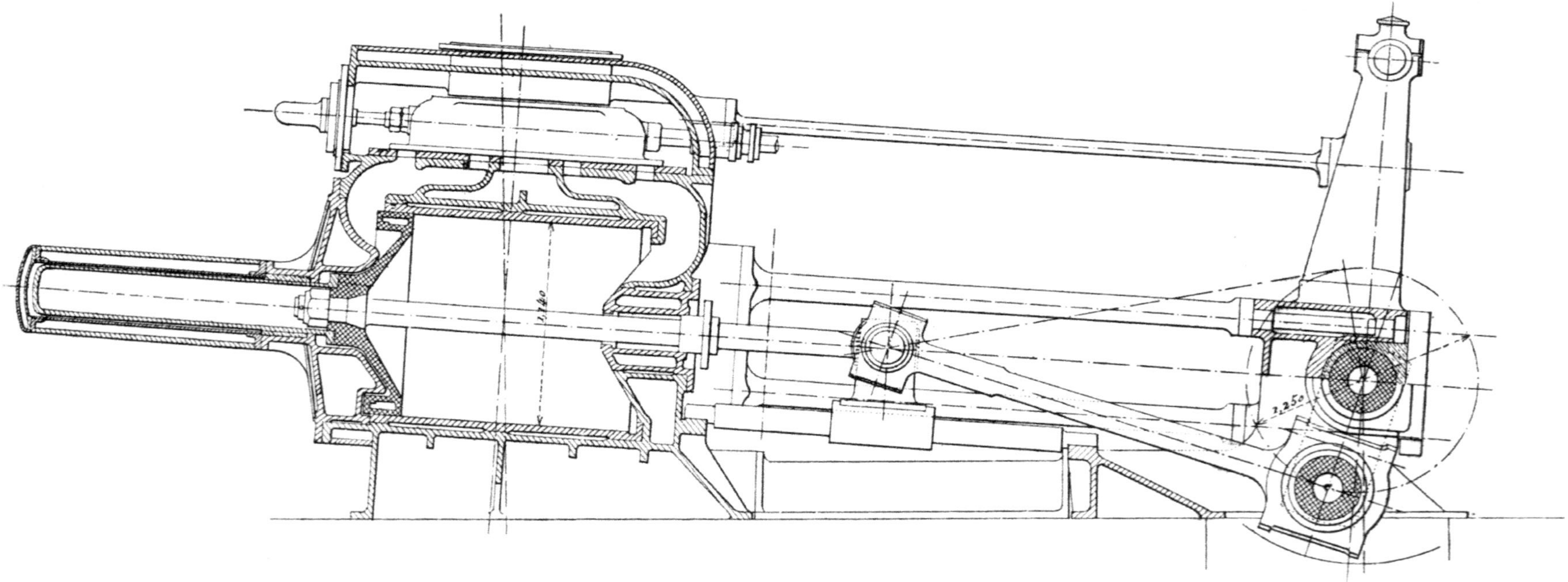

Fig. 695. — Coupe verticale, par l'axe du cylindre à moyenne pression, d'une machine à triple expansion, pour cuirassé grec, construite vers 1889 par les *Forges et Chantiers de la Méditerranée*.

Diamètres des cylindres, 770 — 1.140 et 1.800 mm ; course, 1.250.
Nombre de tours par minute, 99.
Timbre des chaudières, 10 kg.
Puissance indiquée prévue pour les deux machines, 6.870 chevaux.

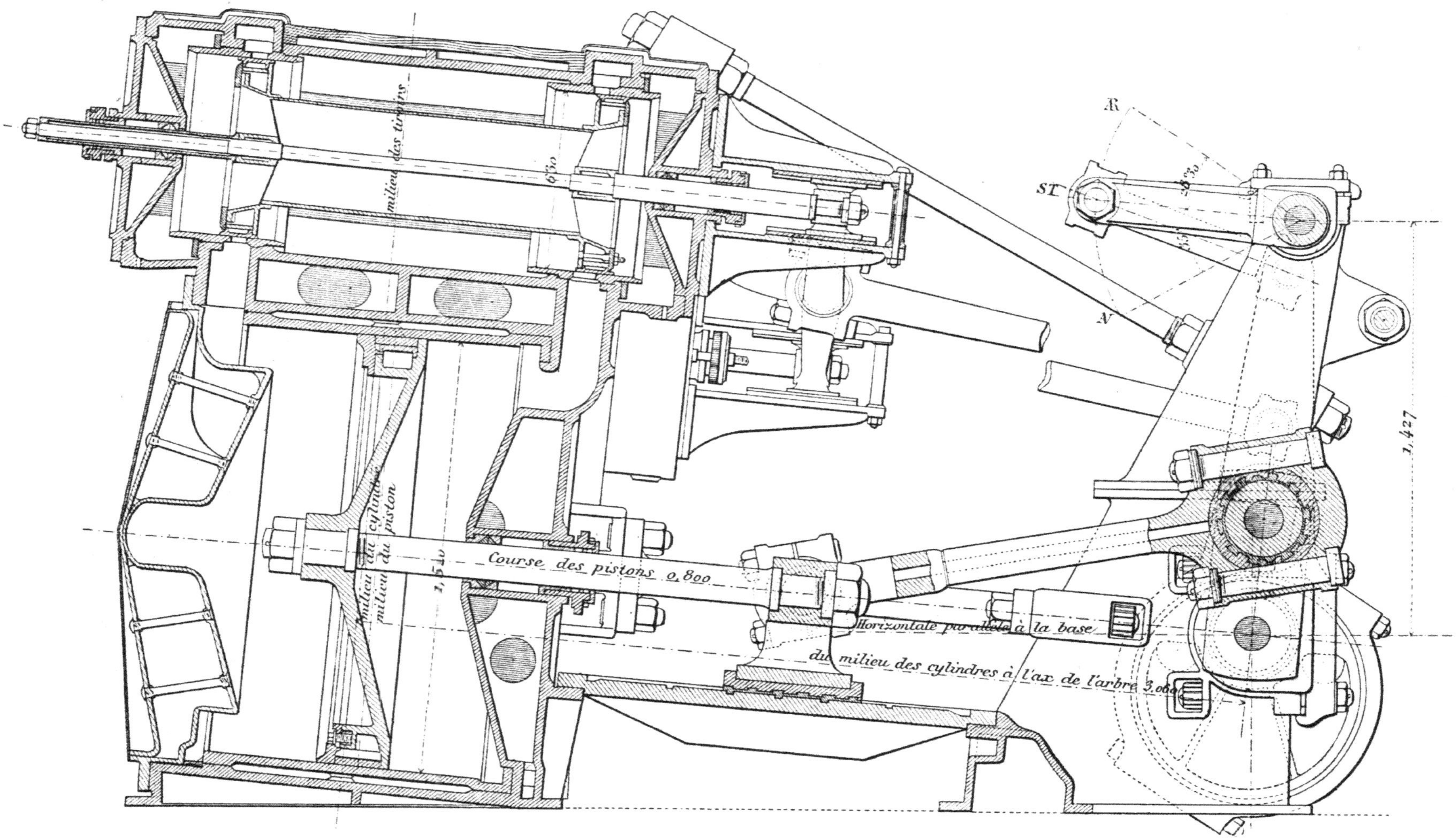

Fig. 696. — Machine du croiseur «Presidente Errazuriz » ; coupe transversale par l'axe du grand cylindre. Distribution Marshall ; bielle évidée ; fond de cylindre en acier coulé avec tôle emboutie entretoisée ; tiroir cylindrique avec tube en acier mince, réunissant deux parties en acier coulé.

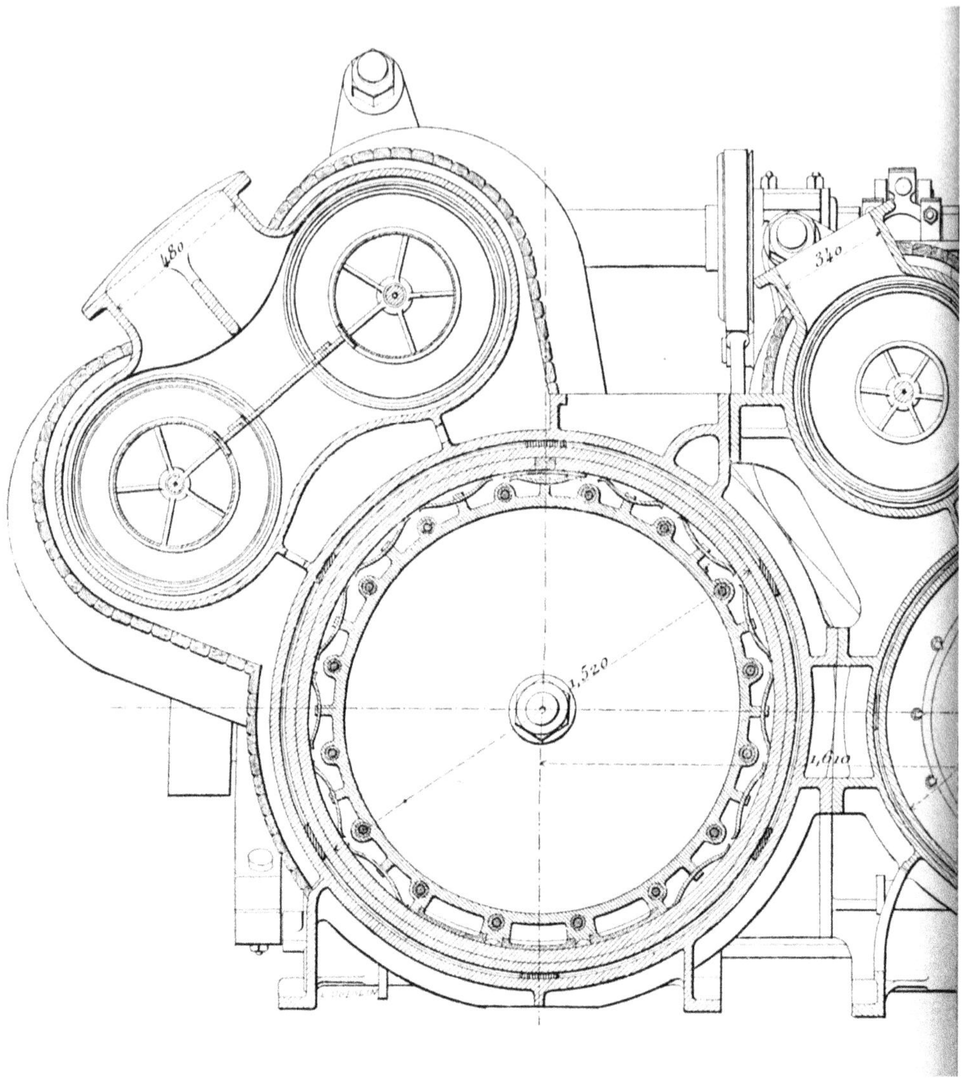

Fig. 697. — Machine du croiseur Chilien «Presidente Errazuriz », construite en 1890

Diamètre du petit cylindre 0 m,680
moyen 1m,010
grand 1m,520
Course des pistons 0 m,800
Rapports des volumes, 1 — 2,22 — 5
Nombre de tours par minute (avec tirage forcé) 150

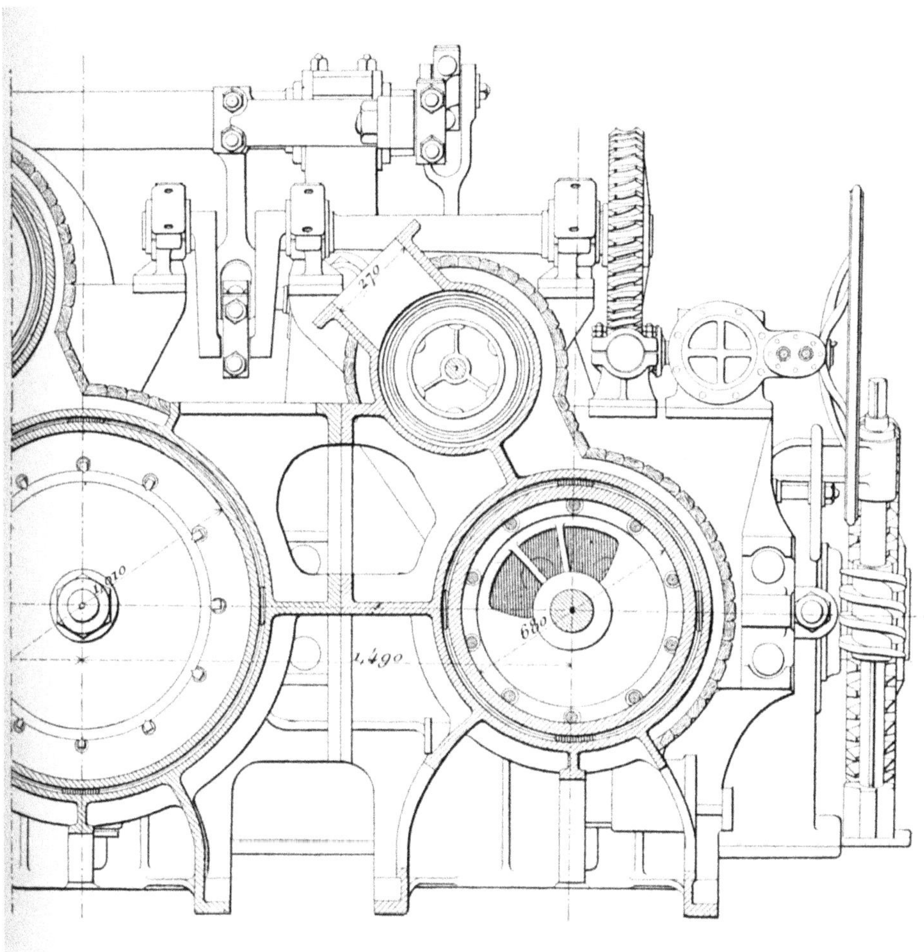

par les *Forges et Chantiers de la Méditerranée*. Coupe longitudinale par les cylindres.

Puissance indiquée des deux machines, au total		5.400 chevaux.
Pression de régime		$11^{kg},5$
Poids par cheval indiqué :	Machines	$41^{kg},6$.
	Chaudières	34,8.
	Eau	14,1.
	Total	90,5.

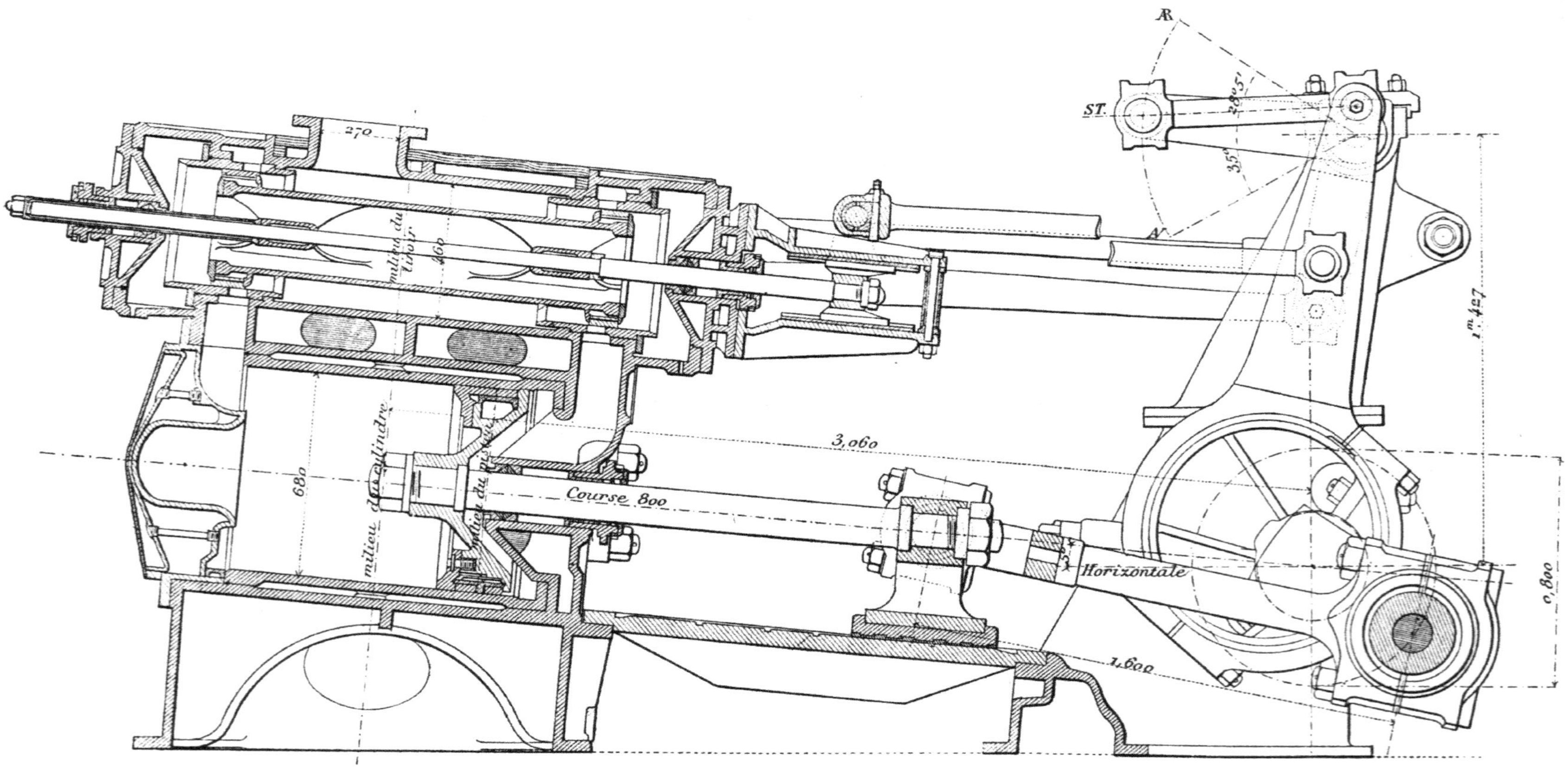

Fig. 698. — Machine du « Presidente Errazuriz ; coupe transversale par l'axe du petit cylindre.

91. Machines rotatives.

Les machines rotatives, que l'imagination de nombreux inventeurs a produites sous des formes indéfiniment variées, en apparence du moins, forment une classe de moteurs peu intéressants en théorie et en pratique. En théorie, le travail de la vapeur reste exactement le même dans une machine rotative et dans une machine à piston ; la disposition cinématique n'est d'ailleurs pas plus simple, et Reuleaux a montré que souvent elle possédait en principe la même chaîne d'organes. En pratique, la capacité variable, qui reçoit la vapeur, comporte des pièces frottantes nombreuses ; il est bien plus difficile de les tenir étanches que les simples pistons dans des cylindres. L'avantage des pièces enfermées, peu encombrantes, et à peu près équilibrées, se retrouve dans certains types de moteurs à pistons ordinaires, à simple effet.

Dans une machine rotative, une chambre de capacité variable est fermée par des parois, les unes fixes, les autres mobiles. Les parois fixes sont percées d'ouvertures pour l'arrivée et pour le départ de la vapeur. Pendant la rotation de l'appareil, dans certaines positions des pièces, la chambre communique avec l'orifice d'arrivée et la vapeur y pénètre : c'est la période d'admission ; durant cette période, la capacité de la chambre augmente ; toutefois, au début même, la capacité peut diminuer jusqu'à sa plus petite valeur, qui constitue l'espace libre ; il se produit alors une admission anticipée.

Pendant la communication avec l'orifice d'échappement, la capacité va en diminuant, à moins qu'au début elle n'augmente encore, donnant ainsi un échappement anticipé. Enfin, les périodes intermédiaires de détente et- de compression se produisent lors de l'augmentation et de la diminution de la capacité ne communiquant avec aucun des orifices.

À un instant quelconque de l'évolution, le volume v est rempli de vapeur à la pression p ; pour un accroissement infiniment petit, dv, de ce volume, le travail est pdv. L'intégrale de ce travail se représente par un tracé tout pareil au diagramme de la machine à piston, en portant les volumes y en abscisses et les pressions p en ordonnées.

Plusieurs chambres pareilles peuvent être disposées autour d'un ou de plusieurs axes de rotation.

D'après la classification méthodique de Reuleaux, les machines à vapeur rotatives, ainsi que les pompes et les ventilateurs présentant les mêmes dispositions cinématiques, se ramènent à deux grandes catégories : les capsulismes qui dérivent de la transmission par bielle et manivelle, et ceux qui forment des engrenages.

La transmission, si souvent employée, par bielle et manivelle, comporte quatre organes essentiels, la manivelle *a* (fig. 699), la bielle *b*, le piston *c*, et le pont *d*, constitué par le cylindre, les glissières et le bâti ; les liens s'articulent l'un sur l'autre en 1, 2 et 3 et le lien *c* coulisse dans le lien fixe *d*, en 4.

Les figures 700 à 703 (d'après les croquis de Reuleaux) représentent des mécanismes dérivés directement de la transmission usuelle de la figure 699.

La figure 700 est la machine à fourreau ; la figure 701 est une pompe, due à Pattison : il existe une communication entre l'ouverture d'aspiration et de refoulement au moment du passage de la manivelle *a* par sa position la plus basse. Dans la machine à vapeur de Lamb (fig. 702), la pièce coulissante *c* fait défaut, et la pièce *b*, qui dérive de la bielle, coulisse sur la cloison 3' du pont *d*.

La figure 703 représente les machines à vapeur de Yule et de Hall.

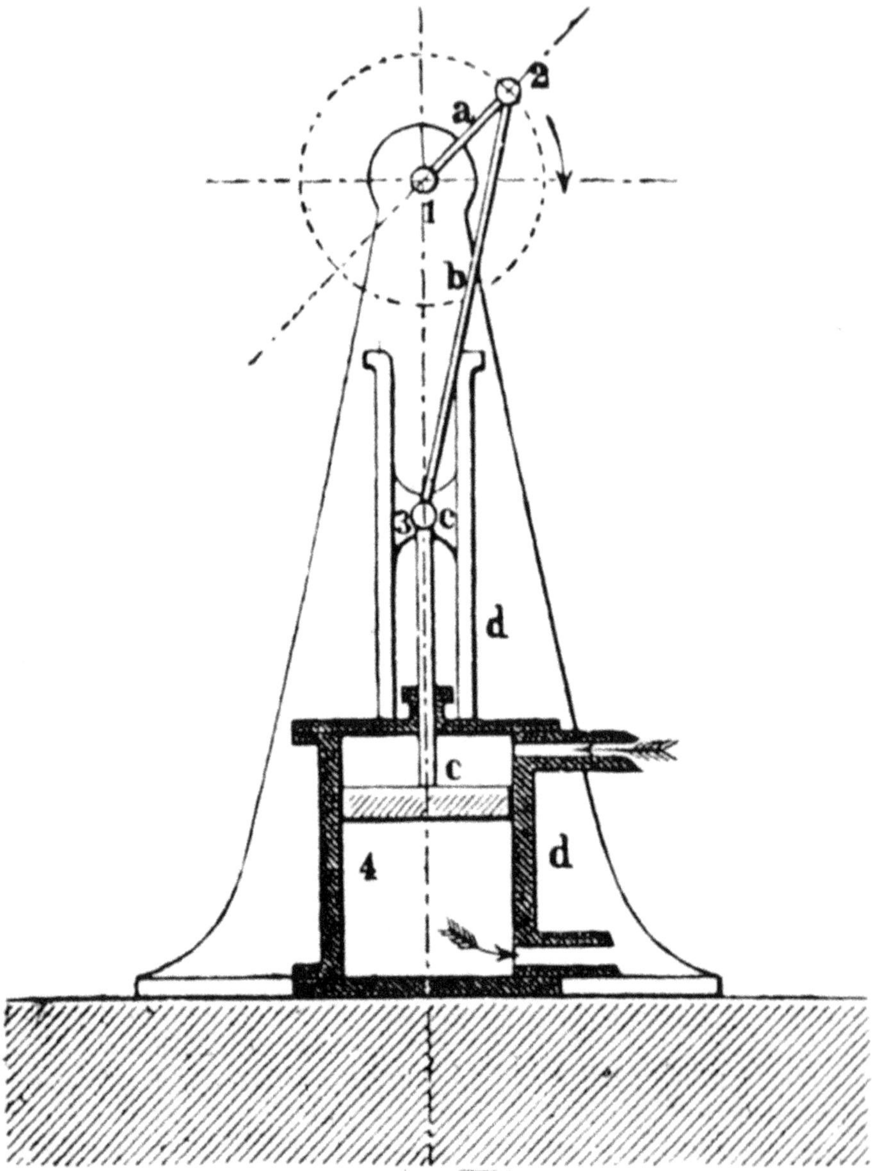

Fig. 699. — Transmission usuelle par bielle et manivelle, d'après Reuleaux :
a, manivelle; b, bielle ; c, piston ; d, lien fixe ;
trois articulations, 1, 2 et 3, et deux pièces coulissantes, c et d.

Ces différents mécanismes constituent des machines les unes à simple, les autres à double effet.

Dans la combinaison des quatre pièces, qui constitue le mécanisme de la figure 699, on peut fixer le lien *b*, en conservant les articulations 1, 2 et 3 au lieu de rester fixe. Cette combinaison est réalisée dans la machine oscillante (fig. 701). La machine de Simpson et Shipton (fig. 705) réalise cette combinaison, avec suppression du

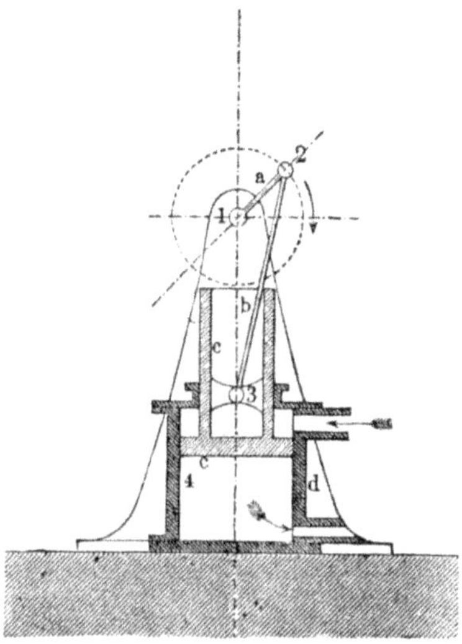

Fig. 700. — Machine à fourreau, d'après Reuleaux ; elle ne diffère de la transmission usuelle que par la disposition des deux pièces coulissantes, c et d.

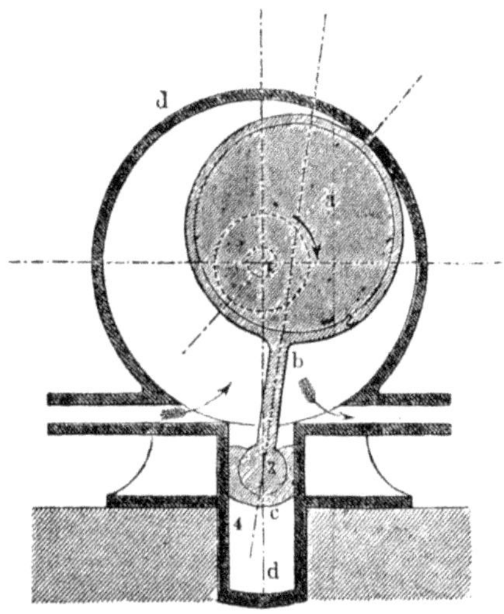

Fig. 701. — Pompe de Pattison, d'après Reuleaux : la manivelle a est de la variété excentrique; elle reste tangente à la surface cylindrique du lien fixe d.

membre *d* ; un mécanisme de distribution permet les entrées et les sorties de la vapeur. Le membre *b* est encore fixé dans le ventilateur Wedding (fig. 706).

En fixant le membre *a*, qui correspond à la manivelle, on réalise une nouvelle catégorie de mécanismes. Les membres mobiles *d, b,* et *c* ont chacun un mouvement de rotation et, de plus, le coulisseau *c* oscille dans la coulisse *d*. Dans les nombreuses machines rotatives qui se ramènent à cette combinaison, on trouve utilisé comme piston chacun des trois membres mobiles. Les figures 707 à 709 reproduisent quelques-uns des exemples donnés par Reuleaux.

Dans le moteur de la figure 707, la distribution de vapeur est produite par la rotation du tourillon 1 ; à première vue, on reconnaîtrait difficilement que le volant de cette machine est en principe l'équivalent de la bielle ordinaire. Dans le moteur de la figure 708, la vapeur pénètre par le tourillon creux 1 et par un conduit ménagé dans le piston *c*. La machine Davies (fig. 709) réunit trois mécanismes. La disposition de la figure 710 comporte deux mécanismes où le membre *d* est employé comme piston.

Bien d'autres dispositions dérivent encore des formes diverses que peut revêtir le mécanisme primitif ; Reuleaux y rattache, entre autres, les machines à disque, dont il est difficile de bien comprendre le fonctionnement quand on l'étudie a priori sur un exemple particulier.

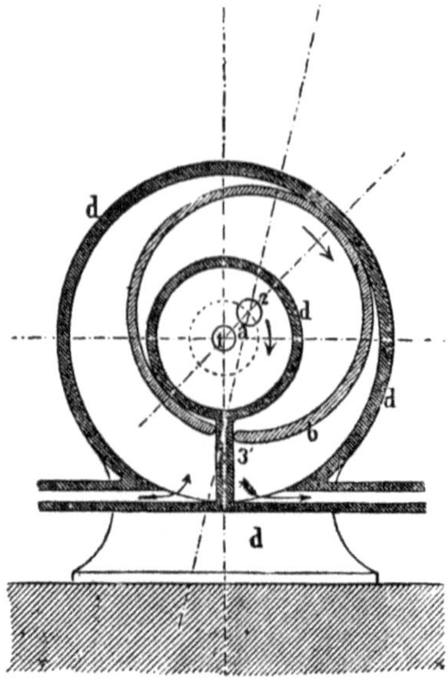

Fig. 702. — Machine à vapeur de Lamb, d'après Reuleaux ; la pièce coulissante c fait défaut, et l'équivalent b de la bielle fait joint sur la cloison 3' du lien fixe d, qui forme la capsule.

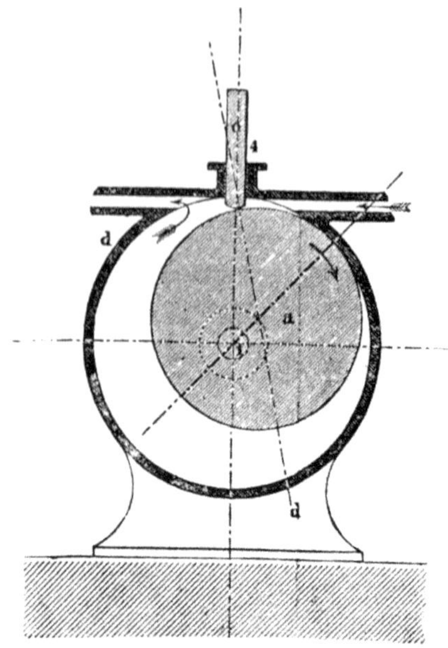

Fig. 703. — Machine de Yule et de Hall, d'après Reuleaux ; la glissière e reste appuyée contre l'excentrique a ; le lien b fait défaut.

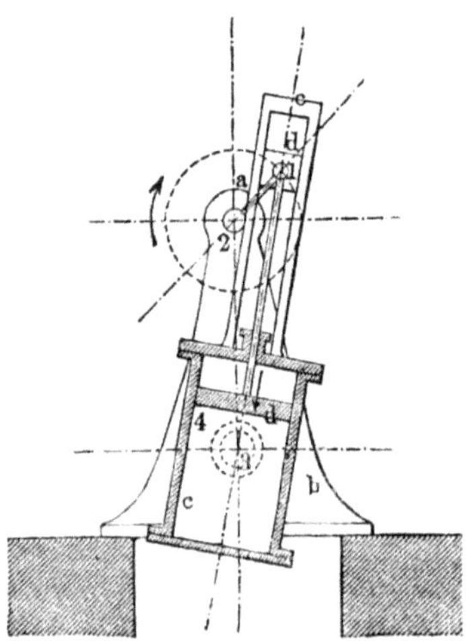

Fig. 704. — Machine oscillante, d'après Reuleaux ; le lien h étant fixe, les pièces coulissantes e et d oscillent autour de l'articulation fixe 3.

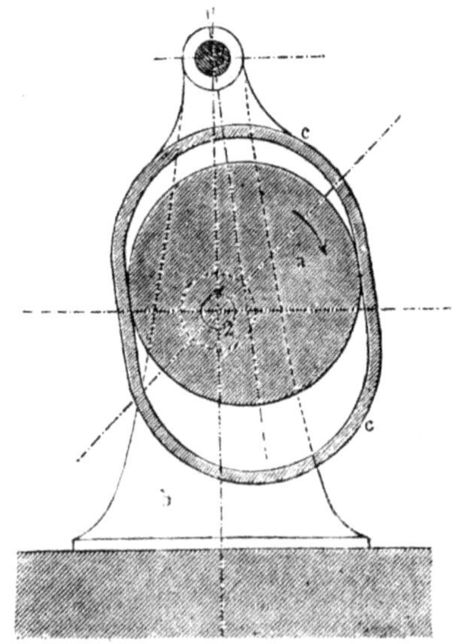

Fig. 705. — Machine de Simpson et Shipton, d'après Reuleaux ; le lien b est fixe, comme dans la machine oscillante, et le membre d est supprimé ; l'excentrique a reste en contact avec les parois du membre c oscillant autour de l'articulation 3. Un mécanisme spécial distribue la vapeur.

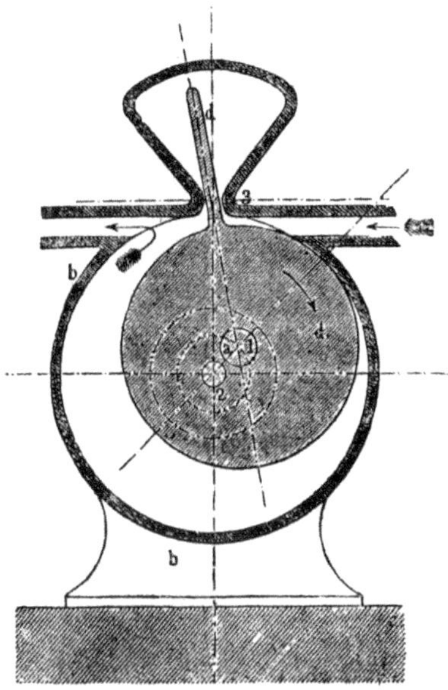

Fig. 706. — Ventilateur Wedding, d'après Reuleaux : le lien b est fixe ; le membre d se meut au contact de h ; le membre c est supprimé.

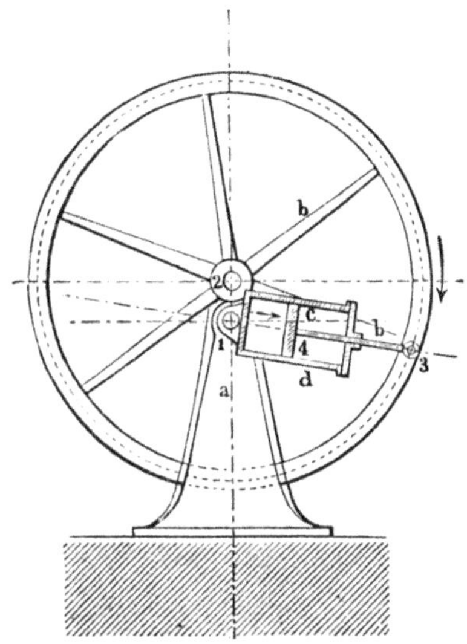

Fig. 707. — Moteur, d'après Reuleaux : le Membre a est fixe, et le membre c est un piston jouant dans le cylindre d, qui tourne autour du tourillon 1 : cette rotation produit la distribution de vapeur.

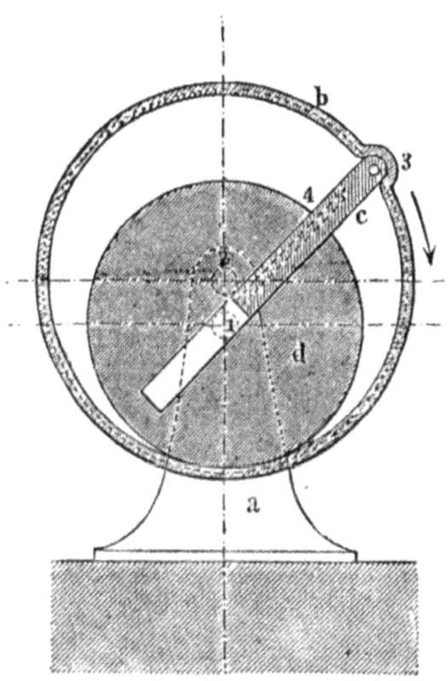

Fig. 708. — Moteur, d'après Reuleaux : le membre a est fixe, l'anneau b est l'équivalent de la bielle, et le piston c coulisse dans la glissière d ; la vapeur pénètre par des canaux ménagés dans le tourillon 1 et dans le piston c.

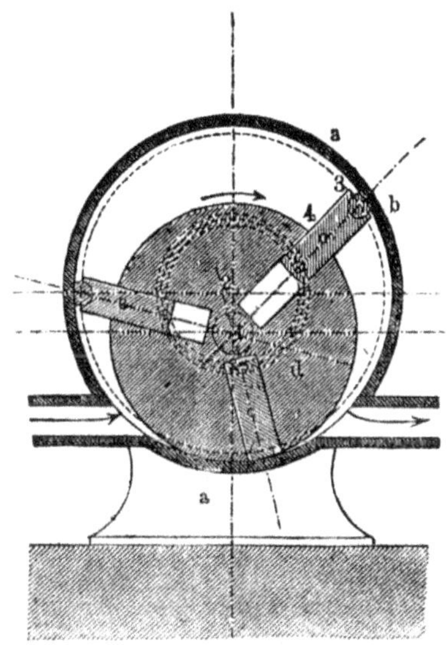

Fig. 709. — Moteur Davies, d'après Reuleaux : trois mécanismes y sont réunis les trois pistons c y jouent à l'intérieur du lien fixe a, auquel ils sont rattachés par le lien h (en pointillé), articulé en 2 au centre de la cavité cylindrique.

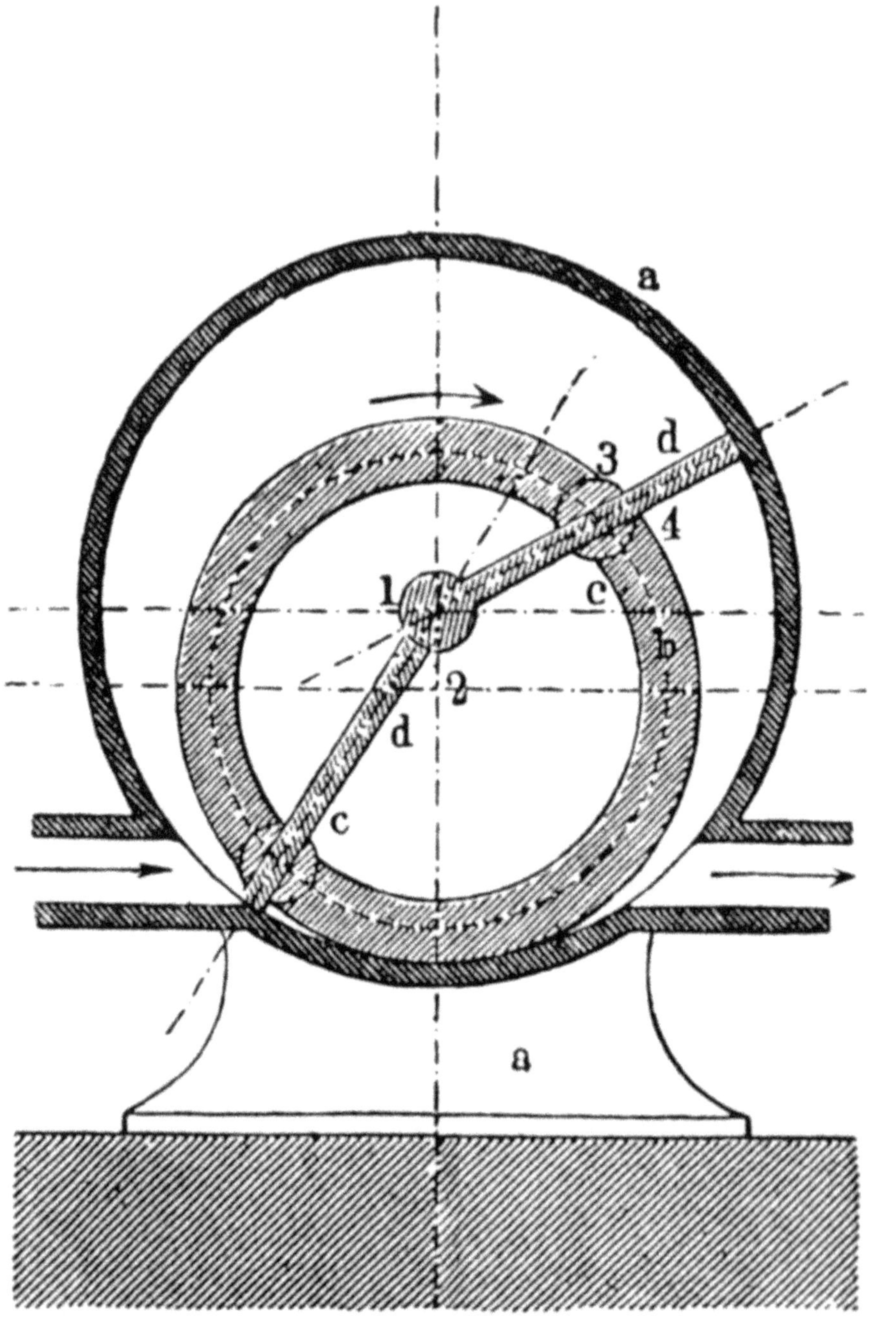

Fig. 710. — Moteur, d'après Reuleaux : deux membres d fonctionnent comme pistons, coulissant dans les pièces c, dont l'axe 3 tourne dans l'anneau b ; b tourne autour de 2.

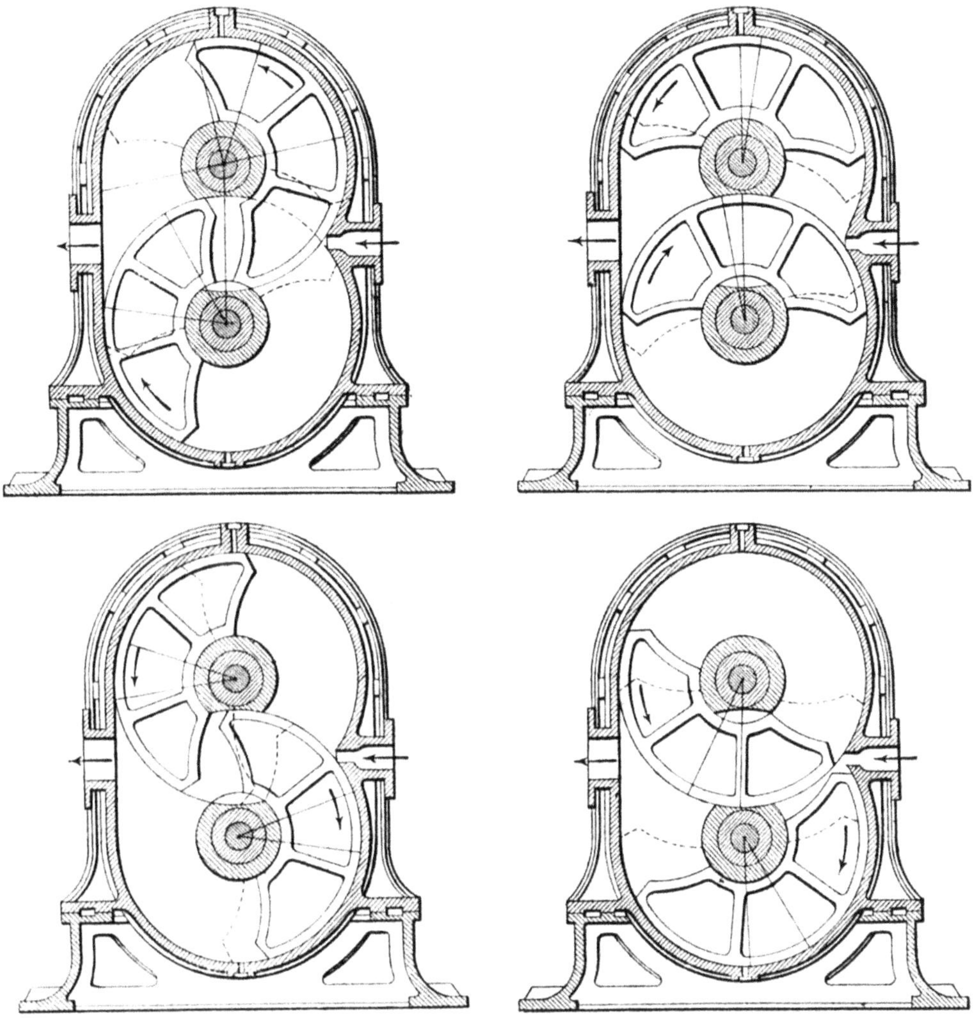

Fig. 711. — Machine rotative Behrens, d'après Callon : positions diverses des deux pièces mobiles, qui tournent à l'intérieur d'une enveloppe et sur des manchons fixes échancrés.

Le fonctionnement des capsulismes à roues, qui engrènent, se comprend à première vue. Ces appareils servent le plus souvent de pompes et de ventilateurs. La machine Behrens (fig. 711) se rattache à cette catégorie. La figure 711 représente diverses positions successives des pièces tournantes de la machine Behrens. On pourrait répéter à ce sujet ce que disait Callon en 1875 :

> « Elle est indiquée, à titre d'exemple, entre les dispositions assez nombreuses qui ont été successivement proposées pour résoudre le problème des machines rotatives, mais dont aucune jusqu'ici n'est devenue d'un usage courant. »

Les deux pièces tournantes doivent former un joint étanche contre l'enveloppe extérieure et contre les manchons échancrés qui entourent les deux axes de rotation ; en outre, le joint étanche doit exister contre les fonds plats, aux deux extrémités. À la simple inspection de la figure, on voit que ces conditions sont difficilement réalisables, et que les fuites peuvent être importantes. Les diverses positions successives montrent que la vapeur travaille à pleine admission et sans détente.

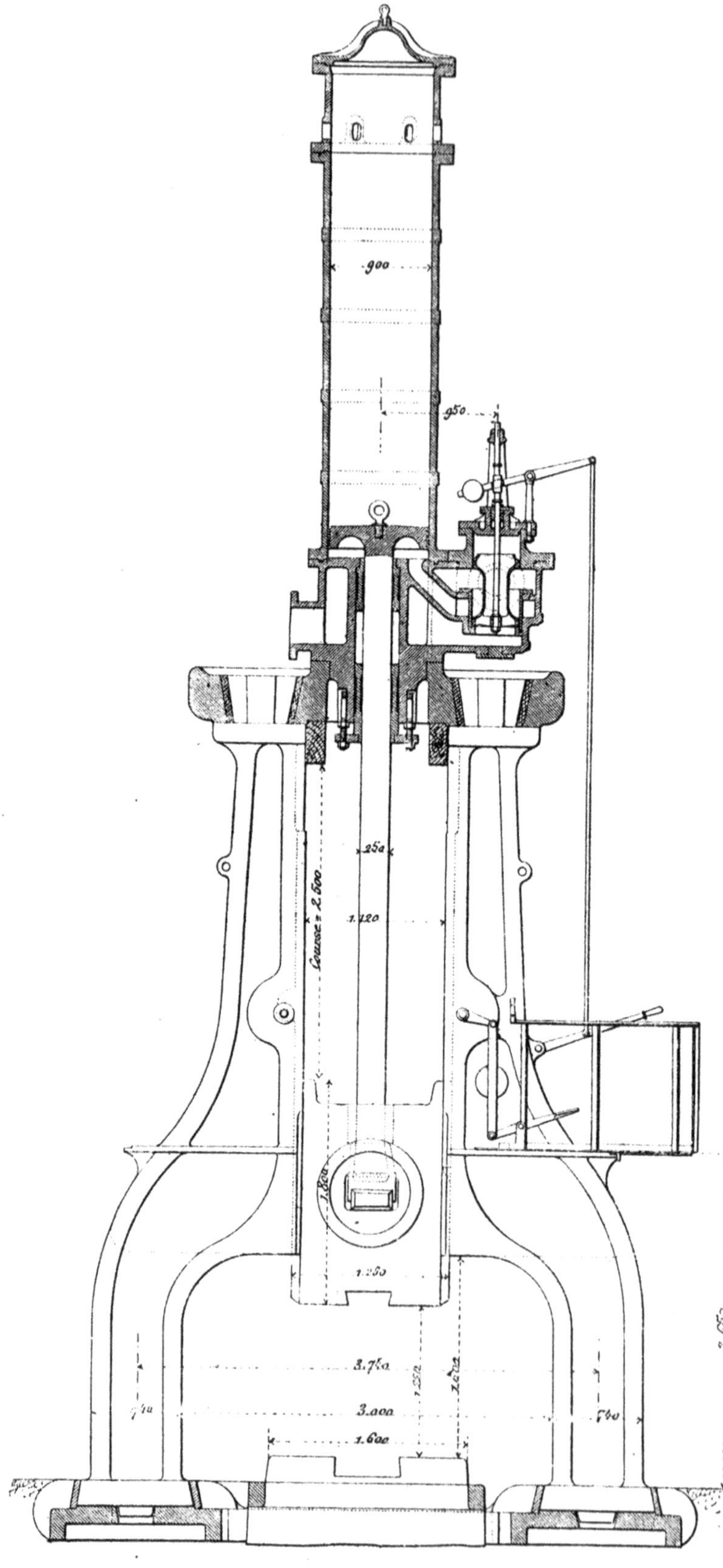

Fig. 712. — Marteau-pilon de 10 tonnes, à simple effet (d'après le mémoire de M. Chômienne).

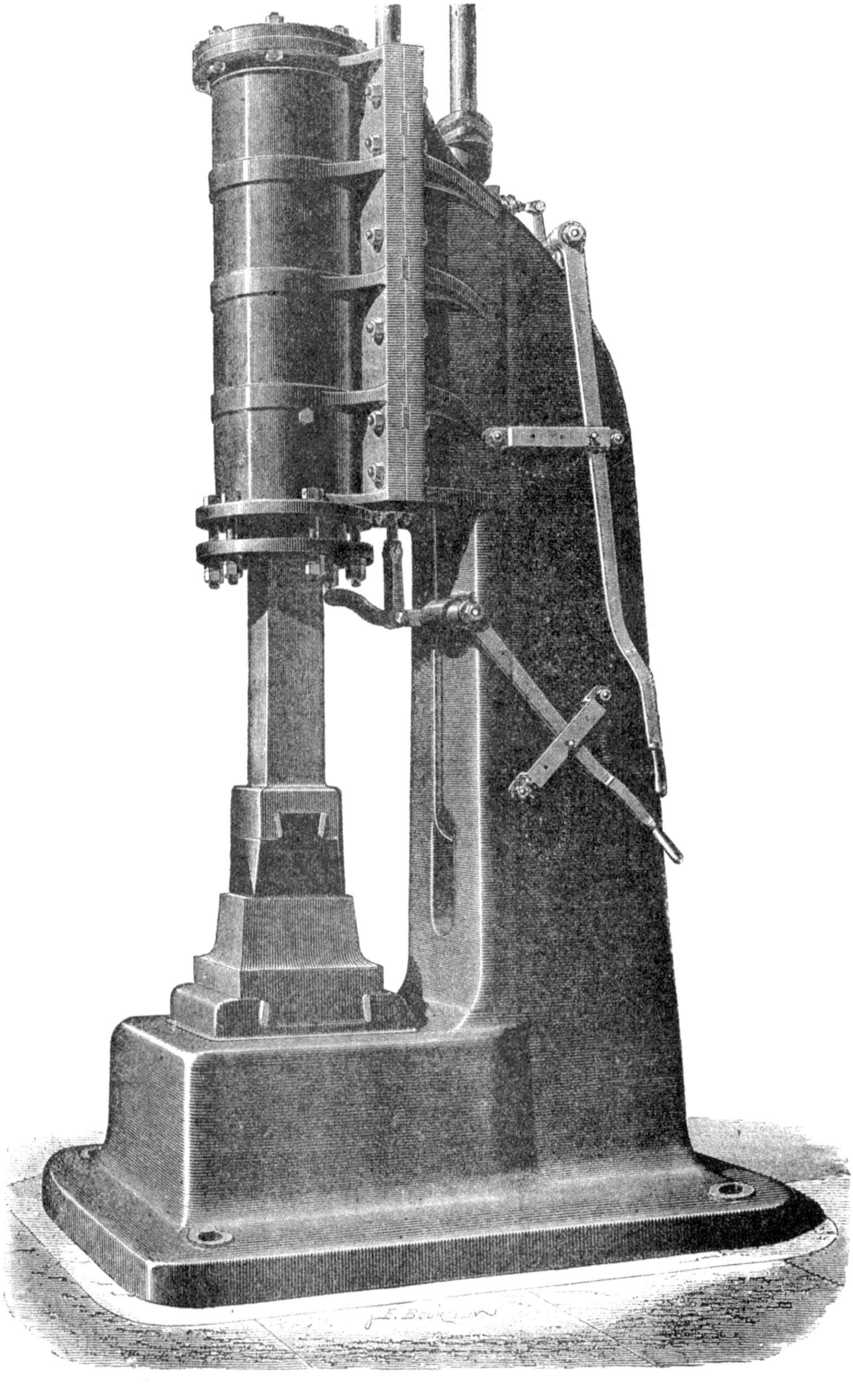

Fig. 713. — Marteau-pilon à double effet, construit par la Compagnie de Fives-Lille ; un petit levier, sur l'arbre qui commande le tiroir, est manoeuvré par le porte-marteau quand il atteint le fond de course supérieur.

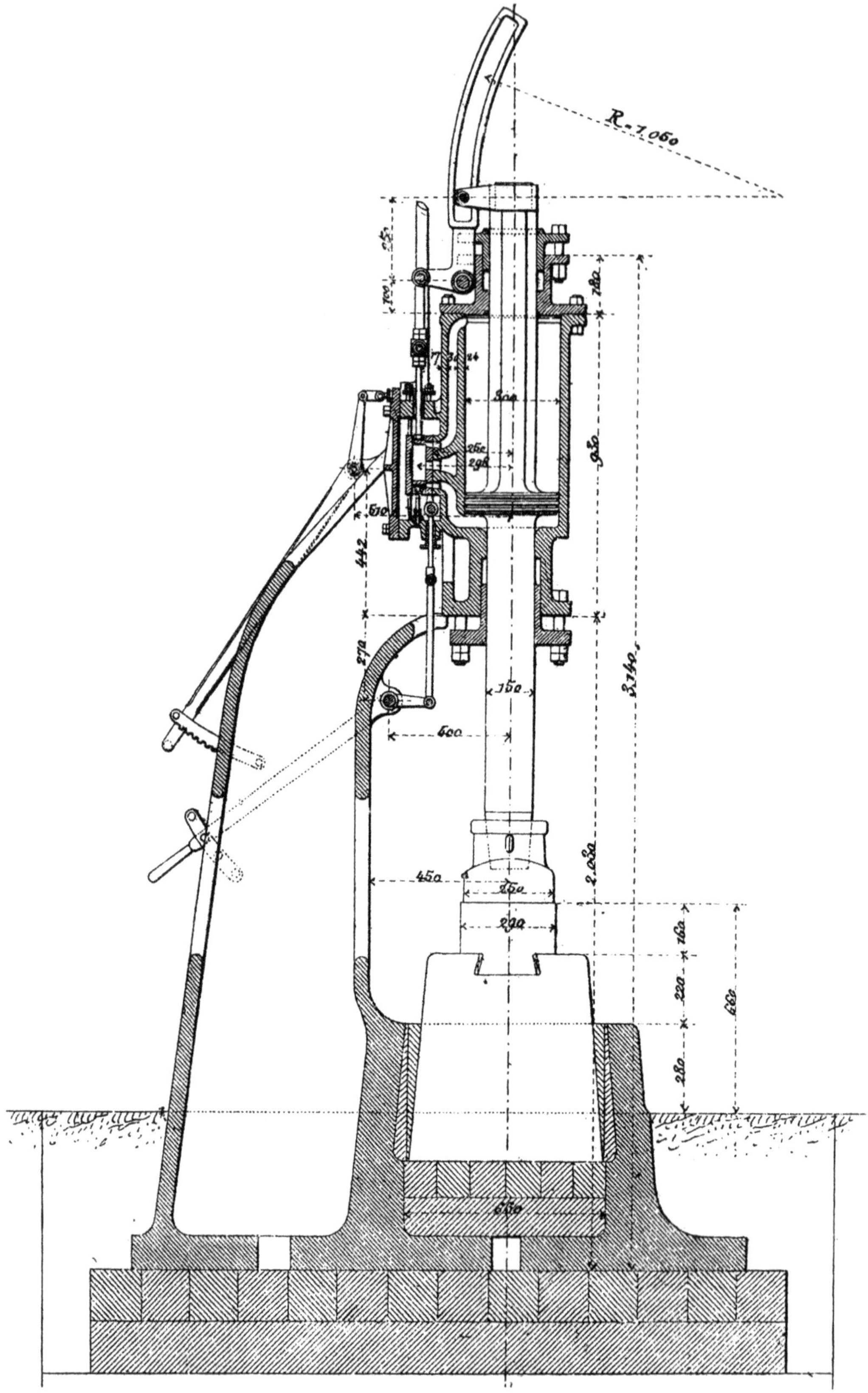

Fig. 714. — Marteau-pilon à double effet automoteur, de 250 kg, construit au Creusot (d'après Chômienne). Une plaque mobile placée entre le tiroir et la table du cylindre permet de réduire la section des passages de vapeur pour diminuer l'intensité du coup. Poids de la tige et du marteau, 312 kg, supposé réduit à 250 kg par les frottements, mais auquel s'ajoute la pression de la vapeur.

92. Applications diverses.

On dresserait une longue liste des applications diverses de la puissance motrice de la vapeur, autres que celles qui viennent d'être examinées. Parmi les plus importantes, on peut citer le marteau-pilon, où la vapeur soulève simplement une masse pour la laisser retomber, quand le marteau est à simple effet (fig. 712). Dans le marteau à double effet (fig. 713), on ajoute au poids de la masse tombante la pression de la vapeur au-dessus du piston.

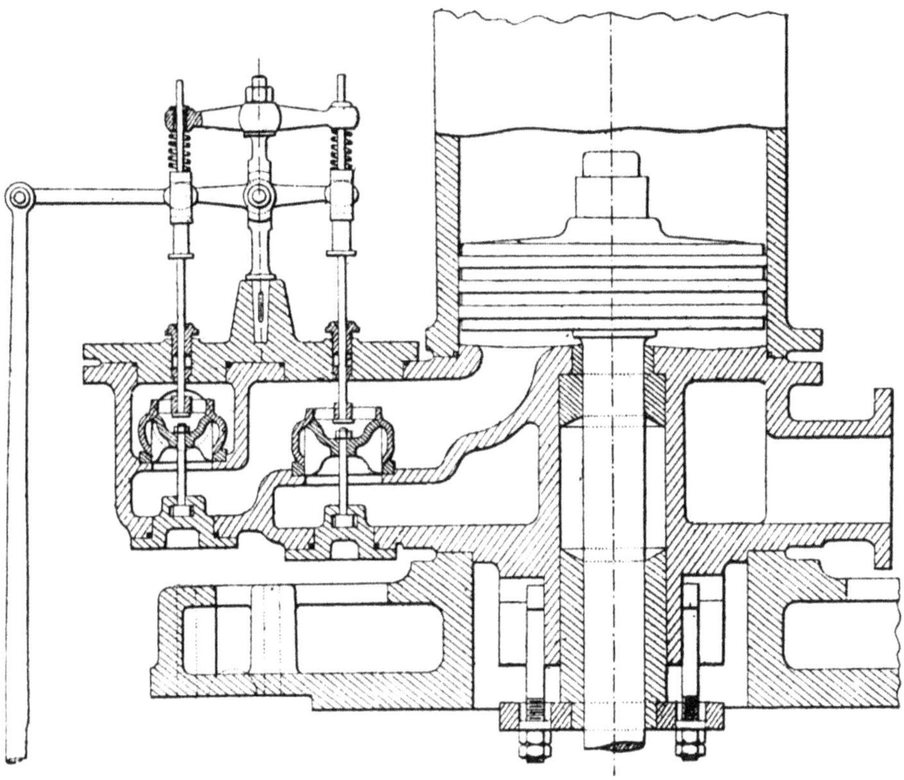

Fig. 715. — Distribution par soupapes, pour marteau-pilon.

Le cylindre des petits appareils est porté par un jambage en fonte (fig. 713). Il y a deux jambages, en fonte ou en tôle, pour supporter le cylindre des grands marteaux (fig. 712).

Les organes de distribution, commandés à la main, doivent se manoeuvrer aisément ; aussi fait-on usage de soupapes à double siège (fig. 715) ou de tiroirs cylindriques (fig. 716). Pour les petits marteaux, la commande de la distribution est quelquefois automatique (fig. 714). Il importe que le mécanisme automatique n'admette pas la vapeur, pour relever le piston, avant que la masse frappante n'ait bien donné son coup.

La vapeur travaille seulement à pleine pression dans ces appareils, et avec l'inconvénient d'un vaste espace libre au-dessous du piston, correspondant à l'épaisseur de la pièce forgée.

Si le pilon est à double effet, il reste aussi un grand espace libre au-dessus du piston quand la course en est réduite.

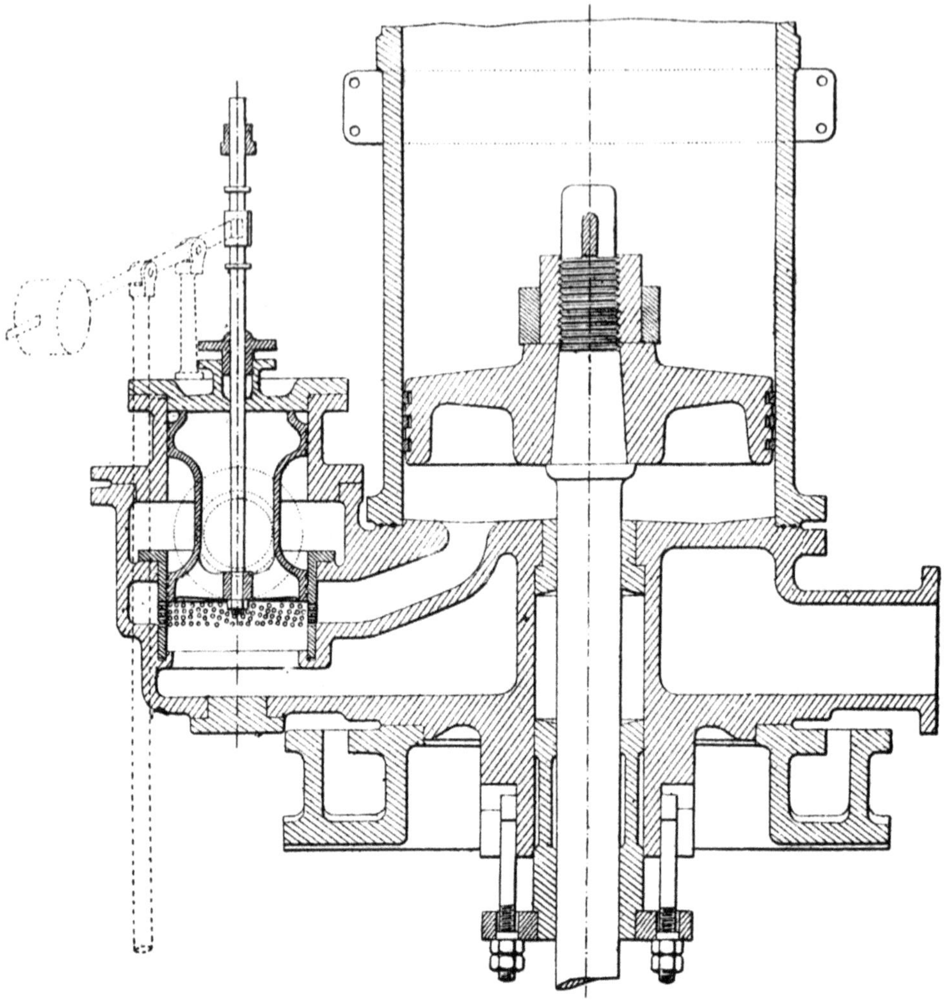

Fig. 716. — Distribution par tiroir cylindrique, pour marteau-pilon.

Pour économiser la vapeur, on a construit des marteaux à double effet du type Woolf, où la vapeur qui a soulevé le piston agit pendant la descente sur un piston supérieur de plus grand diamètre.

- VIII -

CONDENSATION

93. Condensation par mélange.

Le *condenseur à injection*, ou à mélange, liquéfie la vapeur par le contact direct de l'eau froide, tandis que le *condenseur à surface* est extérieurement rafraîchi par l'eau. Le premier reçoit la vapeur d'échappement et une injection d'eau finement divisée, qui maintient une température relativement basse, souvent de 30 à 40° ; la tension correspondante de la vapeur saturée est de 43 à 75 grammes par centimètre carré, tension mesurée par une colonne de mercure haute de 32 à 55 mm ; la pression effective dans le condenseur est plus considérable, parce qu'il contient de l'air ; cet air y pénètre surtout avec l'eau d'injection, qui le renferme en dissolution et le dégage, en s'échauffant sous une faible pression..

D'après la *loi de Dalton*, la pression dans le condenseur est la somme des pressions qu'auraient l'air seul et la vapeur saturée, à la température qui règne dans l'appareil.

Il faut extraire du condenseur l'eau et l'air qui y pénètrent continuellement : c'est le rôle d'une pompe dite pompe à air, munie de clapets d'aspiration, s'ouvrant du condenseur dans la pompe, et de clapets de refoulement, s'ouvrant au dehors.

On estime aisément la quantité d'eau nécessaire au service d'un condenseur, qui doit recevoir un poids donné de vapeur, lorsqu'on connaît la température (θ_0) de l'eau disponible pour la condensation, et celle qu'on doit y entretenir, θ_2 ; entre les températures θ_1 et θ_2 de la chaudière et du condenseur, en passant de l'état gazeux à l'état liquide, un kilogramme de vapeur abandonne sa chaleur totale de vaporisation, plus la différence entre la chaleur du liquide aux deux températures ; avec les notations usuelles, c'est $r_1 + q_1 - q_2$, ou $\lambda_1 - q_2$, ou, approximativement, $\lambda_1 - q_2$, calories.

Q sera le nombre de kilogrammes d'eau nécessaire pour condenser ce kilogramme de vapeur ; elle s'échauffera de θ_0 à θ_2, en absorbant $Q(\theta_2 - \theta_0)$ calories. Ces deux quantités de chaleur sont à peu près égales ; le poids d'eau se trouve donc déterminé par la relation :

$$Q = (\lambda_1 - \theta_2) / (\theta_2 - \theta_0)$$

Par exemple, pour $\theta_1 = 150°$, $\theta_2 = 35°$, $\theta_0 = 15°$, Q =31 kg. En réalité, la quantité d'eau nécessaire est moindre ; quelques-unes des calories apportées par la vapeur se sont transformées en travail ou se sont dissipées au-dehors ; en outre, le kilogramme de vapeur fourni par la chaudière peut ne pas être absolument sec ; le calcul néglige encore quelques circonstances accessoires. Mais la température θ_0 est rarement connue avec exactitude et ne reste guère constante ; il n'y a pas d'inconvénients à ce que θ_2 varie quelque peu ; enfin le poids de vapeur à condenser est rarement déterminé avec exactitude.

Aussi la précision n'est-elle pas nécessaire dans le calcul de la proportion d'eau Q, calcul utile seulement pour assurer l'alimentation de l'appareil ; en marche, la quantité d'eau est réglée par l'ouverture du robinet d'injection, de manière à maintenir une température et une pression convenables. En outre, le calcul suppose toute l'eau également utilisée : en réalité, l'arrivée d'eau est le plus souvent continue, celle de vapeur est intermittente, surtout si le condenseur ne dessert qu'une seule machine à marche lente : une partie de l'eau peut ne pas s'échauffer jusqu'à θ_2.

On ne saurait trop recommander de prendre les dispositions simples qui permettent de jauger constamment la quantité d'eau dépensée pour la condensation, et d'observer les températures θ_0 et θ_2, ainsi que la pression p_2 : c'est un contrôle utile de la marche du condenseur et de la machine qu'il dessert.

La pompe à air doit extraire, pour chaque kilogramme de vapeur consommée par la machine, (Q + 1) kg d'eau, et l'air, qui a pénétré dans le condenseur. La tension totale, due à l'air et à la vapeur saturée, ne doit pas devenir trop grande. Pour un calcul précis, il faut déterminer dans chaque expérience la proportion de l'air tenu en dissolution par l'eau, ce qui est facile ; souvent on estime que l'air dissous occuperait, sous la pression atmosphérique, le 20e du volume de l'eau. Cet air se dégage dans le condenseur, où la réduction de la pression et l'augmentation de la température le dilatent ; les Q/20 litres d'air, à la température absolue t_0 (égale à θ_0+273) et sous la pression atmosphérique p_a, deviennent, à la température t_2 et sous la pression p''_2 qu'aurait l'air seul, $(Q/20)(t_2/t_0)(p_a/p_2)$; la pompe à air doit extraire ce volume, ainsi que les (Q+1) litres d'eau, par chaque kilogramme de vapeur entrant au condenseur.

En outre, il peut pénétrer dans le condenseur un peu d'air, provenant de l'eau d'alimentation de la chaudière et des fuites de la machine ou du condenseur même : la pompe à air doit également l'extraire.

Pour déterminer les proportions d'un condenseur, on doit connaître le nombre de kilogrammes de vapeur condensée qui correspondent à chaque coup de pompe ; on en déduit les dimensions nécessaires pour le maintien de la pression p'_2, égale à la somme des pressions p''_2 et p_2. Souvent on choisit pour la pompe la valeur assez large de 100 litres par kilogramme de vapeur.

Par exemple, une machine de 500 chevaux dépense 8 kg de vapeur par cheval-heure ou 4000 kg au total par heure ; elle fait 50 tours par minute elle commande directement une pompe à air à simple effet ; il se dépense, par tour de la machine, 4000/(50x60) ou 1,33 kg de vapeur ; la pompe à air doit extraire, à chaque coup, 133 litres ; c'est le volume, $(d^2c / 1{,}273)$ qu'engendrera son piston, de diamètre d, avec course c.

La pompe à air n'aspire l'air et l'eau dans le condenseur que par intermittences, tandis que l'afflux est presque continu : il en résulte des variations périodiques de la pression au condenseur, variations qui ne doivent pas dépasser une limite fixée. Un calcul assez simple apprend qu'il n'a pas besoin d'être bien grand pour que ces variations soient minimes. Le condenseur reçoit n kg de vapeur par coup de pompe ; nV est le volume de la pompe, qui vient d'être calculé, et nC celui du condenseur, qu'on veut déterminer.

Au moment où la pompe achève son aspiration, les clapets se referment, le condenseur est vide d'eau et tient un poids nx d'air, mélangé de vapeur à la température θ_2, sous la pression p_2. Pendant le refoulement de la pompe, qui dure autant que l'aspiration, il entre dans le condenseur 0,5nQ kg d'eau, 0,5n kg de vapeur qui se condense, et un poids connu d'air $n\varpi$: la pression s'élève dans le condenseur.

Puis la pompe aspire et communique de nouveau avec le condenseur : la capacité croît de nC à n(C+V) et il entre encore pendant ce temps 0,5n(Q + 1) kg d'eau et $n\varpi$ kg d'air.

On peut admettre, par approximation, que la pression dans le condenseur atteint un maximum à la fin de la période de refoulement, et un minimum à la fin de l'aspiration. L'air est toujours à la température θ_2. On en calculera la pression par la formule $\varpi = (pv / Rt)$ ou $p = (\varpi Rt / \upsilon)$, qui lie le volume, la pression, la température absolue et le poids, le coefficient R ayant la valeur 29,3 quand les unités sont le mètre et le kilogramme. En supprimant le facteur n, on a les relations suivantes, où Q'= 0,5(Q+1) :

$$\text{Poids d'air successifs}\left\{\begin{array}{l} x \\ x+\varpi \\ x+2\varpi \end{array}\right. \quad \text{Volumes occupés}\left\{\begin{array}{l} C \\ C-Q' \\ C+V-2Q' \end{array}\right. \quad \text{Pressions calculées}\left\{\begin{array}{ll} \dfrac{xRt_2}{C} & (1^\circ) \\ \dfrac{(x+\varpi)Rt_2}{C-Q'} & (2^\circ) \\ \dfrac{(x+2\varpi)Rt_2}{C+V-2Q'}\cdot & (3^\circ) \end{array}\right.$$

Dans l'état de régime, la pression à la troisième période se retrouve la même qu'à la première, et

$$\frac{x}{C} = \frac{x+2\varpi}{C+V-2Q'}$$

ce qui détermine x en fonction de C :

$$x = \frac{2\varpi C}{V-2Q'}$$

On se fixe le rapport k qu'on veut admettre entre les valeurs extrêmes de la pression, ce qui donne pour déterminer C la relation :

$$\frac{x+\varpi}{C-Q'} = k\,\frac{x}{C}$$

ou, en remplacant x par sa valeur en fonction de C :

$$C[2\varpi C + \varpi(V-2Q')] = 2\varpi Ck(C-Q'),$$

$$C = \frac{V}{2(k-1)} + Q'.$$

On voit que C aura facilement une valeur suffisante : on choisira par exemple k = 1,2. Il n'y a pas d'inconvénients à forcer les dimensions du condenseur.

Il est facile de calculer le travail utile demandé à la pompe à air pour une excursion aller et retour de son piston. Pendant l'aspiration, le piston, en engendrant le volume V (volume réduit pour correspondre à la condensation d'un kilogramme de vapeur), est poussé par la pression moyenne p'_2, qui produit le travail moteur p'_2V. Pendant le retour du piston, la pompe comprime le mélange jusqu'à la pression atmosphérique p_a, ou plutôt jusqu'à une pression légèrement supérieure p'_a, à cause de la charge d'eau sur les clapets de refoulement, puis expulse au dehors le mélange comprimé.

La capacité V, à la fin de l'aspiration, est remplie par le volume d'eau (Q+1)/1000 (en mètres cubes) et par le volume d'air humide $\upsilon''_2 = V - [(Q+1)/1000]$. La température de cet air est θ_2; la pression est p''_2, et il est saturé de vapeur d'eau à la pression p_2. La pompe commence par amener l'air de la pression p''_2 à la pression $p'_a - p_2$, par une compression *isotherme*, vu la présence d'une grande masse d'eau : le volume de l'air se réduit à une valeur υ''; il reste toujours saturé de vapeur à la pression p_2. Puis l'air et l'eau sont refoulés au-dehors.

Le travail absorbé, par chaque kilogramme de vapeur condensée, est :

1° Pour la compression isotherme, avec la pression supplémentaire constante p_2 de la vapeur ($\mathscr{L}$ désigne le logarithme népérien) :

$$p''_2 v''_2 \mathscr{L}\frac{p'_a - p_2}{p''_2} + p_2(v''_2 - v'') ;$$

2° Pour le refoulement :

$$v''p'_a + \frac{Q+1}{1000}p'_a.$$

Le travail résistant total, pour l'aller et retour, est donc :

$$-p'_2V + p''_2v''_2\mathscr{L}\frac{(p'_a - p_2)}{p''_2} + p_2(v''_2 - v'') + p'_a\left(v'' + \frac{(Q+1)}{1000}\right),$$

ou, comme

$$V = \frac{Q+1}{1000} + v''_2,$$

$$V(p'_a - p'_2) - (v''_2 - v'')(p'_a - p_2) + p''_2v''_2\mathscr{L}\frac{(p'_a - p_2)}{p''_2}.$$

Par exemple, soit :

$p'_a = 10500$ kg	$V = 0^{m^3},1$
$p_2 = 750$	$Q = 30$
$p''_2 = 750$	$v''_2 = 0,069$
$p'_2 = 1500$	$v'' = 0,0053$

Le travail est $0,1 \times 9000 + 750 \times 0,069 \times \mathscr{L}\frac{9750}{750} - 0,0637 \times 9750 = 450$ kgm.

Si l'on dépense 10 kg de vapeur par cheval-heure indiqué, c'est-à-dire pour produire 270.000 kgm, le travail utile de la pompe est les 17 millièmes du travail indiqué. En réalité, les frottements et le choc des veines fluides élèvent le travail consommé aux 30 ou 35 millièmes du travail indiqué.

94. Description des condenseurs à mélange.

Le condenseur est une boîte en fonte, soumise extérieurement à la pression de l'atmosphère ; des nervures en consolident les faces planes. La forme n'a guère d'importance pour le fonctionnement. Les joints doivent être peu nombreux, car ils peuvent laisser rentrer l'air à moins qu'ils ne soient noyés dans une bâche pleine d'eau. Les condenseurs portent des plateaux de visite et des robinets de vidange.

L'arrivée d'eau est généralement continue : elle peut être aspirée sur une hauteur de quelques mètres. L'amorçage se fait parfois alors au moyen d'un jet de vapeur qui chasse l'air puis fait le vide en se condensant.

En cas de ralentissement de la machine, si l'afflux d'eau reste constant, elle peut refluer jusqu'au cylindre : pour éviter ce danger, on a quelquefois muni le condenseur d'un flotteur, qui ouvre une rentrée d'air quand le niveau de l'eau s'y élève trop haut.

Parfois un moteur auxiliaire commande la pompe à air d'un condenseur (fig. 717 à 719), qui peut servir à plusieurs machines différentes : il est alors possible d'en faire varier la vitesse suivant l'afflux de vapeur et la température de l'eau de condensation. Les machines isolées, de puissance moyenne, commandent ordinairement leur pompe à air ; quand le cylindre est horizontal, le piston de cette pompe est souvent attelé en tandem à la contre-tige du piston ; d'autres fois, le condenseur est placé en contre-bas ; la pompe à air, horizontale ou verticale, est menée par un balancier ou par une équerre de renvoi.

La pompe à air est noyée dans le condenseur, ou lui est accolée. Elle a souvent un piston ordinaire plein (fig. 720) qui se combine bien avec la disposition horizontale à double effet ; le piston creux (fig. 721) travaille à simple effet, à moins qu'on ne le double (fig. 723) ; on voit sur la figure 721 un rang de clapets supplémentaires, qui ne sont pas indispensables, mais qui rendent plus sûre la marche de la pompe ; enfin le piston plongeur (fig. 722), à simple effet, est fort usité. Il permet de plus grandes vitesses : pour la bonne marche des pompes, il faut que l'eau puisse suivre le piston ; la force qui pousse l'eau dans le corps de pompe d'un condenseur, pendant l'aspiration, est relativement faible : l'accélération qu'elle est capable de prendre est étroitement limitée. Le plongeur, au contraire, peut marcher rapidement, pourvu que les sections de passage de l'eau, à travers les clapets ou les soupapes, soient assez grandes.

Les clapets d'aspiration doivent être placés au fond du condenseur, pour que le poids de l'eau s'ajoute à la faible pression qui la pousse. Le volume de l'espace libre de la pompe, toujours plein d'eau, est indifférent. Il convient que ces organes soient légers ; les clapets à charnière se mattent vite par les chocs. Le caoutchouc risque de s'altérer à la chaleur. Les petits disques en cuivre dits clapets Corliss (fig. 721) sont employés avec succès. Les clapets métalliques de la Compagnie transatlantique (fig. 725 et 726), plus robustes, sont usités pour les condenseurs à surface des machines marines, et aussi pour les condenseurs des machines fixes.

Dans le condenseur Frikart, le piston de la pompe, à double effet, a une épaisseur presque égale à la course, et cette pompe est dépourvue de clapets d'aspiration ; l'eau et l'air y pénètrent par des lumières percées au milieu du cylindre et découvertes par le piston en fin de course.

Des appareils indicateurs simples permettent de suivre la marche du condenseur. Le plus commode de ces appareils est un baromètre, dont la colonne peut être réduite, puisqu'il n'indique que des pressions bien inférieures à celles de l'atmosphère.

L'indicateur de vide, souvent employé, donne la différence entre la pression atmosphérique et la pression effective dans le condenseur : il faut quelque réflexion pour en comprendre l'indication. Un thermomètre plongeant dans l'eau évacuée fournit un contrôle utile.

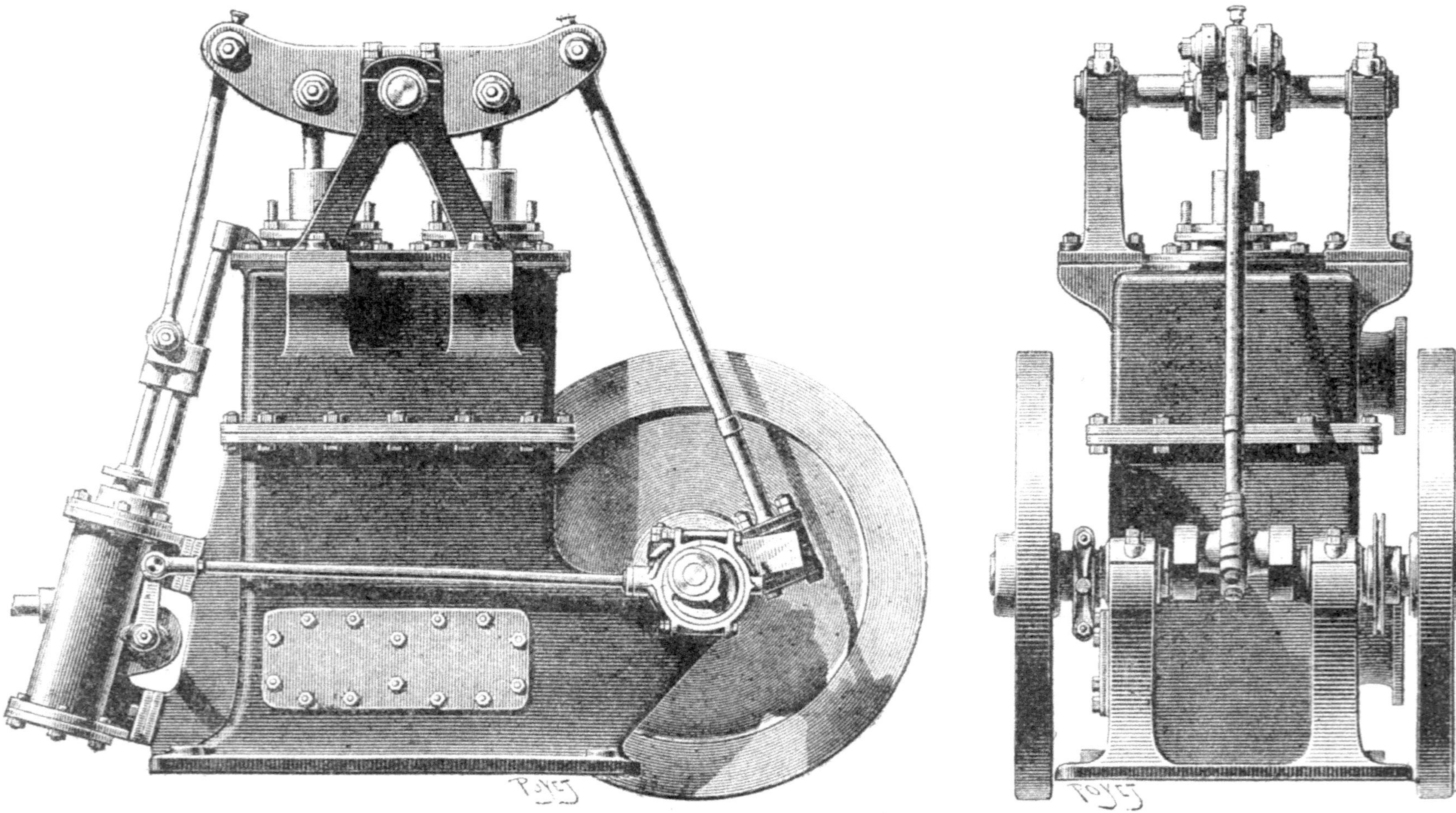

Fig. 717 – Condenseur indépendant, construit par les établissements Weyher et Richemond.

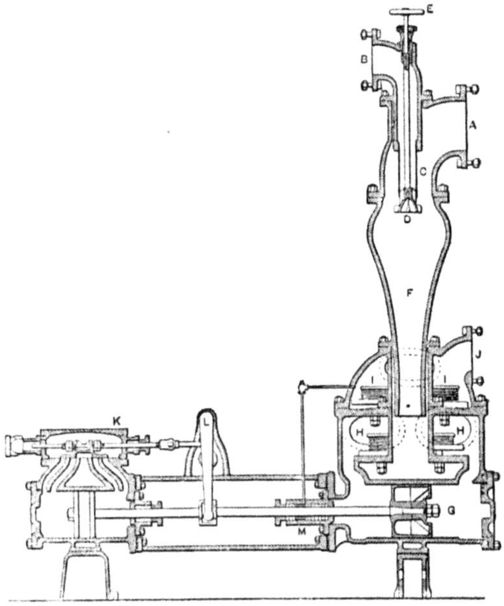

Fig. 718. — Condenseur indépendant Worthington (d'après G. Richard).
K, cylindre à vapeur commandant la pompe à air G ; B, entrée de l'eau de condensation réglée par la soupape D ; A, arrivée de la vapeur ; I), refoulement dans la hache.

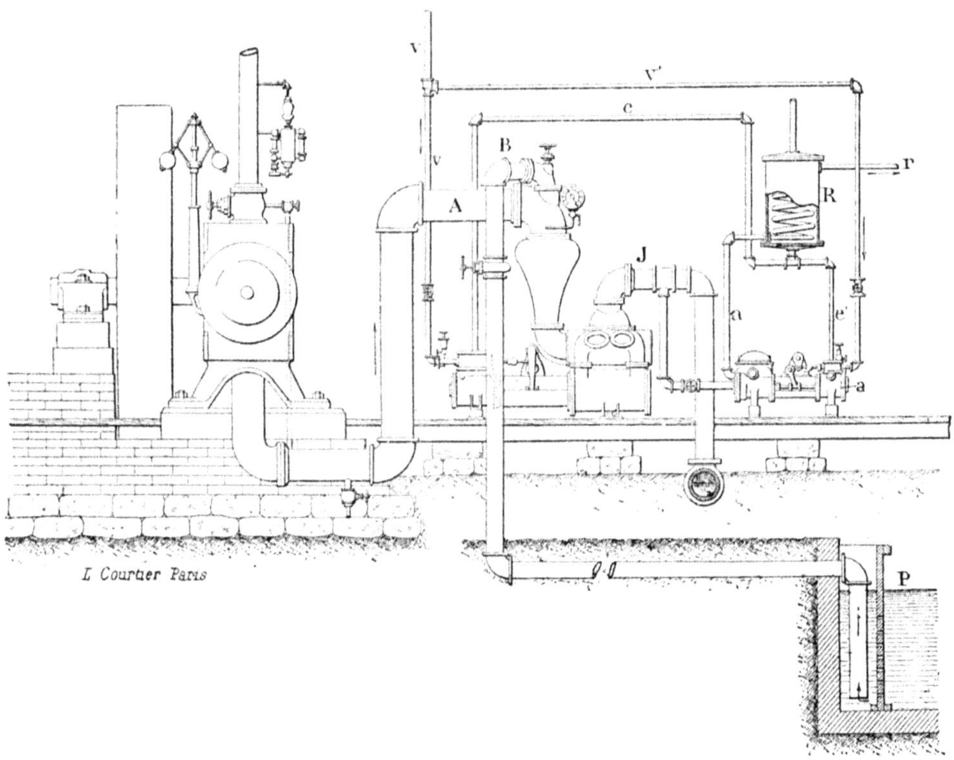

Fig. 719. — Installation d'un condenseur indépendant Worthington, d'après G. Richard.
V et V', tuyauterie amenant la vapeur aux moteurs de la pompe à air et de la pompe alimentaire (en a) ; e, e' , tuyauterie pour l'échappement de vapeur de ces moteurs, dirigée dans un réchauffeur de l'eau d'alimentation R.

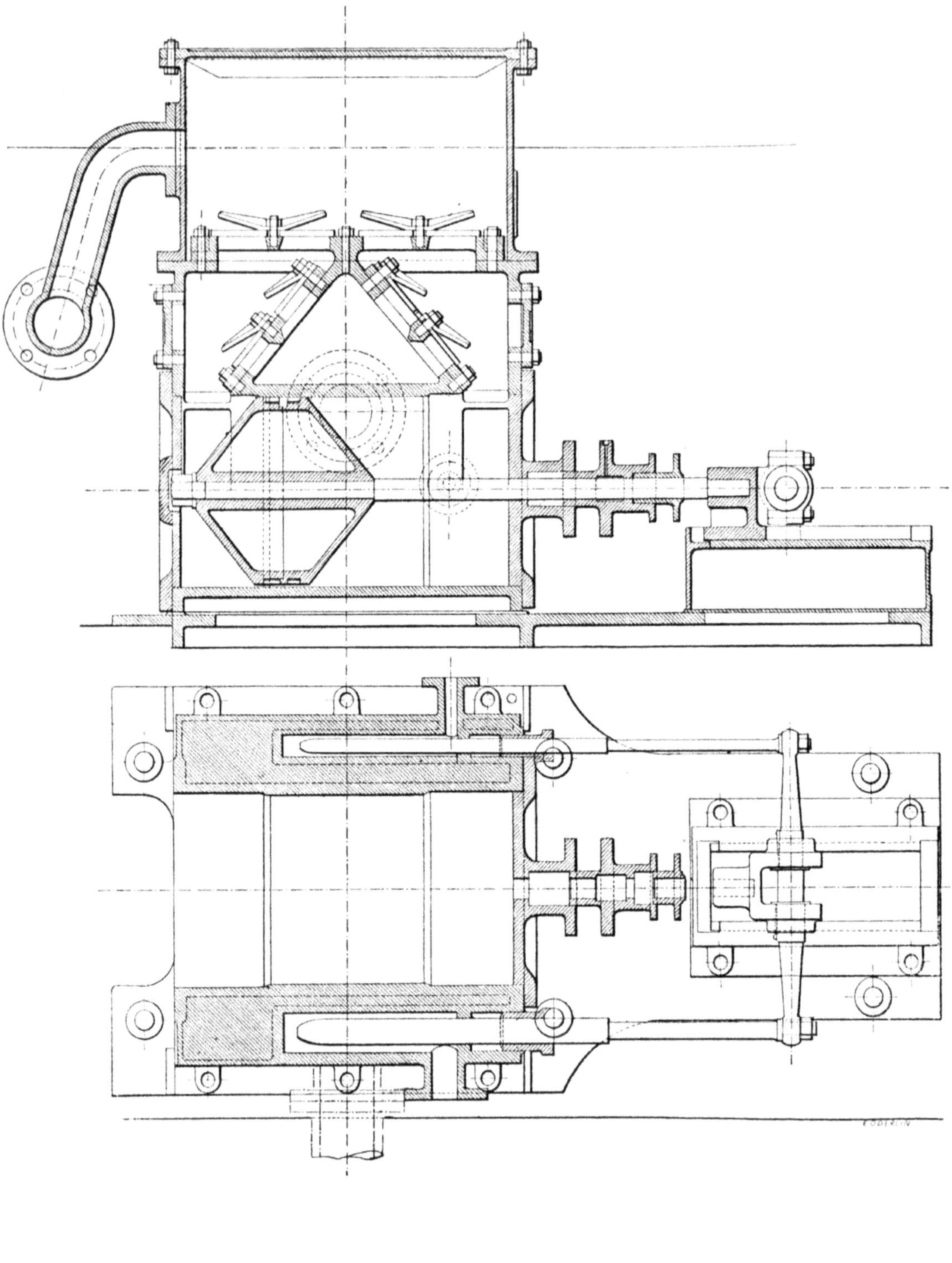

Fig. 720. — Pompe à air avec piston plein, à double effet, construite par E. Garnier ;
sur le plan on voit en outre une pompe de purge de l'enveloppe du cylindre et une pompe alimentaire.

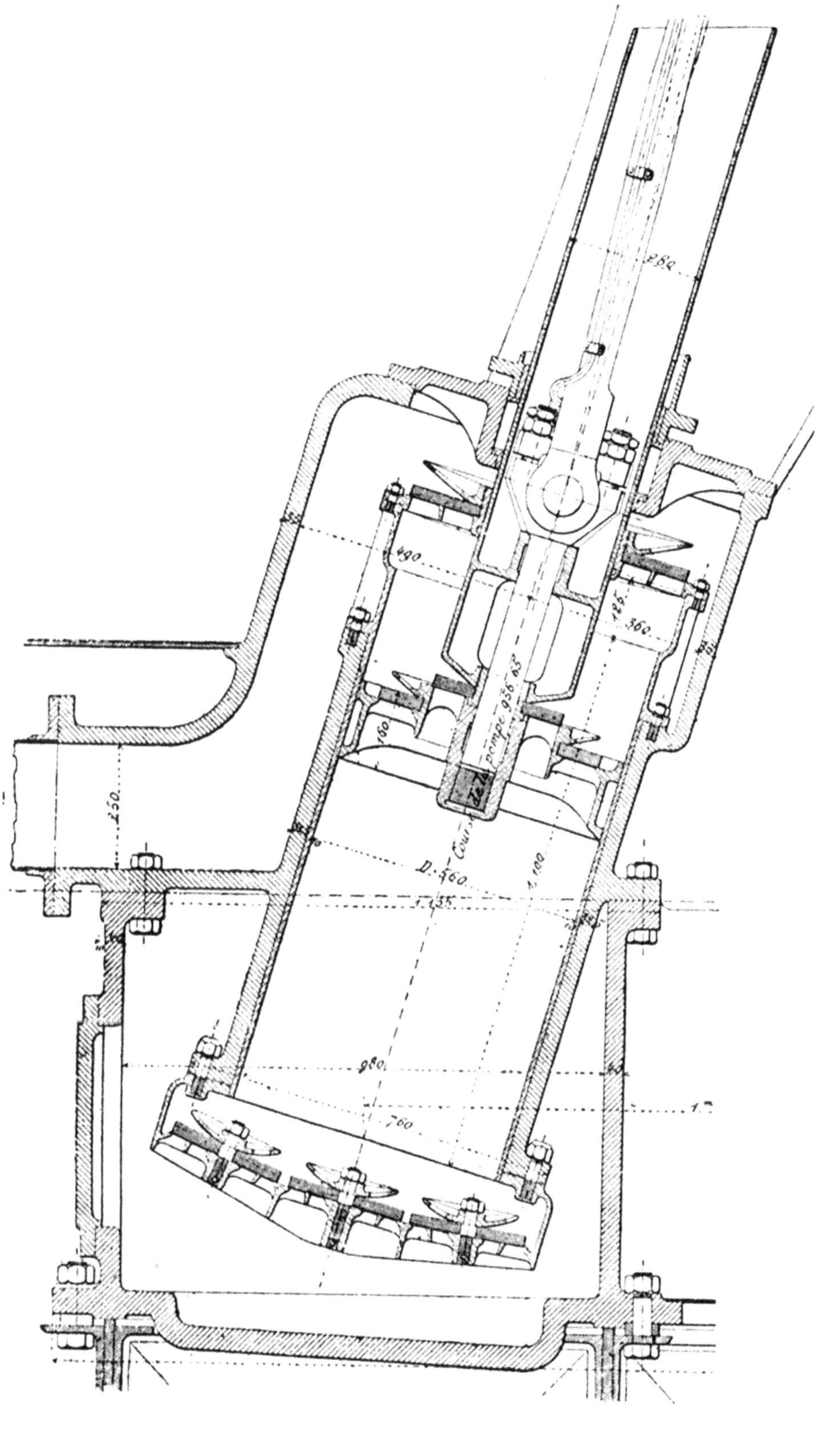

Fig. 721. — Pompe à air, avec piston creux, à simple effet (pour machine marine).

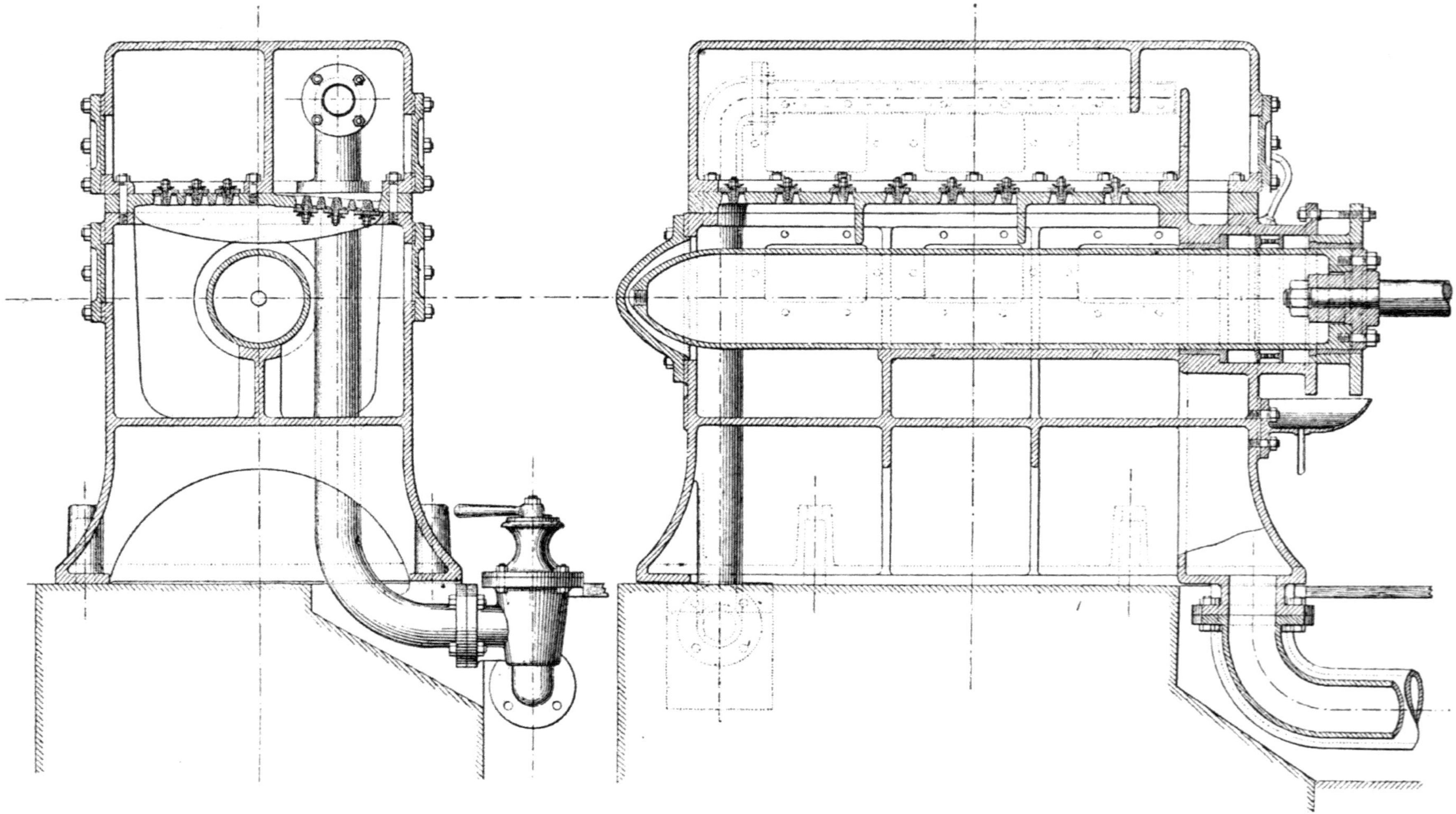

Fig. 722 – Pompe à air, avec piston plongeur, à simple effet, construite par E. Garnier

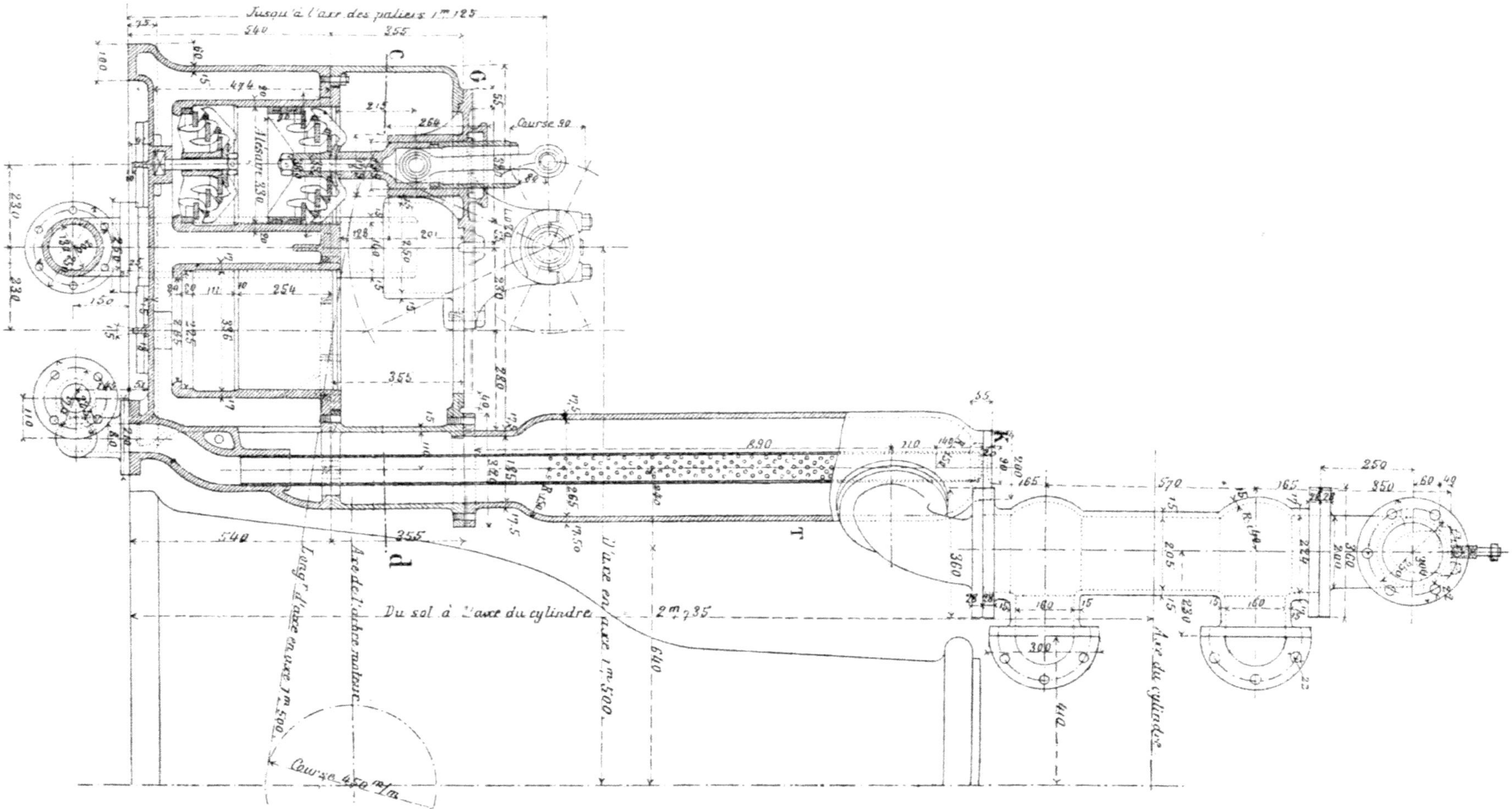

Fig. 723. — Condenseur et pompe à air, avec pistons creux, de la machine rapide à quatre distributeurs construite par E. Garnier, faisant 150 tours par minute (voir fig. 368, t. I).

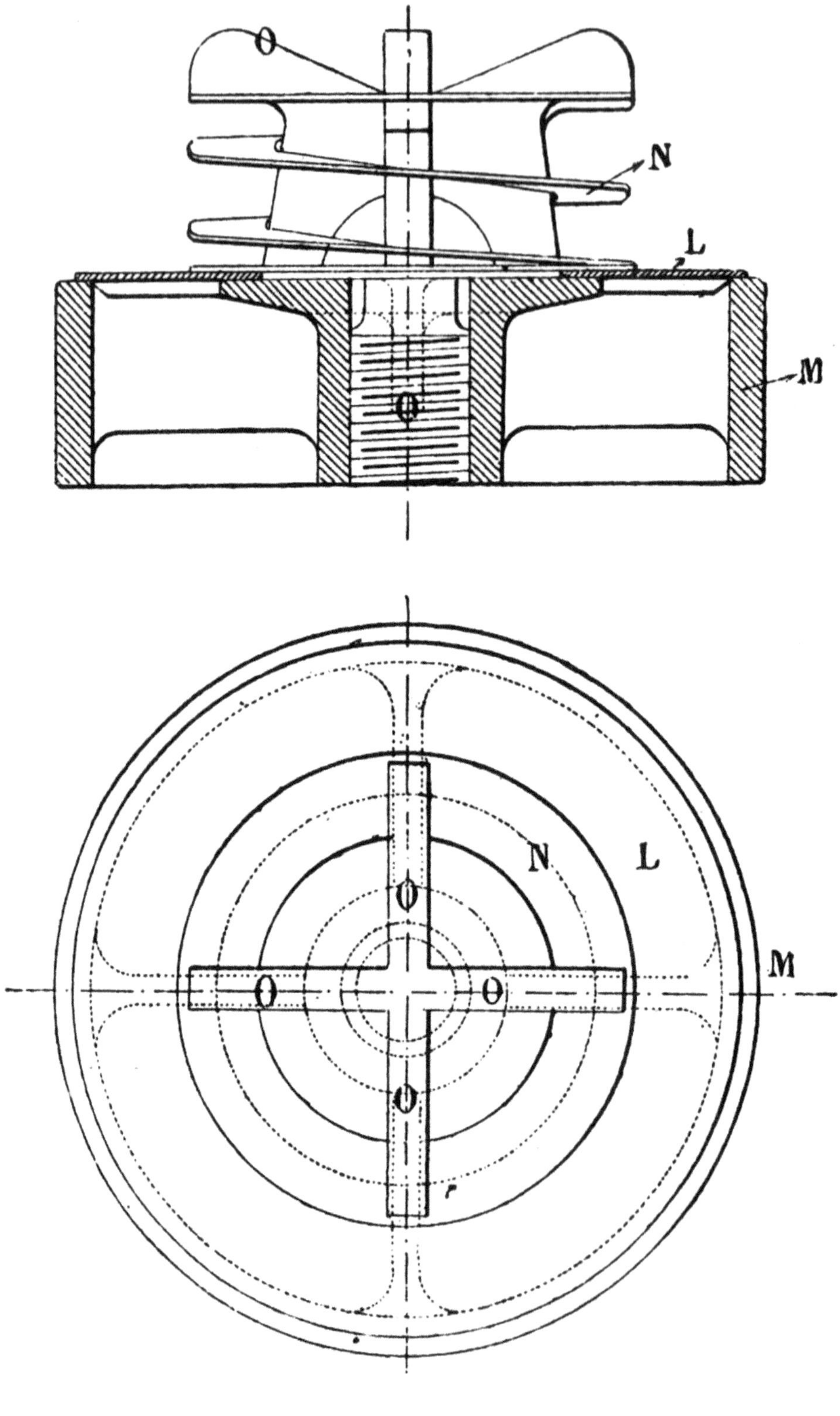

Fig. 724. — Clapet Corliss, pour pompe à air de condenseur ; grandeur d'exécution.

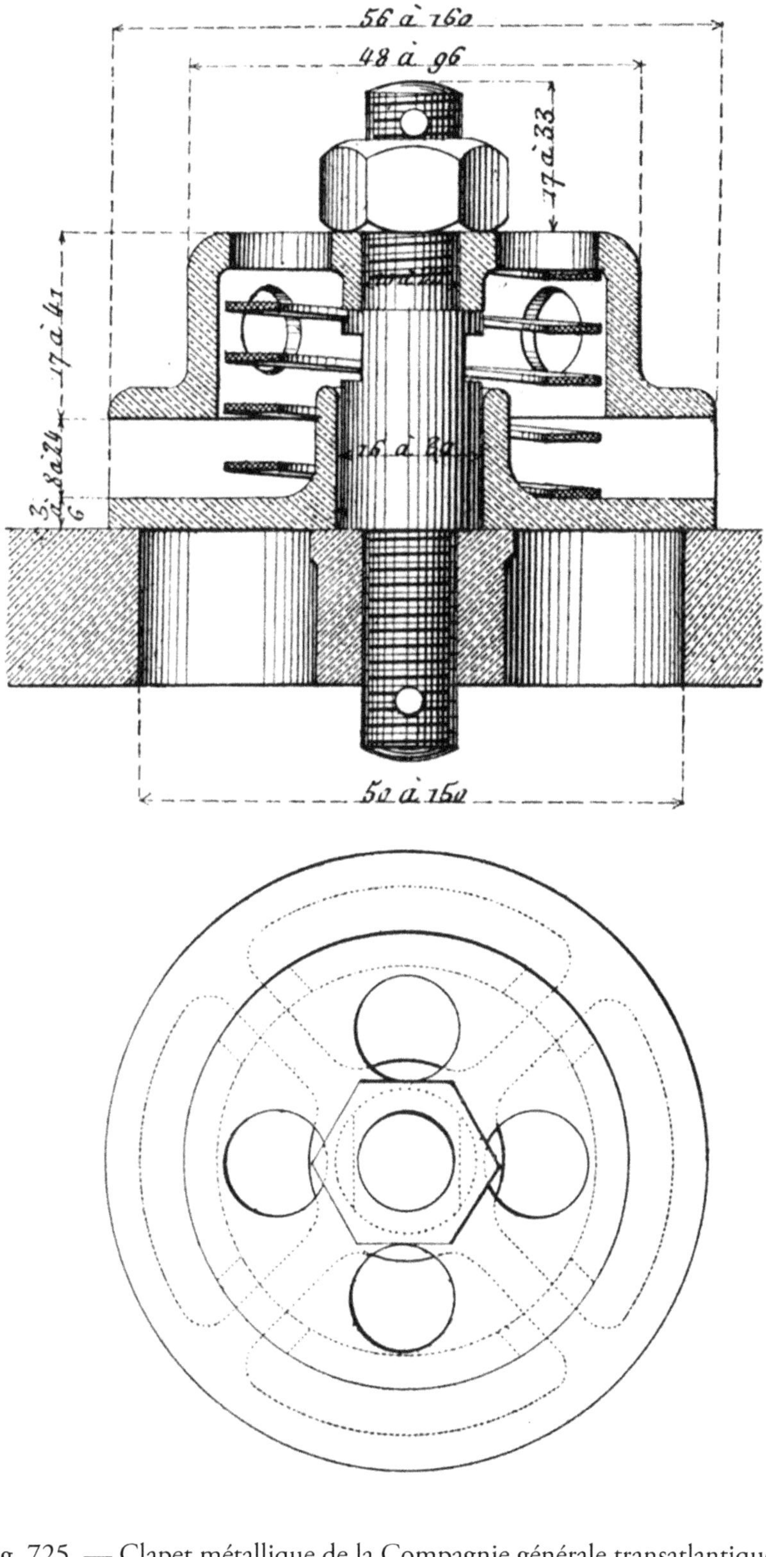

Fig. 725. — Clapet métallique de la Compagnie générale transatlantique.

Les calculs relatifs aux condenseurs ont pour point de départ la valeur choisie pour la température de condensation. On ne voit pas d'avantages à beaucoup abaisser cette température. D'abord, au-dessous de 500 environ, la pression de la

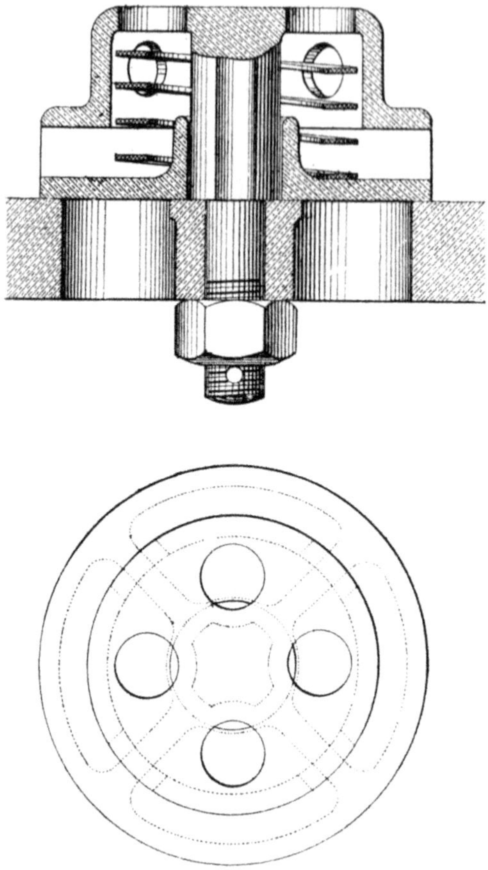

Fig. 726. — Clapet métallique de la Compagnie générale transatlantique (seconde forme).

vapeur ne baisse plus que bien lentement avec la température ; de sorte que pour un gain minime sur la contre-pression, on augmente beaucoup la dépense d'eau de condensation. Mais il y a plus : à mesure que la température de condensation s'abaisse, la quantité d'air dégagé par l'eau de condensation s'accroît, de sorte que la pression de l'air augmente quand celle de la vapeur diminue, si bien que la pression totale peut ne pas décroître, ou bien il faut beaucoup agrandir la pompe à air, et le travail qu'elle consomme s'accroît. Enfin les chaudières sont souvent alimentées avec l'eau de condensation : à ce point de vue, l'abaissement de la température θ_2 n'est pas favorable. Cette contradiction apparente avec le théorème de Carnot a été expliquée au § 50 (t. I). Des expériences rapportées par M. Compère confirment ces déductions.

Quoi qu'il en soit, on cherche souvent à atteindre une température assez basse, de 30 à 35° par exemple. C'est surtout pour assurer avant tout le fonctionnement facile et certain de la machine, condition qui en pratique peut primer toutes les autres. Avec une température θ_2 élevée, un afflux anormal de vapeur risque d'échauffer le condenseur au point qu'il n'aspire plus d'eau, si elle n'y arrive pas en charge : il faudrait alors arrêter la machine pour refroidir l'appareil. Certaines dispositions, qui permettent de condenser avec peu d'eau, à une température assez élevée, peuvent donc être utiles.

95. Appareils divers de condensation.

Dans le condenseur ordinaire, la pression de l'air s'ajoute à celle de la vapeur, qui dépend de la température entretenue ; dans le condenseur Weiss, une circulation méthodique est établie pour éviter cette augmentation de pression. L'appareil

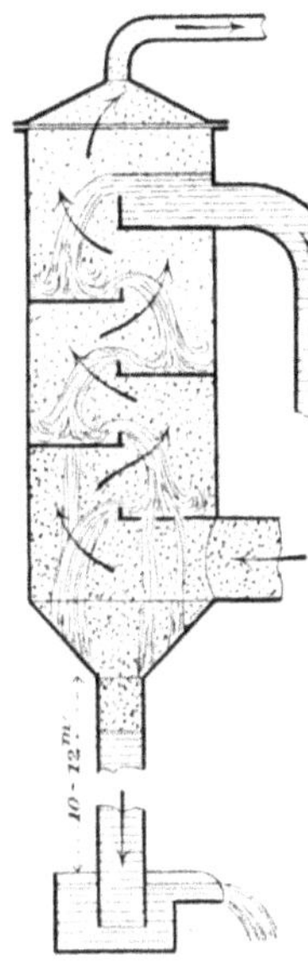

Fig. 727. — Condenseur Weiss, avec pompe à air seul.

consiste en un tube vertical, que l'eau parcourt du haut en bas, en coulant sur des chicanes. La vapeur entre par le bas (fig. 727). À la partie supérieure, une pompe à air seul aspire l'air. L'eau s'écoule à la partie inférieure par un tube vertical, long de 10^{m} au moins et plongeant dans une bâche. La pression dans le condenseur est toujours le total de la pression de la vapeur et de la pression de l'air. Mais ces deux pressions varient du bas en haut du condenseur, celle de la vapeur décroissant tandis que celle de l'air augmente : le total est plus faible que dans le condenseur ordinaire.

La pompe à air du condenseur *Nordberg* (fig. 728) est disposée de manière à séparer en partie l'air de la vapeur condensée. L'échappement de la machine et l'eau d'injection pénètrent dans la partie supérieure du condenseur : l'air et l'eau de condensation sont aspirés à la partie inférieure par la pompe à air. Un passage supplémentaire, fermé par une soupape très légère, met en communication le haut du condenseur et le corps de pompe entre les clapets. Pendant la descente du piston, dont les clapets restent couverts d'eau, une certaine quantité d'air est aspirée par ce passage supplémentaire.

Le condenseur Letoret, quelquefois employé pour les machines de Cornouailles, n'a pas de pompe à air, mais il exige que la pression dans le cylindre à la fin de la détente soit supérieure à la pression atmosphérique. Au commencement de l'échappement anticipé, cette vapeur fait une chasse dans le condenseur, et en expulse l'eau et l'air : puis un clapet se referme et l'eau d'injection y pénètre.

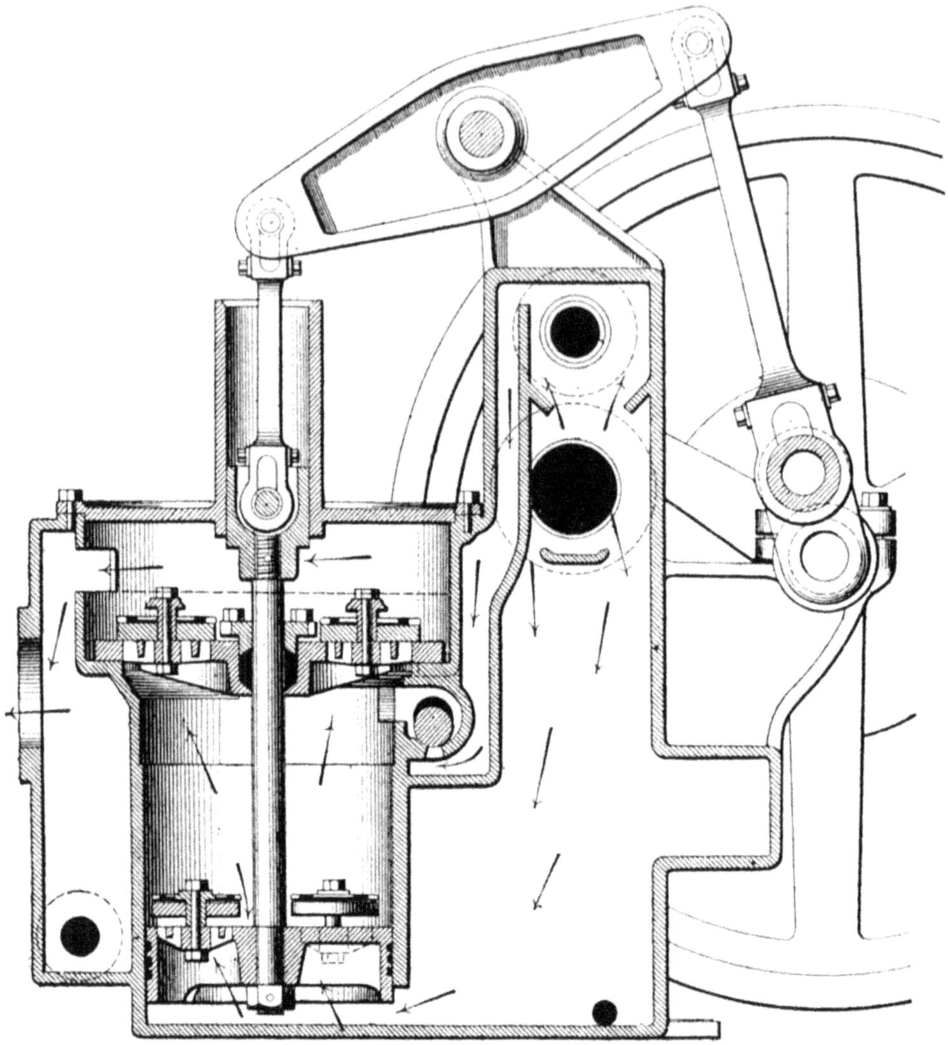

Fig. 728. — Condenseur Nordberg, d'après G. Richard.

On remplace parfois le condenseur et sa pompe à air par l'*éjecteur-condenseur* (fig. 729 et 730), analogue aux injecteurs qui alimentent les chaudières (§ 119). La vapeur à condenser s'écoule avec une vitesse considérable, par une tuyère, dans une chambre qui reçoit un jet d'eau froide ; il en résulte un jet d'eau rapide, qui s'engage dans un divergent où la vitesse se ralentit, tandis que la pression augmente. Cette augmentation est suffisante pour que l'eau soit rejetée au dehors, malgré la pression atmosphérique. Cet appareil est applicable quand on dispose d'une grande quantité d'eau en charge ; quelquefois il s'installe horizontalement dans un cours d'eau voisin du moteur à vapeur.

Le condenseur-éjecteur de Morton recevait au besoin, pour une tuyère centrale, l'action supplémentaire d'un jet de vapeur empruntée à la chaudière. D'après les expériences de Rankine, faites en 1868, cet appareil réduisait la contre-pression sur le piston d'un moteur à 0,2 ou 0,3 kg par cm².

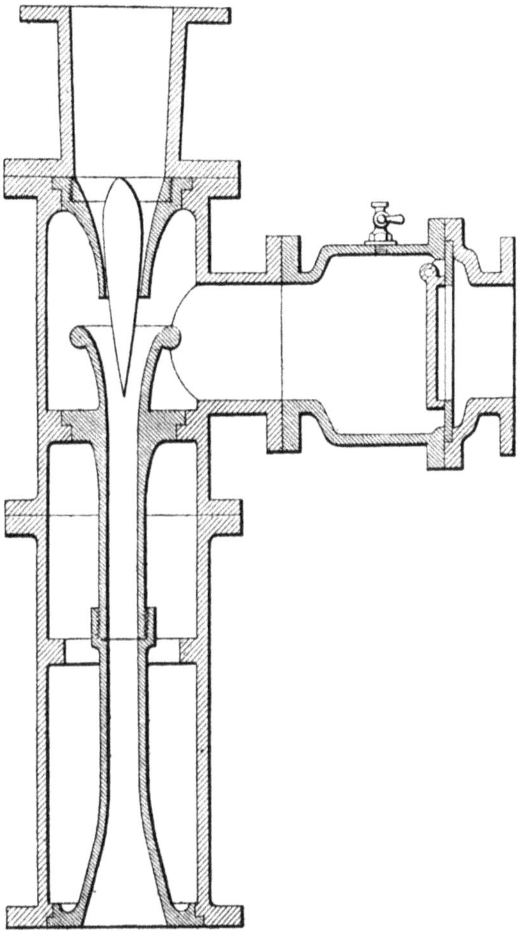

Fig. 729. — Éjecteur condenseur de Karting ; entrée de l'eau à la partie supérieure ; entrée de la vapeur à droite, avec clapet pour éviter le retour d'eau au cylindre ; sortie de l'eau à la partie inférieure.

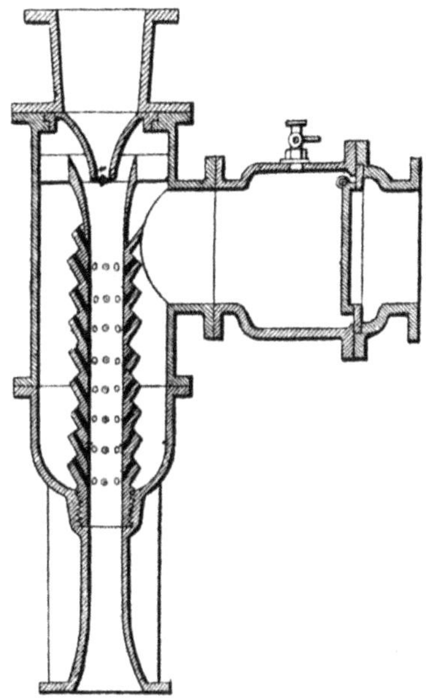

Fig. 730. — Éjecteur condenseur Karting, à chambre percée de trous.

96. Rafraîchissement de l'eau de condensation.

Lorsque l'eau est rare, on peut l'employer plusieurs fois en la faisant refroidir ; le refroidissement est dû surtout à l'évaporation, et la dépense d'eau est alors presque égale à celle d'une machine à échappement dans l'atmosphère.

On peut à cet effet faire couler l'eau sur des fascines, dans des appareils encombrants, et gênants par la buée qu'ils donnent. Parfois on se contente d'un bassin avec jets d'eau finement divisée.

Des appareils plus compacts sont complètement enfermés dans une enveloppe où un ventilateur entretient un violent courant d'air ; la vapeur formée est entraînée dans une cheminée de dégagement.

Il est souvent facile d'alimenter, avec l'eau chaude des condenseurs, des bains et des lavoirs, fort utiles pour le personnel des établissements industriels.

97. Condenseur à surface.

Watt essaya, vers 1776, sans grand succès, le condenseur à surface ; Hall le construisit en 1831 : il fut bientôt abandonné, pour être repris en 1860, puis considéré comme indispensable en mer. La figure 731 montre que les dispositions de Hall ne différaient guère de celles qui sont adoptées aujourd'hui.

La vapeur, ne se mélangeant plus avec l'eau de condensation, donne de l'eau distillée, qu'on renvoie aux chaudières et qui sert indéfiniment ; les pertes seules doivent être remplacées.

La surface condensante s'obtient à l'aide d'un grand nombre de tubes, dans lesquels circule l'eau. Parfois on adopte la disposition inverse : la vapeur pénètre dans les tubes et l'eau est en dehors, comme dans le condenseur de Hall.

Sous sa forme la plus simple, le condenseur est un récipient cylindrique (fig. 732 à 735), avec deux plaques de tête où s'emmanchent les tubes ; mais, pour occuper moins d'espace, on lui donne des formes plus compliquées, avec des tubes plus courts (fig. 736) : il convient alors de diriger le courant d'eau en lui faisant traverser successivement plusieurs groupes de tubes. La circulation de l'eau doit être effective dans tous les tubes pour que leur surface soit utilisée. On doit aussi empêcher la formation des chambres d'air, par suite des dégagements de l'eau de circulation.

L'entrée d'eau se fait parfois dans le voisinage de l'entrée de vapeur, qui se trouve immédiatement en contact avec les parois les plus froides ; mais les dispositions de l'entrée de vapeur sont assez variées. M. Widmann fait remarquer qu'il importe d'offrir à la vapeur, qui doit pénétrer rapidement dans le condenseur, un espace suffisant dans le voisinage de l'entrée.

Le diamètre extérieur des tubes est d'environ 2 cm, avec une épaisseur de 1 à 1,5 mm ; ils sont en cuivre ou en laiton, autrefois étamés pour résister à l'action corrosive des acides provenant de la décomposition des huiles de graissage. Les huiles minérales, qu'on emploie aujourd'hui, ne donnent pas ces produits acides.

Le montage dans les plaques se fait à l'aide d'une garniture serrée par un presse-garniture fileté (fig. 737), portant une saillie vers l'intérieur afin que le tube ne puisse sortir en glissant. La garniture se compose d'une tresse de chanvre ou de coton, de caoutchouc (attaquable par l'huile minérale), de rondelles en papier, ou bien d'autres substances. Parfois on remplace la garniture et le presse-garniture par un bouchon creux en bois, que l'humidité fait gonfler.

Si les tubes sont longs, on les supporte par une plaque intermédiaire. La vapeur amène des matières grasses qui recouvrent les tubes et gênent la transmission de la chaleur ; on fait disparaître ces dépôts en envoyant dans le condenseur des jets de vapeur.

Le condenseur américain Wheeler (fig. 739 et 740) est muni de tubes concentriques, qui servent à la circulation de l'eau ou de la vapeur ; dans l'appareil de la figure 739, l'eau entre en C, circule dans le faisceau des tubes inférieurs, puis dans le faisceau supérieur, et sort en D ; la vapeur entre en A. Les tubes, en laiton étamé, ne sont fixés qu'à une extrémité, de sorte qu'ils se dilatent librement.

La pompe à air subsiste avec le condenseur à surface (fig. 738), mais les dimensions peuvent en être moindres qu'avec le condenseur à injection, puisqu'il

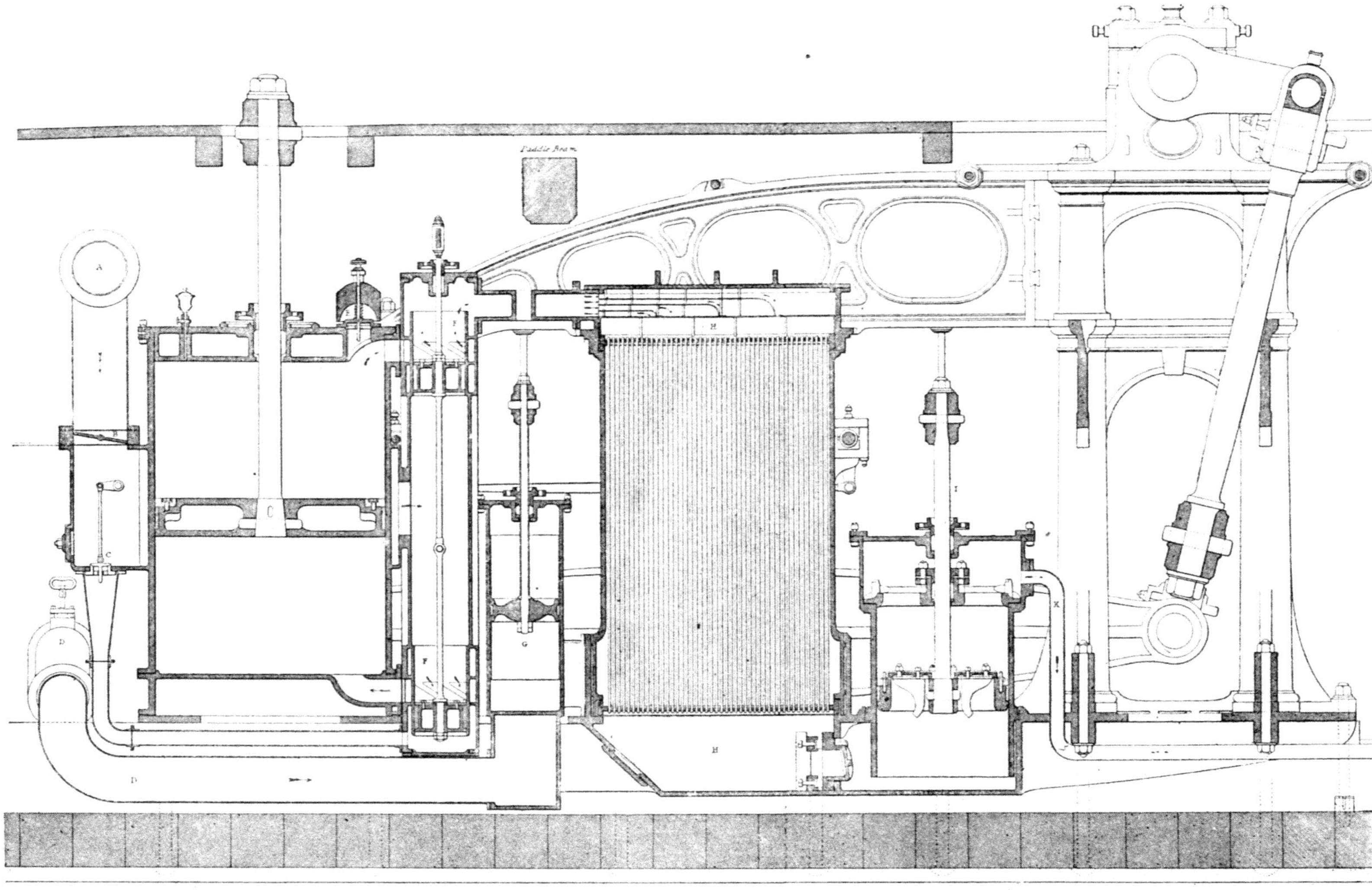

Fig. 731.— Machine du «Wilberforce » (à balanciers inférieurs), construite en 1837, avec condenseur à surface de Hall et tiroirs cylindriques ; d'après Tredgold. La pompe de circulation est en G, et la pompe à air en 1 ; l'eau est à l'extérieur des tubes.

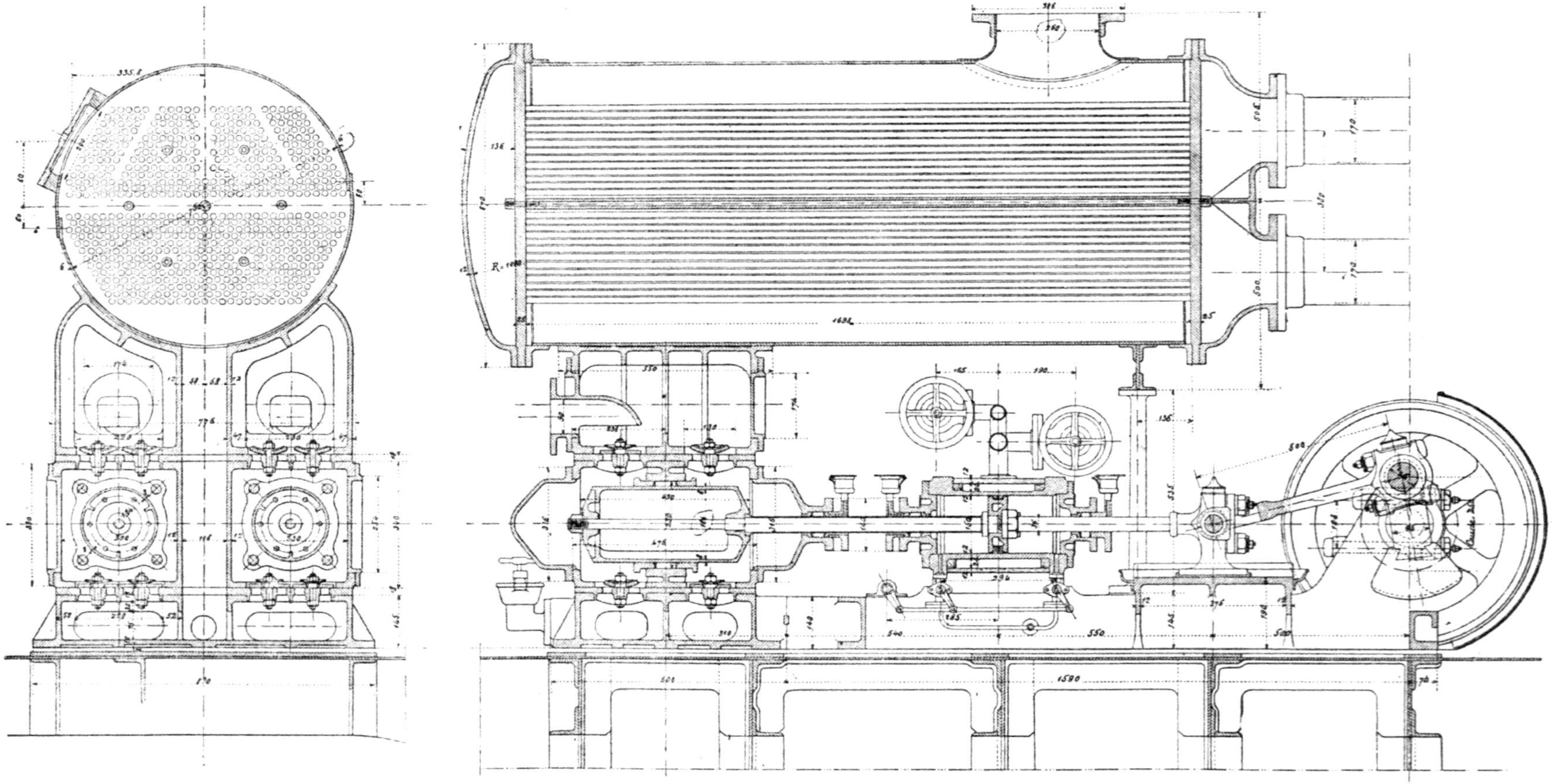

Fig. 732. — Condenseur à surface construit au Creusot en 1892, avec pompes à air et pompe de circulation commandées par un moteur spécial. La pompe de circulation, centrifuge, est montée à l'extrémité de l'arbre du moteur.

Nombre de tubes	699
Longueur entre plaques	4m,698
Diamètre intérieur	14 et 16 mm
Surface en contact avec la vapeur	63m²,85
Moteur.	
Diamètre des cylindres	150 mm
Course des pistons	250 mm
Nombre de tours par minute	210

Pompes à air.	
Diamètre des plongeurs	200 mm
Volume théorique par heure	400 m³
Pompe de circulation.	
Diamètre du disque	500 mm
Largeur extérieure du disque	50 mm
Débit par heure	250 m³

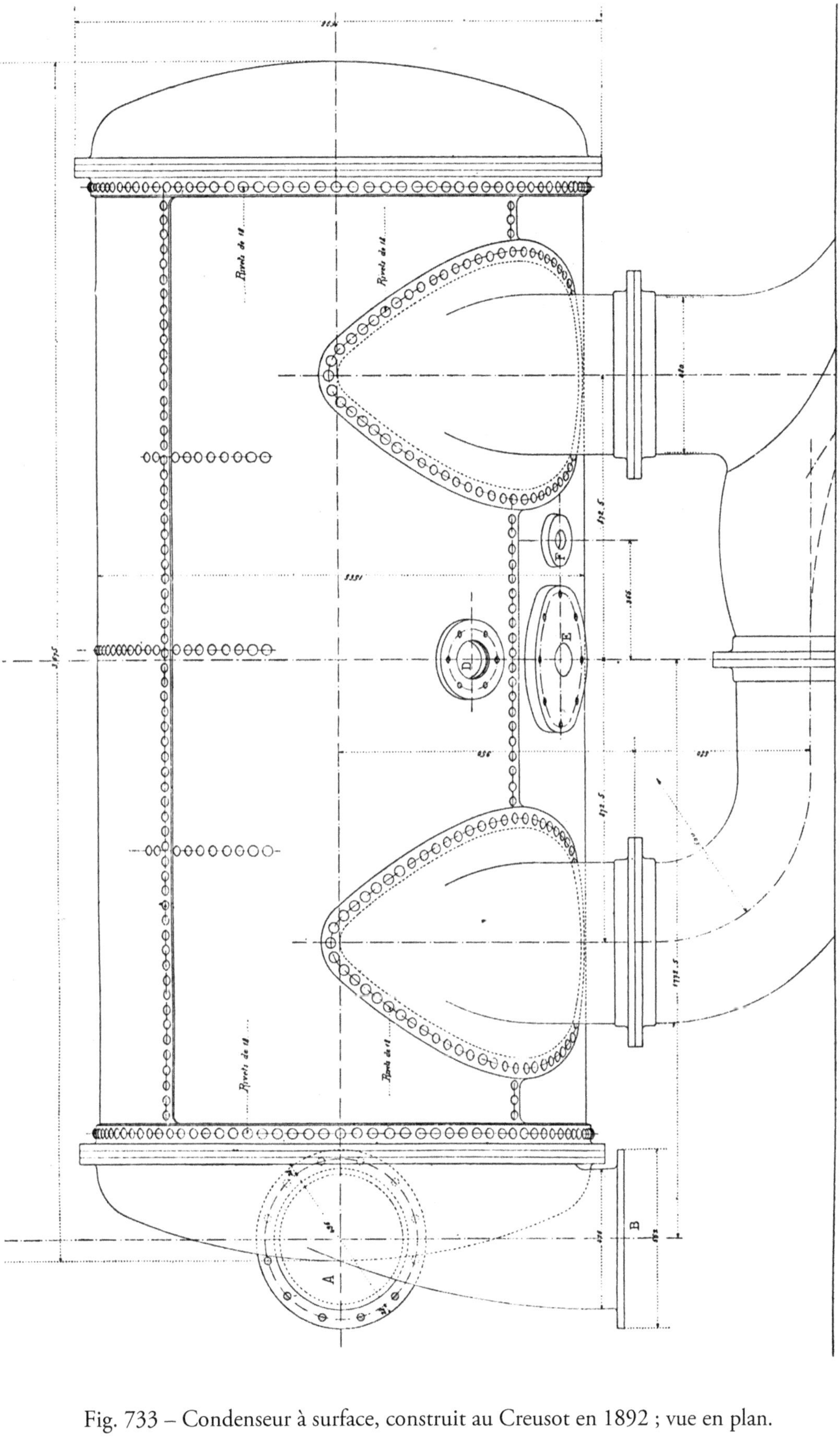

Fig. 733 – Condenseur à surface, construit au Creusot en 1892 ; vue en plan.

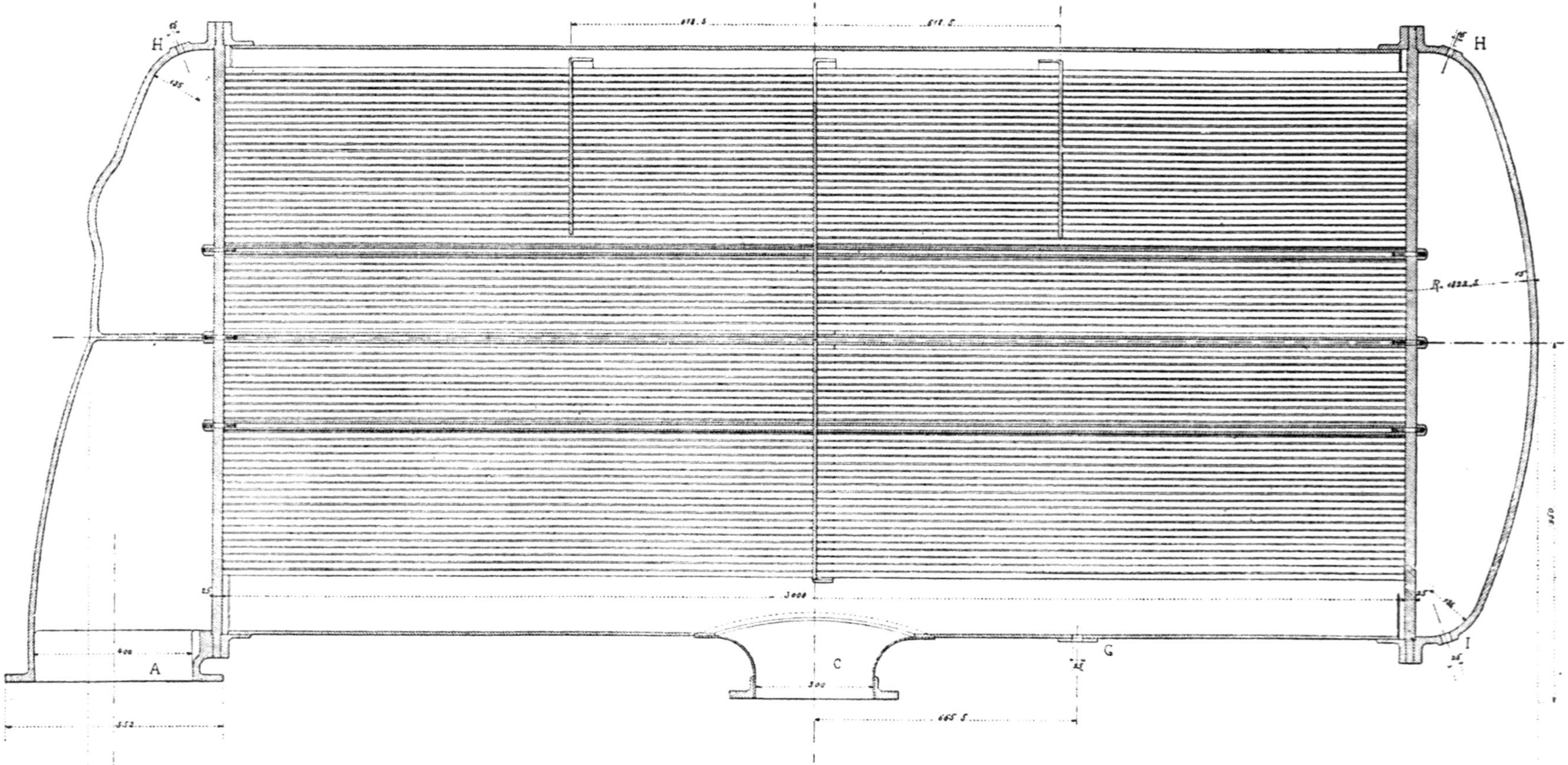

Fig. 734 – Condenseur à surface, construit au Creusot en 1892 ; coupe longitudinale.

n'y a plus à extraire que l'eau provenant de la condensation de la vapeur et l'air pénétrant par les joints. Toutefois, on n'en réduit généralement pas les dimensions au strict minimum, afin de pouvoir faire fonctionner à la rigueur l'appareil comme condenseur à injection, en cas de fuites aux tubes.

D'ailleurs, une pompe à air trop petite n'assurerait pas bien la condensation par surface : d'après M. E. Widmann, elle doit aspirer un volume égal environ au 20° de celui du dernier cylindre de détente.

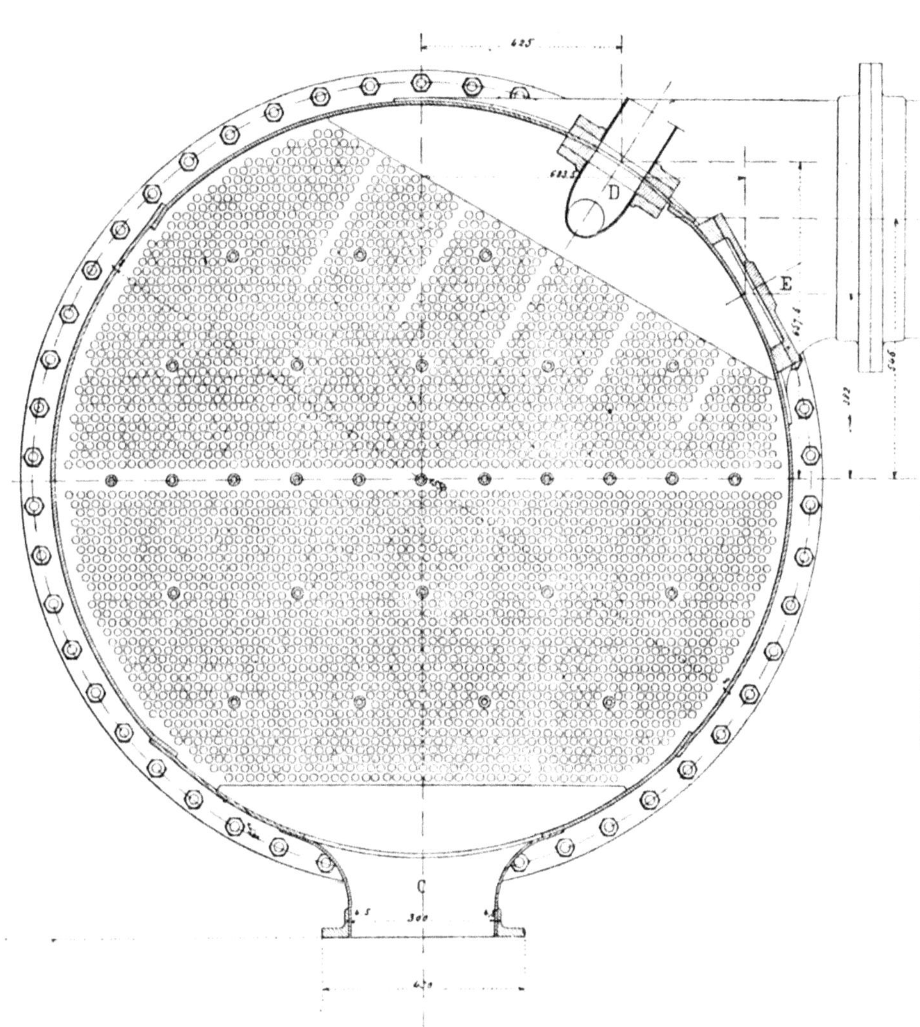

Fig. 735. — Condenseur à surface, construit au Creusot en 1892 ; coupe transversale

Légende des figures 733 à 735.

Nombre des tubes	3450
Longueur des tubes	3 m
Diamètre intérieur des tubes.	14 et 16 mm
Surface de condensation en contact avec la vapeur	520$^{m^2}$,35

A Tubulure de prise d'eau.
B Tubulure de sortie d'eau.
C Tubulure d'aspiration des pompes à air.
D Tubulure d'injection de vapeur.
E Tampon de visite des tubes.
F Tubulure de purge.
G Tubulure de prise de vapeur pour le lessivage.
H Tubulures d'échappement d'air de circulation.
I Tubulure de vidange du conduit de circulation.

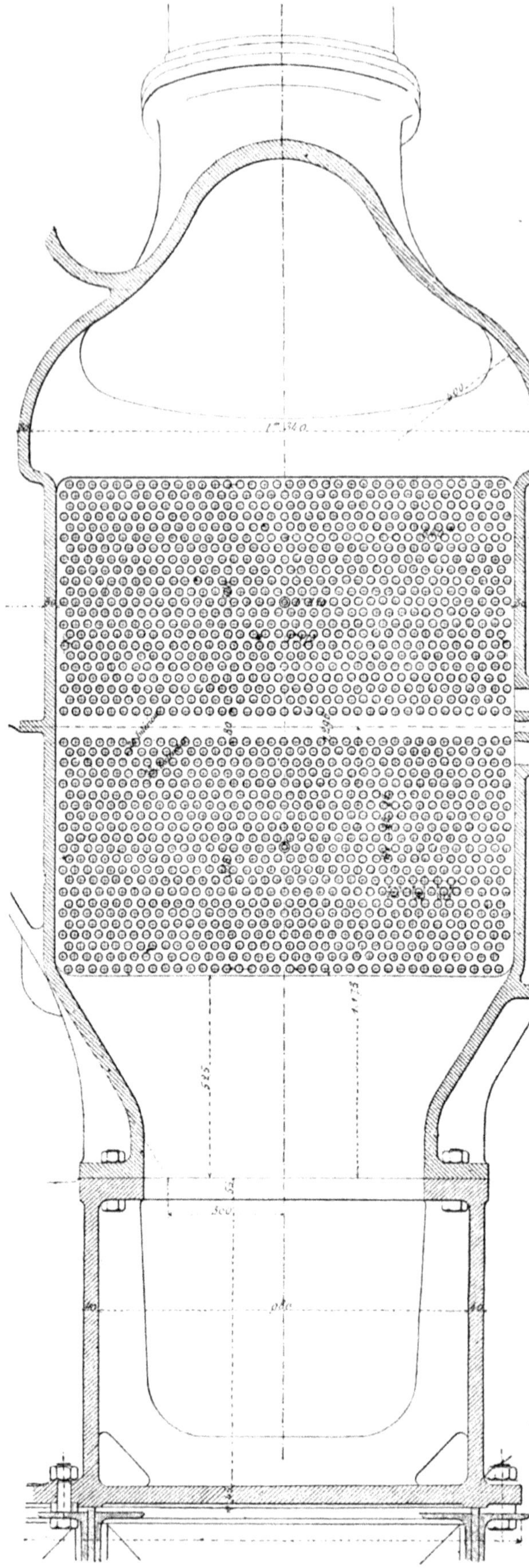

Fig. 736. — Coupe transversale du condenseur à surface d'une machine marine, construit par les *Forges et Chantiers de la Méditerranée* en 1879.

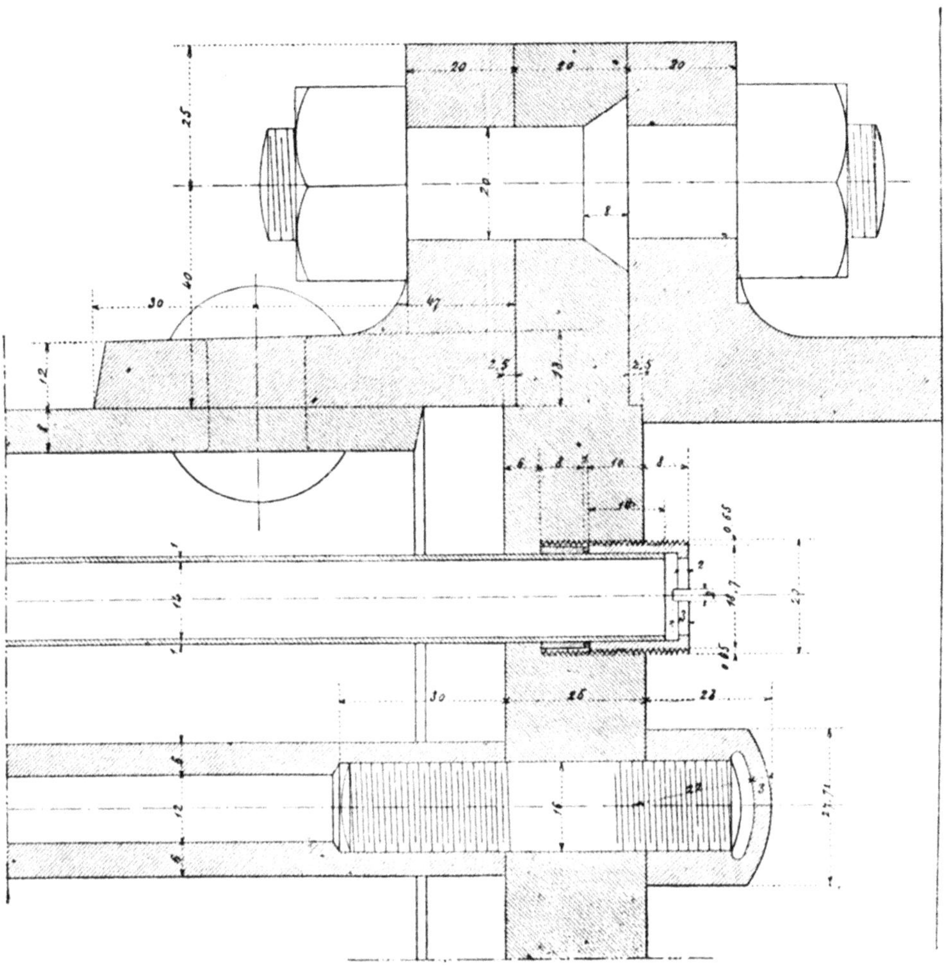

Fig. 737. — Montage d'un tube de condenseur et d'une entretoise des plaques tubulaires (construction du Creusot en 1892).

La garniture assurant le joint des tubes de condenseurs se compose :

- D'une bague en caoutchouc, de fil de coton enroulé autour du tube, ou de rondelles de papier découpées à l'emporte-pièce et superposées. Le Creusot a abandonné depuis quelque temps les rondelles en caoutchouc qui se détériorent assez rapidement au contact des eaux grasses et emploie indifféremment le fil de coton et les rondelles en papier ;
- D'unc bague en laiton pour empêcher l'écrou fileté d'entraîner la garniture dans les filets ;
- D'un écrou fileté pour le serrage de la garniture.

Quelles que soient les précautions prises contre les rentrées d'air, si les clapets d'aspiration cessent un instant de s'ouvrir, la pression s'élève aussitôt au condenseur. M. Widmann estime que la vapeur à faible tension mélangée d'air, dont la présence est presque inévitable, ne se condense que très lentement : il est nécessaire que la pompe extraie constamment du condenseur un volume assez grand de ce mélange de vapeur et d'air.

Le condenseur à surface porte en outre une pompe de circulation, qui fait passer dans l'appareil l'eau de refroidissement : en mer, la pompe de circulation n'a guère de travail d'élévation à fournir, mais elle surmonte seulement les frottements. C'est souvent une pompe centrifuge commandée, sur les grands navires, par un moteur spécial, dont on peut faire varier la vitesse.

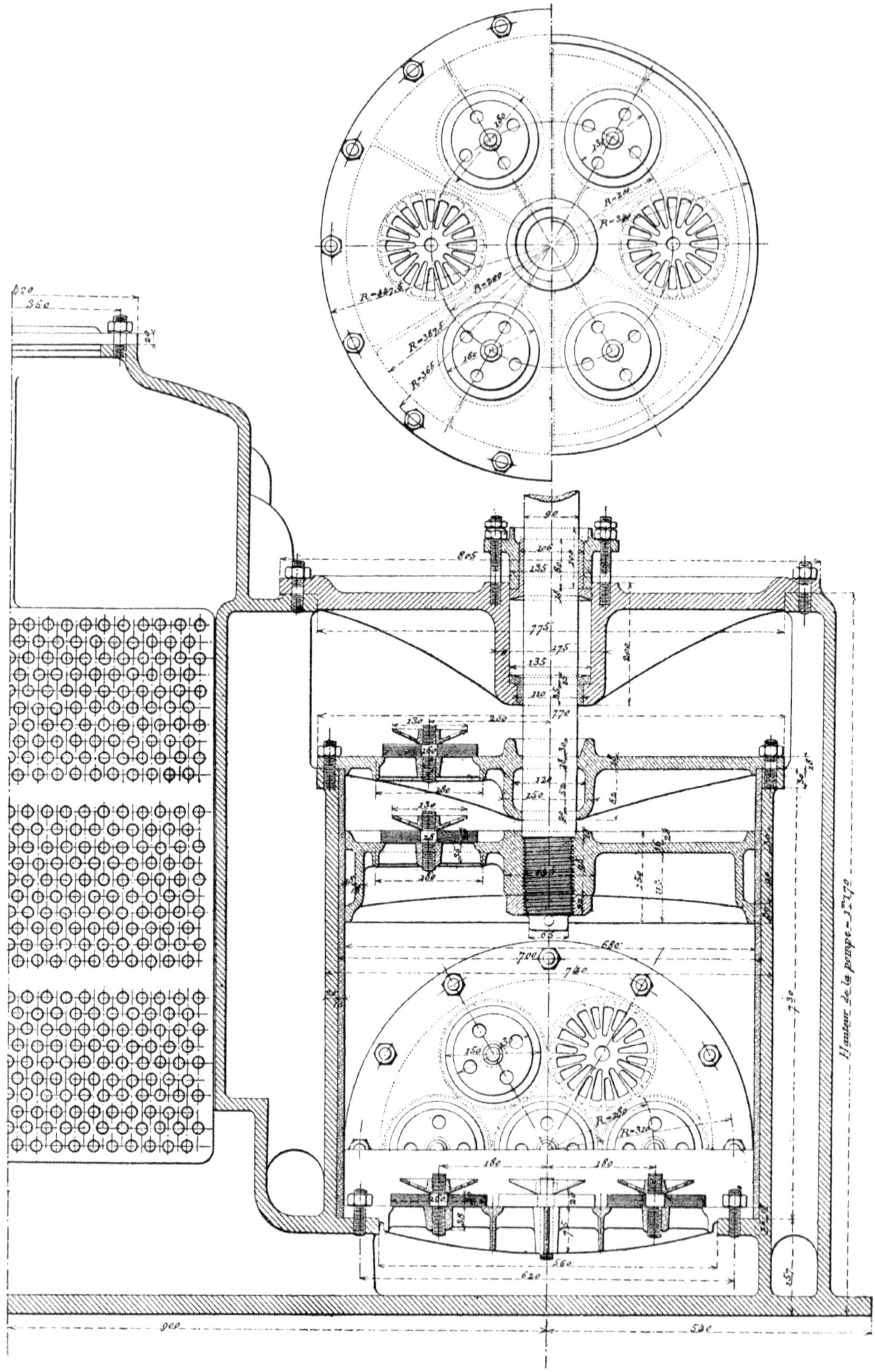

Fig. 738. — Pompe à air, avec piston creux, sur condenseur à surface d'une machine marine.

Pour établir un condenseur, on doit déterminer la surface condensante (S) et la quantité d'eau de circulation (Q), nécessaires pour chaque kilogramme de vapeur envoyée par la machine. La température de l'eau disponible est θ_0. On veut

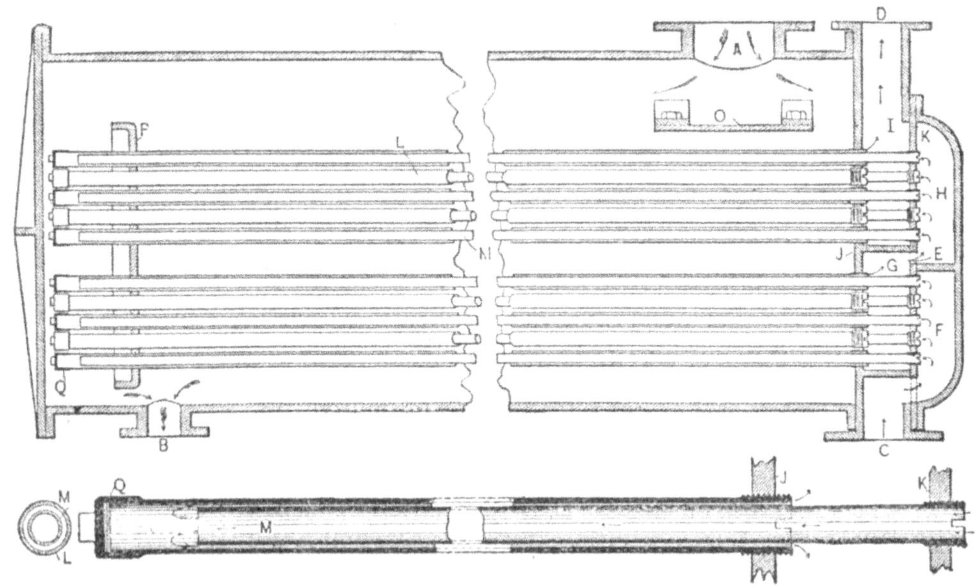

Fig. 739. — Condenseur à surface Wheeler, avec eau dans les tubes.

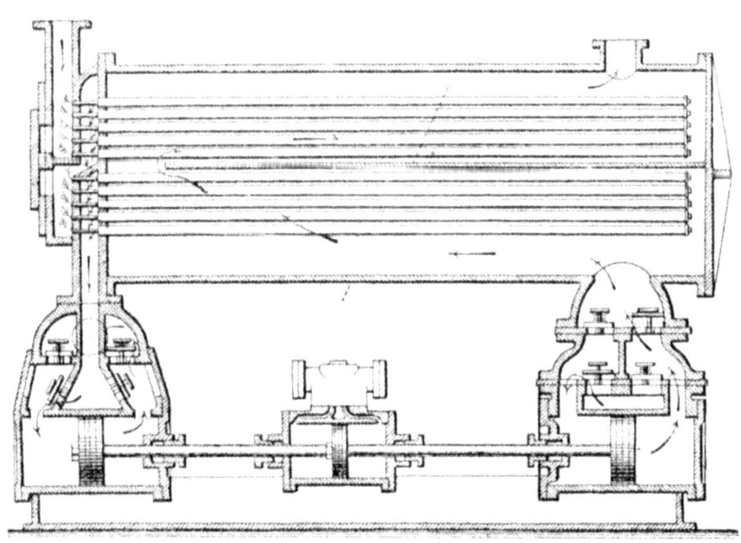

Fig. 740. — Condenseur à surface Wheeler, avec vapeur dans les tubes.

entretenir au condenseur une température déterminée, θ_2. L'eau de refroidissement ne sort pas à la température θ_2, comme dans le condenseur à injection, mais à une température, inconnue à priori, θ'_0, inférieure à θ_2, en emportant, par kilogramme de vapeur, $Q(\theta'_0 - \theta_0)$ calories.

Les coefficients de transmission de la chaleur à travers les parois métalliques du condenseur ne sont pas exactement déterminés. Le métal est en contact, d'un côté avec la vapeur, dont la température est θ_2, de l'autre avec l'eau, dont la température, θ, varie de θ_0 à θ'_0. Les deux faces du métal prennent des températures θ' et θ''. En appelant M le nombre des calories transmises par seconde et par mètre carré, on peut admettre que cette quantité M est égale à $\gamma(\theta_2 - \theta')$, γ étant un coefficient, que diminuent les dépôts graisseux. La même quantité de chaleur traverse le métal, dont l'épaisseur est *e* ; d'après les lois de la conductibilité, $M = (\gamma'/e)(\theta'-\theta'')$.

Enfin, le métal cède à l'eau la même quantité de chaleur, également proportionnelle à la différence des températures θ'' et θ : $M = \gamma''(\theta''-\theta)$.

Le coefficient γ'' varie avec l'état des surfaces et aussi avec la vitesse de circulation de l'eau. Pour une vitesse de $0^m,10$ par seconde, on estime le coefficient γ'' à 0,5 ; à 1, pour une vitesse de $0^m,60$ et à $1^m,5$ pour une vitesse de $1^m,1$.

En résumé,

$$\frac{M}{\gamma} = \theta_2 - \theta',$$

$$\frac{eM}{\gamma'} = \theta' - \theta'',$$

$$\frac{M}{\gamma''} = \theta'' - \theta.$$

En ajoutant membre à membre ces trois relations, on élimine θ' et θ'' :

$$M\left(\frac{1}{\gamma} + \frac{e}{\gamma'} + \frac{1}{\gamma''}\right) = \theta_2 - \theta,$$

ou, en posant

$$\frac{1}{\Gamma} = \frac{1}{\gamma} + \frac{e}{\gamma'} + \frac{1}{\gamma''},$$

$$M = \Gamma(\theta_2 - \theta).$$

Les coefficients γ et γ' sont grands, comparés à γ'' ; *e* est toujours petit ; on ne connaît pas avec précision γ et γ''. Pour toutes ces raisons, on peut admettre que Γ est égal à γ'', pourvu que γ reste grand, c'est-à-dire pourvu que la surface du condenseur soit nette.

Ces calculs supposent plane la paroi qui transmet la chaleur : en réalité, elle se compose de petits tubes, et la différence entre les surfaces baignées par la vapeur et par l'eau est assez grande. Il est facile de tenir compte de cette différence dans le calcul ; mais cette recherche est peu utile, car les valeurs des coefficients sont mal déterminées. Il convient seulement de compter la surface sur la partie en contact avec l'eau, où paraît se trouver la principale résistance au passage de la chaleur.

À ce point de vue, il y aurait avantage à faire circuler l'eau sur la plus grande surface, c'est-à-dire hors des tubes : mais elle est moins bien guidée.

Au débit Q par kilogramme de vapeur correspond un débit par seconde Q', qu'on déduit de la dépense horaire de vapeur N*k* (*k* kg par cheval pour une puissance de N chevaux) ; la dépense de vapeur par seconde étant :

$Nk / 3600, \quad Q' = Q\,(Nk / 3600)$

La température de l'eau contre un élément de surface, *ds*, étant θ, cet élément transmet, par seconde, $\Gamma(\theta_2 - \theta)ds$ calories, qui échauffent les Q' kg d'eau de circulation d'une quantité $d\theta$: on écrit ainsi l'équation différentielle :

$$\Gamma(\theta_2 - \theta)\,ds = Q'd\theta,$$

$$\Gamma ds = Q'\,\frac{d\theta}{\theta_2 - \theta}.$$

En intégrant entre les limites 0 à S pour la surface, θ_0 à θ'_0 pour la température, on a la relation :

$$\Gamma S = Q'\mathcal{L}\,\frac{\theta_2 - \theta_0}{\theta_2 - \theta'_0},$$

$\mathcal{L}$(désignant le logarithme naturel).

On sait, en outre, que chaque kilogramme de vapeur apporte au condenseur une quantité de chaleur *m* inférieure à $q_1 + r_1x_1 - \frac{637}{k}$, q_1 étant la chaleur du liquide pour la température initiale de la vapeur ; r_1 la chaleur de vaporisation, pour la fraction x_1 de vapeur contenue dans un kilogramme de vapeur humide sortant de la chaudière ; *k*, le nombre de kg dépensés pour produire un cheval-heure ou 270000 kgm, équivalents à 637 calories. Cette quantité de chaleur, qui est emportée par l'eau de circulation, est égale à $Q(\theta'_0 - \theta_0)$.

On obtient ainsi deux équations entre S, Q et θ'_0, qui permettent d'éliminer θ'_0, et qui donnent enfin la relation :

$$\Gamma S = Q'\mathcal{L}\,\frac{\theta_2 - \theta_0}{\theta_2 - \theta_0 - \frac{m}{Q}}.$$

Il est vrai que Γ n'est pas un coefficient bien déterminé, mais varie avec la vitesse de circulation.

On peut donc fixer S, et en déduire Q' ou inversement. Toutefois il ne faut pas sortir de certaines limites, de manière à ne pas exagérer le travail de la pompe de circulation. En outre, θ_0, une des données des équations, est en réalité variable, et prend une valeur élevée dans les mers des tropiques. Dans ce cas, il est vrai, on admet pour θ_2, une valeur plus forte. Mieux vaut pour la surface S une valeur un peu grande plutôt qu'un débit exagéré d'eau de circulation à travers une section étroite.

Souvent on choisit une surface S de 0^{m2},2 par cheval et un débit de 50 litres par kilogramme de vapeur en moyenne. Avec un moteur indépendant, on peut faire varier ce débit (Q) suivant les besoins, en l'augmentant quand la température de l'eau disponible (θ_0) s'accroît.

Le travail absorbé par la pompe à air se calcule comme pour le condenseur à injection : il est minime et consiste surtout à vaincre les résistances passives.

Le *travail de la pompe de circulation* se calcule d'après les formules de l'hydraulique. Dans un appareil donné, il est proportionnel au carré de la vitesse de l'eau, c'est-à-dire du débit. C'est souvent 1,5 p. 100 environ du travail indiqué. Le travail des deux pompes est, au total, à peu près égal au travail de la pompe unique du condenseur à injection.

Quelquefois on interpose un condenseur à surface sur le trajet de la vapeur entre le cylindre et un condenseur à injection, afin d'y réchauffer l'eau d'alimentation des chaudières. Comme la pression de la vapeur dans le cylindre dépasse celle qui correspond à la température de la condensation, parce que la pression de l'air s'ajoute à celle de la vapeur dans le condenseur, on peut ainsi recueillir quelques calories.

Un récent marché de la Marine française fixe comme il suit les dimensions principales d'un condenseur pour une machine développant, avec les appareils auxiliaires, jusqu'à 3 700 chevaux indiqués (cylindres de 780mm — $1^m,150$ et $1^m,750$ sur 1 m ; nombre de tours par minute, 124) : le diamètre des tubes est de 16 mm à l'extérieur et de 14 mm à l'intérieur ; la surface réfrigérante est de 476 m^2. Deux pompes à air verticales, à simple effet, ont un piston de 590 mm de diamètre, avec course de 380 mm. La vitesse des pompes varie suivant l'allure de la machine ; par exemple, pour des puissances développées de 3 700, 2500, et 1 000 chevaux, les nombres de tours, par minute, sont respectivement 170, 140, et 120 ; les volumes théoriquement débités par heure et par cheval sont, en litres, 573, 684, et 1497. La pompe de circulation a un diamètre de $1^m,200$; elle peut faire 170 tours par minute, en débitant par heure 1700 m^3. Ce chiffre est réduit à moitié si la pompe aspire dans la cale.

M. Fouché, dans son *aéro-condenseur*, remplace l'eau de circulation par un courant d'air puissant, envoyé par un ventilateur sur un faisceau tubulaire qui reçoit la vapeur d'échappement : on peut ainsi obtenir la condensation, lorsque l'eau fait défaut. D'après les expériences qu'il rapporte, on réalise une température assez basse dans l'appareil sans une dépense excessive de puissance motrice pour la circulation de l'air. L'air chaud peut être utilisé au chauffage des ateliers, et, dans certaines industries, à la dessiccation des matières élaborées.

D'après M. Fouché, l'aéro-condenseur exige en moyenne 80 m^3 d'air, pris à 10°, pour condenser un kilogramme de vapeur, et peut donner une dépression de 65 cm de mercure. Cette dépression est moindre quand l'air n'est pas froid ou quand on veut l'obtenir très chaud pour certaines opérations de séchage. Dans une des expériences rapportées par M. Fouché, on a condensé par heure 388 kg de vapeur, avec une dépression de 41 cm de mercure, au moyen d'air pris à la température de 24° et chauffé jusqu'à 45° ; le débit du ventilateur était de 33400 m^3 à l'heure ; le travail demandé au ventilateur était de 1 cheval-heure pour condenser 125 kg de vapeur, ce qui est une fraction importante du travail produit (le dixième si la machine motrice dépense 12,5 kg par cheval-heure). La surface des tubes condensants n'est pas indiquée.

Avec addition d'un arrosage extérieur des tubes, la quantité d'air peut être réduite.

- IX -

PRODUCTION DE LA VAPEUR

98. Conditions générales.

Dans les machines motrices, la vapeur évolue entre deux températures extrêmes, qui sont, par exemple, 180° à 200° dans la chaudière, et 30° à 40° dans le condenseur. Entre ces deux températures, le rendement théorique maximum se déduit souvent du principe de Carnot (bien qu'une évolution théorique un peu plus avantageuse soit possible, comme on l'a vu au § 31, t. I, P. 108) : ce serait, avec les limites de 180° et 30°, (180-30) / (180+273), environ 0,33. On pourrait donc transformer en travail le tiers de la chaleur fournie par la source chaude. Mais la machine à vapeur semblera moins bonne si on cesse de comparer la chaudière à la source chaude du cycle de Carnot, et si on envisage les opérations réellement effectuées. Le point de départ n'est pas une masse d'eau chaude à 180° ou 200° ; en brûlant un combustible, on commence par produire des gaz à une température bien plus élevée, et on n'utilise pas cette élévation de température de manière à obtenir un meilleur rendement ; on laisse se produire une chute de température jusqu'à celle de l'eau de la chaudière, sans en profiter pour transformer des calories en travail.

Un grave défaut théorique de la machine à vapeur se trouve donc dans le mode de production de la vapeur. En outre, la chaleur que peuvent donner les combustibles, est souvent mal utilisée en pratique : la combustion s'effectue sans règles précises et l'eau ne reçoit qu'une fraction des calories dégagées.

On ne produit pas la vapeur seulement pour actionner des moteurs, car elle transporte commodément la chaleur pour le chauffage. Lorsqu'on a besoin à la fois de chaleur et de puissance motrice, on peut obtenir cette puissance d'une manière exceptionnellement avantageuse, soit que la vapeur d'échappement du moteur à la pression atmosphérique serve au chauffage, soit que l'échappement se fasse à une pression plus élevée. On ne dépense alors, pour produire le travail, que le nombre de calories équivalentes, puisque celles reçues par la source froide, dont la température est assez élevée pour le chauffage, trouvent leur emploi. Il est rare que la proportion du travail demandé et des calories nécessaires au chauffage permette cette combinaison avantageuse.

Pour alimenter une machine, la vapeur doit exercer une pression déterminée : cette condition est facilement réalisée, avec de faibles écarts en dessous de la limite supérieure de pression ; on évite même ces écarts en augmentant quelque peu la pression dans la chaudière, puis en la réduisant jusqu'à une limite invariable, à l'aide d'un détendeur (§ 123). Il convient que la vapeur soit sèche, ce qui n'a pas toujours lieu. Parfois on demande que la vapeur soit surchauffée jusqu'à une température désignée ; une légère surchauffe est, d'ailleurs, une garantie de siccité.

Il importe que la vapeur soit produite avec la moindre consommation de combustible que permettent les appareils employés. L'indication du nombre de kilogrammes de vapeur produite par un kilogramme de combustible n'a de sens précis que si on définit la température initiale de l'eau, la pression et la proportion d'humidité de la vapeur et si l'on connaît le pouvoir calorifique du combustible.

99. Combustibles.

Les matières brûlées sous les chaudières sont extrêmement variées. Quelquefois on les choisit de manière à obtenir une vaporisation très active, ou bien surtout en vue d'un emploi commode. Plus souvent, on recherche le combustible le moins cher qu'on puisse se procurer : ce n'est pas toujours celui dont le prix à la tonne est le moindre, car l'élément utile qu'on achète est le pouvoir calorifique et non la masse plus ou moins grande. Les cendres et l'eau, dont la proportion est parfois importante, augmentent inutilement, ou plutôt d'une manière nuisible, le poids acheté. En outre, l'enlèvement des cendres entraîne une dépense de quelque importance. De plus, certains combustibles peu coûteux exigent pour brûler des appareils spéciaux de prix élevé ou des manutentions difficiles : les dépenses supplémentaires qui en résultent entrent en compte.

Toutefois, on est souvent tenté de donner une importance exagérée aux considérations de ce genre, pour repousser des combustibles peu coûteux, quand l'habitude de les employer n'est pas établie. En général, on doit plutôt admettre, jusqu'à preuve du contraire, que le combustible le plus économique est celui dont le prix à la tonne est le moins élevé.

Un combustible est caractérisé d'abord par le pouvoir calorifique, c'est-à-dire par le nombre de calories que dégage un kilogramme en se combinant complètement avec l'oxygène.

L'appareil de M. Mahler permet de déterminer avec précision le pouvoir calorifique. Un des produits fréquents de la combustion est l'eau, qu'il faut ramener à l'état liquide pour la détermination complète du pouvoir calorifique ; le plus souvent, en pratique, cette eau est rejetée à l'état de vapeur.

Plusieurs formules ont été données pour déduire de la composition chimique le pouvoir calorifique. M. Cornut a proposé la valeur $8080C + 11.214C'+34.462H$ pour le nombre de calories dégagées par la combustion complète d'un kilogramme de houille, sèche et sans cendres, renfermant les proportions C, C' et H de carbone fixe, de carbone combiné dans les matières volatiles et d'hydrogène. La formule de Dulong, $[8080C +34.462(H - (O/8))]$ où C est la proportion totale de carbone, O celle d'oxygène, qu'on suppose entièrement combiné à l'hydrogène, et même celle de Scheurer-Kestner, $8080C+31.462H$, qui ne tient pas compte de l'oxygène, donnent des résultats inférieurs à la réalité. Cela tient surtout, d'après M. Cornut, à la valeur trop faible 8080 admise pour le pouvoir calorifique du carbone.

La matière pouvant brûler est, le plus souvent, mélangée de substances non combustibles, qui forment les cendres après la combustion. La cendre de houille consiste surtout en fragments schisteux et siliceux ; elle contient souvent de l'oxyde de fer, donné par les pyrites, après la combustion du soufre et du fer qui les composent.

La proportion de cendres se mesure après l'incinération au rouge, en présence de l'air, du combustible pulvérisé. Quelquefois les chiffres obtenus présentent de légères divergences suivant la manière de conduire l'opération ; ainsi le calcaire donne un résidu de chaux, qui sera pure, ou bien combinée de nouveau à l'acide carbonique ; le soufre peut aussi, ou être entièrement éliminé ou former des sulfates. Ces différences sont le plus souvent insignifiantes pour la pratique industrielle ; le plus difficile est de faire la prise d'essai qui doit représenter la teneur moyenne en cendres d'un lot.

Certains combustibles contiennent une proportion parfois considérable d'eau : elle forme encore le quart ou le cinquième du bois bien séché à l'air. Les combustibles minéraux peuvent aussi absorber de l'eau : un kilogramme de coke sec, exposé à la pluie, peut en prendre 200 et même 250 grammes. Cette eau augmente le poids apparent du combustible ; dans l'emploi, elle emporte la chaleur qui la transforme en vapeur.

La houille renferme aussi des proportions d'eau variables, et assez importantes pour rendre difficile le contrôle des poids vendus ; surtout après l'opération du lavage, les charbons menus en retiennent une très forte proportion ; des relevés, portant sur des quantités considérables de charbons demi-gras du département du Nord, ont indiqué, après 3 heures d'égouttage, une proportion de 13 à 14 p. 100 d'eau. Au bout de 12 heures d'égouttage, cette proportion était de 10, et, au bout de 24 heures, de 7 à 8 p. 100. Elle ne variait plus guère et se retrouvait à peu près la même après 48 heures.

Les principales espèces de houilles se classent d'après leur teneur en matières volatiles, à laquelle correspondent des différences bien tranchées dans le régime de la combustion. La calcination dégage ces matières volatiles : elles contiennent surtout des composés d'hydrogène et de carbone, auxquels s'ajoute de l'oxygène. La proportion de carbone fixe qui reste après la calcination est, par suite, inférieure à la proportion totale de carbone contenu dans le combustible. On compte généralement les proportions de matières gazeuses et de carbone fixe pour la houille supposée pure, c'est-à-dire entièrement privée d'eau, par une dessiccation à 100°, et des matières stériles qui forment les cendres. Suivant la nature des houilles, la calcination dans un creuset donne un culot de coke plus ou moins compact, ou des grains isolés.

Les anthracites ne renferment qu'une faible proportion de matières volatiles. Ils s'enflamment difficilement, et les morceaux isolés s'éteignent rapidement ; en masse, ils donnent un bon feu avec peu de flammes et sans fumée. Il convient, pour la bonne combustion, que les fragments soient tous à peu près de même taille[17].

17 L'anthracite de Pensylvanie, dont l'extraction annuelle dépasse 40 millions de tonnes, est un charbon dur, noir et lustré; la densité est comprise entre 1,4 et 1,6 et s'élève même jusqu'à 1,8. Les sortes les plus pures contiennent :

Carbone	90 à 94 p. 100.
Hydrogène	1 à 3 —
Oxygène et azote	1 à 2 —
Eau	1 à 2 —
Cendres	3 à 4 —

D'autres variétés, qu'on désigne par le nom de demi-anthracite, contiennent moins de carbone (en moyenne 84 p. 100) avec plus de gaz (7,5 p. 100), d'eau (2,5 p. 100) et de cendres (6 p. 100).

La partie combustible des *houilles maigres* tient 7 à 10 g de matières volatiles, contre 93 à 90 g de carbone fixe. Elles brûlent avec une flamme courte en donnant peu de fumée.

Les *houilles demi-grasses* renferment 10 à 15 g de matières volatiles pour 90 à 85 g de carbone fixe ; les fragments s'agglutinent au feu.

Les *houilles grasses* tiennent 15 à 20 g de matières volatiles pour 85 à 80 g de carbone fixe ; elles se ramollissent au feu, fondent en partie et se prennent en masse ; cette propriété est utilisée dans la chauffe du fer de forge, avec les houilles dites maréchales. La flamme des variétés de houilles grasses est tantôt courte et tantôt longue.

Les *houilles sèches* à longue flamme ou flambantes sont les plus riches en matières gazeuses (20 à 25 g pour 80 à 75 g de carbone fixe). Elles brûlent avec flamme et fumée abondantes, sans s'agglomérer.

Les *lignites* sont des combustibles minéraux qui proviennent de couches moins anciennes que celles des véritables terrains houillers. Il en existe d'assez nombreuses variétés. Le plus souvent, le lignite est de couleur brune ou noire, plutôt terne que brillante. Il donne une fumée abondante d'une odeur désagréable ; il renferme une forte proportion d'eau, de sorte qu'à poids égal le pouvoir calorifique est moindre que celui de la houille.

La *tourbe* est le produit de l'altération de divers végétaux sous l'influence combinée de l'eau et de l'air. Elle contient principalement du carbone, des cendres, et une grande proportion d'eau, qu'on élimine partiellement en faisant bien sécher les morceaux découpés dans les bancs tourbeux. Une bonne tourbe peut produire en brûlant à peu près la même quantité de chaleur qu'un poids égal de bois.

Pour la production de la vapeur, on préfère généralement les houilles demi-grasses ; mais les seules, qu'on n'emploie guère pour cet usage, sont les houilles grasses, qui ne sont pas les plus abondantes, et qu'on recherche surtout pour la fabrication du gaz d'éclairage et du coke. L'agglomération des morceaux en rend d'ailleurs la combustion difficile sur grille.

La proportion et la nature des cendres ont une grande importance. Non seulement les cendres réduisent la quantité de véritable combustible dans la masse transportée et vendue ; mais elles gênent la combustion. Quand elles sont infusibles à la chaleur, comme la plupart des cendres blanches, elles tombent en poussière et traversent sans peine les grilles, ou sont entraînées par le tirage. Les cendres très fusibles coulent sans trop gêner la combustion. Les cendres à demi fusibles sont les plus gênantes : elles empâtent et encrassent les grilles, sous forme de miche fers.

Le mode d'emploi de la houille dépend beaucoup de l'état physique et de la grosseur des fragments. Les opérations de triage et de classement deviennent de plus en plus minutieuses sur le carreau des mines. On sépare les gros morceaux,

---

Les cendres sont blanches ou jaunâtres.

Ces anthracites sont préparés avec grand soin, et divisés en de nombreuses catégories d'après la grosseur des fragments. La qualité dite « pour bateaux à vapeur » traverse des grilles à barreaux écartés de 100 mm et reste sur des barreaux distants de 75 mm. A cette exception près, ce sont plutôt les petits fragments qu'on brûle pour produire la vapeur ; on isole, pour cet usage, par des cribles à trous carrés ou ronds, cinq catégories différentes, dont les fragments ont moins de 20 mm : la dernière catégorie comprend des poussiers dont les grains sont inférieurs à 2 mm ; l'emploi de ces poussiers est assez difficile et on en rejette encore une quantité considérable.

La bonne combustion des anthracites très menus exige généralement le tirage forcé. Ils doivent être chargés en couche très mince, et on évite de les déplacer sur les grilles. La consommation par mètre carré de grille décroît avec la grosseur des grains.

puis ceux de taille moyenne, gros à peu près comme le poing, qu'on désigne sous le nom de gailleterie. Le tout venant renferme des grosseurs mélangées : souvent on en a retiré les plus gros morceaux, ou les menus les plus fins. Enfin les menus constituent des catégories variées, suivant les dimensions des grilles de criblage. Ces menus sont parfois de mauvais combustibles, mélangés d'une forte proportion de matières terreuses ; inversement, les lavages peuvent séparer en grande partie ces matières, si bien qu'ils deviennent les sortes les plus pures.

Les *schlamms* sont les parties les plus ténues déposées par les eaux de lavage ; la combustion en est assez difficile, quand on n'a pas installé les appareils convenables.

L'exploitation de certaines houilles donne une forte proportion de gros morceaux ; d'autres, très friables, n'existent guère qu'à l'état de menus.

Les *briquettes* sont formées de houille très menue, qui peut avoir été débarrassée d'une partie de ses cendres par le lavage, et *de brai*, à raison d'environ 80 kg par tonne. Une forte compression produit l'agglomération. La briquette, bien préparée avec de bonnes matières, est un excellent combustible, facile à employer. Elle s'emmagasine bien, et peut se conserver plusieurs années sans altération notable.

Les *cokes de gaz* servent parfois à la production de la vapeur ; on ne fabrique plus guère de coke de four spécialement pour cet usage. Le principal avantage du coke est de ne pas donner de fumée ; il est inférieur à la houille dont il provient, puisque cette houille est privée des éléments combustibles gazeux. Par suite de ce départ, la proportion de cendres, rapportée au kilogramme, est plus forte dans le coke.

Les *goudrons* de houille et les résidus de distillation du pétrole sont d'excellents combustibles, d'un emploi très commode pour la production de la vapeur.

100. Combustion.

S'il est difficile de réaliser en pratique une bonne combustion, il est facile d'indiquer les règles théoriques à suivre. D'abord la combustion, c'est-à-dire la combinaison des éléments combustibles avec l'oxygène de l'air, doit être complète : souvent, au contraire, on perd des gaz hydrocarbonés non brûlés, du gaz oxyde de carbone, qui devrait se transformer en acide carbonique, enfin des fragments de combustible solide, à l'état de coke dans les cendres, ou en grains entraînés par un tirage actif. D'autre part, il convient que la proportion d'air ne dépasse pas la valeur nécessaire ; avec un excès d'air, les gaz de la combustion sont moins chauds et plus abondants : il en résulte une perte de chaleur, bien que la température, qu'on veut entretenir dans la chaudière, soit toujours fort inférieure à celle des produits de la combustion, parce que les gaz sont rejetés dans la cheminée à une température supérieure à celle de l'eau vaporisée. La quantité de chaleur transmise par un mètre carré de surface de chauffe est, d'ailleurs, d'autant plus grande que la température des gaz est plus élevée. En outre, l'abaissement de température, qui résulte d'un grand excès d'air, peut empêcher la combustion complète des gaz.

Comme il n'est guère possible de doser exactement en pratique la quantité d'air, il vaut mieux pécher par excès que par défaut, mais en réduisant autant qu'on le peut cet excès d'air.

Par exemple, une houille qui renfermerait en poids, par kilogramme :

830 g de carbone,
50 g d'hydrogène,
80 g d'oxygène,

10 g d'azote,
30 g de cendres,
exigerait, pour sa combustion complète (d'après les calculs de Ser), 2,52 kg d'oxygène ou 10^{kg},95 d'air sec. C'est environ 8^{m3},5 sous la pression de 760 mm de mercure. Le pouvoir calorifique de cette houille sera, par kilogramme, 8.000 calories environ. Si les gaz rejetés dans la cheminée ont une température de 250°, l'air étant pris à celle de 0°, ils emporteront environ 1.000 calories, y compris celles qui correspondent à la vaporisation de l'eau produite par la combustion de l'hydrogène ou existant dans le combustible. Pour chaque kilogramme d'air en excès, chauffé de 0° à 250°, on perdra en outre 60 calories. Par kilogramme d'air en moins, si l'hydrogène continue à être brûlé, il se dégage 0^{kg},414 d'oxyde de carbone : c'est une perte d'environ 1.000 calories.

L'analyse des gaz rejetés par un foyer permet de reconnaître si l'air est trop abondant ou s'il fait défaut. Comme la composition du courant gazeux est variable, il importe que les analyses soient multipliées ; c'est surtout la rapidité plus qu'une exactitude minutieuse qui convient pour ces essais. Certains appareils, tels que celui d'Orsat, permettent des dosages faciles. On a même combiné des instruments destinés à donner, d'une manière permanente, des indications utiles sur la composition des gaz rejetés par les foyers industriels.

C'est ainsi que *l'économètre* Arndt doit indiquer constamment la densité des gaz brûlés. Si tout le carbone s'y trouve à l'état d'acide carbonique, cette densité est d'autant moindre que l'excès d'air est plus grand. L'appareil consiste en une cloche parcourue par une dérivation du courant gazeux, cloche suspendue au fléau d'une balance (fig. 741). Les gaz, pris en X ou en Z, sont refroidis par le parcours dans

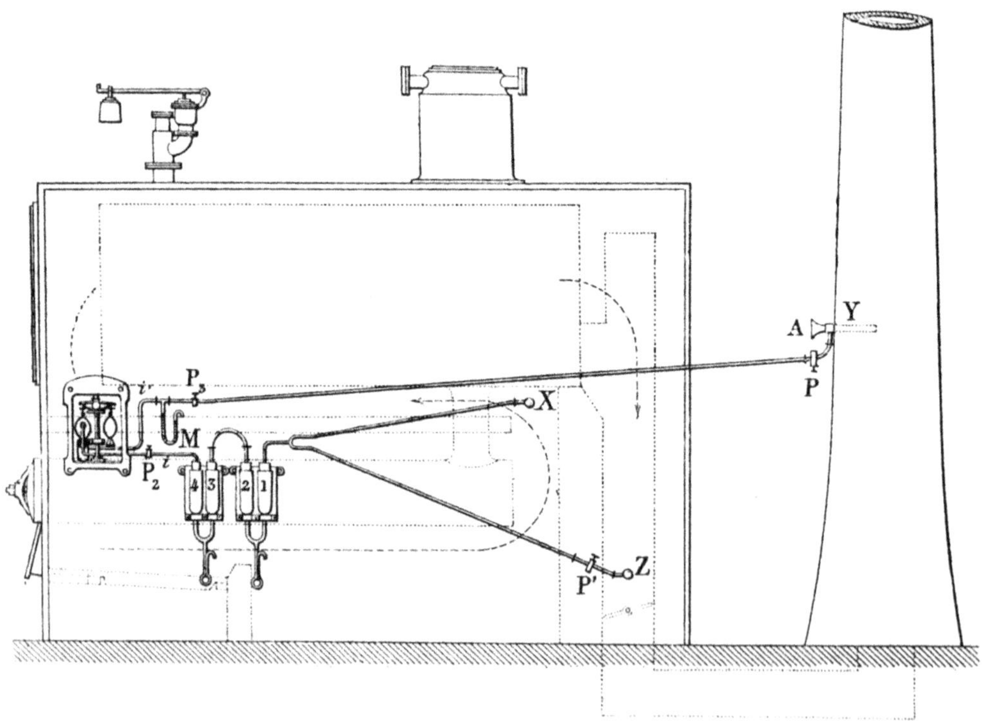

Fig. 741. — Économètre Arndt, destiné à indiquer la densité des gaz de la combustion, et, par suite, la proportion d'air en excès qu'ils contiennent.

un tuyau : ils traversent des filtres formés de ouate, en 1, 2 et 3, et sont desséchés par du chlorure de calcium, dans un flacon 4. Un appel continu est produit par la cheminée en A. Le principe de cet appareil est ingénieux, mais il paraît difficile de le faire fonctionner, en marche courante, d'une façon satisfaisante.

Le *dasymètre* de Siegert et Dürr mesure la densité du courant gazeux par la position que prend un ballon plein d'air, hermétiquement fermé, à l'extrémité du fléau d'une balance. Un compensateur à mercure, sensible aux variations de la température et de la pression, maintient ce ballon constamment en équilibre dans l'air pur.

Dans les chaudières entourées de massifs de maçonnerie, il se produit souvent des rentrées d'air importantes par les fissures, pendant le trajet des gaz depuis la grille jusqu'à la cheminée. Ce fait a été constaté par M. Schmidt dans de nombreuses analyses de gaz, qui indiquaient une proportion croissante d'oxygène. Ces rentrées d'air viennent refroidir le courant gazeux, et causent une perte de chaleur, qu'il importe d'éviter.

De la chaleur produite dans un foyer, une partie échauffe les gaz de la combustion, le reste se dégage à l'état de chaleur rayonnante. Les proportions de la chaleur communiquée aux gaz et de la chaleur rayonnante sont variables, pour un même combustible. Si le foyer n'absorbe pas de chaleur rayonnante, ses parois renvoient toute cette chaleur aux gaz, qui s'échauffent davantage ; on obtient alors la plus haute température de combustion possible. On peut calculer cette température, quand on connaît la loi des chaleurs spécifiques, à pression constante, des produits de la combustion. On sait que ces chaleurs spécifiques ne sont pas uniformes, mais augmentent beaucoup aux températures élevées : c'est ce qui explique pourquoi on n'atteint pas les températures excessives qu'indiquait le calcul fait avec un coefficient constant, et erroné, de chaleur spécifique. Il est avantageux d'opérer la combustion à haute température, car c'est le plus sûr moyen de l'obtenir complète.

En chauffant l'air au préalable, on élève la température de combustion. Ce chauffage préalable de l'air permet de recueillir une partie des calories qui sont emportées par les gaz chauds rejetés dans la cheminée ; un exemple en est indiqué au § 102 (fig. 771).

Il convient toutefois de remarquer que des températures par trop élevées seraient peu utiles pour la bonne marche des chaudières et causeraient au contraire une rapide détérioration des tôles.

101. Foyers.

On brûle habituellement les combustibles minéraux sur une grille horizontale ou légèrement inclinée, composée de barreaux en fonte ou en fer (fig. 742 à 744). Par des chargements plus ou moins espacés, on entretient sur la grille une couche d'épaisseur à peu près uniforme.

Tantôt l'air employé à la combustion traverse en totalité la grille, tantôt une partie de l'air est admise par dessus et brûle les hydrocarbures gazeux et l'oxyde de carbone. Cette admission d'air au-dessus de la grille est utile surtout quand les combustibles contiennent beaucoup de matières volatiles, ou bien quand ils sont chargés sur une grande épaisseur.

La largeur et l'écartement des barreaux varient suivant la nature des substances brûlées. Des combustibles menus, s'ils ne s'agglomèrent pas au feu, exigent des grilles très serrées. En général, les barreaux peu écartés, qui peuvent être fort minces, distribuent plus également l'air dans la masse du combustible ; en outre, le courant qui traverse la grille les refroidit mieux que des barreaux épais. Par contre, les intervalles étroits risquent de s'obstruer. Dans presque tous les cas, il est bon que le rapport du vide au plein de la grille soit aussi grand que possible.

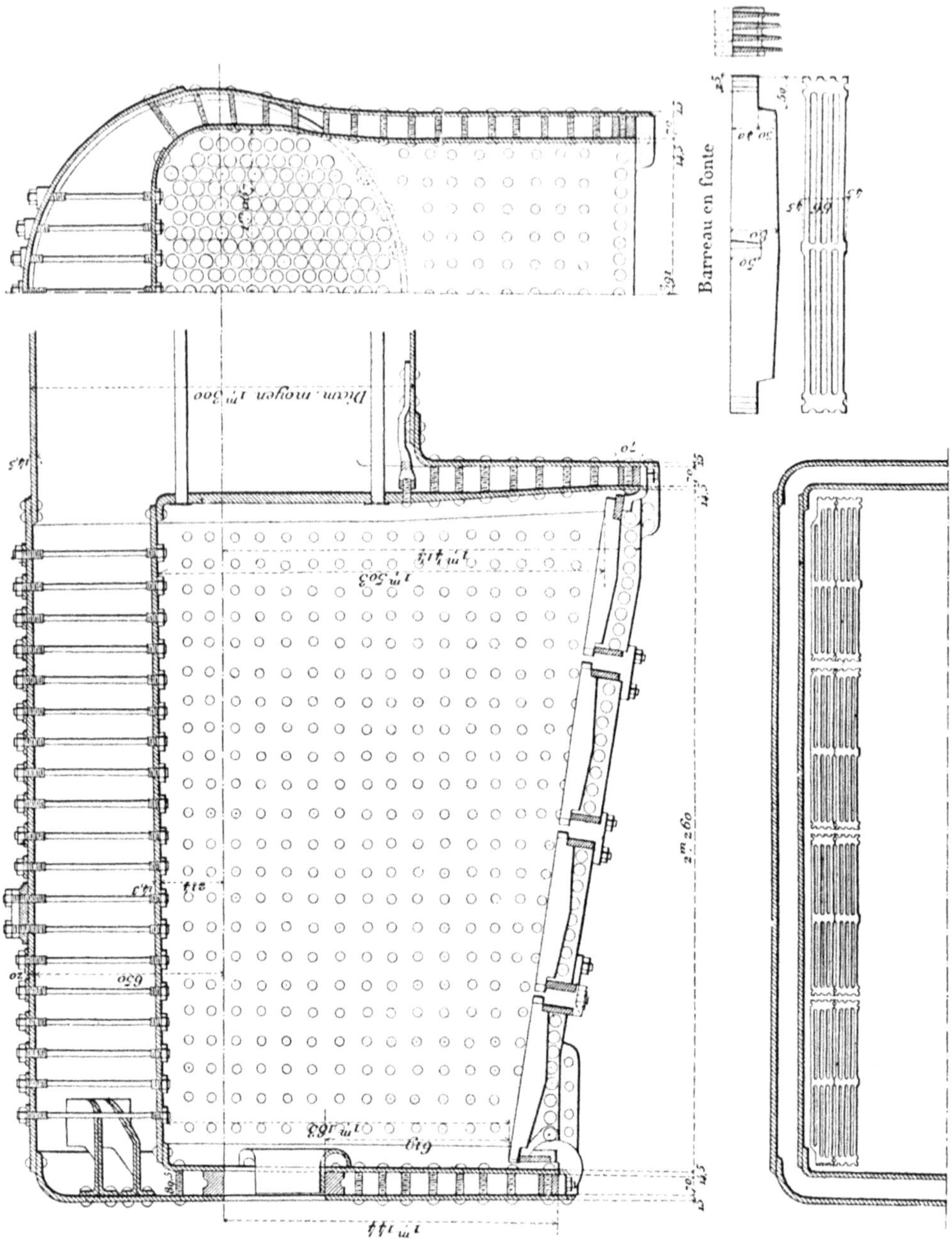

Fig. 742 – Foyer et grille de locomotives-tenders des chemins de fer de l'Est.

Il convient de remplacer à temps les barreaux usés ou affaissés, de manière que toute la surface de la grille soit régulière, car une dépression y fait brûler les barreaux voisins. L'épaisseur de la couche chargée sur la grille ne doit être ni trop forte, car elle dégagerait des gaz combustibles non brûlés, ni trop faible, car elle laisserait passer un excès d'air ; il faut la déterminer pour chaque espèce de charbon ; elle varie d'ailleurs avec l'activité de la combustion. Sur les grilles ordinaires, sans dispositions pour l'avancement graduel du charbon, cette épaisseur doit être maintenue à peu près uniforme : si on la laisse diminuer en un endroit, l'air y passe plus facilement et active encore la combustion : bientôt il se forme un vide sur la grille. Quand on bouche la cavité avec du charbon frais, la combustion y devient moins active que dans les zones voisines, qui se creuseront à leur tour. Les chargements ne sauraient être trop fréquents ; l'allure d'un foyer est irrégulière, quand il reçoit de grandes quantités de charbon à la fois, à des intervalles éloignés ; après un chargement, les hydrocarbures distillent, et l'air peut faire défaut, pour être en excès quand la masse est bien allumée. Avec des charbons très gazeux, l'admission d'air supplémentaire au-dessus du foyer est utile surtout après le chargement.

On évite l'entrée d'air excessive qui résulte de l'ouverture des portes pendant le chargement, en abaissant suffisamment dans le carneau le registre, qui modère le tirage. La tringle de manoeuvre de ce registre est quelquefois enclenchée avec la

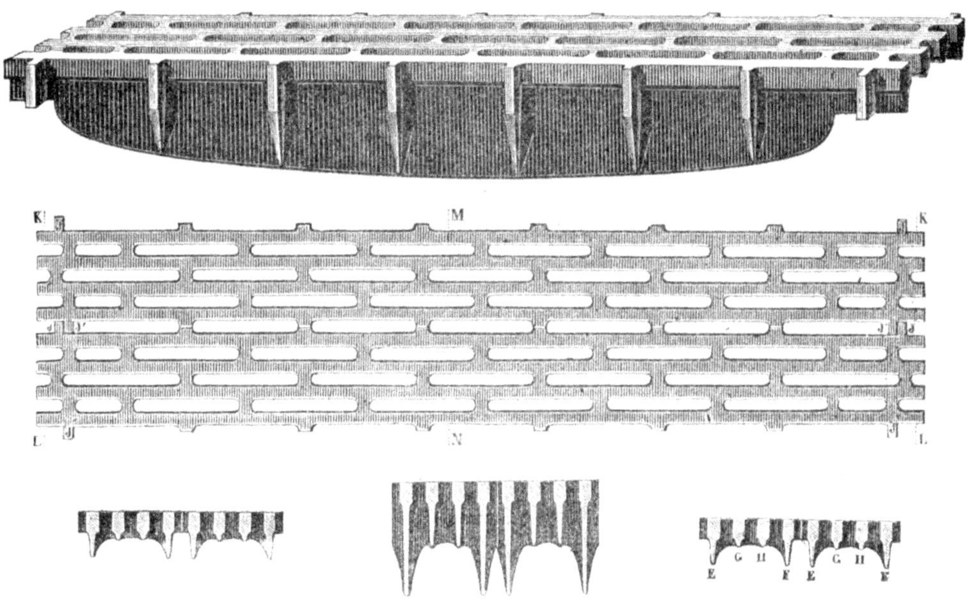

Fig. 743. — Barreaux en fonte, système Léger ; vue perspective, plan de deux barreaux assemblés, coupes transversales.

porte de chargement, de sorte qu'on ne puisse ouvrir la porte qu'après avoir abaissé le registre.

Certains charbons forment sur les grilles des galettes de mâchefer, qui finissent par gêner et beaucoup ralentir la combustion. Il faut, au bout d'un certain nombre d'heures de marche, retirer ces mâchefers : l'opération pénible du décrassage de la grille ne va guère sans perte de combustible, et sans rentrées d'air excessives ; un certain délai est nécessaire après ce travail pour que le feu soit rétabli en bon état. De nombreux systèmes de barreaux mobiles sont disposés pour briser les mâchefers et en empêcher l'accumulation. La figure 745 en donne un exemple.

Quand les charbons s'agglomèrent, quelques coups de ringard sont nécessaires de temps en temps pour diviser les masses.

Une chambre de combustion assez étendue est utile au-dessus de la grille ou même au-delà, pour que les gaz brûlent complètement, surtout avec les charbons qui contiennent beaucoup de matières volatiles. Quelquefois on dispose les grilles pour recevoir le charbon en couche épaisse, dégageant de l'oxyde de carbone et des hydrocarbures, qu'on brûle à l'aide d'admission d'air supplémentaire : les chargements sont faciles dans ces foyers gazogènes.

Les grilles à gradins retiennent les combustibles les plus menus et se prêtent à la descente graduelle des charges, versées par une trémie à la partie supérieure. Les gradins sont exposés à se brûler : on les rafraîchit par une circulation d'eau extérieure ; quelquefois, l'eau circule à l'intérieur de tubes noyés dans la fonte du barreau, disposition adoptée par M. Dulac (fig. 749 à 751). Dans la grille Roney (fig. 746 à 748), les barreaux sont plusieurs fois par minute inclinés suivant la position de la figure 747, puis ramenés à la position horizontale (fig. 748).

Plusieurs systèmes mécaniques sont combinés en vue de transporter régulièrement le combustible, chargé dans une trémie. On installe ainsi des alimentations entièrement automatiques de foyers, le combustible étant transporté par norias et vis aux trémies de chargement, qui laissent écouler le charbon dans le foyer en quantité bien réglée. Les combustibles menus conviennent pour ces chargements mécaniques : loin de les rejeter, comme autrefois, on a quelquefois recours au broyage préalable du charbon ; l'appareil Roney est ainsi installé, avec broyeurs, sur une batterie de 60 foyers, dans une raffinerie à Philadelphie.

La grille Eckley B. Coxe (fig. 752) est une surface mobile qui reçoit le combustible menu à une extrémité et rejette les cendres à l'autre. L'air est insufflé dans la plus grande des chambres en tôle placées sous la grille, de manière à produire la combustion la plus vive au-dessus de cette chambre. L'air passe aussi, avec une pression moindre, dans les autres chambres, de manière à produire un soufflage de moins en moins intense jusqu'à l'extrémité de la grille ; les plaques 29, 28, 30, avec les saillies de la chaîne porte-barreaux, empêchent le passage direct de l'air d'une chambre dans la voisine. La fermeture du foyer est produite par la bâche pleine d'eau 36, où plonge la grille dans son trajet de retour, et par la tôle 39. Cette grille est spécialement adaptée à l'emploi des anthracites menus. Sur la figure, la zone noire en C et D représente la portion de la masse où s'achève la combustion et où se forment les cendres. L'air qui traverse les cendres au-delà de cette zone les refroidit et brûle l'oxyde de carbone dégagé par le combustible.

Les figures 753 à 757 montrent, à titre d'exemples, quelques appareils de chargement mécanique, plus usités en Angleterre qu'en France. Le chargeur Vicars (fig. 753 à 756) reçoit le charbon dans des boîtes, deux placées devant chaque foyer, où des plongeurs le refoulent. Le combustible pénètre d'abord sur une tôle perforée, longue de 30 cm, où il s'allume, puis il arrive sur les barreaux, animés d'un mouvement alternatif ; dans ce mouvement, tous les barreaux sont poussés en même temps vers l'avant, mais le retour vers l'arrière se fait successivement en deux groupes.

L'appareil Bennis (fig. 757) projette le charbon sur la grille au moyen d'une pelle S, qui reçoit, pour chaque tour de l'arbre T, quatre poussées de force variable. Les barreaux ont un mouvement simultané vers l'avant, avec retour par groupes séparés.

Les appareils de chargement mécanique assurent une combustion régulière ; ils dispensent de l'ouverture fréquente des portes, nécessaire pour le chargement à la pelle. Bien qu'on puisse les régler pour des débits variables dans une certaine mesure, ils se prêtent mal à des changements rapides dans le régime de marche, et ne conviennent guère si l'on ne veut forcer à l'extrême la production des chaudières.

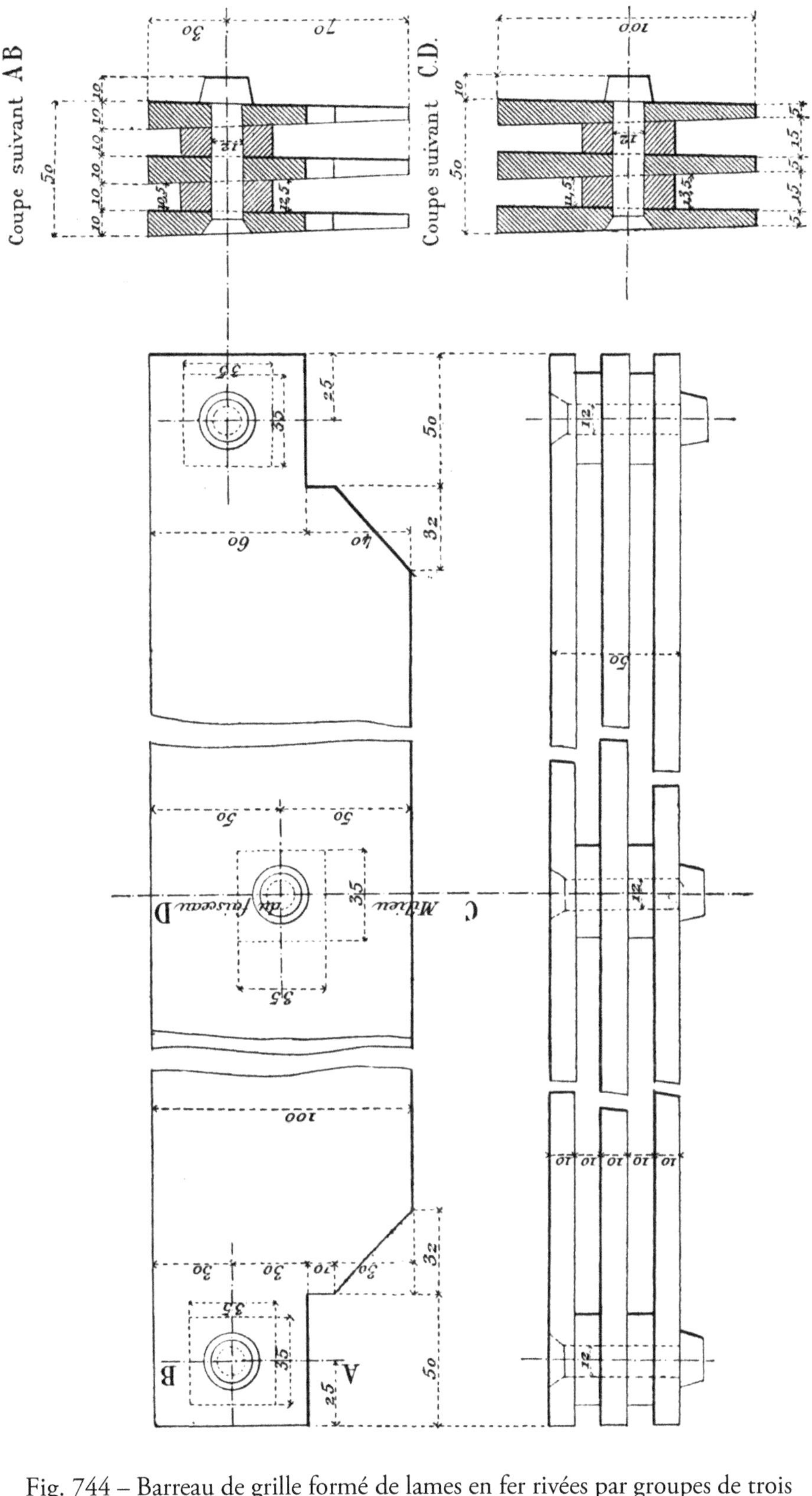

Fig. 744 – Barreau de grille formé de lames en fer rivées par groupes de trois (locomotives des chemins de fer de l'Ouest).

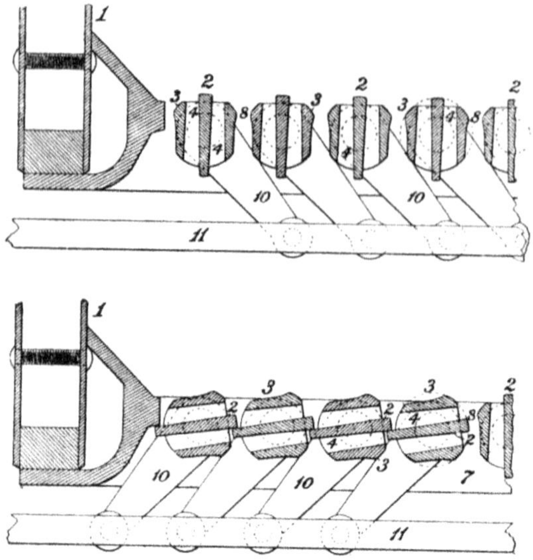

Fig. 745. — Grille Forney, à barreaux oscillants.

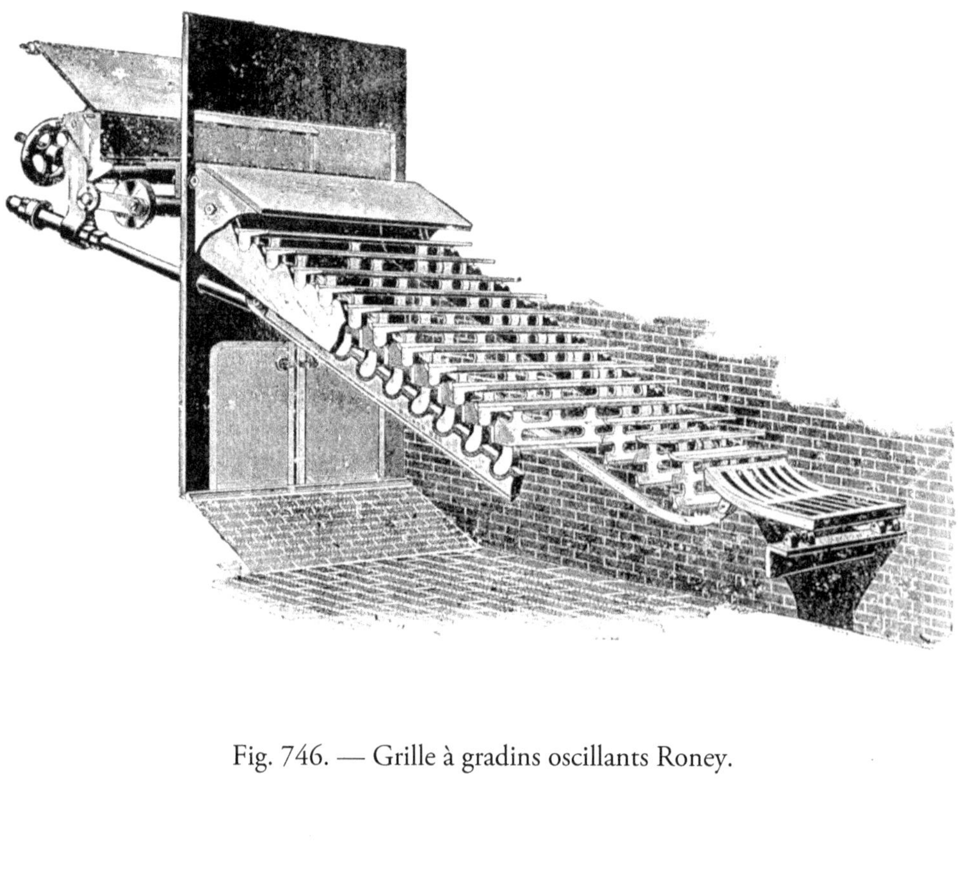

Fig. 746. — Grille à gradins oscillants Roney.

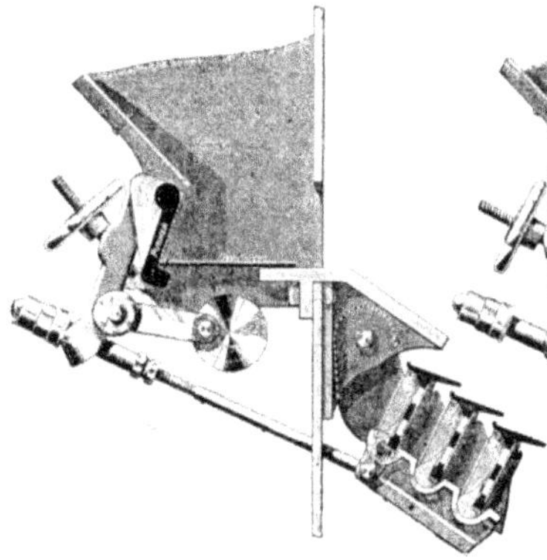

Fig. 747 – Grille Roney ; gradins inclinés.

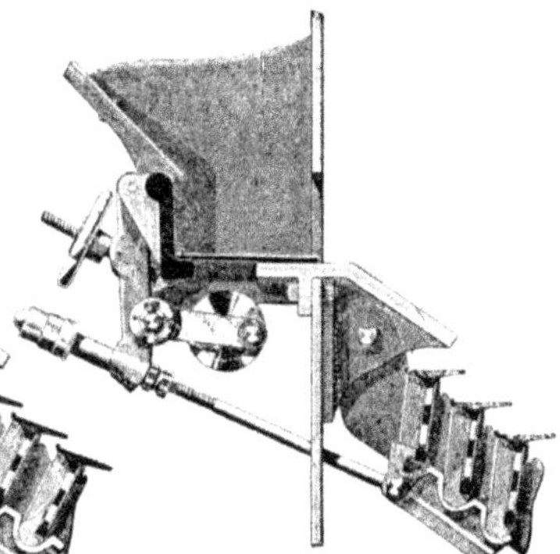

Fig. 748 – Grille Roney ; gradins horizontaux.

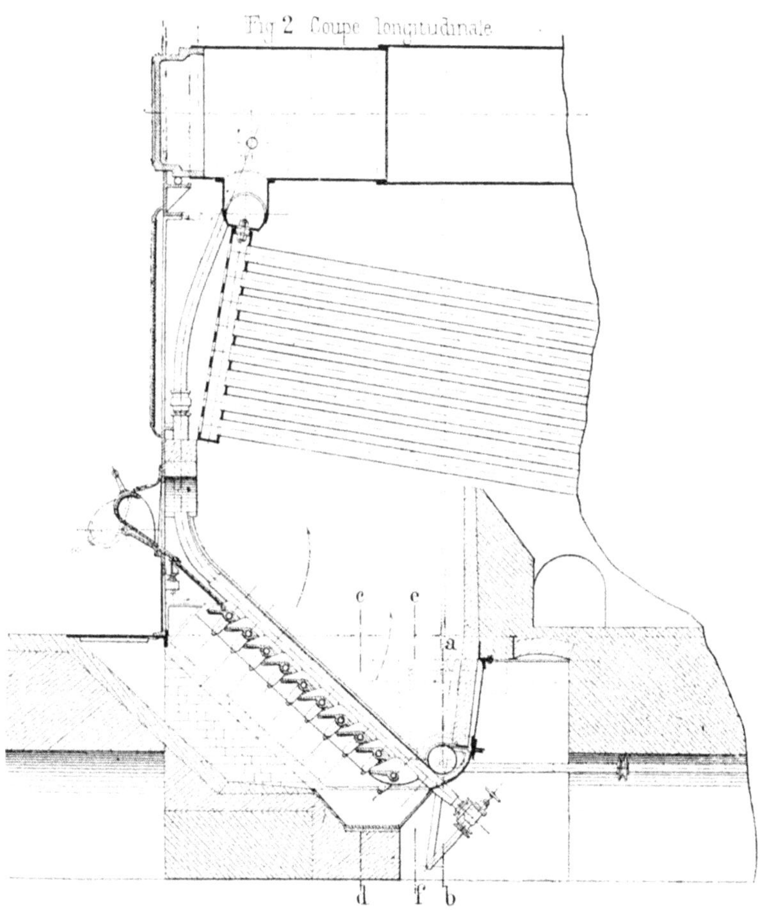

Fig. 749. — Foyer Dulac, pour chaudières tubulées de l'usine municipale de Bercy ; coupe longitudinale (d'après un rapport de Richard en 1894 à la Société d'encouragement pour l'industrie nationale).

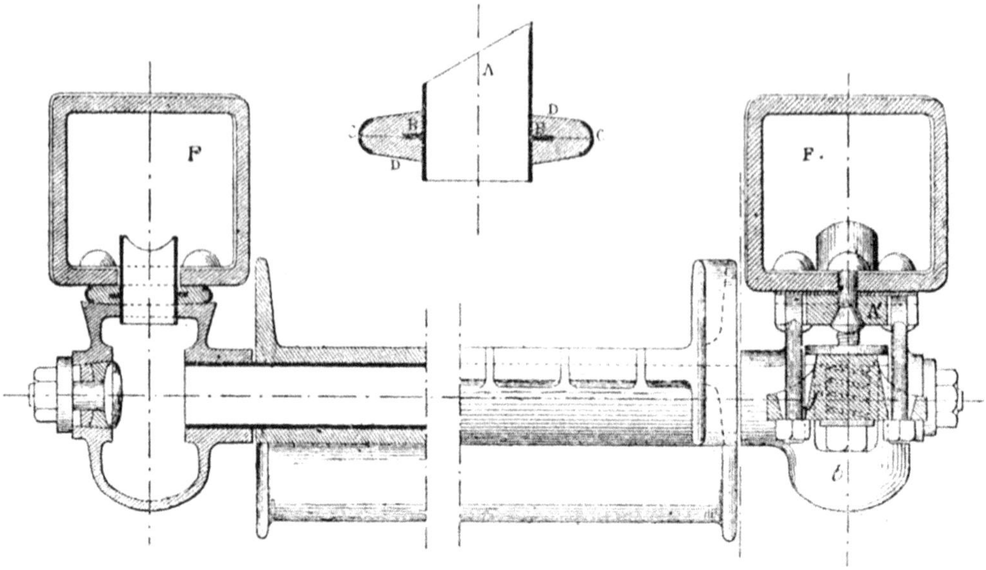

Fig. 750. — Foyer Dulac ; détail d'un barreau de grille, à circulation d'eau, et du joint. A, tube, avec bague d'acier B; D, rondelles de caoutchouc avec frette en acier C.

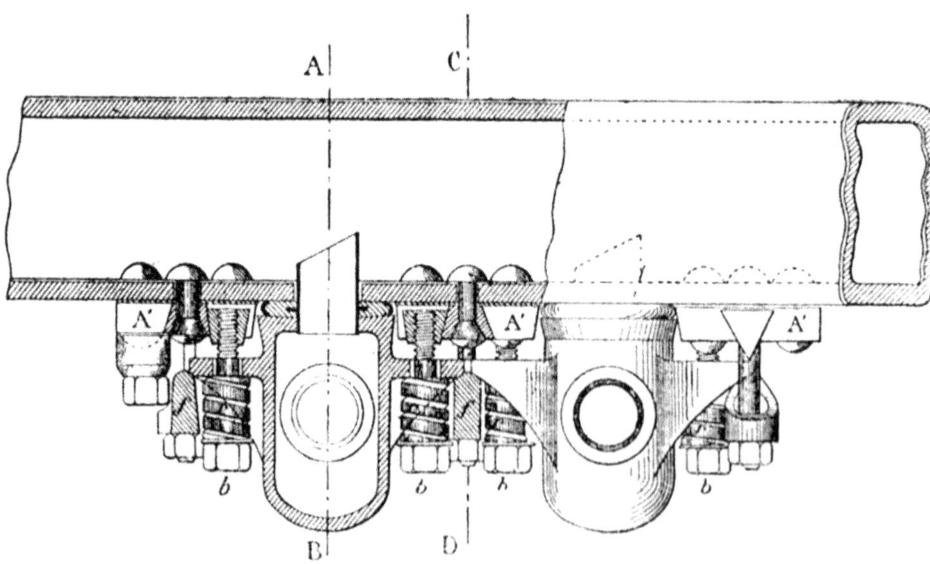

Fig. 751. — Foyer Dulac ; coupe longitudinale, montrant l'emmanchement de deux barreaux successifs, et le serrage par boulons à ressorts.

Fig. 752 – Grille mobile Eckley B. Coxe, pour combustion des anthracites menus, construite vers 1894 ; vitesse de translation, 1^m à $1^m,50$ à l'heure.

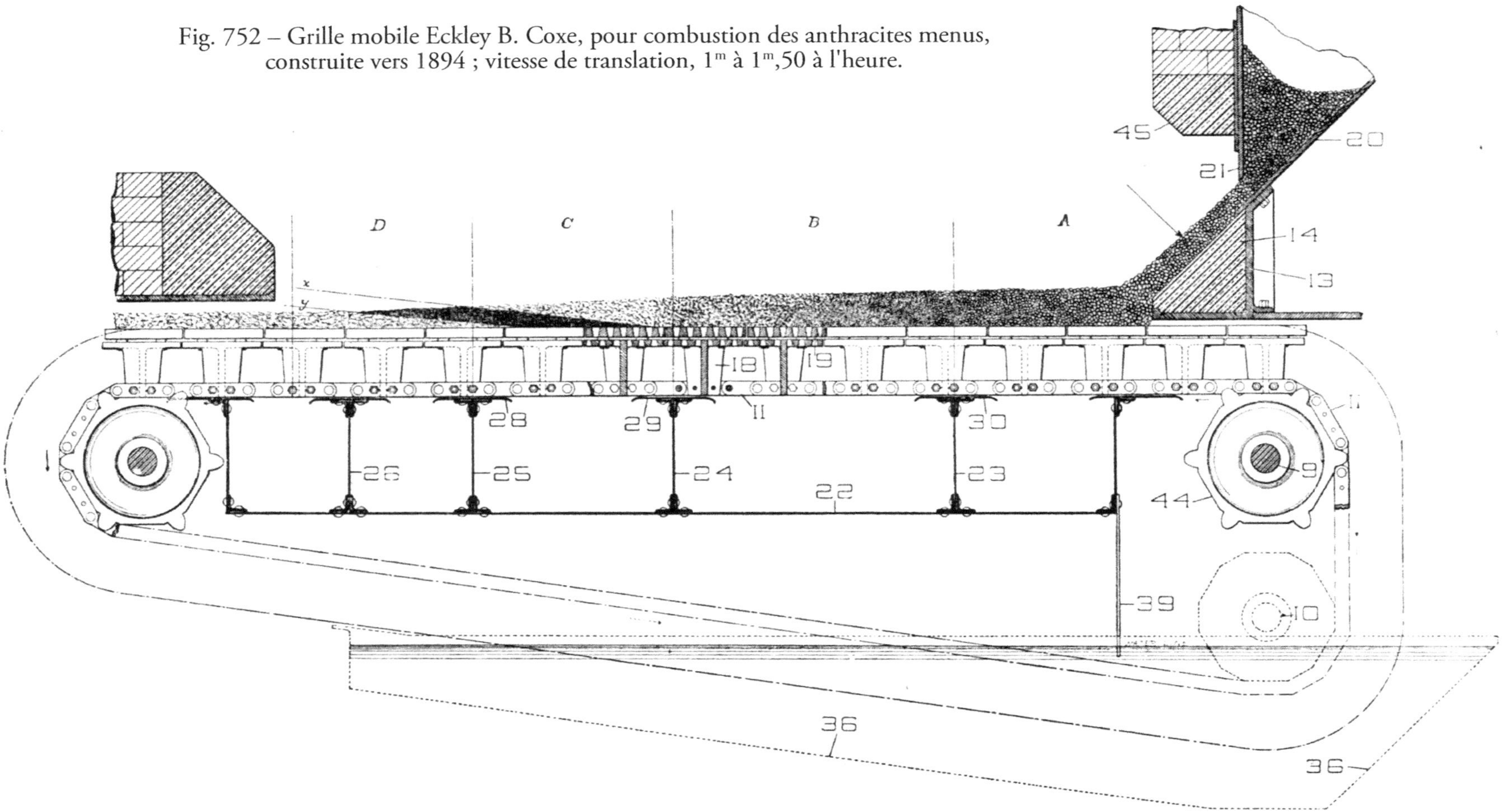

Mais cet inconvénient n'est pas sensible dans les installations où la production de vapeur doit être régulière et continue.

D'une manière générale, on peut dire qu'aucun appareil pour le chargement mécanique du combustible dans les foyers ne s'est très largement répandu, malgré des applications importantes. Certaines difficultés d'emploi proviennent de la nature diverse des combustibles ; le prix d'installation des appareils est souvent assez considérable ; ils exigent des dépenses d'entretien ; ils augmentent les chances de

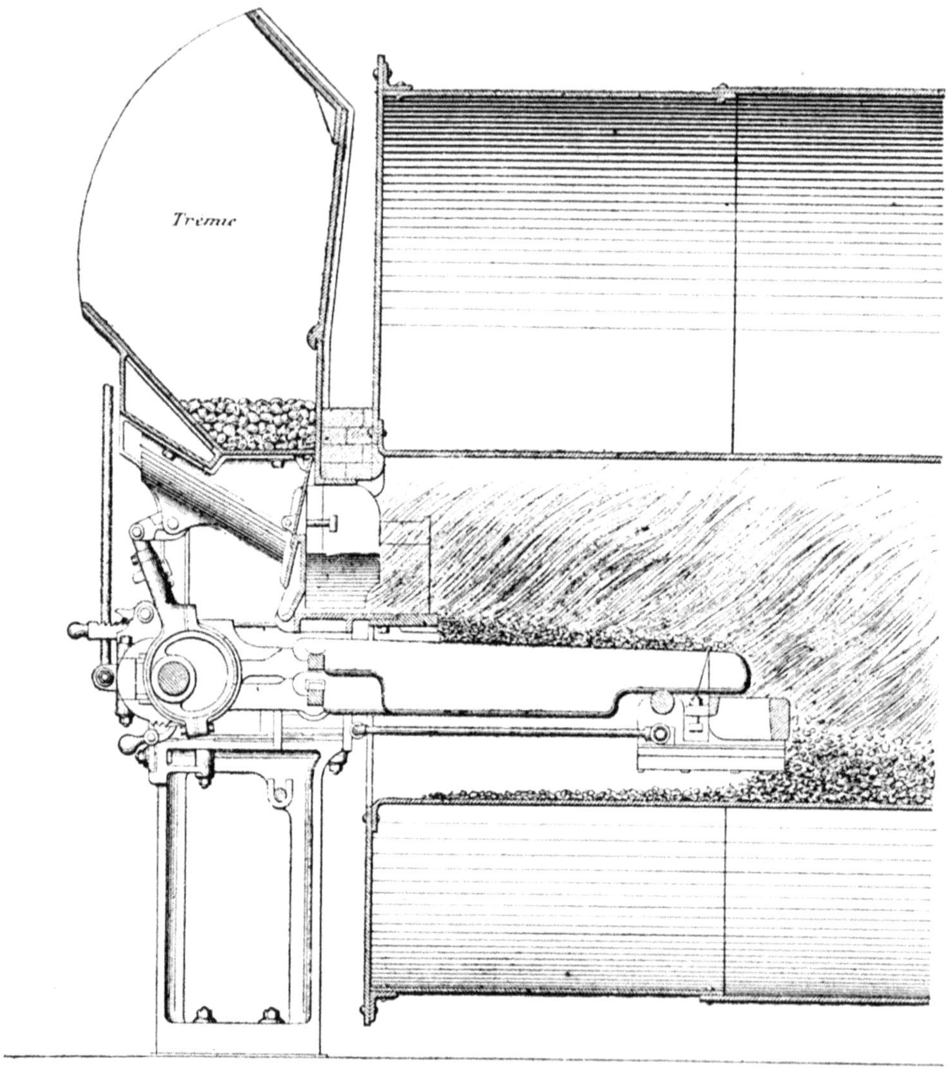

Fig. 753. — Chargeur automatique Vicars, appliqué à une chaudière de Lancashire ; coupe longitudinale.

chômage par avaries ; enfin, comme tout ce qui n'est pas indispensable en industrie, ils restent indifférents au plus grand nombre des industriels ; et ceux qui les jugent intéressants en principe ont des affaires plus pressées et plus importantes que l'étude d'une telle installation, qui reste indéfiniment ajournée.

Malgré ces conditions peu favorables à l'emploi des appareils de chargement mécanique, on doit reconnaître qu'ils peuvent être utiles, en économisant le charbon et la main-d'oeuvre des chauffeurs, et en ménageant les chaudières, soustraites aux variations de température causées par une chauffe inégale.

Une manière simple en principe de brûler la houille consiste à la projeter dans le foyer en poudre très fine, de manière à en régler la combustion comme celle d'un gaz ; Crampton avait essayé ce procédé, il y a bien des années. Le foyer Wegener (fig.

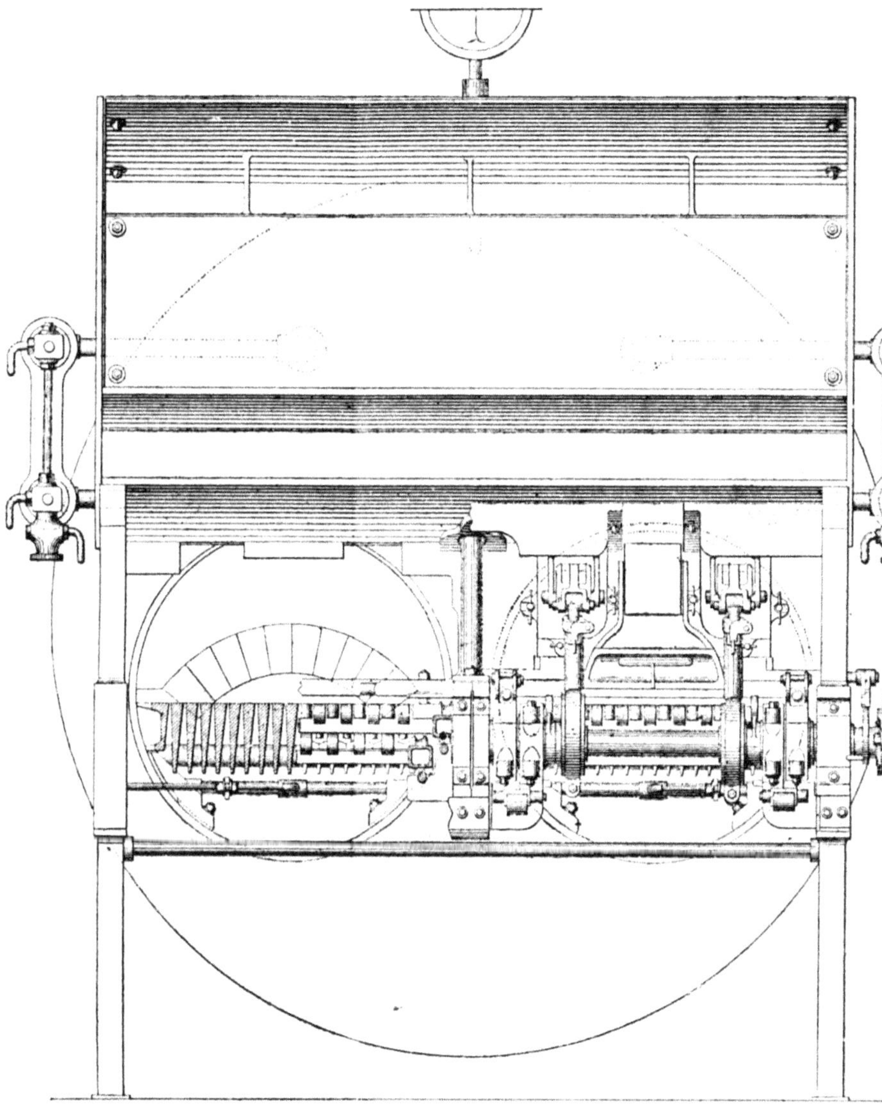

Fig. 754. — Chargeur Vicars ; élévation et coupe transversale.

758 et 759), récemment construit, applique le même principe pour la production de la vapeur. Le courant d'air, appelé par le tirage naturel d'une cheminée, fait tourner une turbine qui agit sur une petite grille à secousses ; cette grille distribue la poudre de charbon, dont se charge le courant d'air. Les tuyaux latéraux donnent

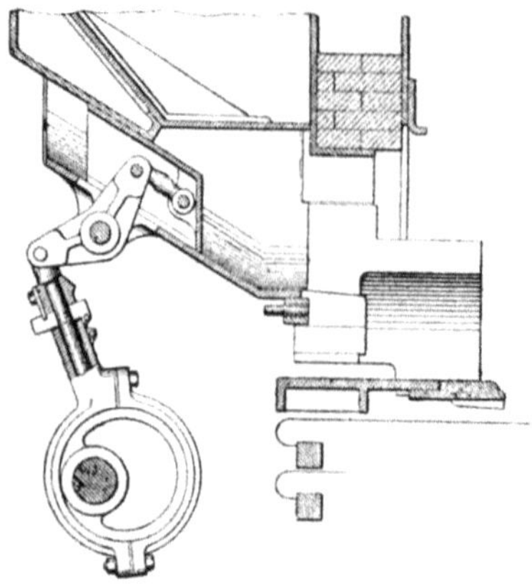

Fig. 755. — Chargeur Vicars ; détail du plongeur et de l'excentrique.

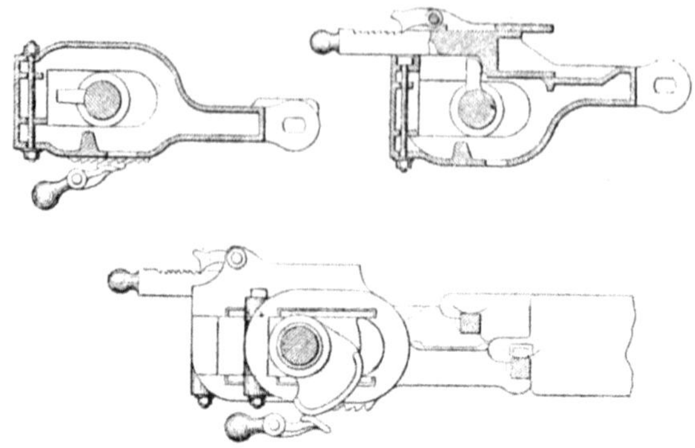

Fig. 756. — Chargeur Vicars ; détail des clefs des barreaux.

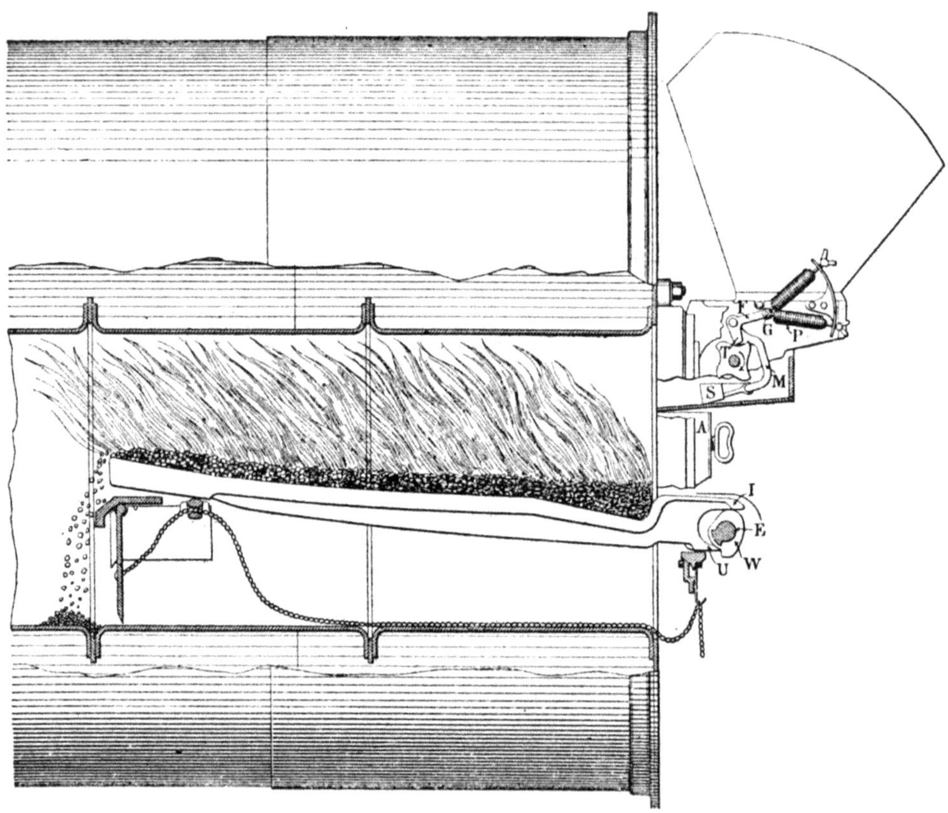

Fig. 757. — Appareil Bennis pour le chargement mécanique du combustible.

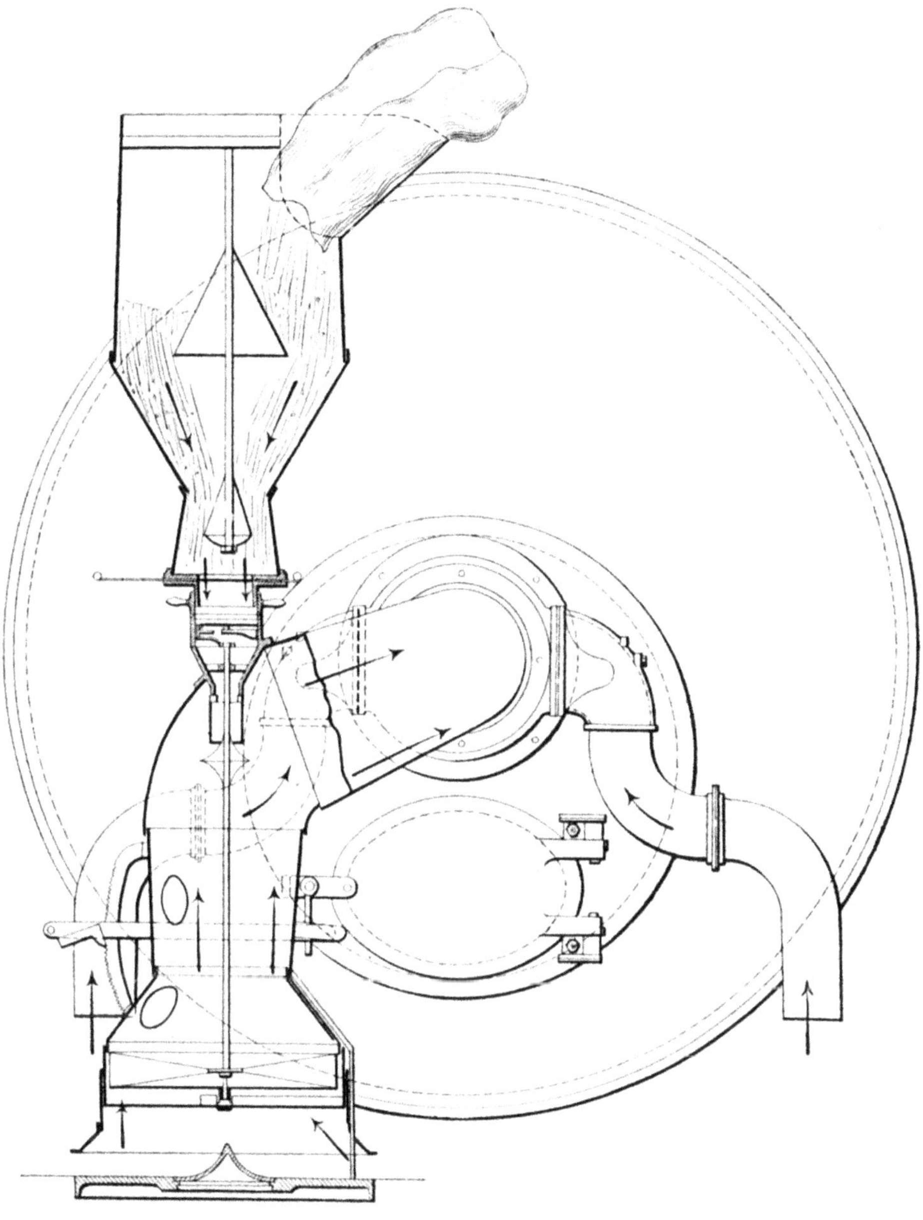

Fig. 758. — Foyer Wegener, à houille pulvérulente, appliqué à une chaudière de Cornouailles vue de face (d'après *l'Engineering*).

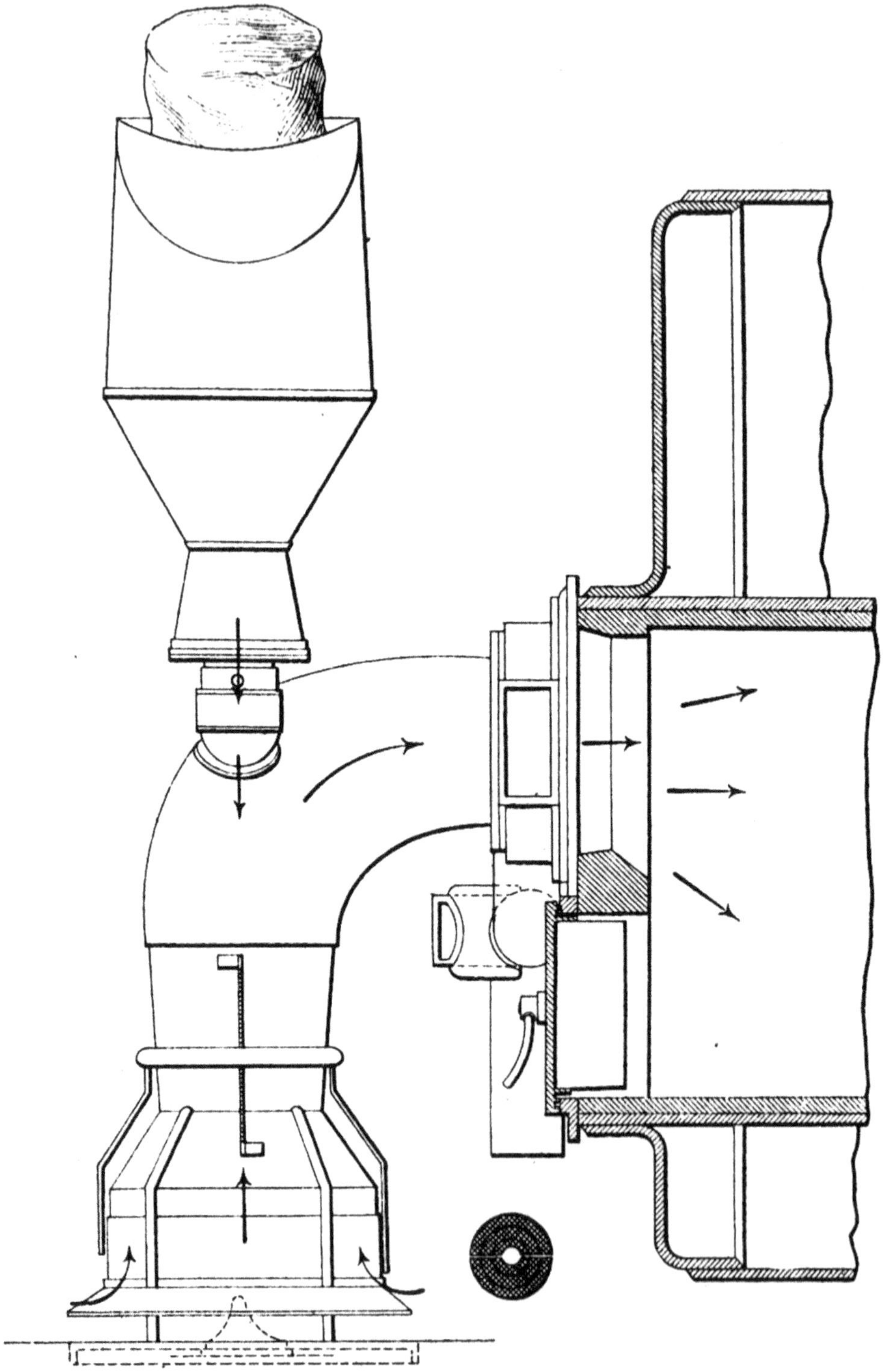

Fig. 759. — Foyer Wegener ; coupe longitudinale et vue du crible à charbon.

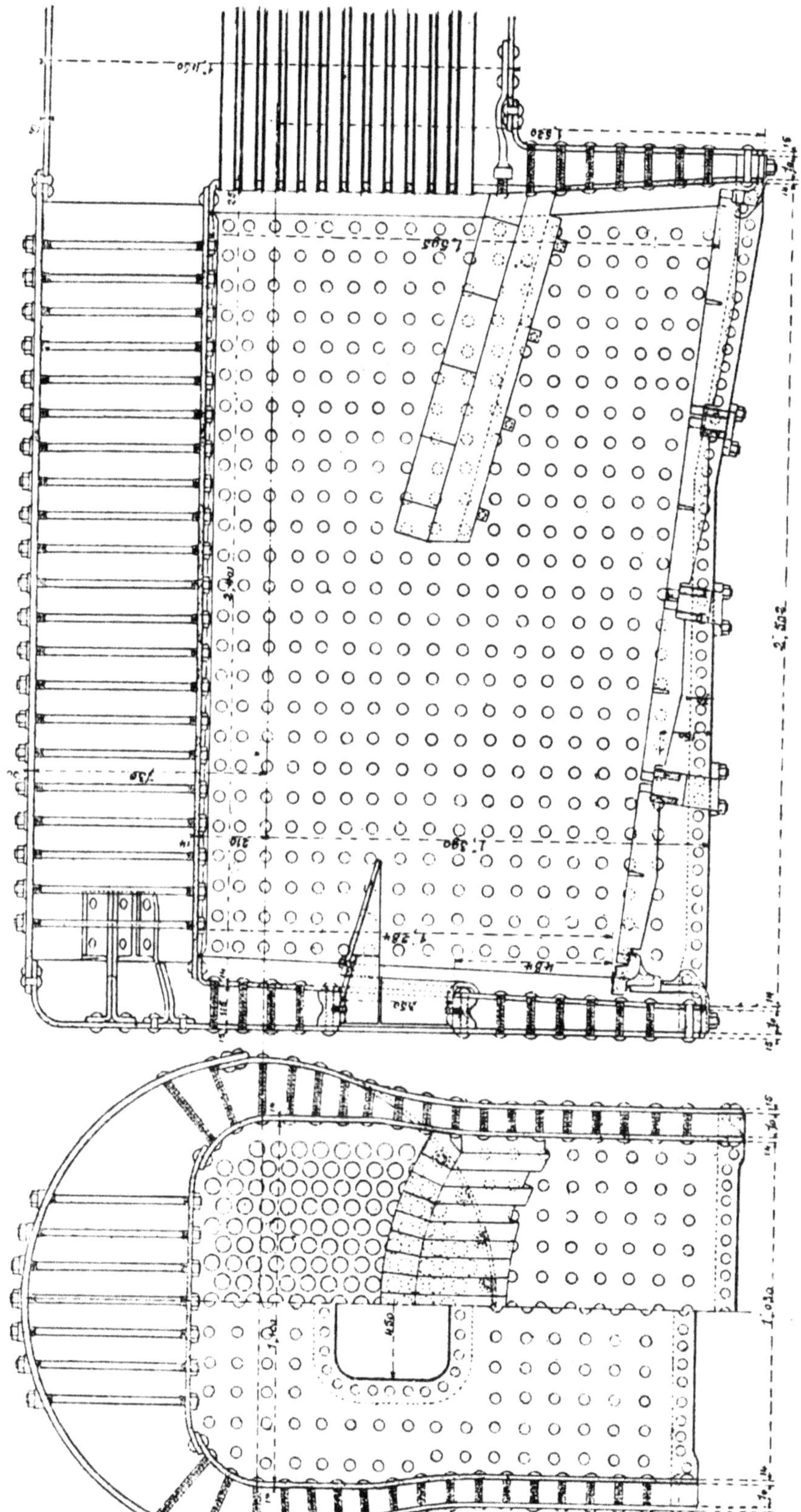

Fig. 760 – Foyer de locomotive (des chemins de fer de l'Est), avec voûte en briques et déflecteur en tôle.

une admission d'air supplémentaire. Les essais de cet appareil, qui ont été publiés, indiqueraient une production de $9^{kg},1$ de vapeur par kilogramme de houille, en supposant l'eau prise à la température de 100° et vaporisée à cette température.

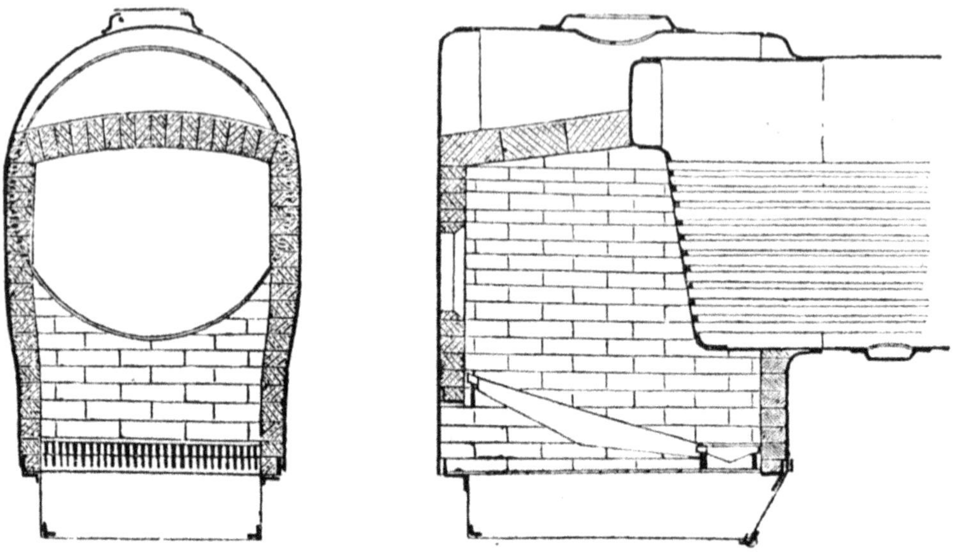

Fig. 761. — Foyer de locomotive Verderber, construit en 1878 pour les chemins de fer de l'État Hongrois, avec parois réfractaires. D'après J. Pechar, dans les *Glaser's Annalen.*

Les foyers produisent de grandes quantités de fumée, fort désagréable. Certaines villes sont véritablement infestées par la fumée des établissements industriels. On parle souvent de foyers fumivores ; mais ils sont rarement employés, au moins d'une manière efficace. Cette négligence tient sans doute à ce qu'on regarde comme peu pratiques les dispositions qui permettent d'éviter la fumée. C'est une opinion qui souvent n'est pas justifiée, car les difficultés varient beaucoup suivant la nature des combustibles, qu'on peut classer, sous ce rapport, en trois grandes catégories : ceux qui ne font pour ainsi dire jamais de fumée, comme l'anthracite et le coke ; puis les charbons peu fumeux, tels que les houilles maigres et même demi-grasses : avec ces charbons, pour éviter à peu près complètement la fumée, il suffit d'appareils simples de chargement mécanique, ou même de quelques précautions dans la conduite des grilles ordinaires : on doit charger fréquemment le combustible, par petites quantités, et laisser au besoin entrer un peu d'air par la porte ; enfin viennent les houilles grasses et flambantes très fumeuses, avec lesquelles il est réellement difficile d'obtenir la *fumivorité.* En France, le décret du 30 avril 1880, sur les appareils à vapeur, n'a pas reproduit les interdictions relatives à la fumée qui existaient précédemment : on a pensé que la question était générale et qu'aucune prescription relative spécialement à la fumée des générateurs de vapeur n'était justifiée.

La fumée abondante résulte d'une combustion incomplète ; elle est surtout formée par la décomposition de gaz carburés, dont le carbone n'est pas brûlé. Elle peut être l'indice d'une température de combustion insuffisante dans le foyer ; d'un défaut d'air ou, au contraire, d'un grand excès d'air, qui refroidit les gaz combustibles. Cependant, c'est habituellement par l'envoi d'un certain excès d'air

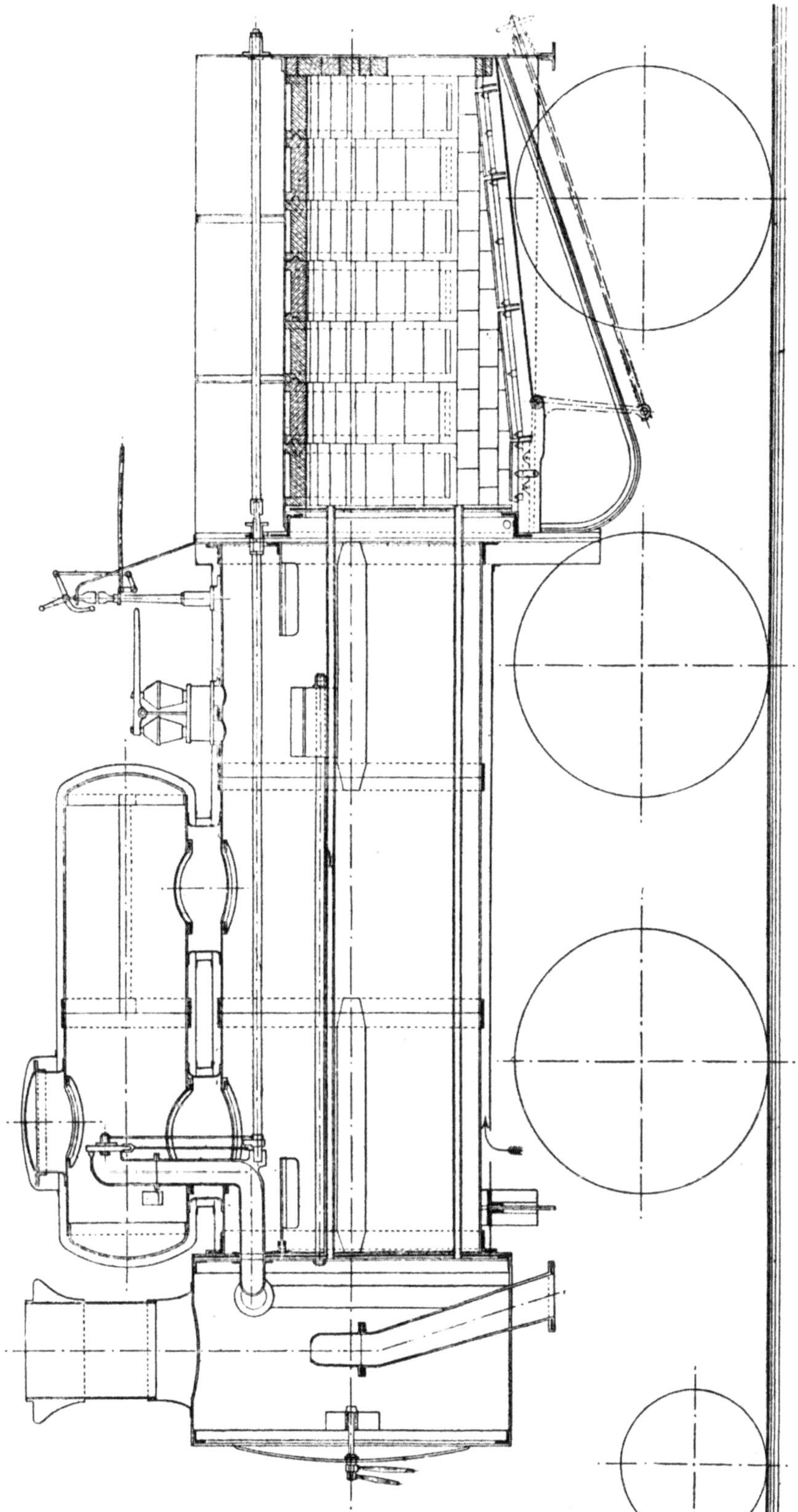

Fig. 762. — Foyer de locomotive, à parois réfractaires, du système Docteur, d'après la *Revue univ. des mines et de la métallurgie*. L'air qui pénètre sous la grille est chauffé par circulation autour de la paroi réfractaire.

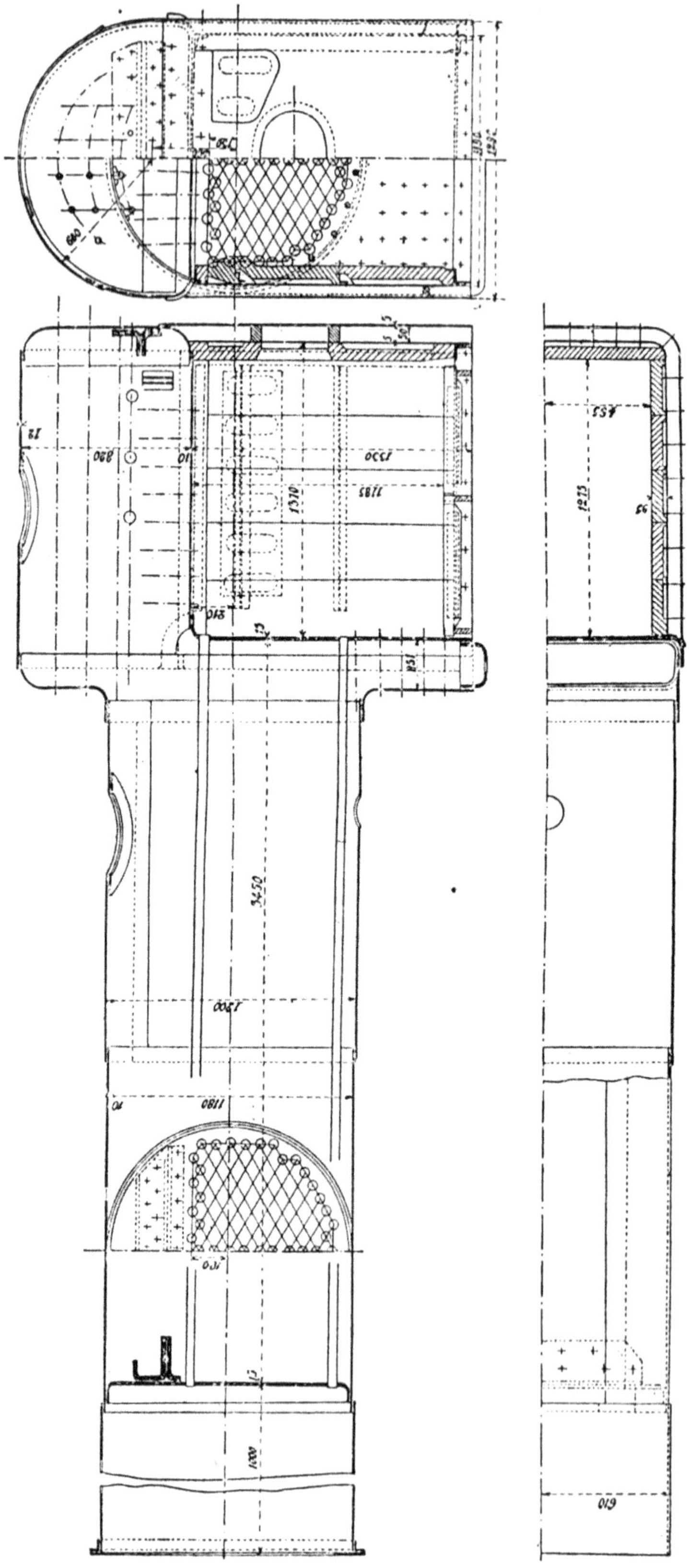

Fig. 763. — Chaudière de locomotive, modifiée par M. Almgren en Suède. avec foyer à parois réfractaires.

qu'on supprime ou qu'on atténue la fumée, et c'est pourquoi la plupart des appareils fumivores paraissent augmenter la dépense de combustible : il suffit en effet d'une faible proportion de carbone pour produire beaucoup de fumée, tandis que l'air en excès emporte un assez grand nombre de calories.

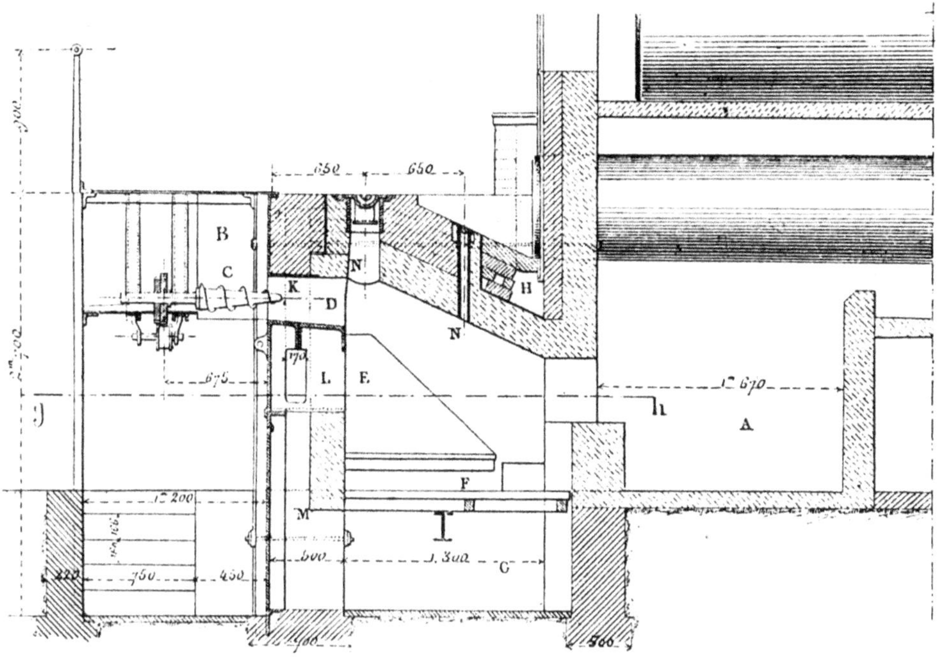

Fig. 764. — Foyer A. Godillot, pour brûler la tannée. Le combustible est distribué mécaniquement à la partie supérieure de la grille à gradins E, en forme de tronc de cône. Pour la combustion de la houille, les barreaux présentent, du côté de l'admission de l'air, des rigoles tenues pleines d'eau.

Dans des observations comparatives d'appareils fumivores, exécutées en Allemagne, on a fait usage d'un photomètre, mesurant l'intensité des rayons lumineux, envoyés par une lampe à travers le conduit de fumée.

Les parois en briques réfractaires, qui ne paraissent pas absorber une grande quantité de chaleur rayonnante, élèvent la température de combustion, et peuvent contribuer à la diminution de la fumée. C'est ainsi que les foyers de locomotives sont très fréquemment munis d'une voûte en briques (fig. 760), qui s'appuie contre les parois latérales et contre la plaque tubulaire. Cette voûte, d'ailleurs, oblige les gaz à faire un circuit qui les brasse, et elle préserve un peu l'entrée des tubes. On a même construit des foyers de locomotives entièrement entourés de briques, en réduisant la chaudière à un simple cylindre fermé par deux plaques à tubes (fig. 761 et 762). On peut chauffer l'air en le faisant circuler au préalable autour du foyer ainsi construit (fig. 762). La figure 763 représente une disposition analogue, mais où le ciel du foyer a été conservé.

Des dispositions très variées ont été appliquées ou proposées pour éviter la fumée : fréquemment on envoie de l'air au-dessus de la grille, à l'aide de jets de vapeur. D'autres fois on a recours à des appareils de chargement mécanique et continu du combustible. Une disposition originale, mais qui paraît bien compliquée, au moins

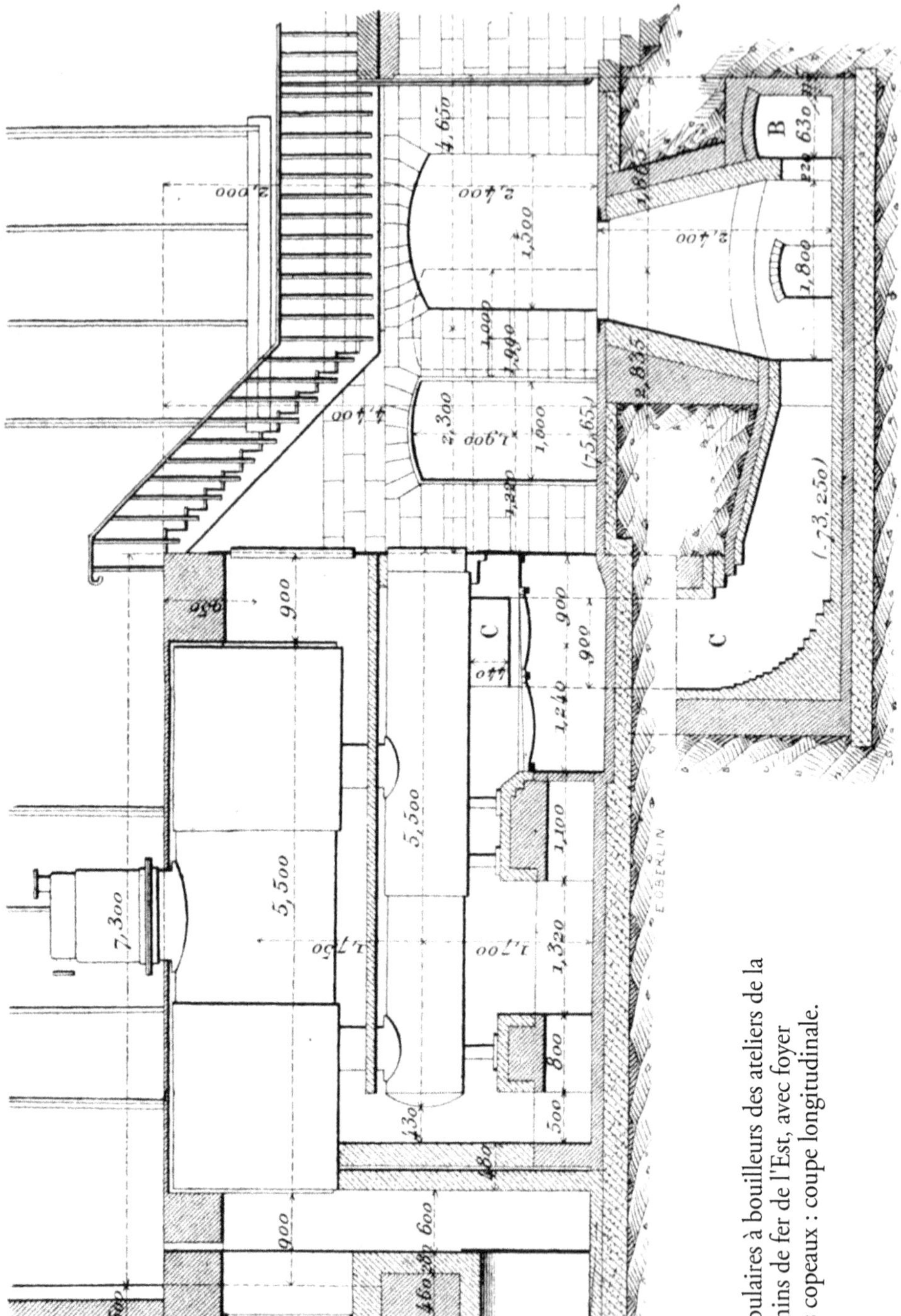

Fig. 765. — Chaudières tubulaires à bouilleurs des ateliers de la Compagnie des chemins de fer de l'Est, avec foyer disposé pour brûler des copeaux : coupe longitudinale.

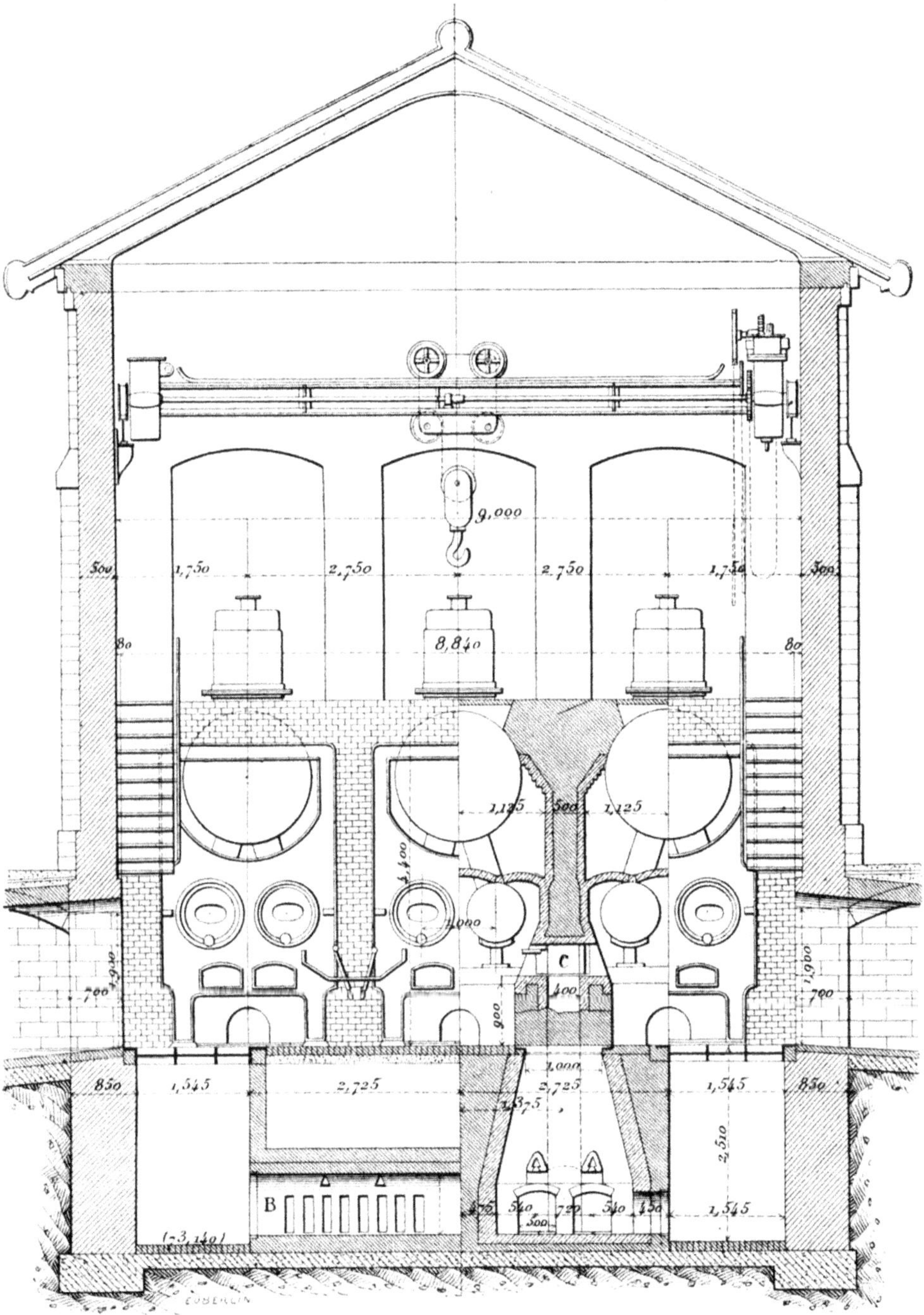

Fig. 766. — Chaudières tubulaires à bouilleurs, avec foyer disposé pour briller les copeaux, dans les ateliers de la Compagnie des chemins de fer de l'Est, à Romilly ; coupe transversale.

quand il s'agit de foyers de chaudières à vapeur, consiste à laver les produits de la combustion, en leur faisant traverser des chambres qui reçoivent des jets d'eau pulvérisée : des ventilateurs assurent le tirage, malgré le refroidissement des gaz.

Certaines industries disposent de matières combustibles qu'il est avantageux de brûler à la place de la houille, par exemple la tannée, ou les écorces broyées ayant servi à la préparation des cuirs, les sciures et les copeaux de bois. L'eau forme près de la moitié du poids de la tannée, après dessiccation à l'air ; la figure 764 représente une grille inclinée disposée pour la brûler. Les figures 765 et 766 montrent des chambres destinées à brûler des copeaux et de déchets de bois : le chargement se fait par la partie supérieure ; l'air pénètre par les ouvertures de la galerie B ; les flammes s'échappent par le caniveau C au-dessus de la grille de l'une des chaudières.

102. Tirage.

Le tirage est naturel lorsqu'il est provoqué seulement par une cheminée, et forcé lorsque le courant gazeux est activé par des ventilateurs ou par des jets de vapeur ou d'air comprimé. La mesure pratique du tirage est donnée par la différence entre la pression de l'air avant qu'il n'entre dans l'appareil et au point où il quitte la chaudière : ainsi entendue, cette différence de pression ne correspond pas seulement au passage de l'air à travers la grille et le combustible, mais aussi au parcours dans les carneaux ou dans les tubes de la chaudière. C'est ainsi qu'on mesure la différence de pression entre le courant à la base de la cheminée ou dans la boîte à fumée, et la pression de l'atmosphère extérieure, à l'aide d'un manomètre à eau : cette différence s'exprime par la hauteur en millimètres à laquelle est soulevée la colonne d'eau. Ces mesures ne sont pas très précises, car le manomètre n'indiquerait avec certitude la pression exacte du courant gazeux que si la vitesse en était très petite.

Le tirage résulte de la moindre densité des gaz chauds qui remplissent la cheminée. Cette densité diminue à mesure que la température s'élève ; mais ce ne sont pas les gaz les plus chauds qui donnent le tirage le plus énergique, parce que la diminution de densité a aussi un autre effet, l'augmentation du volume et par suite de la vitesse nécessaire pour débiter un même poids. Avec la vitesse croissent les diverses résistances qui gênent le mouvement des gaz. La combinaison de ces deux effets contraires limite entre 200° et 300° la température qui donne le tirage le plus actif ; il est encore bon pour des températures supérieures ou inférieures à ces chiffres : on peut donc refroidir beaucoup les gaz sous les chaudières sans crainte de nuire à l'activité de la combustion, même avec le tirage naturel.

Le tirage ne surmonte pas seulement les frottements des gaz, mais il fait de la cheminée un véritable appareil élévatoire : tout le poids du combustible, sauf les cendres et les escarbilles qui restent dans le foyer, est en effet élevé au sommet de la cheminée dans le courant gazeux.

Les deux dimensions les plus importantes d'une cheminée sont la section et la hauteur. Avec les dispositions usuelles, la hauteur étant comprise entre 20 et 30 mètres, une section d'un mètre carré convient pour brûler 500 kg de houille par heure, sur une grille de $5m^2$. Une hauteur plus considérable n'augmente pas beaucoup le tirage ; les cheminées très élevées sont faites pour ne pas trop incommoder les voisins.

Afin que le vent ne gène pas le tirage, il convient que les gaz s'échappent dans l'atmosphère avec une vitesse d'environ deux mètres au moins par seconde.

On modère aisément le tirage à l'aide d'un registre placé en haut ou à la base de la cheminée, ou bien dans la porte du cendrier. Ce registre peut être commandé par un piston manoeuvrant dans un cylindre en communication avec la chaudière, de telle sorte que l'ouverture diminue quand la pression s'élève. Cette disposition automatique a été employée en 1799 par Mathew Murray, et souvent reproduite depuis.

Les variations atmosphériques ont, sur le tirage, une influence beaucoup moins sensible dans les foyers de machines à vapeur que dans les cheminées d'appartement. À égalité de pression et de température, l'humidité contenue dans l'air réduit légèrement la proportion d'oxygène qu'il contient. Ainsi, un mètre cube d'air sec, à la température de 33° et sous la pression de 760 mm de mercure, contient 265 g d'oxygène ; un mètre cube d'air saturé d'humidité, à la même température et sous la même pression, renferme 252 g d'oxygène, et 35 g de vapeur d'eau : le poids d'oxygène est réduit de 5 centièmes.

L'effet des variations de la température est plus important : le poids d'une colonne d'air extérieur, haute comme la cheminée, est en raison inverse de la température absolue (centigrade augmentée de 273) quand la pression ne varie pas. Si la température des gaz de la cheminée reste la même, la vitesse de sortie des gaz se réduit quand la température extérieure augmente.

La vitesse serait proportionnelle, d'après les formules approximatives du tirage, à $\sqrt{\frac{t_2 - t_1}{t_1}}$, t_2 et t_1 étant les températures absolues dans la cheminée et à l'extérieur[18].

18 La formule du mouvement des gaz, établie à l'aide du théorème des forces vives sous sa forme la plus générale, en tenant compte de l'équivalence du travail et de la chaleur, s'applique au fonctionnement des cheminées. Qu'on imagine d'abord une cheminée, de hauteur H, surmontant une chauffe où l'air est simplement dilaté par la chaleur, sans subir aucune transformation chimique du fait de la combustion. Un kilogramme d'air en repos, au niveau du sommet de la cheminée, est à la température absolue t_1, sous la pression p_1 et avec le volume υ_1. Ce kilogramme d'air descend jusqu'à la chauffe, la traverse en prenant de la chaleur, puis remonte dans la cheminée, qui le rejette avec la vitesse ω, à la température t_2, et avec le volume υ_2, sous la pression initiale p_1. Pour ce trajet, en supposant négligeable l'effet des frottements et des actions analogues, et le travail de la pesanteur étant nul sur le parcours, l'équation générale s'écrit sous la forme :

$$\frac{w^2}{2g} = \int_{v_1}^{v_2} p\,dv - p_1(v_2 - v_1)$$

$$\frac{w^2}{2g} = \int_{v_1}^{v_2} (p - p_1)\,dv.$$

Cette seconde forme met en évidence les différences de pression p-p_1, qu'on peut déduire des observations en divers points du trajet.

Sur la figure 767, les ordonnées représentent les pressions, et les abscisses, les volumes du kilogramme :

Soit OE = p_1, pression de l'atmosphère au niveau du sommet de la cheminée ;

Oa= υ_1, volume d'un kilogramme d'air extérieur ; la variation de ce volume depuis le haut jusqu'au bas de la cheminée, à l'extérieur, est en général négligeable ;

Ob = υ_2, volume du kilogramme d'air rejeté par la cheminée à la température t_2 et sous la pression p_1.

La pression p'_1, = OF, à la base de la cheminée, hors de l'appareil, est égale à p_1+ϖ_1H, ϖ_1 étant le poids du mètre cube d'air extérieur ($\varpi_1 = 1/\upsilon_1$).

On fera quelques hypothèses simples sur le mode de chauffage de l'air.

L'air peut être porté de la température t_1 à la température t_2, en bas de l'appareil, sous la pression extérieure p'_1 ; c'est admettre qu'il n'y a aucune chute de pression entre l'extérieur et la chauffe, largement ouverte ; qu'on suppose invariable la température de l'air pendant le reste du parcours : comme la variation de la pression, pendant l'ascension dans la cheminée, ne produit qu'une modification insignifiante du volume υ :

$$\int_{v_1}^{v_2} (p - p_1)\,dv = (v_2 - v_1)(p'_1 - p_1).$$

Le rectangle ABCD figure, à une échelle déterminée, la demi-force vive pour un kilogramme, $w^2/2g$; d'après les hypothèses, aucune quantité de chaleur ne sort du courant pendant le trajet.
Ω étant la section de la cheminée à son débouché, section réduite à $m\Omega$ par une contraction de la veine gazeuse, le débit en volume, ou volume à la température t_2 et sous la pression p_1 écoulé en une seconde, est $m\Omega w$; le débit en poids est $m\Omega w\varpi_2$ (ϖ_2 étant le poids du mètre cube d'air à t_2), ou $m\Omega w/\upsilon_2$.

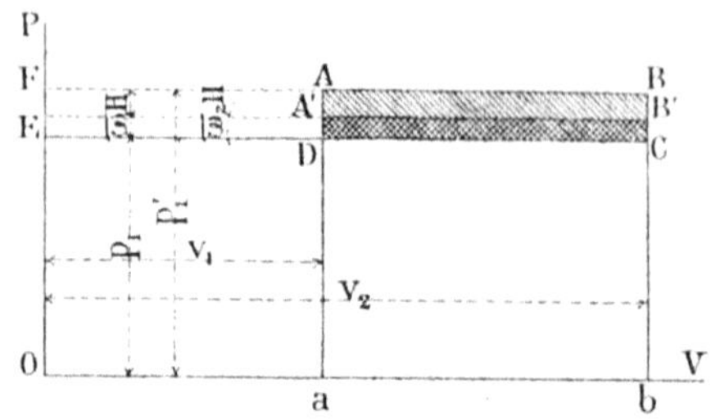

Fig. 767. — Tracé graphique de la demi-force vive d'un kilogramme d'air chaud rejeté par une cheminée : ABCD, demi-force pour une chute de pression après la chauffe ; A'B'CD, pour une chute de pression avant la chauffe.

La valeur de υ_2, ou de t_2, qui donne le plus grand débit en poids, correspond au maximum de la fonction :

$$\frac{m\Omega\sqrt{2g(p'_1 - p_1)(v_2 - v_1)}}{v_2}.$$

Égalant à zéro la dérivée par rapport à v_2, on trouve la relation bien connue $v_2 = 2v_1$ ou $t_2 = 2t_1$.
Qu'on imagine maintenant une chauffe où la température de l'air s'élève de t_1 à t_2, suivie d'une large cheminée, telle que la pression dans la chauffe ne soit que $p_1+\varpi_2$H. L'équation devient alors :

$$\frac{w^2}{2g} = (v_2 - v_1)(p_1 + \varpi_2 H - p_1) = (v_2 - v_1)\varpi_2 H,$$

quantité représentée par le rectangle A'B'CD (fig. 767).
Le débit en poids, $m\Omega w\varpi_2$, est égal à :

$$\frac{m\Omega}{v_2}\sqrt{\frac{(v_2 - v_1)2gH}{v_2}} ;$$

la valeur de v_2 qui donne le plus grand débit, obtenue en égalant à zéro la dérivée par rapport à v_2, est : $v_2 = 1{,}5v_1$.
Dans les deux hypothèses, un tracé fort simple figure les variations du débit en poids pour les diverses valeurs de la température t_2. Avec la première hypothèse, le rectangle ABCD (fig. 767) représente w_2 / 2g ; AD est constant, quel que soit v_2; w_2 varie donc comme la longueur DC, et w comme la racine carrée de DC. Le débit en poids est proportionnel à ou au quotient de la racine carrée de DC par EC. Qu'on prenne comme unité ED, qui représente la quantité constante v_1, et qu'on trace un cercle sur EC comme diamètre (fig. 768) : la perpendiculaire DL est moyenne proportionnelle de ED et DC :

$$\overline{DL}^2 = ED \times DC = 1 \times DC$$
$$DL = \sqrt{DC}.$$

Soit CM = DL, sur la perpendiculaire en C à DC; la droite EM coupe DL en N :

$$DN = \frac{CM \times ED}{EC} = \frac{CM \times 1}{EC} = \frac{\sqrt{DC}}{v_2}.$$

La longueur DN est proportionnelle au débit en poids de la cheminée.
Avec la seconde hypothèse, c'est le rectangle A'B'CD (fig. 767) qui donne w_2 / 2g ; il faut diviser l'expression du débit précédemment trouvée par $\sqrt{v_2}$, c'est-à-dire par EL, car

$$\overline{EL}^2 = ED \times EC = 1 \times v_2$$

(fig. 768). Soit EN' = DN, et N'O perpendiculaire sur EC dans les triangles semblables N'EO, LEI),

$$EO = \frac{EN' \times ED}{EL} = \frac{DN \times 1}{EL} = \frac{DN}{\sqrt{v_2}}.$$

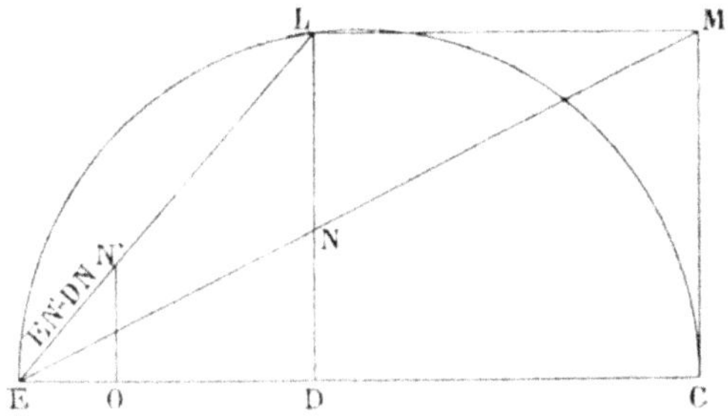

Fig. 768. — Construction du débit en poids d'une cheminée : ED, unité représentant le volume initial d'un kilogramme d'air ; EC, volume à la température finale t_2 ; DN représente le débit pour une chute de pression après la chauffe ; EO, pour une chute de pression avant la chauffe.

Les deux hypothèses correspondent à une chute de pression après et avant la chauffe la vitesse est moindre dans le second cas, le tirage est moins actif.

En réalité, l'air commence à s'échauffer un peu, sous la pression extérieure p'1, dès qu'il approche de la chauffe, puis il y pénètre à travers des orifices étroits ; il y prend une température supérieure à t'2, sous une pression à peu près constante, inférieure à p'1. I.e volume v2 du mètre cube atteint alors la valeur Og (fig. 769) ; puis l'air se refroidit de t'2 à t2 le long de divers appareils et de la cheminée, sous des pressions décroissantes ; le diagramme AGCD représente le travail disponible, qui se transforme en force vive des gaz rejetés.

Dans la combustion, l'air n'est pas seulement chauffé, comme on l'a supposé : une partie de l'oxygène se combine au carbone et à l'hydrogène du combustible. Cette combinaison ne change pas seulement la température de la masse gazeuse, mais aussi son volume spécifique et son poids.

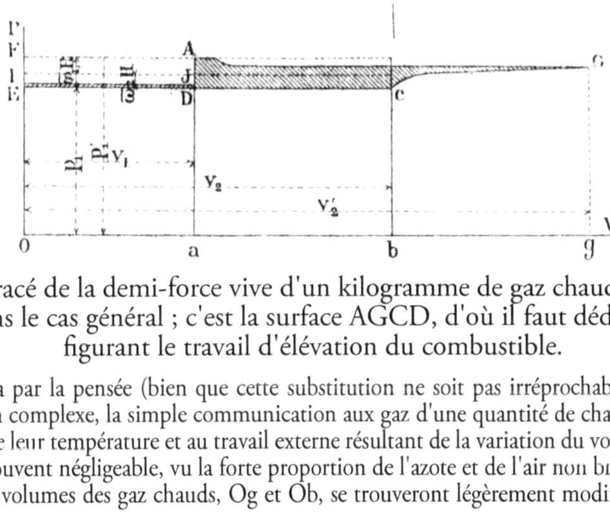

Fig. 769. — Tracé de la demi-force vive d'un kilogramme de gaz chauds rejetés par une cheminée. Dans le cas général ; c'est la surface AGCD, d'où il faut déduire l'aire IJDE, figurant le travail d'élévation du combustible.

On substituera par la pensée (bien que cette substitution ne soit pas irréprochable en théorie), à cette transformation complexe, la simple communication aux gaz d'une quantité de chaleur correspondant au changement de leur température et au travail externe résultant de la variation du volume spécifique : cette variation est souvent négligeable, vu la forte proportion de l'azote et de l'air non brûlé. Sur le diagramme (fig. '769), les volumes des gaz chauds, Og et Ob, se trouveront légèrement modifiés si la correction est sensible.

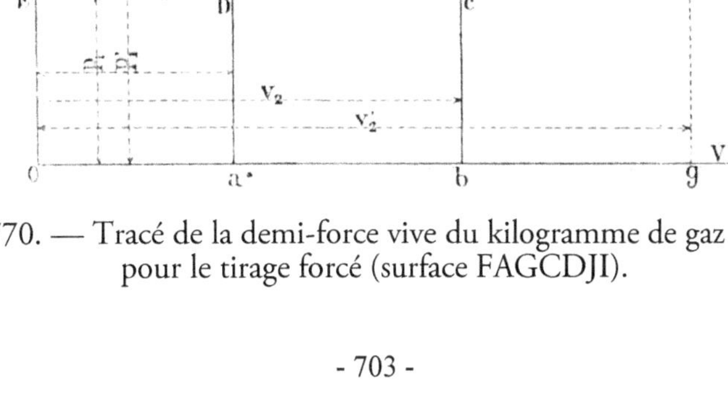

Fig. 770. — Tracé de la demi-force vive du kilogramme de gaz rejetés, pour le tirage forcé (surface FAGCDJI).

Enfin la pression de l'atmosphère varie. En un même point, ces variations sont peu importantes ; mais elles deviennent considérables si l'on compare deux appareils identiques installés à des altitudes très différentes. D'après les formules, tout étant égal d'ailleurs, la vitesse au débouché de la cheminée resterait la même, quelle que soit la pression : mais la densité des gaz à une même température étant proportionnelle à cette pression, il en résulterait que le poids d'air appelé en une seconde varierait en raison directe de cette pression. Aux grandes altitudes la combustion se ralentirait notablement.

Des expériences à ce sujet seraient intéressantes, notamment sur les locomotives des chemins de fer qui s'élèvent beaucoup au-dessus du niveau de la mer. Il est vrai que les foyers de ces machines fonctionnent avec le tirage forcé. Sur mer, le tirage naturel dépend de la direction et de la force du vent qui pénètre dans les manches à air pour alimenter les chaufferies.

En outre, le travail d'élévation du combustible, depuis le bas jusqu'en haut de la cheminée, doit entrer dans l'équation générale ; le kilogramme d'air se charge d'un certain poids P en passant dans le foyer : par exemple, si 16 kilogrammes d'air brûlent 1 kilogramme de combustible, laissant 100 grammes de cendres et d'escarbilles, le kilogramme d'air élève 56 g à la hauteur H ; l'équation devient alors :

$$\frac{w^2}{2g} + \mathrm{PH} = \int_{v_1}^{v_2} (p - p_1) dv.$$

Pour figurer le terme PH, on remarquera que le rectangle FADE (fig. 769) représente le produit de H par 1 kilogramme, car $v_1 = 1/\varpi_1$, ED=v_1, EF = ϖ_1H ; donc ED x EF = H x 1. Qu'on prenne El = P (0,056 EF dans l'exemple choisi) ; le rectangle IJDE figure le travail PH: on le retranche de l'aire AGGD pour calculer la vitesse w.

En observant la pression et la température des gaz aux différents points du parcours, ainsi que le régime de la combustion, on peut tracer le diagramme. Dans la plupart des appareils, il suffira de connexe la pression en un petit nombre de points pour obtenir une approximation suffisante. C'est surtout la pression dans la chauffe, au-dessus du combustible, qu'il convient de mesurer.

La même méthode s'applique, légèrement modifiée, aux chaudières à tirage forcé soit p_1, la pression dans la chambre de chauffe ou dans le cendrier, suivant le mode de soufflage ; en y prenant le kilogramme d'air et en le suivant jusqu'au débouché de la cheminée, l'équation des forces vives devient :

$$\frac{w^2}{2g} + \mathrm{H}(1 + \mathrm{P}) = \int_{v_1}^{v_2} p dv + p'_1 v_1 - p_1 v_2 = (p'_1 - p_1) v_1 + \int_{v_1}^{v_2} (p - p_1) dv,$$

H(1 + P) étant le travail d'élévation du kilogramme d'air, chargé du poids P d'éléments provenant du combustible.

$(w_2/2g)$+H(1+P) est représenté (fig. 770) par le diagramme FAGCDE ; H(1+P) est le rectangle de base ED = v_1 = 1 / ϖ_1 et de hauteur El = ϖ_1H(1+P), poids d'une colonne d'air à la température initiale de hauteur H, augmenté de la fraction P ; la demi-force vive,$(w_2/2g)$ est donc figurée par la surface FAGCDJl, couverte de hachures.

Les frottements et les résistances, dont il n'a pas été tenu compte, réduisent la force vive $(w_2/2g)$. Pour les évaluer, on admet souvent, par assimilation avec les règles de l'hydraulique, qu'il se produit le long des parois, sur une longueur L, une chute de pression supplémentaire $(\varpi(\chi/\omega))\mathrm{B}w^2\mathrm{L}$, χ étant le périmètre, ω la section, B un coefficient. Dans le cas simple où la cheminée conserve la section Ω sur toute la hauteur H, et où la température de la fumée ne varie pas dans le parcours, le frottement exige une différence supplémentaire des pressions aux deux extrémités égale à $\varpi_2(\chi/\Omega)\mathrm{B}w^2\mathrm{H}$; w diffère de la vitesse finale dans la section contractée, $m\Omega$; le travail correspondant au frottement, sur un kilogramme d'air, s'obtient en multipliant la différence des pressions par le volume v_2, et, comme $\varpi_2 v_2 = 1$ c'est $(\chi/\Omega)\mathrm{B}w^2\mathrm{H}$.

Les données expérimentales d'où ou peut déduire le coefficient B sont peu nombreuses. En outre, beaucoup de causes augmentent les résistances, telles que le passage à travers la grille et le combustible, les sinuosités et coudes des carneaux, l'irrégularité de la section de la cheminée.

Avec de telles incertitudes, la méthode pratique la plus simple pour déterminer les dimensions d'une cheminée, devant donner un débit déterminé, est de faire d'abord le calcul en supposant que toute la puissance notrice de l'appareil soit employée à créer la demi-force vive finale $(w_2/2g)$ en d'autres termes, on calculera le rectangle ABCD de la figure 767. Les tracés de la figure 768 montrent que le débit en poids varie fort peu, tant que la température centigrade des gaz reste comprise entre 175 et 400. Puis on applique au débit ainsi calculé un coefficient de réduction, déterminé d'après les renseignements disponibles.

La quantité de houille que le tirage naturel permet de brûler ne dépasse guère 100 kg par heure sur un mètre carré de grille : le tirage forcé devient nécessaire pour une combustion beaucoup plus rapide.

Rankine indique les valeurs qui suivent pour les quantités de charbon brûlées par mètre carré de grille et par heure :

Combustion la plus lente dans les chaudières de Cornouailles.............. 20 kg
Combustion usuelle dans les chaudières de Cornouailles. 50
Combustion usuelle dans les chaudières des manufactures............60 à 80
Combustion usuelle dans les chaudières marines . . .. 80 à 115
Combustion complète la plus active des charbons maigres,
sans admission d'air au-dessus de la grille.................................. 100 à 110
Combustion complète la plus active des charbons gras ,
avec admission d'air au-dessus de la grille .... 115 à 130

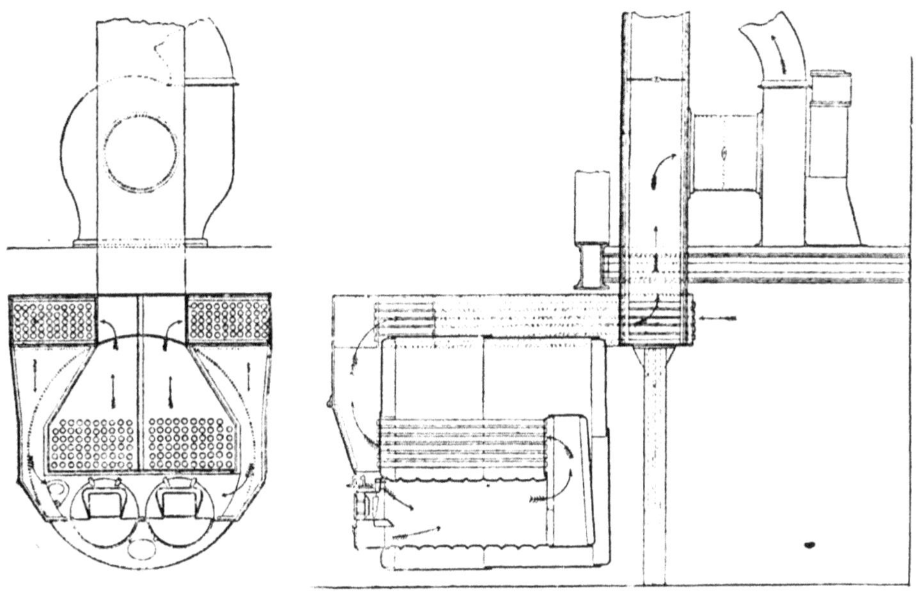

Fig. 771. — Tirage forcé par aspiration, de MM. Ellis et Gaves, pour une chaudière marine, avec réchauffeur de l'air amené aux foyers.

Un ventilateur peut insuffler l'air, sous la grille, dans un cendrier clos : l'arrivée d'air doit être supprimée ou réduite quand on ouvre la porte de chargement, afin d'éviter la sortie de la flamme. L'air peut être insufflé dans une chambre de chauffe close. La flamme ne revient plus en arrière quand les portes sont ouvertes, mais l'entrée d'air froid au-dessus de la grille serait alors excessive, si l'on ne fermait un registre de la cheminée.

Enfin l'air peut être aspiré au-delà de la chaudière, au lieu d'être soufflé (Fig. 771), ce qui rend le service plus facile en évitant la fermeture de la chambre de chauffe ; le volume aspiré par le ventilateur est alors plus considérable, puisque les gaz qui le traversent sont dilatés par la chaleur. On voit sur la figure un conduit de fumée direct fermé par un registre, pour la marche au tirage naturel, et un

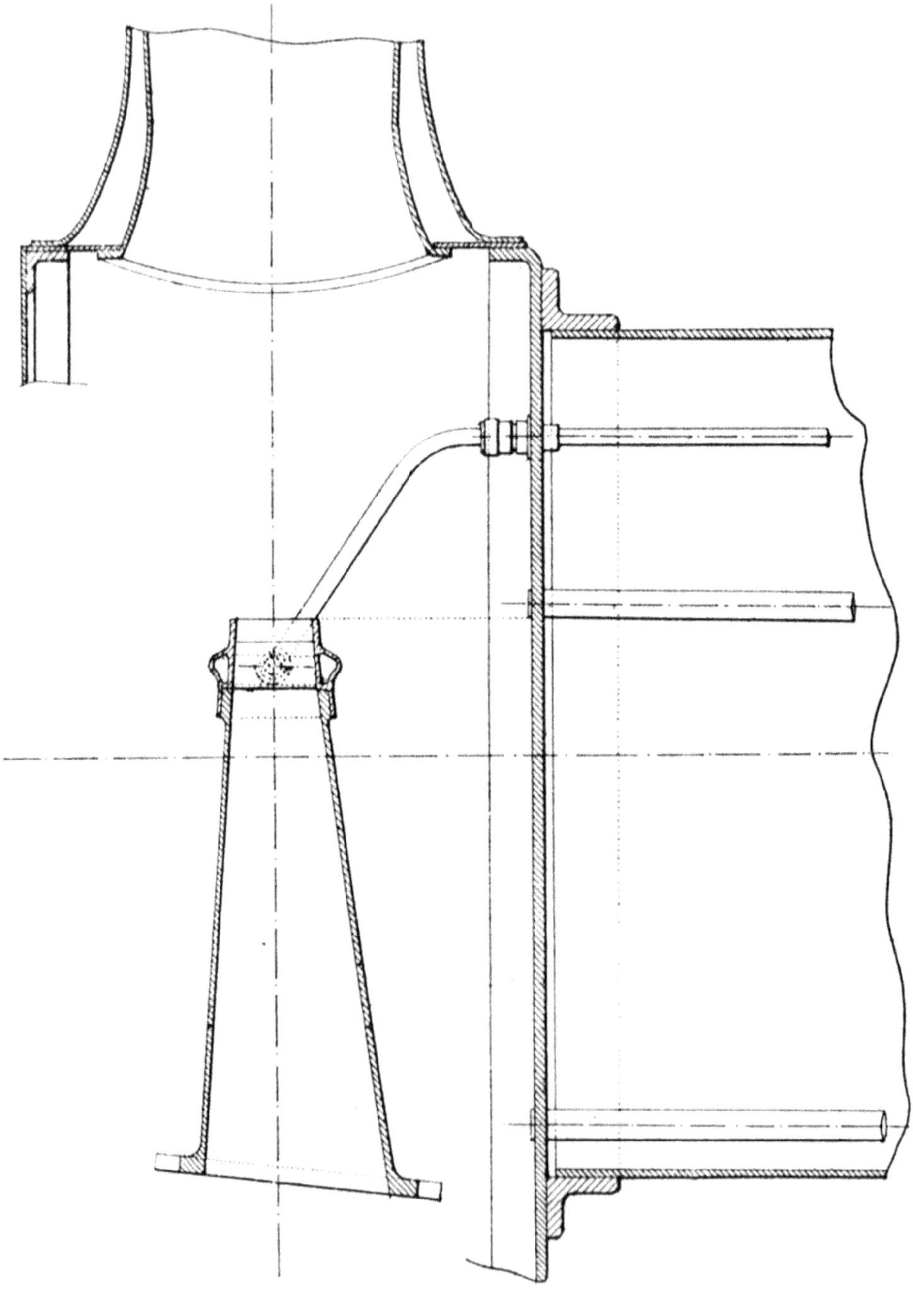

Fig. 772. — Échappement fixe des locomotives du Midland railway. La couronne creuse qui entoure l'extrémité de la tuyère est percée de petits trous qui donnent des jets de vapeur quand on ouvre le robinet souffleur.

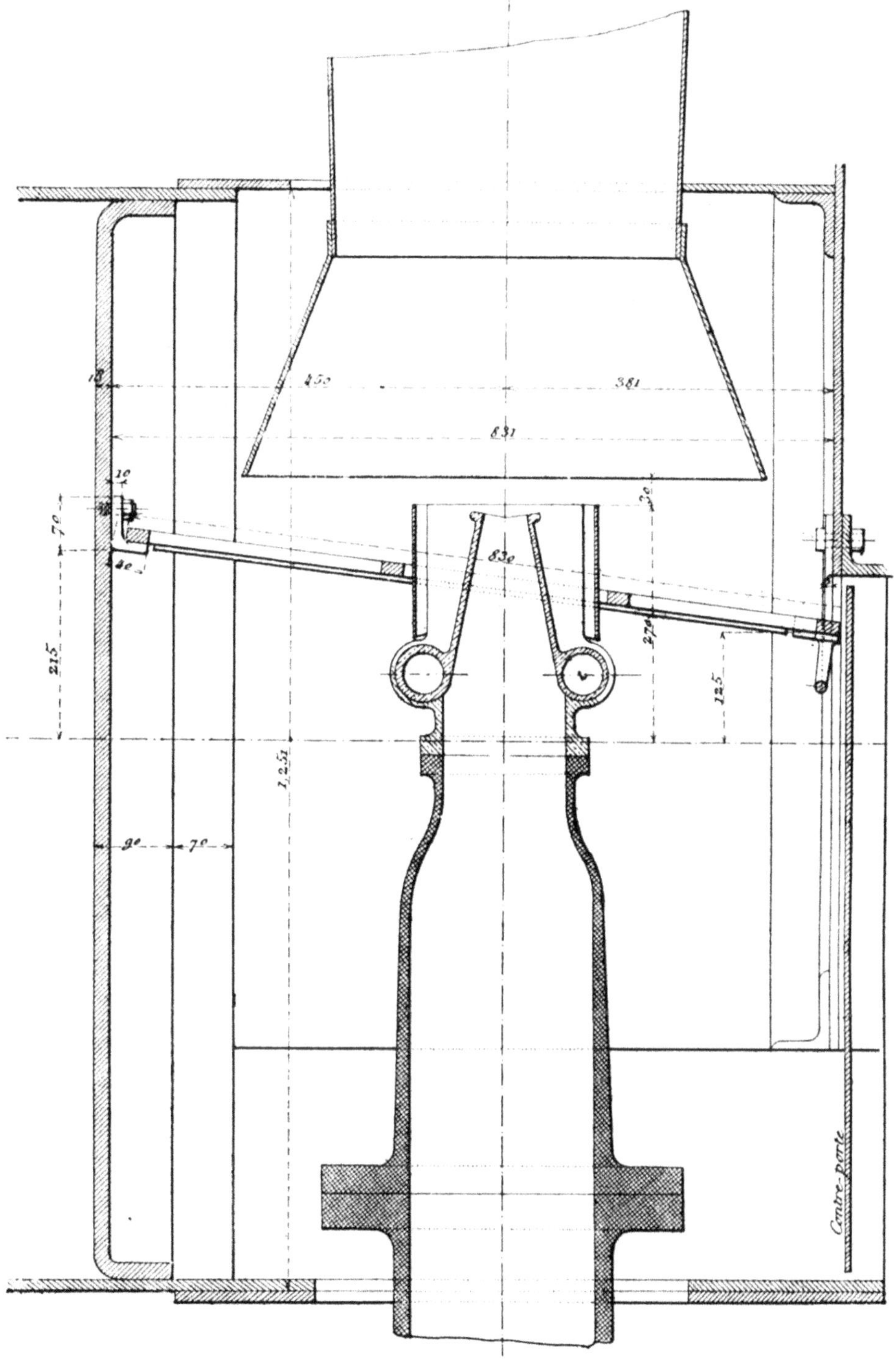

Fig. 773. — Échappement variable, à valves, des locomotives du chemin de fer du Nord, avec grille à flammèches.

réchauffeur tubulaire de l'air qui alimente le foyer. Sur quelques navires munis de ces ventilateurs aspirants, on brûlerait, en marche courante, 125 à 155 kg par m² de grille en une heure, la température des gaz dans le ventilateur étant de 150 à 200°, et celle de l'air chauffé de 100 à 150°.

On mesure le tirage forcé par la différence de pression entre l'atmosphère et l'air du ventilateur.

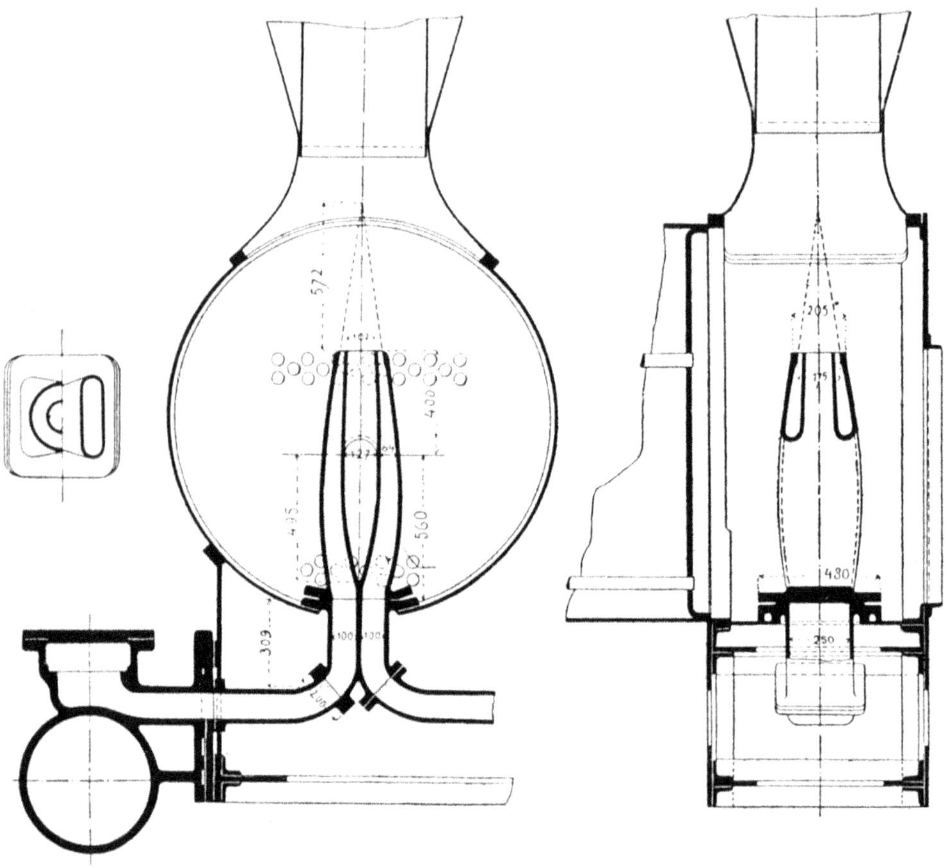

Fig. 774. — Échappement annulaire fixe.

La quantité de charbon brûlée croîtrait à peu près comme la racine carrée de cette différence de pression, si elle n'était légèrement réduite par l'augmentation de l'épaisseur donnée à la couche de combustible sur la grille.

Le tirage forcé entraîne une dépense de puissance motrice ; le travail théorique nécessaire pour comprimer un mètre cube d'air, pris à la température de 27°, depuis la pression d'une atmosphère jusqu'à une pression correspondant à une hauteur de 50 mm d'eau en plus, est de 44 kgm. Si l'on consomme 10 kg d'air pour brûler un kilogramme de houille, et si ce kilogramme de houille produit 270.000 kgm (ou un cheval-heure), la dépense faite pour le tirage serait les 16 dix-millièmes du travail produit, et, en réalité, au moins deux ou trois fois plus forte, à cause des frottements des mécanismes.

Quand le tirage forcé est modéré, la marche des appareils est satisfaisante ; elle est même parfois plus régulière qu'avec le tirage naturel. Mais on éprouve de grandes

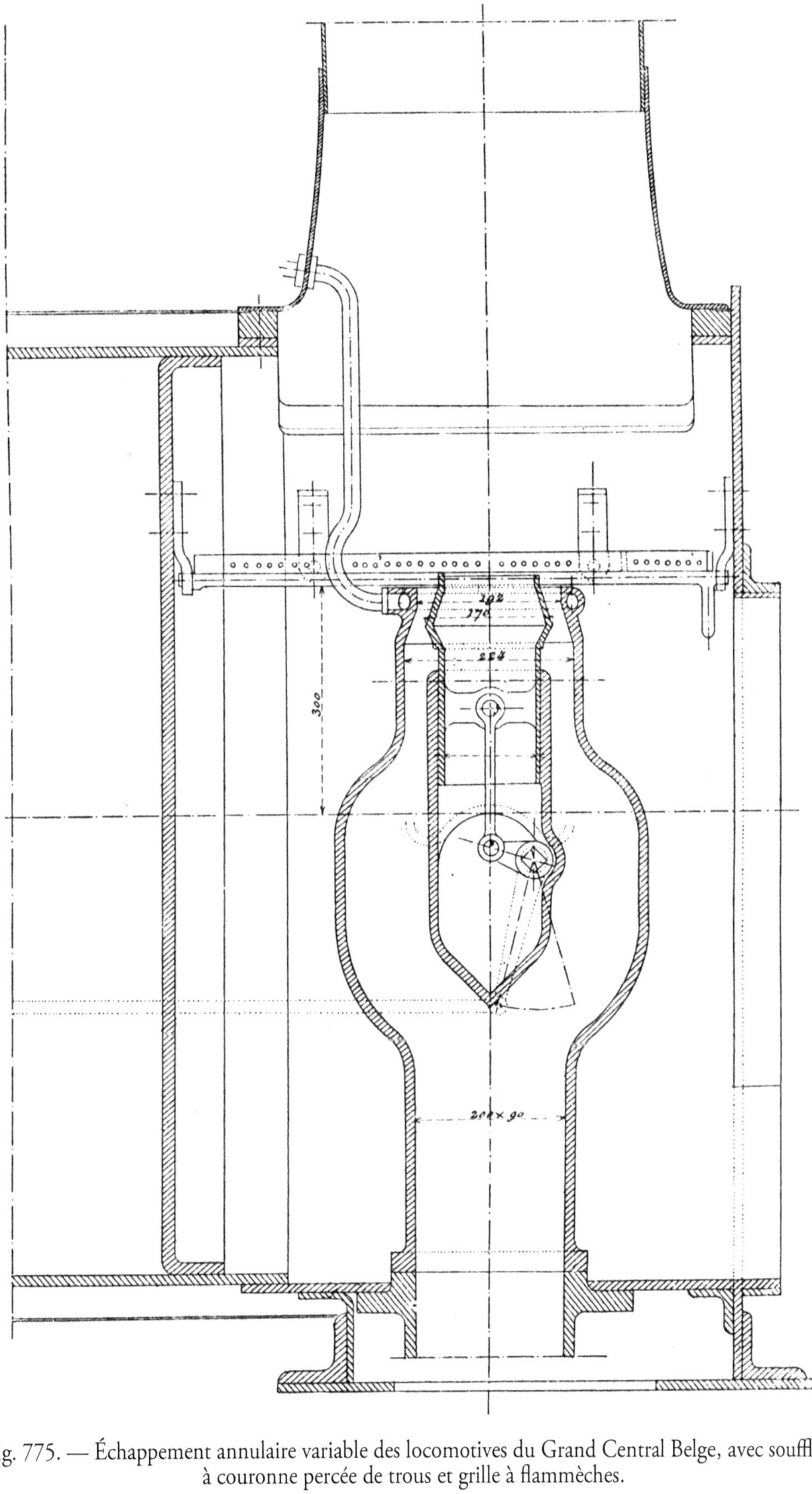

Fig. 775. — Échappement annulaire variable des locomotives du Grand Central Belge, avec souffleur à couronne percée de trous et grille à flammèches.

difficultés quand on veut atteindre des combustions très actives, brûler plus de 300 ou 400 kg de houille par mètre carré et par heure : ces difficultés ne tiennent pas d'ailleurs à l'appareil de combustion, mais à la chaudière, qu'on ne conserve pas en bon état.

L'échappement des locomotives est une application des plus importantes du tirage forcé par jet de vapeur. D'après les études de Zeuner, dans chaque appareil, le poids d'air appelé varie proportionnellement au poids de la vapeur qui s'échappe, de sorte que la combustion de la houille, et par suite la production de la chaudière, augmentent quand la dépense s'accroît. On active encore l'appel d'air en réduisant la section de la tuyère d'échappement.

Malgré ces remarquables études théoriques, c'est généralement d'après des règles empiriques, ou à la suite d'expériences spéciales pour chaque type de chaudière, qu'on dispose les échappements, soit fixes, soit variables : la section de la tuyère d'échappement variable peut être réglée à volonté : l'appel d'air augmente quand on la réduit, mais un échappement trop serré exagère la contre-pression sur les pistons. Un appel trop vif provoque d'ailleurs l'entraînement des combustibles légers.

Les figures 772 à 775 représentent quelques types d'échappement de locomotives.

Quand on ne dispose pas de vapeur d'échappement, les jets de vapeur d'un souffleur peuvent produire l'appel d'air ; cet appareil est fort employé sur les locomotives, où il se compose habituellement d'une couronne percée de trous (fig. 772 et 775). L'usage prolongé du souffleur entraîne une dépense importante de vapeur.

Certains souffleurs de générateurs fixes agissent par insufflation de l'air au-dessus de la grille ; ces jets de vapeur constituent un grand nombre d'appareils fumivores.

103. Combustibles liquides et gazeux.

L'emploi des combustibles est plus facile à l'état liquide ou gazeux qu'à l'état solide, mais c'est surtout sous cette dernière forme qu'ils abondent. Peu de grands gisements de combustibles liquides sont exploités ; les plus importants se trouvent en Pennsylvanie et près du Caucase. Les pétroles ont un pouvoir calorifique élevé : on en sépare par distillation les essences et les huiles d'éclairage, avant de s'en servir comme combustible. Les mazouts du Caucase forment à peu près la moitié du pétrole brut, dont on a retiré les essences et la kérosine qui sert à l'éclairage. La densité du mazout, substance noire et épaisse, est de 0,910 à 0,912. On peut en isoler des huiles de graissage par des distillations, qui laissent finalement des goudrons.

Le pouvoir calorifique du mazout est supérieur à celui des meilleures houilles ; en outre, il ne laisse pas de cendres et la combustion peut en être mieux réglée ; souvent on admet qu'un kilogramme de mazout remplace 1.500 à 1.750 grammes de bonne houille. On brûle ce combustible à l'aide de chalumeaux, où un jet de vapeur l'entraîne et le pulvérise. D'après M. Leproux, on préfère en Russie aux pulvérisateurs à cônes, tels que celui de la figure 776, ceux qui donnent une lame de combustible ; tel est le pulvérisateur Bérezneff (fig. 777), composé de deux boites plates laissant une ouverture sur un côté ; le naphte coule dans la boîte supérieure ; la vapeur débouche dans la boîte inférieure, et s'échappe en nappe qui entraîne le combustible.

Les quantités de naphte et de vapeur doivent être dans une proportion convenable : trop de combustible brûle mal et donne une fumée noire, tandis qu'un excès de vapeur est une dépense inutile. L'appareil de la figure 776 dépense environ $0^{kg},4$ de vapeur pour un kilogramme de naphte. Une chambre de combustion assez grande est nécessaire pour brûler complètement le liquide : la figure 778 représente une chaudière à bouilleurs et à réchauffeurs chauffée au mazout.

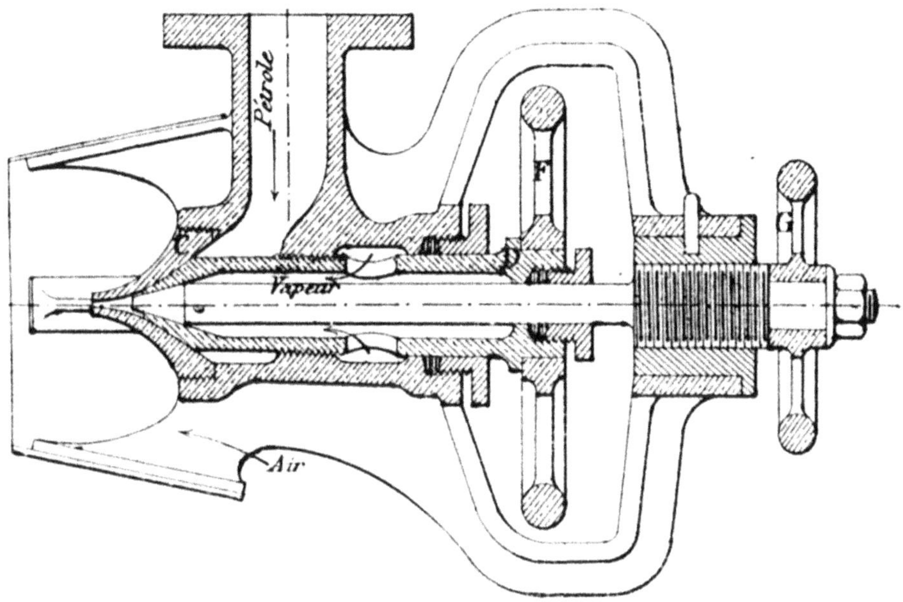

Fig. 776. — Pulvérisateur G. Diétrich.

Le tableau, qui suit, donne les résultats d'essais exécutés avec cette chaudière.

NUMÉRO DE L'ESSAI	I	II	III	IV	V
Durée de l'essai, heures	12	10,5	10,5	7	9
Consommation totale de naphte, kg.	2.193	795,7	1.104	1.183	1.183
Pression moyenne à la chaudière, atm.	4,5	5	4,5	5	4,75
Température moyenne de l'eau injectée	41°	38°	46°6	19°2	20°2
Poids d'eau injectée, kg	29.140	11.122	15.071,4	15.805	16.310
Kilogrammes de vapeur produits en partant de la température d'injection	14,17	14,9	14,7	13,76	14,22
Kilogrammes de vapeur produits en partant de 0° (calculée)	13,28	13,9	13,65	13,36	13,78
Naphte par heure et par mètre carré de surface de chauffe, kg	0,987	1,131	1,569	1,469	1,143
Vapeur par heure et par mètre carré de surface de chauffe, kg	13,1	15,81	21,42	19,63	15,76
Température de l'eau sortant des réchauffeurs	120°	85°	87°3	68°9	64°6
Température des gaz à l'entrée de la cheminée	132°	130°	139°1	90°	80°
Température de l'air ambiant de la batterie	27°	27°	20°	27°	26°8
Dépense de vapeur pour 1 kilogramme de naphte, kg.	»	0,422	0,364	»	»

Le mazout est un combustible des plus convenables pour les locomotives, fort usité en Russie. Quelques applications analogues ont été faites en Angleterre par M. James Holden : deux pulvérisateurs à vapeur (fig. 780) projettent le combustible

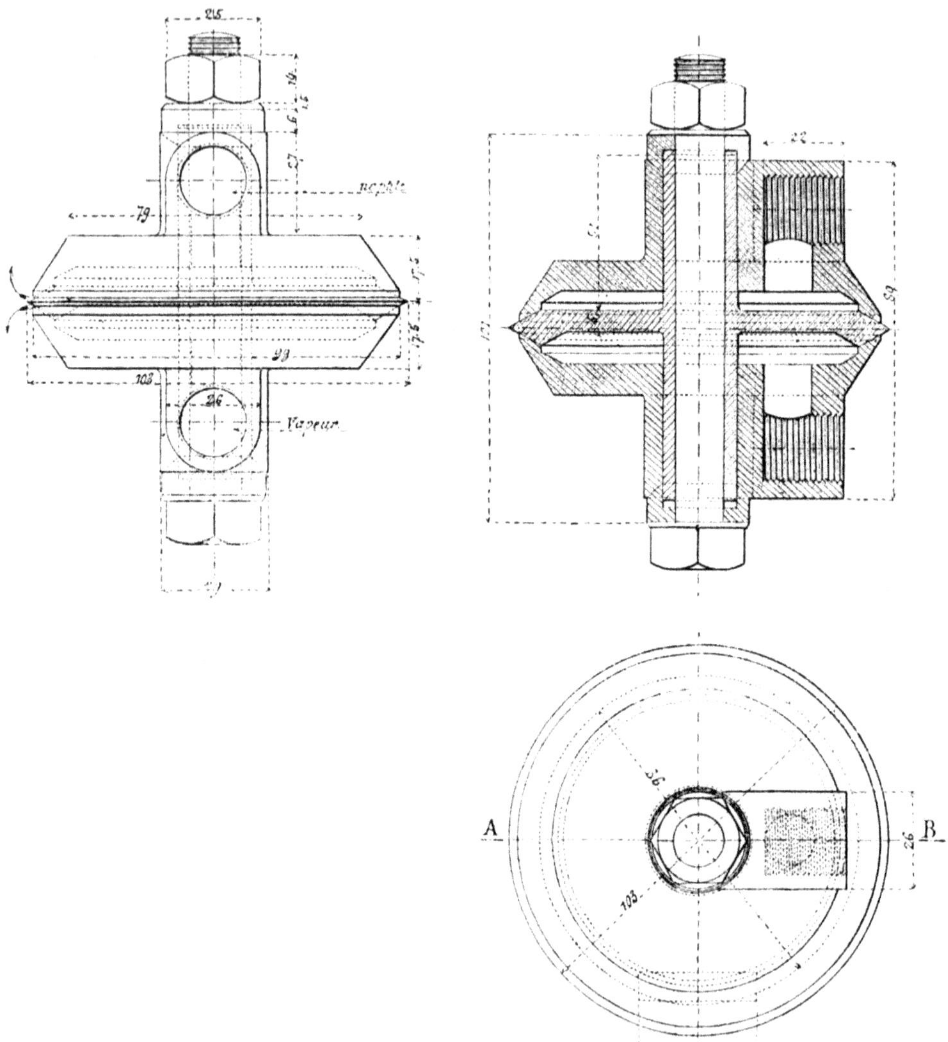

Fig. 777. — Pulvérisateur de naphte, système Béreznef ;
plan , élévation et coupe suivant AB.

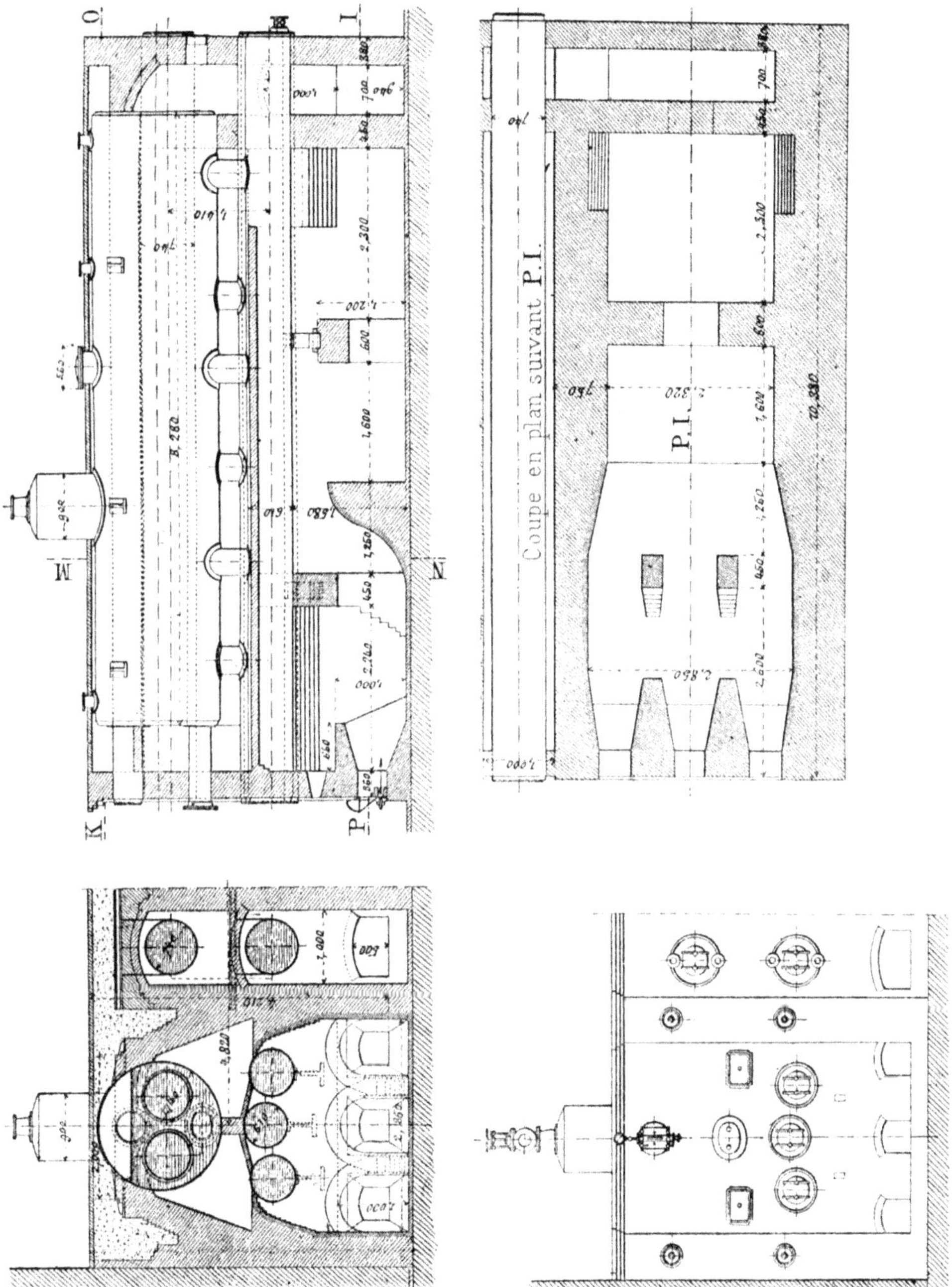

Fig. 778 – Chaudière à trois bouilleurs, avec réchauffeurs latéraux, disposée pour le chauffage par le naphte, au moyen des pulvérisateurs plats Béreznеff (d'après A. Leproux).

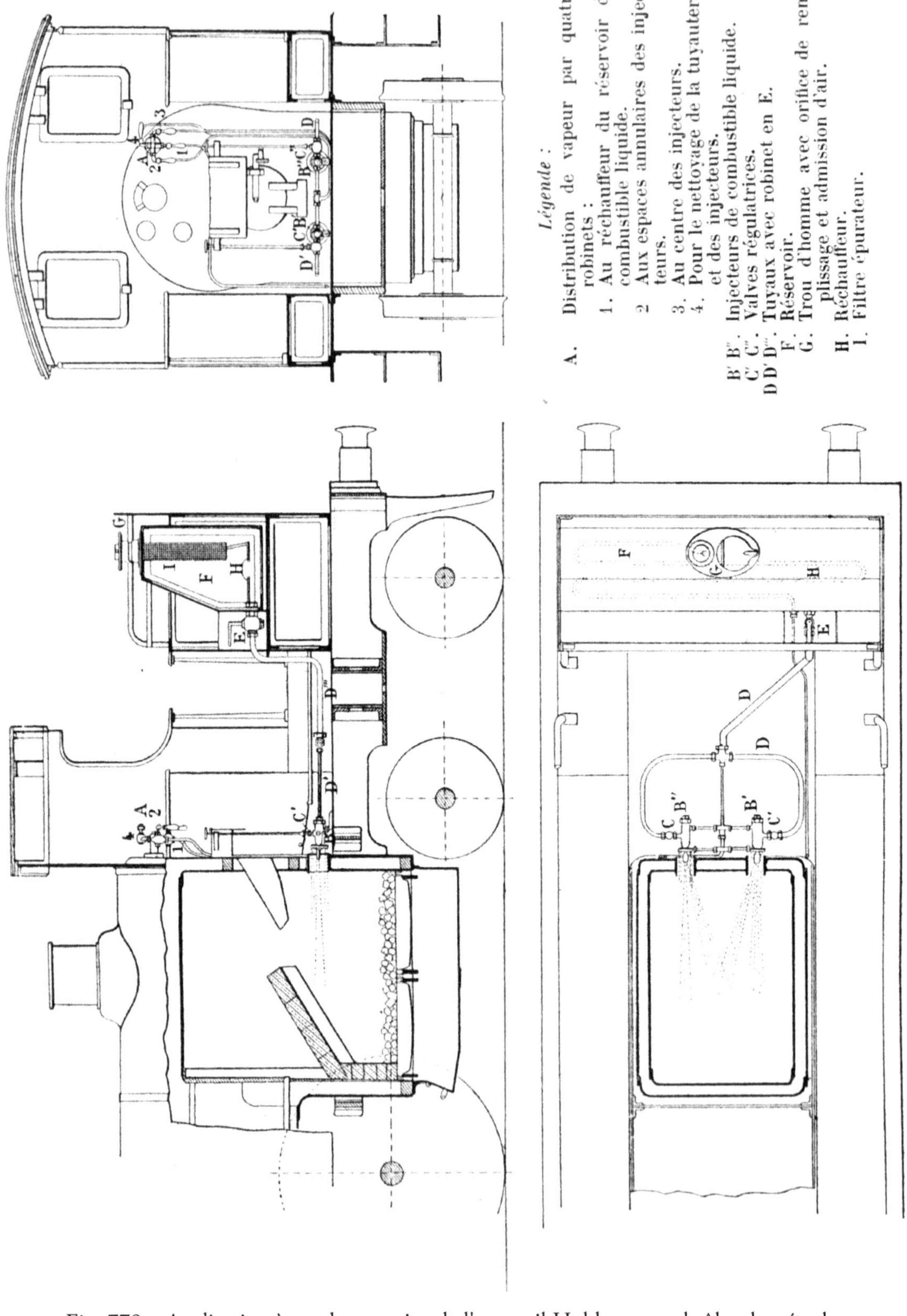

Fig. 779 – Application à une locomotive de l'appareil Holden, pour brûler du pétrole.

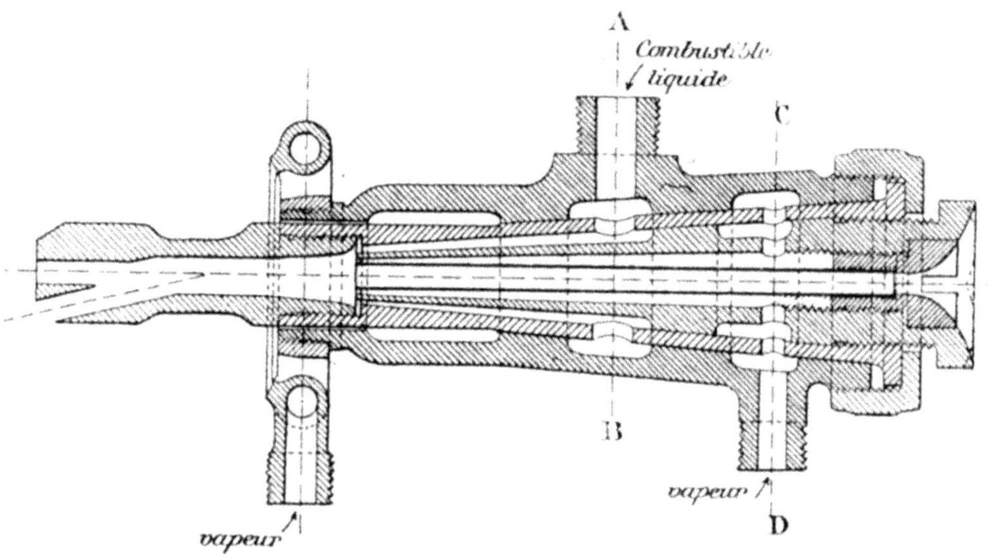

Fig. 780. — Injecteur à pétrole Holden, pour locomotives.

Fig. 781. — Brûleur Shipman.

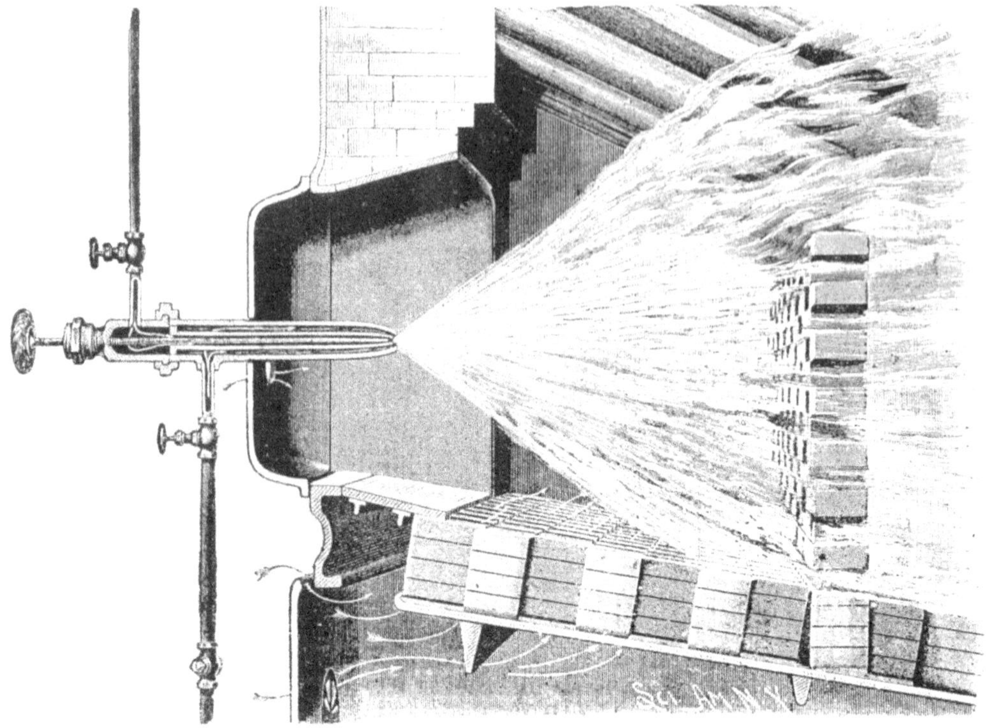

Fig. 782. — Brûleur Burton. Le pétrole arrive par le tube vertical inférieur, autour du tube horizontal, où une aiguille règle l'admission de vapeur. L'air pénètre autour du tube et sous la grille. Un écran en briques protège les tubes contre l'action immédiate de la flamme.

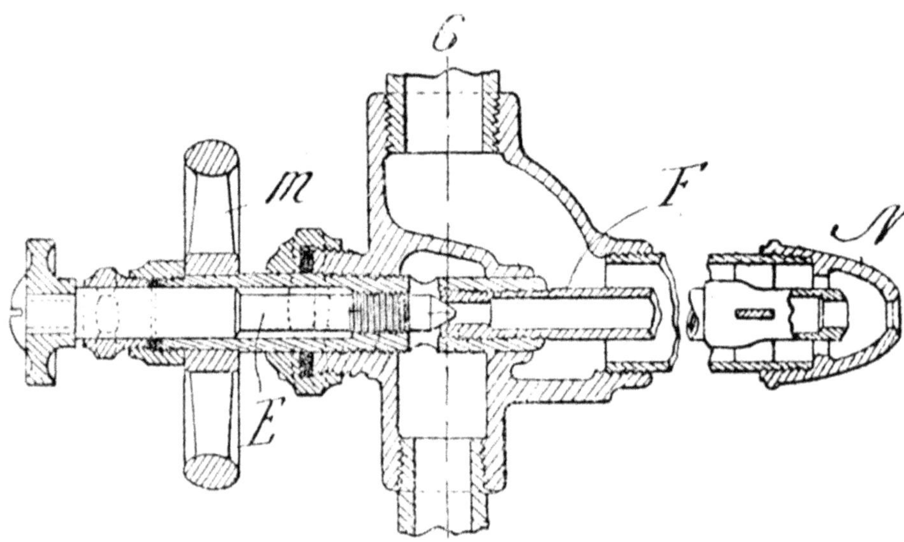

Fig. 783. — Brûleur de l'*Aerated fuel Co.* ; coupe longitudinale. Le pointeau E règle l'arrivée du pétrole ; le volant *m* déplace le tube F et contrôle le passage de l'air en N.

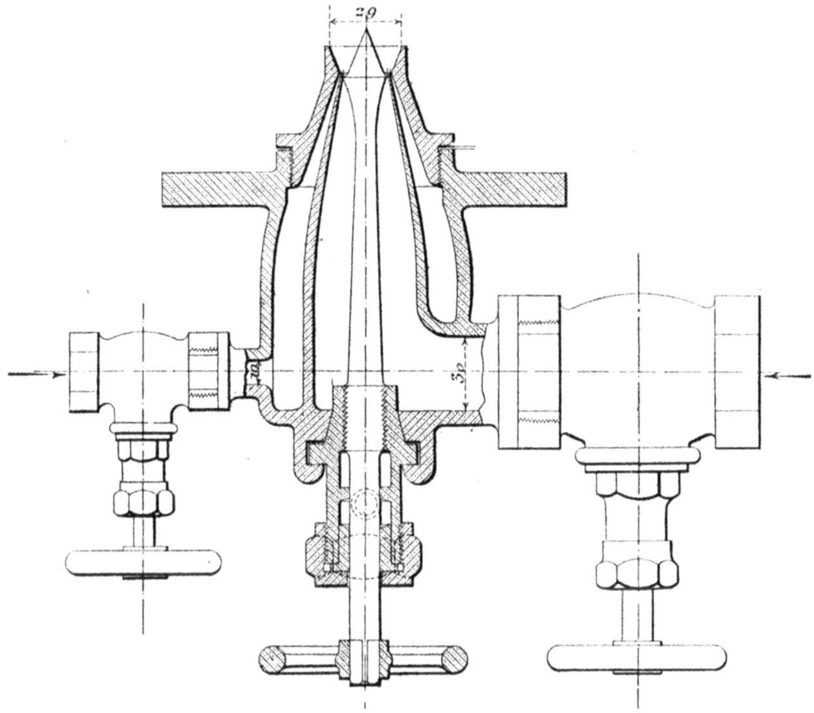

Fig. 784. — Brûleur auxiliaire à pétrole, monté sur une chaudière marine Lagrafel et d'Allest ; le pétrole est entraîné par un jet de vapeur, pénétrant par la tubulure de 10 mm gauche).

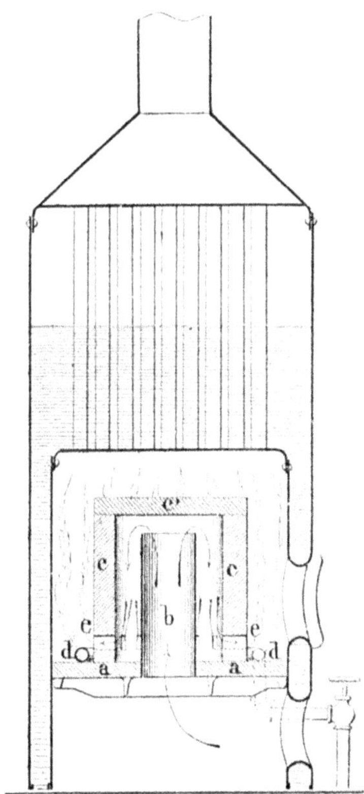

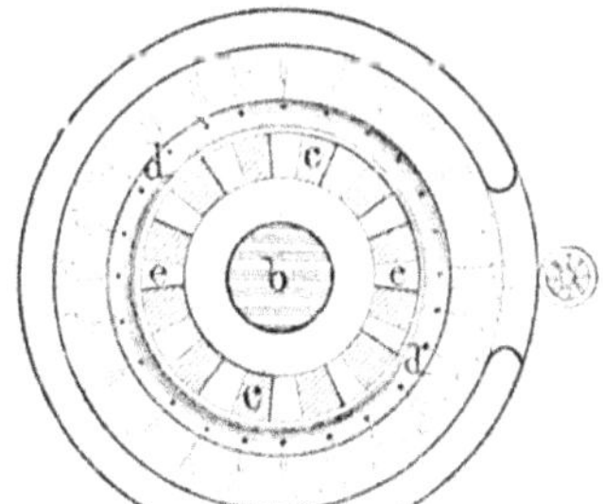

Fig. 785. — Chaudière verticale chauffée au gaz naturel, en Pennsylvanie ; aa , sole réfractaire installée sur la grille ancienne ; dd, tuyau perforé donnant les jets de gaz ; ee, ouvertures pour l'air, pénétrant par le tuyau b et se chauffant dans l'enveloppe ccc'.

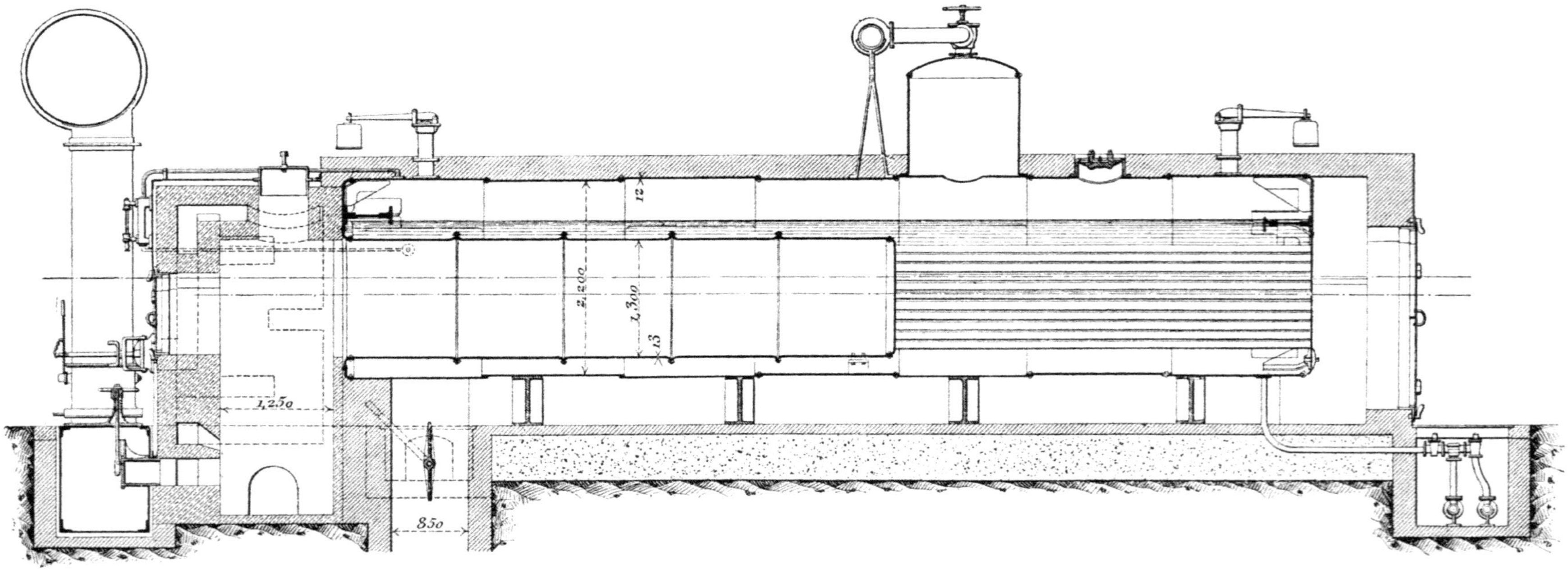

Timbre de la chaudière	5 kg	Nombre de tubes	100
Surface de chauffe : foyer	25^{m^2}	Diamètre intérieur	73^{mm}
tubes, à l'intérieur	103^{m^2}	Epaisseur	$3^{mm},5$
en retour	30^{m^2}	Section des tubes	$0^{m^2},33$
Volume d'eau	$23^{m^3},15$	Section de la cheminée pour 4 chaudières	$2^{m^2},55$
— de vapeur	$7^{m^3},70$		

Fig. 786 – Chaudière tubulaire chauffée au gaz de haut-fourneau, des usines du Creusot ; coupe longitudinale.

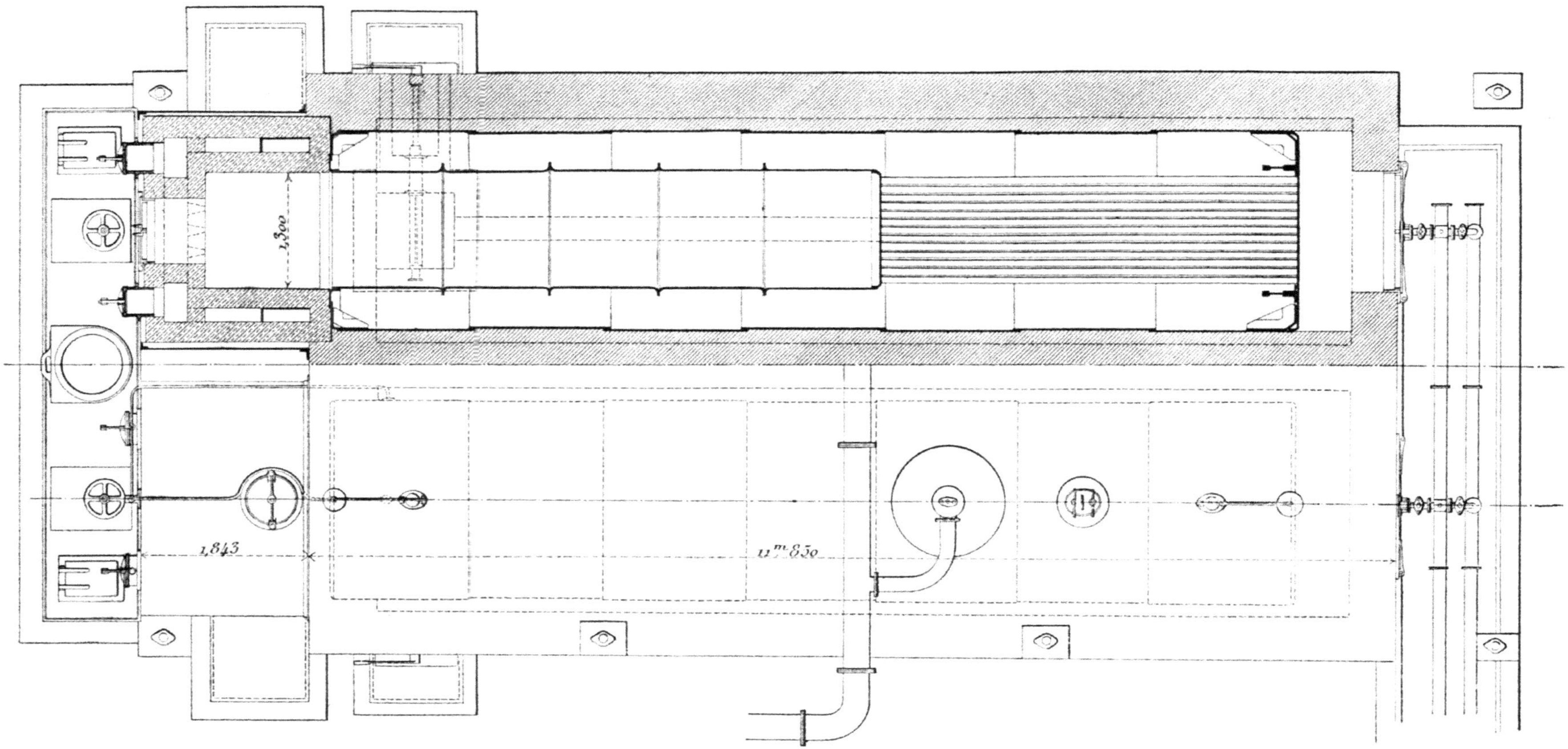

Fig. 787 – Chaudières chauffées au gaz de haut-fourneau, des usines du Creusot ; coupe horizontale et plan.

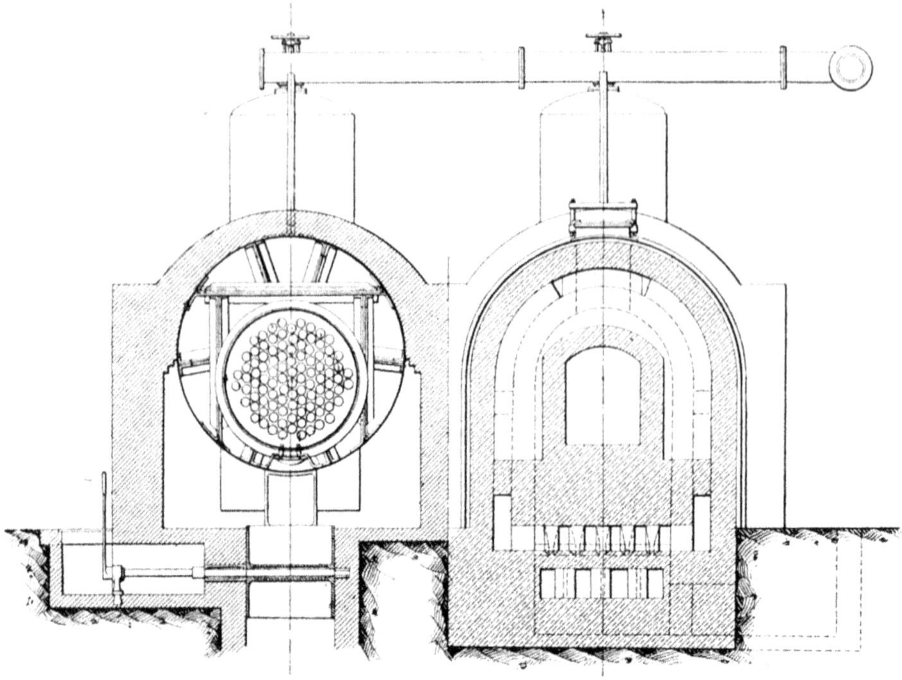

Fig. 788. — Chaudières chauffées au gaz de haut-fourneau, des usines du Creusot ; coupe transversale du foyer et de la chaudière.

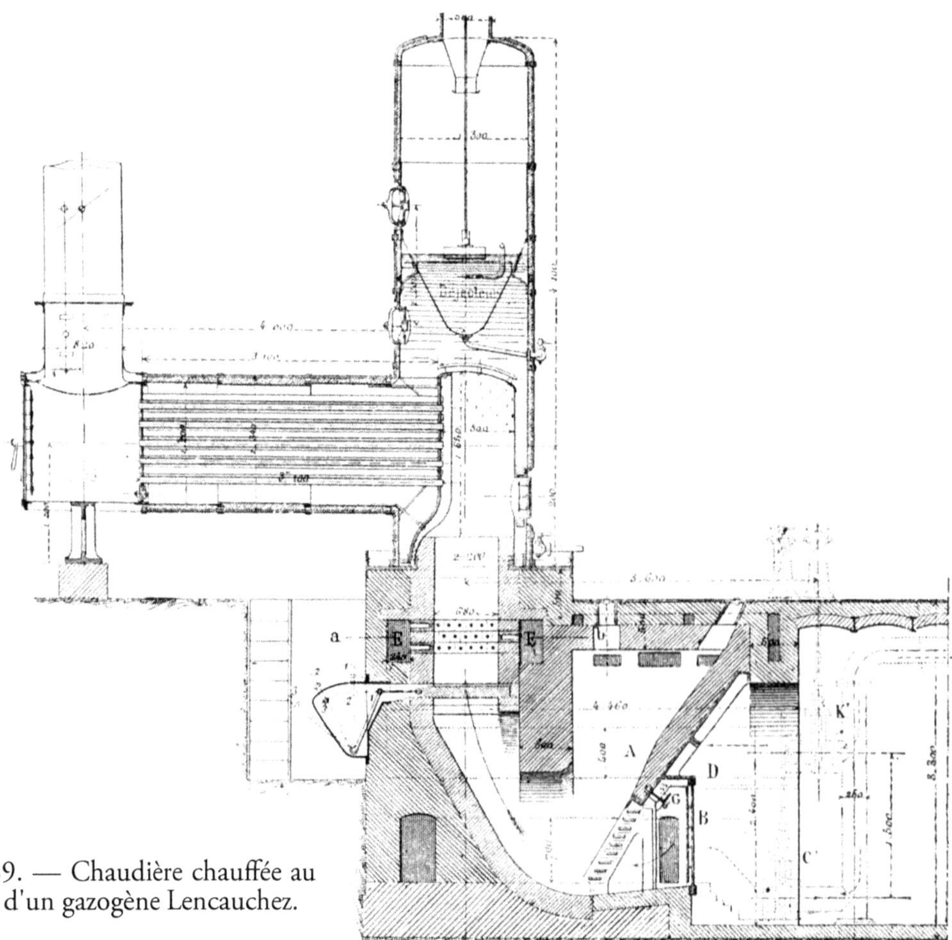

Fig. 789. — Chaudière chauffée au moyen d'un gazogène Lencauchez.

dans un foyer ordinaire de locomotive (fig. 779). Ces appareils brûlent surtout des goudrons d'usines à gaz et les résidus de la distillation des huiles pour la fabrication du gaz riche qui sert à l'éclairage des voitures de chemins de fer. L'appareil Holden a été monté sur quelques locomotives des chemins de fer de l'Ouest français.

Les figures 781 à 783 représentent, d'après G. Richard, les brûleurs de Burton, de Shipman et de l'*Aerated fuel C°* ; ce dernier fonctionne à l'aide d'air comprimé, qui arrive par le tube G ; l'admission de pétrole est réglée par le pointeau E.

Pour la marine, il semble utile de remplacer la vapeur par l'air comprimé, d'un emploi moins simple, afin de ne pas perdre par les brûleurs une quantité assez importante d'eau douce. L'emploi du pétrole sur mer est très commode et permet une réduction du nombre des chauffeurs à bord des grands bâtiments ; mais c'est un combustible cher, sauf en quelques endroits, et il n'est pas très commode de disposer les soutes et les foyers pour servir alternativement à l'emploi de la houille et du pétrole. Cependant un brûleur auxiliaire au pétrole (fig. 784) s'ajoute aisément aux foyers à houille de la marine.

Les gaz combustibles existent naturellement en quelques régions, et accompagnent les gisements de pétrole ; les hauts-fourneaux et les fours à coke, ainsi que les gazogènes, les produisent à l'aide de combustibles solides.

L'emploi du gaz naturel au chauffage des chaudières est assez rare : lors de l'immense production de ce gaz aux environs de Pittsburgh, il y a quelques années, il alimentait les chaudières (fig. 785) aussi bien que les fours métallurgiques et les foyers domestiques.

Bien que les combustibles liquides et gazeux soient très commodes pour le chauffage des chaudières, on ne peut plus considérer cet emploi comme bien justifié en principe d'une manière générale, s'il ne s'agit pas d'utiliser des appareils existants. On peut en effet se servir de ces combustibles d'une manière plus directe et plus efficace en les brûlant dans le cylindre même d'un moteur à pétrole ou à gaz. On doit toutefois reconnaître que la construction de puissants moteurs à gaz ou à pétrole présente encore aujourd'hui de grandes difficultés pratiques.

On voit sur les figures 786 à 788 une chaudière chauffée avec les gaz de haut-fourneau.

La figure 789 représente une chaudière desservie par un foyer gazogène.

104. Transmission de la chaleur à l'eau

Dans le foyer, le combustible dégage de la chaleur rayonnante et des gaz chauds : les calories, ainsi produites, doivent traverser les tôles de la chaudière pour vaporiser l'eau. Celles qui échappent à cette transmission sont emportées dans la cheminée par les gaz ou dissipées au-dehors. Le rayonnement extérieur est entretenu en outre par la chaleur que l'eau reçoit, mais ne conserve pas.

En voulant recueillir la chaleur, il ne faut pas en gêner la production par le refroidissement des gaz avant leur combustion complète : une grande surface de chauffe trop voisine de la grille, et non suivie d'une chambre de combustion, produit cet effet fâcheux, surtout quand on brûle des combustibles riches en matières volatiles.

Pour passer du foyer à l'eau de la chaudière, le flux de chaleur pénètre dans la tôle, la traverse et en sort. Dans cette transmission, les deux faces de la tôle prendront des températures (θ' et θ'') comprises entre celle des gaz chauds, τ, et celle de l'eau, θ_1.

Quand un régime permanent est établi, le nombre des calories qui entrent dans la tôle et qui en sortent en une seconde est le même. On désignera par M ce nombre de calories traversant une surface d'un mètre carré. Pour apprécier cette quantité M, on peut supposer, par extension de la loi de Newton, qu'elle est proportionnelle à l'écart des températures des gaz et de la tôle, τ-θ', et à un coefficient, γ. Ce coefficient est d'ailleurs variable ; il semble dépendre de la vitesse et de la direction du courant gazeux et aussi de l'état de la surface du métal, souvent tapissée de dépôts solides. D'après les lois de la conductibilité, la même quantité de chaleur, M, qui traverse la tôle, est proportionnelle à la différence de la température des deux faces, θ' - θ'', à un coefficient γ', et inversement proportionnelle à l'épaisseur, *e*.

Enfin, à la sortie de la tôle, la quantité de chaleur, M, est égale au produit de l'écart des températures, θ'' - θ_1, par un coefficient γ'', variable avec la vitesse du liquide et l'état de la surface du métal. Algébriquement, ces relations s'écrivent :

$$M = \gamma(\tau - \theta') = \frac{\gamma'}{e}(\theta' - \theta'') = \gamma''(\theta'' - \theta_1).$$

En éliminant, entre ces trois équations, les températures θ' et θ'' de la tôle, on trouve l'expression

$$M = \frac{\tau - \theta_1}{\frac{1}{\gamma} + \frac{e}{\gamma'} + \frac{1}{\gamma''}} = \Gamma(\tau - \theta_1)$$

Γ étant un coefficient unique qui dépend des autres. La figure 790 représente les températures aux divers points du trajet.

Une observation sommaire montre que les températures de la tôle se rapprochent plus de celle de l'eau, θ_1 que de celle du gaz, τ ; cette circonstance est favorable à la

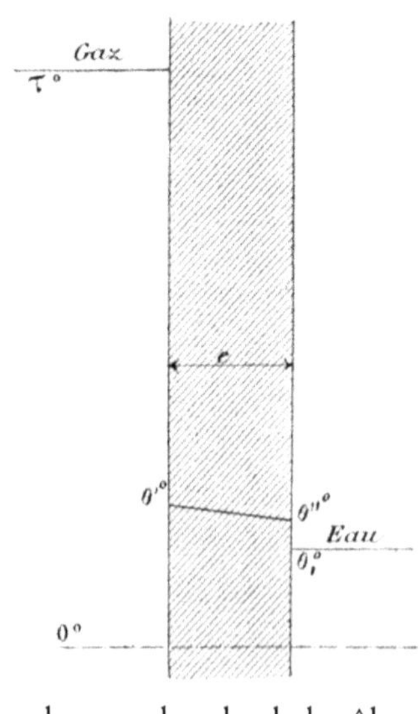

Fig. 790. — Températures des gaz chauds, de la tôle, et de l'eau d'une chaudière.

conservation des chaudières. On peut en conclure que les coefficients γ' et γ'' sont grands à côté de γ, et que ce dernier coefficient a une influence prépondérante sur la quantité de chaleur transmise.

Ser indique les valeurs 0,036 pour γ', la vitesse des gaz étant de 3 à 4 mètres par seconde ; 16,3 pour γ', l'unité d'épaisseur étant le millimètre 0,5 pour γ'', la vitesse de l'eau étant de 10 cm par seconde. Il en résulte qu'avec une épaisseur de 15 mm le coefficient Γ serait égal à 0,0326. On peut donc le confondre avec γ, qui n'est pas déterminé avec précision. Ces coefficients sont établis avec la calorie, la seconde et le mètre carré comme unités.

Si la température des gaz, τ, est de 1000° et celle de l'eau, θ_1 de 200°, on trouve, avec les coefficients donnés un peu plus haut, que les faces d'une tôle épaisse de 15 mm sont chauffées à 276° et 252°. Avec une épaisseur de 40 mm, qui peut exister à l'assemblage des feuilles, on trouverait 310° et 249°.

Certaines causes font varier les coefficients γ et γ" de transmission de la chaleur. Un dépôt de suie réduit beaucoup γ, c'est-à-dire la quantité de chaleur cédée à la tôle : il importe, pour bien utiliser le combustible, de ne pas laisser subsister de tels dépôts.

D'autre part, le coefficient y" est diminué par les dépôts solides ou graisseux qui séparent la tôle et l'eau : non seulement la transmission de chaleur est alors réduite, mais les tôles peuvent souffrir, parce qu'elles sont portées à une température plus élevée. Le même effet se produit, et d'une manière plus grave, si la tôle cesse d'être baignée par l'eau et se trouve en contact avec la vapeur : le coefficient de transmission de la chaleur s'abaisse beaucoup ; il devient à peu près le même qu'entre les gaz et la tôle. Le métal prend alors une température moyenne entre celle des gaz et de la vapeur : il risque d'être chauffé jusqu'au rouge et la résistance en est fort diminuée.

On constate encore un effet défavorable si l'eau n'accède pas facilement dans les parties de la chaudière où la vaporisation est active : la tôle n'est plus constamment en contact avec l'eau, mais souvent avec les bulles de vapeur. Cet inconvénient n'existe pas quand la circulation de l'eau est active, mais il n'est pas toujours facile de réaliser une bonne circulation : bien des chaudières sont défectueuses sous ce rapport. Cette circonstance explique les avaries qui se produisent quand on veut forcer la production de vapeur au-delà d'un certain chiffre. Lorsque l'eau recouvre constamment la tôle, au contraire, le métal peut supporter, sans souffrir, le feu le plus vif : on a ainsi dépassé, dans des expériences, les vaporisations les plus rapides que puissent donner les chaudières, et atteint le chiffre de 430 kg d'eau vaporisée (sous la pression de l'atmosphère) par mètre carré et par heure, sans altération de la tôle (expériences de M. Witz, rapportées par M. Bellens).

Quant au coefficient (γ' / *e)*, qui dépend de la nature et de l'épaisseur du métal, il n'a qu'une influence négligeable sur la quantité de chaleur transmise. Mais, à considérer la conservation des appareils, le métal le plus conducteur et le plus mince est le meilleur, parce qu'il prend une moindre température sur sa face chauffée. C'est ainsi qu'à égalité d'épaisseur le cuivre vaut mieux que l'acier pour les foyers de locomotives ; quand on emploie l'acier, comme on le fait aux États-Unis, la tôle doit être aussi mince que possible. Les plaques tubulaires des foyers sont souvent fort épaisses, et cette grande épaisseur, qui ne paraît pas augmenter la tenue des tubes, est sans doute une des causes des avaries assez fréquentes de ces plaques.

Dans les calculs qui précèdent, on a tenu compte seulement de la chaleur transmise par convection ; certaines parties des chaudières reçoivent en outre la chaleur rayonnée par le foyer : ces parties forment la surface de chauffe directe, le reste, qui n'est chauffé que par les gaz, portant le nom de surface indirecte. La production de la surface de chauffe directe, soumise au rayonnement et en contact avec les gaz les plus chauds, est naturellement supérieure à la production d'une même étendue de la portion la plus active de la surface indirecte. Mais il ne semble guère y avoir avantage, en ce qui touche la transmission de la chaleur, à augmenter la surface directe aux dépens de la surface indirecte. En effet, si toute la chaleur rayonnante est absorbée, peu importe l'étendue de la surface directe qui l'absorbe : en augmentant cette surface, on réduit seulement la part prise par chaque mètre carré. Si une portion de la chaleur rayonnante est réfléchie par la tôle, elle s'incorpore aux gaz de la combustion, qui pénètrent un peu plus chauds sur la surface indirecte. On doit remarquer toutefois qu'une grande surface directe est généralement avantageuse en formant une grande chambre de combustion.

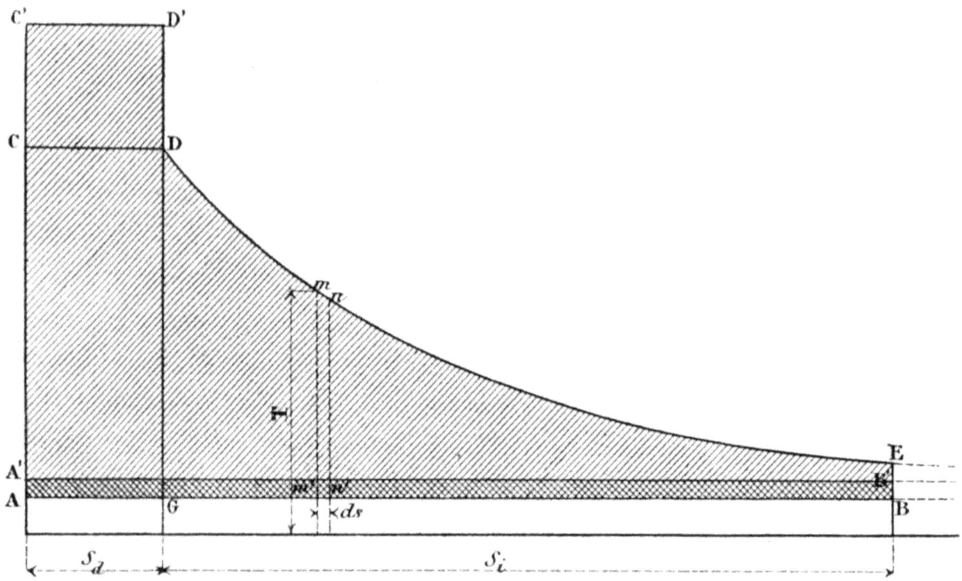

Fig. 791. — Représentation des quantités de chaleur cédées aux diverses parties de la surface de chauffe d'une chaudière.

L'expérience des locomotives, dont le foyer a été supprimé (fig. 761 à 763), confirme cette opinion : cette suppression n'a pas réduit l'utilisation du combustible. Par exemple, la chaudière de M. Almgren avait les dimensions suivantes, comparées à celles de l'ancienne chaudière équivalente qu'elle avait remplacée.

	Ancienne chaudière.		Nouvelle chaudière.	
Nombre de tubes	150	150		
Longueur des tubes	3.083	mm	3.450	mm
Diamètre intérieur des tubes	46	—	46	—
Surface de chauffe du foyer	6,66	m²	2,20	m²
— — dans les tubes	66,75	—	74,77	—
— — totale	73,41	—	76,97	—
— de la grille	1,27	—	1,27	—

Les résultats des expériences sur les deux appareils sont résumés ci-dessous.

La représentation graphique (fig. 791) des quantités de chaleur, transmises aux diverses parties de la surface d'une chaudière, en montre clairement l'activité fort inégale. Les surfaces sont portées en abscisses ; en figurant par des ordonnées

Dépression dans la boîte à fumée (manomètre à eau)	Quantité d'eau vaporisée, en litres par heure, sous la pression effective de 4 kg par cm²		Charbon brûlé en kilogrammes par heure		Poids d'eau vaporisé par kilogramme de charbon, en kg		Température des gaz combustibles dans la boîte à fumée	
	Chaudière ancienne	Chaudière nouvelle	Chaudière ancienne	Chaudière nouvelle	Chaudière ancienne	Chaudière nouvelle	Chaudière ancienne	Chaudière nouvelle
15 mm	1,400	1,530	187	208	7,49	7,35	310	310
25 »	1,760	1,920	248	266	7,10	7,22	350	320
35 »	2,420	2,440	342	337	7,08	7,24	420	350
50 »	2,900	2,970	408	409	7,10	7,26	470	430

les températures de l'eau et des gaz, on trace les lignes AB et CDE, et la surface comprise entre ces deux lignes représente, à une échelle déterminée, la quantité de chaleur cédée à l'eau pendant une seconde. En effet, sur une surface infinitésimale, *ds* ou *m'n'*, la quantité de chaleur est proportionnelle à l'écart des températures, ou *mm'*, et à la surface ds, c'est-à-dire à la bande *mnn'm'*. Q étant le débit en poids des gaz chauds par seconde, et *c'* leur coefficient de chaleur spécifique sous pression constante, en exprimant que la quantité de chaleur cédée par les gaz est reçue par l'eau, on écrit l'équation différentielle :

$$-Qc'd\tau = \Gamma(\tau - \theta_1)ds$$

qui, intégrée pour toute la surface indirecte, S_i figurée par GB, donne la relation :

$$\mathcal{L}\frac{\tau_1 - \theta_1}{\tau_2 - \theta_1} = \frac{\Gamma}{Qc'}S_i$$

τ_1, et τ_2 étant les températures des gaz au début et à la sortie de la chaudière, et $\mathcal{L}$ désignant le logarithme naturel.

Ce calcul suppose que le coefficient *c'* conserve une valeur constante entre les températures τ_1 et τ_2 tandis qu'en réalité il décroît. On pourrait tenir compte de cette décroissance ; il est vrai que le peu de précision du coefficient Γ réduit l'intérêt d'une recherche minutieuse de l'exactitude dans les calculs.

Sur la surface de chauffe directe, S_d ou AG, la température des gaz, entretenue par la combustion, reste à peu près constante. Cette surface absorbe en outre une quantité de chaleur rayonnante représentée par C'D'DC.

Si on prolongeait indéfiniment la surface de la chaudière, la courbe DE approcherait de plus en plus de la droite AB sans la rencontrer : en allongeant la surface de chauffe, le nombre des calories recueillies sur chaque mètre carré diminue de plus en plus. En outre, la chaudière perd par rayonnement de la chaleur à l'extérieur ; si la surface extérieure est proportionnelle à la surface de chauffe, la quantité de chaleur ainsi perdue peut être représentée par une bande comprise entre les parallèles A'B' et AB. La limite supérieure admissible pour la surface de chauffe serait alors donnée par l'intersection de la droite A'B' et de la courbe DE.

On peut abaisser la température finale des gaz en les faisant circuler autour d'un réchauffeur, qui reçoit l'eau froide à la température θ_2. L'eau doit circuler en sens inverse des gaz chauds et s'échauffer progressivement jusqu'à la température de vaporisation, θ_1. Si Q' est le débit de l'eau par seconde, Q étant celui des gaz, la quantité de chaleur, - $Qc'd\tau$, cédée par le gaz, échauffe l'eau de $d\theta$: on peut écrire l'équation :

$$-Qc'd\tau = Q'd^{\theta}$$

On a en outre, comme précédemment, la relation :

$$Q'd^{\theta} = \Gamma(\tau - \theta)ds$$

On élimine aisément τ entre ces deux équations différentielles : sur le tracé graphique, les courbes des températures sont représentées par AHI et CDJK (fig. 792). Ces courbes indiquent la distribution de la surface de chauffe directe, de la surface indirecte, et de la surface du réchauffeur, qui amène l'eau de la température θ_2 à la température de vaporisation, θ_1.

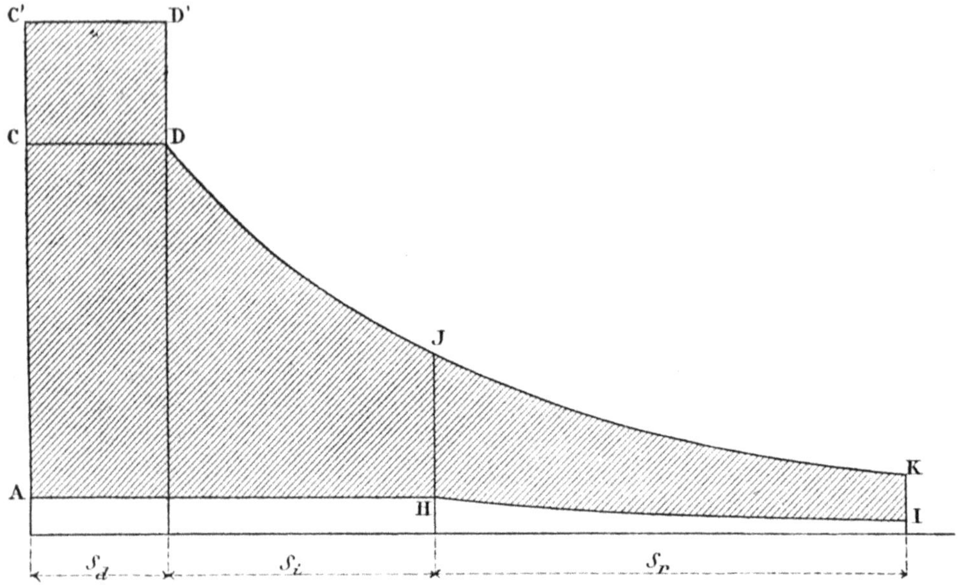

Fig. 792. — Transmission de la chaleur sur la surface de chauffe directe (Si), sur la surface indirecte (S_i) et sur celle d'un réchauffeur (S_r).

Souvent la surface de la chaudière proprement dite, où l'eau est maintenue à la température de vaporisation, est trop grande par rapport au réchauffeur, de sorte que le réchauffeur ne porte pas l'eau à une température assez élevée.

En chauffant l'eau méthodiquement, on peut abaisser la température des gaz depuis τ_1 jusqu'à τ'_2 (fig. 793), tandis que l'eau s'échauffe de θ_o ou de θ_2 à θ_1 (suivant que l'alimentation se fait à l'eau froide ou à l'eau du condenseur), puis se vaporise. Avec la chaudière sans chauffage méthodique, entretenue à la température uniforme θ_1, les gaz ne sont refroidis que jusqu'à une température τ_2 supérieure à θ_1.

Quelquefois on utilise autrement la chaleur des gaz à la sortie de la chaudière, en échauffant au préalable l'air destiné à la combustion (fig. 771): on fait ainsi rentrer dans le foyer des calories qui seraient perdues. Cette disposition permet de réduire la surface de chauffe de la chaudière par la suppression de ses parties les moins actives ; mais des faisceaux de tubes, ou des bandes de tôle, ou des conduits en briques, sont nécessaires pour chauffer l'air ; la surface métallique doit être plus grande que lorsqu'elle est baignée par l'eau, pour restituer le même nombre de calories. Par contre, cette surface de chauffe de l'air n'a pas à résister à la pression et peut être formée de tôles minces.

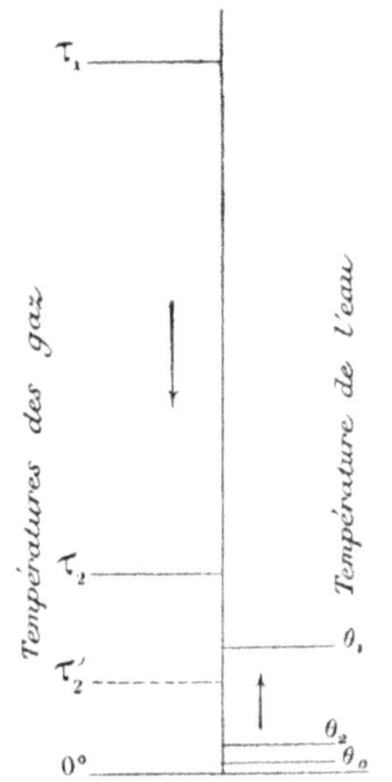

Fig. 193. — Diagramme des températures de l'eau et des gaz, sans réchauffeur (τ_1 à τ_2), et avec réchauffeur (τ_1 à τ'_2).

Les théories, qui viennent d'être exposées, supposent que toute la masse des gaz chauds circule effectivement le long de la surface de chauffe. Si les carneaux sont larges, des filets gazeux peuvent échapper en partie au contact réfrigérant des tôles. Parfois de courts circuits s'établissent dans les carneaux et emportent à la cheminée des gaz non refroidis. Enfin les fissures de la maçonnerie permettent des rentrées d'air, qui vient se mélanger aux gaz chauds, et augmentent le nombre des calories rejetées dans la cheminée. Cet effet a été indiqué au § 100.

105. Effet des quantités d'eau et de vapeur.

Avec la même surface de chauffe, la capacité d'une chaudière varie beaucoup suivant les formes adoptées. Si la dépense de vapeur est uniforme, ainsi que l'arrivée de l'eau d'alimentation qui la remplace, et si le feu est très régulièrement conduit, la quantité d'eau contenue clans la chaudière est indifférente : la transmission de la chaleur se fait toujours de même.

Mais si la quantité de vapeur dépensée varie d'un instant à l'autre, la présence d'une grande masse d'eau chaude dans la chaudière réduit les variations de pression qui en résultent ; l'effet d'une augmentation momentanée dans la dépense de vapeur se trouve en partie compensé par les calories que dégage la masse d'eau en se refroidissant.

Mais c'est surtout la suppression de l'alimentation qui augmente momentanément la puissance de vaporisation d'une chaudière, lorsque le niveau de l'eau peut varier entre des limites assez éloignées. Toute la chaleur qui pénètre dans le générateur sert alors à vaporiser l'eau et n'a plus à la chauffer au préalable jusqu'à la température de vaporisation.

Une grande masse d'eau corrige de même les irrégularités de la production de chaleur dans le foyer. D'autre part, elle rend plus lente la mise en pression. Elle augmente la puissance destructive d'une explosion.

Il importe que toute l'eau que contient la chaudière soit portée à la même température (abstraction faite, bien entendu, des réchauffeurs) : l'eau peut rester relativement froide dans les parties inférieures ; par suite de sa densité plus forte, l'eau d'alimentation a tendance à descendre dans ces parties inférieures. Cet effet se produit surtout dans les générateurs à foyers intérieurs, notamment dans les grandes chaudières marines cylindriques.

Plusieurs appareils ont été disposés afin de faire circuler l'eau dans les chaudières : *l'hydrokineter* est une sorte d'injecteur, alimenté par la vapeur d'une chaudière auxiliaire : il aspire l'eau dans une partie du générateur et la refoule dans une autre partie. L'émulseur Dubiau (fig. 794 et 795) consiste en une cloche où s'accumule la vapeur et où plongent des tubes de petit diamètre, dont l'extrémité est coupée en sifflet. Lorsque le niveau de l'eau s'abaisse jusqu'à l'ouverture oblique des tubes, ils laissent passer alternativement des bulles de vapeur et de l'eau, qui forment un courant continu, à cause de la densité réduite de l'espèce d'émulsion formée par l'eau et la vapeur.

L'espace occupé par la vapeur dans le générateur ne doit pas être trop petit, afin que l'eau ne soit pas entraînée ; il importe surtout que la vapeur soit prise à une hauteur suffisante au-dessus de la surface de l'eau et que cette surface ait une étendue suffisante.

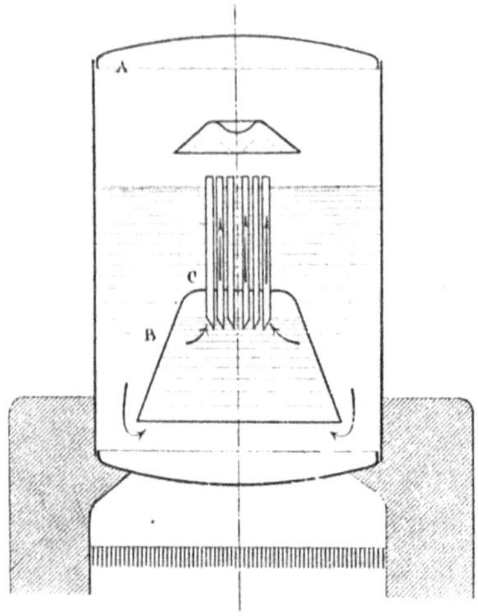

Fig. 794 – Émulseur Dubiau.

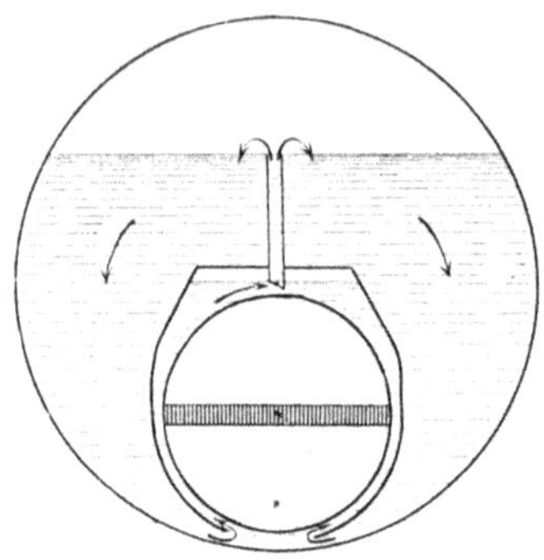

Fig. 795 – Émulseur Dubiau, dans une chaudière à foyer intérieur..

La vapeur se produit à la surface même du liquide, et, dans l'intérieur de la masse de l'eau, au contact des parois, en bulles qui montent à la surface. Pour qu'une chaudière fonctionne bien, il faut que ces bulles se dégagent aisément et soient immédiatement remplacées par de nouvelles quantités d'eau. Une circulation active assure l'arrivée continue de l'eau sur les surfaces de chauffe ; bien des chaudières laissent à désirer sous ce rapport. Les descriptions des divers types de générateurs, dans les paragraphes qui suivent, contiennent quelques indications à ce sujet.

106. Chaudières sans foyer.

Suivant la capacité des chaudières, l'alimentation devra être continue ou pourra être intermittente : elle est complètement suspendue dans la chaudière sans foyer de Francq, dont l'eau, chauffée au préalable jusqu'à 200° environ, se vaporise partiellement en se refroidissant. La tension de la vapeur produite diminue constamment : au début, lorsqu'elle est très forte, on la réduit à l'aide d'un détendeur D (fig. 796). Après cette détente, la vapeur peut se surchauffer dans des tuyaux E, plongés dans l'eau de la chaudière. Le chauffage préalable de l'eau se fait à l'aide de vapeur empruntée à des générateurs fixes, vapeur qui pénètre par les trous du tuyau B. Un raccord mobile s'installe à cet effet sur le tuyau *a*.

Les chaudières sans foyer sont employées principalement pour des locomotives de tramway. Sur la figure 796, on voit en G un condenseur tubulaire à air, destiné à éviter ou à réduire l'échappement de vapeur. Ces chaudières ont été également appliquées à des remorqueurs pour le service de canaux en tunnel.

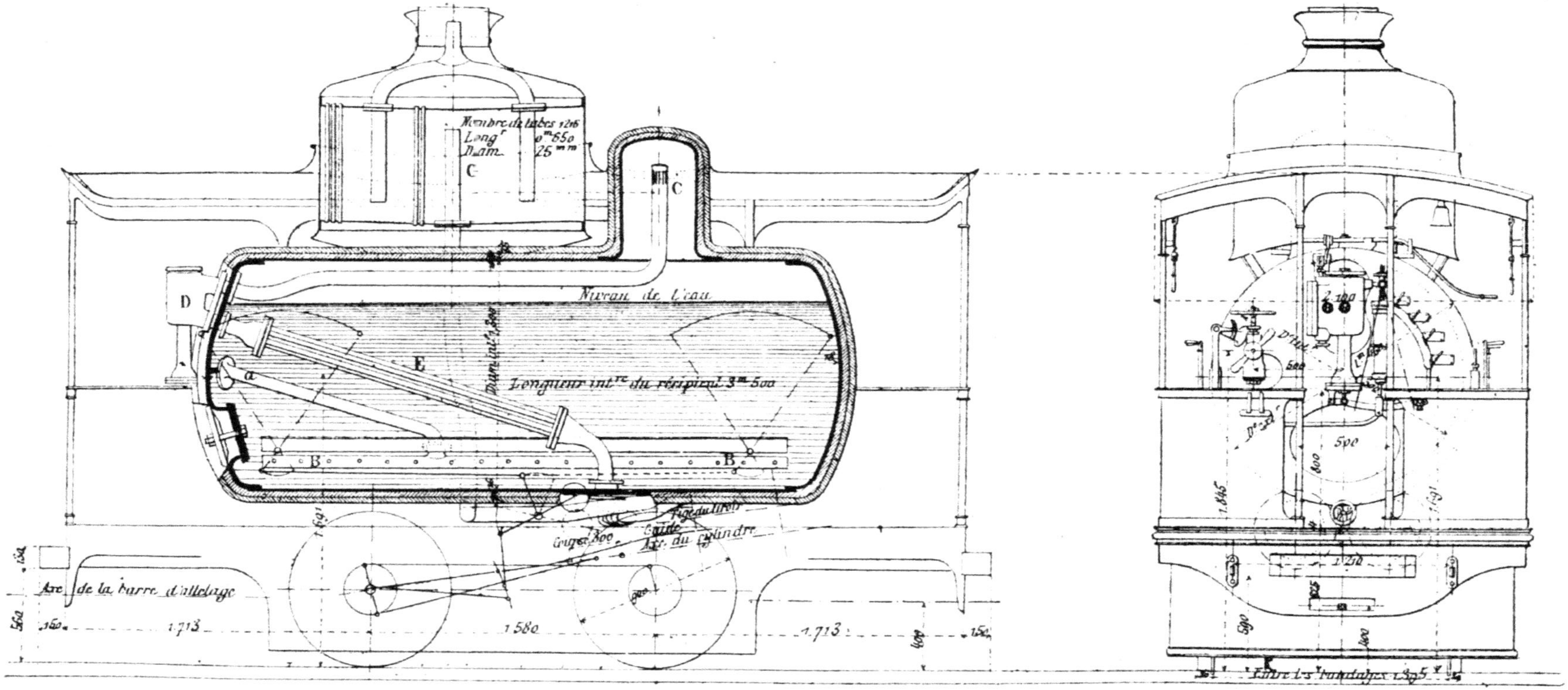

Fig. 796 – Locomotive de tramway à chaudière sans foyer.

Pour calculer la proportion d'eau qui peut se vaporiser dans une chaudière sans foyer, il suffit d'écrire l'égalité de la quantité de chaleur abandonnée par toute la masse d'eau, qui se refroidit légèrement, et de celle qu'exige la formation d'une petite quantité de vapeur. Un kilogramme d'eau prise à la température initiale θ_1, se trouve réduit, dans l'instant considéré, au poids y et à la température θ ; la température de ce poids y varie d'une quantité $d\theta$, et en même temps se dégage le poids dy de vapeur. q étant la chaleur du liquide et r la chaleur de vaporisation, l'eau abandonne ydq, ou, approximativement, yd^θ calories, et :

$$yd\theta = rdy.$$

D'après les formules de Regnault, r est égal approximativement à $606{,}5 - 0{,}695^\theta$, en négligeant, pour la simplicité des écritures, les termes en θ^2 et en θ^3. On obtient ainsi la relation :

$$yd\theta = (606{,}5 - 0{,}695^\theta)\ dy \quad \text{ou}$$

$$d\theta\ /\ (606{,}5 - 0{,}695^\theta) = dy\ /\ y$$

L'intégration, depuis la température initiale θ_1 jusqu'à la température finale θ_2, à laquelle on arrête le fonctionnement de la chaudière, donne pour logarithme naturel, $\mathcal{L}y_2$ du poids d'eau restant y_2 :

$$\mathcal{L}y_2 = 1{,}44\mathcal{L}\,[(606{,}5 - 0{,}695\theta_1)\ /\ (606{,}5 - 0{,}695\theta_2)]$$

On trouve ainsi qu'en se refroidissant de 200° à 150°, 1.000 kg d'eau dégagent environ 100 kg de vapeur, et 130 kg en se refroidissant jusqu'à 130°. La fraction vaporisée est donc assez faible.

Une autre solution curieuse du problème de la locomotive sans foyer est celle d'Honigmann, essayée sur des tramways et même sur un chemin de fer ordinaire. Une chaudière, renfermant de l'eau chaude sous pression, est placée dans une autre chaudière, contenant une dissolution concentrée de soude ; un faisceau de tubes augmente la surface de contact des deux chaudières. La tension de vapeur de la dissolution de soude est bien moindre que celle de l'eau ; ainsi une dissolution à 20 p. 100 d'eau, sous la pression atmosphérique, bout à 220°. Il en résulte que cette dissolution peut absorber la vapeur d'échappement d'une machine, sans que la contre-pression à l'échappement s'élève au-dessus de celle de l'atmosphère ; la dissolution s'échauffe par suite de l'absorption de la vapeur et de l'hydratation de la soude, et cède sa chaleur à la chaudière qui alimente la machine. À mesure que la vapeur d'échappement est absorbée, le point d'ébullition de la dissolution caustique s'abaisse, mais reste toujours plus élevé que celui de l'eau. Comme la chaudière à soude est complètement close, la contre-pression sur les pistons finit par dépasser celle de l'atmosphère, mais reste inférieure à la pression motrice. D'après certaines expériences, la solution de soude à 20 p. 100 d'eau peut vaporiser environ un poids d'eau égal au sien, la pression finale (absolue) étant de 5 kg par cm^2, et la contre-pression de 1,33 kg.

On concentre la solution étendue de soude, dans des chaudières fixes, de manière à la ramener par la chaleur au degré primitif : c'est à ce moment qu'on dépense le combustible.

L'appareil Honigmann aurait l'avantage, important pour la traction dans les villes, de la condensation complète de la vapeur ; à égalité de poids de liquide il semble d'ailleurs contenir une réserve de calories supérieure à celle de la chaudière

Francq. Mais il faut tenir compte, en comparant ces deux systèmes, du poids plus élevé de l'appareil même, de son prix plus considérable, de la manutention difficile de la dissolution de soude, de son action sur les chaudières en fer. On s'explique alors pourquoi l'appareil Honigmann, malgré son principe ingénieux, ne semble pas s'être répandu.

107. Classification des chaudières.

Parmi les formes si variées des chaudières, on distingue d'abord trois grandes catégories : les *appareils à grands corps* ; les *générateurs tubulaires*, inventés pour la locomotive, où les gaz chauds traversent une série de tubes ; les *générateurs tubulés*, où l'eau remplit des tubes extérieurement chauffés ; parfois ces générateurs sont dits multitubulaires. La catégorie des chaudières à grands corps se subdivise en deux classes, suivant que le foyer est extérieur ou intérieur. La première classe comprend principalement les générateurs cylindriques simples et à bouilleurs; les types principaux de la seconde classe sont les chaudières de Cornouailles (à un foyer) et de Lancashire (à deux foyers).

La catégorie des appareils tubulaires comprend les chaudières de locomotive et du type locomotive ; celles à foyer cylindrique intérieur avec tubes en prolongement ; celles à tubes en retour, les grandes chaudières marines à deux, trois et même quatre foyers, appartenant à cette dernière classe ; les chaudières dites semi-tubulaires, dont le corps cylindrique, traversé par des tubes, est complété par des bouilleurs.

Parmi les générateurs tubulés, on distingue ceux qui sont formés de gros tubes rectilignes, comme celui de Belleville ; ceux où le diamètre des tubes ne dépasse pas quelques centimètres, les tubes étant souvent courbés ; enfin ceux où les tubes sont du système Field, fermés à un bout et plongeant dans les gaz chauds.

Certains générateurs n'appartiennent pas à une catégorie unique de la classification, et sont, par exemple, à la fois tubulaires et tubulés.

Il faut encore distinguer des générateurs proprement dits les réchauffeurs, où la vapeur ne se forme pas, au moins en marche normale.

108. Chaudières à grands corps et à foyer extérieur.

La chaudière à grand corps la plus simple est un cylindre à fonds hémisphériques ou bombés ; cette forme ne donne qu'une faible surface de chauffe pour un grand volume. Le cylindre est horizontal ou vertical (fig. 797) ; avec la position verticale, autrefois adoptée pour utiliser les flammes perdues des fours à puddler ou à réchauffer, la surface de l'eau est bien petite. Il est vrai que la vaporisation des générateurs installés de la sorte n'est pas fort active ; souvent on n'obtient que deux à trois kilogrammes par kilogramme de houille brûlée.

Au lieu d'un seul cylindre, on peut en employer plusieurs de moindre diamètre, comme dans la chaudière américaine de Messrs. Coxe frères (fig. 798 et 799). Cette chaudière, fort simple, est montée au-dessus d'une vaste grille destinée à la combustion des anthracites menus ; on peut en retourner les éléments symétriques, chacun autour de son axe, lorsque les tôles exposées au coup de feu commencent à s'user ; puis on peut faire porter l'usure sur l'autre extrémité, encore en deux fois, en déplaçant les éléments bout pour bout. Un réchauffeur tubulaire est installé à la base de la cheminée. Les cylindres qui constituent les chaudières sont formés d'anneaux ou viroles en tôle. Chaque virole s'obtient en enroulant une feuille ; la longueur de la virole, suivant la génératrice du cylindre, est déterminée par la largeur des tôles qu'on emploie ; le développement de la virole détermine la longueur de la tôle. À défaut de tôles assez longues, on forme la virole de deux feuilles rivées bout à bout. La tôle enroulée est assemblée à l'aide de couvre-joints (fig. 800), ou bien rivée sur elle-même (fig. 801) : cette disposition, un peu plus simple, altère la forme de la section de la chaudière, qui n'est plus rigoureusement circulaire. Les diverses viroles sont assemblées entre elles soit également par des couvre-joints, soit par une rivure à recouvrement. Dans cette dernière disposition, les diamètres de deux viroles consécutives sont différents. On peut alterner de grandes et de petites viroles, ou faire constamment décroître les diamètres : c'est la forme télescopique. Des viroles légèrement coniques conservent à la chaudière le même diamètre moyen.

La rivure longitudinale, à recouvrement d'une virole donne une partie qui ne peut s'assembler sans retouche avec une autre virole ou avec un couvre-joint circulaire : à la superposition des deux clouures, les rivets doivent serrer trois épaisseurs de tôle, sans laisser aucun jour ; il est nécessaire d'amincir la tôle du milieu : c'est ce qu'on fait en étirant la pince (fig. 802), ou la partie de tôle recouverte par la rivure. Au lieu d'étirer la tôle à la forge, on se contente parfois de l'amincir par rabotage (fig. 803) : l'amincissement est plus rapide et les tôles extérieures s'écartent plus brusquement de la forme circulaire.

Les couvre-joints longitudinaux permettent l'assemblage, sans aucun étirage de pince, d'une virole avec la voisine (fig. 804) ou avec un couvre-joint circulaire : les rivets de la clouure circulaire prennent le couvre-joint intérieur, et le bord du couvre-joint extérieur bute contre la virole voisine. Il reste toutefois, dans cet assemblage, un point où une fuite ne pourrait être aveuglée par le matage extérieur. C'est pourquoi certains constructeurs préfèrent étirer le couvre-joint extérieur, de manière à le faire pénétrer entre les deux viroles (fig. 805).

Lorsqu'un cylindre circulaire en tôle, épaisse de e mm, est soumis à une pression intérieure effective de p kg par cm^2, R étant le rayon intérieur en centimètres, chaque millimètre carré du métal supporte une traction de (pR / 10e)kg, traction qui tend à rompre le cylindre suivant une génératrice. Cette formule s'établit comme celle de la fatigue des jantes du volant. La pression sur le fond ne donne qu'un effort moitié moindre par millimètre carré de la section transversale circulaire d'une virole. En réalité, les tôles des chaudières sont soumises à des efforts supérieurs à ceux qu'on calcule d'après ces règles : les rivures qui assemblent les tôles peuvent en même temps les affaiblir ; la forme n'est pas toujours exactement circulaire ; les dilatations inégales des diverses parties soumettent les tôles à des tiraillements parfois très intenses : toute la chaudière n'est pas portée à la même température, et d'ailleurs la température n'est pas la même dans toute l'épaisseur d'une feuille de tôle chauffée.

Si l'on ajoute à ces causes d'augmentation de fatigue la probabilité d'une réduction d'épaisseur de la tôle par suite de corrosions, on voit qu'il faut calculer largement cette épaisseur et ne pas admettre un trop grand chiffre pour l'effort par millimètre carré dans la formule simple qui donne l'épaisseur.

On augmente la surface de chauffe des générateurs cylindriques en y ajoutant des cylindres de plus petit diamètre, qu'on appelle bouilleurs. La liaison du corps principal et du bouilleur se fait à l'aide de cuissards à deux collerettes embouties, formés souvent d'une tôle soudée sur elle-même, afin d'éviter une rivure gênante

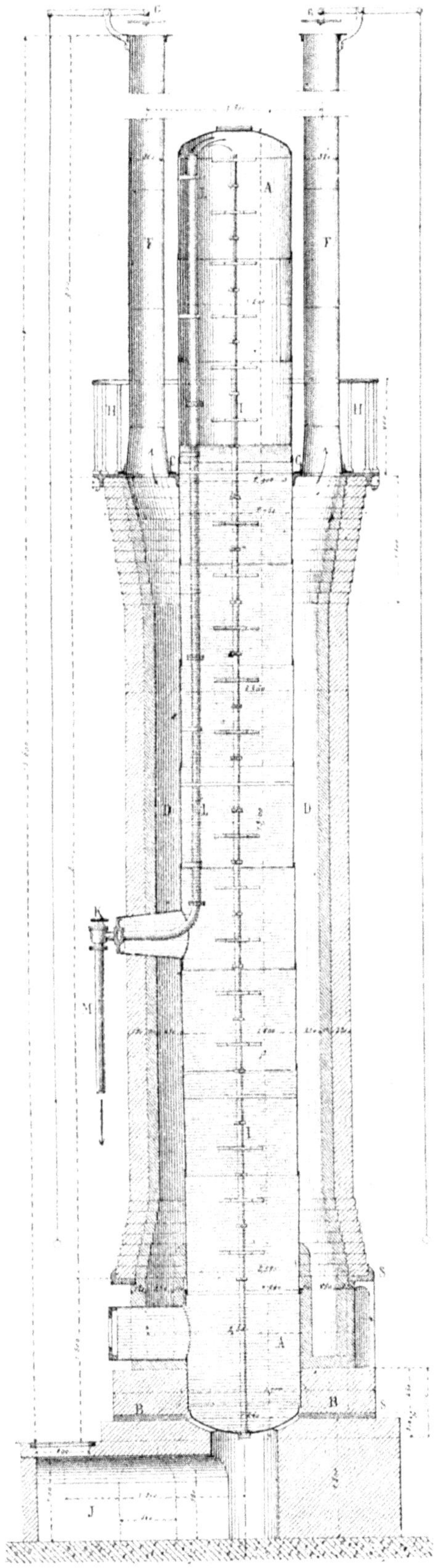

Fig. 797. — Chaudière verticale, chauffée par les gaz de fours à réchauffer, aux ateliers du chemin de fer de Paris à Lyon et à la Méditerranée.

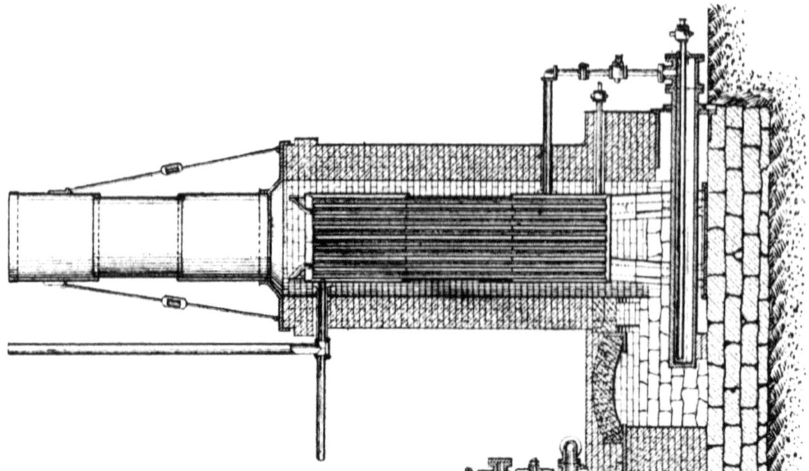
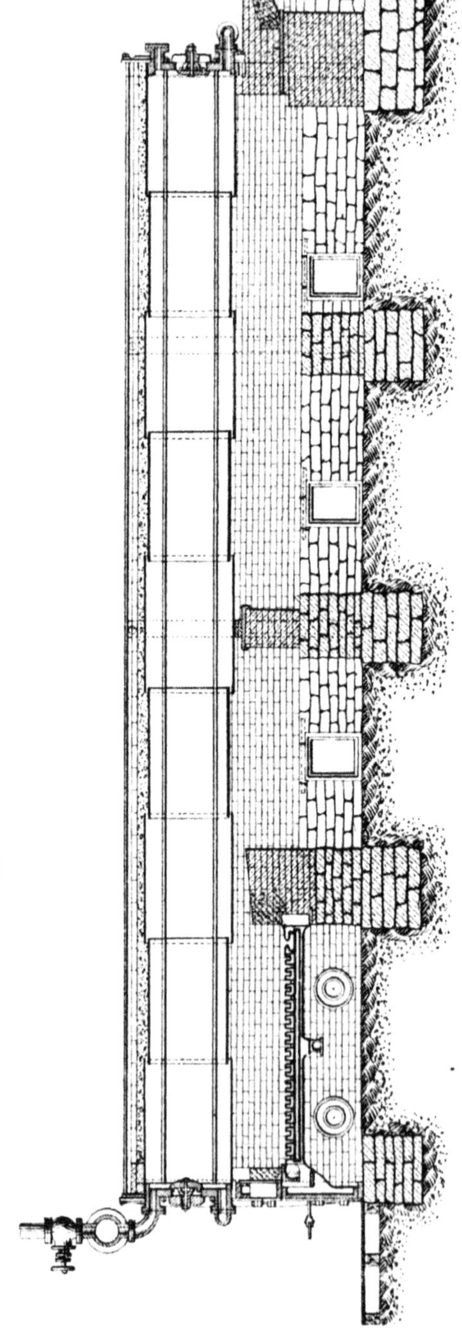

Fig. 799 – Chaudière de Messrs. Coxe, formée de trois cylindres et suivie d'un réchauffeur tubulaire.

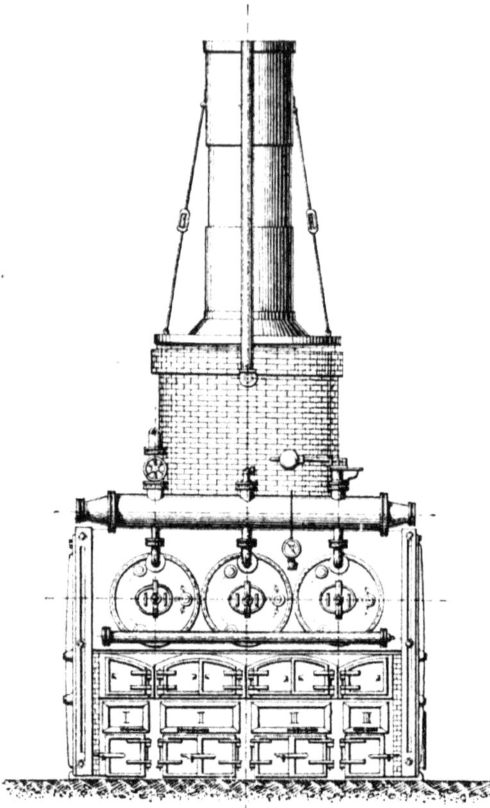

Fig. 798 – Chaudière de Messrs. Coxe,
formée de trois cylindres

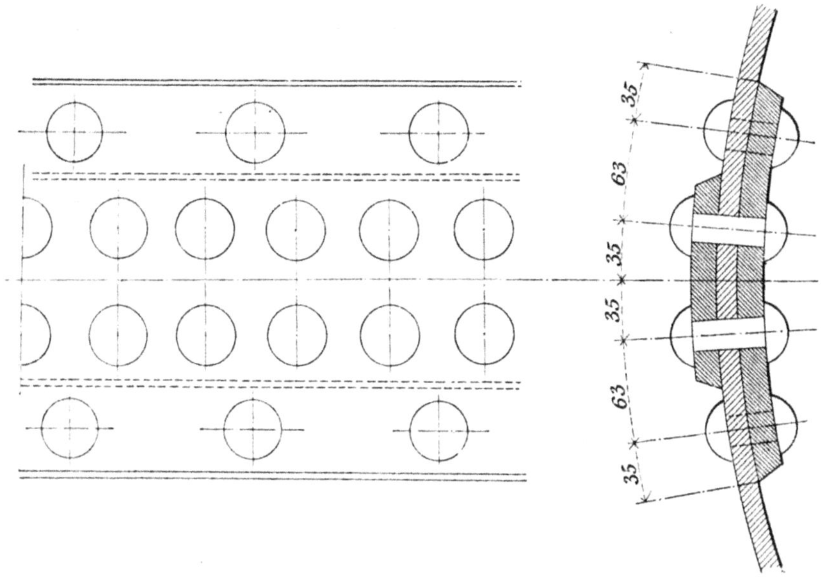

Fig. 800. - Rivure à double couvre-joint. Le couvre-joint extérieur est plus étroit que le couvre- joint intérieur ; il est fixé par des rivets rapprochés, qui permettent tin bon matage. Le danger d'une fente dans la tôle, formée par suite d'un matage maladroitement fait, est fort atténué par la présence du couvre-joint intérieur. Les deux couvre-joints inégaux pèsent un peu moins que deux couvre-joints égaux avec doubles rangs de rivets.

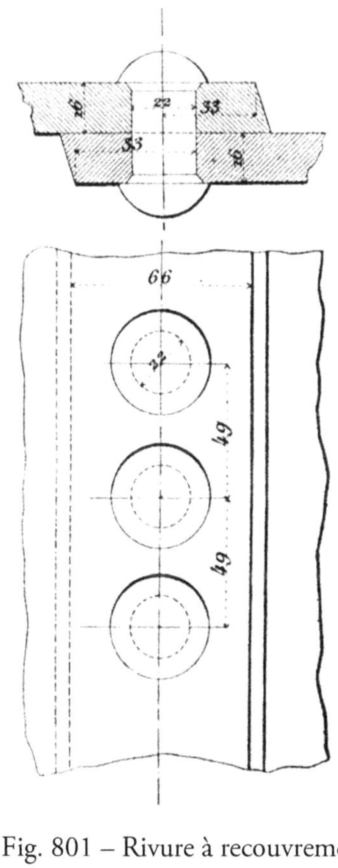

Fig. 801 – Rivure à recouvrement.

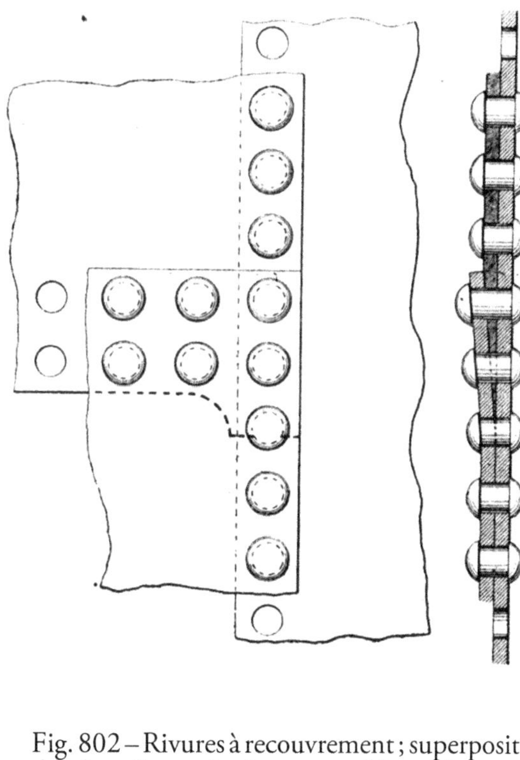

Fig. 802 – Rivures à recouvrement ; superposition des deux lignes de rivure avec étirage de la pince à la forge.

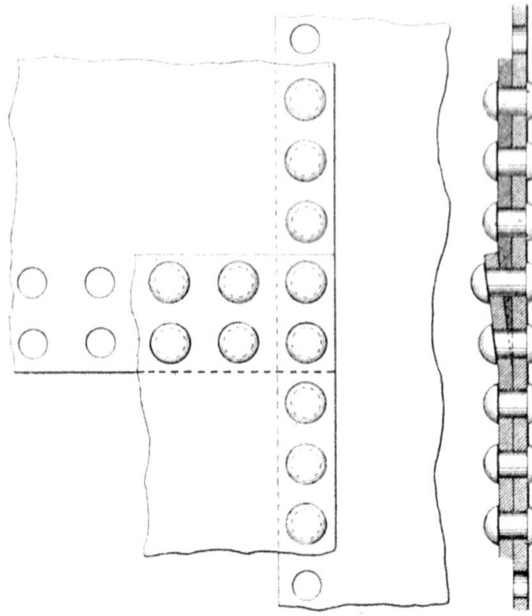

Fig. 803. — Rivures à recouvrement ; superposition des deux lignes de rivure avec rabotage de la pince.

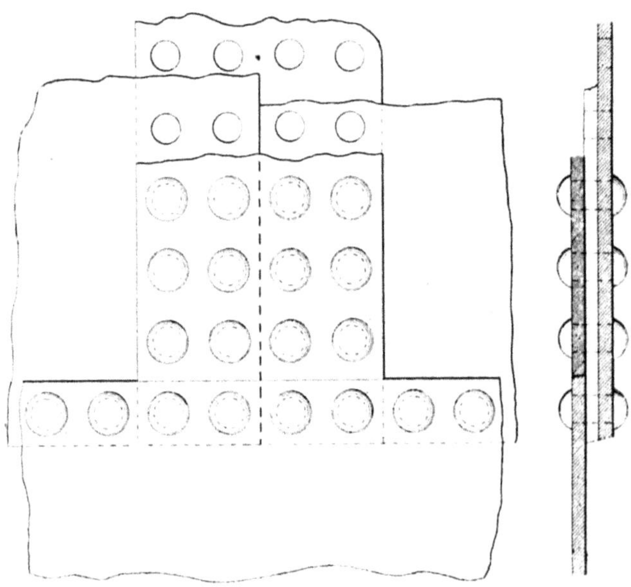

Fig. 804. — Rivure à couvre-joints longitudinaux, avec couvre-joint extérieur arrêté contre la tôle de virole.

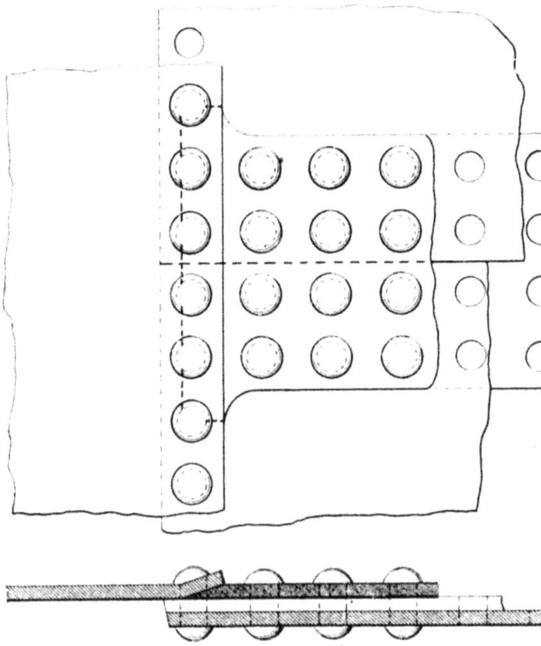

Fig. 805. — Rivure à couvre-joints longitudinaux, avec couvre-joint extérieur étiré entre deux viroles.

pour l'assemblage. Les bouilleurs sont destinés à être toujours pleins d'eau et sont chauffés sur toute leur surface : ils ne devraient donc présenter aucune partie pouvant former une chambre de vapeur. Quand la vaporisation est active dans le bouilleur, la vapeur ne semble pas se dégager très facilement par les cuissards : c'est ce qu'indique la figure schématique 806, empruntée à M. Bellens.Le tube indicateur de niveau qu'on voit sur le bouilleur est monté expérimentalement pour y faire reconnaître l'existence d'une chambre de vapeur. C'est une expérience qu'il est intéressant de répéter.

La chaudière à bouilleurs est très populaire en France : avant la récente extension des générateurs tubulés, on la voyait dans la plupart des établissements industriels. En Angleterre, la chaudière éléphant, comme on l'y nomme, s'est peu répandue.

Une disposition fréquente consiste à chauffer directement les bouilleurs au-dessus de la grille (fig. 806 et 807), en exposant au coup de feu la partie la plus facile à remplacer.

Parfois c'est le corps principal qu'on chauffe directement, en plaçant les bouilleurs dans les carneaux (fig. 808 et 809). On peut alors faire entrer l'eau d'alimentation à l'extrémité la moins chauffée du bouilleur, et réaliser un chauffage méthodique par une circulation de l'eau en sens contraire du mouvement des gaz. Les bouilleurs sont parfois latéraux (fig. 810). Les premiers bouilleurs ne sont plus que des réchauffeurs, et peuvent dépasser la surface de l'eau dans le corps principal sans que la vapeur s'y forme. Les gaz sont guidés dans leurs circuits par des murettes et des voûtes en briques.

Les fissures de cette maçonnerie permettent des passages directs de gaz chauds vers la cheminée, ou des rentrées d'air, qui refroidissent inutilement le courant (§ 100). Les grands massifs de maçonnerie ne s'échauffent que lentement, et

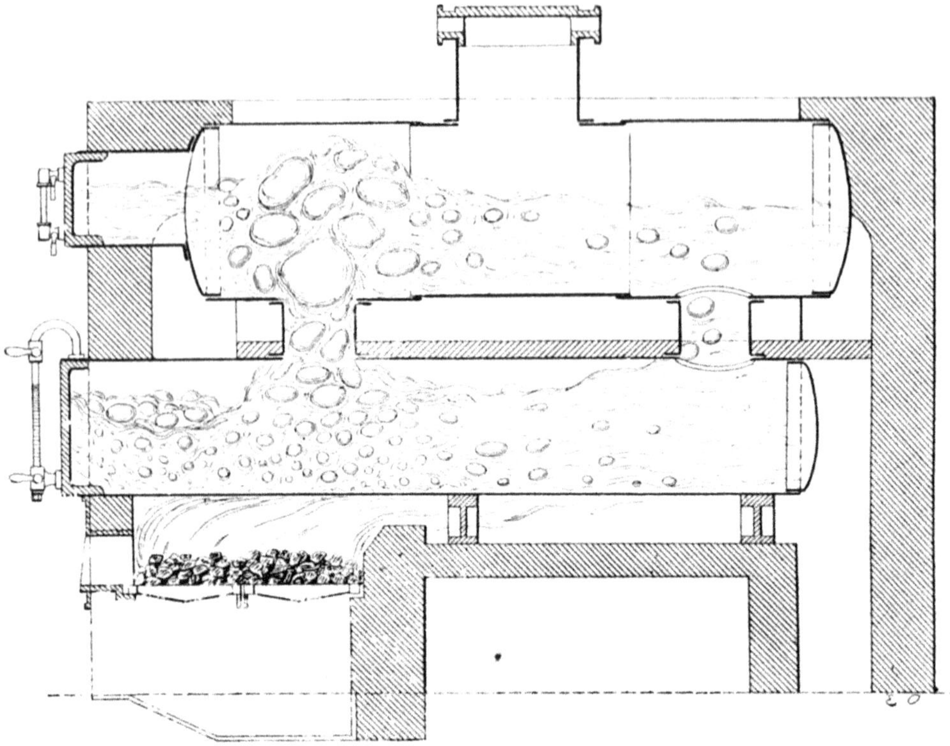

Fig. 806. — Vaporisation dans une chaudière à bouilleur, avec formation d'une chambre de vapeur dans le bouilleur, d'après M. Bellens.

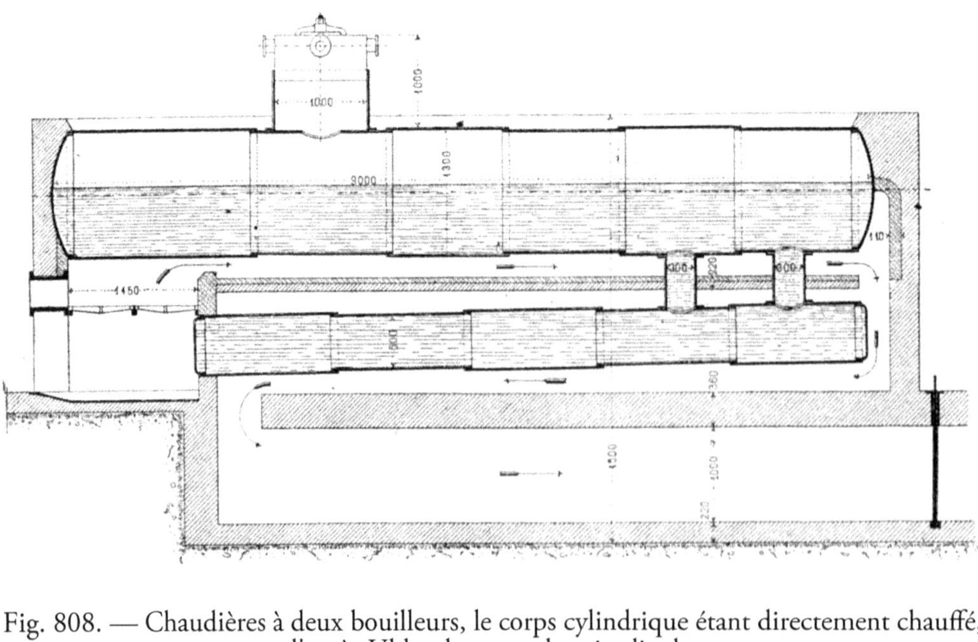

Fig. 808. — Chaudières à deux bouilleurs, le corps cylindrique étant directement chauffé, d'après Uhland ; coupe longitudinale.

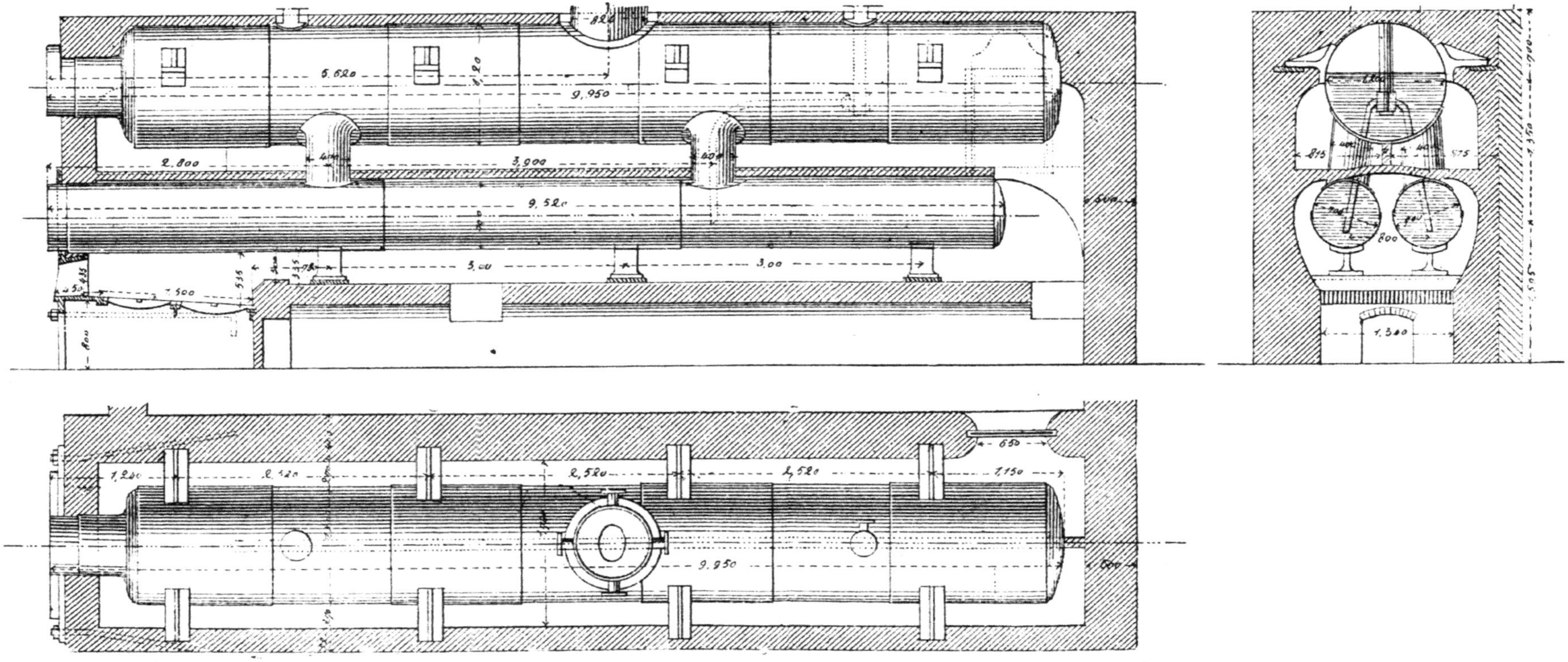

Fig. 807 – Chaudière à deux bouilleurs, directement chauffés.

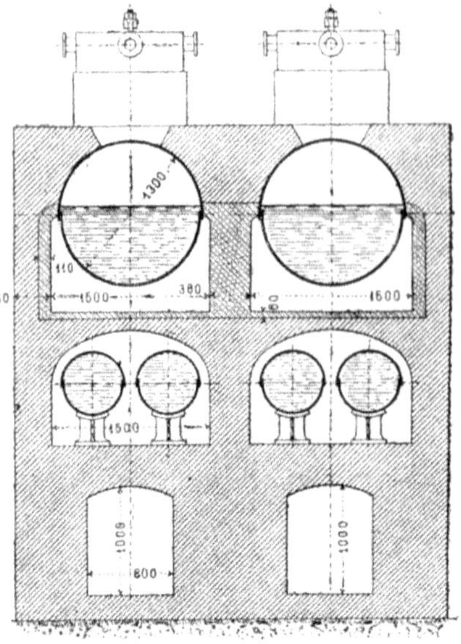

Fig. 809. — Chaudières à deux bouilleurs, à corps cylindrique directement chauffé, d'après Uhland ; coupe transversale.

absorbent une forte quantité de chaleur : ils ne conviennent donc pas si les allumages sont fréquents et lorsqu'on veut une mise en pression rapide. Par contre, ils ont l'avantage de maintenir la chaudière bien chaude pendant des arrêts de quelques heures. Cependant, tout compte fait, la déperdition de chaleur par les maçonneries

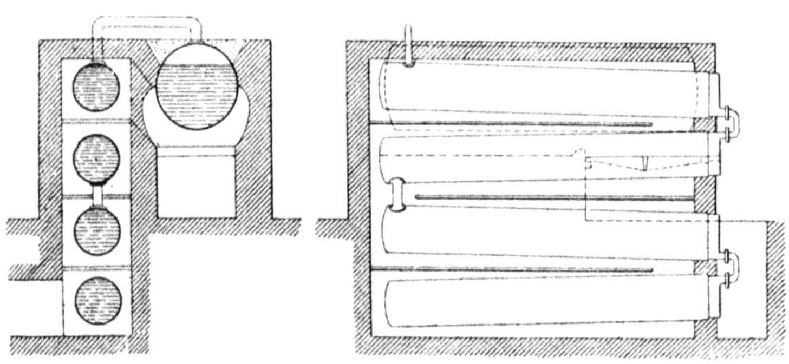

Fig. 810. — Chaudières à bouilleurs, avec bouilleurs réchauffeurs latéraux.

paraît en général assez considérable. Il faut démolir en grande partie les massifs lorsqu'on veut examiner sérieusement l'extérieur de toutes les tôles : la dépense et la gêne qui en résultent font souvent espacer par trop ces examens.

109. Chaudières à grands corps et à foyers intérieurs.

La chaudière la plus simple à foyer intérieur est celle de Cornouailles (fig. 811), très usitée en Angleterre. Le foyer est placé à l'entrée d'un cylindre, qui traverse de part en part la chaudière. Les gaz chauds circulent ensuite à l'extérieur du grand corps cylindrique. La surface de chauffe est à peu près la même que celle d'une chaudière à foyer extérieur, munie d'un bouilleur de même diamètre que le foyer

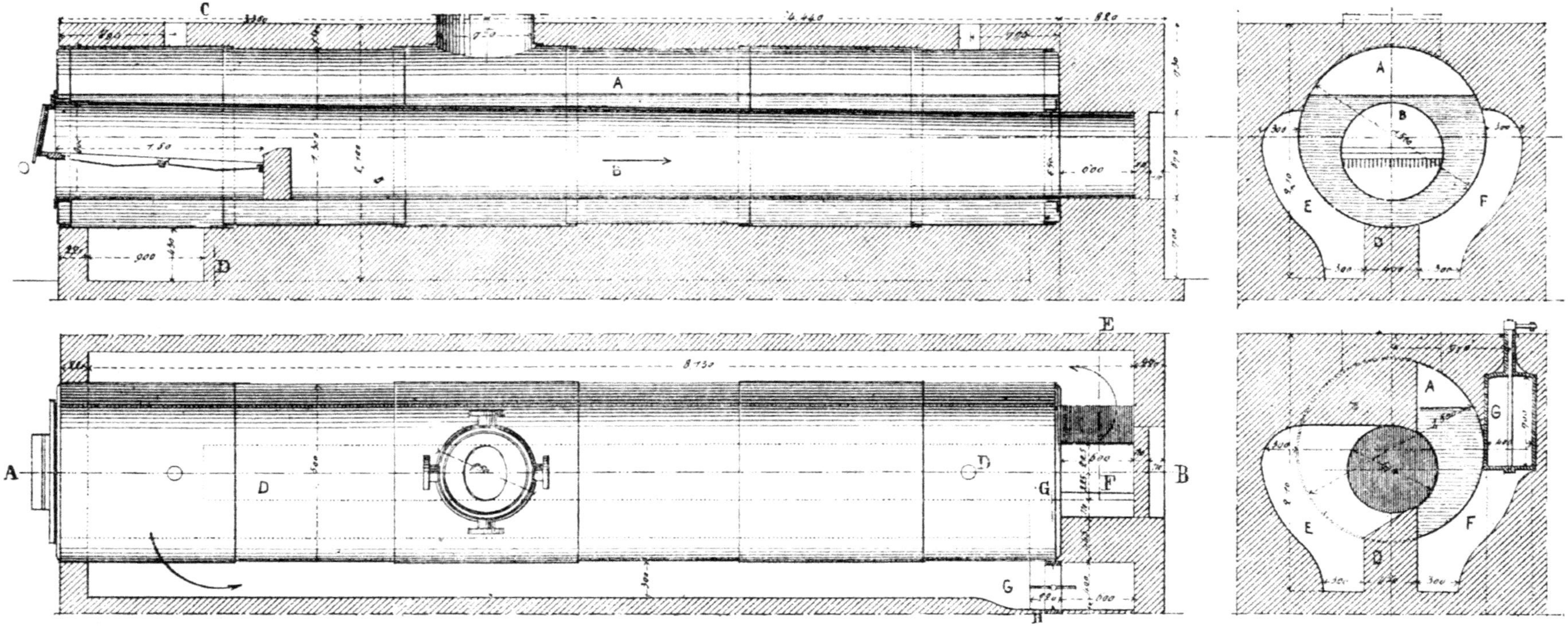

Fig. 811. — Chaudière de Cornouailles, coupe longitudinale, plan et coupes transversales ; les gaz traversent successivement le tube B, les carneaux E et F et s'échappent en G, où est monté un registre.

de la chaudière de *Cornouailles*. La chaudière de *Lancashire* (fig. 812 et 813) a deux foyers disposés parallèlement à l'intérieur d'un cylindre unique. Les figures 814 à 816 donnent quelques détails sur l'assemblage des goussets qui raidissent les façades planes, d'après un mémoire de M. Boswell.

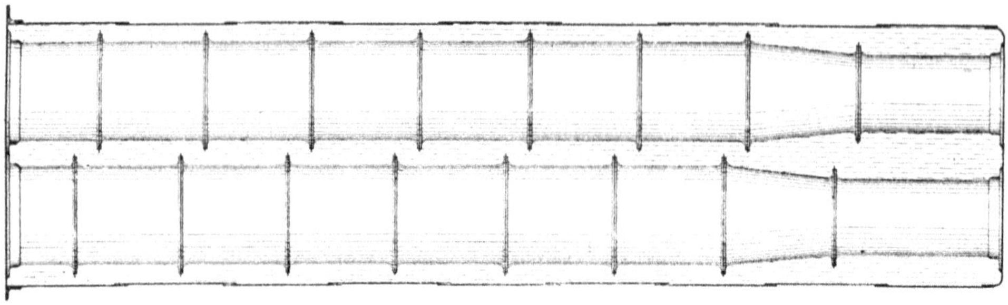

Fig. 812. — Chaudière de Lancashire ; coupe horizontale, d'après M. S. Boswell, dans les *Proceedings of the Inst. of mechanical engineers.*

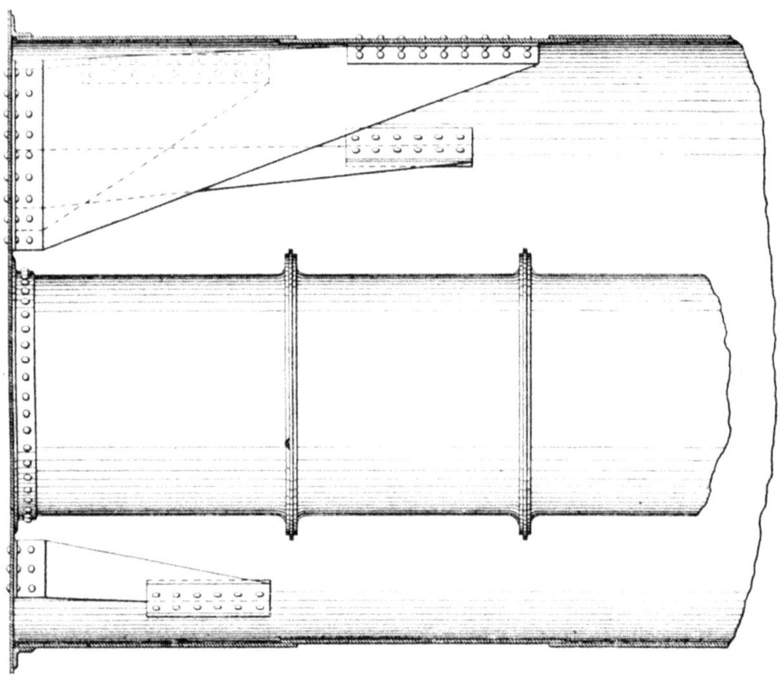

Fig. 813. — Chaudière de Lancashire ; coupe verticale (extrémité antérieure), d'après M. S. Boswell.

Les cylindres ne résistent pas aussi bien à une pression extérieure qu'à une pression intérieure, car, dans le premier cas, une légère déformation tend à s'aggraver : aussi l'épaisseur de la tôle doit-elle être renforcée en conséquence. On raidit les foyers cylindriques en les composant de viroles à bords relevés (fig. 817), rivés ensemble : l'anneau intermédiaire permet le matage du chanfrein visible dans le foyer. Le joint (fig. 818) par un anneau à profil cintré est quelquefois employé, pour ne pas trop gêner la dilatation longitudinale. Les tubes en tôle ondulée, comme sur la figure 822, ont une grande résistance.

Ces foyers ondulés sont formés d'une tôle enroulée et soudée sur elle-même, de sorte qu'ils n'ont pas de rivure longitudinale ; les cannelures sont obtenues au laminoir. C'est surtout dans les chaudières marines qu'on fait usage de ces foyers.

Les essais par pression hydraulique extérieure, exercée sur ces tubes, ont souvent indiqué une grande résistance à l'écrasement. D'après une série d'expériences

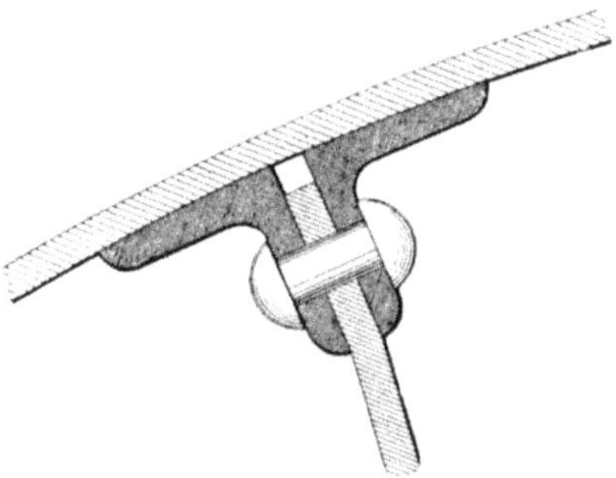

Fig. 814. -- Consolidation des faces planes de la chaudière de Lancashire ; assemblage des goussets avec la partie cylindrique ; tôle pliée.

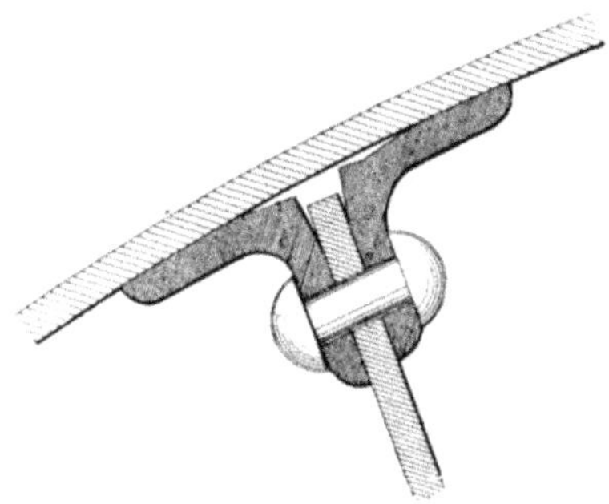

Fig. 815. — Assemblage défectueux de gousset avec la partie cylindrique d'une chaudière.

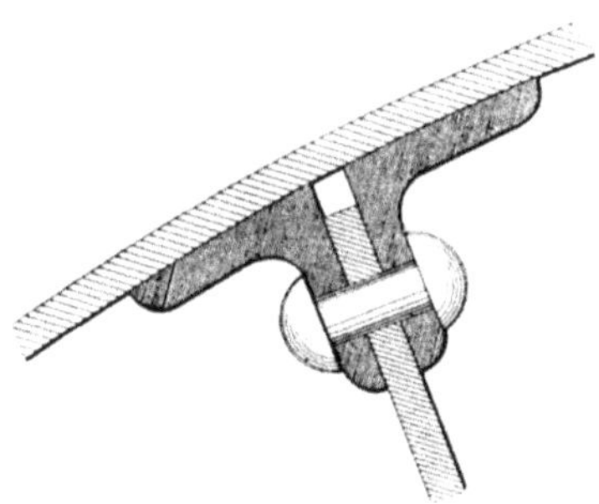

Fig. 816. — Assemblage de gousset et d'une tôle cylindrique avec cornières travaillées.

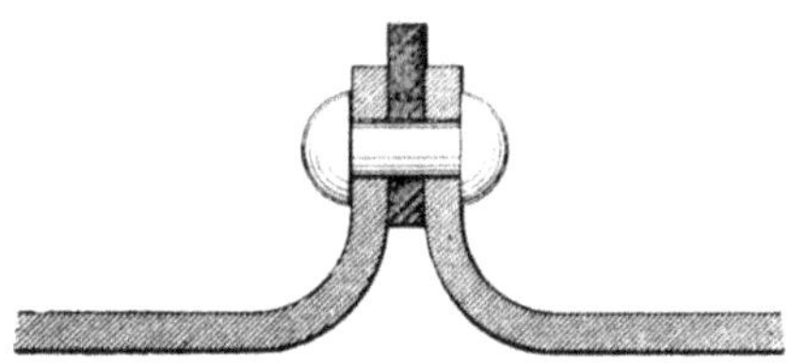

Fig. 817. — Assemblage des viroles de foyers cylindriques intérieurs ; joint Adamson.

exécutées à l'arsenal de Danzig, M. Bach donne la formule suivante pour fixer l'épaisseur d'un foyer cylindrique :

$$e = \frac{pd}{2000}\left(1 + \sqrt{1 + \frac{a}{p}\,\frac{1}{1 + \frac{d}{l}}}\right)$$

où :

e est l'épaisseur en centimètres ;

p la pression effective en kilogrammes par centimètre carré

d le diamètre extérieur en centimètres ;

l la longueur de la virole en centimètres ;

a un coefficient qu'on peut prendre égal à 80 quand la chaudronnerie est bonne.

Les expériences indiquent, pour rapport de la pression de rupture à la pression p de la formule, le rapport 6,08 à 8,35.

Fig. 818. — Assemblage des viroles de foyers cylindriques intérieurs ; joint par anneau ondulé. Lorsque cet anneau est trop serré, il favorise le développement des corrosions figurées sur le dessin, d'après M. S. Boswell.

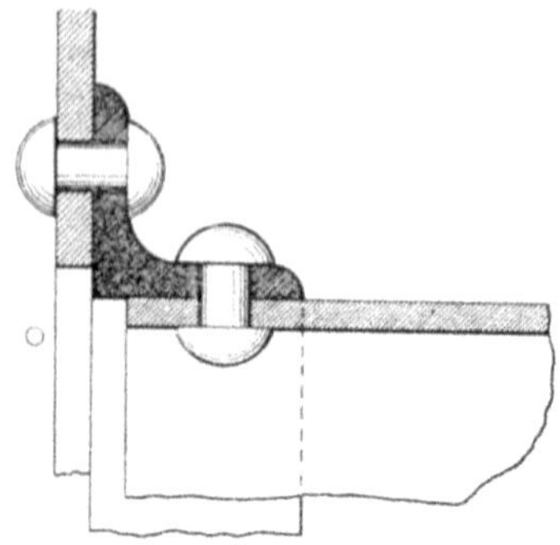

Fig. 819. — Assemblage des foyers intérieurs contre les façades de chaudière, par cornière.

L'assemblage du foyer contre la façade plane est fatigué par la poussée due à la dilatation du foyer et par la pression de la vapeur. La cornière (fig. 819) paraît préférable à la tôle emboutie (fig. 820 et 821), pour cet assemblage.

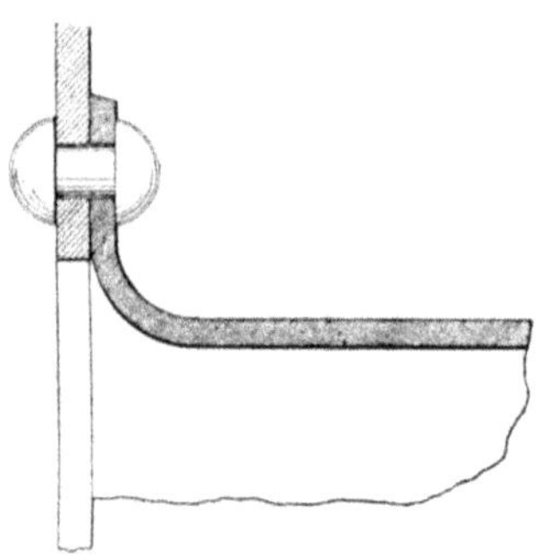

Fig. 820. — Assemblage des foyers intérieurs contre les façades de chaudières, par tôle emboutie. La solidité est souvent insuffisante, et l'embouti est exposé à la corrosion, d'après M. S. Boswell.

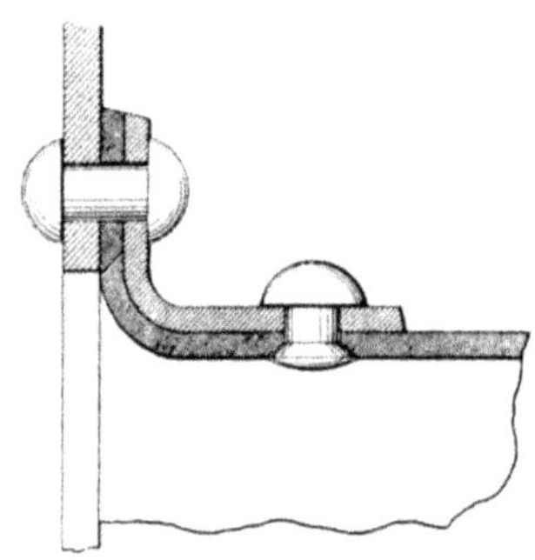

Fig. 821. — Assemblage des foyers intérieurs contre les façades de chaudières, par tôle emboutie doublée. Renforcement peu efficace, d'après M. S. Boswell.

Les tubes *Galloway* (fig. 823), fixés à l'intérieur des cylindres intérieurs des chaudières, les raidissent, tout en augmentant la surface de chauffe : lors du montage, leur forme conique permet le passage de la plus petite collerette à travers la découpure, dont la grande collerette recouvre le bord.

Dans la chaudière *Galloway* (fig. 824) les deux tubes foyers se réunissent en un seul, à section déprimée, que traversent de nombreux tubes tronconiques.

En comparant des chaudières équivalentes, à foyers intérieurs et à foyers extérieurs, on trouve généralement que l'installation des premières est plus simple et qu'elles exigent un peu moins de maçonneries ; les pertes de chaleur autour du foyer sont

Fig. 823. — Tube Galloway

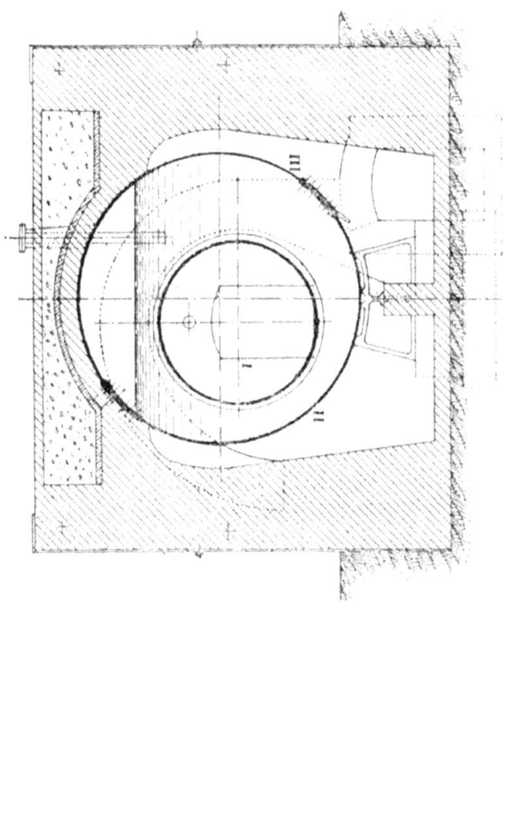

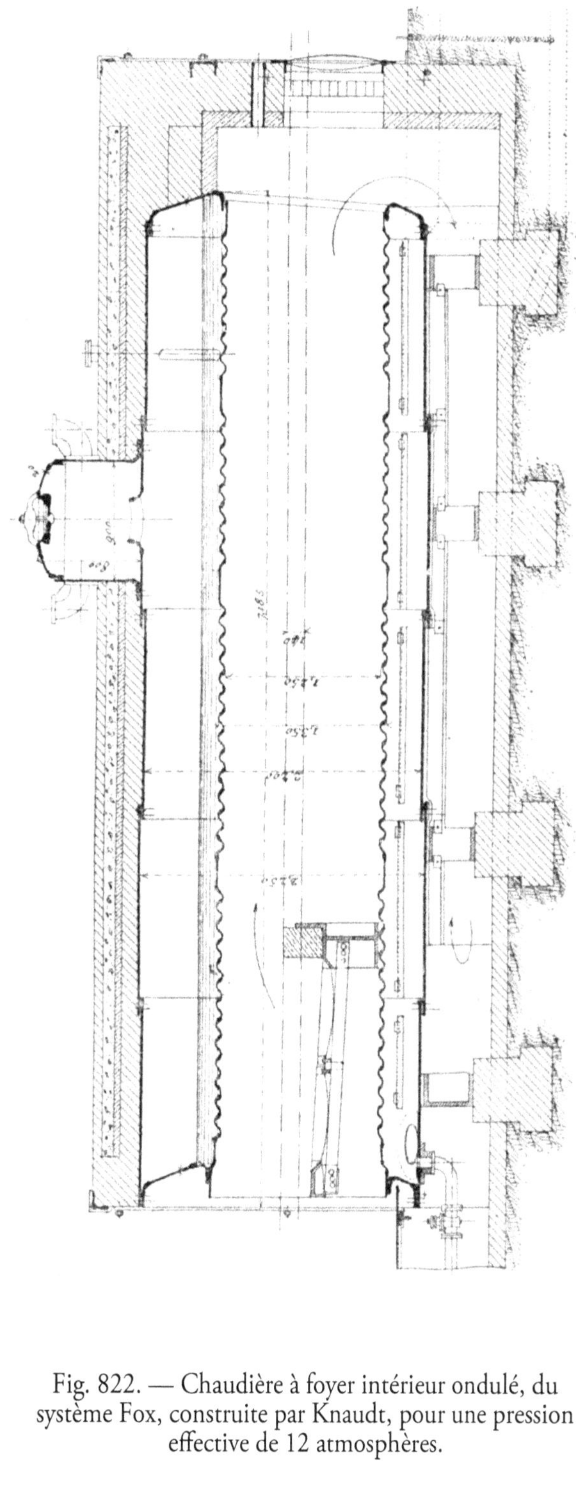

Fig. 822. — Chaudière à foyer intérieur ondulé, du système Fox, construite par Knaudt, pour une pression effective de 12 atmosphères.

réduites ; les courts circuits des gaz à travers les maçonneries sont moins à craindre. Par contre, la largeur de la grille est souvent un peu trop restreinte ; il en est de même de la hauteur du vide au-dessus de la grille : il est vrai que les gaz trouvent une chambre de combustion au-delà de l'autel. Très bonnes avec certains combustibles, tels que les houilles flambantes, ces chaudières se prêtent mal à l'emploi des menus maigres.

L'alimentation doit toujours être soigneusement surveillée, car l'abaissement du plan d'eau laisse le ciel du foyer exposé à la chaleur la plus vive.

Fig. 824. — Chaudière Galloway.

Lorsqu'on allume les feux dans les foyers intérieurs, l'eau reste relativement froide pendant assez longtemps au fond de la chaudière, bien que ce fond soit chauffé par les gaz dans leur trajet vers la cheminée. M. Lavington E. Fletcher a publié des observations assez nombreuses à ce sujet. Il recommande un chauffage très lent pour remédier à l'inconvénient de ces différences de température, qui soumettent les tôles à des dilatations inégales.

110. Chaudières tubulaires.

Créé par Séguin en 1827 pour la locomotive, le générateur tubulaire est, en outre, d'un usage constant dans la marine ; on l'emploie aussi pour les locomobiles et dans des installations fixes, quelquefois sous la forme même de chaudières de locomotive, plus souvent avec des modifications importantes.

La figure 825 reproduit le dessin qui accompagne la spécification du brevet de Séguin, spécification ainsi conçue (extraite de la description des brevets, année 1838) :

« N° 3744,
22 fév. 1828.

« Brevet d'invention de 10 ans aux Srs Séguin et Cie, à Lyon, pour la construction perfectionnée d'une chaudière à tubes creux.

« La vapeur se produisant en raison de la surface de chauffe, on a pensé qu'un moyen simple et tenant le moins d'espace possible était de faire une chaudière tubulaire.

« Celle inventée par nous se compose donc, comme on le voit dans le dessin, d'un nombre plus ou moins grand de tubes qui sont traversés par le calorique, et ces tubes, entourés d'eau, forment une très grande surface de chauffe. »

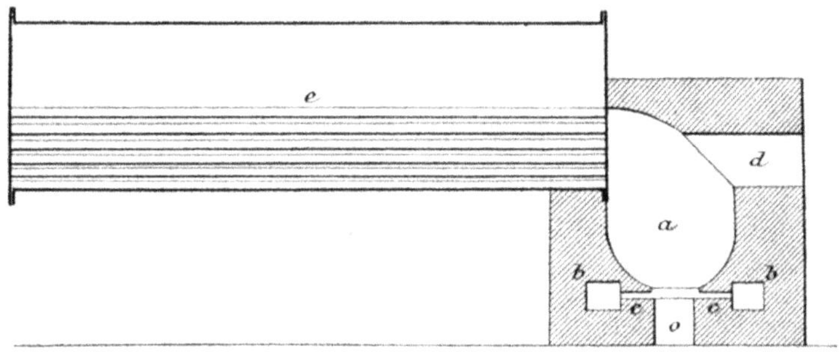

Légende de la figure 825.

a, Fourneau alimenté par un ventilateur ou autrement.
b, Chambres d'air.
c, Tuyaux amenant l'air au foyer.
d, Porte pour alimenter le fourneau.
e, Tuyaux calorifères.
o, Foyer.

Fig. 825. — Chaudière à vapeur, par M. Seguin (d'après la spécification du brevet).

Les parties essentielles de la chaudière ordinaire de locomotive sont le foyer, en cuivre ou en acier, la boîte à feu, qui l'enveloppe, le corps cylindrique, traversé par les tubes qui débouchent dans la boîte à fumée. Grâce au tirage forcé produit par la vapeur d'échappement, on arrive à brûler 500 kg de houille, et même davantage, en

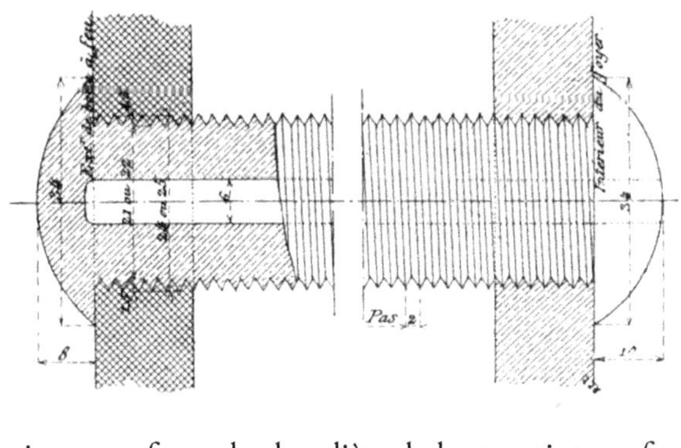

Fig. 826. — Entretoise, pour foyer de chaudière de locomotive, perforée de part en part et bouchée à l'extérieur.

une heure sur un mètre carré de grille, et on obtient une abondante production de vapeur dans une chaudière dont la surface de grille est généralement comprise entre 1,5 et 2,3 m= et dont la surface de chauffe dépasse rarement 150 m².

Les formes et les proportions des diverses parties de la chaudière sont commandées par leur installation sur la locomotive.

Les faces parallèles du foyer et de la boîte à feu sont reliées par des entretoises (fig. 826, 827, 833) en cuivre ou en acier doux ; ce dernier métal est employé surtout en Amérique. Le trou percé suivant l'axe de l'entretoise décèle les ruptures. C'est la consolidation du ciel de foyer qui donne lieu aux détails de construction les

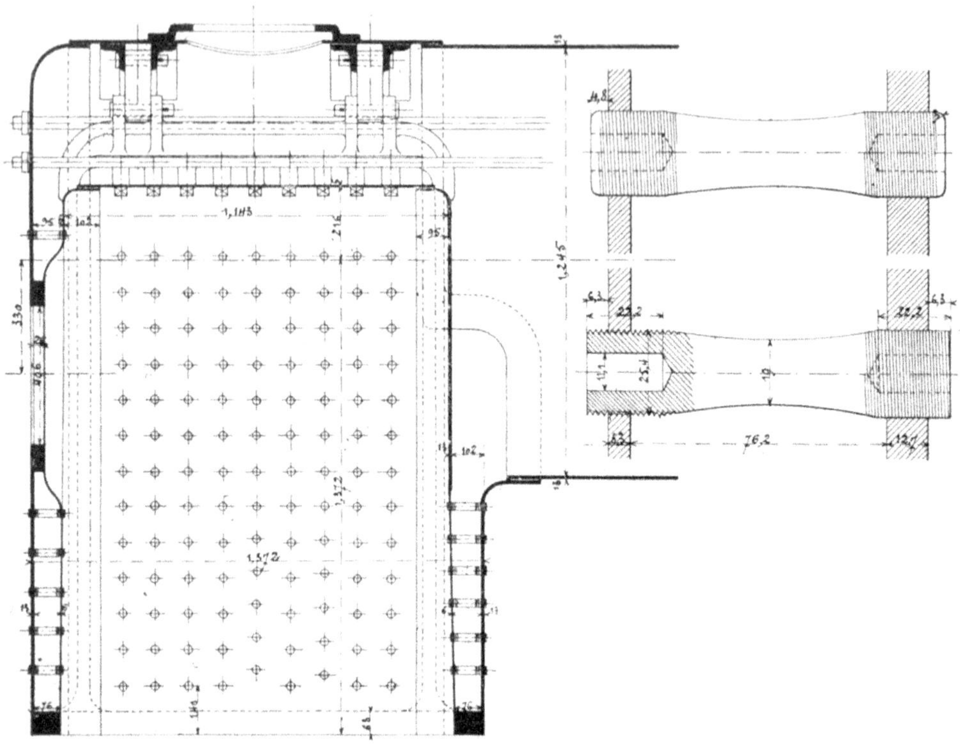

Fig. 827. — Boîte à feu en acier, foyer en acier, et entretoise pour chaudière de locomotive du Great Eastern railway, perforée aux deux bouts. Le ciel du foyer est raidi par des fermes longitudinales, rattachées au berceau cylindrique de la boîte à feu.

plus variés ; il est raidi par des armatures longitudinales (fig. 827) ou transversales, rattachées ou non au berceau cylindrique de la boîte à feu, ou bien directement entretoisé avec la boîte à feu. Parmi les dispositions qui s'écartent le plus de la pratique ordinaire, on peut citer les larges foyers de MM. Belpaire (fig. 828 et 829) et Wootten (lig. 830), débordant au-dessus des longerons et des roues, et dont la grille atteint la surface de 6 m², et la chaudière Lenz à foyer cylindrique en tôle ondulée (fig. 831).

On a signalé plus haut l'une des dispositions les plus intéressantes, qui a été plusieurs fois essayée (par M. Verderber en Hongrie, par M. Almgren en Suède, par M. Docteur en Belgique) et qui consiste en supprimer en tout ou en partie le foyer et la boîte à feu métallique, c'est-à-dire la partie compliquée et coûteuse de la chaudière de la locomotive, et à former simplement le foyer d'une enveloppe en briques.

Les figures 832 à 842 donnent quelques exemples de chaudières de locomotives. Dans les locomobiles (fig. 580 et 581), les machines demi-fixes (fig. 588), et les

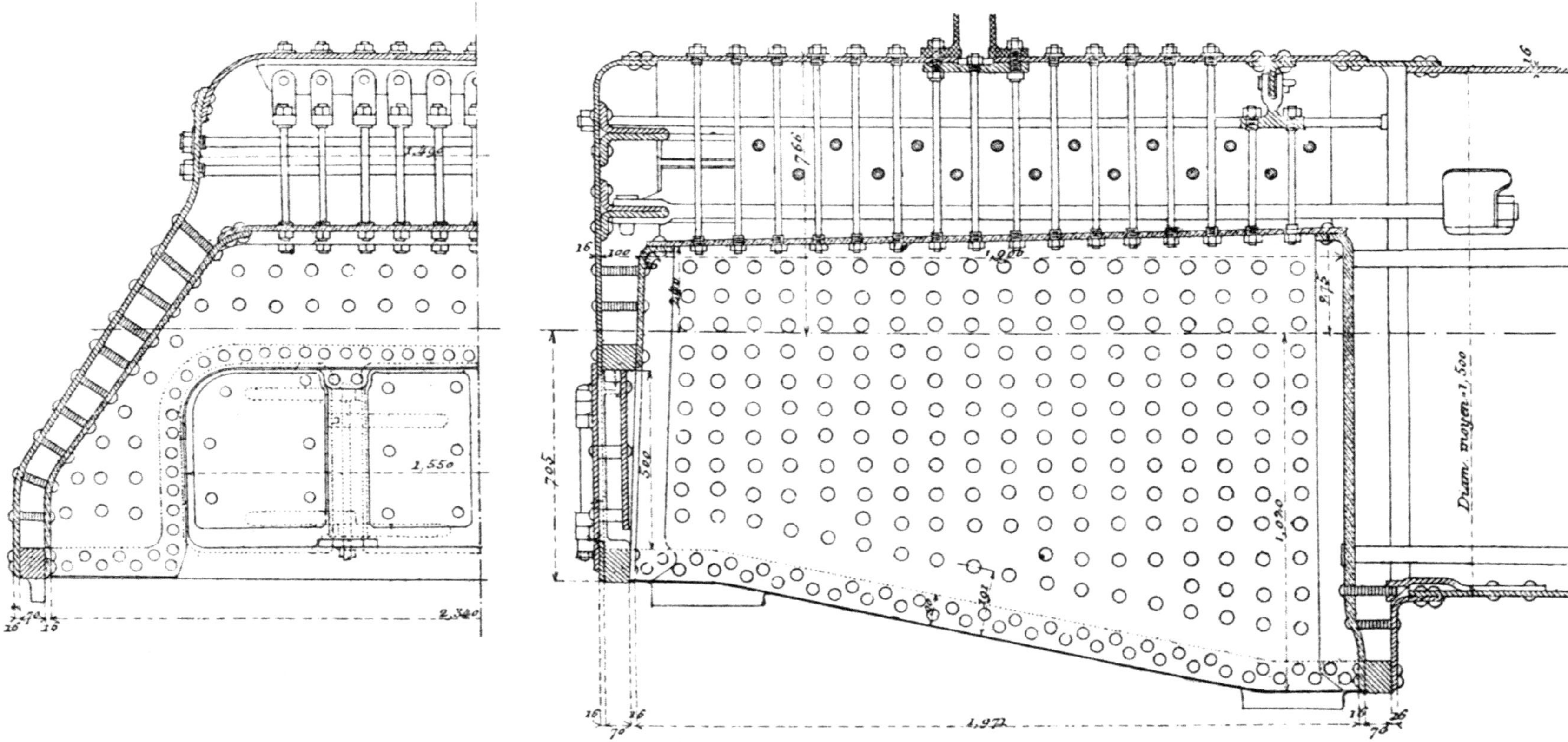

Fig. 828. — Foyer Belpaire, appliqué à une chaudière de locomotive de la Compagnie des chemins de fer de l'Est. Le ciel du foyer et le dessus de la boîte à feu sont entretoisés directement ; les deux premiers rangs d'entretoises verticales, vers l'avant, peuvent se soulever de manière à ne pas gêner la dilatation de la plaque tubulaire au moment des allumages (la pression remet ensuite ces entretoises en tension).

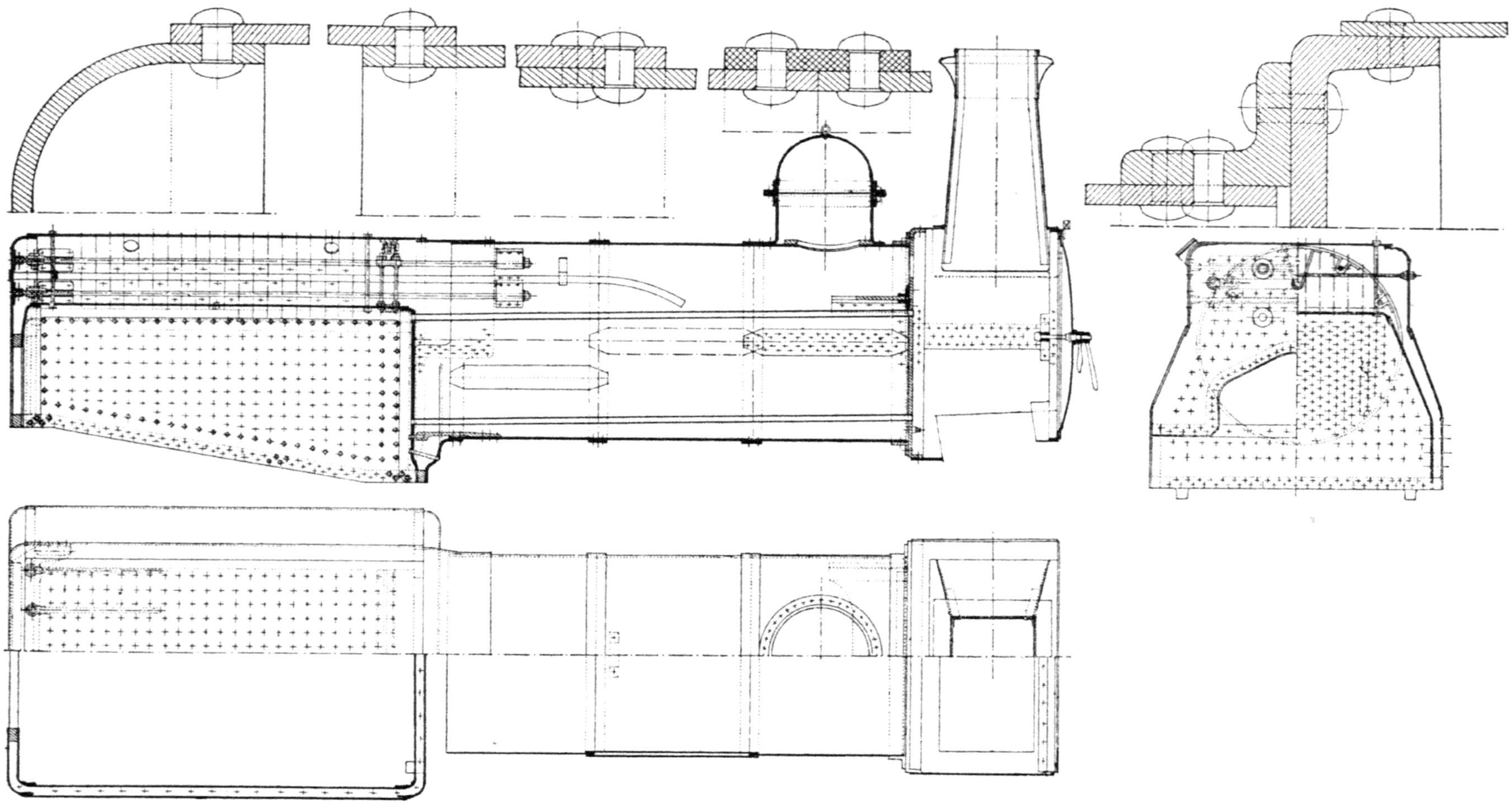

Fig. 829. — Chaudière des locomotives à marchandises, à 6 roues couplées de $1^{m},300$, des chemins de fer de l'État Belge, avec foyer Belpaire. Même entretoisement que sur la fig. 828. Rivures à couvre-joints ; assemblage du corps cylindrique à la plaque tubulaire d'avant par cornière ; cheminée à section rectangulaire, très large à la base.

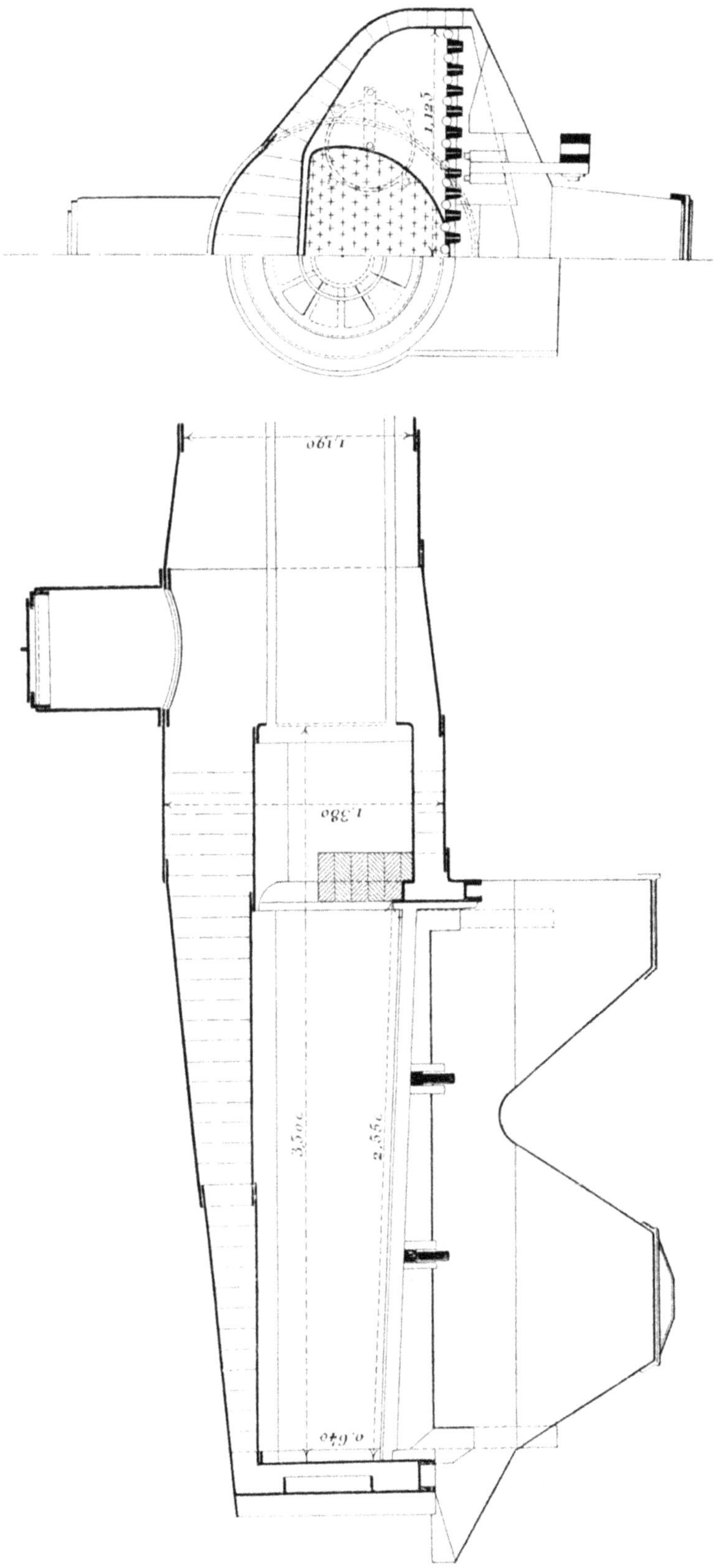

Fig. 830. — Foyer Vootten, d'après M. Deghilage dans la *Revue générale des chemins de fer.*

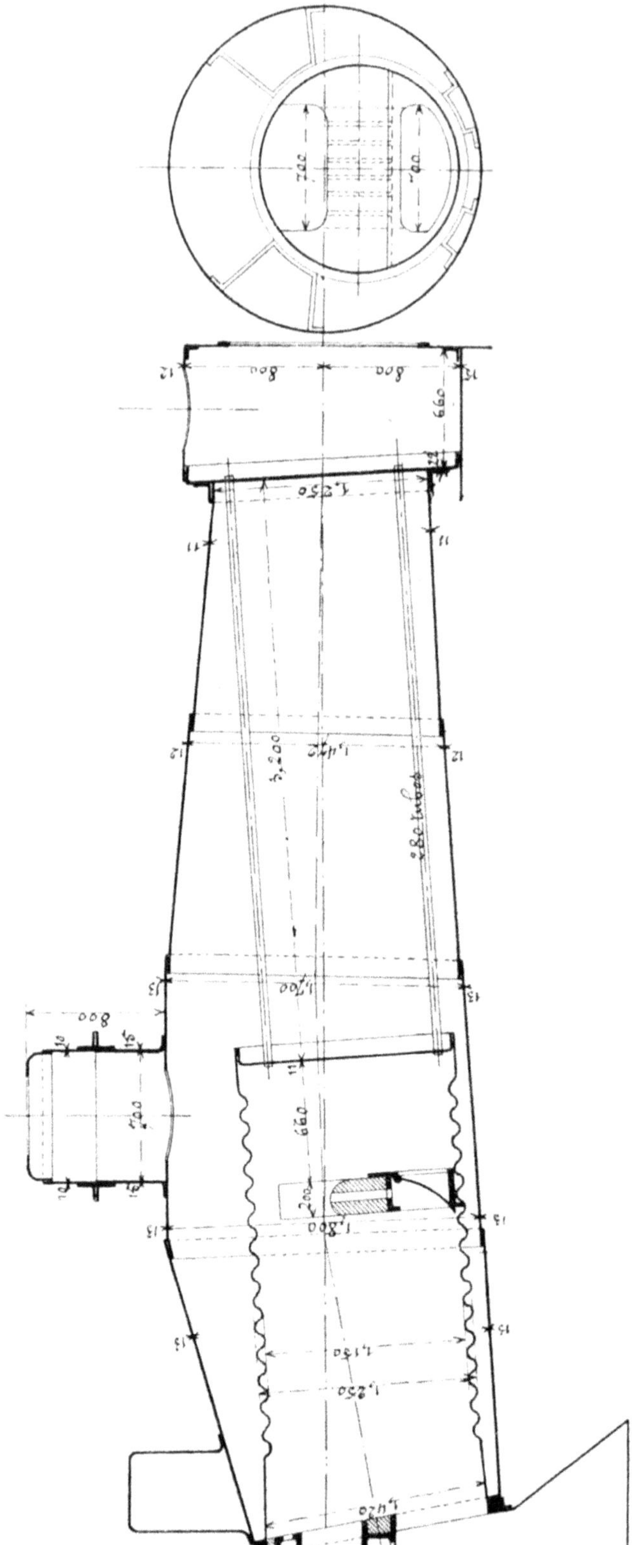

Fig. 831. — Chaudière en acier, du système Lenz, pour locomotives des chemins de fer de la Méditerranée, en Italie. Ce type de chaudière ne parait pas être largement appliqué.

générateurs installés à demeure (fig. 813), on se contente généralement de fer ou d'acier doux pour les tôles de foyer, même en Europe, où l'on préfère le cuivre pour les foyers de locomotives. Certaines chaudières fixes de forme locomotive atteignent de grandes dimensions ; celles qui desservent la station électrique de Saint-James, à Londres, ont un foyer long de $1^{m},852$, large de $1^{m},630$, haut de $1^{m},780$, installé dans une boîte à feu longue de $2^{m},100$, suivie d'un corps cylindrique avec un diamètre moyen de $1^{m},830$; ce corps est traversé par 257 tubes de 57 mm, longs de $3^{m},330$. La pression effective est de $11^{kg},2$ par cm^2.

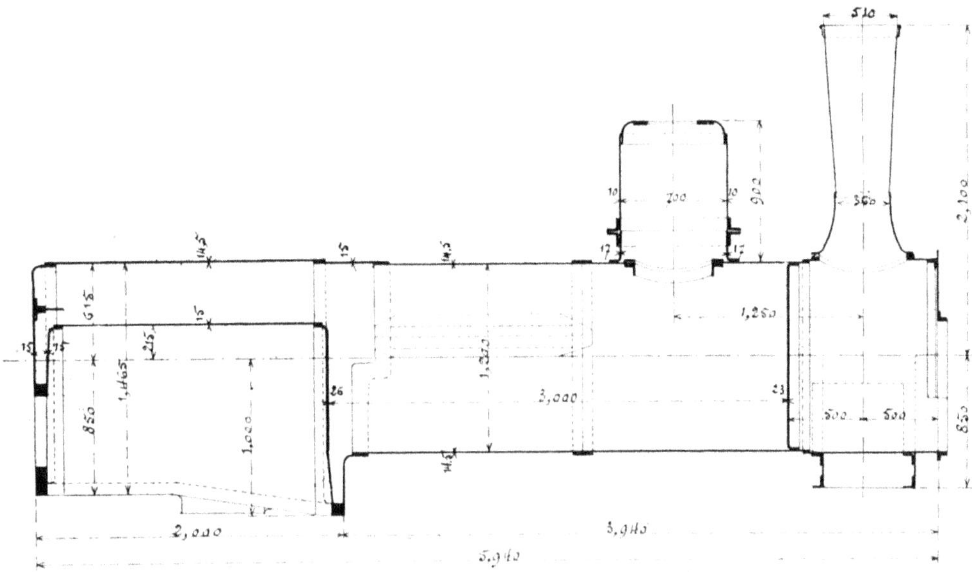

Fig. 832. — Chaudière en acier, pour locomotives-tenders du Grand Central Belge, avec foyer en cuivre (166 tubes de 50 mm extérieurement ; timbre 12 atm.). Plaque tubulaire d'avant à bords emboutis, rivés sur la première virole.

L'emploi de la forme locomotive se justifie par la facilité de l'installation et quand on dispose aisément de véritables chaudières de locomotives. Mais souvent il vaut mieux adopter d'autres formes plus simples.

Le même type de chaudière a été employé dans la marine, surtout pour les torpilleurs, quelquefois avec le foyer profond de la locomotive (fig. 844), plus souvent avec une boîte à feu ne descendant presque pas plus bas que le corps cylindrique (fig. 845). Ces appareils ont donné de grandes difficultés ; les fuites aux tubes ont été abondantes, quand on a voulu pousser la production jusqu'aux limites désirées. On paraît leur préférer aujourd'hui, pour les torpilleurs, des générateurs tubulés (§ 112).

La plus simple des chaudières tubulaires est un cylindre traversé par des tubes, avec un foyer extérieur : c'est celle que représente le croquis joint au brevet de Séguin (fig. 825).

Un tel cylindre peut recevoir des bouilleurs (fig. 847 et 848). Cette disposition porte le nom de *semi-tubulaire*.

Les tubes prolongent aussi le foyer intérieur d'une chaudière de Cornouailles (fig. 849) ; une combinaison analogue se voit dans la chaudière Farcot, disposée pour permettre le retrait assez facile du foyer et des tubes, en démontant les boulons de deux grands joints à bride (fig. 850 et 851), faits sur des cornières aux deux extrémités du corps cylindrique inférieur.

Le foyer intérieur peut aussi communiquer avec une chambre, d'où les tubes partent en retour (fig. 852) : une boîte à fumée en tôle entoure la porte de chargement. Tout le système interne adhère seulement au fond antérieur de la chaudière, de sorte que les dilatations en sont assez libres.

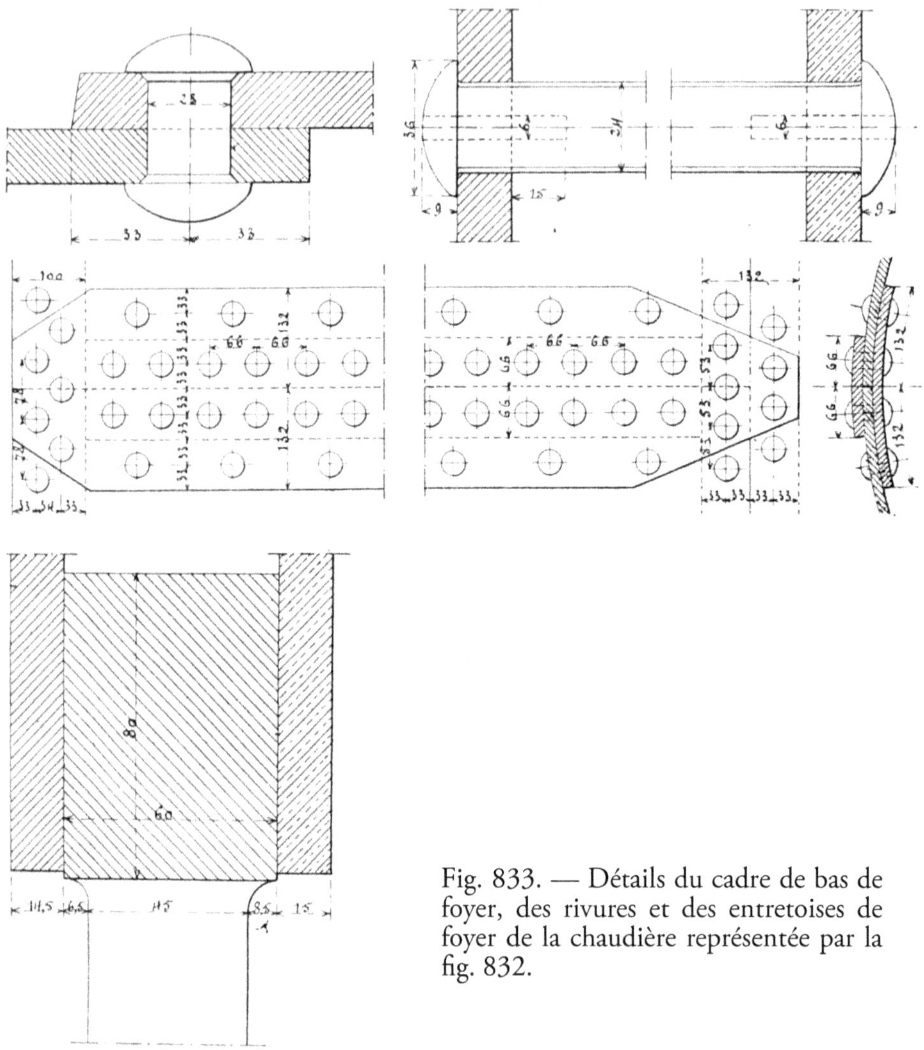

Fig. 833. — Détails du cadre de bas de foyer, des rivures et des entretoises de foyer de la chaudière représentée par la fig. 832.

En rattachant le fond de la chaudière au corps cylindrique par un grand joint à brides, facile à démonter (fig. 852 à 855), on permet la visite et le nettoyage du faisceau intérieur, sujet à l'entartrement.

Les cassures ne se développent pas dans la plaque antérieure, quand elle est emboutie avec des arrondis de grand rayon.

Pour les chaudières marines, on est arrivé à un type en quelque sorte classique, avec foyers cylindriques intérieurs, surmontés de tubes en retour, le tout placé dans un grand cylindre ; la distance entre les bases planes est souvent inférieure au diamètre.

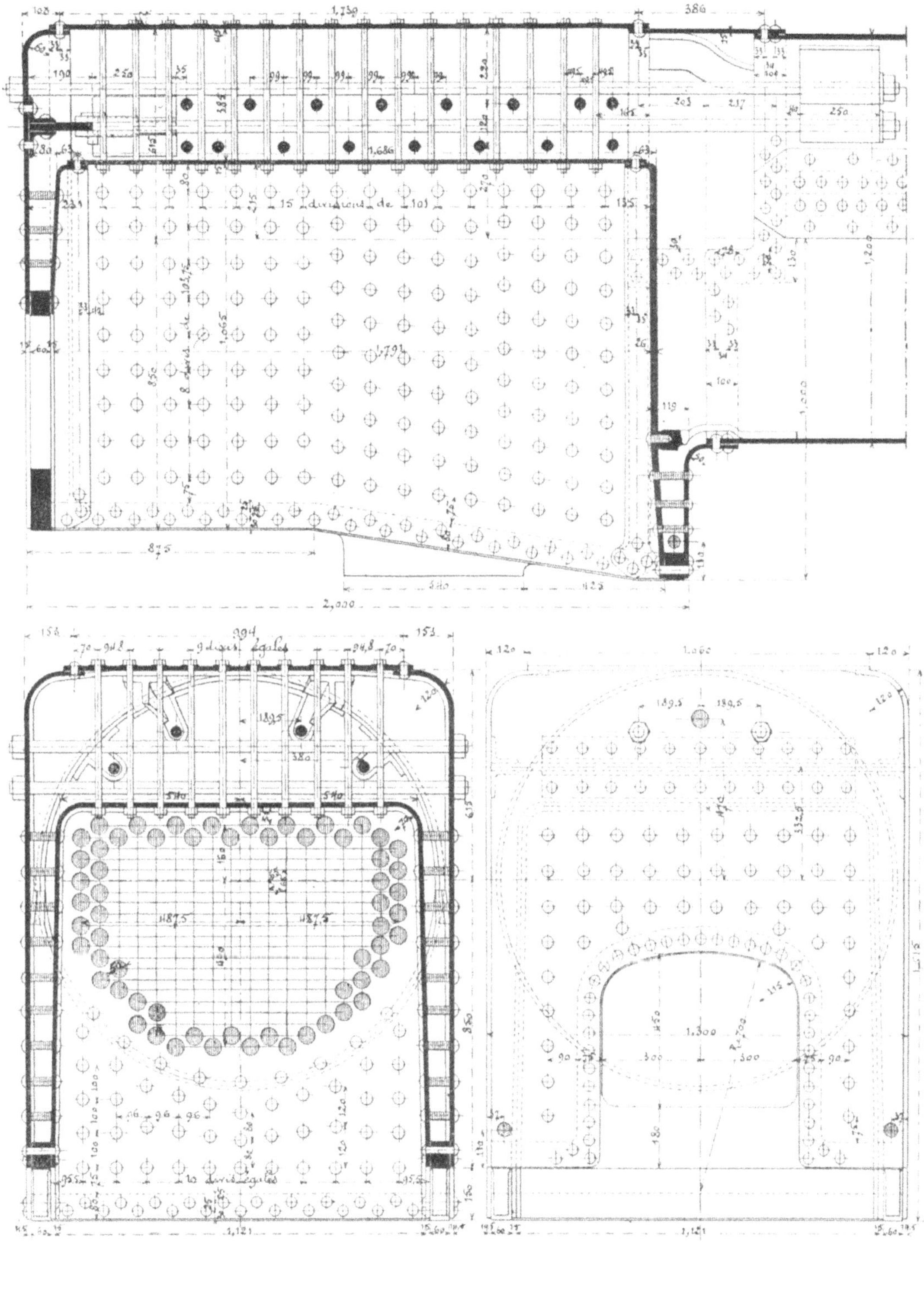

Fig. 834. — Boite à feu et foyer de la chaudière représentée par la fig. 832. Le ciel du foyer et le dessus de la boîte à feu sont réunis par des entretoises verticales ; des tirants horizontaux main- tiennent les faces latérales et la face arrière de la boîte à feu, raidie en outre par des cornières et par une tôle rattachée aux faces latérales.

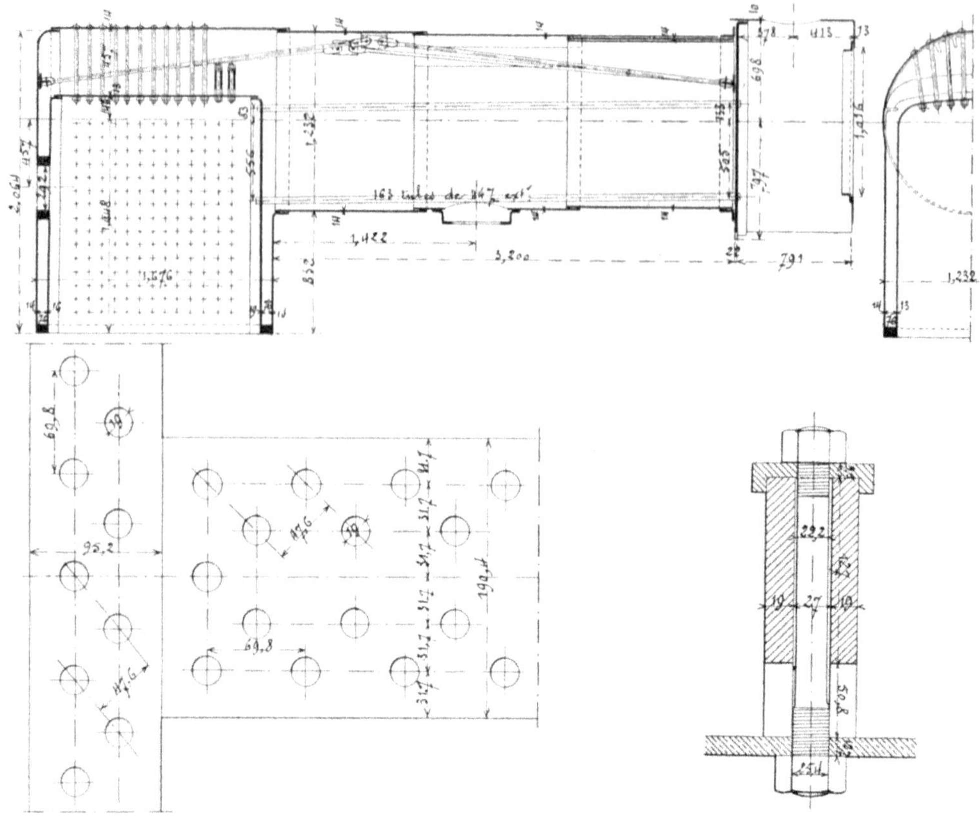

Fig. 835. — Chaudière en acier, avec foyer en cuivre, des locomotives-tenders du Great Northern railway ; coupe longitudinale ; demi-coupe transversale ; détail des couvre-joints ; détail d'une des deux fermes transversales du ciel de foyer, montées vers l'avant pour ne pas gêner les dilatations. Le reste du ciel de foyer est directement entretoisé avec le berceau cylindrique de la boîte à feu.

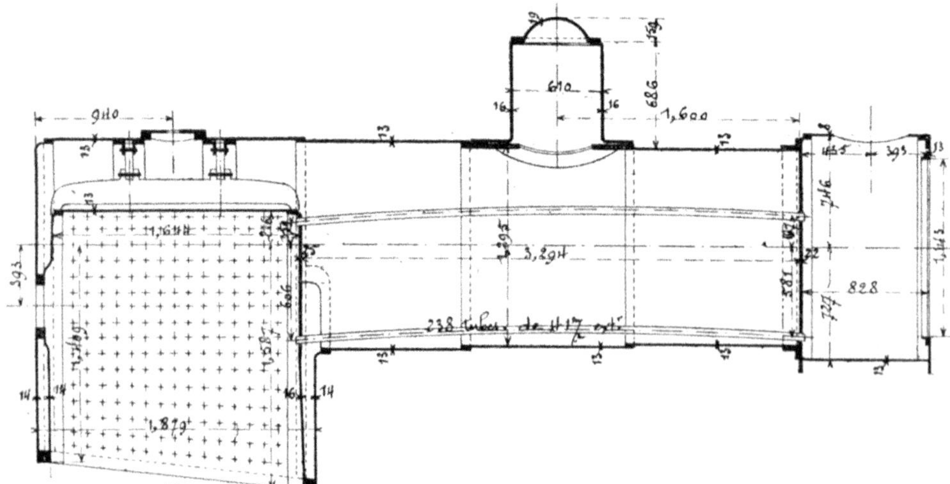

Fig. 836. — Chaudière en acier pour locomotive à 4 roues couplées et bogie, avec foyer en cuivre, du Glasgow and South Western railway. On a cintré les tubes afin de réduire la poussée qu'ils exercent contre les plaques tubulaires.

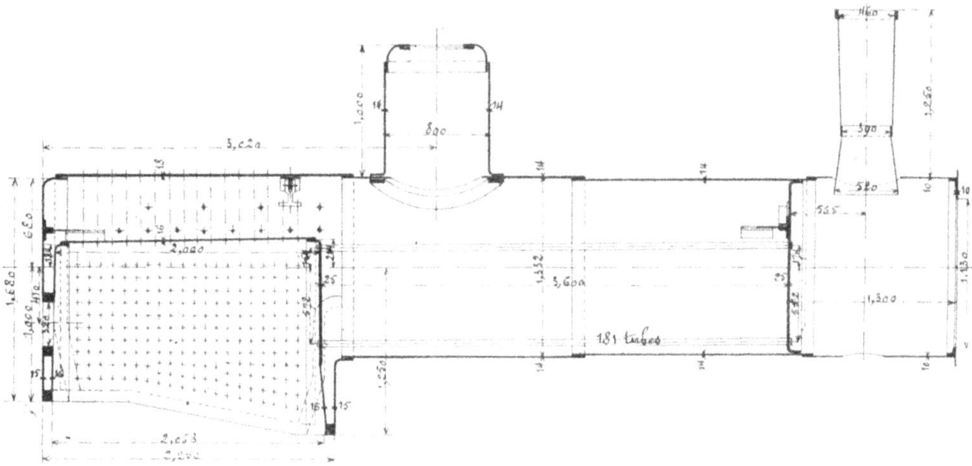

Fig. 837. - Chaudière en acier, avec foyer en cuivre, de locomotives du réseau Adriatique. Plaque tubulaire de boîte à fumée à bords emboutis.

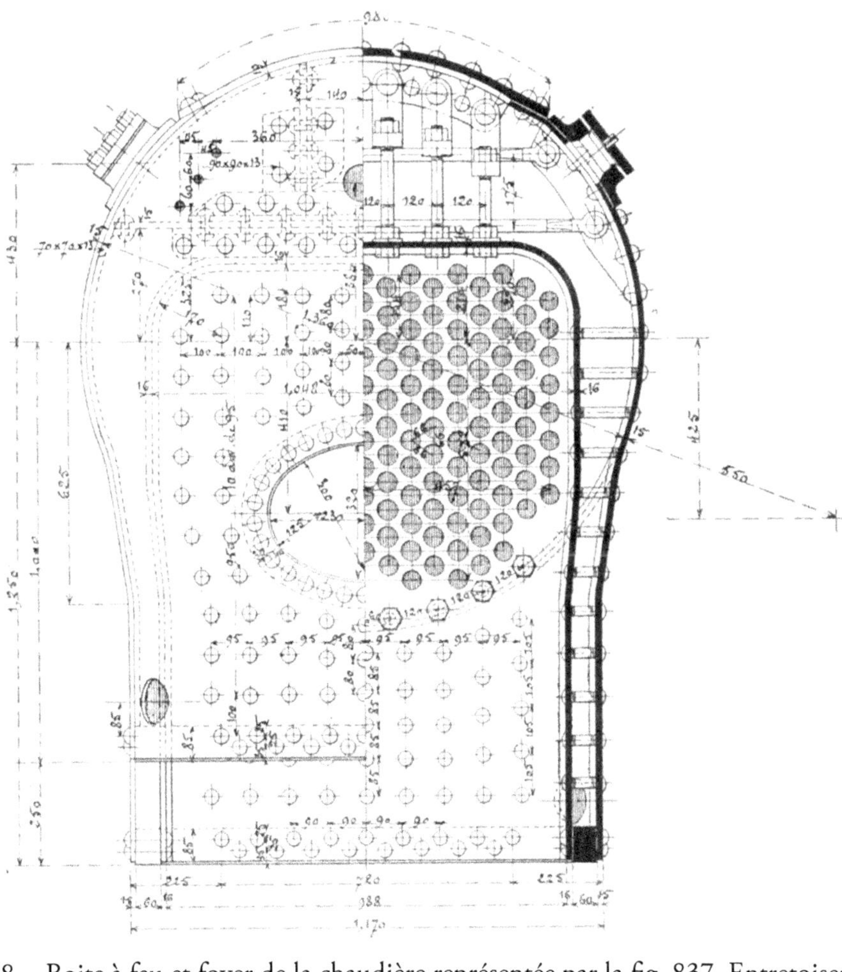

Fig. 838. - Boite à feu et foyer de la chaudière représentée par la fig. 837. Entretoisement direct du ciel de foyer et du berceau cylindrique de boîte à feu, avec deux rangs d'entretoises à dilatation.

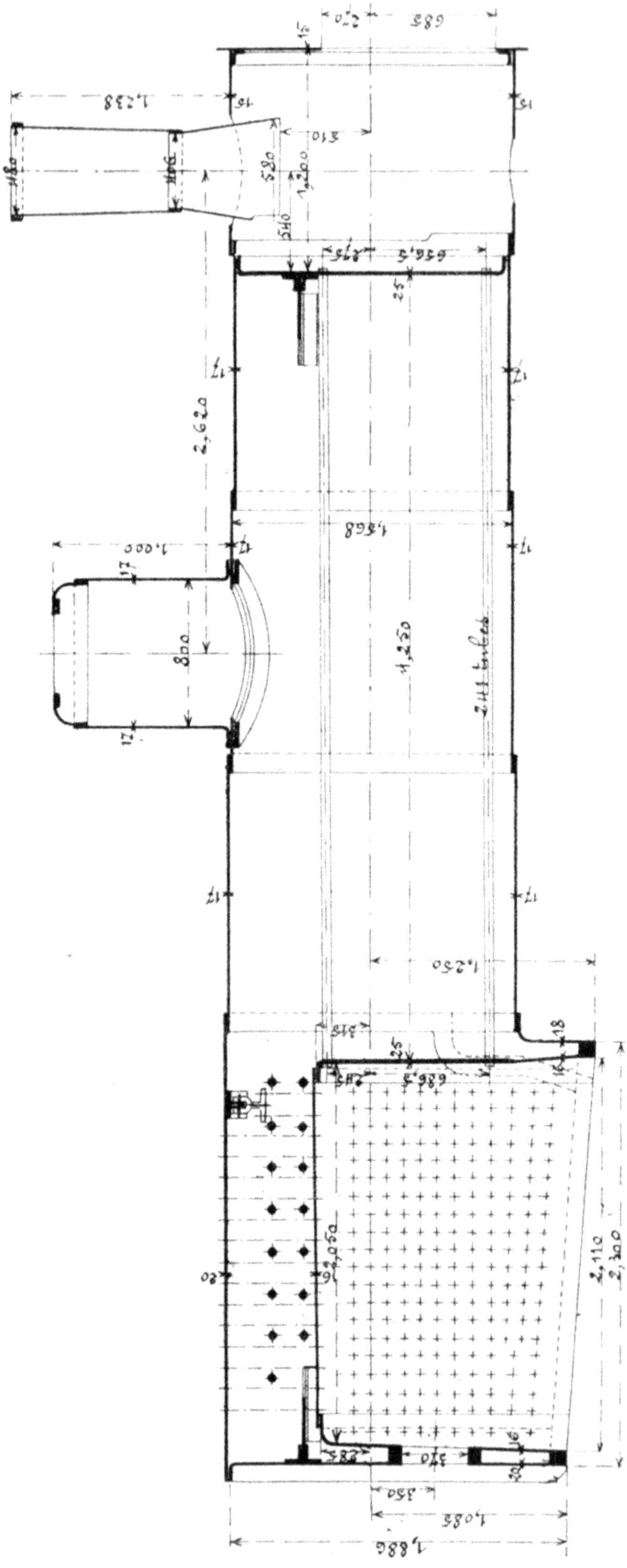

Fig. 839. — Chaudière en acier, avec foyer en cuivre, de locomotives du réseau Adriatique. La clouure de la face arrière de boîte à feu est retournée ; on dérive cette plaque pour remplacer le foyer, qui ne peut sortir par le bas.

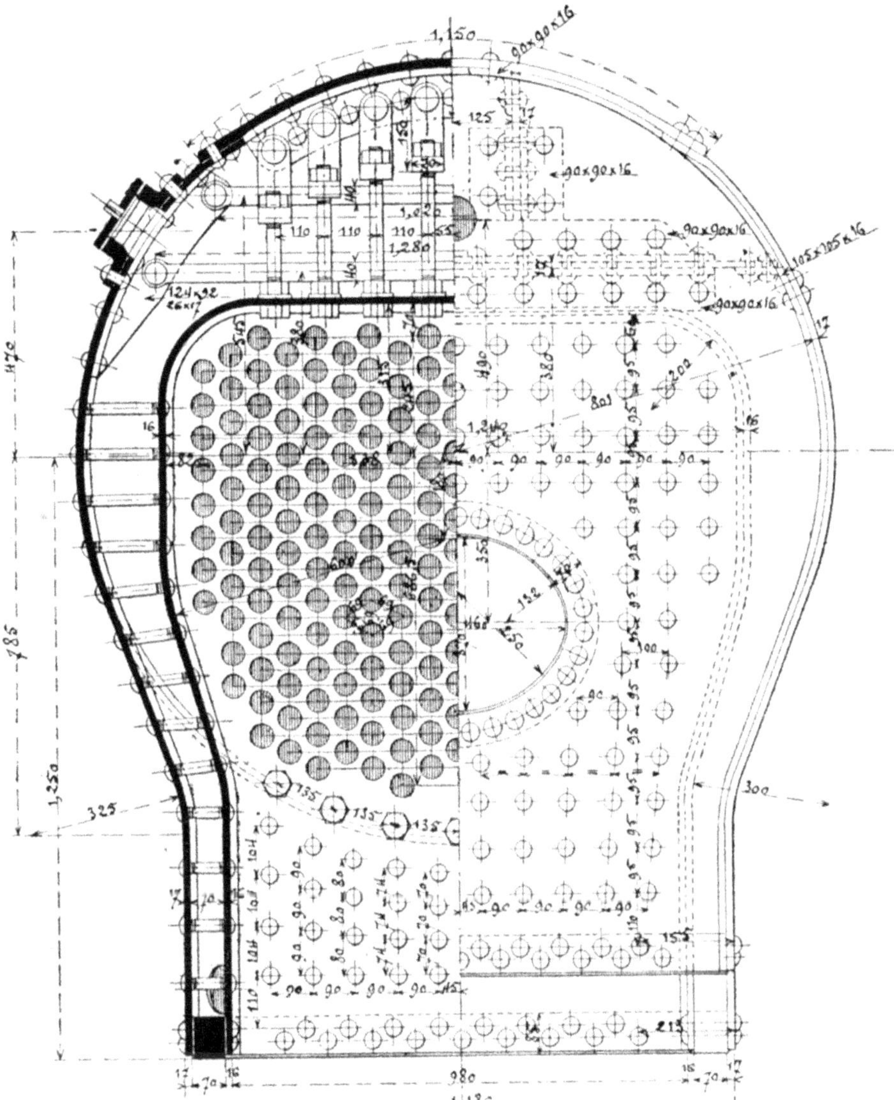

Fig. 840. — Boîte à feu et foyer de la chaudière représentée par la figure 839.

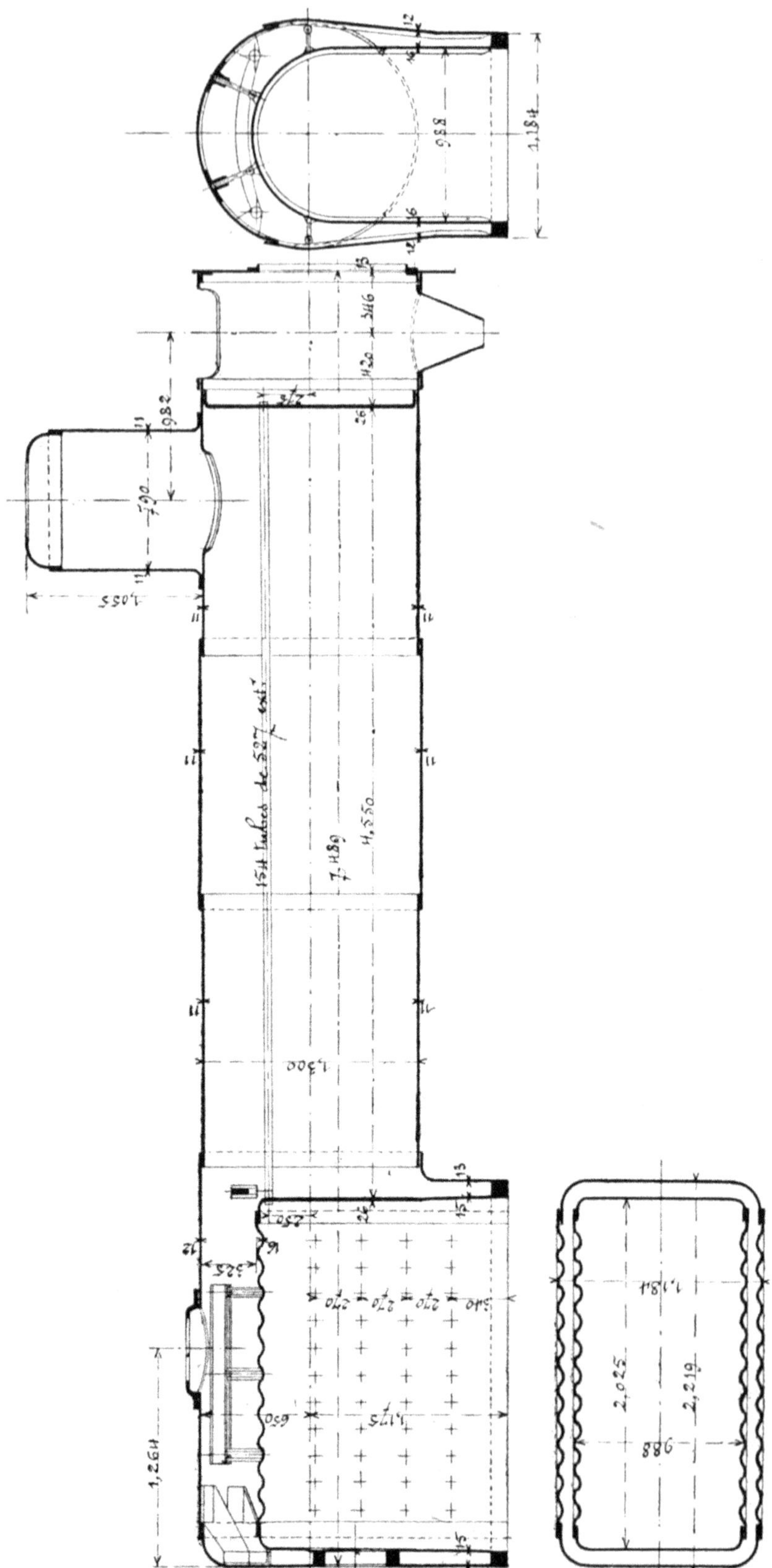

Fig. 841. — Chaudière avec foyer ondulé pour locomotives des chemins de fer Roumains ; grâce à sa forme le ciel reporte la pression dans le plan des faces latérales, de sorte qu'on a pu supprimer la plupart des tirants verticaux. La forme des parois latérales a permis de réduire aussi le nombre des entretoises horizontales.

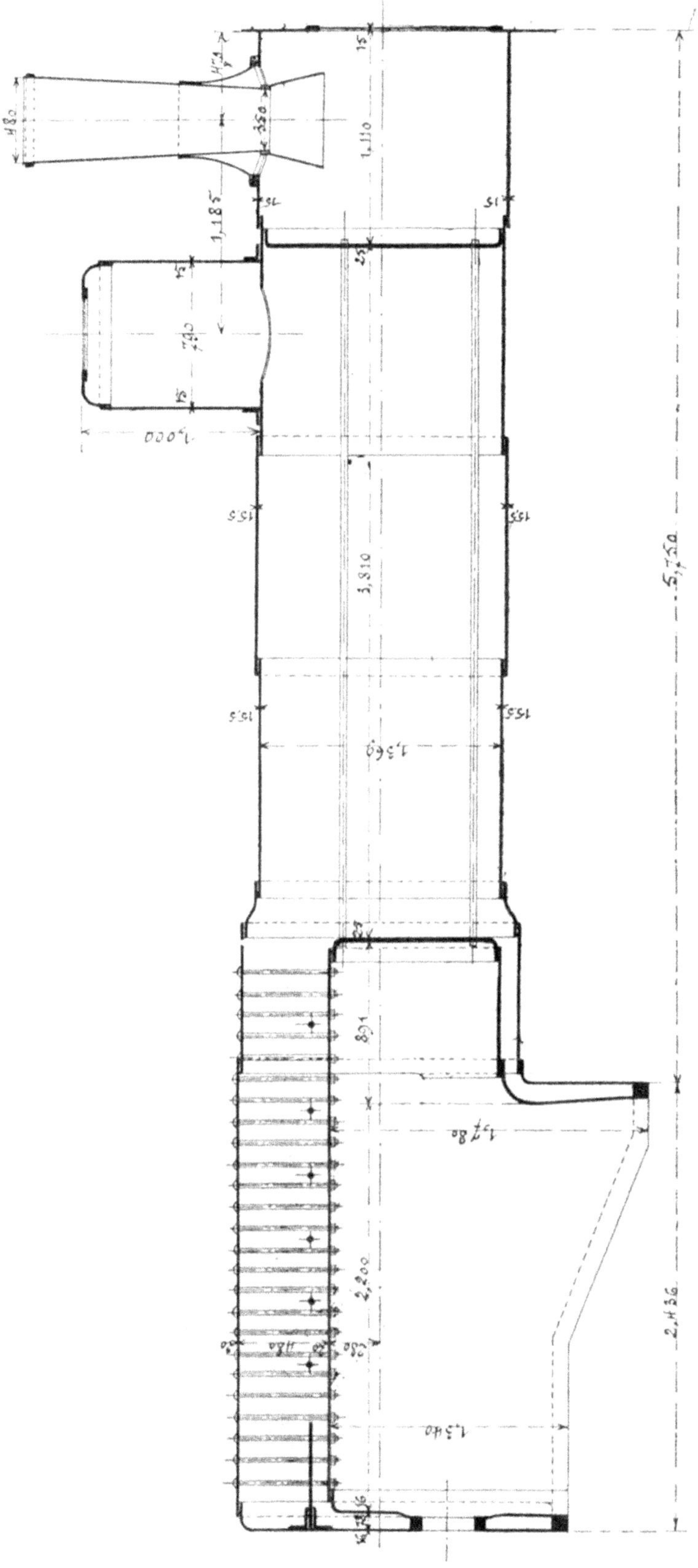

Fig. 842. — Chaudière pour locomotives du réseau de la Méditerranée, en Italie, avec chambre de combustion à la suite du foyer.

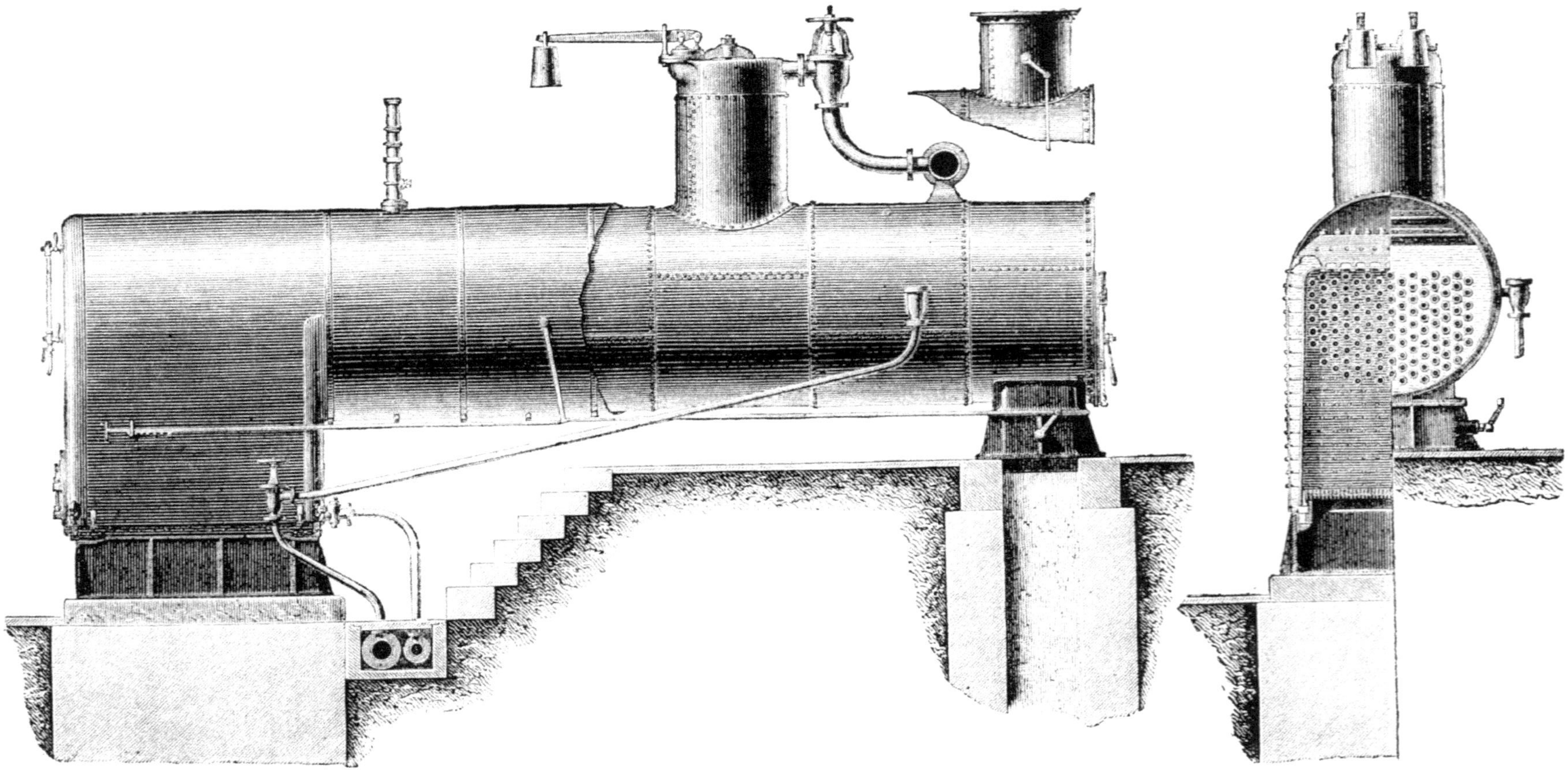

Fig. 843. — Chaudière tubulaire fixe, du type locomotive, construite par la Compagnie de Fives-Lille ; les gaz s'échappent par un carneau souterrain, ou par une cheminée supérieure en tôle, comme l'indique l'annexe avec arrachement rapportée au-dessus de la boite à fumée sur l'élévation. Le ciel du foyer est muni de fermes transversales, qui peuvent s'appuyer sur des corbeaux rivés contre la boite à feu.

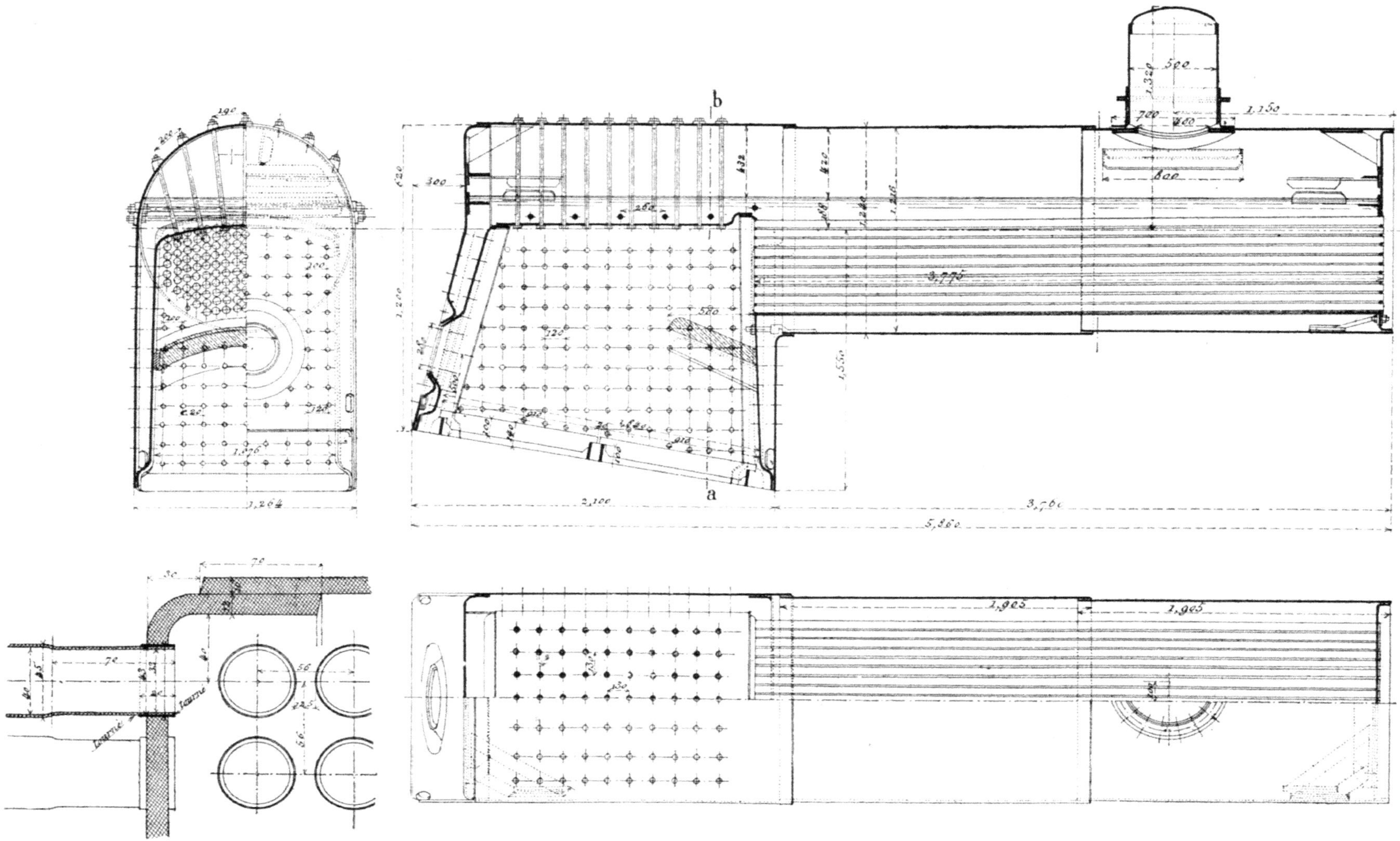

Fig. 844. - Chaudière tubulaire de torpilleur, avec foyer profond, construite en 1888. On a cherché à rendre cette chaudière très légère, en employant des tôles minces, et en assemblant le foyer et la boite à feu sans interposer un cadre forgé.

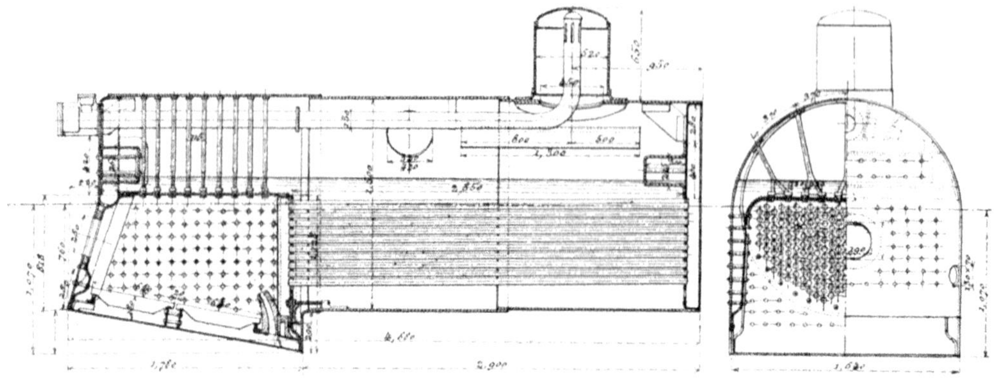

Fig. 845. — Chaudière tubulaire de torpilleur, forme locomotive, avec foyer peu profond, construite en 1887. Une pièce réfractaire creuse isole la grille de la plaque tubulaire.

Fig. 846. — Emmanchement des tubes de la chaudière représentée par la fig. 845.

Légende de la figure 844.

Surface de grille	1^{m^2},908.
Surface de chauffe directe .	7^{m^2},8.
Surface de chauffe des tubes à l'extérieur	80^{m},03.
Section tubulaire.	0^{m^2},17.
Nombre de tubes	150.
Diamètres des tubes	40-45 mm.
Volume d'eau.	2^{m^3},925.
Volume de vapeur	2^{m^3},087.
Surface d'évaporation . . .	6^{m^2},400.
Timbre	12 kg.

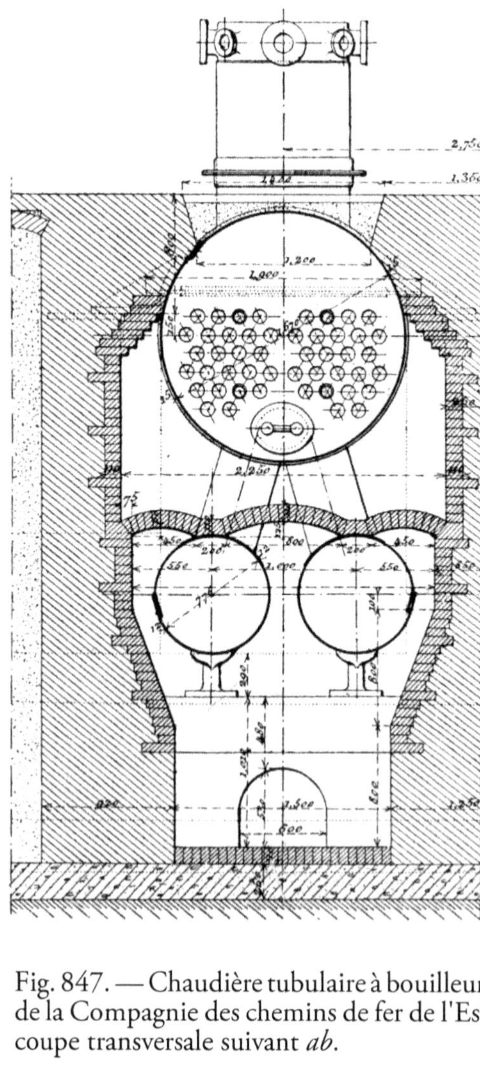

Fig. 847. — Chaudière tubulaire à bouilleurs, de la Compagnie des chemins de fer de l'Est ; coupe transversale suivant *ab*.

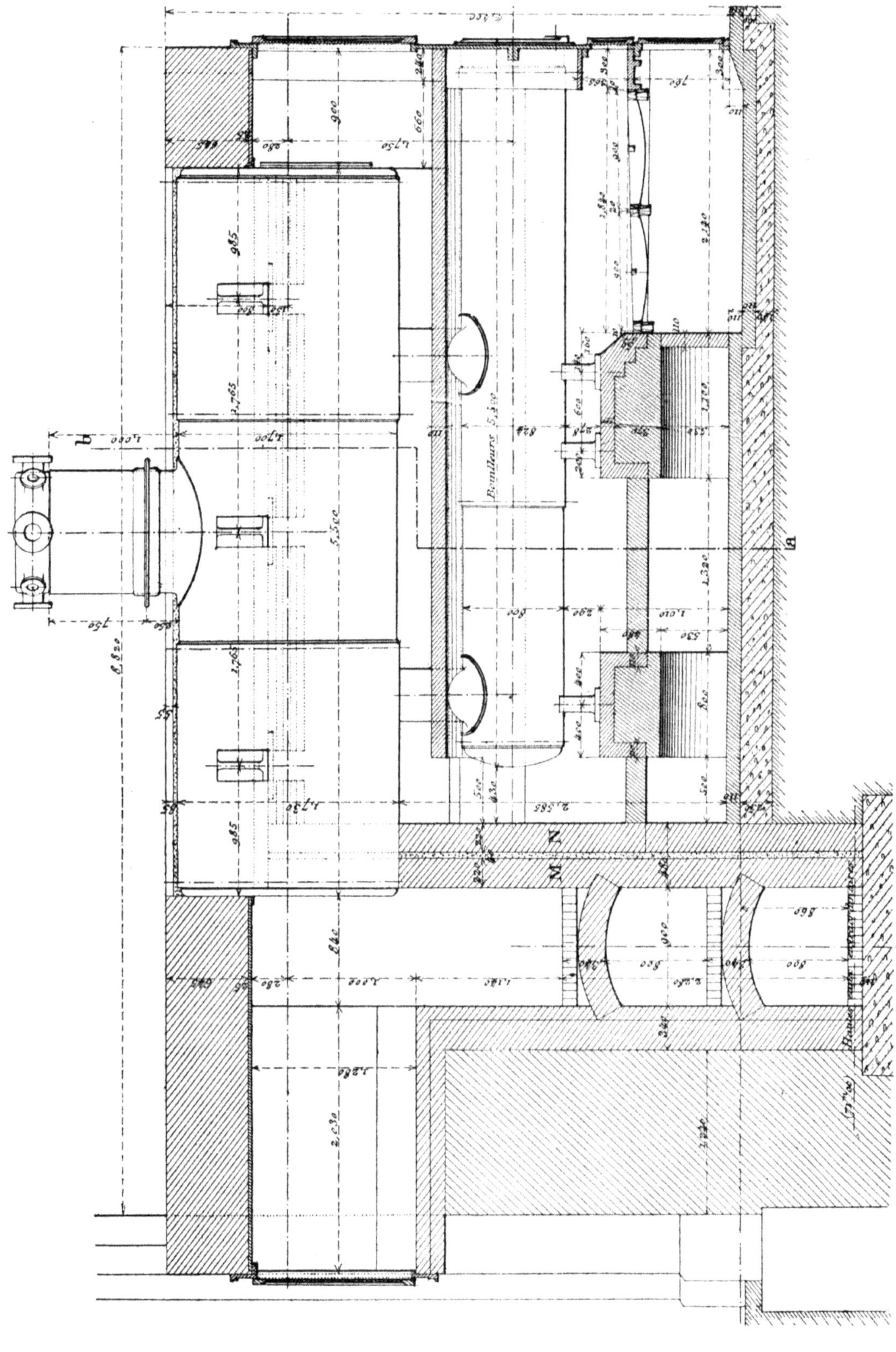

Fig. 848. — Chaudière tubulaire à bouilleurs, construite en 1893 pour les ateliers de la Compagnie des chemins de fer de l'Est ; coupe longitudinale (voir la légende page suivante).

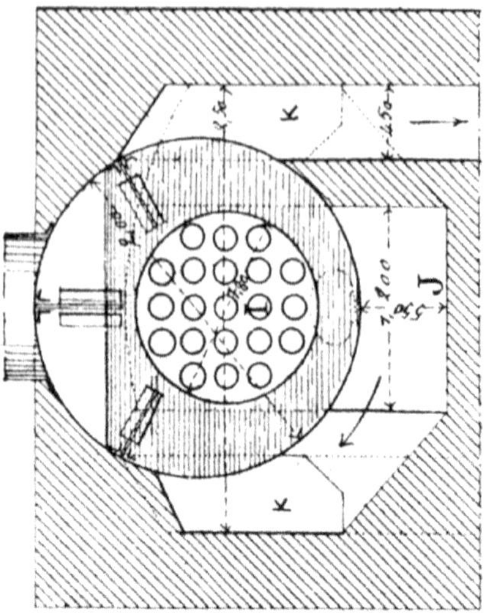

Fig. 849. — Chaudière cylindrique à foyer intérieur prolongé par des tubes ; à la sortie des tubes, les gaz reviennent sous la chaudière par le carneau J, puis se divisent en deux branches que les carneaux latéraux K, K, conduisent à la cheminée.

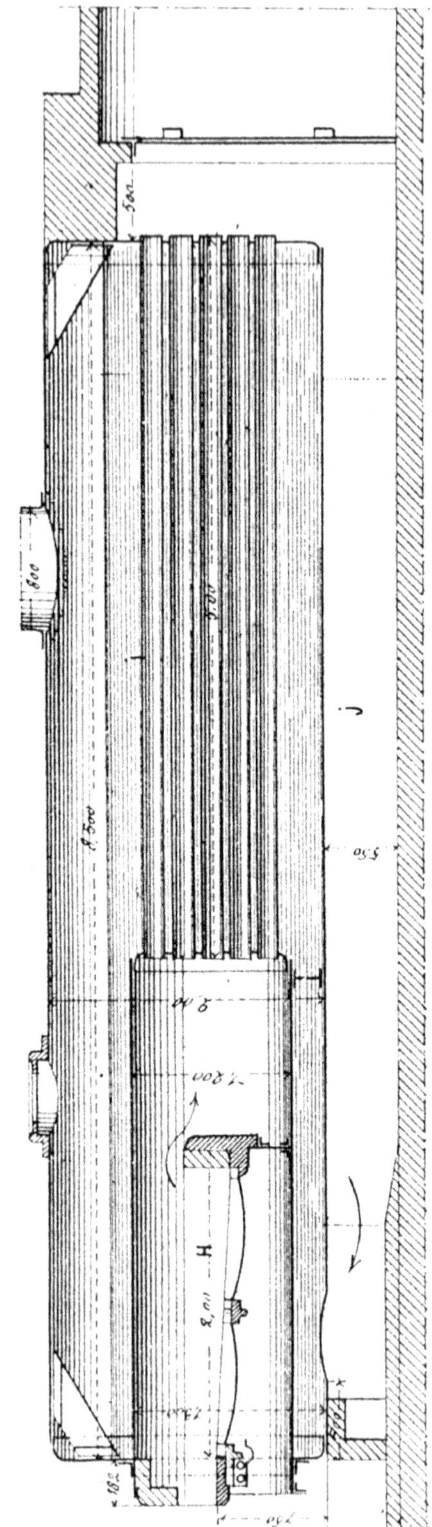

Légende des figures 847 et 848.

DIMENSIONS PRINCIPALES DE LA CHAUDIÈRE

Grille : Surface	2m²,76.
Surface de chauffe :	
2 bouilleurs et 4 jambages.	25,59.
1 corps de chaudière	14,55.
48 tubes (calculée sur le diamètre intérieur).	74,15.
Totale	114,29
Tubes : Diamètre extérieur	0m,100.
Longueur entre les plaques tubulaires.	5,440.
Epaisseur.	3mm,7
Corps de chaudière :	
Diamètre moyen (extérieur de la petite virole)	1m,700.
Longueur totale.	5,500.
Epaisseur des tôles	0,015.
Epaisseur des plaques tubulaires. .	0,030.
Bouilleurs : Diamètre moyen	0m,800.
Longueur totale	5,500.
Epaisseur des tôles	0,012.
Jambages : Diamètre intérieur. . .	0,400.
Epaisseur.	0,013.
Dôme : Diamètre intérieur.	0,900.
Hauteur de la partie cylindrique au-dessus de la génératrice du corps de la chaudière	1,000.
Epaisseur de la tôle.	0,012.
Timbre.	7 kg.

Le fond des fourneaux est formé de deux murs MN de 0m,220 d'épaisseur, complètement indépendants et séparés par un espace de 0m,040 de largeur rempli de sableou de fraisil, afin d'éviter la sortie directe des gaz, par les fentes de la maçonnerie, dans le carneau de la cheminée.

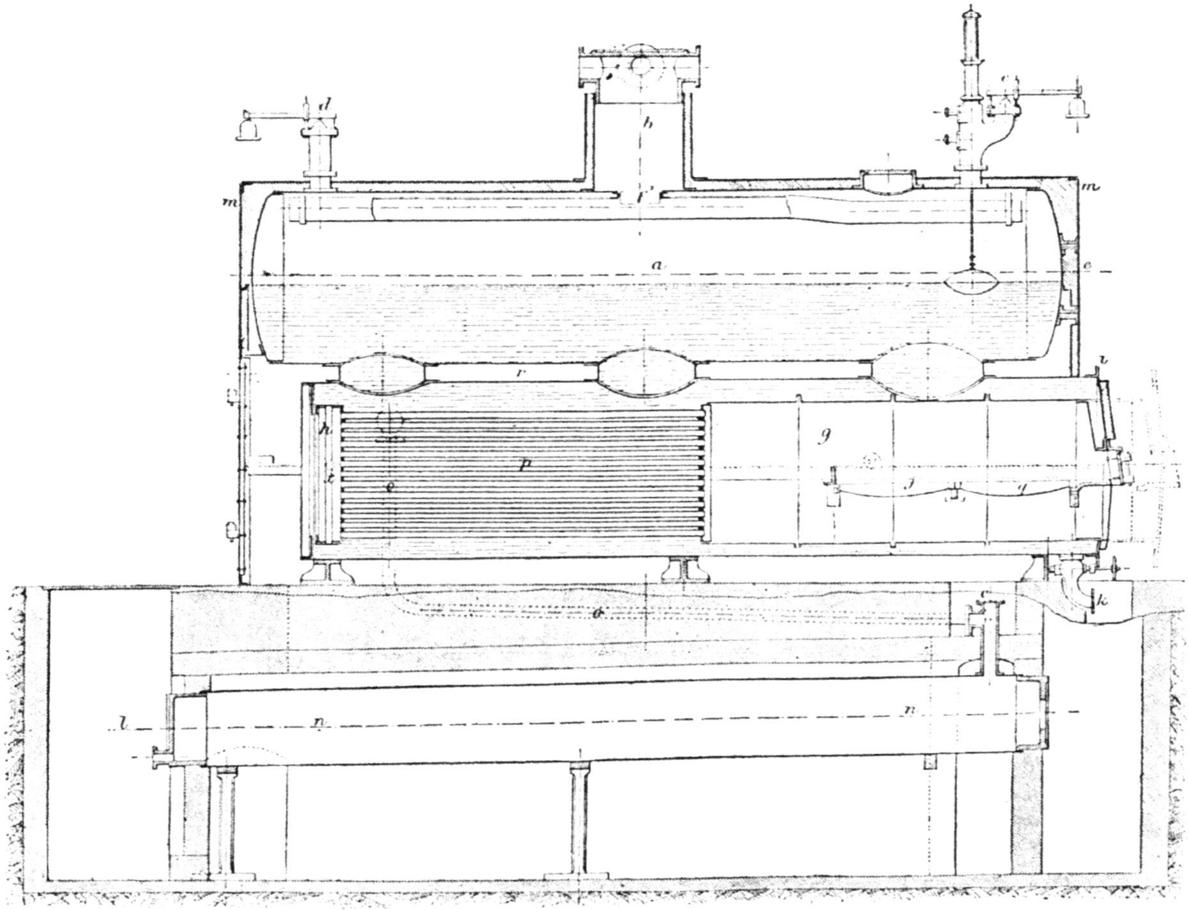

850. — Chaudière tubulaire Farcot, à foyer amovible, avec bouilleur réchauffeur *nn* ; coupe longitudinale.

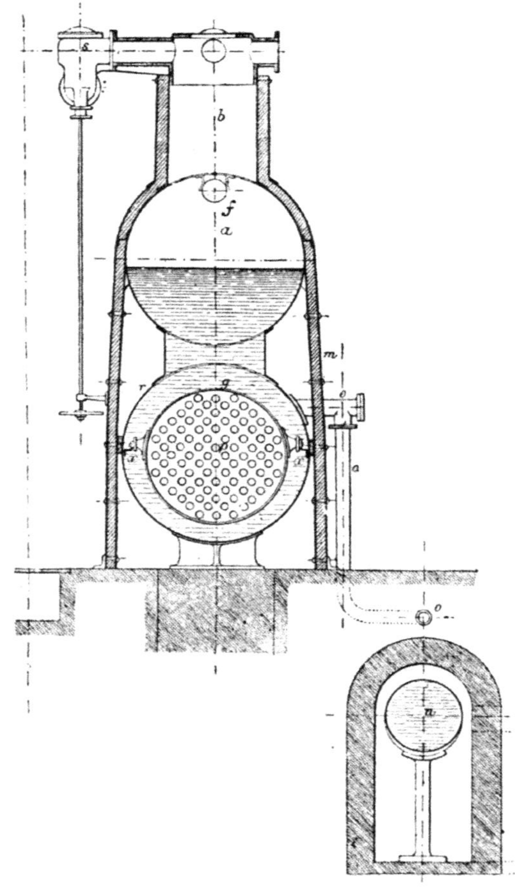

Fig. 851. — Chaudière Farcot ; coupe transversale.

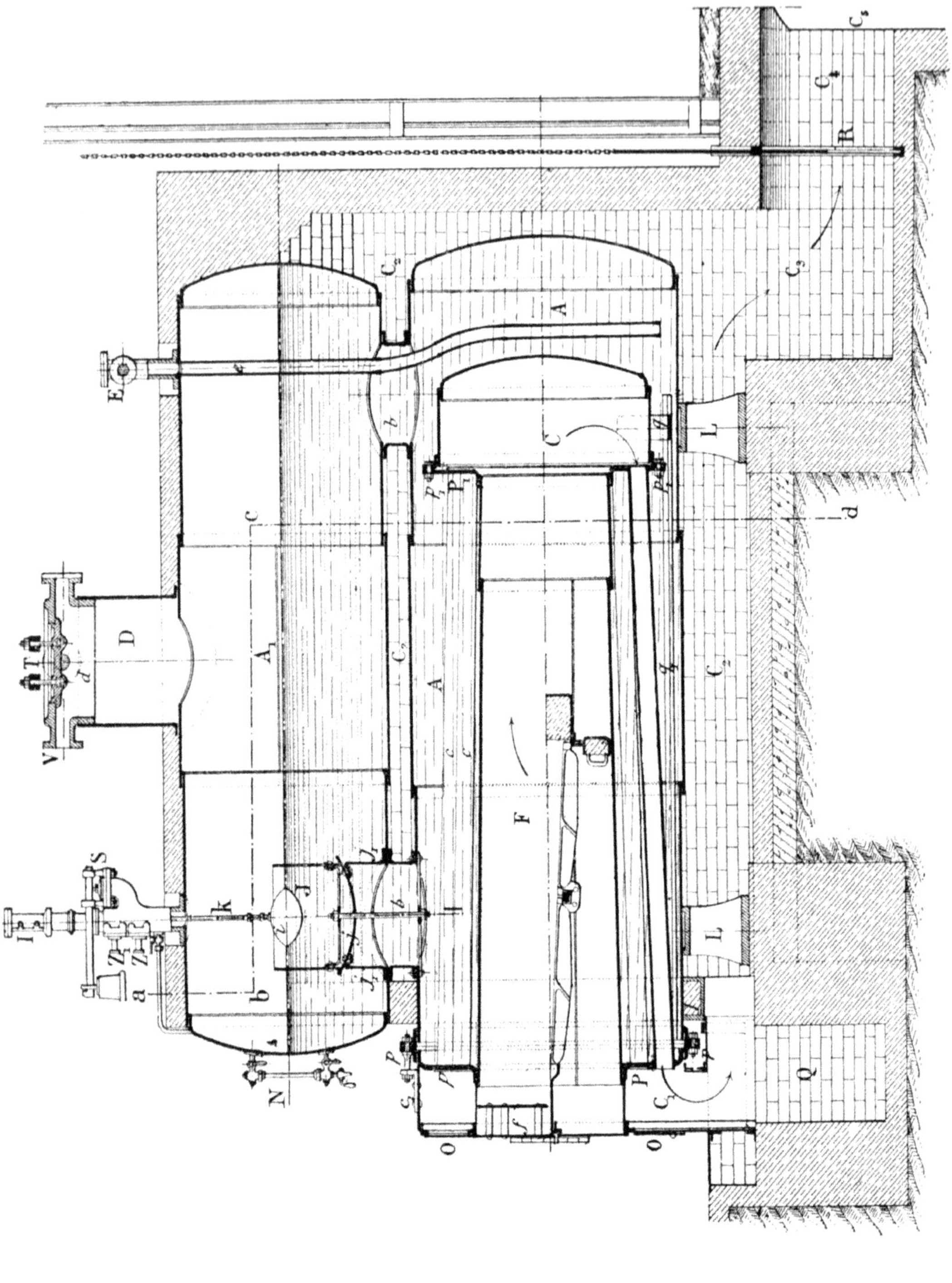

Fig. 852. — Chaudière tubulaire, à foyer amovible, de la Société centrale de construction de machines, à Pantin ; coupe longitudinale.

Le foyer et les tubes s'emmanchent sur des *boîtes à feu* ou *chambres de combustion*, dont les parois sont entretoisées entre elles, avec la surface cylindrique extérieure et avec le fond plat de la chaudière. La boîte à fumée est rapportée devant le débouché des tubes, au-dessus des portes de chargement (fig. 856).

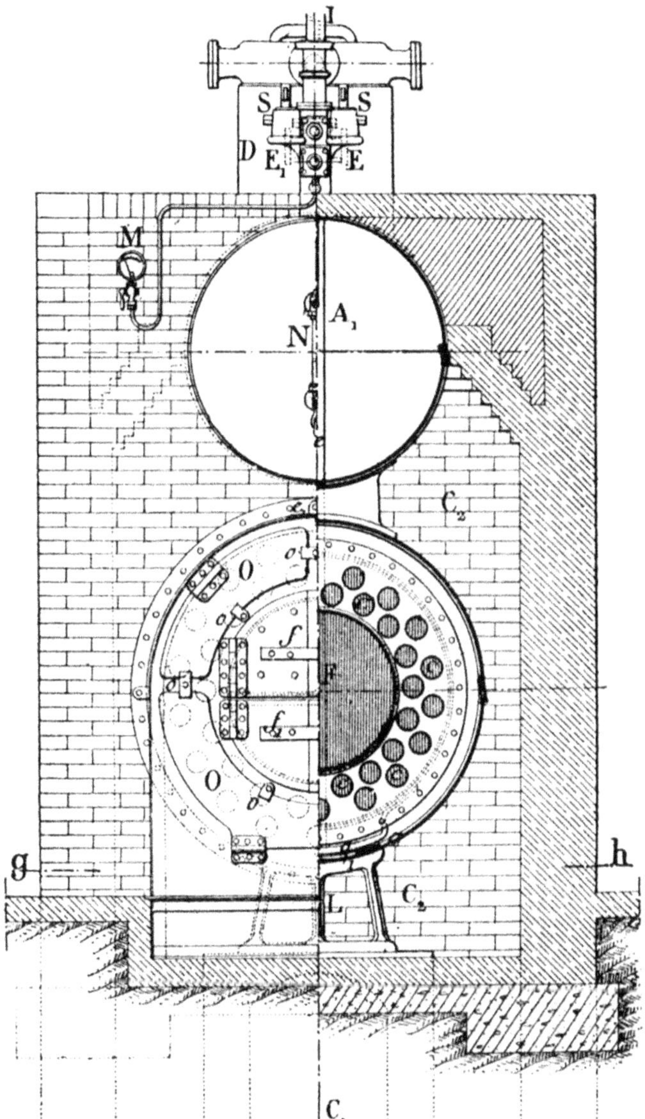

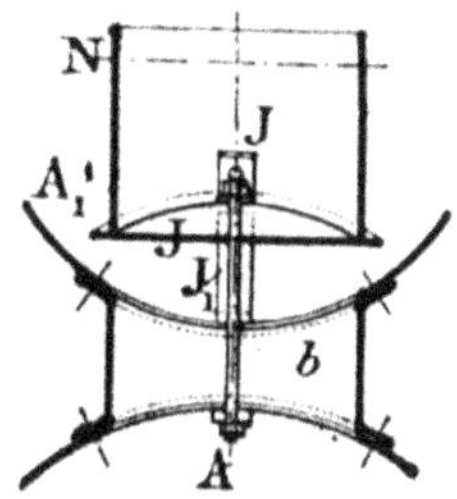

Fig. 854. — Coupe suivant *kl* de la fig. 852.

Fig. 853. — Chaudière tubulaire, à foyer amovible, de la Société de Pantin; demi-coupe transversale suivant *abcd* et demi-élévation transversale.

De petites chaudières peuvent n'avoir qu'un foyer ; souvent elles en ont deux (fig. 857) et trois (fig. 858 à 862) ; quelquefois une seule chaudière contient quatre foyers (fig. 863 et 864). Ces foyers, pour les hautes pressions, sont souvent à profil ondulé du système Fox ou autre analogue. En accolant dos à dos deux de ces chaudières, on peut supprimer les fonds qui se touchent (fig. 865), et même les parois voisines des boîtes à feu (fig. 866 à 868). On obtient ainsi les chaudières *doubles*, chauffées par les deux extrémités. Le service de ces chaudières doubles est peut-être un peu plus difficile que celui des chaudières simples, et les dilatations risquent de les fatiguer davantage.

Le diamètre des chaudières marines approche parfois de cinq mètres.

Pour les pressions, aujourd'hui usitées, de 10 à 12 kg par cm², les épaisseurs des tôles deviennent très grandes, bien qu'on admette une fatigue assez forte par millimètre carré : c'est ainsi qu'on fait usage de tôles d'acier épaisses de 30 à 40 mm.

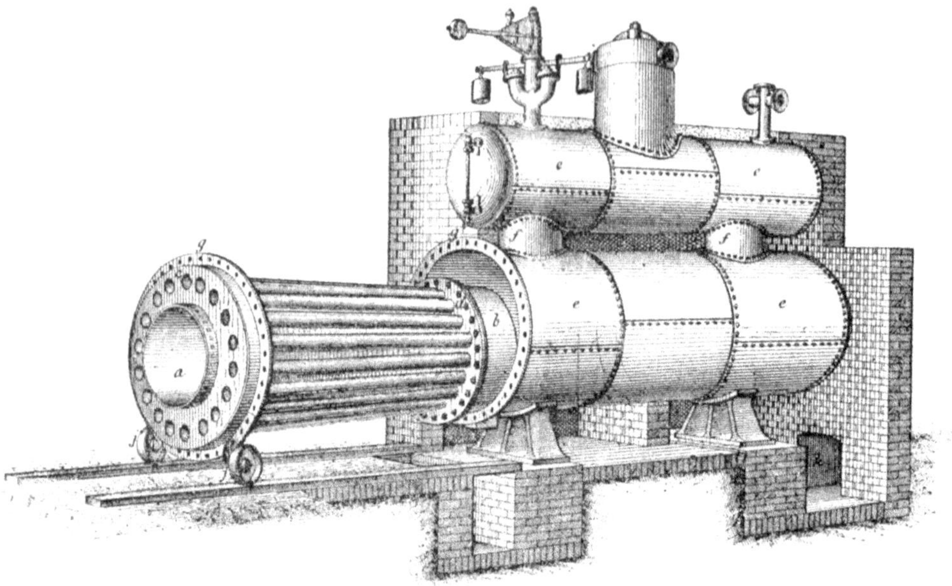

Fig. 855. — Chaudière tubulaire, à foyer amovible, de la Société de Pantin : vue avec le foyer démonté.

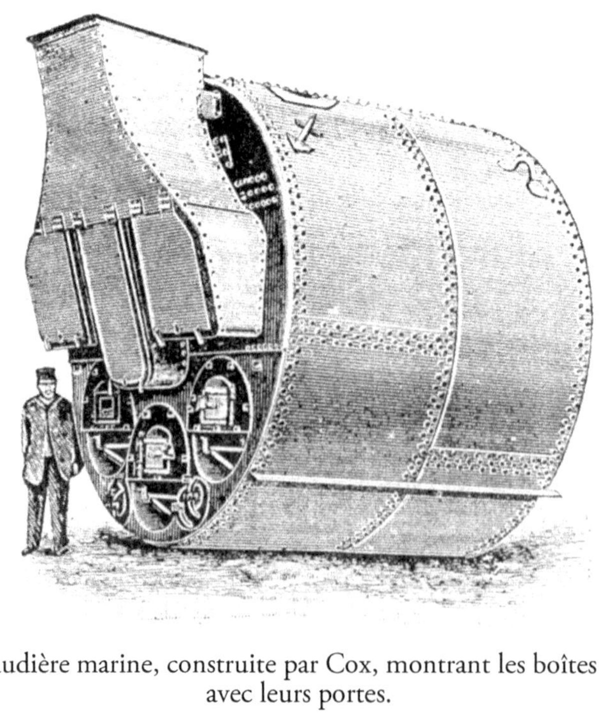

Fig. 856. — Chaudière marine, construite par Cox, montrant les boîtes à fumée en place avec leurs portes.

Quant au diamètre des foyers, ce n'est pas sans inconvénient qu'on dépasse beaucoup un mètre avec de fortes pressions ; les affaissements du ciel sont à craindre avec les grands diamètres. C'est pour cette raison qu'on préfère souvent, dans une vaste chaudière, quatre petits foyers à trois grands.

Parfois les tubes sont montés dans le prolongement des foyers (fig. 869 à 871) ; le diamètre de la chaudière est moindre et la longueur en est plus grande.

Les tubes, qui entrent dans la construction des diverses chaudières tubulaires, sont d'habitude en acier doux ou en fer ; longtemps on a employé le laiton pour les locomotives, mais ce métal, plus cher que le fer, ne paraît présenter aucun avantage sérieux. Le tube en laiton était souvent terminé du côté du foyer par un bout en cuivre rouge (fig. 885), parce qu'à la température du rouge sombre, le laiton est cassant.

Dans les locomotives, le diamètre des tubes est, à l'extérieur, de 40 à 55 mm, et plus souvent de 45 à 50 mm ; ce diamètre est généralement plus grand dans les générateurs fixes et marins, où la place est moins étroitement comptée, et où le tirage naturel exige une large section de passage pour les gaz.

Une épaisseur de 2 à 4 mm, suivant le diamètre, est en général suffisante pour les tubes, et il est utile de ne pas exagérer le poids du faisceau tubulaire. L'usure intérieure produite par les escarbilles entraînées, et les corrosions à l'extérieur, c'est-à-dire dans l'eau de la chaudière, les amincissent et finissent même par les percer.

La longueur des tubes varie beaucoup suivant les cas. On paraît aujourd'hui d'accord en principe pour ne pas les allonger au-delà de 4 m dans les locomotives.

Il convient que l'écartement des tubes atteigne 16 à 18 mm, dans les locomotives, afin que l'eau puisse circuler entre eux et que les incrustations ne les maçonnent pas trop vite. La disposition en rangées verticales (fig. 872 et 873) paraît plus convenable pour le dégagement de la vapeur que la disposition en quinconce (fig. 874).

C'est surtout contre la plaque tubulaire du foyer que la production de vapeur est abondante : d'après les expériences de M. Normand, l'eau cesserait souvent de baigner constamment cette plaque, ce qui en explique les avaries fréquentes. Pour augmenter le volume de l'eau dans cette partie de la chaudière, M. Normand a rétreint les tubes sur une certaine longueur (fig. 875), sans réduire la section de passage des gaz plus que la virole ne le fait.

Sur les parois latérales des foyers de locomotive, où la chaudière forme une lame étroite, obstruée par les entretoises et aussi par les dépôts solides, l'accès de l'eau est également difficile : d'après M. Bellens, un tube de niveau, monté comme sur la figure 876, indiquerait la présence de vapeur dans cet espace. L'abaissement du niveau supérieur de l'eau, visible dans le tube normal de niveau, lorsqu'on ferme la prise de vapeur de la locomotive, indique du reste que la vapeur occupe un volume assez important dans la masse d'eau quand la vaporisation est active.

Dans les chaudières marines à foyers multiples, les flancs des foyers ont quelquefois souffert et se sont affaissés, sans doute à cause de l'accès difficile de l'eau entre eux quand la vaporisation est rapide. En outre ces chaudières, n'étant pas extérieurement chauffées, sont exposées à souffrir constamment de la présence d'eau relativement froide à la partie inférieure ; les dispositions qui assurent la circulation continue peuvent y être particulièrement utiles.

Comme c'est la surface de chauffe en contact avec les gaz du foyer, beaucoup plus que celle baignée par l'eau, qui détermine la quantité de chaleur absorbée par la chaudière, on a fort ingénieusement augmenté la première surface en munissant

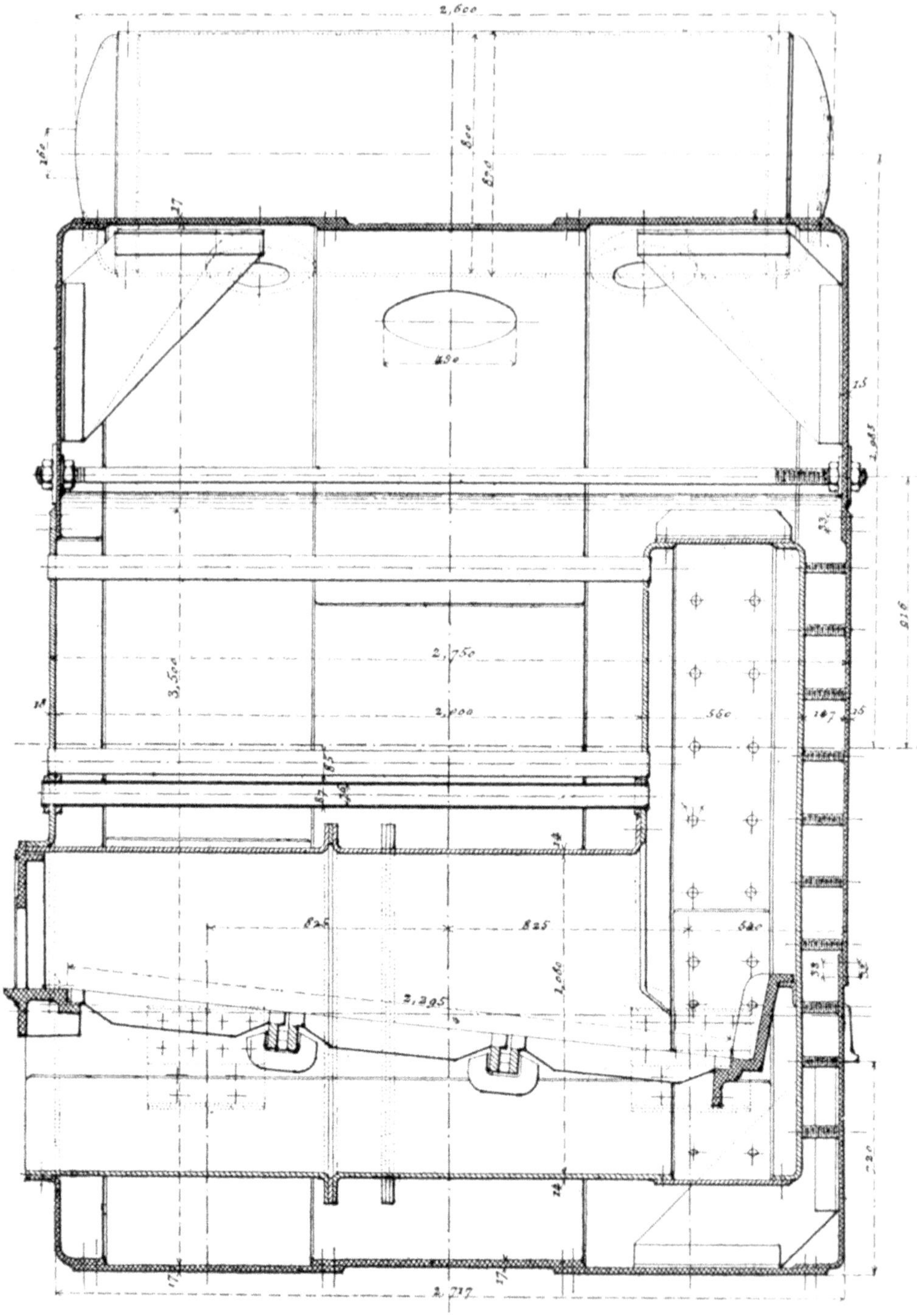

Fig. 857. — Chaudière marine à deux foyers, construite en 1881;

Timbre .... 4^{kg},25.
Surface de grille .... 4^{m2},86.
Surface de chauffe :
  Foyers (au-dessus de la grille) .... 7^{m2},100.
  Boites à feu (au-dessus de la grille)........... 11,74.
  Tubulaire (intérieur des tubes). .... 101,18.

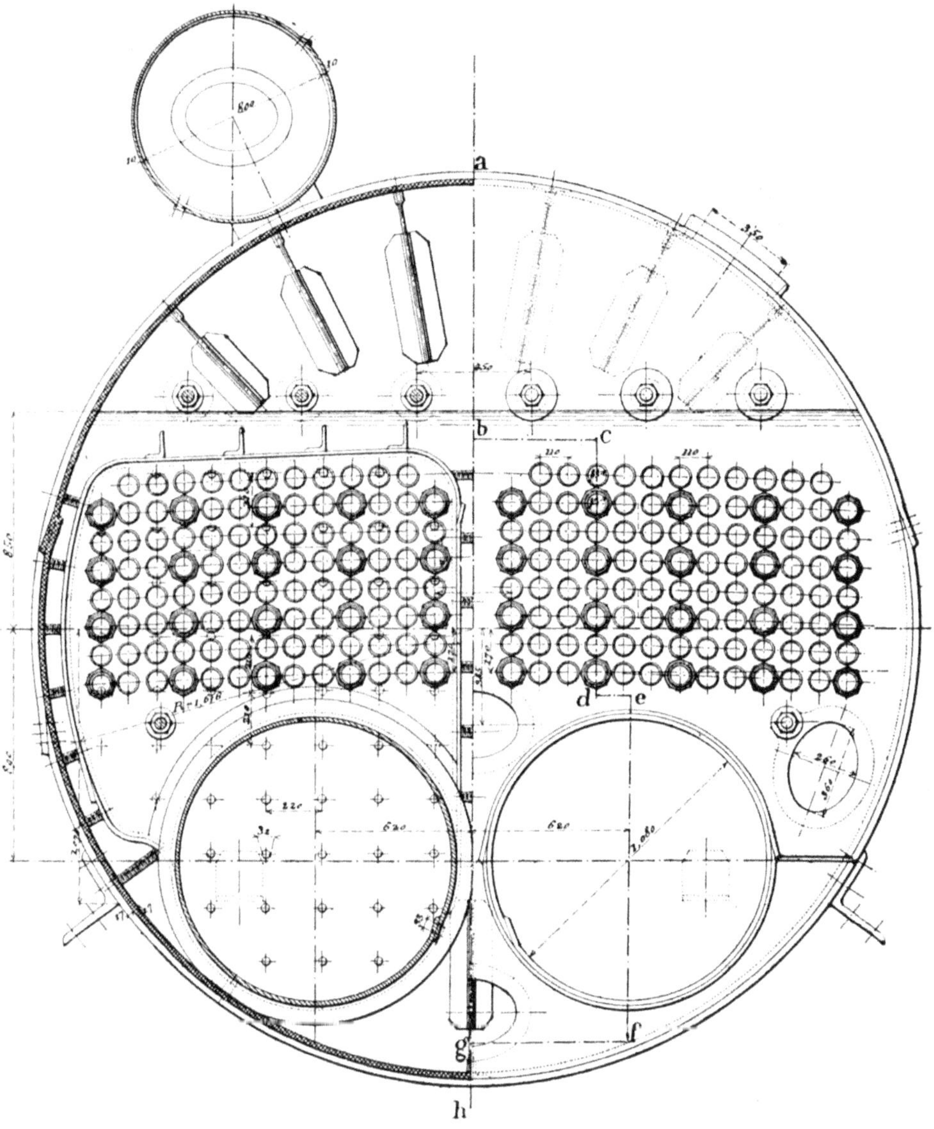

coupe longitudinale ; coupe et élévation transversales.

Totale................................ 120^{m2}.02.
Volume d'eau .... 12^{m3},042.
Volume de vapeur :
Chaudière................. 5^{m3},170.
Réservoir .... 1,200.
Total .... 6,370.

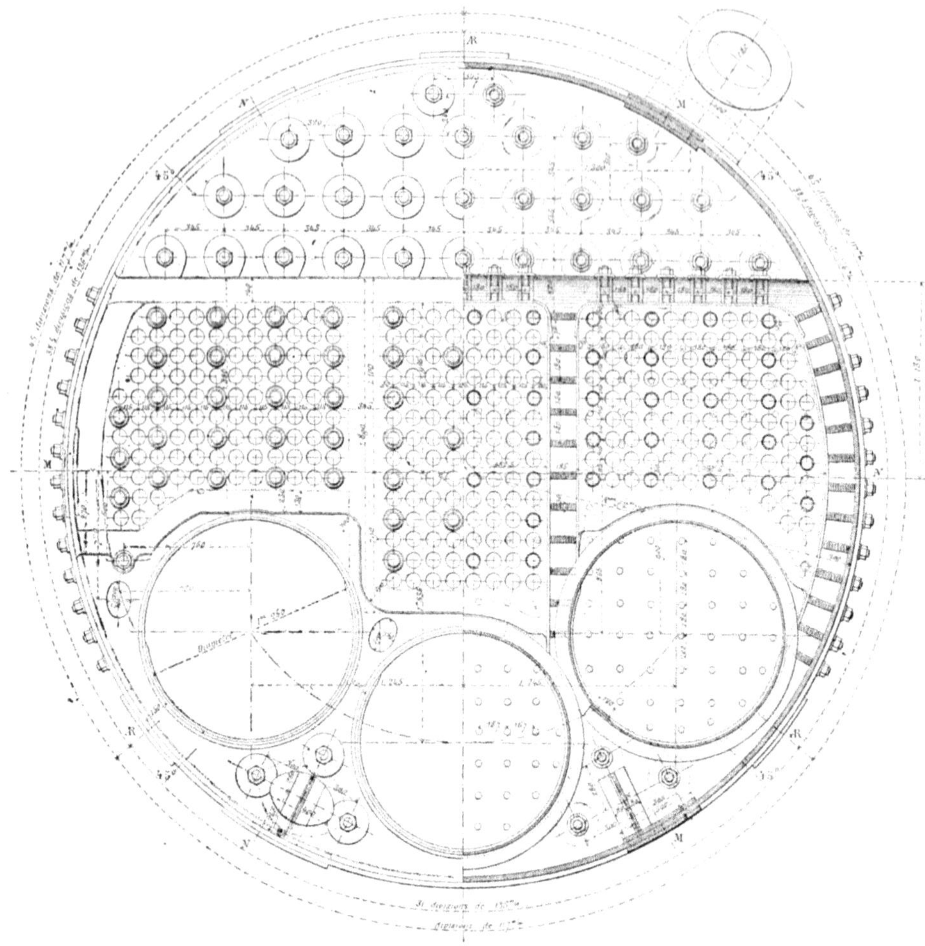

Timbre.	8 kg.	Diamètre extérieur des tubes ordinaires	84 mm.
Nombre des tubes ordinaires . . .	261.	Surface de grille.	6^{m2},937.
— des tubes-tirants.	67.	Section des tubes.	1,428.
Diamètre intérieur des tubes ordinaires	76 mm.		

Fig. 858. — Chaudière à trois foyers du paquebot « la Champagne », de la Compagnie générale transatlantique, construit en 1885 ; demi-élévation ; demi-coupe transversale suivant *ab* de la fig. 859.

les tubes d'ailettes intérieures (fig. 877). On s'exagère peut-être l'effet de ces ailettes en comptant qu'à égalité de surface intérieure une telle tubulure est équivalente à des tubes lisses, le régime de la combustion restant le même ; cependant certaines expériences, exécutées à la Cie des chemins de fer de Paris à Lyon et à la Méditerranée, semblent indiquer cette équivalence. Quoi qu'il en soit, l'influence des ailettes est considérable.

Lorsque les tubes à ailettes se substituent à des tubes lisses de petit diamètre, tels que ceux des locomotives, il convient de leur donner un diamètre plus grand, afin de ne pas trop gêner le passage des gaz et d'éviter l'obstruction par les escarbilles. Un avantage indirect du système est alors une circulation de l'eau plus facile, par

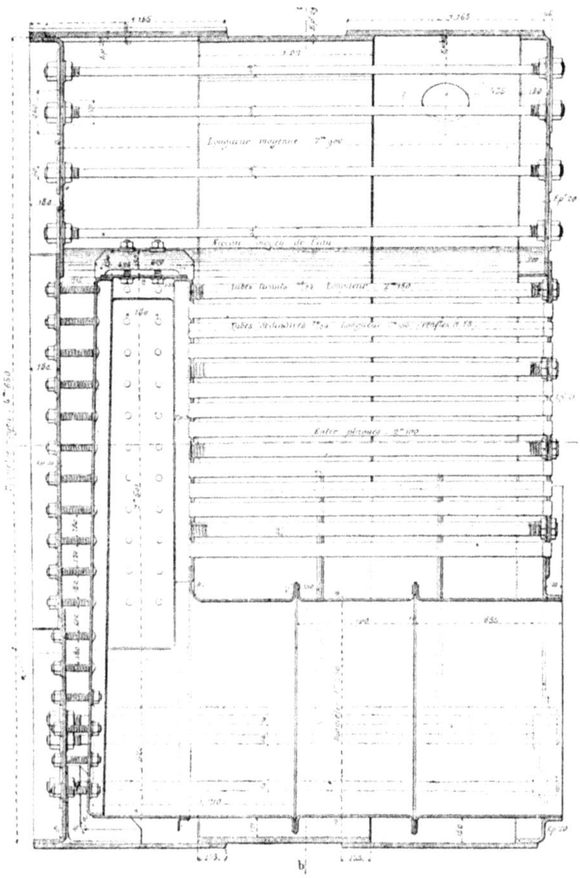

Fig. 859. — Chaudière à trois foyers de « la Champagne » ; coupe verticale suivant l'axe du foyer médian.

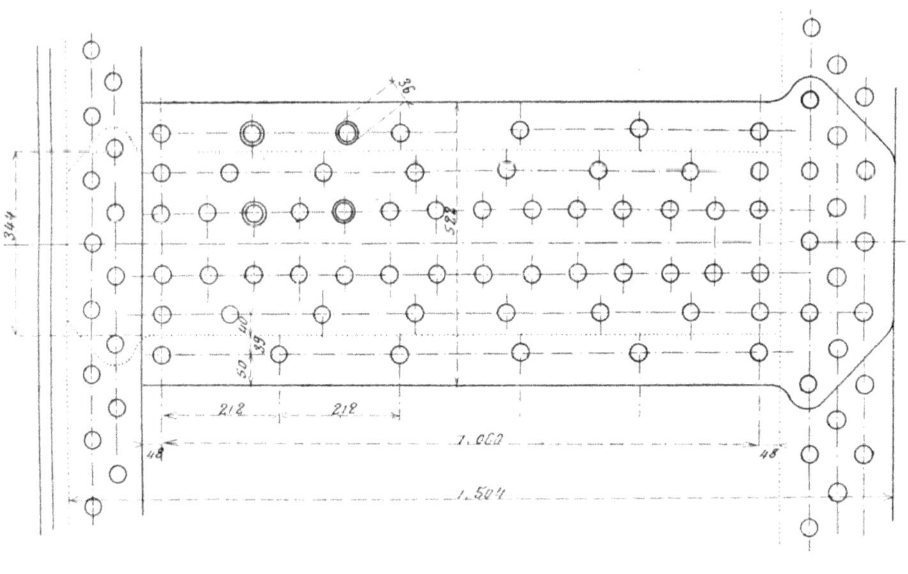

Fig. 860.— Couvre-joints des chaudières de « la Gascogne » (fig. 861 et 862); vue de l'intérieur. Le pointillé montre le couvre-joints extérieur, plus étroit.

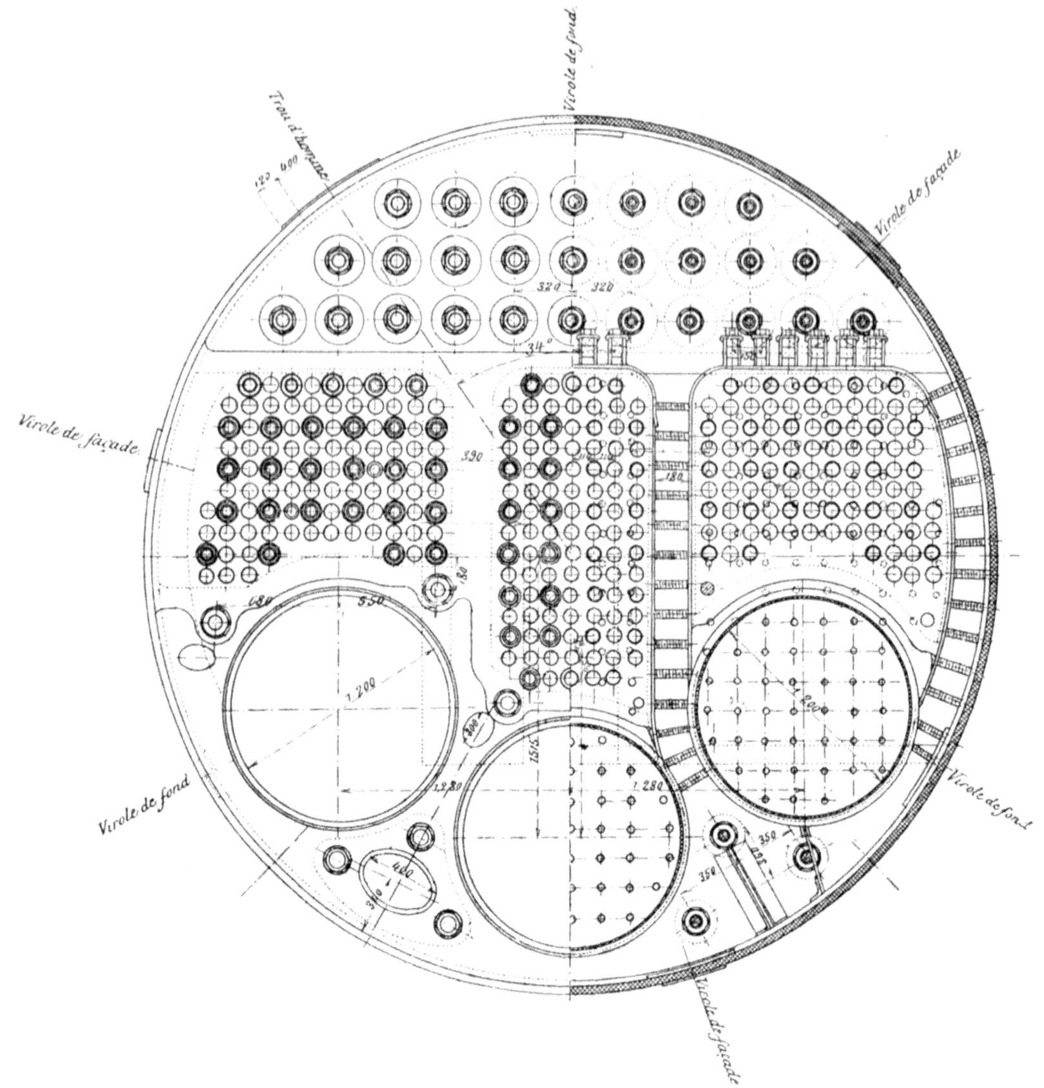

Données principales :

Chaudière :		**Tubes ordinaires :**	
Pression effective	11 kg.	Nombre	213.
Diamètre moyen	4^m,650.	Longueur	2,150.
Longueur moyenne	2.900.	Diamètre intérieur	76.
Foyers :		Diamètre extérieur	84.
Nombre	3.	**Tubes-tirants :**	
Distance d'axe en axe	1^m,280.	Nombre	84.
Diamètre intérieur	1,200.	Longueur	2,180.
Longueur de grille	1,800.	Diamètre intérieur	68.
Distance intérieure des plaques tubulaires	2,100.	Diamètre extérieur	78 et 84.

Résultats des calculs :

	Pour 3 foyers	Pour les 36 foyers de la batterie	Rap^t à la surface de grille
Surface de grille	6^{m^2},5160	78^{m^2},19	»
Section libre des cendriers	1,23	14,76	0,19
Section aux autels	1,34	16,08	0,20
Section des tubes	1,27	15,24	0,19
Surface de chauffe directe : Foyers 14^{m^2},41 ; Boîtes à feu 15,90 ; Plaques tubulaires 2,95	33^{m^2},26	399^{m^2},12	5,10
Surface de chauffe tubulaire (à l'intérieur)	144^{m^2},68	1736^{m^2},16	22,20
Surface de chauffe totale	177,94	2135,28	27,30
Volume d'eau	23^{m^3},500	282^{m^3}	»
Volume de vapeur (non compris les coffres)	9^{m^3},200	110^{m^3},4	»
Rapport du volume d'eau au volume de vapeur	2,55	2,55	»
Hauteur de la chambre de vapeur	1^m,115	1^m,115	»

Fig. 861. — Chaudière simple de 4^m,650 de diamètre, à trois foyers, construite en 1894 pour le paquebot « la Gascogne » (exemple de grande chaudière à forte pression) ; élévation et coupe transversale.

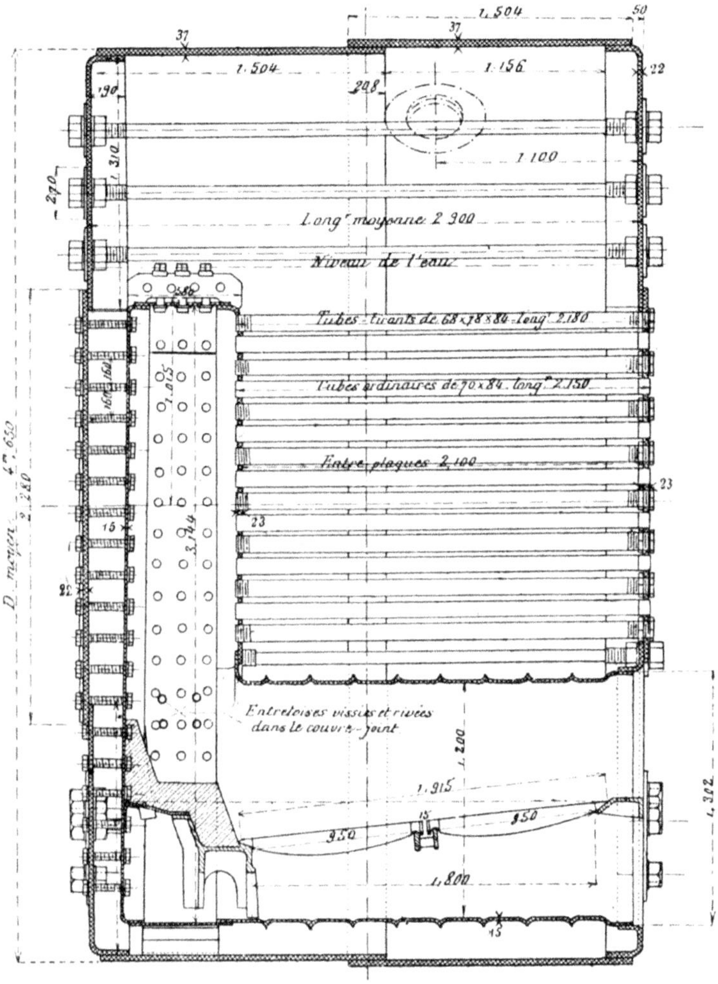

Détail des poids :

Enveloppe cylindrique	13000 kg.
Couvre-joints	1350.
Fond	3510.
Façade	2850.
Boîtes à feu des côtés	2000.
Boîte à feu milieu	850.
Foyers	3400.
Armatures	780.
Entretoises	1820.
Tirants	4220.
Tubes ordinaires	3512.
Tubes-tirants	2000
Rivets	3000
Poids d'une chaudière vide	42702 kg.
Poids d'une chaudière avec eau	66202.

Echantillons des matériaux :

Tôles. Enveloppe cylindrique	37 mm.
Couvre-joints	25.
Façade et fond	22.
Plaques tubulaires	23.
Côtés, ciels et fonds de boîtes à feu	15.
Foyers	15.
Armatures	25.
Tirants. Diamètre au corps	63.
Diamètre au fond du filet	63.
Ecartement horizontal	320.
Ecartement vertical	320.
Entretoises :	
Diamètre au fond du filet	31 et 37.
Ecartement horizontal et vertical	160.

Fig. 862. — Chaudière à trois foyers, construite en 1894, pour « la Gascogne » ; coupe longitudinale.

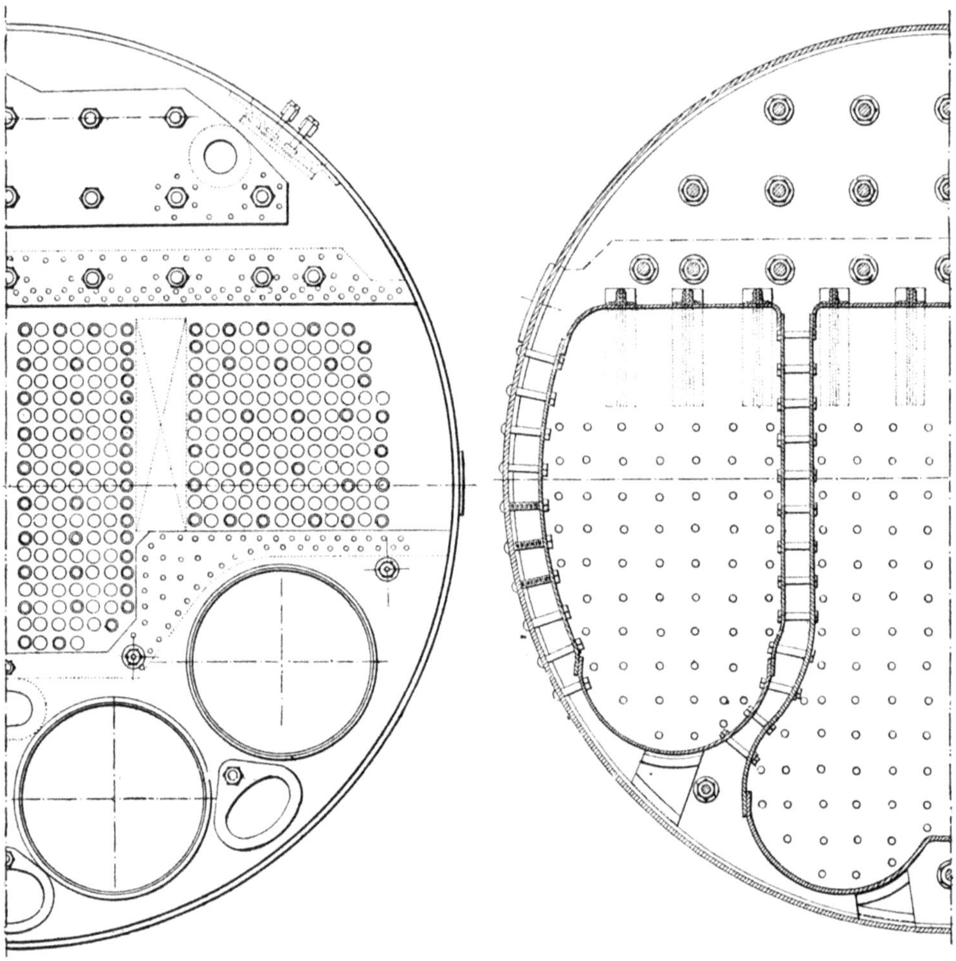

Fig. 863. — Chaudière marine à 4 foyers, du croiseur Espagnol « Infanta Maria-Teresa » construit en 1893 , d'après *l'Engineering* ; demi-élévation transversale, demi-coupe transversale. Timbre, 10,5 kg.

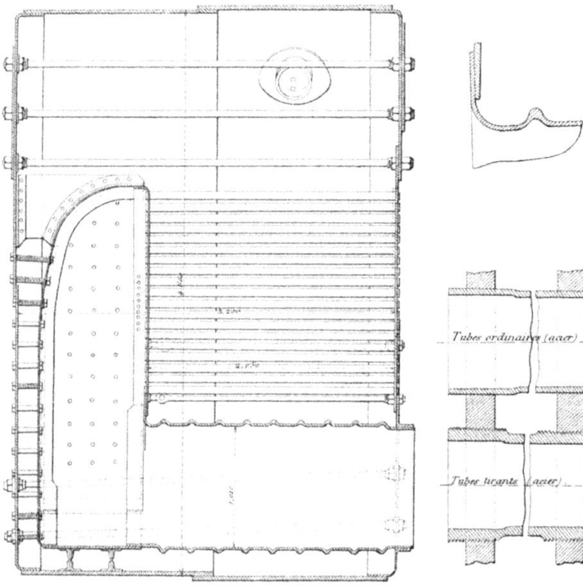

Fig. 864. — Chaudière à 4 foyers, de « l'Infanta Maria-Teresa ; coupe longitudinale ; détail de l'assemblage d'un foyer sur la plaque tubulaire ; emmanchement des tubes.

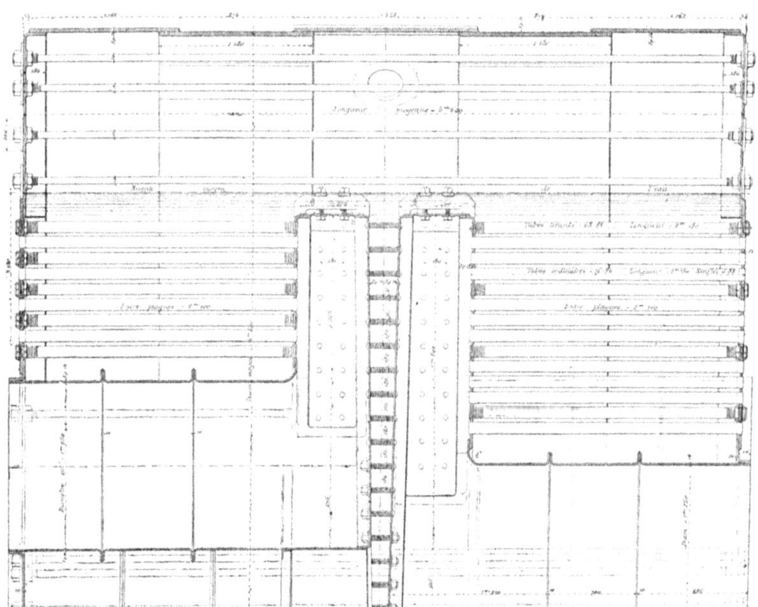

Fig. 865. — Chaudière marine double, à 3 foyers sur chaque face, avec boites à feu séparées, du paquebot « la Champagne ; coupes longitudinales par l'axe d'un foyer latéral, et par l'axe du foyer médian.

Diamètre moyen,..4^{m},650.
Longueur moyenne, ...5^{m},600.
Diamètre intérieur des foyers, ...1^{m},250.
Longueur entre plaques tubulaires, ...2^{m},100.
Épaisseur des tôles du corps cylindrique, ...31 mm.

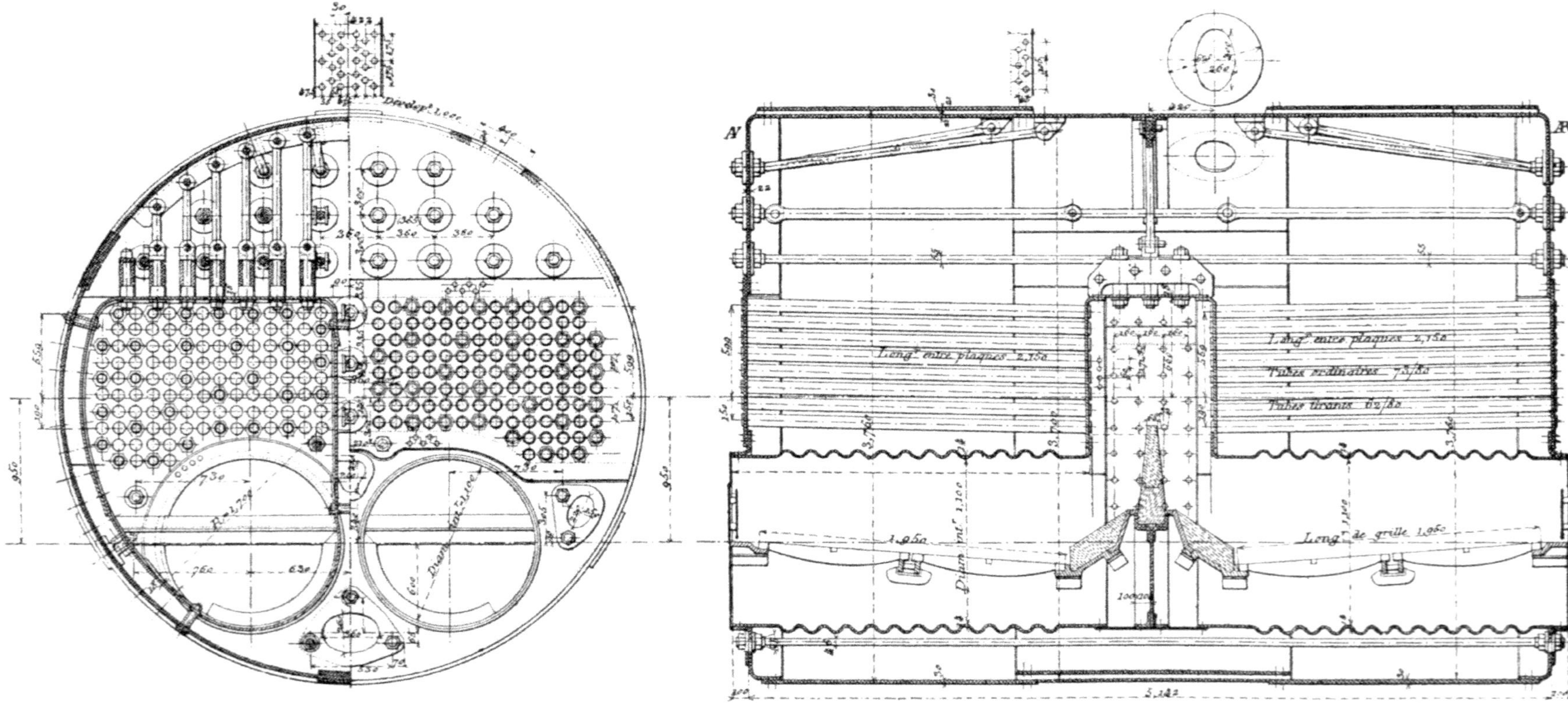

Fig. 866. — Chaudière marine double, avec foyers opposés débouchant dans une même boite à feu, construite en 1889. Timbre 10 kg.

Nombre total de tubes ordinaires. 360
Nombre total de tubes tirants 120
Surface de grille .... 8^{m2},6.

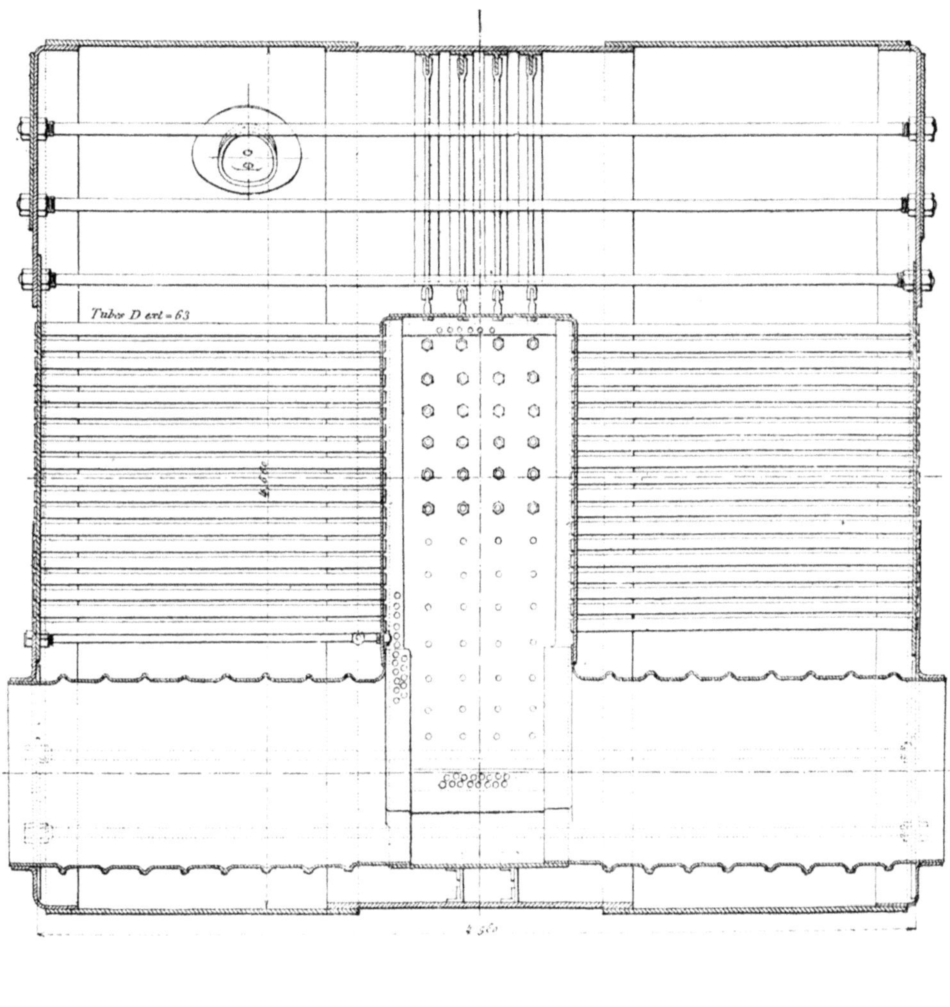

Fig. 867. — Chaudière double, à 4 foyers sur chaque face, du croiseur Espagnol «Infanta Maria-Teresa », avec boites à feu communes aux foyers opposés, (d'après *l'Engineering*). Timbre, $10^{kg},5$; coupe longitudinale.

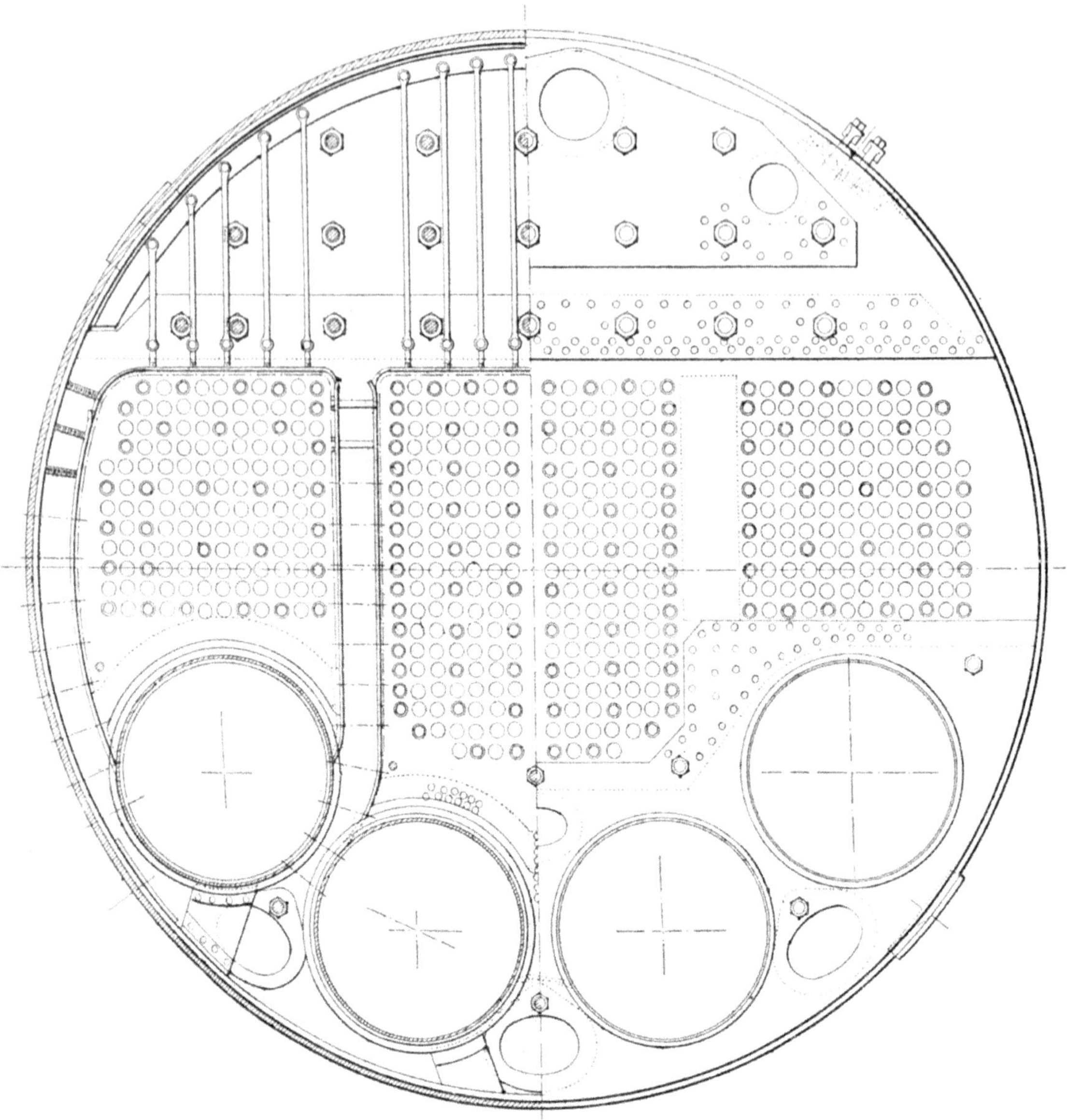

Légende des figures 869 à 871.

Surface de grille	4^{m^2},50.
Surface de chauffe mouillée :	
Des foyers au-dessus des grilles.	8^{m^2},89.
De la chambre de combustion.	9^{m^2},73.
Des plaques à tubes AV et AR. . .	5^{m^2},27.
Du tube de sûreté	2^{m^2},12.
Des tubes.	189^{m^2},89.
Totale	215^{m^2},90.
Section totale des tubes à l'intérieur des bagues et des tubes-tirants.	0^{m^2},8563.

Nombre des tubes ordinaires (D = 65/70).	288.
Nombre des tubes - tirants (D = 60/70)	52.
Nombre des tubes total. . . .	340.
Volume d'eau	16^{m^3},065.
Volume de vapeur (sans coffres).	8^{m^3},8059.
Timbre	7 kg.

Fig. 868. — Chaudière double, à 4 foyers sur chaque face, du croiseur « Infanta Maria Teresa » ; élévation et coupe transversale.

suite de la réduction du nombre des tubes et de l'agrandissement des intervalles qui les séparent. La substitution des tubes à ailettes aux tubes lisses est surtout avantageuse lorsque, par suite des nécessités de la construction, la longueur des tubes est insuffisante, et la surface de chauffe trop faible.

Une application des mêmes principes se voit dans le tube à cloison (fig. 878).

La partie essentielle de la construction des chaudières tubulaires est l'assemblage des tubes dans les plaques. L'un de ces assemblages se trouve nécessairement exposé à la plus grande chaleur du foyer : aussi a-t-on souvent quelque peine à conserver un joint étanche, quand on veut activer la combustion au-delà de certaines limites, à l'aide du tirage forcé ; les fuites aux tubes se produisent surtout au moment où on laisse tomber les feux. Ces accidents ont été très fréquents sur les torpilleurs. Toutefois, dans les locomotives, bien que la combustion atteigne par moment une grande activité, on réussit en général à conserver les tubulures étanches. Des écrans réfractaires, tels qu'une voûte en briques (fig. 760 et 844), protègent utilement les plaques tubulaires contre le rayonnement du foyer.

Pour assurer le joint du tube, on l'évase en l'appliquant contre la paroi du trou percé dans la plaque. Cette opération se fait habituellement à l'aide de l'outil appelé, du nom de son inventeur, *dudgeon* (fig. 879) ; il consiste en galets entraînés par une broche centrale, légèrement conique, qu'on fait tourner, tout en l'enfonçant progressivement pour écarter les galets. Afin de correspondre exactement au dudgeon, le trou est légèrement conique. Toutefois, quand la tenue des tubes n'est pas exceptionnellement difficile, on obtient un montage suffisant avec un trou cylindrique. Du reste, en service, les trous finissent souvent par se déformer en s'ovalisant, de sorte qu'ils s'écartent beaucoup des formes minutieusement étudiées au début.

Le sertissage extérieur du tube (fig. 880, 881, 883) ne paraît pas indispensable et quelquefois on ne l'exécute pas (fig. 877, 882).

On peut enfin consolider l'assemblage en enfonçant une virole ou bague conique en acier (fig. 880, 882, 885), qui a le défaut de rétrécir la section de passage des gaz. On ne monte plus guère de viroles du côté de la boîte à fumée des locomotives, et, du côté du foyer, souvent on ne les applique que pour étancher des fuites en service.

Le tube peut être entouré d'une manchette en cuivre rouge (fig. 884), qui convient surtout lorsque le tube et la plaque sont en acier. Ce montage est fort usité aux États-Unis. La figure 885 montre un tube avec un bout soudé en cuivre.

Les tubes sont des tirants qui entretoisent les plaques tubulaires ; dans les chaudières marines, certains tubes, plus gros que les autres, sont vissés dans les plaques ou serrés par des écrous ; on les nomme tubes-tirants. Il faut remarquer que les tubes se dilatent plus que l'enveloppe extérieure et commencent par pousser les plaques avant de les maintenir : ce n'est qu'après le bombement de ces plaques qu'ils peuvent travailler comme tirants. Les tubes fixés près d'un bord rivé des plaques en augmentent la fatigue. Ce fait explique les fissures qui se forment autour de la plaque tubulaire de boîte à fumée dans les locomotives (§ 124). Pour atténuer l'effet de la poussée des tubes, on raccorde quelquefois l'une des plaques tubulaires au corps cylindrique par une tôle emboutie formant soufflet. Une de ces tôles se voit sur la figure 869, entre le foyer et le faisceau tubulaire.

Il faut quelquefois retirer et remplacer les tubes des chaudières tubulaires. Ce travail, sans être bien difficile, exige un chaudronnier de quelque expérience.

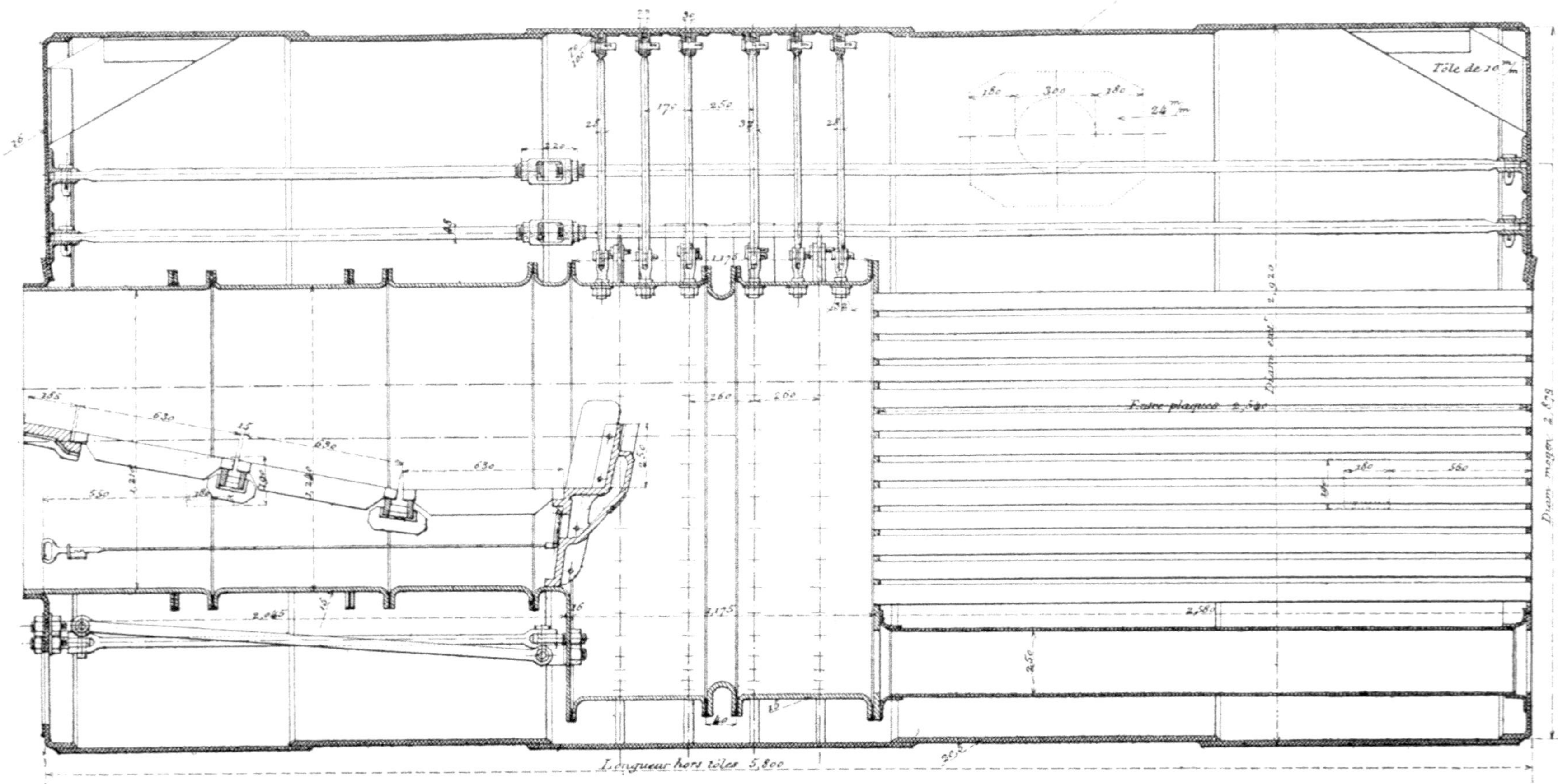

Fig. 869. — Chaudière marine, avec tubes dans le prolongement des foyers, construite en 1888. Le gros tube qui traverse la chaudière en dessous du faisceau tubulaire est destiné à l'évacuation des escarbilles entraînées dans la boite à feu.

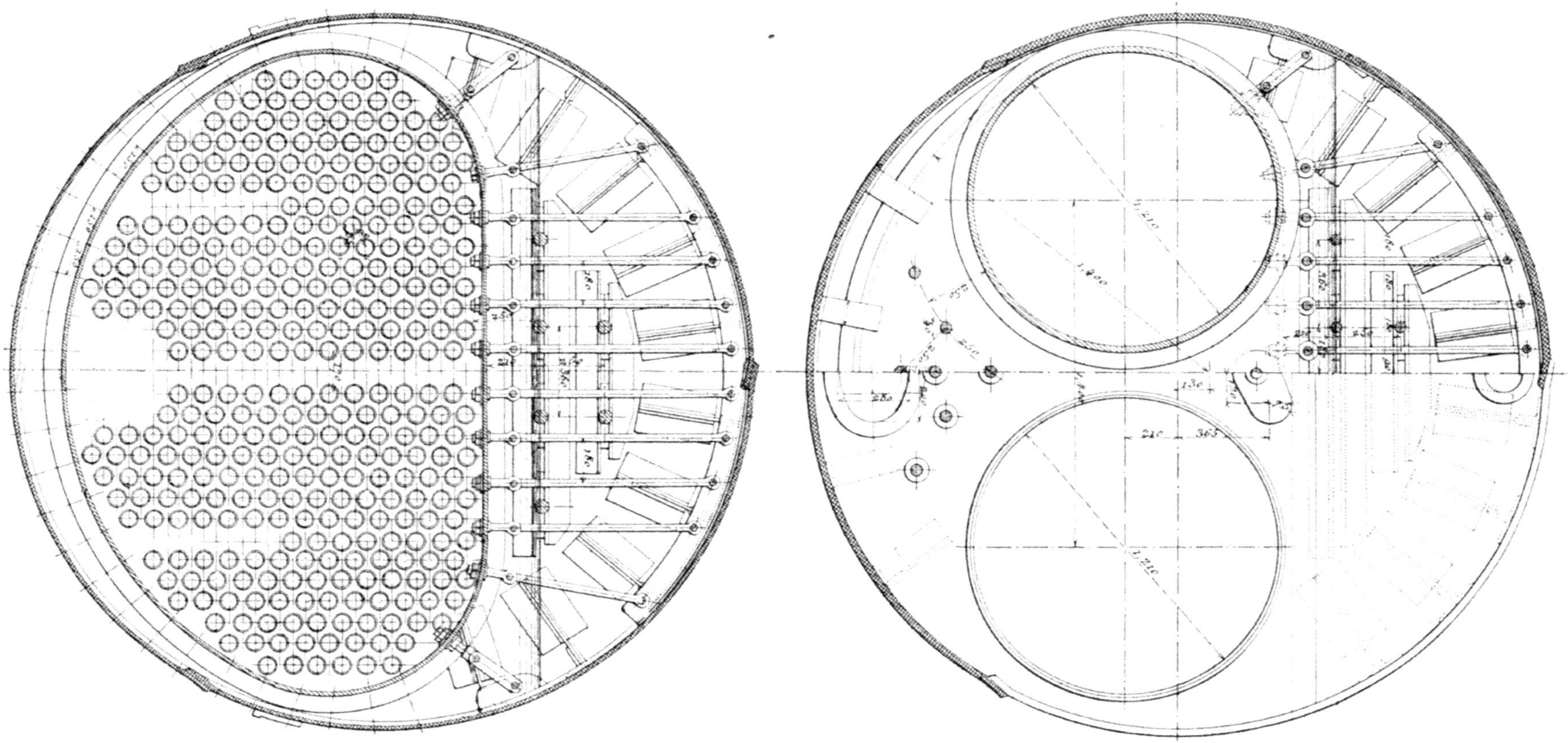

Fig. 870. — Coupes transversales de la figure 869.

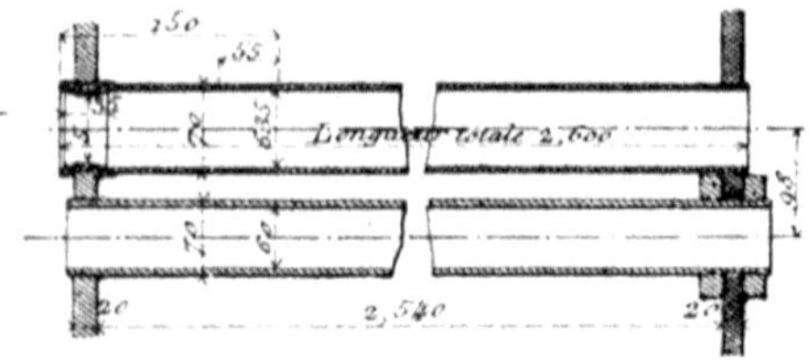

Fig. 871 — Montage d'un tube ordinaire et d'un tube-tirant de la chaudière fig. 869 et 870.

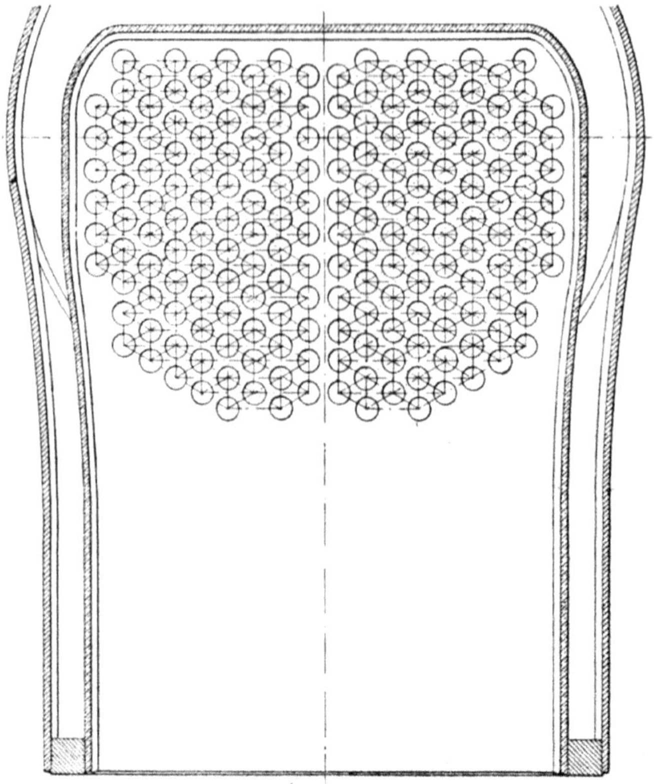

Fig. 872. — Division tubulaire, en rangées verticales alternées

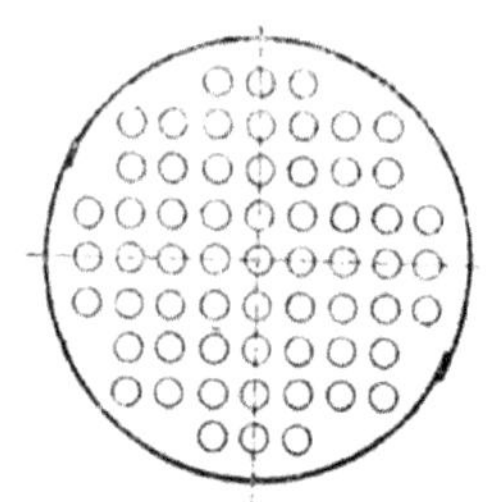

Fig. 873. — Division tubulaire, en rangées verticales et horizontales.

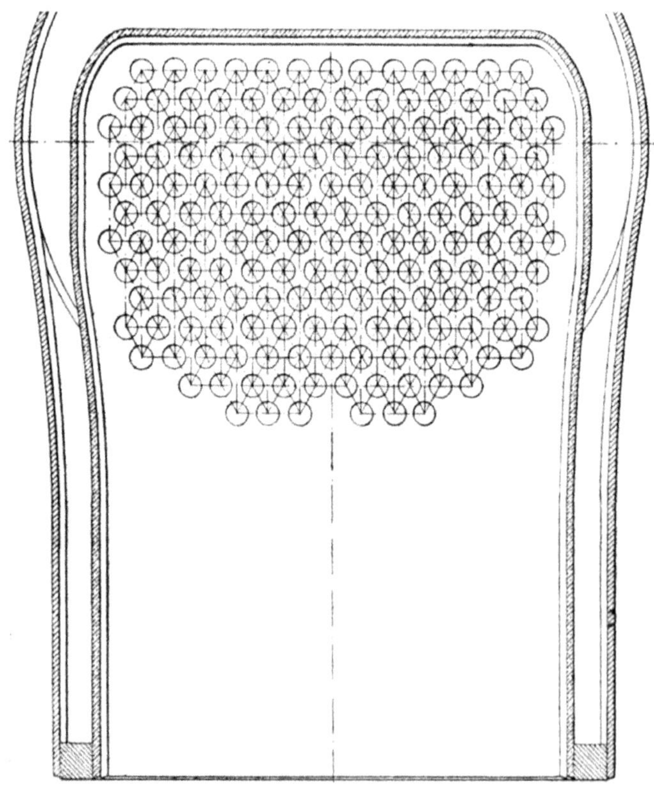

Fig. 874. — Division tubulaire en quinconce.

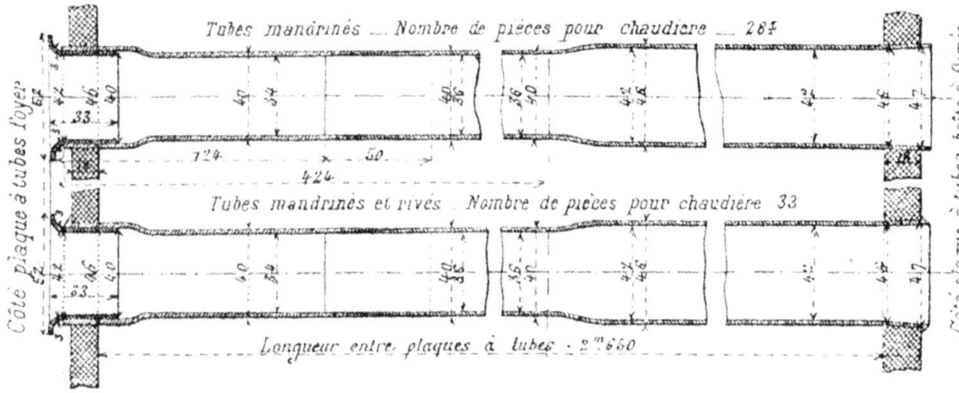

Fig. 875. — Tubes rétreints de M. Normand.

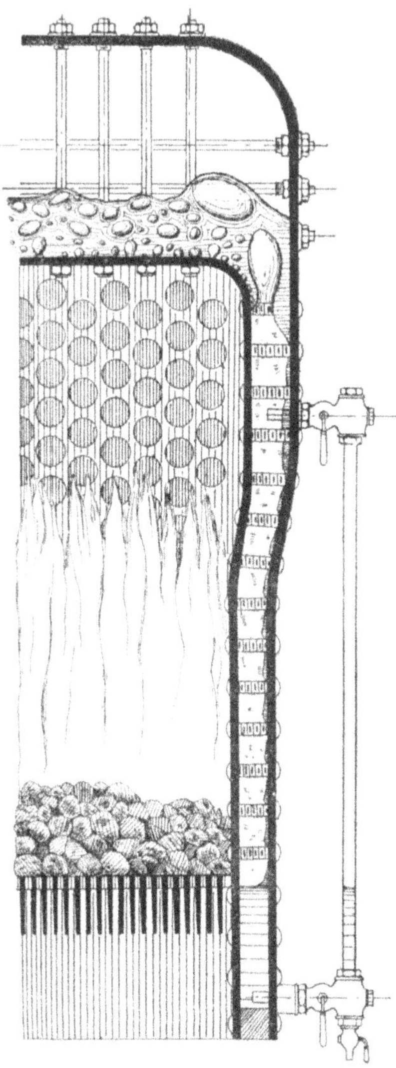

Fig. 876. — Vaporisation sur les parois d'un foyer de locomotive, d'après M. Bellens.

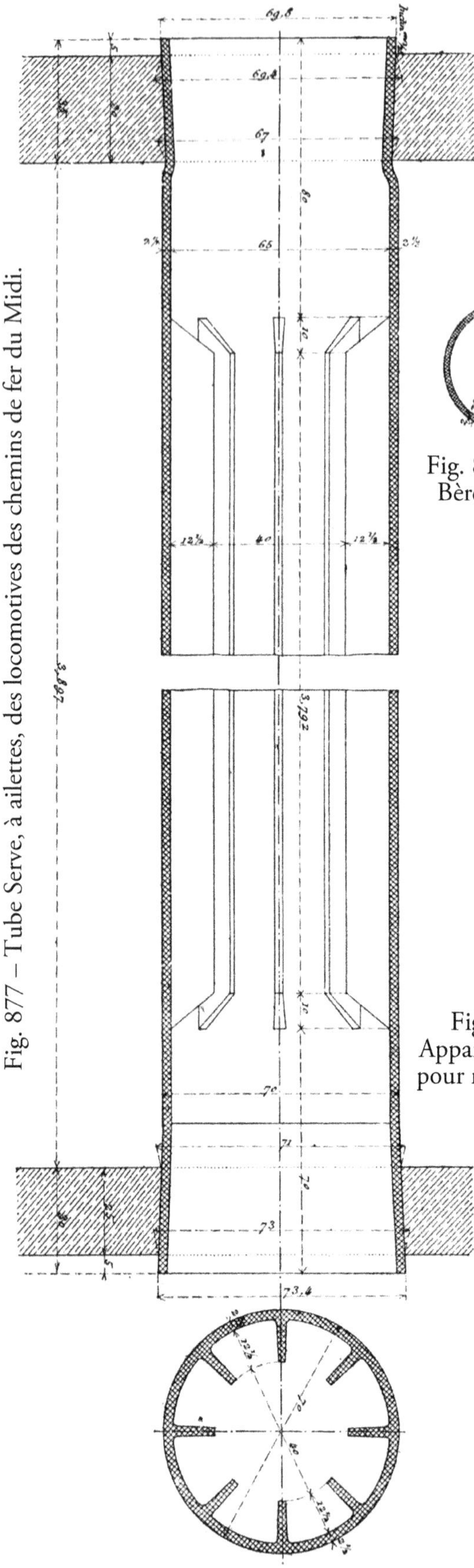

Fig. 877 – Tube Serve, à ailettes, des locomotives des chemins de fer du Midi.

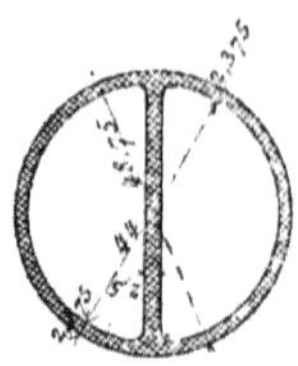

Fig. 878. -- Tube Bère, à cloison.

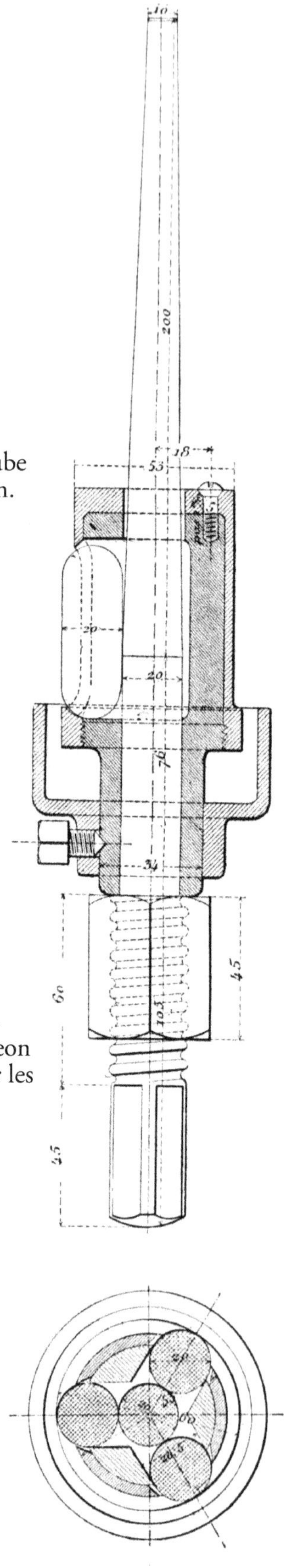

Fig. 879. — Appareil Dudgeon pour mandriner les tubes.

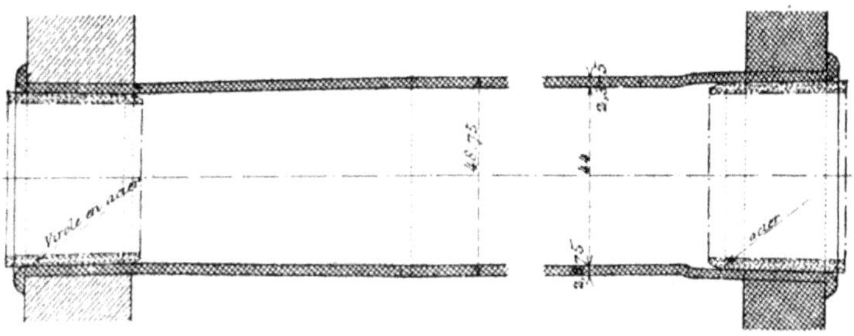

Fig. 880. — Montage de tube de chaudières des locomotives des chemins de fer de l'Est.

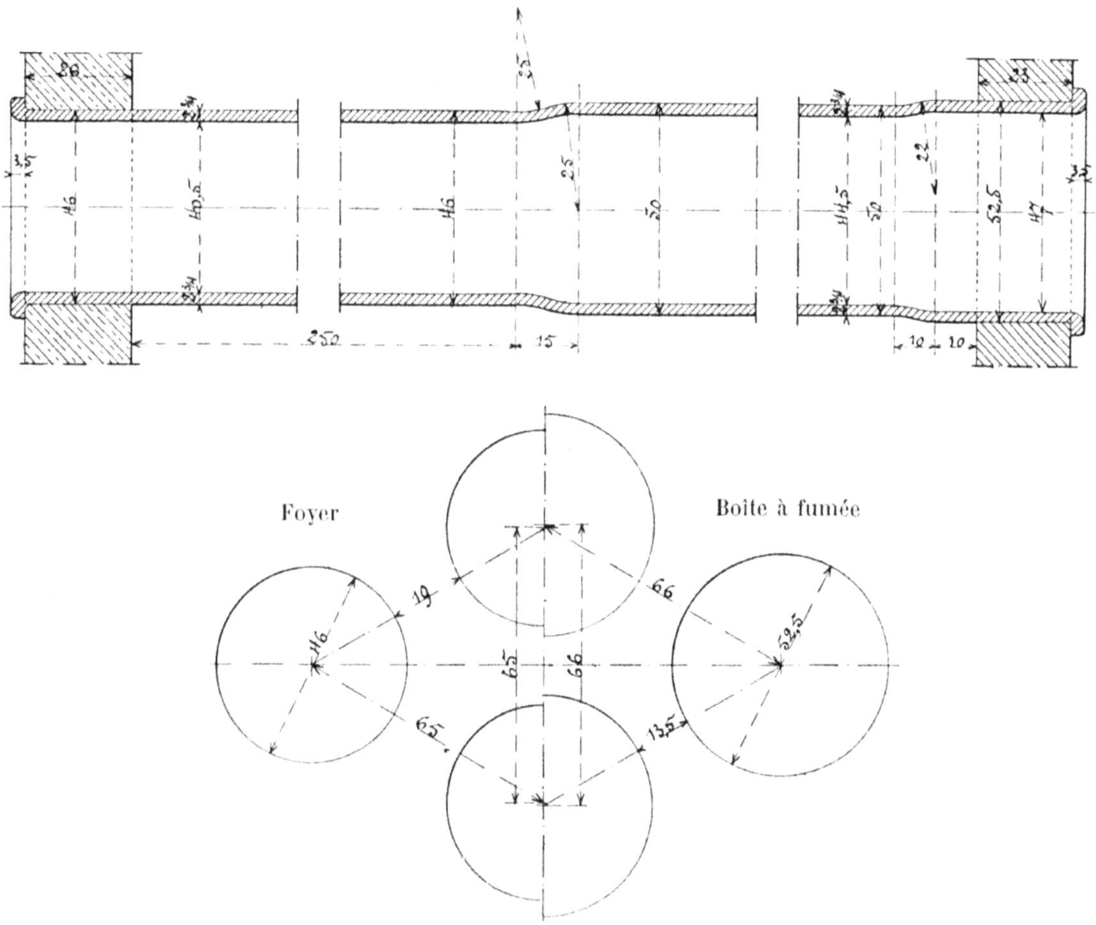

Fig. 881. — Tube de chaudières de locomotives du Grand Central Belge.

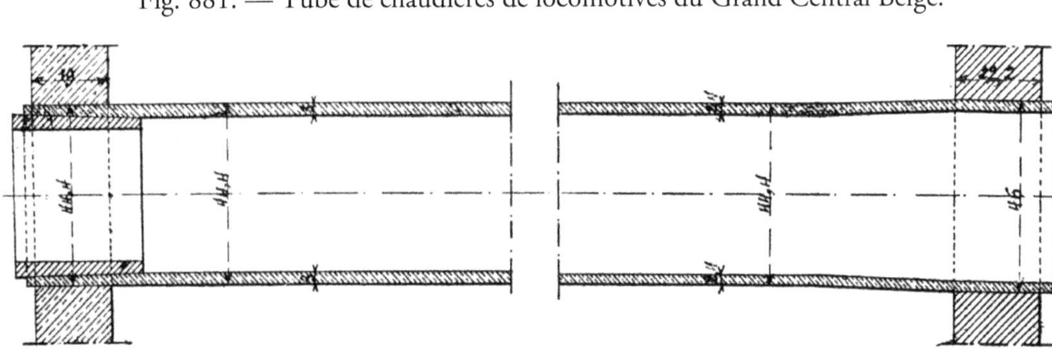

Fig. 882. — Tube de chaudières de locomotives du Great Northern railway

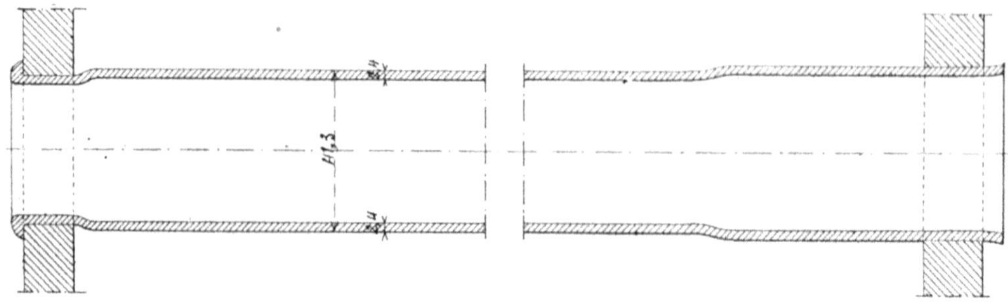

Fig. 883. — Tube de chaudières de locomotives du Great Eastern railway.

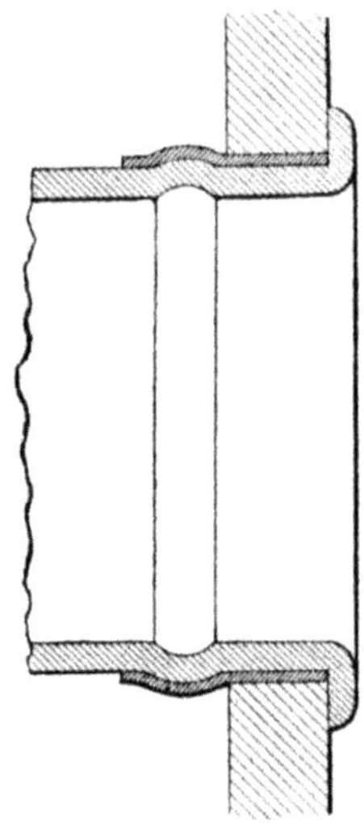

Fig. 884. — Montage d'un tube en fer dans une plaque en acier, avec interposition d'une manchette en cuivre.

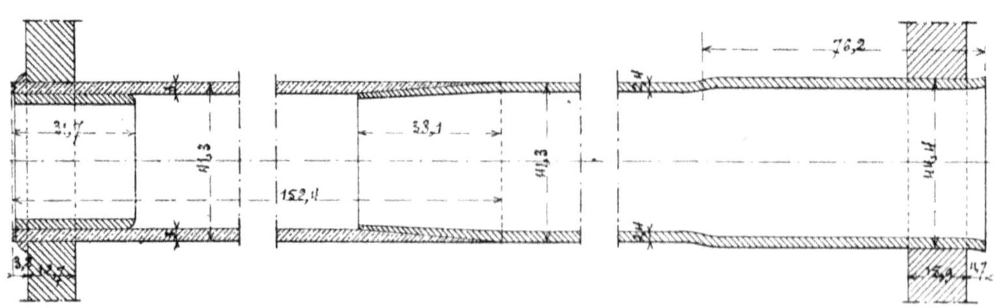

Fig. 885. — Tube de chaudières de locomotives du Great Eastern railway, avec raboutage en cuivre.

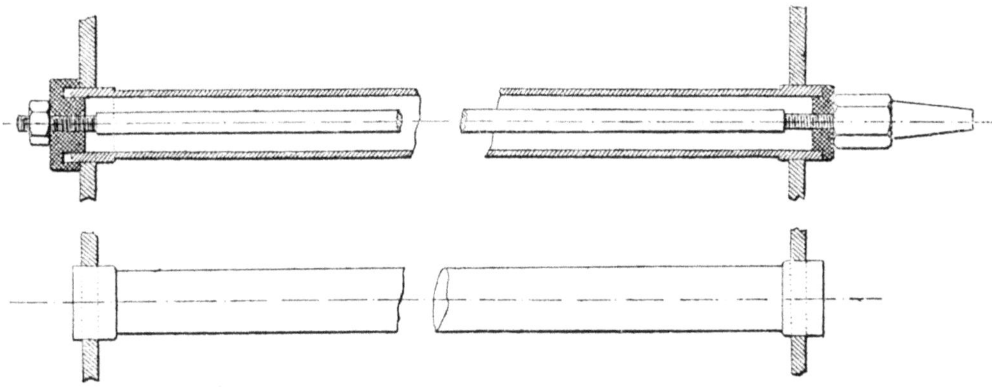

Fig. 886. — Tube démontable Bérendorf, avec appareil de montage

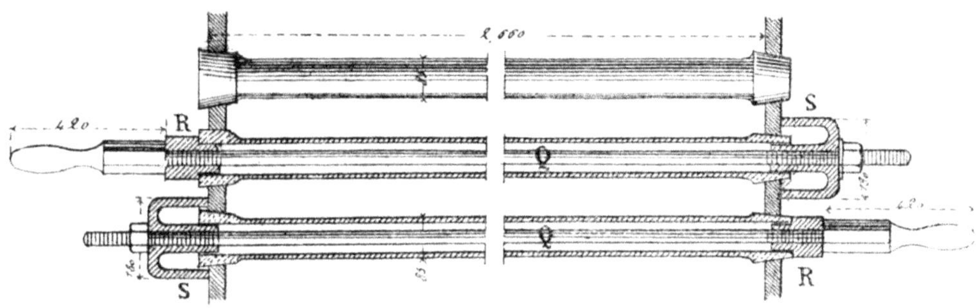

Fig. 887. — Tube démontable Bérendorf

On a parfois monté des tubes à emmanchement conique, destinés à faciliter le démontage et le remontage : tel est le système Bérendorf (fig. 886 et 887).

111. Chaudières tubulées à gros tubes rectilignes.

Dans la chaudière tubulaire, l'eau entoure les tubes qui conduisent les gaz chauds à la cheminée ; les tubes de la chaudière tubulée sont, au contraire, remplis d'eau. Le corps extérieur de la chaudière et les parois du foyer se trouvent supprimés ; par contre, les pièces qui raccordent les extrémités des tubes remplis d'eau sont souvent compliquées. La disposition tubulée permet de loger, dans un espace peu étendu, une grande surface de chauffe ; la capacité peut être fort réduite ; la mise en pression est alors rapide et une explosion ne cause pas de destructions importantes.

Ces propriétés se trouvent plus ou moins développées dans les nombreux types de chaudières tubulées, qui se sont beaucoup multipliés depuis une dizaine d'années. On peut ranger dans une première catégorie les chaudières qui sont composées de gros tubes rectilignes, dont le diamètre extérieur se tient aux environs de 7 à 10 cm. Dans cette catégorie, il convient de citer en premier lieu la chaudière de M. Belleville, dont les travaux remontent à 1850. Les tubes de la chaudière Belleville (fig. 888 à 894) forment une série de circuits qui font communiquer le *collecteur inférieur* (C) et le *collecteur supérieur* (D).

Chacun de ces circuits ou éléments se compose de deux rangées verticales de tubes : tous les tubes inclinés dans le même sens se projettent verticalement l'un sur l'autre. Le premier tube part du collecteur inférieur auquel il est raccordé par

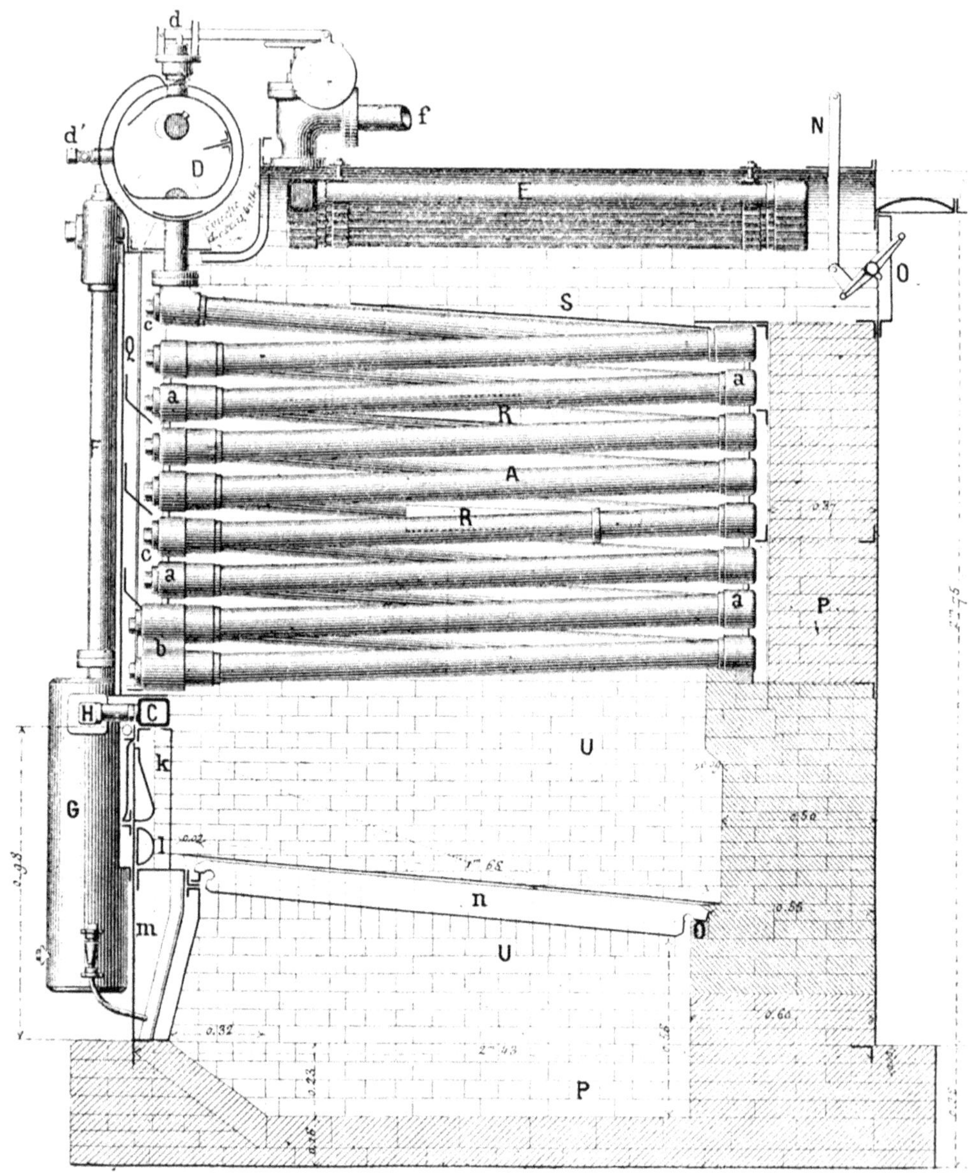

Fig. 888. — Générateur Belleville ; coupe longitudinale. Dans des constructions plus récentes, les boites doubles b ont été supprimées, comme le montre la fig. 890.

sa boîte b (fig. 888 et 889) ; les différents tubes communiquent par des boîtes de raccord B (fig. 889) dans lesquelles ils sont vissés ; le dernier tube débouche dans le collecteur supérieur par le tuyau *t* (fig. 891). Un certain nombre d'éléments pareils sont disposés de même au-dessus de la grille, aussi longue que les tubes. La grille et les tubes qui la recouvrent sont installés dans une enceinte construite en cornières et en tôles garnies de briques : deux cloisons horizontales augmentent le parcours des gaz chauds depuis la grille jusqu'à la cheminée. Les communications des tubes sont disposées en dehors du courant chaud.

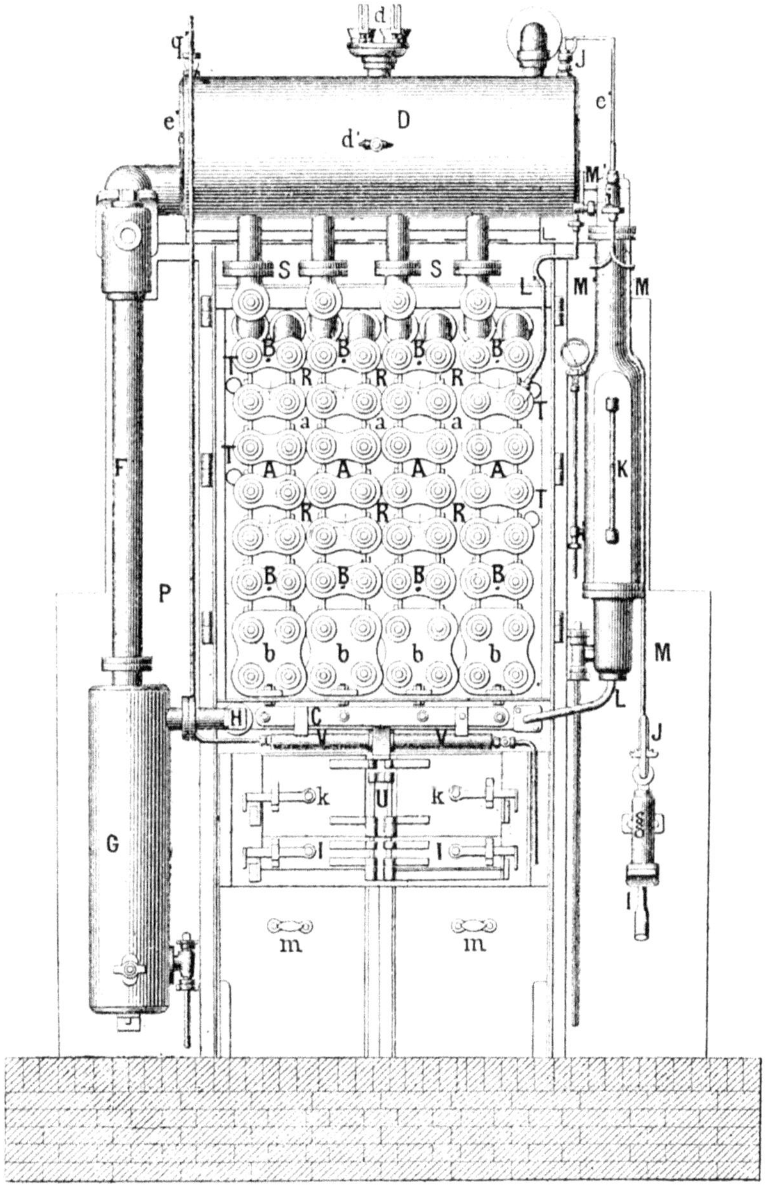

Fig. 889. — Générateur Belleville ; vue de face

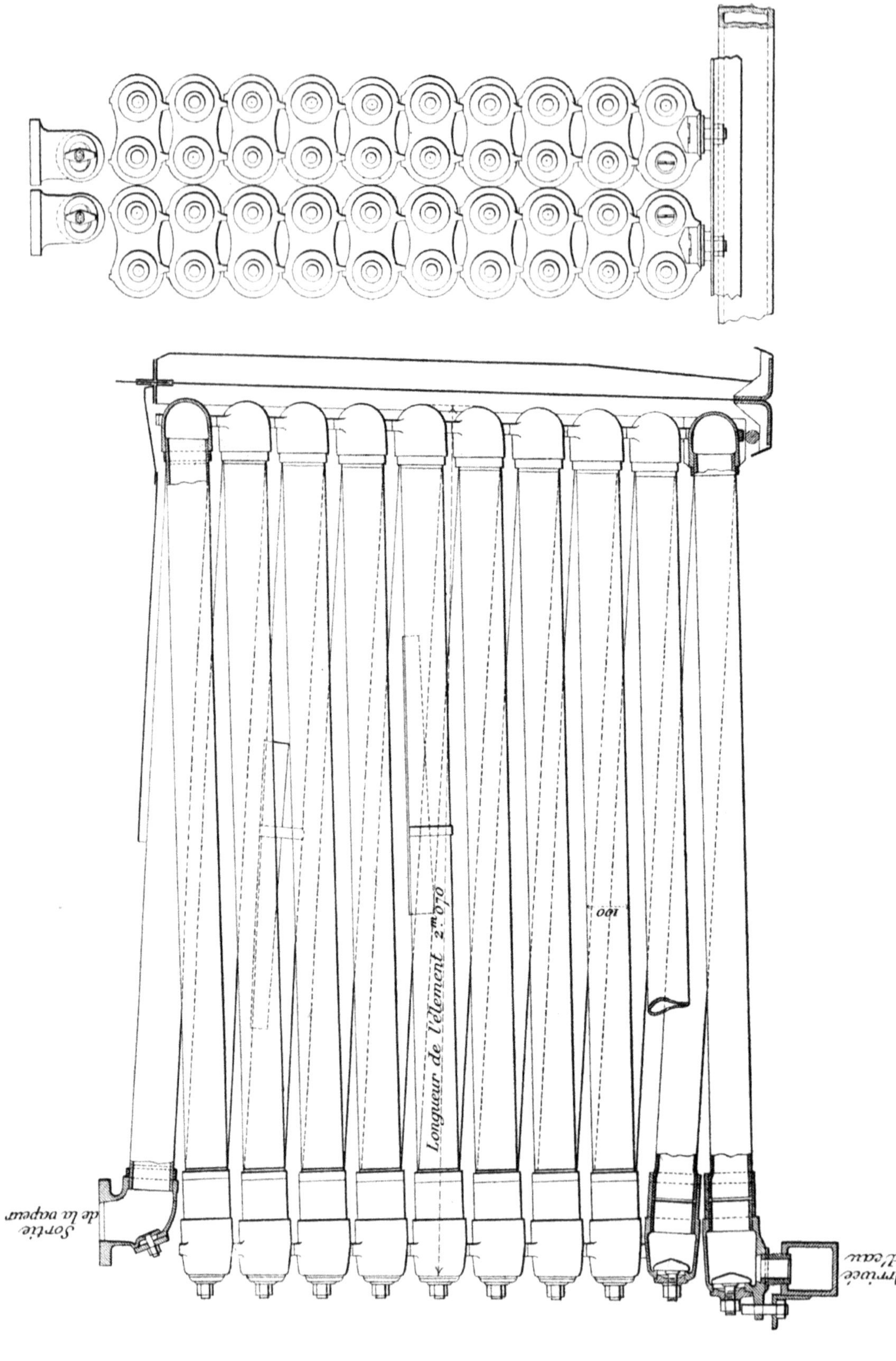

Fig. 890 – Générateur Belleville ; détail d'un élément (type construit en 1896).

Les deux collecteurs sont réunis extérieurement par un tube vertical F. Un récipient K (fig. 893) communique avec les deux collecteurs et porte un indicateur du niveau de l'eau ; ce récipient renferme un flotteur qui règle automatiquement l'alimentation. Le niveau de l'eau dans ce récipient se tient en dessous des rangées supérieures de tubes.

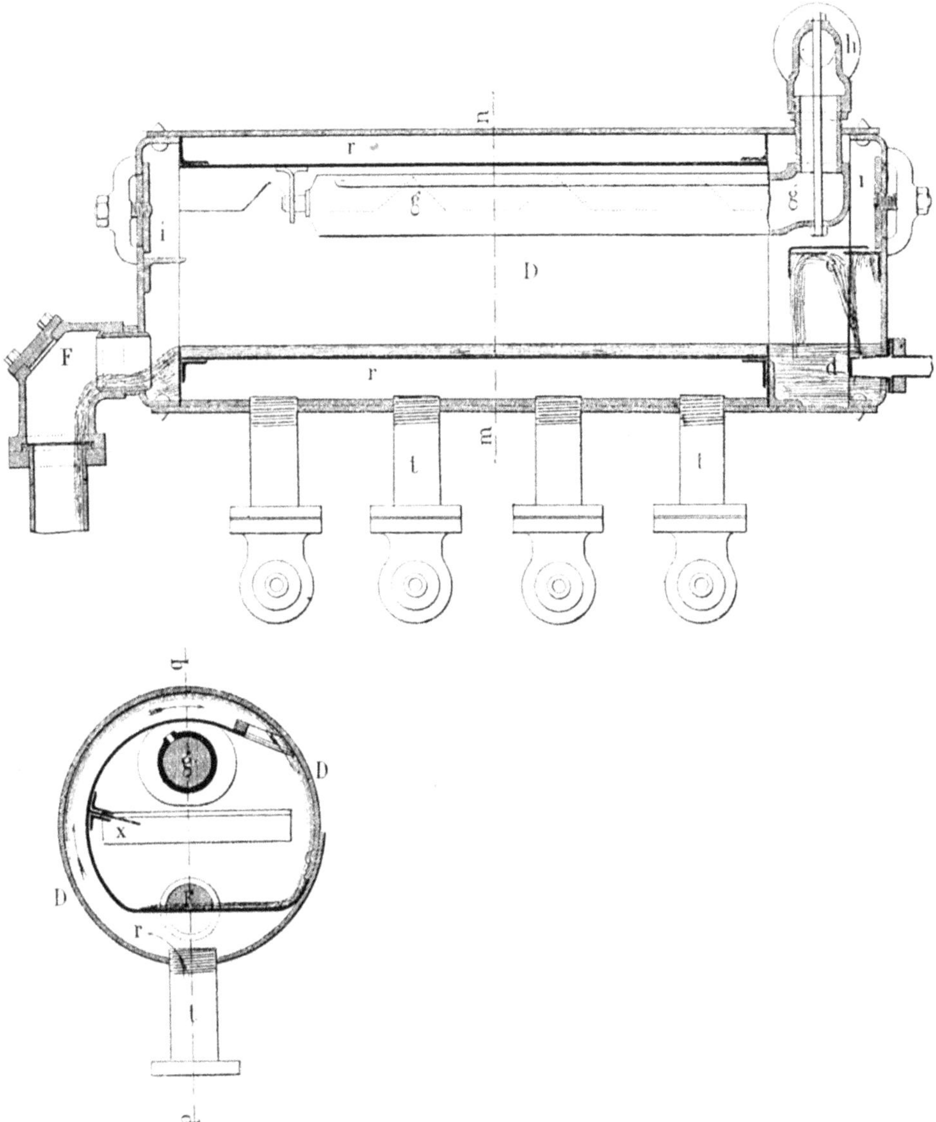

Fig. 891. — Générateur Belleville ; collecteur de vapeur et d'eau d'alimentation.

Le tube vertical F, qui réunit les deux collecteurs, est prolongé à sa partie inférieure pour former un déjecteur G, destiné à recueillir les dépôts solides abandonnés par l'eau d'alimentation, qui pénètre au milieu de la vapeur, dans le collecteur supérieur. Un robinet d'extraction sert à faire écouler les dépôts boueux. Il importe, en effet, de réduire autant que possible les incrustations dans les tubes. Des bouchons

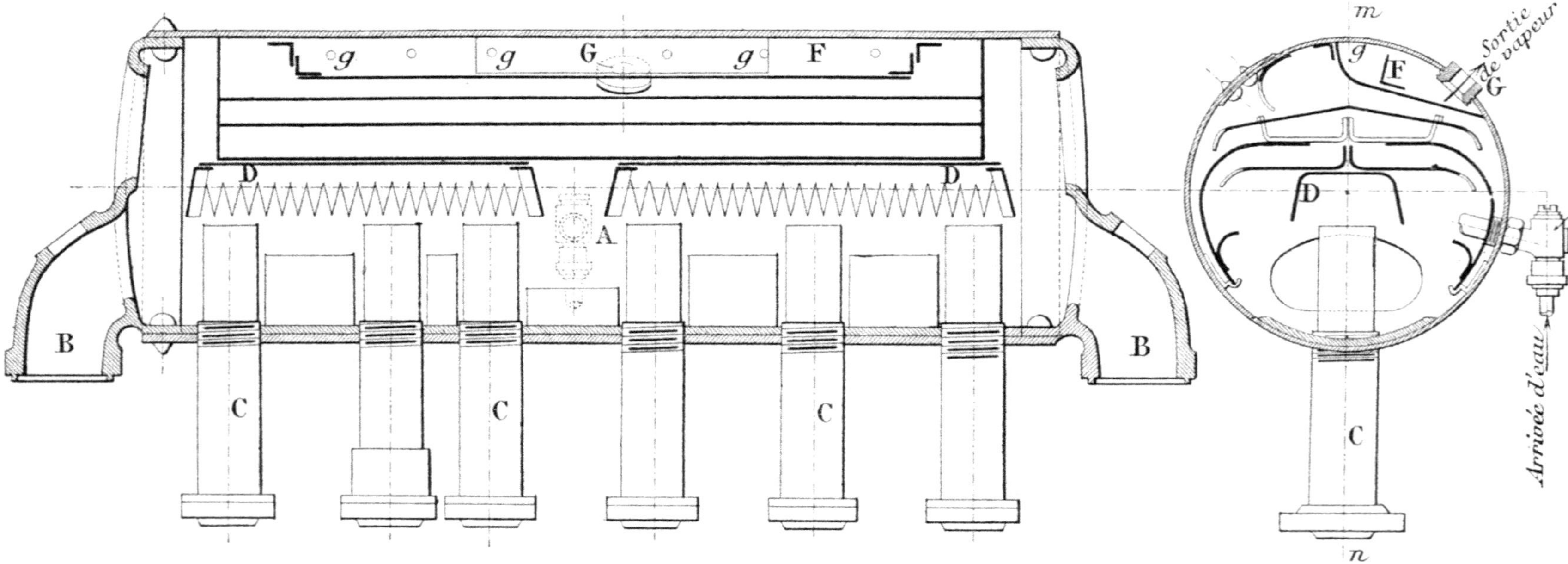

Fig. 892. — Générateur Belleville ; collecteur de vapeur et d'eau d'alimentation (type construit en 1896).

A Injecteur d'alimentation.
B Tubulures de retour d'eau.
C Tubulures d'arrivée de vapeur.
D Cloche à vapeur recouvrant les tubulures C ; au-dessus se trouvent des écrans terminés par des peignes sur lesquels la vapeur se débarrasse de l'eau qu'elle a entraînée.
F Chambre de prise de vapeur percée d'une série de trous g.
G Mamelon de sortie de vapeur sur lequel est fixée la tète porte- soupape.

démontables, placés sur les boîtes de raccord, permettent de racler l'intérieur des tubes pour enlever ces incrustations.

L'eau pénètre à la base du faisceau tubulaire. La vapeur, qui se forme surtout dans les tubes inférieurs les plus chauffés, doit parcourir tout le serpentin avant de se dégager dans le collecteur supérieur. Il semble que la présence de la vapeur dans les tubes les expose à souffrir de la chaleur, quand on pousse la production. Cependant les générateurs Belleville sont très répandus et fonctionnent depuis longtemps d'une manière satisfaisante.

En débouchant dans le collecteur supérieur, la vapeur entraîne de l'eau. Des chicanes en tôle, dans le collecteur (fig. 891 et 892), sont destinées à assécher mécaniquement la vapeur. En outre, on réduit la pression à l'aide d'un défendeur

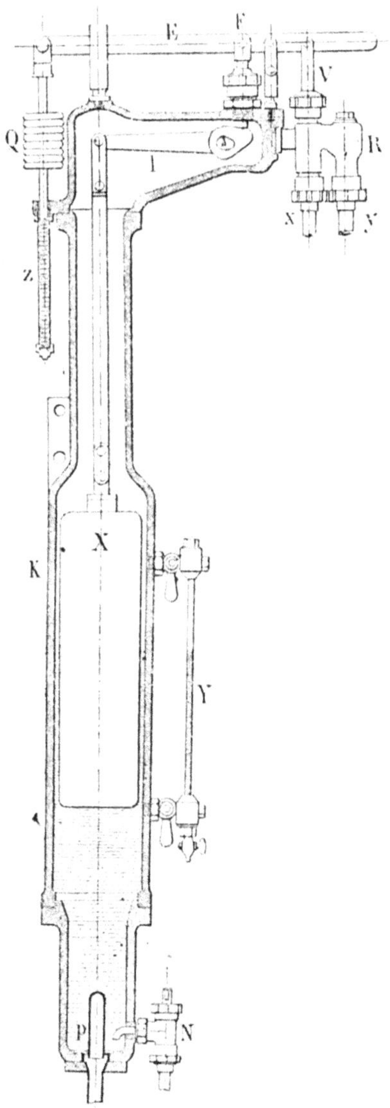

Fig. 893. — Générateur Belleville ; régulateur d'alimentation.

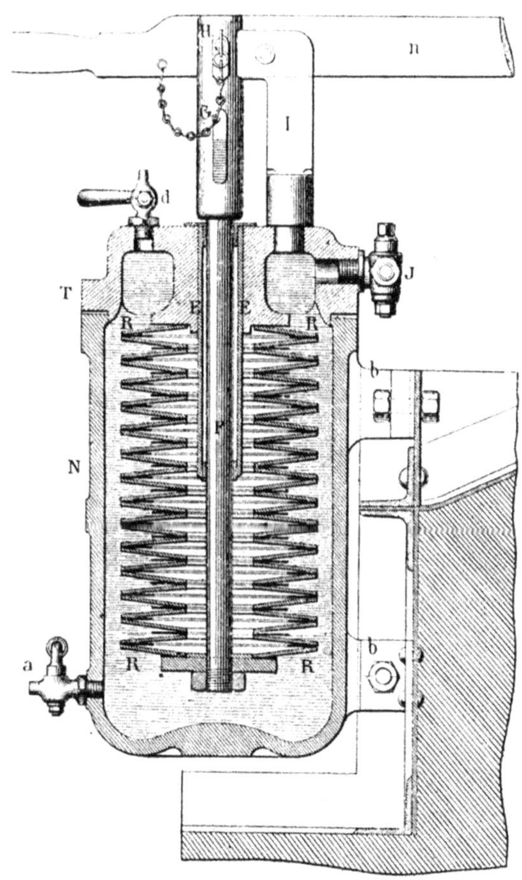

Fig. 894. — Générateur Belleville ; régulateur automatique pour registre de cheminée.

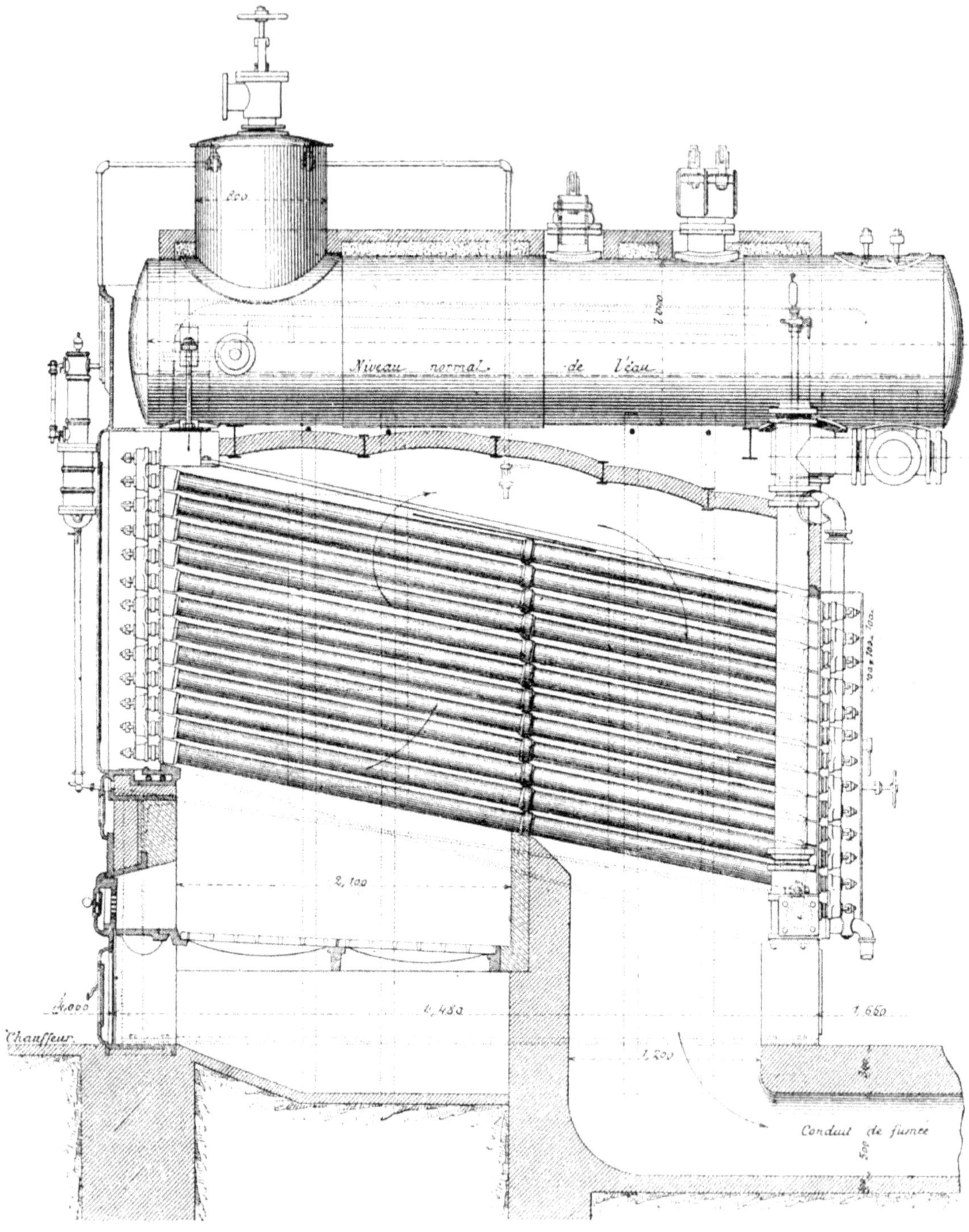

Fig. 895. — Chaudière de Naeyer ; coupe longitudinale.

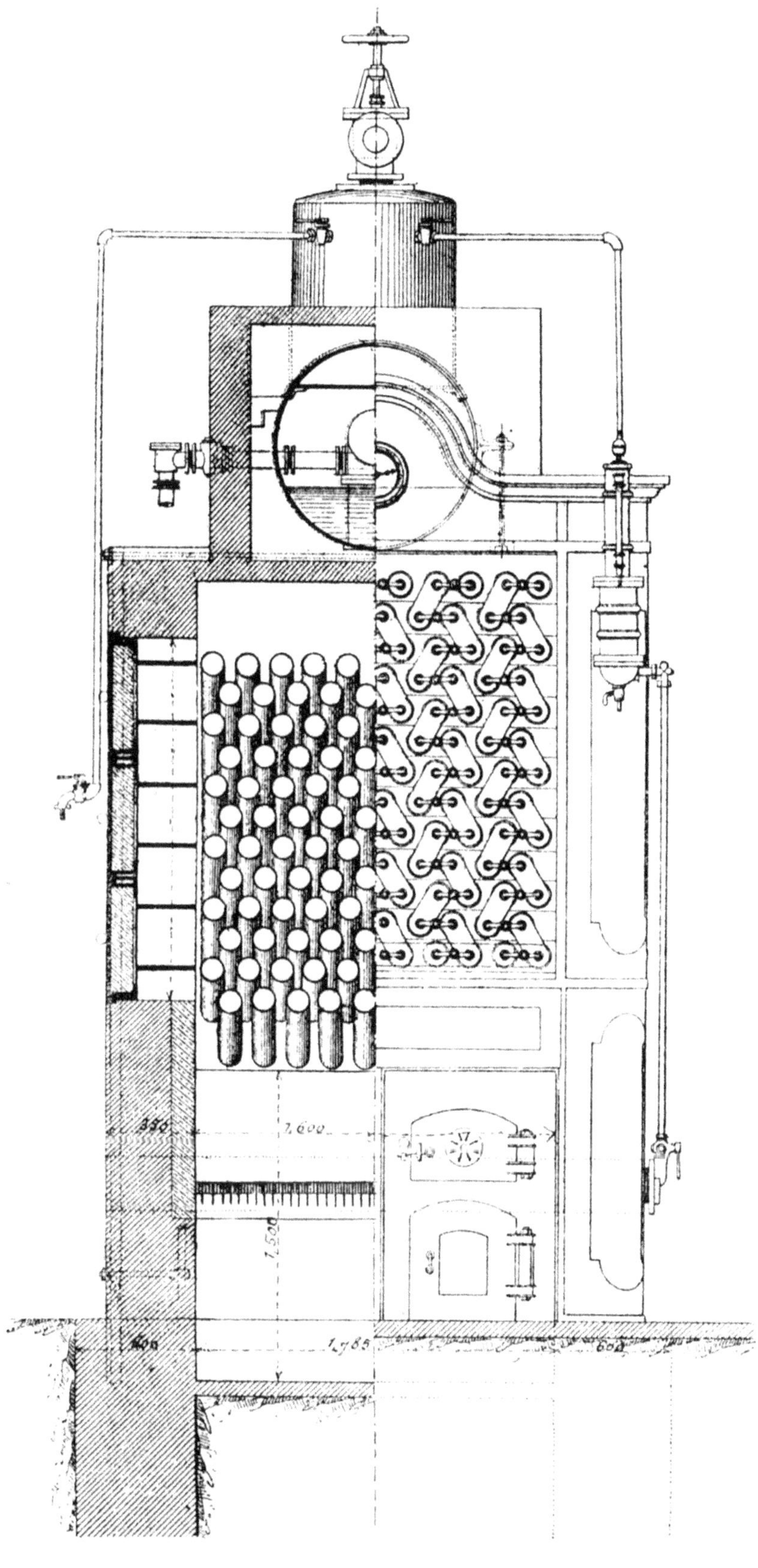

Fig. 896. — Chaudière de Naeyer ; demi-coupe transversale et demi-vue de face.

puis la vapeur traverse un faisceau de tubes sécheurs E (fig. 888), qui forment le plafond de la chambre parcourue par les gaz chauds.

Pour activer la combustion, on fait souvent usage de petits jets de vapeur entraînant une lame d'air au-dessus de la grille. Des ouvertures dans les parois extérieures permettent le ramonage des tubes à l'aide d'une lance à jet de vapeur.

Un registre automatique, commandé par un piston pressé par la vapeur, modifie le tirage suivant la pression (fig. 894).

Bien des types de chaudières tubulées comprennent de gros tubes rectilignes, comme le type Belleville ; mais ces tubes ne sont pas réunis de manière à constituer des circuits ; ils sont traversés par des courants parallèles et distincts. Dans chaque élément du générateur Belleville, les tubes sont montés en tension, tandis que les collecteurs de la plupart des autres types sont réunis par des tubes groupés en quantité.

Par suite de cette disposition, les tubes sont tous inclinés dans le même sens ; ils sont habituellement plus longs que dans le générateur Belleville ; la grille n'existe que sous la partie antérieure du faisceau de tubes ; des chicanes dirigent les gaz chauds autour des tubes, en empêchant l'écoulement direct vers la cheminée.

M. Olry a classé ces générateurs en trois catégories, d'après la nature des pièces qui établissent la communication entre les tubes : ces pièces peuvent être de petits raccords séparés, comme dans le générateur Belleville, ou bien des conduits sur lesquels se branchent tous les tubes d'une rangée verticale ; enfin tous ces tubes peuvent s'assembler, à chaque extrémité, sur une sorte de caisse plate en tôle, dont les deux faces planes sont entretoisées.

Souvent la dimension du collecteur supérieur est assez considérable : il constitue un grand corps cylindrique à moitié plein d'eau ; tantôt il est complètement soustrait à l'action des gaz chauds ; d'autres fois il est chauffé par les gaz qui ont traversé le faisceau de tubes.

On désire généralement obtenir dans ces générateurs une circulation d'eau active, qui augmente la production de vapeur et maintient toujours les appareils à une température relativement basse. Un courant d'eau rapide se chargera de bulles de vapeur en proportion régulière. Si au contraire l'eau ne circule pas d'une manière continue, la vapeur forme des sortes de poches et se dégage difficilement par les passages souvent étroits des chaudières tubulées ; l'eau vient remplacer la vapeur par intermittences.

Avec les dispositions habituellement adoptées, le tube chauffé est incliné et communique par ses deux extrémités avec le corps supérieur où se rassemble la vapeur ; l'eau descend par l'une des communications, puis se charge dans le tube de bulles de vapeur. On admet parfois qu'il se produit ainsi une sorte d'émulsion de densité réduite, et que ce fluide, moins dense que l'eau, remonte au corps supérieur par la seconde communication.

On constate bien cet effet dans les tubes de petit diamètre, où les bulles de vapeur séparent en tronçons la colonne liquide ; le *steam loop* (t. I) fonctionne par suite d'une action analogue.

Mais dans les tubes de gros diamètres, les bulles de vapeur s'élèvent au milieu du liquide et on ne voit pas comment l'entraînement se produirait. Cette question a donné lieu à de longues discussions et à des expériences variées et souvent peu précises. Sur certaines chaudières, on a supprimé la communication descendante qui alimente les tubes, sans que le fonctionnement en ait paru beaucoup troublé.

Qu'il y ait circulation ou dégagement intermittent, le départ de la vapeur est souvent gêné dans les chaudières tubulées, non seulement par la faible section des passages qui relient les tubes au collecteur supérieur, mais aussi par les coudes nombreux de ces passages. Dans presque toutes ces chaudières, la vapeur produite par les tubes inférieurs, les plus fortement chauffés, doit faire un long parcours dans ces passages tortueux.

Fig. 897. — Chaudière de Root ; coupe longitudinale.

Les tubes inclinés de la chaudière de Naeyer (fig. 895 et 896), sont emmanchés à chaque extrémité, à l'aide de joints cônes, dans des boîtes qui les font communiquer deux à deux : ces boîtes sont elles-mêmes reliées entre elles par d'autres boîtes, l'assemblage étanche se faisant à l'aide de bagues à double cône serrées par des boulons. Un corps cylindrique assez grand reçoit la vapeur produite par les tubes ; l'alimentation se fait dans la vapeur, à la partie supérieure de ce corps cylindrique : de gros tuyaux extérieurs amènent l'eau à la partie la plus basse des communications des tubes.

Chacun des éléments de la chaudière américaine de foot (fig. 897 à 899) est constitué par deux tubes mandrinés, à chaque extrémité, dans une boîte en fonte. Ces boîtes, de forme rectangulaire, se superposent et sont reliées entre elles par des coudes. Le collecteur supérieur est formé d'une série de cylindres parallèles horizontaux.

La chaudière Lagosse et Bouché (fig. 900) est caractérisée par la division du faisceau des tubes en deux groupes : le groupe inférieur, directement chauffé, comprend le tiers des tubes ; chacun de ces deux groupes est muni d'un collecteur spécial de vapeur qui se rend au grand corps cylindrique supérieur. L'appareil est complété par un réchauffeur et un sécheur latéraux ou supérieurs.

Chacun des éléments de la chaudière de la *National water tube boiter C°*, de New York, est constitué par 6 tubes, mandrinés dans des boîtes en fonte à tampons (fig. 901 et 902).

Fig. 898. — Chaudière de Root ; vue d'arrière et coupe transversale.

Les chaudières Babcock et Wilcox (fig. 903 et 904) sont nombreuses aux États-Unis. Les tubes de chaque rangée verticale sont mandrinés dans une longue boîte en acier forgé.

Les tubes du générateur Roser (fig. 905) sont disposés en rangées verticales, qui s'assemblent dans des boîtes en fer forgé et soudé.

Un autre type (le Roser est à la fois *tubulaire* et *tubulé*, des tubes traversés par les gaz chauds étant montés à l'intérieur des tubes pleins d'eau.

Dans la chaudière Hanrez (fig. 906), les tubes sont fortement inclinés, tandis qu'ils le sont peu dans les types qui viennent d'être examinés ; ils communiquent à chaque extrémité avec deux caisses plates, en relation elles-mêmes avec un collecteur supérieur d'assez grand volume.

La chaudière Heine (fig. 907 à 909) a de même ses tubes emmanchés dans deux boîtes plates ; un écran protège les tubes contre l'action directe du feu.

À cette même catégorie appartient la chaudière Lanet (fig. 910 à 912).

Dans la chaudière Collet, les tubes ne sont assemblés que par une extrémité ; ils portent à l'intérieur un tube concentrique analogue aux tubes Field, décrits plus

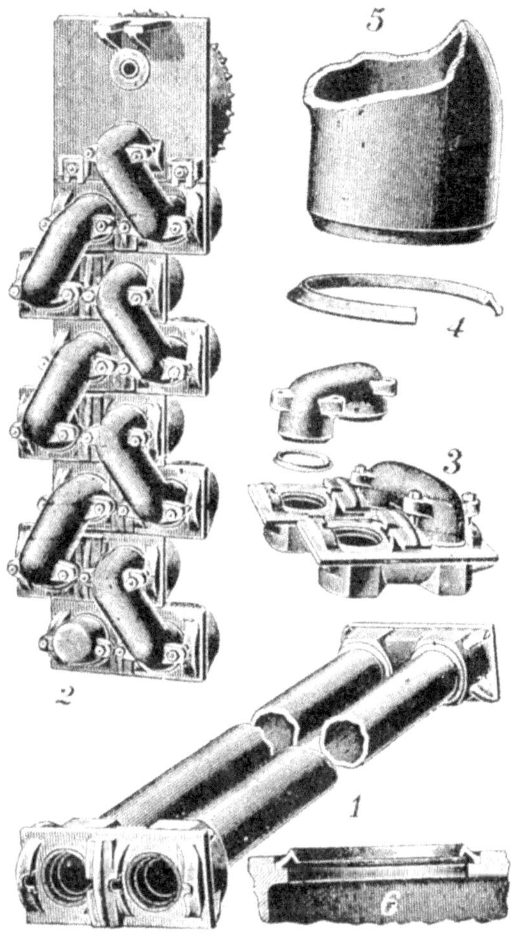

Fig. 899. — Chaudière de Root : 1, détail d'un élément ; 2, communications antérieures d'une section ; 3, boîtes et coude de communication ; 4, 5 et 6, joint de raccord.

loin. La même disposition se retrouve dans les générateurs Niclausse (fig. 913 et 914). On a cherché, dans cet appareil, à bien alimenter d'eau chacun des tubes, et à rendre faciles le démontage et le remplacement d'un tube. Le double joint cône qui assemble chaque tube doit être exécuté avec une grande précision : l'amincissement de l'un des deux cônes assure la portée simultanée des deux joints. Le tube intérieur est construit en tôle très mince. L'eau d'alimentation est envoyée dans la vapeur et tombe dans une boîte en tôle à chicane, destinée à recueillir les dépôts, qu'on fait écouler en ouvrant un robinet d'extraction.

La chaudière représentée figure 915 est munie des émulseurs Dubiau, destinés à provoquer la circulation de l'eau. La vapeur produite dans le faisceau inférieur des tubes se dégage par les petits tuyaux du premier émulseur, en entraînant une certaine quantité d'eau. L'eau est en outre appelée dans le faisceau supérieur de tubes par un second émulseur qui dégage la vapeur produite dans ce faisceau. Dans la chaudière Mac-Nicol (fig. 916 à 919) le faisceau tubulé n'est plus qu'une

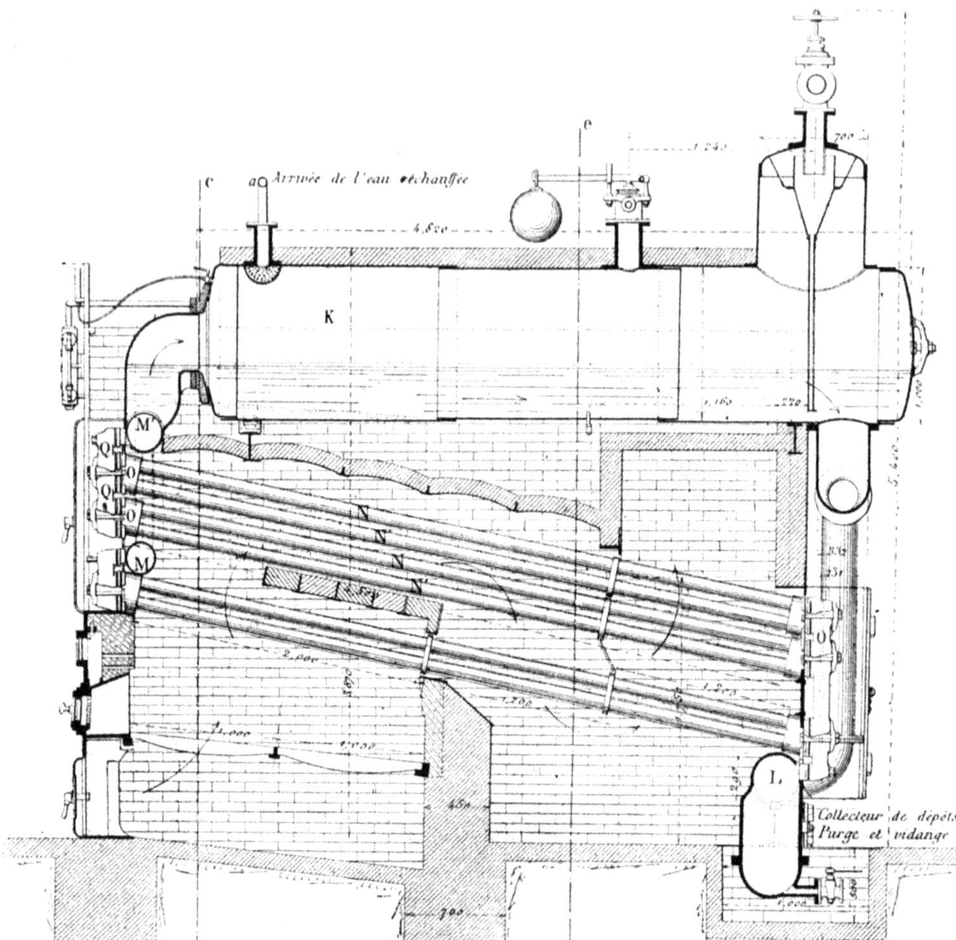

Fig. 900. — Générateur Lagosse et Bouché, à double collecteur de vapeur, construit par Daydé et Pillé.

appendance d'une grande chaudière à bouilleurs, dont la surface de chauffe est ainsi notablement augmentée. La construction des chaudières tubulées doit permettre les dilatations assez considérables de certaines parties du système. Les assemblages des tubes, des boîtes de raccord, des bouchons de visite, doivent être solides. Parfois ces assemblages ne tiennent que par un seul boulon, qui peut être trop serré et dont la tension risque fort d'être exagérée par l'effet des dilatations. Quelquefois des collecteurs ne sont reliés aux communications que par un simple mandrinage, qui n'est pas toujours suffisant pour résister à la pression qui tend à arracher le collecteur.

En résumé, bien des chaudières tubulées sont des assemblages délicats qui se trouvent dans des conditions assez précaires, et l'on s'explique aisément le grand nombre des accidents auxquels donne lieu ce genre d'appareils.

Par contre, ces générateurs offrent une grande surface de chauffe sous un petit volume, et se prêtent facilement aux pressions élevées : ces avantages les font choisir actuellement pour la plupart des grandes installations.

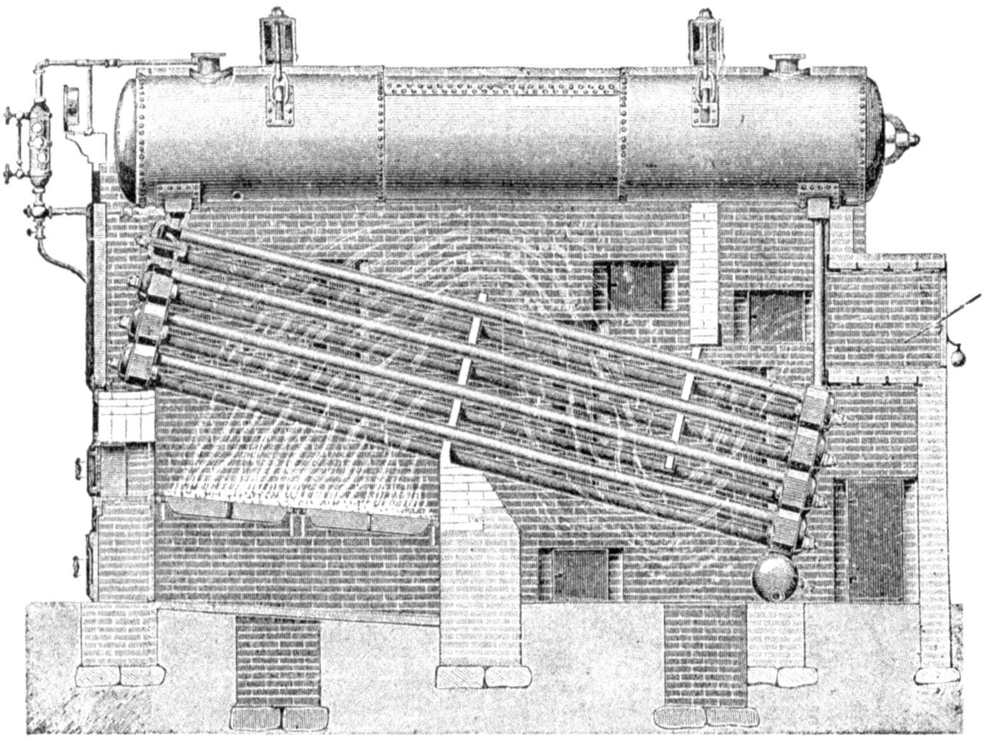

Fig. 901. — Chaudière de la « *National water tube boiler C°* ».

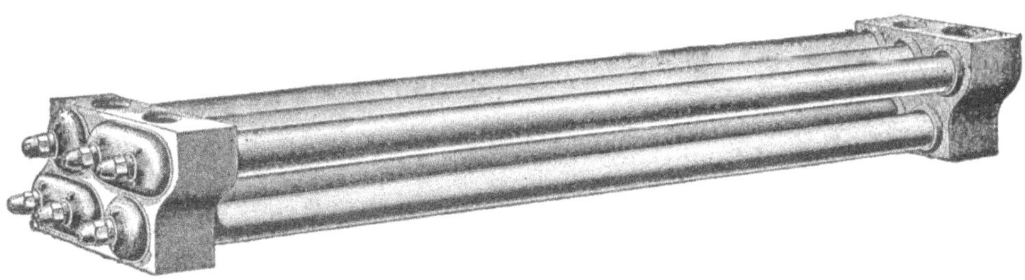

Fig. 902. — Chaudière de la « *National water tube boiler C°* » ; détail d'un élément.

Les figures 920 à 923 représentent deux importantes batteries de chaudières tubulées. La première installation (fig. 920 et 921) est celle d'une usine de la Cie d'éclairage électrique Edison, à New York : 30 générateurs sont installés, en deux rangées, au 3° étage du bâtiment ; l'étage supérieur contient des réchauffeurs d'eau (l'alimentation et des soutes à charbon. L'autre installation (fig. 922 et 923) sert

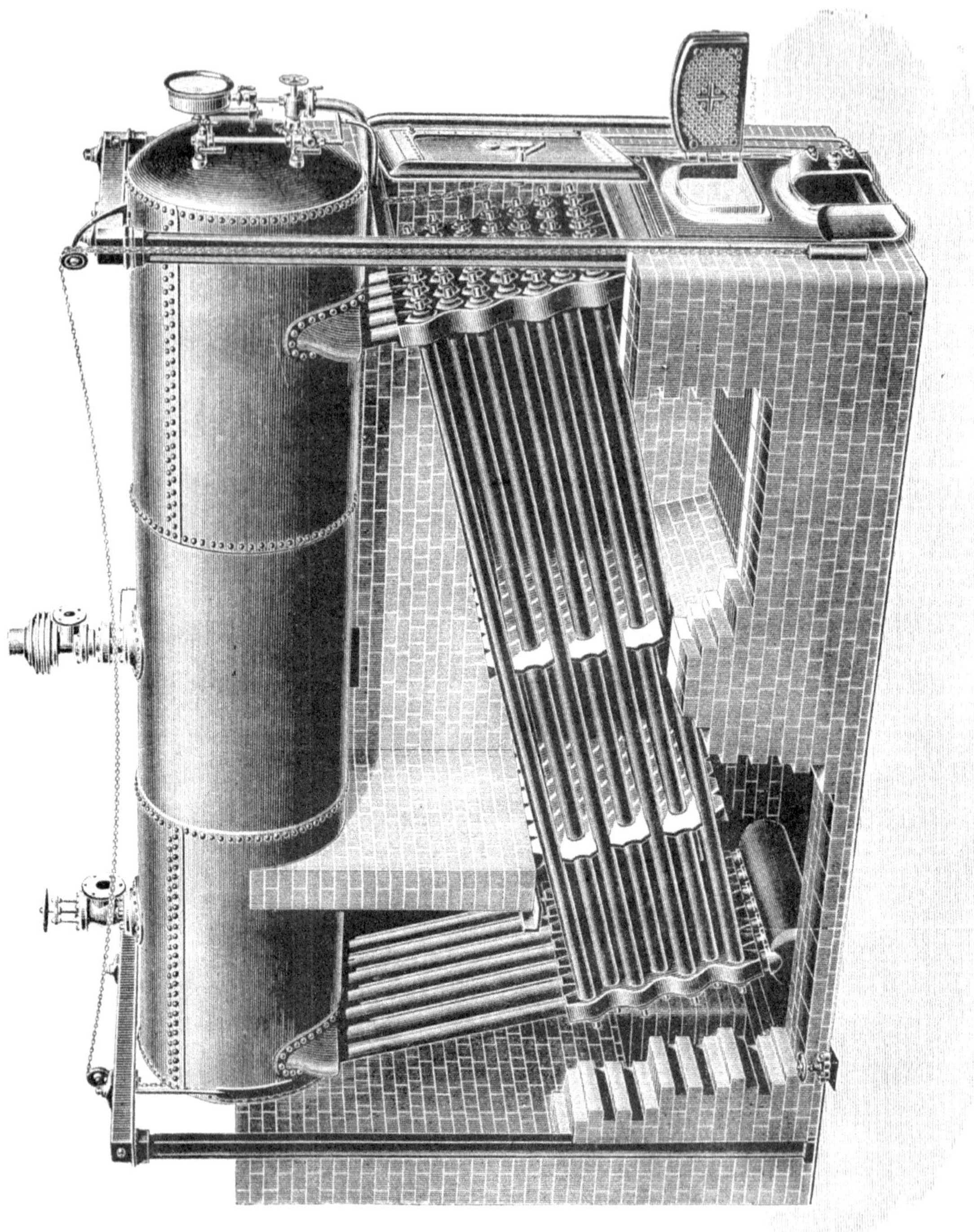

Fig. 903 – Chaudière Babcock et Wilcox, type de 1893.

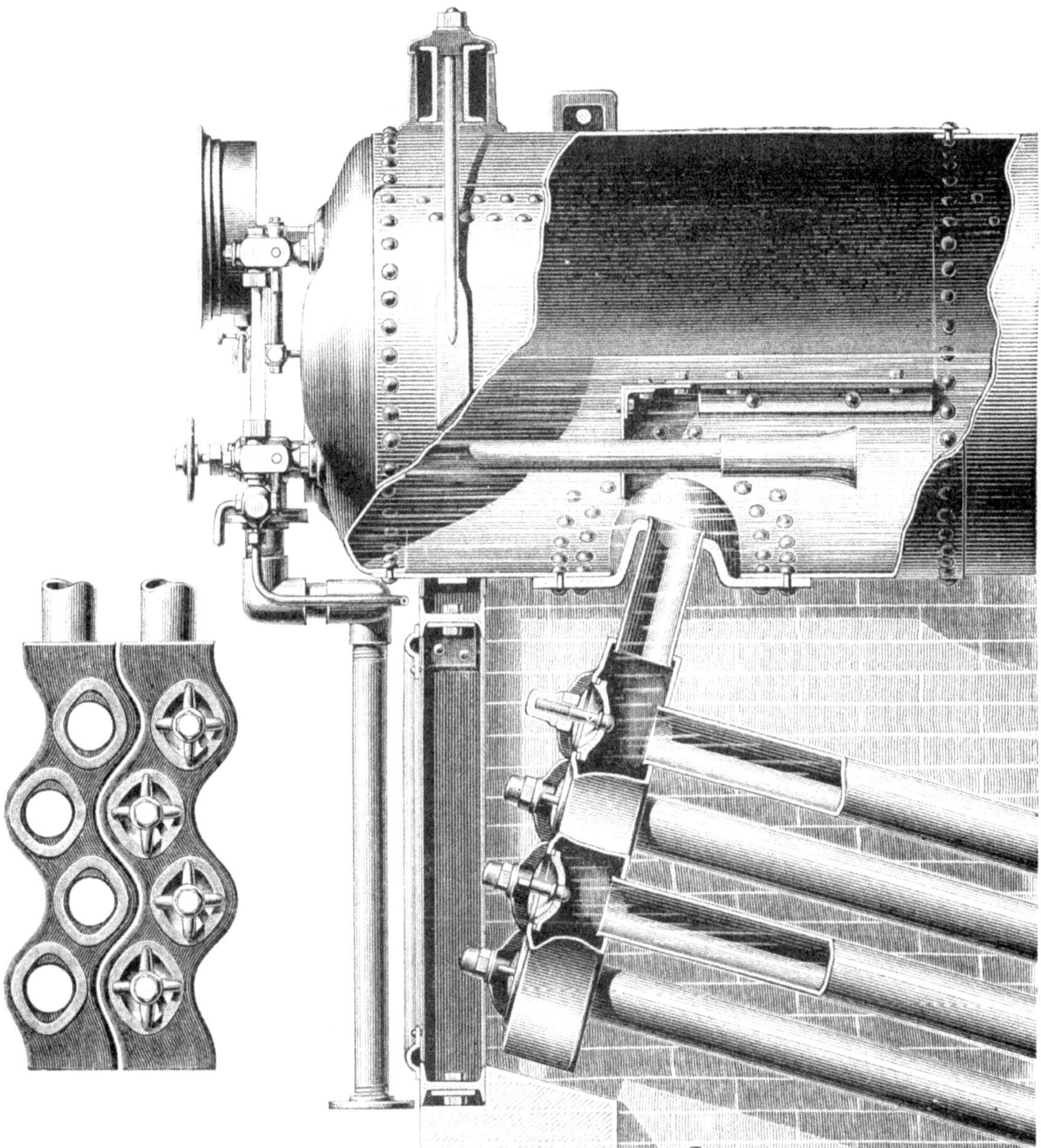

Fig. 904. — Chaudière Babcock et Wilcox ; pièces de raccord.

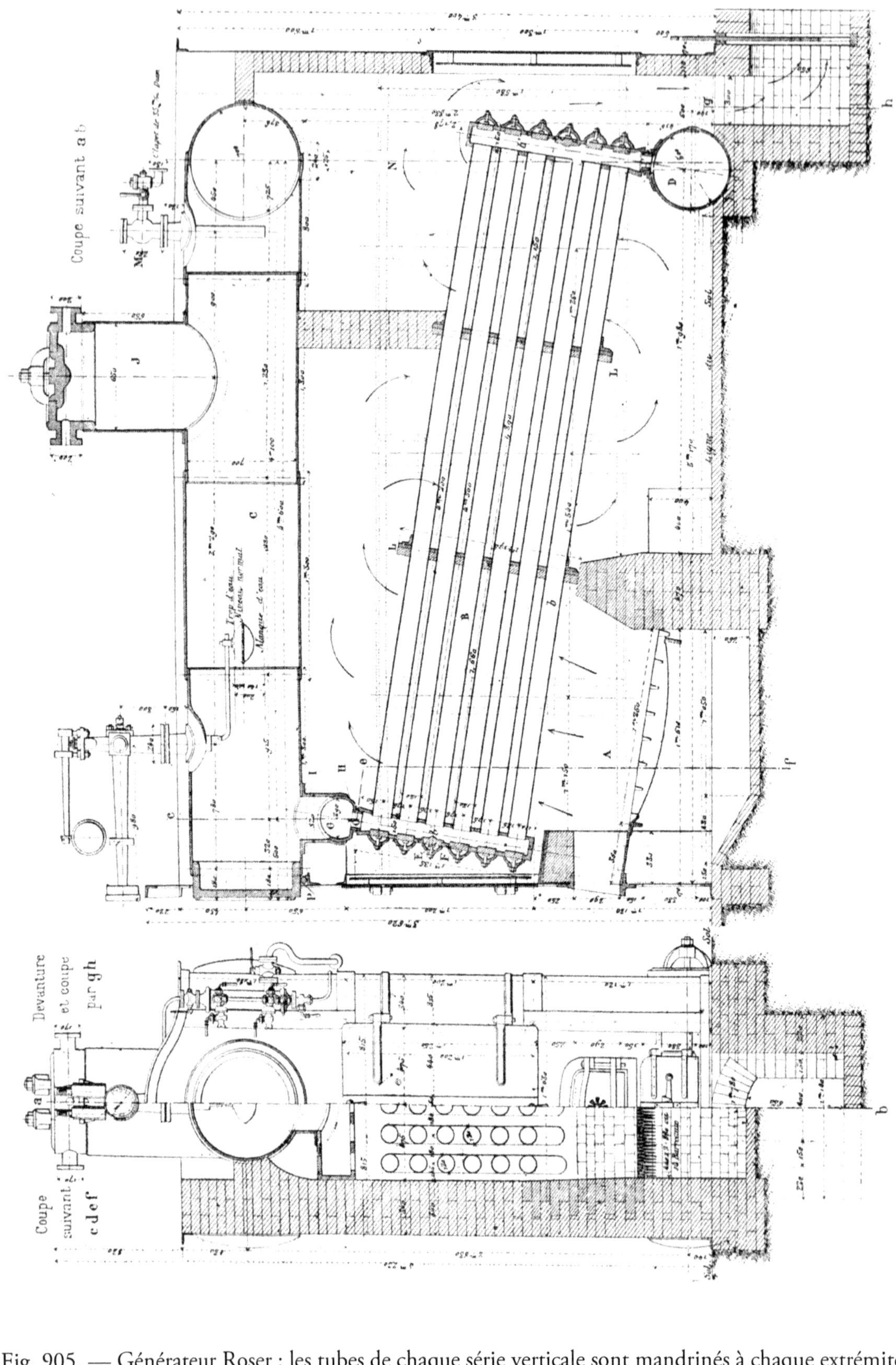

Fig. 905. — Générateur Roser : les tubes de chaque série verticale sont mandrinés à chaque extrémité dans une pièce en fer forgé et soudé ; deux tubes extérieurs N établissent une seconde communication entre les deux collecteurs, C et D.

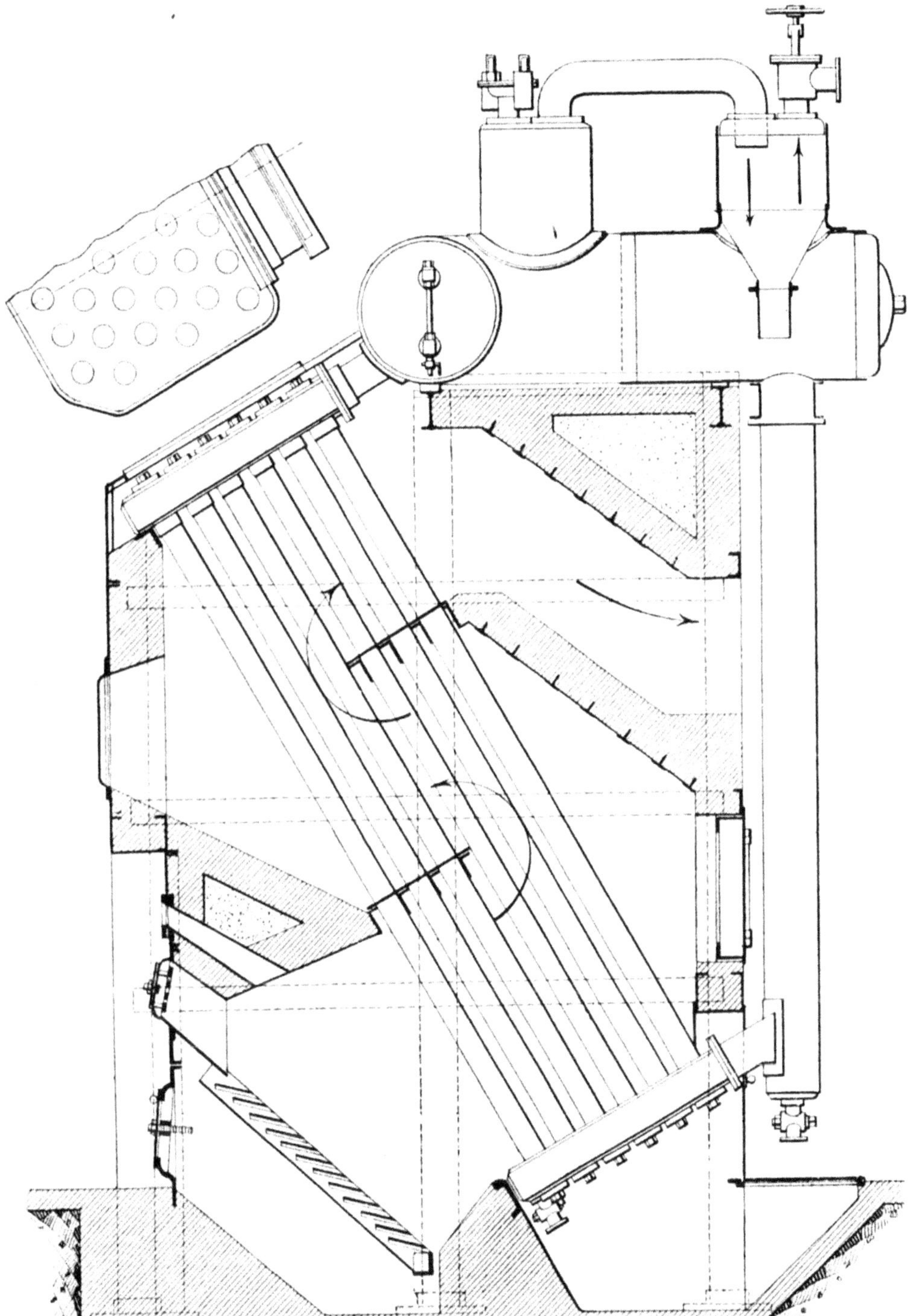

Fig. 906. — Chaudière Hanrez.

seulement à la production de la vapeur pour desservir la distribution publique qui existe à New York.

Les chaudières tubulées sont souvent employées aujourd'hui pour utiliser les chaleurs perdues des foyers métallurgiques, à la place des anciens générateurs verticaux (fig. 797) et horizontaux. C'est ainsi qu'à l'usine du Boucau des chaudières Belleville utilisent la chaleur des gaz chauds des fours à coke. Les figures 924 à

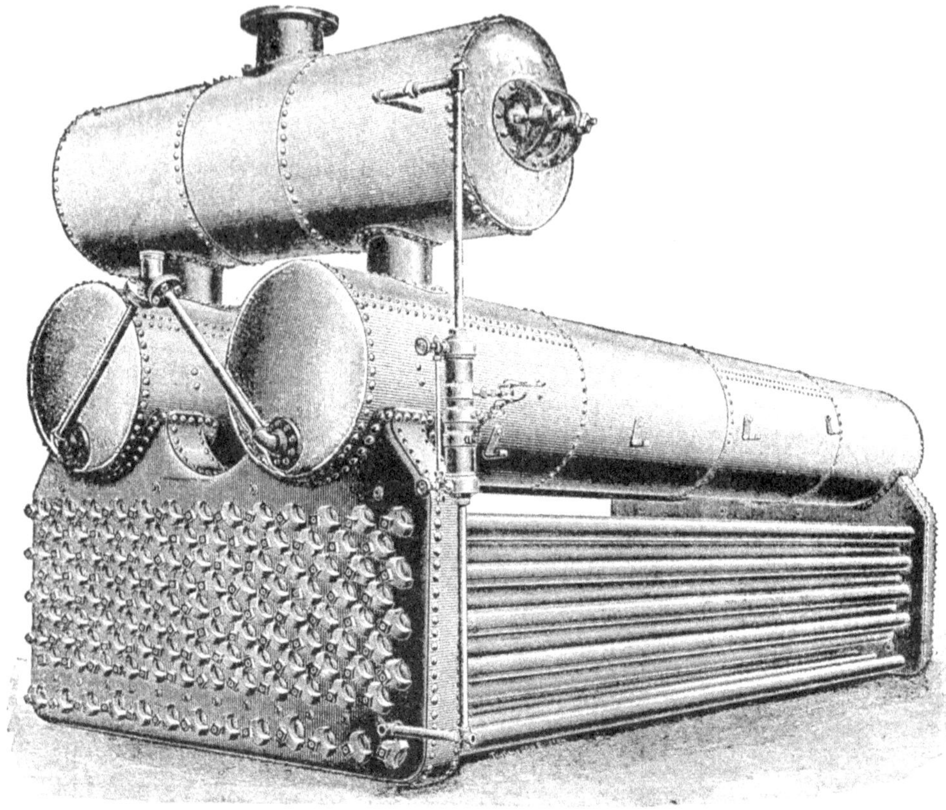

Fig. 907. — Chaudière Heine, avec 140 tubes de 4^{m},900 sur 90 mm de diamètre.

930 représentent des chaudières Babcock et Wilcox, montées à la suite de fours à réchauffer.

L'emploi des pressions très élevées, atteignant et dépassant 15 kg par cm^2, et le désir d'alléger les appareils ont conduit à remplacer dans certains navires les chaudières tubulaires à foyers intérieurs par des chaudières tubulées. Le très bon service des anciens appareils, éprouvés par une longue pratique, rend parfois cette substitution un peu difficile : on comprend qu'on hésite à abandonner des générateurs dont on peut garantir le bon fonctionnement, lorsque cet abandon n'est pas indispensable. Un avantage indirect des chaudières formées de petits éléments est la facilité de la mise en place et surtout du remplacement ; ces opérations n'exigent plus de larges ouvertures dans les ponts.

Le générateur Belleville s'applique aux bateaux sans modifications importantes (fig. 931 et 932). Il a été monté dans de nombreux navires, appartenant à la Marine militaire française, à des Marines étrangères et à des Compagnies de navigation. Des

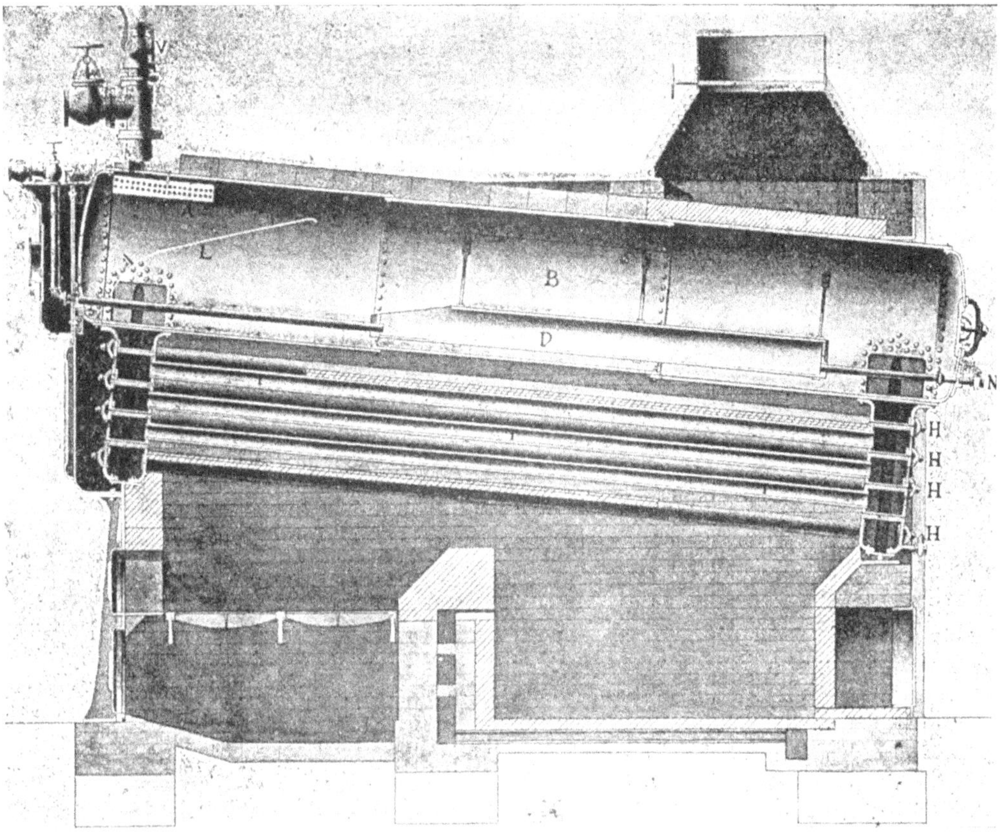

Fig. 908. — Chaudière Heine ; coupe verticale.

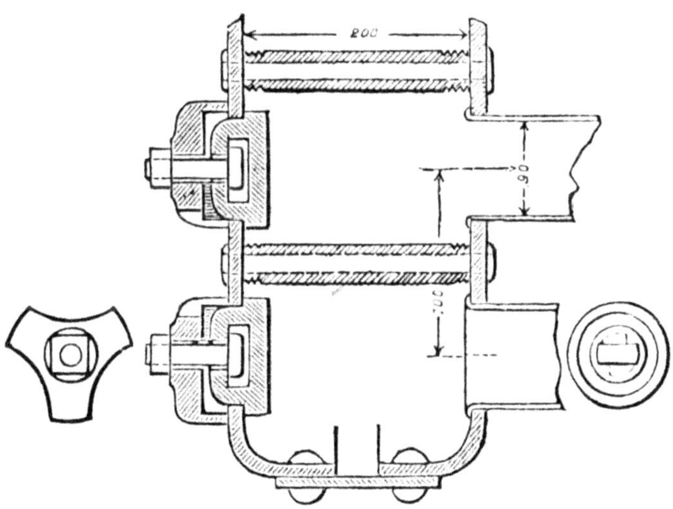

Fig. 909. — Chaudière Heine ; détail des autoclaves.

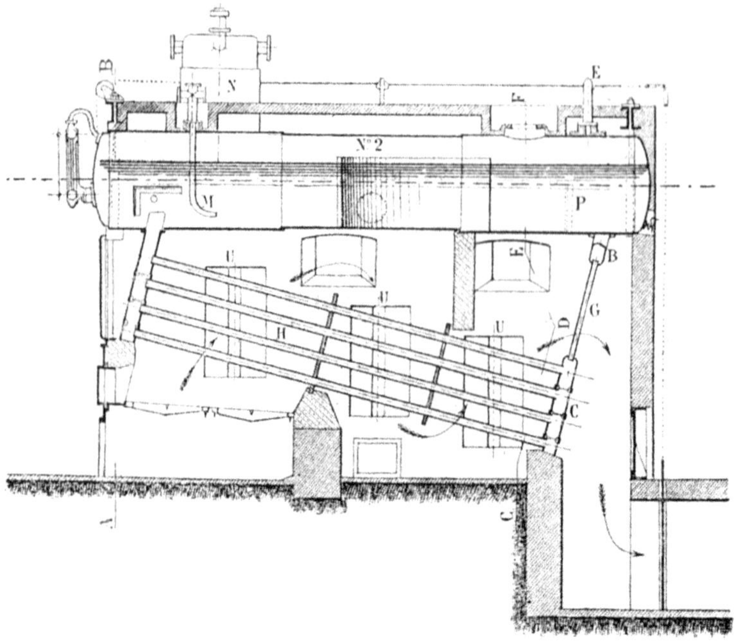

Fig. 910. — Chaudière Lanet ; coupe longitudinale

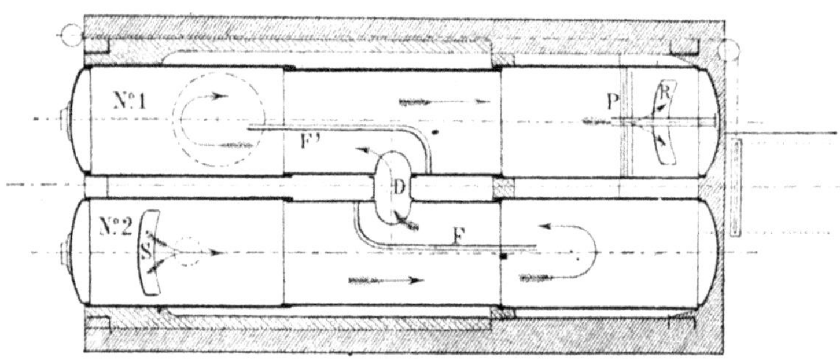

Fig. 911. — Chaudière Lanet ; coupe horizontale par l'axe des corps cylindriques.

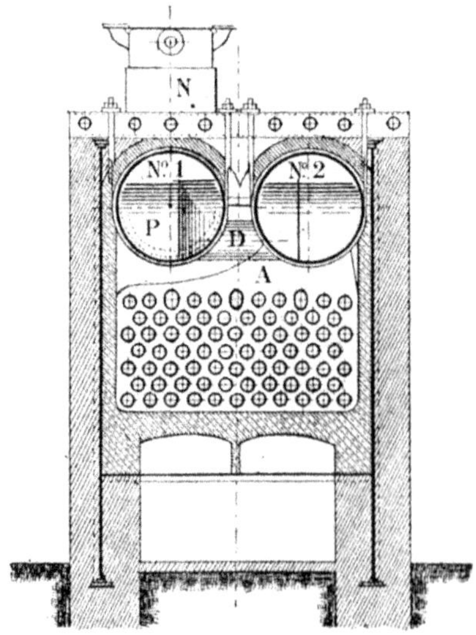

Fig. 912. — Chaudière Lanet ; coupe transversale.

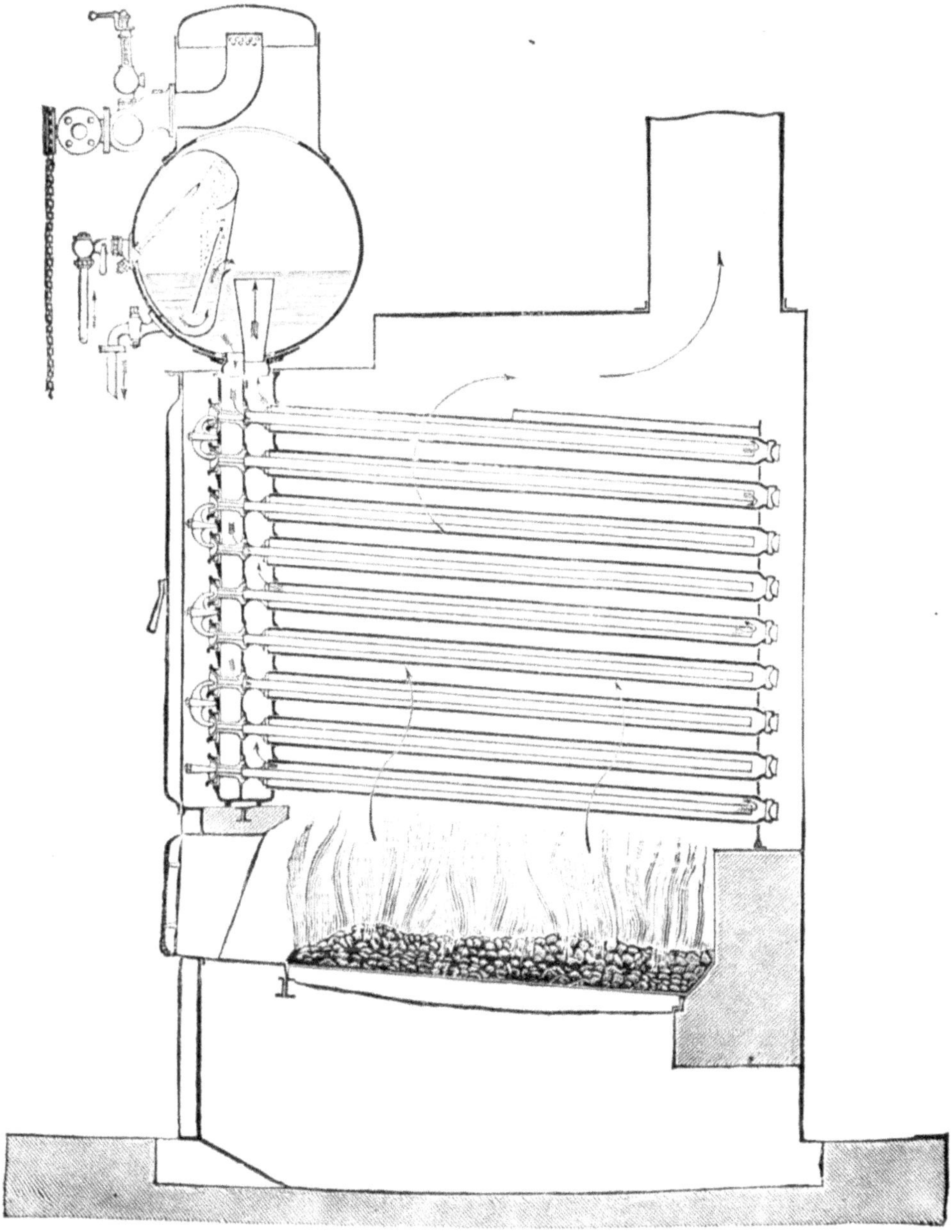

Fig. 913. — Générateur Niclausse ; coupe longitudinale (d'après le croquis du constructeur, montrant les dispositions prévues pour l'arrivée de l'eau dans chaque tube et le dégagement de la vapeur).

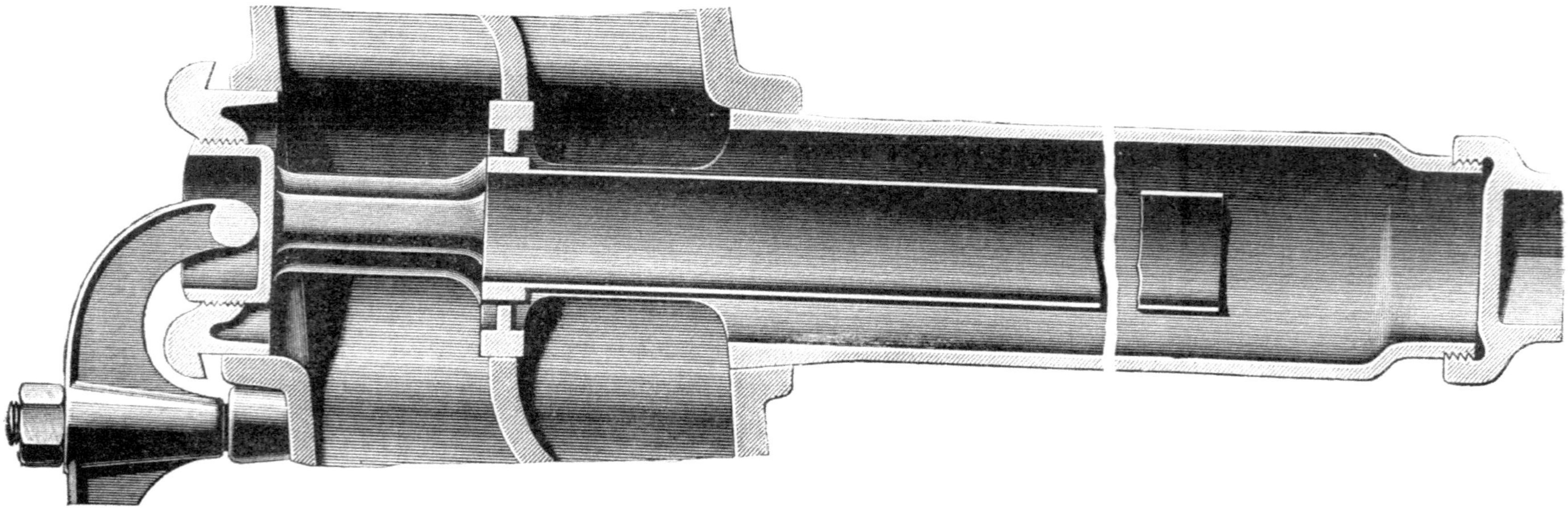

Fig. 91+. — Générateur Niclausse ; coupe d'un élément, formé de deux tubes concentriques. Le tube extérieur est monté dans les cloisons qui le portent par deux joints coniques.

modèles de petite dimension servent comme générateurs auxiliaires et à bord des canots à vapeur.

Dans le générateur Lagrafel et d'Allest (fig. 933 à 935), on a cherché à conserver une partie des dispositions avantageuses des chaudières marines tubulaires : la surface de chauffe immédiatement en contact avec les gaz de la combustion est peu étendue, de sorte que ces gaz ne sont pas refroidis trop rapidement et se brûlent

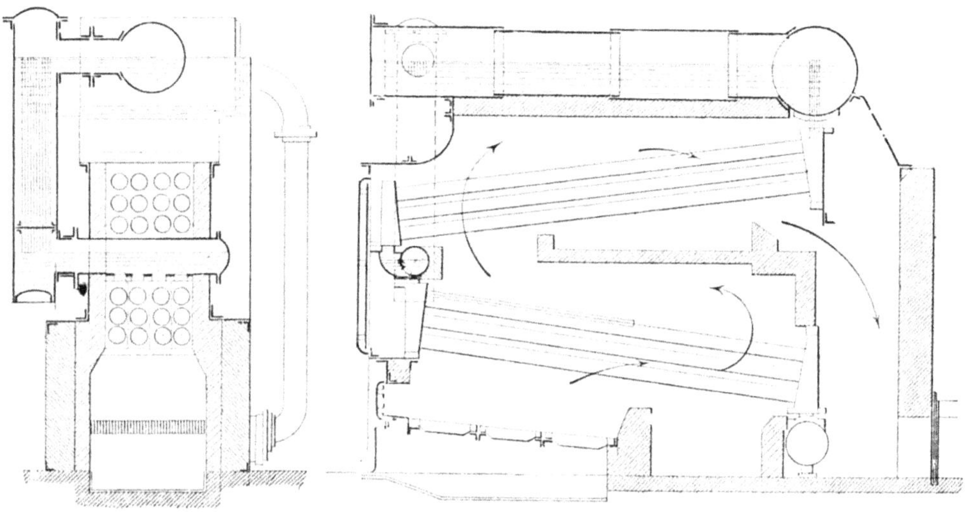

Fig. 915. — Chaudière tubulée munie de deux *émulseurs Dubiau*, destinés à provoquer la circulation de l'eau.

complètement ; cette surface se compose seulement d'une rangée de tubes, recouverts d'une cloison en briques (fig. 934). À la suite du foyer, les gaz pénètrent dans une chambre de combustion commune à deux chaudières contiguës, comme dans certaines chaudières tubulaires doubles (fig. 867). Le faisceau de tubes réunit deux lames d'eau plates (fig. 935), dont les faces parallèles sont reliées par des entretoises montées entre les trous des tubes. À la suite de la boîte à feu, les gaz chauds passent au milieu du faisceau de tubes, dont la rangée supérieure est également recouverte d'une cloison en briques. Comme le refroidissement des gaz en réduit le volume, on a diminué la section de sortie des gaz à la suite du faisceau de tubes, à l'aide d'une tôle verticale placée contre les tubes supérieurs (fig. 934). Enfin les gaz reviennent au-dessus de la cloison supérieure, sous le corps cylindrique, et s'échappent par la cheminée, entre les deux corps cylindriques des appareils jumeaux.

On voit sur la figure 934 des rangées de tubes à ailettes : l'effet des ailettes ne peut être aussi marqué que lorsqu'elles sont en contact avec les gaz chauds, comme l'a montré l'étude de la transmission de la chaleur.

Le générateur Niclausse (fig. 936 et 937) a également servi dans d'importantes installations : l'une d'elles comprend 20 générateurs, répartis en trois groupes, avec une surface totale de grilles de 72^{m^2},72 et une surface de chauffe de 2 160 m^2. Le nombre des tubes vaporisateurs est de 3 536, avec une longueur de 2^{m},250 et un diamètre extérieur de 82 mm. Ces appareils contiennent 47 m^3 d'eau et 14 m^3 de vapeur. Le timbre est de 15 kg ; les 20 générateurs vides (sans les capots) pèsent 202 600 kg.

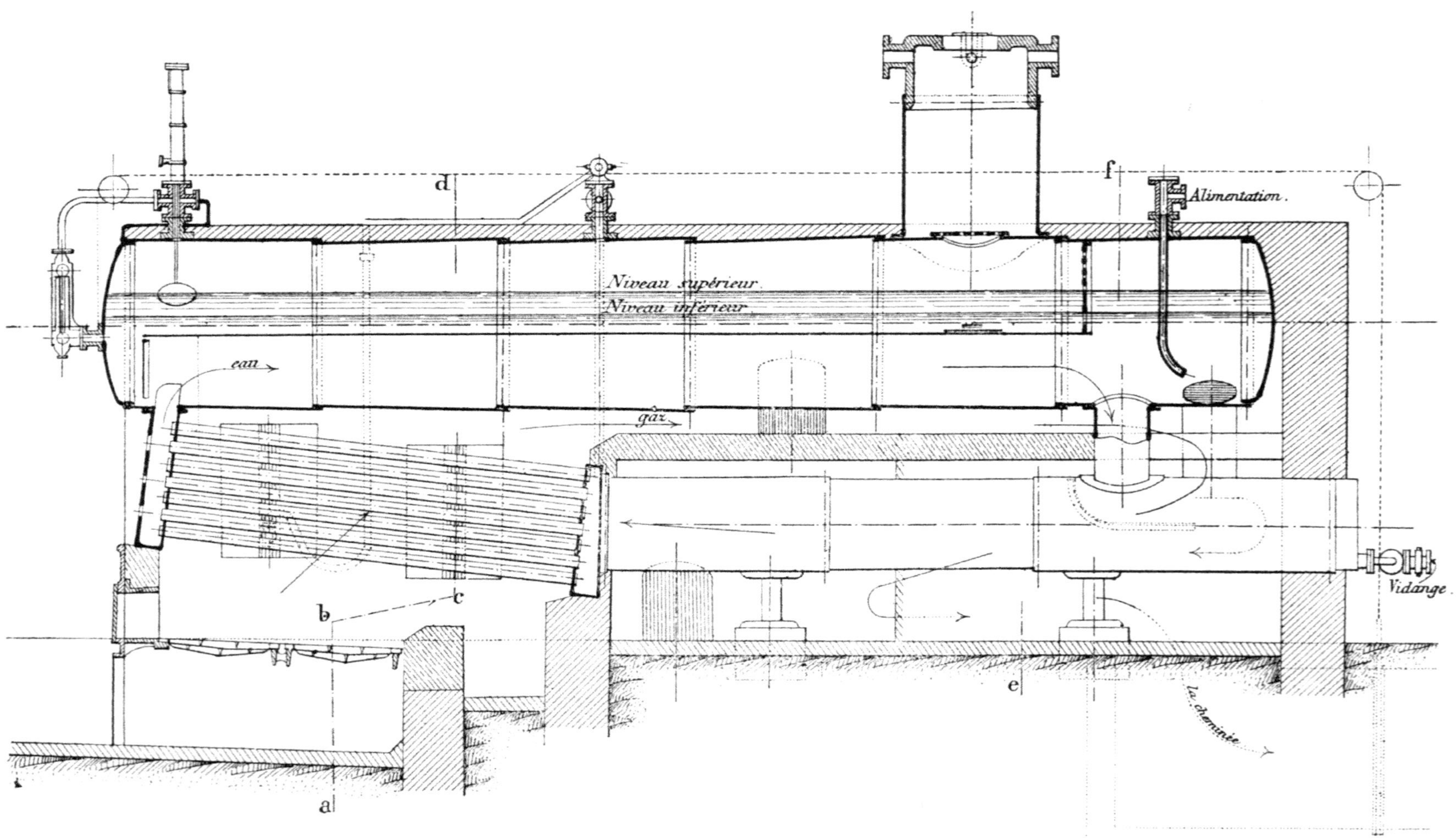

Fig. 916. — Chaudière Mac-Nicol ; coupe longitudinale.

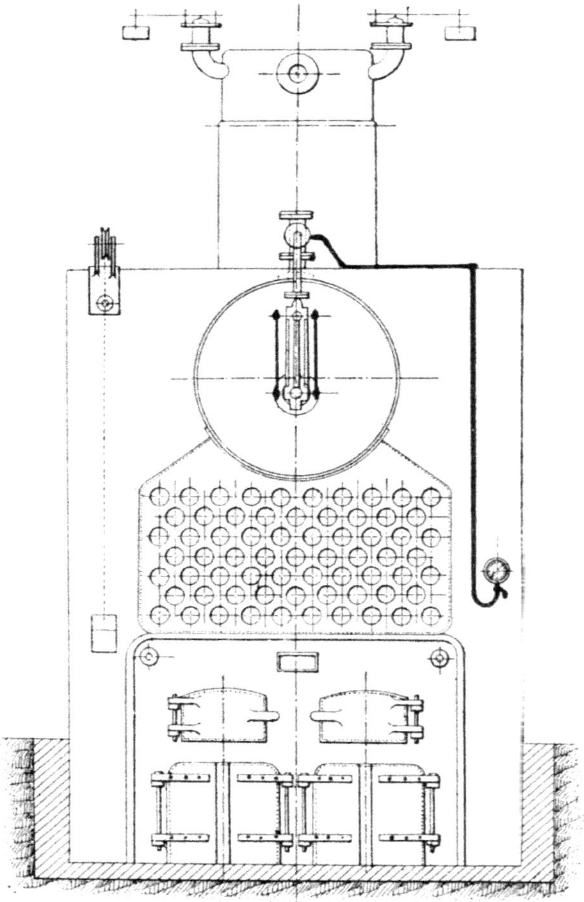

Fig. 917. — Chaudière Mac-Nicol ; élévation.

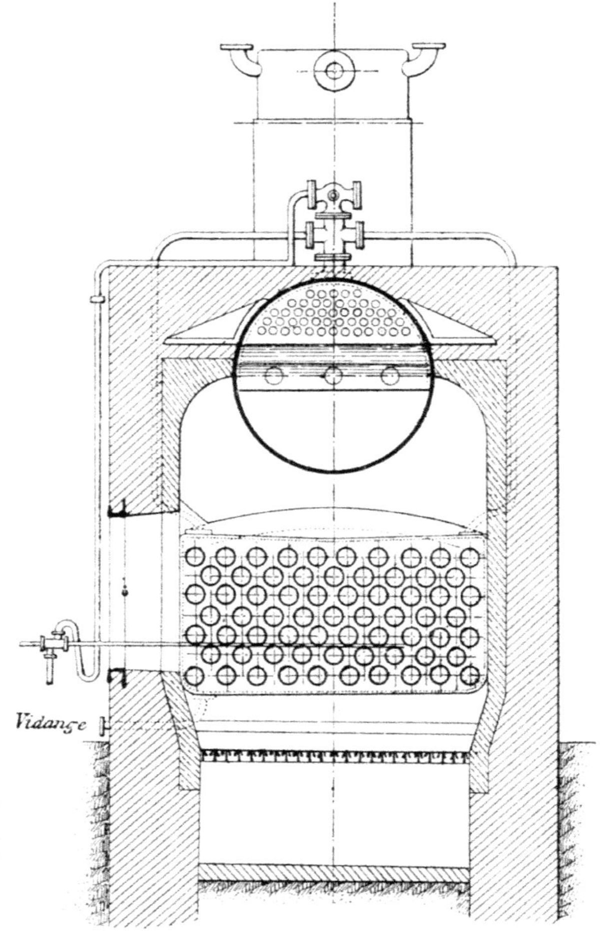

Fig. 918. — Chaudière Mac-Nicol ; coupe transversale suivant abcd.

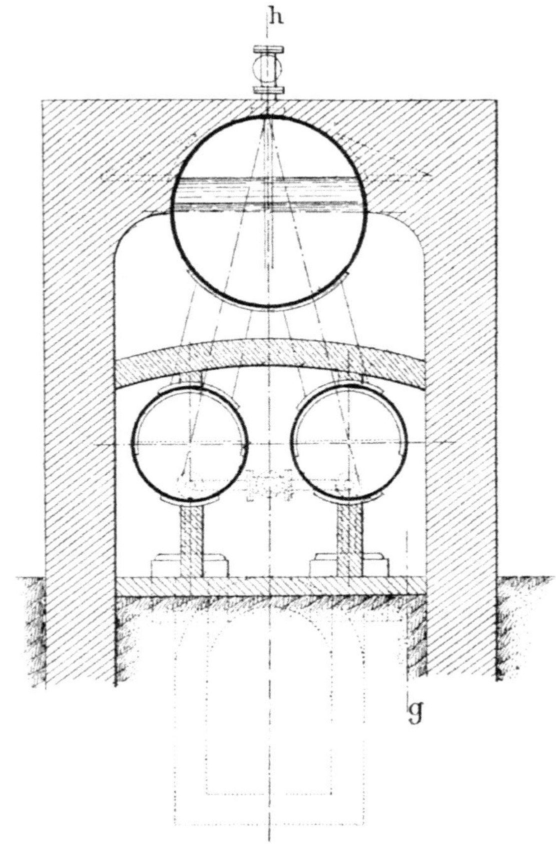

Fig. 919. — Chaudière Mac-Nicol ; coupe transversale suivant e

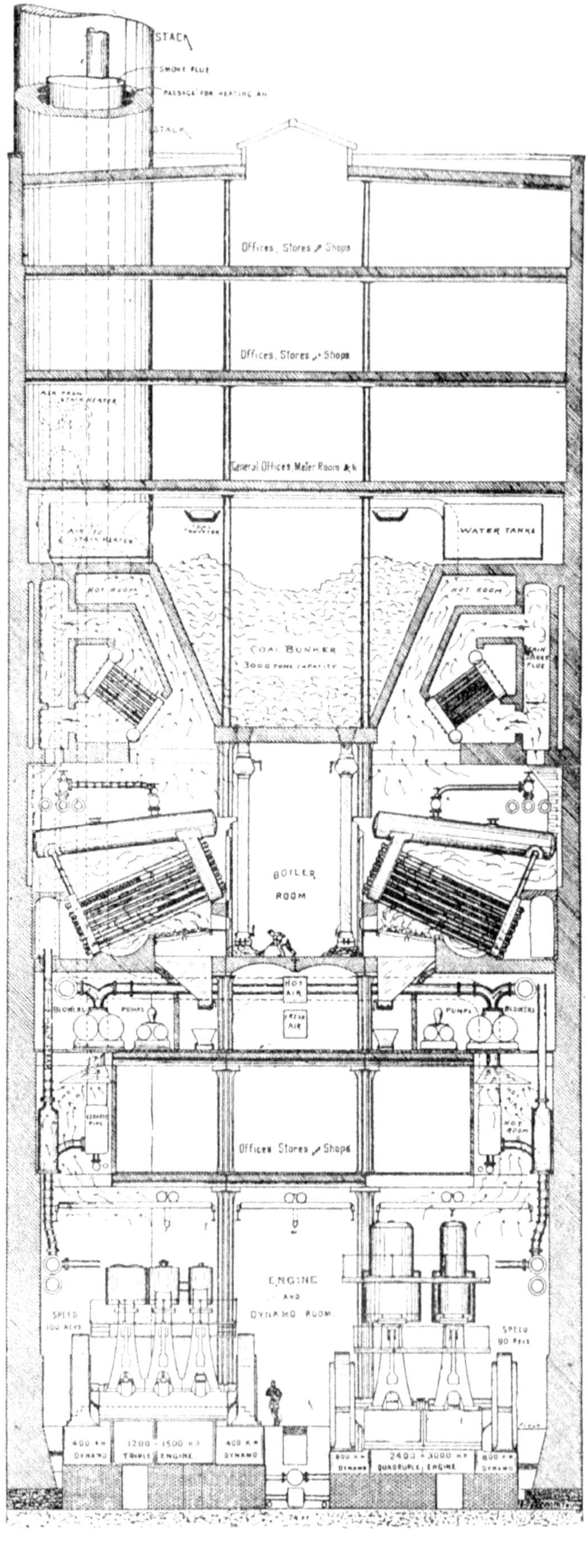

Fig. 920. — Usine de la Cie Edison à New York, d'après le rapport aux actionnaires pour 1893 ; coupe transversale. Les moteurs et les dynamos, à commande directe, sont installés au rez-de-chaussée : on voit sur la coupe une machine pilon à triple expansion de 1200 à 1500 chevaux, faisant 100 tours par minute, et une machine pilon tandem à quadruple expansion, de 2400 à 3000 chevaux, tournant à 90 tours. L'étage des chaudières en contient 30 ; en dessous sont les ventilateurs, les pompes et des voies avec wagonnets pour l'enlèvement des escarbilles. Au-dessus, des soutes peuvent contenir 3000 tonnes de houille, amenée par des transporteurs depuis des trémies installées devant les façades. Sur le trajet des gaz chauds sont installés des réchauffeurs d'eau d'alimentation. L'air de la combustion est pris à la partie supérieure de l'édifice ; il est chauffé par les gaz chauds.

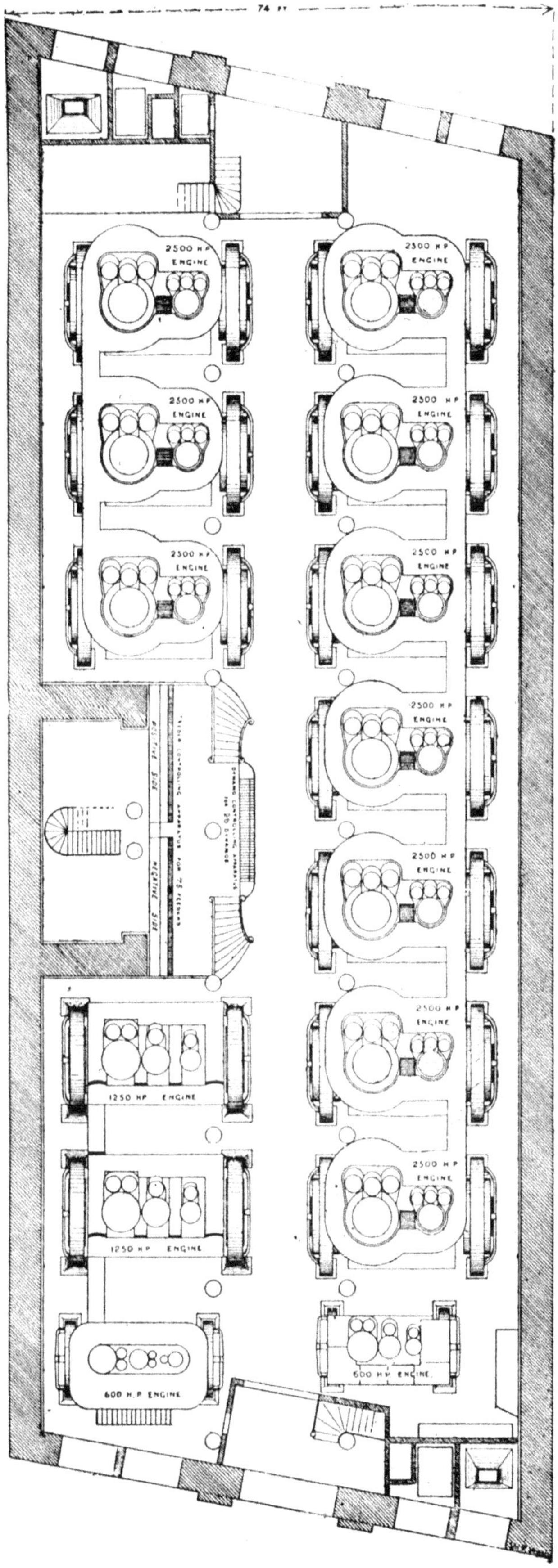

Fig. 921. — Usine de la Cie Edison à New York ; plan du rez-de-chaussée. Largeur du terrain, 74 pieds ou 22m,55.

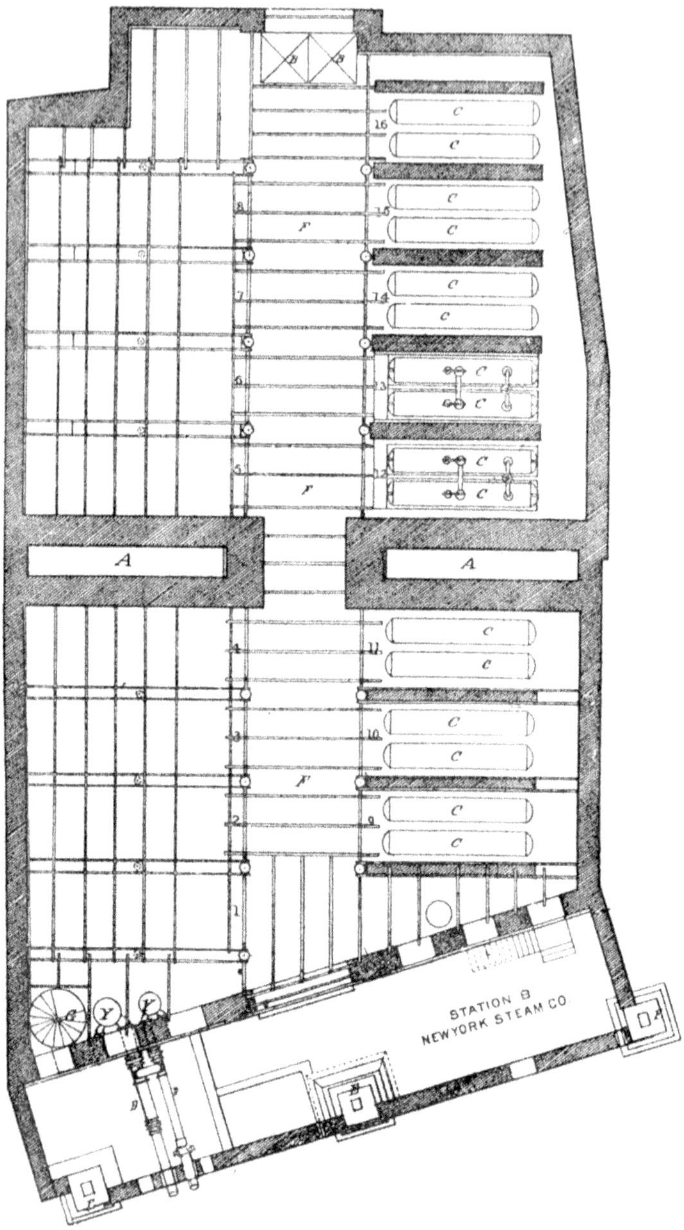

Fig. 922. — Plan de l'une des usines de la *New York steam Company*, à New York (d'après les *Transactions of the American soc. of civil engineers*).
A, A, cheminées.
C, C, C, ..., une des rangées de générateurs.
B, B, ascenseurs pour le charbon.

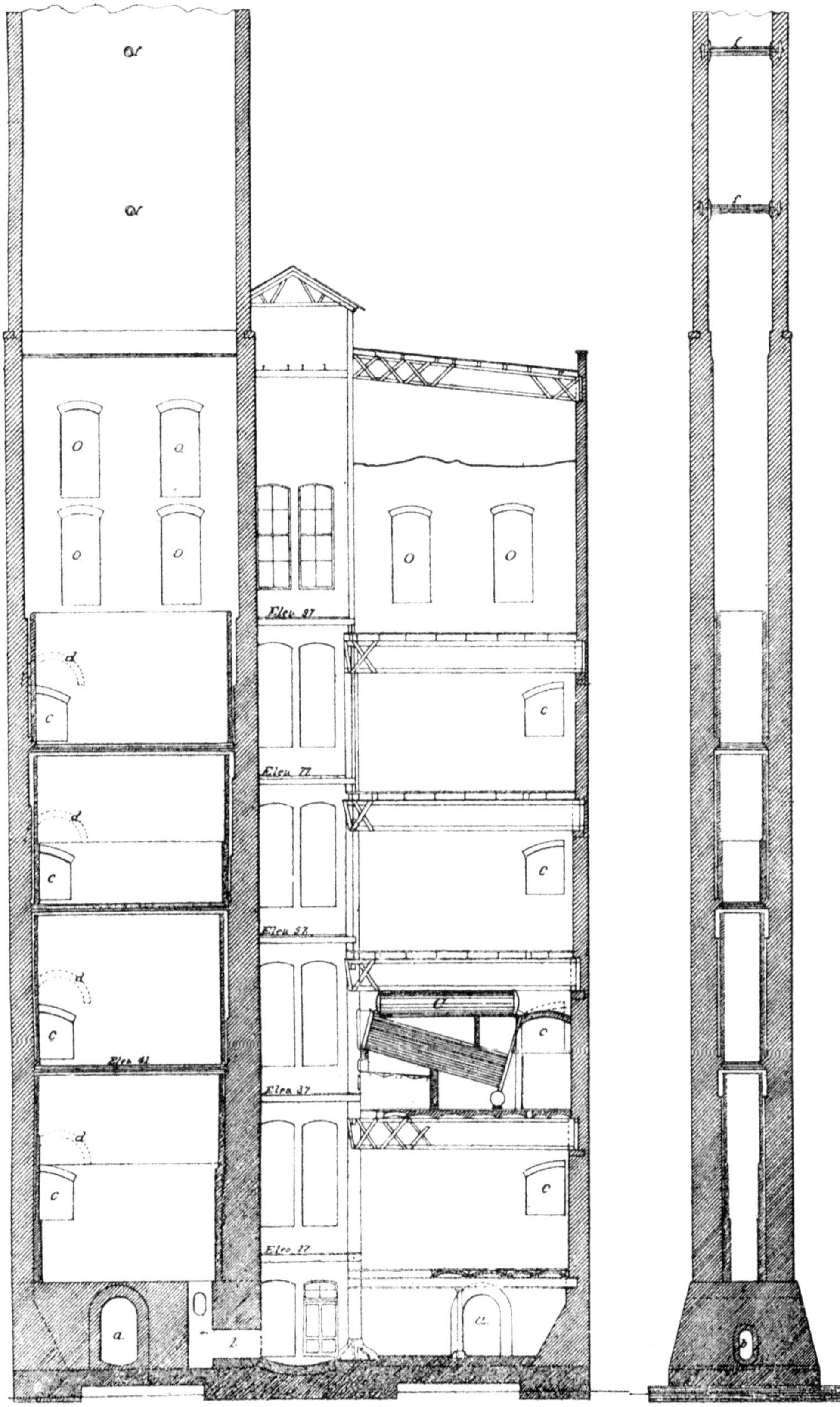

Fig. 923. — Coupe d'une des usines de la *New York steam Company*.
c, c, c, carneaux des chaudières.
o, o, carneaux pour des réchauffeurs.

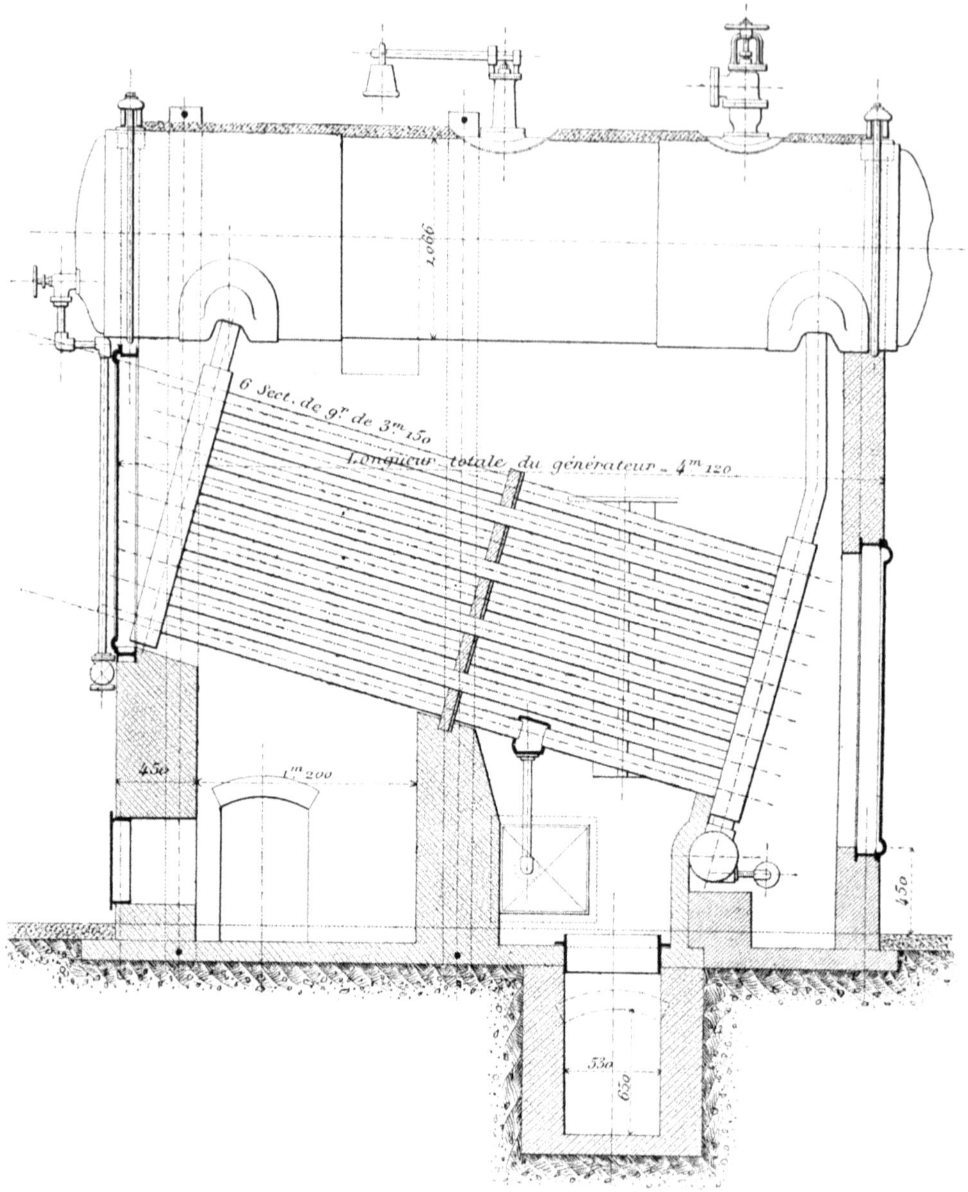

Fig. 924. Chaudière Babcock et Wilcox, pour utiliser les chaleurs perdues d'un four à réchauffer, aux aciéries et forges de Firminy ; coupe longitudinale. Surface de chauffe, 67 m^2; vaporisation à l'heure, 675 kg pour 150 kg de houille brûlée, soit 4^{kg},5 pour un kilogramme de houille.

112. Chaudières tubulées à petits tubes.

Au lieu de former les générateurs avec de gros tubes, on peut employer des tuyaux de petit diamètre, faciles à cintrer. Plusieurs de ces générateurs à petits tubes ont été spécialement étudiés pour les torpilleurs, afin de remplacer les chaudières tubulaires de forme locomotive.

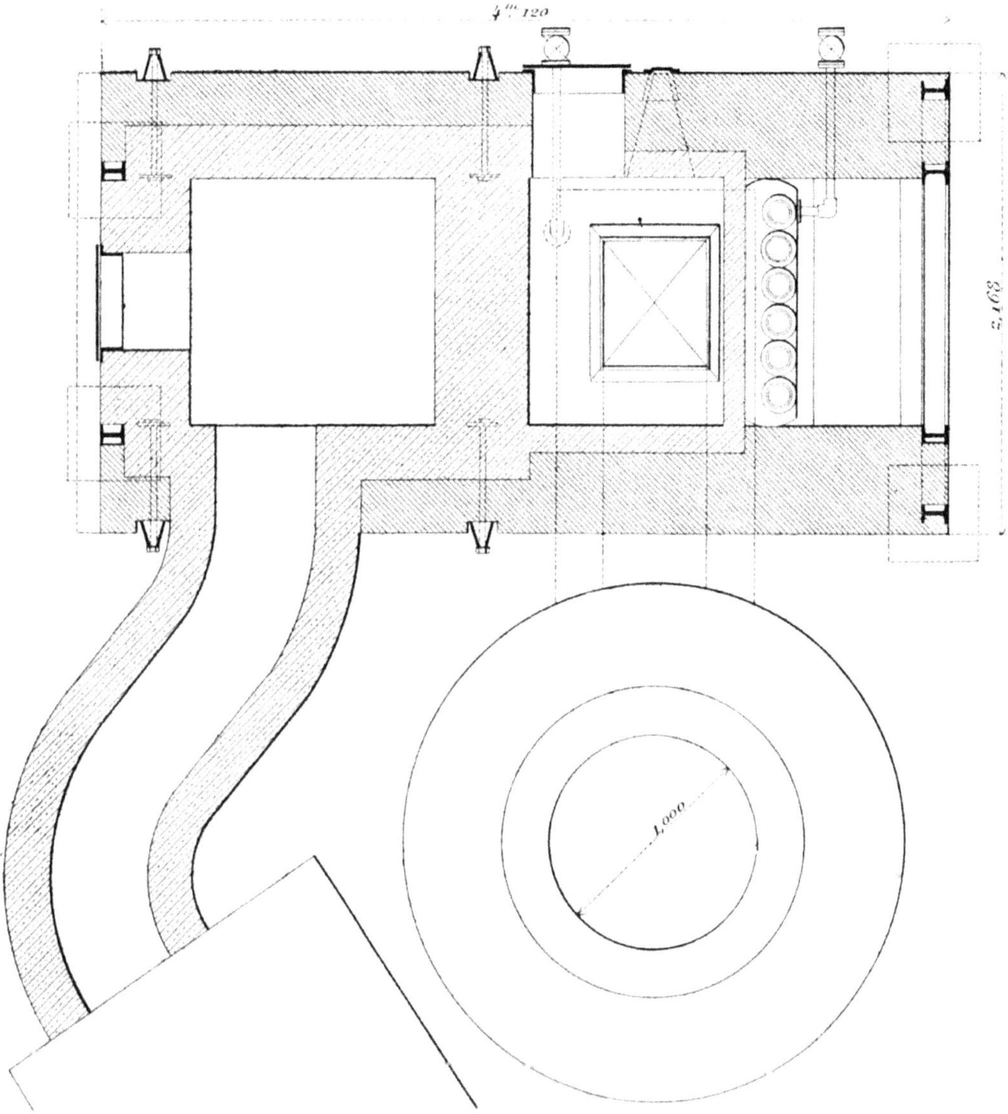

Légendes des fig. 926 à 930.

Nombre de rangées horizontales de tubes	27
Nombre de tubes par rangée	9
Nombre total de tubes	243
Nombre de tubes par élément	9
Diamètre intérieur du grand réservoir	1.400
Longueur intérieure du grand réservoir	4.650
Diamètre intérieur du petit réservoir	500
Longueur intérieure du petit réservoir	1.700

Capacité :		
Du grand réservoir	vapeur $3^{m^3},600$ / eau . . $3^{m^3},455$	$7^{m^3},055$
Du petit réservoir		$0^{m^3},335$
Du faisceau tubulaire		4,808
Capacité totale de la chaudière		12,198
Diamètre intérieur des tubes		94 mm
Diamètre extérieur des tubes		102
Hauteur du réservoir au-dessus du sol		$6^m,800$
Timbre de la chaudière		8 kg
Surface de chauffe		135 m²

Fig. 925. — Chaudière Babcock et Wilcox, aux aciéries de Firminy ; coupe horizontale ; les flammes sont amenées par le carneau à double courbure qui part d'un four a réchauffer, dont la partie inférieure du plan montre l'extrémité.

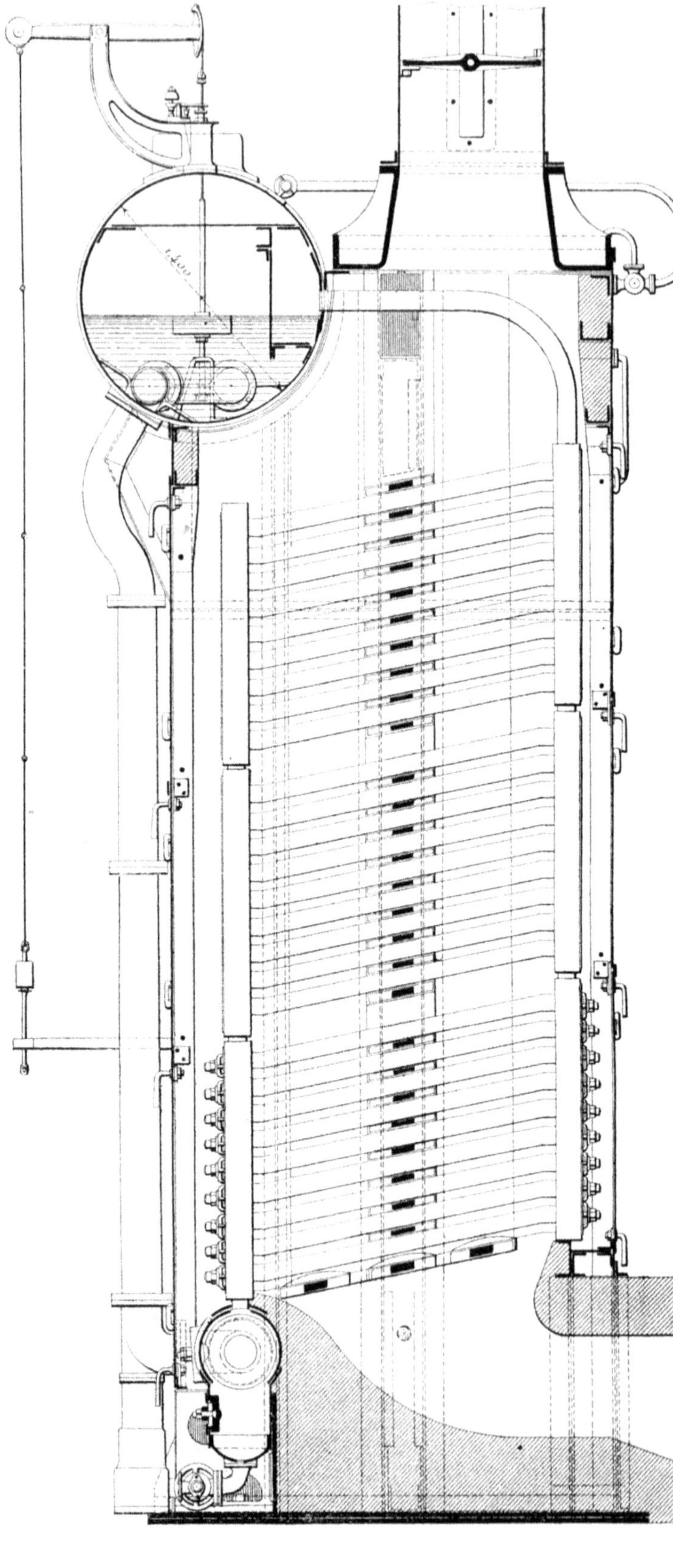

Fig. 926. — Chaudière tubulée Babcock, à flamme perdue, des usines du Creusot ; coupe verticale.

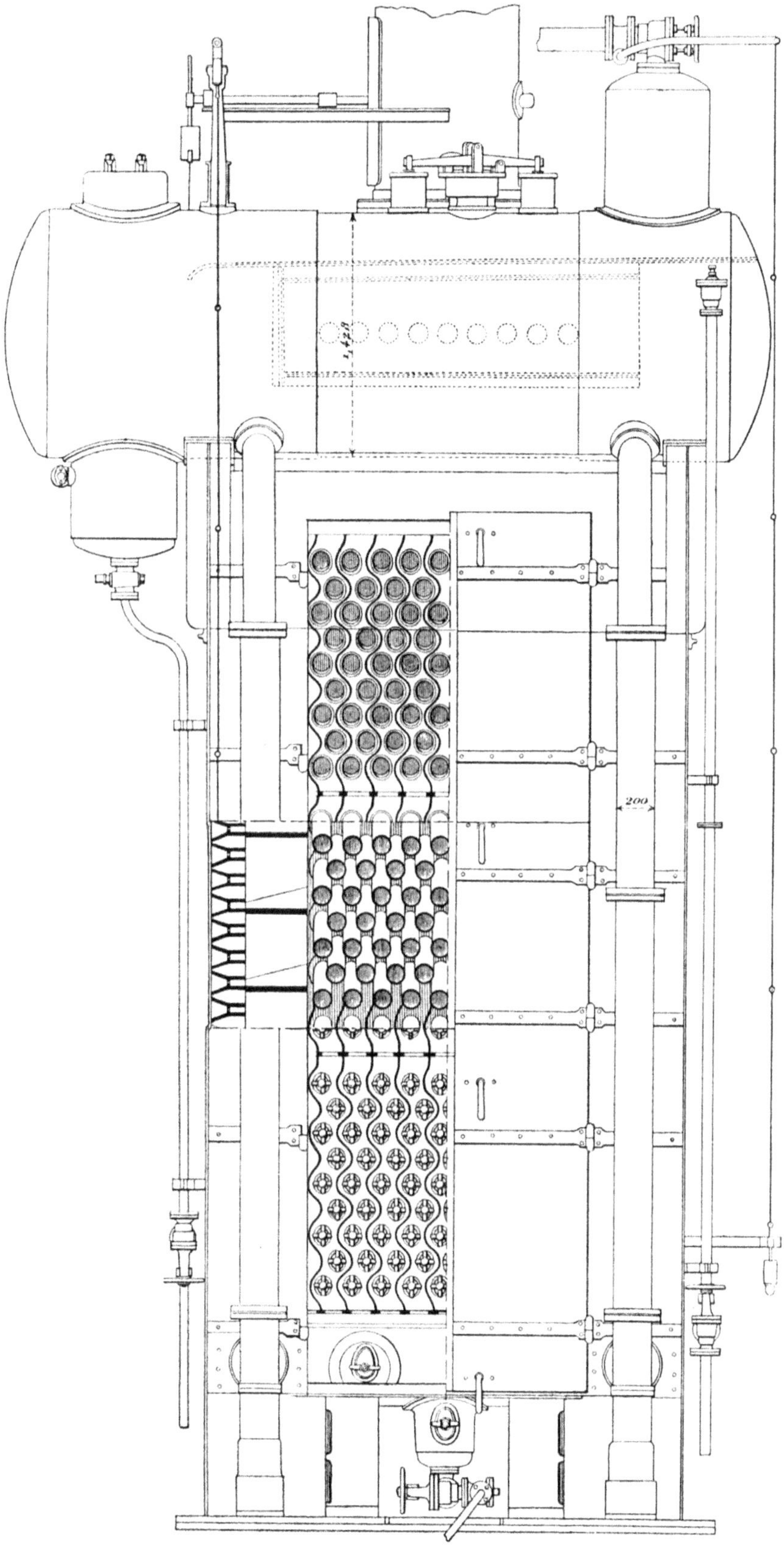

Fig. 927. — Chaudière tubulée Babcock, à flamme perdue ; coupe transversale et élévation.

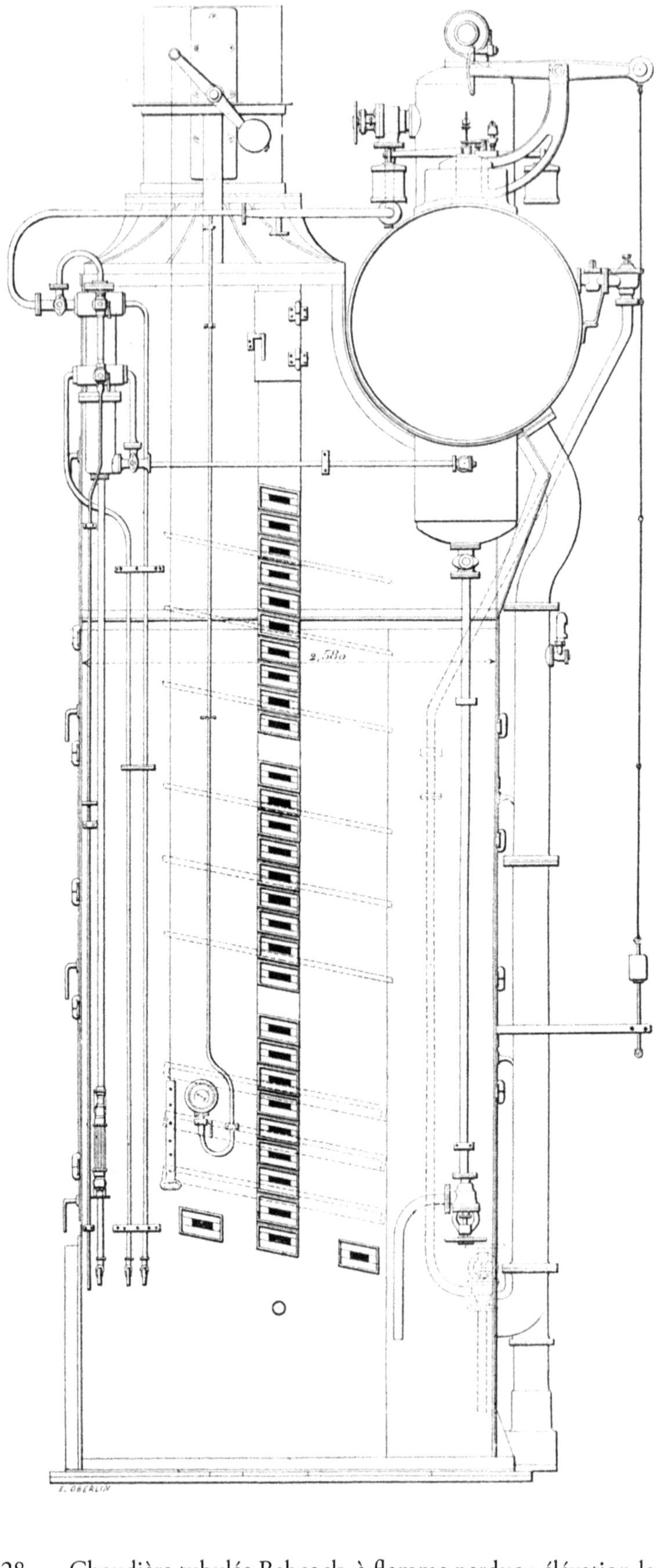

Fig. 928. — Chaudière tubulée Babcock, à flamme perdue ; élévation latérale.

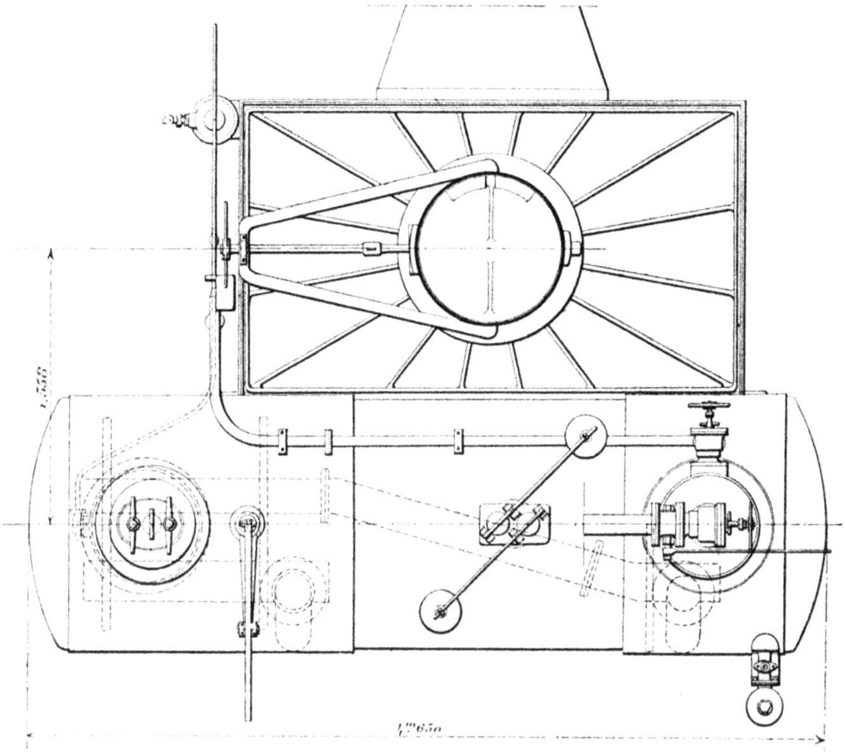

Fig. 929. — Chaudière tubulée Babcock, à flamme perdue ; plan.

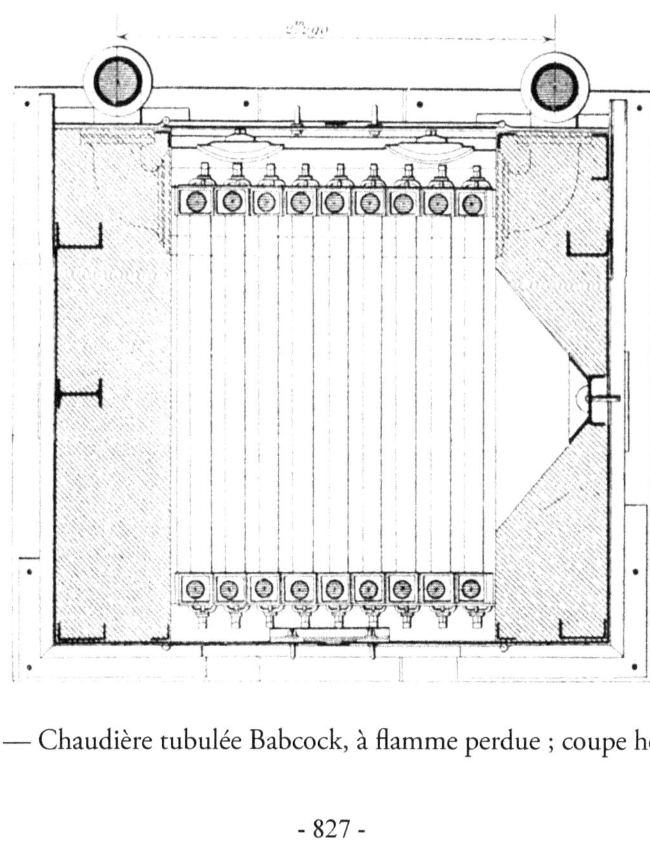

Fig. 930. — Chaudière tubulée Babcock, à flamme perdue ; coupe horizontale.

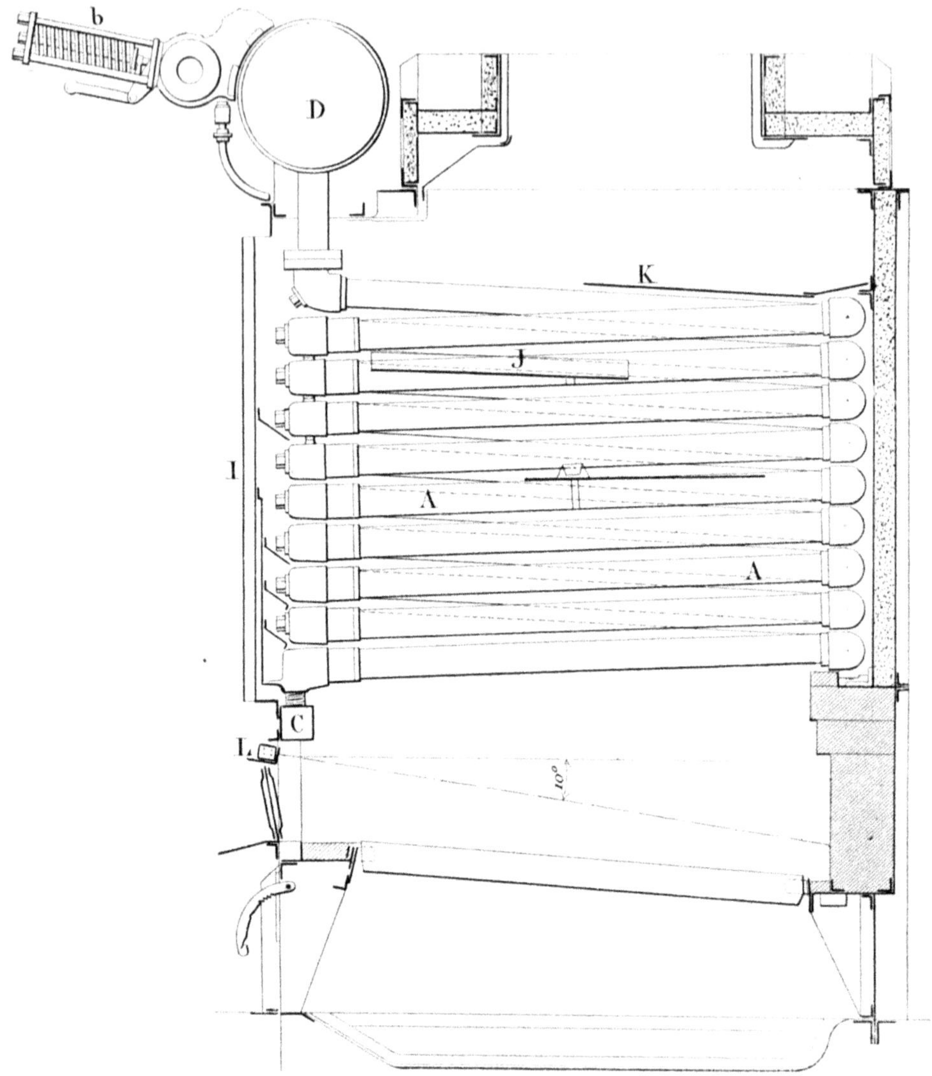

Légende des fig. 931 et 932.

A Eléments générateurs de vapeur.
B Chevilles fusibles avertisseuses.
C Tube collecteur d'alimentation.
D Collecteur épurateur de vapeur et d'eau d'alimentation.
a Vanne de prise de vapeur.
b Soupapes de sûreté.
E Tuyaux de retour d'eau de l'épurateur D aux déjecteurs F.
F Déjecteurs des boues et graisses.
f Robinets d'extraction.
G Robinet gradué d'alimentation.
H Colonne de niveau et régulateur automatique d'alimentation.
I Portes de boîtes à tubes.
J Cloisons mobiles.
K Obturateurs du dessus des tubes.
L Mélangeur des gaz combustibles.
M Robinet et tuyau d'évacuation d'air pour le remplissage complet pendant les arrêts.

Fig. 931. — Générateur Belleville, type de la marine ; coupe longitudinale.

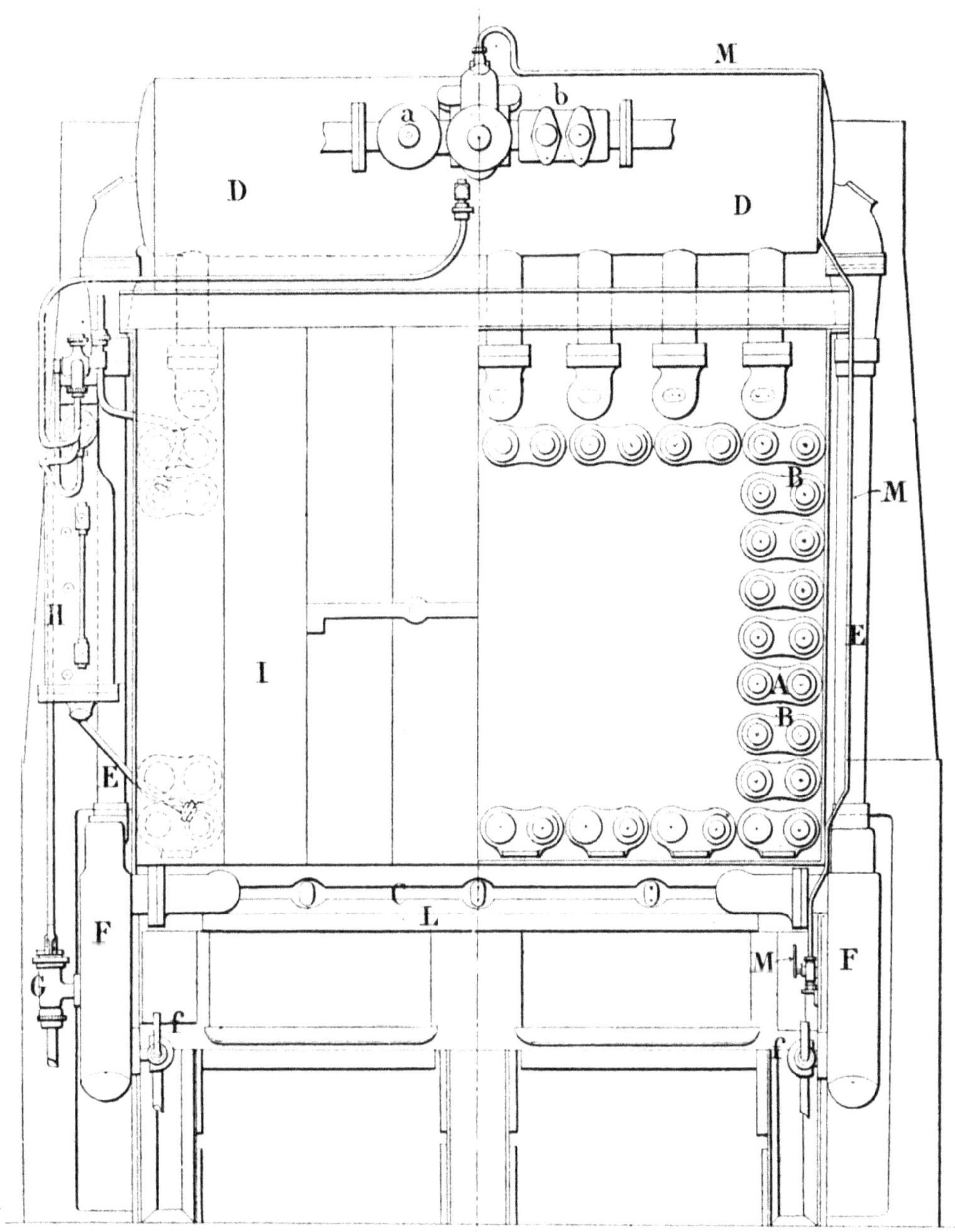

Fig. 932. — Générateur Belleville, type de la marine ; élévation de face.

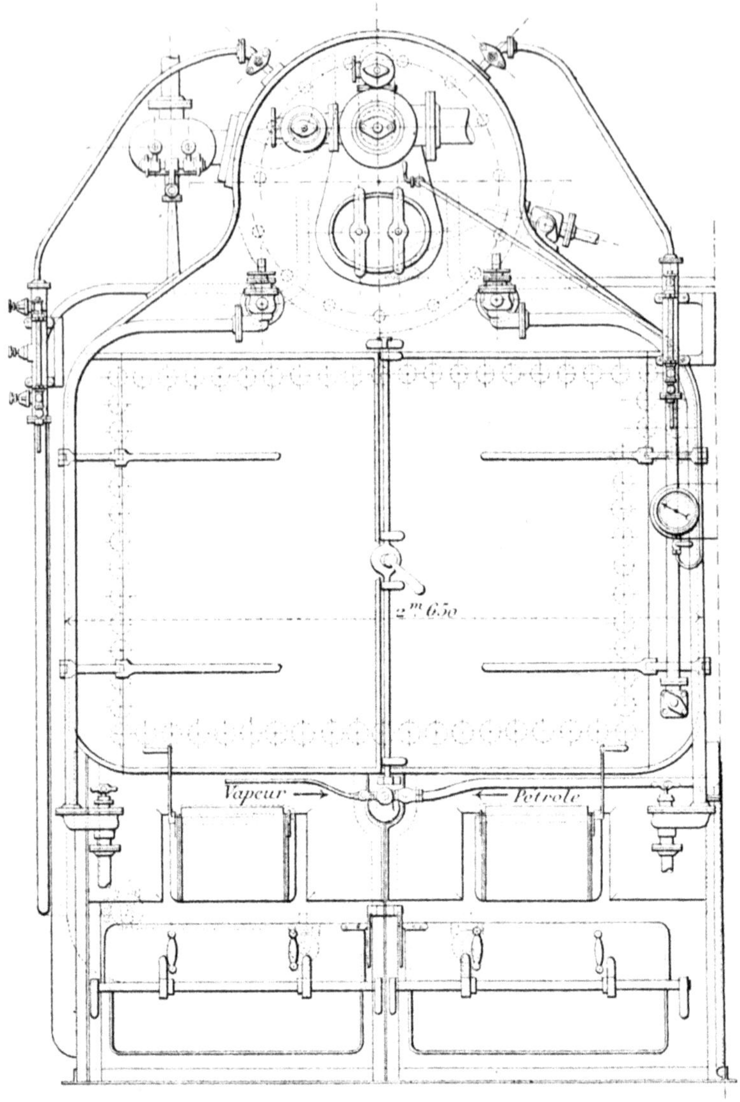

DIMENSIONS D'UN CORPS :

Timbre des chaudières	15 kg
Surface de grille	5m²,25
Surface de chauffe mouillée :	
Directe	5m²,1766
Tubulaire lisse	163m²,48
Des ailettes des tubes Serve	20m²
Totale	188m²,6566
Surface de chauffe non mouillée :	
Directe	5m²,1766
Tubulaire	176,49
Totale	181,6666
Diamètres des tubes	74 et 80 mm
Nombre de tubes	287

Longueur entre plaques	2m,450
Section des cendriers :	
Des façades	1m²,05
Latéraux	0,32
Totale	1m,37
Section de cheminée par corps	0m²,8836
Volume de vapeur (collecteur compris)	3m³,980
Volume d'eau	4m³,812
Rapport de la surface de chauffe à la surface de grille :	
Mouillée	35,9
Non mouillée	34,6

Fig . 933. — Chaudière marine Lagrafel et d'Allest pour croiseur ; vue de face.

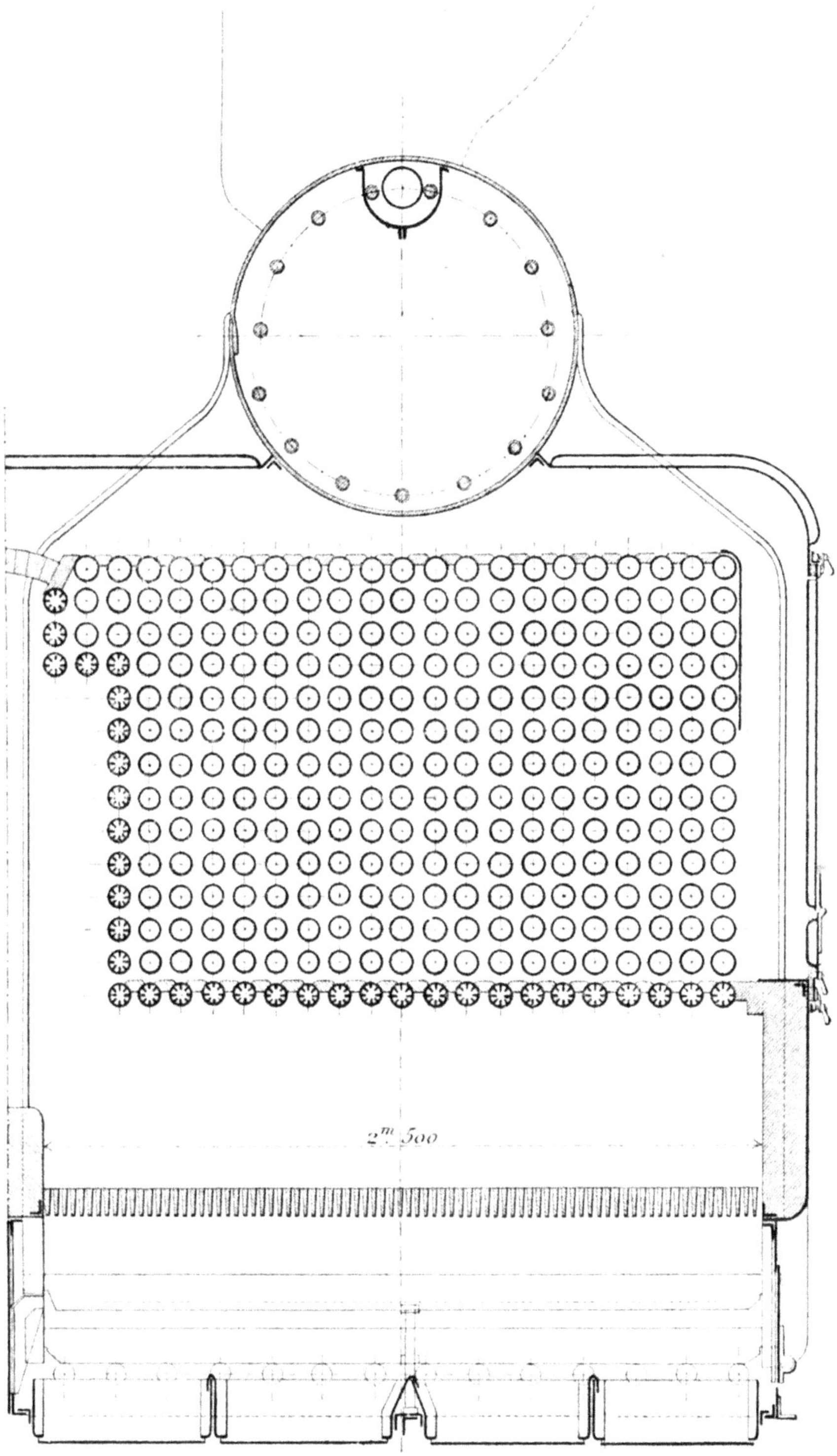

Fig. 934. — Chaudière marine Lagrafel et d'Allest coupe transversale.

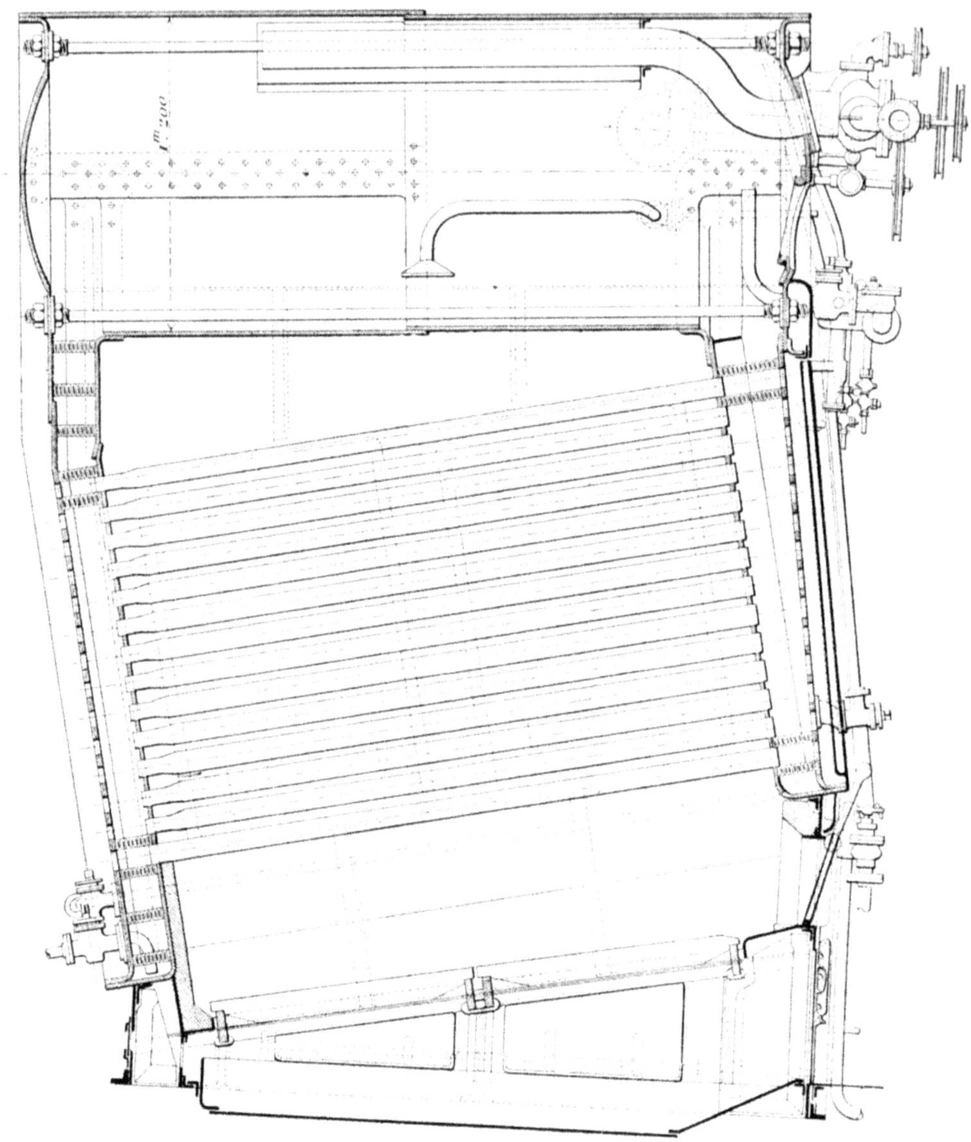

Fig. 935. — Chaudière marine Lagrafel et d'Allest ; coupe longitudinale d'un corps.

Fig. 936. — Générateur marin, du système Niclausse, pour le remorqueur « le Menhir ».

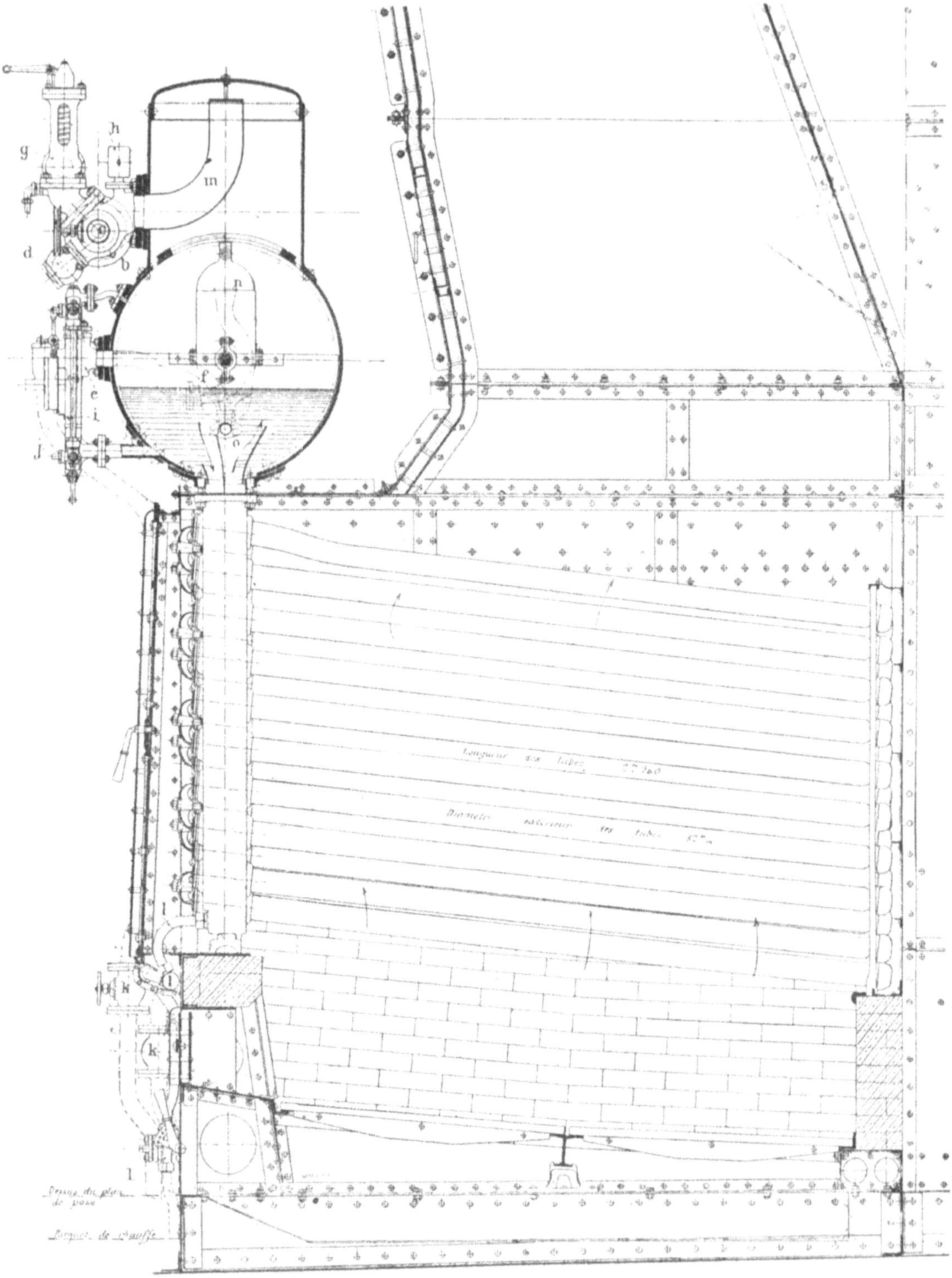

Fig. 937. — Générateur marin, du système Niclausse ; coupe longitudinale.
L'installation complète comprend 20 générateurs répartis en trois groupes; les 4 générateurs du groupe avant ont chacun 12 éléments, les autres en ont 10.

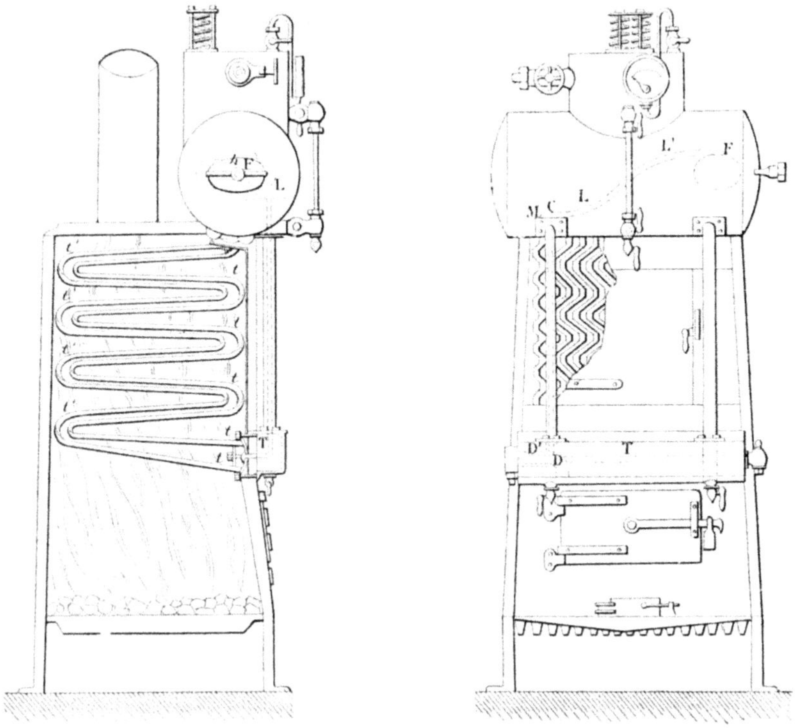

Fig. 938. — Chaudière Dutemple, d'après M. Bellens.

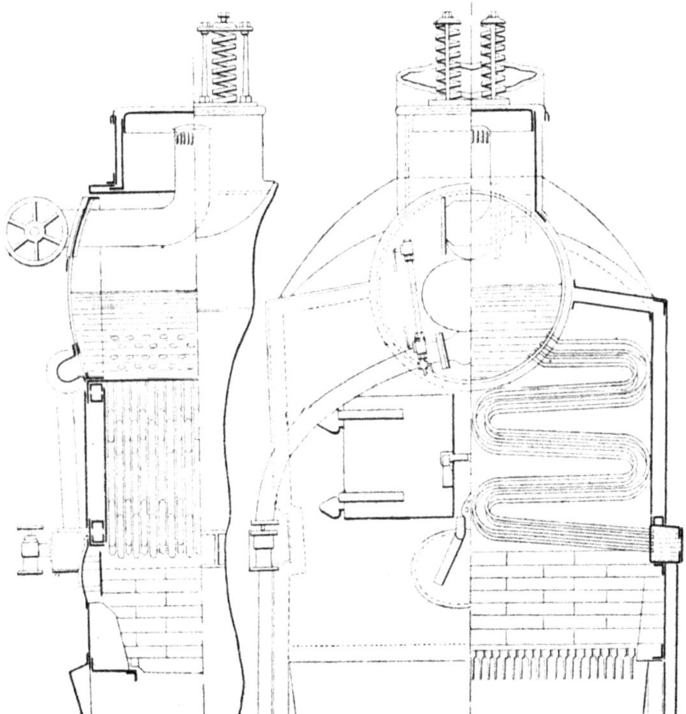

Fig. 939. — Chaudière Dutemple, seconde disposition, d'après M. Bellens.

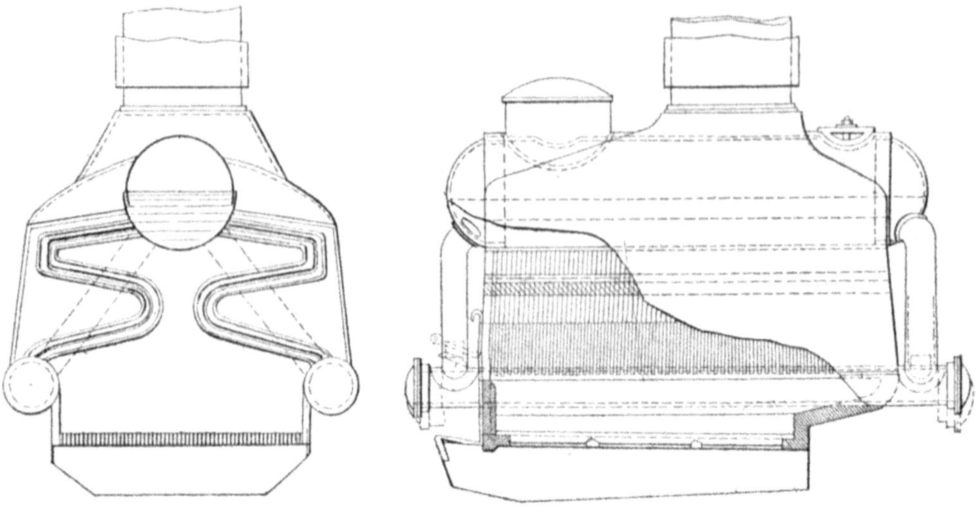

Fig. 940. — Chaudière Dutemple, dernière disposition, d'après M. Hellens.

La chaudière Dutemple (fig. 938 et 939) a beaucoup d'analogie de principe avec la chaudière Belleville. La figure 940 représente une autre disposition de cette chaudière, qui semble l'origine de types plus récents. La chaudière Thornycroft (fig. 941) se compose d'une série de tubes cintrés, qui partent de deux collecteurs inférieurs et débouchent dans un collecteur supérieur au-dessus du plan de l'eau. La grille est placée entre les deux collecteurs inférieurs ; les tubes des deux rangées intérieures se rapprochent de manière à former comme un ciel de foyer au-dessus de la grille : ils ne laissent de vides que près de leur emmanchement dans les collecteurs ; les gaz pénètrent par ces vides, à droite et à gauche de la grille, au milieu du faisceau tubulaire. Les deux rangées extérieures se rapprochent également

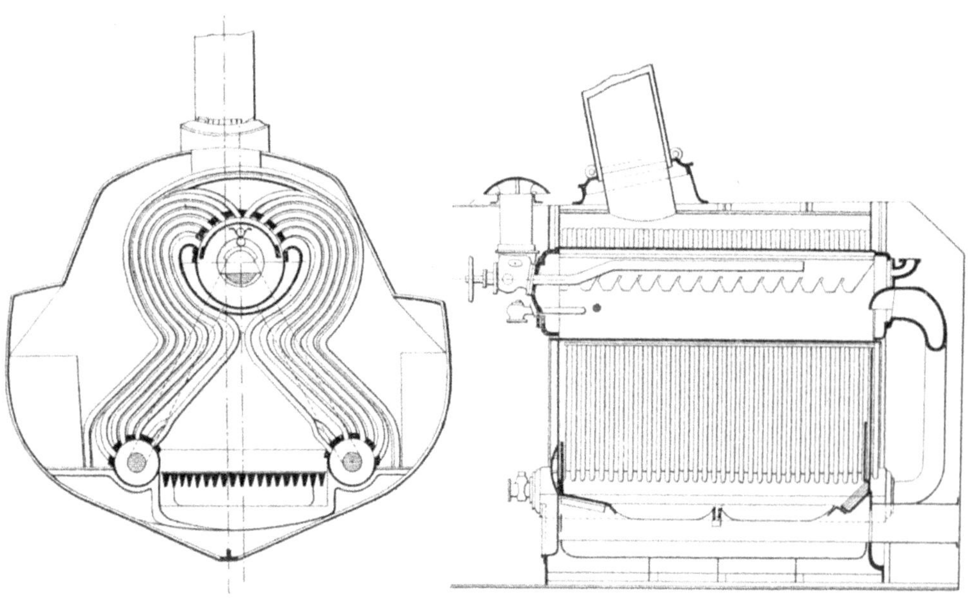

Fig. 941. — Chaudière Thornycroft, d'après M. Bellens.

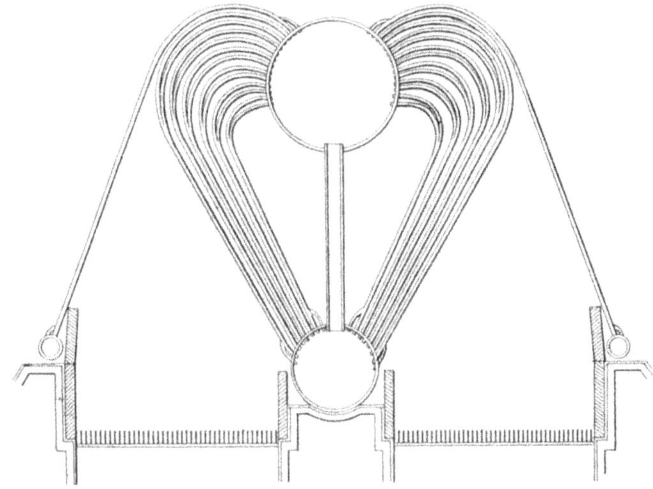

Fig. 942. — Chaudière Thornycroft, pour assemblage de plusieurs éléments semblables placés côte à côte, d'après M. Bellens.

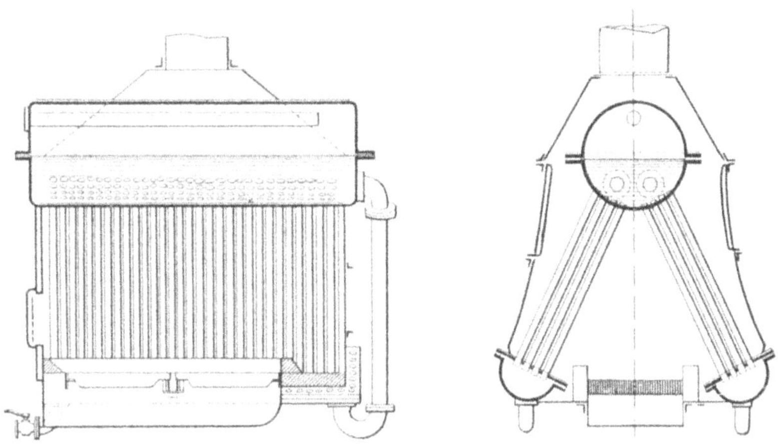

Fig. 943. — Chaudière Yarrow, d'après M. Bellens.

au contact et forment une sorte de lame d'eau. De gros tubes non chauffés font en outre communiquer les collecteurs.

Les tubes débouchent, en partie du moins, dans la partie du collecteur supérieur réservée à la vapeur; le tuyau de retour extérieur est donc indispensable pour amener dans ces tubes l'eau qui s'y vaporise.

La figure 942 représente une autre forme de la chaudière Thornycroft, étudiée pour l'assemblage en batterie : une grille unique chauffe deux moitiés d'appareils semblables placés côte à côte.

Dans la chaudière Yarrow (fig. 943) les tubes sont rectilignes et débouchent dans l'eau du collecteur supérieur : aussi les tuyaux extérieurs de retour d'eau ont-ils pu être supprimés sans arrêter le fonctionnement des appareils.

La chaudière Normand (fig. 944 à 947) est formée, comme les précédentes, d'un corps cylindrique supérieur C et de deux corps inférieurs B, réunis par une série de tubes minces et par de gros tuyaux extérieurs E, E', E''. En cintrant convenablement

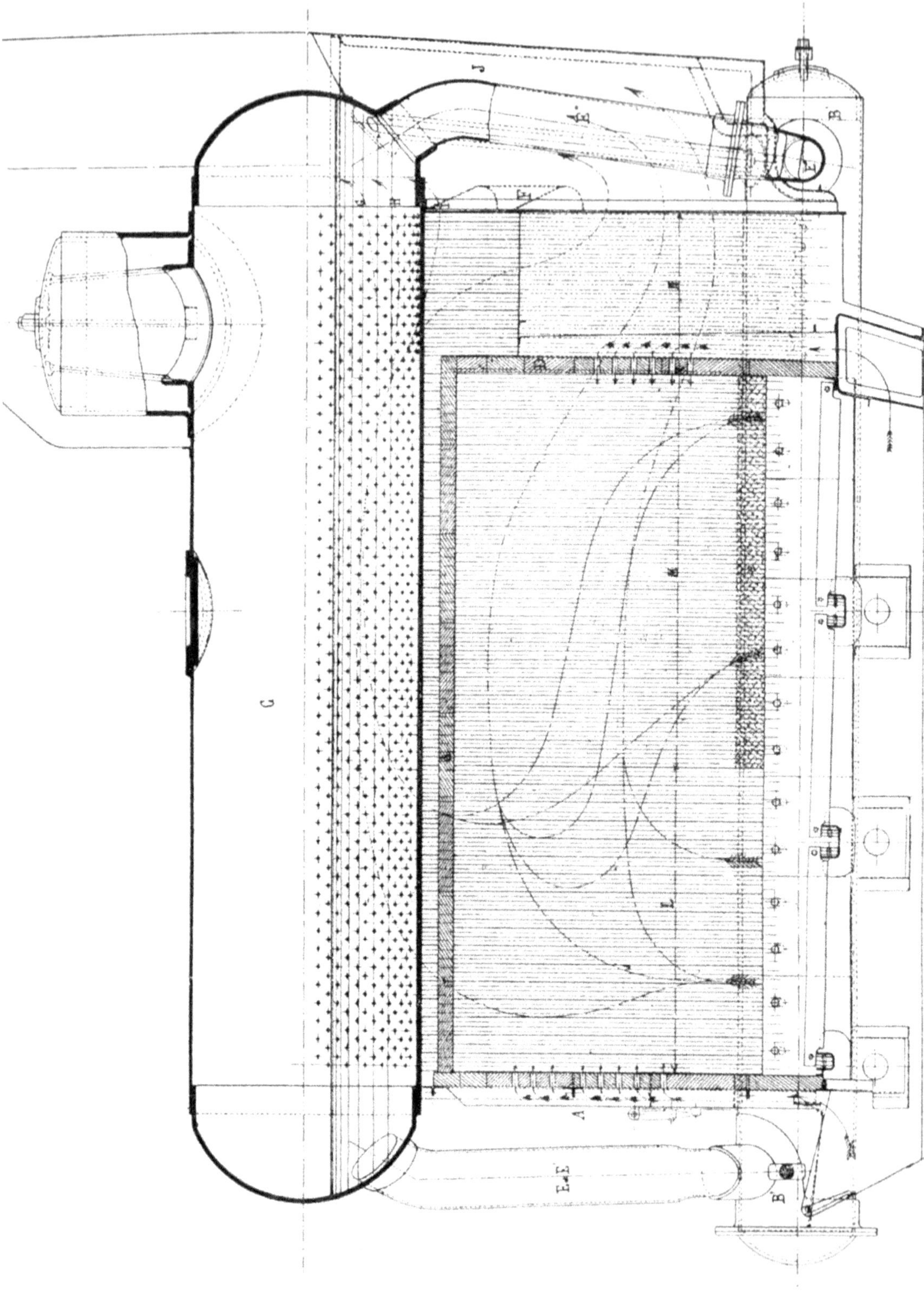

Fig. 944. — Chaudière Normand ; coupe longitudinale.

les tubes des rangées extrêmes, on les amène au contact de manière à former des cloisons autour du faisceau, sur la face extérieure et du côté de la grille. Ces cloisons et les murs de briques D et *d* ramènent les gaz chauds du côté des portes de chargement et les font passer autour de tous les tubes, dans leur trajet vers la cheminée. Les tubes sont en acier : avec ce métal, les ruptures sont moins à craindre qu'avec le cuivre. Il importe que la longueur n'en soit pas trop grande, et qu'ils soient montés dans une position voisine de la verticale.

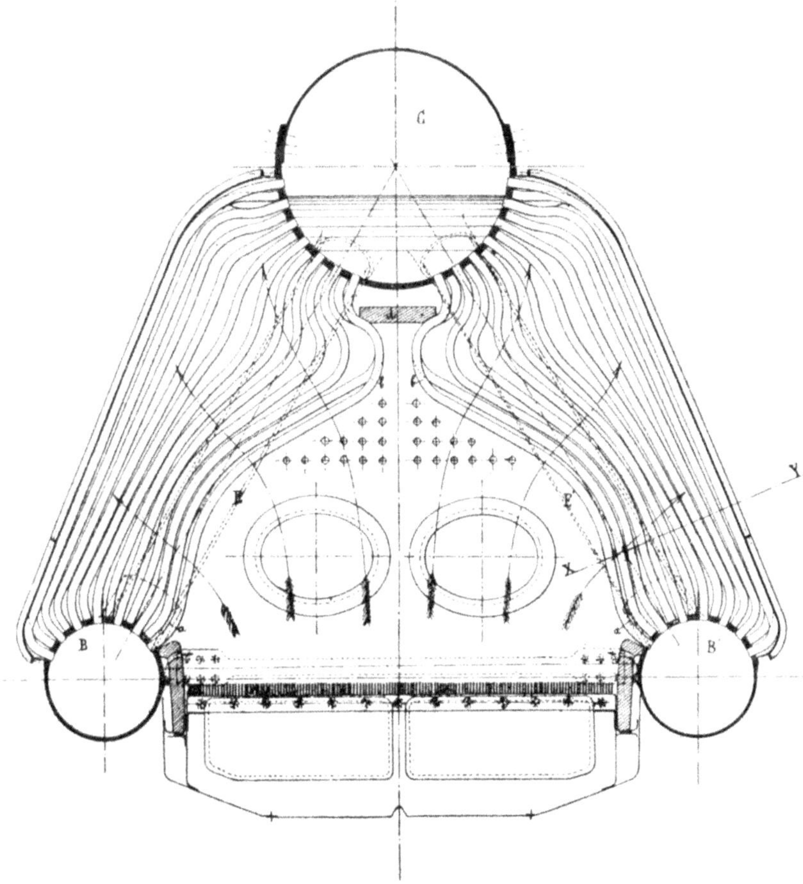

Légende des fig. 944 à 947.

Surface de grille	3m²,60	Poids de l'appareil, avec toute la robinetterie, les accessoires, tels que : cendriers, boîte à fumée, briques, etc., sans eau	10t,63
— de chauffe	171 m²	Poids total avec eau	13t,33
Nombre de tubes de chauffe	1.284		
Diamètre extérieur des tubes	30 mm		
— intérieur —	25 mm		
Pression effective	14 kg		

Fig. 945. — Chaudière Normand ; coupe transversale dans la partie L (fig. 944 et 947).

La chaudière fixe américaine de Stirling (fig. 948) présente une certaine analogie avec les chaudières pour torpilleurs de Thornycroft, de Yarrow et de Normand. Toutefois les tubes y sont plus gros (82 mm de diamètre). L'alimentation se fait dans le collecteur supérieur d'arrière (placé à gauche sur la figure). Ce collecteur communique avec le collecteur voisin par des tubes de vapeur.

La complication des formes données aux tubes n'effraie pas toujours les constructeurs, comme on le voit dans le générateur américain Climax (fig. 949).

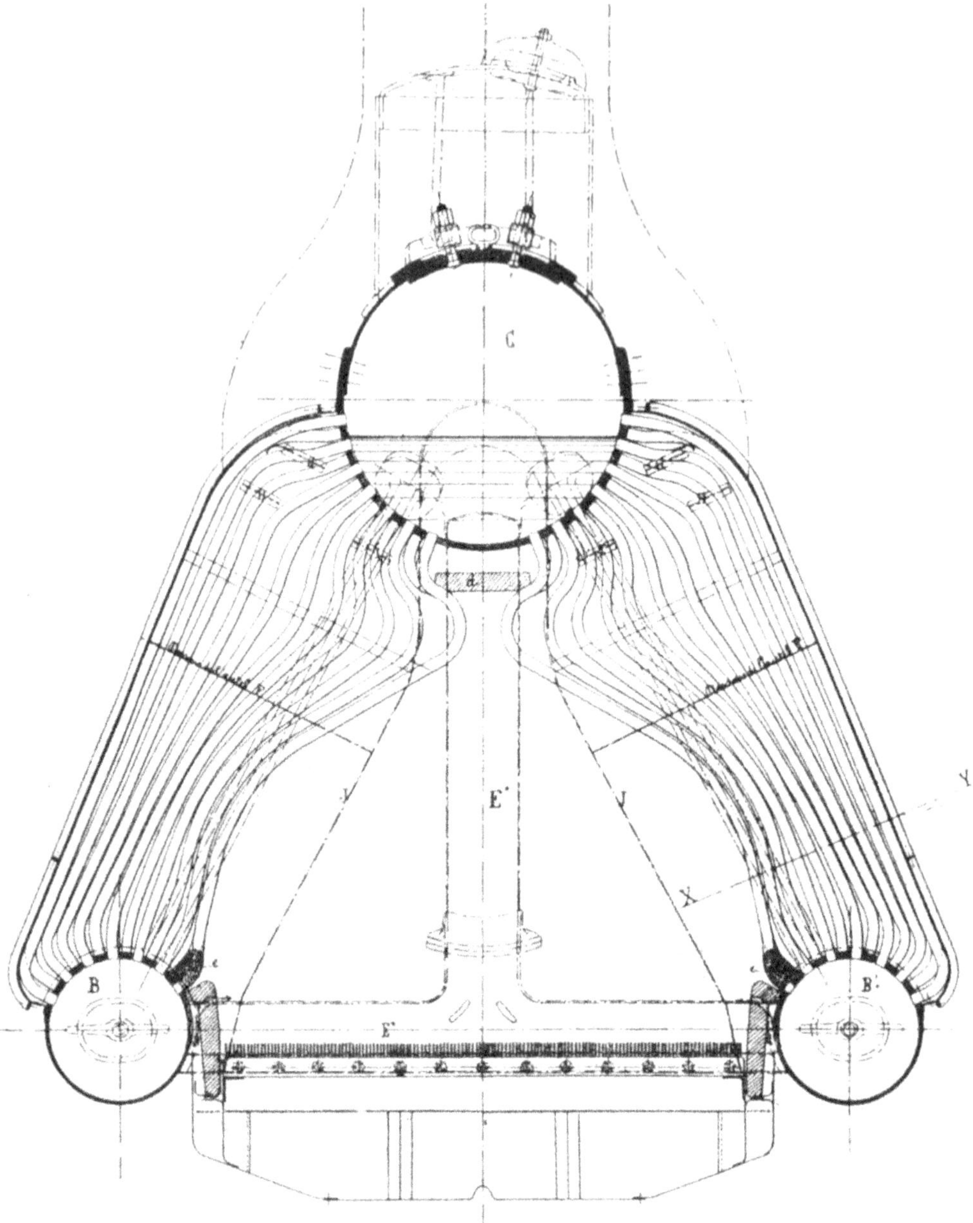

Fig. 946. — Chaudière Normand; coupe transversale dans la partie M (fig. 944 et 947).

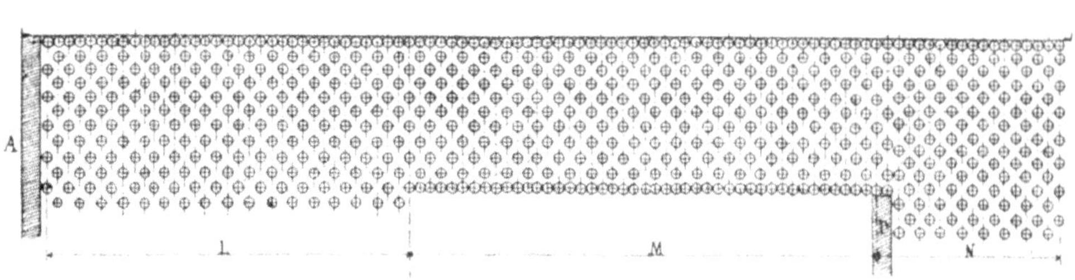

Fig. 947. — Chaudière Normand ; coupe du faisceau tubulaire suivant XY des fig. 945 et 946

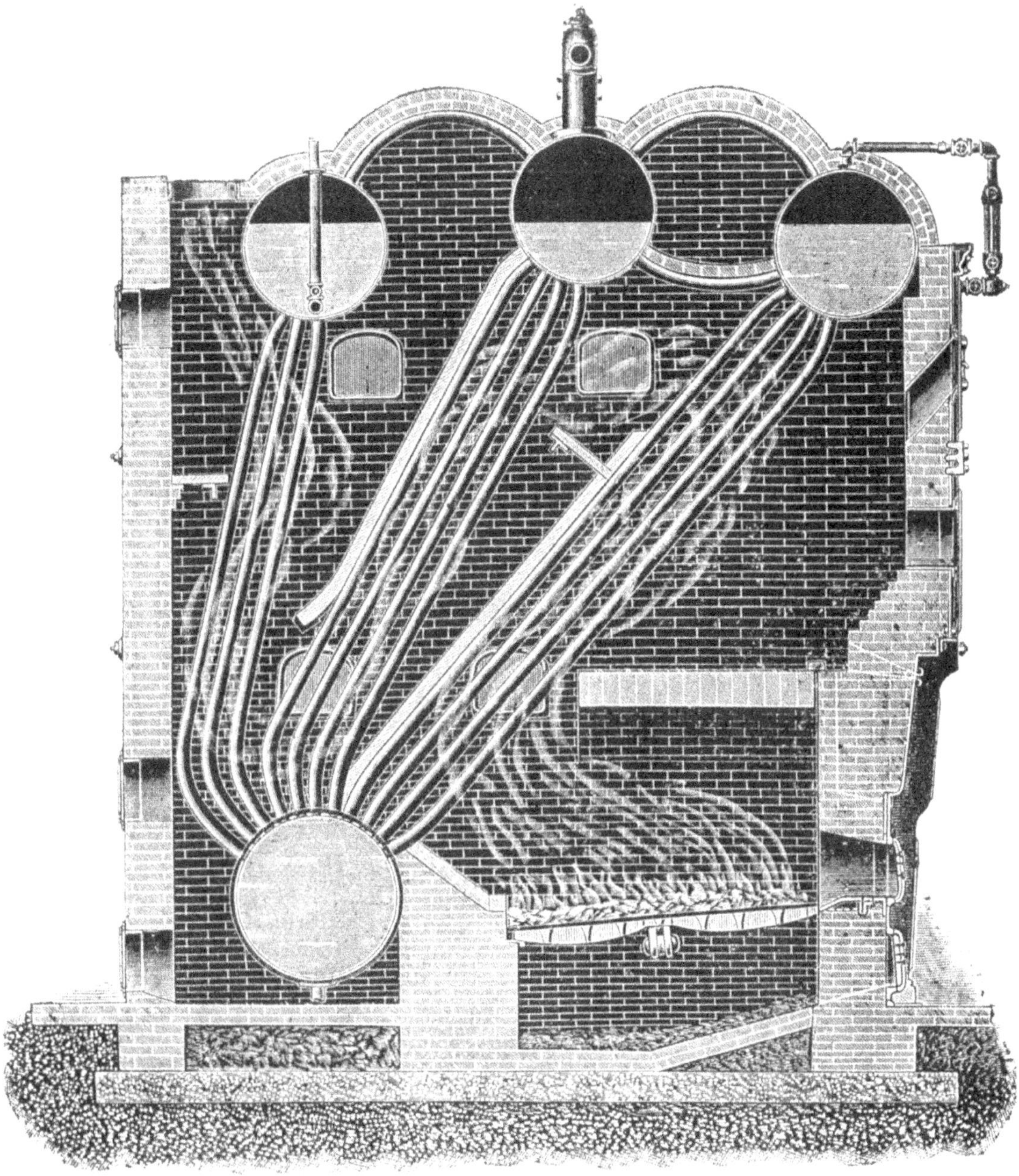

Fig. 948. — Chaudière Stirling.

La plus petite section de tube se trouve dans le curieux générateur Serpollet (fig. 950 à 952) dont la capacité est extrêmement faible, l'eau circulant dans une fente étroite au milieu d'un gros tuyau chauffé. Une pompe alimentaire y refoule l'eau, qui se vaporise immédiatement ; il est probable qu'un excès de pression assez considérable est nécessaire pour ce refoulement. La vapeur est sans doute surchauffée à la sortie du tube. Cette chaudière est employée pour des voitures à vapeur et pour la traction sur les tramways.

Le tube Field (fig. 953), fermé à une extrémité, ne présente qu'un seul assemblage, conique, avec la plaque qui le porte : cet assemblage est simple, et la pression de la vapeur le resserre. Un petit tube intérieur, ouvert aux deux bouts, est destiné à amener l'eau qui remplace la vapeur formée. Il est douteux que l'accès de l'eau par le tube central soit toujours facile, car elle doit y pénétrer au point où se dégage la vapeur. On trouve assez souvent la partie inférieure des tubes Field complètement bouchée par les dépôts des eaux incrustantes.

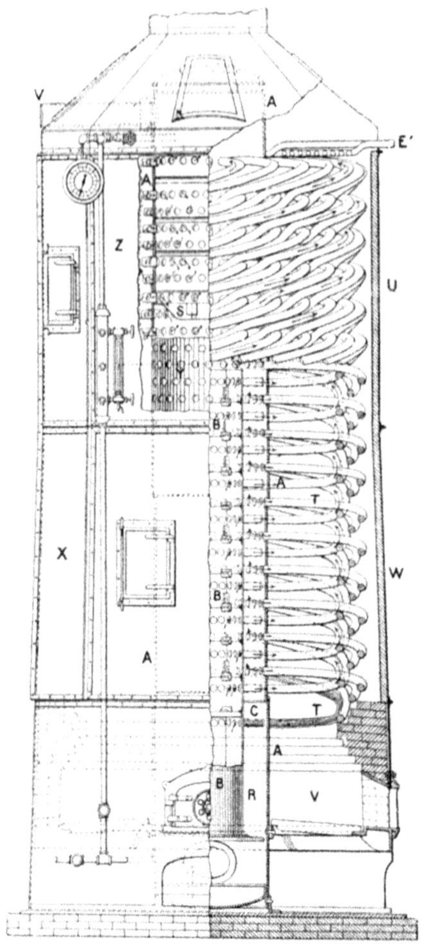

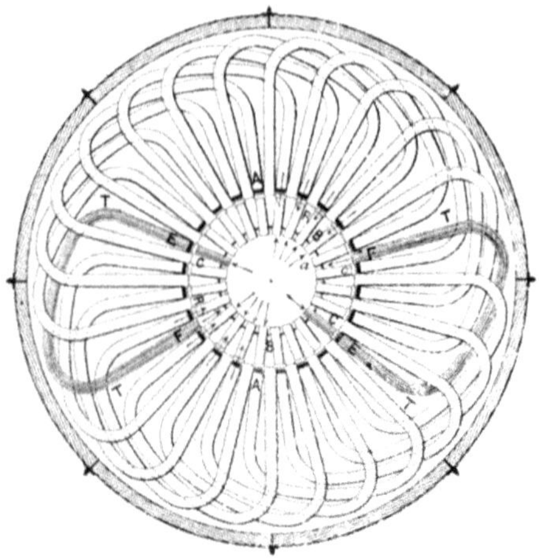

Fig. 949. — Chaudière Climax, d'après G. Richard.
A. tube allant du haut en bas de la chaudière, sur lequel se fait la prise de vapeur V, et dans lequel se trouve un second tube concentrique B, débouchant un peu au-dessus du niveau de l'eau — T, tubes en spirale, disposés au-dessous du niveau de l'eau, indiqués en noir sur le plan, dont l'une des extrémités, F, débouche dans A, et l'autre E, dans B, par une virole *c* — U, tubes en spirale au-dessus du niveau de l'eau, dont les deux extrémités *ec*, *db*, *cd*, débouchent dans A, de part et d'autre de diaphragmes en tôle, qui forcent la vapeur à parcourir ces tubes — V, foyer, à brûleurs à pétrole — W, enveloppe démontable, — E', réchauffeur d'eau d'alimentation.

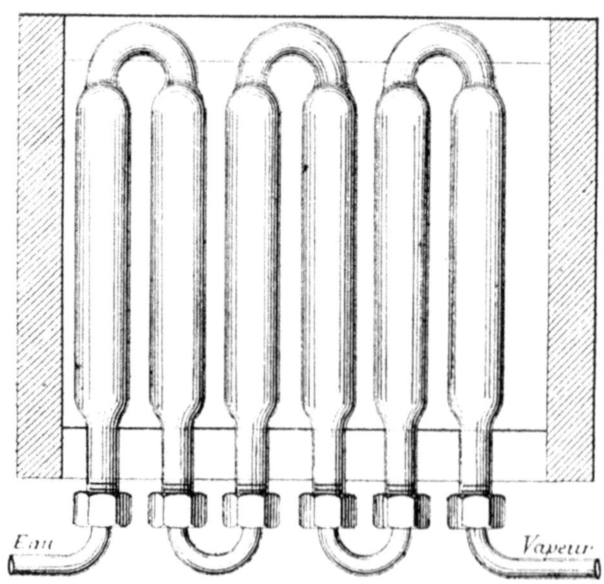

Fig. 950. — Plan d'un faisceau de tubes Serpollet.

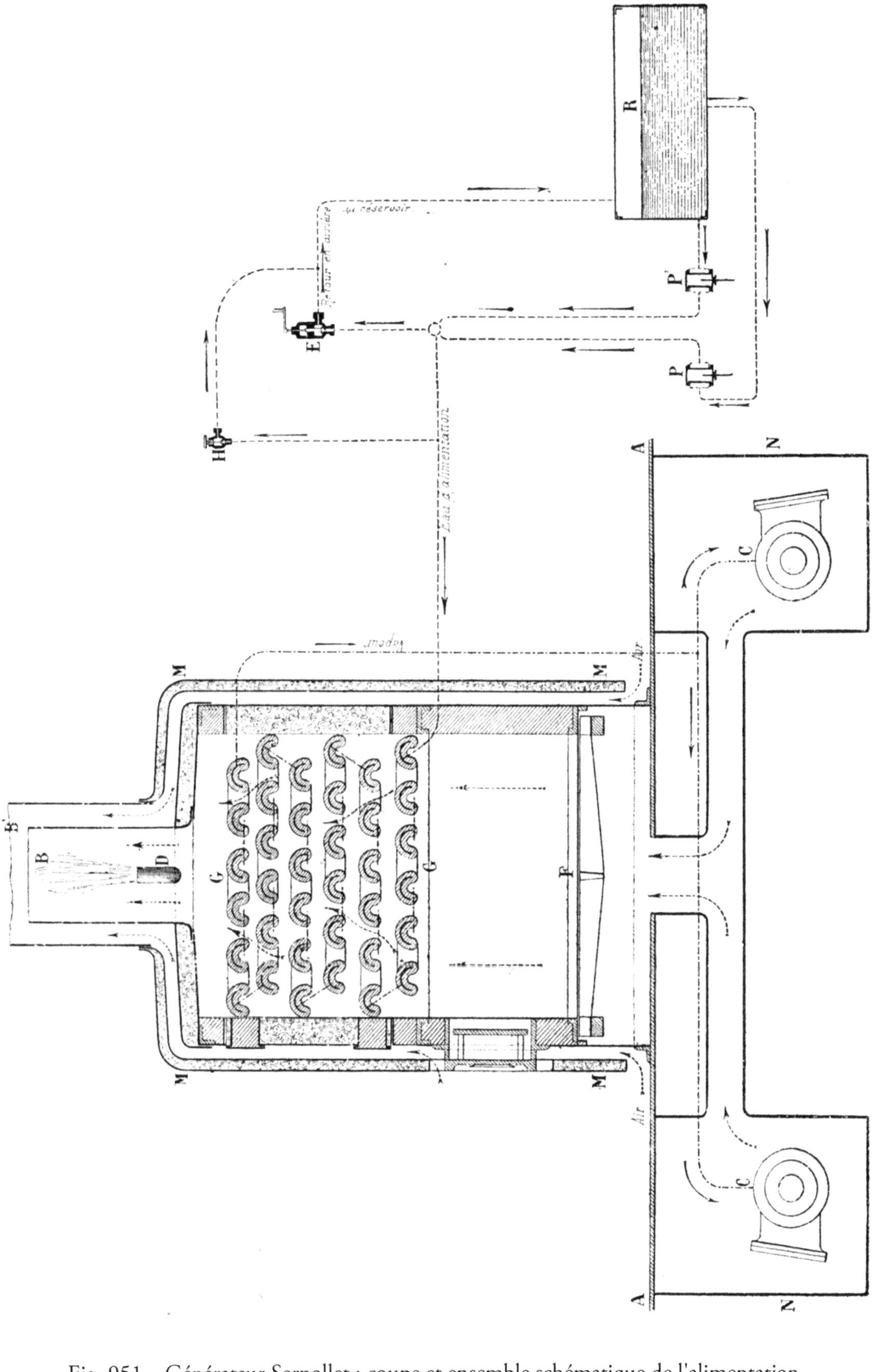

Fig. 951 – Générateur Serpollet ; coupe et ensemble schématique de l'alimentation.

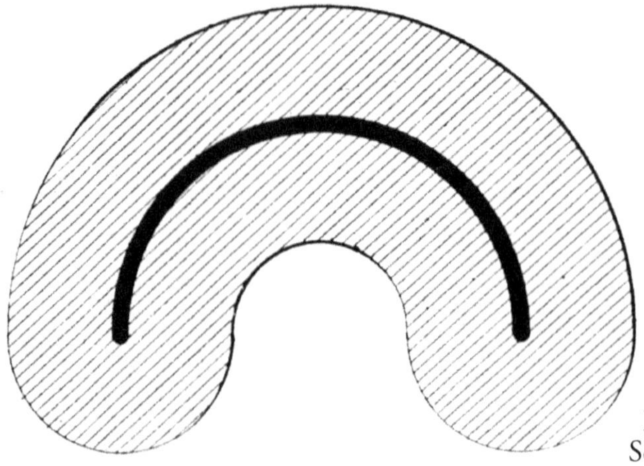

Fig. 952. — Coupe d'un tube Serpollet ; grandeur d'exécution.

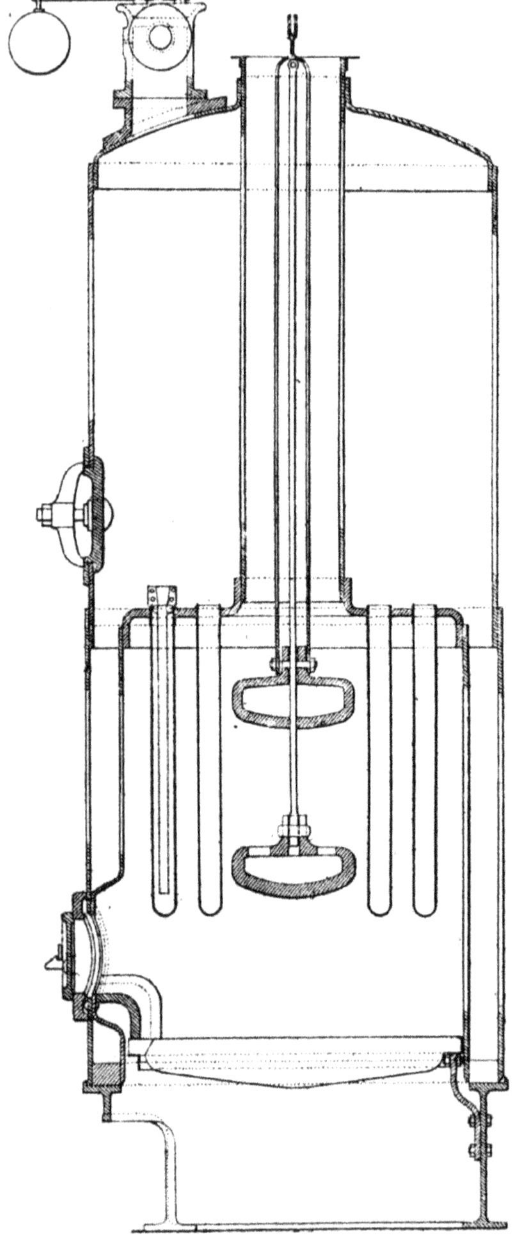

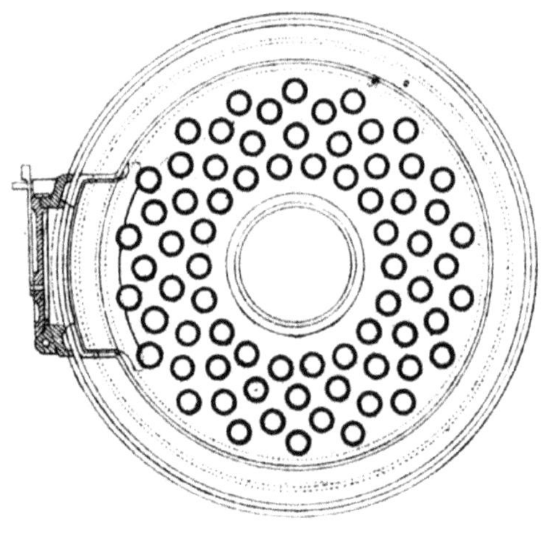

Fig. 953. — Chaudière Field.

La chaudière Field (fig. 953) est cylindrique et verticale, avec un foyer intérieur : les tubes pendent verticalement au-dessous du ciel de foyer. Les gaz s'échappent par une cheminée centrale. Malgré l'obturateur suspendu au-dessous de la cheminée pour diriger les gaz autour des tubes, ils s'échappent souvent avec une température très élevée : la cheminée est alors trop chauffée dans la partie qui traverse la vapeur.

Cette chaudière est établie en vue d'une mise en pression rapide plus que pour bien utiliser le combustible. Elle sert quelquefois à utiliser la chaleur perdue des

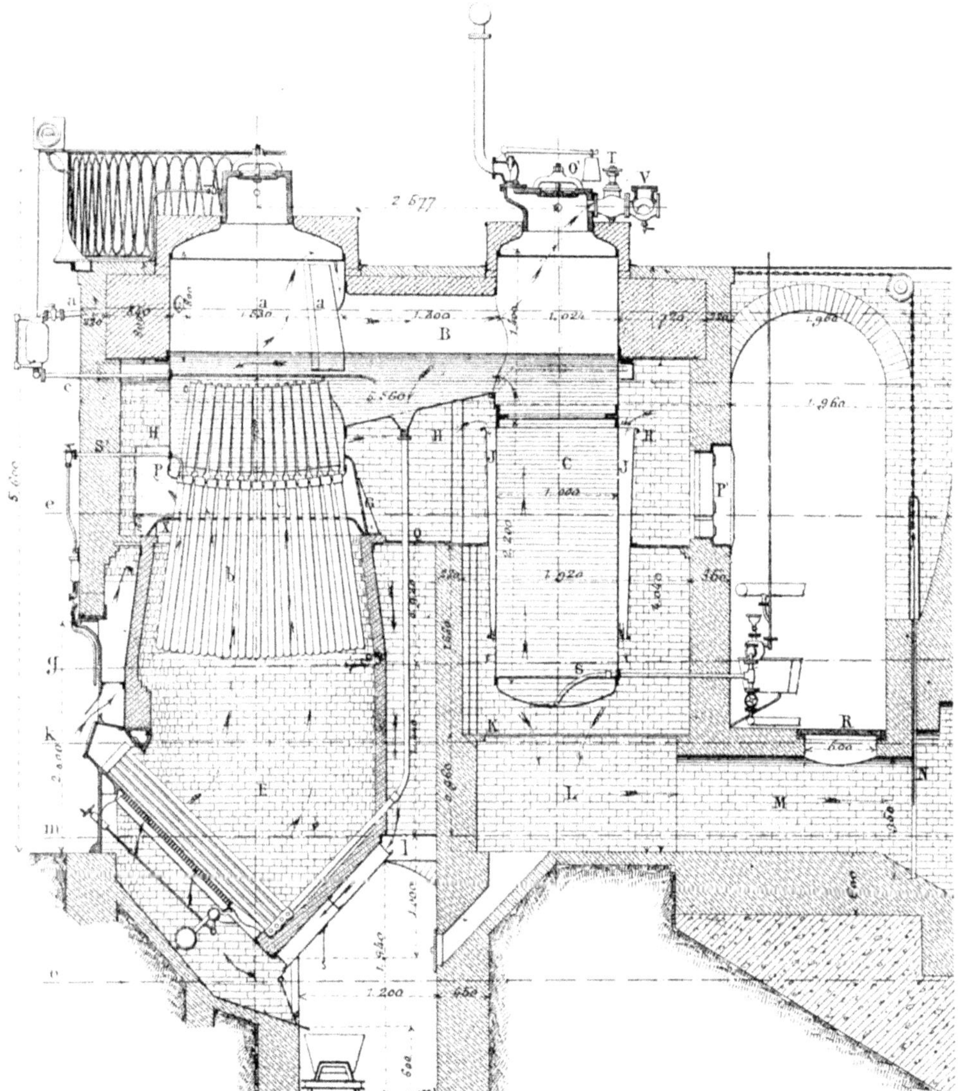

Fig. 954. — Générateur Dulac, muni de tubes Field au-dessus de la grille.

fours métallurgiques : on peut alors supprimer la cheminée centrale en dirigeant les gaz par une cloison dans le foyer.

Le tube Field est parfois appliqué sur des chaudières de types divers (fig. 954), à cause de la facilité du montage.

113. Réchauffeurs.

L'utilité du réchauffeur a déjà été indiquée : l'eau qui sert à l'alimentation des chaudières est prise à la température θ_2 du condenseur, ou même hors du condenseur à une température inférieure θ_0. Il faut la chauffer jusqu'à la température θ_1, puis la vaporiser. On dispose de gaz à une température fort élevée τ (fig. 793) ; la chaudière

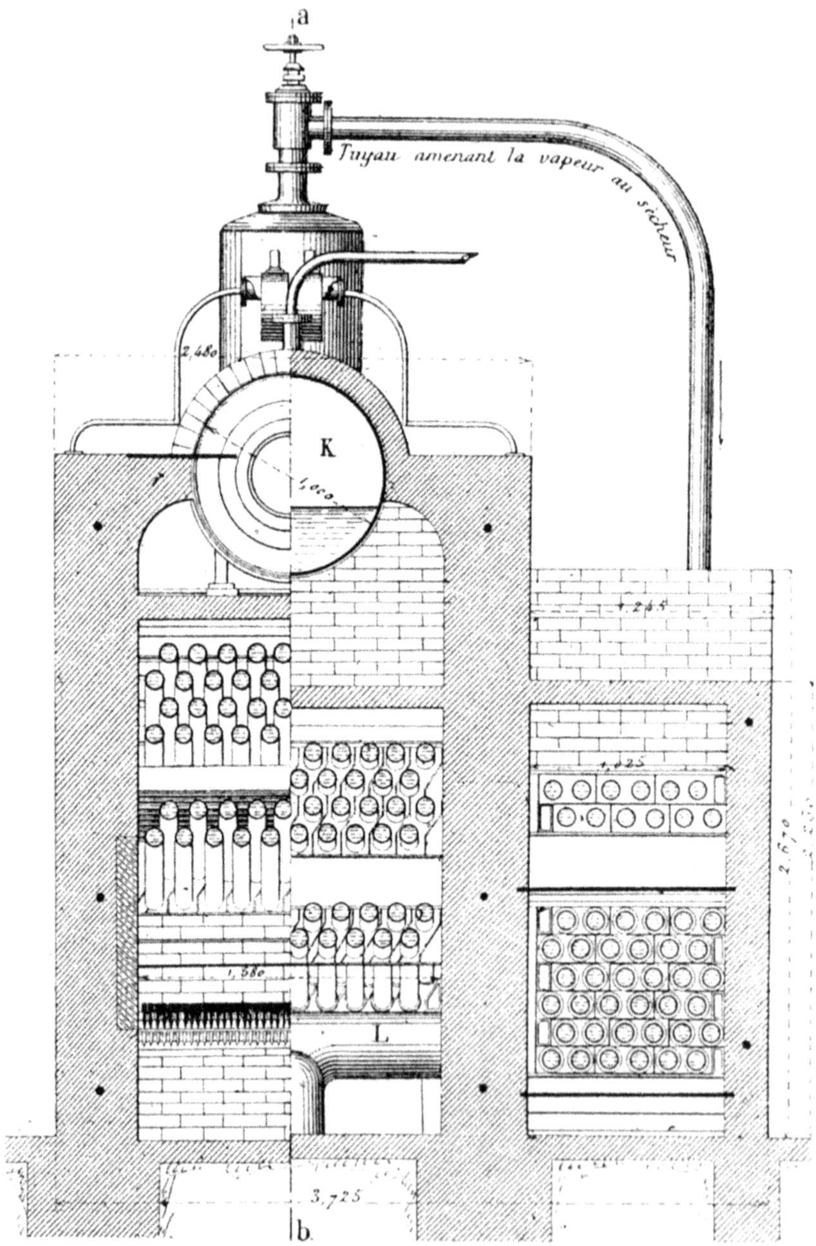

Fig. 955. — Réchauffeur tubulé, placé à côté d'un générateur Lagosse et Bouché ; coupe transversale. Ce réchauffeur, installé dans un massif de maçonnerie représenté à droite de la chaudière sur la figure, est surmonté de deux rangs de tubes sécheurs ou surchauffeurs.

ordinaire, qui reçoit l'eau froide au milieu de la masse d'eau chaude, ne refroidit les gaz que jusqu'à la température τ_2 supérieure à θ_1. Avec une circulation méthodique de l'eau dans un réchauffeur, on refroidit les gaz jusqu'à τ'_2 qui peut être inférieur à θ_1 ; on leur retire ainsi un plus grand nombre de calories. Ces réchauffeurs consistent en bouilleurs supplémentaires ou en faisceaux tubulés (fig. 955 et 956). On a vu que la meilleure répartition, entre une chaudière et un réchauffeur, d'une surface de chauffe déterminée était celle qui portait l'eau à la température de vaporisation, dans le réchauffeur. Cette répartition est rarement réalisée.

L'Engineering a décrit une installation considérable de réchauffeurs faite à bord d'un bateau (*steamship Caloric*) : la surface de chauffe de la chaudière proprement dite est de 150 m², tandis que celle des réchauffeurs est de 327 m²; ils élèvent la température de l'eau de 54° à 132°, en refroidissant les gaz de 355° à 106°.

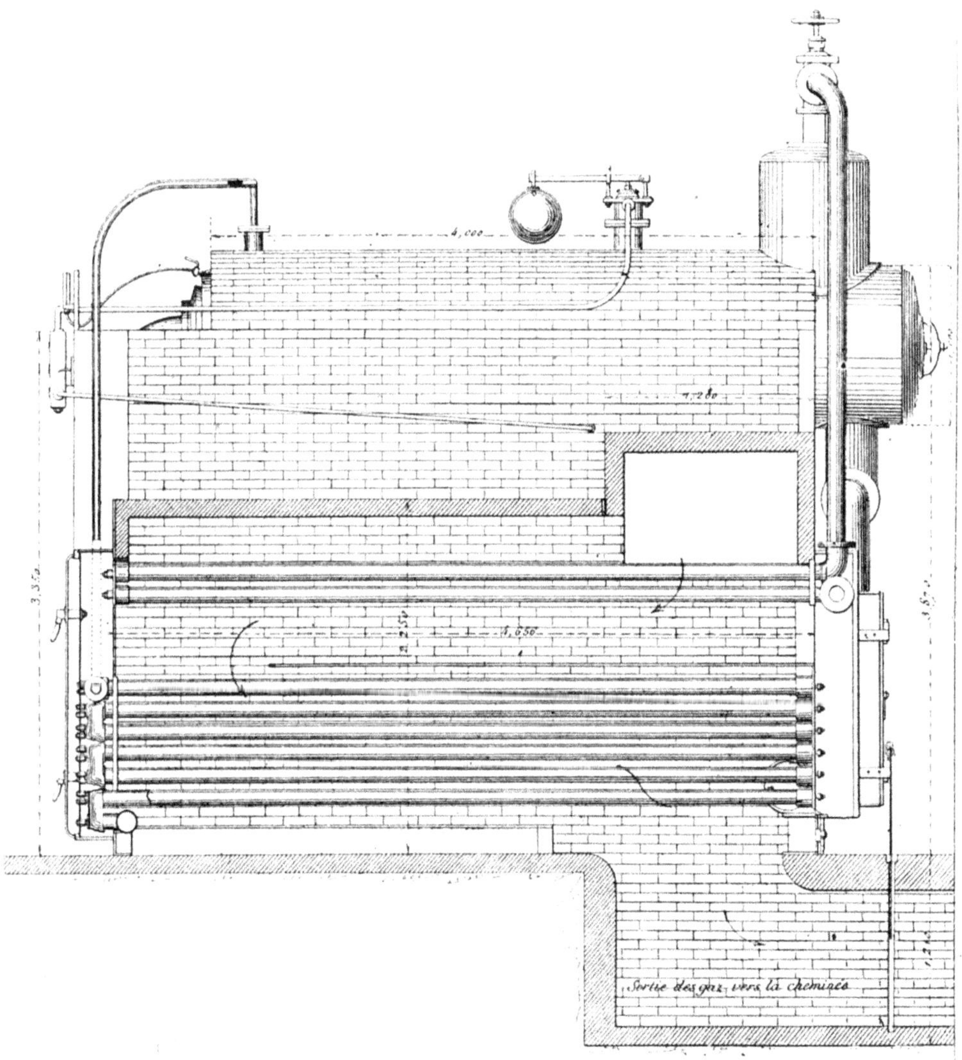

Fig. 956. — Réchauffeur tubulé; installé contre un générateur Lagosse et Bouché; coupe longitudinale.

Pendant la marche normale, il ne doit pas se former de vapeur dans un réchauffeur ; mais cette formation est toujours possible, quand la consommation des machines s'arrête ou se ralentit. Pour éviter les accidents, il importe qu'aucune fermeture ne permette d'isoler de la chaudière le réchauffeur, à moins qu'il ne soit muni de soupapes de sûreté ; même sans production de vapeur, la dilatation de l'eau suffirait pour causer la rupture des récipients clos hermétiquement.

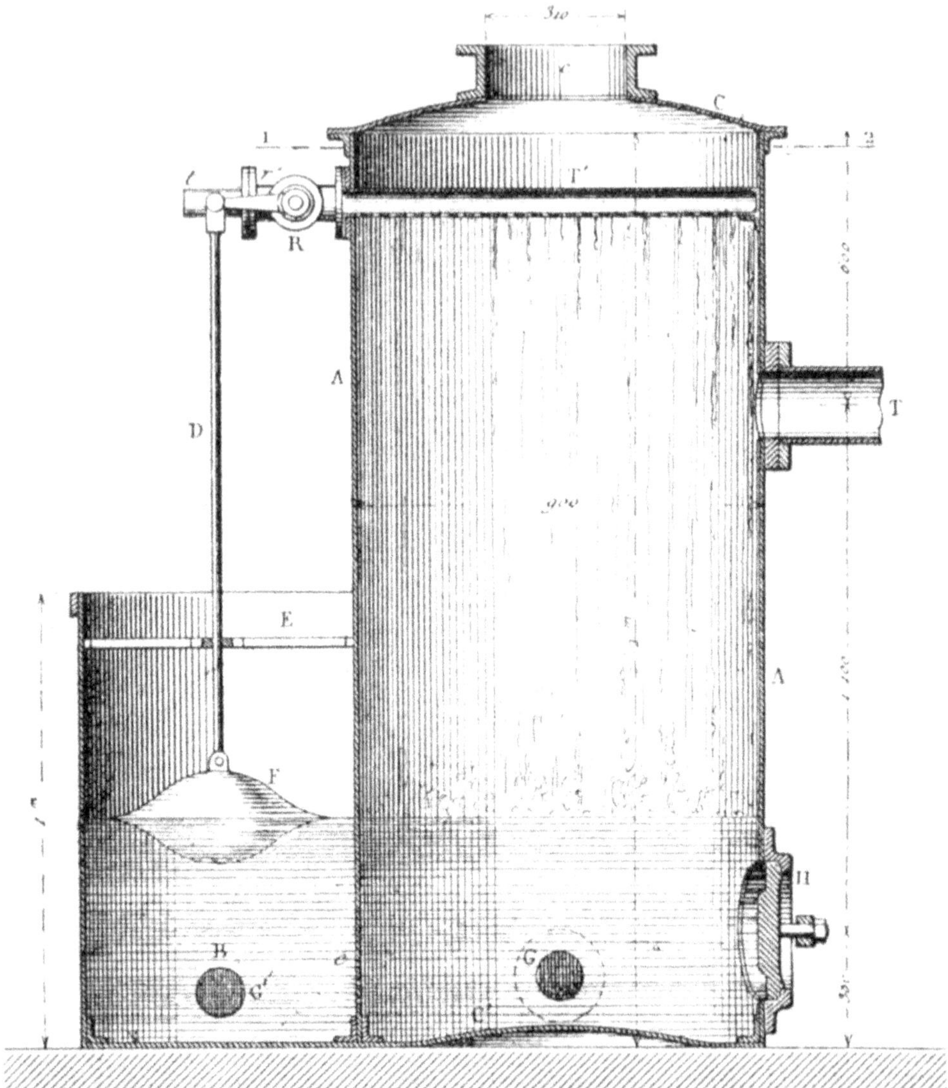

Fig. 957. — Réchauffeur Cavé, recevant l'eau d'alimentation et la vapeur d'échappement, d'après la *Publication industrielle* d'Armengaud en 1858.

Il est parfois difficile d'installer les réchauffeurs qui utilisent la chaleur des gaz de la combustion, et cette installation est souvent assez dispendieuse.

Montés à la suite de chaudières présentant déjà une grande surface de chauffe, ils n'ont qu'une action peu importante, et sont loin de chauffer l'eau jusqu'à la température de vaporisation. Des appareils plus simples permettent d'échauffer l'eau au moyen de la vapeur : on ne réduit plus alors autant que possible la température finale des gaz du foyer.

Dans les machines à échappement dans l'atmosphère, on échauffe facilement l'eau jusqu'à une température voisine de 100°, à l'aide d'une partie de la vapeur d'échappement. On la condense directement dans l'eau à chauffer (fig. 957) ou bien, si l'on craint l'entrée dans la chaudière des matières grasses qu'elle peut entraîner, la transmission de la chaleur se fait à travers un faisceau tubulaire. L'injecteur à vapeur d'échappement (§ 119) chauffe l'eau par condensation directe.

Dans les machines à condensation par mélange, la température de la vapeur qui s'échappe du cylindre est supérieure à celle du condenseur, qui renferme une certaine proportion d'air, dont la pression s'ajoute à celle de la vapeur : la pression de la vapeur d'échappement est égale au moins à la pression totale dans le condenseur. En intercalant, entre le cylindre moteur et le condenseur à mélange, un faisceau tubulaire parcouru par l'eau d'alimentation, on peut la réchauffer quelque peu (p. 253). Tel est le condenseur Chaligny.

On peut aussi chauffer l'eau avec la vapeur prise à la chaudière. La dépense de chaleur reste la même qu'avec l'alimentation directe à l'eau froide ; le travail consommé pour le refoulement de l'eau est même un peu augmenté, mais on obtient des effets utiles : on ne soumet pas la tôle des chaudières à des variations de température, on dépose hors des générateurs une partie des dépôts solides abandonnés par l'eau, et on en sépare l'air dissous.

Le réchauffeur de Morison est une sorte d'éjecteur condenseur, où le jet de vapeur entraîne l'eau ; l'eau chaude est envoyée dans la bâche de la pompe alimentaire.

En échauffant l'eau d'alimentation à l'aide de vapeur qui a déjà travaillé dans la machine, on réalise d'intéressantes combinaisons. La vapeur peut être prise aux réservoirs intermédiaires des machines à plusieurs expansions. M. Normand a muni le grand cylindre de machines compound d'un tiroir spécial, qui laisse échapper la vapeur de réchauffage quand le piston a parcouru la moitié de sa course. Ce tiroir est représenté sur les fig. 678 et 679.

Ce réchauffage élève la température de l'eau prise au condenseur, depuis la valeur initiale θ_2, jusqu'à la valeur θ'_1 comprise entre les températures extrêmes θ_2 et θ_1. En outre, la vapeur qui sert à ce réchauffage a produit du travail dans la machine, en se refroidissant de θ_1 à θ'_1. C'est un travail supplémentaire qu'on ne recueille pas si l'on chauffe l'eau directement par la vapeur de la chaudière, ou avec la disposition usuelle de l'alimentation, qui consiste à refouler l'eau froide dans le générateur. Il ne reste plus qu'à élever la température de l'eau de θ'_1 à θ_1. Si même on ne craignait de compliquer outre mesure les appareils, on pourrait, avec avantage, faire subir à l'eau d'alimentation une série d'échauffements successifs, chaque fois à l'aide d'une dérivation de vapeur à température convenable, prise à un certain point de son évolution dans la machine, ainsi que l'a montré Cotterill.

Le réchauffeur de Weir (fig. 958) reçoit l'eau, refoulée par une pompe d'alimentation auxiliaire, et la vapeur du second réservoir intermédiaire des machines à triple expansion ; l'eau est chauffée et l'air qu'elle contient se dégage. Un flotteur règle le débit de la pompe alimentaire des chaudières.

Pour remplacer l'eau perdue par les fuites des chaudières marines fonctionnant à une pression élevée, il est nécessaire de distiller au préalable l'eau de mer. Les appareils évaporatoires employés à cet effet se combinent avec les réchauffeurs.

Dans l'évaporateur de Weir (fig. 959), l'eau de mer à distiller est chauffée par la vapeur prise au premier réservoir ; la vapeur formée est envoyée au second réservoir d'une machine à triple expansion ; l'eau condensée pour la distillation est mélangée à l'eau d'alimentation. L'eau qu'on distille est déjà un peu chauffée, quand on la prend à la sortie de la circulation du condenseur. En même temps la dissolution

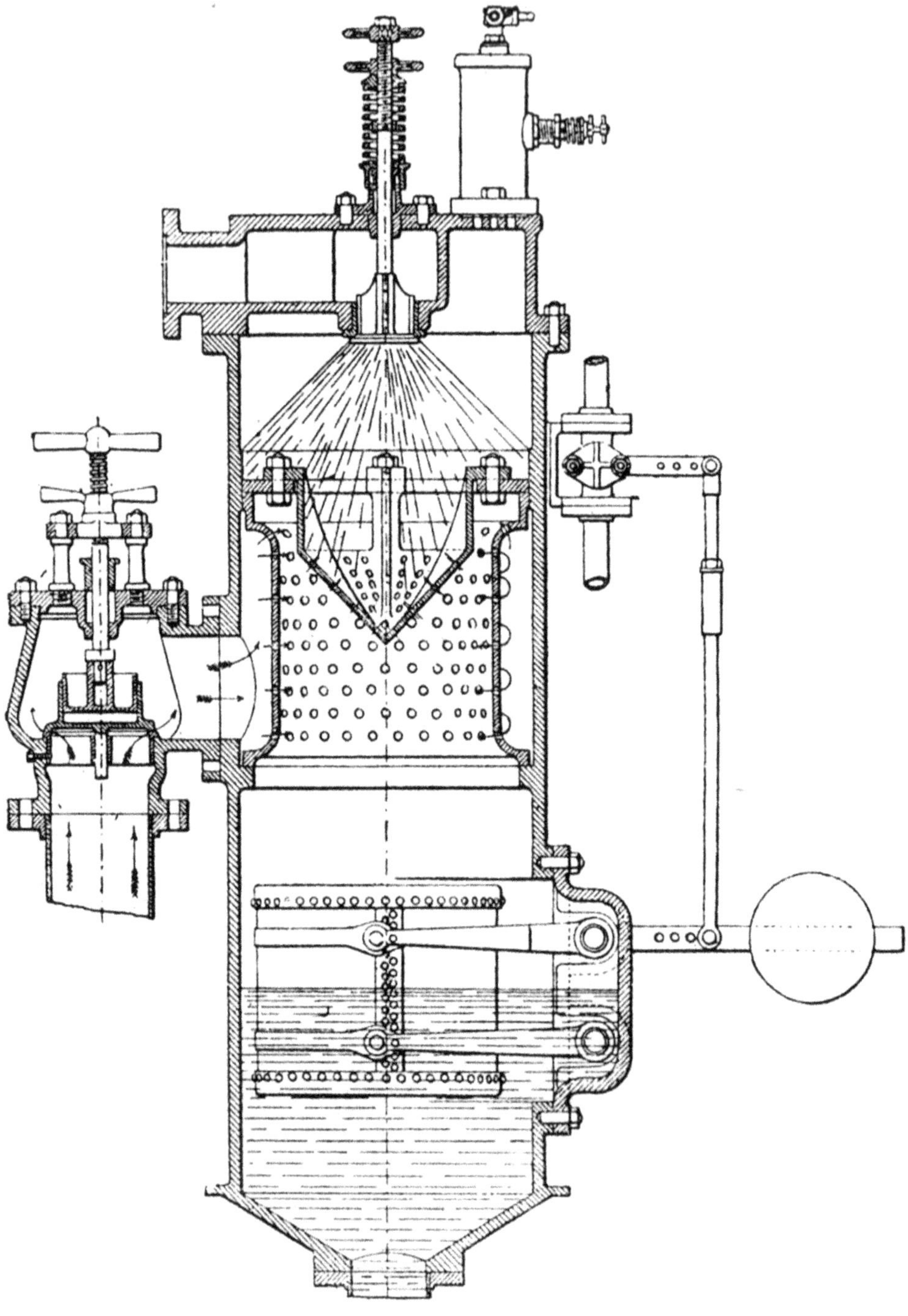

Fig. 958. — Réchauffeur de Weir, d'après *l'Engineering*.

saline se concentre dans l'appareil : pour éviter les dépôts de sel, on la rejette en ouvrant un robinet d'extraction, quand la densité devient trop forte : on perd ainsi le quart ou le cinquième de l'eau introduite dans l'évaporateur.

Cette combinaison permet de distiller l'eau avec une faible dépense de combustible. Dans l'une des expériences effectuées sur l'appareil Weir, il desservait une machine de 2.000 chevaux; la pression absolue était de 11,5 kg par cm^2 aux

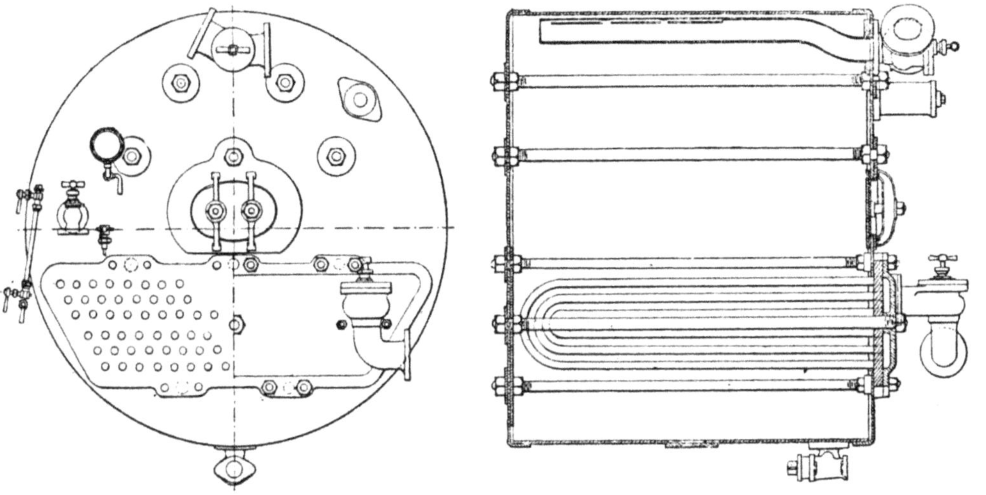

Fig. 959. — Évaporateur de Weir, d'après *l'Engineering*.

chaudières, de $4^{kg},9$ dans le premier réservoir et de 1,3 dans le second ; la machine dépensait par heure 13.800 kg de vapeur et 1.500 kg de houille. L'évaporateur prenait au premier réservoir 450 kg de vapeur à l'heure, et en fournissait 370 au second, provenant de la distillation de l'eau de mer, tandis que les 450 kg condensés se mélangeaient à l'eau d'alimentation. La puissance de la machine était diminuée au total de 26 chevaux, correspondant à une dépense de 20 kg de houille à l'heure. Mais comme, en outre, l'eau condensée dans l'évaporateur échauffe l'eau d'alimentation, la dépense de combustible, nécessaire pour distiller 370 kg, était réduite à 12 kg, ou à 35 kg par tonne d'eau douce.

La disposition des tubes de l'évaporateur, qui reçoivent la vapeur de chauffage, en permet la dilatation. L'extrémité de sortie des tubes est rétrécie par un bouchon en bronze percé d'un petit trou. Toutefois un dernier tube, non rétréci, est parcouru par l'eau formée et achève le condensation de la vapeur ; il aboutit au robinet de purge. Ces dispositions assurent une bonne circulation de la vapeur, sans formation dans les tubes de poches d'air ou d'eau, qui ralentiraient le chauffage.

Le même appareil sert à la production d'eau douce pour les besoins des équipages : on la recueille dans un condenseur spécial.

114. Surchauffeurs.

Les surchauffeurs consistent en faisceaux de tubes dans lesquels circule la vapeur. Ils sont montés dans les carneaux des chaudières (fig. 960), ou bien au-dessus d'un foyer spécial (fig. 961 et 962), qui convient pour les installations faites après coup, ou lorsque le surchauffeur peut être placé auprès d'une machine éloignée des générateurs. L'économie de combustible est un peu plus grande quand la surchauffe se fait dans les carneaux, sans foyer spécial.

Les différentes expériences exécutées sur des machines fixes, fonctionnant avec et sans surchauffeur, ont généralement indiqué une importante économie de vapeur due à la surchauffe. Parmi les exemples cités par M. W. Meunier, une machine compound a donné les chiffres suivants :

	Sans surchauffe	Avec surchauffe
Puissance indiquée	298 chevaux	304 chevaux
Poids de vapeur par cheval-heure	8,306 kg	6,661 kg
Consommation de houille sèche par cheval-heure	0,935	0,783
Température de la vapeur dans la boîte à tiroir	167°	209°

La vapeur était surchauffée dans un appareil Uhler, avec foyer indépendant, où l'on brûlait 340 kg de houille, contre 2.540 kg consommés sous les chaudières.

La surchauffe a été fort employée pour les machines marines ; M. Mallet a recueilli de nombreux détails sur ces applications, faites surtout pendant les années 1860 à 1870 ; elle réduisait beaucoup la consommation considérable des machines à faible pression alors en usage. L'économie obtenue par l'augmentation des pressions et les détentes successives a fait abandonner les surchauffeurs dans la marine. La figure 963 représente un de ces anciens surchauffeurs.

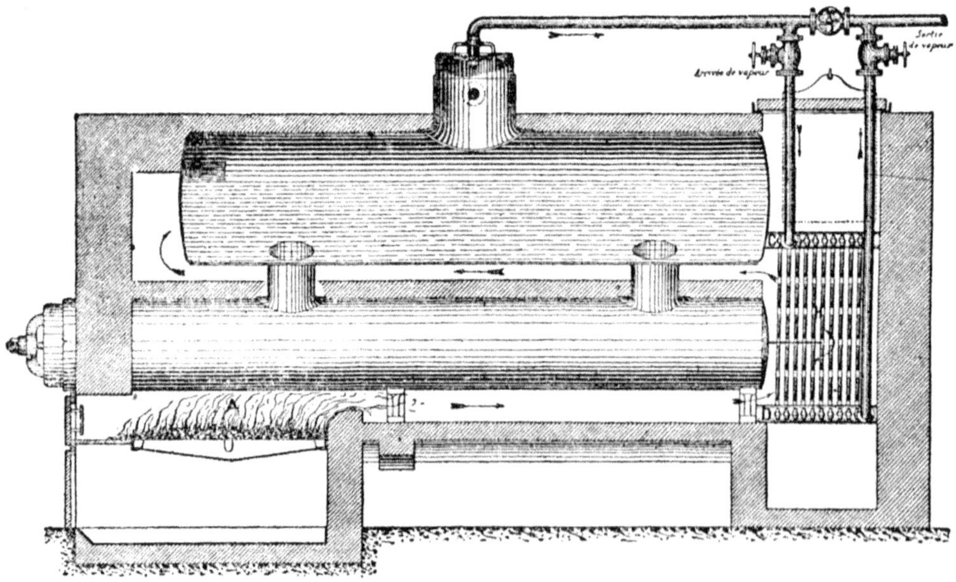

Fig. 960. — Surchauffeur Grouvelle et Arquembourg, placé dans les carneaux d'une chaudière bouilleurs.

Le laminage de la vapeur sèche la surchauffe très légèrement ; on obtient une surchauffe plus importante en réchauffant la vapeur, après le laminage, jusqu'à sa température primitive, dans un récipient placé au milieu de l'eau ou de la vapeur du générateur. La figure 964 représente clairement ce procédé de surchauffe.

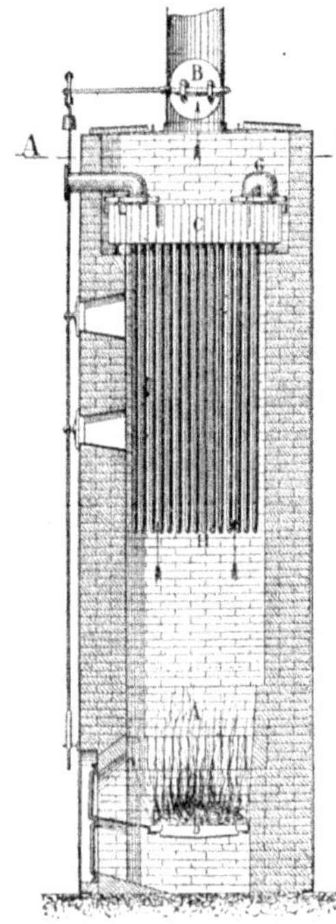

Fig. 961. — Surchauffeur vertical Uhler, avec foyer spécial.

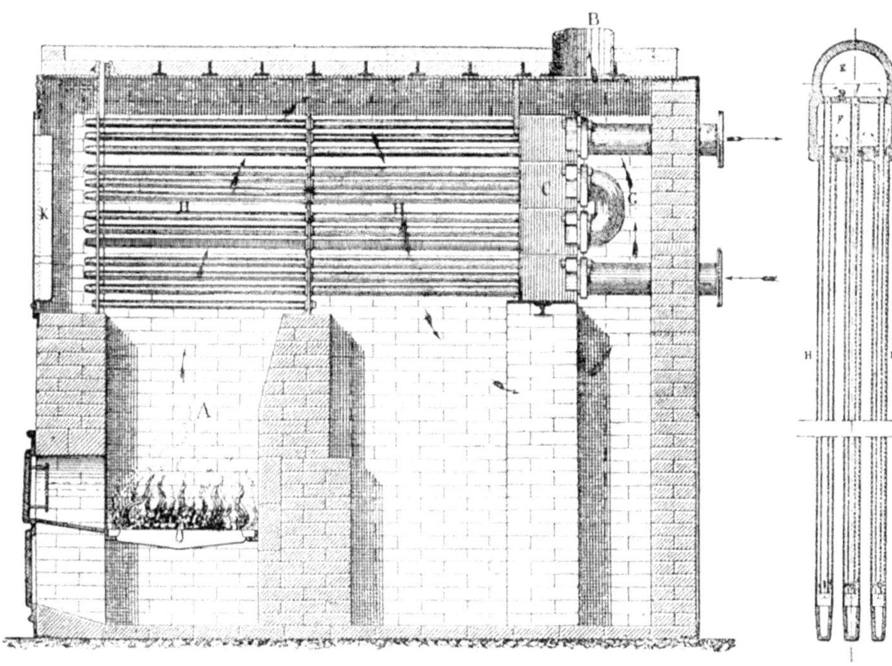

Fig. 962. — Surchauffeur horizontal Uhler, avec foyer spécial.

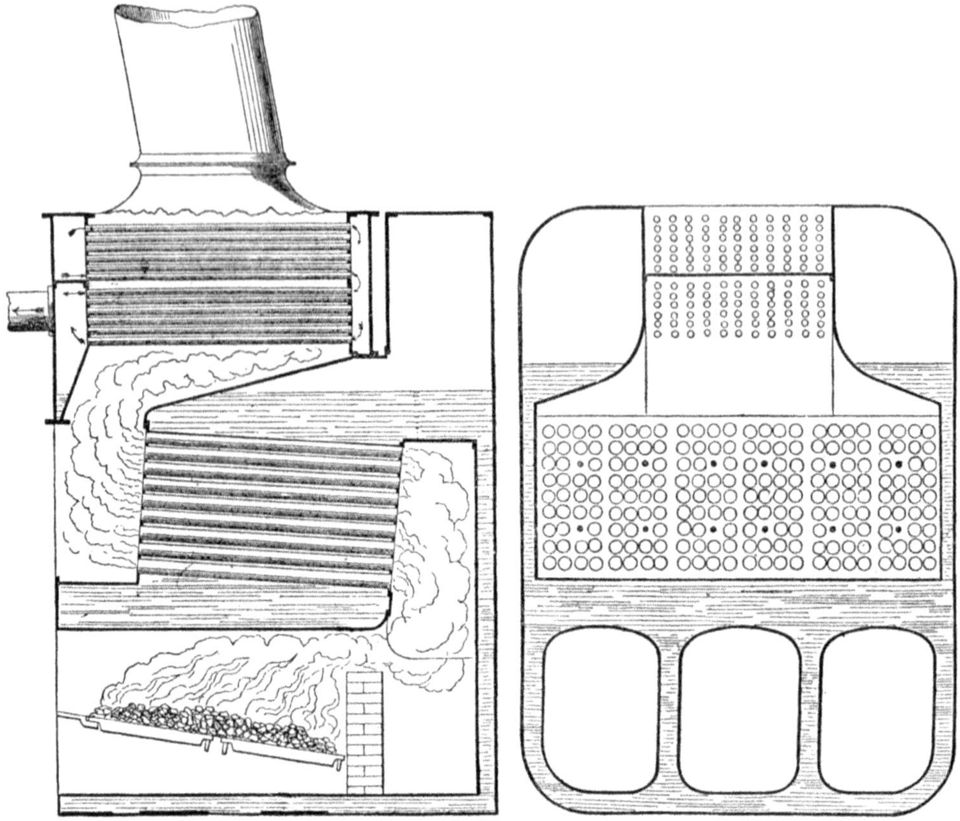

Fig. 963. — Chaudière marine, avec surchauffeur Beardmore, construite vers 1860 ; d'après Bourne. Coupe longitudinale et coupe transversale.

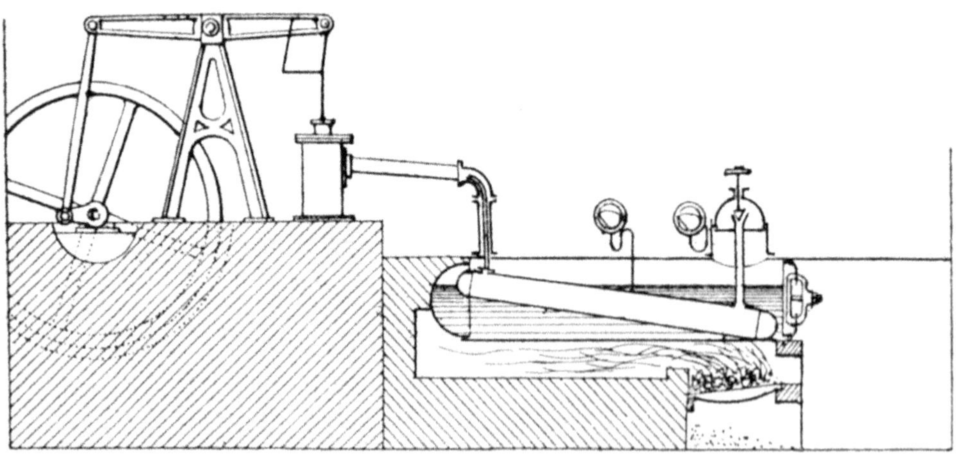

Fig. 964. — Surchauffeur de vapeur, d'après la description d'un brevet pris par M. Raffard en 1851.

Les applications de surchauffeurs ont été assez nombreuses depuis quelques années. Ces appareils réduisent la consommation de vapeur, mais l'économie obtenue est compensée, au moins en partie, par les frais d'installation et d'entretien, et par les risques d'avaries et d'accident que comporte une tuyauterie étendue installée sur le parcours de la vapeur.

115. Essais de chaudières.

Il est très utile d'essayer fréquemment les chaudières. Seuls ces essais permettent d'apprécier exactement la valeur d'un type de générateur, les meilleures conditions de marche, les soins apportés à la conduite. Suivant le degré de précision qu'on désire obtenir, ils exigent des précautions plus ou moins grandes.

Pour un essai complet, il faut non seulement peser le combustible brûlé, mais aussi en déterminer le pouvoir calorifique : on sait alors quel nombre de calories dégagerait dans le foyer une combustion parfaite. Si l'on mesure d'autre part la quantité d'eau vaporisée, en observant la température de l'eau d'alimentation et la pression de la vapeur produite, on connaît le nombre des calories utilisées. Si la vapeur n'est pas sèche, il faut savoir quelle proportion d'eau elle entraîne : avec certains types de générateurs, qui donnent de la vapeur très humide, on commettrait une erreur importante en la supposant sèche. Si la vapeur est surchauffée, il faut en mesurer la température.

En rapprochant les deux quantités ainsi relevées, le nombre des calories disponibles et celui des calories utilisées, on connaîtra le rendement pratique de l'appareil ; mais il est intéressant de savoir ce que deviennent les calories non utilisées.

D'abord une partie du combustible peut échapper à la combustion : on retrouve dans les cendres de petits morceaux non consumés, et la cheminée reçoit des gaz combustibles, oxyde de carbone et hydrocarbures. Surtout avec le tirage forcé, le combustible solide peut aussi être entraîné dans la cheminée. Le nombre des calories produites est ainsi réduit.

La chaleur perdue se trouve surtout clans les gaz chauds rejetés par la cheminée ; en jaugeant le poids, et en relevant la composition et la température de ces gaz, on peut calculer le nombre des calories ainsi emportées. Il convient aussi de tenir compte de la chaleur employée pour vaporiser l'eau mélangée au combustible, parfois en proportion notable. Enfin des calories, en nombre assez important, se dissipent par rayonnement et par conductibilité : la quantité de chaleur ainsi perdue est difficile à mesurer ; on la calcule généralement par différence. Une méthode d'observation est indiquée p. 442.

Des représentations graphiques, comme celle de la figure 965, montrent clairement l'emploi de la chaleur disponible dans le combustible. On a représenté, sur cette figure, les excès d'air à la sortie du foyer, et dans la cheminée : on voit qu'il se produit dans le trajet des rentrées d'air importantes.

Pour un essai, la chaudière doit être dans le même état au commencement et à la fin de l'expérience : elle doit renfermer la même quantité d'eau ; la pression doit être la même, et la grille doit porter le même poids de combustible, au même état d'ignition. L'appréciation du poids et de l'état du combustible risque d'être peu précise : il convient donc que la durée de l'essai soit longue pour que les erreurs d'estimation n'aient pas une trop grande influence.

En donnant les résultats des essais de chaudières, on indique le plus souvent le poids vaporisé par un kilogramme de combustible ; parfois on indique un poids fictif, en supposant que l'eau est prise à 0° et vaporisée à 100° ou bien prise à 100° et vaporisée sous cette même température : on calcule ces poids fictifs en admettant que le nombre de calories reçues par l'eau reste le même. Il importe de ne jamais omettre la mention exacte de la manière de compter qu'on adopte.

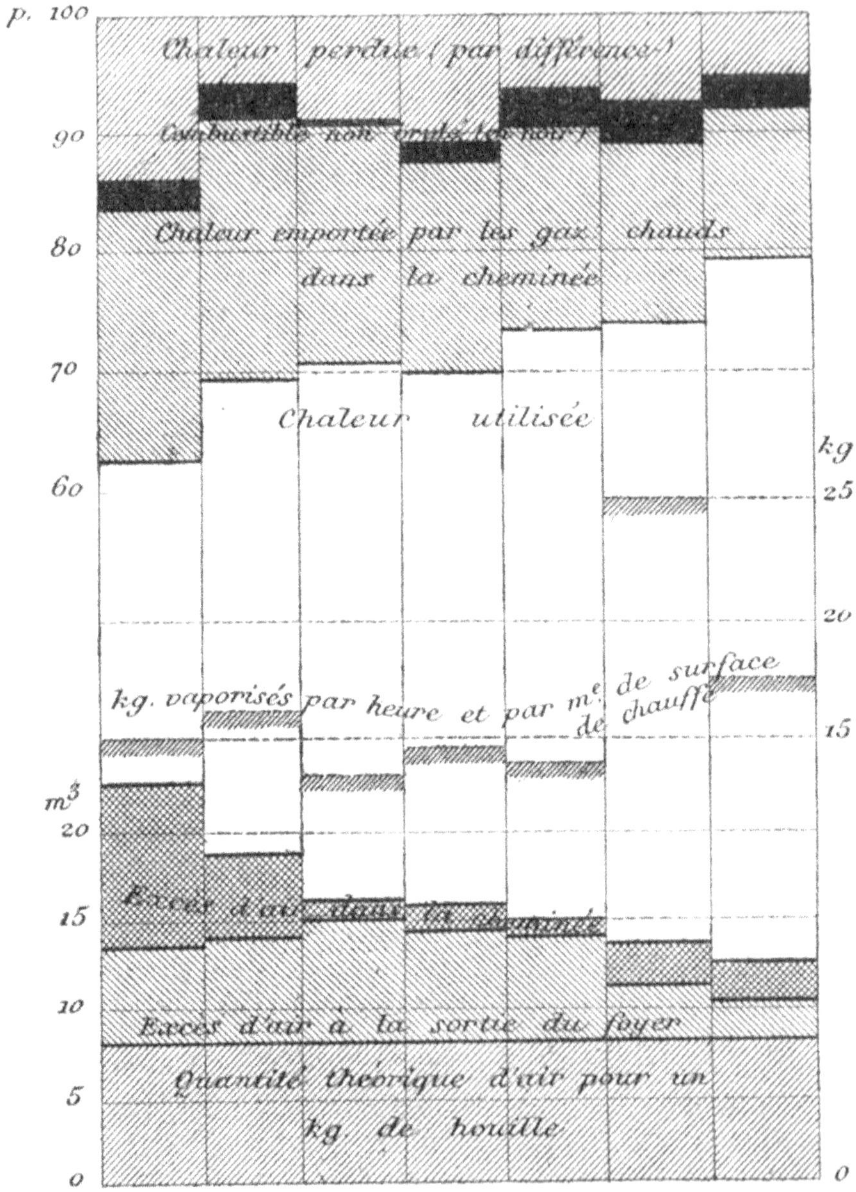

Fig. 965. — Représentation des résultats des essais de plusieurs chaudières, exécutés à l'exposition de Francfort en 1891.

Quelques exemples montreront ce que donnent diverses chaudières ; il ne faut pas oublier d'ailleurs que la production de vapeur et l'utilisation du combustible dans un même appareil peuvent varier beaucoup.

Essais de vaporisation, par M. E. Schmidt, ingénieur en chef de l'association des propriétaires d'appareils à vapeur de la Somme, de l'Aisne et de l'Oise.

Essais faits sur des chaudières Babcock et Wilcox, chauffées avec du coke, à la Station centrale d'électricité de la *Imperial Continental Gas-Association à Vienne*, par

Système des chaudières	2 chaudières tubulées de Naeyer non accolées ; chacune avec 2 bouill. réch. latéraux.	1 chaudière semi-tubulaire à 2 bouilleurs ; 2 bouill. réchauff. latéraux.	2 chaudières semi-tubulaires à 2 bouilleurs accolées. Un réchauffeur à la suite.
Surface de chauffe — Chaudières	1 chaud 181 m^2,00	1 chaud. 189 m^2,00	2×127 m^2,7=255 m^2,4
Surface de chauffe — Réchauffeurs	2 réch. 21 70	2 réch. 30 00	96 tubes du réchauf. 105,6
Surface de chauffe — Totale	202 m^2,70	219 m^2,00	361 m^2,0
Surface de grille . . . m^2	3,60	4,40	2 × 3,15 = 6,30
Rapport de la surface de chauffe totale à la surface des grilles	56,3	49,8	57,3
Durée des essais	10 heures sans allumage ni arrêts	1 jour d'essai ind^{el} (allumage et arrêts compris) 12 heures de marche.	1 semaine d'essai (allum. et arrêts compris) 10 h. 1/2 de marche p. jour
Nature du charbon	1/2 pouss. Thivencelles 1/4 d° Courrières 1/4 fines Anzin	1/2 Douchy 1/2 Ostricourt	grains lavés de Lens
Charbon brûlé par m^2 de grille et par heure, en kg	53,93	59,98	61,5
Résidus du charbon sur la grille, p. 100	19,30	17,2	13,7
Vapeur produite par heure par chaudière, en kg	1.427	2.178	1.678
Température de l'eau d'alimentation	33°,2	73°,2	34°
Pression moyenne de marche en kg par cm^2	8,23	6,30	6,31
Proportion d'acide carbonique au sortir des chaudières (avant les réchauffeurs), p. 100	6,25	10,75	11,67
Proportion d'acide carbonique à la cheminée, p. 100	5,63	6,88	4,58
Température des fumées au sortir des chaudières (avant les réchauffeurs)	242°	264°	276°,5
Température des fumées au pied de la cheminée	196°	187°	119°,8
Tirage en mm d'eau au pied de la cheminée	14	15	14,25
Eau d'alimentation transformée en vapeur à la pression de marche par kg de charbon brut, en kg	7,35	8,25	8,66
Calories utilisées du charbon	4600 = 60 p. 100	4915 = 61 p. 100	5339 = 67 p. 100

MM. A. Ehrendorfer et T. W. Melhuish (extrait, d'après un tableau publié par M. G. Richard) :

Durée de l'essai en heures	6
Nombre de chaudières soumises à l'essai	2
Surface de chauffe totale des 2 chaudières . . . m^2	262
Surface de grille totale des 2 chaudières . . . m^2	5,88
Rapport de la surface de grille à la surface de chauffe	1 : 44,5
Poids total de coke brûlé sur les grilles . . . kg	2 554

Coke brûlé par heure		425,7
Coke brûlé par heure et par mètre carré de surface de grille	"	72,4
Eau vaporisée, poids total	"	25 668
Eau vaporisée par heure	"	4 278
Eau vaporisée par heure et par mètre carré de surface de chauffe	kg	16,32
Eau vaporisée par kg de coke	"	10,05
Pression moyenne effective en atmosphères	"	9,75
Température moyenne de l'eau à son entrée dans la chaudière, en degrés centigrades		85°

Analyse du coke employé.

Sur cent parties :

Carbone	90,16
Hydrogène	0,31
Azote	Traces
Eau	0,47
Soufre	0,31
Cendres	7,43

Analyse volumétrique moyenne des gaz de la combustion :

Oxyde de carbone	0,00
Acide carbonique	9,60
Oxygène	11,45

Température moyenne des gaz dans le carneau		275°
Température moyenne de l'air admis sous la grille		28,2°
Calories utilisées pour la vaporisation	5803,5	79,21%
Calories perdues	1522,6	20,79%
	7326,1	100,00

Les calories perdues se répartissent ainsi :

Évacuation des gaz chauds par la cheminée	1 133,7	15,47%

Combustion incomplète :

a) Oxyde de carbone	0,0	0,0
b) Formation de carbone pulvérulent, suie, fumée	0,0	0,0
c) Perte par le cendrier	6,5	0,88
Perte par conductibilité et rayonnement (cette dernière déterminée par différence)	382,4	4,44
	1522,6	20,79

Essais d'un générateur tubulé du système Niclausse, exécutés dans les ateliers de MM. Willans et Robinson, en 1894.

Dates des essais	10 avril	11 avril	12 mai
....		......	(tirage forcé)
Durée de l'essai	7 h. 27	7 h. 40	2 h. 57
Quantité d'eau vaporisée	7 258 kg	7 258 kg	5 504 kg
Quantité de charbon brillé................	837 kg	835 kg	645 kg
Proportion de charbon pur	0,956	0,956	»
Total d'eau d'alimentation par kg de charbon brut	8 kg 670	8 kg 690	8 kg 530
Charbon brillé par mètre carré de grille et par heure	65 kg 690	64 kg 900	125 kg
Pression moyenne effective de la vapeur enkg parcentimètre carré	11 kg 165	11 kg 235	10 kg 158
Température moyenne de l'eau d'alimentation en degrés centigr.	16°	16° .	13°
Température des gaz dans la cheminée en degrés centigrades..........	266°	261°	388°

M. Bryan Donkin a publié, dans *l'Engineering*, une intéressante série de 21 expériences de chaudières, pour la plupart exécutées par lui-même, avec l'aide de M. le professeur Kennedy, pendant les années 1887 à 1889.

Le tableau qui suit donne la désignation des chaudières essayées, ainsi que les surfaces de grille et de chauffe.

N° de l'essai.	Type de la chaudière.	Surface de chauffe. Chaudière m²	Surface de chauffe. Réchauffeur m²	Surface de grille m²	Rapport de la s. de chauffe totale à la s. de grille.
1	Verticale, tubulaire, à foyer intérieur.	72	»	0,98	73,4
2 et 3	Lancashire, avec tubes coniques . . .	54	»	1,4	38,8
4	Type locomotive.	26	»	0,98	21,7
5	d°	21	»	0,7	30,8
6 et 7	Tubulée, de Naeyer	44	44	1,4	63
8	Trois chaudières de Cornouailles, avec tubes transversaux.	196	»	5,9	33,3
9 et 10	Chaudière de Lancashire, avec tubes Galloway et chargeur Vicars	87	106	2	99
11	Type locomotive pour locomobile. . .	29,5	»	9	32,6
12	A trois bouilleurs	40	96	1,8	76,4
13	Locomotive, en stationnement	80	»	1,16	69,2
14 et 15	Même locomotive, en marche . . .	80	»	1,16	69,2
16	Tubulée, pour pompe à incendie . . .	11	»	0,54	21
17	Cornouailles tubulaire.	18	»	0,33	54
18	Type locomotive, pour locomobile . .	26,5	»	0,98	27,2
19	Cornouailles, avec tubes Galloway . .	30	»	1,56	19,3
20	Cornouailles tubulaire.	75	»	1,85	40,2
21	Type locomotive.	110	»	2,95	37,4

Les principales observations faites dans ces expériences sont données au tableau p. 445 (la manière dont est comptée la surface de chauffe n'est généralement pas indiquée).

Ces chiffres sont extraits des tableaux plus étendus, qui ont été dressés par M. Bryan Donkin ; les mesures anglaises ont été converties en mesures métriques, en simplifiant ou en supprimant quelques décimales.

La chaleur produite par la combustion de la houille s'est répartie comme l'indique le tableau de la p. 443.

Quelques-uns des totaux dépassent 100 ; il est probable qu'alors la quantité de chaleur communiquée à l'eau est estimée trop haut, et que de l'eau non vaporisée a été entraînée par la vapeur.

La proportion de chaleur perdue par rayonnement est calculée d'après la consommation de houille nécessaire pour maintenir la pression dans la chaudière ; M. Bryan Donkin pense qu'en marche la perte par rayonnement est plus considérable que dans cet essai spécial, parce que les maçonneries prennent en marche une température plus élevée.

Essais d'un générateur Belleville à l'exposition de Nice en 1884.

	Surface totale de chauffe, $117^{m^2},46$. Surface de grille, $3^{m^2},69$.			
	1er essai.	2e essai.	3e essai.	4e essai.
Date de l'essai	7 mai	8 mai	9 mai	19 mai
État atmosphérique — Pression barométrique, en mm de mercure	768	768	768	754
État atmosphérique — Température extérieure	20°,0	20°,5	20°,0	21°,2
État atmosphérique — Température de la chambre de chauffe	22°,5	23°,5	23°,0	24°,5
Durée de l'essai	$3^h,43^m$	$3^h,29^m$	$4^h,5^m$	$4^h,7^m$
Nature du charbon brûlé pendant l'essai	Briquettes Sud-Est	Cardiff en roche	Briquettes Sud-Est	Briquettes Portes et Sénechas
Quantité de charbon brûlé pendant l'essai	837^{kg}	734^{kg}	1.003^{kg}	900^{kg}
Tirage en mm d'eau (dans la boîte à tubes)	3	3	3	3
Résidus de la combustion — Cendres, escarbilles et mâchefer : poids total, kg.	»	82,4	103,4	96,0
Résidus de la combustion — Cendres et escarbilles en tant p. 100 du charbon brûlé	»	10	9	10,6
Résidus de la combustion — Mâchefer en tant p. 100 du charbon brûlé	»	0,7	1,2	0,5
Poids net du charbon brûlé, défalcation faite des résidus, en kg.	»	652	900	801
Pression moyenne absolue au générateur, en kg par cm²	10,93	10,98	10,99	11,03
Pression absolue de la vapeur après le détendeur, kg par cm²	6,50	6,60	6,55	6,60
Etat de la vapeur constaté au robinet d'épreuve, à la sortie du générateur	Sèche	Sèche	Sèche	Sèche
Quantité totale d'eau vaporisée pendant l'essai, en kg.	7 852	7 324	9 292	8 897
Eau vaporisée par heure de marche	2 049	2 093	2 277	2 165
Température de l'eau d'alimentation dans le réservoir jaugé	20°,25	18°,20	17°,50	24°,0
Quantité de charbon brûlé par heure, en kg.	226,2	209,7	245,8	219,0
Quantité de charbon brûlé par heure et par mètre carré de grille, en kg.	61,3	56,8	66,6	59,3
Eau d'alimentation vaporisée à la pression ci-dessus indiquée du générateur, en kg, par kg — de charbon brut	9,06	9,98	9,26	9,88
Eau d'alimentation vaporisée à la pression ci-dessus indiquée du générateur, en kg, par kg — de charbon net	»	11,20	10,30	11,06

Expériences de Bryan Donkin

Nº de l'essai	1	2	3	4	5	6	7	8	9	10	11	12	13	14	15	16	17	18	19	20	21
Durée en heures	8,5	9,0	12,0	6,83	6,0	6,6	9,05	10,0	9,0	9,1	8,0	31,8	8,31	4,88	4,76	6,0	9,0	5,3	8,0	7,0	5,0
Pression moyenne (absolue) en kg par cm².	3,5	4,5	5	1,04	7	7	6,5	3,7	6,5	6,5	5,4	4,2	10,9	9,4	9,8	8,1	5,6	6	4,7	6,2	7,4
Température de l'eau d'alimentation en degrés centigrades	6°	9°	22°	5°,5	30°	9°,5	9°,6	47°	28°,6	30°,5	13°,5	18°,6	18°,6	10°,4	11°,1	11°,1	14°,9	15°,6	35°,7	8°,7	15°,3
Température de l'eau à la sortie du réchauffeur, en degrés centigrades						95°	96°		107°	95°		104°					70°			73°	
Poids d'eau évaporée à l'heure en kg	684	578	1075	306	158	920	870	1990	1610	1700	482	950	2020	1640	1810	595	200	415	950	1820	3200
Poids de charbon brûlé à l'heure en kg.	85	70	126	38	21	97	100	196	152	159	54	95	200	157	178	90	22	52	118	195	363
Proportion p. 100 de cendres et mâchefers	5,3	7	3,8	8,6	5,5	4,1	2,9	9,3	3,2	2,1	2,39	6,9	5,7	5,5	5,6	2	1,6	6,8	6,8	3,1	5,2
Proportion d'eau dans le charbon p. 100.	1,6	5,5	4,2	1,0	0,4	1,26	1,26	0,35	1,95	2,35	1,8	0,8	0,6	0,5	0,5	1,0	0,26	2,0	1,1	1,15	1,5
Température des gaz à la base de la cheminée	200°	221°	332°	293°	292°	166°	172°	252°	182°	137°	330°	129°	?	299°	330°	?	259°	302°	279°	390°	?
Temp^re des gaz entre chaudière et réchauffeur, en degrés cent.						342°	330°		297°	205°		?					?			?	
Proportion p. 100 de charbon pour maintenir la pression	4,5	7	6	7,4	13,4	6,5	4,2	4,4	7,2	6,9	7,75	4,5	3,85	4,9	4,3	?	8,2	?	?	?	3,7
Poids de charbon brûlé par mètre carré de grille et par heure en kg	76	43	78	34	26,5	60,5	62,5	29	68	71	52,5	47	150	119	132	145	58	46	67	91	108
Proportion d'eau vaporisée par kg de houille, l'eau étant supposée prise et vaporisée à 100°	10,28	11,34	10,90	10,57	8,99	12,00	11,57	12,61	13,42	13,05	11,25	12,65	13,00	13,30	13,10	8,20	10,10	10,50	9,95	10,60	11,42

Expériences de Bryan Donkin

Numéro de l'essai. . .	1	2	3	4	5	6	7	8	9	10	11	12	13	14	15	16	17	18	19	20	21
Proportion p. 100 de la quantité totale de chaleur disponible communiquée à l'eau :																					
Réchauffeur. . . .	»	»	»	»	»	11,9	11,7	»	12,0	9,7	»	13,0	»	»	»	»	} 62,7	»	»	} 65,8	»
Chaudière.	63,8	70,4	67,6	66,2	56,8	62,5	60,1	78,3	69,5	71,3	69,8	65,5	80,7	82,6	81,3	51,0		65,2	61,8		73,2
Emportée par les gaz dans la cheminée. .	9,4	13,6	16,2	22,5	31,8	13,8	13,3	14,0	19,3	»	18,0	6,5	15,9	18,6	20,0	»	20,7	»	20,4	18,0	»
Vaporisant l'humidité du combustible. . .	0,1	0,4	0,4	0,1	0	0,1	0,1	0	0,1	»	0,1	0	0	0	0	»	0	»	0,1	0,1	»
Perdue par rayonnement et conductibilité	4,5	7,0	6,0	5,2	9,4	6,5	6,3	4,4	7,2	»	5,7	5,5	3,0	3,9	3,4	»	8,2	»	»	8,0	3,7
Vaporisant l'eau sous la grille, et chaleur du charbon extrait des foyers	0,1	3,7	5	0,2	0,4	0	0	0,2	0	»	0	0	0	0	0	»	0,1	»	0,1	0,1	»
Perdue par suite de combustion incomplète	12,7	0	1,2	0	0	2,4	0,8	1,7	0	»	1,2	0	4,9	0	0	»	»	»	0	1,6	»
Différence non justifiée	9,4	4,9	3,6	5,8	1,6	2,8	7,7	1,4	»	19,0	5,2	9,5	»	»	»	»	8,3	»	17,6	6,4	23,1
Total	100	100	100	100	100	100	100	100	108,1	100	100	100	104,5	105,1	104,7	»	100	»	100	100	100

Essais de chaudières marines tubulées, du système Lagrafel et d'Allest.

Légende pour 2 chaudières jumelles.

	m²
Surface de grille	3,33
Surface de chauffe tubulaire	96,70
Surface de chauffe des faces de lames d'eau	3,30
Surface de chauffe totale	100,00
Rapport de la surface de grille à celle de chauffe	1 : 30
Section des cendriers latéraux	0,84
Rapport de cette section à la surface de grille	1 : 4
Section de passage des gaz au-dessus de l'autel	0,88
Section de passage des gaz entre les tubes, à l'entrée	1,672
Rapport de cette section à la surface de grille	1 : 2
Section de passage des gaz entre les tubes, à la sortie	0,836
Section de la cheminée	0,95
Rapport de cette section à la surface de grille	1 : 3,5

Essai à tirage naturel

Pression moyenne effective pendant l'essai	34,5
Registre central complètement fermé.	
Température des gaz dans la boîte à feu	606°
Température des gaz dans la cheminée	241°,4
Durée	6 h.
Charbon consommé pendant l'essai (Cardiff)	1 512 kg
par heure	252
et par m² de grille	75kg,67
Cendres, mâchefer et escarbilles	233
Eau vaporisée pendant l'essai	13 970 litres
par heure	2 328,3
et par m² de surface de chauffe	23,28
par kilogramme de charbon	9,23
Température de l'eau d'alimentation	21°5
Température de l'air (état atmosphérique calme)	26°

Analyse des gaz

	Ac. carbonique %	Oxygène %%	Ox. de carbone	Azote %
Prise de gaz au-dessus de la grille	11	2	5	82
Prise de gaz dans la boîte à feu et dans la boîte à fumée	9	8	1	82

Volume d'air par kilogramme de charbon	au-dessus de la grille	$12^{m^3},635$
"	dans la boîte à feu	$17^{m^3},435$

N. B. — Le volume d'air supplémentaire dans la boîte à feu commune provient du foyer voisin, puisque le registre central est complètement fermé et puisque les prises de gaz sont toujours faites sur le foyer qui vient d'être chargé. Mais l'air venant du foyer voisin brasse moins bien les gaz que celui qui pénètre par le registre central, ce qui explique la présence de 1 centième d'oxyde de carbone, qui ne s'est jamais trouvé dans les autres essais.

Essai à tirage forcé.

Pression moyenne effective pendant l'essai	3kg,25
Section d'ouverture du registre central	0^{m2},066
Rapport de cette section à la surface de grille	1 : 50,4
Température des gaz dans la boîte à feu	584°
Température des gaz dans la cheminée	219°,5
Durée	3 h.
Charbon consommé pendant l'essai (Cardiff)	1 224 kg
" " par heure.	408
" " " et par m² de grille	122, 5
Cendres, mâchefer et escarbilles	104
Eau vaporisée pendant l'essai	9 820litres
" par heure	3 273,3litres
" " et par m² de surface de chauffe.	32,73
Eau vaporisée par kilogramme de charbon	8,02
Température de l'eau d'alimentation	20°,5
Température de l'air (état atmosphérique calme)	25°
Dépression dans la cheminée, en colonne d'eau	40 mm

Analyse des gaz

	CO^2	O	CO	Az
	%	%	%	%
Prise de gaz au-dessus de la grille.	3	16	1	80
Prise de gaz au-dessus de l'autel	15	2	1	82
Prise de gaz dans la boîte à feu .	4	15	0	81

Volume d'air au-dessus de l'autel par kilogramme de charbon. 10^{m3},461

N. B. — La composition des gaz au-dessus de la grille prouve que le brassage n'est pas encore fait. Celle des gaz de la boîte à feu montre qu'il y a une trop grande rentrée d'air dans cette boîte et qu'avec le tirage forcé par appel dans la cheminée, il faut diminuer l'ouverture du registre central.

Les tableaux d'expériences donnent souvent une série de valeurs calculées, telles que le poids de houille brûlée par heure et par mètre carré de grille, le volume d'eau vaporisée par mètre carré de surface de chauffe, le poids d'eau vaporisée par un kilogramme de combustible. Il faut prendre garde, en multipliant ces résultats calculés, de donner des chiffres contradictoires. Si on brûle *a* kg de houille par m² de grille ; si la surface de chauffe compte *b* m² par mètre carré de grille ; si un m² de surface de chauffe vaporise *c* d'eau, et si un kg de houille produit *d* kg de vapeur, M. W. Muserling fait remarquer, dans *l'Engineering*, que le produit *a x d* doit être égal au produit *b x c*.

116. Comparaison des générateurs.

Souvent des chaudières de types différents peuvent être considérées comme presque équivalentes, si elles sont bien proportionnées, et il est assez rare de trouver des formes qu'on puisse déclarer en principe nettement supérieures. La production d'un générateur dépend avant tout de l'appareil de combustion caractérisé, avec les dispositions usuelles, par l'étendue de la grille, pourvu que le régime de la combustion soit connu : la quantité de charbon, brûlé en une heure sur un mètre carré de grille, varie en effet énormément avec ce régime, quand le tirage est naturel ou forcé. Le foyer doit être disposé pour que la combustion soit complète et se fasse à température élevée, sans être excessive.

Une fois la chaleur produite, elle doit être recueillie sur une surface de chauffe suffisante ; toute la surface de chauffe n'est d'ailleurs complètement utilisée que si le courant gazeux la parcourt effectivement ; il importe aussi d'éviter la rentrée de l'air froid, qui absorbe inutilement la chaleur.

L'efficacité de la surface de chauffe est augmentée si on la partage rationnellement entre la chaudière proprement dite où se fait la vaporisation, et un réchauffeur où l'eau et les gaz chauds circulent en sens contraire. Enfin une partie des calories contenues dans les gaz chauds et de celles communiquées à l'eau et à la vapeur, se dissipe en dehors par rayonnement et par conductibilité : cette perte est réduite, si les chaudières sont bien enveloppées et si leur surface extérieure est petite.

À l'intérieur même de la chaudière, il convient que la vapeur se dégage facilement, et soit immédiatement remplacée par l'eau : il est probable que, sous ce rapport, beaucoup de générateurs laissent à désirer. Une circulation rapide de l'eau parait avantageuse.

Les volumes d'eau et de vapeur, pour une même surface de chauffe, varient beaucoup d'un type à l'autre : un grand volume d'eau rend la production régulière, et la conduite facile ; un faible volume permet une mise en pression rapide.

L'emplacement occupé et le poids du générateur sont des éléments qui ont parfois une grande importance. Le prix varie souvent d'un type à l'autre pour des appareils équivalents. Pour les chaudières comme pour tout l'outillage de l'industrie, l'économie est désirable, pourvu qu'elle tienne à la simplicité des dispositions et non à la qualité défectueuse des matériaux. On doit avant tout rechercher les chaudières, qui, par la bonne étude des formes et par les soins apportés à la construction, offrent toutes les garanties de sécurité.

117. Alimentation des chaudières.

On remplace l'eau, qui se vaporise dans une chaudière, en alimentant cette chaudière. L'eau d'alimentation est prise dans la bâche où la rejette la pompe à air du condenseur, ou bien dans une canalisation spéciale, si l'eau de condensation par mélange est trop incrustante, ou si l'on craint l'envoi dans la chaudière des matières grasses entraînées par la vapeur hors des cylindres.

S'il n'y a pas de condenseur, l'eau d'alimentation peut être échauffée par la vapeur d'échappement. On se sert aussi, à cet effet, de vapeur prise à la chaudière ou au réservoir intermédiaire d'une machine à expansion multiple, dans les réchauffeurs décrits au § 113 .

Pour pénétrer dans la chaudière, l'eau doit surmonter la pression effective qu'on y maintient. Avec une pression effective de 10 kg par cm^2, le travail nécessaire élèverait l'eau à la hauteur de 100 m : c'est une dépense de 100 kgm par kilogramme d'eau. Si la machine motrice desservie par cette chaudière dépense 10 kg de vapeur pour produire un cheval-heure ou 270.000 kgm, le travail utile correspondant de l'alimentation sera de 1000 kgm, c'est-à-dire 0,37 p. 100 du travail produit. En réalité, à cause des frottements de l'eau et des appareils, l'alimentation consomme un travail plus grand.

Elle est continue lorsque la vapeur qui sort de la chaudière est constamment remplacée par un poids d'eau égal, et discontinue lorsqu'elle se fait par intermittences. L'alimentation à peu près continue est nécessaire pour les générateurs qui ne contiennent qu'un très petit volume d'eau : en ce cas, elle peut être régularisée par un appareil automatique, comme dans le générateur Belleville. L'alimentation discontinue exige des appareils capables de donner par moments un débit supérieur à la dépense moyenne : il est d'ailleurs utile que la puissance des appareils d'alimentation soit, dans tous les cas, largement calculée.

L'alimentation des chaudières se fait au moyen de pompes, de bouteilles alimentaires, ou d'injecteurs.

Un clapet de retenue est utile au point où le tuyau de refoulement pénètre dans la chaudière ; ce clapet, avec fermeture automatique, est obligatoire en France.

Lorsqu'une chaudière est munie d'un réchauffeur, c'est naturellement le réchauffeur qui reçoit l'eau d'alimentation. Lorsque cette appendance n'existe pas, on dirige habituellement l'alimentation dans la partie où l'eau est la plus froide, souvent à l'aide d'un tuyau intérieur. Cette disposition est logique lorsque l'eau est chauffée méthodiquement par un parcours en sens contraire du mouvement des gaz, par exemple dans une série de bouilleurs successifs.

Mais lorsque ce chauffage méthodique n'est pas réalisé, l'envoi de l'alimentation dans la partie la moins chauffée risque d'exagérer dans la masse liquide les différences de température, fâcheuses à cause des dilatations inégales des tôles.

De plus en plus on applique une disposition inverse, en envoyant l'eau d'alimentation dans la vapeur : elle est ainsi plus rapidement chauffée et laisse déposer les sels dissous à l'état pulvérulent. L'entraînement d'eau par la vapeur ne paraît pas augmenté par ce mode d'alimentation, pourvu qu'on dispose l'entrée d'eau à une distance convenable de la prise de vapeur ; on peut même supposer que la condensation de la vapeur sous l'action de l'eau froide doit produire un appel vers la région où elle se produit, de sorte que l'eau ne serait pas entraînée par la vapeur.

L'alimentation dans la vapeur permet aussi le départ immédiat de l'air dissous dans l'eau, air qui, associé à l'acide carbonique, paraît altérer les tôles (§ 124).

Il semble qu'en faisant simplement déboucher le tuyau d'alimentation au milieu de la vapeur, l'eau reste bien peu de temps en contact avec la vapeur et ne se chauffe pas suffisamment. Il paraît donc logique de l'obliger, à l'aide de chicanes, à séjourner plus longtemps dans la vapeur. Ces dispositions se rapprochent de celles qui servent au chauffage préalable de l'eau avec la vapeur prise à la chaudière.

118. Pompes et bouteilles alimentaires.

La commande directe d'une pompe alimentaire par un moteur est facile, lorsque la vitesse de rotation n'est pas grande. La pompe est à piston plongeur, avec soupapes métalliques. Pour des rotations rapides, comme celles des essieux de locomotives, le fonctionnement de la pompe devient difficile, et les chocs sur les soupapes sont parfois très forts. Cependant on les réduit beaucoup en donnant aux soupapes une très faible levée : afin d'obtenir une section de passage suffisante, il faut alors en augmenter le diamètre et les multiplier.

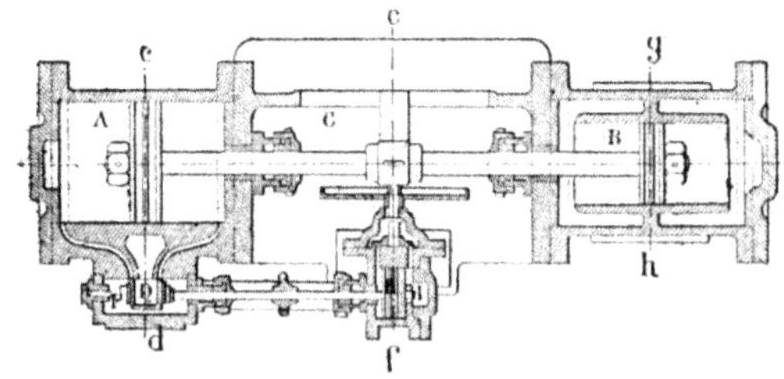

Fig. 966. — Petit cheval alimentaire du générateur Roser.

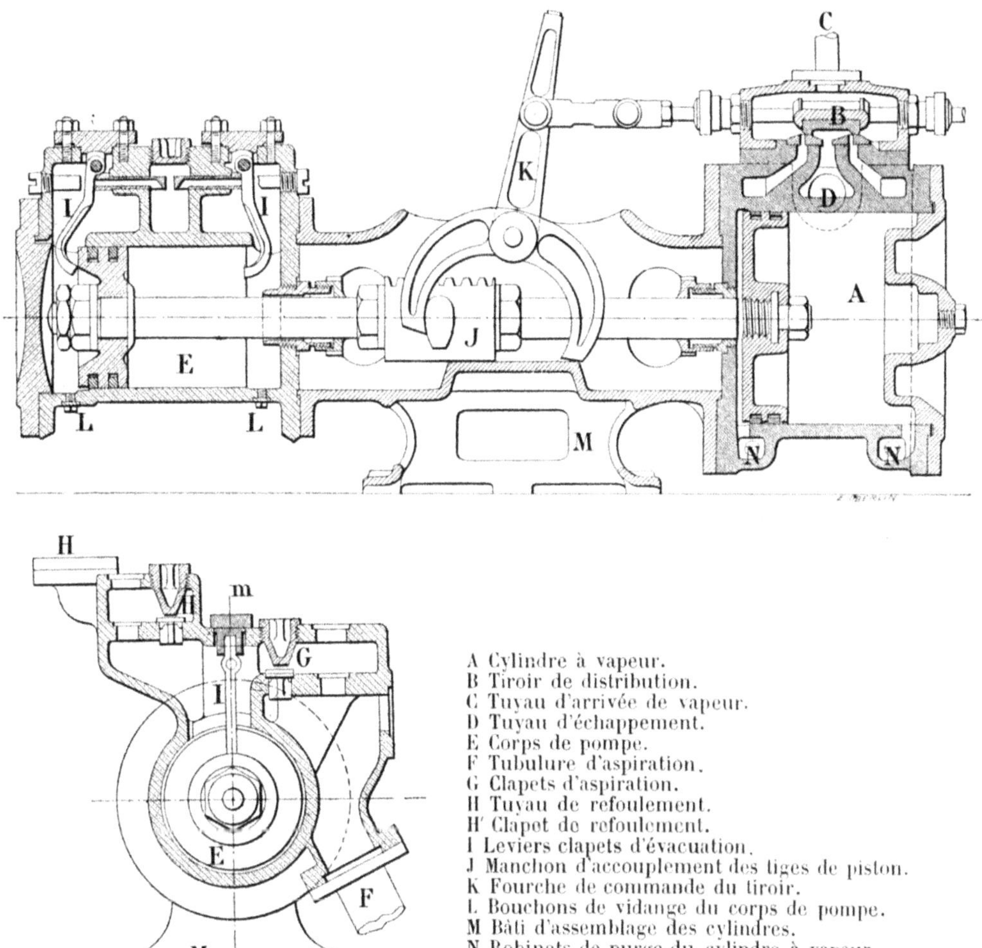

Fig. 967. — Petit cheval alimentaire des générateurs Belleville.

La marotte de la pompe devient encore plus difficile quand elle doit prendre de l'eau portée à une température élevée par la vapeur d'échappement : l'eau bouillante ne peut être aspirée, puisqu'elle dégage de la vapeur qui a la tension de l'atmosphère, et la pompe doit être montée en charge.

La commande directe de la pompe alimentaire par le moteur principal, outre la difficulté de fonctionnement aux grandes vitesses, ne permet pas l'alimentation pendant les arrêts, et la pompe marche inutilement quand on suspend l'envoi d'eau ; dans ce cas, l'eau aspirée est renvoyée à la bâche, ou bien le conduit d'aspiration est fermé par un robinet. Ces motifs font préférer généralement, pour les grands appareils, la commande de la pompe par un moteur spécial ou petit cheval (fig. 966 et 967). La commande rectiligne sans mouvement de rotation, est commode pour ces machines ; mais bien souvent elles consomment beaucoup trop de vapeur. Si le travail de l'alimentation, frottements compris, exige 0,6 p. 100 du travail total produit, et si le petit cheval consomme par cheval-heure cinq fois plus de vapeur que le moteur principal, l'alimentation dépense 3 p. 100 de la vapeur produite ; et on trouve souvent des consommations plus élevées. On évite cette perte en employant la vapeur, qui actionne le petit cheval, à échauffer l'eau d'alimentation.

La bouteille alimentaire est souvent employée pour les générateurs qui servent au chauffage par la vapeur : c'est un récipient installé au-dessus de la chaudière ; à l'aide d'un jeu de robinets, on le remplit d'eau, puis on le met en communication avec la chaudière.

119. Injecteurs.

Un cheval alimentaire se compose d'un moteur, c'est-à-dire de pièces mobiles recueillant l'action motrice de la vapeur, et d'une pompe, ou d'autres pièces mobiles qui transmettent à l'eau le travail produit, pour la refouler dans une chaudière. Dans l'injecteur, les pièces mobiles n'existent plus, et l'action motrice de la vapeur se transmet directement à l'eau.

La bouteille alimentaire fait aussi agir la vapeur immédiatement sur l'eau, par la transmission directe de la pression ; l'appareil est d'ailleurs discontinu. Le fonctionnement de l'injecteur est, au contraire, continu : la vapeur y produit avec l'eau une veine fluide animée d'une grande vitesse ; cette veine s'engage dans un tube divergent, où la pression du fluide augmente à mesure que la vitesse diminue, d'après une loi bien connue de l'hydraulique ; cette pression devient assez forte pour dépasser celle de la chaudière.

Réduit à ses pièces essentielles, l'injecteur comprend une tuyère *n* (fig. 968) qui donne un jet de vapeur dans la chambre ou cheminée *o*, où accède également l'eau. Le jet fluide qui s'échappe de la chambre traverse le *trop plein h*, en communication avec l'atmosphère, et pénètre dans le divergent *p*, où la vitesse diminue et où la pression augmente. Un clapet de retenue, *q*, empêche la vidange de la chaudière quand l'injecteur cesse de fonctionner.

Si le divergent recevait une veine entièrement liquide, sans mélange de vapeur, ou d'air, on calculerait aisément, d'après la *loi de Bernoulli*, la vitesse la plus faible qui permettrait à cette veine de surmonter la pression de la chaudière. Dans un trajet horizontal continu avec un mouvement permanent, sans chocs ni frottements, le total des quantités, dites *hauteur due à la vitesse et hauteur piezométrique*, est constant pour un liquide incompressible : la première ($v^2/2g$) est le quotient du carré de la vitesse, v, par le double de l'accélération due à la pesanteur, g ; la seconde, p/ϖ, s'obtient en divisant la pression, p, par le poids de l'unité de volume du liquide, ϖ. Le théorème de Bernoulli tient compte également des variations d'altitude des conduites qui ne sont pas horizontales mais, pour les injecteurs, le terme qui exprime cette variation d'altitude est négligeable.

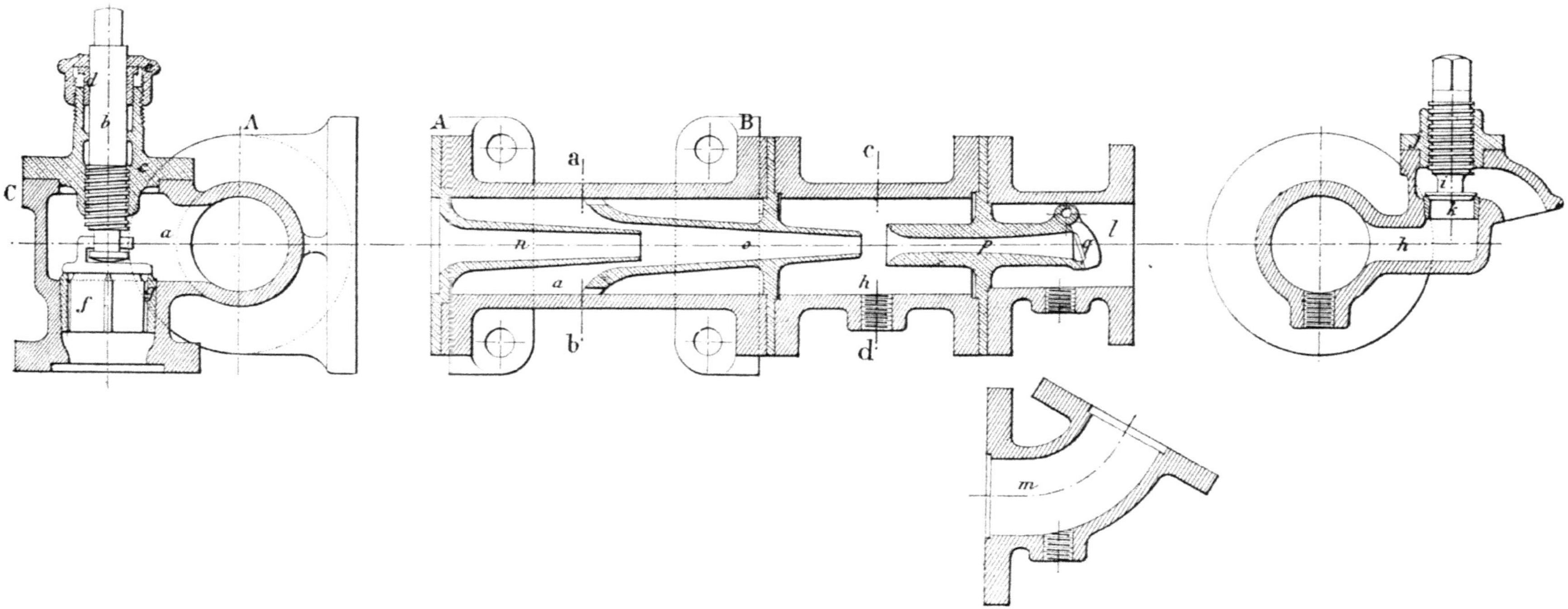

Fig. 968. — Injecteur de locomotives du chemin de fer du Nord; coupe longitudinale ; coupe suivant *ab*, par l'arrivée d'eau *a*, et coupe suivant *cd*, montrant le clapet du trop plein *k* ; le raccord *m* peut être substitué au raccord droit *l*.

Dans une conduite conique évasée ou divergente, la vitesse du liquide diminue à mesure qu'il traverse une section plus grande ; le produit de la vitesse par la section reste toujours le même, parce que le liquide est à peu près incompressible. Le total $(v^2/2g)+(p/\varpi)$ restant constant, la pression p augmente quand la vitesse v diminue.

Par exemple, si les diamètres des deux sections extrêmes du tuyau tronconique sont 10 et 31,5 mm, les sections sont clans le rapport de 1 à 10 ; soit une vitesse, clans la section d'entrée, de 50 m par seconde, sous la pression de l'atmosphère ou d'environ 10.000 kg par m^2 ; le poids ϖ est celui d'un mètre cube, c'est-à-dire à peu près 1000 kg pour l'eau. À la vitesse de 50 m par seconde correspond la *hauteur due* 127^{m},3. Dans l'autre section, dix fois plus grande, la vitesse est dix fois moindre, 5 m, et la hauteur due 1^{m}3. La constance du total $(v^2/2g)+(p/\varpi)$ donne l'équation 127,3 +10 = 1,3 + 136. La hauteur piézométrique 136 dans la grande section correspond à une pression de 136.000 kg par m^2, ou d'environ 13 atmosphères. Un jet d'eau lancé à la vitesse de 50 m par seconde, et pénétrant dans un tuyau conique divergent, atteindra au bout de ce tuyau, dans l'exemple choisi, une pression de 13 atmosphères ; il pourra donc entrer dans une chaudière où la pression ne dépassera pas cette valeur.

Des frottements, dont on peut d'ailleurs calculer l'effet par les règles de l'hydraulique, réduisent la pression finale : avec les chiffres choisis, la pression est diminuée d'environ une demi-atmosphère dans le tube divergent, s'il est long de 120 mm.

En réalité, la cheminée de l'injecteur ne lance pas dans le divergent, à travers le trop plein, un jet d'eau pure, sans mélange de vapeur : la mesure du débit des injecteurs le prouve : on vient de calculer la plus faible vitesse nécessaire pour une pression donnée : en la multipliant par la section à l'entrée du divergent, ou aurait la plus petite valeur du débit par seconde. Or l'expérience indique des débits beaucoup moindres que ce calcul.

Par exemple, avec une pression de 10 kilogrammes par centimètre carré et un divergent de 10 mm de diamètre, le débit serait au moins de 208 litres par minute, tandis qu'un injecteur Giffard a donné, en pareil cas, de 73 à 137 litres, et un injecteur Friedmann, de 96 à 192 litres.

La veine n'est donc pas formée uniquement d'eau, mais d'un mélange d'eau et de vapeur, auquel s'ajoute parfois de l'air. La loi du mouvement dans le divergent est alors moins simple, parce que le poids spécifique du fluide peut varier pendant le trajet.

Dans la chambre, le jet de vapeur, s'échappant par la tuyère, entraîne l'eau qui l'entoure et qui la condense, au moins en grande partie. L'eau peut être prise plus bas que la chambre par l'injecteur aspirant, comme est celui de Giffard ; la pression dans la chambre est alors inférieure à celle de l'atmosphère. D'autres injecteurs n'aspirent pas et doivent recevoir l'eau en charge.

Pour étudier théoriquement l'injecteur, on exprime par des équations que l'énergie totale reste la même dans les diverses sections normales de la veine fluide, animée d'un mouvement permanent ; cette même énergie totale reste constante si l'on considère deux sections du courant de vapeur et du courant d'eau avant leur réunion dans la chambre. Dans ces équations, on estime, d'après les formules d'écoulement de la vapeur, la vitesse qu'elle possède à la sortie de la tuyère.

Cette méthode fait connaître diverses relations entre la vitesse, la pression, la température aux divers points du courant, mais ne paraît donner aucun résultat utile, permettant d'estimer le débit de l'injecteur et l'effet des diverses dispositions de détail.

Une équation approximative se déduit simplement du théorème des quantités de mouvement : elle donne la vitesse du jet dans le trop plein, quand on connaît la vitesse de la vapeur qui s'écoule par la tuyère.

V étant la vitesse de la vapeur,

v la vitesse cherchée du jet,

M et m les masses d'eau et de vapeur écoulées en une seconde, cette équation approchée est $mV = (M+m)\,v$; elle exprime que la somme des impulsions élémentaires des forces projetées sur la direction de mouvement est nulle, en supposant que la pression atmosphérique règne dans toute l'étendue de la chambre, et en négligeant la quantité de mouvement de l'eau à son arrivée dans la chambre. Au lieu des masses M et m, il est plus commode de mettre en évidence le nombre des kilogrammes, P, entraînés par chaque kilogramme de vapeur ; on écrit alors :

$$v=V(1/(1+P))$$

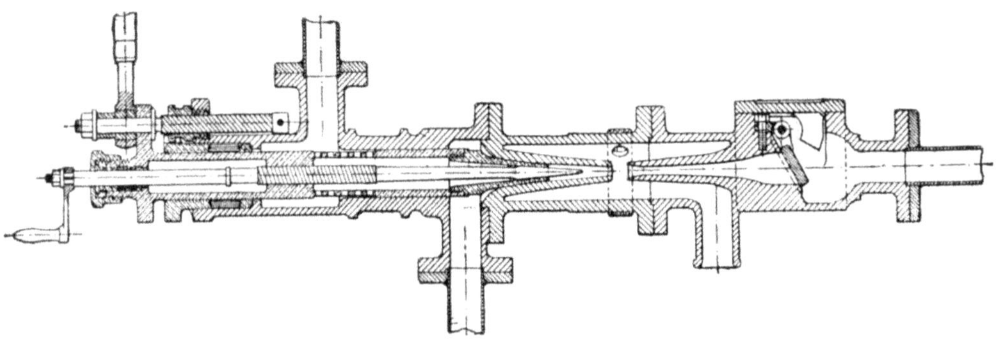

Fig. 969. — Injecteur Giffard

La température de la veine fluide qui prend naissance dans la chambre et qui traverse le trop plein ne doit pas être trop élevée, afin qu'elle existe à l'état liquide sous la pression atmosphérique : les anciennes expériences sur l'appareil de Giffard ont indiqué qu'elle ne devait pas dépasser 80° à 90°, pour que l'appareil fonctionnât bien. Cette condition limite la proportion de vapeur par rapport à celle de l'eau : le nombre de kilogrammes d'eau, entraînés par un kilogramme de vapeur, ne peut s'abaisser au-dessous d'une certaine valeur. Cette limite est d'autant plus basse que l'eau d'alimentation est plus froide ; lorsqu'on veut employer de l'eau tiède ou chaude, le fonctionnement est souvent difficile et devient impossible à une certaine température, qui n'est pas la même pour les divers types d'injecteurs.

Dans les expériences de M. Desgeans relatées plus loin, la température de la veine envoyée à la chaudière a été mesurée ; elle a parfois dépassé beaucoup 100° et presque atteint 120°.

On calcule la température de la veine en additionnant les calories apportées par la vapeur et par l'eau ; pour plus de précision, on peut déduire les calories transformées en force vive, mais il n'en résulte qu'une correction minime.

La vitesse V de la vapeur diminue quand la pression dans la chaudière baisse, ou quand on réduit l'orifice de la prise ; elle diminue aussi quand la vapeur est humide : il est utile de prendre de la vapeur sèche pour alimenter les injecteurs.

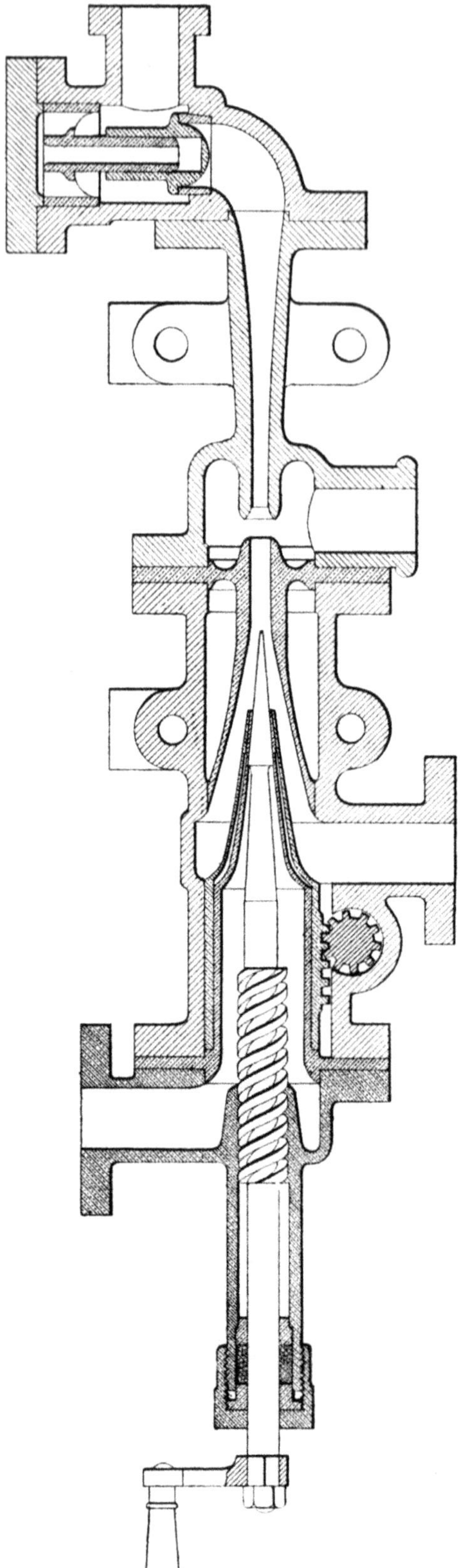

Fig. 970 –Injecteur Turck.

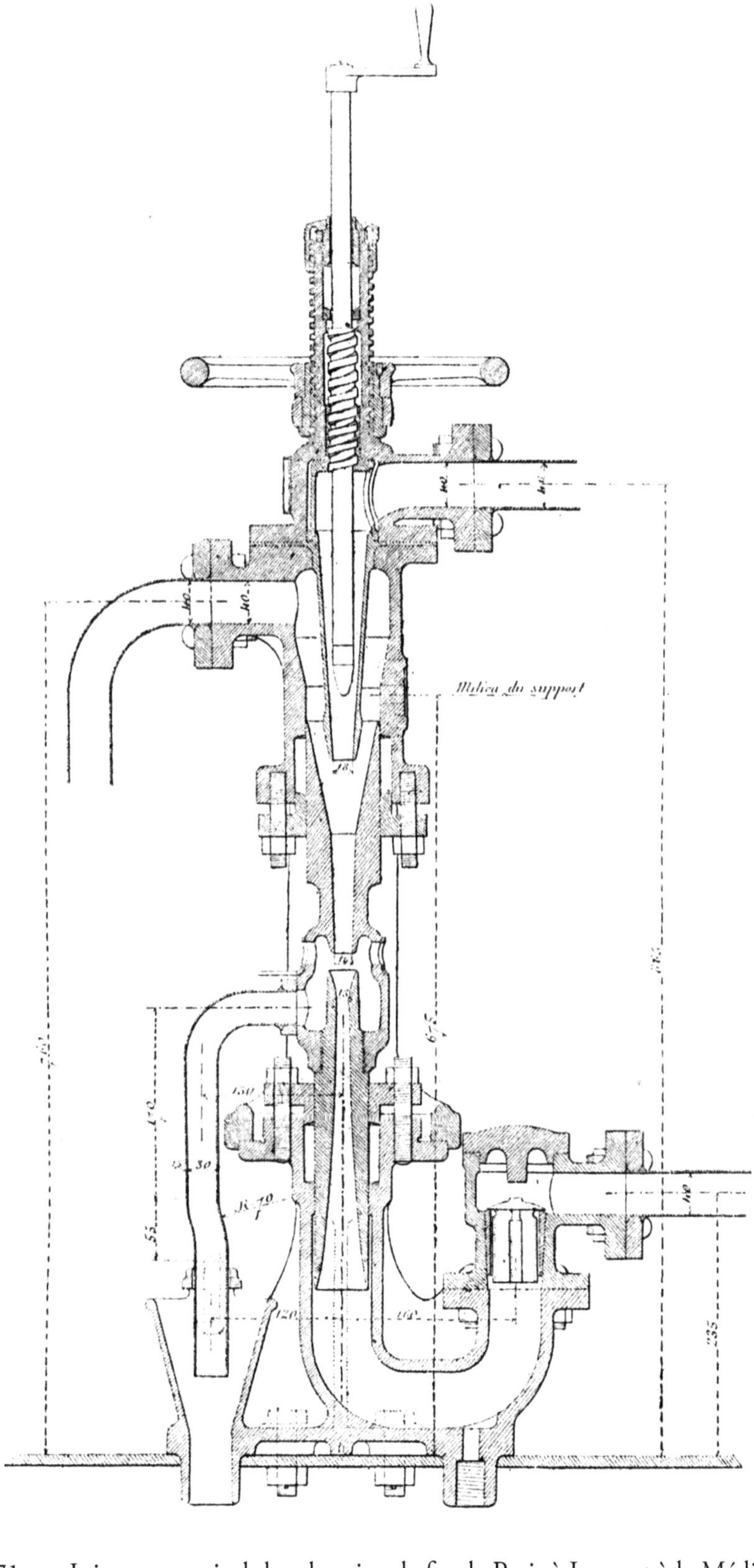

Fig. 971. — Injecteur vertical des chemins de fer de Paris à Lyon et à la Méditerranée.

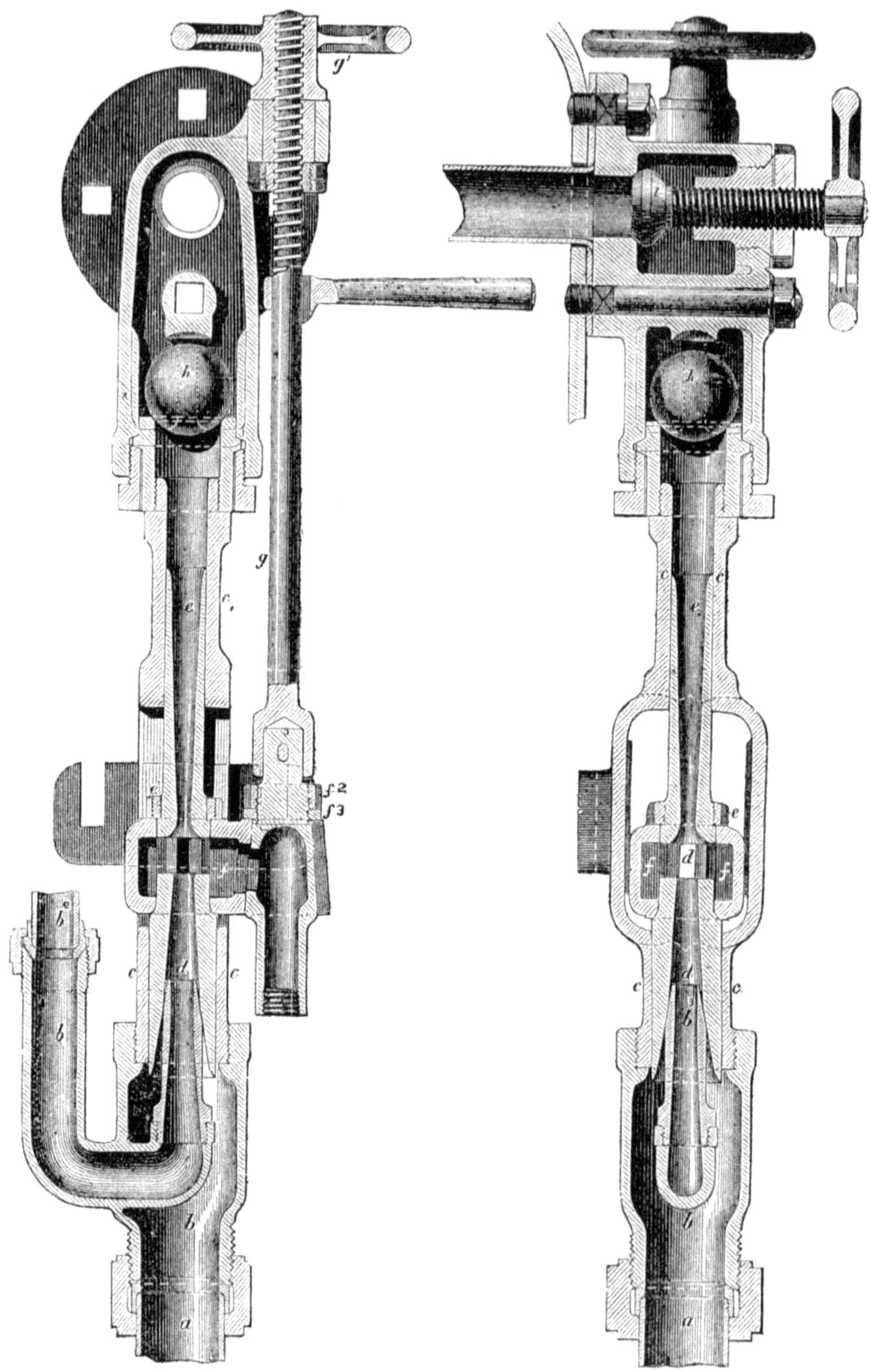

Fig. 972. — Injecteur vertical de Webb, pour locomotives ; le boulet *h* constitue la fermeture automatique du refoulement; la soupape *i* peut se fermer à volonté.

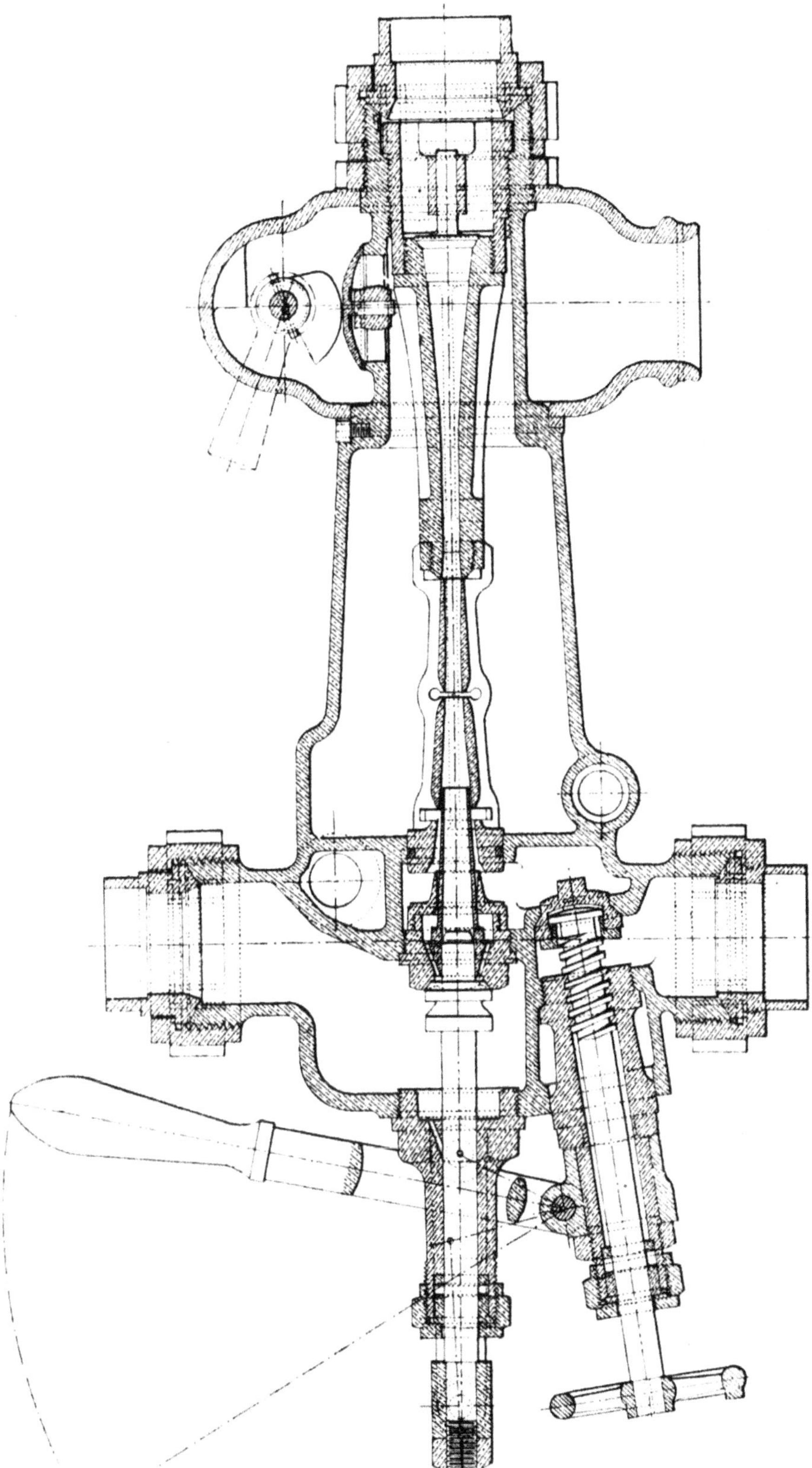

Fig. 973 – Injecteur Sellers pour locomotives.

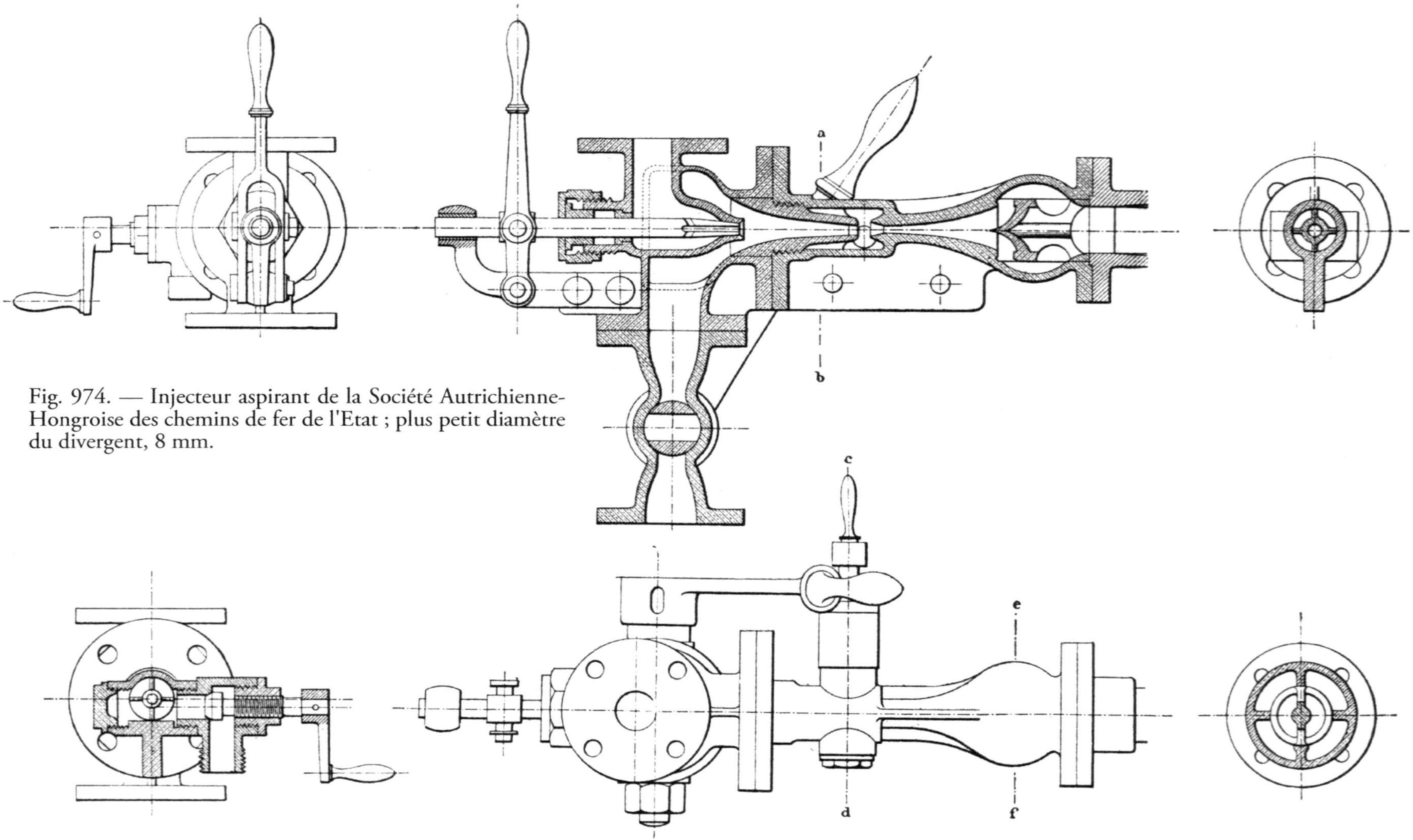

Fig. 974. — Injecteur aspirant de la Société Autrichienne-Hongroise des chemins de fer de l'Etat ; plus petit diamètre du divergent, 8 mm.

Toutefois l'appareil continue à fonctionner quand la pression de la vapeur qu'il reçoit diminue jusqu'à une certaine limite, ce qui permettrait d'alimenter une chaudière avec un injecteur branché sur une autre chaudière tenue à une moindre pression.

Les proportions d'eau et de vapeur peuvent aussi changer. Il résulte de ces circonstances que le débit d'un injecteur n'est pas invariable, mais peut être modifié.

On a considéré jusqu'ici l'appareil en marche ; pour la mise en train ou amorçage, si l'injecteur n'est pas aspirant, on y laisse arriver l'eau qui s'écoule par le trop plein, puis on ouvre progressivement la prise de vapeur : la vitesse du jet augmente ; il s'échappe d'abord par le trop plein, jusqu'à ce qu'il pénètre dans la chaudière ; souvent un excès d'eau continue à couler par le trop plein ; cette perte cesse quand on réduit convenablement l'ouverture de la prise d'eau.

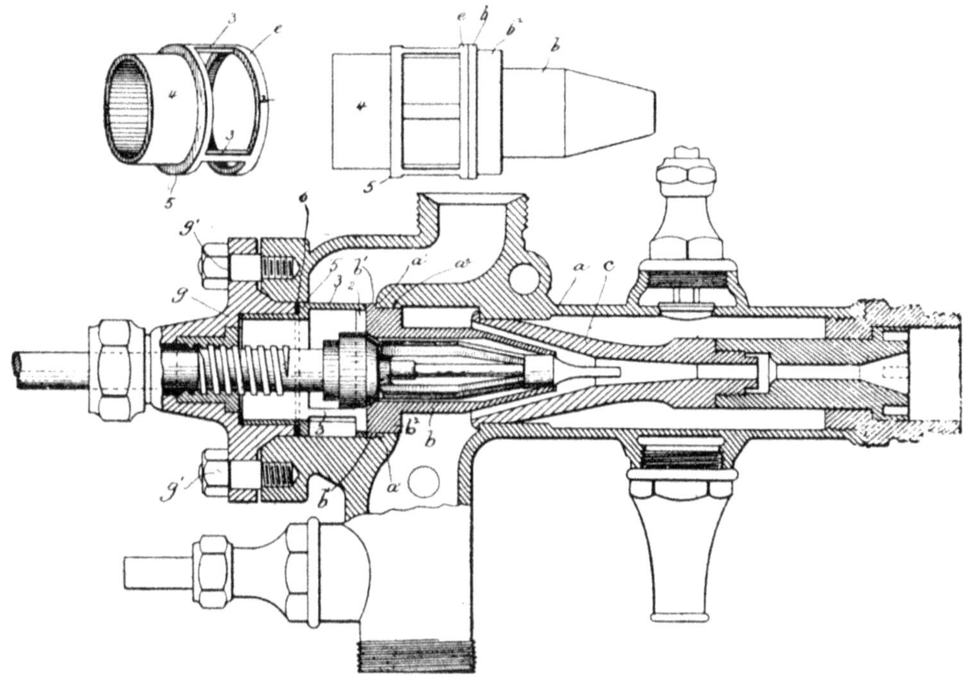

Fig. 975. — Injecteur Mack, d'après G. Richard Ensemble. Détail du cône *b* et de sa lanterne *e*. *b*, cône d'admission de vapeur emmanché dans *a*' par *a2b*', maintenu par la lanterne 4. *e*, évidée en 3, appuyée en 2, sur *b*, et pressée en 5, par le joint 6 de la culasse *g*.

Si l'injecteur est aspirant, il faut d'abord que le jet de vapeur, en s'écoulant par le trop plein, entraîne l'air et diminue assez la pression dans la chambre pour que l'eau y soit appelée : la mise en train continue alors comme pour l'appareil non aspirant. Un petit jet auxiliaire de vapeur sert souvent à cet appel préalable de l'eau.

L'ancien injecteur Giffard (fig. 969) se voit encore souvent en service ; un peu plus compliqué que certains appareils plus modernes, il est encore commode. On y règle l'afflux de vapeur en tirant plus ou moins l'aiguille et l'arrivée de l'eau en déplaçant la tuyère (avec l'aiguille) dans la chambre.

L'amorçage est produit par le jet de vapeur qui s'échappe autour de l'aiguille au début de l'ouverture. Si l'appareil n'est pas très bien exécuté et soigneusement entretenu, la vapeur peut fuir autour de la tuyère dans la chambre ; elle échauffe

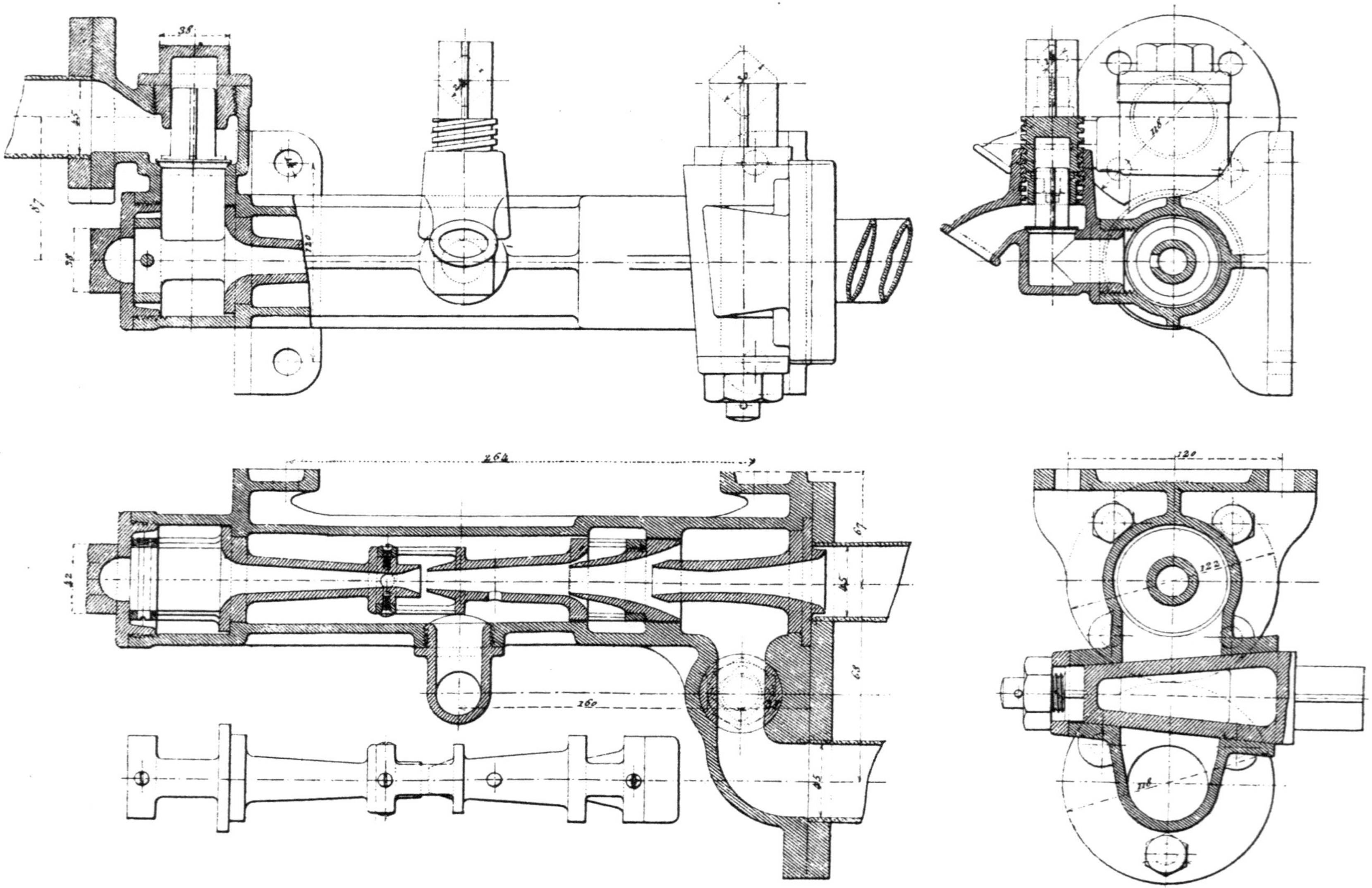

Fig. 976. — Injecteur Friedmann n° 9, pour locomotives ; en dévissant le boulon fileté qu'on voit à gauche de la figure, on peut retirer tout le système intérieur des cônes.

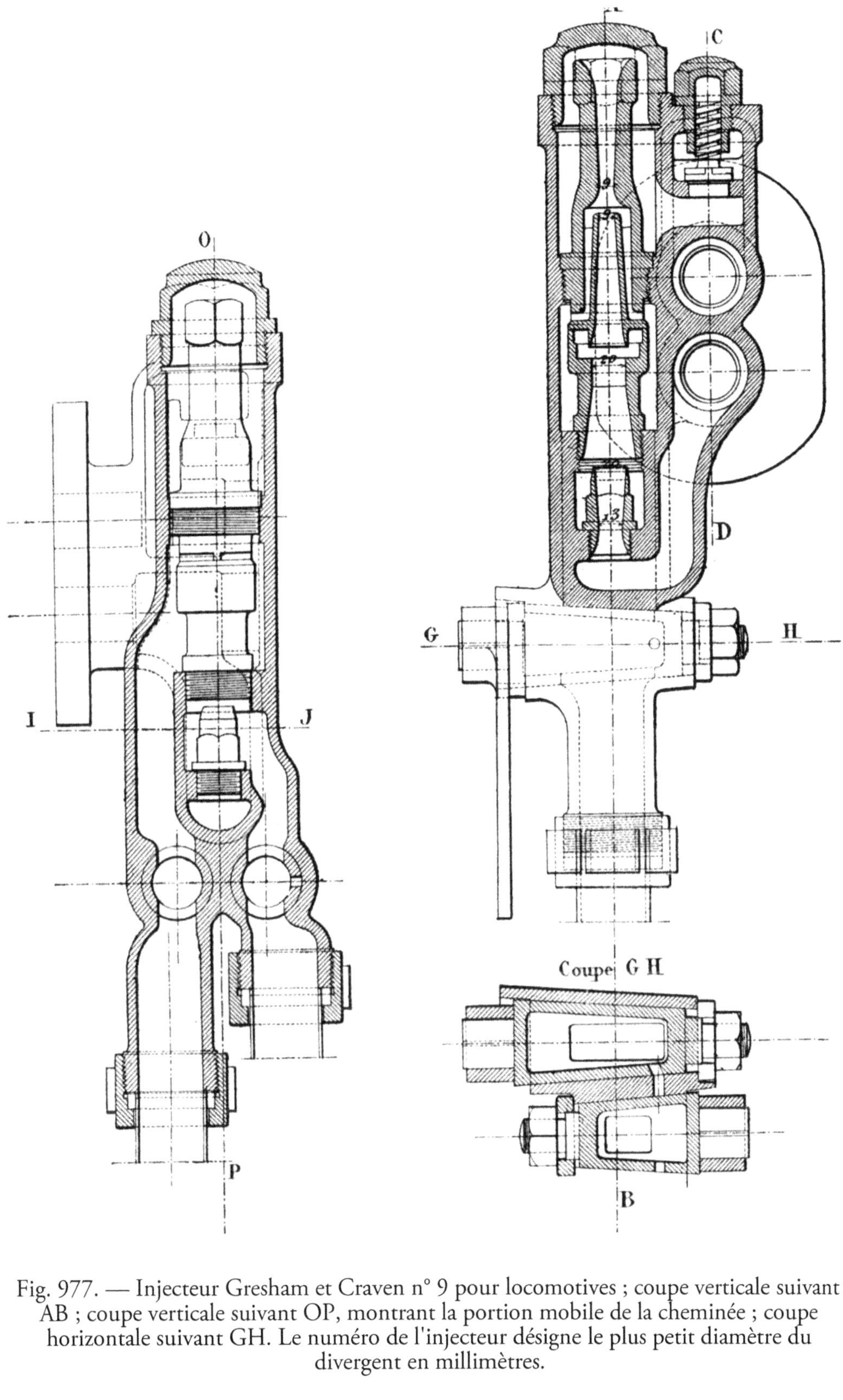

Fig. 977. — Injecteur Gresham et Craven n° 9 pour locomotives ; coupe verticale suivant AB ; coupe verticale suivant OP, montrant la portion mobile de la cheminée ; coupe horizontale suivant GH. Le numéro de l'injecteur désigne le plus petit diamètre du divergent en millimètres.

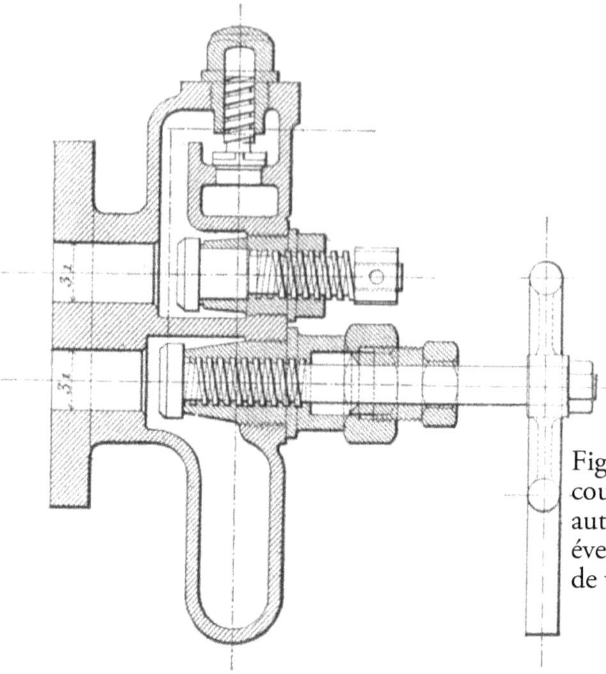

Fig. 978. — Injecteur Gresham et Craven ; coupe verticale suivant CD, montrant le clapet automatique de fermeture, le clapet de fermeture éventuelle du refoulement et le clapet de prise de vapeur.

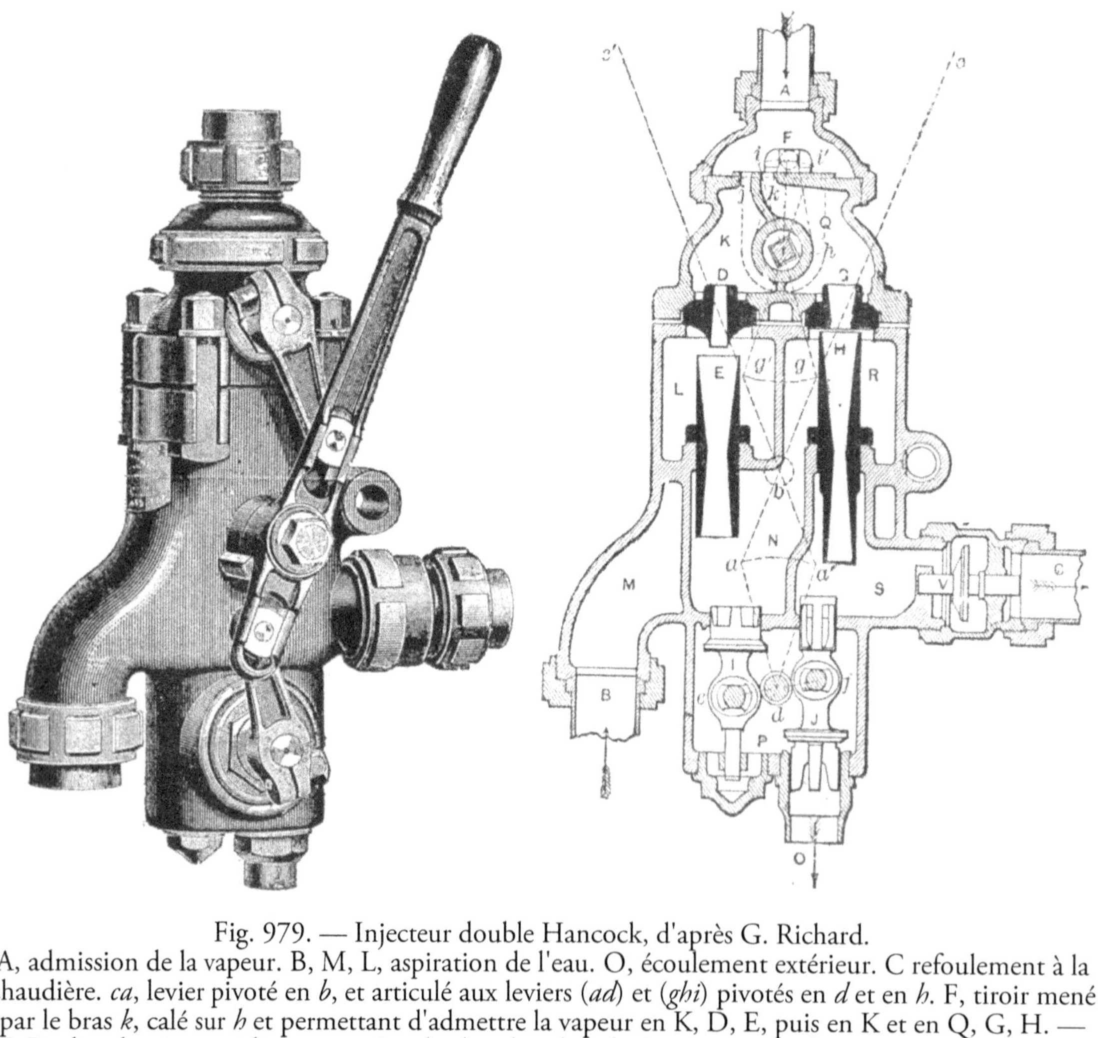

Fig. 979. — Injecteur double Hancock, d'après G. Richard.
A, admission de la vapeur. B, M, L, aspiration de l'eau. O, écoulement extérieur. C refoulement à la chaudière. *ca*, levier pivoté en *b*, et articulé aux leviers (*ad*) et (*ghi*) pivotés en *d* et en *h*. F, tiroir mené par le bras *k*, calé sur *h* et permettant d'admettre la vapeur en K, D, E, puis en K et en Q, G, H. — N, R, chambre intermédiaire entre L et la chambre de refoulement S. I et *d*, soupapes conjuguées par le balancier *edf*. V, clapet de retenue.

l'eau et gène le fonctionnement. Plusieurs modifications de l'appareil primitif ont été faites en vue de remédier à cet inconvénient. C'est ainsi que dans l'injecteur Turck (fig. 970), un cône spécial, commandé par un pignon sur une crémaillère, règle la section de passage de l'eau. La chambre et le divergent de l'injecteur des chemins de fer de Paris à Lyon et à la Méditerranée (fig. 971) coulissent ensemble dans deux garnitures extérieures : on peut ainsi modifier la section de passage de l'eau autour de la tuyère. Une disposition analogue se voit dans l'injecteur Webb (fig. 972), mais l'aiguille y a été supprimée : on règle le débit de vapeur en agissant sur le robinet de prise.

Dans l'injecteur Sellers (fig. 973), de construction un peu délicate mais d'un fonctionnement commode, une soupape, manoeuvrée par un levier, ferme complètement ou règle l'afflux de vapeur. Cette soupape porte un téton cylindrique : quand on commence à l'ouvrir, elle découvre seulement de petits trous dans le siège, qui donnent une nappe de vapeur autour de la tuyère, pour l'aspiration. L'arrivée d'eau est réglée par une soupape à vis ; la chambre est longue, de petit diamètre et percée de plusieurs ouvertures communiquant avec le trop plein. Un clapet se fermant de dehors en dedans empêche l'aspiration de l'air : une came permet de le maintenir fermé, pour éviter l'écoulement de l'eau pendant les arrêts, si elle est en charge, et pour que la tuyauterie de l'injecteur puisse servir à réchauffer l'eau du tender des locomotives.

L'aiguille de l'injecteur autrichien (fig. 974) est creuse, de manière à donner à la mise en train un jet d'amorçage.

L'injecteur Mack (fig. 975) ne comporte aussi qu'une aiguille mobile.

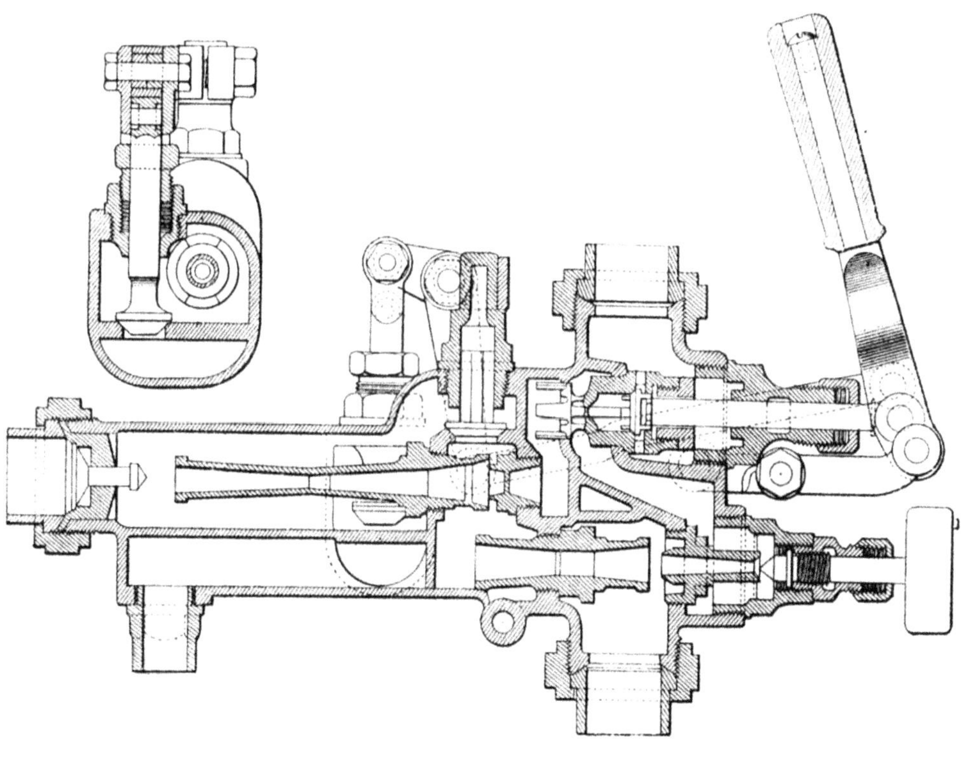

Fig. 980. — Injecteur double Park et Wilkinson, d'après G. Richard.
Coupe transversale par la soupape de trop plein, et coupe longitudinale.

Quand l'aspiration est inutile, l'appareil peut être simplifié, par la suppression de toutes pièces mobiles (sauf les robinets de prise de vapeur et d'eau, qui peuvent être indépendants de l'injecteur, et les clapets de refoulement). Tel est l'injecteur Friedmann (fig. 976) ; la chambre, assez longue, est formée de deux cônes successifs. On remarquera que l'orifice de la tuyère est évasé ; si cette disposition réduit quelque peu la vitesse de la vapeur, sans doute l'augmentation de surface du jet compense l'effet de cette diminution. L'injecteur de la figure 968 est encore plus simple : il est vrai qu'il fonctionne un peu moins bien et qu'il ne prend pas d'eau aussi chaude.

On arrive à produire l'aspiration à l'aide d'appareils presque aussi simples, par exemple celui de Gresham et Craven (fig. 977 et 978), disposé pour se monter sur la face arrière d'une chaudière de locomotive et contenant la prise de vapeur et la chapelle de refoulement. La tuyauterie est fort simplifiée ; deux bouts de tuyaux à l'intérieur de la chaudière servent à la prise de vapeur et à l'envoi de l'eau. La partie de la chambre, voisine du divergent, est un cône qui peut prendre un petit déplacement longitudinal (on le voit bien sur la coupe OP). Ce déplacement permet un réamorçage automatique si une secousse désamorce l'appareil, comme cela se produit quelquefois sur les locomotives.

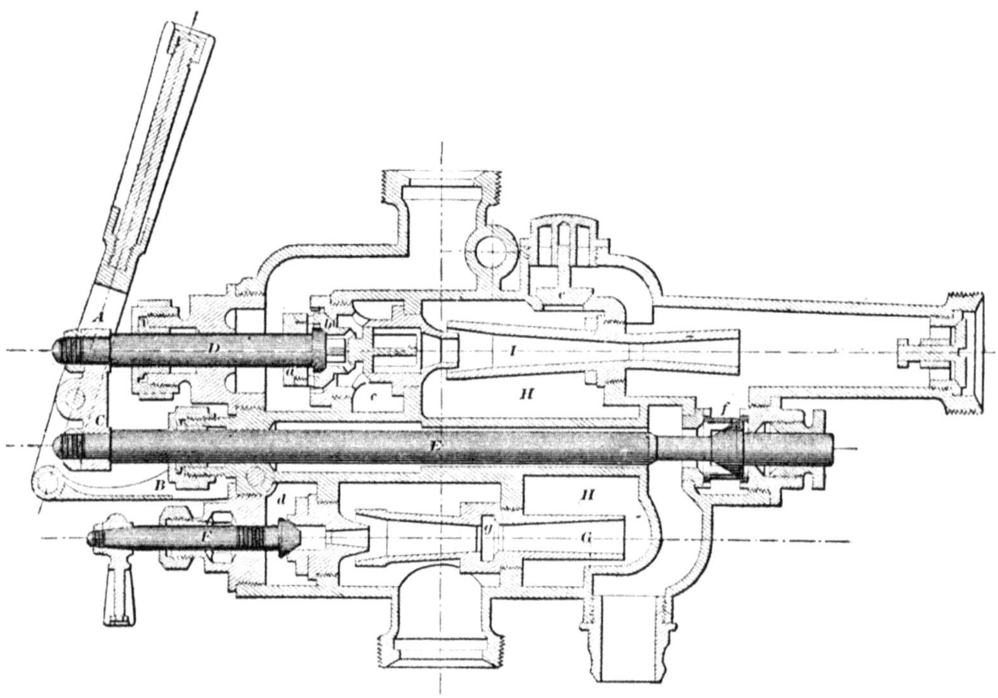

Fig. 981. — Injecteur double Derby, d'après G. Richard.
A, levier manœuvrant simultanément, par C, la soupape d'admission de vapeur *b*, à tige D, et la soupape de décharge *f*, à tige E. *e*, soupape automatique d'amorçage. *cd*, chambre d'admission de la vapeur en G. H, chambre de refoulement. I, tube de refoulement. G, tube d'aspiration, avec trous régulateurs en *g*.

Certains injecteurs se composent de deux jeux successifs de cônes ; tels sont, par exemple, les injecteurs américains Hancock (fig. 979), Park et Witkinson (fig. 980), Derby (fig. 981), Laux (fig. 982), l'injecteur Körting (fig. 983).

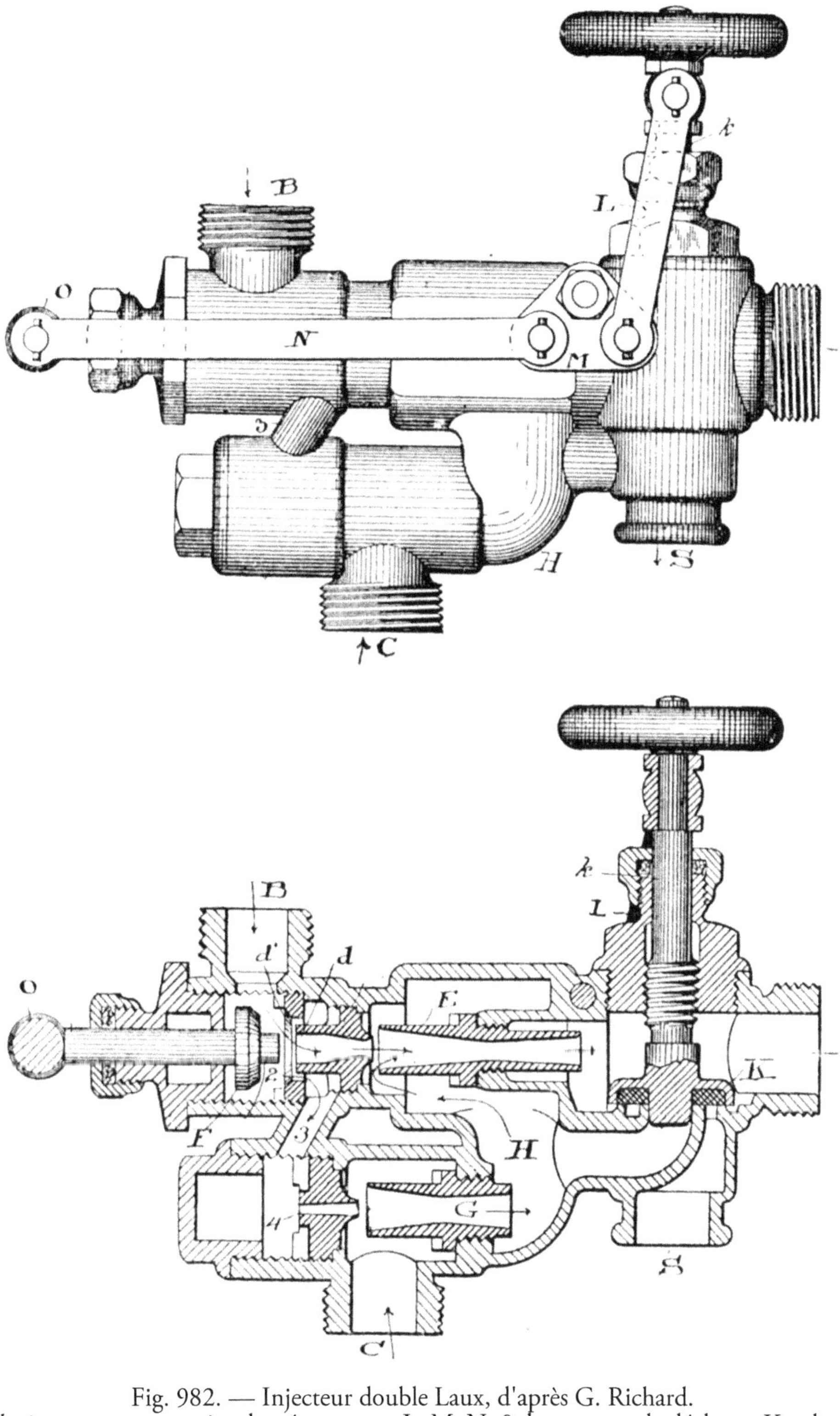

Fig. 982. — Injecteur double Laux, d'après G. Richard.
k, tige manœuvrant simultanément, par L, M, N, 0, la soupape de décharge K et la soupape, F, 2, d'admission de vapeur en E, suivant R, *d', d*. 3, 4, G. — H, amorçage et aspiration par C. S, trop plein.

Ces appareils diffèrent notablement de l'injecteur Giffard, et se rapprochent davantage de l'éjecteur employé à l'élévation de l'eau. L'éjecteur (fig. 609) le plus simple comporte une tuyère à vapeur débouchant à l'entrée d'un tube convergent puis divergent ; l'eau accède autour de la tuyère ; mais il n'y a pas de trop plein qui empêche la pression de la veine de dépasser la pression atmosphérique, au point de sa plus petite section. Les variations de vitesse et de pression de la veine résultent de la section et des proportions d'eau et de vapeur qui la forment aux divers points du trajet.

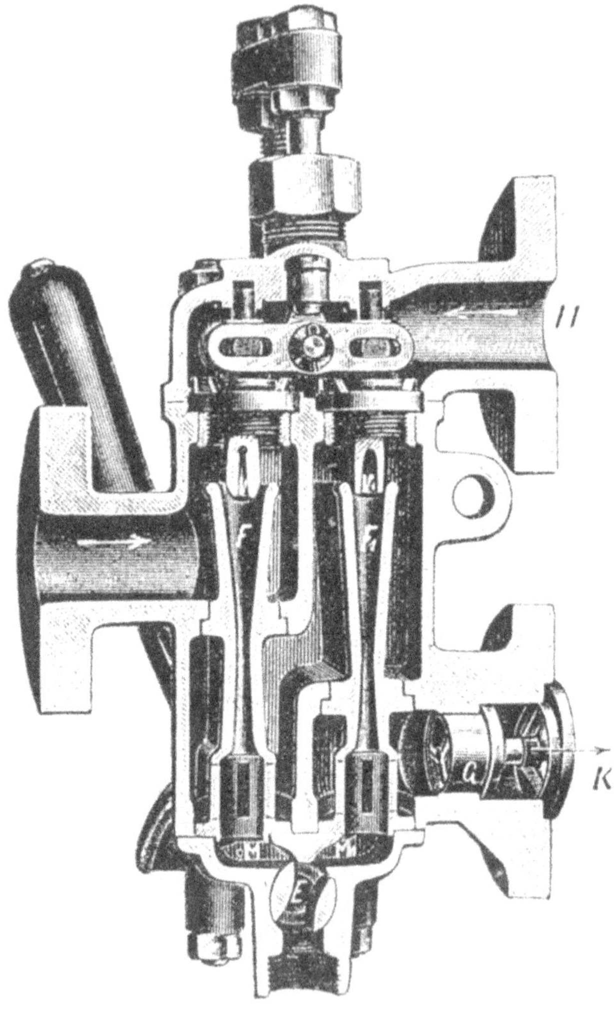

Fig. 983. — Injecteur double Körting.

On augmente le débit de l'appareil en le composant de plusieurs cônes emboîtés.

L'éjecteur donne un grand débit, mais la pression de la veine n'est pas très forte. La combinaison de deux éjecteurs successifs, alimentés chacun par un jet de vapeur, augmente cette pression de manière à former un injecteur (fig. 979 à 983). Pour la mise en marche, des soupapes laissent écouler au dehors la veine liquide. On referme ces soupapes quand la vitesse de la veine est suffisante pour qu'elle pénètre dans la chaudière.

Pour mettre en train l'injecteur Hancock (fig. 979), fort usité aux États-Unis, le levier ouvre successivement les orifices *j* et *k* d'admission de vapeur et referme les soupapes I et J. Le fonctionnement de l'injecteur Park et Witkinson (fig. 980) est analogue ; il présente en outre un jet supplémentaire de vapeur pour l'amorçage. La soupape d'amorçage se retrouve dans l'injecteur Derby (fig. 981).

L'injecteur de Laux (fig. 982) paraît très simple : avant la mise en marche, la soupape de décharge K est ouverte : la manoeuvre du volant qui la referme commence par ouvrir la prise de vapeur.

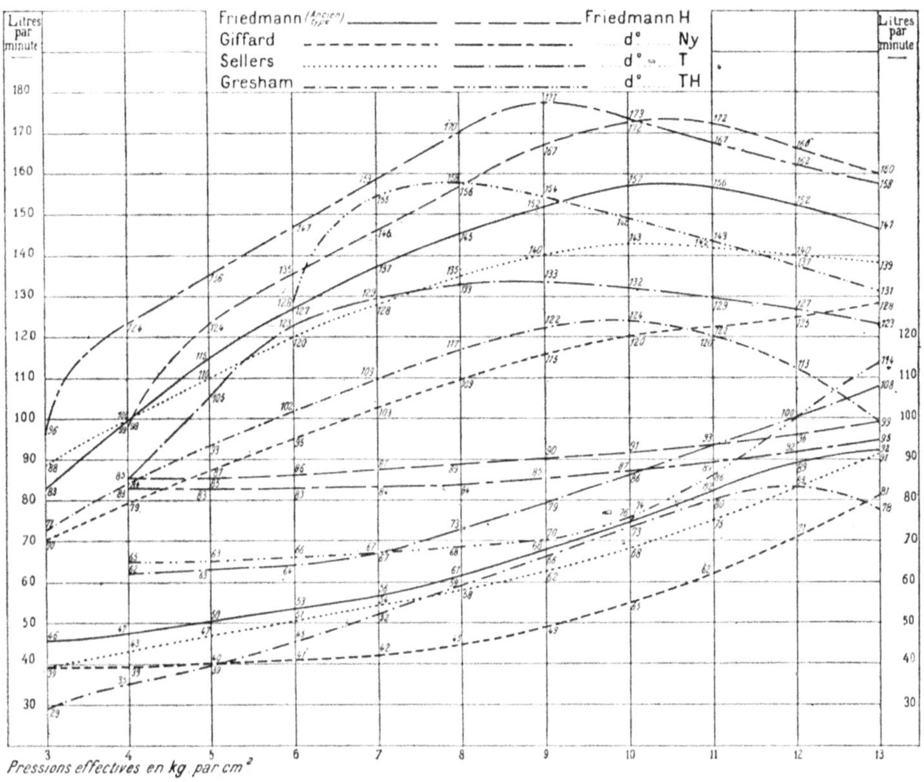

Fig. 984. — Débits en litres par minute de divers injecteurs, avec des pressions variables.

L'injecteur ne perd, par refroidissement extérieur, qu'une très petite quantité de chaleur, quand le trop plein ne laisse dégager ni eau ni vapeur : presque toute la chaleur de la vapeur qu'il reçoit échauffe l'eau d'alimentation et la refoule. Il ne faut pas en conclure que l'injecteur est une machine d'alimentation. De même une machine élévatoire quelconque qui refoulerait son eau de condensation ne perdrait pas de chaleur.

Pour l'alimentation des chaudières ordinaires, non munies de réchauffeurs, ce chauffage préalable de la vapeur au moyen de la vapeur n'a pas d'inconvénient, puisqu'il faut toujours fournir à l'eau les calories nécessaires, soit après, soit avant l'entrée dans la chaudière ; il y a même avantage, pour la conservation et la bonne marche des appareils, à ce que l'eau y pénètre chaude. Mais avec un réchauffeur qui épuise toute la chaleur des gaz de la combustion, et échauffe l'eau au moyen d'un sous-produit des foyers, autrement perdu, l'injecteur cesse d'être économique.

On peut faire varier le débit de chaque injecteur entre deux limites, qui ne restent pas les mêmes pour un même appareil, quand la pression dans la chaudière desservie et quand la température de l'eau d'alimentation changent. Avec la plupart des injecteurs, le débit le plus fort est obtenu sous une pression déterminée ; des pressions moindres ou plus fortes réduisent le débit. Cependant le débit de l'injecteur Giffard paraît augmenter constamment avec la pression, au moins jusqu'à des valeurs très élevées de la pression. Il y a d'ailleurs d'assez grandes différences dans le débit maximum d'injecteurs divers ayant même diamètre à l'entrée du divergent.

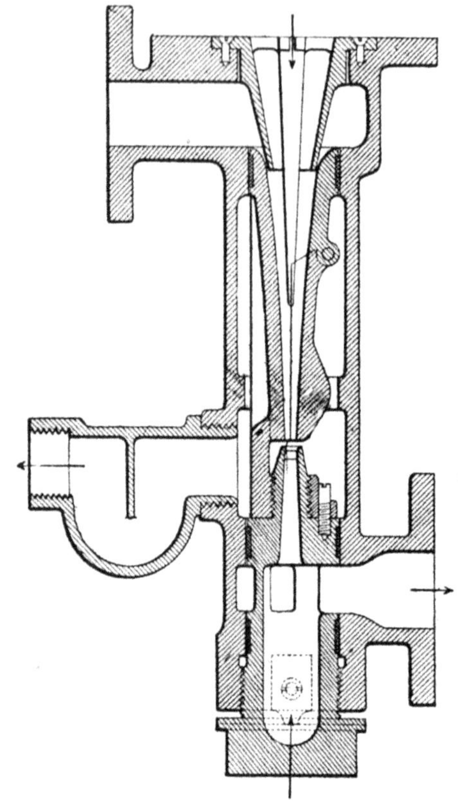

Fig. 985. — Injecteur à vapeur d'échappement Hamer, Metcalfe et Davies ; arrivée de vapeur verticalement à la partie supérieure ; arrivée d'eau à la partie supérieure, latéralement trop plein, latéralément , à gauche ; refoulement, à la partie inférieure, à droite. (La flèche placée à la base de la figure est sans objet.)

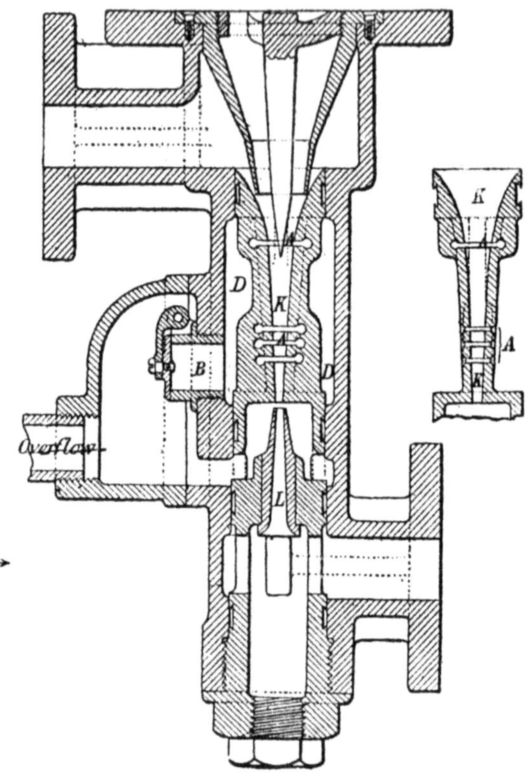

Fig. 986. — Injecteur à vapeur d'échappement de Holden et Brooke. Les ouvertures A de la chambre communiquent avec le trop-plein par l'orifice B muni d'un clapet, qui s'ouvre pendant l'amorçage.

Pour une même pression, le débit maximum diminue et le débit minimum augmente quand la température de l'eau d'alimentation s'élève, jusqu'à la limite où l'injecteur cesse de s'amorcer. En général, cette limite de la température admissible pour l'eau d'alimentation s'abaisse à mesure que la pression est plus élevée. Elle dépend beaucoup du type de l'appareil, certains injecteurs prenant l'eau à 50° et plus, tandis que d'autres refusent de fonctionner avec de l'eau à 25 ou 30°. La perte à l'amorçage, qui dépend d'ailleurs de l'adresse à manoeuvrer l'appareil, augmente en général avec la pression ; quelques appareils ne perdent presque pas d'eau. Giffard donne pour le débit maximum (E, en litres, par heure) de son injecteur, la formule :

$$E = 28\ d^2\sqrt{n}$$

d étant le diamètre minimum du divergent en millimètres, et *n* la pression de la vapeur en atmosphères. MM. Deloye et Villiers ont publié des tableaux d'expériences dans des conditions diverses.

La figure 984 représente le résultat d'expériences de débit d'injecteurs exécutées par M. Desgeans dans les ateliers de la Compagnie des chemins de fer de l'Est, avec diverses pressions. Parmi les injecteurs essayés, les quatre premiers sont représentés par les figures 976, 969, 973 et 977 ; les quatre derniers (Friedmann H, N, Ty et TH) ont des dispositions de cône qui ressemblent à celles de la fig. 973. Pour l'injecteur Giffard, le débit maximum se rapproche de celui qu'on calcule d'après la formule de Giffard. L'eau d'alimentation était à la température de 10° environ.

La pression de la vapeur, qui met en action un injecteur, peut être inférieure à la pression dans le générateur alimenté. Il suffit qu'elle produise avec l'eau d'alimentation une veine fluide animée d'une vitesse convenable. Si deux chaudières voisines fonctionnaient à des pressions différentes, la vapeur pourrait être prise, pour l'alimentation, sous la pression la plus faible.

Cette circonstance se présente rarement ; mais le principe est appliqué d'une manière remarquable dans l'injecteur à vapeur d'échappement. La vapeur, qui s'échappe d'une machine sans condensation, s'écoule avec une vitesse suffisante pour donner avec l'eau une gerbe qui peut pénétrer dans une chaudière dont la pression n'est pas trop élevée.

Une portion de la vapeur, rejetée par la machine, produit ainsi le travail de refoulement de l'eau dans la chaudière, et l'échauffe.

Les figures 985 et 986 représentent deux de ces appareils, qui se composent des trois parties essentielles de tous les injecteurs, la tuyère, la chambre et le divergent. La section de la tuyère est relativement large pour donner un débit suffisant de vapeur, dont la vitesse n'est pas aussi grande que dans les injecteurs ordinaires. Certaines dispositions spéciales ont été adoptées pour assurer l'amorçage. C'est ainsi que la chambre de l'injecteur Hamer, Metcalfe et Davies (fig. 985), présente une paroi articulée sur une charnière, de manière à permettre un grand afflux d'eau à la mise en marche...

Les injecteurs à vapeur d'échappement peuvent alimenter les chaudières à pression modérée, de 5 à 6 kg par cm². Pour les pressions plus élevées, on les complète par l'addition d'unc tuyère supplémentaire recevant la vapeur de la chaudière. Ces appareils fort ingénieux se sont peu répandus, sans doute parce que l'emploi de l'injecteur à vapeur d'échappement seule est assez limité, et parce qu'on craint l'envoi dans les chaudières des matières grasses entraînées hors des cylindres.

120. Épuration des eaux, désincrustants.

L'eau qui alimente les chaudières est rarement pure ; les diverses substances qu'elle renferme ont presque toutes une action nuisible : les unes corrodent les tôles, d'autres les couvrent de dépôts solides, quelques-unes forment des émulsions visqueuses. L'air dissous dans l'eau peut attaquer lentement le fer ; toutefois cette attaque ne paraît se produire, d'une manière appréciable en pratique, que si l'eau contient aussi de l'acide carbonique. On doit éviter l'envoi de l'air avec l'eau d'alimentation dans les chaudières ; pour la conservation des tôles, il est bon de chasser les gaz dissous dans l'eau, au moyen d'un chauffage préalable. L'alimentation dans la vapeur, qui peut produire un dégagement immédiat des gaz dissous, est avantageuse à ce point de vue. Certains injecteurs entraînent de l'air, aspiré par l'ouverture de trop-plein. Pour éviter cette aspiration, cette ouverture est souvent fermée par un clapet qui ne s'ouvre que du dedans vers le dehors. D'autres injecteurs, une fois amorcés, n'ont plus aucune communication avec l'extérieur.

On a quelquefois supposé que l'eau privée d'air pouvait se surchauffer dans les chaudières, puis donner lieu subitement à une vaporisation abondante, ainsi qu'on le constate dans certaines expériences de laboratoire. Mais aucun fait n'est venu justifier cette supposition.

Les eaux extraites de certaines mines et celles de quelques sources naturelles contiennent de l'acide chlorhydrique ou sulfurique ; si on doit les employer à l'alimentation des chaudières, il convient d'en neutraliser l'acide au préalable par l'addition d'une base telle que la chaux ou la soude.

Les matières grasses d'origine animale ou végétale se décomposent à la chaleur des chaudières, et forment de l'acide oléique et d'autres acides, qui attaquent les tôles. Ces matières, ayant servi au graissage des cylindres, se retrouvent dans les condenseurs. L'emploi de l'huile minérale n'a pas le même inconvénient. Dans tous les cas, d'ailleurs, il convient de séparer autant que possible de l'eau d'alimentation les matières grasses, qui sont nuisibles même quand elles n'ont pas d'action corrosive.

Dans les chaudières alimentées avec l'eau provenant des condenseurs à surface, on réduit beaucoup la proportion de graisse entraînée en filtrant l'eau. On emploie souvent à cet effet, à bord des navires, des filtres composés d'éponges. L'eau, versée à la partie supérieure du filtre, coule facilement à travers les éponges, dont les cellules retiennent les matières grasses.

On ajoute quelquefois à l'eau de la soude ou de la chaux, après la traversée du filtre, dans la bâche où puise la pompe alimentaire. On introduit même quelquefois la chaux directement dans les chaudières. Elle doit être en quantité suffisante pour que l'eau des chaudières, essayée au papier de tournesol, ait toujours une réaction basique.

À la température de l'eau des chaudières, le chlorure de magnésium, qui existe dans les eaux de la mer et de certaines sources, se décompose en magnésie et en acide chlorhydrique, qui attaque le fer.

Les dépôts solides dans les chaudières sont formés par les matières que les eaux bourbeuses tiennent en suspension et plus souvent par les sels de chaux dissous. Le bicarbonate de chaux, soluble dans l'eau froide, abandonne la moitié de l'acide carbonique qu'il contient dès que l'eau est chauffée, et donne un précipité de carbonate insoluble. L'eau froide peut dissoudre une certaine quantité de sulfate de chaux, qu'elle abandonne quand elle est chauffée. Ce dépôt de sulfate de chaux ne se redissout guère dans l'eau froide.

D'après Cousté, 1.000 g d'eau de mer peuvent dissoudre 5 g de sulfate de chaux à la température de 103°, 3,5 g à 111°, 1,4 g à 124°, 0,6 g à 130°. Enfin ce sel est totalement insoluble dans l'eau douce comme dans l'eau de mer, à une température comprise entre 140° et 150°.

Voici quelques exemples de la composition d'eaux de sources et de rivières, rapportée à un litre ; ces exemples sont extraits d'un tableau donné par M. Delhotel :

	Eau de l'Isère à la fonte des neiges.	Source de la Mouillère près Besançon.	Rhin à Strasbourg.	Rhône à Genève.	Seine en amont de Paris.	Lys à Tourcoing.
Résidu fixe par litre, en grammes	0,019	0,3085	0,2317	0,182	0,2544	0,4499
Oxygène, en centimètres cubes	»	»	7,4	8,0	3,9	»
Azote d° d°	»	»	15,9	18,4	12,0	»
Acide carbonique libre, en cm³	»	»	7,6	8,4	16,2	»
Chaux, en grammes	0,0073	0,1046	0,0586	0,0453	0,0739	0,1132
Magnésie d°	»	0,0008	0,0014	0,0027	0,0048	0,0154
Soude d°	»	0,0032	0,0051	0,0031	0,0074	0,0201 (soude et potasse)
Potasse d°	»	0,0011	»	»	0,0022	
Alumine et oxyde de fer, en grammes	»	0,0043	0,0083	0,0039	0,00198	»
Acide carbonique, en grammes	0,0072	0,0029	0,0849	0,0508	0,1018	0,1243
Acide sulfurique d°	»	0,0034	0,0195	0,0429	0,0219	0,0068
Chlore d°	0,005	0,0048	0,0012	0,001	0,0074	0,0341
Silice d°	traces	0,002	0,0488	0,0238	0,0244	0,0103
Azote d°	»	»	0,0038	0,0085	»	»
Matières organiques d°	»	»	»	»	»	0,0653

Souvent on essaye rapidement les eaux au moyen d'une dissolution titrée de savon dans l'alcool, qui ne produit de mousse que lorsque les sels dissous ont été neutralisés par le savon. On mesure ainsi le *degré hydrotimétrique* de l'eau. Avec une dissolution de chlorure de calcium, chaque degré correspond à 0,0114 g de sel dissous dans un litre. Les poids d'autres sels dissous sont proportionnels. Ainsi, d'après Boutron et Boudet, pour chaque degré hydrotimétrique, un litre d'eau peut contenir :

Soit 0,0057 g de chaux ;
Soit 0,0111 de chlorure de calcium ;
Soit 0,0103 de carbonate de chaux ;
Soit 0,0140 de sulfate de chaux ;
Soit 0,0090 de chlorure de magnésium ;
Soit 0,0120 de chlorure de sodium.

Les eaux très pures, que donnent certaines sources des terrains granitiques, ont un titre hydrotimétrique inférieur à 10° et même à 5°. Dans beaucoup de sources et de rivières, on trouve des titres de 10° à 20°; dans les eaux très chargées, le titre est compris entre 20° et 30° et dépasse même 30°.

La nature physique des dépôts a une grande importance : bourbeux ou pulvérulents, ils sont facilement extraits des chaudières ; mais souvent ils forment des croûtes dures et cristallines, qui adhèrent aux tôles. Il est nécessaire de débarrasser de temps en temps les chaudières de ces dépôts en les lavant avec des jets d'eau et en raclant les parties entartrées.

Les matières grasses, qui sont amenées dans les chaudières par l'eau de condensation, forment à la surface du liquide des écumes qui s'émulsionnent avec la vapeur : cette émulsion donne lieu à des entraînements d'eau. Le même effet peut se produire avec certaines matières visqueuses, qui sont quelquefois refoulées accidentellement dans les chaudières des sucreries, des féculeries, et avec les dissolutions de sel marin, qui se concentrent par l'évaporation.

Les matières grasses peuvent aussi former sur les tôles des enduits qui ralentissent la transmission de la chaleur : la température du métal risque alors de s'élever beaucoup trop.

Le moyen le plus sûr d'éviter ou du moins de beaucoup réduire les dépôts dans les chaudières consiste à purifier au préalable l'eau d'alimentation par décantation ou filtrage, si elle tient des matières solides en suspension, et par précipitation des sels dissous.

Parmi les nombreux procédés d'épuration chimique des eaux, les plus simples et les plus employés pour l'eau des chaudières consistent en additions de chaux et de soude : la chaux précipite le bicarbonate de chaux, en le transformant en carbonate simple ; avec le sulfate de chaux, le carbonate de soude donne du carbonate de chaux insoluble et du sulfate de soude, qui reste dissous.

La chaux ajoutée est dissoute dans l'eau, dont la quantité doit être assez grande, ou bien elle est en suspension, formant un lait de chaux.

Le précipité de chaux doit être séparé par décantation ou par filtration. La formation du précipité est souvent assez longue : certaines eaux, chargées de matières organiques, demeurent troubles très longtemps.

Plusieurs appareils ont été construits pour l'épuration continue des eaux des générateurs : les réactifs (chaux et carbonate de soude) sont ajoutés à l'eau en proportions convenables ; des chicanes sont disposées pour recueillir les dépôts (fig. 987 à 990).

Ces méthodes laissent du sulfate de soude dissous dans l'eau. En ajoutant, après la chaux, de l'aluminate de baryte, sel soluble, M. Asselin précipite entièrement les éléments du sulfate de chaux à l'état de sulfate de baryte et d'aluminate de chaux. De plus, d'après M. Asselin, ce dernier sel englobe les autres précipités et en facilite le dépôt.

Le chauffage préalable de l'eau par la vapeur d'échappement des machines dépourvues de condenseur, joint à l'action des réactifs, permet une séparation facile des sels dissous. L'appareil Delhotel (fig. 991) est disposé pour ce chauffage.

Lorsque l'eau n'est pas épurée au préalable, on cherche souvent à éviter les dépôts en croûtes dures à l'aide de désincrustants. Ces désincrustants ont des compositions diverses ; souvent ils contiennent des substances inertes, ou même nuisibles ; leur action est d'ailleurs très variable selon la nature des eaux.

Des matières organiques, telles que les pommes de terre, l'amidon, la fécule, le tannin et divers bois de teinture, rendent les dépôts pulvérulents et, par suite, d'une extraction facile. Ces matières ont parfois le défaut de faire mousser l'eau et de donner lieu à des entraînements avec la vapeur. Pour qu'ils soient efficaces, la dose à employer doit fréquemment être assez considérable, et il en résulte une dépense d'une certaine importance.

Dans les chaudières déjà entartrées, les désincrustants font parfois détacher les croûtes formées par les dépôts : avec certaines formes de chaudières, il est alors à craindre que l'accumulation de ces croûtes sur les tôles chauffées n'en cause l'altération. Le carbonate de soude, qui décompose le sulfate de chaux, est la base de nombreux désincrustants.

Le zinc (fig. 992 et 993) est employé surtout pour éviter l'attaque du fer : c'est la plaque de zinc, plus attaquable que le fer, qui se combine à l'oxygène. On a parfois

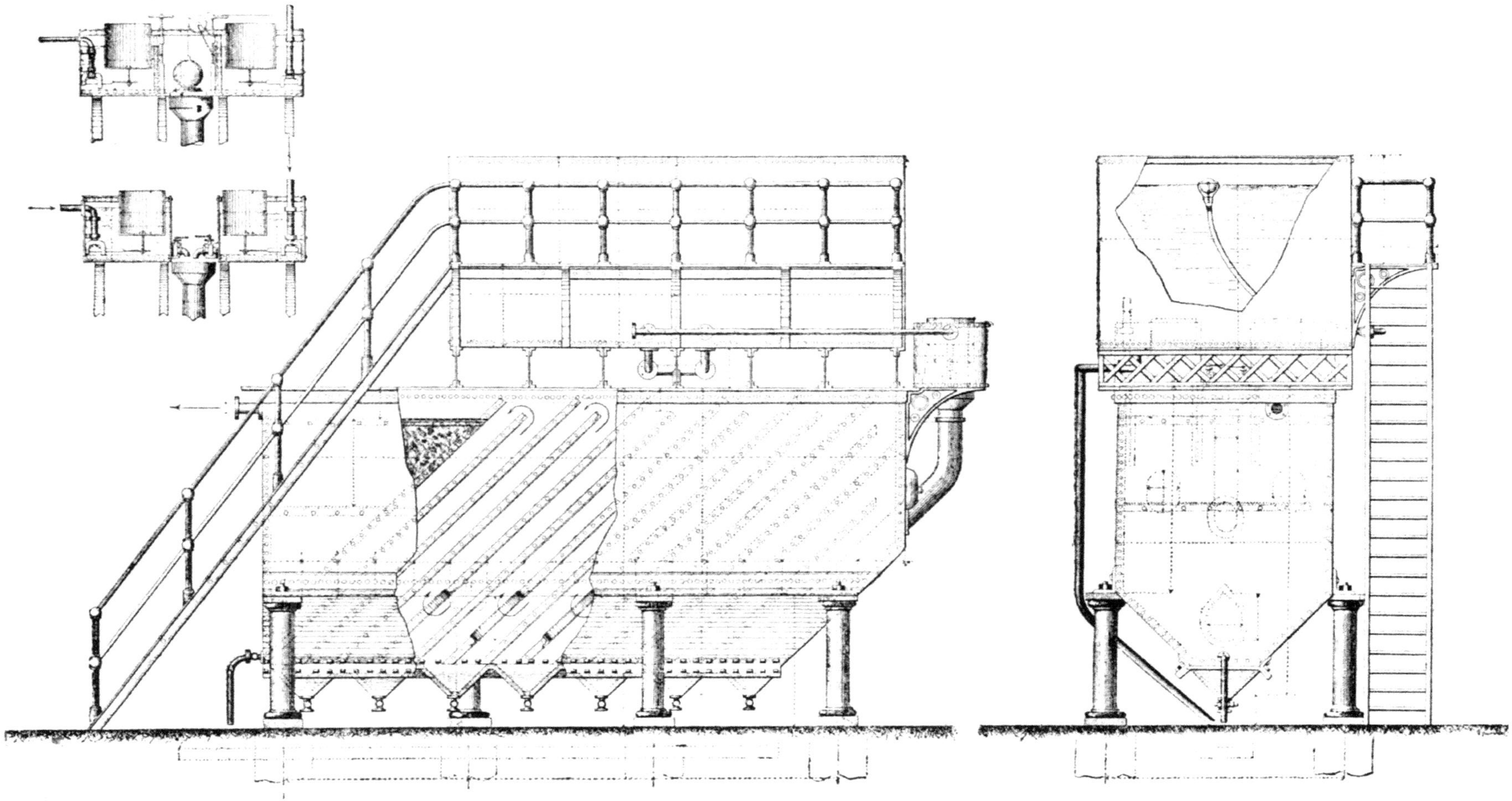

Fig. 987. — Épurateur horizontal Gaillet et Huet, d'après M. Delhotel. L'eau de chaux est préparée à la partie supérieure de l'appareil ; elle coule dans un bac où un flotteur maintient un niveau constant ; l'eau à purifier est reçue dans un autre bac à flotteur. Le mélange des deux liquides circule entre des chicanes destinées à précipiter les sels déposés, puis traverse un filtre formé de copeaux.

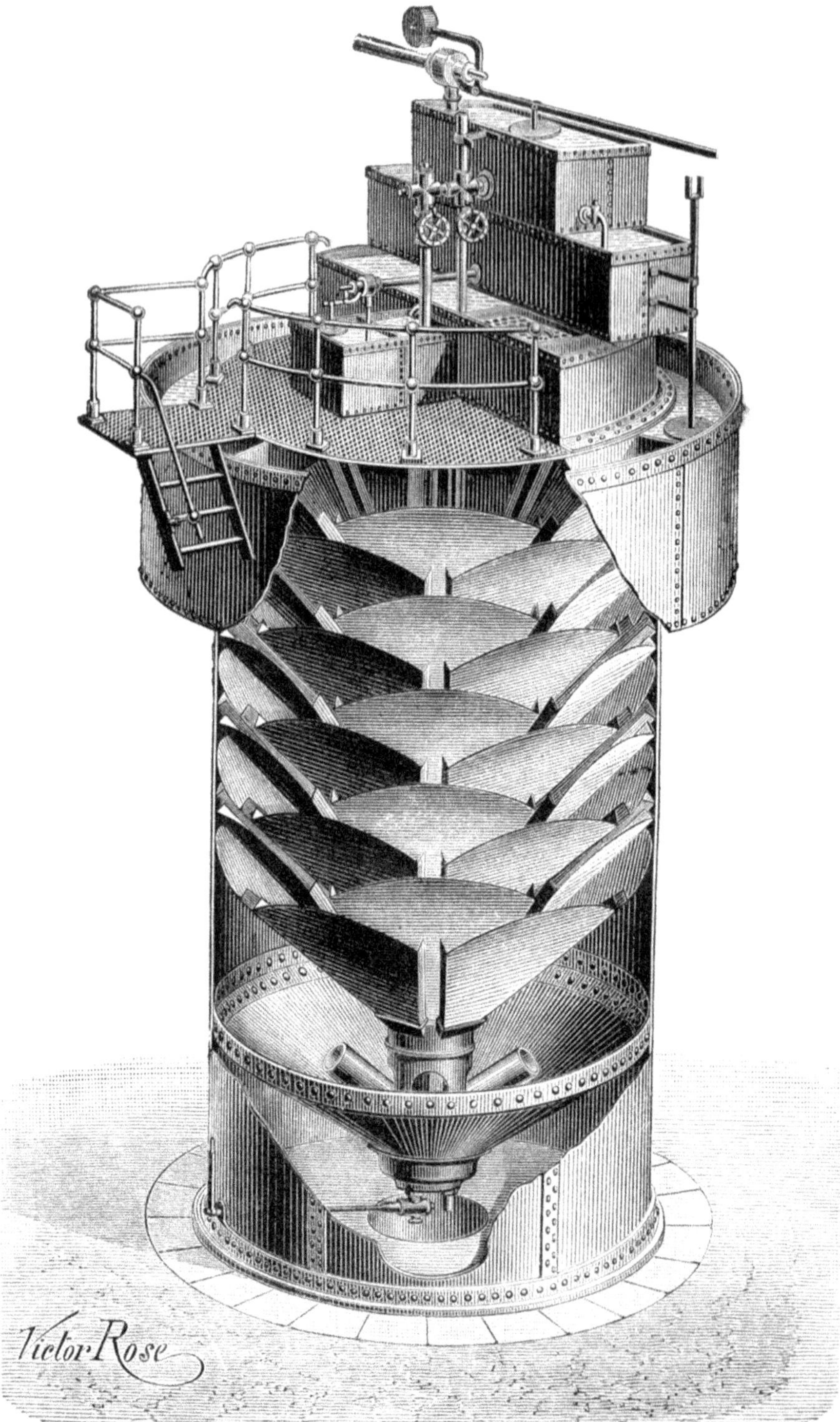

Fig. 988. — Épurateur cylindrique Gaillet et Huet, d'après M. Delhotel. L'eau à purifier, additionnée d'eau de chaux, circule sur des cloisons qui reçoivent les dépôts, rassemblés dans une colonne centrale.

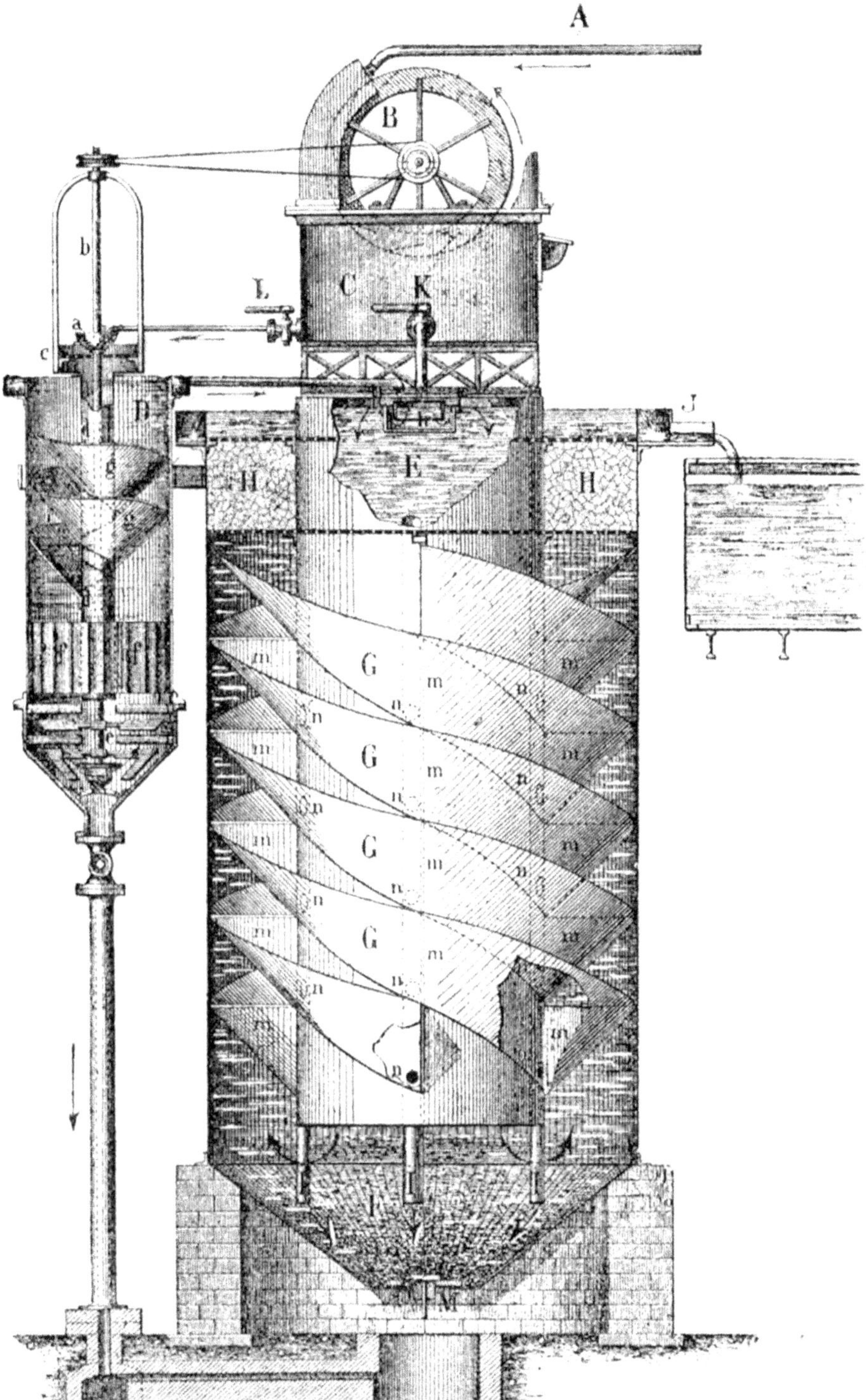

Fig. 989. - Épurateur Desrumeaux, d'après M. Delhotel.
La dissolution de chaux est préparée dans un malaxeur D. L'eau h purifier et le réactif pénètrent dans le cylindre central E, et remontent sur les cloisons G, qui reçoivent les dépôts, et à travers le filtre H, H.

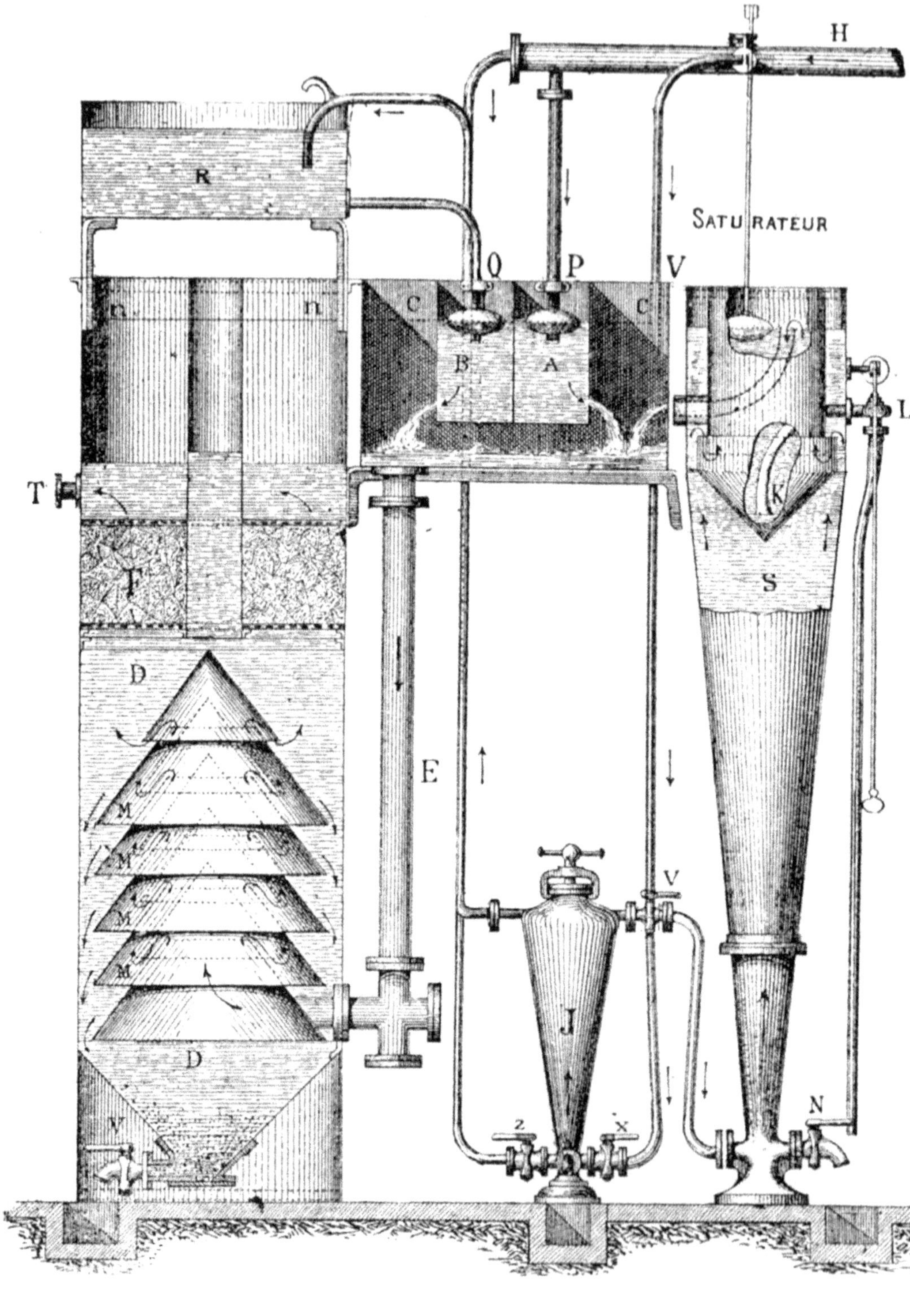

Fig. 990. — Épurateur Dervaux, d'après M. Delhotel. La dissolution de la chaux, chargée en J, se fait dans le saturateur S ; le liquide se purifie dans le décanteur à cônes M, et à travers un filtre F.

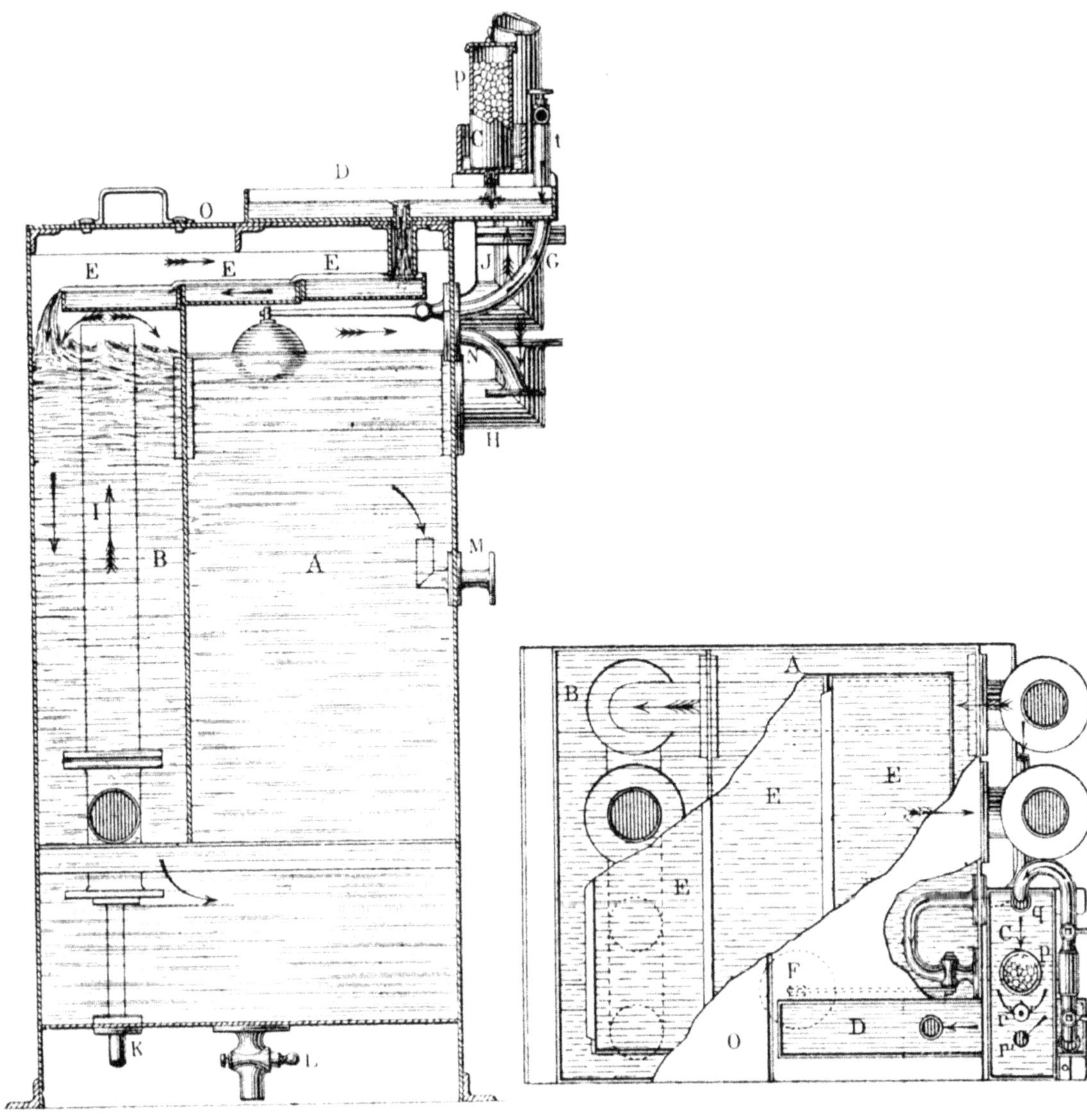

Fig. 991. — Épurateur-échauffeur Delhotel. La vapeur d'échappement arrive en H, l'eau avec le réactif pénètre sur les plateaux E ; la prise d'eau épurée se fait en M.

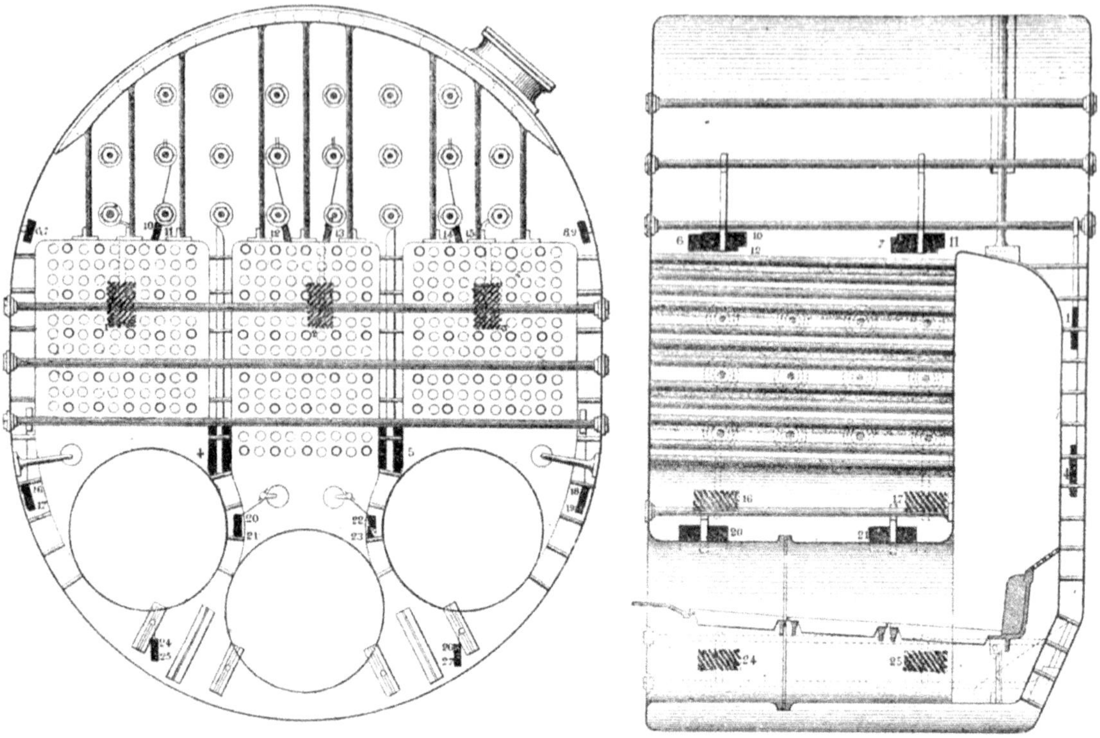

Fig. 992. — Disposition des plaques de zinc dans une chaudière de la marine Britannique (*l'Ajax*, en 1885).

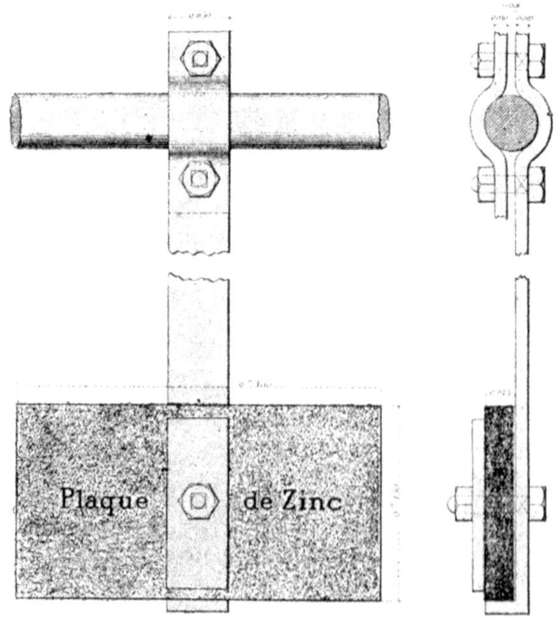

Fig. 993. — Attache des plaques de zinc dans les chaudières marines.

réuni le zinc à la chaudière par des fils de cuivre ; en dissolvant un peu de sel marin dans l'eau, on constitue une sorte de pile électrique, où l'attaque du zinc est plus vive. L'action du zinc, pour diminuer les incrustations, est indirecte : elles semblent adhérer moins fortement aux tôles préservées de toute attaque et toujours bien lisses.

Qu'on fasse usage ou non de désincrustants, il est bon de localiser les dépôts dans un bouilleur spécial ou sur des plateaux faciles à démonter lors de la visite du générateur. L'alimentation dans la vapeur, de plus en plus employée, permet de chauffer l'eau en dehors de la masse liquide qui remplit la chaudière.

Avec les sels très solubles, tels que le chlorure de sodium, on empêche la concentration indéfinie du liquide par l'extraction d'une fraction de l'eau introduite, extraction autrefois employée pour les chaudières marines alimentées à l'eau de mer ; par exemple, en extrayant constamment le cinquième de l'eau d'alimentation, la proportion de sel ne dépasse pas cinq fois la proportion initiale. La chaleur de l'eau extraite, et rejetée à la mer, peut n'être pas perdue entièrement, si on l'utilise pour un chauffage méthodique de l'eau d'alimentation, formant un courant inverse. L'eau de mer contient aussi du sulfate de chaux ; pour éviter qu'il ne se précipitât en croûte dure, la température de l'eau ne devait pas dépasser 140°, dans les anciens appareils, ce qui limitait beaucoup la pression.

121. Indicateurs de niveau.

Il est nécessaire de connaître à chaque instant le niveau de l'eau dans les chaudières. Les règlements français prescrivent, à cet effet, deux indicateurs distincts, dont l'un doit être un tube en verre.

Ce tube en verre est monté dans deux tubulures en bronze fixées sur la chaudière : il est maintenu dans chaque tubulure par un presse-garniture, qui serre une bague élastique.

Deux robinets permettent de fermer les communications avec la chaudière ; un troisième robinet sert à la purge du tube et des communications. L'appareil doit être disposé de telle sorte qu'on puisse facilement remplacer, pendant la marche, un tube brisé, et nettoyer les conduits des tubulures, quand la chaudière est hors feu. Il est bon que les robinets d'isolement soient munis d'une tige assez longue pour être manoeuvrés sans danger, lorsqu'un tube vient à se rompre.

Le tube en verre donne une indication commode, mais quelquefois trompeuse. Il importe que les communications avec la chaudière soient courtes et directes, et que rien ne vienne les obstruer.

La figure 994 montre, d'après M. Walkenaer, comment une garniture élastique, mal disposée, peut venir boucher le tube : cette obstruction a été observée sur une chaudière à la suite d'une déchirure due au manque d'eau. Avec un montage convenable (fig. 995), on évite ce danger d'obstruction.

Des tuyaux de communication longs et courbés, comme sur la figure 996, faussent l'indication du tube de niveau. L'eau qui remplit les tuyaux est moins chaude que dans la chaudière : cette action tend à abaisser le niveau apparent dans le tube au-dessous de la surface de l'eau dans la chaudière : mais la dépression qui résulte de la condensation de la vapeur et les résistances au mouvement de l'eau condensée, qui redescend à la chaudière, relèvent le niveau, comme le montre la figure. Il suffit, du reste, d'étrangler le passage supérieur, en manoeuvrant le robinet, pour élever le niveau dans le tube de verre.

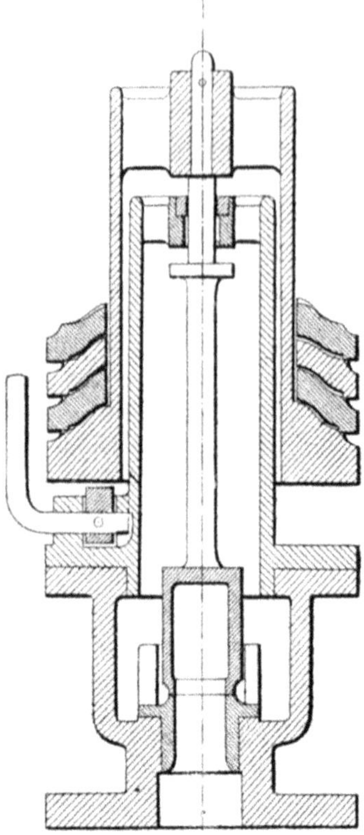

Fig. 994. — Tube en verre bouché par la matière plastique de sa garniture, d'après M. Walkenaer.

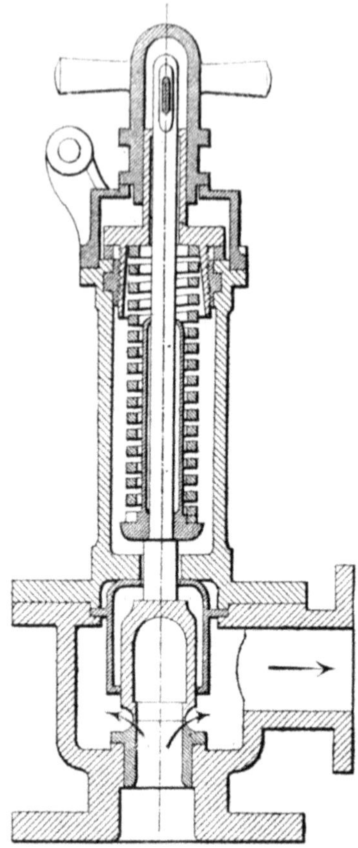

Fig. 995.— Montage des garnitures de tubes de niveau évitant l'obstruction, d'après M. Walkenaer.

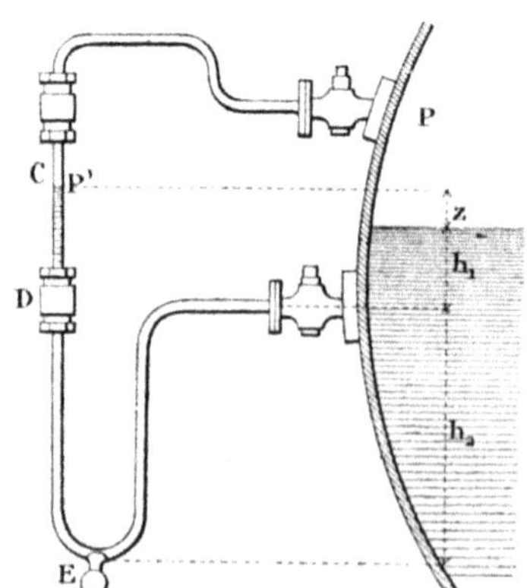

Fig. 996, — Indication erronée des tubes de niveau à longues communications.

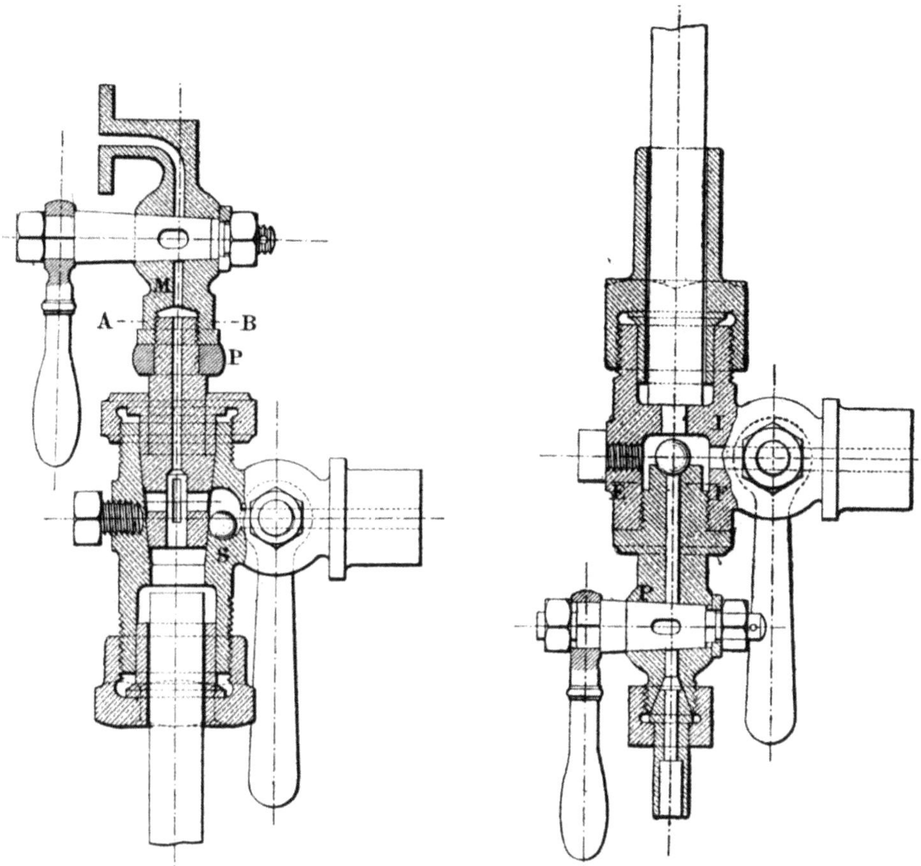

Fig. 997. — Tube de niveau d'eau avec fermeture automatique à billes, du système Chalou.

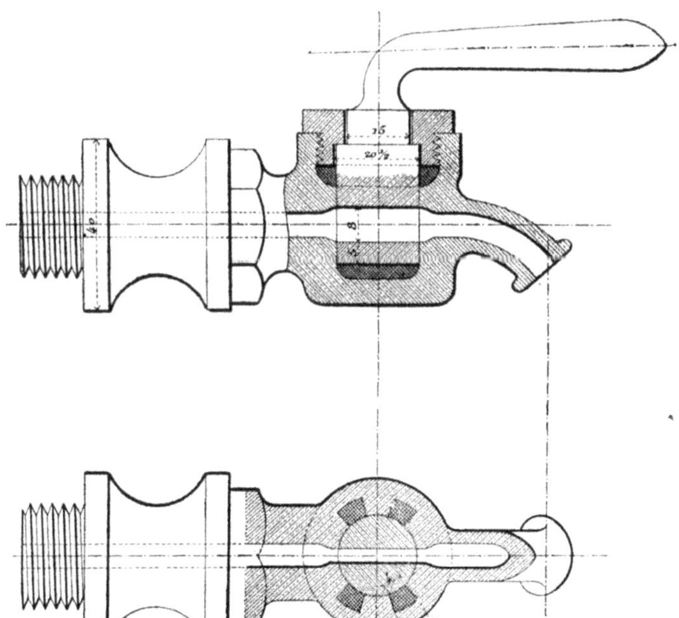

Fig. 998. — Robinet de jauge, à garniture d'amiante, des locomotives des chemins de fer de l'Ouest (ce type de robinet, d'entretien compliqué, a été abandonné dans les constructions faites en 1896).

En résumé, le montage direct, adopté pour les locomotives, est très recommandable.

On doit vérifier l'état de l'appareil par des purges fréquentes : une vérification complète exige la fermeture successive de chacune des deux communications avec la chaudière, pendant la purge.

Divers systèmes de fermeture automatique arrêtent les jets d'eau chaude et de vapeur qui se produisent quand le tube se brise. La figure 997 représente l'un des plus simples. Avec ces appareils, les fermetures intempestives sont toujours à craindre, surtout au moment des purges. À la partie supérieure de la figure 997, on voit une clé de robinet spéciale, manoeuvrée par la poignée P, qui présente devant la bille supérieure une fente allongée, qu'elle ne peut boucher pendant la purge.

Malgré les risques de fermeture intempestive, les appareils de ce genre peuvent rendre quelques services, surtout lorsque la fuite d'eau et de vapeur, en cas de rupture du tube, se produit dans une chambre close où elle serait dangereuse.

On a quelquefois substitué au tube une fente verticale garnie d'une glace : un robinet à longue clé établit la communication avec la chaudière sur toute la hauteur de la glace. Cet appareil paraît compliqué.

Aux robinets de jauge ordinaires (fig. 998) les Américains substituent avec avantage de petites soupapes, presque toujours préférables, pour les hautes pressions, à l'antique mécanisme de la clé tournant dans un boisseau.

Les flotteurs transmettent, hors de la chaudière, l'indication du niveau au moyen d'une tige traversant une garniture, généralement trop ou trop peu serrée, ou mieux par l'action attractive d'un aimant sur une aiguille d'acier à travers un tube en bronze, ou bien en tordant ou en faisant fléchir un tube de métal élastique.

Les flotteurs peuvent aisément commander des sifflets ou des sonneries, quand le niveau descend trop bas ou s'élève trop haut.

L'installation la plus sûre et la plus commode des indicateurs de niveau sera souvent celle de deux tubes en verre pareils.

Pendant la marche d'une chaudière, le niveau de l'eau est relevé par les bulles de vapeur qui se forment constamment au sein de la masse liquide, et même, avec certains types de générateurs, par les poches de vapeur qui subsistent par places. Lorsqu'on ferme la prise de vapeur, la vaporisation cesse et le niveau s'abaisse aussitôt. Cet effet s'observe aisément sur les chaudières de locomotives.

122. Soupapes de sûreté et manomètres.

Une soupape de sûreté doit se soulever dès que la pression de la vapeur atteint une limite fixée. Une fois soulevée, elle devrait laisser échapper toute la vapeur produite, quelle que soit l'activité du feu. Devant la difficulté de réaliser ce programme, le décret du 30 avril 1880, relatif aux appareils à vapeur en France, ajoutait « en étant soulevée ou déchargée au besoin ».

Mais, pour cet usage, un appareil automatique est préférable à celui qui exige une manœuvre ; ce qu'on peut demander et ce qu'il est possible de réaliser, c'est que la surpression, pendant le dégagement de la vapeur, ne dépasse pas une limite convenable.

Il convient en outre, pour l'économie et pour la bonne marche des machines, que la soupape se referme sans laisser la pression s'abaisser beaucoup au-dessous de la limite fixée par le timbre. Il est vrai que, pour la fermeture, l'intervention du chauffeur aurait moins d'inconvénients que pour l'ouverture.

La soupape doit être simple ; l'entretien doit en être facile et le fonctionnement certain.

Enfin on attache une certaine importance à ce que les conducteurs des chaudières ne puissent aisément gêner ou paralyser le fonctionnement des soupapes. Mais, de même qu'on a su ouvrir sans clé les serrures les plus « incrochetables » de Bramah, il est presque toujours facile de rendre inefficaces les dispositions les plus ingénieuses pour empêcher la surcharge des soupapes. Le mieux est de rendre inutile la surcharge, par l'emploi de machines et de chaudières assez puissantes pour l'emploi qu'on en veut faire.

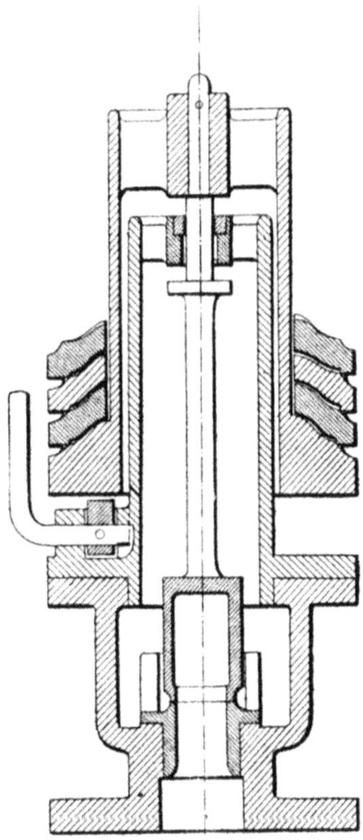

Fig. 999. — Soupape, en forme de cloche, à charge directe; sur la gauche du dessin on voit un arbre à levier et excentrique pour soulever la soupape.

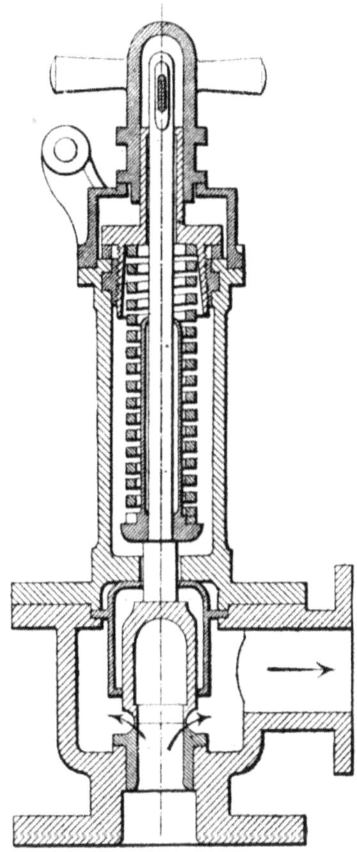

Fig. 1000. — Soupape, en forme de cloche, chargée directement par un ressort.

Du reste, avec les pressions élevées en usage aujourd'hui, on ne voit guère ce qu'on peut gagner à surcharger les soupapes : quand on veut forcer la machine, ce n'est pas l'excès de vaporisation, mais bien le manque de pression qui gêne. Aussi, dans l'habitude qu'ont encore certains chauffeurs de caler les soupapes, faut-il voir la trace invétérée d'une ancienne tradition, qui date de l'époque où les pressions trop faibles, adoptées pour les chaudières, devaient être relevées, à tout prix, si l'on voulait obtenir des machines un effort suffisant. Il est, d'ailleurs, très important de disposer les soupapes pour que la charge ne puisse être augmentée par maladresse et sans qu'on s'en doute. La soupape repose sur une portée étroite, dont le diamètre intérieur définit la surface circulaire pressée par la vapeur. Elle doit être en contact avec le siège sur toute l'étendue de la portée prévue, sinon la vapeur presserait une

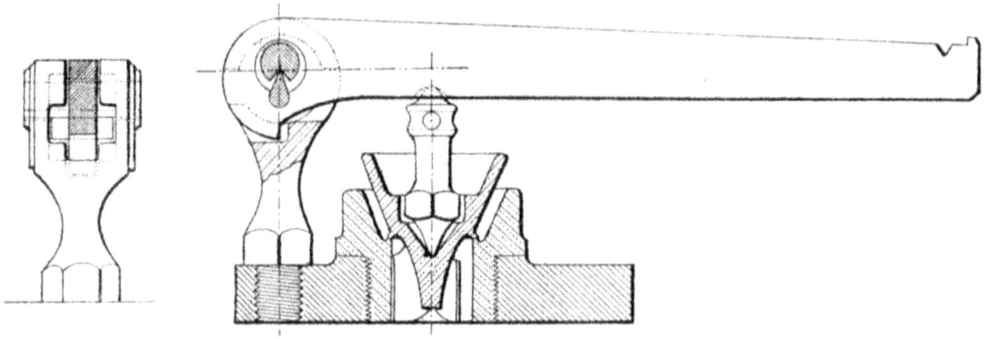

Fig. 1001. — Soupape de sûreté Dulac, articulée sur couteau (le poids suspendu à l'extrémité du levier n'est pas représenté).

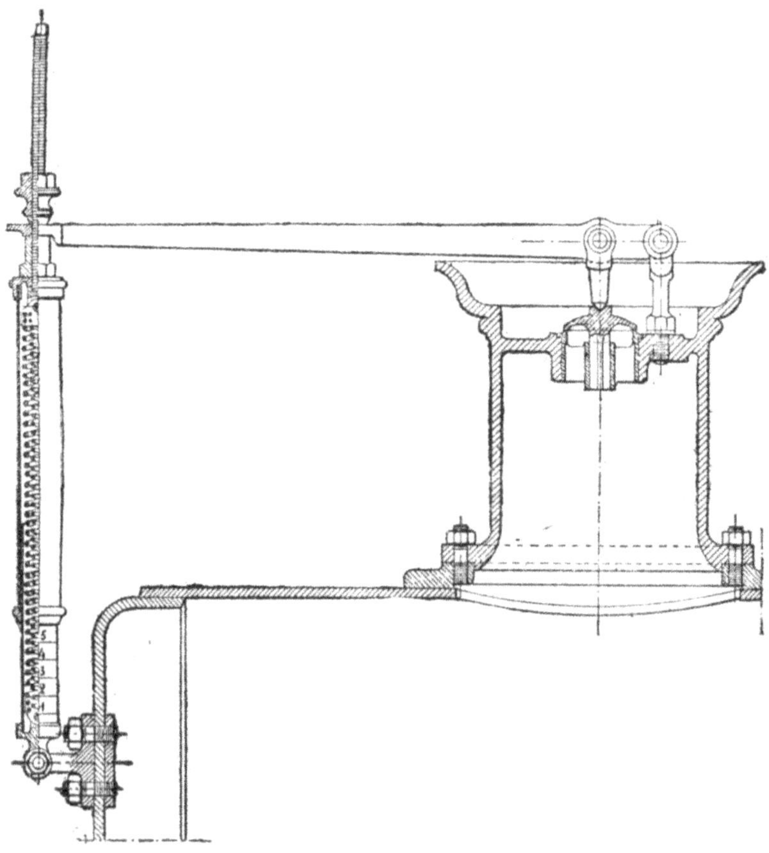

Fig. 1002. — Balance de locomotive.

surface plus grande qu'on ne le suppose. Lorsque la chaudière est en chômage, la surface de portée supporte la charge de la soupape, égale à la pression la plus forte de la vapeur : le métal ne doit pas s'écraser sous cette charge, et cette condition détermine la largeur de la portée, qu'on doit d'ailleurs faire aussi étroite que possible.

La surface de portée est plane ou conique, l'angle au sommet du cône étant habituellement droit. La première forme offre une plus large issue à la vapeur, pour une même levée, généralement très petite, de la soupape, car la largeur de la fente est égale à la levée même si la portée est plane, tandis qu'elle est moindre avec une portée conique, étant égale aux 7 dixièmes de la levée avec un cône dont l'angle au sommet est droit. En outre, la charge sur le siège, quand la chaudière est hors feu, est augmentée par la forme conique, à peu près dans le rapport de 1 à 1,4 avec ce même cône.

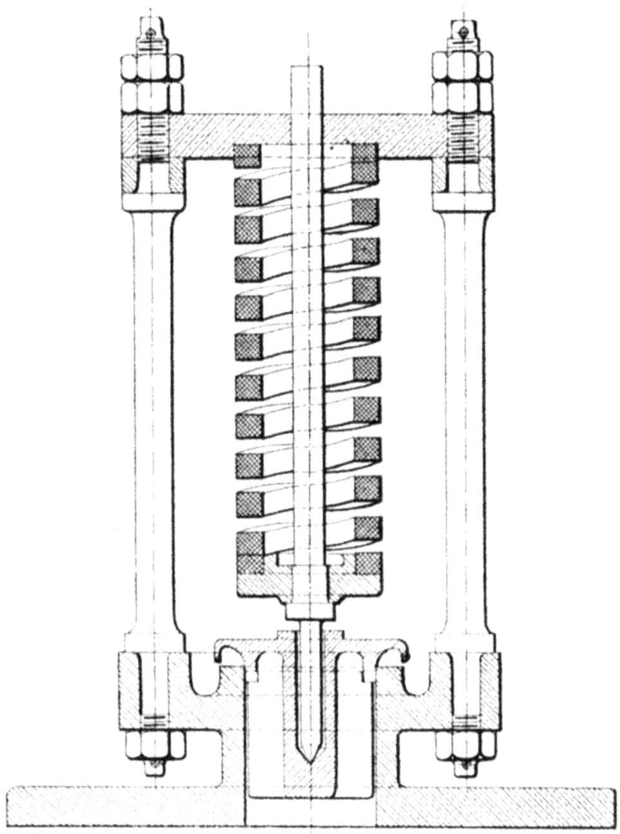

Fig. 1003. — Soupape Adams, à gorge et à charge directe, pour locomotives des chemins de fer de l'Est.

Le contact de la soupape et du siège s'obtient en rodant les deux pièces l'une contre l'autre, avec interposition d'un peu d'huile et de poudre fine d'émeri.

La soupape est guidée verticalement par un téton central ou par des ailettes. Il est essentiel que ces guides ne donnent pas naissance à un frottement notable et surtout qu'ils ne puissent se coincer.

Le siège étant souvent une pièce annulaire en bronze engagée dans la fonte, les dilatations inégales des deux métaux peuvent produire une contraction du siège de nature à pincer la soupape : c'est à cette cause qu'on attribue la désastreuse explosion du navire anglais « Thunderer ». Il faut aussi veiller à ce que le siège rapporté ne puisse glisser dans son logement, car la vapeur le soulèverait avec la soupape, sans trouver aucune issue. Le Van cite un exemple de ce défaut de construction.

La soupape peut être chargée directement par une masse métallique (fig. 999) ; la figure montre les guides du clapet, et un levier commandant un arbre à excentrique, pour soulever la charge à la main.

Plus fréquemment, on fait usage d'un poids moindre, agissant à l'extrémité du grand bras d'un levier, dont le petit bras charge la soupape ; le calcul du poids, en fonction des bras de levier, est des plus simples ; dans ce calcul, on peut tenir compte du poids du levier, qu'on suppose concentré au centre de gravité. La construction doit réaliser avec précision les bras de levier prévus dans le calcul; l'articulation sur un tourillon laisse incertaine la position du point d'appui du levier : l'emploi des couteaux fait disparaître cette incertitude (fig. 1001).

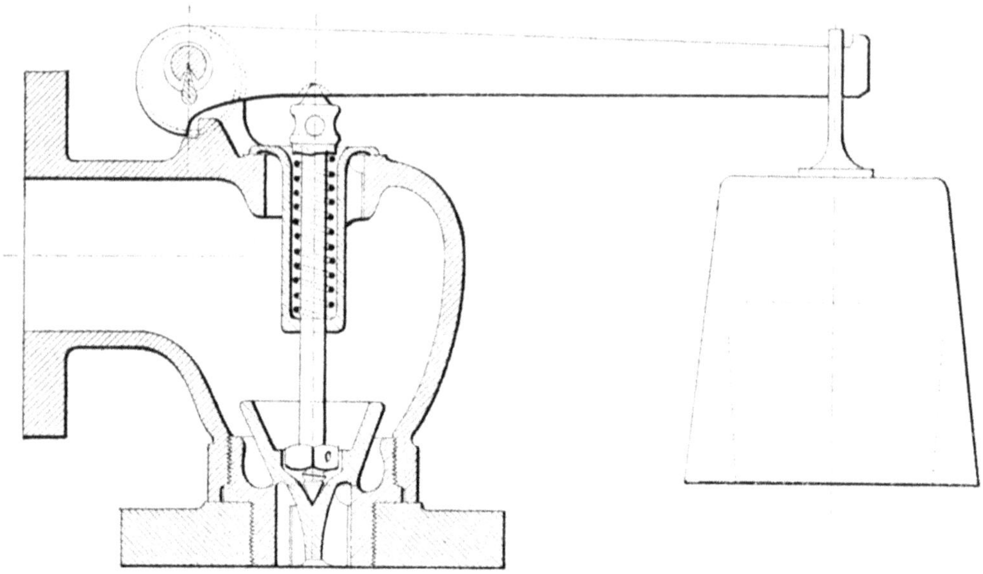

Fig. 1004. — Soupape Dulac, avec tubulure pour le dégagement de la vapeur ; un obturateur chargé par un léger ressort laisserait échapper la vapeur en cas d'obstruction du tuyau de dégagement.

Sur les chaudières des locomotives, des bateaux, et en général sur toutes celles qui se déplacent, le mouvement fait danser les soupapes chargées par des poids, qui sont avantageusement remplacés par des ressorts agissant directement (fig. 1000), ou par l'intermédiaire d'un levier (fig. 1002). Lorsqu'une soupape chargée par un ressort se lève, la tension du ressort s'en trouve un peu augmentée. Mais cette augmentation est généralement négligeable en pratique.

Il n'est pas difficile de régler une soupape de manière qu'elle se lève avec précision, quand la pression de la vapeur atteint la limite supérieure, pourvu qu'elle soit bien construite et bien rodée ; mais dès que la soupape fonctionne, la force qui la soulève change. Elle est pressée par une nappe de vapeur en mouvement, et la pression dans les diverses sections de cette nappe ne reste plus la même. Bien que la surface en contact avec la vapeur soit augmentée de l'aire de la portée, la réduction de la pression dans la nappe produit habituellement une diminution de l'effort total. En outre, l'air est entraîné par la nappe de vapeur, et la pression sur le dessus de la soupape peut s'abaisser un peu. En somme, dès que la soupape s'ouvre, elle tend à se refermer, et la pression dans la chaudière peut s'élever au-dessus de la limite supérieure, avant que la soupape débite toute la vapeur produite. On a observé des surpressions de plus de 2 kg par cm^2, avec les appareils tels qu'ils sont ordinairement établis ; pour un même appareil, ces surpressions sont d'autant plus grandes que la limite de pression fixée est plus élevée.

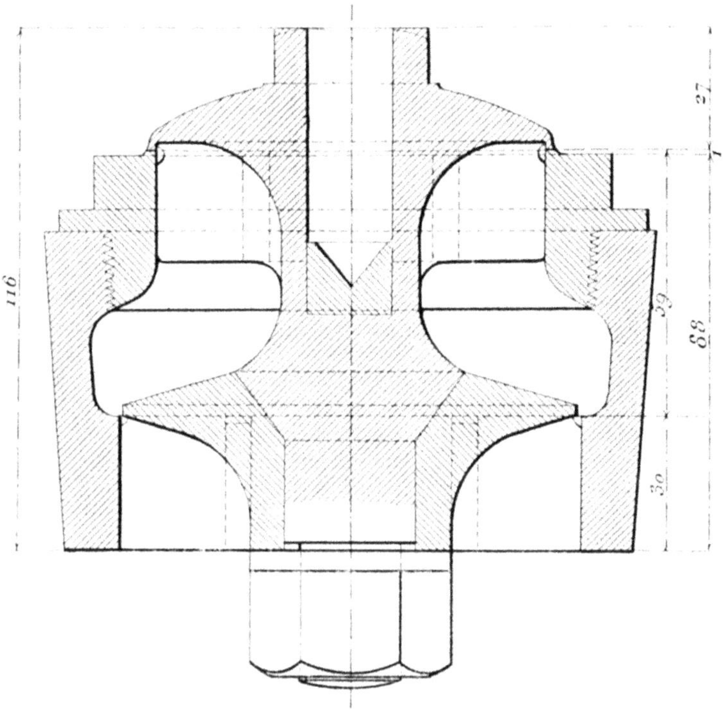

Fig. 1005. — Soupape de sûreté, à disque intérieur, des locomotives des chemins de fer de Paris à Lyon et à la Méditerranée.

En France, comme dans beaucoup d'autres pays, chaque chaudière doit porter deux soupapes au moins. La dimension des appareils est établie empiriquement. On emploie souvent encore l'ancienne formule réglementaire française (Ordonnance du 22 mai 1843) :

$$d = 2.6\sqrt{\frac{s}{n - 0.412}}$$

où *d* est le diamètre de la soupape en centimètres, *s* la surface de chauffe de la chaudière en mètres carrés, et *n* la pression absolue en atmosphères.

Avec ces dimensions, la soupape usuelle, malgré le défaut qui vient d'être signalé, suffit dans bien des cas ; et il ne semble pas qu'en pratique ce défaut ait eu des conséquences fâcheuses. La négligence dans l'entretien des appareils est bien plus à craindre que ce défaut théorique. La soupape ordinaire peut toutefois devenir insuffisante si la vaporisation est extrêmement active, et s'il existe des raisons spéciales pour soustraire la chaudière à toute cause de fatigue anormale, si légère qu'elle soit.

On améliore le fonctionnement de ces appareils, en les disposant de telle sorte que la force qui les soulève augmente, ou au moins reste constante, lorsqu'ils laissent échapper la vapeur.

Tel est le rôle de la gorge de la soupape Adams (fig. 1003), du cône de la soupape Dulac (fig. 1001 et 1004), du disque intérieur de la soupape de la compagnie des chemins de fer de Paris à Lyon et à la Méditerranée (fig. 1005).

La disposition des soupapes, représentées fig. 999 et 1000, est aussi étudiée de manière à éviter la réduction de la pression sous la soupape, pendant l'écoulement : la partie pressée par la vapeur est éloignée de la nappe de vapeur qui s'écoule ; on complète parfois cette disposition par l'addition d'un conduit intérieur destiné à séparer la vapeur qui soulève la soupape de celle qui s'écoule. Les soupapes à grand débit sont fort employées sur les locomotives aux États-Unis : les figures 1006 à 1008 (d'après G. Richard) en donnent quelques exemples. Le bord *cc* de la gorge

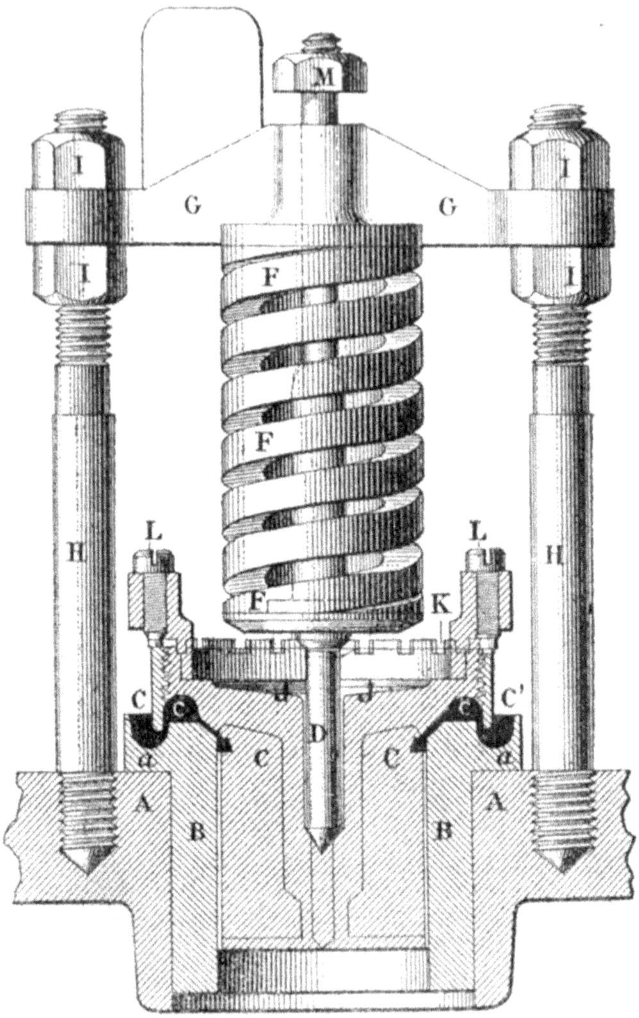

Fig. 1006. — Soupape Richardson, à rebord de hauteur variable.

peut être réglé à volonté sur la soupape Richardson (fig. 1006). L'enveloppe perforée de la soupape Crosby (fig. 1007) atténue le bruit, souvent très fort, de la vapeur. Une autre soupape Crosby (fig. 1008) repose sur deux sièges, V et W : la vapeur, qui sort au-dessus du petit siège central W, s'échappe au-dehors par les conduits E, dont l'anneau G étrangle plus ou moins l'orifice : il en résulte une surpression au-dessus de celle de l'atmosphère, qui augmente la levée de la soupape. Il est facile d'accroître la force qui soulève la soupape ; mais alors on risque d'en retarder la fermeture, qui ne se produit qu'après un abaissement excessif de la pression dans la chaudière : c'est le défaut de certains types à grand débit ; et on ne l'évite que grâce à une construction très précise, conformément aux formes déterminées par tâtonnements, et grâce à un entretien très soigné. Parmi les quelques types qui viennent d'être cités, celui de Dulac est étudié pour donner une ouverture variable suivant la quantité de vapeur à débiter par seconde. Une ouverture excessive de la soupape est en effet gênante ;

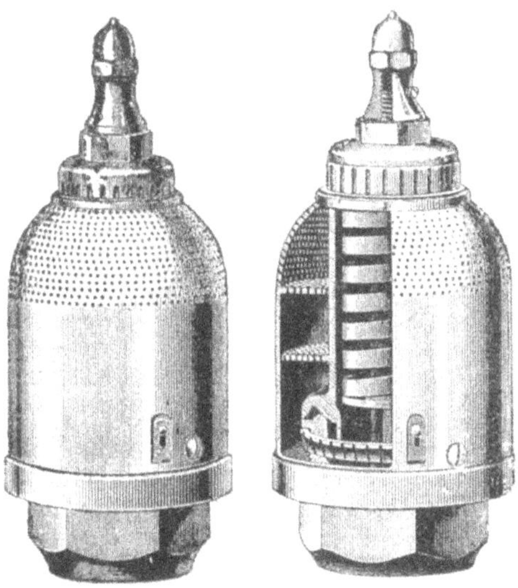

Fig. 1007. — Soupape silencieuse Crosby, d'après G. Richard.

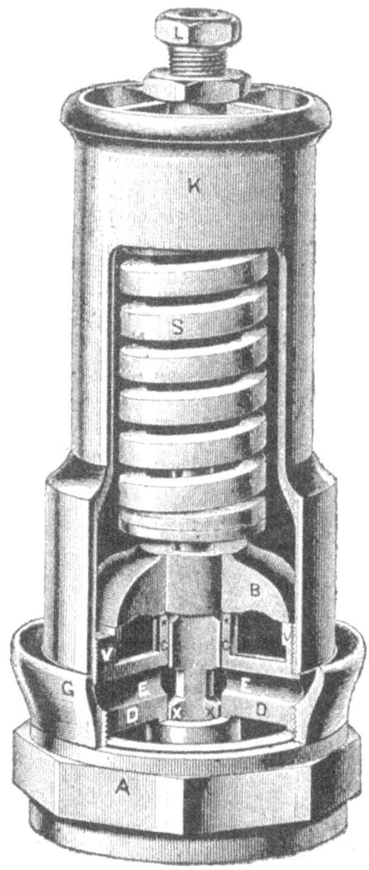

Fig. 1008. — Second type de soupape Crosby.

il suffit de limiter convenablement les écarts de pression pendant l'ouverture de la soupape : on sera très satisfait en pratique courante si ces écarts ne dépassent pas un quart de kilogramme par centimètre carré, ou même un demi-kilogramme, en-dessus ou en-dessous du timbre.

Pour les appareils à grande levée, le diamètre peut être bien moindre que pour les soupapes ordinaires. Quelques chiffres d'expériences fixeront les idées sur le débit des soupapes ; il ne faut pas oublier toutefois que les séries d'expériences sont rarement complètes, et que des différences minimes, dans la construction et le montage des appareils, peuvent modifier notablement les résultats des essais.

La soupape à disque de la figure 1005, réglée pour des pressions de 12 à 15 kg par cm^2, a laissé la pression s'élever de un demi-kilogramme au-dessus de la limite fixée et s'abaisser d'autant au-dessous. Avec un diamètre de 90 mm, à la pression de 15 kg, elle a débité 80 à 100 kg de vapeur par minute.

Une soupape Dulac de 36 mm de diamètre, à la pression de 6 kg par cm^2, a débité environ 17 kg de vapeur par minute, avec une levée moyenne de 4mm. La surpression a été au maximum d'un demi-kilogramme par centimètre carré.

Dans des expériences rapportées par M. Walkenaer, on a trouvé, pour une soupape ordinaire du diamètre de 60 mm, chargée par poids et levier, un débit de 17 kg par minute, sous la pression effective normale de 6 kg par cm^2, avec une surpression de 0,9 kg.

Le manomètre métallique est à peu près seul employé pour mesurer la pression dans les chaudières. Les indications sont données par la déformation du tube flexible de Bourdon (fig. 1009) ou d'un diaphragme métallique.

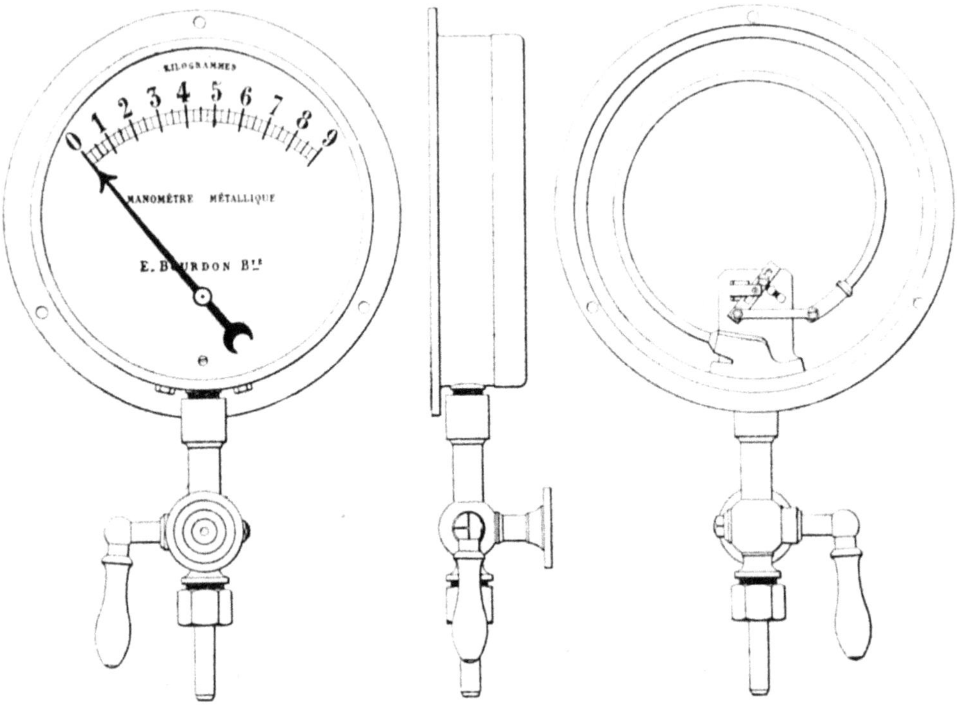

Fig. 1009. — Manomètre Bourdon, à tube métallique.

On dispose en siphon renversé, qui se remplit d'eau, le tube de raccordement avec la chaudière, afin que la vapeur ne pénètre pas dans l'appareil. Le montage du manomètre est souvent négligé : des appareils trop petits et mal placés ne donnent que des indications peu visibles. Il convient, au contraire, d'avoir de larges cadrans, bien en vue du chauffeur, et visibles également hors de la chambre de chauffe. Outre l'avantage évident de la visibilité, les soins, apportés à l'installation du manomètre, témoignent l'importance qu'on attache à ses indications.

Les manomètres à enregistreurs continus peuvent être utiles, pourvu qu'on en relève les indications, et qu'on les résume périodiquement. Un bon plan serait de donner une prime au chauffeur, lorsque l'enregistreur indique une pression toujours entretenue entre deux limites rapprochées.

123. Tuyauteries de vapeur, enveloppes isolantes.

La pose d'une canalisation de vapeur, avec ses diverses soupapes d'arrêt, entraîne des dépenses souvent considérables. Fort réduite dans les machines directement montées sur la chaudière qui les alimente, la tuyauterie se développe beaucoup lorsque les moteurs sont éloignés des générateurs, et surtout quand moteurs et générateurs sont multiples, et quand les communications doivent être variées à volonté, de manière que l'avarie d'un tuyau ne cause pas de chômage. Le développement de la tuyauterie devient énorme dans une distribution générale de vapeur, comme il en existe à New York.

Le diamètre du tuyau, qui dessert une machine, est déterminé de manière que la chute de pression, entre le générateur et le moteur, ne dépasse pas une valeur fixée dans chaque cas : mais les formules, qui donnent cette chute de pression, ne sont pas exactement connues. Il importe de ne pas faire les tuyaux trop gros, pour ne pas exagérer les dépenses d'installation, et pour ne pas augmenter inutilement la surface de refroidissement. Certaines chaudières tubulées produisent la vapeur sous une pression dépassant beaucoup celle que les moteurs utilisent ; il semble alors qu'une chute de pression assez forte dans la tuyauterie soit admissible.

D'après une série d'essais exécutés à Anzin, M. Ledoux propose, pour déterminer le diamètre D (en mètres) d'une conduite horizontale de longueur L (en mètres), devant débiter m_0 kg de vapeur sèche par seconde, reçue sous la pression p_0 (en kg par cm^2), et fournie à l'autre extrémité sous la pression p, la formule approximative :

$$D = 0{,}057 \sqrt[5]{\frac{m_0^2 L}{p_0^{1,94} - p^{1,94}}}.$$

Cette formule est approchée par excès ; une portion de la vapeur se condense pendant le trajet.

D'après des expériences exécutées sur les tuyauteries de machines marines, Auscher propose la formule :

$$z = \frac{\gamma v^2}{2g \cdot 1000}\left[\frac{l}{d} B + A\right]$$

z est la chute de pression d'une extrémité à l'autre de la canalisation, exprimée en mètres d'eau ; γ est le poids du mètre cube de vapeur, en kilogrammes ; l et d sont la longueur et le diamètre du tuyau, en mètres ;

v est la vitesse du courant, en mètres par seconde ;

g est l'accélération due à la pesanteur (9,8) ;

B est un coefficient égal à 0,015 pour les tuyaux parfaitement nets, et qu'on peut porter à 0,03 pour tenir compte de l'altération des surfaces ;

A est un coefficient déterminé pour les divers points particuliers du parcours, d'après les règles ordinaires de l'hydraulique.

Cette formule conduit à des diamètres notablement inférieurs à ceux qu'on adopte habituellement pour les machines marines. Pour ces machines comme pour d'autres, le diamètre des tuyaux paraît parfois exagéré.

La chute de pression, qui se produit au passage d'un orifice de dimension connue, peut servir à mesurer le débit de cet orifice : ce principe trouve son application dans le compteur Parenty, où un manomètre mesure la différence des pressions p_0 et p_1, en deçà et au-delà d'un ajutage conique. L'effet d'un second ajutage, divergent, qui

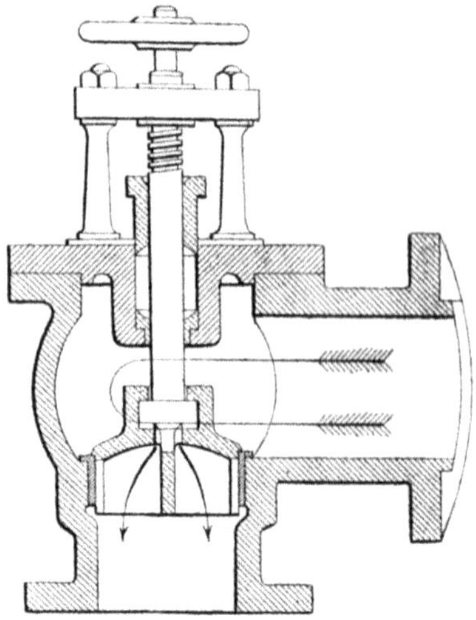

Fig. 1010. — Soupape de prise de vapeur, avec petit clapet d'admission préliminaire.

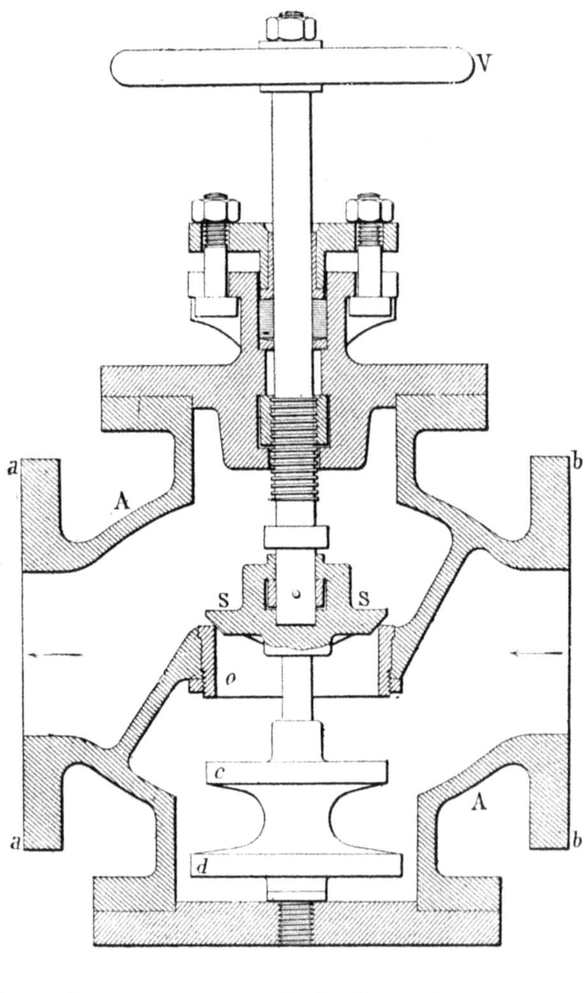

Fig. 1011. — Clapet d'arrêt automatique Lethuillier et Pinel, avec soupape de prise de vapeur manoeuvrée à la main.

est monté dans le prolongement du premier, est de réduire à peu près à moitié la chute de pression créée par le compteur. Pour de faibles dépressions, M. Parenty admet que le débit est proportionnel à la racine carrée de la différence $p_0 - p_1$, ainsi qu'à la racine carrée de la densité de la vapeur.

La prise de vapeur est le plus souvent fermée par une soupape. Lorsqu'elle atteint une grande dimension, une petite soupape supplémentaire, qui peut donner une

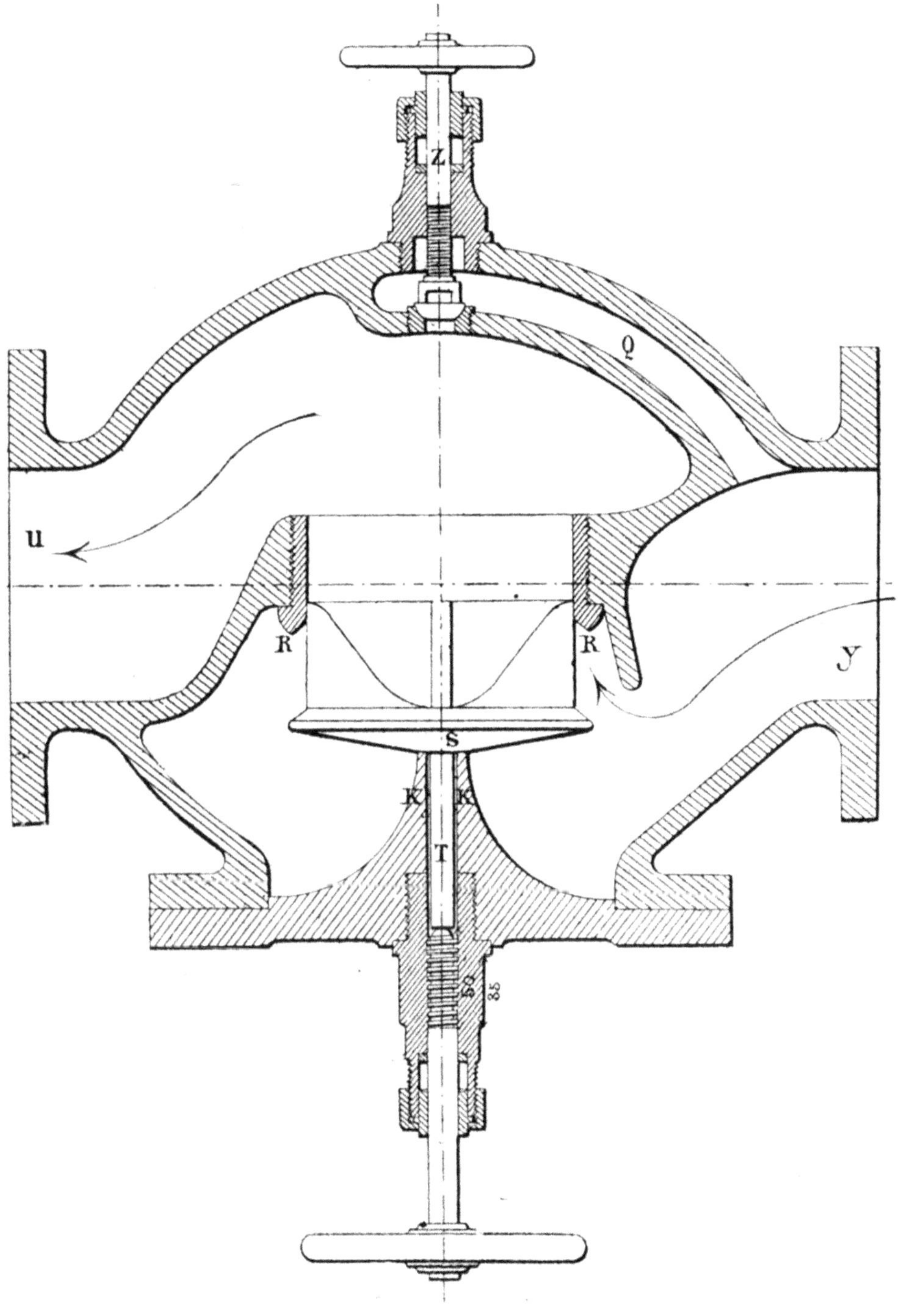

Fig. 1012. — Clapet d'arrêt automatique Boivin.

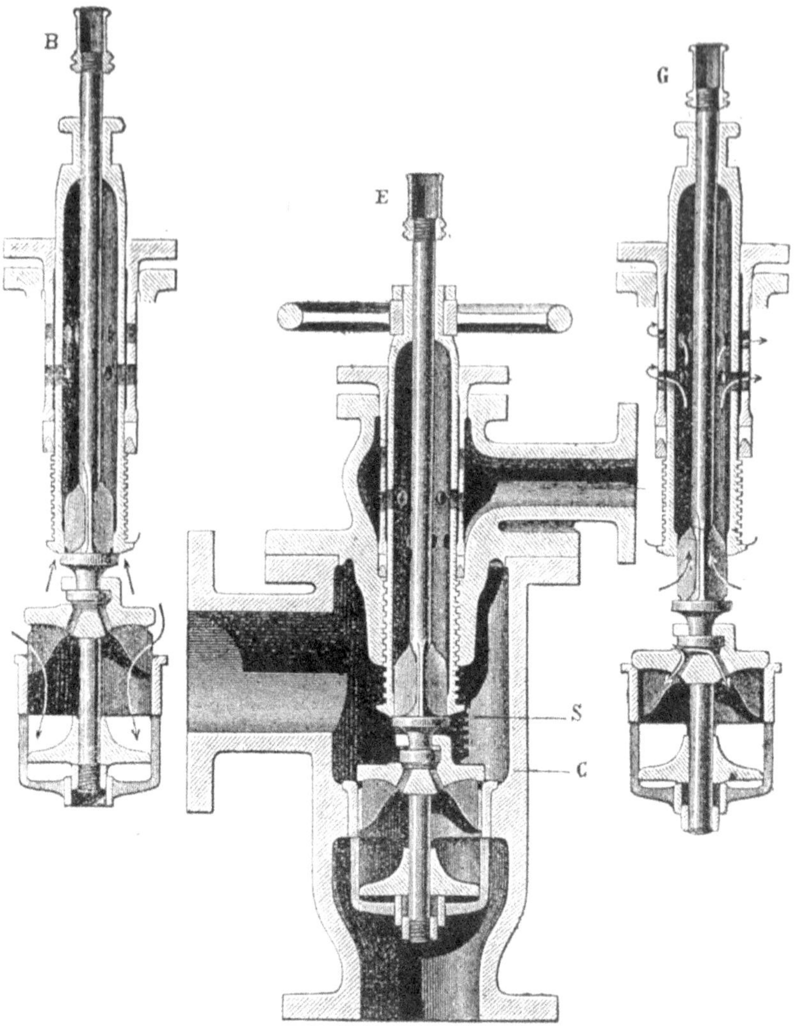

Fig. 1013. — Clapet de fermeture automatique Mousset.

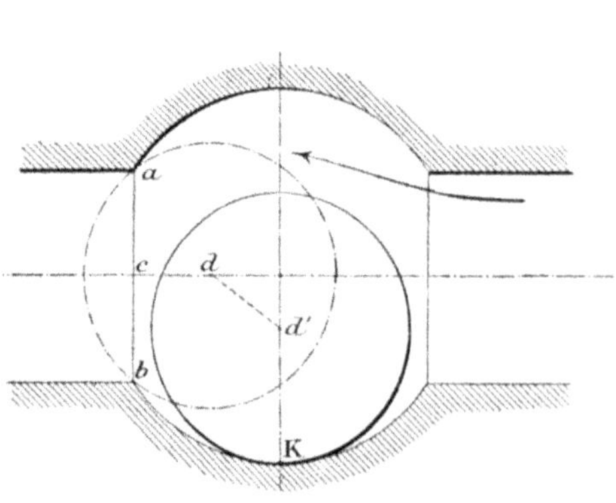

Fig. 1014. — Sphère de fermeture automatique en équilibre instable.

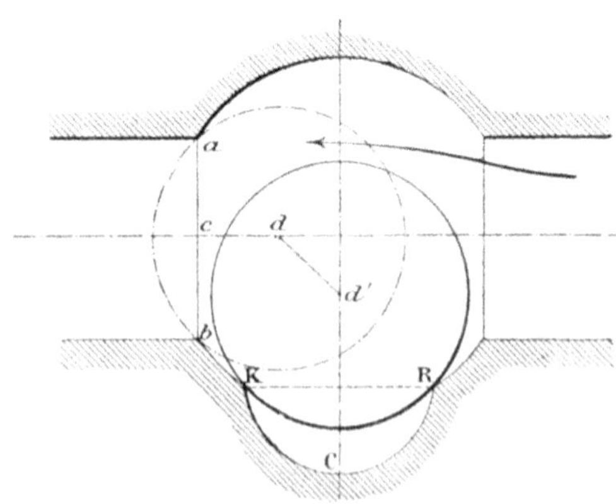

Fig. 1015. — Sphère de fermeture automatique en équilibre stable.

admission préliminaire de vapeur (fig. 1010), rend la manoeuvre plus facile. Une soupape automatique, se refermant quand le débit devient excessif, empêche la chaudière de se vider, si la conduite de vapeur vient à se rompre, ou bien en cas de déchirure d'une autre chaudière branchée sur la même conduite. Un décret du 29 juin 1886 rend ces clapets de retenue automatiques obligatoires en France, lorsque

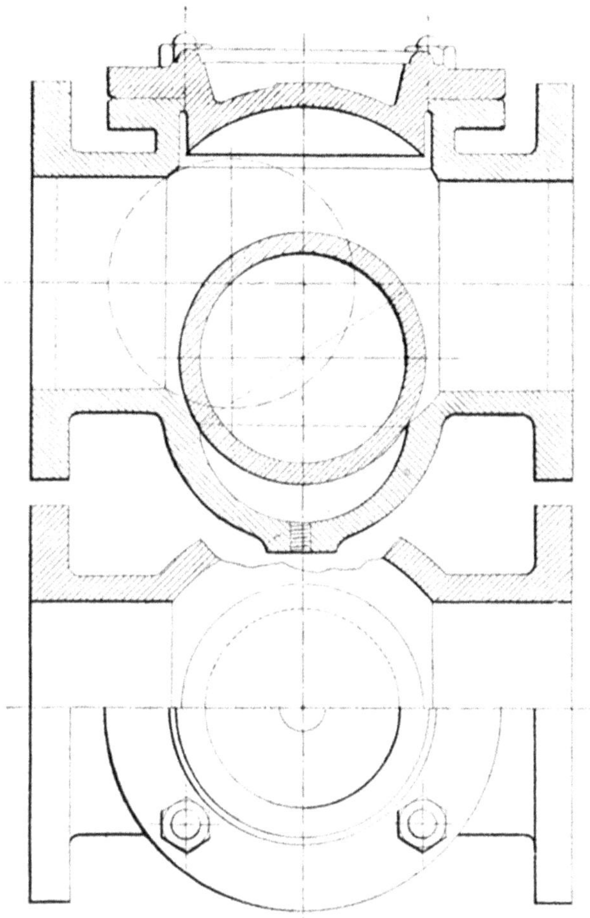

Fig. 1016. — Obturateur automatique Labeyrie.

plusieurs générateurs (dépassant certaines dimensions) sont groupés. L'installation de ces clapets présente parfois quelques difficultés, parce que les fermetures intempestives sont gênantes et même dangereuses, dans certains cas, pour les machines d'extraction par exemple, dont le frein est commandé par la vapeur.

Les types de ces clapets sont nombreux : les figures 1011 à 1016 en donnent quelques exemples. Le clapet Lethuillier et Pinel (fig. 1011) est soulevé lors d'une augmentation brusque de la vitesse de la vapeur. Il en est de même du clapet Boivin (fig. 1012), qui sert aussi de clapet d'arrêt, manoeuvré à la main : une petite soupape permet une admission préliminaire de vapeur.

Dans l'appareil Mousset (fig. 1013), le clapet est tenu en suspension, à l'extrémité d'une tige, par la pression qui s'exerce sur la soupape S. Un courant violent entraîne le clapet, et l'ouverture de la soupape S donne issue de la vapeur à l'extérieur. L'appareil est représenté fermé en E, ouvert en marche normale en B, et enfin après fonctionnement automatique en G. De petits trous dans le clapet donnent une admission préliminaire de vapeur.

L'obturateur Labeyrie est très simple : il se compose d'une sphère, qui laisse libre le passage de la vapeur, jusqu'à ce qu'un courant trop rapide l'applique sur un siège vertical. La position et la densité de la sphère doivent être convenablement prévues. Une sphère placée dans un courant de vapeur, comme sur la ligure 1014, est dans

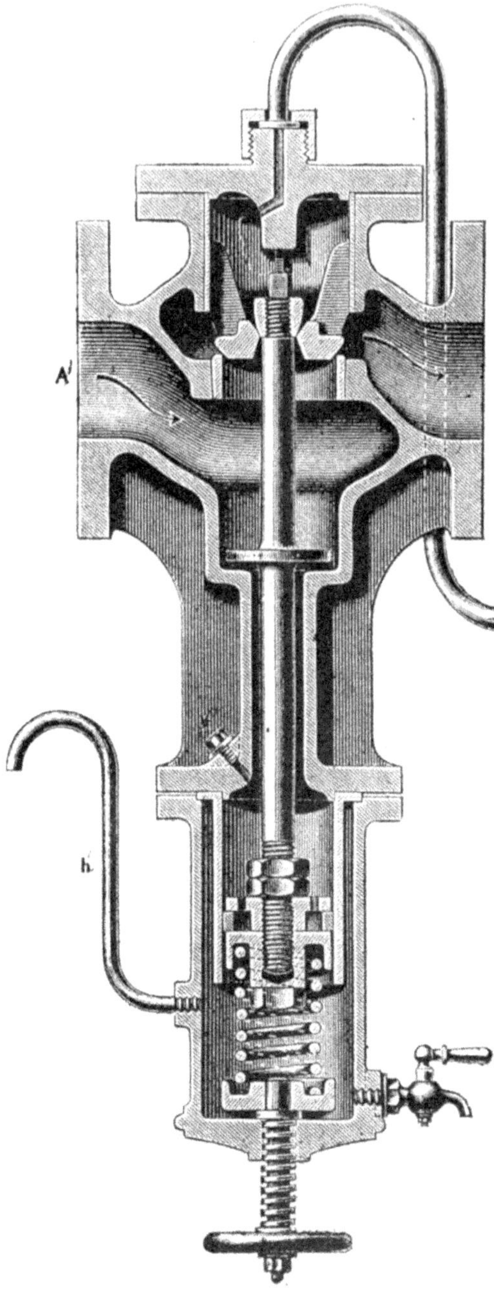

Fig. 1017. — Détendeur Strube.

une position d'équilibre peu stable ; car si le courant l'élève un peu, la surface frappée par la vapeur augmente ; la sphère peut ainsi s'élever jusqu'à se coller sur le siège vertical. En la faisant reposer sur un siège horizontal, comme sur la figure 1015, on évite cet inconvénient grave : la variation de la hauteur de ce siège horizontal

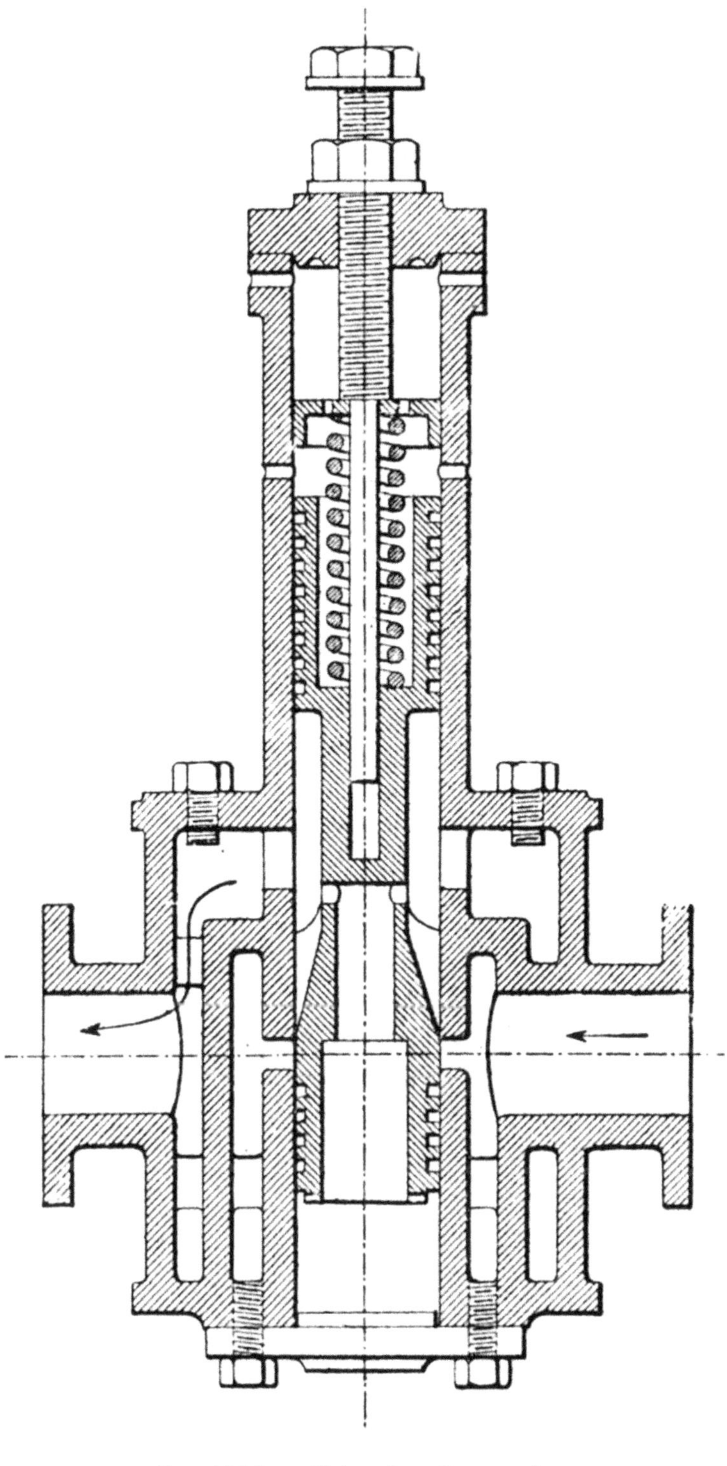

Fig. 1018. — Détendeur Lencauchez.

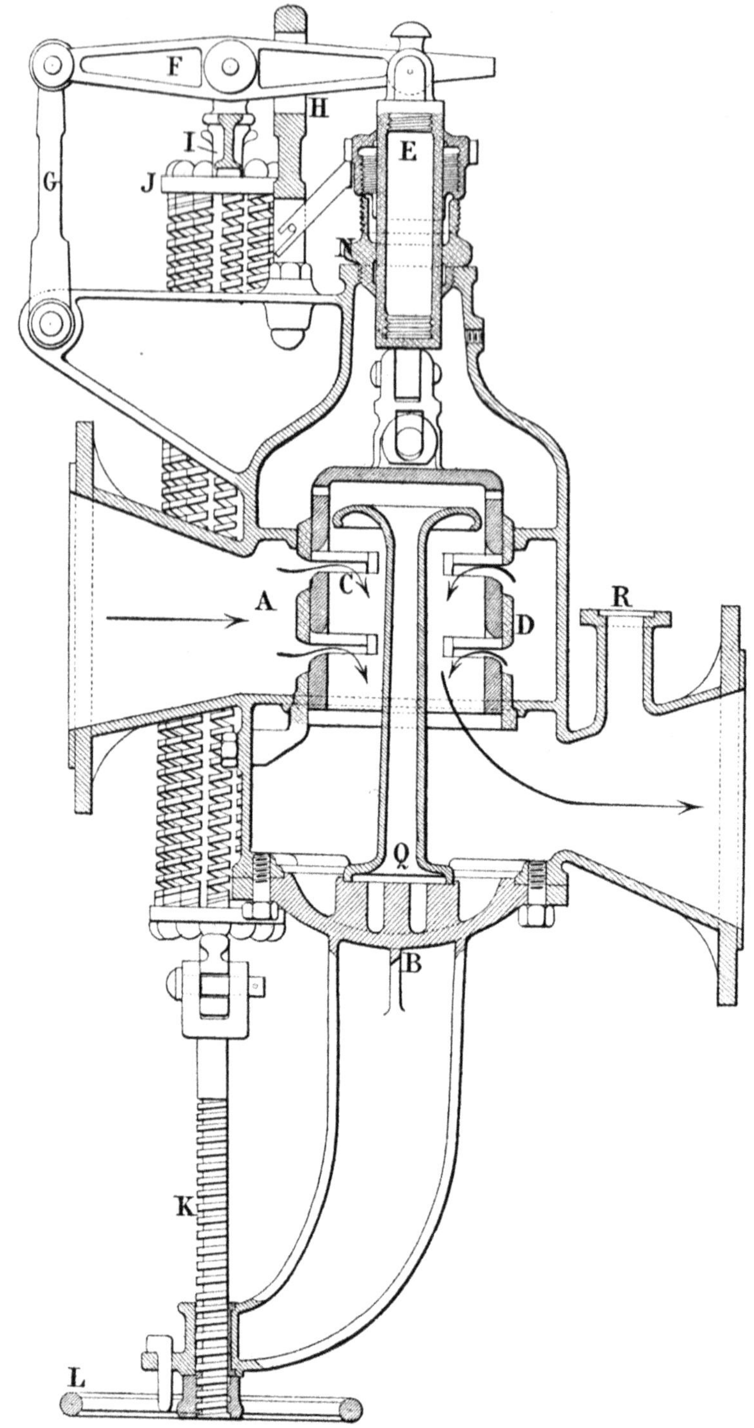

A. Corps du détendeur.
B. Fond.
C. Clapet.
D. Lanterne.
E. Piston.
F. Levier.
G. Bielle.
H. Buttoir.

I. Traverses d'attache des ressorts.
J. Plateaux.
K. Vis de tension.
L. Volant de manœuvre.
N. Boîte à garniture du piston.
Q. Brise-courant.
R. Attente de la soupape de sûreté.

Fig. 1019. — Détendeur des générateurs Belleville.

modifie la sensibilité de l'appareil, que représente la figure 1016. Les *détendeurs* abaissent, jusqu'à une limite déterminée, la tension de la vapeur produite sous une pression supérieure à cette limite : cet excès de pression existe fréquemment dans les générateurs tubulés. Le détendeur assèche légèrement la vapeur et fait disparaître les variations de pression qui se produisent dans le générateur.

Le détendeur consiste en une soupape ou en un appareil d'obturation analogue, que commande un piston, soumis d'un côté à la poussée d'un ressort et, de l'autre côté, à la pression de la vapeur détendue. Lorsque cette pression s'élève, le piston manoeuvre la soupape, de manière à réduire l'orifice de la prise de vapeur ; lorsqu'elle

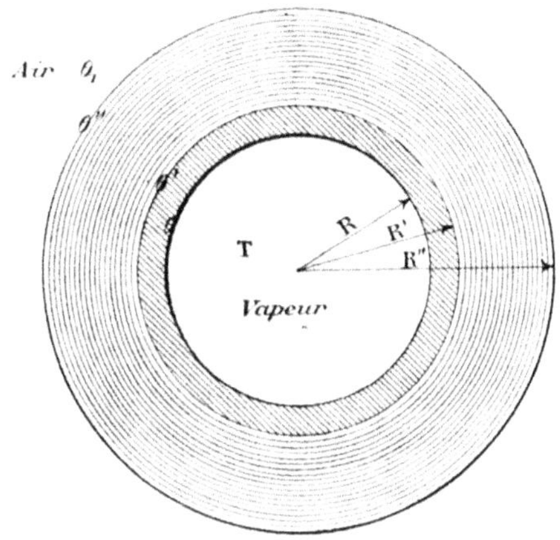

Fig. 1020. — Tuyau avec enveloppe isolante.

diminue, au contraire, le ressort augmente cet orifice. La vapeur détendue n'a donc pas une tension rigoureusement constante : la variation correspond à celle de la poussée du ressort dans toute l'étendue de sa course, variation qui peut être minime.

On cherche à disposer les appareils de manière qu'ils soient également chauffés de tous côtés par la vapeur, pour éviter les coincements dus aux dilatations inégales.

Les figures 1017 à 1019 représentent trois types de détendeurs construits comme il vient d'être dit. On peut régler la tension du ressort de manière à faire varier la pression obtenue.

Les tuyaux de vapeur se refroidissent au contact de l'air ; les enveloppes isolantes réduisent la perte de chaleur. On établit aisément la formule théorique de la quantité de chaleur, qui traverse en une seconde le tuyau et son enveloppe circulaire, mais cette formule contient plusieurs coefficients de transmission, qui sont généralement mal connus.

Soient R, R', R'' (fig. 1020) les rayons à l'intérieur et à l'extérieur du tuyau et de l'enveloppe, T, la température de la vapeur, θ, θ' et θ'' les températures sur les faces du tuyau et de l'enveloppe, θ_1, celle de l'air.

En une seconde, la vapeur cède au métal, sur un mètre de longueur, un nombre de calories, M ; γ étant un coefficient de transmission de chaleur du fluide au métal,

$$M = 2\pi R\gamma(T - \theta)$$

γ' étant le coefficient de conductibilité du métal, à travers un anneau de rayon *r*, et d'épaisseur infiniment petite, *dr*, il passe encore M calories et

$$M = 2\pi r \frac{\gamma'}{dr} d\theta,$$

$d\theta$ étant la variation infiniment petite de la température. Intégrée entre les limites R et R', θ et θ', cette équation donne

$$M = 2\pi\gamma' \frac{\theta - \theta'}{\mathcal{L}\frac{R'}{R}},$$

$\mathcal{L}$ désignant le logarithme naturel.

De même, on aura, pour la traversée de l'enveloppe isolante,

$$M = 2\pi\gamma'' \frac{(\theta' - \theta'')}{\mathcal{L}\frac{R''}{R'}},$$

et, pour le passage de la chaleur de l'enveloppe dans l'air,

$$M = 2\pi R''\gamma'''(\theta'' - \theta_1).$$

En éliminant θ, θ' et θ'' entre ces trois équations, on arrive à la relation

$$M = 2\pi \frac{T - \theta_1}{\frac{1}{\gamma R} + \frac{\mathcal{L}\frac{R'}{R}}{\gamma'} + \frac{\mathcal{L}\frac{R''}{R'}}{\gamma''} + \frac{1}{\gamma'''R''}}.$$

Les coefficient γ et γ' sont bien plus grands que γ'' et γ''' ; on peut donc réduire approximativement cette équation à

$$M = 2\pi \frac{R''(T - \theta_1)}{\frac{R''}{\gamma''}\mathcal{L}\frac{R''}{R'} + \frac{1}{\gamma'''}}.$$

Si le coefficient de conductibilité de l'enveloppe, γ'', n'était pas assez petit, la formule montre que la quantité de chaleur perdue, M, augmenterait avec le rayon R'', c'est-à-dire avec l'épaisseur de l'enveloppe.

Les isolants employés sont très variés ; on se sert de bois, de liège en bandes, de corde, de tresses en paille, de terre argileuse avec de la paille hachée, de scories filées, de briques en déchets de liège agglomérés, de bien d'autres substances peu conductrices encore.

Outre ses qualités intrinsèques pour réduire la transmission de la chaleur, on demande à un isolant de se mettre en place facilement, de ne pas trop charger les tuyaux, de ne pas se désagréger à la chaleur, et de pouvoir se démonter et se remonter ; il faut encore que le prix n'en soit pas trop élevé. C'est d'après des résultats d'expériences qu'on apprécie la valeur isolante des diverses substances.

Ces expériences montrent que la chaleur perdue par un tuyau bien enveloppé varie, suivant la nature de l'enduit, de la moitié au tiers de la chaleur perdue par le tuyau nu.

La chaleur, transmise à l'air par un tuyau non enveloppé, plein de vapeur, varie d'ailleurs avec la nature de la paroi : si la paroi est polie, cette quantité de chaleur est moindre que si elle est rugueuse. Le nombre de calories transmises, en une heure, par mètre carré, dans un air calme, varie de 6 à 12 calories pour chaque degré de différence des températures.

La surface extérieure des chaudières doit également être recouverte d'une enveloppe qui réduise la perte de chaleur : les massifs en briques servent de revêtement protecteur ; sur les tôles non enveloppées, on applique les mêmes isolants que sur les tuyaux. Pour les locomotives, on se contente souvent de la simple enveloppe en tôle mince, enfermant une couche d'air.

Dans des expériences exécutées au laboratoire de l'*University college* à Londres, M. A. B. W. Kennedy a trouvé qu'une chaudière non enveloppée, placée dans une salle close, en se refroidissant de 160° à 100°, perdait de 2000 à 1000 calories par heure, et par mètre carré : avec un bon isolant, cette quantité de chaleur est réduite à moitié.

M. Loevy a comparé, en Russie, la vitesse de refroidissement de chaudières de locomotives, non enveloppées, munies de la simple enveloppe en tôle, et avec addition d'un isolant sous l'enveloppe. Les locomotives étaient en stationnement et en marche très lente. Il a trouvé, dans ces trois cas, pour valeurs moyennes du coefficient de transmission, 0,33, 0,16 et 0,12. Ce coefficient exprime le nombre de calories perdues par mètre carré, pendant une minute, pour une différence de température de 1° entre la chaudière et l'air ; ce nombre de calories croît proportionnellement à l'écart des températures.

124. Accidents.

Les chaudières donnent lieu à des accidents plus ou moins graves, depuis l'explosion foudroyante, qui ruine les constructions voisines, jusqu'aux petites déchirures, toujours à craindre parce que les brûlures par l'eau chaude et la vapeur sont dangereuses. En général, l'explosion est d'autant plus redoutable que la masse d'eau chaude sous pression mise subitement en liberté est plus grande. Aussi la rupture d'un élément d'une chaudière à faible volume d'eau, celle d'un tube d'une chaudière tubulaire produira peu d'effets destructeurs ; néanmoins le personnel qui dessert l'appareil risque d'être victime de ces accidents.

Dans les salles closes, et surtout à bord des navires, la rupture des tuyaux de vapeur, qui se produit quelquefois à la brasure d'une bride, est extrêmement dangereuse : de telles ruptures ont causé d'épouvantables désastres.

La statistique des explosions de chaudières est tenue dans plusieurs États. La figure 1021 reproduit graphiquement, d'après les publications du Ministère des Travaux Publics, les chiffres de cette statistique pour la France, pendant les années 1865 à 1893.

Les chaudières tubulées, à cause du grand nombre des éléments qui les composent, forment la classe de générateurs la plus dangereuse. C'est ainsi que dans le département de la Seine, pendant la période décennale de 1884 à 1893, 29 accidents de chaudières se sont produits, causant 14 morts et blessant 13 personnes ; 14 de ces accidents, avec 6 morts et 6 blessés, sont dus aux générateurs tubulés, dont le nombre était bien loin d'atteindre la moitié du nombre total des chaudières installées dans le département.

La gravité de ces accidents peut être atténuée si les portes, qui enferment les faisceaux tubulés, sont solides et toujours bien fermées, de manière à ne pas s'ouvrir sous la poussée de la vapeur, qui s'échappera par la cheminée. On ajoute aussi aux fourneaux des « trappes d'expansion », qui ouvrent une large issue à la vapeur. Il faut que les cendriers soient également munis de portes, qui se ferment du dedans vers le dehors.

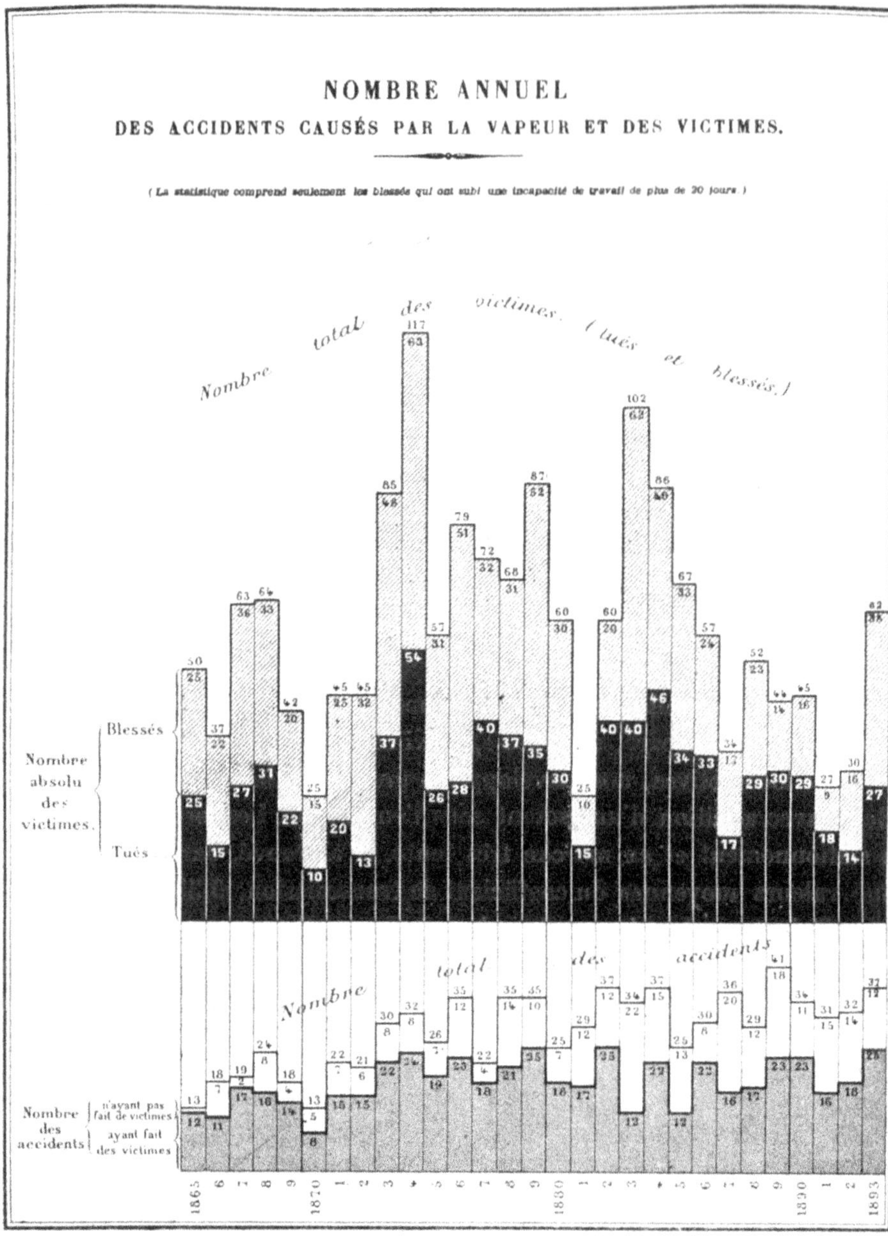

Fig. 1021. — Statistique des accidents de chaudières en France, pendant les années 1865 à 1893, d'après une publication du Ministère des Travaux publics.

Certains accidents prennent une effrayante gravité, lorsqu'ils se produisent au milieu d'ateliers remplis d'ouvriers. Plusieurs des catastrophes les plus graves sont dues à des chaudières de forges, à flamme perdue.

Les accidents de chaudières risquent aussi d'avoir des conséquences désastreuses, lorsqu'ils se produisent au milieu des habitations. C'est ainsi que l'explosion d'un générateur, installé dans le sous-sol d'un hôtel à Hartford (Connecticut), causa l'effondrement de toute la construction ; des ruines on retira 23 morts et 10 blessés.

Des accidents plus limités, mais fort graves, surviennent encore en dehors des établissements industriels : de nombreuses explosions se sont produites en Angleterre, dans les habitations, au moment des gelées, qui amènent l'obstruction

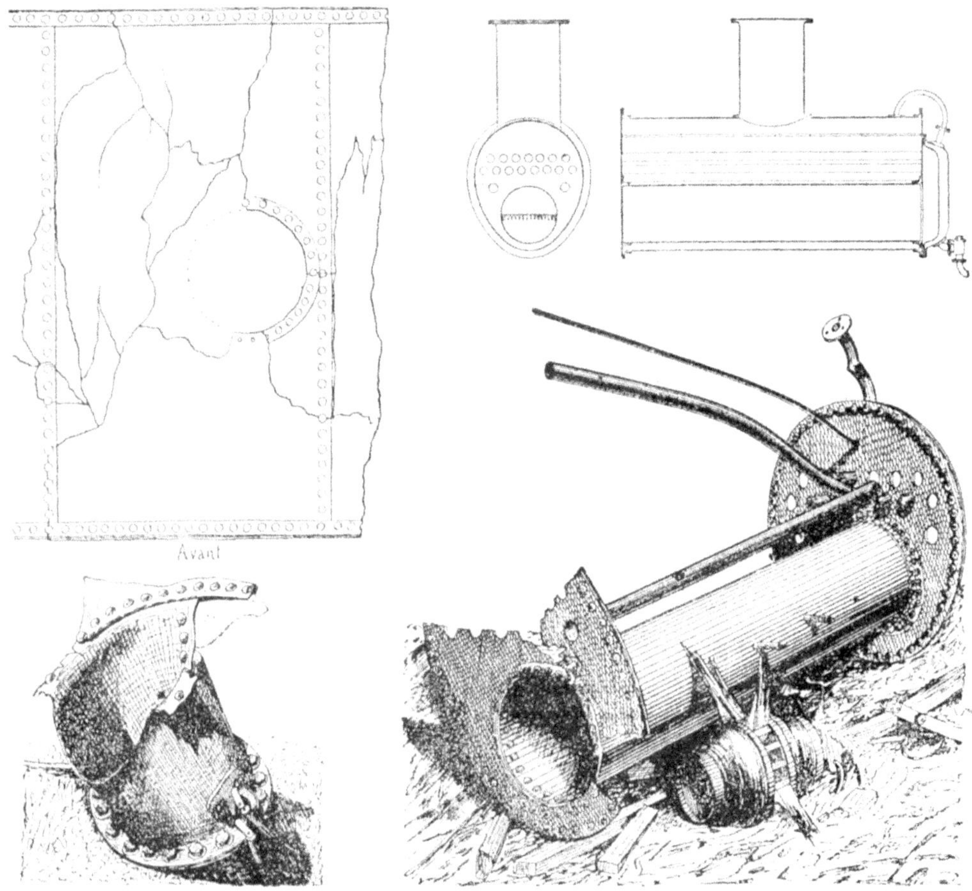

Fig. 1022. — Explosion d'une locomobile commandant une batteuse, survenue en 1889, d'après M. L. Bour.

des tuyaux branchés sur les récipients d'eau chaude des cuisines et des calorifères. Un relevé, sans doute incomplet, indique, pendant la période de 5 jours, du 5 au 9 janvier 1894, 38 explosions de ce genre, avec 12 morts et 33 blessés[19].

Le froid de février, en 1895, a ramené les accidents de ce genre à Londres ; on en a constaté de nouveau un grand nombre faisant beaucoup de victimes.

Les locomobiles employées temporairement pour les travaux de l'agriculture donnent lieu à des accidents assez fréquents (fig. 1022).

On a vu des explosions simultanées de plusieurs générateurs réunis dans une même batterie. C'est ainsi que 27 chaudières ont été détruites, dans une batterie de 36, à Shamokin, en Pennsylvanie, le 11 octobre 1894. Chacune de ces chaudières

19 Ce relevé a été publié par l'association des propriétaires d'appareils à vapeur à Manchester (*Manchester Steant users' association*); les accidents ont détruit 15 calorifères et 23 fourneaux de cuisine. Sur les 23 fourneaux de cuisine, on en comptait un dans une banque, 2 dans des cercles, et 20 dans des habitations particulières ; parmi les 12 victimes mortellement atteintes, se trouvaient 10 femmes ou enfants.

Fig. 1023. — Vue de l'usine de Warrenby, près de Redcar, après l'explosion simultanée de 15 chaudières cylindriques, le 14 juin 1895, d'après *l'Engineering*.
Diamètre des chaudières, $1^{m},37$; longueur $20^{m},2$.

était un cylindre, long de 13,40 m avec un diamètre de 860 mm. À Friedenshütte, en haute Silésie, 22 générateurs firent explosion simultanément, le 25 juillet 1887. En Angleterre, 15 chaudières furent simultanément détruites, le 14 juin 1875 (fig. 1023). On peut encore citer l'explosion de 6 chaudières sur 10, à Coltness, en Écosse ; de 5 chaudières, en 1863, près de Glasgow.

Les accidents se l'attachent à trois causes d'espèces différentes :

- En premier lieu, l'appareil peut avoir des défauts originels : quelquefois les formes sont mal étudiées et les différentes parties ne sont pas proportionnées aux efforts qu'elles subissent en service ; la qualité des tôles employées est défectueuse, ou bien le travail de chaudronnerie est mal exécuté.
- En second lieu, si bien construite que soit une chaudière, elle est soumise à l'usure, comme tout autre appareil, plus même que bien d'autres appareils ; et il est rare que les tôles échappent complètement aux corrosions.
- Enfin, on se sert maladroitement ou imprudemment des générateurs, en négligeant l'entretien courant, en élevant outre mesure la pression, en oubliant l'alimentation, en laissant s'accumuler les dépôts de tartre.

Lorsqu'un accident se produit, il arrive fréquemment qu'il est dû à l'action combinée de plusieurs causes. Ainsi l'usure est surtout à craindre sur une chaudière dont la résistance est à peine suffisante quand elle est neuve. Un léger excès de pression, qui serait sans danger sur une bonne chaudière, peut être funeste si elle est mal construite, ou affaiblie par l'usure. Il est souvent difficile d'attribuer à chaque cause sa juste part ; suivant la tournure d'esprit de ceux qui jugent les responsabilités, une part prépondérante est donnée aux causes de telle ou de telle espèce. Longtemps on a eu tendance à exagérer l'effet des fautes commises dans l'emploi des appareils, exagération facile quand l'auteur direct de la faute avait été victime de l'accident et n'était plus là pour se défendre ; mais les enquêtes ont fini par mettre en lumière les véritables motifs de la plupart des accidents, et ont réduit à leur juste limite l'importance des fautes des chauffeurs, dont la fréquence prouverait d'ailleurs un défaut de surveillance répréhensible. Les associations de propriétaires d'appareils à vapeur, en France comme à l'étranger, ont beaucoup contribué à éclaircir cette importante question.

Le manque de résistance, par vice d'étude, est moins rare que ne seraient tentées de le croire les personnes étrangères à la construction des machines. Il est difficile de calculer avec précision la fatigue des diverses pièces d'une chaudière, à moins que les formes n'en soient extrêmement simples ; les dilatations inégales des différentes parties produisent des poussées et des tiraillements, qui sont loin d'être toujours négligeables. Lorsqu'une chaudière s'écarte des formes consacrées par une longue expérience, il faut l'examiner avec grande attention pour s'assurer qu'elle est solide, et encore on risque de laisser passer inaperçue quelque funeste erreur. Et même quand on reproduit des formes bien connues, de légères modifications, une simple augmentation de grandeur, une élévation du timbre, peuvent fatiguer jusqu'à un point dangereux certaines parties, qui étaient déjà un peu trop chargées, sans qu'on s'en doutât, dans les anciennes constructions.

La présence de chambres d'air et de vapeur, dans les parties chauffées, qu'on remarque parfois à la partie supérieure des bouilleurs, tient aussi à un vice d'étude ; la tôle est sujette à une altération rapide au-dessus de ces chambres.

Dans l'exécution des chaudières, on constate trop souvent de graves défauts : la qualité de bien des tôles employées pour les constructions est défectueuse. La résistance à la rupture, dans l'essai de traction, est presque toujours assez élevée, mais la ductilité, qui se manifeste par l'allongement de l'éprouvette avant rupture, par la réussite des essais de pliage et de choc, fait souvent défaut. Quand on voit combien les tôles de certaines chaudières sont fragiles et cassantes, on s'étonne qu'elles aient jamais pu résister en service.

Lorsque les tôles sont embouties, le fait même du travail de l'emboutissage, qu'elles ont supporté, est une garantie de ductilité : mais cette garantie n'existe pas pour les tôles planes ou simplement cintrées.

À l'emploi de mauvaises matières premières s'ajoute l'exécution défectueuse : en regard par la funeste opération du brochage, rivets mal posés, cassures entre les trous de rivets.

Un défaut assez fréquent des tôles, et surtout des tôles fines, est la présence de pailles ou dédoublures, par suite du manque de soudure des mises qui la composent. Si elle se trouve fortement chauffée, la paille produit le soulèvement d'une bosse qui se détruit rapidement. Dès que la paille ou la bosse a quelque étendue, il faut remplacer la tôle ou du moins y mettre une pièce, qui se trouve placée dans de mauvaises conditions, la rivure et la double épaisseur de métal étant à l'endroit le plus chauffé.

La seconde cause de danger se trouve dans l'usure des tôles, parfois très rapide ; des corrosions locales se développent en peu d'années, soit à l'intérieur, soit à l'extérieur des chaudières.

La corrosion intérieure est quelquefois due à l'emploi des eaux acides, qui proviennent de certaines mines ; en outre, des chlorures, tels que le chlorure de magnésium, se décomposent à une température peu élevée en formant de l'acide chlorhydrique. Mais la corrosion intérieure se produit aussi avec les eaux d'alimentation ordinaires, parfois même, d'une manière surprenante, avec des eaux très pures. Elle ne tient pas du reste uniquement à l'action de l'eau chaude, car elle se produit souvent pendant le chômage des générateurs : l'air non chauffé, quand il est humide, attaque les tôles. Cette attaque se produit surtout quand il reste un peu d'eau dans les chaudières après la vidange, comme dans le fond d'une virole de grand diamètre, comprise entre deux autres plus petites. Lorsque le chômage d'un générateur doit se prolonger, il importe de l'assécher soigneusement, et de prendre quelques précautions pour le maintenir bien sec.

La corrosion débute souvent par des piqûres isolées, ou pustules.

D'après M. Olry,

> « les corrosions par pustules ont un faciès bien différent de celui d'autres corrosions, dues, par exemple, à l'action de sels ou d'acides contenus dans l'eau (corrosions en surface, par sillons, vermiculaires, etc.). La tôle présente des cavités parfois pivotantes (fig. 1024), mais se rapprochant le plus ordinairement de la forme sphérique (fig. 1025). En même temps que ces trous se creusent, ils se remplissent d'une poudre brune, rougeâtre ou jaunâtre, constituée principalement par de l'oxyde de fer produit au détriment du métal attaqué. Le volume de cette poudre étant supérieur à celui du métal qui a disparu, il se forme, au-dessus de chaque trou une sorte de champignon, également à peu près sphérique : c'est la pustule. La surface en est souvent recouverte par une pellicule de couleur brun jaunâtre, mince comme une coque d'oeuf, et composée surtout d'oxyde de fer et de sels de chaux. Il existe

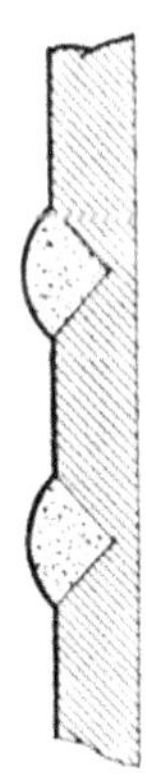

Fig. 1024. — Pustules pivotantes dans la tôle, d'après M. Olry.

Fig. 1025. — Pustules arrondies.

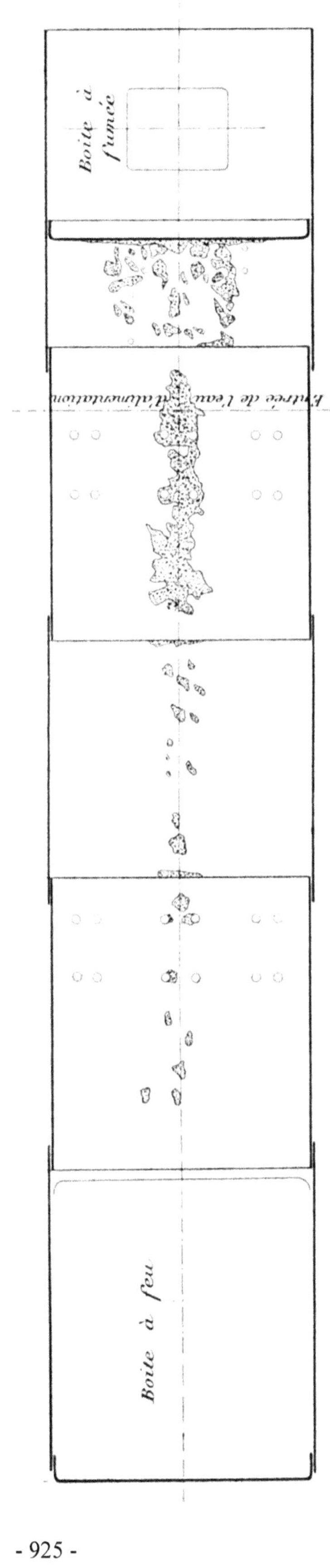

Fig. 1026. — Corrosions intérieures à la partie inférieure d'une chaudière de locomotive ; vue en plan.

> des pustules qui tombent en poussière au moindre contact ; d'autres sont beaucoup plus solides, à cause, notamment, de la dureté de la pellicule qui les recouvre. »

La poudre qui les remplit est presque entièrement formée d'oxyde de fer.

Quand les trous de corrosion par pustules sont voisins les uns des autres, ils peuvent, par leur extension progressive, se réunir et couvrir une grande surface.

La figure 1026 représente les corrosions relevées sur une chaudière de locomotive. En plusieurs places, l'épaisseur de la tôle était réduite de plus de moitié.

Des corrosions analogues se produisent parfois sur la partie supérieure des tubes, en fer ou en acier doux, des chaudières tubulaires.

Il est vraisemblable que ces corrosions sont dues en partie à une attaque du métal par l'oxygène de l'air. Dans les chaudières en service, l'air est amené par l'eau d'alimentation, qui le tient en dissolution : il y a même, dans les gaz ainsi dissous, une proportion d'oxygène, par rapport à l'azote, plus forte que dans l'atmosphère. C'est souvent dans le voisinage de l'arrivée d'eau d'alimentation que se produisent les corrosions ; c'est dans cette région que l'air se dégage. Toutefois les eaux qui paraissent surtout corrosives sont celles qui renferment, outre l'oxygène et l'azote de l'air, de l'acide carbonique en dissolution.

Pour faire disparaître l'action fâcheuse de l'eau contenant des gaz dissous, on voit qu'il suffit de la débarrasser de ces gaz par un échauffement préalable.

Quand des pustules sont déjà formées, on peut en arrêter le développement en grattant les cavités qu'elles ont formées dans le métal, afin d'y enlever toute trace de rouille, et en y appliquant plusieurs couches de goudron.

On essaye quelquefois de préserver les chaudières au moyen de peintures ou d'enduits ; l'une des méthodes consiste à revêtir intérieurement les tôles d'une couche mince de pétrole.

Les corrosions produisent aussi des sillons allongés, qui peuvent devenir fort dangereux, surtout le long des pinces, à l'endroit où une tôle cesse de porter contre la tôle contiguë, et dans les parties embouties. C'est ainsi que le bord arrondi des plaques tubulaires (fig. 1027), dans les chaudières de locomotives, se ronge parfois en peu d'années. De même des sillons se creusent dans les arrondis concaves du côté de l'eau (fig. 1028 et 1029).

Les corrosions se développent ainsi en sillons dans les parties où la tôle est soumise à des efforts répétés de flexion, qui semblent favoriser beaucoup l'attaque par l'eau. Cependant certains sillons se développent en lignes horizontales à l'affleurement du niveau moyen de l'eau : peut-être tiennent-ils à une accumulation des gaz, dégagés par l'eau, dans les écumes, qui nagent à la surface de l'eau lorsqu'elle contient des matières grasses.

Dans les parties qui ne sont en contact qu'avec la vapeur, les tôles restent en général intactes. Quelques attaques isolées de ces parties, qu'on a constatées dans des chaudières marines, sont attribuées à des projections de chlorure de magnésium.

Une altération assez rare, mais fort dangereuse, est la formation de fentes très minces dans les tôles, suivant les lignes d'encastrement. La figure 1030 représente une fente qui a été constatée dans la tôle formant le ciel de la boîte à feu d'une locomotive : des fentes, analogues existaient dans les tôles similaires de locomotives de la même série, et n'étaient guère visibles, malgré un examen très minutieux de l'intérieur de la chaudière ; elles n'ont été reconnues qu'en dérivant la tôle.

Les corrosions extérieures sont déterminées principalement par l'action des fuites de l'eau de la chaudière, action destructive dès qu'elle se prolonge. Elle s'exerce le long des pinces, autour des rivets et de tous les joints mal faits, autour des bouchons autoclaves fréquemment démontés. Ces corrosions ne doivent pas exister sur une chaudière bien construite et bien entretenue. Si la fuite se produit au contact de la maçonnerie, qui forme alors comme un emplâtre toujours humide sur la tôle, la corrosion s'étend sur toute la surface couverte.

Les figures 1031 à 1033, empruntées à une publication des associations de propriétaires d'appareils à vapeur, montrent avec quelle imprudence on laisse s'étendre cette corrosion des tôles.

Un autre genre de corrosion extérieure a été constaté dans les réchauffeurs, quand ils ne reçoivent que des gaz déjà fortement refroidis et quand ils sont placés dans des carneaux humides : la corrosion peut alors tenir à l'attaque par l'acide sulfurique, qu'on trouve dans la suie qui recouvre ces réchauffeurs. L'acide provient de la combustion des pyrites, que renferme fréquemment la houille. Cette action ne se produit jamais lorsque les gaz quittent la chaudière à une température un peu élevée.

Bien des accidents sont dus à la corrosion des tôles : beaucoup d'enquêtes sur les explosions conduisent à des conclusions qui se rapprochent de celles que M. Bour donne au sujet de la locomobile représentée figure 1022 :

> « Les causes de l'explosion ne sont pas douteuses. Cette chaudière, dont la construction remonte à 30 ou 35 ans, était absolument hors de service. De nombreuses cassures aux tôles, dont plusieurs avaient donné lieu à des réparations mal faites, de nombreuses corrosions lui enlevaient toute résistance. En outre, la qualité de la tôle de l'enveloppe, à en juger par les cassures, était très médiocre. »

Les négligences dans l'entretien des générateurs ne sont pas rares : on ne les débarrasse pas en temps utile, par des lavages, du tartre, qui s'accumule petit à petit, jusqu'à faire rougir les tôles directement chauffées ; les soupapes fonctionnent mal et restent collées sur leurs sièges ; les indicateurs de niveau, les manomètres, sont en mauvais état et donnent des indications inexactes. Ces négligences n'engagent pas seulement la responsabilité du chauffeur, mais ses chefs sont également coupables, quand elles sont habituelles.

Enfin le mauvais emploi des appareils peut causer un accident d'un moment à l'autre, par excès de pression ou par défaut d'alimentation. L'excès de pression est voulu ou non, suivant que les soupapes sont à dessein surchargées ou calées, ou bien mal entretenues et collées sur leurs sièges. Poussé trop loin, l'excès de pression amène nécessairement une rupture mais une bonne chaudière supportera, sans grand danger, une certaine surcharge, qui, bien entendu, ne doit jamais être tolérée.

Les effets du manque d'eau et de l'alimentation intempestive sur des tôles trop chauffées ont été souvent exagérés : il existe une sorte de légende à ce sujet, et bien des personnes sont encore portées à attribuer presque toutes les explosions à cette cause. Il est certain que les tôles perdent leur ténacité, quand elles arrivent au rouge : si l'on s'aperçoit qu'une chaudière est dans cet état dangereux, il faut jeter le feu et éviter toute cause d'augmentation de pression, même légère. C'est surtout dans les chaudières à foyer intérieur que le manque d'eau peut avoir des conséquences désastreuses, parce que les ciels de foyer, une fois découverts, arrivent vite au rouge. Lorsque les tôles sont très ductiles, la pression de la vapeur les emboutit quelquefois, en pareil cas, vers l'intérieur du foyer, sans les déchirer. On a souvent supposé qu'en alimentant une chaudière dont les tôles avaient rougi par manque d'eau, on produisait une élévation considérable de pression, très dangereuse, par suite de la formation subite d'une grande quantité de vapeur. Les expériences remarquables de l'Association de Manchester ont montré l'inanité de cette théorie, peu vraisemblable d'ailleurs.

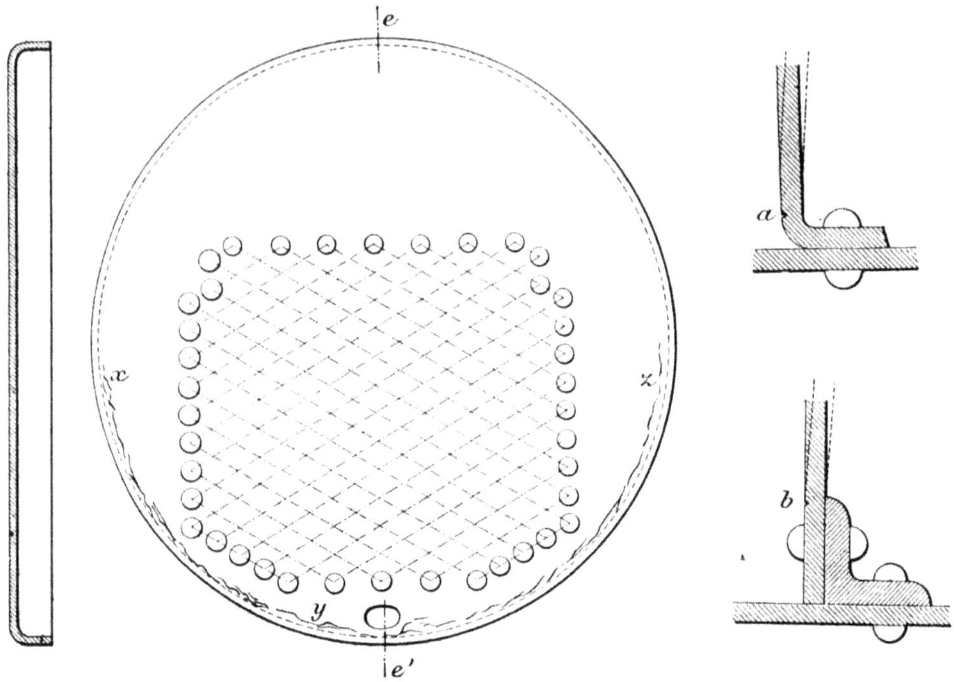

Fig. 1027. — Corrosion d'une plaque tubulaire de boîte à fumée de locomotive. Le bord embouti de la plaque, en contact avec l'eau, se ronge en *a* suivant la demi-circonférence inférieure, *xz*. Les plaques fixées par une cornière se rongent en *b*.

Les essais portaient sur une chaudière du type Lancashire, à deux foyers intérieurs cylindriques ; la longueur était de $8^{m},500$, le diamètre de $2^{m},140$, le diamètre des foyers de 915 mm. Les tuyaux d'alimentation étaient disposés pour verser l'eau, divisée en plusieurs filets, droit sur le ciel des foyers, au-dessus des grilles.

Les expériences consistaient à abaisser le plan d'eau au-dessous des ciels de foyer, à les laisser s'échauffer jusqu'au rouge, puis à alimenter abondamment. En opérant avec des soupapes calées, cette alimentation produisait au premier instant une certaine élévation de pression, ne dépassant pas 3 kg par cm^2 ; puis la pression retombait rapidement.

En opérant pendant que les soupapes soufflaient, on n'a constaté aucune élévation de la pression, qui au contraire s'abaissait bientôt.

Les tôles des ciels s'altéraient profondément pendant les essais et ont dû être plusieurs fois changées, mais aucune cassure circulaire ou longitudinale n'est résultée de l'application subite de l'eau froide.

L'examen des causes diverses, qui produisent les accidents de chaudière, prouve qu'on pourrait les éviter presque tous par les soins apportés à l'étude et à la construction de ces appareils ; par une surveillance convenable, qui ferait réparer ou

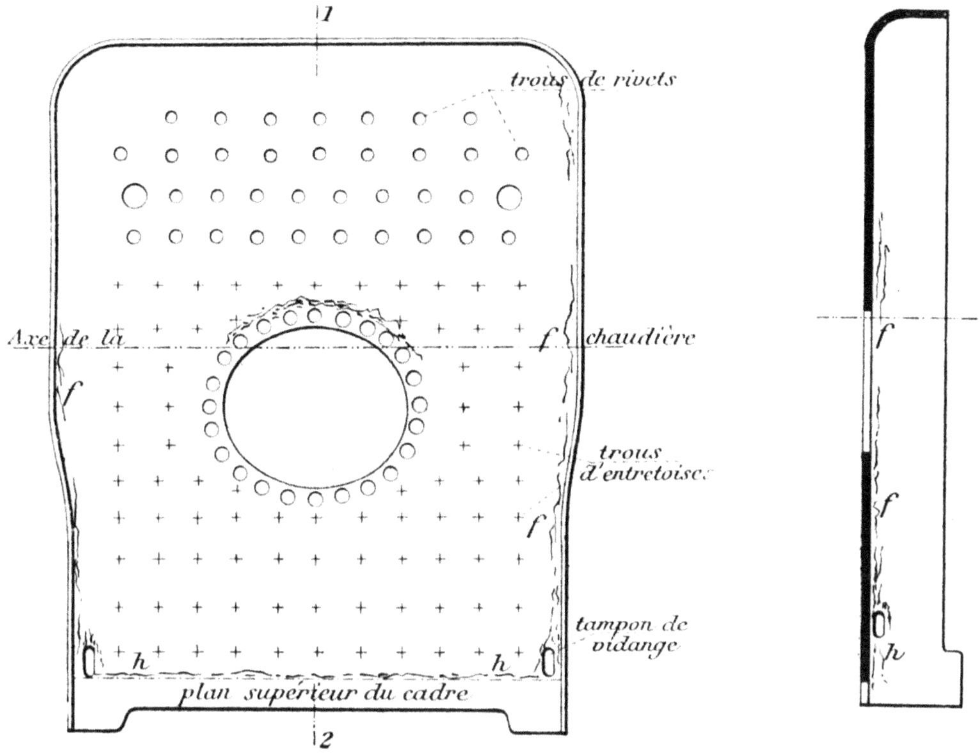

Fig. 1028. — Corrosions d'une plaque arrière de boîte à feu de locomotive ; élévation et coupe suivant 1 - 2. Des sillons se creusent, en *ff*, dans les angles emboutis, ainsi qu'au ras du cadre, en *h*.

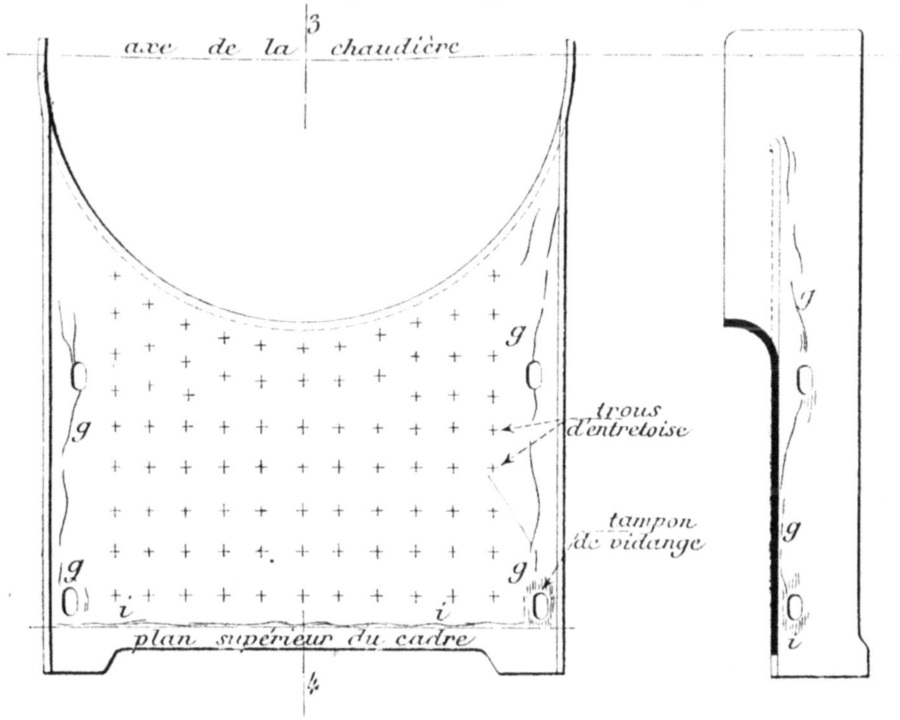

Fig. 1029. — Corrosion d'une plaque avant de boîte à feu de locomotive ; élévation et coupe suivant 3-4 ; sillons dans les angles emboutis, en *g*, et au ras du cadre, en *i*.

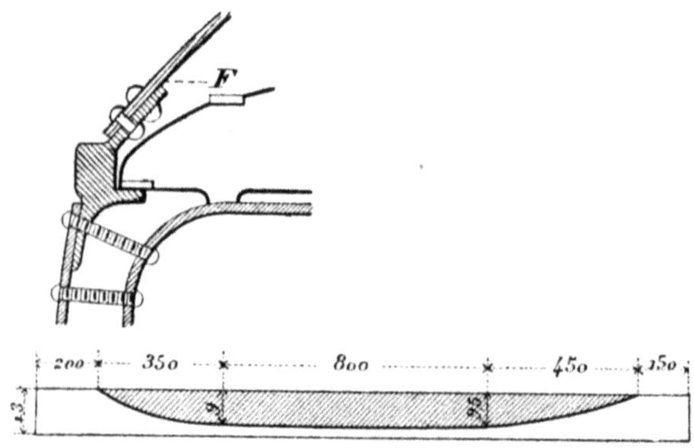

Fig. 1030. — Fissure relevée dans une tôle de ciel de boîte à feu de locomotive ; la partie fissurée est couverte de hachures. La coupe transversale montre en F l'emplacement de la fissure.

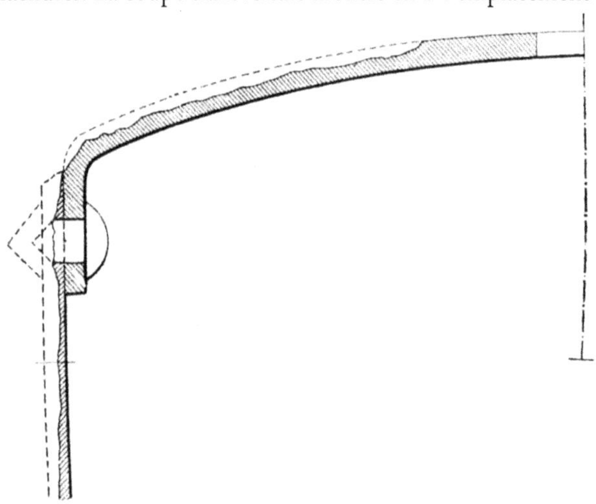

Fig. 1031. — Corrosion extérieure de la tôle d'un réchauffeur ; d'après le catalogue de l'exposition (en 1889) des associations françaises de propriétaires d'appareils à vapeur.

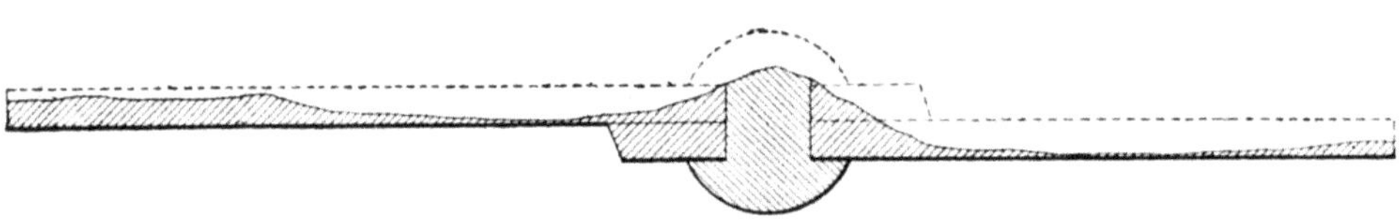

Fig. 1032. — Corrosion extérieure de la tôle d'un bouilleur réchauffeur ; d'après le catalogue de l'exposition (en 1889) des associations françaises.

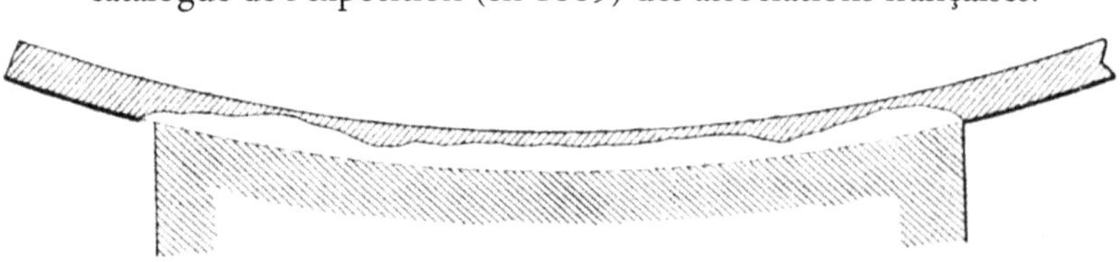

Fig. 1033. — Corrosion extérieure d'une tôle de chaudière, par fuites au contact d'une maçonnerie ; d'après le catalogue de l'exposition (en 1889) des associations françaises.

remplacer à temps les parties corrodées ; par l'attention apportée à leur marche et à l'entretien quotidien des appareils indicateurs.

125. Épreuves et surveillance.

Pour vérifier si les chaudières sont étanches et assez résistantes, on les soumet à une pression déterminée, en y refoulant de l'eau avec une pompe. Cette épreuve à la *presse hydraulique* est souvent obligatoire, notamment en France, en Allemagne, en Autriche, en Italie, en Russie, en Danemark, en Angleterre pour la marine marchande. L'épreuve porte sur les chaudières neuves et doit être renouvelée au bout de certains délais : elle est, en outre, prescrite dans divers cas tels que réparation, vente de l'appareil.

La pression d'épreuve dépasse généralement la pression la plus élevée en marche, suivant un principe général des essais de résistance, et aussi parce qu'en service les dilatations inégales augmentent la fatigue des tôles. Il convient toutefois que la surcharge d'épreuve ne soit pas assez forte pour détériorer l'appareil.

En France, sous le régime de l'ordonnance du 22 mai 1843, la charge d'épreuve était égale à cinq fois la pression effective de marche pour les générateurs en fonte, à trois fois cette pression pour les générateurs en fer ou en cuivre, et à deux fois pour les chaudières locomobiles. On a presque partout renoncé aux énormes surcharges autrefois prescrites : en France, la surcharge est au plus de 6 kg par cm^2 et de 4 seulement pour les récipients de vapeur ; pour les chaudières fonctionnant à une pression effective inférieure à 6 kg par cm^2, la surcharge est égale à cette pression. Pour les chaudières des bateaux fluviaux, d'après le décret du 9 avril 1883, la surcharge n'est que la moitié de la pression effective de marche, avec maximum de 3 kg par cm^2, lors des épreuves autres que la première.

On a plusieurs fois contesté l'utilité de ces essais à la presse. Pour vérifier l'étanchéité, ils sont commodes, car les fuites sont plus difficiles à éviter à froid qu'à chaud. Au point de vue de la résistance, on peut reprocher à l'épreuve réglementaire de ne pas être une garantie complète : parfois un appareil peu sûr supporte cette épreuve. Mais, avec des surcharges modérées, on ne peut plus guère lui reprocher de soumettre inutilement l'appareil à une fatigue dangereuse, capable de le prédisposer à rupture le plus grave reproche que mérite l'épreuve hydraulique est de n'être pas suffisante. Elle doit être complétée par l'examen minutieux des tôles de la chaudière. L'épreuve exige la mise à nu et l'inspection de la surface extérieure des tôles : ne pas profiter de cette occasion pour en examiner aussi les faces intérieures est une grande négligence.

La démolition des massifs de maçonnerie, nécessaire pour l'examen extérieur des tôles de certaines chaudières, rend parfois l'épreuve assez gênante ; mais, indépendamment même de l'épreuve, la prudence commanderait de ne pas différer indéfiniment cet examen.

Pour éviter des projections dangereuses, en cas de rupture, pendant l'essai, il convient que la chaudière soit entièrement remplie d'eau. Même avec cette précaution, il n'est pas sûr qu'un tampon en bois, bouchant un orifice, ne puisse être dangereusement projeté ; il ne faut pas employer ce moyen simple de fermeture. La pression est mesurée à l'aide d'un manomètre étalon, monté sur la chaudière.

Il est rare qu'on observe les déformations temporaires ou même permanentes que produit la pression d'épreuve, malgré l'intérêt théorique et pratique de ce relevé : une déformation notable décèle un vice de forme ou de construction. La « commission des méthodes d'essai » a publié les relevés faits sur une chaudière de la Cie du chemin de fer d'Orléans, timbrée à 15 kg et essayée sous la pression effective de 21 kg par cm². Le diamètre moyen du corps cylindrique était de $1^{m},250$, et l'épaisseur des tôles, en acier, de $12^{mm},5$. Les déformations les plus fortes sur le diamètre ou sur la largeur n'ont guère dépassé 1 mm, et la plupart n'étaient que d'une fraction de mm. Après l'essai, les déformations permanentes n'atteignaient pas un dixième de mm, sauf en un point, où cette valeur a été légèrement dépassée.

On a quelquefois produit la pression d'épreuve en remplissant la chaudière d'eau et en la dilatant par la chaleur. Ce procédé peu commode paraît abandonné.

L'inspection périodique des chaudières, parfois exposées à des usures rapides en certaines parties, est la meilleure garantie contre les accidents. Cette inspection exige une expérience spéciale : peu de personnes peuvent l'acquérir aussi complètement que les agents des associations de propriétaires d'appareils à vapeur. Les avantages de telles associations sont considérables : une branche importante des établissements industriels est ainsi soumise à une surveillance extérieure, plus efficace que celle d'un chef de service intérieur, occupé par bien d'autres sujets, d'un intérêt plus immédiat, et plus enclin à accepter des excuses pour certaines négligences, dont il est quelque peu coupable lui-même. Cette surveillance est acceptée facilement, puisque l'industriel se l'est imposée volontairement. Les associations ne se lient pas par des lois et des règlements strictement obligatoires, mais leurs règles usuelles peuvent être tempérées s'il est utile. D'autre part, les inspecteurs se trouvent soumis en fait au contrôle des membres de l'association, qui tiennent à ce que les services, qu'ils payent, soient efficaces. Enfin, l'expérience des associations leur permet de donner des conseils utiles en ce qui touche l'emploi des combustibles, et l'installation des appareils.

- X -

EMPLOI DES MACHINES

126 Services demandés à une machine.

L'extrême variété des machines rend difficile le choix de celle qui convient pour chaque application. En faisant ce choix, on doit observer quelques règles générales, qui, du reste, s'appliquent à peu près de même pour toutes les constructions industrielles.

Chaque machine doit satisfaire à plusieurs conditions : la première est évidemment de pouvoir faire le service qu'on en attend. Aussi est-il important d'établir au préalable un programme précis de ce service. Quelquefois ce programme est bien déterminé : on demande, par exemple, une machine communiquant à un bateau une vitesse donnée ; dès que les dimensions et les formes du bateau et du propulseur sont arrêtées, le problème du moteur est absolument précis. Il est également précis, quoique la solution soit plus difficile, quand on demande une certaine vitesse modérée pour la marche habituelle, avec la faculté de réaliser exceptionnellement une vitesse beaucoup plus grande.

De même, une machine élévatoire devra refouler à une hauteur donnée un volume d'eau déterminé ou, plus généralement, compris entre des limites déterminées. Pour la solution de ce problème, la largeur et le diamètre des conduites de refoulement doivent être fixés, et il ne faut pas oublier que les incrustations en augmentent la résistance.

Un autre problème précis est celui de l'extraction dans une mine, quand la profondeur du puits, la charge à enlever et la durée de la manoeuvre sont fixées.

Bien souvent, au contraire, les termes du problème sont plus vagues ; ainsi une locomotive doit remorquer des trains de charges variables, à des vitesses diverses, sur des profils différents.

Le moteur d'un atelier doit en conduire les divers outils ; mais souvent on ne saurait dire quelle est la puissance absorbée par chaque outil, dans les diverses conditions de marche, quelles sont les résistances passives des transmissions, quelle est la proportion, par rapport à leur nombre total, des appareils qui fonctionneront simultanément, quelles additions et quelles modifications on doit prévoir à ces appareils.

Avec de telles incertitudes, on est parfois tenté de choisir les machines un peu au hasard et sans programme tracé d'avance. C'est une mauvaise méthode, qui peut permettre de graves erreurs, et qui rend fort difficiles l'appréciation et la comparaison des appareils. On risque d'attribuer aux défauts du moteur un manque de puissance ou une exagération de dépenses, qui tiennent en réalité à un choix défectueux.

Même quand il semble que les éléments en sont insaisissables, on n'en doit pas moins rédiger un programme. Si la puissance nécessaire ne peut être indiquée avec précision parce que le travail demandé à chaque outil est variable, et parce qu'il est impossible de le prévoir exactement, on peut du moins en estimer les limites vraisemblables : on établira, par exemple, que la puissance nécessaire, en marche normale, sera probablement comprise entre 150 et 200 chevaux ; mais qu'elle s'élèvera peut-être à 240 chevaux, par suite d'erreurs d'appréciation, ou de marche simultanée d'un grand nombre d'outils ; qu'enfin il y a quelque probabilité que des additions ultérieures la portent à 280 chevaux. Une machine Corliss donnant 200 à 220 chevaux, avec le degré de détente le plus économique, répondrait assez bien à ce programme. Si on ajoutait, en outre, que l'usine, pendant des périodes assez longues, ne consommera que 100 à 120 chevaux, il semble que deux machines séparées conviendraient mieux. On ne réduira pas un tel programme à ses conclusions ; mais il importe, au contraire, de conserver les observations et les raisonnements qui justifient ces conclusions.

On est souvent tenté d'installer des machines qui peuvent dépasser les conditions du programme, en leur donnant une puissance supérieure au maximum demandé. L'insuffisance notoire du programme peut justifier une telle installation, qui revient en somme à modifier les conditions posées, souvent sans le dire. Mais, en principe, on ne voit aucune raison plausible pour cette modification, qui ne devrait pas être faite sans un examen approfondi et sans discussion. Il est vrai que le jour où l'excès de puissance d'une machine permet de la conserver en service, tandis qu'il eût fallu la remplacer, on admire les vues larges de celui qui l'a installée ; mais on oublie que l'avantage actuel a probablement été payé par une augmentation considérable de dépenses (que souvent rien n'a mises en lumière) pendant une longue suite d'années. En outre, cette méthode peut conduire à laisser en service d'anciens types de machines, bien longtemps après l'apparition de types meilleurs.

En principe, le programme ne saurait être trop minutieusement étudié et bien tracé, en tenant compte, lorsqu'il ne peut être précis, de la probabilité plus ou moins grande des diverses prévisions.

Une fois le programme bien établi, pour choisir le moteur qui convient le mieux, il faut non seulement posséder l'instruction technique convenable, mais encore cet ensemble de connaissances qu'on appelle l'expérience professionnelle. Cette expérience résulte de l'observation méthodique et réfléchie des machines existantes. Il ne suffit pas d'apprendre que certaines dispositions conviennent et que d'autres ont donné de mauvais résultats, il faut encore découvrir les causes de succès et d'insuccès : sinon, en imitant les dispositions qu'on juge bonnes, on risque de ne plus retrouver les avantages espérés et, au contraire, on écartera, sans motifs plausibles, des combinaisons logiques qui ne pèchent que par quelque détail facile à corriger. Sans cet esprit critique, l'expérience n'est plus l'expérience, mais elle porte le nom peu honorable de routine.

On peut dresser une sorte de classification générale des diverses circonstances à prévoir dans le programme d'un moteur.

En premier lieu, la puissance nécessaire est ou constante ou variable. En parlant de puissance constante, on veut dire, en réalité, que les variations en sont minimes. Les variations importantes de la puissance peuvent être demandées dans des conditions très différentes, soit d'un instant à l'autre pendant la marche soit, au contraire, pour des périodes plus ou moins prolongées en régime constant, soit seulement en vue d'augmentations ou de réductions futures. La variation demandée peut être comprise entre des limites assez peu éloignées (par exemple la puissance variera de 200 à 300 chevaux), ou bien être très étendue.

En ce qui concerne la vitesse de marche, la plupart des machines comportent un arbre tournant ; on fixe d'habitude la vitesse angulaire de cet arbre, ou simplement le nombre de tours par minute. Le nombre de tours restant à peu près constant, on demande une régularité plus ou moins grande de la vitesse angulaire ; les variations doivent en être très faibles pendant chaque tour pour certaines applications, par exemple pour la commande des filatures, la production de la lumière électrique ; certains usages admettent des irrégularités un peu plus grandes ; enfin pour actionner des cylindres soufflants, par exemple, des variations assez fortes sont acceptables.

C'est surtout à l'aide de volants puissants qu'on réduit les écarts de la vitesse angulaire pendant chaque tour. Les régulateurs ne permettent pas d'éviter certaines variations, souvent peu gênantes, de la vitesse, lorsque la puissance varie ; des appareils, tels que le compensateur Denis, peuvent toujours ramener la vitesse à une même valeur moyenne.

Pour certaines applications, au contraire, la vitesse peut varier entre des limites assez étendues : c'est ainsi que des pompes donnent par minute un nombre variable de coups suivant le débit nécessaire. Les machines de bateaux sont parfois conduites à des allures différentes. Les variations de vitesse sont fort grandes dans la locomotive.

La variation de la puissance se combine diversement avec celle de la vitesse. Souvent la puissance et la vitesse varient ensemble, dans le même sens : par exemple, le travail absorbé par chaque coup de piston d'une pompe diminue quand on réduit la vitesse, parce que le frottement dans les conduites s'amoindrit. Dans les bateaux, le travail nécessaire pour un tour d'hélice est d'autant moindre que la vitesse de rotation est plus faible. La diminution de puissance résulte non seulement de la réduction de vitesse, mais de l'affaiblissement des forces résistantes. De même, un ventilateur, une pompe centrifuge, absorbent une puissance d'autant plus grande que leur vitesse est plus grande : pour que la fraction utilisée du travail moteur reste toujours la même, il faut que la puissance soit à peu près proportionnelle au cube de la vitesse.

D'autres fois, la puissance est à peu près constante à diverses vitesses : ainsi une locomotive développe le même nombre de chevaux en traînant un train lourd à vitesse réduite ou un train léger et rapide.

Enfin la puissance demandée peut diminuer quand la vitesse de rotation augmente.

La marche d'un moteur doit être tantôt continue, pendant une période plus ou moins longue, tantôt discontinue. Certaines machines marines fonctionnent sans arrêt pendant plusieurs jours et même pendant plusieurs semaines.

Une machine soufflante de haut-fourneau peut à la rigueur être arrêtée exceptionnellement pendant quelques heures, pendant quelques jours même, surtout si les charges du fourneau ont été préparées en vue de l'arrêt ; mais, sauf ces arrêts exceptionnels, la marche doit être continue pendant plusieurs années, ce qui conduit habituellement à doubler la machine soufflante. Des moteurs qui actionnent des pompes, des ventilateurs, auront parfois une marche presque continue, mais de courts arrêts, une ou deux fois par jour, seront sans inconvénients. Beaucoup de moteurs fonctionnent par périodes de 4 à 6 heures, répétées deux fois chaque jour. Les locomotives fonctionnent rarement plus de 2 à 3 heures sans arrêts, mais ces arrêts peuvent être fort courts. Enfin certains appareils marchent par courtes périodes coupées par de nombreux arrêts, par exemple les moteurs de laminoirs, les machines d'extraction.

La certitude de la marche sans interruption, toujours désirable, a plus ou moins d'importance suivant les cas : un bateau dont la machine est désemparée risque de se trouver dans une situation très critique ; un service public, comme l'éclairage électrique d'une ville, ne doit jamais être suspendu, ce qui conduit à établir des moteurs en réserve, comme pour les souffleries de hauts-fourneaux ; la détresse d'une locomotive est toujours fâcheuse. Au contraire, l'arrêt exceptionnel de certains moteurs, s'il ne se prolonge pas trop, n'a que des inconvénients secondaires.

Les conditions de démarrage sont assez différentes dans les diverses applications. Il est nécessaire qu'il se fasse sans retard, et sans hésitation, malgré les résistances les plus fortes, pour les machines d'extraction. Il en est à peu près de même pour les locomotives ; cependant on y tolère plus facilement une difficulté exceptionnelle de démarrage. Pour les machines marines, et les laminoirs réversibles, il doit aussi se faire sans difficulté, mais il est plus facile, parce que la résistance est faible lors de la mise en marche.

Entrant dans des détails spéciaux, on considérera l'habileté plus ou moins grande du personnel qui sera chargé de la machine, les habitudes locales de certaines régions ; des dispositions, qui paraissent commodes à des ouvriers exercés, seront pour d'autres d'une complication inadmissible.

Dans le même ordre d'idées, on tiendra compte des ressources qu'offre chaque région pour la réparation des machines : certains travaux qu'on exécute couramment dans un centre industriel ne peuvent être obtenus loin des ateliers.

Il ne faut pas oublier d'examiner les moyens de transport de la machine, depuis les ateliers de construction jusqu'au lieu où elle doit être montée. Certaines mines ne sont accessibles que par des chemins muletiers : les appareils qu'on y envoie doivent être composés de petites pièces facilement transportables. Les chemins de fer ne peuvent admettre les pièces qui dépassent certaines dimensions ; et, même pour les pièces lourdes et encombrantes, qu'ils acceptent à la rigueur, le transport est difficile et coûteux.

Les bateaux sont construits le plus souvent sur le bord des eaux où ils doivent naviguer. Lorsqu'il n'en est pas ainsi, par exemple pour les embarcations envoyées sur les lacs ou les fleuves d'Afrique, il en résulte des sujétions et des dépenses considérables.

Une considération bien importante est celle de la sécurité des personnes qui se servent des machines et qui les approchent. Elle est assurée d'abord par les proportions convenables des diverses parties, l'emploi de bonnes matières, et le soin de l'exécution. Mais il est en outre une foule de détails qu'enseigne l'expérience, et qui, parfois insignifiants en apparence et n'augmentant pas le prix de l'appareil, font disparaître des risques d'accidents graves. Quelques-unes de ces dispositions sont bien connues : les pièces du mécanisme, les volants, doivent être entourés de garde-corps suffisants ; parfois les manivelles sont remplacées par des plateaux circulaires ;

on évitera que les bielles ou autres pièces mobiles ne s'approchent tellement des bâtis qu'elles puissent broyer la main ou le bras imprudemment avancé.

L'ensemble des dispositions de détail qui assurent la sécurité des ouvriers a été l'objet d'études spéciales et de publications fort utiles.

Le tableau, qui suit, résume les principales conditions de l'établissement des machines :

Puissance. . .	constante.			
	variable. . . .	subitement, par périodes, dans l'avenir,	variation	moyenne (rapport de 2 à 3). étendue.
Vitesse. . . .	peu variable. . .	très régulière. moyennement régulière. peu régulière.		
	variable.	avec variations de la puissance dans le même sens. avec puissance constante. avec variations de la puissance en sens inverse.		
Marche. . . .	continue.			
	discontinue . . .	avec rares arrêts. par périodes de quelques heures. avec arrêts très fréquents.		
Certitude de la marche. . .	Aucun arrêt ne doit se produire.	Appareil unique.		
	Un court arrêt est tolérable.	Appareils de rechange.		
Démarrage . .	Certain. Facile. Peu important.	En charge. A vide.		
Facilité de la conduite . .	Conducteur habile. Conducteur peu exercé.			
Réparations. .	Ateliers de réparation, ouvriers exercés. Absence de ressources pour la réparation.			
Transport. . .	Aucune limite au poids et au volume. Par mer. Par chemin de fer. Par routes de terre. Par sentiers muletiers. A dos d'homme.			
Sécurité.				

127. Prix de revient de la puissance motrice.

Lorsqu'une machine, appropriée aux diverses conditions spéciales de l'emploi qu'on en veut faire, peut rendre les services qu'on en attend, il reste à déterminer ce que coûtent ces services : seul le prix de la puissance, que fournit un moteur, en mesure l'utilité réelle, et permet de le comparer à des appareils équivalents.

La considération des prix de revient montre encore si une légère amélioration, commode, mais non indispensable, par exemple une régularité de vitesse un peu plus grande, n'est pas trop chèrement achetée.

Il est assez facile, avec un peu de soin, d'établir le compte d'une machine installée ; on en déduit le devis du prix de la puissance que fournira un moteur projeté ; ce devis est forcément approximatif, puisqu'il comprend des éléments variables, comme le prix des combustibles.

La dépense des machines est souvent rapportée au cheval-heure, ou aux 270.000 kilogrammètres. Il convient que le travail dont on donne ainsi le prix soit le travail effectif produit par la machine. D'autres fois la dépense est comparée à la tâche utile accomplie par le moteur et par les appareils qu'il commande ; c'est ainsi que, pour une machine élévatoire, on détermine le prix du mètre cube d'eau élevée à une certaine hauteur ; pour une machine marine, on compte le prix du parcours effectué avec une vitesse déterminée ; pour une locomotive, le prix du kilomètre dans des conditions fixées. En pareil cas, il convient, autant que possible, d'isoler, dans la dépense totale, la part propre du moteur et celle des appareils qu'il commande.

Même quand on ne considère que le moteur seul, en établissant le prix des 270.000 kilogrammètres, ce prix subit l'influence de circonstances étrangères au moteur même, mais dont il faut tenir compte avec grand soin. Il ne reste pas le même pour un travail constant et pour un travail variable, pour une marche continue et pour un emploi intermittent. Les prix les plus bas s'obtiennent pour une marche à peu près continue, avec une puissance uniforme.

Le fonctionnement d'un moteur entraîne des frais d'exploitation qui se renouvellent continuellement ou à de courts intervalles : telles sont les dépenses de combustible, d'huile, de matières diverses, nécessaires à l'entretien courant et aux petites réparations ; celles de main-d'oeuvre, pour la conduite et l'entretien ; il y faut joindre quelques accessoires, impôts, assurances, surveillance. Quelques-unes de ces dépenses subsistent même quand le moteur chôme ; il faut toujours payer l'entretien, les impôts.

D'autres dépenses, nécessaires pour obtenir les services d'un moteur, se font une seule fois, ou à de longs intervalles : ce sont celles qui résultent de l'installation première et des grandes réparations ou des modifications de l'appareil. Ces dépenses d'établissement sont faites par avance, et on en profite pendant une période assez longue, tandis que les dépenses d'exploitation se règlent à peu près au moment où elles sont utiles. C'est là surtout ce qui les distingue, car elles ne sont pas d'essences si différentes qu'on le croit souvent : elles se feraient dans les mêmes conditions si, par exemple, en montant une machine, on était obligé d'approvisionner le charbon qu'elle consommera pendant une longue suite d'années ou si, inversement, on la payait au constructeur par une série d'annuités. Elles se confondent d'ailleurs pour une machine prise en location.

Il est logique de répartir à peu près régulièrement, entre les diverses périodes de marche des machines, ces dépenses initiales, ou rarement renouvelées, comme on répartit les dépenses d'exploitation : c'est ce qu'effectuent plus ou moins bien les diverses combinaisons d'amortissement.

Indépendamment de toute opération comptable, une machine, au moment où elle vient d'être installée, a une certaine valeur. Au bout d'un certain temps, après une année par exemple, la valeur en est habituellement moindre : on a consommé, pendant l'année, une partie de la valeur de la machine, comme on a consommé le charbon et le travail des chauffeurs. Que cette diminution de valeur figure ou non dans les comptes, elle ne s'en produit pas moins. Il en sera de même pendant les années suivantes.

Cette diminution continuelle de la valeur d'une machine tient à trois causes principales : d'abord à l'usure, qui résulte du travail et qui se produit même pendant les chômages (surtout pour les chaudières) ; ensuite aux perfectionnements de la construction, qui livre des types de machines meilleurs ou de fabrication moins coûteuse ; enfin à la variation des conditions du service qu'on lui demande, d'où résulte fréquemment l'insuffisance des machines anciennes.

L'action de ces trois causes se voit très clairement sur les machines de bateaux. Même peu usés, les anciens appareils compound cèdent la place aux appareils à triple expansion, et les chaudières sont remplacées, de manière à donner une pression plus élevée ; enfin les vitesses obtenues à l'aide des anciennes machines ne sont plus suffisantes.

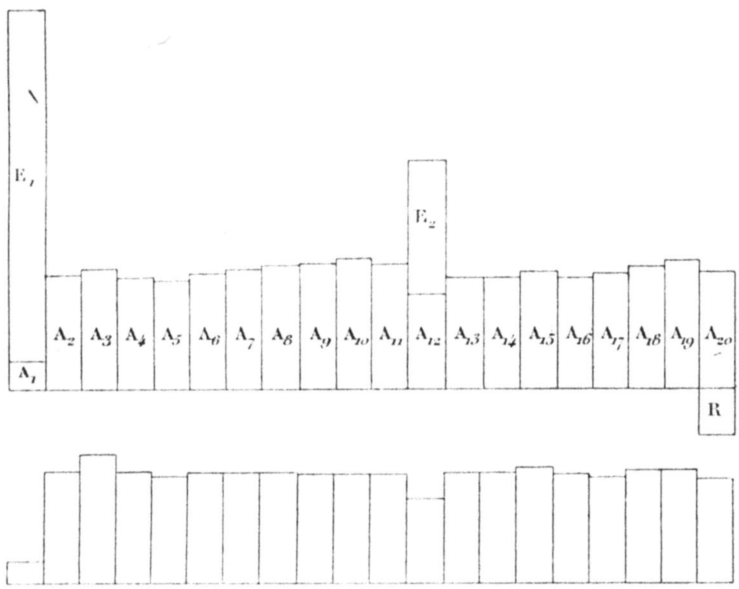

Fig. 1034. — Tableau graphique des dépenses annuelles d'un moteur à vapeur et du produit de ce moteur.

De même, les locomotives, qui assurent le service d'un chemin de fer, se trouvent dépréciées le jour où les trains doivent être plus lourds ou plus rapides.

Cette réduction de la valeur des appareils, par suite de l'usure et de la dépréciation, pour être moins apparente pendant une courte période, ou plutôt moins observée, que la consommation directe de main-d'œuvre, de combustibles, d'huile, n'en est pas moins réelle et inévitable. Une machine installée dans une usine est une partie du capital fixe de cette usine, partie dont la valeur diminue peu à peu, et finit par disparaître presque entièrement, lorsque la machine ne constitue plus qu'un amas de ferraille. Une machine de Newcomen, ou même de Watt, n'aurait plus aujourd'hui aucune valeur pour l'industrie ; même comme objet de curiosité, le prix ne pourrait en être bien élevé, faute de marché étendu pour un tel objet ; il est probable que le propriétaire de cette machine la mettrait gratuitement à la disposition d'un musée public[20].

20 On a récemment signalé, en Angleterre, dans le cours de l'année 1894, une machine de Newcomen, en fort mauvais état malheureusement; une autre, chose extraordinaire, est indiquée comme encore en service près de Bristol (voir t. II, p. 105).

Les services d'une machine exigent donc une dépense initiale, puis des dépenses courantes, dont le règlement se fait au moins une fois par an et, pour la plupart des articles, à des intervalles plus courts ; en outre, une grande réparation peut entraîner une nouvelle dépense, comparable à celle de l'installation.

En représentant, par la surface d'un rectangle, pendant toute la durée du service d'une machine, qui sera supposée de 20 ans, les dépenses qu'elle entraîne chaque année, on fait le tracé de la figure 1034 : les rectangles E_1 et E_2 sont les dépenses d'installation et de réfection, A_1, A_2, A_3,...,A_{20}, les dépenses courantes d'exploitation ; enfin, dans la dernière année, une recette R est fournie par la vente de la vieille machine, encore utilisable ou bien à l'état de ferraille ; R est supérieur ou inférieur à A_{20}.

Les frais annuels varient d'une part suivant le service demandé à la machine, d'autre part suivant la quantité et le prix des matières consommées, les consommations ne restant pas exactement proportionnelles au travail produit.

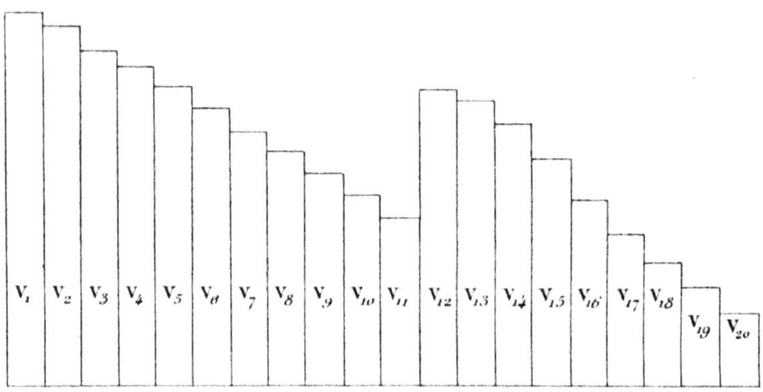

Fig. 1035. — Valeurs annuelles d'un moteur à vapeur.

En regard des dépenses, d'autres rectangles (placés au-dessous sur la fig. 1034) représentent le produit donné par la machine, exprimé en chevaux-heures. Ce produit sera généralement faible dans les années de grandes réparations.

Il serait absurde d'évaluer le prix du cheval-heure en divisant chaque année la dépense effectivement faite par le nombre des chevaux-heures produits, car le quotient serait beaucoup trop fort dans les années où l'on a fait les grandes dépenses E_1 et E_2, pour être trop faible dans les autres, où l'on profite de ces grandes dépenses. Il arrivera même souvent que dans la première année, où l'on a fait l'installation, la machine n'aura pas fonctionné du tout.

Pour évaluer justement les dépenses, il faut estimer, au commencement de chaque exercice, la valeur de la machine, aussi exactement qu'on le peut, en tenant compte des circonstances diverses qui influent sur cette valeur, telles qu'usure, introduction de types meilleurs, abaissement du prix de vente des appareils similaires, modification des services demandés. Ces valeurs successives au début de chaque année sont représentées sur la figure 1035, en V_1 (valeur initiale), puis en V_2, V_3,..., V_{20}. Le prix de revient complet des kilogrammètres fournis pendant l'année tient compte de la diminution de cette valeur ; puis la machine n'est plus comptée dans les inventaires que pour sa valeur réelle. En outre, le compte de la puissance motrice sera débité de l'intérêt correspondant à la valeur du moteur au début de l'exercice : le taux de l'intérêt variera suivant les époques et les contrées.

Il peut arriver que la somme E_1, nécessaire pour l'installation, ait été empruntée à intérêt et doive être amortie par remboursements successifs ; dans ce cas, les dépenses d'amortissement annuel et d'intérêt pourront être faites effectivement comme il vient d'être indiqué. Mais cette exacte proportion entre la dépréciation effective des machines et le service financier des amortissements existe rarement : la divergence n'empêche nullement de porter au compte spécial de la puissance motrice les consommations effectives, de telle sorte que la valeur du capital constitué par les machines y figure toujours exactement.

C'est une erreur assez fréquente et fort dangereuse, de supposer qu'on n'a pas à tenir compte de l'amortissement des constructions industrielles, parce que l'on a prévu l'amortissement des emprunts qui ont servi à faire ces installations. On oublie que l'usure et la dépréciation des appareils ne dépendent pas de mesures administratives, mais sont des conséquences inévitables de leur installation et de leur emploi : il est rare que la durée de l'amortissement des emprunts corresponde exactement à celle des appareils.

En ce qui concerne les intérêts du capital, s'ils sont dus à un créancier, il est clair qu'on doit les payer, à moins de faillir à ses engagements. Mais des propriétaires, des groupes de propriétaires ou d'actionnaires, ne doivent toucher d'intérêts qu'après l'amortissement de la valeur du capital consommé dans l'année : sinon les prétendus intérêts qu'ils s'attribuent ne sont qu'une partie de leur capital. Si on fait une telle opération, il est bon au moins de le savoir, et de ne pas se laisser égarer par la complication des comptes.

Souvent on affecte au service d'un emprunt une somme annuelle cons-tante : chaque année, la part de l'intérêt diminue, et celle de l'amortissement augmente d'autant, comme on le voit sur la figure 1036, qui représente le partage d'une somme annuelle entre l'intérêt et l'amortissement d'un capital. Les surfaces sont proportionnelles aux valeurs ; le capital primitif est figuré par le carré ABCD ; au bout d'un an, on paye l'intérêt BB_1C_1C, puis on rembourse AB_1B_1',A_1. BB_1 est une fraction déterminée de AB, le 20e si le taux de l'intérêt est de 5 p. 100. Le capital est alors réduit à $A_1B'_1CD$. Au bout de la seconde année, on paye l'intérêt $B''_1B_2C_2C_1$ qui est moindre que l'année précédente, et on rembourse une partie un peu plus grande du capital, $A_1B'_1B'_2A_2$, et ainsi de suite chaque année. Au taux choisi, le capital est presque entièrement remboursé à la fin de la 14e année.

Le diagramme se construit de même avec un autre taux d'intérêt et quand on affecte des sommes différentes, suivant les années, au service de l'intérêt et de l'amortissement ; en tenant ce diagramme à jour, on y voit d'un coup d'oeil la part du capital déjà amortie, celle qui reste à rembourser, et les diverses sommes payées comme intérêts.

Dans les industries qui donnent de gros bénéfices, lorsque les installations nouvelles faites chaque année ne sont pas trop considérables, on peut les exécuter uniquement au moyen d'une partie des bénéfices nets : c'est l'amortissement immédiat, qui n'est qu'assez rarement possible. Une méthode beaucoup moins sûre consiste à laisser figurer les appareils, dans les inventaires, pour leur valeur primitive, jusqu'à leur destruction finale : à ce moment leur valeur entière est portée en dépense d'exploitation, et le capital est alors reconstitué. Ce procédé ne peut être appliqué que si les renouvellements de machines se succèdent avec quelque régularité d'année en année ; il ne va pas sans un risque assez grand, puisqu'on laisse fondre une partie du capital avant de songer à le remplacer.

Au début, quand une machine neuve est entièrement montée, et prête à fonctionner, on compte, habituellement, que sa valeur est égale aux dépenses faites pour l'établir. Ces dépenses comprennent : le prix de la machine même et de ses appendantes ; le prix des constructions qu'elle a exigées ; le prix des appareils tels que la tuyauterie, les transmissions ; les frais de montage, qui consistent en main-d'oeuvre et en fournitures diverses de matières ; les frais entraînés par les projets, la surveillance de la construction, les essais. Il semble logique d'y joindre l'intérêt des sommes dépensées pendant la construction, soit que cet intérêt doive effectivement être payé à des créanciers, soit en écriture : tant qu'une machine ne peut fonctionner, les sommes dépensées pour l'installer sont improductives. En mettant en évidence les intérêts, on obtient l'avantage pratique de réduire les retards et d'accélérer l'exécution.

Cette manière d'obtenir la valeur initiale d'un appareil, en comptant les dépenses faites pour l'installer, n'est pas rigoureusement exacte. Si des économies extraordinaires ont été réalisées dans cette installation, la valeur, que pourrait équitablement attribuer un expert à l'appareil, sera supérieure aux dépenses. Inversement, la valeur réelle d'un appareil n'est pas augmentée par les maladresses et les accidents qui ont grossi la note des dépenses. Dans ce cas, la différence est un capital gaspillé, qu'on tâchera de reconstituer par l'amortissement : en attendant, il est perdu sans aucune compensation.

La valeur finale de la machine, hors de service, sera celle des matériaux, après déduction des frais de démolition. Suivant les cas, ces matériaux n'ont que la valeur de vieux métaux, ou bien certaines pièces peuvent encore se vendre à un prix supérieur, ou enfin conservent leur valeur entière, pour une nouvelle application.

Pour évaluer la valeur à une époque quelconque, on estime la durée probable de la machine, qui sera par exemple de 20 ans. Si la machine ne doit pas subir de grandes réparations, une première estimation consiste à supposer chaque année une égale dépréciation : cette première estimation pourra être corrigée chaque année en tenant compte de l'état réel de la machine et des circonstances qui peuvent en modifier la valeur. Une grande réparation relèvera cette valeur. Ces valeurs successives sont représentées sur la figure 1035.

Il est rare qu'on arrive à l'usure complète d'une machine, parce que les diverses parties ne s'usent pas également. Certaines pièces, remplacées avant les autres, peuvent être encore en assez bon état quand ces autres pièces sont hors de service : si on devait substituer à une machine à vapeur une machine identique, on pourrait presque toujours conserver une partie de l'ancienne. Pour remplacer une machine, le chef d'industrie doit résoudre un problème délicat : un ancien moteur, en partie usé, entraîne des dépenses d'exploitation assez fortes, à cause de la grande quantité de vapeur qu'il consomme ; une nouvelle machine réduira ces frais, mais au prix de la dépense d'un capital. Quand la substitution est-elle avantageuse ?

Souvent, en outre, il est nécessaire d'augmenter la puissance motrice, ce qui donne un nouvel argument en faveur de la substitution.

Dès qu'on veut sortir des généralités, il est bon de considérer à part la production et l'utilisation de la vapeur, les générateurs et les moteurs. L'usure des générateurs est plus rapide que celle des moteurs, et il est plus rare qu'on les remplace surtout pour en améliorer les dispositions.

Qu'on suppose, pour fixer les idées, une machine développant en moyenne 450 chevaux pendant 10 heures par jour et 300 jours par an, avec une dépense

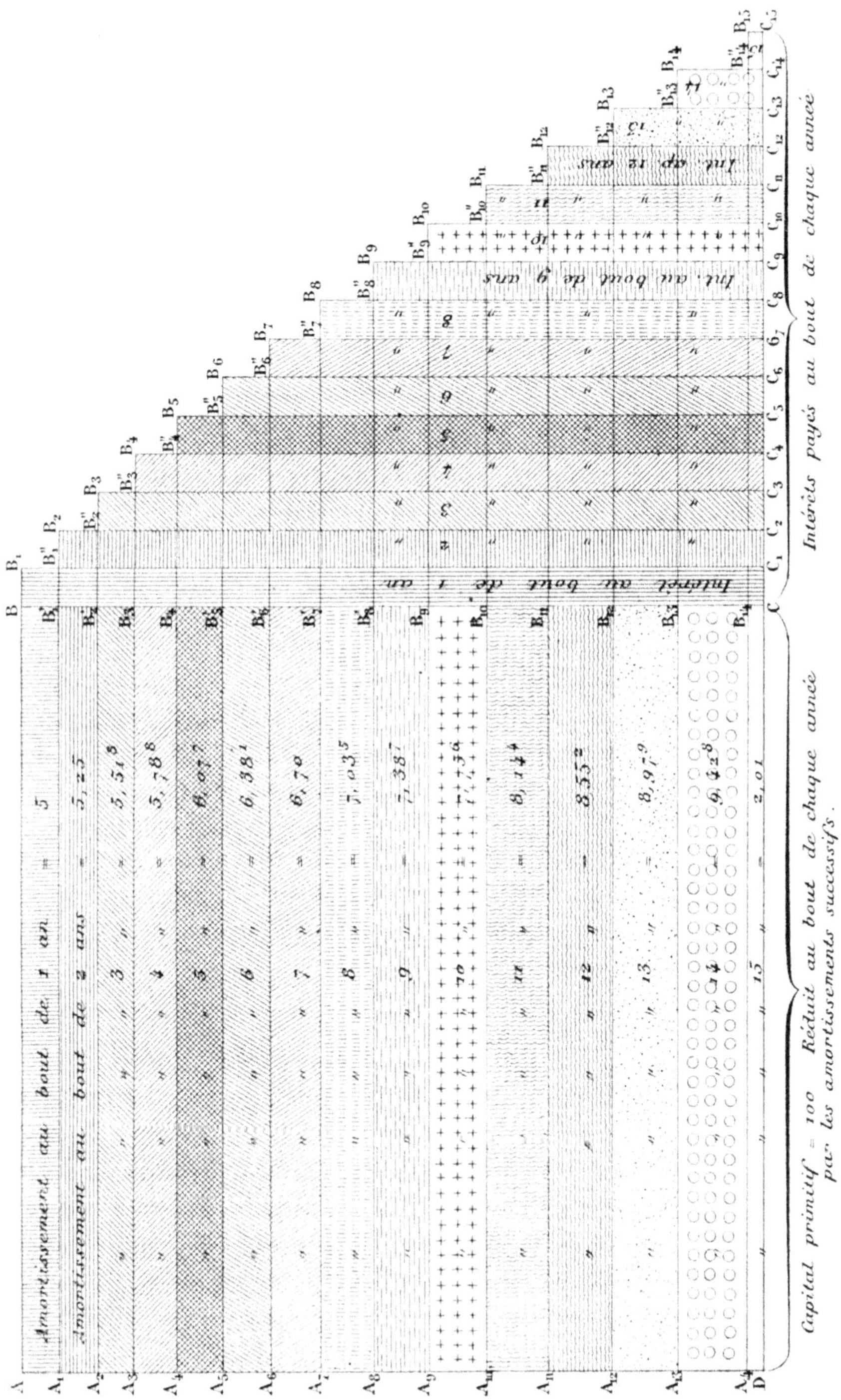

Fig. 1036 – Intérêt et amortissement d'un capital au moyen d'annuités égales.

d'exploitation (vapeur, matières de graissage, et autres, main-d'oeuvre) de 7 centimes par cheval-heure. La valeur initiale de la machine était de 100 000 francs ; sa valeur actuelle peut être estimée à 40 000 fr. ; une grande réparation, coûtant 10 000 francs, serait nécessaire pour la mettre en état de fonctionner encore pendant 10 ans. En démolissant cette machine, la valeur des vieux matériaux, ferrailles et pièces utilisables, serait de 8 000 francs.

On propose de lui substituer une machine neuve, développant 600 chevaux, dont on utilisera immédiatement 500, le reste de la puissance devant trouver son application au bout de quelques années. Les 500 chevaux seront produits au prix de 5 centimes par cheval-heure pour les frais directs d'exploitation, ce prix devant s'abaisser légèrement quand les 600 chevaux seront employés. L'installation de la nouvelle machine coûtera 130 000 fr. En outre, les installations provisoires de puissance motrice, et les chômages pendant le remplacement, entraîneront une dépense estimée à 30 000 francs.

La substitution de la nouvelle machine est-elle ou non avantageuse ? La réponse à cette question dépend-elle, ou non, en principe, des mesures prises antérieurement pour l'amortissement de la valeur de la première machine ?

La solution de ces questions se déduit de l'examen du prix de la puissance motrice, lorsqu'on conserve et lorsqu'on remplace l'ancienne machine.

La nouvelle machine ne remplace pas seulement l'ancienne, mais elle fournit en outre une puissance supplémentaire de 50 chevaux, et elle possède un excédent de puissance disponible, qui sera utilisé au bout de quelques années. Ces additions compliquent un peu le problème. L'excès de puissance, disponible en vue d'extensions futures, se paie par l'accroissement du prix de la machine qui en résulte, accroissement souvent minime. Si l'installation d'une machine de 500 chevaux devait coûter 120 000 fr., au lieu de 130 000 pour 600 chevaux, on fait l'avance d'un capital de 10 000 fr. pour obtenir prochainement une puissance supplémentaire de 100 chevaux ; ces 10 000 fr. peuvent être l'objet d'un compte spécial, et la dépense actuelle de l'installation est ramenée à 120 000 fr. Ces 120 000 francs fournissent une puissance de 450 chevaux, en remplacement de celle que donnait l'ancienne machine, et une puissance nouvelle de 50 chevaux : la dépense doit se partager en deux parts proportionnelles de 108 000 et de 12 000 fr. Ces 12 000 fr. constituent un capital nouveau immobilisé en vue de nouveaux services, et il reste 108 000 fr. affectés au remplacement de l'ancien moteur.

Ce remplacement exige en outre le sacrifice d'un appareil estimé 10 000 fr., d'où on retire 8 000 fr. après démolition, et une dépense de 30 000 fr. en installations provisoires et chômages. C'est, au total, une installation qui coûte 170 000 fr., dont 138 000 fr. en dépenses effectives et 32 000 fr. par suite de la destruction d'un appareil ayant cette valeur. Mais cette installation n'est représentée que par un objet dont la valeur normale est de 108 000 fr. : elle laisse, en outre, un vide de 62 000 francs au total, en partie dans la caisse et en partie dans l'inventaire du matériel de l'usine.

On peut examiner ici l'effet de l'amortissement de l'ancienne machine. Si cet amortissement a été fait avec la régularité théorique, il a restitué la part du capital primitif (60 000 fr.) disparue par l'usure au moment du remplacement de l'ancienne machine.

Si l'amortissement a été insuffisant, une part du capital primitif aura disparu sans être reconstituée : que l'ancienne machine soit remplacée ou non, c'est un arriéré à compenser. Au contraire, une partie de la valeur de la machine détruite peut se trouver amortie par avance, mais la dépense effective du remplacement, en frais directs et en capital disparu, reste toujours la même. En pratique, l'industriel hésitera moins à faire le remplacement si la valeur de l'ancienne machine est amortie dans ses comptes, parce que les risques, inévitables de toute entreprise, sont alors moindres.

Cette remarque faite, c'est la comparaison des dépenses directes de l'ancienne et de la nouvelle machine qui indiquera si le remplacement est avantageux : une économie de 2 centimes par cheval-heure sur 450 chevaux pendant 3 000 heures s'élève à 27 000 fr. par an : cette économie suffirait pour amortir en peu d'années la dépense du remplacement.

Quelle est la plus faible économie annuelle sur les frais d'exploitation qui justifierait le remplacement ? Si l'on estime à 10 p. 100 de la valeur initiale la somme à compter pour amortissement et intérêt, on trouve comme dépense annuelle, avec l'ancienne machine, valant après réparation 50 000 fr. :

Frais d'exploitation, 3 000 X 450 X $0^f,07$ =	$94\ 500^f$
10 p. 100 sur 50 000	5 000
Total	$99\ 500^f$

Avec la nouvelle machine une dépense :

en frais d'exploitation, de	$82\ 500^f$
augmentée de 10 p. 100 sur 170 000 ou de	17 000
donneraient le même total de	$99\ 500^f$

Dans le cas où l'on conserve l'ancienne machine, il peut arriver que l'addition d'une puissance de 50 chevaux soit indispensable : il faudrait tenir compte, en outre, du prix d'installation d'un moteur de 50 chevaux et de ses dépenses d'exploitation, probablement assez fortes par cheval-heure : le remplacement du moteur deviendrait possible pour une réduction encore moindre sur le prix de la puissance.

Toutefois, par suite des risques divers de l'industrie, des modifications possibles des prix des matières et de la main-d'oeuvre, il serait imprudent d'immobiliser un capital important pour obtenir une très légère économie sur les frais annuels d'exploitation.

Dans l'exemple choisi, la durée annuelle de la marche est assez longue : les conclusions seraient bien différentes pour une machine à fonctionnement peu fréquent. Les grandes dépenses en capital doivent alors être évitées, même au prix d'une augmentation des frais d'exploitation.

Les considérations qui précèdent s'appliquent à la plupart des appareils de l'industrie : il est bon de donner quelques détails spéciaux relatifs aux moteurs à vapeur. En passant en revue les frais d'établissement d'un de ces moteurs, on trouve d'abord qu'il occupe une certaine surface de terrain et qu'il est abrité par des bâtiments ; la partie consacrée à la production de la vapeur comprend des générateurs avec leurs fourneaux et leur cheminée, des installations pour le dépôt et le transport du charbon, une prise d'eau avec appareils alimentaires.

Une tuyauterie amène la vapeur à la machine, installée sur un massif de fondations. La condensation exige une prise d'eau importante, avec les moyens de l'écouler. Des pièces de rechange, parfois même une machine de rechange complète, sont utiles. L'installation d'une transmission spéciale est souvent nécessaire pour raccorder le moteur aux arbres de l'usine. Les frais de montage peuvent être assez élevés ; enfin il convient de tenir compte de l'intérêt des sommes dépensées pendant la construction.

Pour les grandes machines fixes, le prix de la machine seule non montée, tel qu'on le paye au constructeur, est souvent inférieur au tiers de la dépense totale d'installation.

Quelle durée doit-on prévoir pour l'amortissement d'un moteur ? La règle souvent observée de 10 p. 100 pour l'intérêt et l'amortissement peut évidemment être modifiée. Cette durée est d'ailleurs influencée par des circonstances qui ne tiennent pas au moteur même ; par exemple, s'il est probable que l'établissement où est placé le moteur ne doive avoir qu'une courte existence, ou bien si des transformations importantes sont à prévoir au bout de quelques années, on devra compter un amortissement rapide. D'autres fois, au contraire, la nature de l'établissement lui assure une longue durée : tel sera généralement le cas d'une usine élévatoire.

Si l'on considère le moteur seul, il devrait être amorti au moment de son usure complète, mais beaucoup d'appareils, avec des réparations et des renouvellements partiels, auraient une durée indéfinie. Il faut toutefois tenir compte des progrès probables de la mécanique et de l'apparition de nouveaux types de machines devant lesquelles les anciennes doivent forcément disparaître.

Il semble convenable, en général, de prévoir ainsi une durée de 15 à 20 ans pour un moteur, excepté pour certains types exposés à une rapide usure, pourvu que les conditions d'emploi ne doivent pas prochainement changer. Au contraire, certains moteurs peuvent fonctionner convenablement bien plus longtemps.

Parmi les frais d'établissement, on peut en général se dispenser d'amortir le prix du terrain occupé par les appareils, dont la valeur se conserve souvent et même s'augmente beaucoup ; pour un moteur, ce ne sera, dans bien des cas, qu'une faible fraction du prix total.

La dépense annuelle d'intérêt et d'amortissement vient grever le prix de l'unité de travail choisie, par exemple le cheval-heure, d'autant plus que la durée du service des machines est moindre. La charge de ce chef, énorme pour un appareil rarement employé, se réduit beaucoup quand la marche est longue. Un fonctionnement continu, de 8760 heures, ou même de 7200 heures par an est rare, parce qu'en pareil cas, on installe presque toujours des appareils de rechange, ce qui réduit la durée moyenne de la marche de chaque machine. Beaucoup de moteurs d'atelier fonctionnent pendant 3000 heures environ par an. Une durée moyenne bien moindre n'est pas rare pour les moteurs de station électrique, où la présence d'appareils de rechange augmente encore des chômages déjà forcément longs.

En établissant les machines, on tient compte de l'influence de la durée de la marche sur le prix de l'unité de travail : quand cette durée est longue, il peut être avantageux d'employer des machines très chères, mais à faible consommation ; au contraire, pour une faible durée, l'économie de l'installation peut primer les autres.

On introduirait dans les devis une minutie en général peu utile en voulant tenir compte de l'influence, sur la valeur de l'amortissement, de la durée de marche, une machine qui marche souvent s'usant plus vite que si elle se repose beaucoup.

Les dépenses d'exploitation comprennent principalement des consommations de matières et des frais de personnel. Parmi les matières c'est surtout le combustible qui est le plus coûteux, bien que, dans l'ensemble des dépenses, les frais de combustible ne tiennent pas toujours une place aussi grande qu'on est tenté de le supposer. C'est ce que remarquait Sadi Carnot en 1824 :

> « On ne doit pas se flatter de mettre jamais à profit, dans la pratique, toute la puissance motrice des combustibles. Les tentatives que l'on ferait pour approcher de ce résultat seraient même plus nuisibles qu'utiles, si elles faisaient négliger d'autres considérations importantes. L'économie du combustible n'est qu'une des conditions à remplir par les machines à feu ; dans beaucoup de circonstances, elle n'est que secondaire : elle doit souvent céder le pas à la sûreté, à la solidité, à la durée de la machine, au peu de place qu'il faut lui faire occuper, au peu de frais de son établissement, etc. Savoir apprécier, dans chaque cas, à leur juste valeur, les considérations de convenance et d'économie qui peuvent se présenter ; savoir discerner les plus importantes de celles qui sont seulement accessoires, les balancer toutes convenablement entre elles, afin de parvenir, par les moyens les plus faciles, au meilleur résultat, tel doit être le principal talent de l'homme appelé à diriger, à coordonner entre eux les travaux de ses semblables, à les faire concourir vers un but utile de quelque genre qu'il soit. »

On aurait souvent une idée fausse de la consommation de combustible si on comptait seulement celle qu'on a pu constater par cheval-heure dans des essais soigneusement exécutés. D'abord, en marche courante, il est probable que l'appareil n'est plus conduit tout à fait aussi bien que dans les expériences ; puis la quantité de charbon consommé par les allumages et pour l'entretien des feux pendant les arrêts est souvent assez importante.

Pour avoir le prix réel du combustible, il faut tenir compte de l'intérêt des sommes immobilisées en approvisionnements et du déchet qui peut résulter de ces approvisionnements. L'eau, pour l'alimentation des chaudières, et pour la condensation, entraîne une dépense directe, si elle est prise sur une distribution publique ; la dépense est indirecte si l'eau est captée et élevée dans l'usine qui occupe le moteur : cette dépense est alors comprise dans d'autres articles du prix de revient.

Les machines consomment en outre des matières de graissage, des chiffons. Quelques menues fournitures sont encore à compter pour les services des chaudières et des moteurs. Parmi les matières consommées sont aussi les pièces diverses nécessaires pour la réparation ; mais il est préférable de réunir dans un compte distinct toutes les dépenses d'entretien.

Les frais de main-d'oeuvre comprendront les salaires des chauffeurs, des conducteurs de machines, des manoeuvres chargés du transport du charbon et des escarbilles. En outre, la surveillance et la direction occupent parfois un personnel spécial, comme dans une usine élévatoire, une station électrique, à bord d'un navire ; d'autres fois, comme cela a lieu généralement dans les ateliers, la surveillance du moteur n'est qu'une branche accessoire de la direction générale, et il n'est guère utile de la faire figurer spécialement au débit du compte spécial de ce moteur.

Les frais d'entretien et de réparation causent des dépenses considérables pour certains types d'appareils, notamment pour les locomotives. L'entretien courant est fait en partie par le personnel chargé de]a conduite des appareils, mais en exigeant souvent des agents supplémentaires. Il comprend le nettoyage des machines, la vidange et le lavage des chaudières, le maintien en bon état des joints de la robinetterie, des garnitures de tiges, le rattrapage des jeux de certaines articulations.

Outre cet entretien courant, les appareils et surtout les générateurs exigent à certains moments des réparations importantes. La dépense des grandes réparations, comme celle d'établissement, est amortie dans une période de plusieurs années.

On doit porter aussi au débit du compte des machines une part, estimée aussi exactement qu'on le peut, des frais généraux d'éclairage, d'impôts, d'assurance. La surveillance des générateurs donne lieu à une petite dépense spéciale. Enfin il est prudent d'affecter aux moteurs une certaine somme annuelle représentant une sorte d'assurance contre les avaries et les accidents possibles.

Les dépenses d'exploitation varient suivant la durée du service, sans être exactement proportionnelles au nombre d'heures de marche, notamment à cause de la répartition des dépenses d'allumage. Il faut remarquer d'ailleurs que, même en cas de chômage complet, une machine exige quelques dépenses d'entretien, si on veut éviter qu'elle ne se détériore ; sinon, la détérioration risquerait d'augmenter beaucoup les frais résultant du chômage.

Quelques devis approximatifs du prix de revient de la puissance, fournie par divers moteurs à vapeur, pourront servir à fixer les idées à cet égard. Il ne faut pas oublier qu'en réalité le prix de revient de la puissance produite par des machines équivalentes, ou même pareilles, variera beaucoup suivant les circonstances. Les exemples qui suivent sont extraits de l'encyclopédie des aide-mémoire de M. Léauté[21].

Machine portative d'un cheval, coûtant au total, installation comprise, 2 000 fr. ; dépense par cheval-heure effectif, en centimes :

Nombre d'heures de travail, en 300 jours par an. . . .	1000	3000	6000
Intérêt et amortissement	16	5	3
Combustible (à 30 fr. la tonne).	24	18	16
Main-d'œuvre	15	10	10
Eau, huile, matières diverses et entretien	3	3	3
Totaux	58	36	32

Locomobiles de 5 et 10 chevaux, coûtant installées 4 500 et 6 000 fr. ; dépense par cheval-heure effectif, en centimes :

	Locomobile de 5 chevaux			Locomobile de 10 chevaux		
Nombre d'heures de marche par an, en 300 jours.	1000	3000	6000	1000	3000	6000
Intérêt et amortissement	7	2,5	1	5	1,5	1
Combustible (à 25 fr. la tonne).	13	10	9,5	10,5	8,5	8
Main-d'œuvre	8	6	5,5	5	5	5
Eau, huile, divers, entretien.	3	3	3	2,5	2,5	2,5
Totaux	31	21,5	19	23	17,5	16,5

Machine fixe de 50 chevaux, coûtant au total, avec le générateur, 40 000 fr. ; dépense par cheval-heure effectif, en centimes :

21 *Les divers types de moteurs à vapeur,* par Ed. Sauvage.

Nombre d'heures de marche par an, en 300 jours . . .	1000	3000	6000
Intérêt et amortissement	6,5	2,3	1,1
Combustible (à 20 fr. la tonne)	5	4	3,6
Huile et divers.	0,2	0,2	0,2
Eau (à 1 cent. le m³) pour la condensation	0,3	0,3	0,3
Main-d'œuvre	1,5	1,2	1,1
Entretien	1	1	1
Totaux	14,5	9	7,3

Machines fixes de 100 et de 500 chevaux, coûtant respectivement, avec générateurs, bâtiments et accessoires, 60 000 et 206 000 fr. ; dépense par cheval-heure effectif, en centimes :

	100 chevaux			500 chevaux		
Nombre d'heures de marche par an, en 300 jours.	1000	3000	6000	1000	3000	6000
Intérêt et amortissement	4,8	1,5	0,8	3,3	1,1	0,6
Combustible (à 20 fr. la tonne)	4,2	3,4	3,2	2,8	2,3	2,2
Huile et divers	0,2	0,2	0,2	0,2	0,2	0,2
Eau (à 1 centime le m³)	0,3	0,3	0,3	0,3	0,3	0,3
Main-d'œuvre	1	0,7	0,6	0,5	0,4	0,4
Entretien	0,8	0,8	0,8	0,7	0,7	0,7
Totaux.	11,3	7	5,9	7,8	5	4,4

Il est rarement possible d'évaluer en chevaux effectifs le travail d'une locomotive ; pour cette évaluation, il faut supposer des conditions spéciales bien définies. Un parcours quotidien de 160 km, sur une ligne horizontale, avec des charges de 600 t dans un sens et de 400 dans l'autre, consomme un travail de 1 000 chevaux-heure, la résistance du train étant de 3^{kg},5 par tonne. Une telle marche, pendant 300 jours par an, entraîne une dépense par cheval-heure, en centimes :

Intérêt et amortissement de la locomotive et du tender.	..1,6
Intérêt, amortissement, et entretien des installations fixes des dépôts	..0,8
Combustible (à 20 fr. la tonne)	..6,7
Huile, fournitures diverses, eau	..0,4
Main-d'oeuvre	..2,4
Entretien et réparations	..1,7
Total	13,6

Dans les machines marines, on mesure le travail indiqué ; le travail effectif, égal au produit de la résistance que surmonte le navire par la vitesse, ne se détermine pas directement. Pour un bateau de charge, déplaçant 3 500 t et muni d'une machine de 1 000 à 1 200 chevaux indiqués, on peut estimer comme il suit le prix de revient du cheval-heure indiqué, en centimes, avec une marche de 5 000 heures par an :

Intérêt et amortissement de la machine, des chaudières et d'une partie de la coque	1,0
Combustible (à 20 fr. la tonne)	1,9
Huile et matières diverses	0,1
Main-d'œuvre	0,1
Réparations	0,4
TOTAL	3,8

Pour un grand paquebot, muni de machines développant 10 000 à 12 000 chevaux indiqués, pendant 4 000 heures par an, on trouve les nombres suivants, pour prix, en centimes, du cheval-heure indiqué :

Intérêt à 5 p. 100 des dépenses d'installation	0,36
Amortissement : machines 3 p. 100	0,12
chaudières 8 p. 100.	0,30
Combustible (à 20 fr. la t)	2,10
Matières de graissage (à 50 centimes le kg)	0,18
Matières diverses	0,06
Main-d'oeuvre	0,48
Entretien et réparations	0,42
TOTAL.	4,02

128. Conclusion.

Après avoir terminé l'étude des différentes parties qui composent la machine à vapeur, il est difficile de ne pas remarquer la petite place que tient la théorie pure dans cette étude. On voit bien dans la machine à vapeur l'application de quelques grandes lois physiques et mécaniques ; mais cette application est générale et ne permet guère de distinguer les appareils équivalents, qui peuvent, pour la pratique, présenter des différences importantes. La plupart des dispositions de détail, les proportions de la plupart des pièces, sont tracées d'après des règles empiriques. On ne doit d'ailleurs, à aucun point de vue, dédaigner ces règles empiriques, quand elles sont déduites logiquement d'observations sérieuses : pour faire ces observations, les discuter, les coordonner, en compléter les résultats par quelques expériences, il faut beaucoup d'intelligence et de soin, et bien des connaissances sont nécessaires.

Si on jette un coup d'oeil d'ensemble sur les types si variés de machines à vapeur, on voit peu de différences essentielles d'un type à l'autre : c'est surtout par des détails qu'ils diffèrent. Parmi ces détails, ceux qui auront souvent le plus d'importance pour l'emploi de la machine ont trait à l'exécution des pièces : avant tout, il importe que le fonctionnement soit régulier, que les dépenses d'entretien soient faibles, que la manoeuvre soit commode. Il est aussi fort important que le prix de la machine soit aussi réduit que possible, pourvu que l'économie tienne surtout à la simplicité des organes, et ne soit pas obtenue au détriment de la qualité.

Plusieurs motifs viennent souvent contrarier les progrès, sous ce rapport, de la machine à vapeur. Il est assez rare que des constructeurs puissent arriver à fabriquer en grande quantité des types uniformes. Cette fabrication paraît cependant exister aux États-Unis, où on trouve des séries graduées de moteurs, présentant beaucoup de pièces communes. Une telle fabrication permet l'exécution rapide et précise des diverses pièces au moyen d'outillages spéciaux et de nombreux calibres. En outre, le constructeur peut étudier dans ses plus petits détails le type de machines qu'il exécute, et y introduire successivement les modifications qui les améliorent, en tenant compte des résultats de la pratique.

Trop souvent, au contraire, les constructeurs sont obligés d'exécuter un grand nombre de variétés de machines, au lieu de pouvoir se limiter à quelques spécialités : il en résulte une multiplicité extrême d'appareils divers, dont les différences ne sont pas justifiées, dont les détails ne peuvent guère être l'objet de perfectionnements successifs, et dont la construction est coûteuse et forcément peu précise.

Outre les difficultés commerciales qu'on trouve à assurer l'écoulement de types de machines fabriquées en grande quantité, le constructeur doit trop souvent compter avec le caprice de certains acheteurs, qui désirent lui imposer certaines dispositions spéciales, souvent en vue de remédier à des défauts plus ou moins graves qu'ils ont reconnus dans la marche d'appareils précédemment livrés : en pareil cas, celui qui emploie la machine devrait plutôt se contenter de signaler ces défauts, en laissant au constructeur, plus expert, le soin d'y porter remède. C'est là une division du travail qui ne peut que produire de bons effets.

On se demande quelquefois si les machines à vapeur sont destinées à servir longtemps encore, ou si elles seront prochainement remplacées par des appareils plus avantageux. Il existe en effet des moteurs thermiques où la combustion se fait dans le cylindre même, et certains moteurs de ce genre utilisent la chaleur mieux que les machines à vapeur : mais ces appareils ne sont pas encore bien pratiques pour les grandes puissances. D'autre part, on dispose aujourd'hui de moyens pour transmettre à distance et pour distribuer la puissance produite dans des stations centrales, souvent par des moteurs hydrauliques.

Il convient toutefois de remarquer qu'on demande avant tout à une machine, non pas de satisfaire à certaines conditions théoriques, mais d'être commode et de fonctionner sans avaries ; ensuite, on considère le prix de revient de la puissance fournie. Grâce à de longues études et à une pratique prolongée, la machine à vapeur a reçu dès perfectionnements d'ensemble et de détail, qui la rendent très commode pour une foule d'usages variés. Il est clair qu'avec le temps les dispositions actuelles doivent se modifier plus ou moins complètement : mais on manque des éléments nécessaires pour apprécier quand et comment seront remplacés les appareils actuels. Ce n'est guère que lorsque les dispositions nouvelles sont étudiées, réalisées, et éprouvées, qu'on peut prévoir avec quelque exactitude la disparition des anciennes.

LISTE DES AUTEURS ET DES OUVRAGES CITÉS

À

ALHEILIG, *Construction et résistance des machines à vapeur* (Enc. des aide-mémoire de M. Léauté); et C. ROCHE, traité des machines à vapeur.

ANTHONI, *Isolement des machines*, mém. de la Société des Ingénieurs civils, 1888.

ASSELIN, *Épuration des eaux par l'aluminate de baryte*, mém. de la Société des Ingénieurs civils, 1895.

AUSCHER, *Étude sur l'écoulement de la vapeur dans les tuyaux*, Annales des mines, 1895, 1er semestre.

B

BACH, *Expériences sur les foyers intérieurs*, Zeitschrift des Ver. d. Ing., 1894 ; Annales des mines, 1894.

BEAUCHAMP TOWER, *Proceedings of the Institution of mechanical engineers*, année 1883 et suiv.

BÉLIDOR, *Architecture hydraulique.*

BELLENS, *Traité des chaudières à vapeur.*

BOSWELL, *Construction des chaudières de Lancashire*, Proceedings of the Inst. of Mechanical engineers, 1891.

BOULVIN, *Cours de mécanique appliquée aux machines.*

BOUR (L.), *Sur l'interprétation des diagrammes ; explosions de locomobiles*, compte-rendu du 14e congrès des ingénieurs des associations de propriétaires d'appareils à vapeur.

BOURNE, *Treatise on the steam engine* (8° édition en 1868).

BOUTRON et BOUDET, *Hydrotimétrie.*

BRYAN DONKIN, jun., et professeur KENNEDY, *Essais de chaudières*, Engineering, passim, du 4 juillet 1890 au 20 septembre 1895.

BUCHETTI, *Guide pour l'essai des machines à vapeur.*

BUSLEY (Cari), *die Entwicklung der Schiffsmaschine in den lezten Jahrzehnten* (1892) ; — *die Schiffrnaschine.*

BUSLEY (C.) et HAACK, *die technische Entwicklung des Norddeutschen Lloyds und der Hamburg-Amerikanischen Packetfahrt-Aktiengesellschaft.*

C

GALLON, *Cours de machines.*

CHAPPUIS (P.), *Études sur les thermomètres*, t. VI des travaux et mémoires du bureau international des poids et mesures.

CLARK (D. Kinnear), *The steam engine.*

Cie DES CHEMINS DE FER DE L'EST, *Recherches sur le pouvoir lubrifiant des huiles de graissage*, Revue gén. des chemins de fer, déc. 1889.

COMPÈRE (Ch.), *Essais de consommation de vapeur sur la turbine de Laval*, bulletin de la Soc. des Ingénieurs civils, oct. 1895 ; *Expériences sur la condensation des machines à vapeur à différentes températures*, ibid., oct. 1894.

CHÔMIENNE, *Étude générale sur les marteaux pilons.*

CORNUT, *Études sur les pouvoirs calorifiques des houilles* (Soc. ind. du Nord de la France, 1886).

COSTE et MANIQUET, *Traité de la machine à vapeur au point de vue de la distribution.*

COTTERILL, *The steam engine.*

COULOMB, *Théorie des machines simples, en ayant égard aux frottements de leurs parties.*

COUSTÉ, *Sur l'incrustation des chaudières à vapeur*, Annales des mines, 5° série, tome 5.

D

DAVEY (H.), *Machines d'épuisement*, Proceedings of the Institution of mechanical engineers, 1874.

DEGHILAGE, *Locomotives à 3 et à 4 essieux accouplés à l'exp. de 1878*, Revue générale des chemins de fer, 1879.

DECHARME et PULIN, *Matériel roulant, résistance des trains, traction.*

DELAFOND, *Essais d'une machine Corliss*, Annales des mines, 1884.

DELAUNAY, *Traité de mécanique rationnelle.*

DELAUNAY-BELLEVILLE, *Lois et règlements concernant les chaudières à vapeur.*

DELHOTEL, *Traité de l'épuration des eaux naturelles et industrielles.*

DELOY, *Expériences sur l'injecteur automoteur de M. Giffard*, Annales des mines, 5° S., t. XVII (1860).

DEMOULIN (M.), *Traité de la construction des machines à vapeur.*

DENY, *Mesure des températures élevées et pyromètres*, Bulletin de la Société ind. de Mulhouse, 1894.

DOCTEUR, *Note sur la chaudière à foyer à parois réfractaires*, Revue univ. des Mines et de la Métallurgie, 1895, 2° trim., p. 241.

DONKIN (Br.), *Experiments on the condensation of steam in cylinders of iron and other metals*, Proceedings of the lnst. of civil engineers, vol. CXV ; — *Experiments on a vertical single cylinder steam engine*, Proceedings of the lnst. of mechanical engineers, janvier 1895.

DUBOST, *Épure de distribution*, comptes rendus de l'Académie des Sciences, 3 déc. 1888.

DUVEAU, Notice citée par Dwelhauwers-Déry, *Étude expérimentale dynamique de la machine à vapeur* (Enc. Léauté).

DWELSHAUWERS-DÉRY, *Étude calorimétrique de la machine à vapeur* (enc. Léauté) ; — *Étude expérimentale dynamique de la machine à vapeur* (d°).

// E

ENGLISH, *Tracé des diagrammes*, Proceedings of the Institution of mechanical engineers, 1894.

F

FOUCHÉ, *Aéro-condenseur*, Congrès de Mécanique appliquée en 1889, t. II.

GARRETT, cité par Beaumont, *On friction brakes dynamometers*, Institution of civil engineers, vol. XCV.

GUILLAUME (Ed.), *Unités et étalons* (Enc. Léauté).

GUINOTTE, *Détermination des excentriques fictifs* : travail de Herdner dans les Annales des mines de 1877, et Madamet, *Considérations relatives aux systèmes de distribution Marshall, Joy,* etc. (une brochure, 1877).

H

HAACK et BUSLEY (voyez Busley).

HATON DE LA GOUPILLIERE, *Cours de machines* ; — *Cours d'exploitation des mines.*

HIRN, *Les pandynamomètres.*

HIRSCH ET DEBIZE, *Leçons sur les machines à vapeur.*

HOEDER, *Indicator*, 1892.

HONIGMANN, *Chaudière sans foyer, à soude*, Revue générale des chemins de fer, 1885.

K

KIRSCH, *Action des parois*, Zeitschrift des Vereines deutscher lng., 1890.

KRETZ, *Note sur les transmissions de mouvement à l'aide de courroies*, Annales des mines, 1862.

L

LEDOUX, *Études sur les pertes de charge de l'air comprimé et de la vapeur dans les tuyaux de conduite*, Annales des mines, 1892.

LELOUTRE, *Les transmissions par courroies, cordes et câbles métalliques* (1884).

M

MADAMET, *Résistance des matériaux* ; — *Thermodynamique.*

MALLET, *Développement de l'application du système compound aux machines locomotives,* mémoires de la Société des ingénieurs civils, 1890; — *Vapeur surchauffée dans la marine,* comptes-rendus de la Société des Ingénieurs civils, mai 1892.

MASCART, *Dynamomètres optiques de transmission*, comptes-rendus de l'Académie des sciences, 1890.
MORANDIÈRE (J.), *Conditions générales d'établissement du matériel roulant des chemins de fer anglais*, Revue générale des chemins de fer, mai 1895.
MORIN, *Leçons de mécanique pratique.*
MUIRHEAD, *Life of J. Watt.*
MUSERLING, *Contrôle des résultats calculés dans les essais de chaudière*, Engineering, 2° sem. 1895, p. 551.

N

NADAL, *Rendement des machines à vapeur*, Annales des mines, 1893.

O

OLRY, *Chaudières à petits éléments*, Revue technique de l'exp. de 1889.

P

PAMBOUR (de), *Théorie de la machine à vapeur* (1834).
PETROFF, *Neue Theorie der Reibung*, Leipzig, 1887; et dans la Revue universelle des mines et de la métallurgie, en décembre 1891.
PICHLER (von), trad. par SÉGUÉLA, *L'indicateur et son diagramme.*
POLONCEAU, *La locomotive compound*, mémoires de la Société des Ingénieurs civils, 1889.
PULIN (A), *Recherches sur le principe compound et son application aux locomotives*, mémoires de la Société des Ingénieurs civils, 1889.
PULIN et DEHARME, voir Deharme.

R

RAFFARD, *L'arbre, la manivelle, la bielle et le volant*, Bulletin de la Société des anc. élèves des écoles d'Arts et Métiers, 1890 ; — *Histoire de l'application de la vapeur surchauffée*, ibid, 1892.
RANKINE (W. Macquorn), *A Manual of the steam engine and other prime movers* ; — *Expériences sur le condenseur éjecteur Morton*, Annales des Mines, 60 série, t. XV, p. 85.
RANSOM, *Observations sur la vitesse des machines*, Inst. of civil engineers, XCVIII et crx, et dans *L'étude exp. dynamique de la machine à vapeur*, par Dwels.-Déry ; — *On testing engine governors*, Inst. of civil Engineers,
RÉGNAULT, *Relation des expériences entreprises pour déterminer les données numériques qui entrent dans le calcul des machines à vapeur.*
REULEAUX, *Der Konstructeur* (traduit en français par Debize).

REYNOLDS, *Condensation of a mixture of air and steam*, The London, Edinburgh, and Dublin philosophical magazine, 1874.
RICHARD (G.), *La chaudière locomotive et son outillage* ; — *Les machines à vapeur à bielle triangulaire*, Bulletin de la Société d'encouragement, 1895.
RICHARDSON (J.), *The mechanical and electrical regulation of steam engines*, lnst. of civil engineers, 1895.
RICOUR, *Distribution des locomotives*, Annales des mines, 1884.
SACURAI, *Température de la vapeur des dissolutions salines*, Journal of the college of science, Imperial university, Japan, 1894.
SANKEY (H. Riall), *Applications des diagrammes entropiques* ; discussion d'un mémoire de M. T. Hudson Beare, lnst. of mechanical engineers, 1894.
SCHMIDT, Communication faite en 1893 au Congrès sucrier.
SÉGUÉLA, *Étude sur le graissage des cylindres et tiroirs des machines à vapeur et sur les matières lubrifiantes.*
SEGUIN aîné, *De l'influence des chemins de fer* (1839).
SINIGAGLIA (F.), trad. par de Billy, *Traité des machines à vapeur.*

T

THURSTON (H. H.), *Manuel de la machine à vapeur* (traduction française par Demoulin) ; —*Essai d'une machine à Milwaukee*, Journal of the Franklin inst., 1894 ; — *Études sur le frottement, le graissage des machines et les lubrifiants* (traduction française).
TREDGOLD, *Traité des machines à vapeur*, trad. par Mellet ; — *Steam machinery and steam naval architecture* (édition de 1840).

U

UHLAND, *Handbuch fur den practischen Maschinen constructeur.*
UNWIN (W. C.), *Determination of the dryness of steam*, Proc. of the Inst. of rnechanical engineers, janv. 1895.

V

VILLIERS, *Résultats des expériences faites sur l'injecteur Giffard*, Annales des Mines, 5. S., t. XVII (1860).

W

WALKENAER, *Précautions à prendre dans l'installation et l'emploi des tubes indicateurs du niveau de l'eau des chaudières à vapeur*, Annales des mines, 1894 ; — *Expériences à propos de la soupape de sûreté de M. Dulac*, Annales des Mines, 1889.
WALTER-MEUNIER, *Essais de machines*, Bulletin de la Société ind. de Mulhouse, 1887
WIDMANN (Ed), *Principes de la machine à vapeur* (Enc. Leauté).
WILLANS (P.-W.), *Steam engine trials*, lnst. of civil engineers, vol. CXIV.

WITZ (A.), *Du rôle et de l'efficacité des enveloppes de vapeur dans les machines compound*, Société industrielle du Nord de la France, 1893.

Y

YARROW, *Vibrations des navires*, Inst. of naval architects et Engineering, 1892 et 1894.

Z

ZEUNER, *Distribution par tiroirs* (traduction française) ; *Théorie mécanique de la chaleur*, trad. par Arnthal et Cazin.

Table des Matières

INTRODUCTION

- I -
DESCRIPTIONS ÉLÉMENTAIRES

- II -
LOIS MÉCANIQUES ET PHYSIQUES

- III -

TRAVAIL DE LA VAPEUR

- IV -

DISTRIBUTION DE LA VAPEUR

- V -

TRANSMISSION ET RÉGULARISATION DU MOUVEMENT

- VI -

PRINCIPAUX ORGANES DES MACHINES

- VII -

DISPOSITIONS D'ENSEMBLE DES MACHINES

- VIII -

CONDENSATION

- IX -

PRODUCTION DE LA VAPEUR

- X -

EMPLOI DES MACHINES

www.ingramcontent.com/pod-product-compliance
Lightning Source LLC
LaVergne TN
LVHW082022051026
849532LV00011B/3248
9782369650249